Springer-Lehrbuch

Dierk Schröder

Elektrische Antriebe - Grundlagen

Mit durchgerechneten Übungs- und Prüfungsaufgaben

4., erweiterte Auflage

Springer

Prof.Dr. Dierk Schröder
TU München
LS für Elektrische
Antriebssysteme
Arcisstr. 21
80333 München
Deutschland
dierk.schroeder@tum.de

ISSN 0937-7433
ISBN 978-3-642-02989-9 e-ISBN 978-3-642-02990-5
DOI 10.1007/978-3-642-02990-5
Springer Dordrecht Heidelberg London New York

Die Deutsche Nationalbibliothek verzeichnet diese Publikation in der Deutschen Nationalbibliografie; detaillierte bibliografische Daten sind im Internet über http://dnb.d-nb.de abrufbar.

Einbandentwurf: eStudio Calamar S.L.

Gedruckt auf säurefreiem Papier

Springer ist Teil der Fachverlagsgruppe Springer Science+Business Media (www.springer.com)

Vorwort zur vierten Auflage

Die elektrische Antriebstechnik erweitert ihre Anwendungsbereiche ständig. Ein Beispiel sind die elektrischen Antriebsstränge sowohl bei hybriden PKWs als auch bei Nutzfahrzeugen. Die elektrische Antriebstechnik wird somit immer mehr eine wesentliche Komponente bei komplexen mechatronischen Systemen. Um diesen Anforderungen gerecht zu werden, wurden weitere Vertiefungen der Darstellungen insbesondere bei den elektrischen Maschinen vorgenommen.

Da die Simulation bei der Analyse und Synthese mechatronischer Systeme immer wichtiger wird, wurde als Ergänzung in der dritten Auflage des Buches „Elektrische Antriebe - Regelung von Antriebssystemen“
(ISBN 978-3-540-89612-8)
eine sehr ausführliche Darstellung mechatronischer Systeme, die als eine der Komponenten die elektrische Antriebstechnik — einschließlich der Leistungselektronik — enthalten, eingefügt.

Ich hoffe, daß damit eine äußerst wichtige Ergänzung geschaffen wurde, die allen Interessierten eine erweiterte Basis der Kenntnisse sicherstellt.

München, im Frühjahr 2009 — Dierk Schröder

Vorwort zur dritten Auflage

Es freut mich sehr, daß das Lehrbuch „Elektrische Antriebe – Grundlagen" weiterhin eine gute Resonanz hat, so daß eine weitere Neuauflage notwendig ist. Wiederum wurde diese Chance genutzt, um umfangreiche Verbesserungen in der Verständlichkeit vorzunehmen.

Ein ganz wesentlicher Aspekt bei der Verständlichkeit ist, daß zunehmend auch Studenten anderer Fachrichtungen – wie dem Maschinenbau oder der Informatik – die elektrische Antriebstechnik als notwendige Ergänzung zu ihrem Fachgebiet erkennen. Es ist verständlich, daß damit die grundlegenden Vorkenntnisse für die prinzipielle Funktion der elektrischen Maschinen nicht gegeben sind. Für diese Leser/-innen wurden sowohl für die Gleichstrommaschine als auch die Drehfeldmaschinen zusätzliche Kapitel eingefügt, in denen in neuer Art und sehr anschaulich die prinzipielle Funktion erläutert wird. Bei der Bearbeitung dieser komplexen Aufgabenstellung - einerseits den Lesern und Leserinnen ohne große Vorkenntnisse die Funktionsweise der Maschinen zu vermitteln und dabei andererseits die für den Fachmann gebotene Präzision der Darstellung beizubehalten - haben meine wissenschaftlichen Mitarbeiter Herr Dipl.-Ing. Hans Schuster und Herr Dipl.-Ing. Christian Westermaier einen wesentlichen Beitrag geleistet.

Eine Anregung war, die Simulation zu nutzen, um einen noch effizienteren Einstieg in das Gebiet der geregelten elektrischen Antriebe zu gewährleisten. Dies ist im vorliegenden Fall relativ einfach, denn die Signalflußpläne können direkt in beispielsweise das Simulationsprogramm 'Matlab / Simulink' [1)] übertragen werden.

Als Einführung in das Simulationsprogramm 'Matlab / Simulink / Stateflow' sei [3] empfohlen.

Ein weiteres Simulationsprogramm ist 'Modelica / Dymola' [2)], eine objektorientierte Version, in der die in diesem Buch und in [51] genutzten Signalflußpläne bereits im Programm enthalten sind. Es besteht somit die sehr vorteilhafte Situation, daß die Simulationsprogramme eine zusätzliche Chance zur Vertiefung des Verständnisses bieten.

München, im Frühjahr 2007 Dierk Schröder

---

1) The MathWorks, Inc.; http://www.mathworks.de ; [3]

2) Dynasim AB; http://www.dynasim.com ; [48, 49]

Vorwort zur zweiten Auflage

Die vorliegende Buchreihe und damit auch der einführende Band „*Elektrische Antriebe 1: Grundlagen*“ haben eine erfreuliche Akzeptanz gefunden, so daß eine Neuauflage erforderlich ist.

Dies wurde von mir als Chance und Aufforderung gesehen, umfangreiche Verbesserungen in der Verständlichkeit und Erweiterungen einzufügen. Beispielsweise wurde das Kapitel der Synchronmaschinen umfassender gestaltet und die Varianten mit Dämpferwicklung eingeschlossen. In konsequenter Berücksichtigung des technischen Standes folgen danach Erläuterungen zu permanenterregten Synchronmaschinen, Transversalflußmaschinen, Reluktanzmaschinen, Linearmotoren, lagerlosen Motoren und Kleinantrieben.

Ich freue mich sehr, daß Herr Prof. Dr. Wolfgang Amrhein, Johannes Kepler Universität Linz, Herr Prof. Dr.-Ing. Heinz Bausch, Universität der Bundeswehr München, Herr Prof. Dr.-Ing. Dr. h.c. Gerhard Henneberger, Rheinisch-Westfälische Technische Hochschule Aachen, und Herr Prof. Dr.-Ing. Dr.-Ing. h.c. Herbert Weh, Technische Universität Braunschweig, sich bereiterklärt haben, mir bei diesem Vorhaben behilflich zu sein, und danke ihnen für ihre Unterstützung.

Ich werde bei den weiteren Neuauflagen – insbesondere bei der Neuauflage des Bandes 2 „*Regelung von Antrieben*“ – dieses Vorgehen beibehalten.

In diesem Zusammenhang möchte ich auf das Buch „*Intelligent Observer and Control Design for Nonlinear Systems*“ des Springer-Verlags verweisen, das eine Erweiterung der regelungstechnischen Lösungen im Gebiet der Mechatronik und Technologien darstellt. In diesem Buch werden intelligente Verfahren (Neuro, Fuzzy, Neuro-Fuzzy) zur Identifikation, Beobachtung und verschiedene Regelungsvorschläge bei nichtlinearen Strecken vorgestellt. Ich bin sicher, daß durch diese lernfähigen Verfahren eine entscheidende Neuorientierung zur Optimierung des elektromechanischen Gesamtsystems erreicht werden wird.

Es würde mich freuen, wenn ich auch in der Zukunft Unterstützung für das weite, interessante und wichtige Gebiet der Antriebstechnik, der Leistungselektronik, der Regelung und der Erweiterungen in den Gebieten Mechatronik sowie technologische Verfahren finden würde.

Vielen Dank für ihre Unterstützung bei diesem Vorhaben.

München, im Frühjahr 2000 — Dierk Schröder

Vorwort zur ersten Auflage

Die Erarbeitung eines Vorlesungsmanuskripts und darauf aufbauend einer Einführung in ein Wissensgebiet in Buchform ist ein komplexer und zeitaufwendiger Prozeß.

Ich möchte an dieser Stelle zuerst meiner Familie für die Unterstützung und das Verständnis in all den Jahren danken, da ich ihr an vielen Abenden und Wochenenden fehlte.

Danken möchte ich auch allen meinen wissenschaftlichen und nichtwissenschaftlichen Mitarbeitern, die durch Diskussionen untereinander und mit mir zusammen zum Gelingen des Vorhabens beigetragen haben. Unser gemeinsames Ziel war eine umfassende aber dennoch leicht verständliche Einführung in das Gebiet der elektrischen Antriebe.

Ich wünsche den Lesern dieses Buches, daß sie – soweit es im Rahmen einer Einführung möglich ist – alle Erläuterungen zu den interessierenden Fragen der Grundlagen der elektrischen Antriebe finden.

Für ein tieferes Eindringen in spezielle Gebiete wie der Leistungselektronik und der Regelung – insbesondere der Drehfeldmaschinen – sei auf die entsprechende Literatur und die nachfolgenden Bände zwei bis vier dieser Buchreihe verwiesen.

Zur Kontrolle des Verständnisses können die Leser die Übungs- und Prüfungsaufgaben verwenden. Es wird empfohlen, die Aufgaben ohne vorherige Information des beiliegenden Lösungswegs durchzurechnen. Für die Prüfungen war eine Bearbeitungszeit von 120 Minuten vorgegeben. Der Überhang beträgt etwa 20–30 %.

Meine Mitarbeiter und ich haben uns bemüht, eine möglichst klare Darstellung zu finden und die Tippfehler zu eliminieren. Wir bitten die Leser, uns bei diesem Vorhaben zu unterstützen.

München, im Frühjahr 1994 Dierk Schröder

Inhaltsverzeichnis

Einführung

Die elektrischen Antriebe sind eine typische und wichtige Komponente zwischen der Informationsverarbeitung von technologischen Systemen einerseits und den zu beeinflussenden technologischen Systemen und Verfahren andererseits. Die elektrischen Antriebe entsprechen somit den Muskeln im menschlichen System. Die Bedeutung dieser Antriebe läßt sich aus den beiden folgenden Vergleichen erkennen:

- In industrialisierten Ländern werden ca. 60 % der insgesamt erzeugten elektrischen Energie mittels elektromechanischen Wandlern in mechanische Energie umgesetzt.
- Etwa 40 % der elektrischen Antriebe werden geregelt betrieben, d.h. sie sind in der Drehzahl und im Drehmoment im Betriebsbereich frei einstellbar. Dieser Typ von Antrieben hat einen kontinuierlichen Zuwachs aufzuweisen, z.B. aufgrund steigender Anforderungen aus den technologischen Verfahren und/oder aufgrund von Energie-Einsparungen.

Das Einsatzgebiet der elektrischen Antriebe ist sehr weit und soll deshalb nur an wenigen Beispielen dargestellt werden.

Als Beispiel für den ersten Vergleich kann die **Anordnung Motor–Pumpe** dienen. Hier wurde bisher als elektrischer Antrieb (Motor) nur ein elektromechanischer Wandler allein eingesetzt, d.h. der elektromechanische Wandler, beispielsweise eine Asynchronmachine, wird über einen Schalter direkt an das versorgende Drehspannungsnetz angeschlossen.

Der elektromechanische Wandler und die Pumpe bilden aber eine Einheit, die allerdings häufig nur einen sehr engen Arbeitsbereich der Pumpe und damit des Motors ausnutzen. Eine Verstellung des Materialstroms und des Drucks in einem weiten Bereich ist daher mit dieser Einheit allein nicht möglich.

Um eine Anpassung des Materialstroms und des Drucks zu erreichen, kann entweder ein Druckreduzier-Ventil in der Wirkungsrichtung oder ein Rückspeise-Ventil entgegen der Wirkungsrichtung eingebaut werden. Wesentlich bei beiden Lösungen ist, daß der elektromechanische Wandler und die Pumpe auf den ungünstigsten Betriebszustand ausgelegt werden und damit kontinuierlich mit maximaler Leistung und höchstem Energieverbrauch arbeiten müssen.

Es ist einsichtig, daß derartige Lösungen nur dann wirtschaftlich sind, wenn die laufenden Energiekosten gegenüber den Anschaffungskosten gering sind. Bei Pumpen, die hohe Leistungen – z.B. Kesselspeisepumpen von 20 MW in Kraftwerken – aufweisen und steuerbar sein müssen, sind derartige Lösungen unwirtschaftlich. Günstiger ist in diesem Fall, das System Motor und Pumpe um eine leistungselektronische Energiewandlung und eine Steuerung und Regelung für den leistungselektronischen und elektromechanischen Wandler zu erweitern, um eine elektronische Steuerung bzw. Regelung des Drucks und des Materialstroms zu erreichen. Gleiche Überlegungen gelten inzwischen allgemein, beispielsweise werden Hydraulikversorgungen in Fahrzeugen zunehmend mit geregelten elektrischen Antrieben ausgestattet, um Kraftstoff zu sparen.

Der finanzielle Mehraufwand für die leistungselektronische Wandlung und die zugehörige Steuerung und Regelung kann durch Einsparungen beim Energieverbrauch in ein bis zwei Jahren amortisiert sein.

Bahnantriebe: Sie benötigen im Stillstand und bei niedrigen Drehzahlen ein hohes Drehmoment. Bei hohen Drehzahlen wird dagegen ein Betrieb mit konstanter Leistung angestrebt. Dies bedeutet, daß Bahnantriebe prinzipiell in der Drehzahl und im Drehmoment verstellbar sein müssen. Eine Lösung, die viele Jahre eingesetzt wurde, war die Reihenschlußmaschine, deren Stromaufnahme und damit Drehzahl durch stufig verstellbare Serienwiderstände eingestellt werden konnte. Nachteilig ist bei dieser Lösung vor allem die verlustbehaftete und lastabhängige Drehzahl- und Drehmoment-Einstellung.

Heutige Lösungen verwenden leistungselektronische Stellglieder und zugehörige elektronische Signalverarbeitungen, um höhere Wirkungsgrade, Energieflüsse in beiden Richtungen und somit auch Energierückspeisung und stufenlose Einstellung des Drehmoments an der Reibkennlinie des Systems Rad–Schiene zu gewährleisten.

Produktionsanlagen mit kontinuierlicher Verarbeitung des Materials (Dressierstraßen, Druckmaschinen, Kalander- oder Papiermaschinen): Bei derartigen Aufgabenstellungen muß eine große Zahl von elektrischen Antrieben so in der Drehzahl geregelt werden, daß beispielsweise der Zug bzw. die Bahnkraft zwischen den Bearbeitungsstationen einstellbar ist, damit die technologischen Bedingungen erfüllt werden.

Werkzeugmaschinen und Handhabungsgeräte: Das Werkzeug folgt einer mehrdimensionalen Bahn. Die elektrischen Antriebe müssen bei derartigen Anwendungen nicht nur in der Drehzahl und im Drehmoment, sondern auch im Drehwinkel (Lage) regelbar sein.

Aus diesen wenigen Beispielen ist zu erkennen, daß das technologische Verfahren und das zugehörige physikalische System – im folgenden Arbeitsmaschine genannt – nach Aufgabenstellung, statischem und dynamischem Verhalten, Grenzdaten, optimalen bzw. zulässigen Betriebszuständen bekannt sein muß, um die Anforderungen an den elektrischen Antrieb festzulegen.

Wenn somit eine derartige technische Anlage entwickelt, projektiert und anschließend realisiert werden soll, dann müssen ausgehend von der betrachteten

Aufgabenstellung und der Technologie die Anforderungen an die elektrischen Antriebe ermittelt werden. Die Anforderungen an die elektrischen Antriebe sind z.B. die Nennleistungsdaten wie Drehzahl, Drehmoment sowie Ein-, Zwei- oder Vierquadrant-Betrieb. Zusätzlich sind die regelungstechnischen Anforderungen wie erforderliche statische Genauigkeit oder dynamische Anforderungen abzuklären. Ein weiterer Aspekt sind die Kühlungs- und Umweltbedingungen sowie der Wartungsaufwand.

Ausgehend von diesen Anforderungen der Technologie an die elektrischen Antriebe müssen auch die baulichen Fragen abgeklärt werden, d.h. können die Antriebe direkt an die Arbeitsmaschine gekuppelt werden oder sind mechanische Komponenten wie Kupplungen, Wellen oder Getriebe zusätzlich notwendig.

Alle diese Punkte, von denen hier nur ein kleiner Ausschnitt genannt wurde, sollten genau diskutiert und umfassend dokumentiert werden, so daß alle Punkte wie Annahmen und Vereinbarungen jederzeit und vollständig von allen Beteiligten nachvollziehbar und überprüfbar sind.

Bei komplexeren Fragestellungen empfiehlt sich eine Systemanalyse mittels Simulation. Um diese Simulation zu ermöglichen, ist eine Modellbildung aller Komponenten notwendig. Die Modellbildung ist schwierig und fehleranfällig, da es zu entscheiden gilt, welche Eigenschaften der Komponenten wichtig sind und andererseits, welche Eigenschaften nur vernachlässigbare Nebeneffekte betreffen; eine Validierung der Modelle ist daher notwendig. Mit den Modellen kann dann das Simulationsmodell des Gesamtsystems erstellt werden.

Es folgt die Analyse des betrachteten Systems, um kritische Kombinationen von Komponenten und deren Parameter zu erkennen. Beispielsweise ist eine Eigenfrequenz der mechanischen Verbindung zwischen elektrischem Antrieb und Arbeitsmaschine, die im Bereich der Durchtrittsfrequenz der elektrischen Drehmomentregelung ist, unzulässig. Dies bedeutet, mit der Simulation und der Analyse können die Parameter der Komponenten ganzheitlich analysiert, angepaßt bzw. optimiert werden.

Ein weiterer Schritt ist der Reglerentwurf, die Festlegung der Reglerparameter, der Sensorik, der Signalverarbeitung (kontinuierlich, diskontinuierlich) und damit die Festlegung der erreichbaren statischen und dynamischen Eigenschaften.

Wenn diese Ergebnisse erarbeitet sind, ist eine gute Basis für die Projektierung geschaffen. Allerdings lassen sich im allgemeinen nicht alle Komponenten entsprechend den Vereinbarungen und Anforderungen in den vorliegenden Schritten realisieren, so daß Wiederholungen der Schritte entsprechend den fortschreitenden Erkenntnissen notwendig sein können.

Auf die Bedeutung einer vollständigen, übersichtlichen und verständlichen Dokumentation kann hier nur nochmals hingewiesen werden.

Die erarbeiteten Unterlagen und Ergebnisse können eine wertvolle Hilfe während der Realisierung und Inbetriebnahme sein. Eine Validierung der Annahmen, Modelle und Ergebnisse nach der Inbetriebnahme ist wünschenswert, um bei nachfolgenden Projekten eine verbesserte Ausgangsbasis zu haben.

Das vorliegende Buch und die anderen Bände dieser Buchreihe berücksichtigen dieses Vorgehen und versuchen vom Systemaspekt in dieses komplexe Gebiet einzuführen.

In **Kapitel 1** werden deshalb die **Grundlagen der unterschiedlichen Antriebsanordnungen** dargestellt. Das Ziel ist die Auslegung des elektrischen Antriebs. Um dieses Ziel erreichen zu können, werden beispielsweise die mechanischen Grundgesetze, die Drehmomentbilanzen, das statische und dynamische Verhalten des Systems Arbeitsmaschine–Antriebsmaschine sowie die Stabilitätsprüfung am Arbeitspunkt dargestellt.

In **Kapitel 2** wird in die **Leistungsbilanzen**, die Verluste sowie die daraus folgende **Erwärmung** der elektromechanischen Wandler eingeführt.

Nachdem in den ersten beiden Kapiteln prinzipiell dargestellt wurde, wie das Anforderungsprofil an den elektrischen Antrieb erarbeitet werden kann, werden in den folgenden Kapiteln die Komponenten der unterschiedlichen elektrischen Antriebe vorgestellt. Wesentlich ist, daß bei diesen Darstellungen die regelungstechnischen Aspekte und die informationstechnischen Zusammenhänge schwerpunktmäßig berücksichtigt werden.

In **Kapitel 3** werden die Gleichstrom-Nebenschluß- und die Gleichstrom-Hauptschlußmaschine behandelt. Der Schwerpunkt liegt hier bei der Darstellung der **Gleichstrom-Nebenschlußmaschine**. Erarbeitet werden der Signalflußplan, das Führungs-, Last- und Störverhalten, die unterschiedlichen Steuerungseingriffe zur Drehzahl- und Drehmoment-Verstellung sowie das dynamische Verhalten bei Spannungs- und Stromeinprägung.

In **Kapitel 4** werden die unterschiedlichen **leistungselektronischen Stellglieder**, das sind die Gleichspannungswandler und die netzgeführten Stromrichter-Stellglieder, abgehandelt. Zusätzlich wird das System drehzahl- und drehmoment-geregelter Gleichstromantrieb einschließlich der **grundlegenden Optimierungsregeln** für den Strom- und den Drehzahlregelkreis dargestellt. Da sowohl das Gebiet der Leistungselektronik als auch das Gebiet der Regelung der Gleichstrommaschine sehr umfangreich sind, können nur die wesentlichen Grundlagen beider Gebiete behandelt werden. Zur Vertiefung sei auf die Spezialliteratur und die weiteren Bände 2 bis 4 dieser Buchreihe „*Elektrische Antriebe* 1 – 4“ sowie das Buch „*Intelligent Observer and Control Design for Nonlinear Systems*“ verwiesen.

In **Kapitel 5 und 6** werden die **Signalflußpläne der Drehfeldmaschinen „Asynchronmaschine“** und **„Synchronmaschine“** abgeleitet. Wesentliches Ziel bei beiden Ableitungen ist die durchgängige, mathematisch strenge, aber dadurch leicht verständliche Vorgehensweise. Damit sollen die Grundlagen zum Verständnis der Steuerung und Regelung derartiger Antriebsmaschinen gelegt werden. Um dieses Verständnis zu vertiefen, werden insbesondere bei der Asynchronmaschine die Betriebszustände Netzbetrieb, Steuerverfahren bei konstantem Stator- und Rotorfluß ausführlich abgehandelt. Durch dieses Vorgehen soll der heutigen Bedeutung der Drehfeldmaschine Rechnung getragen werden.

In das Kapitel „Synchronmaschine“ ist nun auch eine Darstellung der **permanentmagneterregten Synchronmaschine** mit aufgenommen worden, da diese Maschinen ein günstigeres Leistungsgewicht als Asynchronmaschinen haben und regelungstechnisch einen ähnlich einfachen Signalflußplan wie die Gleichstrom-Nebenschlußmaschinen haben.

In **Kapitel 7** werden die **Transversalflußmaschinen** von Herrn Professor Weh vorgestellt. Transversalflußmaschinen sind eine interessante Variante der permanenterregten Maschinen, die aufgrund des nochmals gesteigerten Leistungsgewichts gegenüber den permanenterregten Synchronmaschinen zunehmend Beachtung finden.

Der **Reluktanzeffekt** wurde bereits bei der Drehmomentbildung der Synchron-Schenkelpolmaschine mit Erregerwicklung ausführlich diskutiert. Dieser Reluktanzeffekt wird bei den Reluktanzmaschinen alleine genutzt und führt im Rotor zu konstruktiv sehr einfachen Maschinen. Prinzipiell gibt es Reluktanzmaschinen mit synchron umlaufendem Drehfeld wie die Synchron-Schenkelpolmaschine – allerdings ohne Erregerwicklung – und die geschaltete Reluktanzmaschine. Letztere Maschine wurde bis vor wenigen Jahren als ein Exot für nur sehr kleine Leistungen angesehen. Durch ein verbessertes technisches Verständnis ist die geschaltete Reluktanzmaschine inzwischen aber eine weitere, konstruktiv sehr einfache und aussichtsreiche Antriebsvariante bei kleinen und mittleren Leistungen. Herr Professor Bausch erläutert in **Kapitel 8** ausführlich die **geschaltete Reluktanzmaschine**. Da diese Antriebsvariante in den folgenden Bänden dieser Reihe nicht mehr behandelt wird, beschreibt Herr Professor Bausch auch die Stellgliedvarianten sowie die Steuerung bzw. Regelung des geschalteten Reluktanzmotors detailliert.

Bisher wurden rotierende elektromechanische Energiewandler beschrieben. In vielen Anwendungsfällen sind aber **lineare Bewegungen** erwünscht. In das Gebiet der linearen Bewegungen und damit in das Gebiet der **Linearmotoren** führt Herr Professor Henneberger in **Kapitel 9** ein. Wesentliche Erkenntnis dieses Kapitels ist erstens, daß mit den unterschiedlichen Varianten der Linearantriebe systemtechnische Lösungen erreichbar sind, die mit rotierenden Maschinen und einer mechanischen Umsetzung rotierend zu linear nicht zu realisieren sind. Ein zweites wichtiges Ergebnis ist, daß die in Kapitel 5 und 6 abgeleiteten Signalflußpläne und somit die Wirkungsprinzipien direkt auf die Linearmotoren übertragbar sind, wenn systemtechnische Aspekte wie beispielsweise die Steuerung und Regelung von Bedeutung sind.

Die bisher dargestellten elektromechanischen Energiewandler benötigten Lager (Gleit- oder Kugellager) zur Fixierung des Rotors. Die technische Entwicklung der elektrischen Komponenten hat inzwischen zu so langen Lebensdauern dieser Komponenten geführt, daß nunmehr die Lager die Lebensdauer des elektrischen Antriebssystems begrenzen. Diese Aussage gilt sowohl für Gleichstrommaschinen, bei denen die Kommutator- und die Bürsten-Standzeit die Lagerlebensdauer übertreffen, als auch für Drehfeldmaschinen. Aufgrund der durch die begrenzte Lagerlebensdauer eingeschränkten Einsatzdauer der elektrischen

Maschinen sind lagerlose elektrische Maschinen ein verständlicher Wunsch. In **Kapitel 10** stellt Herr Professor Amrhein Varianten von **lagerlosen elektrischen Maschinen** vor. Die Beschreibung umfaßt detailliert die konstruktiven und elektromagnetischen Belange. Wesentliches Ziel bei der Entwicklung ist, Lösungen zu finden, bei denen der Zusatzaufwand so gering wie möglich gehalten werden kann.

In **Kapitel 11** werden antriebstechnische Lösungen mit **Kleinantrieben** vorgestellt. Die wesentliche Einschränkung bei derartigen Antrieben ist, daß bei Kleinantrieben der Aufwand bei der Sensorik, der Signalverarbeitung und dem leistungselektronischen Stellglied wie bei Antrieben mit mittleren und höheren Leistungen im allgemeinen nicht möglich ist. Es erschien mir deshalb interessant und notwendig, auch dieses Gebiet in der überarbeiteten Fassung des ersten Bandes dieser Buchreihe zu berücksichtigen, insbesondere da die Zahl dieser Kleinantriebe sehr groß ist.

In **Kapitel 12** werden verschiedene **Drehfeldmaschinen-Antriebssysteme** mit den **Regelverfahren** bei quasistatischen Betriebszuständen wie der Antrieb mit Direktumrichter, der Stromrichtermotor und die I- und U-Umrichter prinzipiell vorgestellt. Es gelten hier die gleichen Aussagen wie bei der Leistungselektronik und der Regelung der Gleichstrommaschine; d.h. diese Gebiete sind so umfangreich, daß hier nur eine Einführung gegeben werden kann.

In **Kapitel 13** wird wie bei der Gleichstrommaschine eine kurze Einführung in die **dynamische Regelung der Drehfeldmaschinen** mittels Entkopplung und Feldorientierung gegeben.

Da das **Gebiet der elektrischen Antriebe** und deren Einsatzbereiche **außerordentlich weit** ist und in einer Einführung nur die wesentlichen Aspekte behandelt werden können, wurde großer Wert auf ein ausführliches weiterführendes **Literaturverzeichnis** gelegt, auch hinsichtlich der Konstruktionsprinzipien der speziellen Maschinen. Es sei in diesem Zusammenhang nochmals auf die weiteren Bände und das Buch über die lernfähigen Verfahren verwiesen:

Elektrische Antriebe: Regelung von Antriebssystemem [49],
Leistungselektronische Bauelemente [51],
Elektrische Antriebe 4: Leistungselektronische Schaltungen [52],
→ Es erscheint eine Neuauflage in 2007.
Intelligent Observer and Control Design for Nonlinear Systems [54].

Abschließend ist eine Zusammenstellung von Übungs- und Prüfungsaufgaben beigefügt.

Ich wünsche Ihnen bei der Durcharbeitung der verschiedenen Kapitel dieser Einführung in die Grundlagen der elektrischen Antriebe Freude, einen hohen Wirkungsgrad und viele Erfolgserlebnisse beim besseren Verständnis dieses komplexen Gebiets.

1 Antriebsanordnungen: Grundlagen

1.1 Mechanische Grundgesetze

Wie bereits im Einführungskapitel dargestellt, sind die mechanischen Grundgesetze ein wesentlicher Ausgangspunkt, um ein Antriebssystem entsprechend den statischen und dynamischen Anforderungen auszulegen. Im folgenden werden deshalb diese Grundgesetze der Mechanik für die Leser wiederholt, die eine Auffrischung bekannter Grundkenntnisse der Mechanik wünschen.

Zuerst werden die Umrechnungen von translatorischen und rotatorischen Bewegungen sowie die Drehmomentbilanzen behandelt. Anschließend folgen in den Unterkapiteln die Normierung der Gleichungen, das statische und dynamische Verhalten von Arbeits- und Antriebsmaschinen, die statische Stabilität im Arbeitspunkt und die Auslegung der Antriebsmaschine aufgrund der statischen sowie der dynamischen Anforderungen der Arbeitsmaschine.

Da diese grundlegenden Gleichungen der Mechanik nur zur Auffrischung dienen, ist der erläuternde Text bewußt kurz gehalten.

1.1.1 Analogien zwischen Translation und Rotation

Beschreibende Größen

	Translation		**Rotation**
z	Zählsinn	z	Zählsinn
S	Weg	$\varPhi$	Drehwinkel
V	Geschwindigkeit	N	Drehzahl
		$\varOmega$	$= 2\pi N$: Winkelgeschwindigkeit
B	Beschleunigung	A	Winkelbeschleunigung
F_M	Summe der Antriebskräfte (meist **im** Zählsinn festgelegt)	M_M	Summe der Antriebsmomente (meist **im** Zählsinn)
F_W	Summe der Gegenkräfte (z.B. Reibung, meist **gegen** den Zählsinn)	M_W	Summe der Lastmomente bzw. Widerstandsmomente (meist **gegen** den Zählsinn)
m_Θ	träge Masse	$\varTheta$	Trägheitsmoment

Beachte:

unnormierte Größen	$\longrightarrow$	Großbuchstaben	z.B.: $N(t), N(s)$
normierte Größen	$\longrightarrow$	Kleinbuchstaben	z.B.: $n(t), n(s)$
Übertragungsfunktionen (unnormiert oder normiert)	$\longrightarrow$	Großbuchstaben	z.B.: $G(s)$
Mittelwerte	$\longrightarrow$		z.B.: $\bar{U}$
Zeitfunktion (komplex)	$\longrightarrow$		z.B.: $\underline{U}$
Raumzeiger	$\longrightarrow$		z.B.: $\vec{U}$

In den folgenden Darstellungen und Erläuterungen werden immer nur eindimensionale Vorgänge betrachtet.

Dynamisches Grundgesetz (Newton):

Translation:

bei $m_\Theta =$ const. gilt:

$$F_B = F_M - F_W = m_\Theta \cdot \ddot{S} = m_\Theta \cdot \dot{V} = m_\Theta \cdot B$$

Rotation:

bei $\Theta =$ const. gilt:

$$M_B = M_M - M_W = \Theta \cdot \ddot{\Phi} = \Theta \cdot \dot{\Omega} = \Theta \cdot A$$

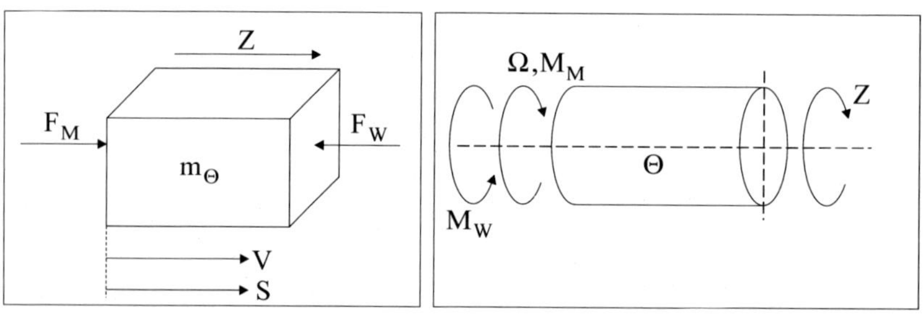

Abb. 1.1: *Dynamisches Grundgesetz*

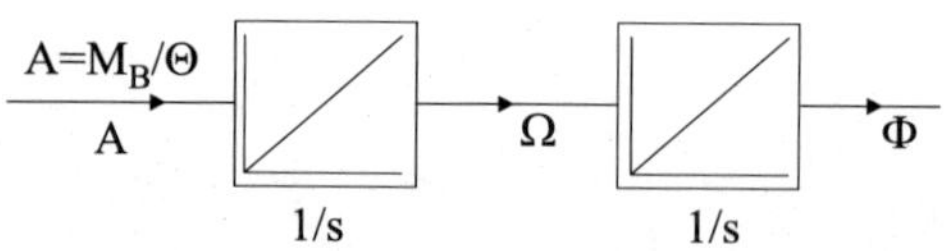

Abb. 1.2: *Signalflußplan mit $\Omega = \int A(\tau)\,d\tau$ und $\Phi = \int \Omega(\tau)\,d\tau$*

Bestimmung des Trägheitsmoments (allgemein)

Ein Körper mit der Masse m_Θ rotiert um eine Achse mit der Winkelgeschwindigkeit Ω bzw. Geschwindigkeit V und wird beschleunigt. Betrachtet wird ein Masseteil dm_Θ des Körpers. Es gilt:

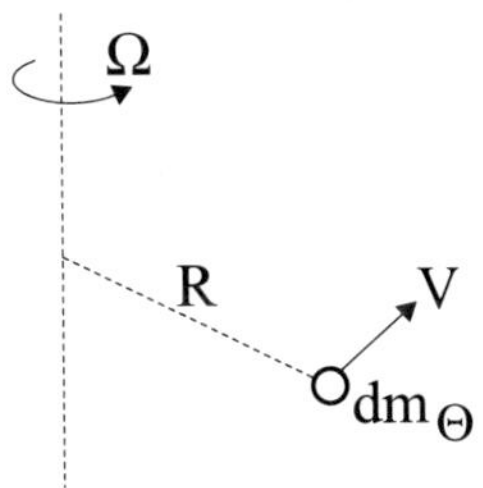

$$dF_B = dm_\Theta \cdot B = dm_\Theta \cdot \frac{dV}{dt} \tag{1.1}$$

$$= dm_\Theta \cdot R \cdot \frac{d\Omega}{dt} \tag{1.2}$$

$$dM_B = R \cdot dF_B = R^2 \cdot dm_\Theta \cdot \frac{d\Omega}{dt} \tag{1.3}$$

Abb. 1.3: *Rotation eines Körpers mit der Masse dm_Θ*

Da $d\Omega/dt$ für alle Masseteilchen gleich ist, muß – um das resultierende Beschleunigungsmoment M_B zu berechnen – über dm_Θ integriert werden:

allgemein $$M_B = \int \frac{d\Omega}{dt} \cdot R^2 \cdot dm_\Theta \tag{1.4}$$

bzw. $$M_B = \frac{d\Omega}{dt} \cdot \int_{m_\Theta} R^2 \cdot dm_\Theta = \Theta \cdot \frac{d\Omega}{dt} \tag{1.5}$$

oder $$\Theta = \int_{m_\Theta} R^2 \cdot dm_\Theta = \rho \cdot \iiint_V R^2 \cdot dV \tag{1.6}$$

wobei mit ρ die Dichte bezeichnet wird (im obigen Fall als konstant angenommen).

Trägheitsmoment homogener Körper:

a) Das Trägheitsmoment homogener Körper ergibt sich allgemein aus:

$$\Theta = \int_{m_\Theta} R^2 \cdot dm_\Theta \tag{1.7}$$

b) Punktmasse mit Masse m_Θ im Abstand R von der Drehachse:

$$\Theta = m_\Theta \cdot R^2 = \frac{G}{g} \cdot R^2 \qquad \left(g = 9{,}81\,\frac{m}{s^2}; \quad G = \text{Gewicht}\right) \tag{1.8}$$

c) homogene Körper, Dichte ρ, Masse m_Θ:

Zylinder:

$$\Theta = \frac{\pi}{2} H \cdot \rho R^4 = \frac{1}{2} m_\Theta \cdot R^2$$

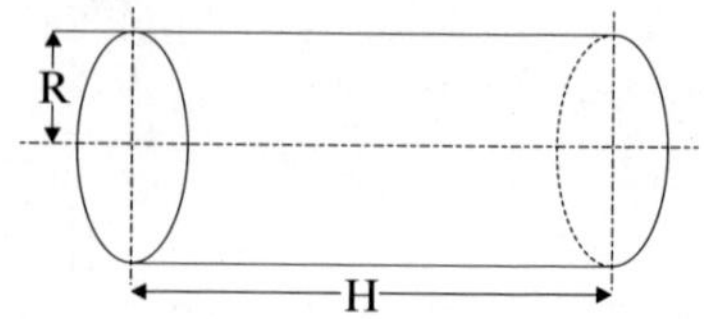

Hohlzylinder:

$$\Theta = \frac{\pi}{2} H\rho \cdot \left(R_A^4 - R_i^4\right) = \frac{1}{2} m_\Theta \cdot \left(R_A^2 + R_i^2\right)$$

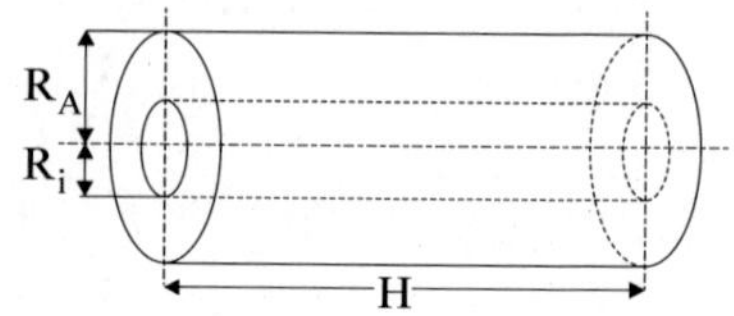

Zylindermantel ($\delta \ll R$):

$$\Theta = 2\pi H\rho \cdot R^3\delta = \frac{1}{4} m_\Theta \cdot (2R - \delta)^2$$

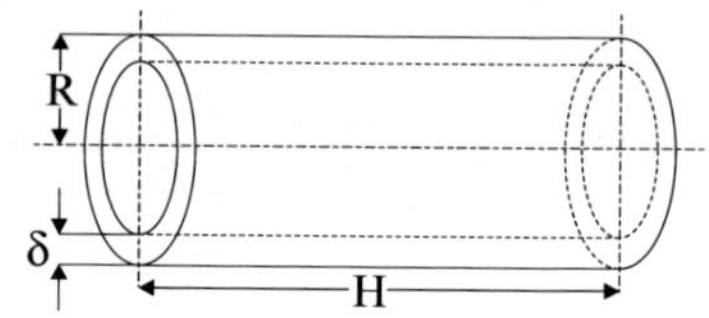

Schwungrad (n = Zahl der Speichen):

$\Theta =$

$$\frac{H\pi\rho}{2} \left[R_1^4 + \frac{2nr^2}{3H} \left(R_2^3 - R_1^3\right) + \left(R_3^4 - R_2^4\right) \right]$$

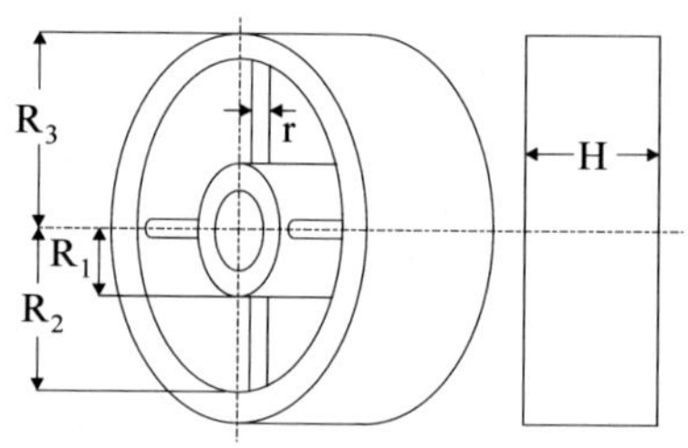

Kegelstumpf:

$$\Theta = \frac{\pi\rho H}{10} \cdot \frac{R^5 - r^5}{R - r}$$

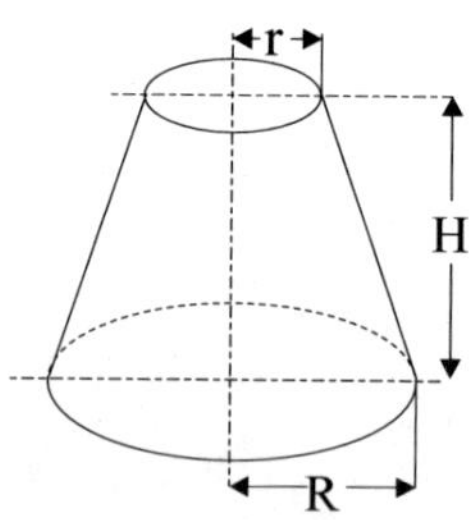

Kegel:

$$\Theta = \frac{\pi \rho H}{10} \cdot R^4$$

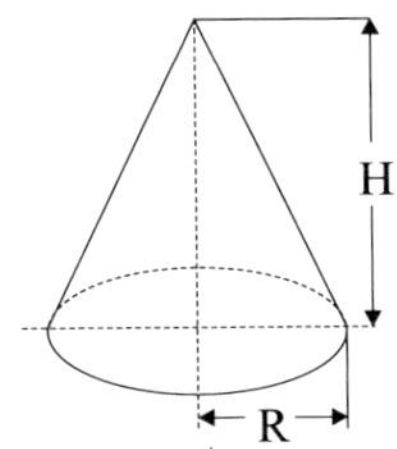

Kugel:

$$\Theta = \frac{8}{15}\pi \cdot \rho R^5$$

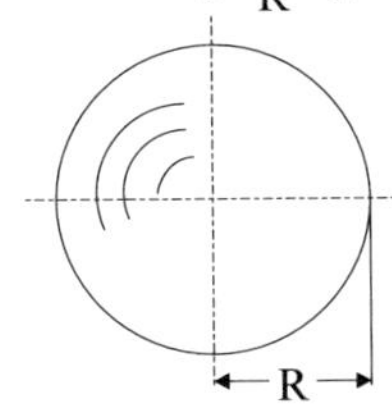

Kreisringkörper:

$$\Theta = 2\pi^2 \rho \cdot R^2 a \left(a^2 + \frac{3}{4}R^2\right)$$

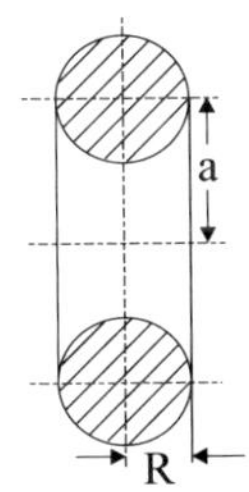

1.1.2 Übertragungsstellen und Getriebe

Annahme: Die ideale Übertragungsstelle (Getriebe) sei kraftlos und formschlüssig (kein Schlupf, keine Lose, Hysterese, Elastizität oder Reibung).

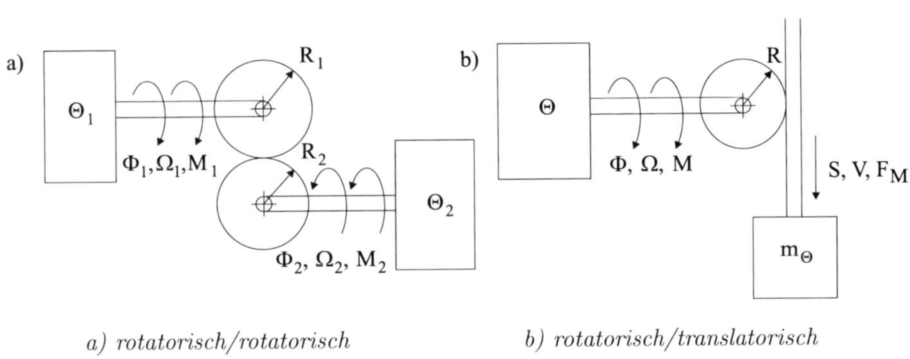

a) rotatorisch/rotatorisch *b) rotatorisch/translatorisch*

Abb. 1.4: *Übertragungsstellen*

An den idealen Übertragungsstellen (z.B. keine Reibung) gelten die Beziehungen:

physikalische Größe	rotatorisch	rotatorisch	translatorisch
Geschwindigkeit	$R_1 \cdot \Omega_1$	$R_2 \cdot \Omega_2$	V
Weg	$R_1 \cdot \Phi_1$	$R_2 \cdot \Phi_2$	S
Kraft	M_1/R_1	M_2/R_2	F_M
Leistung	$M_1 \cdot \Omega_1$	$M_2 \cdot \Omega_2$	$F_M \cdot V$
kinetische Energie	$\frac{\Theta_1 \cdot \Omega_1^2}{2}$	$\frac{\Theta_2 \cdot \Omega_2^2}{2}$	$\frac{m_\Theta \cdot V^2}{2}$

Übersetzung und Umrechnung der Trägheitsmomente:

1. rotatorisch/rotatorisch (z.B. Reibrad-, Zahnradgetriebe, Abb. 1.4.a)

Am Eingriffspunkt gilt: gleiche Wege und gleiche Geschwindigkeit:

$$\Phi_1 \cdot R_1 = \Phi_2 \cdot R_2 \tag{1.9}$$

$$\Omega_1 \cdot R_1 = \Omega_2 \cdot R_2 \tag{1.10}$$

sowie: actio = reactio:

$$\frac{M_1}{R_1} = \frac{M_2}{R_2} = |F| \tag{1.11}$$

($|F|$ = Kraft bzw. Gegenkraft im Eingriffspunkt der Zähne)
Damit ergibt sich für die Übersetzung:

$$\ddot{u} = \frac{\Omega_1}{\Omega_2} = \frac{\Phi_1}{\Phi_2} = \frac{R_2}{R_1} \tag{1.12}$$

$$\text{bzw.} \quad \frac{1}{\ddot{u}} = \frac{M_1}{M_2} = \frac{R_1}{R_2} \tag{1.13}$$

Umrechnung von Trägheitsmomenten:
Ausgehend von der Beschleunigungsgleichung

$$M_B = \Theta \cdot \dot{\Omega} = \Theta \cdot \frac{d\Omega}{dt} \tag{1.14}$$

$$\text{und} \quad \frac{M_2^*}{R_1} = \frac{M_2}{R_2} \tag{1.15}$$

(M_2^* = Reaktionsmoment von M_2 auf Achse 1)

ergibt sich

$$M_{B2}^{*} = \frac{R_1}{R_2} \cdot M_{B2} = \frac{R_1}{R_2} \cdot \Theta_2 \cdot \frac{d\Omega_2}{dt} \tag{1.16}$$

$$= \frac{R_1}{R_2} \cdot \Theta_2 \cdot \left(\frac{R_1}{R_2} \cdot \frac{d\Omega_1}{dt} \right) \tag{1.17}$$

$$= \left(\frac{R_1}{R_2} \right)^2 \cdot \Theta_2 \cdot \frac{d\Omega_1}{dt} = \frac{1}{\ddot{u}^2} \cdot \Theta_2 \cdot \frac{d\Omega_1}{dt} \tag{1.18}$$

oder

$$\Theta_2^{*} = \frac{1}{\ddot{u}^2} \cdot \Theta_2 \tag{1.19}$$

Damit gilt für das gekoppelte Gesamtsystem nach Abb. 1.4.a:

$$M_{B1} = \Theta_1 \cdot \frac{d\Omega_1}{dt} + \frac{R_1}{R_2} \cdot \Theta_2 \cdot \frac{d\Omega_2}{dt}$$

$$= \left(\Theta_1 + \Theta_2 \cdot \left(\frac{R_1}{R_2} \right)^2 \right) \cdot \frac{d\Omega_1}{dt}$$

$$= \left(\Theta_1 + \frac{1}{\ddot{u}^2} \cdot \Theta_2 \right) \cdot \frac{d\Omega_1}{dt} \tag{1.20}$$

Somit ergibt sich für die Umrechnung des Trägheitsmoments Θ_2 auf die Achse 1:

$$\Theta_{1ges} = \Theta_1 + \Theta_2^{*} = \Theta_1 + \frac{1}{\ddot{u}^2} \cdot \Theta_2 \tag{1.21}$$

und allgemeiner:

$$\Theta_{1ges} = \Theta_1 + \left(\frac{R_1}{R_2} \right)^2 \cdot \Theta_2 + \cdots + \left(\frac{R_1}{R_n} \right)^2 \cdot \Theta_n \tag{1.22}$$

Θ_{1ges} ist das auf die Achse 1 umgerechnete, resultierende Trägheitsmoment des gesamten Antriebs bei kraft- und formschlüssiger Übertragung.

2. rotatorisch/translatorisch
(z.B. Umlenkrolle, Seilwinde, Zahnstange, Abb. 1.4.b)

Mit dem Energiesatz

$$\frac{\Theta_2^* \cdot \Omega^2}{2} = \frac{m_\Theta \cdot V^2}{2} \tag{1.23}$$

und mit

$$V = R \cdot \Omega \tag{1.24}$$

ergibt sich das der Masse m_Θ entsprechende Trägheitsmoment Θ zu:

$$\Theta_2^* = m_{\Theta 2} \cdot R_2^2 \qquad \text{(siehe auch Gl. (1.8))} \tag{1.25}$$

$m_{\Theta 2}$ = punktförmig angenommene Masse mit Abstand R_2 von der Drehachse

Beispiel: Aufzug

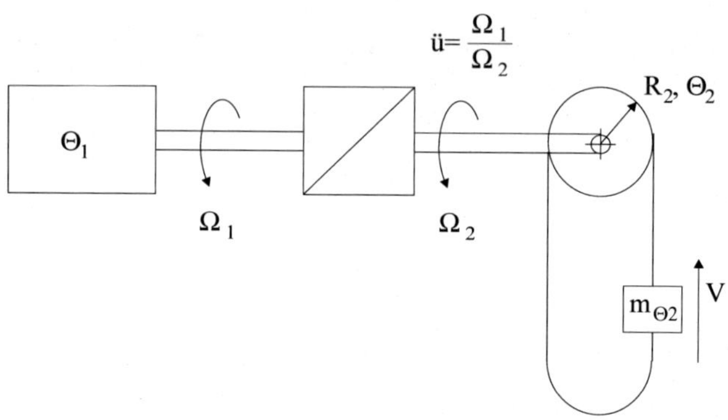

Abb. 1.5: *Beispiel: Aufzug*

Annahme: Getriebe: Übersetzung: $\ddot{u} = \frac{\Omega_1}{\Omega_2}$, $\Theta_{Getriebe} \approx 0$

Θ_2 : Trägheitsmoment der Umlenkrolle

$m_{\Theta 2}$: Masse der Kabine einschließlich Seil

gesucht: gesamtes Trägheitsmoment, bezogen auf Welle 1

Lösung: $\Theta_{ges} = \Theta_1 + \frac{1}{\ddot{u}^2} \cdot \left(\Theta_2 + m_{\Theta 2} \cdot R_2^2\right)$

1.1.3 Drehmomentbilanz im Antriebssystem

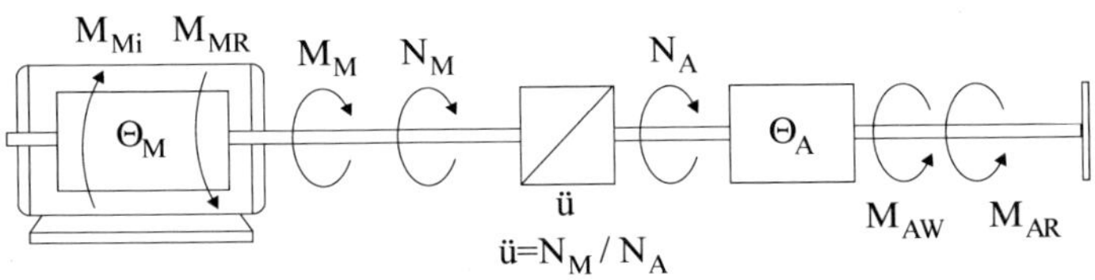

Abb. 1.6: *Anordnung*

Annahme: Θ_M und Θ_A über Getriebe starr gekoppelt.
Antriebsmoment, Motormoment:

$$M_M = M_{Mi} - M_{MR} \tag{1.26}$$

mit M_{Mi}: „inneres Moment", Luftspaltmoment
M_{MR}: Motor-Reibmoment (einschließlich Getriebereibung, auf Motorwelle bezogen)

Lastmoment, Widerstandsmoment, Wirkmoment; Arbeitsmaschinenmoment:

$$M_A = M_{AW} + M_{AR} \tag{1.27}$$

mit: M_{AW}: Widerstandsmoment (z.B. Hubarbeit)
M_{AR}: Reibmoment, lastseitig

Die Umrechnung des Lastmoments M_A und des lastseitigen Trägheitsmoments Θ_A auf die Motorwelle mit den Gl. (1.15), (1.12) und (1.19):

$$M_A^* = M_A \cdot \frac{1}{\ddot{u}}\,; \qquad N_A^* = N_A \cdot \ddot{u}\,; \qquad \Theta_A^* = \Theta_A \cdot \frac{1}{\ddot{u}^2} \tag{1.28}$$

ergibt folgende Ersatzanordnung:

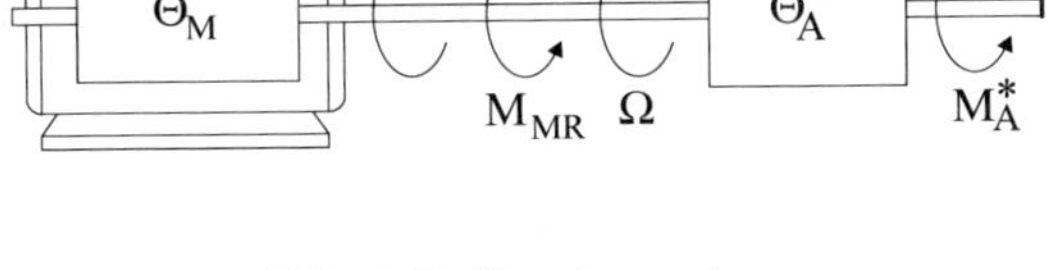

Abb. 1.7: *Ersatzanordnung*

Drehmomentbilanz für den stationären Betriebszustand:

$$M_{Mi} = M_{MR} + M_A^* \tag{1.29}$$

Die Momentbilanz für den dynamischen Betriebszustand lautet: (Θ_M und Θ_A zeitvariant!)

$$M_{Mi} = \underbrace{\frac{d(\Theta_M \cdot \Omega)}{dt} + \frac{d(\Theta_A^* \cdot \Omega)}{dt}}_{M_B} + \underbrace{\overbrace{M_{MR} + M_{AR}^*}^{\text{Reibmomente}} + M_{AW}^*}_{M_W} \tag{1.30}$$

Antriebsmoment = Beschleunigungsmoment M_B + Widerstandsmoment M_W

Aus der Momentbilanz ergibt sich die Bewegungsdifferentialgleichung (für starr gekoppelte Schwungmassen: $\Theta = \Theta_{ges} = \Theta_M + \Theta_A^*$)
allgemein:

$$\frac{d(\Theta \cdot \Omega)}{dt} = M_{Mi} - M_W = M_B \tag{1.31}$$

für $\Theta = \text{const}$:

$$\Theta \cdot \frac{d\Omega}{dt} = M_{Mi} - M_W = M_B \tag{1.32}$$

1.1.4 Normierung der Gleichungen und Differentialgleichungen

Zur Behandlung von Momentbilanzen und Bewegungsvorgängen im Antriebssystem werden die Gleichungen und Differentialgleichungen zweckmäßigerweise auf die Nenndaten des Antriebs bezogen.

Es wird grundsätzlich vereinbart, daß alle unnormierten Größen **groß** und alle normierten Größen **klein** geschrieben werden. Diese Definition gilt unabhängig davon, ob die Größe im Zeit-, im Laplace-, im Frequenz-, im z-Bereich oder einem sonstigen Bereich notiert ist. Falls erforderlich, wird zur Unterscheidung aber beispielsweise $N(t)$ oder $N(s)$ bzw. $n(t)$ oder $n(s)$ notiert. Ausnahme: die Masse m_Θ (allgemein in der Literatur aber mit m bezeichnet), wird klein geschrieben, um eine Verwechslung mit dem normierten Drehmoment m zu vermeiden.

Bezugsmoment:	M_{iN}	Nenn-Luftspaltmoment
Bezugsdrehzahl:	N_{0N}	ideelle Leerlauf-Nenndrehzahl
normiertes Moment:	$m = \dfrac{M}{M_{iN}}$	
Winkelgeschwindigkeit:	$\Omega_{0N} = 2\pi N_{0N}$	
normierte Drehzahl:	$n = \omega = \dfrac{\Omega}{\Omega_{0N}} = \dfrac{N}{N_{0N}}$	

Trägheits-Nennzeitkonstante $T_{\Theta N}$:

bei $M_B = M_{iN}$: $\boxed{T_{\Theta N} = \Theta \cdot \frac{\Omega_{0N}}{M_{iN}}}$

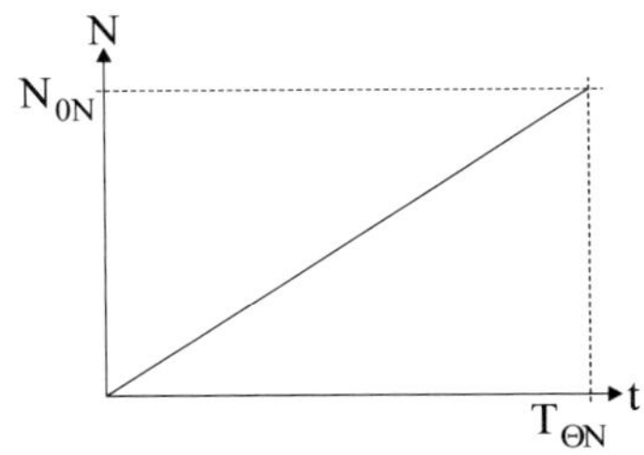

Abb. 1.8: *Drehzahlverlauf bei* $M_B = M_{iN} = const.$

Beispiel: Normierung der Bewegungsgleichung

$$\Theta \cdot \frac{d\Omega}{dt} = M_{Mi} - M_W \qquad \Big| \frac{1}{M_{iN}} \tag{1.33}$$

$$\frac{\Theta \cdot \Omega_{0N}}{M_{iN}} \cdot \frac{d}{dt}\left(\frac{\Omega}{\Omega_{0N}}\right) = \left(\frac{M_{Mi}}{M_{iN}}\right) - \left(\frac{M_W}{M_{iN}}\right) \tag{1.34}$$

$$\text{ergibt:} \qquad T_{\Theta N} \cdot \frac{dn}{dt} = m_M - m_W = m_B \tag{1.35}$$

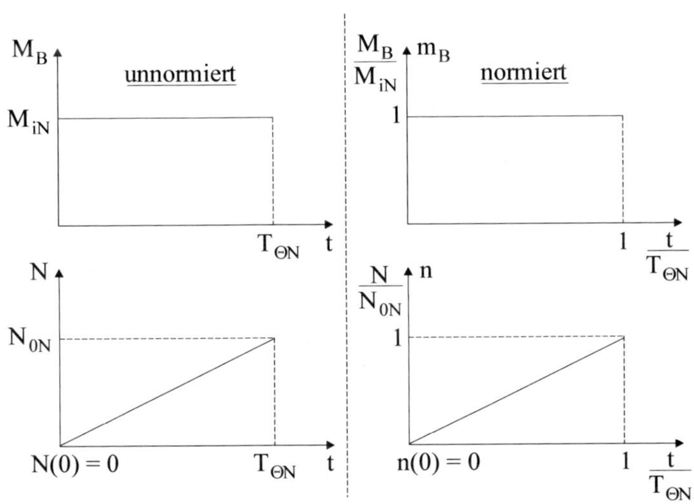

Abb. 1.9: *Veranschaulichung*

Tabelle 1.1: *DIN 1313*

Physikalische Größe	Größengleichungen	Zugeschnittene Größengleichungen	Einheitengleichungen
Drehzahl	$N = \frac{\Omega}{2\pi}$	$\frac{N}{[1/s]} = \frac{1}{2\pi} \cdot \frac{\Omega}{[1/s]}$	$\frac{1}{min} = \frac{1}{60} \cdot \frac{1}{s}$
Trägheitsmoment (punktf. Masse im Abstand R)	$\Theta = \frac{G(2R)^2}{4g}$	$\frac{\Theta}{[Nms^2]} = \frac{1}{39,2} \cdot \frac{G(2R)^2}{[Nm^2]}$	$1\,N = 1\,\frac{m\,kg}{s^2}$ $1\,Nms^2 = 1\,m^2kg$
Beschleunigungs-moment	$M_B = \Theta \cdot \frac{d\Omega}{dt}$	$\frac{M_B}{[Nm]} = \frac{\Theta}{[Nms^2]} \cdot \frac{\frac{\Delta\Omega}{[1/s]}}{\frac{\Delta t}{[s]}}$	$1\,Nm = 1\,Ws = 1\,J = 1\,\frac{m^2kg}{s^2}$
Trägheitsnennzeit-konstante	$T_{\Theta N} = \frac{\Theta \Omega_{0N}}{M_{iN}}$	$\frac{T_{\Theta N}}{[s]} = \frac{\frac{\Theta}{[Nms^2]} \cdot \frac{\Omega_{0N}}{[1/s]}}{\frac{M_{iN}}{[Nm]}}$	$1\,s$
Leistung	$P = FV = M\Omega$	$\frac{P}{[kW]} = 10^{-3} \cdot \frac{F}{[N]} \cdot \frac{V}{[m/s]}$ $= 10^{-3} \cdot \frac{M}{[Nm]} \cdot \frac{\Omega}{[1/s]}$	$1\,\frac{Nm}{s} = 1\,W = 1\,\frac{J}{s}$
Arbeit	$W = \frac{1}{2} m_\Theta V^2$ $= \frac{1}{2}\Theta\Omega^2$	$\frac{W}{[Ws]} = \frac{1}{2} \cdot \frac{m_\Theta}{[kg]} \cdot \left(\frac{V}{[m/s]}\right)^2$ $= \frac{1}{2} \cdot \frac{\Theta}{[Nms^2]} \cdot \left(\frac{\Omega}{[1/s]}\right)^2$	$1\,Nm$

1.2 Zeitliches Verhalten des rotierenden mechanischen Systems

1.2.1 Analytische Behandlung

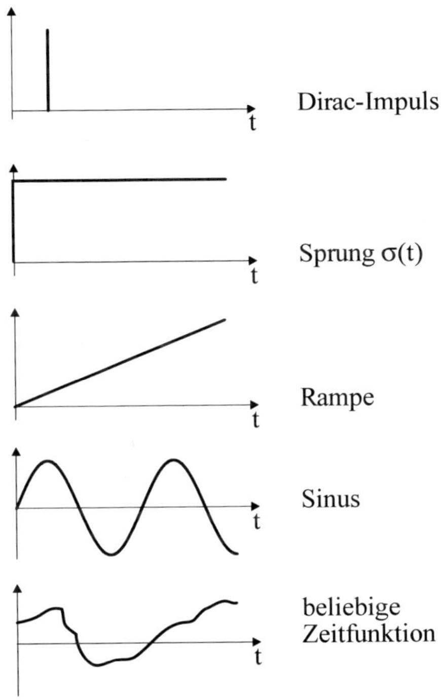

Abb. 1.10: *Anregung des Systems: zum Beispiel durch „Testsignale" oder eine beliebige Zeitfunktion*

Die Beschreibung des zeitlichen Verhaltens des mechanischen Systems (Drehzahl, Drehmoment, Drehwinkel, Geschwindigkeit, Weg ...) erfolgt im Zeitbereich durch Differentialgleichungen oder im Frequenzbereich (Bildbereich) durch den Frequenzgang bzw. im Laplace-Bereich (Bildbereich) durch die Übertragungsfunktion.

Transformationsgleichungen für den Laplace-Bereich:

$$\frac{dx(t)}{dt} \quad \circ\!\!-\!\!\bullet \quad s\,x(s) - x(+0)$$

$$\int x(t)\,dt \quad \circ\!\!-\!\!\bullet \quad \frac{1}{s}\,x(s)$$

bei Ermittlung der Übertragungsfunktion: $x(+0) = 0$ setzen.

1. Beispiel: Drehzahl $n = f(t)$

Zeitbereich	Bildbereich
$T_{\Theta N} \cdot \frac{dn}{dt} = m_M(t) - m_W(t) = m_B(t)$	$T_{\Theta N} \cdot s \cdot n(s) = m_M(s) - m_W(s) = m_B(s)$ $n(s) = \frac{1}{s\,T_{\Theta N}} \cdot (m_M(s) - m_W(s))$
$n(t) = n(0) + \frac{1}{T_{\Theta N}} \int_0^t (m_M(\tau) - m_W(\tau))\, d\tau$	Beschreibung der Anregung im Laplace-Bereich $\rightarrow$ Zeitfunktion durch Rücktransformation

Ermittlung der Übergangsfunktion (Sprungantwort) im Laplace-Bereich:

Übertragungsfunktion: $$G(s) = \frac{n(s)}{m_B(s)} = \frac{1}{s\,T_{\Theta N}}$$

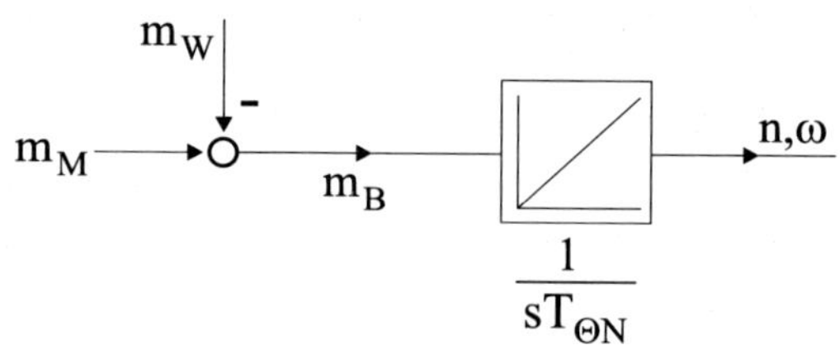

Abb. 1.11: *Signalflußplan des mechanischen Teils*

Übergangsfunktion: Antwort auf Testsignal $\sigma(t)$

Testsignal $t < 0$ $n(t)$ beliebig, $m_M(t) - m_W(t) = m_B(t) = 0$

$$t \geq 0 \qquad (m_M - m_W)|_0 \cdot \sigma(t) = m_B(t) \qquad \text{Zeitbereich}$$

$$\circ\!\!-\!\!\bullet$$

$$(m_M - m_W)|_0 \cdot \frac{1}{s} = m_B(s) \qquad \text{Bildbereich}$$

Bildbereich: $$n(s) = G(s) \cdot m_B(s) = \frac{1}{s\,T_{\Theta N}} \cdot (m_M(t) - m_W)|_0 \cdot \frac{1}{s}$$

Zeitbereich: $$n(t) = (m_M - m_W)|_0 \cdot \frac{t}{T_{\Theta N}} + \underbrace{n(+0)}_{\text{Anfangsbedingung}}$$

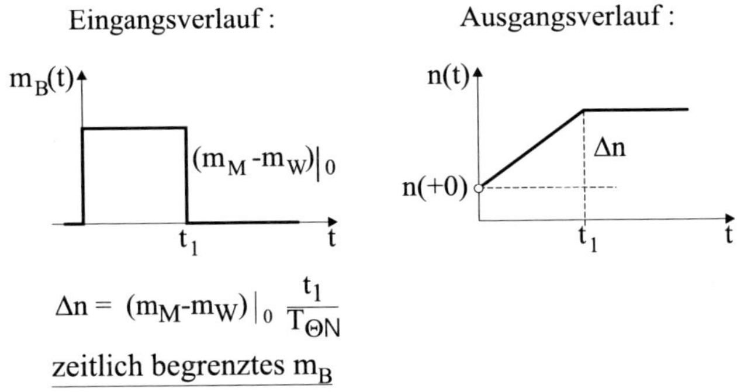

Abb. 1.12: *Zeitliche Verläufe (mechanischer Teil)*

2. Beispiel: Drehwinkel $\Phi = f(N)$

Differentialgleichung: $\dfrac{d\Phi}{dt} = \Omega$

Bezugswert: $\Phi_{0N} = \int\limits_0^{T_\alpha} \Omega_{0N}\, dt = T_\alpha \cdot \Omega_{0N} \quad \Longrightarrow \quad T_\alpha = \dfrac{\Phi_{ON}}{\Omega_{0N}}$

(meist $\Phi_{0N} = 2\pi$, aber frei wählbar)

Normierung: $\dfrac{d\Phi}{dt} = \Omega \quad \Longrightarrow \quad \dfrac{d}{dt}\left(\dfrac{\Phi}{\Phi_{0N}}\right) = \dfrac{\Omega}{\Phi_{0N}} = \dfrac{\Omega}{T_\alpha \cdot \Omega_{0N}}$

$$T_\alpha \cdot \frac{d}{dt}\left(\frac{\Phi}{\Phi_{0N}}\right) = \frac{\Omega}{\Omega_{0N}} = \frac{2\pi N}{2\pi N_{0N}}$$

Normierte Differentialgleichung:

$$T_\alpha \cdot \frac{d\varphi}{dt} = \omega = n \qquad \text{mit} \quad \varphi = \frac{\Phi}{\Phi_{0N}}; \quad n = \frac{N}{N_{0N}}; \quad \omega = \frac{\Omega}{\Omega_{ON}} \tag{1.36}$$

Übertragungsfunktion:

$$G(s) = \frac{\varphi(s)}{n(s)} = \frac{1}{sT_\alpha} \tag{1.37}$$

Übergangsfunktion:

Störung: $n(t) = \sigma(t) \cdot n|_0$

Lösung im Zeitbereich:

$$\varphi(t) = n|_0 \cdot \frac{t}{T_\alpha} + \varphi_0(+0) \tag{1.38}$$

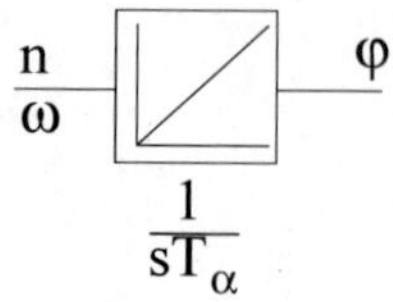

Abb. 1.13: *Signalflußplan (Positionsteil)*

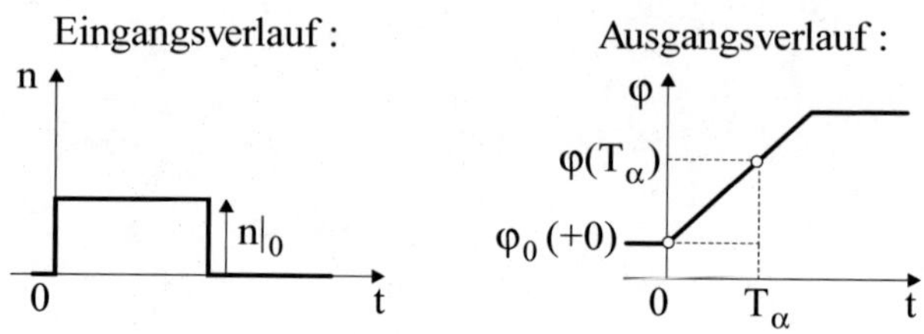

Abb. 1.14: *Zeitlicher Verlauf (Positionsteil)*

Anmerkungen:

- Der hier gezeigte Zeitverlauf hat nur Beispielcharakter. Aus Gründen der Massenträgheit (Energiesatz!) ist ein Drehzahlsprung, wie hier dargestellt, physikalisch nicht möglich.
- Trotz unterschiedlicher physikalischer Effekte haben die Übertragungsfunktionen von m_B nach n und von n nach φ gleiche Strukturen.

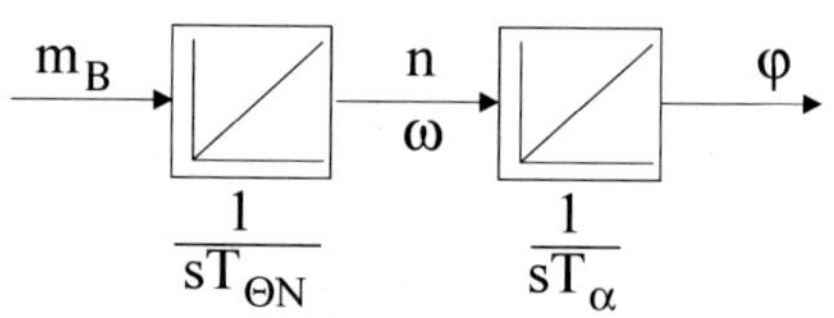

Abb. 1.15: *Zusammengefaßter Signalflußplan*

1.2.2 Graphische Behandlung von Bewegungsvorgängen

Analytische Verfahren zur Berechnung des Bewegungsablaufs in Antrieben sind i.a. nur dann anwendbar, wenn sich für Motormoment M_M, Lastmoment M_W usw. einfache analytische Ausdrücke angeben lassen. Graphische Verfahren lassen sich im Gegensatz dazu bei linearen Systemen 1. Ordnung immer anwenden; sie geben aber jeweils nur über einen ganz speziellen Fall Aufschluß, es sei denn, man faßt die Daten der zu untersuchenden Fälle in möglichst wenigen Parametern zusammen und stellt die graphische Lösung für diese Parameter dar.

Der Hauptvorgang aller graphischen Lösungsmethoden ist die graphische Integration. Integriert werden z.B. $m_B(t)$ zu $n(t)$ oder auch $n(t)$ zu $\varphi(t)$. In prinzipiell gleicher Vorgehensweise arbeiten die numerischen Lösungsverfahren, dies ist der Grund für die ausführliche Darstellung.

Beispiel zur graphischen Integration:

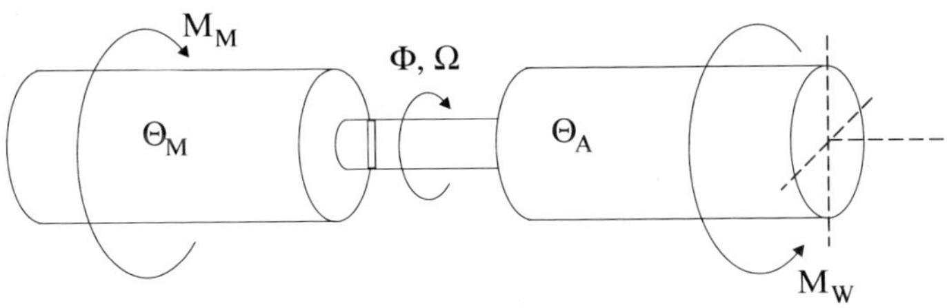

Abb. 1.16: *Anordnung*

gegeben:	$M_M(\Omega)$, $M_W(\Omega)$	Motormoment und Lastmoment seien rein drehzahlabhängig
	$\Theta_{ges} = \Theta_M + \Theta_A$	das Trägheitsmoment $\Theta = \Theta_{ges}$ sei konstant, starre Verbindung von Θ_M und Θ_A
	$T_{\Theta N} = \dfrac{\Theta_{ges} \cdot \Omega_{0N}}{M_{iN}}$	Trägheits-Nennzeitkonstante

Zur Vermeidung von Maßstabsunstimmigkeiten geht man zur dimensionslosen, normierten Darstellung über und bezieht dabei die Momente auf das Nenn-Luftspaltmoment M_{iN}, die Drehzahl auf die Leerlaufnenndrehzahl und die Zeit auf die Trägheitsnennzeitkonstante.

$$\frac{M_M}{M_{iN}} = m_M; \quad \frac{M_W}{M_{iN}} = m_W; \quad \frac{M_B}{M_{iN}} = m_B; \quad \frac{\Omega}{\Omega_{0N}} = \frac{N}{N_{0N}} = n; \quad \frac{t}{T_{0N}} = \tau \tag{1.39}$$

Damit wird aus:

$$\Theta \cdot \ddot{\Phi} = \Theta \cdot \frac{d\Omega}{dt} = M_B \tag{1.40}$$

mit den obigen Definitionen der Normierungen

$$T_{\Theta N} \cdot \frac{dn}{dt} = m_B = m_M - m_W \tag{1.41}$$

und als Differenzengleichung ($m_B \approx$ const. im Zeitraum Δt):

$$\Delta n = m_B \cdot \frac{\Delta t}{T_{\Theta N}} = m_B \cdot \Delta\tau = (m_M - m_W) \cdot \Delta\tau \tag{1.42}$$

$$n_{k+1} = n_k + \Delta n \tag{1.43}$$

Zahlenbeispiel:

$$N(+0) = 0{,}2 \cdot N_N\,; \qquad n(+0) = 0{,}2$$
$$M_B = 0{,}7 \cdot M_{iN}\,; \qquad m_B = 0{,}7$$

Das Moment $m_B = m_M - m_W = 0{,}7$ wirke für die Dauer $\dfrac{\Delta t}{T_{\Theta N}} = \Delta\tau = 1{,}3$ und sei während dieser Zeit konstant.
Dann gilt:

$$\Delta n = m_B \cdot \Delta\tau \tag{1.44}$$

also: $$\Delta n = 0{,}7 \cdot 1{,}3 = 0{,}9 \tag{1.45}$$

$$n = n(+0) + \Delta n = 0{,}9 + 0{,}2 = 1{,}1 \tag{1.46}$$

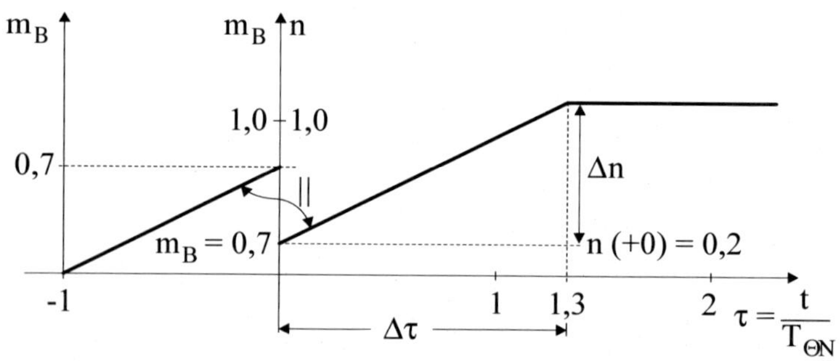

Abb. 1.17: *Konstruktion, graphische Integration*

1. Die Steigung $\dfrac{m_B}{T_{\Theta N}}$ ist ein Maß für die Drehzahldifferenz in der Zeit $T_{\Theta N}$.
2. Die Länge der $\|$ Gerade ermittelt sich entsprechend der Dauer auf der Zeitachse.

1.2.3 Numerische Lösung über Differenzengleichung

Schreibt man die Differentialgleichung

$$\frac{dn}{dt} = \frac{m_M - m_W}{T_{\Theta N}} \tag{1.47}$$

als Differenzengleichung (dies ist auch der numerische Ansatz zur Lösung der Differentialgleichung)

$$\Delta n = (m_M - m_W) \cdot \Delta\tau = m_B \cdot \Delta\tau; \quad \text{mit} \quad \tau = \frac{t}{T_{\Theta N}}; \;\; \Delta\tau = \frac{\Delta t}{T_{\Theta N}} \tag{1.48}$$

so kann man rechnerisch entsprechend vorgehen wie bei der graphischen Integration, d.h. die Lösung $n(t)$ wird wieder abschnittsweise ermittelt.

a) Für $m_B = f(t)$ gilt die Annahme:
$m_B \approx$ const. während $\Delta\tau$
$\Longrightarrow$ Integration über der Zeit, während $m_B \approx$ const.
$\Longrightarrow$ Bestimmung von Δn
Dann ist

$$\Delta n \;=\; m_B(t) \cdot \Delta\tau\,; \qquad n_{k+1} \;=\; n_k + \Delta n \tag{1.49}$$

b) Für $m_B = f(n)$ gilt:
$m_B \approx$ const. während Δn
$\Longrightarrow$ Integration über Δn, während $m_B \approx$ const.
$\Longrightarrow$ Bestimmung von $\Delta\tau$
Dann ist

$$\Delta\tau \;=\; \frac{1}{m_B(n)} \cdot \Delta n\,; \qquad \tau_{k+1} \;=\; \tau_k + \Delta\tau \tag{1.50}$$

In beiden Fällen kann bei gegebenem Anfangswert für $n(t = 0)$ der zeitliche Drehzahlverlauf schrittweise berechnet werden, indem beispielsweise zu Beginn des jeweils nächsten Integrationsschritts der mittlere Wert des wirksamen Beschleunigungsmoments berechnet und eingesetzt wird.

Beispiel:

Fall b)	$m_B = f(n)$
gegeben:	$m_B = f(n) = 1 - \sqrt{n}$
	$n(t = 0) = 0$
Schrittweite:	$\Delta n = 0,1$
gesucht:	$\tau = f(n)$

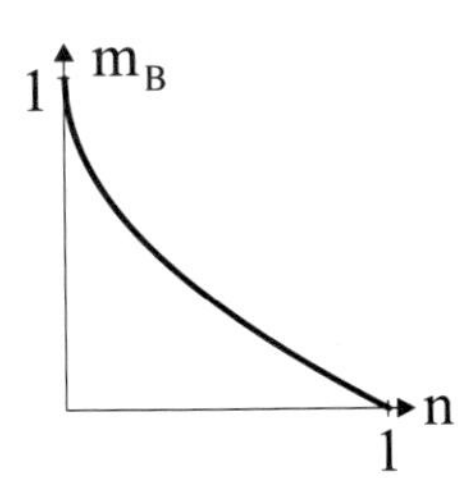

Abb. 1.18: $m_B = f(n)$

Lösung: $n_0 = 0$

$$n_{k+1} = n_k + \Delta n = n_k + 0,1$$

Lösungsansatz: $\Delta\tau = \frac{1}{m_B(n)} \cdot \Delta n$

wenn $m_B = \text{const.}$ im Δn-Bereich, hier aber nicht gegeben !
besser geeigneter Lösungsansatz: $\Longrightarrow$ „Trapezregel“:

$$\Delta\tau_{k+1} = \frac{\Delta n}{2} \cdot \left(\frac{1}{m_B(n_k)} + \frac{1}{m_B(n_{k+1})} \right) \quad (1.51)$$

$$\tau_{k+1} = \tau_k + \Delta\tau_{k+1} \quad (1.52)$$

k	n_k	$m_{B\,k}$	$\Delta\tau_{k+1}$	τ_k
0	0	1	0	0
1	0,1	0,6837	0,1231	0,1231
2	0,2	0,5527	0,1636	0,2867
3	0,3	0,4522	0,2010	0,4877
4	0,4	0,3675	0,2466	0,7343
⋮	⋮	⋮	⋮	⋮

1.3 System Arbeitsmaschine–Antriebsmaschine

1.3.1 Stationäres Verhalten der Arbeitsmaschine

Nur in Ausnahmefällen fordert die Arbeitsmaschine von der Antriebsmaschine (Motor) dauernd eine gleichbleibende Antriebsleistung. Die Antriebsleistung bzw. das Drehmoment ist vielmehr abhängig von dem sich aus der Technologie ergebenden Arbeitsablauf, der sich mit der Drehzahl, dem Drehwinkel, dem zurückgelegten Weg, der Zeit oder anderen Größen ändert.

Das dynamische Verhalten soll hier zunächst nicht betrachtet werden. Das stationäre Verhalten der Arbeitsmaschinen läßt sich im allgemeinen durch Kennlinien $M_W = f(N, V, \varphi, X, t)$ darstellen.

1.3.1.1 Widerstandsmoment $M_W = \text{const.}$

Bei allen Arbeitsmaschinen, bei denen reine Hubarbeit, Reibungsarbeit oder Formänderungsarbeit zu leisten ist, ist das Lastmoment M_W konstant und unabhängig von der Drehzahl N bzw. der Geschwindigkeit V.
Beispiele: Hebezeuge, Aufzüge und Winden, sowie Dreh- und Hobelmaschinen.

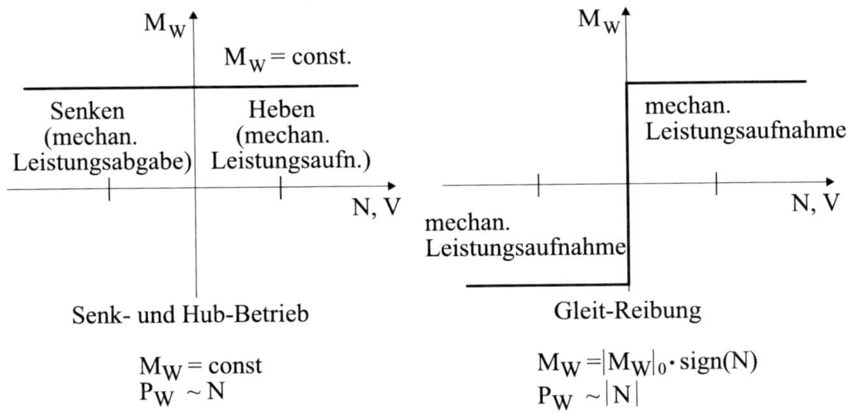

Abb. 1.19: *Stationäre Kennlinien bei $M_W = const.$*

Bei Reibungs- oder Formänderungsarbeit wird bei Drehrichtungsumkehr auch das Widerstandsmoment die Richtung ändern: $M_W = \text{const.} \cdot \text{sign}(N)$, z.B. bei Ventilen, Schiebern, Drosselklappen, Fahrwerken von Baggern und Kränen, spanabhebenden Werkzeugmaschinen.

1.3.1.2 Widerstandsmoment $M_W = f(N, V)$

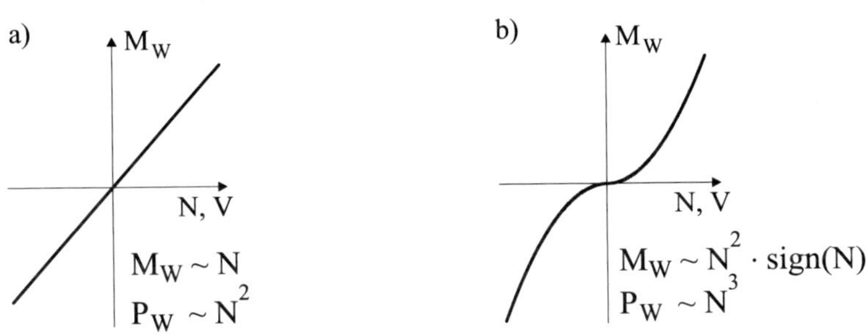

Abb. 1.20: *Stationäre Kennlinien bei $M_W = f(N, V)$*

a) Ein mit der Drehzahl N linear ansteigendes Lastmoment $M_W \sim N$ verlangen nur relativ wenige Arbeitsmaschinen:
Kalanderantriebe für Papier-, Textil-, Kunststoff- und Gummifolien besitzen eine geschwindigkeitsproportionale Viskosereibung (Glättung des Materials); Wirbelstrombremse und Generator, der auf konstanten Lastwiderstand arbeitet, haben ebenso linear mit N ansteigendes Moment.

b) Wenn Luft- oder Flüssigkeitswiderstände zu überwinden sind, muß das Widerstandsmoment mit dem Quadrat der Drehzahl ansteigen: $M_W \sim N^2$. Beispiele: Lüfter, Kreiselpumpen, Verdichter, Zentrifugen und Rührwerke, Schiffsschrauben.

1.3.1.3 Widerstandsmoment $M_W = f(\varphi)$

Neben der drehzahlabhängigen Last tritt bei einigen Arbeitsmaschinen ein winkelabhängiges Lastverhalten $M_W = f(\varphi)$ auf.

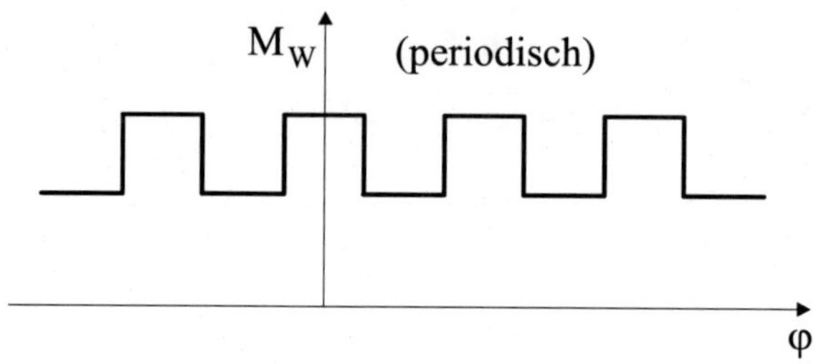

Abb. 1.21: *Widerstandsmoment mit periodischer Komponente*

Bei Kompressoren z.B. ändert sich mit dem Hub die Kolbenkraft und damit das Lastmoment. Auch Stanzen, Kurbelpressen, Scheren und Webstühle fordern winkelabhängige Lastmomente.

1.3.1.4 Widerstandsmoment $M_W = f(r)$

Bei Achswicklern für Papier, Blech oder andere Stoffe wird bei zu- oder abnehmendem Wickelradius r und gleichbleibender Umfangsgeschwindigkeit v oft eine konstant bleibende Materialzugkraft gefordert; entsprechendes gilt beim Plandrehen auf Drehmaschinen. Damit ergibt sich ein Lastmoment $M_W \sim r \sim 1/N$.

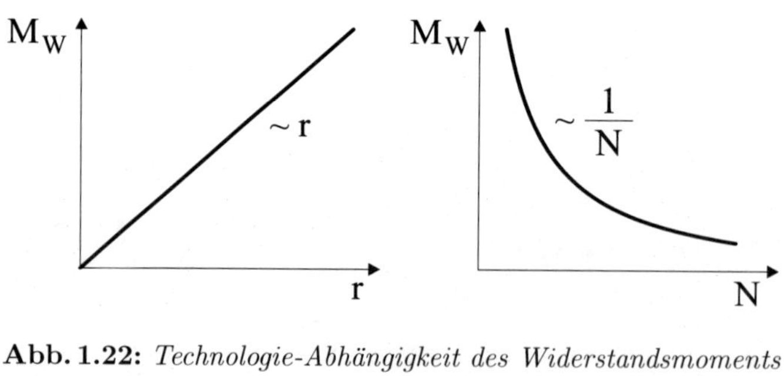

Abb. 1.22: *Technologie-Abhängigkeit des Widerstandsmoments*

Hinweis:

Alle aufgeführten Kennlinien sind idealisiert und entsprechen nur in erster Näherung den tatsächlichen Gegebenheiten. Bei Stillstandsreibung ergibt sich z.B. noch ein zusätzliches Losbrechmoment (Haftreibung). In anderen Fällen ergeben sich infolge veränderlicher Parameter verschiedene Kennlinienfelder. Es kommt auch zu Kombinationen und Überlagerungen der aufgeführten Kennlinien.

1.3.1.5 Widerstandsmoment $M_W = f(t)$

Bei vielen Antriebsanlagen ist es zweckmäßig, den zeitlichen Verlauf des Lastmoments $M_W(t)$ anzugeben. Man erhält dann z.B. ein Fahrprogramm für elektrische Bahnen oder für Förderanlagen, ein Walzprogramm oder Werkzeugmaschinenprogramm (die übrigen mechanischen Größen der Arbeitsmaschine ergeben sich dann entsprechend den bereits beschriebenen Kennlinien).

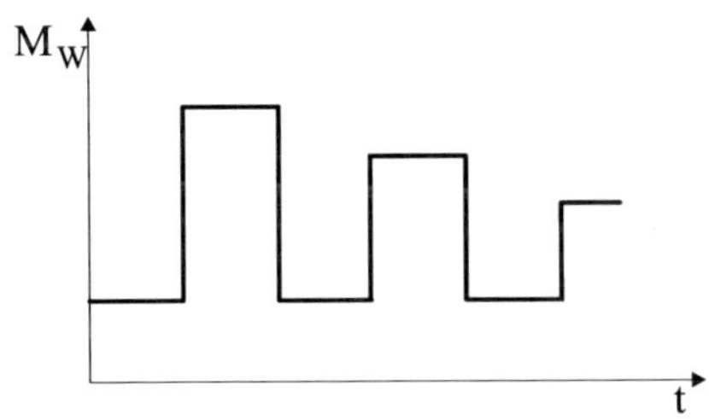

Abb. 1.23: *Zeitlicher Verlauf des Widerstandsmoments*

Das zeitabhängige Lastverhalten der Arbeitsmaschine führt u.a. zu den verschiedenen Betriebsarten elektrischer Maschinen und dient als Grundlage für die Berechnung der Erwärmung der Antriebsmotoren (siehe Kap. 2).

1.3.2 Stationäres Verhalten der Antriebsmaschinen: $M_M = f(N, \varphi)$

Entsprechend den Arbeitsmaschinen lassen sich auch für die ungeregelten Antriebsmaschinen – wiederum unter Vernachlässigung des dynamischen Verhaltens – Kennlinien angeben, die das grundsätzliche Drehzahl-Drehmoment-Verhalten beschreiben.
Alle elektrischen Maschinen lassen sich den folgenden drei Fällen zuordnen:

- Asynchrones bzw. Nebenschluß-Verhalten,
- Konstant-Moment-Verhalten,
- Synchrones Verhalten.

1.3.2.1 Asynchrones bzw. Nebenschluß-Verhalten

$M_M = f\left(\frac{1}{N^2}\right)$ Reihenschlußmaschine „R“:
z.B. Gleichstrom-Reihenschlußmaschine (Kap. 3.8);

$M_M = f(N_0 - N)$ Nebenschlußmaschine „N“ („hart“/„weich“):
z.B. Gleichstrom–Nebenschlußmaschine (GNM, Kap. 3), Asynchronmaschine (ASM, Kap. 5.4 ff)

(N_0: Leerlaufdrehzahl)

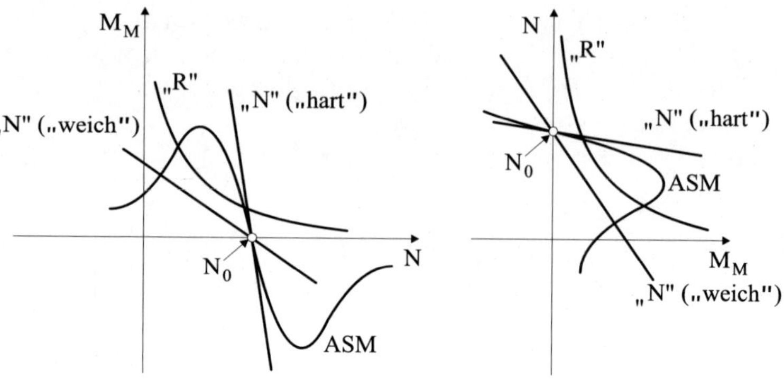

Abb. 1.24: *Asynchrones Antriebsmaschinen-Verhalten*

Das asynchrone Verhalten ist dadurch gekennzeichnet, daß die Drehzahl bei zunehmendem positivem Motormoment nachgibt (abnimmt). Ist die Drehzahländerung klein, spricht man von einer „harten“ Kennlinie; ist die Drehzahländerung groß, von einer „weichen“ Kennlinie.

1.3.2.2 Konstant-Moment-Verhalten

$M = \text{const.} \cdot \text{sign}(N_0 - N)$: Hysteresemaschine „H“

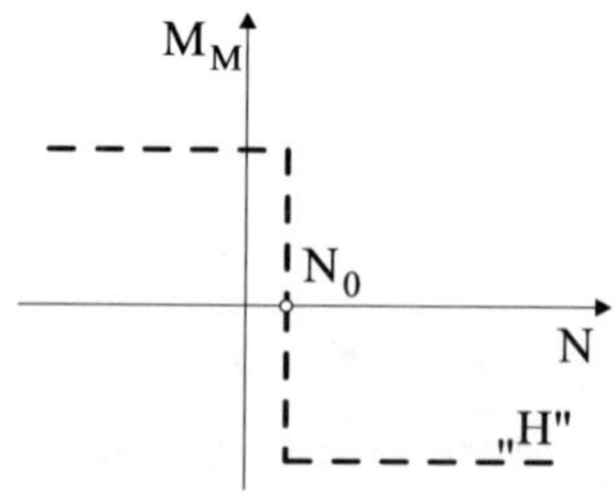

Abb. 1.25: *Konstant-Moment-Verhalten*

1.3.2.3 Synchrones Verhalten

$N = f(f_{Netz}, Z_p)$ $\qquad Z_p$: Polpaarzahl

M_M ist keine Funktion von N.

Synchronmaschine:

Drehzahl N: starr
Polradwinkel $\vartheta = f(M_M)$ $\qquad (M_K$: Kippmoment)

Deshalb ist der absolute Drehwinkel φ von der Drehzahl N und dem Drehmoment M_M abhängig!

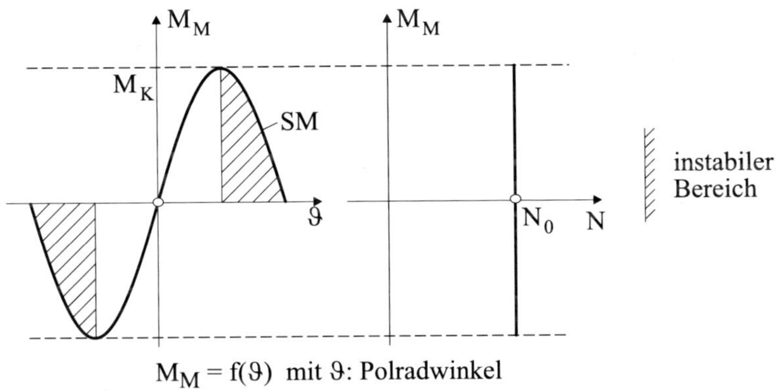

Abb. 1.26: *Synchrones Antriebsmaschinen-Verhalten*

Das synchrone Verhalten ist dadurch gekennzeichnet, daß die Drehzahl unabhängig vom Motormoment bis zu einem Maximalwert (Kippmoment M_K) starr (konstant) bleibt. Eine Momentänderung ist jedoch mit einer Drehwinkeländerung verbunden.

Das bedeutet, daß die Synchronmaschine stationär nur drehzahlgenau, nicht aber winkelgenau arbeitet.

Für stabiles Verhalten muß darüber hinaus stets $\vartheta < 90°$ gefordert werden, sonst „kippt" die Maschine.

1.3.2.4 Beispiel: Gleichstrom–Nebenschlußmaschine

Um das Verständnis für die obigen Bezeichnungen „synchrones" und „asynchrones" Verhalten der Antriebsmaschine auch analytisch zu unterstützen, soll nachfolgend eine Erläuterung am Beispiel der Gleichstrom–Nebenschlußmaschine (GNM) erfolgen. Die in Abb. 1.26 dargestellte Drehzahlkonstanz N_0 bei variablem Drehmoment M_M besteht auch bei der GNM mit $R_A = 0$ (supraleitende Ankerwicklung). Eine ausführliche Darstellung der GNM erfolgt in Kap. 3.

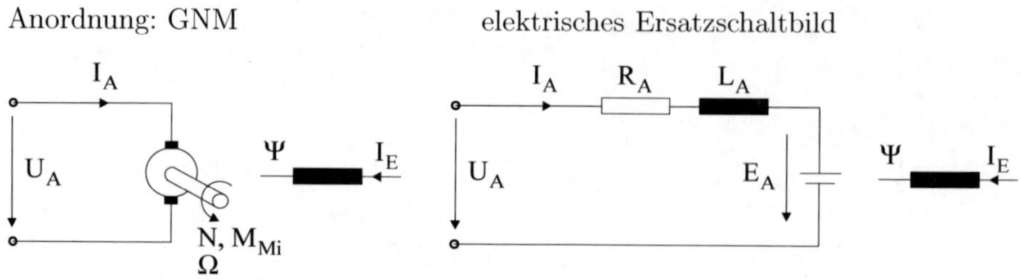

Abb. 1.27: *Prinzip-Darstellung GNM, Ψ = const. (Ankerstellbereich GNM)*

Maschinengleichungen (vereinfacht):

$$U_A = E_A + R_A \cdot I_A + L_A \cdot \frac{dI_A}{dt} \tag{1.53}$$

$$E_A = C_E \cdot \Psi \cdot N = C_M \cdot \Psi \cdot \Omega \tag{1.54}$$

$$M_{Mi} = C_M \cdot \Psi \cdot I_A ; \qquad M_M = M_{Mi} - M_{MR} \tag{1.55}$$

$$M_{Mi} = M_W + \Theta \cdot \frac{d\Omega}{dt} \qquad (\eta_{mech} = 1;\ M_{MR} = 0) \tag{1.56}$$

C_E, C_M : Maschinenkonstanten mit $C_M = \dfrac{C_E}{2\pi}$

Ψ : verketteter Fluß

$\Omega = 2\pi \cdot N$

Im stationären Betrieb mit $\dfrac{d}{dt} = 0$ verbleiben nur noch Gleichgrößen:

$$U_A = E_A + R_A \cdot I_A \tag{1.57}$$

$$E_A = C_E \cdot \Psi \cdot N \tag{1.58}$$

$$M_{Mi} = C_M \cdot \Psi \cdot I_A \tag{1.59}$$

$$M_{Mi} = M_M = M_W \qquad (\eta_{mech} = 1;\ M_{MR} = 0) \tag{1.60}$$

Damit ergibt sich:

$$U_A = C_E \cdot \Psi \cdot N + R_A \cdot \frac{M_{Mi}}{C_M \cdot \Psi} \tag{1.61}$$

oder aufgelöst nach Ω:

$$\Omega = \frac{2\pi \cdot U_A}{C_E \cdot \Psi} - M_{Mi} \cdot \frac{2\pi \cdot R_A}{C_E \cdot C_M \cdot \Psi^2} \tag{1.62}$$

Die Steuerung der Winkelgeschwindigkeit Ω ist erstens durch die Ankerspannung U_A mit $\Omega \sim U_A$ und zweitens durch den Fluß Ψ mit $\Omega \sim 1\,/\,\Psi$ möglich, außerdem besteht ein Einfluß durch das Moment M_{Mi}.

1. Fall: $R_A = 0$

$$\Omega = \frac{2\pi \cdot U_A}{C_E \cdot \Psi} = f(U_A) \neq f(M_{Mi})$$

2. Fall: $R_A \neq 0$

$$\Omega = \frac{2\pi \cdot U_A}{C_E \cdot \Psi} - M_{Mi} \cdot \frac{2\pi \cdot R_A}{C_E \cdot C_M \cdot \Psi^2} = f(M_{Mi})$$

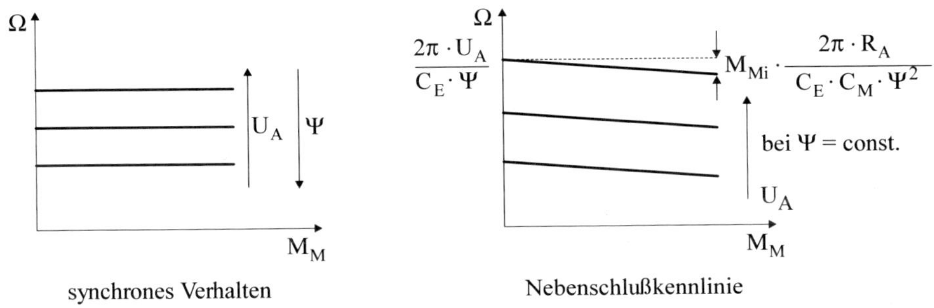

Abb. 1.28: *Stationäres Verhalten der Gleichstrom–Nebenschlußmaschine*

Je nach Größe von R_A erhält man unterschiedlich starke Neigungen: je kleiner R_A, desto „härter“ (weniger nachgiebig gegenüber Drehmomentänderungen) und je größer R_A, desto „weicher“ ist die Maschinencharakteristik.
Ein weiteres Beispiel für asynchrones Verhalten liefert die Asynchronmaschine:

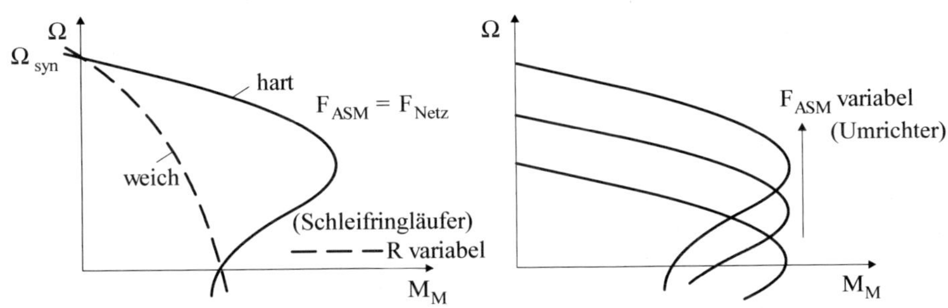

Abb. 1.29: *Stationäres Verhalten der Asynchronmaschine bei unterschiedlichen Versorgungsarten*

Achtung: Alle vorgestellten Kennlinien gelten nur für gesteuerten Betrieb. Eine Regelung kann das Verhalten der Maschine völlig verändern!

1.3.3 Statische Stabilität im Arbeitspunkt

Die Gleichgewichtsbedingung für Motor- und Widerstandsmoment lautet mit den Zählpfeildefinitionen in Abb. 1.30:

$$m_M - m_W = 0$$

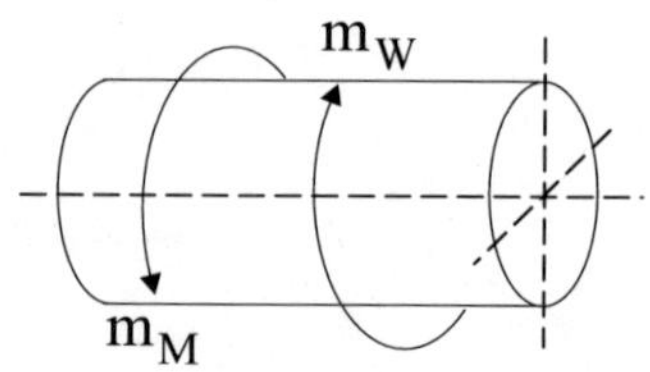

Abb. 1.30: *Situation zur Untersuchung der statischen Stabilität*

Bei der Untersuchung der statischen Stabilität ist zu prüfen, ob der jeweilige Gleichgewichtspunkt stabil, labil oder indifferent ist.

1.3.3.1 Graphische Methoden

Bei den folgenden Überlegungen und Darstellungen werden die Kennlinien der Antriebsmaschine $m_M = f(n)$ und der Arbeitsmaschine $m_W = f(n)$ verwendet. Beide Kennlinien sollen für den „gesteuerten" Betrieb gelten.

Beispiel:

gegeben:	normierte Motorkennlinie	$m_M = f(n)$
	normierte Widerstandsmomentkennlinie	$m_{W1,2,3} = f(n)$

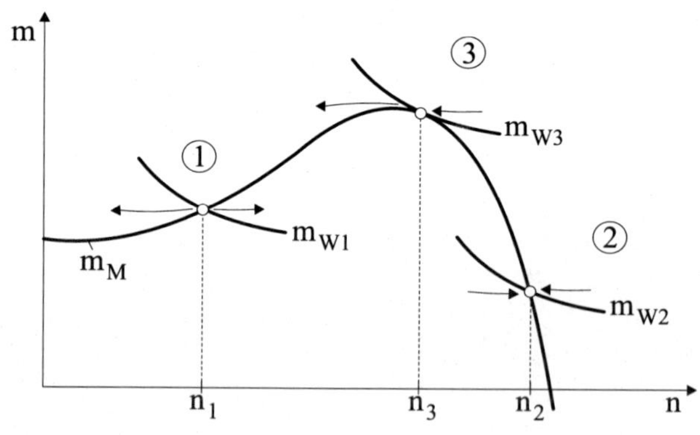

Abb. 1.31: *Stabilität am Arbeitspunkt*

Im gegebenen Beispiel (Abb. 1.31) werden drei gegebene Gleichgewichtspunkte 1, 2, 3 auf statische Stabilität untersucht.

Punkt 1: Falls $n > n_1 \longrightarrow m_M > m_{W1}$:
$\longrightarrow$ der Antrieb wird weiter beschleunigt,

falls $n < n_1 \longrightarrow m_M < m_{W1}$:
$\longrightarrow$ der Antrieb wird weiter verzögert.

Beschleunigung und Verzögerung wirken von Punkt 1 weg:
$\longrightarrow$ Punkt 1 ist deshalb ein labiler Betriebspunkt.

Punkt 2: Falls $n > n_2 \longrightarrow m_M < m_{W2} \longrightarrow$ Verzögerung,
falls $n < n_2 \longrightarrow m_M > m_{W2} \longrightarrow$ Beschleunigung,
Beschleunigung und Verzögerung wirken auf Punkt 2 zu:
$\longrightarrow$ Punkt 2 ist deshalb ein stabiler Betriebspunkt.

Punkt 3: Grenzfall zwischen stabilem und labilem Betriebspunkt:
Falls $n > n_3 \longrightarrow m_M < m_{W3} \longrightarrow$ stabiles Verhalten,
falls $n < n_3 \longrightarrow m_M < m_{W3} \longrightarrow$ labiles Verhalten,
labile Arbeitspunkte sind im gesteuerten Betrieb nicht nutzbar.

Bei der Untersuchung der statischen Drehzahlstabilität im Kennlinienfeld wurde angenommen, daß $m_M = f(n)$ und $m_W = f(n)$ rein drehzahlabhängig seien und nicht von der Winkelbeschleunigung abhängen.

1.3.3.2 Rechnerische Stabilitätsprüfung über die linearisierte Differentialgleichung im Arbeitspunkt

Es gilt: $$T_{\Theta N} \cdot \frac{dn}{dt} = m_M - m_W = m_B$$

dabei sind: $m_M = f(n)$
$m_W = f(n)$

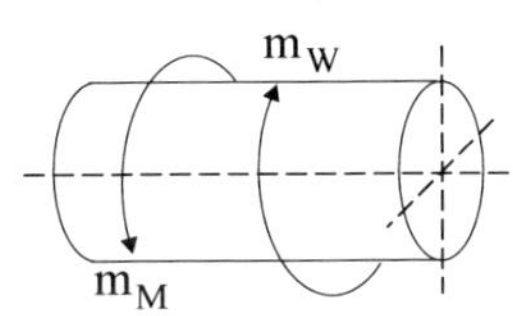

Linearisierung am Arbeitspunkt AP (Index 0): $$\frac{\Delta m}{\Delta n} = \beta \rightarrow \Delta m = \beta \cdot \Delta n$$

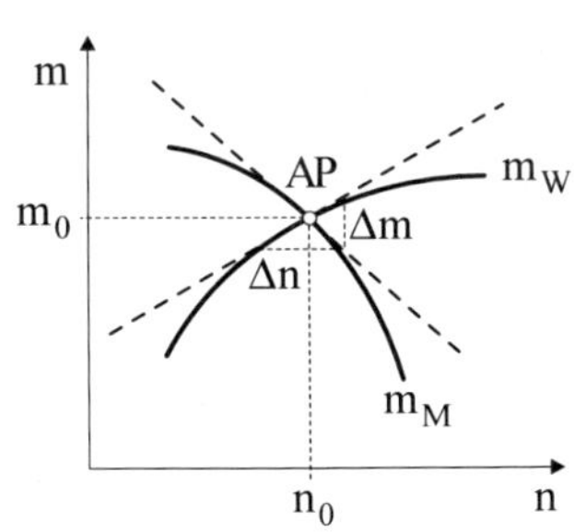

$$m_M = m_{M0} + \beta_M \cdot \Delta n = m_{M0} + \Delta m_M$$

$$m_W = m_{W0} + \beta_W \cdot \Delta n = m_{W0} + \Delta m_W$$

$m_{M0} = m_{W0}$ im Arbeitspunkt n_0

$n = n_0 + \Delta n$

Δn: Anregung, Störung

Abb. 1.32: *Differentielle Betrachtung*

Differentialgleichung bezüglich der Abweichungen (Δ-Größen):

$$T_{\Theta N} \cdot \frac{d(\Delta n)}{dt} = \Delta m_M - \Delta m_W = \Delta n \cdot (\beta_M - \beta_W) \tag{1.63}$$

$$\frac{d(\Delta n)}{dt} \cdot \frac{T_{\Theta N}}{(\beta_M - \beta_W)} - \Delta n = 0 \qquad | \cdot(-1) \tag{1.64}$$

oder:

$$\frac{d(\Delta n)}{dt} \cdot \frac{T_{\Theta N}}{(\beta_W - \beta_M)} + \Delta n = 0 \tag{1.65}$$

Lösung:

$$\Delta n = \Delta n_0 \cdot e^{-\frac{t}{T_{\Theta N}} \cdot (\beta_W - \beta_M)} \qquad (\Delta n_0 : \text{ Anfangsstörung}) \tag{1.66}$$

- Stabilität, wenn $(\beta_W - \beta_M) > 0$
- Instabilität, wenn $(\beta_W - \beta_M) \leq 0$

Ein Betriebspunkt ist somit statisch stabil, wenn in seiner Umgebung das Lastmoment $m_W = f(n)$ eine größere Steigung (β_W) als die Steigung (β_M) des Motormoments $m_M = f(n)$ besitzt.

1.3.3.3 Stabilitätsprüfung über die Laplace-Transformation

Es gilt:

$$\frac{d(\Delta n)}{dt} \cdot \frac{T_{\Theta N}}{\beta_W - \beta_M} + \Delta n = 0 \qquad \text{Zeitbereich}$$

$$\Delta n(s) \cdot s \cdot \frac{T_{\Theta N}}{\beta_W - \beta_M} + \Delta n(s) = 0 \qquad \text{Bildbereich}$$

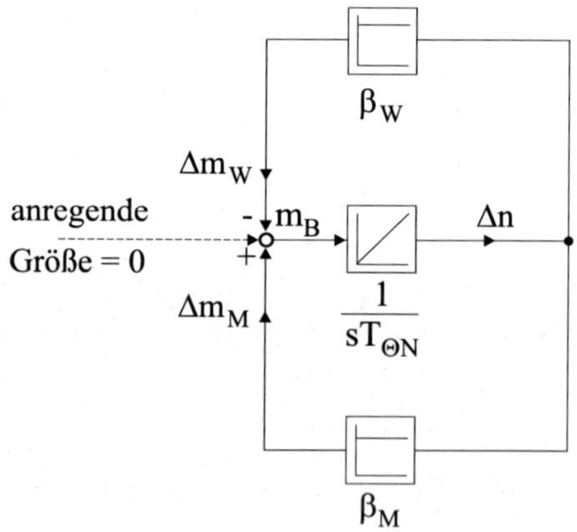

Abb. 1.33: *Linearisierter Signalflußplan (Betrachtung am Arbeitspunkt)*

Mit Gl. (1.35) ergibt sich

$$m_B(s) \;=\; \Delta n(s) \cdot s\, T_{\Theta N} \tag{1.67}$$

Umformung für den Signalflußplan (Abb. 1.33, Betrachtung am Arbeitspunkt):

$$m_B \;=\; \Delta n(s) \cdot s\, T_{\Theta N} \;=\; -\, \Delta n(s) \cdot (\beta_W - \beta_M) \tag{1.68}$$

Übertragungsfunktion:

Mit den Gesetzen der Automatisierungstechnik für geschlossene Regelkreise ergibt sich (beachte $G_r(s) \neq -1!$):

$$G(s) \;=\; \frac{1}{\dfrac{1}{G_v(s)} - G_r(s)} \;=\; \frac{1}{s\, T_{\Theta N} + (\beta_W - \beta_M)} \tag{1.69}$$

$$\;=\; \frac{1}{(\beta_W - \beta_M) \cdot \left(1 + s\, \dfrac{T_{\Theta N}}{(\beta_W - \beta_M)}\right)} \tag{1.70}$$

mit $\quad G_v(s) \;=\; \dfrac{1}{s\, T_{\Theta N}}\,; \quad G_r(s) \;=\; -\,(\beta_W - \beta_M)$

Nullsetzen des Nennerpolynoms von $G(s)$ ergibt Polstelle bei:

$$s_p \;=\; -\, \frac{\beta_W - \beta_M}{T_{\Theta N}} \tag{1.71}$$

Immer Stabilität erforderlich?
wenn gesteuert: Stabilität unbedingt erforderlich!
wenn geregelt: Stabilität bei offenem Regelkreis nicht unbedingt erforderlich.

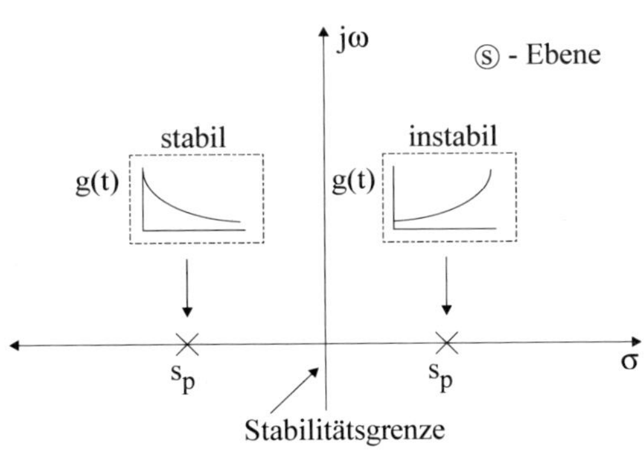

Abb. 1.34: *Stabilitätsuntersuchung im s-Bereich*

Stabilitätsbedingung erfüllt, wenn $s_p < 0$, d.h., wenn $\beta_W - \beta_M > 0$.
Stabilitätsbedingung für das vereinfachte, linearisierte System im Arbeitspunkt (vgl. Kap. 1.3.3.2):

$$\beta_W = \frac{d\,m_W}{dn} > \frac{d\,m_M}{dn} = \beta_M \tag{1.72}$$

1.3.4 Bemessung der Antriebsanordnung

Für die Auslegung des Antriebsmotors sind im wesentlichen vier Gesichtspunkte maßgebend:

- benötigte Leistung,
- Drehmomentverhalten,
- Drehzahlverhalten,
- Bauform.

Es ist dabei das stationäre und das dynamische Verhalten zu berücksichtigen.

1.3.4.1 Arbeitsmaschinen (Abb. 1.35)

1. Kennlinienfeld (Betrieb)
   Zunächst wird der Stellbereich der Arbeitsmaschine betrachtet und als N-M-Kennlinienfeld dargestellt. Beispiel: $M_W = f(N)$, Bereich 1.
   Damit ist der stationäre Drehzahl-Drehmoment-Bedarf (einschließlich der Begrenzung) festgelegt. Auch die Zahl der benötigten Quadranten (Drehmoment-Umkehr, Drehrichtungsumkehr) liegt damit fest.

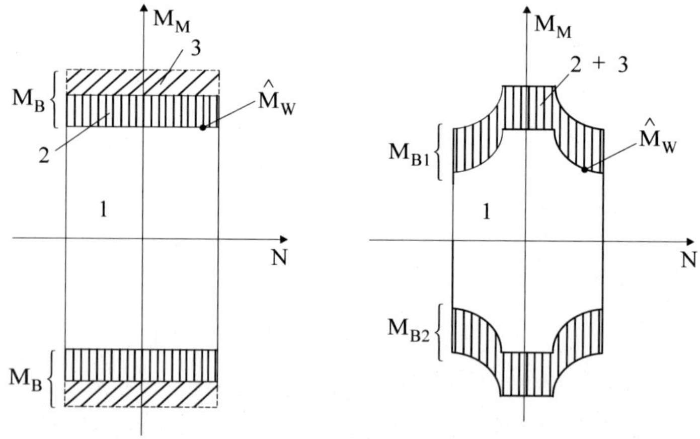

Abb. 1.35: *Kennlinienfelder (M_M entsprechend Gl. (1.73))*

2. Stellbereich für Beschleunigen und Bremsen
   Hinzu kommt ein Moment-Stellbereich für Beschleunigen und Bremsen:

   a) $M_B = \Theta \cdot 2\pi \dfrac{dN}{dt} \begin{smallmatrix} > \\ < \end{smallmatrix} 0$ Bereich 2

   b) Auch für stoßartige oder periodisch schwankende Belastungen kann ein zusätzliches Moment erforderlich sein, Bereich 3.

1.3.4.2 Antriebsmaschinen

Bei der Auswahl der Antriebsmaschine sind zunächst die Betriebspunkte der Arbeitsmaschine zu berücksichtigen. Das erforderliche Motormoment ergibt sich aus

$$M_M = \underbrace{M_W}_{1} + \underbrace{M_B}_{2+3} \qquad \text{(siehe Abb. 1.35)} \tag{1.73}$$

Auch die Forderung nach einem bestimmten Drehzahlverhalten bei Laständerung beeinflußt ggf. die Wahl der Motorkennlinien bzw. der Motorart.

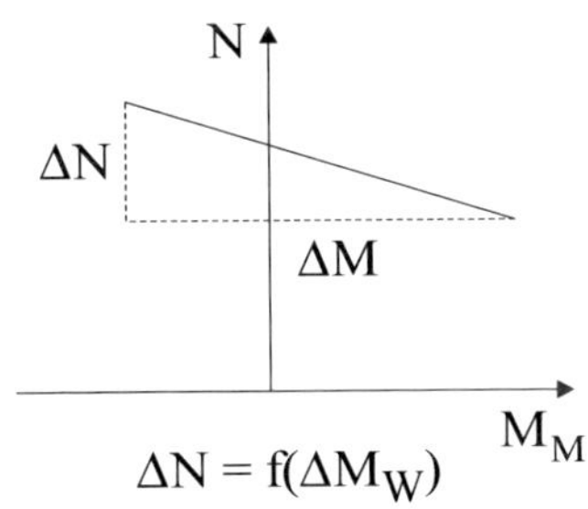

Abb. 1.36: *Drehzahlverhalten als Funktion des Drehmoments*

In jedem Fall muß das Kennlinienfeld $M_M = f(N)$ des Motors so festgelegt werden, daß das Kennlinienfeld $M_W(N)$ innerhalb der Grenzen des Motorkennlinienfeldes liegt (einschließlich Reserven). Es kann dabei zweckmäßig sein, sich bei der Wahl der Motorkennlinie (und damit der Motorart) an die Lastkennlinien anzupassen. Damit sind auch die Grenzdaten N_{max} und M_{Mmax} und der N-M-Stellbereich festgelegt.
Beispiel: siehe Abb. 1.37

Für die thermische Auslegung der Maschine ist die Betriebsart, d.h. das Belastungs-Zeit-Programm zu berücksichtigen (siehe Kap. 2).
Beispiel: siehe Abb. 1.38

Die Nenndaten des Antriebs sind so zu wählen, daß der Antrieb während des Betriebs thermisch nicht überlastet wird. Dabei ist ein kurzzeitiges Überschreiten der Nenndaten im Rahmen der festgelegten Grenzdaten durchaus zulässig.

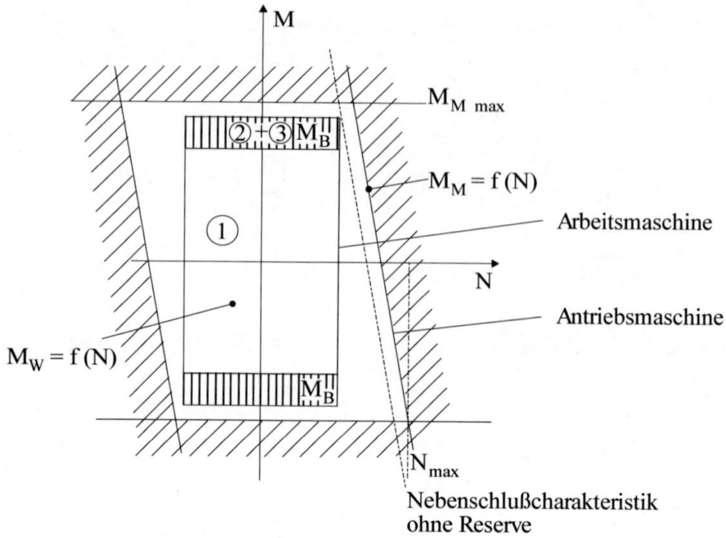

Abb. 1.37: *Auslegungsbeispiel im Kennlinienfeld*

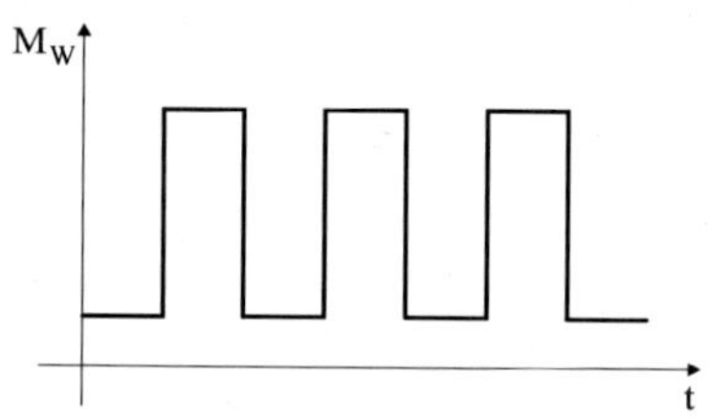

Abb. 1.38: *Drehmomentverlauf mit periodischem Anteil*

Zusätzlich zu den Auslegungskriterien ist es noch zweckmäßig, die Stabilität der Antriebsanordnung (Motor- und Lastverhalten), wie in Kap. 1.3.3 behandelt, überschlägig zu kontrollieren. Interessante Fälle sind vor allem das Anfahren oder die drehmomentmäßige Überbelastung der Maschine.

2 Verluste und Erwärmung im Antriebssystem

2.1 Verluste an der Übertragungsstelle

2.1.1 Leistungsbilanz

Die Verlustleistung an der Übertragungsstelle bei der Energieübertragung bzw. -wandlung läßt sich in gleicher Weise an einem mechanischen Modell (Kupplung) wie an einem elektrischen Modell (Luftspalt einer elektrischen Maschine) ermitteln. Angetrieben wird jeweils eine Anordnung mit der Schwungmasse Θ, an der das Widerstandsmoment M_W angreift.

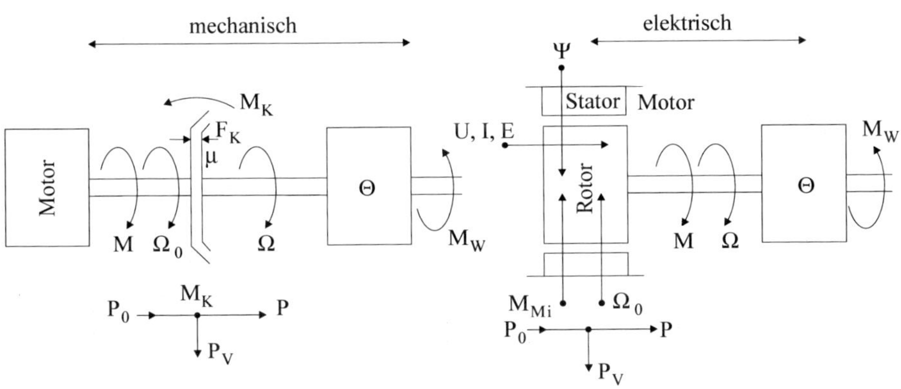

Abb. 2.1: *Modelle für Antriebssysteme*

Für das übertragene Moment gilt:

– in der Kupplung: $M = M_K \sim F_K \cdot \mu$

– im Luftspalt: $M = M_{Mi} \sim I \cdot \Psi$

– in beiden Fällen: $M = M_W + \Theta \cdot \dfrac{d\Omega}{dt}$

Die Leistungsbilanz lautet dann:

– zugeführt: $P_0 = M \cdot \Omega_0$

– übertragen: $P = M \cdot \Omega$

– abgeführt (Verluste):

$$P_V = P_0 - P = M \cdot (\Omega_0 - \Omega)$$
$$= (M_W + \Theta \cdot \frac{d\Omega}{dt}) \cdot (\Omega_0 - \Omega)$$

Die Übertragungsstelle kann synchrones oder asynchrones Verhalten zeigen. Eine Übersicht vermittelt die Darstellung der Leistungsbilanz im Kennlinienfeld.

Analoge Berechnung am elektrischen Modell (Beispiel GNM, siehe Kap. 3):

– zugeführt:

$$P_0 = I_A \cdot U_A = I_A \cdot (E_A + R_A \cdot I_A)$$
$$P_0 = I_A \cdot E_A + R_A \cdot I_A^2$$

(Betrachtung nur des Ankerkreises)

– übertragen:

$$M_{Mi} = C_M \cdot \Psi \cdot I_A = C_M \cdot \frac{E_A}{C_E \cdot N} \cdot I_A$$
$$P = M_{Mi} \cdot \Omega = \frac{2\pi \cdot C_M}{C_E} \cdot E_A \cdot I_A = E_A \cdot I_A$$

– Verlust:

$$P_V = P_0 - P = R_A \cdot I_A^2$$

(ohne Erregerverluste)

Leistungsaufteilung:

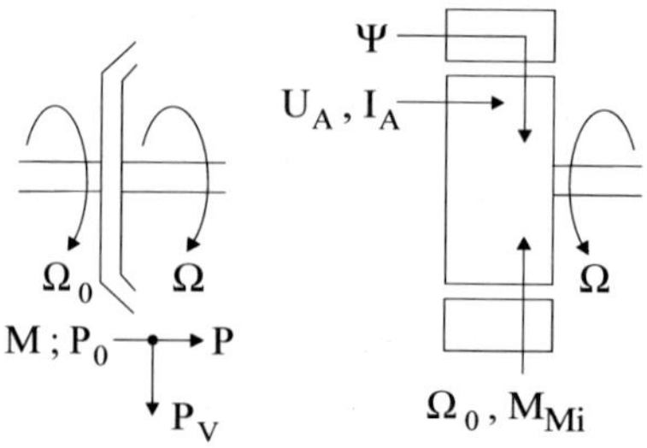

Ω_0: Antrieb (Leerlauf-)Drehzahl
Ω: Abtrieb (Belastungs-)Drehzahl
M: Moment

Antrieb = Abtrieb + Verlust

$$M_{Mi} \cdot \Omega_0 = M_{Mi} \cdot \Omega + M_{Mi} \cdot (\Omega_0 - \Omega)$$
$$P_0 = P + P_V$$

Abb. 2.2: *Leistungsaufteilung*

1. Leerlauf

$$M = 0$$
$$0 < \Omega = \Omega_0$$

2. Treiben synchron (mot)

$$M > 0$$
$$0 < \Omega = \Omega_0$$

3. Treiben asynchron (mot)

$$M > 0$$
$$0 < \Omega < \Omega_0$$

4. Bremsen asynchron (gen)

$$M < 0$$
$$0 < \Omega_0 < \Omega$$

5. Bremsen im Kurzschluß (mot)

$$M < 0$$
$$\Omega_0 = 0$$
$$\Omega > 0$$

6. Bremsen mit Gegenstrom (mot)

$$M < 0$$
$$\Omega_0 < 0 < \Omega$$

Ziel: Bremsmoment kann noch bei kleinem $E_A \sim N$ aufgebracht werden

7. Treiben asynchron (mot)

$$M < 0$$
$$\Omega_0 < \Omega < 0$$

umgekehrte Drehrichtung zu 3.

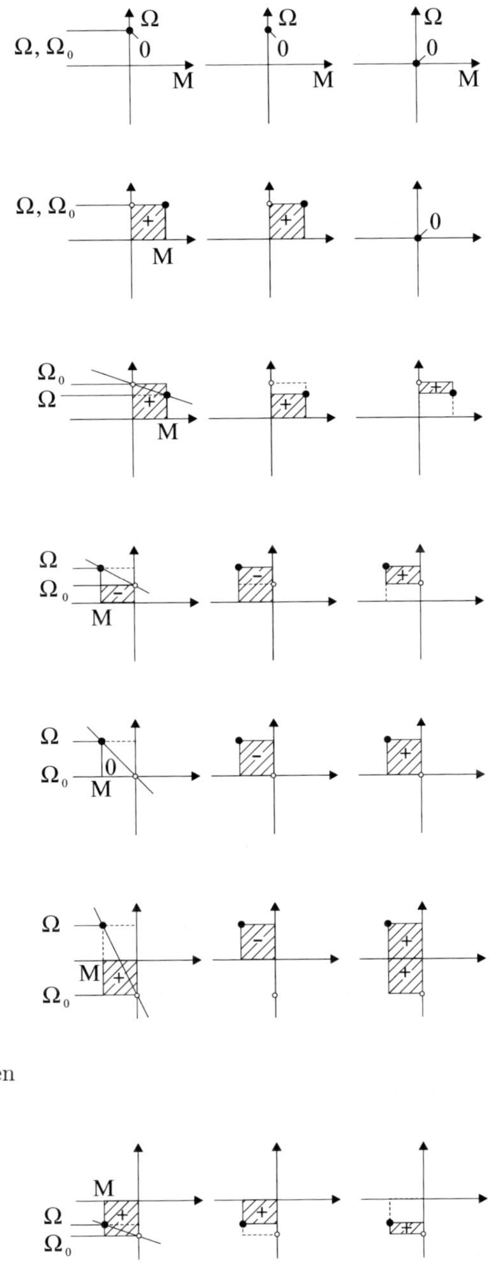

Abb. 2.3: *Idealisierte Leistungsbilanzbetrachtung*

Die Darstellung der Verlustleistung im Kennlinienfeld gestattet eine Übersicht über die physikalisch notwendigerweise auftretenden Verluste bei einer bestimmten Betriebsart. Zusätzliche Verluste, die je nach Art und Aufgaben der Übertragungsstelle (Maschine) auftreten, sind hierbei nicht erfaßt.

Die Tatsache, daß eine synchrone Übertragung (Fall 2) idealisiert verlustfrei ist, bedeutet noch nicht, daß in einer realen Synchronmaschine keine Verluste auftreten.

Zu beachten ist, daß beim Bremsen (Fall 4,5,6) von der Abtriebsseite her Leistung zugeführt wird. Diese wird beim Bremsen im Kurzschluß (Fall 5) vollständig in Verlustleistung (Wärme) umgesetzt. Beim Gegenstrombremsen (Fall 6) wird von beiden Seiten her Leistung zugeführt und vollständig in Verluste umgesetzt.

Zu beachten ist außerdem, daß in einigen Betriebszuständen wie 5 und 6 erhöhte Strombelastungen des elektromechanischen Energiewandlers auftreten.

2.1.2 Verlustarbeit an der Übertragungsstelle „Motor“

Durch Integration der Verlustleistung ergibt sich die Verlustarbeit. Entsprechend der Momentbilanz läßt sie sich in zwei Anteile zerlegen:

- die Verluste bei der Übertragung des Widerstandmomentes und
- die Verluste bei der Beschleunigung der Schwungmasse

Moment:

$$M_M = M_W + M_B = M_W + \Theta \cdot \frac{d\Omega}{dt} \tag{2.1}$$

Verlustleistung bei Nebenschlußverhalten (siehe Kap. 1.3.2.1):

$$P_V = M_M \cdot (\Omega_0 - \Omega) = \left(M_W + \Theta \cdot \frac{d\Omega}{dt} \right) \cdot (\Omega_0 - \Omega) \tag{2.2}$$

Verlustarbeit:

$$\begin{aligned} W_{V12} &= \int_{t_1}^{t_2} M_M \cdot (\Omega_0 - \Omega) \cdot dt \qquad (2.3) \\ &= \int_{t_1}^{t_2} \left(M_W + \Theta \cdot \frac{d\Omega}{dt} \right) \cdot (\Omega_0 - \Omega) \cdot dt \end{aligned}$$

M_M : Motormoment, verfügbares Gesamtmoment

Zerlegung:

$$W_{V12} = W_{VW12} + W_{V\Theta 12} \tag{2.4}$$

W_{VW12}: Anteil zur Übertragung des Widerstandsmoments
$W_{V\Theta 12}$: Anteil zur Beschleunigung der Schwungmassen

$$W_{VW12} = \int_{t_1}^{t_2} M_W \cdot (\Omega_0 - \Omega) \cdot dt \qquad \text{(zeitabhängig)} \tag{2.5}$$

Ω: an die Arbeitsmaschine übertragen
Ω_0: zugeführt

$$W_{V\Theta 12} = \int_{t_1}^{t_2} \Theta \cdot \frac{d\Omega}{dt} \cdot (\Omega_0 - \Omega) \cdot dt \tag{2.6}$$

für $\Theta = \text{const.}$ gilt:

$$W_{V\Theta 12} = \Theta \cdot \int_{\Omega_1}^{\Omega_2} (\Omega_0 - \Omega) \cdot d\Omega \qquad \text{(drehzahlabhängig)} \tag{2.7}$$

als kinetische Energie <u>gespeichert:</u> $\frac{1}{2} \cdot \Theta \cdot \Omega^2$

<u>zugeführte</u> Energie: $\frac{1}{2} \cdot \Theta \cdot \Omega_0^2$

Für die Normierung gelten folgende Bezugswerte:

- Leerlauf-Nenndrehzahl: $N_{0N} = \frac{\Omega_{0N}}{2\pi}$
- Luftspalt-Nennmoment: M_{iN}
- Trägheits-Nennzeitkonstante: $T_{\Theta N} = \frac{\Theta \cdot \Omega_{0N}}{M_{iN}}$
- bei Ω_{0N} gespeicherte Energie: $W_{0N} = \frac{1}{2} \cdot \Theta \cdot \Omega_{0N}^2 = \frac{1}{2} \cdot T_{\Theta N} \cdot M_{iN} \cdot \Omega_{0N} = \frac{1}{2} \cdot T_{\Theta N} \cdot P_{0N}$
- und: $\omega = n = \frac{\Omega}{\Omega_{0N}} = \frac{N}{N_{0N}}\,; \quad m = \frac{M}{M_{iN}}$

  $w_V = \frac{W_V}{W_{0N}}$

Normierung:

$$w_{V12} = \frac{W_{V12}}{W_{0N}} = 2 \cdot \int_{t_1}^{t_2} \frac{M_W}{M_{iN}} \cdot \frac{\Omega_0 - \Omega}{\Omega_{0N}} \cdot \frac{dt}{T_{\Theta N}} + 2 \cdot \int_{\Omega_1}^{\Omega_2} \frac{\Omega_0 - \Omega}{\Omega_{0N}} \cdot \frac{d\Omega}{\Omega_{0N}} \tag{2.8}$$

$$\Downarrow$$

$$w_{V12} = \underbrace{2 \cdot \int_{t_1}^{t_2} m_W \cdot (n_0 - n) \cdot \frac{dt}{T_{\Theta N}}}_{w_{VW12}} + \underbrace{2 \cdot \int_{n_1}^{n_2} (n_0 - n) \cdot dn}_{w_{V\Theta 12}} \tag{2.9}$$

$$\text{Anteile:} \qquad w_{V12} = w_{VW12} + w_{V\Theta 12} \tag{2.10}$$

Beispiel: Gleichstrom–Nebenschlußmaschine GNM (siehe Kap. 3)

$$\psi = \psi_N = 1 \tag{2.11}$$

$$n_0 = u_A \tag{2.12}$$

$$n = u_A - m_{Mi} \cdot r_A \tag{2.13}$$

$$i_A = m_{Mi} \tag{2.14}$$

$$\begin{aligned} w_{V12} &= 2 \cdot \int_{t_1}^{t_2} m_{Mi} \cdot (n_0 - n) \cdot \frac{dt}{T_{\Theta N}} \\ &= 2 \cdot \int_{t_1}^{t_2} m_{Mi} \cdot (u_A - u_A + m_{Mi} \cdot r_A) \cdot \frac{dt}{T_{\Theta N}} \\ &= 2 \cdot \int_{t_1}^{t_2} m_{Mi}^2 \cdot r_A \cdot \frac{dt}{T_{\Theta N}} = 2 \cdot \int_{t_1}^{t_2} i_A^2 \cdot r_A \cdot \frac{dt}{T_{\Theta N}} \end{aligned} \tag{2.15}$$

2.1.3 Verluste beim Beschleunigen

Die Verluste $w_{V\Theta}$ zum Beschleunigen der Schwungmasse beispielsweise beim Anfahren werden im folgenden unter vereinfachenden Voraussetzungen untersucht.

Mit $u_A = n_0 = \text{const.}$ (Einspeisung) und der Anfangsdrehzahl n_1 wird $n_2 = n_0$ (Enddrehzahl = Leerlauf-Drehzahl).

Es ergibt sich mit zeitlich ansteigender Drehzahl $n(t)$:

$$
\begin{aligned}
w_{V\Theta 12} &= 2 \cdot \int_{n_1}^{n_2} n_0 \, dn - 2 \cdot \int_{n_1}^{n_2} n \, dn = 2 \cdot n_0 \cdot (n_2 - n_1) - \left(n_2^2 - n_1^2\right) \\
&= 2 \cdot n_0 \cdot (n_0 - n_1) - \left(n_0^2 - n_1^2\right) = (n_0 - n_1)^2
\end{aligned}
\tag{2.16}
$$

Bezieht man die Verluste auf die gespeicherte Energie $w_{\Theta 12}$, so erhält man:

$$
\frac{w_{V\Theta 12}}{w_{\Theta 12}} = \frac{(n_0 - n_1)^2}{n_0^2 - n_1^2} = \frac{n_0 - n_1}{n_0 + n_1}
\tag{2.17}
$$

$$
w_{\Theta 12} = \frac{W_{\Theta 12}}{W_{0N}} = {n_0}^2 - {n_1}^2 ; \quad W_{\Theta 12} = \frac{1}{2} \cdot \Theta \cdot (\Omega_2^2 - \Omega_1^2) ; \quad W_{0N} = \frac{1}{2} \cdot \Theta \cdot \Omega_{0N}^2
$$

Für einen **Anfahrvorgang** aus dem Stillstand $n_1 = 0$ bis zum Endwert $n_2 = n_0$ ergibt sich dann (siehe auch Kap. 3):

<ins>in einer Stufe ($z = 1$):</ins>

$$
\frac{w_{V\Theta}}{w_\Theta} = 1 \qquad \begin{aligned} n_0 &= u_{A0} \quad \text{angelegt} \\ n &= e_A \, ; \quad \psi = 1 \end{aligned}
$$

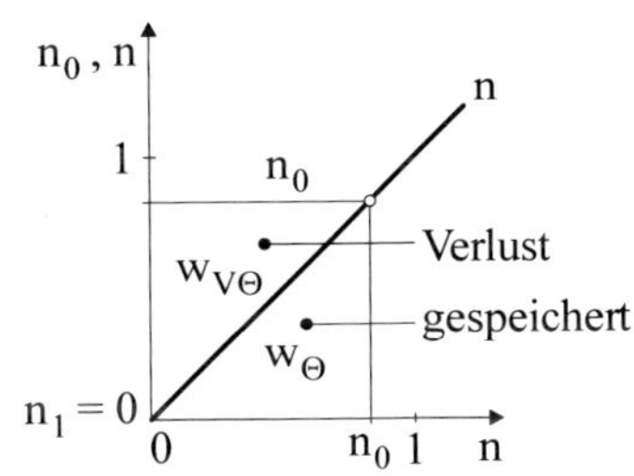

Abb. 2.4: *Energiebilanz*

Beachte: das Antriebssystem kann durch den Anfahrvorgang im Moment überlastet werden!

<ins>in z beliebigen Stufen (Abb. 2.5, 2.6):</ins>

$$
\frac{w_{V\Theta}}{w_\Theta} = \frac{(n_{01} - 0)^2 + (n_{02} - n_{01})^2 + \ldots + (n_{0z} - n_{0z-1})^2}{(n_{01}^2 - 0^2) + (n_{02}^2 - n_{01}^2) + \ldots + \left(n_{0z}^2 - n_{0z-1}^2\right)}
\tag{2.18}
$$

$$
\frac{w_{V\Theta}}{w_\Theta} = \frac{\sum\limits_{k=1}^{z} (n_{0k} - n_{0k-1})^2}{n_{0z}^2} \leq 1
\tag{2.19}
$$

z.B. geschaltete Ankerspannung:

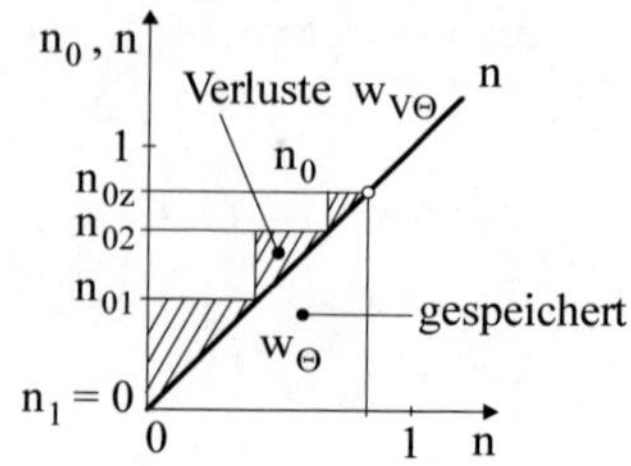

Abb. 2.5: *Energiebilanz*

in z gleichen Stufen:

$$n_{0k} - n_{0k-1} = \frac{n_{0z}}{z}$$

$$\frac{w_{V\Theta}}{w_{\Theta}} = \frac{z \cdot \left(\frac{n_{0z}}{z}\right)^2}{n_{0z}^2} = \frac{1}{z} \qquad \leq 1$$

Bei gleichen Stufen sind die Verluste minimal.

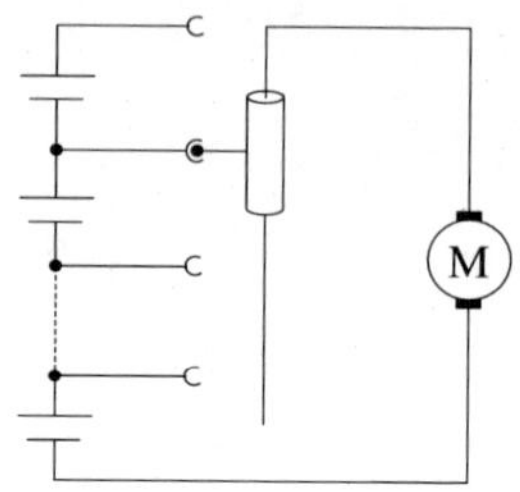

Abb. 2.6: *Prinzip-Schaltbild*

stufenlos in $z \to \infty$ Stufen:

$$\lim_{z\to\infty} \frac{w_{V\Theta}}{w_{\Theta}} = \lim_{z\to\infty} \frac{1}{z} = 0$$

(keine Verluste; synchroner Betrieb; Reibung, Leerlaufverluste vernachlässigt)

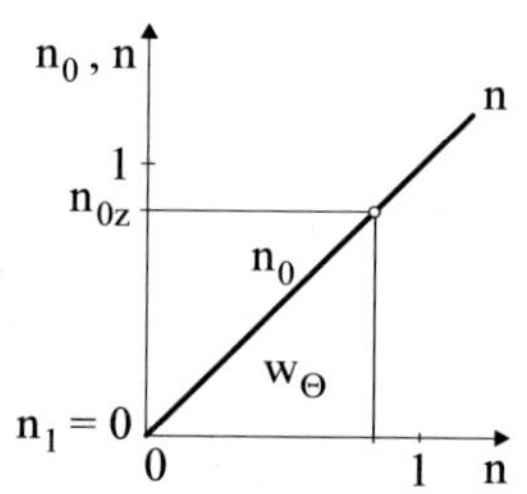

Abb. 2.7: *Energiebilanz*

Beachte: der Beschleunigungsvorgang dauert aber unendlich lange !

stufenloses Hochlaufverhalten:

(z.B. Hochlauf bei konstantem Beschleunigungsmoment:)

$$n_{0z} - n = \Delta n \sim m_B = \text{const.} \tag{2.20}$$

$$\frac{w_{V\Theta}}{w_{\Theta}} = \frac{2 \cdot n_{0z} \cdot \Delta n}{n_{0z}^2} = \frac{2 \cdot \Delta n}{n_{0z}} \tag{2.21}$$

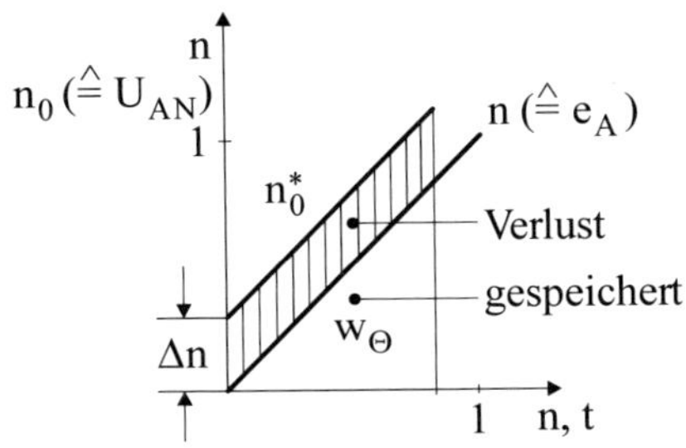

Abb. 2.8: *Beispiel: Energiebilanz einer stromgeregelten GNM*

$i_A \cdot \psi =$ const. ; $i_A =$ const. während der Beschleunigung, $\psi = 1$
$m_B \;\; =$ const.

$$N_0^\star \;\hat{=}\; U_A \;=\; E_A + \underbrace{R_A \cdot I_A}_{\hat{=} \varDelta N} \tag{2.22}$$

$$n_0^\star \;\hat{=}\; u_A \;=\; e_A + \underbrace{r_A \cdot i_A}_{\hat{=} \varDelta n} \tag{2.23}$$

wobei $\varDelta n =$ const. $\;\hat{=}\;$ $i_A =$ const. $= m_M = m_B$; $\quad m_W = 0$

2.2 Erwärmung elektrischer Maschinen

2.2.1 Verlustleistung und Temperatur

Die Verluste werden im elektromechanischen Wandler in Wärme umgesetzt. Für die Berechnung der Erwärmung einer Maschine wählen wir ein vereinfachtes Modell, das als homogen angenommen wird. Der Wärmetransport erfolgt durch Wärmeleitung und Konvektion:

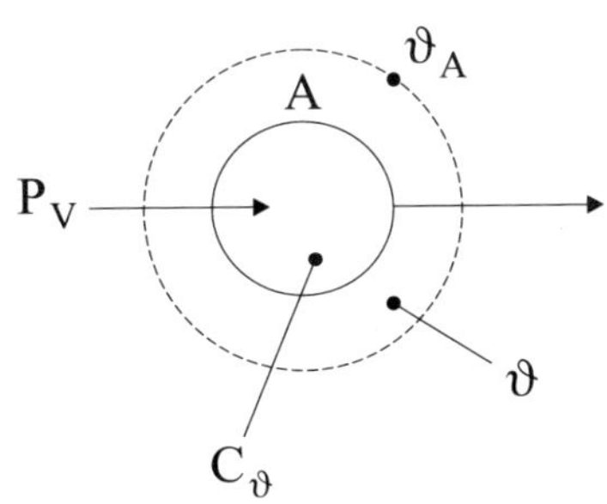

Abb. 2.9: *Kühlmedium*

Verwendete Größen:

$P_V(t)$	Wärme-(Verlust-)Leistung	
$\vartheta(t)$	Temperatur des Körpers	
$\vartheta_A(t)$	Außentemperatur	
$\vartheta - \vartheta_A = \Delta\vartheta(t)$	Übertemperatur	
C_ϑ	Wärmekapazität	$\left[\frac{kcal}{°C}, \frac{Ws}{°C}\right]$
A	Wärmeabgabefähigkeit	$\left[\frac{kcal}{°C \cdot s}, \frac{W}{°C}\right]$
$\frac{1}{A} = R_\vartheta$	Wärmewiderstand	
$\frac{C_\vartheta}{A} = T_\vartheta$	Wärmezeitkonstante $[s]$ – Betrieb $T_{\vartheta b} = 10 \ldots 60\ min$ – Pause $T_{\vartheta p} = (1 \ldots 2) \cdot T_{\vartheta b}$	

Betrachtung für einen Körper, Ableitung der Differentialgleichung:

zugeführt		abgeführt		gespeichert
$P_V \cdot dt$	$=$	$A \cdot (\vartheta - \vartheta_A) \cdot dt$	$+$	$C_\vartheta \cdot d\vartheta$
$\frac{P_V}{A}$	$=$	$(\vartheta - \vartheta_A)$	$+$	$\frac{C_\vartheta}{A} \cdot \frac{d\vartheta}{dt}$

Vereinfacht mit Außentemperatur ϑ_A =const.:
Differentialgleichung:

$$\frac{1}{A} \cdot P_V(t) = \Delta\vartheta(t) + T_\vartheta \cdot \frac{d\left(\Delta\vartheta(t)\right)}{dt} \tag{2.24}$$

Bildbereich:

$$\frac{1}{A} \cdot P_V(s) = \Delta\vartheta(s) + T_\vartheta \cdot [s \cdot \Delta\vartheta(s) - \Delta\vartheta(+0)] \tag{2.25}$$

Die zugehörige Übertragungsfunktion lautet:

$$G(s) = \frac{\Delta\vartheta(s)}{\frac{1}{A} \cdot P_V(s)} = \frac{1}{1 + sT_\vartheta} \tag{2.26}$$

Für eine sprungförmige Anregung (Störung) mit

$$P_V(t) \;=\; \Delta P_{V0} \cdot \sigma(t) \tag{2.27}$$

und den Anfangswert

$$\Delta\vartheta(+0) \;=\; 0\,; \qquad (\vartheta(+0) \;=\; \vartheta_A) \tag{2.28}$$

ergibt sich die Übergangsfunktion

$$\Delta\vartheta(t) \;=\; \Delta\vartheta_\infty \cdot \left(1 - e^{-t/T_\vartheta}\right) \tag{2.29}$$

mit dem Endwert

$$\Delta\vartheta_\infty \;=\; \frac{1}{A} \cdot P_{V0}\,; \qquad \vartheta_\infty \;=\; \vartheta_A + \Delta\vartheta_\infty \tag{2.30}$$

Allgemeiner Zeitverlauf:

$$\vartheta(t) \;=\; \vartheta_A + \Delta\vartheta(t) \tag{2.31}$$

Bezugswerte:

P_{VN} : Nennverlustleistung; Verlustleistung im Nennbetrieb

$\Delta\vartheta_{\infty N}$: $\Delta\vartheta_\infty\,(P_{VN})$

Signalflußplan:

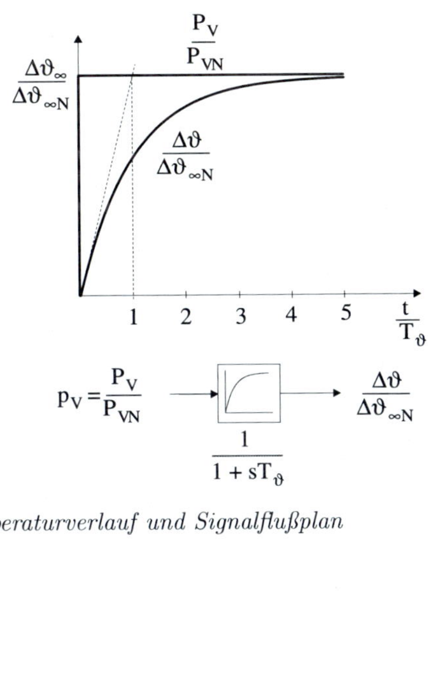

Abb. 2.10: *Zeitlicher Temperaturverlauf und Signalflußplan*

Analogiebetrachtung thermisches System – elektrisches System

thermisch		elektrisch dual			
C_ϑ:	Wärmekapazität	C:	Kapazität	L:	Induktivität
A:	thermischer Leitwert; Wärmeabgabefähigkeit	$\frac{1}{R}$:	Leitwert	R:	Widerstand
$\frac{C_\vartheta}{A} = T_\vartheta$:	Wärmezeitkonstante	$R \cdot C$:	Zeitkonstante	$\frac{L}{R}$:	Zeitkonstante
$\Delta\vartheta$:	Übertemperatur	U:	Spannung	I:	Strom
P_V:	Wärmeleistung; Wärmestrom	I:	Strom	U:	Spannung
$C_\vartheta \cdot \frac{d(\Delta\vartheta)}{dt} + A \cdot \Delta\vartheta = P_V$		$C \cdot \frac{dU}{dt} + \frac{1}{R} \cdot U = I$		$L \cdot \frac{dI}{dt} + R \cdot I = U$	

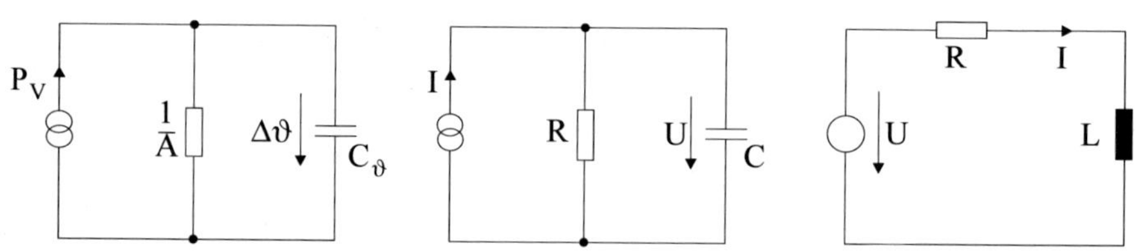

Abb. 2.11: *Modelle zur Analogiebetrachtung*

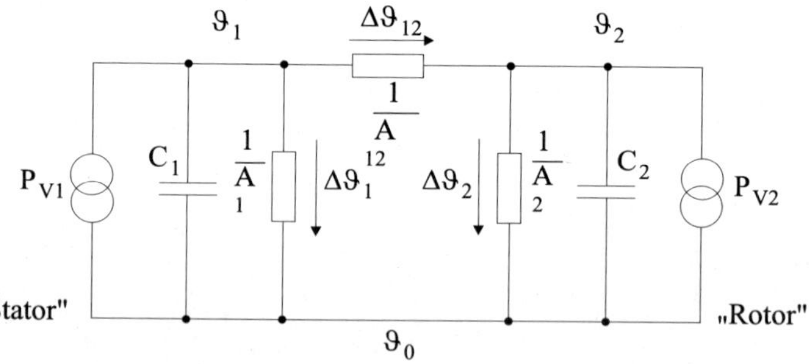

Abb. 2.12: *Beispiel: Zwei-Körper-Modell eines Motors*

2.2.2 Rechengang: mathematische Grundlagen

Im allgemeinen bestehen thermische Systeme aus mehreren Körpern (z.B. Stator, Rotor, Wicklung) mit unterschiedlichen thermischen Eigenschaften. Zur Berechnung dieser Systeme kann man analog zu elektrischen Modellen ein „thermisches Netzwerk“ erstellen und dies mit den herkömmlichen Methoden behandeln. Für das Zwei-Körper-Modell eines Motors nach Abb. 2.12 ergibt sich:

Stator:

$$C_1 \cdot \frac{d}{dt}(\Delta\vartheta_1) + A_1 \cdot (\Delta\vartheta_1) + A_{12} \cdot (\Delta\vartheta_{12}) = P_{V1} \tag{2.32}$$

Rotor:

$$C_2 \cdot \frac{d}{dt}(\Delta\vartheta_2) + A_2 \cdot (\Delta\vartheta_2) + A_{12} \cdot (\Delta\vartheta_{21}) = P_{V2} \tag{2.33}$$

mit: $\Delta\vartheta_{12} = -\Delta\vartheta_{21} = \Delta\vartheta_1 - \Delta\vartheta_2$

Mit $A_1 = 1/R_1$, $A_{12} = 1/R_{12}$, $A_2 = 1/R_2$ und der Transformation der Stator- und Rotorgleichung in den Laplace-Bereich lassen sich die beiden Pole (Eigenwerte) im s-Bereich für die charakteristische Gleichung bestimmen:

$$s_{1,2} = -\frac{1}{T_{1,2}} = -\frac{1}{2} \cdot a_0 \pm \sqrt{\frac{a_0^2}{4} - \frac{1}{C_1 \cdot C_2} \cdot \left(\frac{1}{R_1 \cdot R_2} + \frac{1}{R_{12}} \cdot \frac{R_1 + R_2}{R_1 \cdot R_2}\right)} \tag{2.34}$$

$$a_0 = \frac{1}{R_1 \cdot C_1} + \frac{1}{R_2 \cdot C_2} + \frac{1}{R_{12}} \cdot \frac{C_1 + C_2}{C_1 \cdot C_2} \tag{2.35}$$

mit den homogenen Lösungen

$$\Delta\vartheta_{1h} = a_{11} \cdot e^{-t/T_1} + a_{12} \cdot e^{-t/T_2} \tag{2.36}$$

$$\Delta\vartheta_{2h} = a_{21} \cdot e^{-t/T_1} + a_{22} \cdot e^{-t/T_2} \tag{2.37}$$

und

$$a_{21} = \frac{R_1 + R_{12} + C_1 \cdot R_1 \cdot R_{12} \cdot s_1}{R_1} \cdot a_{11} = \kappa_1 \cdot a_{11} \tag{2.38}$$

$$a_{22} = \frac{R_1 + R_{12} + C_1 \cdot R_1 \cdot R_{12} \cdot s_2}{R_1} \cdot a_{12} = \kappa_2 \cdot a_{12} \tag{2.39}$$

Die inhomogene Lösung lautet:

$$\Delta\vartheta_{1i} = \frac{P_{V1} \cdot (R_2 + R_{12}) + P_{V2} \cdot R_2}{R_1 + R_2 + R_{12}} \cdot R_1 \tag{2.40}$$

$$\Delta\vartheta_{2i} = \frac{P_{V2} \cdot (R_1 + R_{12}) + P_{V1} \cdot R_1}{R_1 + R_2 + R_{12}} \cdot R_2 \tag{2.41}$$

Die Gesamtlösung ist dann:

$$\Delta\vartheta_1(t) = \Delta\vartheta_{1h} + \Delta\vartheta_{1i} = a_{11} \cdot e^{-t/T_1} + a_{12} \cdot e^{-t/T_2} + \Delta\vartheta_{1i} \tag{2.42}$$

$$\Delta\vartheta_2(t) = \Delta\vartheta_{2h} + \Delta\vartheta_{2i} = a_{21} \cdot e^{-t/T_1} + a_{22} \cdot e^{-t/T_2} + \Delta\vartheta_{2i} \tag{2.43}$$

Die Koeffizienten a_{11} und a_{12} sind noch unbekannt und ergeben sich aus den Anfangsbedingungen

$$\Delta\vartheta_1(t=0) = \Delta\vartheta_{10} \qquad \text{und} \qquad \Delta\vartheta_2(t=0) = \Delta\vartheta_{20} \tag{2.44}$$

die in die Gesamtlösung einzusetzen sind. Mit κ_1, κ_2 und $\Delta\vartheta_{1i}$, $\Delta\vartheta_{2i}$ nach Gl. (2.38) bis (2.41) erhält man:

$$\begin{aligned} a_{11} &= \frac{(\Delta\vartheta_{10} - \Delta\vartheta_{1i}) \cdot \kappa_2 - (\Delta\vartheta_{20} - \Delta\vartheta_{2i})}{\kappa_2 - \kappa_1} \\ &= \frac{\Delta\vartheta_{10} \cdot \kappa_2 - \Delta\vartheta_{20}}{C_1 \cdot R_{12} \cdot (s_2 - s_1)} - \frac{P_{V1} + \Delta\vartheta_{1i} \cdot C_1 \cdot s_2}{C_1 \cdot (s_2 - s_1)} \end{aligned} \tag{2.45}$$

$$\begin{aligned} a_{12} &= \frac{(\Delta\vartheta_{10} - \Delta\vartheta_{1i}) \cdot \kappa_1 - (\Delta\vartheta_{20} - \Delta\vartheta_{2i})}{\kappa_1 - \kappa_2} \\ &= \frac{\Delta\vartheta_{10} \cdot \kappa_1 - \Delta\vartheta_{20}}{C_1 \cdot R_{12} \cdot (s_1 - s_2)} - \frac{P_{V1} + \Delta\vartheta_{1i} \cdot C_1 \cdot s_1}{C_1 \cdot (s_1 - s_2)} \end{aligned} \tag{2.46}$$

2.2.3 Strombelastung und Verlustleistung

Man unterscheidet zwei Arten von Verlusten:

- die Leerlaufverluste und
- die Lastverluste.

Die Leerlaufverluste sind last**un**abhängig, während die Lastverluste von der Belastung abhängig sind.
Zu den **Leerlaufverlusten** gehören:

- die Eisenverluste, die im aktiven Eisen durch Ummagnetisierung auftreten,
- die Reibungsverluste (Luft-, Lager- und Bürstenreibung),
- die Erregerverluste (nicht immer lastunabhängig).

Die **lastabhängigen** Verluste sind im wesentlichen **stromabhängig**. Es handelt sich also um Stromwärmeverluste in allen Wicklungen des Stators und des Rotors, die vom Laststrom durchflossen werden, um Übergangsverluste an den Klemmen und den Bürsten, sowie um weitere Zusatzverluste.

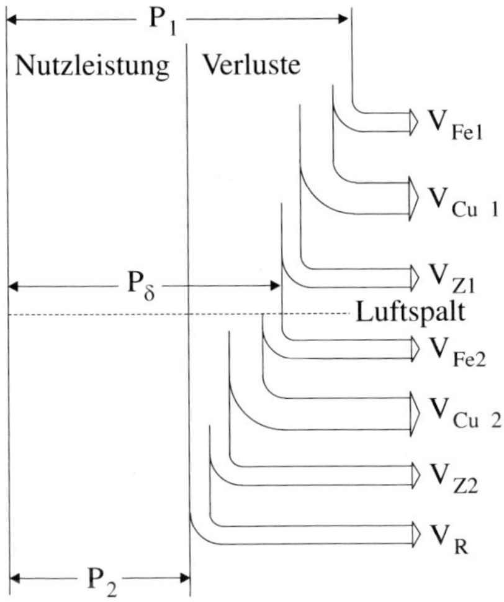

Index 1: Stator

Index 2: Rotor

V_{Fe} : Eisenverluste

V_{Cu} : Kupfer-(Stromwärme-)Verluste

V_Z : Zusatzverluste

V_R : Reibungsverluste

P_1 : Eingangsleistung

P_2 : verfügbare Leistung

P_δ : Luftspaltleistung

Abb. 2.13: *Leistungsfluß durch einen Motor*

Die Aufstellung der Verluste läßt sich formelmäßig ausdrücken.

Verlustleistung:

$$P_V = v_i \cdot P_N \cdot \left(\frac{I}{I_N}\right)^2 + v_k \cdot P_N \tag{2.47}$$

v_i: Vorfaktor für stromabhängige Verluste,
v_k: Vorfaktor für Leerlaufverluste (konstante Verluste)
Verlustleistung bei Nennbetrieb:

$$P_{VN} = v_i \cdot P_N + v_k \cdot P_N \tag{2.48}$$

Normiert:

$$\frac{P_V}{P_{VN}} = \frac{v_i \cdot P_N \cdot \left(\frac{I}{I_N}\right)^2 + v_k \cdot P_N}{v_i \cdot P_N + v_k \cdot P_N} \tag{2.49}$$

$$\frac{P_V}{P_{VN}} = \frac{i^2 + v}{1 + v} \mathrel{\hat{=}} \frac{\Delta\vartheta_\infty}{\Delta\vartheta_{\infty N}} \quad \text{(ohne thermische Überlastung)} \tag{2.50}$$

mit:

$$i = \frac{I}{I_N} \tag{2.51}$$

$$v = \frac{v_k}{v_i} \quad \text{(Verlustaufteilung bei Nennbetrieb)} \tag{2.52}$$

Die stromabhängigen Verluste (und damit die Erwärmung) einer Maschine sind abhängig von der Betriebsart. Ist diese nicht vorhersehbar, dann muß im

Einzelfall nach den bisher angegebenen Methoden berechnet werden, ob die Erwärmungsgrenze überschritten wird:

- gegeben: $P_V(t) \sim P(t) \sim i^2(t)$
- rechnerisch oder graphisch: $\Delta\vartheta(t)$
- gefordert: $\Delta\vartheta(t)_{max} \leq \Delta\vartheta_{\infty N}$

Nach VDE 0530 sind typische Betriebsarten festgelegt, die für die Auslegung und Berechnung des Motors von größter Bedeutung sind. Das Erwärmungsverhalten des Motors wird damit an die Anforderungen des Betriebs angepaßt, d.h. die Maschine wird entsprechend den tatsächlichen Betriebsbedingungen möglichst bis zur zulässigen Erwärmungsgrenze ausgenutzt. Die Betriebsart muß auf dem Leistungsschild angegeben werden. Bei hoher Frequenz der Spieldauer ist eine Bemessung nach dem Mittelwert (Effektivwert) zweckmäßig (siehe Kap. 2.2.5). Die Temperatur $\Delta\vartheta$ wird über mehrere Spieldauern im Mittel ansteigen, bis sich ein stationärer Zustand einstellt. In diesem stationären Zustand wird $\Delta\vartheta$ sich zwischen einer oberen Grenze ϑ_{max} und einer unteren Grenze ϑ_{min} befinden (siehe Kap. 2.2.4.4).

2.2.4 Normen und Betriebsarten (nur zu Ausbildungszwecken)

Wie bereits dargestellt, erzeugen die elektrischen Maschinen Drehmomente in einem Drehzahlbereich, die einerseits von der Art des Motors und andererseits von der Charakteristik der Last bestimmt werden. Grundsätzlich wird unterschieden zwischen Gleichstrommaschinen und Wechsel- bzw. Drehfeldmaschinen. Diese Art der Unterscheidung betrifft die elektrische Versorgung der Maschinen. Eine andere Unterscheidung ist aufgrund der Drehzahl-Drehmomentkennlinie möglich. Hier wird beispielsweise unterschieden zwischen Reihenschlußcharakteristik, d.h. zunehmender Drehzahl bei abnehmendem Drehmoment, Nebenschlußcharakteristik, d.h. abnehmender Drehzahl mit zunehmendem Drehmoment oder Synchroncharakteristik, d.h. konstanter Drehzahl (nicht Winkel-Gleichlauf) bei variablem Drehmoment. Eine weitere Unterscheidung ist aufgrund der konstruktiven Bauformen, der Einsatzgebiete (Schutzklassen) oder der Verstellmöglichkeiten gegeben. Um die verschiedenen Randbedingungen für Elektromotoren, wie z.B. den elektrischen Anschluß, die Betriebsbereiche, die konstruktiven Ausführungsformen vereinheitlichen, wurden Vorschriften und Normen vereinbart.

VDE 0100	Bestimmungen für das Errichten von Starkstromanlagen mit Nennspannungen (DIN 57100) bis 1000 V
VDE 0105	Bestimmungen für den Betrieb von Starkstromanlagen
VDE 0113	Bestimmungen für die elektrische Ausrüstung von Bearbeitungs- und Verarbeitungsmaschinen
VDE 0165	Vorschriften für die Errichtung elektrischer Anlagen in explosionsgefährdeten Bereichen
VDE 0166	Vorschriften für die Errichtung elektrischer Anlagen in

	explosionsgefährdeten Betriebsstätten
VDE 0170	Vorschriften für schlagwettergeschützte, elektrische Betriebsmittel
VDE 0171	Vorschriften für explosionsgeschützte, elektrische Betriebsmittel (EN 50014)
VDE 0470	Bestimmungen für Schutzarten durch Gehäuse (IEC 529; Betriebsmittel (EN 50014))
VDE 0470	Bestimmungen für Schutzarten durch Gehäuse (IEC 529, EN 60529)
VDE 0530	Bestimmungen für umlaufende elektrische Maschinen (IEC 34-17) (Bemessungsdaten, Betriebsarten, Kühlmethoden, Anlaufverhalten etc.)
VDE 0580	Bestimmungen für elektromagnetische Geräte
DIN 40025	Gleichstrom– , Klein– und Kleinstmotoren mit dauermagnetischer Erregung (Servo-DC-Motoren)
DIN 40027	Stellmotoren (Servo-Motoren)
DIN 40030	Bemessungsspannungen für Gleichstrommotoren über steuerbare Stromrichter mit direktem Netzanschluß gespeist
DIN 40050	Elektrische Betriebsmittel, Schutzarten
DIN 40121	Formelzeichen für Elektromaschinenbau
DIN 42401	Anschlußbezeichnungen und Drehsinn von umlaufenden Maschinen
DIN 42673	Oberflächengekühlte Drehstrommotoren mit Käfigläufer, Bauform B3
DIN 42677	Oberflächengekühlte Drehstrommotoren mit Käfigläufer, Bauform B5, B10, B14
DIN 42939	Elektrische Maschinen, Maßbezeichnungen
DIN 42946	Zylindrische Wellenenden für elektrische Maschinen
DIN 42948	Befestigungsflansche für elektrische Maschinen
DIN 42950	Kurzzeichen für Bauformen elektrischer Maschinen
DIN 42955	Flanschmotoren, Rundlauf, Mittigkeit und Rechtwinkligkeit des Wellenendes
DIN 42961	Leistungsschilder für elektrische Maschinen
DIN 42973	Leistungsreihe für elektrische Maschinen, Nennleistungen bei Dauerbetrieb
DIN 45632	Geräuschmessungen an elektrischen Maschinen
DIN 45635	Geräuschmessungen an Maschinen
DIN 45665	Messung und Beurteilung der Schwingstärken von elektrischen Maschinen Betriebsmittel (EN 50014)

Die VDE-Vorschriften und DIN-Normen sind im allgemeinen international abgestimmt, und enthalten Regeln für die Anforderungen an die elektrischen Maschinen.

2.2.4.1 Betriebsarten und Bemessungsdaten

In der VDE 0530 Teil 1 sind die möglichen Betriebsarten dargestellt, die einen wesentlichen Einfluß auf die Auslegung der elektrischen Maschinen haben.

Die Europäische Norm, die der Norm VDE 0530-1 entspricht, ist die IEC 34-1. Wesentlich bei den folgenden Überlegungen ist, daß der Betreiber den Betriebsverlauf so genau wie möglich angibt und bei der Auslegung (Bemessungsbetrieb) vom realen Betriebsverlauf ausgehend einem der folgenden Betriebsverläufe so wählt, daß er einer größeren Belastung entspricht und damit mit Sicherheit nicht zu einer Überlastung und damit zu einer überhöhten Erwärmung führen kann.

Beispielsweise ist die einfachste Betriebsart der Dauerbetrieb mit einer konstanten Belastung – maximal mit der Nennlast. In diesem Fall wird sich die Maschine bis auf eine zulässige Endtemperatur $\vartheta_{\infty N}$ erwärmen. Bei einer konstanten Belastung über die Nennlast hinaus würde sich daher die Maschine über die zulässige Endtemperatur $\vartheta_{\infty N}$ hinaus erwärmen und damit würde u.a. das Isoliermaterial überbeansprucht und somit die Lebensdauer vermindert werden.

Im allgemeinen werden elektrische Maschinen aber mit veränderlicher Belastung bzw. zusätzlichen Leerlauf- und Pausenzeiten betrieben. Um für diese Betriebszustände eine Berechnungsbasis für die zulässige Erwärmung zu finden, werden die Betriebsarten S1 bis S10 definiert, die im folgenden vorgestellt werden. Diese Betriebsarten sind ausführlich in der VDE 0530 und in der entsprechenden IEC 34-1 dargestellt, es wird hier nur ein allgemeiner Überblick gegeben.

Definition der Formelzeichen:

t_b:	Betriebszeit	N (IEC 34-1)
t_a:	Anlaufzeit	D (IEC 34-1)
t_p:	Pausenzeit	R (IEC 34-1)
t_l:	Leerlaufzeit	V (IEC 34-1)
t_{Br}:	Bremszeit	F (IEC 34-1)
$t_{ü}$:	Überlastungszeit	
t_s:	Spieldauer	
ε:	relative Einschaltdauer	
T_b:	Erwärmungs-Zeitkonstante	
T_p:	Abkühlungs-Zeitkonstante	
P:	Leistung, Last	
P_V:	Verlustleistung	
P_{VN}:	Nennverlustleistung	
v:	Verlustaufteilung bei Nennbetrieb nach Gl. (2.52)	
ϑ:	Temperatur	
ϑ_A:	Umgebungstemperatur, Außentemperatur	
$\Delta\vartheta$:	Temperaturerhöhung gegen Umgebungstemperatur	

2.2.4.2 Dauerbetrieb (Betriebsart S1)

Der Dauerbetrieb ist ein Betrieb mit konstanter Belastung, wobei der thermische Endzustand erreicht wird.

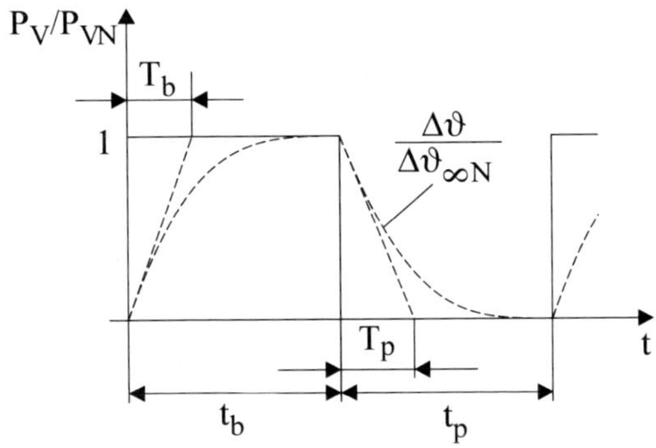

Abb. 2.14: *Dauerbetrieb (S1)*

Damit gilt:

$$\frac{t_b}{T_b} > 3 \; ; \qquad \frac{t_p}{T_p} > 3 \tag{2.53}$$

Der Faktor 3 ergibt sich aus dem Zeitverlauf mit e^{-t/T_ϑ}: nach $t \approx 3T_\vartheta$ ist der stationäre Endwert annähernd erreicht (95 %).
Kennzeichen: Erwärmung bzw. Abkühlung immer bis zum stationären Endwert.
Zulässige Wärmebelastung:

$$\frac{\Delta\vartheta_\infty}{\Delta\vartheta_{\infty N}} \leq 1 \; ; \qquad \frac{P_V}{P_{VN}} \Rightarrow 1 \tag{2.54}$$

2.2.4.3 Kurzzeitbetrieb (Betriebsart S2)

Der Kurzzeitbetrieb ist ein Betrieb mit konstanter Belastung, wobei die Belastungsdauer $t_b < 3 \cdot T_b$ ist, so daß der thermische Endzustand nicht erreicht wird.

Wesentlich bei derartigen kurzen Belastungsdauern ist, daß die elektrische Maschine über die Nennbelastung hinaus belastet werden kann, ohne daß der thermische Nennzustand bei der Erwärmung erreicht wird.

Die stationäre Umgebungstemperatur ϑ_A ($\Delta\vartheta = 0$) wird aber immer erreicht. Damit gilt:

$$\frac{t_b}{T_b} < 3 \; ; \qquad \frac{t_p}{T_p} > 3 \tag{2.55}$$

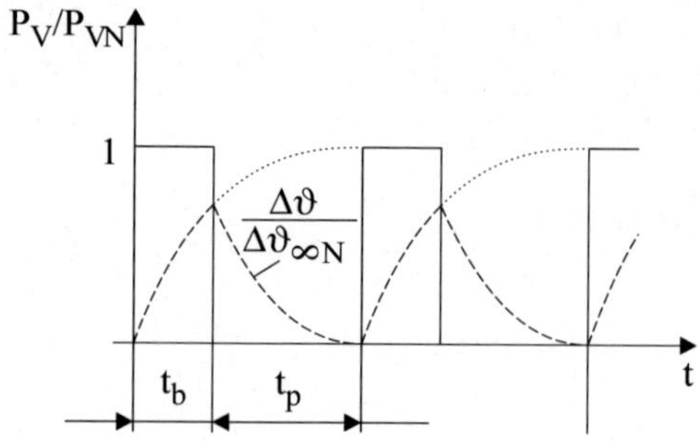

Abb. 2.15: *Kurzzeitbetrieb (S2)*

Überlastbarkeit der Maschine in dieser Betriebsart (S2):

$$\frac{\Delta\vartheta_\infty}{\Delta\vartheta_{\infty N}} = \frac{1}{1 - e^{-t_b/T_b}} \tag{2.56}$$

$$\frac{\Delta\vartheta_\infty}{\Delta\vartheta_{\infty N}} = \frac{P_V}{P_{VN}} \geq 1 \quad \rightarrow \quad i_{zul} = \sqrt{\frac{1+v}{1 - e^{-t_b/T_b}} - v} \tag{2.57}$$

$$v = \frac{v_k}{v_i} \tag{2.58}$$

2.2.4.4 Aussetzbetrieb (Betriebsart S3)

Diese Betriebsart ähnelt der Betriebsart S2. Allerdings gilt nun:

$$\frac{t_b}{T_b} < 3\ ; \qquad \frac{t_p}{T_p} < 3 \tag{2.59}$$

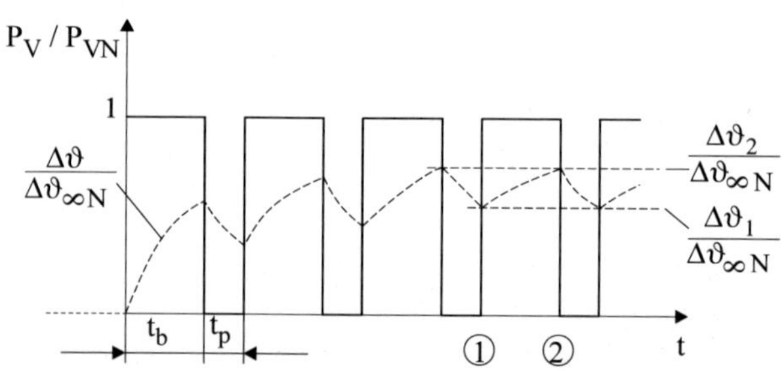

Abb. 2.16: *Aussetzbetrieb (S3)*

Kennzeichen: Das Einschwingen beider Übergangsvorgänge wird nicht mehr erreicht; $\Delta\vartheta$ klingt auf. Es stellt sich eine stabile „Schwingung" zwischen zwei Grenztemperaturen $\Delta\vartheta_1$ und $\Delta\vartheta_2$ ein.

Spieldauer:

$$t_s = t_b + t_p \tag{2.60}$$

Normierung:

$$\tau_b = \frac{t_b}{T_b}\,; \quad \tau_p = \frac{t_p}{T_p} \tag{2.61}$$

Zeitpunkt (1):

$$\Delta\vartheta_1 = \Delta\vartheta_2 \cdot e^{-\tau_p} \tag{2.62}$$

Zeitpunkt (2):

$$\Delta\vartheta_2 = \Delta\vartheta_1 + (\Delta\vartheta_\infty - \Delta\vartheta_1) \cdot (1 - e^{-\tau_b)} \tag{2.63}$$

Eingesetzt ergibt sich:

$$\frac{\Delta\vartheta_2}{\Delta\vartheta_\infty} = \frac{1 - e^{-\tau_b}}{1 - e^{-(\tau_b + \tau_p)}} \leq 1 \tag{2.64}$$

Für periodischen Betrieb:

$$\frac{\Delta\vartheta_2}{\Delta\vartheta_\infty} = \frac{1 - e^{-t_b/T_b}}{1 - e^{-(t_b/T_b + t_p/T_p)}} \leq 1 \tag{2.65}$$

$$\Delta\vartheta_1 = \Delta\vartheta_2 \cdot e^{-t_p/T_p} \tag{2.66}$$

Für $\frac{t_b}{T_b} \ll 1$, $\frac{t_p}{T_p} \ll 1$ $\quad \rightarrow e^{-\tau}$ linearisieren $\quad \Rightarrow e^{-\tau} \approx 1 - \tau$

$$\frac{\Delta\vartheta_2}{\Delta\vartheta_\infty} \approx \frac{t_b/T_b}{t_b/T_b + t_p/T_p}\,; \tag{2.67}$$

Wenn $T_b = T_p$ ist, dann gilt:

$$\frac{\Delta\vartheta_2}{\Delta\vartheta_\infty} = \frac{t_b}{t_s} = \varepsilon \tag{2.68}$$

Zulässige Temperatur:

$$\frac{\Delta\vartheta_2}{\Delta\vartheta_{\infty N}} = 1; \tag{2.69}$$

Zulässige Wärmebelastung:

$$\frac{\Delta\vartheta_\infty}{\Delta\vartheta_{\infty N}} = \frac{1 - e^{-(\tau_b + \tau_p)}}{1 - e^{-\tau_b}} = \frac{P_V}{P_{VN}} = \frac{i^2 + v}{1 + v} \geq 1 \tag{2.70}$$

Das ist die Umkehrung von Gl. (2.64) mit $\Delta\vartheta_2 = \Delta\vartheta_{\infty N}$

$\rightarrow$ zul. Temp. $\Delta\vartheta_2 = \Delta\vartheta_{\infty N}$

$\Rightarrow$ zulässige Strombelastung:

$$i_{zul} = \sqrt{(1 + v) \cdot \frac{1 - e^{-(\tau_b + \tau_p)}}{1 - e^{-\tau_b}} - v} \quad \geq \quad 1 \tag{2.71}$$

Bei $\tau \ll 1$ und $T_b = T_p$ gilt:

$$i_{zul} = \sqrt{\frac{1+v}{\varepsilon} - v} \tag{2.72}$$

$$\frac{\Delta\vartheta_\infty}{\Delta\vartheta_{\infty N}} = \frac{P_V}{P_{VN}} \geq 1\,; \qquad i_{zul} = \sqrt{(1+v)\cdot\frac{\Delta\vartheta_\infty}{\Delta\vartheta_2} - v} \geq 1 \tag{2.73}$$

2.2.4.5 Aussetzbetrieb mit Einfluß des Anlaufvorgangs (Betriebsart S4)

Diese Betriebsart kommt hauptsächlich bei nichtgeregelten Maschinen, d.h. Maschinen, die direkt an das Versorgungssystem periodisch geschaltet werden, vor.

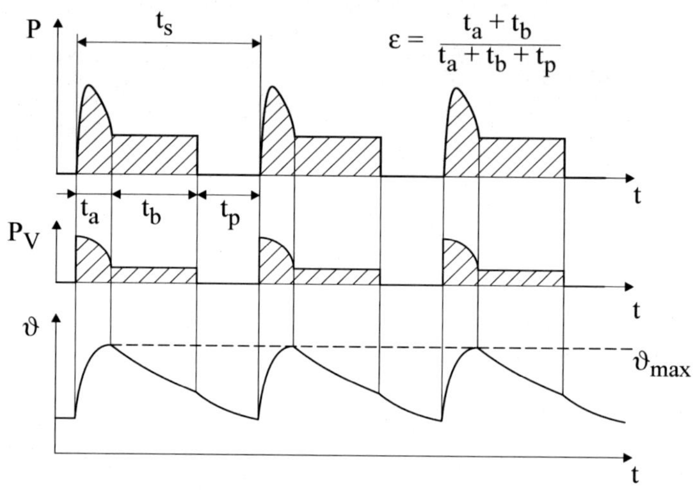

Abb. 2.17: *Aussetzbetrieb mit Einfluß des Anlaufvorgangs (S4)*

Wesentlich bei der Betriebsart S4 ist, daß aufgrund der periodischen Einschaltvorgänge und der daraus resultierenden Anlaufvorgänge eine erhöhte Belastung der Maschine eintritt.

2.2.4.6 Aussetzbetrieb mit elektrischer Bremsung (Betriebsart S5)

In Erweiterung der Betriebsart S4 wird bei der Betriebsart S5 eine zusätzliche elektrische Bremsung angenommen.

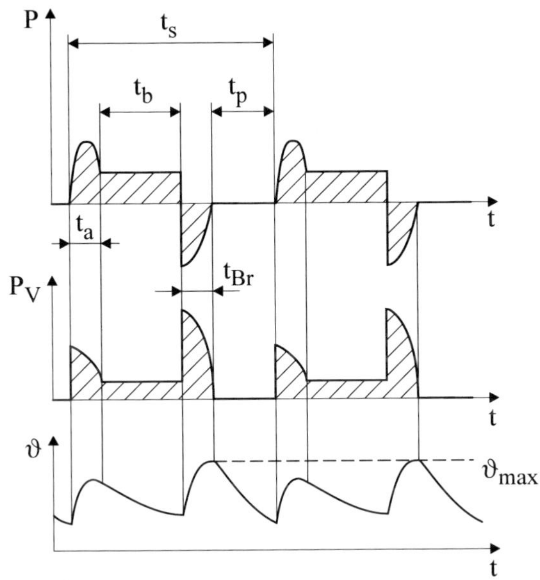

$$\varepsilon = \frac{t_a + t_b + t_{Br}}{t_a + t_b + t_{Br} + t_p}$$

Abb. 2.18: *Aussetzbetrieb mit elektrischer Bremsung (S5)*

2.2.4.7 Ununterbrochener periodischer Betrieb mit Aussetzbelastung (Betriebsart S6)

Bei dieser Betriebsart ist ein Leistungsverlauf P wie bei der Betriebsart S3 gegeben, allerdings treten nach diesen Belastungsperioden der Dauer t_b statt der Stillstandszeiten t_p nun Leerlaufzeiten t_l mit Leerlaufverlusten auf (Abb. 2.19). Damit gilt:

$$\frac{t_b}{T_b} < 3 \, ; \qquad \frac{t_l}{T_l} < 3 \tag{2.74}$$

2.2.4.8 Unterbrochener periodischer Betrieb mit elektrischer Bremsung (Betriebsart S7)

Diese Betriebsart ist eine Erweiterung der Betriebsart S5 (Einfluß der elektrischen Bremsung) ohne Pausenzeit t_p (Abb. 2.20).

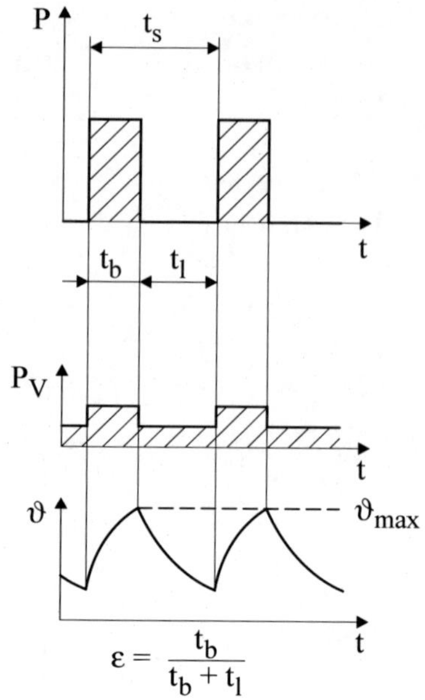

Abb. 2.19: *Ununterbrochener periodischer Betrieb mit Aussetzbelastung (S6)*

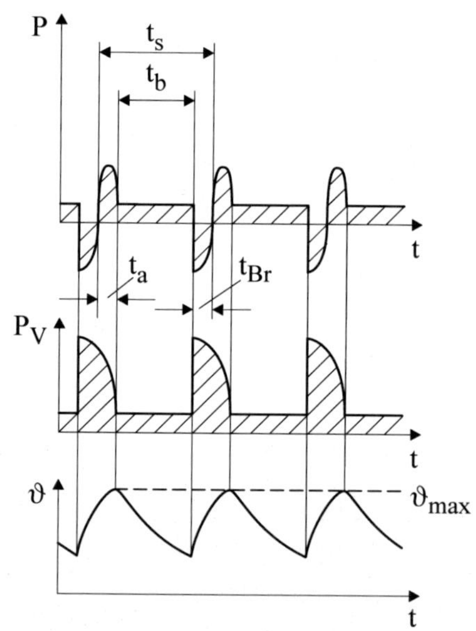

Abb. 2.20: *Ununterbrochener periodischer Betrieb mit elektrischer Bremsung (S7), relat. Einschaltdauer* $\varepsilon = 1$

2.2.4.9 Ununterbrochener periodischer Betrieb mit Last- und Drehzahländerungen (Betriebsart S8)

Ein Betrieb, der sich aus einer Folge gleichartiger Spiele zusammensetzt; jedes dieser Spiele umfaßt eine Zeit mit konstanter Belastung und bestimmter Drehzahl und anschließend eine oder mehrere Zeiten mit anderer Belastung entsprechend den unterschiedlichen Drehzahlen. (Dies wird beispielsweise durch Polumschaltung von Induktionsmotoren erreicht.) Es tritt keine Pause auf (siehe Abb. 2.21).

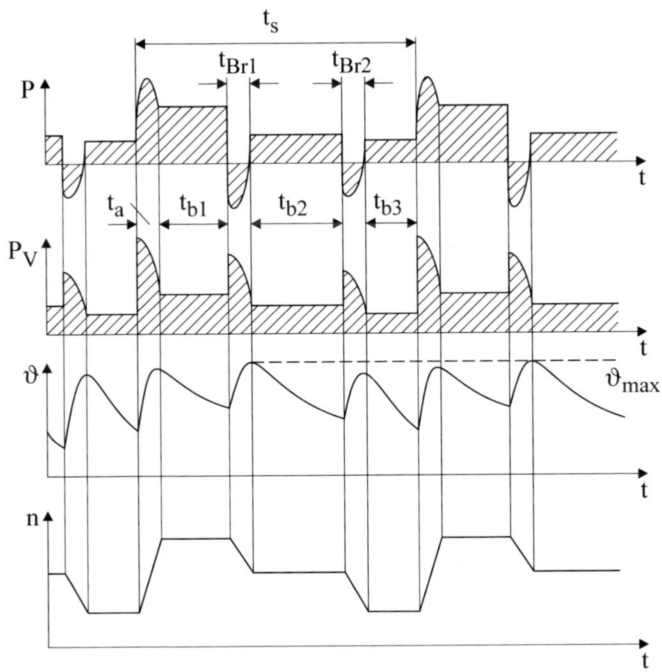

Abb. 2.21: *Ununterbrochener periodischer Betrieb mit Drehzahländerung(S8)*

2.2.4.10 Ununterbrochener Betrieb mit nichtperiodischer Last- und Drehzahländerung (Betriebsart S9)

Ein Betrieb, bei dem sich im allgemeinen Belastung und Drehzahl innerhalb des zulässigen Betriebsbereiches nichtperiodisch ändern. Bei diesem Bereich treten häufig Belastungsspitzen auf, die weit über der Vollast liegen können (siehe Abb. 2.22).

Anmerkung: Dieser Betriebsart muß eine passend gewählte Dauerbelastung als Bezugswert für das Lastspiel zugrunde gelegt werden.

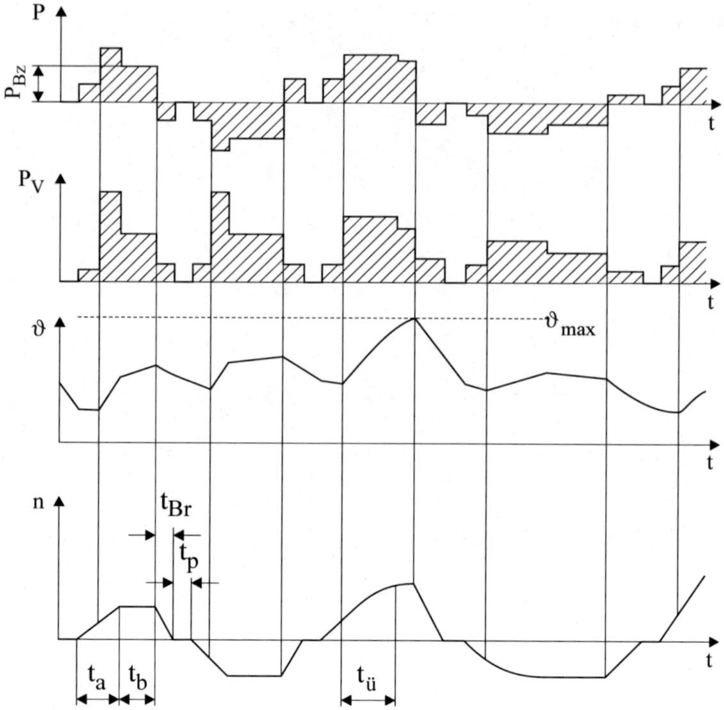

Abb. 2.22: *Ununterbrochener Betrieb mit nichtperiodischer Last- und Drehzahländerung (S9)*

2.2.4.11 Betrieb mit diskretem konstantem Belastungszustand (Betriebsart S10)

Ein Betrieb mit nicht mehr als vier diskreten Belastungswerten (oder äquivalenten Belastungen) wobei jede Zustandsdauer ausreicht, den jeweiligen thermischen Beharrungszustand der Maschine zu erreichen (Abb. 2.23).

2.2.5 Mittelwertbetrieb bei periodischer Belastung

Bei periodischer Belastung mit kleiner Spieldauer weicht die Temperatur im eingeschwungenen Zustand nur unwesentlich von einer mittleren Temperatur ab, die sich aus dem Effektivwert der Strombelastung ergibt. Es ist in diesem Fall eine Bemessung nach der effektiven Strombelastung möglich.

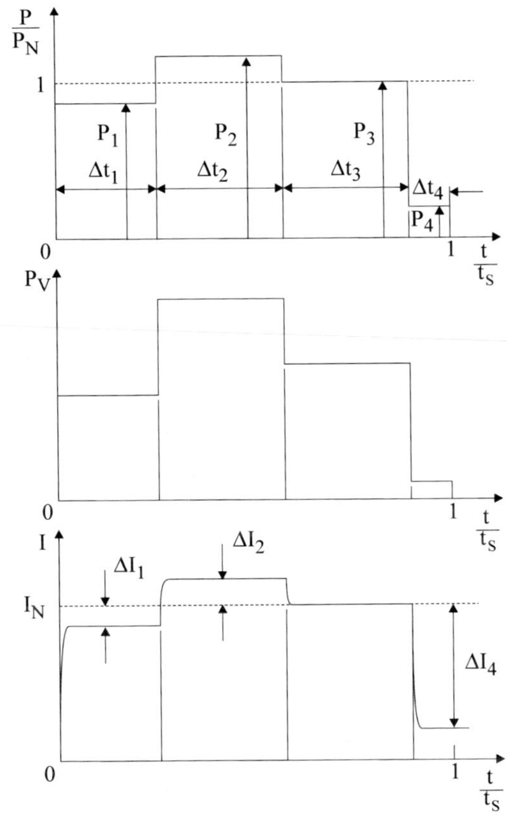

Abb. 2.23: *Betrieb mit diskretem konstantem Belastungszustand (S10)*

Zeitverlauf:	beliebig innerhalb einer Periode
Spieldauer:	$t_s < \frac{1}{3} \cdot T_\vartheta$
Zulässige Wärmebelastung:	$P_V \approx P_{V\,mittel} \leq P_{VN}$
Zulässige Strombelastung:	$I \approx I_{eff} \leq I_N$
Effektivwert der Strombelastung:	Gegeben: $I = f(t)$

Anmerkung: bei Wechselstrom (Drehstrom) ist für $I(t)$ der Effektivwert $I(t) = I_{eff\sim}(t)$ einzusetzen.)

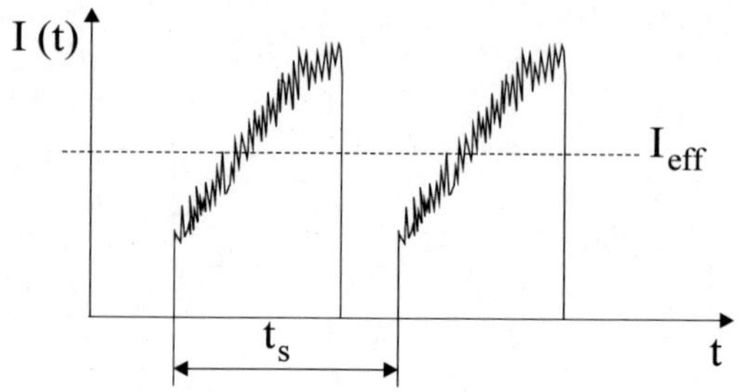

Abb. 2.24: *Betrieb bei periodischer Belastung*

$$I = f(t) \tag{2.75}$$

$$I_{eff\,therm} = \sqrt{\frac{1}{t_s} \cdot \int_0^{t_s} I(t)^2 dt} \tag{2.76}$$

$$i_{eff\,therm} = \frac{I_{eff\,therm}}{I_N} \tag{2.77}$$

Integration: a) allgemein $i(t)$ einsetzen
b) $i(t) = i_{\sim}(t) =$ abschnittweise konstant (Abb. 2.25)

$$i_{eff\,therm} = \sqrt{\frac{i_1^2 \cdot t_1 + i_2^2 \cdot t_2 + \ldots + i_k^2 \cdot t_k}{t_1 + t_2 + \ldots + t_k}} \tag{2.78}$$

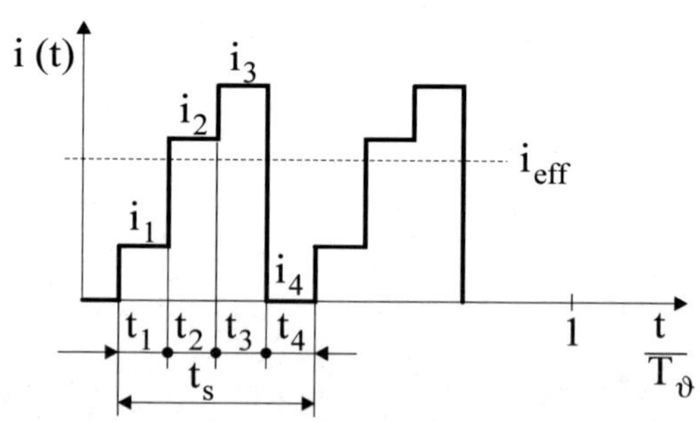

Abb. 2.25: *Betrieb bei periodischer Belastung, $i(t)$ abschnittweise konstant*

Effektivwert der Momentbelastung,
Strom und Drehmoment (allg.):

$$\frac{I}{I_N} = \frac{\frac{M}{M_{iN}}}{\frac{\Psi}{\Psi_N}} \tag{2.79}$$

Ψ : Fluß

$$i = \frac{m}{\psi} \tag{2.80}$$

$$\begin{aligned} i_{eff\,therm} &= \sqrt{\frac{\left(\frac{m}{\psi}\right)_1^2 \cdot t_1 + \left(\frac{m}{\psi}\right)_2^2 \cdot t_2 + \ldots + \left(\frac{m}{\psi}\right)_k^2 \cdot t_k}{t_1 + t_2 + \ldots + t_k}} \\ &= m_{eff\,therm} \qquad \text{bei } \psi = 1 = \text{ const.} \end{aligned} \tag{2.81}$$

2.3 Maschinen mit mehreren Bemessungsbetrieben

a) *Maschinen mit mehreren Drehzahlen*
Bei Maschinen mit mehreren Drehzahlen muß für jede Drehzahl der zugehörige Bemessungsbetrieb festgelegt werden.

b) *Maschinen mit veränderlichen Größen*
Wenn eine Bemessungsgröße (Leistung, Spannung, Drehzahl usw.) mehrere Werte annehmen kann oder zwischen zwei Grenzwerten stetig veränderlich ist, muß der Bemessungsbetrieb für diese Werte oder Grenzen festgelegt werden. Diese Festlegung gilt nicht für Spannungschwankungen von ±5 % und nicht für die Sternschaltung bei Stern-Dreieck-Anlauf.

2.4 Aufstellungshöhe, Temperatur und Kühlmittel

Wenn vom Betreiber nichts anderes festgelegt ist, müssen die Maschinen für die folgenden Betriebsbedingungen bemessen sein:

Aufstellhöhe. Der Aufstellungsort liegt nicht über 1000 m über NN.
Umgebungstemperatur. Die Temperatur der Luft am Aufstellungsort überschreitet nicht $40°C$.
Kühlmitteltemperaturen. Bei Maschinen mit Wasserrückkühlern darf die Wassertemperatur am Kühleintritt $25°C$ nicht überschreiten.
Kleinste Umgebungstemperatur und Kühlmitteltemperaturen. Die kleinste Temperatur der Luft am Aufstellungsort beträgt $-15°C$. Diese Festlegung gilt für alle Maschinen mit folgenden Ausnahmen:

(a) Wechselstrommaschinen mit Bemessungsleistungen über 3300 kW (oder kVA) je 1000 min^{-1}, Maschinen mit Bemessungsleistungen kleiner als 600 W (oder VA) und alle Maschinen mit einem Kommutator oder mit Gleitlagern. Für diese Maschinen beträgt die kleinste Umgebungstemperatur $+5°C$.

(b) Maschinen mit Wasser als primärem oder sekundärem Kühlmittel. Die kleinste Temperatur des Wassers und der umgebenden Luft beträgt $+5°C$.

Falls eine Umgebungstemperatur niedriger als oben angegeben zu erwarten ist, dann muß der Käufer die minimale Umgebungstemperatur genau angeben, zusätzlich muß er spezifizieren, ob dies nur für den Transport und die Lagerung gilt, oder ob diese Temperatur auch noch nach der Installation so niedrig sein wird.

Falls die Aufstellungshöhe 1000 m über dem Meeresspiegel liegt, dann muß die angenommene maximale Umgebungstemperatur in Abhängigkeit von den thermischen Maschineneigenschaften gesenkt werden. Eine andere Lösung besteht darin, die Leistung in Abhängigkeit von der Meereshöhe zu reduzieren (Tabelle 2.1 und Abb. 2.26).

Tabelle 2.1: *Angenommene maximale Umgebungstemperaturen*

Höhe in mm	Kühltemperatur in $°C$ bei Wärmeklasse				
	A	E	B	F	H
1000	40	40	40	40	40
2000	34	33	32	30	28
3000	28	26	24	19	15
4000	22	19	16	9	3

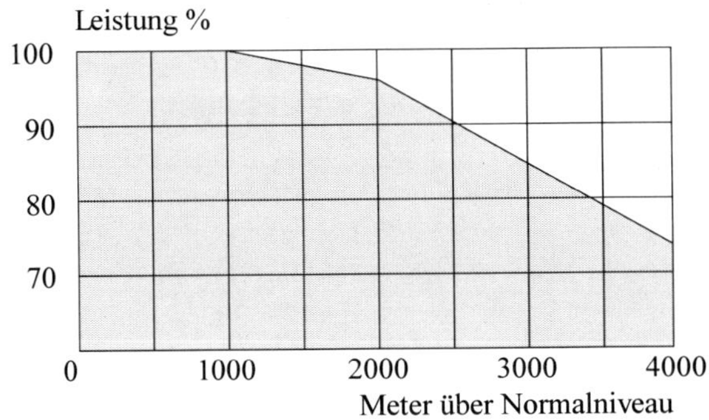

Abb. 2.26: *Angenommene maximale Umgebungstemperaturen*

2.4.1 Belüftung und Kühlung

Die Belüftung bzw. Kühlung ist für die Auslegung elektrischer Maschinen von großer Bedeutung. Die im Motor entstehende Verlustwärme wird dadurch nach außen abgeführt. Je wirkungsvoller die Belüftung ausgelegt ist, um so kleiner kann der Motor bei gleicher Leistung gebaut werden, bzw. um so mehr Leistung kann ein Motor gleicher Bauart abgeben.

Für die Einteilung in die verschiedenen Kühlungsarten werden nach VDE 0530 zwei Unterscheidungsmerkmale zugrunde gelegt:

- die Art des Zustandekommens der Kühlung,
- die Wirkungsweise der Kühlung.

Kühlungsarten elektrischer Maschinen:

Tabelle 2.2: *Kühlungsarten: Einteilung nach dem Zustand der Kühlung*

Nr.	Bezeichnung	Erläuterung
1.	**Selbstkühlung**	Die Maschine wird ohne Verwendung eines Lüfters durch Luftbewegung und Strahlung gekühlt.
2.	**Eigenkühlung**	Die Kühlluft wird durch einen am Rotor angebrachten oder von ihm angetriebenen Lüfter bewegt.
3.	**Fremdkühlung**	Die Kühlluft wird durch einen Lüfter bewegt, der nicht von der Welle der Maschine angetrieben wird, oder aber die Kühlung erfolgt durch ein anderes fremdbewegtes Kühlmittel.

Tabelle 2.3: *Kühlungsarten: Einteilung nach der Wirkungsweise der Kühlung*

Nr.	Bezeichnung	Erläuterung
1.	**Durchzugsbelüftung**	Die Wärme wird an die die Maschine durchströmende Kühlluft abgegeben, die sich ständig erneuert.
2.	**Oberflächenbelüftung**	Die Wärme wird von der Oberfläche der geschlossenen Maschine an das Kühlmittel abgegeben.
3.	**Kreislaufkühlung**	Die Wärme wird über ein Zwischenkühlmittel abgeführt, das die Maschine und einen Wärmetauscher im Kreislauf durchströmt.
4.	**Flüssigkeitskühlung**	Die Maschine oder Maschinenteile werden von Wasser oder von einer anderen Flüssigkeit durchströmt oder in eine Flüssigkeit eingetaucht
5.	**Direkte Leiterkühlung**	Eine oder alle Wicklungen werden durch ein Kühlmittel gekühlt, das innerhalb der Leiter oder Spulen strömt.
5.1	**Direkte Gaskühlung**	Als Kühlmittel wird ein Gas, z.B. Wasserstoff, verwendet.
5.2	**Direkte Flüssigkeitskühlung**	Als Kühlmittel wird eine Flüssigkeit, z.B. Wasser, verwendet.

2.4.2 Elektrische Bedingungen

a) Stromversorgung

Wechselstrommaschinen nach dieser Norm müssen für ein Drehstromnetz von 50 *Hz* oder 60 *Hz* und für Spannungen, die sich von den in DIN IEC 38 angebenen Normspannungen herleiten, geeignet sein. Bei Festlegungen über die Maschinen-Bemessungsspannungen müssen die Unterschiede zwischen den Verteilungs- und den Verbraucherspannungen berücksichtigt werden.

b) Kurvenform und Symmetrie von Spannungen und Strömen

Die Maschinen müssen so ausgelegt werden, daß sie unter den Bedingungen betrieben werden können, die in den IEC 38 Abschnitten a), b) oder DIN 0530 festgelegt sind. Wechselstrommotoren müssen geeignet sein für den Betrieb an einem Netz mit einem Spannungs-Oberschwingungsfaktor (HVF) nach der Aufzählung a). Außerdem wird eine praktische symmetrische Netzspannung nach der Begriffserklärung der Aufzählung b) vorausgesetzt.

Wenn die in den Aufzählungen a) und b) festgelegten Grenzwerte bei Betrieb mit Bemessungslast gleichzeitig auftreten, so darf dies nicht zu einer unzulässigen thermischen Beanspruchung des Motors führen. Die sich an den Grenzwerten einstellenden Übertemperaturen oder Temperaturen sollten die in DIN VDE 0530 Teil 1 festgelegten Grenzwerte um nicht mehr als etwa 10 K überschreiten. Wechselstrommotoren der Ausführung N (siehe Publikation IEC 23-12: Umlaufende elektrische Maschinen, Teil 12: Anlaufverhalten von Drehstrommotoren mit Käfigläufer für Spannungen bis einschließlich 660 V) müssen für den Betrieb an einem Netz mit einem Spannungs-Oberschwingungsfaktor von höchstens 0,03 geeignet sein. Alle übrigen Drehstrommotoren (einschließlich Synchronmotoren) und Einphasen-Motoren müssen geeignet sein für den Betrieb an einem Netz mit einem SpannungsOberschwingungsfaktor von höchstens 0,02, falls vom Hersteller nicht anders angegeben.

Der Spannungs-Oberschwingungsfaktor muß nach der folgenden Beziehung berechnet werden:

$$HVF = \sqrt{\Sigma \frac{u_{(n)}^2}{n}} \tag{2.82}$$

$u_{(n)}$: auf die Bemessungsspannung U_N bezogene Oberschwingungsspannung
n : Ordungszahl der Oberschwingung (bei Drehstrommotoren nicht durch drei teilbar).

Gewöhnlich ist es ausreichend, Oberschwingungen mit den Ordnungszahlen $n \leq 13$ zu berücksichtigen.

c) Ein Mehrphasen-Spannungssystem gilt als praktisch symmetrisch, wenn die Spannung des Gegensystems 1 % der Spannung des Mitsystems dauernd oder 1,5 % für eine kurze, über wenige Minuten nicht hinausgehende Zeit nicht überschreitet und wenn die Spannung des Nullsystems nicht mehr als 1 % der Spannung des Mitsystems beträgt. Während der Erwärmungsprüfung muß der Spannungsanteil des Gegensystems weniger als 0,5 % des Mitsystems betragen, ein Nullsystem ist nicht zulässig. Anstelle der Spannung des Gegensystems darf der Strom des Gegensystems gemessen werden, wenn dies zwischen Hersteller und Betreiber vereinbart wurde. Der Strom des Gegensystems darf in diesem Fall 2,5 % des Stroms des Mitsystems nicht überschreiten.

d) Bei von Stromrichtern gespeisten Gleichstrommotoren wird das Betriebsverhalten der Maschine durch die den zeitlichen konstanten Anteilen überlagerten Wechselanteile in Spannung und Strom beeinträchtigt. Verluste und Erwärmung nehmen zu und die Kommutierung gestaltet sich im Vergleich zu einem von einer reinen Gleichspannungsquelle gespeisten Gleichstrommotor schwieriger.

Motoren mit Bemessungsleistungen über 5 kW, die aus einem Stromrichter gespeist werden, müssen deshalb für diesen speziellen Betrieb bemessen werden und, sofern der Motorenhersteller dies für erforderlich hält, mit einer zusätzlichen Glättungsdrossel zur Reduktion der Stromschwankungen ausgerüstet werden.

Die Speisung aus einem Stromrichter soll wie folgt durch ein Kurzzeichen gekennzeichnet werden:

$(CCC - U_{aN} - f - L)$

Bedeutung:

CCC ist das Kennzeichen der Stromrichterschaltung entsprechend einer zukünftigen IEC-Publikation. U_{aN} besteht aus drei oder vier Ziffern, die die Bemessungs-Wechselspannung an den Eingangsklemmen des Stromrichters bezeichnen; f besteht aus zwei Ziffern, die die Bemessungs-Eingangsfrequenz in Hz angeben;

L besteht aus zwei oder drei Ziffern, die die zum Ankerkreis des Motors in Reihe geschaltete Induktivität mH kennzeichnen. Falls diese Null ist, entfällt die Angabe.

Motoren mit Bemessungsleistungen bis einschließlich 5 kW können, anstelle des Betriebes mit einem speziellen Typ eines Stromrichters, für den Betrieb mit einem beliebigen Stromrichter, mit oder ohne Glättungsdrossel, ausgelegt werden, vorausgesetzt, daß der Bemessungs-Gleichstromfaktor, für den der Motor ausgelegt ist, nicht überschritten wird, und daß die Isolation des Motorankerkreises passend zu der Bemessungs-Wechselspannung an den Eingangsklemmen des Stromrichters bemessen ist.

e) Spannungs- und Frequenzschwankungen während des Betriebes

Für die Wechselstrommaschinen sind Grenzwerte der gleichzeitig auftretenden Spannungs- und Frequenzschwankungen durch die Bereiche A oder B für Generatoren in Abb. 2.27 und für Motoren in Abb. 2.28 gekennzeichnet. Für Gleichstrommaschinen, welche unmittelbar aus einem üblicherweise starren Gleichspannungsnetz gespeist werden, beziehen sich die Bereiche A und B nur auf die Spannungen.

Eine Maschine muß im Bereich A im Dauerbetrieb funktionstüchtig sein, muß dabei aber nicht alle Kenndaten des Betriebes mit den Bemessungswerten für Spannung und Frequenz vollständig erfüllen (vgl. Bemessungspunkt in Abb. 2.27 und 2.28), sondern darf einige Abweichungen hiervon aufweisen. Die Erwärmungen dürfen höher sein als bei den Bemessungswerten für Spannung und Frequenz.

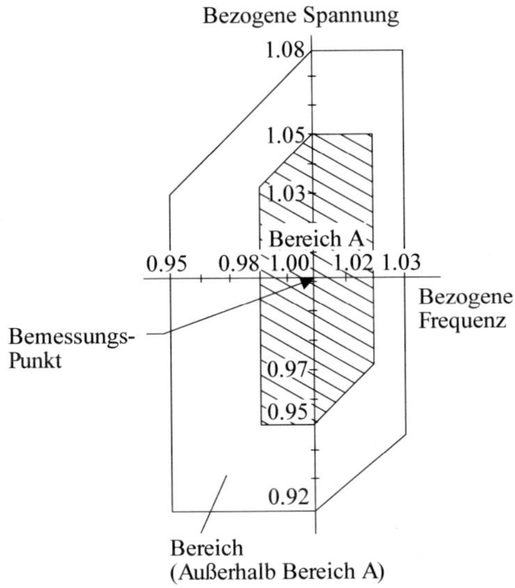

Abb. 2.27: *Spannungs- und Frequenzgrenzen für Generatoren*

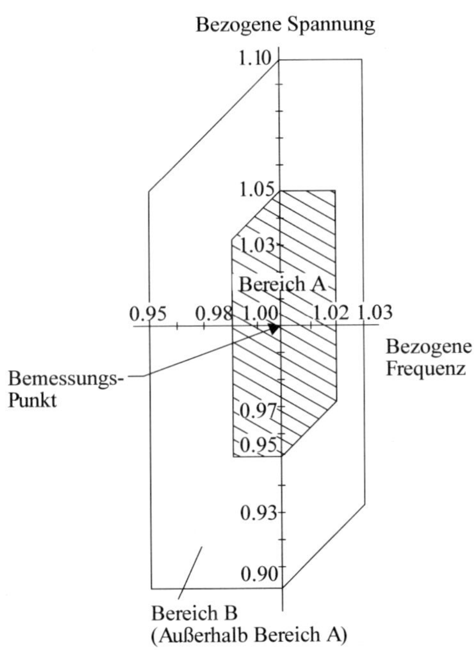

Abb. 2.28: *Spannungs- und Frequenzgrenzen für Motoren*

Eine Maschine muß innerhalb des Bereiches B funktionstüchtig sein, darf aber größere Abweichungen von den Kenndaten des Betriebes mit Bemessungsspannung und Bemessungsfrequenz aufweisen als im Bereich A. Ein Betrieb über längere Zeit an der Umgrenzung des Bereichs B wird nicht empfohlen.

f) Thermische Klassifizierung von Maschinen

Die thermische Klassifizierung nach IEC 85 muß auf die Isolierungssysteme von Maschinen angewandt werden. Die Klassifizierung von Isoliersystemen muß durch Buchstaben und nicht durch Temperaturwerte erfolgen.

Folgende Klassen sind vereinbart:

65 K	für Wicklungen der Wärmeklasse A
80 K	für Wicklungen der Wärmeklasse E
90 K	für Wicklungen der Wärmeklasse B
115 K	für Wicklungen der Wärmeklasse F
140 K	für Wicklungen der Wärmeklasse H

3 Gleichstrommaschine

Das Grundprinzip der Energiewandlung von Feldenergie in mechanische Energie ist bei allen elektrischen Maschinen prinzipiell dasselbe und kann mit den grundlegenden Gleichungen für die Gleichstrommaschine am plausibelsten erklärt werden. Aus diesem Grund wird dieses Kapitel die mathematische Beschreibung der Gleichstrommaschine in Form von Grundgleichungen nicht nur als gegeben annehmen, um das Maschinenverhalten zu beschreiben, sondern es wird auch den Zusammenhang zwischen der mathematischen Betrachtung des Maschinenverhaltens und dem physikalischen Funktionsprinzip herstellen. Somit soll in Kapitel 3.2 ein Verständnis der physikalischen Vorgänge in der Gleichstrommaschine vermittelt und daraus die mathematische Beschreibung hergeleitet werden.

Bevor jedoch die Gleichungen abzuleiten sind, ist ein grundsätzliches Verständnis der Feldtheorie notwendig, um die physikalischen Effekte der Momenterzeugung sowie Spannungsinduktion in der Maschine verstehen zu können, die auf Wechselwirkungen zwischen Ladungen basieren. Das Kapitel 3.1 verfolgt deshalb das Ziel, ausgehend von den Wechselwirkungen in der Natur ein Erklärungsmodell zu bieten, mit welchem deutlich wird, warum es Kraftwirkungen zwischen statischen und dynamischen Ladungen gibt. Die Darstellung führt letztendlich zu der elektrischen und magnetischen Feldtheorie. Mit Hilfe des elektrischen und magnetischen Feldes als Repräsentation der Wechselwirkungen wird es möglich sein, die Kraftwirkungen zwischen den Elektronen in den Wicklungen der Maschine aufzeigen zu können, um letztendlich die Grundgleichungen aufstellen zu können. Sollte der Leser bereits ausreichend Kenntnis im Bereich der Feldtheorie besitzen, so kann das Kapitel 3.1 übersprungen und mit dem physikalischen Funktionsprinzip und der Ableitung der Grundgleichungen in Kapitel 3.2 fortgefahren werden.

Aus den resultierenden Grundgleichungen der Gleichstrommaschine wird in Kapitel 3.3 ein Signalflussplan aufgestellt, der ein Bindeglied zwischen der mathematischen Beschreibung und den realen Komponenten des Motors darstellt. Der Signalflussplan ist damit eines der wichtigsten Werkzeuge des Ingenieurs, mit dem sowohl auf das physikalische Verhalten zurückgeschlossen werden kann als auch die Übertragungsfunktionen aufzustellen sind, die das Maschinenverhalten im Hinblick einer späteren Reglerauslegung bzw. Steuerung eindeutig beschreiben. In Kapitel 3.4 wird mit Hilfe des Signalflussplanes das Übergangsverhalten der Gleichstrommaschine hergeleitet. Bezüglich der Einflussmöglichkeiten auf die

Drehzahl, d.h. Steuerung der Maschine, befassen sich Kapitel 3.5 und 3.6. Abschließende Betrachtungen sind in Kapitel 3.7 und 3.8 zu finden.

3.1 Magnetische Feldtheorie

Bevor vertieft auf die Eigenschaften magnetischer Felder eingegangen wird, soll im einleitenden Unterkapitel 3.1.1 eine Darstellung der elektrischen und magnetischen Felder abgehandelt werden. Felder dienen der Beschreibung von Wechselwirkungen zwischen Ladungen, die sich in Form von gegenseitig wirkenden Kräften äußern. Wechselwirkungen zwischen statischen Ladungen werden mittels des elektrischen Feldes, Wechselwirkungen zwischen dynamischen Ladungen mittels des magnetischen Feldes beschrieben. Um diese Interpretation und Bedeutung der Felder zu verdeutlichen, wird im Folgenden sowohl das elektrische Feld als auch das magnetische Feld aus diesem Kontext heraus beleuchtet, so dass in den anschießenden Unterkapiteln vertieft das magnetische Feld behandelt werden kann.

3.1.1 Wechselwirkungen zwischen Ladungen

Untersuchungen zeigen, dass sowohl bei statischen Ladungen als auch bei dynamischen Ladungen eine gegenseitige Kraftwirkung besteht. Ein Grundprinzip der Natur und somit der Physik und Chemie besagt, dass jedes System versucht, nach Außen abgeschlossen zu wirken, d.h. das System strebt an, sich durch Kraftwirkungen so zu erweitern/verändern, dass das entstehende Gesamtsystem nach Außen neutral erscheint und auf seine Umgebung keine weitere Wirkung mehr zeigt – ein derartiges System hat dann seinen besten Zustand erreicht. Das Ziel ist es demnach, die Energie bzw. Impuls eines Gesamtsystems zu minimieren.

3.1.1.1 Wechselwirkungen zwischen *statischen* Ladungen – das elektrische Feld

Bezüglich statischer Ladungen (Beschleunigung $\underline{a} = 0$, Geschwindigkeit $\underline{v} = 0$, Position $\underline{x} = const$) ist das Ziel, Ladungsneutralität zu erreichen, d.h der Ursache „ein stationäres geladenes Teilchen“ entgegen zu wirken, um die Gesamtenergie zu minimieren – hierfür treten Kräfte auf. Besteht ein Gesamtsystem aus einer negativen und einer positiven Ladung, so werden sich die Ladungen anziehen, um sich von außen gesehen zu neutralisieren. Liegen zwei gleiche Ladungen vor, so werden sie den Abstand maximieren, um zur Minimierung der Gesamtenergie die Ladung über den Raum zu verteilen – gleichnamige Ladungen stoßen sich demnach ab, gegensätzliche Ladungen ziehen sich an.

Die Wechselwirkungen zwischen statischen Ladungen werden mittels des elektrischen Feldes $\underline{E}$ beschrieben. Jedes Teilchen mit der Ladung Q erzeugt somit ein elektrisches Feld $\underline{E}$: eine positive Ladung $Q > 0$ (Proton; q) bzw. eine negative Ladung $Q < 0$ (Elektron; e) besitzt ein sternförmiges elektrisches Feld, dessen Vektoren von bzw. zur Ladung gerichtet sind. Mit Hilfe dieser Definition lautet die Formel für die Kraft, die sog. *Coulombkraft*, auf n Ladungen Q im elektrischen Feld $\underline{E}$, welches die Summe aller vorhandenen Einzelfelder ist:

$$\underline{F}_E = n \cdot Q \cdot \underline{E} \tag{3.1}$$

In Abbildung 3.1 links oben wird die Wirkung einer ruhenden positiven Ladung q auf eine negative Ladung e dargestellt, wobei nur das elektrische Feld der positiven Ladung eingezeichnet ist. Die Tatsache, dass sich zwei unterschiedlich geladene Teilchen anziehen, um Ladungsneutralität zu erreichen, wird über die Präsenz eines elektrischen Feldes eindeutig beschrieben. Betrachtet man das $\underline{E}$-Feld der positiven Ladung und wendet die Gleichung (3.1) für das Elektron ($Q < 0$) an, so ergibt sich ein Kraftvektor $\underline{F}_E$, der direkt auf die positive Ladung gerichtet ist und somit anziehend wirkt. Ebenso zeigt auch das Elektron eine Kraftwirkung auf die positive Ladung über ein entsprechendes $\underline{E}$-Feld für negative Ladungen, welches jedoch aus Gründen der Übersichtlichkeit nicht eingezeichnet wurde. Die Betrachtung des Gesamtfeldes verdeutlicht, wann der energetisch beste Zustand erreicht ist. Aufgrund der sternförmigen Felder der Ladungen entgegengesetzter Polarität heben sich die beiden $\underline{E}$-Felder dann auf, sobald sich beide Ladungen örtlich in der gleichen Position befinden ($\Delta\underline{x} = \underline{x}_1 - \underline{x}_2 = \underline{0}$), womit das Gesamtfeld zu Null wird – es wirkt keine Kraft mehr und das System befindet sich im energetisch besten Zustand. In der obigen Darstellung beispielsweise wurde durch die Verschiebung des Elektrons Energie frei – integriert man die Kraft über den Weg von $\underline{x}_2$ bis $\underline{x}_1$, bis die Neutralisierung erreicht ist, erhält man die Arbeit bzw. Neutralisierungsenergie W_N, die frei wurde:

$$W_N = \int_{\underline{x}_2}^{\underline{x}_1} \underline{F}_E \, d\underline{x} = \int_{\underline{x}_2}^{\underline{x}_1} (n \cdot Q \cdot \underline{E}) \, d\underline{x} \tag{3.2}$$

Setzt man, bezogen auf das Beispiel in Abb. 3.1 links oben, ein Erzeugerzählpfeilsystem an, bei dem das Weg- und Kraft-Koordinatensystem antiparallel zu definieren sind, ergibt sich eine negative Energie, d.h. der Prozess ist exotherm und läuft daher von selbst ab. Die Höhe der Energie gibt an, wie groß das Bestreben einer Ladung $n \cdot Q$ zur Neutralisation ist. Bestimmt man nun die Energie pro Ladung, so erhält man die Spannung zwischen dem geladenen Teilchen an der Position $\underline{x}_2$ mit dem Potential φ_{x_2} und dem geladenen Teilchen an der Position $\underline{x}_1$ mit dem Potential φ_{x_1}:

$$U = \varphi_{x_2} - \varphi_{x_1} = \frac{W_N}{n \cdot Q} = \int_{\underline{x}_2}^{\underline{x}_1} \underline{E} \, d\underline{x} \tag{3.3}$$

Die Spannung stellt somit die Differenz zwischen zwei Potentialen geladener Teilchen dar und ist ein Maß für die Kraft zwischen diesen, unabhängig von deren Abstand. Bei der Neutralisation verliert das Gesamtsystem potentielle Energie. Sobald der Abstand der Teilchen zu Null wird, d.h. $\Delta\underline{x} = \underline{x}_1 - \underline{x}_2 = \underline{0}$ gilt, hat das Gesamtsystem die minimale Energie $W = 0$ erreicht:

$$\lim_{\underline{x}_2 \to \underline{x}_1} W = \lim_{\underline{x}_2 \to \underline{x}_1} \int_{\underline{x}_2}^{\underline{x}_1} (n \cdot Q \cdot \underline{E}) \, d\underline{x} = \lim_{\Delta\underline{x} \to \underline{0}} (n \cdot Q \cdot \underline{E}) \cdot \Delta\underline{x} = 0 \tag{3.4}$$

3.1.1.2 Wechselwirkungen zwischen *bewegten* Ladungen – das magnetische Feld

Liegt eine bewegte Ladung Q_1 vor ($\underline{a} = 0$, $\underline{v} = const$, $\underline{x} \neq const$), so wird im Analogieschluss der beste Zustand erreicht, wenn eine weitere Ladung Q_2 eine entgegengesetzte Bewegung vollzieht und somit der Ursache „ein bewegtes geladenes Teilchen" entgegenwirkt. Sind die Orte der Bewegung identisch, heben sich hiermit die Beträge der entgegengesetzten Geschwindigkeiten auf, und es wird adäquat zum statischen Fall im dynamischen Fall $\Delta v = |\underline{v}_1| - |\underline{v}_2| = 0$ erreicht. Da sich die Summe aller Geschwindigkeitsvektoren $\Sigma\underline{v} = \underline{v}_1 + \underline{v}_2 = \underline{0}$ zu Null ergibt, ist in Folge das Gesamtsystem nach Außen neutral – der resultierende Impuls ist Null, womit das Gesamtsystem aus beiden Ladungen keine Wirkung auf die Umgebung zeigt. Es muss hierfür eine Kraft zwischen den bewegten Ladungen entstehen, die die Bewegungsrichtung – und nicht eine Position wie im statischen Fall – beeinflusst.

In Abbildung 3.1 Mitte links wird dieser Sachverhalt dargestellt. In einem ringförmigen Leiter fließt ein konstanter Strom und entsprechend der Definition der physikalischen Stromrichtung Elektronen in die Gegenrichtung. Der Einfachheit halber wird im Folgenden nur ein Elektron e_1 betrachtet, welches sich im Leiter mit der konstanten Geschwindigkeit $\underline{v}_1$ bewegt. Wird nun ein weiteres Elektron e_2 parallel zur Bewegungsebene des Elektrons e_1 nahe dazu in das Feld entsprechend der Abbildung 3.1 links Mitte eingeschossen, wobei aus Gründen der Vereinfachung dieses denselben Geschwindigkeitsbetrag $|\underline{v}_2| = |\underline{v}_1|$ besitzt, so ist zu erwarten, dass das eingeschossene Elektron eine Richtungsänderung erfährt. Es wirkt eine Kraft, die der Ursache „ein bewegtes geladenes Teilchen e_1" entgegenwirkt. Hierzu muss eine Zentrifugalkraft wirken, die das Elektron e_2 auf eine Kreisbahn entgegengesetzter Richtung mit dem Radius des ringförmigen Leiters, in dem Elektron e_1 fließt, zwingt. Sobald dies erreicht ist, wird die Summe der antiparallelen Winkelgeschwindigkeiten der beiden nahe zueinander kreisenden Ladungen [1)] zu Null ($\Sigma\underline{\omega} = \underline{\omega}_1 + \underline{\omega}_2 = \underline{0}$), d.h. der Drehimpuls L aller bewegten Teilchen des Gesamtsystems wird von außen gesehen ebenfalls zu Null:

$$\underline{L} = \sum_i \theta_i\, \underline{\omega}_i = \sum_{i=1}^{2} (m_e\, \underline{r}^2)\, \underline{\omega}_i = \underline{0} \tag{3.5}$$

Für die Umrechnung zwischen der Bahngeschwindigkeit und Winkelgeschwindigkeit gilt $\underline{v} = \underline{\omega} \times \underline{r}$, wobei $\underline{r}$ der Radius der Kreisbahn und somit Leiterschleife ist. θ_i ist das Trägheitsmoment der kreisenden Elektronen mit der Masse m_e. Durch die Ablenkung des Elektrons wird der Ursache erfolgreich entgegengewirkt, und es stellt sich für das Gesamtsystem mit den beiden bewegten Elektronen im nicht-statischen Fall das Impulsminimum $\underline{L} = 0$ ein.

Entsprechend dem elektrischen Feld definiert man im dynamischen Fall das magnetische Feld $\underline{H}$, welches die Wechselwirkungen zwischen den bewegten Ladungen beschreibt. Jede bewegte Ladung erzeugt somit ein magnetisches Feld $\underline{H}$, welches im obigen Beispiel der Leiterschleife mit seiner Ausrichtung senkrecht auf dieser steht (den genauen Zusammenhang zwischen bewegten Ladungen und

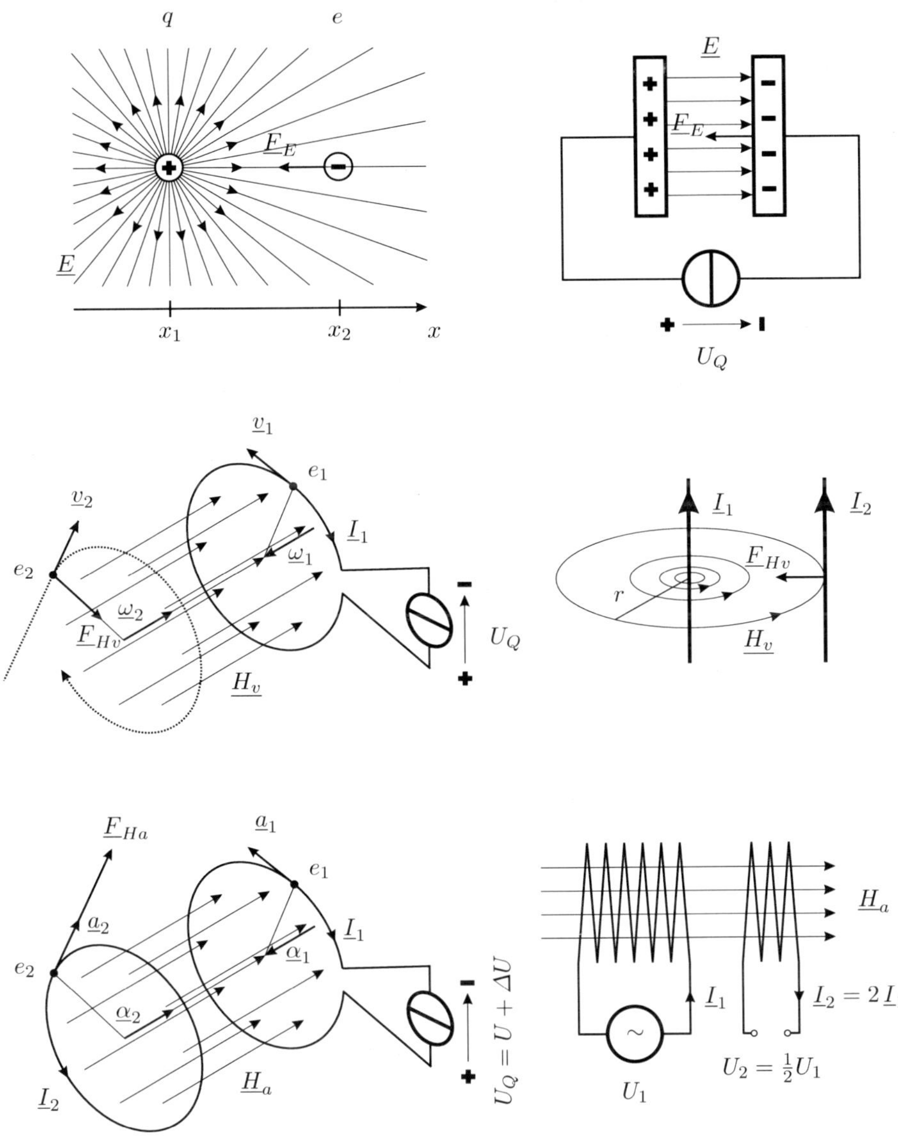

Abb. 3.1: *Kraftwirkung einer statischen Ladung (links oben) bzw. dynamischen Ladung (bewegt (links Mitte), beschleunigt (links unten)) über ein elektrisches bzw. magnetisches Feld auf eine weitere Ladung; entsprechende technische Anwendungen sind in der rechten Spalte zu finden: sich anziehende Kondensatorplatten (rechts oben), sich anziehende Leiter (rechts Mitte), Transformator (recht unten)*

dem entstehenden Feld stellt eine der Maxwell'schen Gleichungen her, auf welche später in Kapitel 3.1.2 eingegangen wird). Mit Hilfe dieser Definition des Magnetfeldes kann dann ein Ausdruck für die Kraft auf n Ladungen Q dargestellt werden, welche die Bewegungsrichtung der Ladungen beeinflusst – diese ist unter dem Namen *Lorentzkraft* $\underline{F}_{Hv}$ bekannt:

$$\underline{F}_{Hv} = -n \cdot Q \cdot \mu \underline{H}_v \times \underline{v} \tag{3.6}$$

Im Unterschied zum statischen Fall in Gleichung (3.1) geht nun im dynamischen Fall einer bewegten Ladung in Gleichung (3.6) zusätzlich die Geschwindigkeit $\underline{v}$ ein – die Struktur ist sonst identisch. Über das Kreuzprodukt des Geschwindigkeitsvektors $\underline{v}$ der $n \cdot Q$ bewegten Ladungen und dem Feldvektor $\underline{H}_v$ der felderzeugenden bewegten Ladungen, d.h. der Ursache, erhält man einen Vektor der Kraft, der senkrecht auf beiden Vektoren steht. Die Lorentzkraft beeinflusst somit wie erwartet die Bewegungrichtung einer Ladung – im Unterschied zur Kraft in Gleichung (3.1) zwischen statischen Ladungen kann die Kraft in Gleichung (3.6) zwischen bewegten Ladungen nicht die kinetische Energie einer Ladung beeinflussen.

In Abbildung 3.1 links Mitte entspricht damit der resultierende Kraftvektor $\underline{F}_{Hv}$ der notwendigen Zentripedalkraft, welche das Elektron e_2 auf eine Kreisbahn führt (die sog. 3-Finger-Regel zur Bestimmung der Kraftrichtung der Lorentzkraft ist in Kapitel 3.1.3.1 zu finden). Der Gesamtimpuls bzw. die Kraftwirkungen der beiden bewegten Ladungen im behandelten Beispiel werden sich nach außen zu Null ergeben, wenn sie sich auf der gleichen Kreisbahn mit entgegengesetzter Geschwindigkeit bewegen. Das kreisende Elektron e_2 muss entsprechend der Definition dann dasselbe magnetische Feld in Gegenrichtung erzeugen, d.h. wie im statischen Fall kompensieren sich die Felder, sobald der Ursache erfolgreich entgegen gewirkt wurde und somit ein neutrales abgeschlossenes System vorliegt, welches keine Kraftwirkung mehr nach Außen besitzt – das resultierende Feld wird dann Null. [1] [2]

---

[1] Es ist an dieser Stelle anzumerken, dass diese Überlegungen der vollständigen Kompensation des Impulses bzw. des Feldes nur gelten, wenn der Abstand der Bewegungsebenen der beiden Elektronen sehr klein bezogen auf den Durchmesser der Leiterschleife (Bahn des Elektrons e_1) ist. Nur in diesem Fall der idealen Kopplung ist das Feld in der Umgebung der Leiterschleife als homogen anzusehen (Nahfeld), so dass die Felddichte im Bereich des eingeschossenen Elektrons e_2 der maximalen durch Elektron e_1 erzeugten Felddichte in der Leiterschleife entspricht (vgl. Abb. 3.1 links Mitte). Wie später in Kapitel 3.1.2 gezeigt wird, nimmt jedoch die Felddichte mit wachsendem Abstand von der bewegten Ladung und somit der Leiterschleife ab (Fernfeld). Sobald demnach die Bewegungsebenen der beiden Elektronen einen größeren Abstand besitzen, befindet sich das eingeschossene Elektron e_2 nicht mehr im Bereich des maximalen Feldes der Leiterschleife (Elektrons e_1), womit eine kleinere Kraft $\underline{F}_{Hv}$ und folglich ein größerer Radius der Kreisbahn resultiert. Das durch das bewegte Elektron e_2 verursachte kleinere Feld innerhalb der Kreisbahn wird nun das lokal wirkende schwache Fernfeld der Leiterschleife (Elektron e_1) kompensieren, d.h. es kommt zu keiner vollständigen Kompensation des großen Nahfeldes der Leiterschleife und es verbleibt eine vom Abstand der Bewegungsebenen abhängige Kraftwirkung nach Außen.

[2] Schießt man des Weiteren das Elektron e_2 nicht parallel zur Bewegungsebene des Elektrons e_1 ein, so würde dennoch auf die parallele Geschwindigkeitskomponente die Lorentzkraft

3.1.1.3 Wechselwirkungen zwischen *beschleunigten* Ladungen

Im dynamischen Fall einer beschleunigten Ladung Q_1 ($\underline{a} = const$, $\underline{v} \neq const$, $\underline{x} \neq const$) mit der Anfangsgeschwindigkeit v_{10} resultiert im Analogieschluss erneut ein abgeschlossenes Gesamtsystem minimalen Impulses nach Außen, wenn eine weitere Ladung Q_2 mit der Anfangsgeschwindigkeit v_{20} eine entgegengesetzte Beschleunigung vollzieht und somit der Ursache „ein beschleunigtes geladenes Teilchen" entgegenwirkt. Dadurch heben sich die Beträge der entgegengesetzten Beschleunigungen zu allen Zeitpunkten auf ($\Delta a = |\underline{a}_1| - |\underline{a}_2| = 0$), d.h. die Summe der Beschleunigungsvektoren $\Sigma \underline{a} = \underline{a}_1 + \underline{a}_2 = \underline{0}$ ergibt sich stets zu Null, und es kommt durch die Beschleunigung und der damit verbundenen Geschwindigkeitserhöhung der Ladung Q_1 zu keiner Erhöhung des Impulses des Gesamtsystems nach Außen – der nach Außen wirkende Impuls ist zu allen Zeiten proportional zur Anfangsgeschwindigkeitsdifferenz $\Delta v_0 = |\underline{v}_{10}| - |\underline{v}_{20}|$. Besitzen beide Ladungen zu Beginn entgegengesetzte Geschwindigkeiten gleichen Betrages, liegt ein neutrales abgeschlossenes Gesamtsystem vor, welches keine Außenwirkung mehr hat (vgl. Kapitel 3.1.1.2). Gemäß des dargestellten Prinzipes der Schaffung eines Gesamtsystems minimalen Impulses muss eine Kraft zwischen der Ladung Q_1 und der weiteren Ladung Q_2 wirken, die diese beschleunigt. Die durch die Beschleunigung resultierende Geschwindigkeit führt in Folge zur Kraft $\underline{F}_{Hv}$ (vgl. Gleichung (3.6)), welche die betreffende Ladung Q_2 in der richtigen Bahn hält.

In Abbildung 3.1 links unten wird dieser Sachverhalt verdeutlicht. An einer Leiterschleife liegt die Quellenspannung $U_Q = U + \Delta U$ an, welche das Elektron e_1 beschleunigt: Hierbei dient die Spannung U der Kompensation der durch die Stoßprozesse im Leiter (Leiterwiderstand R) bedingten negativen Beschleunigung; die Spannung ΔU führt hingegen zur Beschleunigung $\underline{a}_1$ des Elektrons e_1, d.h. zu einer Zunahme der kinetischen Energie. Somit dient die Spannung U der Aufrechterhaltung eines Stromes und die Spannung ΔU der Stromerhöhung. Da das magnetische Feld $\underline{H}$ gemäß obiger Definition direkt proportional zum Strom ist, wird im Magnetfeld nur der Anteil der Quellenenergie gespeichert, der der Beschleunigung der Ladungen dient: $W_H = \int_t \Delta U(\tau) \cdot I(\tau)\, d\tau$. Der Teil der Quellenenergie zur Aufrechterhaltung des Stromes wird in Wärme umgesetzt und ist nicht im Feld gespeichert: $W_R = \int_t U(\tau) \cdot I(\tau)\, d\tau$.

Befindet sich nun parallel zur Leiterschleife nahe dazu ein Leiterring gleichen Radius mit einem ruhenden Elektron e_2, so fordert das Grundprinzip der Impulsminimierung, dass dieses beschleunigt wird. Durch die Beschleunigung von Elektron e_2 wird garantiert, dass die Zunahme des Impulses beider Ladungen stets gleich ist und sich somit der Drehimpuls L aller Ladungen im Gesamtsystem gemäß Gleichung (3.5) zu jedem Zeitpunkt zu Null ergibt. Die Änderung des Drehimpulses dL/dt kann durch die Winkelbeschleunigungen $\underline{\alpha}_1 = d\underline{\omega}_1/dt$ bzw. $\underline{\alpha}_2 = d\underline{\omega}_2/dt$ der auf der Kreisbahn bewegten Elektronen ausgedrückt werden,

wirken (Kreuzprodukt), so dass das Elektron eine Schraubbewegung vollzieht. Dadurch würde bzgl. der Feld- bzw. Impulsminimierung zumindest ein Teil des Feldes geschwächt bzw. ein Teil des Impulses von e_1 kompensiert werden. Je weiter sich das Elektron e_2 von e_1 entfernt, desto weniger bilden die beiden Elektronen ein abgschlossenes System.

die entsprechend des Prinzips der Impulsminimierung stets gleich sein sollte:

$$\frac{d}{dt}L = \sum_{i=1}^{2}(m_e\,\underline{r}^2)\,\frac{d}{dt}\underline{\omega}_i = \sum_{i=1}^{2}(m_e\,\underline{r}^2)\,\underline{\alpha}_i = \underline{0} \tag{3.7}$$

Gilt $\Sigma\underline{\alpha} = \underline{\alpha}_1 + \underline{\alpha}_2 = \underline{0}$, so fließen zu jedem Zeitpunkt zwei sich im Gesamtsystem kompensierende Ströme, womit ein neutrales abgeschlossenes Gesamtsystem vorliegt.

Zur Beschreibung der Wechselwirkungen zwischen beschleunigten Ladungen dient erneut das magnetische Feld. Entsprechend der Definition in Kapitel 3.1.1.2 erzeugen die Ströme der beschleunigten Ladungen ein Feld $\underline{H}_a$; die Kraft auf n Ladungen in diesem Feld $\underline{H}_a$ ergibt sich dann zu:

$$\underline{F}_{Ha} = -n \cdot Q \cdot \mu \frac{d\underline{H}_a}{dt} \cdot \frac{\underline{A}}{\underline{O}} = -n \cdot Q \cdot \mu \dot{\underline{H}}_a \cdot \frac{\underline{A}}{\underline{O}} \tag{3.8}$$

Die Variable $\underline{A}$ beschreibt die Fläche und $\underline{O}$ den Umfang der Leiterschleife. Diese Gleichung für die Kraft zeigt erneut eine ähnliche Struktur wie Gleichung (3.1) und Gleichung (3.6). Es ist zu ersehen, dass hier die zeitliche Ableitung des Feldes, d.h. Veränderung des Feldes, eingeht. Da das magnetische Feld direktes Resultat des Elektronenstromes ist, führt eine Beschleunigung des Elektrons e_1 bzw. Erhöhung des Stromes $\underline{I}_1$ zu einer entsprechenden Änderung des Feldes: $dH/dt \sim dI/dt$. Eine Beschleunigung von Elektron e_1 muss für die Impulsminimierung zu einer entsprechenden Beschleunigungskraft $\underline{F}_{Ha}$ auf Elektron e_2 führen; in Gleichung (3.8) zur Berechnung der Kraft ist daher als Ausdruck der Beschleunigung des Elektrons e_1 dessen Feldänderung $d\underline{H}_a/dt$ enthalten.

Für die Berechnung der Kraft (3.8) ist weiter die Geometrie des Leiterringes (Fläche $\underline{A}$, Umfang $\underline{O}$) wesentlich, was im Folgenden begründet wird. Da das Skalarprodukt aus $\dot{\underline{H}}_a$ und $\underline{A}$ ein Skalar ergibt, verbleibt für die Richtung der Kraft $\underline{F}_{Ha}$ der Umfangsvektor $\underline{O}$. Dementsprechend wirkt die Kraft stets tangential zum Leiter und somit beschleunigend auf die Ladung – die Feldänderung enthält nun Energie zur Beeinflussung der kinetischen Energie von Elektron e_2. Durch die Überlegungen in den vorangegangenen Kapiteln ist bekannt, dass eine beschleunigende Wirkung auf ein Elektron mit Zugewinn kinetischer Energie nur über die Präsenz statischer Ladungen zu erreichen ist; dazu dient das elektrische Feld $\underline{E}$. Demnach muss die beschleunigte Ladung e_1 über die Änderung des magnetischen Feldes $\dot{\underline{H}}_a$ ein konstantes elektrisches Feld $\underline{E}$ im Leiterring über den Umfang erzeugen, welches in einer Ladungstrennung resultiert. Dies führt gemäß Gleichung (3.3) zu einer sog. induzierten Spannung

$$U_{ind} = \underline{O} \cdot \underline{E} = 2\pi\, r \cdot E \tag{3.9}$$

im Leiterring, die von der Geometrie des Leiterrings abhängt – das begründet, warum für die Kraft in Gleichung (3.8) die Geometrie von Bedeutung ist. Auf Grund der Tatsache, dass wegen der Impulsminimierung die Beschleunigungen von Elektron e_1 und e_2 identisch sein müssen, wird nun deutlich, dass auch im Leiterring dieselbe beschleunigende Spannung vorliegen muss, wie in der Leiterschleife durch die Quelle, d.h es muss für die induzierte Spannung gelten: $U_{ind} = \Delta U_Q$. Setzt man nun die Formel (3.8) für die Kraft auf Ladungen im $\underline{H}$-Feld beschleunigter Ladungen gleich der Formel (3.1) für die Kraft auf Ladungen im elektrischen Feld $\underline{E}$, so bekommt man einen Ausdruck für das im Leiterring entstehende elektrische Feld in Abhängigkeit des magnetischen Feldes. Setzt man diesen Ausdruck in Gleichung (3.9) ein, erhält man den Zusammenhang zwischen der Änderung des magnetischen Feldes $\dot{\underline{H}}$ und der induzierten Spannung U_{ind} – dieser ist als *Induktionsgesetz* bekannt:

$$U_{ind} = -\underline{A} \cdot \mu \dot{\underline{H}}_a \tag{3.10}$$

Hierbei ist $\underline{A}$ die Fläche einer beliebigen Leiterschleife, die mit dem sich ändernden magnetischen Feld durchsetzt wird. Diese induzierte Spannung beschleunigt das Elektron e_2 nun derart, dass sich ein zu $\underline{I}_1$ entgegengesetzt fließender Strom gleichen Betrages ausbildet: $\underline{I}_2 = -\underline{I}_1$. Da der Strom $\underline{I}_2$ folglich ein Gegenfeld erzeugt, kompensieren sich die Felder, wie bereits im statischen und dynamischen Fall, sobald der Ursache erfolgreich entgegen gewirkt wurde und somit ein neutrales abgeschlossenes System vorliegt.[3)]

3.1.1.4 Wechselwirkungen zwischen Ladungen – Lenz'sche Regel

Zusammenfassend stellt man folgende Regel fest: jedes System aus statischen und/oder dynamischen Ladungen besitzt eine Kraftwirkung auf weitere Ladungen, begründet auf dem Grundprinzip der Natur „Schaffung eines neutralen abgeschlossenen Gesamtsystems“. Das Ziel ist, ein von der Umgebung entkoppeltes Gesamtsystem durch Beeinflussung anderer statischer bzw. dynamischer Ladungen zu schaffen, welches dann keine weitere Kraftwirkung mehr nach Außen, d.h auf weitere Ladungen besitzt und somit neutral ist. Diese auftretenden Wechselwirkungen zwischen Ladungen werden durch die in den vorigen Kapiteln angesprochenen elektrischen bzw. magnetischen Feldern beschrieben. Durch die Felder werden Ladungen derart beeinflusst, so dass ihr eigenes existierendes oder entstehendes Feld dem ursprünglichen maximal entgegen wirkt und dieses abbaut – je kleiner dieses wird, desto geringer wird die Kraftwirkung auf die restliche Umgebung und desto stärker wird die Entkopplung von dieser. Bezüglich sich ändernder magnetischer Felder führt das zur *Lenz'schen Regel*: die durch eine Feldänderung induzierte Spannung verursacht einen Strom, welcher immer

[3)] Eine vollständige Kompensation liegt nur vor, wenn der Abstand zwischen Leiterschleife und Leiterring sehr klein bezogen auf den Durchmesser ist und somit beide mit einem homogenen Feld durchsetzt werden (Nahfeld, ideale Kopplung). Andernfalls tritt lediglich eine Feldschwächung auf, d.h. eine Minimierung der Kraftwirkung nach Außen. Da der Leiterring bei größerem Abstand zur Leiterschleife nur mit einem Teil des Feldes der Leiterschleife durchsetzt wird und somit im Leiterring ein kleineres Feld als in der Leiterschleife vorliegt (Fernfeld), ist auch die Feldänderung im Leiterring geringer. Folglich ist die Beschleunigung des Elektrons e_2 geringer als die des Elektrons e_1 und die Felder der resultierenden Ströme werden sich nicht mehr kompensieren – es liegt kein vollständig abgeschlossenes System vor, und es verbleibt eine Kraftwirkung nach Außen (siehe auch Fußnote 1 in Kapitel 3.1.1.2 auf Seite 82).

so gerichtet ist, dass der Feldänderung und somit der Ursache entgegen gewirkt wird.

3.1.1.5 Wechselwirkungen zwischen Ladungen – Beispiele

Im Folgenden soll nun kurz auf jeweils ein Beispiel für die Anwendung der Kräfte eingegangen werden. In Abbildung 3.1 rechts oben findet man ein Beispiel für die Kraftwirkung statischer Ladungen. An zwei Platten (Kondensator) wird eine Spannung U_Q angeschlossen. Somit gibt es auf der einen Platte einen Elektronen-Überschuss, d.h. negative Ladung, auf der anderen Platte einen Elektronen-Mangel, d.h positive Ladung. Über das dadurch entstehende elektrische Feld $\underline{E}$ wird eine anziehende Kraft $\underline{F}_E$ zwischen den Platten vermittelt. Der elektrostatische Motor nützt beispielsweise diesen Effekt.

In Abbildung 3.1 rechts Mitte findet man ein Beispiel für die Kraftwirkung bewegter Ladungen. In zwei Leitern fließt ein Strom in gleicher Richtung, d.h. entsprechend der physikalischen Definition des Stroms fließt ein Elektronenstrom in entgegengesetzter Richtung. Der Strom $\underline{I}_1$ erzeugt – wie später gezeigt wird – ein konzentrisches magnetisches Feld $\underline{H}_1$. Im Magnetfeld $\underline{H}_1$ befindet sich der zweite Leiter, in dem der Strom $\underline{I}_2$ fließt. Über das magnetische Feld $\underline{H}_1$ wird eine anziehende Kraft $\underline{F}_{Hv}$ zwischen den Leitern vermittelt. Dieser Effekt lässt sich ebenfalls technisch nutzen. Wie die Kraftrichtung zu bestimmen ist, wird in Kapitel 3.1.3.1 geklärt. Es sei noch zu erwähnen, dass in beiden Fällen nicht nur eine Kraft von Platte 1/Leiter 1 auf Platte 2/Leiter 2, sondern auch umgekehrt wirkt, dies jedoch auf Grund der Übersichtlichkeit nicht eingezeichnet ist.

Im Folgenden wird die Anwendung der Kraftwirkung zwischen beschleunigter Ladungen diskutiert. Verwendet man Wechselspannungen, so liegen stets beschleunigte Elektronen vor, d.h. bezogen auf das behandelte Beispiel in Abbildung 3.1 links unten fließt bei idealer Kopplung (Vernachlässigung von Streuinduktivitäten) in der Leiterschleife und im Leiterring stets ein Wechselstrom derselben Frequenz, Amplitude und Phase. Mit Hilfe der Kraft $\underline{F}_{Ha}$ auf Elektronen können somit Stromkreise potentialfrei gekoppelt werden. Hiermit kann z.B. ein Stromfluss in einem mechanisch bewegten Stromkreis, welcher keine eigene Quelle besitzt, erzeugt werden, womit keine Kabelverbindung zur Quelle bzw. ein Schleifkontakt notwendig ist. Dieses Prinzip des Transformators wird in Kapitel 5 der Asynchronmaschine für die Speisung des sich drehenden Rotors zur Anwendung kommen. Abbildung 3.1 rechts unten zeigt das Transformator-Prinzip: eine Wechselspannung $\underline{U}_1$ liegt bei Spule 1 mit $N_1 = 6$ Windungen auf der Primärseite an. Dadurch wird ein Wechselfeld $\underline{H}_a$ erzeugt, welches auf die Spule 2 wirkt. Hier werden durch die induzierte Spannung $\underline{U}_2$ so viele Elektronen beschleunigt, wie es notwendig ist, das Feld $\underline{H}_a$ zu kompensieren (ideale Kopplung). Ist die Windungszahl $N_2 = 3$ geringer, müssen hierfür mehr Elektronen beschleunigt werden – dies führt in diesem Beispiel zu einem doppelt so hohen Strom $\underline{I}_2 = 2\underline{I}_1$. Da nur halb so viele Windungen auf der Sekundärseite vorhanden sind, bildet sich über dem Umfang von nur drei Windungen eine halb so große induzierte Spannung aus. Mit einem verlustlosen und streufreien *Transformator* können somit

Wechselspannungen mit folgender Gesetzmäßigkeit verändert, d.h. transformiert werden:

$$\frac{N_1}{N_2} = \frac{U_1}{U_2} = \frac{I_2}{I_1} \tag{3.11}$$

Mit diesem einführenden Überblick wurde deutlich, dass für die Konstruktion einer elektrischen Maschine prinzipiell zwei physikalische Effekte zur Erzeugung eines antreibenden Momentes nutzbar wären. Ein Motor könnte mit Hilfe von Kondensatoren, die ein elektrisches Feld erzeugen, oder mit Spulen, die ein magnetisches Feld erzeugen, aufgebaut werden, um eine Kraftwirkung auf statische bzw. bewegte Ladungen zu erreichen. Beides wäre im Grunde möglich, ein besserer Wirkungsgrad lässt sich jedoch mittels des magnetischen Feldes erreichen. Aus diesem Grund sind für das Funktionsprinzip der Gleichstromnebenschlussmaschine die Kräfte zwischen bewegten und beschleunigten Elektronen zur Momenterzeugung zu nutzen. Hierzu wird im Folgenden das magnetische Feld näher beleuchtet.

3.1.2 Magnetische Feldstärke

Der Zusammenhang zwischen einem felderzeugenden Strom $\underline{I}$ bzw. der Stromdichte $\underline{j}$ und der *magnetischen Feldstärke* $\underline{H}$ wird in der Elektrizitätslehre durch eine der Maxwell'schen Gleichungen, dem *Durchflutungsgesetz*, eindeutig beschrieben (Verschiebungsstrom $\partial\underline{D}/\partial t = 0$):

$$\text{rot}\,\underline{H} = \underline{j} \tag{3.12}$$

Eine andere Darstellung ist:

$$\oint_{\partial A_1} \underline{H} \cdot d\underline{s} = \int_{A_2} \underline{j} \cdot d\underline{a} = \underline{I} \tag{3.13}$$

Liegt eine Stromdichte $\underline{j}$ vor, so fließt z.B. in einem Leiter des Querschnitts $\underline{A}_2$ gemäß des Flächenintegrals (Flächenelement $d\underline{a}$) ein bestimmter konstanter Strom $\underline{I}$ im Leiter. Gleichung (3.13) besagt: bildet man das Ringintegral (Streckenelement $d\underline{s}$) über die magnetische Feldstärke $\underline{H}$ entlang des Randes ∂A_1 einer beliebigen Fläche $\underline{A}_1$, durch die der stromdurchflossene Leiter verläuft, so bestimmt dieses Integral eindeutig Betrag und Richtung des felderzeugenden Stromes $\underline{I}$ – das Ringintegral der magnetischen Feldstärke ist gleich dem umschlossenen Strom. Somit steht fest, dass eine magnetische Feldstärke ein direktes Resultat einer Stromverteilung $\underline{j}$ bzw. Stromes $\underline{I}$ ist und nur von diesem sowie der Anordnung/Geometrie des Leiters abhängt. Die magnetische Feldstärke $\underline{H}$ ist demnach nur von der Quelle abhängig und damit nicht materialabhängig.

Für den einfachen Fall des langen Leiters kann diese Eigenschaft nochmals dargestellt werden, um den grundsätzlichen Zusammenhang zwischen Strom und magnetischer Feldstärke weiter zu verdeutlichen. Es ist aus der Elektrizitätslehre bekannt, dass ein gerader (unendlich) langer stromdurchflossener Leiter ein Feld

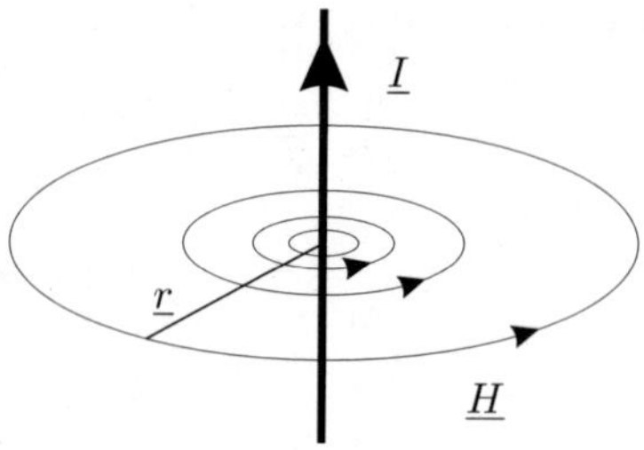

Abb. 3.2: *Magnetische Feldstärke $\underline{H}$ eines stromdurchflossenen Leiters*

erzeugt, dessen magnetische Feldlinien konzentrische Kreise um den Leiter sind (Abb. 3.2) – dies wird mit der Gleichung (3.13) eindeutig beschrieben. Eine Merkregel für den Verlauf einzelner magnetischer Feldlinien eines stromdurchflossenen Leiters ist die sog. *Rechtsschrauben-Regel*: bildet man eine Faust mit der rechten Hand und streckt den Daumen, so zeigt der Daumen in die Richtung des Stromes (Löcherfluss, d.h. physikalische Stromrichtung) und die restlichen angewinkelten vier Finger in Richtung des konzentrischen $\underline{H}$-Feldes (bei Elektronenfluss ist die linke Hand zu verwenden).

Bedient man sich dieses Wissens bezüglich des konzentrischen Feldverlaufes, kann mit Gleichung (3.13) unkompliziert der Betrag der Feldstärke um den Leiter bestimmt werden. Hierzu verwendet man für die Berechnung des Ringintegrals Flächen $\underline{A}_1$ mit konzentrischem Kreis als Berandung um den Leiter (Radius r), die senkrecht zu diesem stehen. Dadurch vereinfacht sich die Berechnung des Integrals:

$$H \cdot 2\,\pi\,r = I \tag{3.14}$$

Für den Betrag der magnetischen Feldstärke ergibt sich somit:

$$H = \frac{I}{2\,\pi\,r} \tag{3.15}$$

Hiermit ist ersichtlich, dass die magnetische Feldstärke lediglich proportional zum Strom ist und mit dem Inversen des Abstands r vom Leiter abnimmt, d.h. von der Geometrie abhängt. Dies wird mit Hilfe der Dichte der Feldlinien zum Ausdruck gebracht, welche mit dem Abstand zum Leiter abnimmt (Abb. 3.2). Eine Abnahme der Feldstärke mit größer werdendem Abstand $\underline{r}$ war durchaus zu erwarten, da ähnlich zum elektrischen Feld die Wechselwirkung bzw. Kraftwirkung zwischen statischen Ladungen auch bei bewegten Ladungen bei wachsender Distanz immer geringer wird. Die Feldstärke ist in Richtung des langen Leiters stets konstant, so dass lediglich eine zwei-dimensionale Betrachtung notwendig war.

Eine höhere, w-fache Feldstärke bei gleichem Strom kann erreicht werden, wenn im obigen Beispiel w Leiter gebündelt werden:

$$H = \frac{I \cdot w}{2\,\pi\,r} \tag{3.16}$$

Eine vom Strom $\underline{I}$ durchflossene Spule mit w Windungen erzeugt somit eine höhere magnetische Feldstärke $\underline{H}$. Für die Berechnung des Feldes kann allerdings nun die Gleichung (3.13) alleine nicht mehr herangezogen werden, da das Feld in einem beliebigen Punkt stets von allen Raumkoordinaten abhängt und somit für die notwendige Betrachtung im dreidimensionalen Raum diese Gleichung nicht mehr nach $\underline{H}$ aufgelöst werden kann (für den einfachen Fall des langen Leiters reicht aus Symmetriegründen eine zweidimensionale Betrachtung entlang des Leiters). Verbindet man jedoch das Durchflutungsgesetz mit einer weiteren Maxwell'schen Gleichung, welche eine Aussage über die Quellenfreiheit des B-Feldes trifft (vgl. Unterkapitel 3.1.4.2), erhält man das Biot-Savartsche Gesetz, mit welchem allgemein das Feld aus einer Stromverteilung bestimmt werden kann. Für eine tiefergehende Betrachtung sei auf die weiterführende Literatur [27, 43, 15] verwiesen.

Die Anwendung des Biot-Savartschen Gesetzes für die Berechnung des Feldvektors einer Zylinderspule zeigt, dass auf Grund der geometrischen Anordnung der Leiter im Inneren der Spule ein konstantes homogenes magnetisches Feld entsteht, d.h. die magnetische Feldstärke hat an jedem Ort im Inneren der Spule dieselbe Richtung und Betrag – die Feldliniendichte ist konstant. Für den Betrag des magnetischen Feldes innerhalb einer langen bzw. kurzen Zylinderspule ergibt sich folgender Zusammenhang:

$$H_{ZS\ lang} = \frac{I \cdot w}{l} \tag{3.17}$$

$$H_{ZS\ kurz} = \frac{I \cdot w}{\sqrt{D^2 + l^2}} \tag{3.18}$$

Hierbei ist l die Länge der Spule, w die Windungszahl und D der Durchmesser der Windungen; gilt $l \gg D$, so liegt eine lange Zylinderspule vor, andernfalls eine kurze Zylinderspule. Die magnetische Feldstärke ist somit direktes Resultat des Spulenstromes I sowie der Spulengeometrie; die Anzahl der Windungen w bei gleichbleibender Spulenlänge und -durchmesser führt zur linearen Verstärkung des Feldes .

Der Feldverlauf einer Zylinderspule ist in Abbildung 3.3 links dargestellt, wobei ein in die Ebene fließender Spulenstrom mit $\otimes$, ein aus der Ebene fließender Strom mit $\odot$ symbolisiert wird. Zur Bestimmung der Feldrichtung im Inneren der Spule kann vereinfachend die Superposition der Feldrichtungen der einzelnen ein- und austretenden Ströme im Zweidimensionalen verwendet werden: geht man davon aus, dass jeder dieser Ströme eine annähernd radiale Feldverteilung wie ein unendlich langer Leiter entsprechend der Abbildung 3.2 hat, so addieren und verstärken sich die Felder der ein- und austretenden Ströme im Inneren und man erhält die eingezeichneten Feldlinien mit hoher Dichte. Außerhalb der Spule sind die Felder der ein- und austretenden Ströme entgegengerichtet und kompensieren sich entsprechend der Geometrie der Spule – es verbleibt, abhängig vom Leiterabstand D, eine sehr kleine Feldstärke außerhalb der Spule verglichen mit dem Feld im Inneren, was durch die geringe Dichte der Feldlinien verdeutlicht

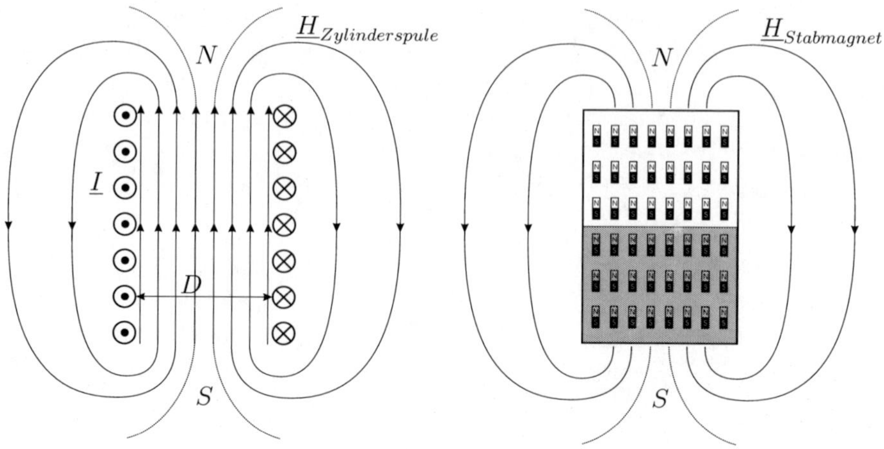

Abb. 3.3: *Magnetisches Feld einer Zylinderspule (links) sowie eines Stabmagneten (rechts)*

wird. Mit größer werdendem Abstand von der Spule nimmt die Dichte gemäß des Feldes eines langen Leiters weiter ab.

Auf Grund der hohen Feldliniendichte im Inneren der Spule entsteht ein ausgeprägter magnetischer Nord- und Südpol an den Enden der Zylinderspule. Das Feld einer Zylinderspule entspricht demnach dem eines Stabmagneten, welches in der Abbildung 3.3 rechts zu finden ist. Da, wie gezeigt, ein Stromfluss mit einem $\underline{H}$-Feld stets direkt im Zusammenhang steht, sei bereits an dieser Stelle darauf hingewiesen, dass auch im Stabmagneten auf der Oberfläche „Ströme“ fließen müssen. Hierauf wird jedoch später in Kapitel 3.1.4.4 eingegangen.

Für die Bestimmung der Feldrichtung im Inneren einer Zylinderspule kann ebenfalls die zu Beginn dieses Kapitels dargestellte Rechtsschrauben-Regel verwendet werden, jedoch zeigen hier nun die angewinkelten vier Finger der Faust in Richtung des Spulenstromes und der gestreckte Daumen in Richtung des gesuchten Feldes. Es sei an dieser Stelle abschließend noch einmal erwähnt, dass die magnetische Feldstärke materialunabhängig ist.

3.1.3 Magnetische Flussdichte

3.1.3.1 Lorentzkraft

Neben der magnetischen Feldstärke $\underline{H}$ gibt es die *magnetische Flussdichte* $\underline{B}$ – bei beiden handelt es sich um magnetische Felder. Wie erläutert, ist die magnetische Feldstärke $\underline{H}$ das Resultat einer Stromverteilung – die magnetische Flussdichte $\underline{B} = \mu\underline{H}$ hingegen beschreibt gemäß der Überlegungen für die Lorentzkraft in Gleichung (3.6) in Kapitel 3.1 die Wirkung der magnetischen Feldstärke $\underline{H}$ auf bewegte elektrische Ladungsträger, d.h. sie beschreibt die Kraft $\underline{F}_{Hv}$ auf n Ladungsträger Q, die sich im Magnetfeld $\underline{H}$ mit der Geschwindigkeit $\underline{v}$ bewegen. In der allgemeinen Form wird die *Lorentzkraft* $\underline{F} = \underline{F}_{Bv}$ in Abhängigkeit der magnetischen Flussdichte $\underline{B}$ dargestellt, da – wie im Folgenden gezeigt wird – nicht immer ein linearer Zusammenhang $\underline{B} = \mu \underline{H}$ besteht:

$$\underline{F} = n \cdot Q \cdot \underline{v} \times \underline{B} \tag{3.19}$$

Diese in Kapitel 3.1.1.2 diskutierte Kraftwirkung auf bewegte Ladungen und deren Kraftrichtung zur Beeinflussung der Bewegungsrichtung wird in Abbildung 3.4 allgemein für das $\underline{B}$-Feld dargestellt. Die Bildung des Kreuzproduktes

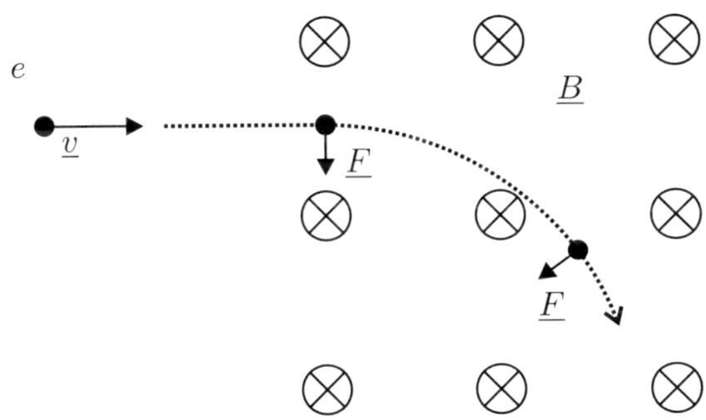

Abb. 3.4: *Bewegter Ladungsträger (Elektron: Q=-e) im* $\underline{B}$*-Feld*

führt dazu, dass der Kraftvektor $\underline{F}$ senkrecht auf dem Geschwindigkeits- und $\underline{B}$-Feld-Vektor steht. Solange der Geschwindigkeits- und $\underline{B}$-Feld-Vektor nicht parallel sind, wird sich eine resultierende Kraft ungleich Null ergeben, deren Betrag am größten ist, wenn beide senkrecht zueinander stehen. Eine einfache Regel für diese Kraftrichtung bietet die sog. *3-Finger-Regel*, für die man für positive Ladungen $Q = q$ („Löcher“, Löchertransport entspricht positiver Stromrichtung) die rechte Hand, für negative Ladungen $Q = -e$ (Elektronen) die linke Hand benutzt: der Daumen zeigt in die Bewegungsrichtung ($\underline{v}$), der Zeigefinger deutet in die Richtung der $\underline{B}$-Feld-Komponente, die senkrecht auf dem $\underline{v}$-Vektor steht. Dabei stehen Daumen und Zeigefinger gestreckt senkrecht zueinander. In der Abbildung 3.4 wird ein $\underline{B}$-Feld-Vektor, der in die Zeichenebene zeigt, mit $\otimes$ symbolisiert, einer, der aus der Zeichenebene deuten würde, wäre mit $\odot$ symbolisiert. Wird nun der Mittelfinger ebenfalls so gestreckt, dass er sich senkrecht zu Daumen und Zeigefinger befindet, so zeigt dieser die resultierende Kraftrichtung $\underline{F}$ an. Führt man diese Betrachtung nun an jedem Ort eines in das magnetische Feld geschossenen Elektrons durch (Abb. 3.4), so wird ersichtlich, dass das Elektron eine Kreisbewegung vollzieht, bis es nach 180° das Magnetfeld wieder verlässt. Die Lorentzkraft bewirkt somit keine Geschwindigkeits- bzw. Energieänderung, sondern einzig eine Richtungsänderung.

3.1.3.2 Materialabhängigkeit der Lorentzkraft bzw. magnetischen Flussdichte

Der Unterschied bzw. Zusammenhang zwischen den beiden magnetischen Feldern $\underline{H}$ und $\underline{B}$ ist lediglich in der Materialabhängigkeit zu finden, d.h. $\underline{B}$ ist eine Funktion von $\underline{H}$ und dem Material, so dass Gleichung (3.19) wie folgt geschrieben werden kann:

$$\underline{F} = n \cdot Q \cdot \underline{v} \times \underline{B}(\underline{H}, Material) \tag{3.20}$$

Es stellt sich nun die Frage, wie Material Einfluss auf das magnetische Feld haben kann, so dass sich die Kraft auf bewegte Ladungen durch das Einbringen von geeigneten Werkstücken erhöht. Wie im Folgenden gezeigt wird, erzeugt Material in einem externen (durch eine Stromverteilung verursachten) $\underline{H}$-Feld zusätzlich ein weiteres $\underline{H}$-Feld, die sog. Magnetisierung $\underline{M}$, womit durch das resultierende größere Feld eine Erhöhung der Kraft auf bewegte Ladungen verbunden ist. Diese Eigenschaft lässt sich mit Hilfe des *Bohr'schen Atommodells* in Abbildung 3.5 links grundsätzlich erklären.

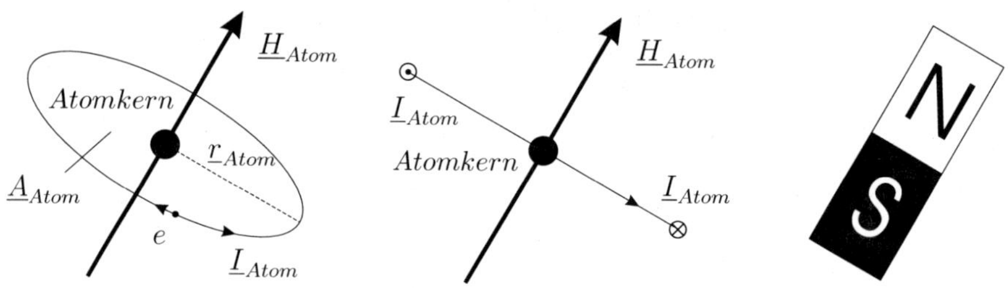

Abb. 3.5: *Bewegte Elektronen um einen Atomkern erzeugen ein $\underline{H}$-Feld*

Entsprechend dieses Atommodells besteht jedes Atom aus einem Atomkern mit neutralen Neutronen und positiv geladenen Protonen, die von negativ geladenen Elektronen mit dem Radius $\underline{r}_{Atom}$ umkreist werden (bewegte Ladungen mit $\underline{v} = const$). Da sich die negativen Ladungen bewegen, gibt es eine Gleichgewichtslage, bei der die Anziehungskraft (3.1) zwischen den positiven und negativen Ladungen gleich der Zentripedalkraft ist und somit ein stabiles System vorliegt – die Elektronen kreisen in einer festen Bahn und werden auf dieser gehalten, was die einzige Möglichkeit für ein stabiles System darstellt, unter der Bedingung, dass die kinetische Energie nicht abgegeben werden kann. Die Anzahl der Elektronen entspricht der der Protonen, so dass Ladungsneutralität des Gesamtsystems gewährt ist. Die Anzahl der Protonen hängt wiederum vom spezifischen Atomgewicht des Materials ab. Je schwerer das Atom, desto mehr Protonen sind vorhanden und desto mehr Elektronen umkreisen den Atomkern, was letztendlich einem materialabhängigen Ringstrom $\underline{I}_{Atom}$ um das Atom entspricht.

Wie bereits diskutiert wurde, erzeugt jede Stromverteilung eine magnetische Feldstärke $\underline{H}$. Mit Hilfe der Rechtsschrauben-Regel wird in Abbildung 3.5 links ersichtlich, dass im Inneren der Elektronenbahn eine Konzentration der Feldlinien einheitlicher Richtung auftritt und sich diese außerhalb schließen. Der Feldlinienverlauf der kreisenden Elektronenen entspricht demnach dem einer kurzen Zylinderspule mit einer Windung, womit die Feldliniendichte außerhalb mit zunehmenden Abstand stark abnimmt und im Inneren eine dominierende magnetische Feldstärke erzeugt wird (vgl. Abb. 3.3 links); diese ist jedoch zunächst nicht als homogen anzusehen, da die betrachtete „Spule" lediglich eine Windung besitzt. Wie jedoch im Folgenden gezeigt wird, richten sich die Atome im Feld aus, womit die Windungen der „Spulen" hintereinander geschaltet werden und somit das homogene Feld einer langen Zylinderspule erreicht wird. In diesem Kontext wird nun angenommen, dass im Inneren der Elektronenbahn des Atoms (Radius r_{Atom}) über die Querschnittsfläche $A_{Atom} = \pi\, r_{Atom}^2$ ein homogenes Feld $\underline{H}_{Atom}$ vorliegt. Entsprechend der Vorstellung einer langen Zylinderspule als Stabmagneten mit einem Nord- und Südpol (vgl. Abb. 3.3 rechts) gelangt man zu der Erkenntnis, dass in jedem Material elementare *atomare magnetische Dipole* mit der Feldstärke $\underline{H}_{Atom}$ präsent sind.

Bezüglich der weiteren Betrachtungen wird für das dreidimensionale Atommodel entweder die Seitenansicht (vgl. Abb. 3.5 Mitte) verwendet, bei der der ein- und austretende Strom $\underline{I}_{Atom}$ mit $\otimes$ und $\odot$ symbolisiert wird, oder die Darstellung als atomarer magnetischer Dipol, d.h. kleiner Stabmagnet (vgl. Abb. 3.5 rechts).

In Abbildung 3.6 wird nun der Einfluss eines externen $\underline{H}$-Feldes auf die Atome eines Materials/Werkstückes illustriert. Die durch das externe Feld $\underline{H}$ senkrecht durchsetzte Querschnittsfläche des Werkstückes wird mit $\underline{A}$ bezeichnet; der Flächenvektor verläuft parallel zum Feldvektor. $A_{Atom} = \pi\, r_{Atom}^2$ bezeichnet den Betrag der Querschnittsfläche des Atoms, die vom homogenen Feld $\underline{H}_{Atom}$ durchsetzt wird. Der Winkel α gibt die Ausrichtung der atomaren Dipole zur externen Feldstärke an. Es interessiert nun die mittlere Verstärkung des externen Feldes $\underline{H}$ durch die örtlich wirkenden Felder $\underline{H}_{Atom}$ der atomaren Dipole im Werkstück. Hierzu betrachtet man alle Atome in einer Querschnittsfläche bzw. Atomschicht $\underline{A}$ des Werkstücks, die senkrecht vom externen Feld $\underline{H}$ durchsetzt wird. Für jedes Atom i in der Atomschicht wird die Komponente der magnetischen Feldstärke bestimmt, die parallel zum externen $\underline{H}$-Feld verläuft und dieses verstärkt ($\underline{H}'_{Atom,i} = \underline{H}_{Atom} \cdot \cos\alpha_i$). Da die Feldstärke $\underline{H}_{Atom}$ nur örtlich innerhalb der Elektronenkreisbahn bzw. Querschnittsfläche A_{Atom} des Atoms wirkt, durchsetzt die Feldstärkenkomponente $\underline{H}'_{Atom,i}$ auf der Querschnittsfläche A nur die projizierte Fläche der Elektronenkreisbahn, d.h. eine Ellipse mit der Fläche $A'_{Atom,i} = \pi\, r_{Atom}^2 \cdot \cos\alpha_i = A_{Atom} \cdot \cos\alpha_i$. Zur Bestimmung der mittleren Feldstärke $\underline{M}$ aller im Werkstück örtlich wirkenden Feldstärken $\underline{H}'_{Atom,i}$ müssen diese auf die Querschnittsfläche A bezogen werden. Für einen atomarer Dipol i bedeutet dies, dass er das externe Feld $\underline{H}$ im Werkstück um den Beitrag $\underline{M}_i$ verstärkt:

$$\underline{M}_i = \frac{A'_{Atom,i}}{A} \cdot \underline{H}'_{Atom,i} = \frac{A_{Atom}}{A} \cdot \underline{H}_{Atom} \cdot \cos^2\alpha_i \tag{3.21}$$

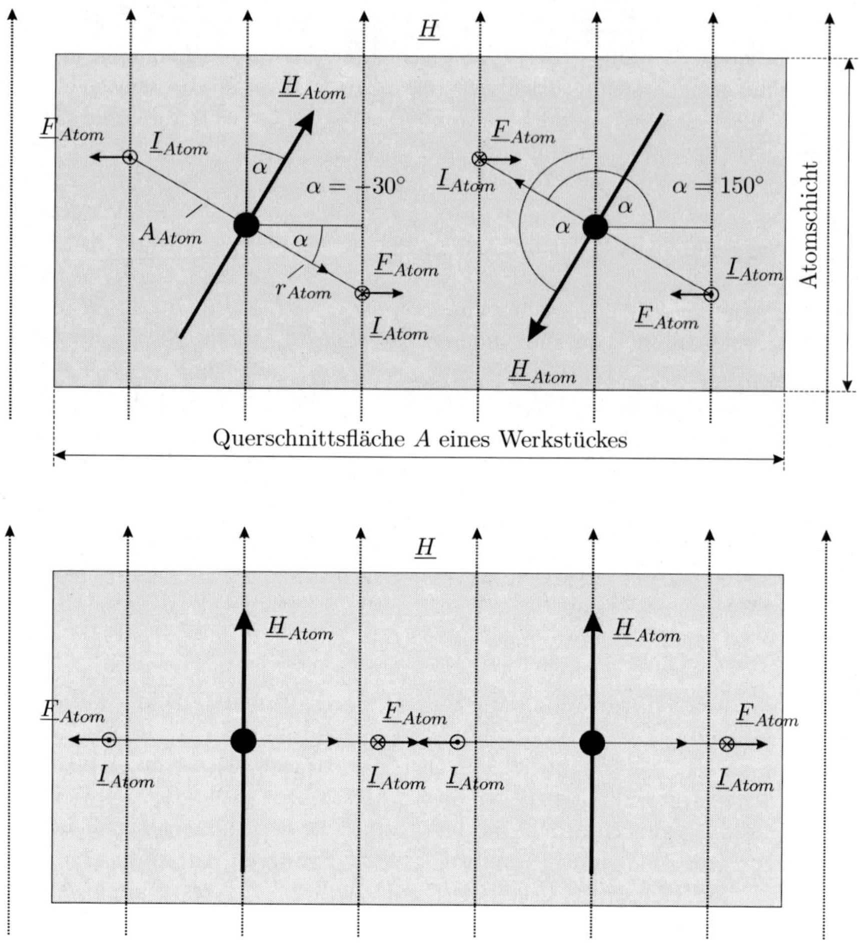

Abb. 3.6: *Ausrichtung der Atome eines Werkstückes in einem externen magnetischen Feld $\underline{H}$ (exemplarisch besteht eine Atomschicht des Werkstücks aus nur zwei Atomen); obere Hälfte: statistisch im Material verteilte atomare Dipole erfahren ein Drehmoment auf Grund der Lorentzkraft; untere Hälfte: Ruhezustand bei ausgerichteten Dipolen*

Wie groß der Beitrag eines Atoms zur Feldverstärkung ist, hängt zum Einen von der Ausrichtung α des atomaren Dipols zur externen Feldstärke und zum Anderen von der durch die externe Feldstärke durchsetzten Querschnittsfläche A des Werkstückes ab. Je größer die durchsetzte Querschnittsfläche, desto geringer ist der Beitrag eines Atoms zur Erhöhung der Dichte der $\underline{H}$-Feldlinien im Werkstück. Mit der Anzahl N der Atome in einer Atomschicht der Fläche A, d.h. mit der materialabhängigen Flächendichte $\rho = N/A$ lässt sich nun der Gesamtbeitrag $\underline{M}$

der N Atome zum externen Feld $\underline{H}$ bestimmen:

$$\underline{M}(\rho, A, \alpha) = \sum_{i=1}^{N} \underline{M}_i = \frac{A_{Atom}}{A} \cdot \underline{H}_{Atom} \cdot \sum_{i=1}^{\rho A} \cos^2 \alpha_i \tag{3.22}$$

Der maximale Beitrag von $\underline{M}$ liegt vor, wenn alle atomaren Dipole einer Schicht parallel zum externen Feld ausgerichtet sind ($\alpha = 0°$) und wenn die Flächendichte ρ derart groß ist, dass alle Atome nahe nebeneinander angeordnet sind; es gilt dann:

$$\underline{M} = \lim_{N \cdot A_{Atom} \to A} \left(\lim_{\alpha_i \to 0°} \left(\frac{A_{Atom}}{A} \underline{H}_{Atom} \cdot \sum_{i=1}^{N} \cos^2 \alpha_i \right) \right) = \underline{H}_{Atom} \tag{3.23}$$

Mit $\underline{M} \approx \underline{H}_{Atom}$ kann ein Werkstück das externe Feld $\underline{H}$ maximal um die magnetische Feldstärke eines Atoms $\underline{H}_{Atom}$ erhöhen.

Mit Abbildung 3.6 soll im Folgenden gezeigt werden, wie die externe Feldstärke $\underline{H}$ prinzipiell die Ausrichtung der atomaren Dipole und somit die Feldverstärkung beeinflusst. Zunächst, bei Abwesenheit eines äußeren magnetischen Feldes, sind die atomaren Dipole statistisch im Material ausgerichtet, wodurch die resultierende Feldstärke aller Atome im Mittel einen Nullvektor ergibt und somit $\underline{M} \approx \underline{0}$ gilt – in obigem Beispiel sind zwei Atome um 180° gegeneinander gedreht, d.h. hier führt Gleichung (3.22) zu

$$\underline{M} = \frac{A_{Atom}}{A} \cdot \underline{H}_{Atom} \cdot \left(\cos^2 (-30°) + \cos^2 150° \right) = \underline{0} \tag{3.24}$$

Wird jetzt ein externes Feld $\underline{H}$ aufgebracht, in dem sich das Material befindet, so wirkt die Lorentzkraft auf die bewegten Elektronen. Da die kreisenden Elektronen aus energetischen Gründen eine feste Einheit mit dem Atomkern bilden, behalten die Elektronen ihre Kreisbewegung trotz Krafteinwirkung bei – es ändert sich nur die Ausrichtung der Ebene der Kreisbahn. Die mit Hilfe der 3-Finger-Regel bestimmten Kraftrichtungen sind eingezeichnet. Es wird ersichtlich, dass nun ein Moment auf die beiden Atome wirkt, welches die Atome neu ausrichtet. Sobald die Felder der Atome $\underline{H}_{Atom}$ parallel zu dem externen Feld $\underline{H}$ sind ($\alpha_i = 0°$), wirkt kein Moment mehr auf die Atome, die magnetischen Dipole haben sich ausgerichtet und befinden sich im Ruhezustand. Im Unterschied zu dem Fall bei Abwesenheit des externen Feldes sind nun alle sich im Feld befindenden Atome parallel ausgerichtet, wodurch sich alle Felder der Atome nach Gleichung (3.22) zu

$$\underline{M} = 2 \cdot \frac{A_{Atom}}{A} \cdot \underline{H}_{Atom} \tag{3.25}$$

addieren und somit das externe Feld $\underline{H}$ verstärken. Es ist an dieser Stelle anzumerken, dass es von der Stärke der Wechselwirkungen zwischen den Atomen und von der Stärke der externen magnetischen Feldstärke $\underline{H}$ abhängt, welcher Winkel α sich im Ruhezustand einstellt. Dies wird im Speziellen in Kapitel 3.1.3.4 bzgl. ferromagnetischer Werkstoffe behandelt. Nach dieser Darstellung wird deutlich, dass das externe Feld $\underline{H}$ die atomaren Dipole des Werkstoffes ausrichtet bzw. magnetisiert und damit das Feld verstärkt. Der Beitrag zur Feldverstärkung $\underline{M}$ wird als die *Magnetisierung* bezeichnet und hängt nur vom Material (ρ, A) und indirekt über den Winkel $\alpha(\underline{H})$ von der externen Feldstärke $\underline{H}$ ab:

$$\underline{M}\,(\rho, A, \underline{H}) = \frac{A_{Atom}}{A} \cdot \underline{H}_{Atom} \cdot \sum_{i=1}^{\rho A} \cos^2\left(\alpha_i\left(\underline{H}\right)\right) \tag{3.26}$$

Das Gesamtfeld aus externer Feldstärke $\underline{H}$ und Magnetisierung $\underline{M}$ wird über die magnetische Flussdichte $\underline{B}$ beschrieben und ist proportional zu dieser:

$$\underline{B}\,(\rho, A, \underline{H}) \sim \underline{H} + \underline{M}\,(\rho, A, \underline{H}) \tag{3.27}$$

$$\underline{B} = \mu_0\,(\underline{H} + \underline{M}) \tag{3.28}$$

$$= \mu_0\,\underline{H} + \underline{J} \tag{3.29}$$

Der proportionale Zusammenhang wird über die magnetische Feldkonstante $\mu_0 = 4\pi \cdot 10^{-7}\,V\,s/A\,m$, eine Naturkonstante, hergestellt. $\underline{J}$ bezeichnet die beschriebene Polarisation des Materials. An dieser Stelle seien die Einheiten der Felder erwähnt:

$$[B] = \frac{V\,s}{m^2} = 1\,\text{Tesla}, \qquad [H] = \frac{A}{m} \tag{3.30}$$

Neben dieser grundlegenden Vorstellung gibt es noch weitere Effekte bzgl. der Polarisation, auf die hier jedoch nicht weiter eingegangen wird – für tiefergehende Einblicke in die atomare Betrachtung magnetisierter Materialien sei auf die weiterführende Literatur [44, 11] verwiesen. Es ist jedoch zu erwarten, dass auf Grund von Wechselwirkungen in der Materie beim Anlegen eines kleinen externen Feldes die Atome nicht unverzüglich ausgerichtet werden – der Lorentzkraft wirken Kräfte der atomaren Wechselwirkung entgegen. Erhöht man jedoch kontinuierlich das externe Feld $\underline{H}$, so wird die Lorentzkraft immer dominanter, womit die Magnetisierung $\underline{M}$ bzw. Polarisation $\underline{J}$ kontinuierlich zunimmt; je nach Material gibt es einen linearen oder nichtlinearen Zusammenhang zwischen $\underline{H}$ und $\underline{M}$, welcher in den folgenden Kapiteln näher betrachtet wird.

3.1.3.3 Magnetische Flussdichte in nicht ferromagnetischen Materialien

In *nicht ferromagnetischen Materialien* existiert ein linearer Zusammenhang zwischen dem externen magnetischen Feld $\underline{H}$ und der Magnetisierung $\underline{M}$,

$$\underline{M} = \chi\,\underline{H} \tag{3.31}$$

wobei χ als magnetische Suszeptibilität bezeichnet wird. Setzt man diesen Zusammenhang in Gleichung (3.28) ein, so ergibt sich auch ein linearer Zusammenhang zwischen der externen magnetischen Feldstärke $\underline{H}$ und der vom Material abhängigen magnetischen Flussdichte $\underline{B}$:

$$\underline{B} = \mu_0 \, \underline{H} \, (1 + \chi) = \mu_0 \, \mu_r \, \underline{H} = \mu \, \underline{H} \tag{3.32}$$

$$\mu_r = 1 + \chi \tag{3.33}$$

Über die Höhe der sog. Permeabilitätszahl μ_r wird somit zum Ausdruck gebracht, wie stark ein entsprechendes Material das magnetische Feld verstärkt – es wurde hiermit deutlich, warum in den Gleichungen (3.6) und (3.8) für die Kraft auf bewegte bzw. beschleunigte Ladungen die Permeabilität μ zu finden ist.

3.1.3.4 Magnetische Flussdichte in ferromagnetischen Materialien (Hysteresekurve)

In *ferromagnetischen Materialien* (z.B. Eisen) ist in der Materie die Wechselwirkung der elementaren atomaren Dipole derart groß, so dass sie sich auch ohne Einwirkung eines externen Feldes spontan ausrichten. Diese Wechselwirkung verdeutlicht die Abbildung 3.7. Hier sind die unteren beiden Atome, Atom 1 und 2, bereits ausgerichtet eingezeichnet. Liegt Materie vor, bei der eine große Anzahl an Elektronen den Kern umkreisen (z.B. Eisen), tritt ein großer „Strom“ und somit ein hohes atomares $\underline{H}$-Feld auf, so dass die Kraftwirkung auf die Elektronen-Ströme der benachbarten Atome verstärkt auftritt; entsprechende Feldlinien sind eingezeichnet. Betrachtet man die Kraftwirkung $\underline{F}_{12}$ von Atom 1 auf Atom 2 und $\underline{F}_{21}$ von Atom 2 auf 1, so wirkt bei dieser Ausrichtung kein Moment mehr auf die Atome – der energetisch günstigste Zustand ist erreicht. Dementspechend ist zu erwarten, dass bei einer anderen Konstellation der Atome eine Ausrichtung stattfindet. Betrachtet man die Wechselwirkung zwischen Atom 2 und 3, so ist zu erkennen, dass das hohe innere Feld von Atom 2 zu einer Kraft $\underline{F}_{23}$ führt, die in einem Moment resultiert, welches das Atom 3 ausrichtet. Das schwache äußere Feld von Atom 3 (vgl. Feldverlauf einer Spule mit einer Windung in Abb. 3.3) führt nur zu einer kleinen Kraft $\underline{F}_{32}$ auf Atom 2 – dieses wird nur geringfügig ausgelenkt. Es kommt hinzu, dass bei einer Auslenkung sofort wieder eine Kraft von Atom 1 auf 2 wirkt, die den energetisch günstigsten Zustand hält. Die Dreier-Konstellation führt letztendlich dazu, dass Atom 3 sich entsprechend Atom 1 und 2 ausrichtet. Stellt man sich erneut gemäß der Abb. 3.3/3.5 vor, dass jedes Atom einer Spule mit einer Windung und somit einem kleinen Magneten mit Nord- und Südpol entspricht, erhält man durch den beschriebenen Sachverhalt die Bestätigung, dass sich Nord- und Südpol eines Magneten anziehen (vgl. Abb. 3.7 rechts).

Durch diese Darstellung ist jetzt verständlich, dass bei starken atomaren Magneten sich die Magnete bzw. Atome des Eisens einheitlich spontan ausrichten (Nordpol des einen Atoms befindet sich am Südpol des benachbarten Atoms). Dies beruht auf dem Prinzip der Energieminimierung. Richteten sich alle Atome spontan in die selbe Richtung aus, so würde sich zwar die innere Energie des

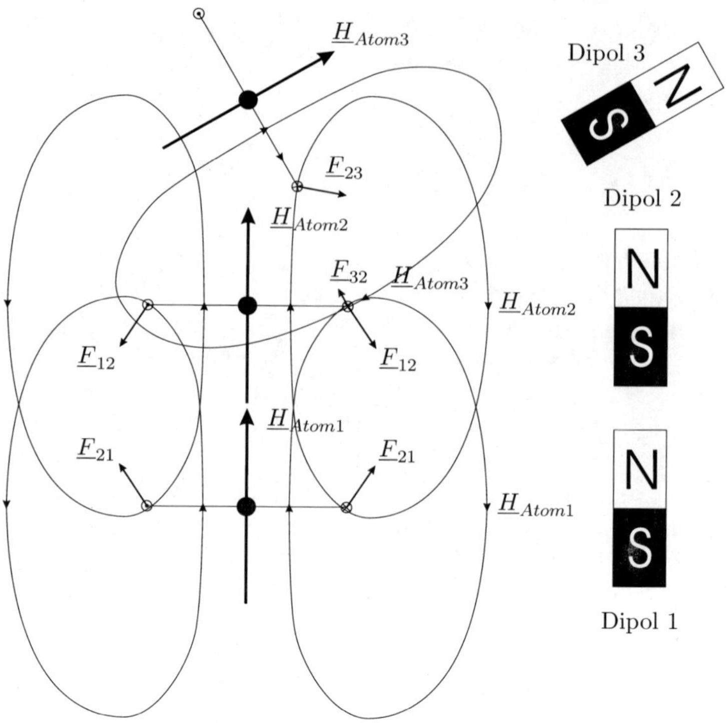

Abb. 3.7: *Spontane Ausrichtung der atomaren Dipole bei ferromagnetischen Materialien ($\mu_r \gg 1$) – Prinzip sich anziehender Magnete*

Materials (Austauschenergie der Atome) höchstmöglich minimieren, es entstünde dabei jedoch eine große maximale magnetische Feldenergie außerhalb des Materials auf Grund des Streufeldes, wie es bei einem Stabmagneten der Fall ist (vgl. Abb. 3.3 rechts). Die Gesamtenergie wäre hier nicht mehr minimal. Bei ferromagnetischen Stoffen reicht die atomare Wechselwirkung nicht aus, um alle Atome auszurichten – Eisen ist im Allgemeinen nicht magnetisiert. Um hier die Gesamtenergie zu minimieren, bilden sich im Material einzelne Domänen mit einheitlicher Ausrichtung, die sog. *Weiss'schen Bezirke*, deren Felder sich insgesamt jedoch kompensieren, so dass außerhalb des Materials kein Feld vorhanden ist und dennoch im Material die Austauschenergie minimiert wird (Abb. 3.8 links). Diese Weiss'schen Bezirke sind auf Grund der kubischen Kristallstruktur von Eisen hierfür nur in Winkeln von 90° und 180° angeordnet; man spricht von einer Ausrichtung in die *leichte Richtung*.

Befindet sich nun das ferromagnetische Material in einem externen Feld $\underline{H}$, dessen Feldstärke kontinuierlich erhöht wird, so werden entsprechend der Abbildung 3.6 die Weiss'schen Bezirke durch Wandverschiebungen vergrößert, deren Magnetisierungsrichtung am stärksten der des äußeren Feldes entspricht (vgl.

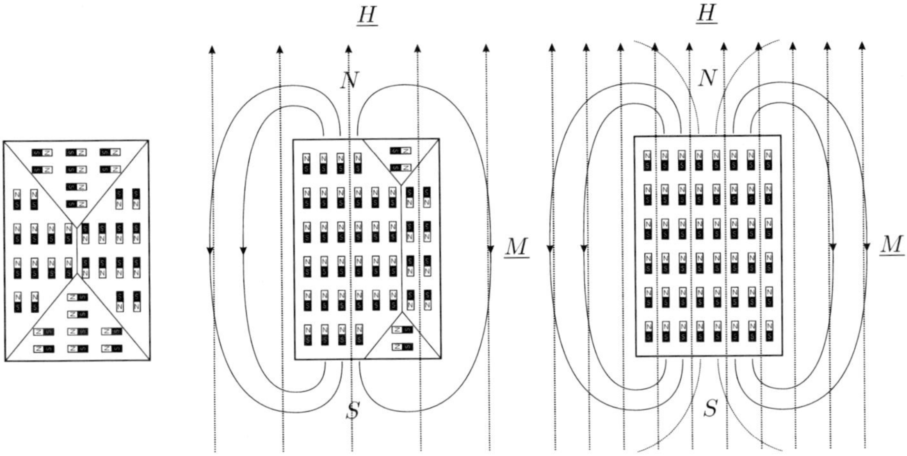

Abb. 3.8: *Bildung von Weiss'schen Bezirken in ferromagnetischen Materialien (links), Vergrößerung der Weiss'schen Bezirke durch ein schwaches externes Feld (Mitte), Ausrichtung aller atomaren Dipole durch ein starkes externes Feld (rechts)*

Abb. 3.8 Mitte). Ist das externe Feld stark genug, so werden alle atomaren Dipole ausgerichtet womit die Weiss'schen Bezirke irreversibel verschmelzen (vgl. Abb. 3.8 rechts). Je größer die Magnetisierung $\underline{M}$ wird, desto größer wird die magnetische Flussdichte $\underline{B}$ gemäß Gleichung (3.28). Im Unterschied zu nicht ferromagnetischen Materialien besteht jedoch kein linearer Zusammenhang zwischen dem externen Feld $\underline{H}$ und der Magnetisierung $\underline{M}$ (vgl. Gleichung (3.31)) und somit zwischen $\underline{B}$ und $\underline{H}$, was folgende Gleichung zum Ausdruck bringt:

$$\underline{B} = \mu_0 \left(\underline{H} + \underline{M}(\underline{H})\right) \tag{3.34}$$

$$= \mu_0 \underline{H} + \underline{J}(\underline{H}) \tag{3.35}$$

Durch die beschriebene starke Wechselwirkung der Atome werden durch ein externes Feld sehr schnell alle atomaren Dipole gleich ausgerichtet, so dass die Magnetisierung $\underline{M}$ im Vergleich zu nicht ferromagnetischen Materialien bereits ihr Maximum bei endlicher externer Feldstärke $\underline{H}$ erreicht. Verliefe das externe Feld nicht wie in Abbildung 3.8 parallel zur leichten Richtung, so würden bei Erhöhung des externen Feldes zunächst ebenfalls alle Weiss'schen Bezirke in die leichte Richtung gedreht, bei einer weiteren Erhöhung werden die Dipole jedoch dann weiter langsam in die Richtung des externen Feldes gedreht; man spricht hier von einer reversiblen Drehung in die *schwere Richtung*. Bezüglich der Überlegungen in Kapitel 3.1.3.2 bedeutet die Drehung der atomaren Dipole bei kleiner externer magnetischen Feldstärke $\underline{H}$ in die leichte Richtung, dass in Gleichung (3.22) ein Winkel $\alpha_i \neq 0°$ verbleibt, falls das externe Feld nicht parallel zur leichten Richtung verläuft; in diesem Fall verhindern zunächst die starken Wechselwirkungen im ferromagnetischen Material, dass die Feldverstärkung maximal wird – dennoch wird durch die Parallelisierung der atomaren Dipole auf Grund der starken Wechselwirkung bereits bei kleinem $\underline{H}$-Feld eine beträchtliche Feldverstärkung erreicht, die bei nicht-ferromagnetischen Materialien nicht erreicht werden könnte. Bei höherer externen Feldstärke findet dann die Drehung in die schwere Richtung statt, d.h. der Winkel α wird zu Null ($\alpha_i = 0°$).

Diesen beschriebenen Sachverhalt repräsentiert die sog. *Hysteresekurve* in Abbildung 3.9. Durch diese wird die Nichtlinearität der Gleichung (3.34) näher spezifiziert. Zu Beginn ist das Material nicht magnetisiert, d.h. bei $\underline{H} = \underline{0}$ ist $\underline{M} = \underline{0}$

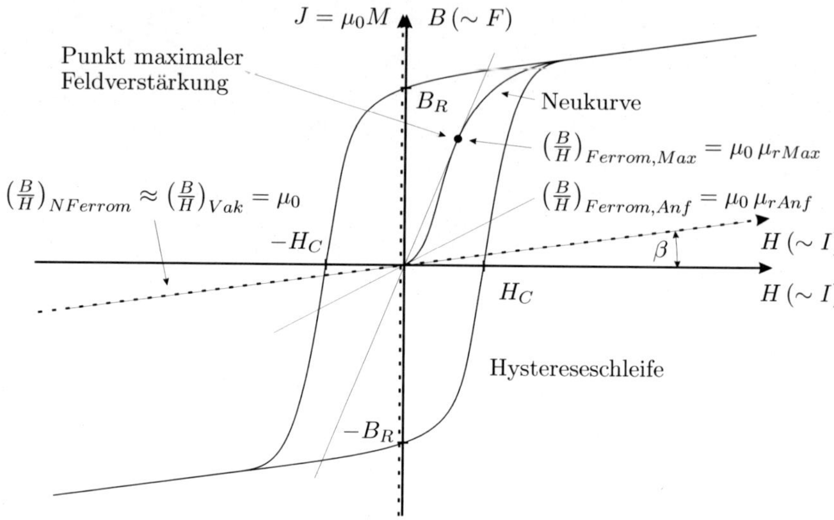

Abb. 3.9: *Hystereseschleife und Magnetisierungskurve eines ferromagnetischen Materials ($\mu_r \gg 1$)*

und somit $\underline{B} = \underline{0}$. Wird die externe Feldstärke $\underline{H}$ nun erhöht, so werden die Weiss'schen Bezirke, welche sich in der leichten Richtung befinden, durch Wandverschiebungen auf Kosten der Nachbarbezirke vergrößert; bei kleiner Feldstärke ist dieser Vorgang reversibel und wird durch den anfänglich flachen Anstieg der *Neukurve* in Abbildung 3.9 repräsentiert. Bei weiterer Steigerung des externen Feldes treten irreversible Wandverschiebungen auf, bei denen die Weiss'schen Bezirke zunehmend verschmelzen und sich alle atomaren Dipole in die leichte Richtung wenden. Dieser Vorgang wird im steilen Anstieg der Neukurve repräsentiert. Bei einer weiteren Erhöhung der Feldstärke $\underline{H}$ findet ein Drehen der Dipole in die schwere Richtung statt, was durch den weiteren flachen Anstieg der Neukurve zum Ausdruck kommt – dieser Vorgang ist erneut reversibel. Daraufhin ist die maximale Magnetisierung $\underline{M}$ bzw. Polarisierung $\underline{J}$ erreicht (Sättigung der Kurve im verzerrten H-J-Koordinatensystem, dessen H-Achse bzgl. des H-B-Koordinatensystems um den Winkel $\beta = \arctan \mu_0$ gedreht ist). Eine weitere

Erhöhung der Feldstärke $\underline{H}$ führt lediglich zu einer kleinen linearen Erhöhung der magnetischen Flussdichte $\underline{B}$ mit der Steigung μ_0 (vgl. Gleichung (3.28)).

Da nur noch eine unmerkliche weitere Erhöhung des $\underline{B}$-Feldes und somit der Kraft auf bewegte Ladungen durch eine Erhöhung der Feldstärke $\underline{H}$ bei gesättigter Magnetisierung $\underline{M}$ zu erzielen ist, überwiegt bei einer weiteren Erhöhung des felderzeugenden Erregerstromes $\underline{I}_E$ der Nachteil von überproportional ansteigenden Wärmeverlusten im Leiter den Vorteil einer nur noch mäßigen Steigerung der Kraft auf bewegte Ladungen. Der beste Wirkungsgrad in der Statorspule einer Gleichstrommaschine ist zu erzielen, wenn der gewählte Erregerstrom $\underline{I}_E$ noch zu keiner Sättigung der Magnetisierung des Materials führt und somit die Verstärkung des durch den Erregerstrom erzeugten magnetischen Feldes $\underline{H}$ durch das Material sehr groß wird; der Punkt der maximalen Feldverstärkung mit $\underline{B} = \mu_{Max}\,\underline{H}$ ist in der Abbildung 3.9 eingezeichnet.

Wird nun das externe Feld abgeschaltet, drehen die Dipole des Materials in die leichte Richtung zurück, was zu einer Verkleinerung der Magnetisierung bzw. magnetischen Flussdichte führt. Die irreversible Ausrichtung in die leichte Richtung verbleibt jedoch – das Material ist aufmagnetisiert mit $\underline{B}_R$, der sog. Remanenz. Um die Magnetisierung rückgängig zu machen, ist Energie bzw. ein Gegenfeld, die sog. Koerzitivfeldstärke $\underline{H}_C$ notwendig. Wird diese aufgebracht, ist das Material entmagnetisiert. Eine weitere Erhöhung der externen Feldstärke in die neue Richtung führt zu einer Magnetisierung in diese; es findet erneut der obig beschriebene Vorgang in umgekehrter Richtung statt. Durch eine kontinuierliche Veränderung der Feldstärke wird die Hystereseschleife abgefahren.

Die Fläche der Hystereseschleife ist ein Maß für die Verluste bei der Ummagnetisierung, für die Energie notwendig ist, um die atomaren Dipole zu drehen. Je kleiner die Remanenz und somit Koerzitivfeldstärke, desto geringer sind die Verluste. Da sich der Rotor der Gleichstrommaschine im Feld des Stators dreht, werden die Dipole im Eisen des Rotors ständig neu ausgerichtet, d.h. es findet eine ständige Ummagnetisierung entsprechend der Drehzahl des Rotors statt. Aus diesem Grund werden *weichmagnetische Materialien* mit einer kleinen Remanenz benutzt, um die Ummagnetisierungsverluste möglichst gering zu halten. Bei einem Permanentmagneten werden hingegen *hartmagnetische Materialien* mit einer möglichst großen Remanenz bevorzugt, so dass eine Magnetisierung nur mit höherem Energieaufwand zerstört werden kann.

In Abbildung 3.9 ist zum Vergleich die lineare H-B-Kennlinie von Vakuum mit $\mu_r = 1$ eingezeichnet. Die Steigung der Ursprungsgerade bzw. die Permeabilität $\mu = \mu_0\,\mu_r$ beträgt stets $(B/H)_{Vak} = \mu_0$. Nicht ferromagnetische Materialien ($\mu_r \approx 1$), wie z.B. Aluminium mit $\mu_r = 1{,}0000208$, zeigen durch ihre geringe atomaren Wechselwirkungen ebenfalls einen linearen Zusammenhang auf, womit die Permeabilität in der selben Größenordnung zu finden ist:

$$\left(\frac{B}{H}\right)_{NFerrom} \approx \left(\frac{B}{H}\right)_{Vak} = \mu_0 \tag{3.36}$$

Um nun einen Vergleich zwischen nicht ferromagnetischen und ferromagnetischen Materialien anstellen zu können, bezieht man sich auf die zwei Ursprungsgeraden, die die Neukurve der nichtlinearen H-B-Kennlinien berühren: unter Verwendung des Materials bei kleinen externen Feldstärken bezieht man sich auf die Ursprungsgerade mit der Anfangssteigung der Neukurve um $H = 0$:

$$\left(\frac{B}{H}\right)_{Ferrom,Anf} = \mu_0\,\mu_{rAnf} \tag{3.37}$$

Dies führt im Beispiel von Armco-Eisen (Fe-Gehalt von 99.8 - 99.9 %) als ferromagnetisches Material zu einem $\mu_{rAnf} = 300$. Für hohe Feldstärken bezieht man sich auf die Ursprungsgerade mit der maximal erreichbaren Verstärkung der Neukurve:

$$\left(\frac{B}{H}\right)_{Ferrom,Max} = \mu_0\,\mu_{rMax} \tag{3.38}$$

Bezüglich Armco-Eisen ergibt sich eine sehr hohe Permeabilitätszahl von $\mu_{rMax} = 5000 \gg 1$. Hiermit wird die sehr große feldverstärkende Eigenschaft von ferromagnetischen Materialien ($\mu_r \gg 1$) und somit ihre Notwendigkeit bei der Konstruktion von Maschinen deutlich, um über magnetische Felder eine möglichst effiziente Kraftwirkung zu erzielen. Über die maximale Permeabilitätszahl μ_{rMax} der nichtlinearen Hysteresekurve kann die obere Grenze der Lorentzkraft abgeschätzt werden – der Einfluss des Materials auf die Kraft wird hier klar ersichtlich:

$$\begin{aligned}\underline{F} &= n \cdot Q \cdot \underline{v} \times \underline{B}(\underline{H}, Material)\\ &= n \cdot Q \cdot \underline{v} \times \mu_0 \cdot (\underline{H} + \underline{M}(\underline{H}))\\ &\leq n \cdot Q \cdot \underline{v} \times \mu_0 \mu_{rMax} \underline{H}\end{aligned} \tag{3.39}$$

Diese Ungleichung stellt die für alle Materialien gültige Form der Gleichung (3.6) dar. Für die weiteren Betrachtungen geht man nun davon aus, dass das Material vollständig magnetisiert ist, d.h. ein Erregerstrom I_E bzw. eine Feldstärke $\underline{H}$ gewählt wird, so dass die optimale Verstärkung zu erzielen ist.

3.1.4 Wichtige Eigenschaften des magnetischen Feldes für das Verständnis elektrischer Maschinen

3.1.4.1 Magnetfeldbündelnde Wirkung ferromagnetischer Materialien

Bei den bisherigen Betrachtungen der magnetischen Flussdichte $\underline{B}$ wurde herausgestellt, dass Materialien mit hoher Permeabilitätszahl μ_r eine hohe feldverstärkende Eigenschaft besitzen (vgl. Gleichung (3.38)). Dabei bezog man sich stets auf das resultierende Gesamtfeld der magnetischen Flussdichte $\underline{B}$ im Material. Eine wichtige Eigenschaft wird deutlich, wenn das Gesamtfeld auch außerhalb des Materials mit hohem μ_r untersucht wird. Hierfür sei auf Abbildung 3.10 verwiesen.

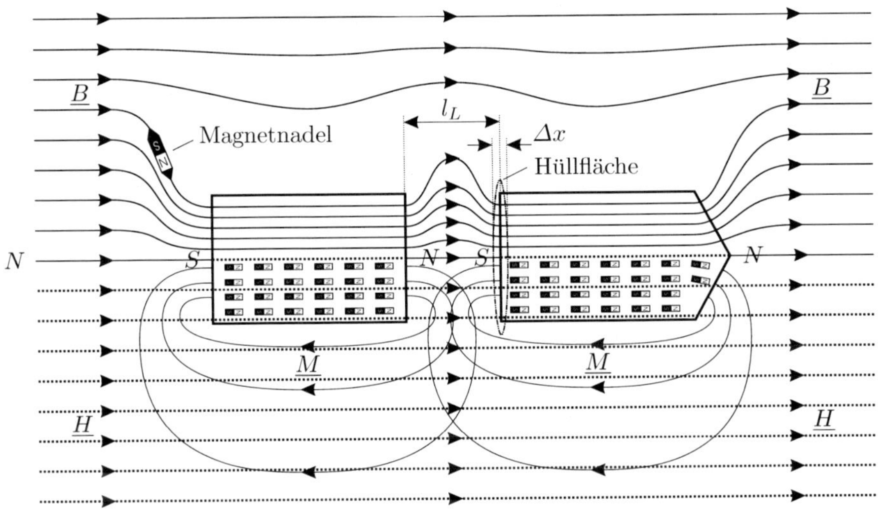

Abb. 3.10: *Magnetfeldbündelnde Wirkung von Materialien mit hohem* $\mu_r \gg 1$*: die Überlagerung eines externen* $\underline{H}$*-Feldes mit der entstehenden Magnetisierung* $\underline{M}$ *im Material (dargestellt in der unteren Hälfte) führt zum* $\underline{B}$*-Feld-Verlauf mit der höchsten Dichte im Material (dargestellt in der oberen Hälfte)*

In einem externen $\underline{H}$-Feld befinden sich zwei Werkstücke hoher Permeabilitätszahl. In der unteren Hälfte der Abbildung 3.10 ist das bereits aus Abbildung 3.8 bekannte Phänomen dargestellt, dass sich durch die externe magnetische Feldstärke $\underline{H}$ die Dipolmomente im Material einheitlich ausrichten, womit ein zusätzliches Feld, die Magnetisierung $\underline{M}$, das Feld $\underline{H}$ im Inneren des Materials verstärkt. Dies führt zu einem $\underline{B}$-Feld hoher Dichte, welches in der oberen Hälfte der Abbildung zu sehen ist. Da der Feldverlauf $\underline{M}$ des magnetisierten Materials dem einer Spule entspricht (vgl. Abbildung 3.3) und somit außerhalb des Materials entgegengerichtet des externen $\underline{H}$-Feldes verläuft, wird das externe $\underline{H}$-Feld in der Nähe des Materials geschwächt (siehe Abb. 3.10 untere Hälfte). Mit Zunahme des Abstands vom Material nimmt die Magnetisierung $\underline{M}$ gemäß des Feldstärkenverlaufs einer Spule ab und somit auch die Schwächung des $\underline{H}$-Feldes. Das durch Vektoraddition resultierende Gesamtfeld $\underline{B}$ ist demnach innerhalb des Materials sehr hoch und außerhalb des Materials sehr gering – die Umgebung des Materials ist nahezu feldfrei (siehe Abb. 3.10 obere Hälfte). Anders formuliert besagt dies, dass die $\underline{B}$-Feld-Linien im Material mit hoher Permeabilitätszahl μ_r gefangen werden – das Material hat *magnetfeldbündelnde Wirkung*; man spricht bzgl. der Theorie magnetischer Kreise auch von einem geringen magnetischen Widerstand, den Materialien mit hohem μ_r besitzen, d.h. die $\underline{B}$-Feldlinien verlaufen vorzugsweise im Material des geringeren magnetischen Widerstands.

3.1.4.2 Quellenfreiheit des magnetischen Feldes

Entsprechend der für die Kraft auf bewegte Ladungen festgelegten Definition des magnetischen Feldes in Kapitel 3.1.1.2 und dem sich daraus ergebenden Durchflutungsgesetz (3.13) ergibt sich, dass magnetische Feldlinien stets geschlossen sein müssen – dies zeigt bereits das einfache Beispiel eines stromdurchflossenen Leiters in Abbildung 3.2. Nachdem nun die Felder der magnetischen Feldstärke $\underline{H}$ und somit auch das der Magnetisierung $\underline{M}$ geschlossen sind, besitzt auch die Überlagerung aller Felder, d.h. die magnetische Flussdichte $\underline{B}$ ein geschlossenes Feld. Diese Aussage trifft eine weitere Maxwell'sche Gleichung, das Gesetz für die *Quellenfreiheit des $\underline{B}$-Feldes*:

$$\operatorname{div} \underline{B} = \underline{0} \tag{3.40}$$

Eine andere Darstellung ist:

$$\oint_{\partial V} \underline{B} \cdot d\underline{a} = 0 \tag{3.41}$$

Betrachtet man einen dreidimensionalen Körper mit dem Volumen V und der entsprechenden Oberfläche ∂V, welcher sich an einer beliebigen Stelle im Feld befindet, so treten in den Körper durch die Hüllfläche stets ebenso viele Feldlinien ein wie aus, d.h. die Summe aller Skalarprodukte aus partiellen Oberflächenelementen $d\underline{a}$ und dort vorhandenem $\underline{B}$-Feld ist stets Null: magnetische $\underline{B}$-Feldlinien sind in sich geschlossen, womit es keine Quellen oder Senken von $\underline{B}$-Feldlinien gibt. Setzt man Gleichung (3.28) in Gleichung (3.41) ein, erhält man:

$$\oint_{\partial V} \mu_0 \left(\underline{H} + \underline{M}\right) \cdot d\underline{a} = 0 \qquad \Rightarrow \qquad \oint_{\partial V} \underline{H} \cdot d\underline{a} = -\oint_{\partial V} \underline{M} \cdot d\underline{a} \tag{3.42}$$

Mit der Tatsache, dass im Allgemeinen $\underline{H} \neq -\underline{M}$ gilt (vgl. Hysteresekurve in Abb. 3.9), muss das Hüllflächenintegral sowohl über $\underline{H}$ als auch $\underline{M}$ identisch Null sein. Hiermit erhält man die Bestätigung, dass allgemein jedes Magnetfeld quellenfrei ist und geschlossene Feldlinien besitzt:[4)]

$$\operatorname{div} \underline{H} = \underline{0} \qquad \operatorname{div} \underline{M} = \underline{0} \qquad \operatorname{div} \underline{B} = \underline{0} \tag{3.43}$$

3.1.4.3 Kraft auf bewegte Ladungen im Luftspalt zwischen ferromagnetischen Materialien

Mit Hilfe der Quellenfreiheit des $\underline{B}$-Feldes kann nun eine Aussage über die Kraftwirkung auf bewegte Ladungen im Luftspalt zwischen zwei Werkstücken hoher Permeabilitätszahl μ_r getroffen werden. In Abbildung 3.10 ist zu erkennen, dass die magnetische Flussdichte im Luftspalt der Länge l_L im Vergleich zum Inneren des Materials wieder abnimmt. Je größer die Länge l_L des Luftspalts,

---

[4)] Die Aussage der Quellenfreiheit des $\underline{H}$-Feldes trifft nicht in der Theorie der magnetischen Kreise zu, bei der in der Literatur die vereinfachende Annahme getroffen wird, dass es $\underline{H}$-Feld-Quellen gibt, womit die Berechnungen im magnetischen Kreis, u.a. für kleine Luftspalte, einfacher werden (siehe Kapitel 3.1.4.3 mit Fußnote)

desto schwächer wird das $\underline{B}$-Feld und somit die Kräfte auf bewegte Ladungen im Luftspalt. Dies ist auf die nur in der Umgebung des Werkstückes wirkende Verstärkung des externen $\underline{H}$-Feldes durch die Magnetisierung $\underline{M}$ zurückzuführen. Gemäß des Feldverlaufes einer Spule schließen sich die $\underline{M}$-Feldlinien des magnetisierten Materials für sich, womit die Richtungen der $\underline{H}$- und $\underline{M}$-Felder im Luftspalt nicht mehr parallel sind – dies sind sie nur an der Werkstückoberfläche, an der sie ein bzw. austreten. An der Materialoberfläche ist somit die Kraftwirkung am größten und kommt an dieser Stelle durch die höchste Dichte der $\underline{B}$-Feldlinien zum Ausdruck.

Die Überlegungen werden durch das Gesetz (3.41) getragen. Bildet man eine Hülle ∂V, wie in Abbildung 3.10 eingezeichnet, eng ($\Delta x \to 0$) um die Stelle des Werkstückes, an der die Feldlinien eintreten, so besagt das Gesetz, dass die Feldliniendichte innerhalb und außerhalb der Eintrittsfläche $\underline{A}$ auf Grund der Quellenfreiheit gleich ist:

$$\lim_{\Delta x \to 0} \oint_{\partial V} \underline{B} \cdot d\underline{a} = \underline{A}\,\underline{B}_{Eisen} - \underline{A}\,\underline{B}_{Luft} = 0 \qquad \Rightarrow \qquad \underline{B}_{Eisen} = \underline{B}_{Luft} \tag{3.44}$$

Das hohe $\underline{B}$-Feld im Material ist somit auch noch an der Materialoberfläche messbar.[5)] Möchte man demnach den Effekt der Lorentzkraft $\underline{F}$ auf bewegte Ladungen Q in der Mitte eines Luftspaltes möglichst effektiv nutzen, so muss darauf geachtet werden, dass der *Luftspalt* l_L möglichst klein wird:

---

5) Da die Magnetisierung $\underline{M}$ nicht nur im Material wirkt, sondern sich außerhalb des Materials schließt, wirkt in der Luft in der Nähe des Werkstückes immer noch ein hohes $\underline{B}$-Feld. Es gibt somit einen fließenden Übergang zwischen dem kleinen Feld $\underline{B} = \mu_0\,\mu_r\,\underline{H} \approx \mu_0\,\underline{H}$ in der Luft ($\mu_r \approx 1$) und dem verstärkten Feld $\underline{B} = \mu_0\,\mu_r\,\underline{H}$ im Material ($\mu_r \gg 1$). Dieser ist nur mit dem nichtlinearen Zusammenhang (3.34) zu erklären, da mit Abstand vom Material die Magnetisierung $\underline{M}$ und somit das resultierende $\underline{B}$-Feld kleiner wird. In der Theorie der magnetischen Kreise (in diesem Buch nicht behandelt – siehe Fußnote auf Seite 116) wird der Einfachheit halber nur die lineare Beziehung (3.30) zur Berechnung des $\underline{H}$- und $\underline{B}$-Feldes im Luftspalt verwendet, welche zu folgendem Widerspruch führt:
Wenn das $\underline{B}$-Feld aus dem Material austritt, hat es gemäß der Gleichung (3.45) noch dieselbe Kraftwirkung wie im Material, d.h. es wirkt auch noch in der Luft das verstärkte $\underline{B}$-Feld: $\underline{B}_{Eisen} = \underline{B}_{Luft}$ (Quellenfreiheit des $\underline{B}$-Felders). Nimmt man hier nun gemäß der Theorie der magnetischen Kreise nur die lineare Beziehung $\underline{B} = \mu_0\,\mu_r\,\underline{H}$ für den Zusammenhang zwischen $\underline{B}$- und $\underline{H}$-Feld an, ohne die Fernwirkung der Magnetisierung $\underline{M}$ des Materials zu berücksichtigen, so führt dies bei gleichbleibendem $\underline{B}$-Feld an der Grenzfläche zwischen Luft ($\mu_r \approx 1$) und Material ($\mu_r \gg 1$) zu der Aussage, dass in der Luft ein höheres $\underline{H}$-Feld als im Material vorhanden sein muss – bei gleichem $\underline{H}$-Feld erzeugenden Strom resultiert nun ein größeres $\underline{H}$-Feld, womit es $\underline{H}$-Feld-Quellen gibt. Dies ist ein Widerspruch zur Theorie des Feldes (vgl. Kapitel 3.1.4.2) – aus diesem Grund wird in diesem Buch nicht auf die Theorie des magnetischen Kreises eingegangen, um die Konsistenz der Feldtheorie zu erhalten.
Da in der Praxis nur die Kräfte und somit das $\underline{B}$-Feld von Interesse sind, stellt der Widerspruch im Grunde kein Problem dar und die Theorie führt zur Vereinfachung der Berechnungen in den magnetischen Kreisen. Zu beachten ist dann jedoch, dass die Quellenfreiheit (3.43) nicht mehr für das $\underline{H}$-Feld gelten darf und die Vereinfachung nur gilt, wenn die Magnetisierung des Werkstückes eine Fernwirkung auf alle Kreiselemente hat. Andernfalls könnte mit der Theorie der magnetischen Kreise nicht die Tatsache erklärt werden, dass das $\underline{B}$-Feld im Luftspalt abnimmt.

$$\lim_{l_L \to 0} \underline{F} = \lim_{l_L \to 0} \left(n \cdot Q \cdot \underline{v} \times \underline{B}_{Luft}(l_L) \right) = n \cdot Q \cdot \underline{v} \times \underline{B}_{Eisen} \tag{3.45}$$

3.1.4.4 Oberflächenströme

Aus dem Kapitel 3.1.2 ist bekannt, dass ein direkter Zusammenhang über das Durchflutungsgesetz in Gleichung (3.13) zwischen magnetischer Feldstärke und felderzeugendem Strom besteht. Aus diesem Grund wurde angenommen, dass auch in einem Stabmagneten (vgl. Abb. 3.3) ein Strom fließen muss, der das magnetische Feld erzeugt. Gleiches muss auch für ein Werkstück mit hoher Permeabilitätszahl ($\mu_r \gg 1$) gelten, das bei Abwesenheit der externen Feldstärke entsprechend der Hysteresekurve (vgl. Abb. 3.9) weiter eine Remanenz B_R bzw. remanente Magnetisierung M_R besitzt, d.h. in einem aufmagnetisierten Material muss ein Strom fließen.

In Abbildung 3.11 links ist ein aufmagnetisiertes Werkstück mit der Magneti-

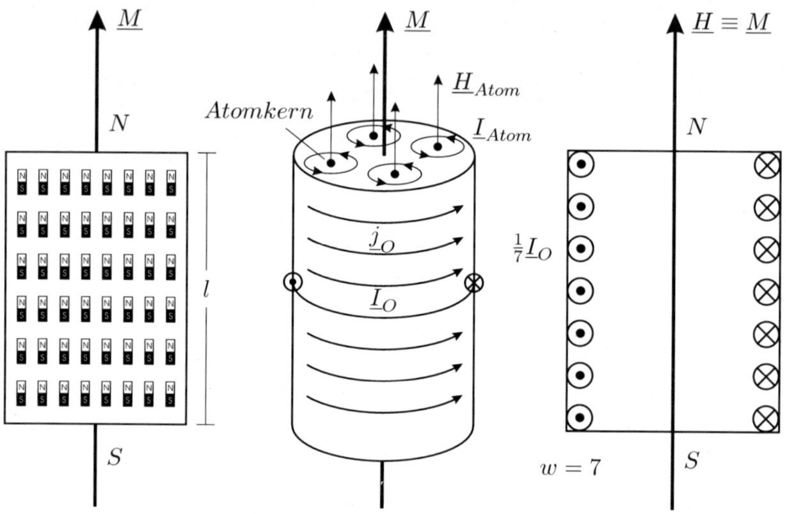

Abb. 3.11: *Auf einem magnetisierten Werkstück hoher Permeabilitätszahl (links) fließt auf der Oberfläche auf Grund von atomaren Ringströmen $\underline{I}_{Atom}$ ein Oberflächenstrom $\underline{I}_O$ (Mitte); das magnetisierte Werkstück ist bezüglich seiner Eigenschaft identisch mit der einer Spule, durch welche der Strom $\underline{I}_O/w$ fließt (rechts) – beide erzeugen dasselbe Feld;*

sierung $\underline{M}$ eingezeichnet. Aus Kapitel 3.1.3.2 ist bekannt, dass die Magnetisierung $\underline{M}$ die Summe gleich gerichteter atomarer magnetischer Feldstärken $\underline{H}_{Atom}$ ist. In der Abbildung 3.11 Mitte ist das Werkstück zur Illustration mit vier Atomen dargestellt. Auf Grund der Magnetisierung sind die Atome mit den kreisenden Elektronen parallel ausgerichtet – die Elektronen bzw. die atomaren Ringströme $\underline{I}_{Atom}$ fließen in einer Ebene. Es ist zu erkennen, dass sich **in der Mitte der Ebene die Ringströme aller Atome kompensieren – es verbleiben nur**

am Rand jeder Ebene nicht kompensierte Ströme. Hiermit gibt es eine Stromdichtenverteilung $\underline{j}_O$ auf der Oberfläche des Werkstückes. Dies gilt für alle Oberflächen, deren Flächenvektor nicht parallel zur Magnetisierung ist. Es fließt somit ein Ringstrom, der sog. *Oberflächenstrom* $\underline{I}_O = l \cdot \underline{j}_O$ auf der Oberfläche des Werkstückes der Länge l. Laut des Durchflutungsgesetzes (3.13) stehen die Magnetisierung und der Oberflächenstrom in direktem Zusammenhang:

$$\oint_{\partial A_1} \underline{M} \cdot d\underline{s} = \underline{I}_O \tag{3.46}$$

Für das magnetisierte zylinderförmige Werkstück (Abb. 3.11) mit einem Oberflächenstrom $\underline{I}_O$ ergibt sich hiermit für die Berechnung der Magnetisierung $\underline{M}$ die Formel (3.17) der langen Zylinderspule ($w = 1$):

$$H_{ZS\,lang} = \frac{I \cdot w}{l} \equiv M = \frac{I_O}{l} = j_O \tag{3.47}$$

Somit steht fest, dass ein magnetisiertes Werkstück mit permanent fließenden atomaren Ringströmen, die zu einem Oberflächenstrom führen, einer stromdurchflossenen idealen kurzgeschlossenen Spule ($R = 0$) entspricht – ohne Quelle bleibt bei beiden ein Stromfluss permanent erhalten (vgl. Abb. 3.11 rechts). Demnach entspricht eine Spule der Länge l mit einem Eisenkern ($\mu_r \gg 1$) einer Spule ohne Eisenkern mit mehr Windungen innerhalb derselben Länge l – das resultierende $\underline{B}$-Feld bei gleichem Strom ist dasselbe.

3.1.4.5 Wechselwirkung zwischen ferromagnetischen Werkstoffen

In Unterkapitel 3.1.4.1 wurde das Verhalten von Werkstücken hoher Permeabilität ($\mu_r \gg 1$) untersucht, die sich alle vollständig in einem externen $\underline{H}$-Feld befinden. Wie in Abbildung 3.10 dargestellt, kommt es zu einer Ausrichtung der atomaren Dipole. Im Unterschied interessiert nun die Eigenschaft zweier angrenzender Werkstücke, bei welchen sich nur eines vollständig in einem $\underline{H}$-Feld befindet.

Die beiden Werkstück 1 und 2 sind in Abbildung 3.12 dargestellt. Das Werkstück 1 befindet sich als Eisenkern in einer Spule mit w Windungen, die ein $\underline{H}$-Feld gemäß der Abbildung 3.3 erzeugt – dieses Feld ist materialunabhängig und steht über das Durchflutungsgesetz (3.13) direkt im Zusammenhang mit dem Erregerstrom $\underline{I}_E$:

$$w\,\underline{I}_E = \oint_{\partial A_1} \underline{H_1} \cdot d\underline{s} \tag{3.48}$$

Durch das präsente interne Feld $\underline{H}_1$ der Spule kommt es nun, analog zum Unterkapitel 3.1.4.1, zur einheitlichen Ausrichtung der atomaren Dipole in Werkstück 1; das Prinzip wird in Abbildung 3.6 verdeutlicht. Gemäß der Darstellung 3.8 bewirkt die magnetische Feldstärke $\underline{H}_1$ in Abhängigkeit ihres Betrages eine Vergrößerung der Weiss'schen Bezirke – es entstehen Dipolketten im Material. Das Feld der Dipolketten, die Magentisierung $\underline{M}_1$, schließt sich außerhalb des

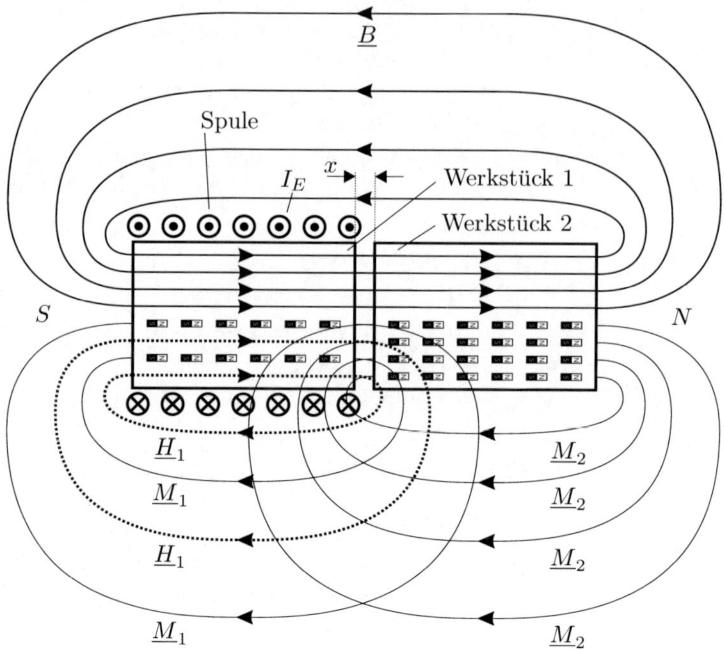

Abb. 3.12: *Spontane Magnetisierung eines Eisen-Werkstsückes durch eine Spule mit Eisenkern: sowohl das $\underline{H}$-Feld der Spule als auch die durch das $\underline{H}$-Feld hervorgerufene Magnetisierung $\underline{M}_1$ des Werkstückes 1 führen zu einer spontanen Ausrichtung der magnetischen Dipole des angrenzenden Werkstückes 2; die Überlagerung des $\underline{H}$-Feldes der Spule (w Windungen) mit den Magnetisierungen $\underline{M}_1$ und $\underline{M}_2$ (dargestellt in der unteren Hälfte) führt zu einem $\underline{B}$-Feld-Verlauf, der der einer doppelt so langen Spule mit $2\,w$ Windungen entspricht (dargestellt in der oberen Hälfte)*

Werkstückes 1. Entsprechend des vorangegangenen Kapitels 3.1.4.4 muss nun auf der Oberfläche des Werkstückes 1 ein Oberflächenstrom fließen:

$$\underline{I}_{O1} = \oint_{\partial A_1} \underline{M_1} \cdot d\underline{s} \tag{3.49}$$

Durch Addition der Gleichung (3.48) und (3.49) unter Beachtung der Gleichung (3.34) resultiert das Durchflutungsgesetz bezüglich der magnetischen Flussdichte $\underline{B}$:

$$w\,\underline{I}_E + \underline{I}_{O1} = \oint_{\partial A_1} \left(\underline{H_1} + \underline{M_1}\right) \cdot d\underline{s} \tag{3.50}$$

$$\underline{I}_{\Sigma 1} = \frac{1}{\mu_0} \oint_{\partial A_1} \underline{B}_1 \cdot d\underline{s} \tag{3.51}$$

Das real messbare Feld, die magnetische Flussdichte $\underline{B}$, ist generell das Resultat aller eingeschlossenen Ströme $\underline{I}_\Sigma$, auch der im Material fließenden Ströme. Die magnetische Feldstärke $\underline{H}$ bzw. die Magnetisierung $\underline{M}$ sind hingegen Größen, die der Unterscheidung dienen, welcher Anteil des Feldes durch real fließende Ströme (z.B. Spulenströme) bzw. im Material fließende Ströme (Oberflächenströme) verursacht wurde. Als Ergebnis stellt man fest, dass die Spule mit Eisenkern (Werkstück 1) durch eine Spule mit größerem Erregerstrom bzw. Windungszahl ($w'\,\underline{I}'_E = \underline{I}_{O1} + \underline{I}_E$) oder durch einen Permanentmagneten mit einem größeren Oberflächenstrom ($\underline{I}'_{O1} = \underline{I}_{O1} + \underline{I}_E$) ersetzt werden könnte – nach Außen würde in allen Fällen dasselbe $\underline{B}$-Feld wirken.

Grenzt nun Werkstück 2 an Werkstück 1 an, so kommt es zu einer Magnetisierung des Werkstücks 2, obwohl sich dieses nicht mehr vollständig im $\underline{H}$-Feld der Spule befindet. Diese Eigenschaft ist nun hauptsächlich auf den in Abbildung 3.7 dargestellten Effekt der spontanen Ausrichtung der atomaren Dipole zurückzuführen. Grenzen die Werkstücke direkt aneinander ($x \rightarrow 0$), so zeigen die durch das $\underline{H}$-Feld der Spule ausgerichteten atomaren Dipole an der Grenzschicht von Werkstück 1 mit dem Feld $\underline{H}_{Atom}$ eine Fernwirkung auf die Atome an der Grenzschicht von Werkstück 2, d.h. die Magnetisierung $\underline{M}_1$ des Werkstückes 1 richtet die atomaren Dipole an der Grenzschicht des Werkstückes 2 aus. In einer Kettenreaktion richten diese Atome nun wieder benachbarte Atome aus – hierdurch entstehen in Werkstück 2 zunächst ebenso viele Dipolketten, wie in Werkstück 1, d.h. zunächst sind die Magnetisierungen beider Werkstücke gleich. Nun hat, wie Abbildung 3.12 zeigt, nicht nur die Magnetisierung $\underline{M}_1$ eine Fernwirkung auf die Grenzfläche des Werkstücks 2, sondern auch die magnetische Feldstärke $\underline{H}_1$. Diese führt je nach Stärke zur Ausrichtung weiterer Dipole an der Grenzschicht des Werkstückes 2, wodurch sich dann weitere Dipolketten auf Grund des Effektes der spontanen Ausrichtung ausbilden.[6)] Die Tatsache, dass nun in Werkstück 2 mehr Dipolketten als in Werkstück 1 vorliegen, ist entsprechend der im vorigen Absatz getroffenen Aussage „die Spule mit Eisenkern könne durch einen Permanentmagneten ersetzte werden" plausibel: der hierfür notwendige Permanentmagnet hätte mehr Dipolketten, als das magnetisierte Werkstück 1, womit in Werkstück 2 ebenfalls dieselbe Anzahl an Dipolketten und somit mehr als in Werkstück 1 entstehen müssen.

Die beschriebene Magnetisierung des Werkstückes 2 hat zur Folge, dass die Summe von magnetischer Feldstärke und Magnetisierung in beiden Werkstücken gleich sein muss, d.h. es gilt:

$$\underline{M}_2 \stackrel{!}{=} \underline{H}_1 + \underline{M}_1 \tag{3.52}$$

Demzufolge gilt für die Ströme:

$$\underline{I}_{\Sigma 2} = \underline{I}_{O2} \stackrel{!}{=} \underline{I}_{\Sigma 1} = w\,\underline{I}_E + \underline{I}_{O1} \tag{3.53}$$

Die Vektoraddition aller magnetischen Feldstärken und Magnetisierungen (vgl. Abb. 3.11 untere Hälfte) ergibt nach (3.34) die magnetische Flussdichte $\underline{B}_1$ bzw.

---

6) Dies ist nur möglich, wenn die Magnetisierung $\underline{M}$ auf Grund eines zu hohen Erregerfeldes $\underline{H}$ nicht bereits in Sättigung ist.

$\underline{B}_2$ und somit das Feld $\underline{B}$ des Gesamtaufbaus (vgl. Abb. 3.11 obere Hälfte). Nach Gleichung (3.52) gibt es in Werkstück keine magnetische Feldstärke ($\underline{H}_2 = \underline{0}$) und in beiden Werkstücken liegt dieselbe homogene Flussdichte vor:

$$\underline{B} = \underline{B}_1 = \underline{B}_2 \tag{3.54}$$

Für $x \rightarrow 0$ ist zu erkennen, dass der Feldverlauf dem einer Spule mit Eisenkern entspricht, die doppelt so lang ist und doppelt so viele Windungen besitzt (ohne Beschränkung der Allgemeinheit wird angenommen, dass die Werkstücke gleich groß sind). Gemäß der Gleichung (3.17) für das Feld der langen Zylinderspule ohne Eisenkern ändert sich die Feldstärke nicht, wenn das Verhältnis zwischen der Windungszahl und der Länge der Spule konstant bleibt, d.h. das Feld wird lediglich homogener innerhalb einer verlängerten Zylinderspule ohne Eisenkern bei $w/l = const.$ Im Umkehrschluss bedeutet dies mit Gleichung (3.54), dass eine Spule mit Eisenkern verlängert wird, indem lediglich der Eisenkern verlängert wird. Nach Gleichung (3.53) fließt dann in Werkstück 2 ein um den w-fachen Erregerstrom $\underline{I}_E$ größerer Oberflächenstrom $\underline{I}_{O2}$ als in Werkstück 1 ($\underline{I}_{O2} - \underline{I}_{O1} = w\,\underline{I}_E$), d.h. es wurde mit Werkstück 2 eine fiktive Spule um Werkstück 2 hinzugefügt, die dieselbe Windungsdichte der Spule um Werkstück 1 besitzt ($w_1/l_1 = w_2/l_2$). Würde man nun zusätzlich eine reale Spule mit diesen w_2 Windungen um das Werkstück 2 anbringen, so würden sich die $\underline{H}$-Feldlinien beider Werkstücke schließen und die zuvor durch die magnetische Feldstärke $\underline{H}_1$ hervorgerufenen Dipolketten in Werkstück 2 würden sich wieder neutral in Weiss'schen Bezirken anordnen, d.h. die magnetische Flussdichte $\underline{B}_2$ sowie der Feldverlauf würde sich, wie erwartet, nicht ändern. Sieht man von Streuverlusten ab, so kann das Feld einer Spule mit Eisenkern durch die Verlängerung des Kernes theoretisch an eine beliebige Stelle geführt werden, ohne eine Vielzahl an Spulen verwenden zu müssen – das Feld im Eisenkern ist an jedem Ort gleich groß und homogen, d.h., wie bereits in Kapitel 3.1.4.1 dargestellt, wird das Magnetfeld in Materialien hoher Permeabilität gefangen.[7)] Diese Eigenschaft wird bzgl. der Gleichstrommaschine genutzt, um das Erregerfeld an den Luftspalt der Maschine zu führen, in dem das Moment entsteht (vgl. Kapitel 3.2.1). Das Magnetfeld wird hierbei entlang eines magnetischen Kreises geführt, auf welchen im folgenden Kapitel eingegangen wird.

3.1.4.6 Magnetischer Kreis

Im vorangegangenen Kapitel 3.1.4.5 wurde gezeigt, dass die Verlängerung des Eisenkerns einer Spule über die Länge der Spule hinaus effektiv zu einer „Verlängerung“ der Spule führt – überall im Eisenkern liegt dieselbe homogene magnetische Flussdichte $\underline{B}$ vor, falls der Querschnitt des Eisenkerns an jedem Ort gleich ist. Die austretende Magnetisierung $\underline{M}$ an den Enden des Eisenkerns schließt

---

[7)] In der Realität nehmen die Streuverluste mit wachsender Länge des Eisenkerns zu, womit eine Abnahme der Stärke und Homogenität des Feldes verbunden ist. Nach einem gewissen Abstand muss daher eine weitere Spule eingebracht werden, um an jedem Ort des Eisenkerns Homogenität und eine konstante Feldstärke gewähren zu können.

sich außerhalb der „verlängerten Spule“ wie das $\underline{H}$-Feld einer Spule. Wird nun der Eisenkern außerhalb der Spule zu einem Ring geschlossen, treten keine $\underline{M}$-Feldlinien mehr aus dem Eisen aus. Dies ist damit zu begründen, dass jeder atomare Dipol in Wechselwirkung mit zwei weiteren Dipolen steht und dadurch die Feldlinien zwischen jedem atomaren Nord- un Südpol maximal kurz sind. Es entstehen geschlossene Dipolketten im Eisen – hiermit ist der energetisch beste Zustand erreicht, da zum Einen die Austauschenergie der Materie minimal wird und zum Anderen kein Streufeld und somit keine Energie hierfür aufgebracht werden muss. Die ringförmige Anordnung der einheitlich ausgerichteten Dipole im sog. *magnetischen Kreis* ist vergleichbar mit der ringförmigen Anordnung der Weiss'schen Bezirke in einem nicht-magnetisierten ferromagnetischen Material. In Kapitel 3.1.3.4 wurde bereits dargestellt, dass die Anordnung der Atome in Weiss'schen Bezirken den energetisch besten Zustand aufweist – es zeigt sich immer wieder in der Natur, dass das Mikroskopische und das Makroskopische auf dieselbe Gesetzmäßigkeit zurückzuführen ist. In einem magnetischen Kreis, der aus Materialen hoher Permiabilitätszahl ($\mu_r \gg 1$) bestehen muss, sind somit alle Feldlinien, die das Resultat einer um den magnetischen Kreis gewickelten Spule sind, gefangen; die Spule kann sich an einer beliebigen Stelle des magnetischen Kreises befinden.

In Abbildung 3.13 ist ein magnetischer Kreis abgebildet, der aus einzelnen Werkstücken zusammengesetzt ist. Die Kombination von Werkstück 1 mit Spule und Werkstück 2 entspricht dem in Kapitel 3.1.4.5 diskutierten Fall. Der konstante Erregerstrom I_E der Spule erzeugt eine magnetische Feldstärke $\underline{H}_1$. Diese führt zur Ausrichtung der atomaren Dipole des Werkstückes 1 nach Abbildung 3.6. Es hängt von der Stärke des $\underline{H}$-Feldes der Spule und demnach vom Spulenstrom I_E ab, wie viele Dipole sich im Material einheitlich ausrichten und sich auf Grund gegenseitiger Wechselwirkung in Dipolketten anordnen (vgl. Abb. 3.7). Entsprechend der Überlegungen in Kapitel 3.1.3.4 werden sich die ausgerichteten Dipole bzw. Dipolketten im Werkstück zur Minimierung der Austauschenergie statistisch im Material verteilen. Nicht ausgerichtete Dipole kompensieren ihr magnetisches Feld, indem sie sich innerhalb des Materials in Weiss'schen Bezirken ringförmig anordnen, um den energetisch besten Zustand zu erreichen (vgl. Abb. 3.8). Die Dichte der über die Querschnittsfläche A des Werkstückes verteilten Dipolketten mit dem Feld $\underline{H}_{Atom}$ ist ein Maß für die Magnetisierung $\underline{M}$ und dessen Feldliniendichte. Nach Gleichung (3.26) ergibt sich in Abhängigkeit der Querschnittsfläche A_1 des Werkstückes 1 und der Feldstärke $\underline{H}_1$ der Spule die Magnetisierung $\underline{M}_1$:

$$\underline{M}_1 = \frac{A_{Atom}}{A_1} \cdot \underline{H}_{Atom} \cdot \sum_{i=1}^{N} \cos^2\left(\alpha_i\left(\underline{H}_1\right)\right) \tag{3.55}$$

Hierbei ist N die Anzahl aller Atome in der Querschnittsfläche $\underline{A}_1$; der Flächenvektor verläuft parallel zum Feld $\underline{H}_1$ der Spule. Nimmt man nun an, dass die leichte Richtung des ferromagnetischen Materials der Längsrichtung der Werkstücke entspricht, dann können die Ausrichtungen der N Dipole ausschließlich Winkel

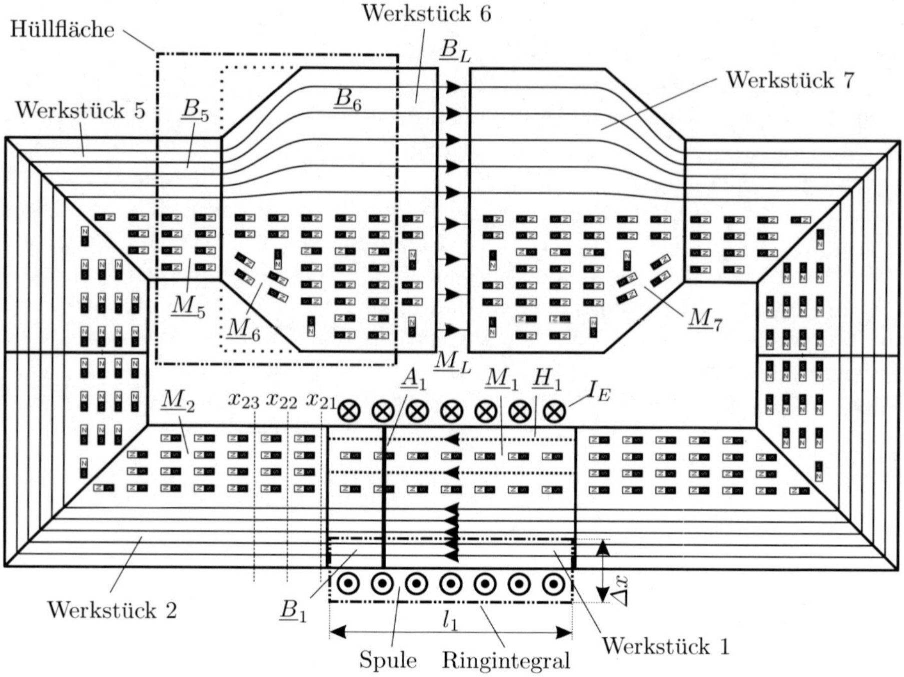

Abb. 3.13: *Magnetischer Kreis mit Spule (Erregerstrom I_E), unterschiedlich großen Werkstücken ($\mu_r \gg 1$) und kleinem Luftspalt: es ist das resultierende $\underline{B}$-Feld eingezeichnet, welches sich aus der Superposition aus $\underline{H}$-Feld und Magnetisierung $\underline{M}$ der atomaren Dipole ergibt*

von $\alpha = 0°$, $\alpha = 90°$, $\alpha = 180°$ und $\alpha = 270°$ annehmen (vgl. Kapitel 3.1.3.4). Effektiv leisten nur Dipole einen Beitrag zur Magnetisierung $\underline{M}_1$, die Element einer Dipolkette sind und folglich einen Winkel von $\alpha = 0°$ besitzen (die Elemente eines nach außen neutralen Ringes aus Weiss'sschen Bezirken liefern keinen Beitrag). Werden durch die magnetische Feldstärke $\underline{H}_1$ der Spule N_{K1} Dipolketten in Werkstück 1 gebildet, vereinfacht sich Gleichung (3.55):

$$\underline{M}_1 = \frac{A_{Atom}}{A_1} \cdot \underline{H}_{Atom} \cdot N_{K1}(\underline{H}_1) \tag{3.56}$$

Das magnetisierte Werkstück 1 mit der Magnetisierung $\underline{M}_1$ und das Feld der Spule $\underline{H}_1$ führen nun, wie in Kapitel 3.1.4.5 beschrieben, zu einer spontanen Magnetisierung des Nachbarwerkstückes 2, in welchem das homogene Feld der Spule nicht mehr präsent ist. Hierbei werden zunächst die atomaren Dipole an der Grenzschicht von Werkstück 2 (vgl. Abb. 3.13 Stelle x_{21}) durch die Fernwirkung beider Felder des Werkstücks 1, der magnetischen Feldstärke $\underline{H}_1$ der Spule und die Magnetisierung $\underline{M}_1$, einheitlich ausgerichtet. Die höhere Feldstärke führt dazu, dass in der Grenzfläche bei gleichbleibender Querschnittsfläche $A_1 = A_2$ mehr Dipole ausgerichtet werden, so dass mit $N_{K2} > N_{K1}$ für die Magnetisierung an der Grenzfläche von Werkstück 2 (Stelle x_{21}) folgt:

$$\underline{M}_2(x_{21}) = \frac{A_{Atom}}{A_1} \cdot \underline{H}_{Atom} \cdot N_{K2}(\underline{H}_1 + \underline{M}_1) \tag{3.57}$$

Hierauf findet in einer Kettenreaktion ohne Präsenz eines externen $\underline{H}$-Feldes ($\underline{H}_2 = \underline{0}$) die spontane Ausrichtung benachbarter atomarer Dipole statt (vgl. Abb. 3.7). An der Stelle x_{22} wirkt nur noch die Magnetisierung der Nachbardipole, d.h. die Magnetisierung $\underline{M}_2$ erhält sich selbst:

$$\underline{M}_2(x_{22}) = \frac{A_{Atom}}{A_1} \cdot \underline{H}_{Atom} \cdot N_{K2}(\underline{M}_2(x_{21})) \tag{3.58}$$

Für die Beziehung zwischen den Feldstärken gilt:

$$\underline{M}_2 = \underline{H}_1 + \underline{M}_1 \tag{3.59}$$

Daraus folgt für die magnetische Flussdichte $\underline{B}$ in Werkstück 1 und 2 bei Anwendung der Gleichung (3.28):

$$\underline{B}_2 = \underline{B}_1 \tag{3.60}$$

Die beschriebene Kettenreaktion überträgt sich auf angrenzende Werkstücke, so dass sich durch jedes Werkstück des magnetischen Kreises ohne Spule N_{K2} Dipolketten ziehen. Besitzen angrenzende Werkstücke dieselbe Querschnittsfläche, so liegt dieselbe Magnetisierung vor. Vergrößert sich beispielsweise die Querschnittsfläche wie in Werkstück 6 und 7, so verteilen sich die Dipolketten mit dem Feld $\underline{H}_{Atom}$ statistisch über eine größere Querschnittsfläche, wodurch die Magnetisierung des Werkstückes sinken muss. Diesen Zusammenhang bestätigt die Anwendung der Gleichung (3.58); für Werkstück 6 ergibt sich folgende Magnetisierung:

$$\underline{M}_6 = \frac{A_{Atom}}{A_6} \cdot \underline{H}_{Atom} \cdot N_{K2} \tag{3.61}$$

Die restlichen Dipole des Werkstückes werden durch das Nachbarwerkstück 5 nicht ausgerichtet und werden sich gemäß der Theorie der Weiss'schen Bezirke zur Energieminimierung im Ring anordnen, womit sich die Magnetisierung dieser Atome im Material kompensiert und nicht auf die Nachbarwerkstücke wirkt. Durch Einsetzen der Gleichung (3.61) in Gleichung (3.58) resultiert ein einfacher Zusammenhang der Magnetisierungen zwischen Werkstücken ohne Spule unterschiedlicher Querschnittsfläche:

$$\underline{M}_6 = \frac{A_2}{A_6} \cdot \underline{M}_2 \tag{3.62}$$

Für die Anwendung des Zusammenhangs auf alle Werkstücke, d.h. auch Werkstücke mit Spule, muss gemäß Gleichung(3.59) ebenfalls die magnetische Feldstärken $\underline{H}$ einer Spule berücksichtigt werden, da sich in Werkstücken mit Spule weniger Dipolketten ausbilden; hiermit gilt folgender Zusammenhang für

Werkstück 1 und 6:

$$\underline{M}_6 = \frac{A_1}{A_6} \cdot (\underline{H}_1 + \underline{M}_1) \tag{3.63}$$

Mit der Tatsache, daß im magnetischen Kreis in einem Werkstück ohne Spule $\underline{H} = \underline{0}$ gilt, handelt es sich effektiv um ein Gesetz bezüglich der Summe aus Feldstärke und Magnetisierung, d.h. nach Gleichung (3.28) ergibt sich ein allgemein gültiges Gesetz für die magnetische Flussdichte $\underline{B}$:

$$\underline{B}_6 = \frac{A_2}{A_6} \cdot \underline{B}_2 = \frac{A_1}{A_6} \cdot \underline{B}_1 \tag{3.64}$$

Dieser Zusammenhang der $\underline{B}$-Felder im magnetischen Kreis lässt sich allgemein mit Hilfe der Quellenfreiheit des Magnetfeldes (Kapitel 3.1.4.2) und der magnetfeldbündelnden Eigenschaft ferromagnetischer Materialien (Kapitel 3.1.4.1) ableiten: Da der magnetische Kreis aus Werkstücken hoher Permeabilität ($\mu_r \gg 1$) besteht, verlaufen die durch die Spule mit Eisenkern erzeugten $\underline{B}$-Feldlinien im magnetischen Kreis, d.h. es treten keine Feldlinien (bis auf vernachlässigbare Streueffekte) aus dem Material aus – das Magnetfeld tritt nur durch die jeweilige Querschnittsfläche A_i des Werkstückes i. Mit diesem Wissen lässt sich über das Gesetz der Quellenfreiheit ein Zusammenhang zwischen den $\underline{B}$-Feldern der einzelnen Werkstücke ableiten. Für das obige Beispiel bildet man, wie in Abbildung 3.13 eingezeichnet, eine Hüllfäche ∂V durch Werkstück 5 und 6. Mit dieser Hüllfläche ist das Flächenintegral über die magnetische Flussdichte $\underline{B}$ entsprechend des Gesetzes der Quellenfreiheit (3.41) zu berechnen. Da nur die Fläche A_5 und A_6 vom Feld durchsetzt wird, vereinfacht sich die Berechnung:

$$\oint_{\partial V} \underline{B}\, d\underline{a} = \underline{B}_5\, \underline{A}_5 - \underline{B}_6\, \underline{A}_6 = 0 \tag{3.65}$$

Wegen $A_2 = A_5$ und $\underline{B}_2 = \underline{B}_5$ bestätigt Gleichung (3.65) die Gesetzmäßigkeit (3.64) der magnetischen Flussdichte $\underline{B}$ zwischen den Kreiselementen unterschiedlichen Querschnitts. Im magnetischen Kreis der Abbildung 3.13 werden somit alle Kreiselemente i mit der Querschnittsfläche $\underline{A}_i$ vom selben *Fluss* Ψ_i [8] durchsetzt:

$$\Psi_i = \int_{A_i} \underline{B}_i\, d\underline{a} = \underline{B}_i\, \underline{A}_i = const \tag{3.66}$$

Zwischen Werkstück 6 und 7 befindet sich ein Luftspalt. Da dieser sehr klein ist, gibt es im Luftspalt gemäß der Überlegungen in Kapitel 3.1.4.3 dasselbe starke $\underline{B}$-Feld wie in Werkstück 6 und 7, welches jedoch geringer ist, als das der kleinen Werkstücke; der Luftspalt wird ebenfalls vom Fluss Ψ durchsetzt. In den restlichen Werkstücken findet die Magnetisierung aus Symmetriegründen analog statt.

---

[8] Die allgemeine Bezeichnung des Flusses ist Φ. Soll verdeutlicht werden, dass der Fluss das Resultat nicht nur einer sondern w stromdurchflossener Leiter ist (Spule), wird der Fluss als $\Psi = w\,\Phi$ bezeichnet.

Mit dem Ergebnis (3.66) ist es nun möglich, die magnetische Flussdichte $\underline{B}$ in jedem beliebigen Ort des magnetischen Kreises einfach zu bestimmen. Es stellt sich jedoch die Frage, welcher Erregerstrom I_E notwendig ist, um z.B. eine bestimmte magnetische Flussdichte $\underline{B}_L$ im Luftspalt zu erhalten. Der Vorteil des magnetischen Kreises liegt nun darin, dass unabhängig von der Form des Eisenkerns und von der Länge der Spule das Feld entsprechend der Darstellung des Kapitels 3.1.4.5 stets homogen ist. Der Grund hierfür liegt darin, dass das $\underline{B}$-Feld im Eisenkern außerhalb der Spule nur auf die Magnetisierung $\underline{M}$ zurückzuführen ist und sich die Dipolketten stets statistisch bzw. homogen über die Querschnittsfläche der Werkstücke verteilen, unabhängig davon, wie groß die Querschnittsfläche des Werkstückes ist. Zur Bestimmung des Erregerstromes I_E interessiert hiermit nur, welche mittlere magnetische Feldstärke $\underline{\bar{H}}$ eines $\underline{H}$-Feldes einer Spule dieselbe Magnetisierung im Eisenkern auslöst und es interessiert nicht dessen genauer Feldverlauf, d.h. das Feld $\underline{\bar{H}}$ dient nun lediglich als Umrechnungsgröße und besitzt den Feldverlauf des homogenen $\underline{B}$-Feldes. Ist der Feldverlauf der magnetischen Flussdichte und magnetischen Feldstärke parallel, so stellt die materialabhängige Magnetisierungskurve 3.9 den Zusammenhang der Beträge beider dar. Im Üblichen wird versucht, den Arbeitspunkt maximaler Feldverstärkung einzustellen, womit nach Kapitel 3.1.3.4 die Gleichung (3.38) gilt:

$$\bar{H}_1 = \frac{1}{\mu_0\,\mu_r}\,B_1 \tag{3.67}$$

Ein weiterer entscheidender Vorteil des magnetischen Kreises, neben der Homogenität, ist, dass es kein Streufeld gibt und somit alle Feldlinien geschlossen im ferromagnetischen Werkstück verlaufen. Diese Eigenschaften ermöglichen es nun, dass zur Bestimmung des Zusammenhangs zwischen Erregerstrom I_E und $\underline{B}$-Feld lediglich das Durchflutungsgesetz (3.51) herangezogen wird. Hierzu bildet man ein Ringintegral um die in die gleiche Richtung bestromten Leiter der Spule mit der Länge l_1 der Spule und einer beliebigen Breite Δx (vgl. Abb. 3.13). Das Ringintegral lässt sich somit wie folgt formulieren:

$$I_{\Sigma 1} = \frac{1}{\mu_0}\oint_{\partial A_1} \underline{B}_1 \cdot d\underline{s} = \frac{1}{\mu_0}\,(B_1 \cdot l_1 + 0 \cdot \Delta x - 0 \cdot l_1 - 0 \cdot \Delta x) = \frac{1}{\mu_0}\,B_1 \cdot l_1 \tag{3.68}$$

Der eingeschlossene Strom $\underline{I}_{\Sigma 1} = w\,I_E + I_{O1}$ beinhaltet sowohl den Oberflächenstrom des magnetisierten Werkstücks 1 als auch den Spulenstrom. Da die Hilfsgröße $\underline{\bar{H}}_1$ innerhalb der Spule über die Länge $l_1$parallel zum $\underline{B}$-Feld verläuft, kann Gleichung (3.51) bzw. (3.50) in die beiden Ströme aufgeteilt werden, so dass für Gleichung (3.68) gilt:

$$w\,I_E = \oint_{\partial A_1} \underline{H}_1 \cdot d\underline{s} = \bar{H}_1 \cdot l_1 + 0 \cdot \Delta x - 0 \cdot l_1 - 0 \cdot \Delta x = \bar{H}_1 \cdot l_1 \tag{3.69}$$

Mit Gleichung (3.67) folgt der gesuchte Zusammenhang:

$$I_E = \frac{1}{\mu_0\,\mu_r} \cdot \frac{l_1}{w} \cdot B_1 \tag{3.70}$$

Für die Berechnung eines notwendigen Erregerstromes I_E für eine gewünschte magnetische Flussdichte $\underline{B}_L = \underline{B}_6$ im Luftspalt der Querschnittsfläche $A_L = A_6$ findet die Umrechnung (3.64) Anwendung:

$$I_E = \frac{1}{\mu_0\,\mu_r} \cdot \frac{l_1}{w} \cdot \frac{A_L}{A_1} \cdot B_L \tag{3.71}$$

Allgemein gilt, dass sich die magnetische Flussdichte $\underline{B}$ in einem Element i eines magnetischen Kreises in Abhängigkeit des Erregerstromes I_E der Spule um Element 0 leicht bestimmen lässt, unabhängig davon, an welcher Stelle sich die Spule befindet und welche Form die Elemente des magnetischen Kreises besitzen: [9)]

$$I_E = \frac{1}{\mu_0\,\mu_r} \cdot \frac{l_0}{w} \cdot \frac{A_i}{A_0} \cdot B_i \tag{3.72}$$

3.1.4.7 Grenzflächenkräfte: magnetischer Querdruck und Längszug

Im Folgenden wird mit Hilfe der bisherigen Ergebnisse untersucht, welche Kräfte gegenseitig auf magnetisierte Werkstücke hoher Permeabilitätszahl wirken, wenn sie sich im Einflussbereich des jeweils anderen Feldes befinden. Abbildung 3.14 links zeigt ein entsprechendes Szenario: die magnetisierten Werkstücke 1 und 2 besitzen gemäß Kapitel 3.1.4.4 auf Grund der einheitlich ausgerichteten atomaren Dipole die nach außen wirkenden magnetischen Felder $\underline{B}_1$ und $\underline{B}_2$ sowie die Oberflächenströme $\underline{I}_{O1}$ und $\underline{I}_{O2}$ (vgl. Abbildung 3.11). Ohne den genauen Feldverlauf des Szenarios darzustellen, wird ersichtlich, dass das Feld $\underline{B}_1$ des Werkstücks 1 in Kombination mit dem Oberflächenstrom $\underline{I}_{O2}$ des Werkstückes 2 eine resultierende Lorentzkraft $\underline{F}_{Q12}$ ergibt. Gleiches gilt für das Feld $\underline{B}_2$, welches in Kombination mit dem Oberflächenstrom $\underline{I}_{O1}$ zur Kraft $\underline{F}_{Q21}$ führt. Diese wirkenden Kräfte ergeben eine horizontale Verschiebung der beiden Zylinder, bis sie sich in einer gemeinsamen Achse befinden; in dieser Situation ist das Feld überall um die Zylinder gleich verteilt bzw. ist Null, so dass sich die Kräfte gegenseitig kompensieren bzw. ebenfalls Null sind – es liegt ein Kräftegleichgewicht vor. Der sich ergebende Feldverlauf entspricht dem eines längeren Zylinders mit Luftspalt und führt somit zu einem energetisch günstigeren Zustand, was erneut dem physikalischen Funktionsprinzip der Energieminimierung gleich kommt. Die hierbei wirkenden Kräfte auf der Oberfläche bezeichnet man als *magnetischen Querdruck* . Der Name ist darauf zurückzuführen, dass die Felder $\underline{B}_1$ und $\underline{B}_2$ parallel zur Grenzfläche zwischen dem Werkstück ($\mu_r \gg 1$) und Luft ($\mu_r \approx 1$),

---

[9)] Auf die vereinfachte Theorie der magnetischen Kreise soll in diesem Buch nicht eingegangen werden, da sie auf Grund vereinfachender Annahmen nicht immer konsistent zur Feldtheorie ist. In der Theorie der magnetischen Kreise ordnet man jedem Kreiselement abhängig von dessen Abmessung und Permeabilität einen magnetischen Widerstand zu und erhält damit bzgl. der Flussberechnung eine Analogie zur Stromberechnung im elektrischen Kreis, wodurch die entsprechenden Rechengesetze herangezogen werden können. Hierbei wird jedoch nicht berücksichtigt, dass sich die Felder zwischen den Kreiselementen im Unterschied zu den Strömen und Spannungen im elektrischen Kreis nicht sprungartig verändern können. An dieser Stelle sei auf die Fußnote in Kapitel 3.1.4.2 sowie 3.1.4.3 hingewiesen.

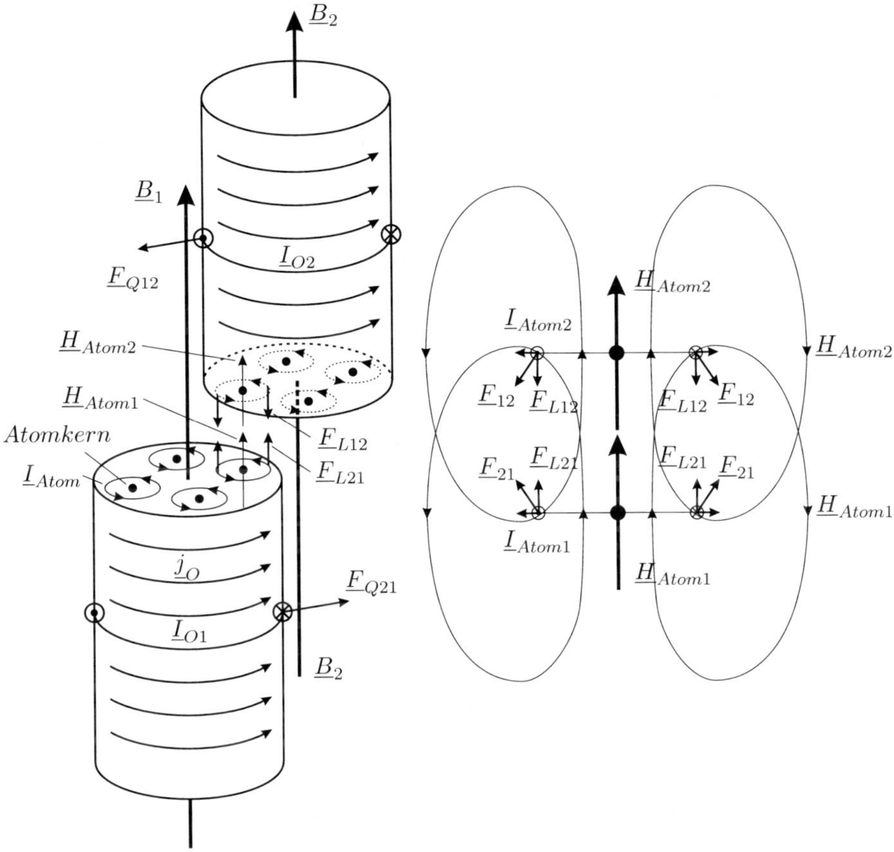

Abb. 3.14: *Werden zwei magnetisierte Werkstücke hoher Permeabilitätszahl wie abgebildet angenähert, so ziehen sie sich auf Grund des magnetischen Querdrucks ($\underline{F}_Q$) sowie Längszugs ($\underline{F}_L$) derart an, bis sie im Idealfall (keine Reibung) dieselbe Achse und keinen Luftspalt besitzen, d.h. ein verlängertes magnetisierte Werkstück ergeben*

d.h. dichteren und dünneren Medium verlaufen und die Kräfte senkrecht hierzu vom magnetisch dichteren zum magnetisch dünneren Medium gerichtet sind.

Neben dieser Kraft gibt es den sog. *magnetischen Längszug* , der zudem zu einer vertikalen Verschiebung und somit zum Verschwinden des Luftspaltes führt. Diese Kraft ist auf die Wechselwirkung/Fernwirkung der gegenüberliegenden atomaren Dipole an den Grenzflächen der beiden Werkstücke zurückzuführen, welche in Kapitel 3.1.3.4 Abbildung 3.7 bzgl. der spontanen Ausrichtung der atomaren Dipole im Material bereits näher beleuchtet wurde. In Abbildung 3.14 links ist zu erkennen, dass sich zwei ausgerichtete atomare Dipole der beiden Werkstücke gegenüberliegen und sie sich somit gegenseitig im Einfluss des jeweiligen atomaren Feldes $\underline{H}_{Atom}$ befinden. Der detaillierte Feldverlauf in Abbildung 3.14

rechts verdeutlicht die hierbei entstehenden Kräfte. Das Feld $\underline{H}_{Atom1}$ des Grenzflächenatoms von Werkstück 1 führt in Kombination mit dem Ringstrom $\underline{I}_{Atom2}$ des Grenzflächenatoms von Werkstück 2 zur Kraft $\underline{F}_{12}$. Teilt man nun die Kraft in Normal- und Tangentialkomponente auf, so ist zu erkennen, dass sich die Tangentialkomponenten gegenseitig kompensieren; die Normalkomponente $\underline{F}_{L12}$ der Kraft $\underline{F}_{12}$ zieht hingegen das Werkstück 2 an das Werkstück 1. Ebenfalls ergibt die Überlegung hinsichtlich des Feldes $\underline{H}_{Atom2}$ und des Ringstromes $\underline{I}_{Atom1}$ eine Kraft $\underline{F}_{L21}$, welche das Werkstück 1 an das Werkstück 2 annähert. Dieser beschriebene magnetische Längszug führt zum Berühren der Werktstücke. Die Kräfte werden sich dann nicht kompensieren, sondern pressen die beiden Werkstücke weiterhin zusammen – Werkstück 1 haftet an Werkstück 2, d.h. hiermit ist der typische Effekt, dass sich Magnete anziehen, erklärt. Wird ein Werkstück um 180° gedreht, d.h. sind die beiden Felder $\underline{B}_1$ und $\underline{B}_2$ entgegengerichtet, so ist mit Hilfe der dann wirkenden Kräfte sehr leicht zu erkennen, dass sich die beiden Werkstücke abstoßen werden. Der Name „magnetischer Längszug" beruht auf der Tatsache, dass in diesem Fall die Felder wie auch die Kraft senkrecht auf der Grenzfläche stehen; auch hier ist die Kraft vom magnetisch dichteren zum magnetisch dünneren Medium gerichtet, falls die Felder gleich gerichtet sind. Für den hier betrachteten Spezialfall, dass eine Grenzfläche zwischen einem Medium sehr hoher Permeabilität (z.B. Eisen) und sehr niedriger Permeabilität (z.B. Luft) vorliegt, ist der magnetische Längszug auch unter dem Namen *Maxwell'sche Flächenspannung* bekannt.

Zusammenfassend hält man fest, dass die Frage, weshalb sich magnetisierte Materialien anziehen bzw. abstoßen, durch die beiden dargestellten Kräfte erklärt werden kann. Durch das Wirken vom magnetischen Querdruck und Längszug resultiert durch eine Annäherung bis zum Berühren aus zwei einzelnen magnetisierten Werkstücken ein energetisch günstigeres langes Werkstück.

Eine besondere Bedeutung bzgl. der physikalischen Betrachtung von Maschinen kommt dem magnetischen Querdruck zu, da mit ihm die Momenterzeugung erklärt werden kann; es sei in diesem Zusammenhang auf das Kapitel 6 der GNM bzw. Kapitel 3.2 der Synchronmaschine verwiesen. Grundlage hierfür ist der Effekt, dass ein Werkstück in ein magnetisches Feld gezogen wird, welcher im Folgenden näher beleuchtet wird:

In Abbildung 3.15 oben ist das Verhalten eines beweglichen Werkstückes (Werkstück 2) im Feld eines befestigten, mit der Feldstärke $\underline{H}$ magnetisierten Werkstückes (Werkstück 1) dargestellt. Bei beiden Werkstücken handelt es sich um ferromagnetische Stoffe gleicher Permeabilitätszahl ($\mu_{r1} = \mu_{r2} = \mu_r \gg 1$). Zunächst wird die Annahme getroffen, dass das befestigte Werkstück 1 durch die Feldstärke $\underline{H}$ vollständig magnetisiert wurde, d.h. alle atomaren Dipole haben sich ausgerichtet und führen zur maximalen Magnetisierung $\underline{M}_1$; im Werkstück 1 ergibt sich eine magnetische Flussdichte $\underline{B}_1 = \mu_0 (\underline{H} + \underline{M}_1)$. Wie in Kapitel 3.1.4.3 dargestellt, wird mit größer werdendem Luftspalt das Feld kleiner: $B_L < B_1$. Bringt man nun einen Teil des quaderförmigen Werkstückes 2 mit dem Volumen $V = b\,h\,l$ in das Feld $\underline{B}_L$ ein, so werden die atomaren Dipole

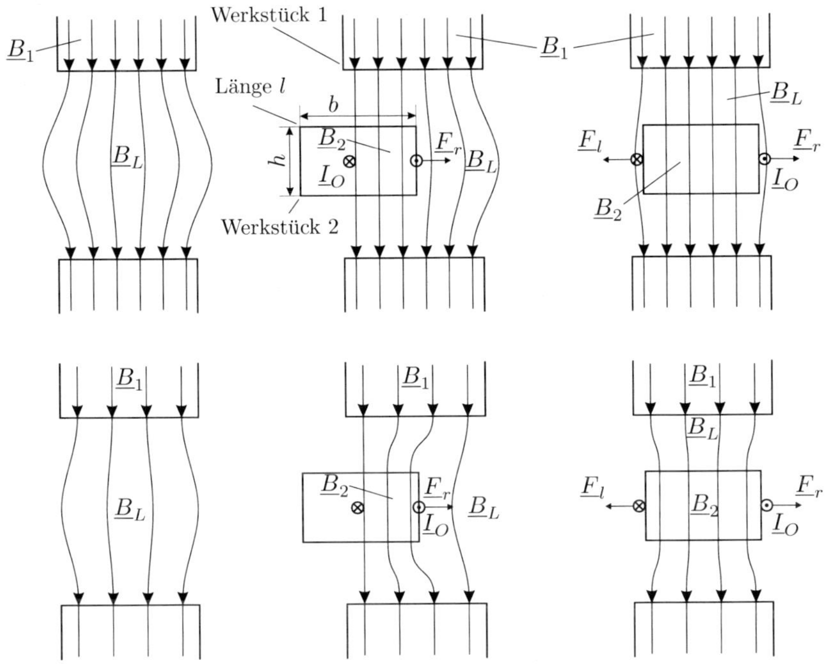

Abb. 3.15: *Der magnetische Querdruck führt zu einer Kraft auf ein Werkstück hoher Permeabilitätszahl im Magnetfeld, durch welche das Werkstück in das Feld gezogen wird; es wird dabei unterschieden, ob das Werkstück vollständig (oben – Prinzip der Synchronmaschine) oder nicht vollständig (unten - Prinzip der Kraftentstehung auf Nuten) magnetisiert wurde*

des Werkstücks 2 im Bereich des Feldes ausgerichtet. Da die Permeabilität der Werkstücke gleich ist und Werkstück 1 vollständig magnetisiert ist, wird die Feldliniendichte in beiden Werkstücken gleich sein, d.h. $\underline{B}_2 = \underline{B}_1$ und somit $\underline{M}_2 = \underline{M}_1$; Werkstück 2 ist im Feld ebenfalls vollständig magnetisiert. Durch die Magnetisierung liegt nun auf der Oberfläche des Werkstückes 2 eine Oberflächenstromdichte

$$j_O = M_1 = M_2 \tag{3.73}$$

gemäß Gleichung (3.47) einer langen Spule vor – die Magnetisierung und der Oberflächenstrom stehen immer in direktem Zusammenhang. Der Oberflächenstrom

$$I_O = h\, j_O \tag{3.74}$$

des Werkstückes mit der Höhe h fließt nun im Feld $\underline{B}_L$ des Luftspaltes.Es liegen demnach mit der Geschwindigkeit $\underline{v}$ bewegte Ladungen (Elektronen: $Q = -e$) im Feld vor, wodurch die Lorentzkraft (3.39) auf die rechte Oberfläche des Werkstückes 2 wirkt:

$$\underline{F}_r = -n \cdot e \cdot \underline{v} \times \underline{B}_L \tag{3.75}$$

Mit $\underline{v} = \underline{l}/t$ und $I_O = -(n\,e)/t$ folgt:

$$\underline{F}_r = I_O \cdot \underline{l} \times \underline{B}_L = I_O \cdot \underline{l} \times \mu_0 \, (\underline{H} + \underline{M}_L) \tag{3.76}$$

Ist der Luftspalt sehr klein, so gilt entsprechend des Kapitels 3.1.4.3 $\underline{B}_L = \underline{B}_1$, d.h. $\underline{M}_L = \underline{M}_1$, womit unter Beachtung von Gleichung (3.73) und (3.74) für die Kraft $\underline{F}_r$ folgt:

$$\underline{F}_r = \underline{l} \cdot h \cdot M_1 \times \mu_0 \, (\underline{H} + \underline{M}_1) \tag{3.77}$$

Nimmt man nun entsprechend des Kapitels 3.1.3.4 über ferromagnetische Materialien für die nichtlineare Hysteresekurve (vgl. Abb. 3.9) eine Linearisierung im Punkt der maximalen Steigung mit $\mu_r = \mu_{rmax}$ an, so kann für den nichtlinearen Zusammenhang (3.34) in diesem Punkt die lineare Gleichung (3.31) bzw. (3.32) nicht ferromagnetischer Materialien angewandt werden. Wegen $\underline{I}_O \perp \underline{B}_L$ gilt für den Betrag der Kraft:

$$F_r = l \cdot h \cdot \mu_0 \, \mu_r \, (\mu_r - 1) \cdot H^2 \tag{3.78}$$

Da der Oberflächenstrom auf der linken Oberfläche des Werkstückes 2 in keinem Feld verläuft, wirkt auf die linke Fläche keine Kraft: $\underline{F}_l = 0$. In diesem Zusammenhang ist anzumerken, dass die Oberflächenstrom erzeugende Magnetisierung $\underline{M}_2$ bzgl. des Feldes keinen Beitrag zur Lorentzkraft liefern kann, da sie bereits im Oberflächenstrom $\underline{I}_O$ enthalten ist. Effektiv zieht die Kraft $\underline{F}_r$ das Werkstück 2 in das Feld. Entsprechend der Gleichung (3.78) hängt diese Kraft direkt von der externen Feldstärke und Material ab. Sobald sich das Werkstück 2 komplett im Feld befindet, greift auch an der linken Fläche eine Lorentzkraft $\underline{F}_l$ an, die betragsmäßig gleich der Kraft $\underline{F}_r$ und entgegengerichtet ist – auf Grund des Kräftegleichgewichtes befindet sich das Werkstück 2 in horizontaler Richtung nun in Ruhe. Als Merkregel hält man fest, dass ein Werkstück immer in Richtung des dichtesten Feldes vollständig in dieses gezogen wird. Die dabei auftretenden Lorentzkräfte an den Flächen werden als *magnetischer Querdruck* bezeichnet. An dieser Stelle sei noch erwähnt, das sich der zu Beginn des Kapitels beschriebene mangnetische Längszug nach oben und unten nicht kompensieren würde, fände eine Auslenkung des Werkstücks 2 in vertikaler Richtung statt bzw. wäre das Werkstück 2 zu Beginn nicht exakt in der Mitte des Luftspaltes. Es gäbe eine resultierende Kraft auf Grund des Längszuges und des Querdrucks, so dass das Werkstück 2 nicht nur in das Feld, sondern auch an das Werkstück 1 gezogen würde. Das Szenario in Abbildung 3.15 stellt somit in vertikaler Richtung eine instabile und in der horizontalen Richtung eine stabile Gleichgewichtslage dar.

Der auf dem magnetischen Querdruck basierender Effekt ist Voraussetzung für das Funktionsprinzip der permanenterregten Synchronmaschine (vgl. Kapitel 6). In diesem Fall ist Werkstück 2 der Rotor der Maschine, der aus einem Permanentmagneten bzw. einer permanent erregten Spule mit Eisenkern besteht. Dadurch sind alle atomaren Dipole des Rotors bzw. Werkstücks 2 (im Unterschied zu oben) *stets* vollständig ausgerichtet und diese werden auf Grund des hartmagnetischen Materials annähernd unabhängig von einem externen Feld, dem Statorfeld $\underline{B}_S$ (Werkstück 1), die Magnetisierung beibehalten. Die Magnetisierung des Permanentmagneten $\underline{M}_P$ führt zu einem vom Statorfeld $\underline{B}_S$ unabhängigen Oberflächenstrom $\underline{I}_{OP}$. Die Feldlinien des Permanentmagneten $\underline{B}_P$ werden sich über den Stator (Werkstück 1) schließen. Auf Grund der vollständigen Magnetisierung des Permanentmagneten werden keine Feldlinien des Statorfeldes bzw. Luftspaltfeldes im Rotor gefangen, d.h. das Feld $\underline{B}_L$ neben dem Rotor (Werkstück 2) wird durch die Präsenz des Rotors nicht beeinflusst, wie dies der Vergleich der Abbildung 3.15 oben links mit der Abbildung 3.15 oben Mitte zeigt. Bei kleinem Luftspalt gilt dann: $\underline{B}_L \approx \underline{B}_S$ bzw. $\underline{M}_L \approx \underline{M}_S$. Da die Synchronmaschine ein Statordrehfeld $\underline{H}_{SDF}$ besitzt, wird die Stelle im Luftspalt mit der maximalen Felddichte sich vom Rotor (Werkstück 2) wegdrehen, wandern. Entsprechend der oben beschriebenen Theorie wird das magnetisierte Werkstück 2, der Rotor, eine Kraftwirkung in Richtung der maximalen Felddichte im Luftspalt erfahren, womit er dem Statorfeld folgt und sich somit zu drehen beginnt. Gemäß der obigen Überlegungen wirkt vereinfacht dargestellt eine Kraft:

$$\underline{F}_r = \underline{l} \cdot h \cdot M_P \times \mu_0 \left(\underline{H}_{SDF} + \underline{M}_S\right) \tag{3.79}$$

Eine detailliertere Darstellung bzgl. der Funktionsweise der permanenterregten Synchronmaschine ist in Kapitel 6 zu finden.

In Abbildung 3.15 unten ist das Szenario bei nicht vollständig magnetisiertem Material gezeigt. Das externe $\underline{H}$-Feld führt zu keiner vollständigen Magnetisierung des Werkstückes 1, d.h. nicht alle atomaren Dipole sind ausgerichtet. In Abbildung 3.15 wird dies im Vergleich durch eine geringere Dichte der Feldlinien dargestellt – die Feldlinien verlaufen im Luftspalt weniger bauchig. Bringt man nun erneut einen Teil des Werkstückes 2 in das Luftspaltfeld ein, so könnten in diesem kleineren Teil ebenso viele Dipolketten ausgerichet werden, wie im nicht vollständig magnetisiertem breiteren Werkstück 1. Entsprechend der Abstandsverhältnisse wird ein Großteil der Dipole des Werkstückes 1 die Dipole des Werkstückes 2 ausrichten, d.h. die Feldlinien werden im Werkstück 2 auf Grund des geringeren magnetischen Widerstandes gefangen. Es können maximal so viele Feldlinien gefangen werden, bis das Werkstück 2 vollständig magnetisiert ist (vgl. Abb. 3.15 unten Mitte). Mit größer werdendem Abstand vom Werkstück 2 werden die Dipole des Werkstückes 1 vorwiegend von der Gegenseite ausgerichtet, d.h. die Feldlinien verlaufen nicht mehr durch Werkstück 2, der magnetische Widerstand ist in diesem Fall geringer. Je mehr Feldlinien im Werkstück 2 gefangen werden, desto größer wird die Magnetisierung $\underline{M}_2$ bzw. der Oberflächenstrom $\underline{I}_O$, desto kleiner wird jedoch das Feld $\underline{B}_L = \mu_0 \left(\underline{H} + \underline{M}_L\right)$ im Luftspalt, welches in Kombination mit dem Oberflächenstrom $\underline{I}_O$ zur Lorentzkraft führt:

$$\underline{F}_r = \underline{l} \cdot h \cdot M_2 \times \mu_0 \left(\underline{H} + \underline{M}_L\right) \tag{3.80}$$

Im Grenzfall verlaufen alle $\underline{M}$-Feldlinien im Werkstück 2 und erzeugen einen großen Oberflächenstrom – im Luftspalt liegt dann nur noch die externe Feldstärke

$\underline{H}$ vor, die auf die bewegten Elektronen des Oberflächenstroms $\underline{I}_O$ wirkt. Die dabei entstehende Lorentzkraft $\underline{F}_r$ greift an der rechten Fläche des Werkstückes 2 an und zieht dieses wie im vorherigen Beispiel in das Feld. Der Oberflächenstrom auf der linken Seite des Werkstückes befindet sich im feldfreien Raum, d.h. $\underline{F}_l = 0$. Je weiter sich das Werkstück im Feld befindet, desto geringer wird die Dichte der Magnetisierung $\underline{M}_2$ und somit Stärke des Oberflächenstromes $\underline{I}_O$. Bei gleichbleibender externer Feldstärke $\underline{H}$ wird damit die Kraft $\underline{F}_r$ bzw. Beschleunigung immer kleiner. Sobald sich auch die linke Seite des Werkstückes 2 im Feld befindet, ergibt sich erneut ein Kräftegleichgewicht in horizontaler Richtung: $\underline{F}_l = \underline{F}_r$. In vertikaler Richtung handelt es sich wieder um eine instabile Gleichgewichtslage – befände sich das Werkstück 2 nicht exakt in der Mitte, würde sich ein effektiver magnetischer Längszug ergeben, der das Werkstück 2 zusätzlich in Richtung des Werkstückes 1 ziehen würde. Auch in diesem Fall stellt man wieder fest, dass so lange eine resultierende Kraft auf ein Werkstück wirkt, bis dieses vollständig in das Feld gezogen wurde.

Dieser Fall bei nicht vollständig magnetisierten Werkstücken wird seine Bedeutung bei der Nutung des Rotors zeigen. Bei realen Maschinen liegen die Leiter des Rotors gut befestigt in Kerben, den sog. Nuten, um den Luftspalt möglichst gering zu halten und um die mechanische Belastung der Leiter zu verkleinern. In diesem Fall wirken die antreibenden Kräfte nicht mehr auf die Leiter des Rotors, sondern es wirkt der magnetische Querdruck direkt auf die Flächen der Nuten des Rotors. Für eine tiefergehende Betrachtung sei auf Kapitel 3.2.1.4 verwiesen.

3.1.4.8 Brechungsgesetze für magnetische Feldlinien

Im Folgenden soll das Verhalten der Felder an der Grenzfläche zwischen Medien unterschiedlicher Permeabilitätszahl μ_r untersucht werden. Die Feldverläufe an den Grenzflächen zwischen Eisen ($\mu_r \gg 1$) und Luft ($\mu_r \approx 1$) sind bezüglich elektrischer Maschinen von besonderer Bedeutung, da die Höhe der antreibenden Kraft auf den Rotor vom Austrittswinkel des $\underline{B}$-Felds aus dem Eisen in den Luftspalt abhängt (vgl. Kapitel 3.2.1.1 und 3.2.1.3).

In Abbildung 3.16 ist ein Werkstück (Eisen) mit abgeschrägten Enden zu sehen, welches sich in einem externen Feld $\underline{H}$ in Luft befindet. Für dieses um das Medium Luft erweiterte Szenario ist nun ein intuitives Vorgehen zur Feldlinienbestimmung nicht mehr möglich. Der Gedanke, zuerst die Magnetisierung des Eisens durch das externe Feld und dann die Magnetisierung der Luft durch das externe Feld zu berechnen, um dann das Gesamtfeld durch Superposition zu bestimmen, ist nicht mehr umsetzbar. Dies liegt daran, dass das Eisen nicht nur durch das externe $\underline{H}$-Feld magnetisiert wird, sondern auch durch das $\underline{M}$-Feld der Luft:

$$\underline{M}_E(\underline{H}, \underline{M}_L) \tag{3.81}$$

Die Magnetisierung $\underline{M}_L$ der Luft ist wiederum von der externen Feldstärke $\underline{H}$ aber auch vom Feld des magnetisierten Eisens abhängig:

$$\underline{M}_L(\underline{H}, \underline{M}_E) \tag{3.82}$$

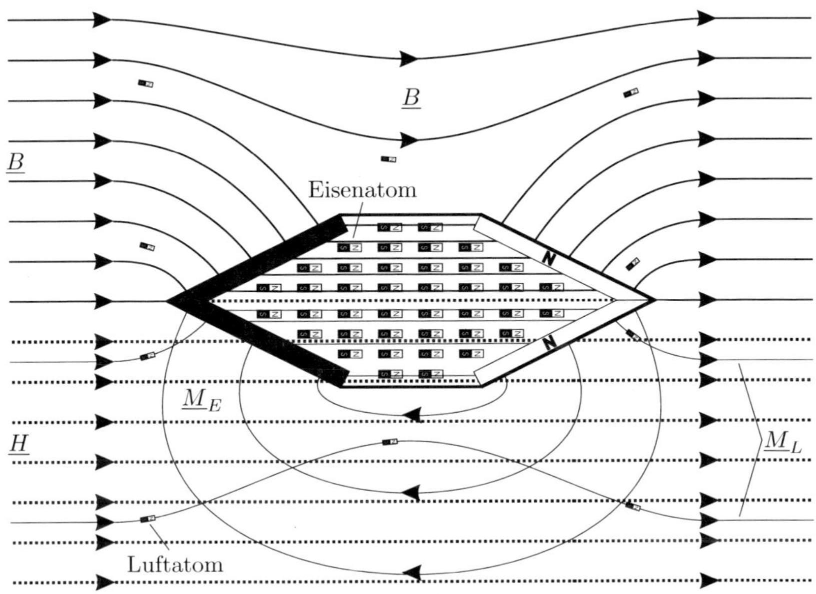

Abb. 3.16: *Brechung der $\underline{B}$-Feldlinien an der Grenzfläche zwischen Luft ($\mu_r \approx 1$) und einem Eisen-Werkstück ($\mu_r \gg 1$) – die $\underline{B}$-Feldlinien treten nahezu senkrecht aus dem Werkstück aus*

Insofern ziehen die Eisenatome die Luftatome an und umgekehrt, d.h. weder die Eisen- noch die Luftatome werden parallel zum externen $\underline{H}$-Feld verlaufen. Wie letztendlich die Magnetisierung der einzelnen Medien aussieht, hängt von der Gesamtkonstellation und dem entsprechenden Gesamtfeld

$$\underline{M}(\underline{H}, \underline{M}_E, \underline{M}_L) \tag{3.83}$$

ab – zur Bestimmung des Feldverlaufes müssen Differentialgleichungen gelöst werden. Für dieses Szenario ist es noch möglich, z.B mit der Schwarz-Christoffelschen Abbildung den Feldverlauf zu bestimmen, bei komplexeren Szenarien ist jedoch ohne numerisches Rechenprogramm keine genaue Bestimmung des Feldverlaufes mehr möglich. Wie stark sich nun Eisen- und Luftatome gegenseitig beeinflussen, hängt von der jeweiligen feldverstärkenden Eigenschaft ab. Nachdem das ferromagnetische Eisen eine starke Wechselwirkung zwischen den Atomen aufweist (vgl. Kapitel 3.1.3.4), lassen sich diese schwer von ihrer energetisch günstigen Ausrichtung auslenken (vgl. Abb. 3.7). Die Wechselwirkung hängt u.a. von der Anzahl der Elektronen ab und somit der Stärke der Lorentzkraft auf die benachbarten Atome. Ferromagnetische Materialien besitzen eine hohe Anzahl an Elektronen und somit eine starke Wechselwirkung; in Abbildung 3.16 wird dies durch große Elementarmagneten im Werkstück angedeutet. Befindet sich in der Nachbarschaft ein Medium mit geringer Anzahl an Elektronen, wie es beispielsweise bei nicht ferromagnetischen Materialien der Fall ist, so ist die Kraftwirkung dessen Atome untereinander und auf die Umgebung gering; die Elementarmagneten der Luft werden in Abbildung 3.16 im Vergleich zum Werkstück kleiner dargestellt und besitzen einen größeren Abstand zueinander. Mit dieser Betrachtung ist nun zu erwarten, dass die Luft-Atome leichter zu beeinflussen sind und daher stärker abgelenkt werden, als die Eisenatome. An dieser Stelle ist bereits zu vermuten, dass an der Grenzfläche zwischen unterschiedlichen Medien eine Brechung der $\underline{M}$-Feldlinien auftritt – diese ist entsprechend der Überlegungen materialabhängig. Für die Berechnung des $\underline{B}$-Feldes gemäß der Gleichung (3.34) folgt mit (3.81) und (3.82):

$$\underline{B} = \mu_0 \left(\underline{H} + \underline{M}(\underline{H}, \underline{M}_E, \underline{M}_L) \right) \tag{3.84}$$

Die magnetische Flussdichte $\underline{B}$ ergibt sich als hochgradig nichtlineare Funktion des $\underline{H}$-Feldes, die ohne numerisches Rechenprogramm nicht zu bestimmen ist. Da zwischen dem $\underline{B}$-Feld und der resultierenden Magnetisierung $\underline{M}$ (3.83) nur ein linearer Zusammenhang über die magnetische Feldstärke $\underline{H}$ besteht, ist die Eigenschaft der Brechung der $\underline{B}$-Feldlinien ein direktes Resultat der Magnetisierung bzw. der Wechselwirkungen der benachbarten Atome. Unabhängig davon, dass sich der Feldlinien-Verlauf nicht einfach bestimmen lässt, kann ein Zusammenhang, das sog. Brechungsgesetz, zwischen den Ein- und Austrittswinkeln der $\underline{M}$- bzw. $\underline{B}$-Feldlinien an den Grenzflächen zwischen zwei Medien bestimmt werden. Hierfür nützt man das Durchflutungsgesetz sowie die Quellenfreiheit.

Im Folgenden soll das Brechungsgesetz am Beispiel des Eisenwerkstücks mit abgeschrägten Enden, umgeben von Luft, abgeleitet werden (Abbildung 3.16). Hierfür betrachtet man die Feldlinienverläufe an der Grenzfläche zwischen Eisen und Luft, welche in Abbildung 3.17 vergrößert dargestellt sind.

Zunächst untersucht man das Brechungsverhalten der magnetischen Feldstärke $\underline{H}$ an der Grenzfläche. Entsprechend aller bisherigen Überlegungen (vgl. Kapitel 3.1.2) ist die magnetische Feldstärke nur von einem felderzeugenden Strom abhängig, d.h. $\underline{H}$-Feldlinien werden an Grenzflächen nicht gebrochen. Um dies zu zeigen, wendet man zunächst das Gesetz (3.43) der Quellenfreiheit an. Hierfür wird das $\underline{H}$-Feld in Abbildung 3.17 oben als Vektor $\underline{H}_E$ dargestellt. Die Länge des Vektors repräsentiert dabei die Dichte bzw. Stärke des Feldes, die Orientierung entspricht der Richtung des Feldes an der Grenzfläche. Der Vektor $\underline{H}_E$ trifft mit dem Winkel α_{H_E} auf die Grenzfläche innerhalb des Eisen-Werkstückes. $\underline{H}_E$ wird nun in eine Normalkomponente $\underline{H}_{EN}$ und eine Tangentialkomponente $\underline{H}_{ET}$ zerlegt, die senkrecht auf der Grenzfläche steht bzw. parallel zu dieser verläuft. Das Feld tritt aus dem Werkstück mit dem Winkel α_{H_L} in das Medium Luft aus. Das Feld außerhalb des Werkstückes in Luft wird ebenfalls durch einen Vektor $\underline{H}_L$ mit der entsprechenden Zerlegung dargestellt: $\underline{H}_{LN}$ und $\underline{H}_{LT}$. Gemäß des Kapitels 3.1.4.2 über die Quellenfreiheit der Felder bildet man eine Hüllfläche um die Grenzfläche. Dieser von oben betrachtete Quader (Volumen $\Delta V = \Delta A \cdot \Delta x$) ist in Abbildung 3.17 oben eingezeichnet. Lässt man Δx gegen Null gehen ($\Delta x \rightarrow 0$), so treten durch die Hüllfläche nur noch die Normalkomponenten der $\underline{H}$-Felder. Mit dem Gesetz der Quellenfreiheit

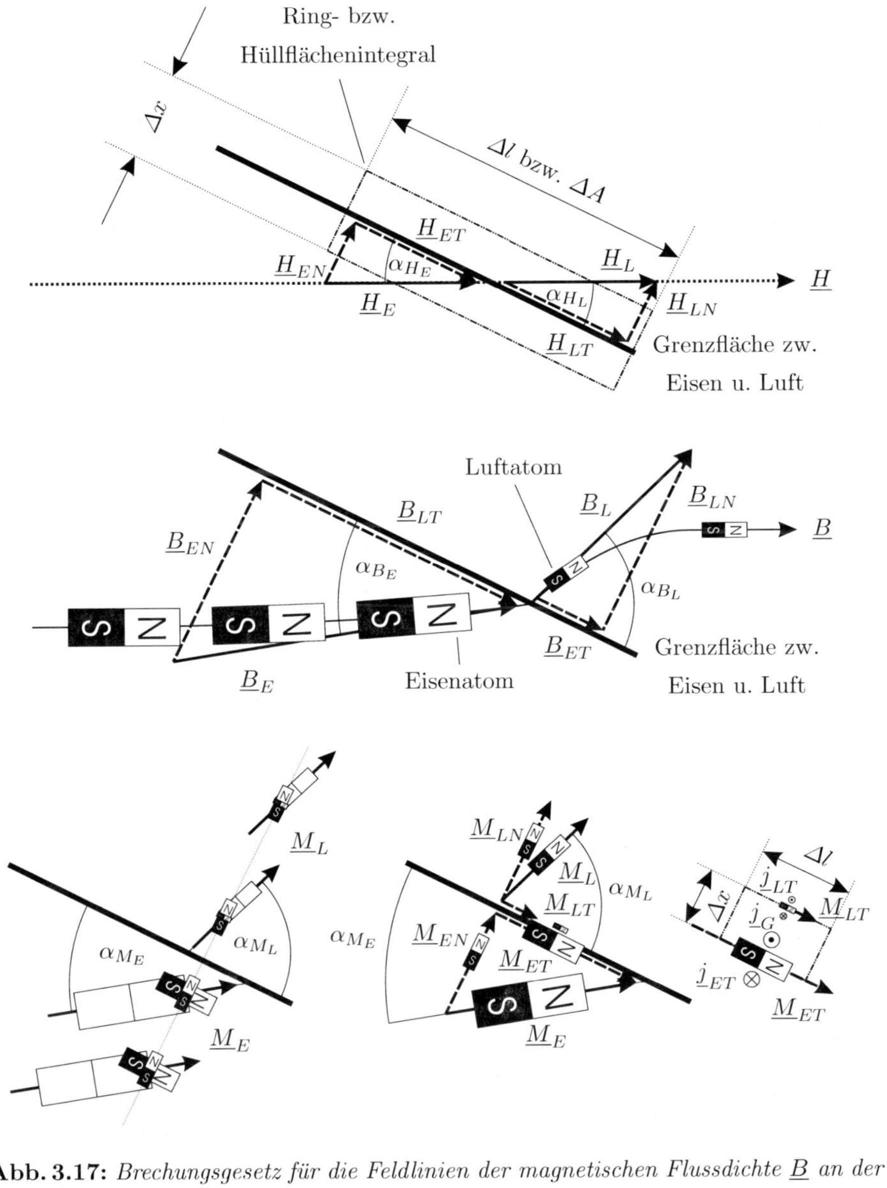

Abb. 3.17: *Brechungsgesetz für die Feldlinien der magnetischen Flussdichte $\underline{B}$ an der Grenzfläche zwischen Eisen und Luft*

$$\lim_{\Delta x \to 0} \oint_{\partial(\Delta x \cdot \Delta A)} \underline{H}\, d\underline{a} = H_{EN} \cdot \Delta A - H_{LN} \cdot \Delta A = 0 \qquad (3.85)$$

folgt:

$$H_{EN} = H_{LN} = H_N \qquad (3.86)$$

Die Normalkomponente der magnetischen Feldstärke ist demnach in beiden Medien gleich.

Im nächsten Schritt wendet man das Durchflutungsgesetz (3.13) an. Hiermit wird versucht, die Tangentialkomponenten in Beziehung zu setzen. Entsprechend des Kapitels 3.1.2 bildet man ein Ringintegral um die Grenzfläche, wobei erneut der Übergang $\Delta x \rightarrow 0$ des eingezeichneten Rechtecks durchgeführt wird. Mit dem Durchflutungsgesetz resultiert:

$$\lim_{\Delta x \rightarrow 0} \oint_{\partial(\Delta l \cdot \Delta x)} \underline{H}\, d\underline{s} = H_{ET} \cdot \Delta l - H_{LT} \cdot \Delta l = I = 0 \tag{3.87}$$

Das Ringintegral der Feldstärken um die Grenzfläche ergibt den eingeschlossenen Strom I, der auf der Grenzfläche fließt. Da hier der das externe $\underline{H}$-Feld erzeugende Strom nicht auf der Oberläche fließt, ist der eingeschlossene Strom bzgl. der externen Feldstärke Null ($I = 0$). Es ist hier anzumerken, dass der durch die Magnetisierung des Materials fließende Oberflächenstrom (vgl. Kapitel 3.1.4.4) durch die zusätzliche magnetische Feldstärke, der Magnetisierung $\underline{M}$ repräsentiert wird und demzufolge nicht in obigem Ringintegral bzgl. $\underline{H}$ berücksichtigt werden darf. Aus Gleichung (3.87) folgt, dass auch die Tangentialkomponente der magnetischen Feldstärke in beiden Medien gleich ist:

$$H_{ET} = H_{LT} = H_T \tag{3.88}$$

Mit Gleichung (3.86) und (3.88) resultiert, dass Ein- und Austrittswinkel des $\underline{H}$-Feldes identisch sind:

$$\tan \alpha_{H_E} = \frac{H_{EN}}{H_{ET}} = \tan \alpha_{H_L} = \frac{H_{LN}}{H_{LT}} \qquad \Rightarrow \qquad \alpha_{H_E} = \alpha_{H_L} \tag{3.89}$$

Wie erwartet wird die magnetische Feldstärke nicht an einer Grenzfläche gebrochen.

Gleich dieses Vorgehens wird nun die magnetische Flussdichte $\underline{B}$ bzw. Magnetisierung $\underline{M}$ näher beleuchtet. In Abbildung 3.17 Mitte ist eine $\underline{B}$-Feldlinie an der abgeschrägten Grenzfläche des Werkstückes zu sehen. Mit den Überlegungen zu Beginn dieses Unterkapitels ist folgendes zu erkennen: mit größer werdendem Abstand von der Grenzfläche beeinflussen sich die Magnetisierungen der beiden Medien kaum noch und es wirkt lediglich das externe $\underline{H}$-Feld magnetisierend. Dementsprechend sind die atomaren Dipole parallel zum $\underline{H}$-Feld (vgl. Abb. 3.17 oben und Mitte) ausgerichtet. Je näher sich die einzelnen Atome an der Grenzschicht befinden, desto größer ist die Wechselwirkung zwischen den unterschiedlichen Medien. Da die Luftatome die geringere Kraftwirkung zeigen, werden die Eisenatome kaum aus ihrer Magnetisierungsrichtung gedreht. Die große Kraftwirkung der Eisenatome hingegen bewirkt eine große Auslenkung der Luftatome. Die Konsequenz ist eine Brechung der $\underline{B}$-Feldlinie an der Grenzfläche – unterscheidet sich die Permeabilitätszahl beider Medien wie im betrachteten Beispiel ($\mu_{rE} \gg \mu_{rL}$), so ist $\alpha_{B_E} \neq \alpha_{B_L}$ zu erwarten.

Nach Zerlegung der $\underline{B}$-Feldvektoren $\underline{B}_E$ und $\underline{B}_L$ in die Normal- und Tangentialkomponenten folgt entsprechend der obigen Überlegungen bzgl. des $\underline{H}$-Felds, dass durch Anwenden der Quellenfreiheit (3.43) die Normalkomponente der beiden Medien gleich sein muss:

$$B_{EN} = B_{LN} = B_N \tag{3.90}$$

Wendet man die Gleichung (3.34) unter Beachtung der Gleichungen (3.81), (3.82), (3.86) und (3.90) an, ergibt sich eine Aussage über die Normalkomponente der Magnetisierungen $\underline{M}_E$ und $\underline{M}_L$:

$$\begin{aligned} B_N = \mu_0 \Big(H_{EN} + M_{EN}(H_{EN}, M_{LN}) \Big) &= \mu_0 \Big(H_{LN} + M_{LN}(H_{LN}, M_{EN}) \Big) \\ M_{EN}(H_N, M_{LN}) &= M_{LN}(H_N, M_{EN}) = M_N \end{aligned} \tag{3.91}$$

Hiermit folgt, dass auch die Normalkomponente der Magnetisierung in beiden Medien gleich sein muss, womit auch die Quellenfreiheit der Magnetisierung bestätigt wurde. In Abbildung 3.17 unten Mitte ist die Zerlegung der Magnetisierung in Normal- und Tangentialkomponente dargestellt. Dementsprechend kann man sich die Elementarmagneten aufgespaltet in einen parallel zur Grenzfläche verlaufenden und einen senkrecht auf dieser stehenden Magneten vorstellen. Die senkrecht stehenden Magneten zeigen jeweils eine Fernwirkung in das andere Medium, wie es bereits in Kapitel 3.1.4.3 bzgl. der Feldverstärkung im Luftspalt diskutiert wurde. Deshalb ist verständlich, dass die Normalkomponenten der Magnetisierung M_{EN} und M_{LN} vom anderen Medium abhängen müssen, wie die Gleichung (3.91) zum Ausdruck bringt – nur so ist es möglich, dass beide Komponenten durch die jeweilige Fernwirkung gleich groß sind. Stellt man sich die Elementarmagneten wie in Abbildung 3.17 unten links aus den Komponenten zusammengesetzt vor, so wird deutlich, dass sich die senkrecht stehenden Elementarmagneten der beiden Medien so lange anziehen und dabei die Atome im $\underline{H}$-Feld um ihre Achse drehen, bis die senkrecht stehenden Magneten und ihre Magnetisierung gleich groß sind und sich somit ein stabiles Gleichgewicht zwischen allen benachbarten Atomen an der Grenzfläche eingestellt hat – die Normalkomponente der Magnetisierungen ist dann identisch und Gleichung (3.91) erfüllt. Besitzt eines der beiden Medien eine um ein Vielfaches größere Magnetisierung ($\mu_{rE} \gg \mu_{rL}$), so drehen sich die Atome des Mediums mit der kleinen Permeabilität an der Grenzfläche auf den maximalen Winkel $\alpha_{M_L} = 90°$. Kommt es unter diesem Winkel noch zu keinen gleich großen Magneten der Normalkomponente, so zeigt die Oberfläche des Mediums mit der hohen Permeabilität eine magnetisch anziehende Wirkung auf die Umgebung. Hierbei handelt es sich um die in Kapitel 3.1.4.7 beschriebene Kraft, die unter dem Namen *Maxwell'sche Flächenspannung* bekannt ist, und stets vom magnetisch dichteren Medium mit hoher Permeabilität in das magnetisch dünnere Medium mit kleiner Permeabilität gerichetet ist; diese Kraft ist der Grund, weshalb sich zwei gegenüberliegende magnetisierte Eisenstücke in Luft gegenseitig anziehen. Im Umkehrschluss bedeutet dies weiter, dass bei allen magnetisch nach außen wirkenden Materialien die

$\underline{M}$-Feldlinien sowie magnetischen Kräfte senkrecht austreten. In diesem Zusammenhang ist zu erwarten, dass die $\underline{B}$-Feldlinien des Eisens nahezu senkrecht in das Medium Luft eintreten, da die Feldstärke $\underline{H}$ bezüglich der Vektoraddition (3.34) nur noch einen vernachlässigbaren Beitrag liefert.

Sobald dieser stabile Zustand erreicht ist, liegen zwei unterschiedlich große Komponenten der Elementarmagneten der beiden Medien parallel zur Grenzfläche vor (vgl. Abb. 3.17 unten links). Entsprechend ihrer Ausrichtung parallel zur Grenzfläche zeigen diese Magneten lediglich eine anziehende Wirkung innerhalb des Materials, in dem sie sich befinden, d.h. sie zeigen keine Fernwirkung in das andere Medium, wie dies bei den Normalkomponenten (3.91) der Fall ist. Deshalb ist die Magnetisierung der Tangentialkomponenten lediglich Resultat der externen Feldstärke $\underline{H}$:

$$M_{ET}(H_T) \tag{3.92}$$
$$M_{LT}(H_T)$$

Da somit beide Magnetisierungen durch die selbe Feldstärke erzeugt werden, unterscheiden sich die Beträge nur durch die Materialeigenschaft.

Gilt $M_{ET}(H_T) \neq M_{LT}(H_T)$, so muss laut Durchflutungsgesetz an der Grenzfläche ein Strom fließen (vgl. Abb. 3.17 unten rechts): bildet man an der Grenzfläche zwischen Eisen und Luft das Ringintegral über die Feldstärke der Magnetisierung $\underline{M}$ und führt den Grenzübergang $\Delta x \to 0$ durch, so erhält man:

$$\lim_{\Delta x \to 0} \oint_{\partial(\Delta l \cdot \Delta x)} \underline{M}\, d\underline{s} = M_{ET} \cdot \Delta l - M_{LT} \cdot \Delta l = I_G = j_G \cdot \Delta l \tag{3.93}$$

Dies stellt keinen Widerspruch dar, da entsprechend des Kapitels 3.1.4.4 ein Oberflächenstrom auf einem Magneten fließt. Liegen unterschiedliche Medien vor, so werden sich unterschiedliche Winkel $\alpha_{M_E} \neq \alpha_{M_L}$ einstellen, damit die Normalkomponenten der Magnete $M_{EN} = M_{LN}$ nach Gleichung (3.91) identisch sein können – in diesem Fall werden sich die Magnete parallel zur Grenzfläche mit ihrer tangentialen Magnetisierung auf jeden Fall in ihrer Stärke unterscheiden $M_{ET} \neq M_{LT}$. Somit fließen auch nach Gleichung (3.47) mit $j_O = M$ unterschiedliche Oberflächenströme, d.h. atomare Ringströme, die sich bei unterschiedlichen Medien ($\mu_{rE} \neq \mu_{rL}$) nicht kompensieren – es existiert auf der Grenzfläche die Differenz der „tangentialen" Oberflächenstromdichten der atomaren Ringströme von Eisen und Luft, hervorgerufen durch die tangentiale Komponente der $\underline{M}$-Felder: $j_G = j_{ET} - j_{LT} = M_{ET} - M_{LT}$. Diese Überlegungen bestätigen das Durchflutungsgesetz (3.93).

Mit Hilfe des Ergebnisses (3.92) kann nun in Verbindung mit der Gleichheit (3.91) der Normalkomponente der Magnetisierungen ein Zusammenhang zwischen dem Ein- und Austrittswinkel der $\underline{M}$-Feldlinien in Abhängigkeit der

Materialeigenschaften der angrenzenden Medien aufgestellt werden:

$$\tan\alpha_{M_E} = \frac{M_{EN}}{M_{ET}} = \frac{M_N}{M_{ET}(H_T)} \tag{3.94}$$

$$\tan\alpha_{M_L} = \frac{M_{LN}}{M_{LT}} = \frac{M_N}{M_{LT}(H_T)}$$

Durch Einsetzen ergibt sich das *Brechungsgesetz* für die $\underline{M}$-Feldlinien an der Grenzfläche zwischen Eisen und Luft:

$$\frac{\tan\alpha_{M_E}}{\tan\alpha_{M_L}} = \frac{M_{LT}(H_T)}{M_{ET}(H_T)} \tag{3.95}$$

Der Zusammenhang zwischen Ein- und Austrittswinkel hängt somit vom Verhältnis der durch die externe Feldstärke $\underline{H}_T$ erzeugten Magnetisierung von Eisen und Luft ab, welche materialabhängig ist. Luft als nicht ferromagnetisches Medium zeigt gemäß Gleichung (3.31) bzw. (3.33) über die Suszeptibilität χ bzw. μ_r einen linearen Zusammenhang zwischen Magnetisierung und Feldstärke, so dass für die Tangentialkomponente der Magnetisierung in Luft gilt:

$$M_{LT}(H_T) = \chi_L\, H_T = (\mu_L - 1)\, H_T \tag{3.96}$$

Für Eisen als ferromagnetisches Material gilt eine nichtlineare Magnetisierungskurve entsprechend Abbildung 3.9. Da sich bezüglich elektrischer Maschinen der Rotor dreht, wird das sich im Feld befindende Material ständig ummagnetisiert, d.h. die Magnetisierungskurve durchfahren. Um die Ummagnetisierungsverluste dabei gering zu halten, benutzt man weichmagnetische Materialien, die eine sehr schmale Magnetisierungskurve besitzen, d.h. es wird annähernd stets die Neukurve durchfahren. Um den besten Wirkungsgrad bzgl. der Magnetisierung zu erreichen, wählt man den Punkt der maximalen Feldverstärkung der Neukurve durch Einstellen des Erregerstroms, so dass Gleichung (3.38) mit $\mu_{rE} = \mu_{rMax}$ bzw. $\chi_E = \chi_{Max}$ gilt (vgl. Kapitel 3.1.3.4). Hiermit führt eine Linearisierung mit $\underline{M} = \chi_E\,\underline{H}$ zu einer guten Näherung des Magnetisierungsverhaltens. Für den nichtlinearen Zusammenhang $\underline{M}(\underline{H})$ kann somit die lineare Gleichung (3.31) nicht ferromagnetischer Materialien angewandt werden – für die Tangentialkomponente der Magnetisierung im Eisen gilt:

$$M_{ET}(H_T) = \chi_E\, H_T = (\mu_E - 1)\, H_T \tag{3.97}$$

Für das linearisierte Brechungsgesetz der $\underline{M}$-Feldlinien folgt:

$$\frac{\tan\alpha_{M_E}}{\tan\alpha_{M_L}} = \frac{\chi_L\, H_T}{\chi_E\, H_T} = \frac{\chi_L}{\chi_E} = \frac{\mu_{rL} - 1}{\mu_{rE} - 1} \tag{3.98}$$

Im Anschluss soll nun das Brechungsgesetz für die $\underline{B}$-Feldlinien abgeleitet werden. Wendet man die Gleichung (3.34) unter Beachtung der Gleichungen (3.86) und (3.92) an, ergibt sich eine Aussage über die Tangentialkomponente der magnetischen Flussdichte $\underline{B}_E$ und $\underline{B}_L$:

$$\begin{aligned} B_{ET} &= \mu_0 \Big(H_T + M_{ET}(H_T) \Big) \\ B_{LT} &= \mu_0 \Big(H_T + M_{LT}(H_T) \Big) \end{aligned} \tag{3.99}$$

Den linearen Zusammenhang erhält man mit Gleichung (3.96) und (3.97):

$$\begin{aligned} B_{ET} &= \mu_0 \, \mu_{rE} \, H_T \\ B_{LT} &= \mu_0 \, \mu_{rL} \, H_T \end{aligned} \tag{3.100}$$

Wegen der Unabhängigkeit der tangentialen Magnetisierungen vom anderen Medium und der Gleichheit der Normalkomponenten der magnetischen Flussdichte auf Grund der Quellenfreiheit kann nun mit Gleichung (3.100) und (3.90) ein Zusammenhang des Ein- und Austrittswinkels der $\underline{B}$-Feldlinien in Abhängigkeit der Materialeigenschaften hergestellt werden:

$$\begin{aligned} \tan \alpha_{B_E} &= \frac{B_{EN}}{B_{ET}} = \frac{B_N}{\mu_0 \, \mu_{rE} \, H_T} \\ \tan \alpha_{B_L} &= \frac{B_{LN}}{B_{LT}} = \frac{B_N}{\mu_0 \, \mu_{rL} \, H_T} \end{aligned} \tag{3.101}$$

Durch Einsetzen ergibt sich das *Brechungsgesetz* für die $\underline{B}$-Feldlinien an der Grenzfläche zwischen Eisen und Luft:

$$\frac{\tan \alpha_{B_E}}{\tan \alpha_{B_L}} = \frac{\mu_{rL}}{\mu_{rE}} \tag{3.102}$$

Zusammenfassend hält man fest, dass die Feldlinien der Magnetisierung $\underline{M}$ bzw. der magnetischen Flussdichte $\underline{B}$ mit folgender Gesetzmäßigkeit an der Grenzfläche zwischen Medium 1 und Medium 2 gebrochen werden:

$$\frac{\tan \alpha_{M_1}}{\tan \alpha_{M_2}} = \frac{\mu_{r2} - 1}{\mu_{r1} - 1} \tag{3.103}$$

$$\frac{\tan \alpha_{B_1}}{\tan \alpha_{B_2}} = \frac{\mu_{r2}}{\mu_{r1}} \tag{3.104}$$

Die Brechungsgesetze erscheinen zunächst sehr restriktiv, da durch die gegenseitige Beeinflussung der Magnetisierungen keine lokalen Aussagen über den Feldverlauf der Magnetisierung $\underline{M}$ und der magnetischen Flussdichte $\underline{B}$ ohne Betrachtung des Gesamtsystems getroffen werden kann und somit auch kein Eintrittswinkel bekannt ist – erst nach Ausrichtung aller Atome des Gesamtsystems ist der Eintrittswinkel, aber dann auch der Austrittswinkel bekannt. Die Bedeutung der Gesetze zeigt sich, wenn zwei Medien mit stark voneinander abweichender Permeabilitätszahl einander angrenzen, wie es an der Grenzfläche zwischen Eisen (Mediums 1) und Luft (Mediums 2) der Fall ist. Wie bereits im Vorangegangenen diskutiert wurde, werden die schwachen atomaren Magneten des Mediums 2 niedriger Permeabilitätszahl durch ihre geringe Kraftwirkung die Orientierung der starken atomaren Magneten des Mediums 1 hoher Permeabilitätszahl mit einer großen Wechselwirkung der Atome untereinander kaum ändern können. Im Umkehrschluss werden die schwachen Magneten des Mediums 2 niedriger Permeabilitätszahl maximal gedreht (vgl. Abb. 3.17 unten links). Es ist somit zu erwarten, dass sich unabhängig vom Eintrittswinkel α_{M_1} im Medium hoher Permeabilitätszahl ein Austrittswinkel $\alpha_{M_2} = 90°$ im Medium niedriger Permeabilitätszahl einstellen wird. Für den Grenzübergang $\frac{\mu_{r1}}{\mu_{r2}} \to \infty$, d.h. $\mu_{r1} \gg \mu_{r2}$, wird dies durch das Brechungsgesetz (3.103) bestätigt:

$$\alpha_{M_2} = \arctan\Big(\tan \alpha_{M_1} \frac{(\mu_{r1} - 1)}{(\mu_{r2} - 1)}\Big) \tag{3.105}$$

$$\lim_{\frac{\mu_{r1}}{\mu_{r2}} \to \infty} \alpha_{M_2} = 90° \tag{3.106}$$

Da sich das $\underline{B}$-Feld über die Vektoradditon von magnetischer Feldstärke $\underline{H}$ und Magnetisierung $\underline{M}$ gemäß Gleichung (3.34) definiert, hängt es nun vom Verhältnis zwischen den Feldstärken ab, mit welchem Winkel das $\underline{B}$-Feld aus dem Medium 1 in das Medium 2 austritt. Bei sehr hoher verstärkender Eigenschaft $\underline{M}(\underline{H})$ des Materials wird der Beitrag der magnetischen Feldstärke $\underline{H}$ bzgl. der Vektoraddition vernachlässigbar – es ist zu erwarten, dass bei ferromagnetischen Werkstücken die $\underline{B}$-Feldlinien entsprechend der $\underline{M}$-Feldlinien austreten. Für den Grenzübergang $\frac{\mu_{r1}}{\mu_{r2}} \to \infty$, d.h. $\mu_{r1} \gg \mu_{r2}$, wird dies mit dem Brechungsgesetz (3.104) deutlich:

$$\alpha_{B_2} = \arctan\Big(\tan \alpha_{B_1} \frac{\mu_{r1}}{\mu_{r2}}\Big) \tag{3.107}$$

$$\lim_{\frac{\mu_{r1}}{\mu_{r2}} \to \infty} \alpha_{M_2} = 90° \tag{3.108}$$

Je kleiner der Beitrag der Magnetisierung bei nicht ferromagnetischen Materialien wird, desto mehr verlaufen die Feldlinien der magnetischen Flussdichte $\underline{B}$ in Richtung des $\underline{H}$-Feldes, d.h. werden kaum an der Oberfläche des Werkstückes gebrochen.

Für den betrachteten Fall einer Grenzfläche zwischen Eisen mit $\mu_{rE} = 5000$ und Luft mit $\mu_{rL} = 1.000001$ ist der Austrittswinkel α_{M_L} der Feldlinien der Magnetisierung $\underline{M}$ in Abhängigkeit des Eintrittswinkels α_{M_E} gemäß Gleichung (3.105) in Abbildung 3.18 dargestellt. Es ist klar zu erkennen, dass unabhängig vom Winkel im Eisen die $\underline{M}$-Feldlinien senkrecht in das Medium Luft eintreten. Trotz eines kleinen Eintrittswinkels α_{M_E} besitzt die Normalkomponente des Elementarmagneten von Eisen eine größere Anziehungskraft, als der Elementarmagnet der Luft besitzt – folglich wird das Luftatom maximal gedreht. Dieses Verhalten wird durch Gleichung (3.105) deutlich. Ist die Permeabilitätszahl von Medium 2, wie die der Luft, annähernd der des Vakuums ($\mu_{r2} \approx 1$), so findet im Ausdruck eine Division durch Null statt, d.h. unabhängig von der

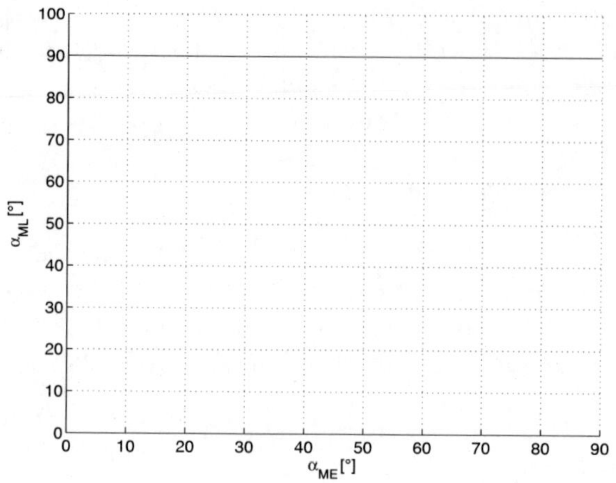

Abb. 3.18: *Austrittswinkel α_{M_L} in Abhängigkeit des Eintrittswinkels α_{M_E} der $\underline{M}$-Feldlinien an der Grenzfläche zwischen Eisen ($\mu_{rE} = 5000$) und Luft ($\mu_{rL} = 1.000001$)*

Permeabilität von Medium 1 im Zähler ergibt sich ein senkrechtes Austreten der $\underline{M}$-Feldlinien.

Bezüglich der Brechung des Feldes der magnetischen Flussdichte $\underline{B}$ an der Grenzfläche ist der Austrittswinkel α_{B_L} in Abhängigkeit des Eintrittswinkels α_{B_E} gemäß Gleichung (3.107) in Abbildung 3.19 dargestellt. Da bei sehr klei-

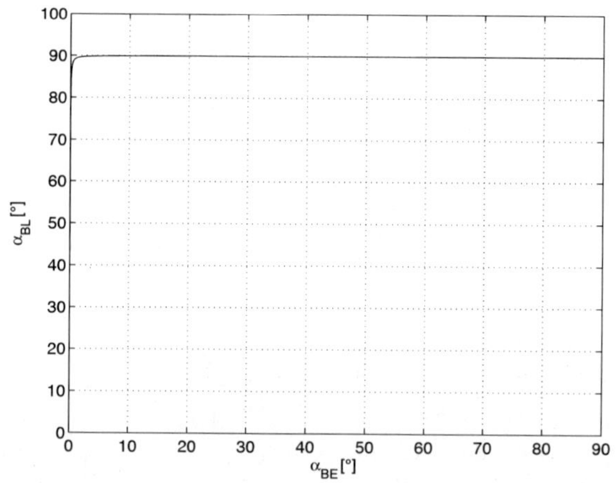

Abb. 3.19: *Austrittswinkel α_{B_L} in Abhängigkeit des Eintrittswinkels α_{B_E} der $\underline{B}$-Feldlinien an der Grenzfläche zwischen Eisen ($\mu_{rE} = 5000$) und Luft ($\mu_{rL} = 1.000001$)*

nen Eintrittswinkeln die Feldstärke $\underline{H}$ bezüglich der Normalkomponente der Magnetisierung $\underline{M}$ der Eisenatome eine größere Gewichtung bekommt, werden die Luftatome geringfügig in Richtung des $\underline{H}$-Feldes orientiert, womit der Austrittswinkel noch nicht 90° beträgt. Aber bereits bei kleinen Winkeln ist $\alpha_{B_L} = 90°$. Insofern hält man fest, dass unabhängig vom Winkel im Eisen die $\underline{B}$-Feldlinien nahezu senkrecht in das Medium Luft eintreten.

Für die Anwendung eines magnetischen Kreises für elektrische Maschinen wird hiermit deutlich, dass die Luftatome eine vernachlässigbare Wirkung auf die Eisenatome zeigen, d.h. die Eisenatome werden hauptsächlich durch das externe $\underline{H}$-Feld magnetisiert. Auf Grund dieser Unabhängigkeit der Magnetisierung des Eisens vom angrenzenden Medium Luft kann das Prinzip der Superposition der Magnetisierungen $\underline{M}_E$ und $\underline{M}_L$ für die $\underline{B}$-Feld-Bestimmung nun doch angewandt werden. Dies zeigt Abbildung 3.16 untere Hälfte für das betrachtete Szenario. Das externe $\underline{H}$-Feld richtet die atomaren Dipole des Eisens einheitlich in die entsprechende Richtung aus, womit ein Werkstück resultiert, welches einen großen Nord- und Südpol besitzt. Die Feldlinien des magnetisierten Eisens $\underline{M}_E$ treten senkrecht aus den Polflächen des Werkstücks aus und schließen sich wie gehabt. Durch das möglichst senkrechte Austreten wird die geringste Dichte der Feldlinien und somit Betrag der Magnetisierung $\underline{M}$ erreicht, was dem energetisch besten Zustand entspricht. Das externe $\underline{H}$-Feld und das $\underline{M}_E$-Feld bilden nun ein starres Gesamtfeld bezüglich der Luftatome, die sich in diesem entsprechend ausrichten. In dieser Orientierung tragen die Luftatome über die Magnetisierung $\underline{M}_L$ nun noch ihren Beitrag zum $\underline{B}$-Feld bei. Das resultierende Feld der magnetischen Flussdichte $\underline{B}$ ist in der oberen Hälfte der Abbildung 3.16 dargestellt. Verglichen mit einer Magnetnadel (vgl. Abb. 3.10) sind die Luftatome im starren Feld entlang der $\underline{B}$-Feldlinien ausgerichtet.

3.1.5 Zusammenfassung

Bezüglich der in diesem Kapitel dargestellten physikalischen Eigenschaften des magnetischen Feldes sei auf die Literatur [58] verwiesen. Abschließend sollen nun die wichtigsten Eigenschaften des magnetischen Feldes zusammengefasst werden, die für das physikalische Verständnis elektrischer Maschinen notwendig sind:

- Eine Stromverteilung erzeugt ein magnetisches Feld (siehe Kapitel 3.1.2)

- Materialien mit hoher Permeabilitätszahl (z.B. Eisen) führen zu einer hohen Feldverstärkung, so dass entsprechend der Lorentzkraft große Kräfte auf bewegte Ladungen in diesem Material wirken (siehe Kapitel 3.1.3)

- Magnetische Feldlinien werden in Materialien mit hoher Permeabilitätszahl gefangen, so dass innerhalb eines magnetischen Kreises ein großes homogenes Feld präsent ist und außerhalb ein nahezu feldfreier Raum besteht (siehe Kapitel 3.1.4.1, 3.1.4.5 und 3.1.4.6)

- Befindet sich in einem magnetischen Kreis ein Luftspalt, so zeigt sich in diesem dasselbe hohe magnetische Feld, wie im magnetischen Kreis hoher Permeabilitätszahl, sofern der Luftspalt bezogen auf den Querschnitt des magnetischen Kreises sehr klein ist; hiermit wirken entsprechend der Lorentzkraft ebenfalls große Kräfte auf bewegte Ladungen in der Nähe des Materials hoher Permeabilitätszahl, d.h. im Luftspalt (siehe Kapitel 3.1.4.3)

- Magnetische Feldlinien treten aus Materialien mit hoher Permeabilitätszahl nahezu senkrecht in Medien kleiner Permeabilitätszahl (z.B. Luft) ein (siehe Kapitel 3.1.4.8)

- Auf jedem magnetisierten Material fließen Oberflächenströme; die Stärke der Ströme ist abhängig von der Stärke der Magnetisierung und Materialeigenschaft. In magnetisierte Werkstücken hoher Permeabilitätszahl ($\mu_r \gg 1$) fließen z.B. sehr hohe Oberflächenströme. Ebenfalls besitzen Permanentmagneten, welche eine sehr geringe Permeabilitätszahl aufweisen ($\mu_r \approx 1$), sehr hohe Oberflächenströme (siehe Kapitel 3.1.4.4)

- Der Effekt, dass sich magnetisierte Materialien anziehen, ist darauf begründet, dass das Feld des einen Werkstückes in Kombination mit dem Oberflächenstrom des anderen Werkstückes zu Lorentzkräften führt, die an den Oberflächen der Werkstücke angreifen und diese gegenseitig ausrichten (siehe Kapitel 3.1.4.7)

Mit Hilfe dieser Eigenschaften des magnetischen Feldes kann nun im folgenden Kapitel 3.2 die Kraft auf einen Leiter im Luftspalt eines magnetischen Kreises und somit die Kraft auf den Rotor einer Gleichstromnebenschlussmaschine exemplarisch abgeleitet werden, wobei der magnetische Kreis bezüglich elektrischer Maschinen aus dem Stator und Rotor besteht.

3.2 Physikalisches Funktionsprinzip der Gleichstrommaschine

In den folgenden Unterkapiteln werden schrittweise die Grundgleichungen der Gleichstrommaschine abgeleitet. Hierfür bedient man sich der in Kapitel 3.1 abgeleiteten Gesetze aus der Elektrizitätslehre und Elektrodynamik, um das Prinzip der Energiewandlung von Feldenergie in mechanische Energie aufzuzeigen. Zur Verbesserung der Verständlichkeit werden nur die Haupteffekte bei der Modellbildung berücksichtigt. In der Realität müssen deshalb bei der Herstellung einer Gleichstrommaschine weitere Effekte berücksichtigt werden bzw. es wird bei der Konstruktion der Maschine durch geschickte Planung und Einbringen zusätzlicher Komponenten, auf welche hier nicht weiter eingegangen wird, darauf geachtet, dass sich die Maschine nahezu ideal verhält. Dadurch wird erreicht, dass die im Folgenden abzuleitenden Grundgleichungen allgemein gültig sind.

3.2.1 Prinzip der Momenterzeugung – Ableitung der Momenten-Grundgleichung

Das Ziel ist, das physikalische Prinzip darzustellen, durch welches der Rotor bzw. Anker einer Gleichstrommaschine durch Einprägen eines Ankerstromes I_A bei einem Erregerfeld $\Psi = f(I_E) \neq 0$ ein Drehmoment erfährt und sich damit zu drehen beginnt, d.h. es muss das Prinzip der Momententstehung in der Maschine erklärt werden. Hierzu ist zunächst der Zusammenhang zwischen Erregerstrom I_E und Luftspaltfeld B_L und dann der Zusammenhang zwischen Luftspaltfeld B_L, Ankerstrom I_A und innerem Moment M_{Mi} aufzuzeigen. Letzterer ist auf die bekannte Lorentzkraft zurückzuführen, welche die Energiewandlung zwischen elektrischer und mechanischer Energie beschreibt. Die Zusammenhänge werden zu der ersten Grundgleichung der Gleichstrommaschine führen, die die Kraft bzw. das Moment M_{Mi} der Maschine in Abhängigkeit der Ströme darstellt:

$$M_{Mi} = f(I_E, I_A) \tag{3.109}$$

3.2.1.1 Betrachtung der Gleichstrommaschine als magnetischen Kreis

Der prinzipielle Aufbau einer Gleichstrommaschine ist in Abbildung 3.20 zu sehen. Sie besteht aus einem fest stehenden Stator und einem sich drehend gelagerten Rotor (Radius r, Länge l_A), welcher auch als Anker bezeichnet wird. Der Stator besitzt je nach Polpaarzahl Z_p entsprechende Nord- und Südpole, die den Rotor eng umschließen. Zwischen dem Rotor und den Polen befindet sich ein sehr kleiner Luftspalt l_L, so dass sich der Rotor ungehindert drehen kann. Sowohl der Stator als auch der Rotor bestehen aus einem ferromagnetischen Material sehr hoher Permeabilitätszahl, im üblichen Eisen ($\mu_r \gg 1$). Die Pole der Breite τ_E werden jeweils von einer Erregerspule der Länge l_E mit w_E Windungen umschlossen. Mit diesem Aufbau liegt nun ein *magnetischer Kreis* vor, wie er in Kapitel 3.1.4.6 untersucht wurde und das entsprechende Ergebnis in Abbildung 3.13 dargestellt ist.[10] Die Höhe aller Kreiselemente ergibt sich aus der Abmessung des Rotors und entspricht im Folgenden der Länge l_A des Rotors.

Da im magnetischen Kreis auf Grund der hohen Permeabilitätszahl nahezu alle $\underline{B}$-Feldlinien im Eisen verlaufen und sich alle $\underline{B}$-Feldlinien statistisch über die Querschnittsfläche $\underline{A}_i$ jedes Elements i des magnetischen Kreises verteilen, gelten nach Kapitel 3.1.4.6 folgende Zusammenhänge:

- Nach Gleichung (3.72) führt ein Erregerstrom $\underline{I}_E$ in einer Erregerspulen im Eisenkern zu einer magnetischen Flussdichte $\underline{B}_E$ mit dem Betrag:

[10] Im Folgenden wird die Bezeichnung τ für die Breite des magnetischen Kreises an der jeweiligen Stelle verwendet. Dies ist darauf zurückzuführen, dass die in der Literatur verwendete Bezeichnung für die Polteilung τ_p ist. Mit dem Polbedeckungsfaktor α ergibt sich für die Luftspaltbreite unter dem Pol $\tau_L = \alpha\,\tau_p$. Da es sich hierbei um die Breite des Luftspaltes des magnetischen Kreises der Maschine handelt, wird zur Erhaltung der Konsistenz generell die Breite im magnetischen Kreis mit τ bezeichnet.

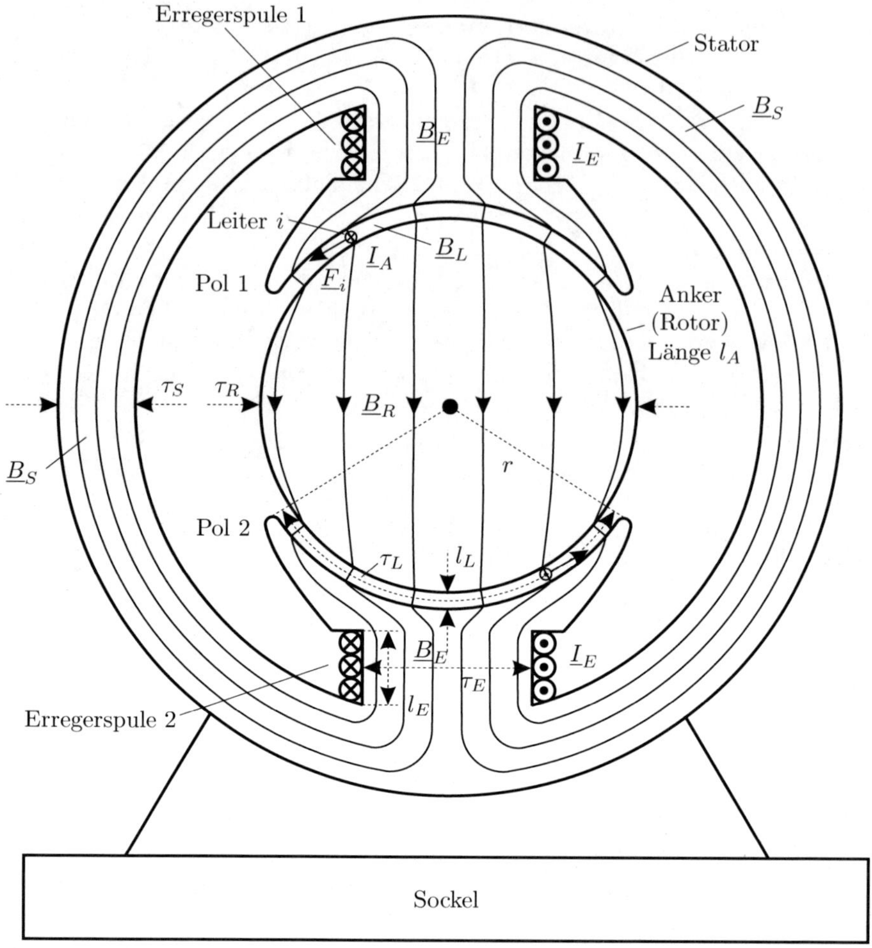

Abb. 3.20: *Magnetischer Kreis einer Gleichstrommaschine bestehend aus Stator und Rotor (Anker); ein mit dem Ankerstrom* $\underline{I}_A$ *durchflossener Leiter i des Rotors erfährt im Luftspaltfeld* $\underline{B}_L$ *eine Lorentzkraft* $\underline{F}_i$*, welche zu einem antreibenden Drehmoment führt*

$$B_E = \mu_0 \, \mu_r \, \frac{w_E}{l_E} \, I_E \tag{3.110}$$

- Gleichung (3.66) besagt, dass in einem unverzweigten magnetischen Kreis der Fluss Ψ in jedem Element i gleich ist; wird angenommen, dass der Flächenvektor parallel zum Feldvektor verläuft, vereinfacht sich die Gleichung wie folgt:

$$\Psi_i = A_i \, B_i = const \tag{3.111}$$

Verzweigt sich ein magnetischer Kreis, wobei die Summe der Querschnittsflächen an der Verzweigungsstelle gleich bleibt, so besitzt jedes Element i an der Verzweigungsstelle dieselbe magnetische Flussdichte $B_i = const.$ Dementsprechend teilt sich der Fluss Ψ an der Verzweigungstelle entsprechend der Querschnittsflächenverhältnisse auf:

$$\frac{\Psi_i}{A_i} = const \tag{3.112}$$

Durch Anwendung dieser Zusammenhänge lassen sich für die Gleichstrommaschine die $\underline{B}$-Felder in den einzelnen Elementen in Abhängigkeit der in der Spule erzeugten magnetischen Flussdichte B_E bestimmen:
Entsprechend der Gleichung (3.110) erzeugt der Erregerstrom $\underline{I}_E$ in den beiden Erregerspulen im Eisenkern die magnetische Flussdichte $\underline{B}_E$ und somit den Fluss Ψ:

$$\Psi = A_E\, B_E = \tau_E\, l_A\, B_E = \mu_0\, \mu_r \cdot \tau_E\, l_A \cdot \frac{w_E}{l_E}\, I_E \tag{3.113}$$

Wie in Kapitel 3.1.4.5, 3.1.4.6 sowie 3.1.4.8 diskutiert, ergibt sich der $\underline{B}$-Feldverlauf als Resultat der gegenseitigen Beeinflussung der atomaren Dipole der ferromagnetischen Materialien. In den breiten Polschuhen werden sich die Dipolketten im Eisen wie im magnetischen Kreis der Abbildung 3.13 zunächst statistisch mit maximalem Abstand verteilen, d.h. die Feldlinien dehnen sich bezogen auf den Feldverlauf in der Erregerspule aus; die Abmessung der Polschuhe (τ_L) wird so gewählt, dass sich das Feld vollständig über diese verteilt. An der Grenzfläche $A_L = \tau_L\, l_A$ der Polschuhe richten sich die magnetisch viel schwächeren Luftatome, angezogen durch die starken Dipole des Eisens, senkrecht zur Fläche aus (siehe Prinzipdarstellung in Abb. 3.17). Entsprechend des Brechungsgesetzes aus Kapitel 3.1.4.8 treten hiermit die $\underline{B}$-Feldlinien senkrecht aus den Polen (Eisen: $\mu_r \gg 1$) in den Luftspalt (Luft: $\mu_r \approx 1$) ein. Beachtet man noch die Aussage des Kapitels 3.1.4.3, dass bei sehr kleinem Luftspalt ($l_L \to 0$) das $\underline{B}$-Feld auf Grund der Fernwirkung des magnetisierten Eisens über die Länge des Luftspalts nicht schwächer wird, ergibt sich im Luftspalt ein *homogenes radiales Luftspaltfeld* $\underline{B}_L$. Da hiermit die Feldlinien im Luftspalt senkrecht auf der Austrittsfläche A_L stehen, kann die Gleichung (3.111) zur Berechnung des Flusses Ψ_L bzw. der magnetischer Flussdichte B_L im Luftspalt herangezogen werden:

$$\Psi_L = A_L\, B_L = \Psi = A_E\, B_E \tag{3.114}$$

$$B_L = \frac{A_E}{A_L}\, B_E = \mu_0\, \mu_r \frac{\tau_E}{\tau_L}\, \frac{w_E}{l_E}\, I_E \tag{3.115}$$

Durch die Fernwirkung des magnetisierten Pols werden nun die atomaren Dipole des Rotors magnetisiert; die Dipolketten des Rotors verteilen sich in Folge statistisch über die Breite des Rotors, so dass sich die Feldlinien nach Eintritt in den Rotor ausdehnen. Bei der maximalen Breite $\tau_R = 2r$ des Rotors entsteht das Feld minimaler Dichte B_R:

$$\Psi_R = A_R\, B_R = \Psi = A_E\, B_E \tag{3.116}$$

$$B_R = \frac{A_E}{A_R}\, B_E = \mu_0\, \mu_r \frac{\tau_E}{\tau_R} \frac{w_E}{l_E}\, I_E \tag{3.117}$$

Damit die Ummagnetisierungsverluste bei sich drehendem Rotor gering bleiben, wird ein weichmagnetisches Material verwendet (siehe Kapitel 3.1.3.4). Aus Symmetriegründen zeigt sich bei Pol 2 derselbe Feldlinienverlauf. Das durch die Erregerspulen erzeugte Feld $\underline{B}_E$ schließt sich über den sog. Rückschluss bzw. Joch des Stators. An den Verzweigungsstellen teilt sich der Fluss nach Gleichung (3.112) symmetrisch auf:

$$\Psi_S = \frac{1}{2}\Psi = \frac{1}{2} A_E\, B_E \tag{3.118}$$

Verengt sich der Rückschluss des Stators zusätzlich ($A_S < 1/2\, A_E$), ergibt sich eine stärkere magnetische Flussdichte $B_S > B_E$ im Statoreisen:

$$B_S = \frac{1}{2}\frac{A_E}{A_S}\, B_E = \frac{1}{2}\, \mu_0\, \mu_r \frac{\tau_E}{\tau_S} \frac{w_E}{l_E}\, I_E \tag{3.119}$$

Mit Hilfe der Zusammenhänge im magnetischen Kreis steht nun die Stärke der magnetischen Flussdichte $\underline{B}_L$ im Luftspalt fest. Wird ein am Rotor befestigter Leiter in das Luftspaltfeld $\underline{B}_L$ eingebracht, durch welchen ein Ankerstrom $\underline{I}_A$ fließt, so wirkt auf die mit der Geschwindigkeit $\underline{v}$ bewegten n Elektronen (Ladung $Q = -e$) im Leiter die Lorentzkraft aus Gleichung (3.19). Da die $\underline{B}$-Feldlinien im Luftspalt auf Grund des Brechungsgesetzes (vgl. Kapitel 3.1.4.8) radial verlaufen, wirkt die Lorentzkraft $\underline{F}_i$ auf einen Leiter i gemäß des Kapitels 3.1.3.1 an jeder Stelle im Luftspalt tangential zum Rotor und somit stets antreibend; für den Betrag der Lorentzkraft gilt:

$$F_i = n \cdot e \cdot v \cdot B_L \qquad \text{mit} \qquad \underline{v} \perp \underline{B}_L \tag{3.120}$$

Nimmt man an, dass pro Zeiteinheit t n Elektronen den Leiter der Länge l_A mit der Geschwindigkeit $v = l_A/t$ passieren, d.h. es fließt ein Strom $I_A = (n\, e)/t$, lässt sich die Lorentzkraft F_i auf den Leiter i in Abhängigkeit des Ankerstromes I_A ausdrücken:

$$F_i = I_A \cdot l_A \cdot B_L \tag{3.121}$$

Mit Gleichung (3.115) existiert somit ein direkter Zusammenhang zwischen dem Erregerstrom I_E und der Kraft F_i auf einen Leiter im Luftspalt:

$$F_i = I_A \cdot l_A \cdot \mu_0\, \mu_r \frac{\tau_E}{\tau_L} \frac{w_E}{l_E}\, I_E \tag{3.122}$$

Diese tangential wirkende Kraft beschleunigt den Rotor. Sobald sich der Leiter nicht mehr unter dem Polschuh befindet, gibt es keine Beschleunigung mehr. Durch die Trägheit des Rotors gelangt der Leiter in den Luftspalt des unteren Pols. Da hier das Luftspaltfeld B_L nicht wie zuvor in den Rotor eintritt, sondern aus dem Rotor austritt, ändert sich die Kraftrichtung und der Rotor wird wieder abgebremst. Um dies zu verhindern und um die antreibende Kraftrichtung zu erhalten, muss die Richtung des Ankerstromes geändert werden, d.h. der Ankerstrom muss umgepolt werden, sobald der Leiter in die untere Hälfte gelangt. Hierfür sorgt ein sog. Kommutator.

3.2.1.2 Kommutator

Der prinzipielle Aufbau eines Kommutators ist in Abbildung 3.21 zu sehen. Der

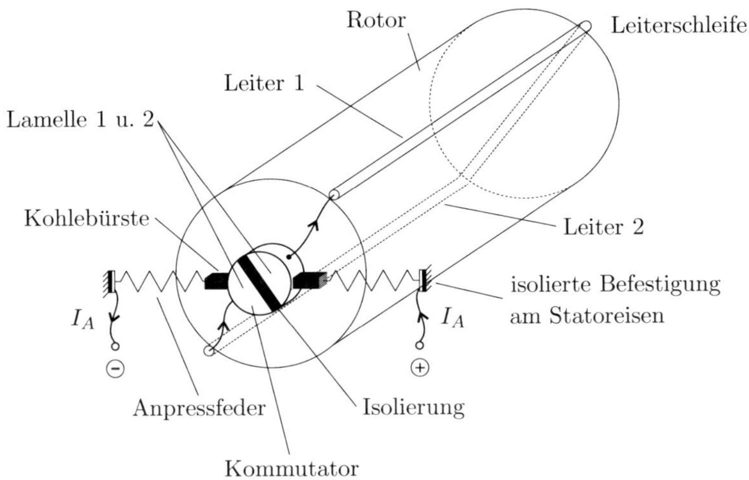

Abb. 3.21: *Rotor mit Kommutator für eine Leiterschleife*

Kommutator ist ein Schleifkontakt, der dafür sorgt, dass der Strom I_A der Leiterschleife des Rotors umgepolt, d.h. kommutiert wird, sobald sich die Leiter der Leiterschleife dem anderen Pol nähern – hiermit bleibt die antreibende Kraft erhalten. Beide Leiter sind jeweils mit einer stromleitenden Lamelle des Kommutators verbunden; die Lamellen sind galvanisch getrennt. Die Isolierung im Kommutator verläuft somit quer zur Leiterschleife, so dass sich ein Leiter oberhalb und der andere unterhalb der Isolierung befindet. Der Kommutator ist am Rotor befestigt und dreht sich mit diesem mit. Die Bestromung der Leiter erfolgt über die Bestromung der Lamellen über angepresste sog. Kohlebürsten; für einen ausreichenden Anpressdruck sorgen Federn, die isoliert am Statoreisen befestigt werden. An diesem Schleifkontakt wird über die Federn die Ankerspannung U_A angelegt, die den Ankerstrom I_A durch die Leiterschleife treibt. Der detaillierte Kommutierungsvorgang ist in Abbildung 3.22 dargestellt.

Auf der linken Seite der Abbildung 3.22 ist die Momentaufnahme der Maschine aus Abbildung 3.20 dargestellt, erweitert um den Kommutator. Wie in Kapitel 3.2.1.1 beschrieben, wirkt auf den Leiter 1 und auf den Leiter 2 jeweils die Lorentzkraft F_1 bzw. F_2 tangential zum Rotor, da die Feldlinien senkrecht aus dem Eisen in den Luftspalt eintreten und demnach das Luftspaltfeld $\underline{B}_L$ radial zum Rotor verläuft. Durch die Kraft wird der Rotor in Bewegung gesetzt – die Richtung der Winkelgeschwindigkeit ist abhängig von der Polarität der Ankerspannung $\underline{U}_A$ und somit der Richtung des Ankerstromes $\underline{I}_A$ sowie der Feldrichtung im Luftspalt. Im abgebildeten Fall führt die Bestromung des Leiters 1 über die Lamelle 1 zu einem Leiterstrom, der in die Ebene fließt (⊗). Da

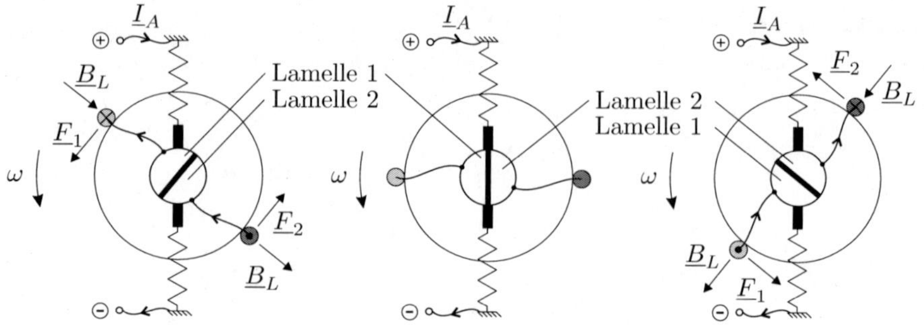

Abb. 3.22: *Kommutierungsvorgang*

Leiter 1 und Leiter 2 eine Leiterschleife bilden, fließt in Leiter 2 der Ankerstrom in entgegengesetzter Richtung (⊙). Der Ankerstromkreis wird über Lamelle 2 geschlossen. In der oberen Hälfte des Rotors treten die Feldlinien aus Pol 1 in den Rotor ein und in der unteren Hälfte treten die Feldlinien aus dem Rotor aus in Pol 2. Gemäß des Kapitels 3.1.3.1 wirkt somit eine Lorentzkraft sowohl auf Leiter 1 als auch 2, die den Rotor gegen den Uhrzeigersinn beschleunigt. Hiermit bewegt sich Leiter 1 in die untere Hälfte des Rotors und Leiter 2 in die obere Hälfte, d.h. bezogen auf den jeweiligen Leiter ändert sich die Richtung des Luftspaltfeldes um 180°. Würde die Richtung der Leiterströme gleich bleiben, so ergäbe sich eine Lorentzkraft in die Gegenrichtung mit abbremsender Wirkung. Der Kommutator sorgt nun deshalb dafür, dass, sobald die Leiter ihren momentanen Pol bzw. ihre momentane Hälfte verlassen, die Stromrichtung in den Leitern geändert wird.

In der Mitte der Abbildung 3.22 ist das Verhalten des Kommutators zu sehen, wenn sich Leiter 1 und 2 exakt in der Mitte zwischen den Polen befinden. Die Kohlebürsten überbrücken in diesem Fall die Lamellen, womit die Leiterschleife kurz geschlossen wird. Unter Beachtung der Tatsache, dass eine Leiterschleife eine Induktivität ($L \neq 0$) aufweist und demnach das Öffnen des Stromkreises einer Leiterschleife zu einer theoretisch unendlich hohen Induktionsspannung führen würde ($U = -L \cdot dI/dt$), die die Maschine beschädigt, ist der Kurzschluss notwendig. Somit kann sich der Strom in der Leiterschleife bei kleinen Induktionsspannungen kontinuierlich abbauen, um im nächsten Schritt (vgl. Abb. 3.22 rechts) zu kommutieren, d.h. seine Stromrichtung zu ändern. Da jedoch nur eine Leiterschleife betrachtet wird, führt das Überbrücken der Lamellen zu einem Kurzschließen der Spannungsquelle, was wiederum die Leistungselektronik zerstört. Bei diesem Fall mit zwei Leitern und zwei Lamellen handelt es sich jedoch um ein rein akademisches Beispiel. Ein Rotor mit lediglich zwei Leitern und zwei Lamellen würde in der gezeichneten Lage nicht anlaufen können, auch wenn die Lamellen gerade noch nicht oder nicht mehr überbrückt werden, da sich die Leiter nicht unter den Polschuhen und somit nicht im Feld befinden – ein Stromfluss in den Leitern würde zu keinem Moment führen. Des Weiteren würde bei laufendem

Motor ein sehr welliges Drehmoment resultieren. In der Realisierung einer Maschine sind daher immer mindestens 3 Leiter mit 3 Lamellen notwendig, um stets ein Anlaufen garantieren zu können und um das Drehmoment der Maschine zu glätten. Sobald mehr als zwei Lamellen verwendet werden, tritt auch kein Kurzschluss der Spannungsquelle mehr auf. Bei vier Leitern mit einem Abstand von 90° und 4 Lamellen führt das Überbrücken von zwei Lamellen zu einer kurzgeschlossenen Leiterschleife und zu einer bestromten Leiterschleife. Die bestromten zwei Leiter befinden sich direkt unter den Polen und somit im Feld, womit ein Drehmoment auf den Rotor resultiert und die Leistungselektronik nicht mit einem Kurzschluss belastet wird – die kurz geschlossenen zwei Leiter befinden sich im feldfreien Raum und können im nächsten Schritt problemlos kommutieren.

Sobald sich die nun nicht bestromten zwei Leiter des Beispiels auf Grund der Trägheit des Rotors in die Hälfte des anderen Pols bewegen und der Kurzschluss der Leiterschleife aufgehoben ist (siehe Abbildung 3.22 rechts), fließt der Strom $\underline{I}_A$ nicht mehr zuerst über Lamelle 1 in Leiter 1, sondern zuerst über Lamelle 2 in Leiter 2, der sich jetzt in der oberen Hälfte befindet. Hiermit hat sich die Stromrichtung in den Leitern geändert, d.h. der Strom wurde kommutiert und die antreibende Kraftrichtung bleibt erhalten.

Wie bereits angedeutet, besitzen reale Maschinen nicht nur zwei Leiter, sondern eine Vielzahl. Je mehr Leiter, desto größer wird die resultierende Kraft bei gleichbleibendem Ankerstrom. Wie in Abbildung 3.23 links dargestellt, werden die Leiter des Rotors über den gesamten Umfang verteilt. Würden in diesem

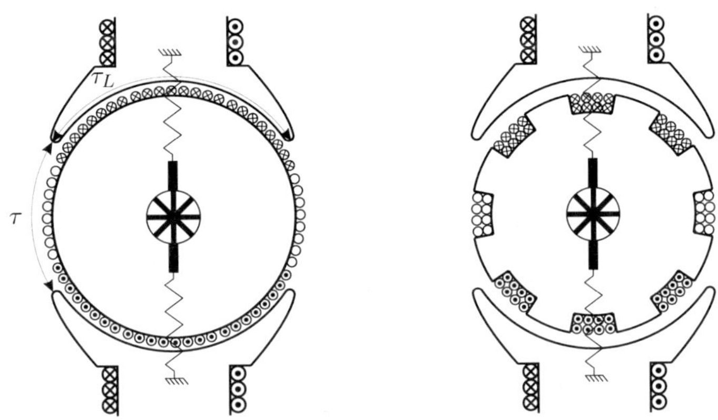

Abb. 3.23: *links: Rotor mit 64 Leitern verteilt über den Umfang; rechts: Rotor mit 64 Leitern verteilt in 8 Nuten mit jeweils 8 Leitern; in beiden Fällen liegt ein Kommutator mit acht Lamellen vor*

Beispiel, wie oben, nur zwei Lamellen verwendet werden, dann würden sich zum Zeitpunkt der Kommutierung die Leiter der oberen Hälfte (⊗) bereits zur Hälfte in der unteren Hälfte des Rotors befinden, bevor der Strom kommutiert wird. Gleiches gilt für die Leiter der unteren Hälfte (⊙). Somit ändert sich die resultierende Gesamtkraft mit der Drehung – zum Zeitpunkt der Kommutierung heben sich alle Kräfte auf. Das Ziel ist, auch bei mehreren Leitern stets so zu kommutieren, dass die Leiter unter den Polschuhen immer dieselbe Stromrichtung aufzeigen. Wie in Abbildung 3.23 zu sehen, gibt es einen Bereich τ, in dem die Leiter nicht vom Feld durchsetzt werden, d.h. sich die Leiter nicht unter den Polschuhen befinden. Hier ist es irrelevant, ob ein Strom fließt und in welche Richtung er dann in den Leitern fließt; es sollten demnach nur Leiter im Bereich τ kommutiert werden, d.h. alle Leiter in einem Sektor τ müssen über eine eigene Lamelle bestromt werden. Hiermit ergibt sich die Anzahl N_L der notwendigen Lamellen zu $N_L > (2\,\pi\,r)/(2\,\tau)$. Im Beispiel 3.23 führt die Wahl von 8 Lamellen zu dem gewünschten Ergebnis. Bei 64 Leitern verteilt über dem Umfang werden somit immer gleichzeitig 8 Leiter kommutiert. In der Abbildung 3.23 links ist die Momentaufnahme zum Zeitpunkt der Kommutierung zu sehen – es findet im Bereich τ keine Bestromung der Leiter über die Spannungsquelle statt, da die Kohlebürsten jeweils zwei Lamellen überbrücken – der Strom in der Leiterschleife baut sich ab und wird zu Null. Kurz zuvor floss im Bereich τ ein Strom $\otimes$, im Anschluss, nach einem geringfügigen Weiterdrehen des Rotors, wird ein Strom $\odot$ im Bereich τ fließen. Da hier kein Feld präsent ist, hat die Stromkommutierung der Leiter im Bereich τ keine Auswirkung auf die resultierende Kraft. Alle Leiterschleifen im Bereich τ_L sind über die Lamellen, die zu diesem Zeitpunkt keinen Kontakt mit der Kohlebürste besitzen, in Serie geschaltet, was zu der gewünschten Bestromung einheitlicher Richtung der Leiter unter den Polen führt. Für tiefergehende Einblicke in die Wicklungstechnik des Rotors sei auf die weiterführende Literatur [5, 13, 36] verwiesen. Der Kommutator mit der geeigneten Wahl an Lamellen sorgt somit dafür, dass trotz der Rotation der Leiter stets alle Leiter unter einem Polschuh über die Strecke τ_L einen Stromfluss in die gleiche Richtung aufweisen. Mit diesem Ergebnis kann nun das Maschinenmoment bestimmt werden.

3.2.1.3 Ableitung der Momenten-Grundgleichung

Auf jeden Leiter i im Bereich τ_L des Luftspaltfeldes B_L in Abbildung 3.23 links wirkt die Kraft nach Gleichung (3.122); mit Gleichung (3.115) gilt:

$$F_i = I_A \cdot l_A \cdot B_L = I_A \cdot l_A \cdot \frac{\tau_E}{\tau_L}\,B_E = I_A \cdot l_A \cdot \mu_0\,\mu_r \frac{\tau_E}{\tau_L}\,\frac{w_E}{l_E}\,I_E \tag{3.123}$$

Besitzt der Rotor w_A Leiterschleifen, d.h. N_U über den Umfang verteilte Leiter, so befinden sich N_L Leiter im Luftspalt eines Poles im Sektor τ_L:

$$N_L = \frac{N_U}{2\pi\,r}\,\tau_L = \frac{w_A}{\pi\,r}\,\tau_L \tag{3.124}$$

Liegt eine Maschine mit Z_p Polpaaren vor, so liegen $2\,Z_p\,N_L$ Leiter im Luftspaltfeld B_L und erfahren daher die Kraft F_i. Für eine Gleichstrommaschine mit

w_A Leiterschleifen, die mit dem Ankerstrom I_A durchflossen werden, ergibt sich folgendes inneres Moment M_{Mi}:

$$M_{Mi} = 2\,Z_p \cdot \frac{w_A}{\pi\, r}\,\tau_L \cdot F_i \cdot r \tag{3.125}$$

$$= 2\,Z_p \cdot \frac{w_A}{\pi} \cdot I_A \cdot l_A \cdot \tau_E\, B_E \tag{3.126}$$

$$= 2\,Z_p \cdot \frac{w_A}{\pi} \cdot I_A \cdot l_A \cdot \mu_0\,\mu_r\,\frac{\tau_E\,w_E}{l_E}\,I_E \tag{3.127}$$

Hiermit steht der gesuchte Zusammenhang von Gleichung (3.109) zwischen dem Erregerstrom I_E, dem Ankerstrom I_A und dem antreibenden Moment M_{Mi} einer Gleichstrommaschine fest:

$$M_{Mi} = \frac{2\,Z_p\,w_A\,l_A \cdot \mu_0\,\mu_r\,\tau_E\,w_E}{\pi\,l_E} \cdot I_E \cdot I_A \tag{3.128}$$

Mit der Definition des Flusses in Gleichung (3.113) lässt sich das Maschinenmoment der Gleichung (3.126) in Abhängigkeit des Erregerflusses Ψ schreiben:

$$M_{Mi} = 2\,Z_p \cdot \frac{w_A}{\pi} \cdot I_A \cdot \Psi \tag{3.129}$$

Fasst man die maschinenabhängigen Parameter wie die Polpaarzahl Z_p und die Wicklungszahl w_A des Rotors in einer sog. *Maschinenkonstanten*

$$C_M = 2\,Z_p \cdot \frac{w_A}{\pi} \tag{3.130}$$

zusammen, resultiert die *Momenten-Grundgleichung* der Gleichstrommaschine:

$$M_{Mi} = C_M \cdot I_A \cdot \Psi \tag{3.131}$$

Das Moment einer Maschine ist somit direkt abhängig vom Ankerstrom.

3.2.1.4 Rotor mit Nuten

Mit den bisherigen Betrachtungen steht fest, dass sich das Moment M_{Mi} einer Gleichstrommaschine über die Gleichung (3.131) berechnet. Dem wurde zugrunde gelegt, dass der Rotor wie der in Abbildung 3.23 links dargestellte aufgebaut ist: w_A Leiterschleifen befinden sich auf der Rotoroberfläche im Luftspaltfeld. Eine Detailansicht des Luftspalts ist in Abbildung 3.24 zu sehen. Das Luftspaltfeld $\underline{B}_L$ entspricht dem des Stators $\underline{B}_S$ und durchdringt vollständig den Leiter i. Das Feld $\underline{B}_i$ des stromdurchflossenen Leiters schließt sich über den Luftspalt, Stator- und Rotoreisen. Auf der linken Seite des Leiters wird durch das Feld $\underline{B}_i$ das Luftspaltfeld $\underline{B}_L$ geschwächt und um den gleichen Betrag auf der rechten Seite gestärkt. Im Mittel beeinflusst somit das Leiterfeld nicht das Luftspaltfeld, womit zur Kraftberechnung in den vorigen Kapiteln über die Lorentzkraft nur das Luftspaltfeld $\underline{B}_L$ heranzuziehen war. Zudem ist zu erwähnen, dass durch

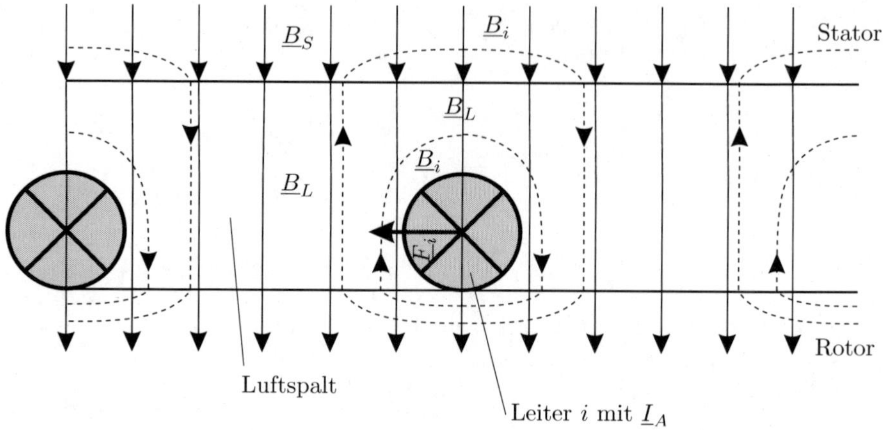

Abb. 3.24: *Ausschnitt eines Rotors ohne Nuten: die Leiter liegen direkt im Luftspalt*

konstruktive Maßnahmen das Leiterfeld, das sog. Ankerquerfeld, durch Kompensationswicklungen neutralisiert wird. Die antreibende Kraft $\underline{F}_i$ greift direkt am Leiter an.

Es stellt sich jedoch die Frage der Realisierbarkeit von Leitern im Luftspalt: die isolierten Leiter können nicht auf einer glatten Eisenoberfläche des Rotors befestigt werden, vor allem, wenn die Leiter die Lorentzkraft aufnehmen und diese auf den Rotor übertragen. Die Lösung der Frage ist in Abbildung 3.23 rechts dargestellt. Die Leiter liegen in sog. *Nuten* zwischen den Nocken des Rotors. Dadurch sind die Leiter mechanisch gut zu befestigen und werden zudem bei fließendem Rotorstrom an den Nutgrund gepresst, wie später gezeigt wird. Eine sichere Kraftübertragung vom Leiter auf die Nocke ist somit gewährt. Des Weiteren liegen die Leiter gut geschützt in den Nuten und der Luftspalt kann weiter verkleinert werden.

Unsicher ist nun, ob unter den neuen Bedingungen weiter die abgeleitete Momenten-Grundgleichung (3.131) gilt. Bezüglich der Ableitung wurde angenommen, dass sich die Leiter direkt im Luftspaltfeld $\underline{B}_L$ befinden. Da der Leiter jedoch in einer Nut liegt, stellt man gemäß des Kapitels 3.1.4.1 fest, dass die Feldlinien im Eisen der Nocken auf Grund des magnetisch geringeren Widerstandes gefangen werden und der Leiter in den Nuten kaum mehr mit einem Feld durchsetzt wird (vgl. Abbildung 3.25) – die Lorentzkraft auf einen Leiter wird erheblich verringert. Dieser Sachverhalt zwischen Stator und Rotor ist im vergrößerten Ausschnitt 3.26 oben dargestellt. Im Unterschied zu Abbildung 3.24 wird der Leiter i mit dem Feld $\underline{B}_{Nu} \ll \underline{B}_L$ durchsetzt, weshalb auf den Leiter i in der Nut nur eine viel kleinere Kraft $\underline{F}_i$ wirkt.

Es ist nun zu klären, ob weiter Kräfte an einer anderen Stelle wirken. Greift man auf die Erkenntnis des Kapitels 3.1.4.4 zurück, so wird deutlich, dass in den Nocken durch die magnetisierten atomaren Dipole des Eisens ein Ober-

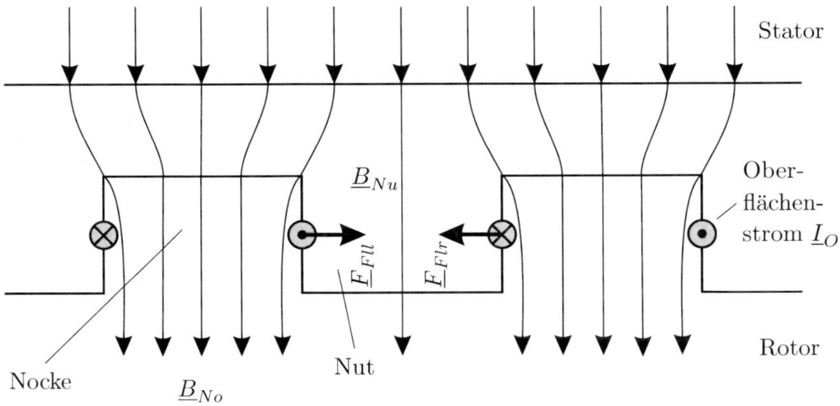

Abb. 3.25: *Ausschnitt eines Rotors mit Nuten ohne Leiter bzw. ohne Stromfluss: da das Luftspaltfeld in den Nocken gefangen wird, fließen Oberflächenströme $\underline{I}_O$; die Oberflächenströme ergeben im Feld $\underline{B}_{Nu}$ Lorentzkräfte $\underline{F}_{Fll}$ und $\underline{F}_{Flr}$ (magnetischer Querdruck), die an den Nutflanken angreifen, sich jedoch kompensieren ($\underline{F}_{Fll} = F_{Flr}$)*

flächenstrom fließen muss. Befindet sich eine Fläche der Nocke bzw. eine Flanke der Nut in einem Feld, so wirkt auf die Flanke eine Lorentzkraft, der sog. magnetische Querdruck. Hierauf geht das Kapitel 3.1.4.7 detailliert ein – es handelt sich um den Fall bei nicht vollständig magnetisiertem Material. Da, wie Abbildung 3.25 zeigt, der Großteil des Luftspaltfeldes $\underline{B}_L$ als $\underline{B}_{No}$ in den Nocken gefangen wird und zu einem Oberflächenstrom $\underline{I}_O$ führt, verbleibt in den Nuten nur noch ein kleines Feld $\underline{B}_{Nu}$. Das Feld $\underline{B}_{Nu}$ führt in Kombination mit dem Oberflächenstrom $\underline{I}_O$ zu einer Kraft $\underline{F}_{Fll}$ an der linken Flanke der Nut sowie zu einer Kraft $\underline{F}_{Flr}$ an der rechten Flanke der Nut. Da dieser magnetische Querdruck $\underline{F}_{Fl}$ jedoch auf beiden Seiten mit entgegengesetztem Vorzeichen angreift, heben sich die Kräfte auf die Nocken zunächst auf. Bringt man nun den mit dem Ankerstrom $\underline{I}_A$ durchflossenen Leiter i in die Nut ein, so erzeugt dieser das in Abbildung 3.26 oben gestrichelt gezeichnete Feld $\underline{B}_i$. Auf Grund des magnetisch geringeren Widerstandes im Eisen werden die Feldlinien ebenfalls in den Nocken gefangen und schließen sich über den Luftspalt und das Eisen des Stators. Der konzentrische Feldverlauf eines Leiters gemäß Abbildung 3.2 wird durch die Präsenz von Material hoher Permeabilität verzerrt. Durch das Feld $\underline{B}_i$ des stromdurchflossenen Leiters findet nun eine Schwächung des Felds $\underline{B}_{No}$ auf der rechten Seite der Nocken und eine Stärkung auf der linken Seite statt. Dies führt zu dem resultierenden Feldverlauf in Abbildung 3.26 unten. Gemäß der Dichte des Feldes in den Nocken ergibt sich auf der linken Seite der Nocken ein sehr großer Oberflächenstrom, hingegen auf der rechten Seite der Nocken ein sehr kleiner. Die Differenz der Ströme verteilt sich entsprechend der Dichte des Feldes über die Breite der Nocken. Auch das Feld $\underline{B}_{Nu}$ in der Nut wird durch den eingebrachten Leiter auf der linken Seite geschwächt und auf der rechten Seite

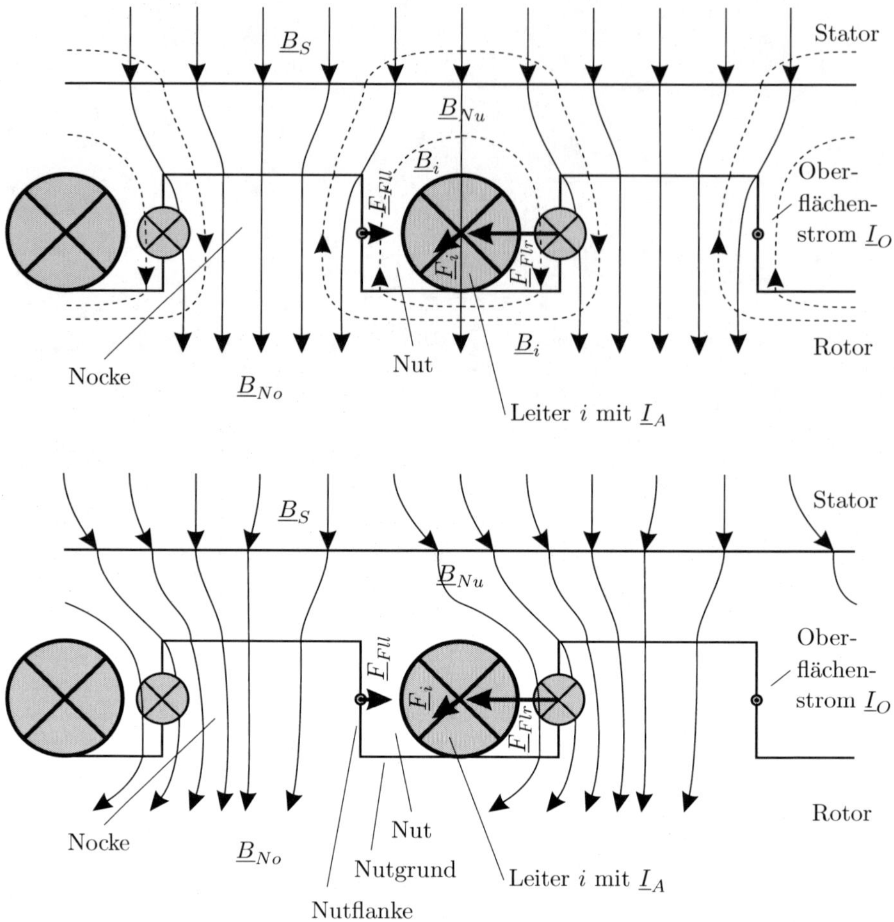

Abb. 3.26: *Ausschnitt eines Rotors mit Nuten und Leiter: in der Abbildung oben sind die Feldverläufe des Rotorleiters und des vom Stator erzeugten Feldes getrennt zu sehen; durch Überlagerung ergibt sich der Feldverlauf in der Abbildung unten; auf Grund des Stromflusses $\underline{I}_A$ wirkt an den Flanken der Nut ein magnetischer Querdruck unterschiedlichen Betrags ($\underline{F}_{Fll} \neq \underline{F}_{Flr}$); hiermit ergibt sich im Gegensatz zum Fall ohne Stromfluss ein sich nicht kompensierender und somit antreibender magnetischer Querdruck*

verstärkt. Das geschwächte Feld $\underline{B}_{Nu}$ und der sehr kleine Oberflächenstrom $\underline{I}_O$ an der linken Nutflanke führt zu einer Verringerung des Querdrucks $\underline{F}_{Fll}$. Hingegen ergibt das verstärke Feld $\underline{B}_{Nu}$ und der sehr große Oberflächenstrom $\underline{I}_O$ an der rechten Nutflanke eine Vergrößerung des Querdrucks $\underline{F}_{Flr}$. Hiermit kompensiert sich der magnetische Querdruck an den Flanken nicht mehr und es ergibt sich eine zusätzliche antreibende Kraftkomponente $\underline{F}_{Flr} - \underline{F}_{Fll}$.

Da das Feld $\underline{B}_{Nu}$ in der Nut (vgl. Abbildung 3.26 unten) im Vergleich zum Luftspaltfeld $\underline{B}_L$ (vgl. Abbildung 3.24) nicht nur betragsmäßig viel kleiner geworden ist, sondern durch das Leiterfeld $\underline{B}_i$ auch verzerrt wurde, besitzt die nun sehr kleine Kraft $\underline{F}_i$ sowohl eine horizontale Komponente $\underline{F}_{ih}$ als auch eine vertikale Komponente $\underline{F}_{iv}$. Letztere presst den Leiter bei Bestromung, d.h. im Betrieb, an den Nutgrund und wirkt so der Belastung der Leiter durch die Fliehkräfte entgegen. Die verbleibende sehr kleine horizontale Kraftkomponente $\underline{F}_{ih}$ liefert nur noch einen sehr geringen Anteil zum Antrieb des Rotors. Die resultierende, den Rotor antreibende Gesamtkraft $\underline{F}_{i_{ges}}$ pro Leiter i ergibt sich hiermit zu:

$$|\underline{F}_{i_{ges}}| = |\underline{F}_{ih}| + |\underline{F}_{Fll} - \underline{F}_{Flr}| \tag{3.132}$$

Als Ergebnis hält man fest, dass der Teil des in den Nuten gefangenen Luftspaltfeldes, welcher bei einem Rotor ohne Nuten zu einer direkten Lorentzkraft auf den Leiter führen würde, im Fall mit Nuten zu einem durch das Leiterfeld erhöhten Strom in den Nocken führt, welcher in Kombination mit dem verbleibenden Feld in den Nuten wieder einen antreibenden Kraftanteil ergibt. Diese Kraft greift jedoch nicht mehr direkt am Leiter an, sondern an der Nocke des Rotors. Dies hat den großen Vorteil, dass nun nicht mehr die gewickelten Leiterschleifen mechanisch stark belastet werden, sondern die Kraft direkt am Rotor selbst wirkt. Da die Kraft somit lediglich an einer anderen Stelle auftritt, ist zu vermuten, dass die Summe aller Kräfte und hiermit das antreibende Maschinen-Moment im Falle eines Rotors mit Nuten dem Maschinen-Moment im Falle ohne Nuten entspricht. In der Tat lässt sich zeigen, dass gilt:

$$|\underline{F}_i|_{\text{Leiter im Luftspalt}} \equiv |\underline{F}_{i_{ges}}|_{\text{Leiter in Nut}} \tag{3.133}$$

$$|\underline{F}_i|_{\text{Leiter im Luftspalt}} \equiv (|\underline{F}_{ih}| + |\underline{F}_{Fll} - \underline{F}_{Flr}|)_{\text{Leiter in Nut}} \tag{3.134}$$

Da hier nur Wert auf das prinzipielle Verständnis gelegt wird, soll auf eine detaillierte Ableitung der resultierenden Kraft verzichtet werden. Entscheidend ist, dass die Berechnung des Maschinenmomentes M_{Mi} unabhängig davon ist, ob die Leiter direkt im Luftspalt oder in Nuten liegen, d.h. in beiden Fällen gilt für das Maschinenmoment die Gleichung (3.131):

$$M_{Mi} = C_M \cdot I_A \cdot \Psi \qquad \text{mit} \qquad C_M = 2\,p \cdot \frac{w_A}{\pi} \tag{3.135}$$

3.2.2 Beschleunigung des Rotors – Ableitung der Mechanik-Grundgleichung

Das innere Moment M_{Mi} gemäß Gleichung (3.135) abzüglich eines eventuell wirkenden Lastmomentes M_W beschleunigt den Rotor mit seiner trägen Masse (Trägheitsmoment θ) auf eine Winkelgeschwindikeit Ω. Entsprechend des Kapitels 1.1.3 ergibt sich für die Bewegungsdifferentialgleichung eines Antriebssystems und somit für die *Mechanik-Grundgleichung*:

$$M_B = M_{Mi} - M_W = \theta \cdot \frac{d\Omega}{dt} \tag{3.136}$$

In Abhängigkeit des zeitlichen Verlaufes des Maschinen- bzw. Lastmomentes lässt sich die Winkelgeschwindigkeit Ω des Rotors bestimmen:

$$\Omega = \frac{1}{\theta} \int_{t_0}^{t} (M_{Mi} - M_W)\, dt + \Omega_0 \tag{3.137}$$

Dabei stellt Ω_0 die Anfangsdrehzahl dar. Nimmt man gemäß aller bisherigen vereinfachten Überlegungen an, dass der Rotor einem Eisenzylinder mit dem Gewicht m und Radius r entspricht, so findet man im Kapitel 1.1.1 die Formel für das Trägheitsmoment des verwendeten Rotormodells eines Zylinders:

$$\theta = \frac{1}{2} m\, r^2 \tag{3.138}$$

3.2.3 Entstehung einer Gegenspannung – Ableitung der Bewegungsinduktions-Grundgleichung

Entsprechend den bisherigen Überlegungen führt das Anlegen einer konstanten Ankerspannung U_A an den Kommutator zu einem konstanten Ankerstrom I_A. Dieser ist begrenzt durch den elektrischen Widerstand der Rotorwicklung, dem sog. Ankerwiderstand R_A. Ein konstanter Ankerstrom führt gemäß Gleichung (3.135) bei konstantem Erregerfluss Ψ zu einem konstanten Beschleunigungsmoment M_{Mi}. Dieses wiederum lässt die Drehzahl des Rotors kontinuierlich ansteigen, d.h. die Winkelgeschwindigkeit ginge mit Gleichung (3.137) gegen Unendlich. Bei einer angelegten konstanten Ankerspannung stellt sich jedoch eine konstante Drehzahl der Maschine ein, d.h. es ist noch eine weitere physikalische Eigenschaft der Maschine zu berücksichtigen.

Die Leiter des Rotors werden durch das Moment beschleunigt, d.h. sie bewegen sich mit einer Geschwindigkeit $\underline{v}$ im Luftspaltfeld $\underline{B}_L$ (siehe Gleichung (3.115)). Für einen Leiter i ist das Szenario in Abbildung 3.27 dargestellt. Auf jedes Elektron mit der Ladung $Q = -e$ im Leiter wirkt gemäß des Kapitels 3.1.3.1 die Lorentzkraft $\underline{F}_L$:

$$\underline{F}_L = -e \cdot \underline{v} \times \underline{B}_L \tag{3.139}$$

Die Kraft $\underline{F}_L$ beschleunigt die Elektronen im Leiter entlang des Leiters. Durch die dadurch bedingte Ansammlung von Elektronen am Ende des Leiters entsteht ein Minuspol – am anderen Ende des Leiters bildet sich durch einen Elektronenmangel ein Pluspol. Entsprechend der Ausführungen des Kapitels 3.1.1.1 wird stets versucht, Ladungsneutralität zu erreichen. Dementsprechend wird eine Kraft über ein elektrische Feld $\underline{E}$ vermittelt, die sog. Coulombkraft (3.1)

$$\underline{F}_C = -e \cdot \underline{E} \tag{3.140}$$

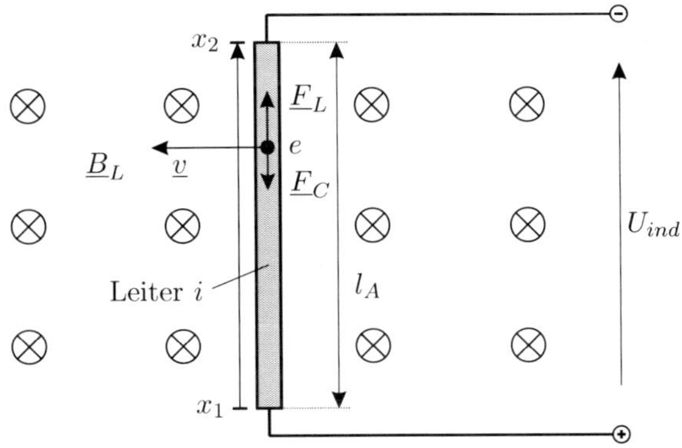

Abb. 3.27: *Bewegungsinduktion: auf Grund der Bewegung eines Leiters i im Luftspaltfeld $\underline{B}_L$ wird im Leiter eine Spannung U_{ind} induziert*

die der Ladungstrennung entgegenwirkt und somit der Lorentzkraft entgegengerichtet ist. Im Gleichgewichtszustand addieren sich beide Kraftvektoren zu Null:

$$\underline{F}_L + \underline{F}_C = 0 \tag{3.141}$$

$$\underline{E} = -\underline{v} \times \underline{B}_L \tag{3.142}$$

Durch Integration beider Seiten und Anwendung der Gleichung (3.3) folgt der Zusammenhang:

$$U_{ind} = \int_{x_2}^{x_1} \underline{E}\, d\underline{x} = -\int_{x_2}^{x_1} (\underline{v} \times \underline{B}_L)\, d\underline{x} \tag{3.143}$$

Im Gleichgewichtszustand stellt sich bei einer bestimmten Geschwindigkeit $\underline{v}$ des Leiters im Feld $\underline{B}_L$ ein gewisser Grad der Ladungstrennung ein, welcher durch die induzierte Spannung U_{ind} repräsentiert wird. Da der Geschwindigkeitsvektor $\underline{v}$ des im Luftspalt der Maschine bewegten Leiters i der Länge l_A stets senkrecht auf dem Feldvektor $\underline{B}_L$ steht, ergibt sich für einen Leiter des Rotors durch die sog. *Bewegungsinduktion* folgende induzierte Spannung:

$$U_{ind} = l_A \cdot v \cdot B_L \qquad \text{mit} \qquad \underline{v} \perp \underline{B}_L \tag{3.144}$$

Für die Geschwindigkeit v der Leiter besteht über den Radius r des Rotors ein

Zusammenhang mit der Winkelgeschwindigkeit Ω bzw. Drehzahl $N = \Omega/2\pi$ der Maschine:

$$v = \Omega\, r = 2\pi\, N\, r \tag{3.145}$$

Über die Gleichung (3.115) kann die induzierte Spannung U_{ind} eines bewegten Leiters direkt in Abhängigkeit des Erregerfeldes B_E bzw. des Erregerstroms I_E dargestellt werden – mit Gleichung (3.145) ergibt sich:

$$U_{ind} = l_A \cdot 2\pi\, N\, r \cdot \frac{\tau_E}{\tau_L}\, B_E = l_A \cdot 2\pi\, N\, r \cdot \mu_0\, \mu_r \frac{\tau_E}{\tau_L} \frac{w_E}{l_E}\, I_E \tag{3.146}$$

Besitzt der Rotor w_A Leiterschleifen, d.h. N_U über den Umfang verteilte Leiter, so befinden sich N_L bewegte Leiter im Luftspaltfeld B_L eines Poles im Sektor τ_L:

$$N_L = \frac{N_U}{2\pi\, r}\, \tau_L = \frac{w_A}{\pi\, r}\, \tau_L \tag{3.147}$$

Besteht eine Maschine aus Z_p Polpaaren, so erfahren $2\, Z_p\, N_L$ Leiter im Luftspaltfeld B_L eine Bewegungsinduktion. Die Summe aller induzierten Spannungen, die sog. Gegenspannung E_A des Ankers, berechnet sich dann wie folgt:

$$E_A = 2\, Z_p \cdot \frac{w_A}{\pi\, r}\, \tau_L \cdot U_{ind} \tag{3.148}$$

$$= 4\, Z_p \cdot w_A \cdot l_A \cdot N \cdot \tau_E\, B_E \tag{3.149}$$

$$= 4\, Z_p \cdot w_A \cdot l_A \cdot N \cdot \mu_0\, \mu_r\, \frac{\tau_E\, w_E}{l_E}\, I_E \tag{3.150}$$

Mit der Definition des Flusses aus Gleichung (3.113) lässt sich die Gegenspannung in Gleichung (3.149) in Abhängigkeit des Erregerflusses Ψ schreiben:

$$E_A = 4\, Z_p\, w_A \cdot N \cdot \Psi \tag{3.151}$$

Fasst man die maschinenabhängigen Parameter wie die Polpaarzahl Z_p und die Wicklungszahl w_A des Rotors wieder in einer *Maschinenkonstante*

$$C_E = 4\, Z_p\, w_A \tag{3.152}$$

zusammen, resultiert die *Bewegungsinduktions-Grundgleichung* der Gleichstrommaschine :

$$E_A = C_E \cdot N \cdot \Psi = C_M \cdot \Omega \cdot \Psi \tag{3.153}$$

Die induzierte Gegenspannung[11)] einer Maschine ist somit direkt abhängig von der Drehzahl. Die Maschinenkonstanten der Gleichungen (3.130) und (3.152) stehen in folgendem Zusammenhang:

[11)] Für die Herleitung der induzierten Gegenspannung wurde erneut vereinfacht zugrunde gelegt, dass die Leiter des Rotors direkt im Luftspalt liegen. Hiermit ist eine leichte Berechnung mit Hilfe der Bewegungsinduktion möglich. Wie in Kapitel 3.2.1.4 dargestellt, müssen die Leiter bei realen Maschinen jedoch in Nuten befestigt werden. Der Leiter selbst wird dann mit einem nur noch sehr kleinen Feld durchsetzt, was jedoch nicht bedeutet, dass die induzierte

$$C_E = 2\pi \cdot C_M \tag{3.154}$$

An dieser Stelle lässt sich nun erklären, warum die Drehzahl N bei einer konstanten Ankerspannung U_A, wie zunächst vermutet, nicht kontinuierlich steigen kann. Die angelegte Ankerspannung U_A führt zunächst zu einem Ankerstrom I_A, der nach Gleichung (3.135) und (3.136) in einem Beschleunigungsmoment $M_B = M_{Mi} - M_W$ resultiert. Die Drehzahl N der Maschine steigt an. Auf Grund der bewegten Leiter kommt es nun zu der beschriebenen Bewegungsinduktion in Gleichung (3.153). Die induzierte Gegenspannung E_A verringert die wirksame Spannung $U_A - E_A$, die den Ankerstrom I_A verursacht. Durch die induzierte Gegenspannung E_A wird der Ankerstrom I_A und somit das Beschleunigungsmoment M_B bzw. die Beschleunigung der Maschine abgebaut. Die Drehzahl N der Maschine und folglich die Gegenspannung E_A wird so lange ansteigen, bis kein Beschleunigungsmoment M_B mehr auf den Rotor wirkt und sich eine konstante, d.h. stationäre Drehzahl N eingestellt hat. Die Differenz aus Ankerspannung U_A und Gegenspannung E_A, d.h. die wirksame Spannung führt dann nur noch zu einem konstanten Ankerstrom I_A bzw. Moment M_{Mi}, welches das Lastmoment kompensiert ($M_{Mi} = M_W$) – ist kein Lastmoment vorhanden, so muss $U_A = E_A$ gelten. Hiermit steht fest, dass sich je nach Höhe der Ankerspannung U_A eine entsprechend hohe konstante Drehzahl N im stationären Betriebspunkt einstellen wird.

3.2.4 Eigeninduktivität des Rotors – Ableitung der Ankerkreis-Grundgleichung

Neben dem Ankerwiderstand R_A zeigt der Rotor mit seinen w_A Leiterschleifen das Verhalten einer Spule. Für den Zusammenhang zwischen Strom und Spannung einer Spule gilt:

$$U_L = L_A \cdot \frac{dI_A}{dt} \tag{3.155}$$

Wird eine Ankerspannung U_A angelegt, baut der Ankerstrom zunächst ein Feld in den w_A Leiterschleifen auf. Entsprechend der Lenz'schen Regel aus Kapitel 3.1.1.4 wird die Spannung U_L induziert, die dem Ankerstromaufbau und so-

Gegenspannung E_A laut Gleichung (3.144) bei Rotoren mit Nuten geringer ist. Es darf die Gleichung (3.144) nur keine Verwendung mehr für die Herleitung finden. Vielmehr ist es wie bei der Bestimmung der Momenten-Grundgleichung irrelevant, ob die Leiter im Luftspalt oder in Nuten liegen – das Ergebnis ist dasselbe; für letzteres ist lediglich eine kompliziertere Berechnung notwendig. In Kapitel 3.2.1.4 war es möglich, für diesen Sachverhalt mit verständlichen Argumenten intuitiv den physikalischen Hintergrund zu vermitteln, weshalb dasselbe Ergebnis zu erwarten ist. Für die induzierte Gegenspannung hingegen lässt sich kein derart intuitiver physikalischer Zugang vermitteln. Zur Bestimmung der induzierten Gegenspannung bei genutetem Rotor bedarf es der Verwendung der allgemeinen Induktionsgleichung in Kombination mit einer Energiebilanz. Als Ergebnis stellt man jedoch wieder fest, dass auch bei einem Rotor mit Nuten zur Berechnung der induzierten Gegenspannung die Gleichung (3.153) herangezogen werden kann.

mit Feldaufbau entgegen wirkt. Je nach Größe der Ankerinduktivität verzögert sich der Ankerstromaufbau unterschiedlich stark.

Abschließend lässt sich nun die Ankerkreis-Grundgleichung aufstellen. Der Ankerkreis besteht aus w_A Leiterschleifen mit der Induktivität L_A und dem Widerstand R_A. Des Weiteren existiert auf Grund der Bewegungsinduktion im Ankerkreis eine drehzahlabhängige Spannungsquelle, die Gegenspannung E_A, die der Ankerspannung U_A entgegen gerichtet ist. Die *Ankerkreis-Grundgleichung* lautet:

$$U_A = E_A + I_A \cdot R_A + L_A \cdot \frac{dI_A}{dt} \tag{3.156}$$

Diese Gleichung führt zum Prinzipschaltplan der fremderregten Gleichstromnebenschlussmaschine in Abbildung 3.28.

3.3 Signalflußplan der fremderregten Gleichstrom–Nebenschlußmaschine

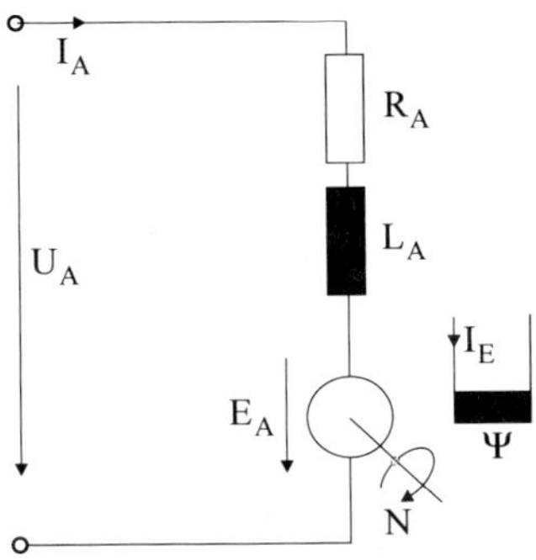

Ansatz: idealisierte Gleichstrom-Nebenschlußmaschine: GNM

d.h.
- keine Bürstenübergangsspannung
- keine Ankerrückwirkung
- keine Reibungs- und Lüfterverluste
- keine Sättigung der Induktivitäten im Ankerkreis

Abb. 3.28: *Prinzipschaltplan der fremderregten Gleichstrom–Nebenschlußmaschine*

3.3.1 Ankerkreis

Für den Ankerkreis gelten die in Kapitel 3.2 abgeleiteten Grundgleichungen:

$$U_A = E_A + I_A \cdot R_A + L_A \cdot \frac{dI_A}{dt} \tag{3.157}$$

$$E_A = C_E \cdot N \cdot \Psi = C_M \cdot \Omega \cdot \Psi \tag{3.158}$$

$$M_{Mi} = C_M \cdot I_A \cdot \Psi \tag{3.159}$$

$$M_{Mi} - M_W = \Theta \cdot \frac{d\Omega}{dt} \qquad (\Theta = \text{const.}) \tag{3.160}$$

$$C_M = \frac{C_E}{2\pi} \qquad \text{(Maschinenkonstante)} \tag{3.161}$$

Das Betriebsverhalten der GNM läßt sich anhand dieser Gleichungen leicht erarbeiten. Bei $M_{Mi} = M_W = 0$ ist $I_A = 0\,(\Psi \neq 0)$ und stationärem Betrieb $(dI_A/dt = 0)$ ergibt sich $U_A = E_A = C_E N \Psi$. Dies bedeutet, die Drehzahl $N = U_A/(C_E \Psi)$ und kann mit der Ankerspannung U_A und dem Fluß Ψ eingestellt werden.

Wenn $\Psi = \Psi_N$ (Nennfluß Ψ_N) wird mit $-U_{AN} \leq U_A \leq U_{AN}$ der Drehzahlbereich $-N_N \leq N \leq N_N$ abgedeckt (Ankerstellbereich). Der Drehzahlbereich kann über $\mid N_N \mid$ hinaus erweitert werden, indem bei $\mid U_A \mid = \mid U_{AN} \mid$ der Fluß $\Psi < \Psi_N$ eingestellt wird (Feldschwächbereich). Zu beachten ist dabei allerdings, daß mit $\Psi < \Psi_N$ das Drehmoment M_{Mi} geschwächt wird.

Wenn nun $M_{Mi} = M_W = C_M I_A \Psi$ und stationärer Betrieb angenommen wird, dann gilt $U_A = E_A + I_A R_A$ mit $I_A = M_W \ / \ (C_M \Psi)$ bzw. $N = U_A \ / \ (C_E \Psi) - R_A \ M_W \ / \ (C_E C_M \Psi^2)$, d.h. mit zunehmendem M_W (Motorbetrieb) wird N abnehmen (Nebenschlußverhalten).

Zu beachten ist, daß im Feldschwächbereich der Abfall proportional zu $1/\Psi^2$ ist. Damit ist bereits ein Grundverständnis der GNM im stationärem Betrieb erlangt. Mittels der Signalflußplan–Darstellung kannn zusätzlich auch das dynamische Verhalten anschaulich erfaßt werden.

Signalflußplan des Ankerkreises

1. Gleichung (3.157):

$$U_A - E_A = I_A \cdot R_A + L_A \cdot \frac{dI_A}{dt} \tag{3.162}$$

$$\mathcal{L}[U_A - E_A] = \mathcal{L}\left[I_A \cdot R_A + L_A \cdot \frac{dI_A}{dt}\right] \tag{3.163}$$

$$U_A(s) - E_A(s) = I_A(s) \cdot [R_A + sL_A] \, ; \qquad I_A(+0) = 0 \tag{3.164}$$

Übertragungsfunktion:

$$G_A(s) = \frac{I_A(s)}{U_A(s) - E_A(s)} = \frac{1}{R_A + sL_A} = \frac{1}{R_A} \cdot \frac{1}{1 + s\dfrac{L_A}{R_A}} \tag{3.165}$$

$$G_A(s) = \frac{1}{R_A} \cdot \frac{1}{1 + sT_A} \, ; \qquad T_A = \frac{L_A}{R_A} \tag{3.166}$$

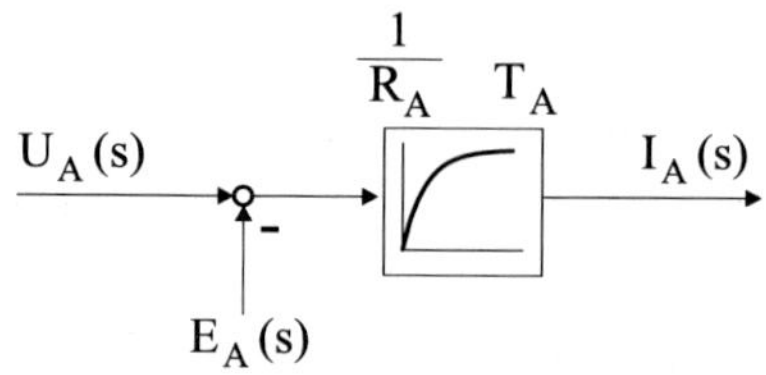

Abb. 3.29: *Signalflußplan des Ankerkreises (T_A = Ankerzeitkonstante)*

3. Gleichung (3.159):

$$M_{Mi}(t) = C_M \cdot \Psi(t) \cdot I_A(t) \tag{3.167}$$

$$M_{Mi}(s) = C_M \cdot \Psi(s) * I_A(s) \tag{3.168}$$

Die Multiplikation im Zeitbereich erfordert eine komplexe Faltung zur Ermittlung der Bildfunktion; dies resultiert im Signalflußplan in einer Nichtlinearität “NL”.

Komplexe Faltung:

$$\Psi(t) \cdot I_A(t) \quad \circ\!\!-\!\!\bullet \quad \Psi(s) * I_A(s) \;=\; \frac{1}{2\pi j} \cdot \int\limits_{x-j\infty}^{x+j\infty} f_1(\tau) \cdot f_2(s-\tau)\, d\tau \qquad (3.169)$$

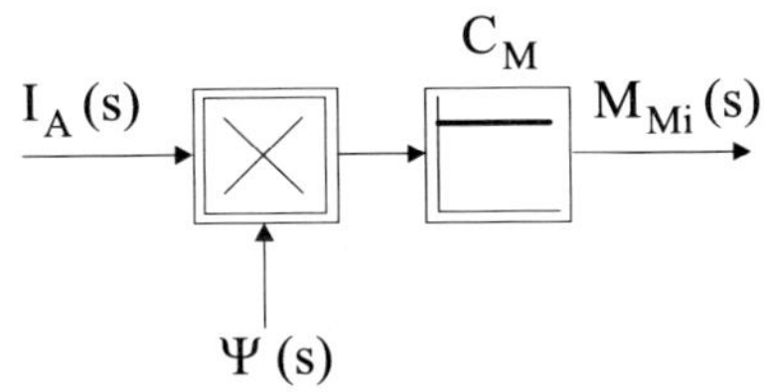

Abb. 3.30: *Signalflußplan der Drehmomentbildung*

4. Gleichung (3.160):

$$M_{Mi} - M_W \;=\; \Theta \cdot \frac{d\Omega}{dt} \qquad (3.170)$$

$$M_{Mi}(s) - M_W(s) \;=\; \Theta \cdot s \cdot \Omega(s)\,; \qquad \Omega(+0) = 0 \qquad (3.171)$$

$$G_M(s) \;=\; \frac{\Omega(s)}{M_{Mi}(s) - M_W(s)} = \frac{1}{\Theta \cdot s} \qquad (3.172)$$

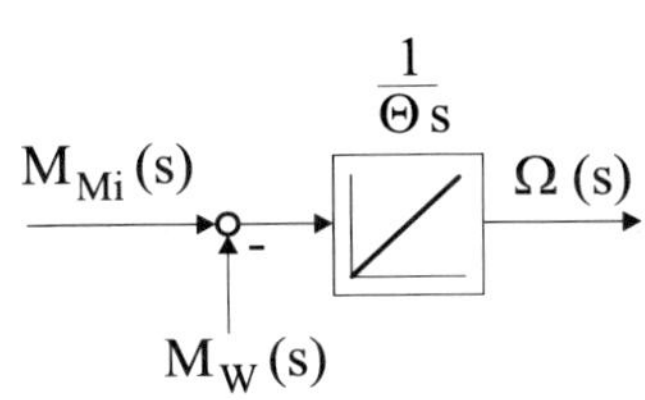

Abb. 3.31: *Signalflußplan des mechanischen Teils*

2. Gleichung (3.158):

$$E_A(t) \;=\; C_E \cdot \Psi(t) \cdot N(t) \qquad (3.173)$$

Die Multiplikation im Zeitbereich erfordert eine komplexe Faltung zur Ermittlung der Bildfunktion; dies resultiert im Signalflußplan in einer Nichtlinearität "NL".

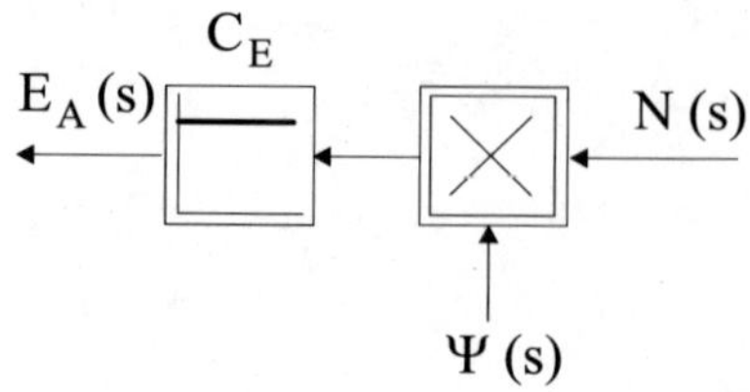

Abb. 3.32: *Signalflußplan der EMK–Bildung*

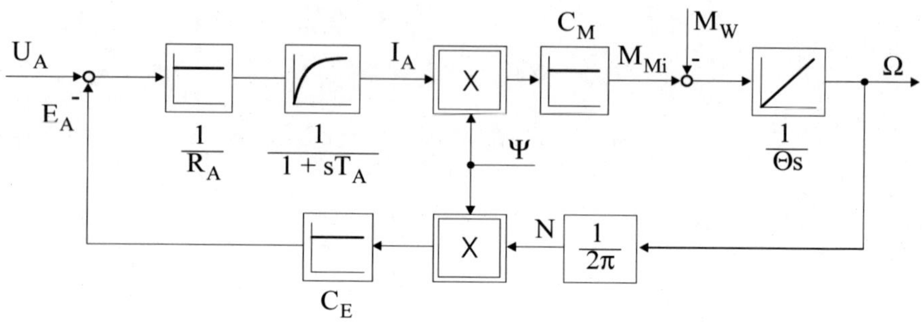

Abb. 3.33: *Signalflußplan der Gleichstrom–Nebenschlußmaschine*

Normierung

Als Bezugsgrößen werden die Nennwerte der Gleichstrom–Nebenschlußmaschine gewählt:

U_{AN}	Ankernennspannung
I_{AN}	Ankernennstrom
Ψ_N	Nennfluß
M_{iN}	Nenn-Luftspaltmoment
N_{0N}	ideelle Leerlauf-Nenndrehzahl
	(bei $U_A = U_{AN}$, $\Psi = \Psi_N$ und $M_{Mi} = 0$)
$\Omega_{0N} = 2\pi \cdot N_{0N}$	ideelle Leerlauf-Nennwinkelgeschwindigkeit
$P_{0N} = U_{AN} \cdot I_{AN}$	elektrische Nennleistung
$R_{AN} = \dfrac{U_{AN}}{I_{AN}}$	Bezugswiderstand

Einige Nennwerte sind keine Bezugsgrößen:

$M_N = \eta_{mech} \cdot M_{iN}$	Nennmoment	(η_{mech}: mechanischer Wirkungsgrad)
$N_N = \eta_{el} \cdot N_{0N}$	Nenndrehzahl	(η_{el}: elektrischer Wirkungsgrad)
$P_N = 2\pi \cdot N_N \cdot M_N$	Nennleistung	($\eta = \eta_{mech} \cdot \eta_{el}$: Ankerwirkungsgrad)
$= \eta \cdot P_{0N}$		

Den Zusammenhang zwischen den Bezugsgrößen und den Maschinenkonstanten erhält man durch Einsetzen in die unnormierten Gleichungen der Gleichstrom-Nebenschlußmaschine:

$$E_{AN} = C_E \cdot \Psi_N \cdot N_{0N} = U_{AN} \Big|_{I_A = 0} \tag{3.174}$$

$$M_{iN} = C_M \cdot \Psi_N \cdot I_{AN} = \frac{M_N}{\eta_{mech}} \tag{3.175}$$

$$\Omega_{0N} = 2\pi \cdot N_{0N} = 2\pi \cdot \frac{U_{AN}}{C_E \cdot \Psi_N}\Big|_{I_A = 0} \tag{3.176}$$

<u>1. Gleichung (3.157):</u>

$$U_A - E_A = I_A \cdot R_A + L_A \cdot \frac{dI_A}{dt} \tag{3.177}$$

$$\frac{\dfrac{U_A}{U_{AN}} - \dfrac{E_A}{U_{AN}}}{\left(\dfrac{I_{AN}}{U_{AN}}\right) \cdot R_A} = \frac{I_A}{I_{AN}} + \frac{L_A}{R_A} \cdot \frac{d}{dt}\left(\frac{I_A}{I_{AN}}\right) \tag{3.178}$$

$$\frac{U_A}{U_{AN}} = u_A\,; \qquad \frac{E_A}{U_{AN}} = \frac{E_A}{E_{AN}} = e_A\,; \qquad \frac{I_A}{I_{AN}} = i_A \tag{3.179}$$

$$\frac{R_A}{\dfrac{U_{AN}}{I_{AN}}} = r_A\,; \qquad \frac{L_A}{R_A} = T_A \qquad (T_A: \text{ Ankerzeitkonstante}) \tag{3.180}$$

Damit gilt normiert:

$$\frac{u_A - e_A}{r_A} = i_A + T_A \cdot \frac{di_A}{dt} \qquad \longrightarrow \qquad G_A(s) = \frac{1}{r_A} \cdot \frac{1}{1 + s\,T_A} \tag{3.181}$$

(Differentialgl. 1. Ordnung) (Übertragungsfunktion)

Zeitbereich: Übergangsfunktion

$$i_A(t) = \frac{(u_A - e_A)|_0}{r_A} \cdot \left(1 - e^{-t/T_A}\right) \tag{3.182}$$

bei Anregung mit $(u_A - e_A)_0 \cdot \sigma(t)$

2. Gleichung (3.158):

$$E_A = C_E \cdot N \cdot \Psi \tag{3.183}$$

$$\frac{E_A}{U_{AN}} = \frac{E_A}{E_{AN}} = \frac{C_E \cdot N \cdot \Psi}{C_E \cdot N_{0N} \cdot \Psi_N} \tag{3.184}$$

$$\frac{N}{N_{0N}} = \frac{\Omega}{\Omega_{0N}} = n = \omega\,; \qquad \frac{\Psi}{\Psi_N} = \psi\,; \qquad \frac{E_A}{E_{AN}} = e_A \tag{3.185}$$

also normiert:

$$e_A = n \cdot \psi = \omega \cdot \psi \qquad \text{(Nichtlinearität "NL")} \tag{3.186}$$

3. Gleichung (3.159):

$$M_{Mi} = C_M \cdot \Psi \cdot I_A \tag{3.187}$$

$$\frac{M_{Mi}}{M_{iN}} = \frac{C_M \cdot \Psi \cdot I_A}{C_M \cdot \Psi_N \cdot I_{AN}} \tag{3.188}$$

$$\frac{\Psi}{\Psi_N} = \psi\,; \qquad \frac{I_A}{I_{AN}} = i_A\,; \qquad \frac{M_{Mi}}{M_{iN}} = m_{Mi} \tag{3.189}$$

(3.190)

also normiert:

$$m_{Mi} = \psi \cdot i_A \qquad \text{(Nichtlinearität "NL")} \tag{3.191}$$

4. Gleichung (3.160):

$$M_{Mi} - M_W = \Theta \cdot \frac{d\Omega}{dt} \qquad (\eta_{mech} = 1) \tag{3.192}$$

$$\frac{M_{Mi}}{M_{iN}} - \frac{M_W}{M_{iN}} = \frac{\Theta \cdot \Omega_{0N}}{M_{iN}} \cdot \frac{d}{dt}\left(\frac{\Omega}{\Omega_{0N}}\right) \tag{3.193}$$

$$\frac{M_{Mi}}{M_{iN}} = m_{Mi}\,; \qquad \frac{M_W}{M_{iN}} = m_W \tag{3.194}$$

$$\frac{\Omega}{\Omega_{0N}} = \frac{N}{N_{0N}} = n = \omega \tag{3.195}$$

$$\frac{\Theta \cdot \Omega_{0N}}{M_{iN}} = T_{\Theta N} \qquad \text{(Trägheits-Nennzeitkonstante)} \tag{3.196}$$

und damit normiert:

$$m_{Mi} - m_W = m_M - m_W = T_{\Theta N} \cdot \frac{dn}{dt} = T_{\Theta N} \cdot \frac{d\omega}{dt} \tag{3.197}$$

Übertragungsfunktion:

$$\frac{n(s)}{m_{Mi}(s) - m_W(s)} = \frac{1}{s\,T_{\Theta N}} = G_M(s) \qquad (3.198)$$

Lösung im Zeitbereich: Übergangsfunktion

$$n(t) = (m_M - m_W)|_0 \cdot \frac{t}{T_{\Theta N}} \qquad (3.199)$$

bei Anregung mit $(m_M - m_W)|_0 \cdot \sigma(t)$

Damit läßt sich der normierte Signalflußplan nach Abb. 3.34 aufstellen.

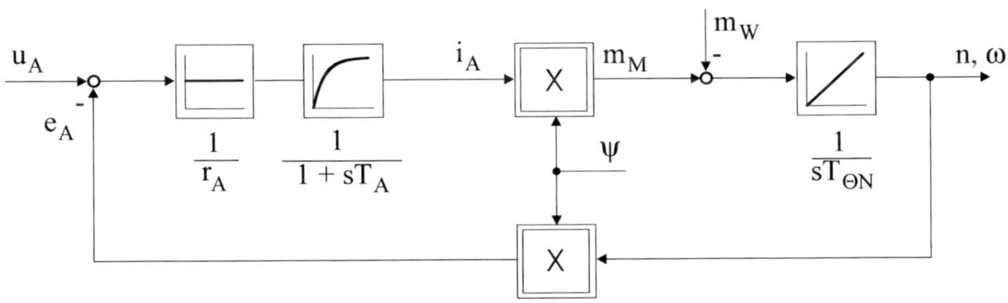

(Beachte: bei Nennfluß $\Psi = \Psi_N$ ($\psi = 1$) ist $m_M = i_A$ und $e_A = n = \omega$)

Abb. 3.34: *Normierter Signalflußplan des Ankerkreises*

3.3.2 Feldkreis, Erregerkreis

$\Psi = L_E \cdot I_E$ nichtlineare Funktion

$L_{EN} = \dfrac{\Psi_N}{I_{EN}}$ Nenninduktivität

$L_{Ed} = \dfrac{\Delta\Psi}{\Delta I_E} = f(I_E)$ differentielle Induktivität (Linearisierung im Arbeitspunkt)

Beachte: L_{Ed} ist die Steigung der Magnetisierungskennlinie (Abb. 3.35 bis 3.37); in allen folgenden Signalflußplänen wird nur die nichtlineare Funktion $\Psi = f(I_E)$ dargestellt.

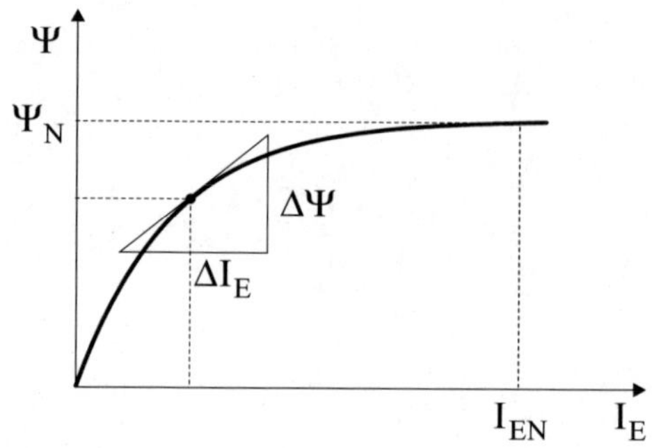

Abb. 3.35: *Mittlere Magnetisierungskennlinie ohne Hysterese*

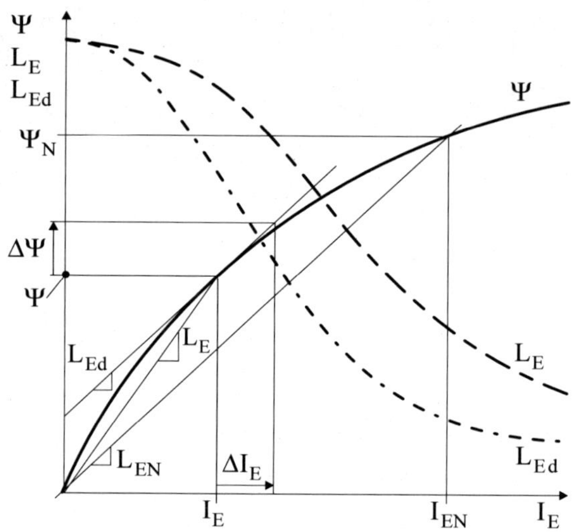

Abb. 3.36: *Kennlinien im Erregerkreis*

Spannungsgleichung:

$$U_E \;=\; R_E \cdot I_E + \frac{d\Psi}{dt} \;=\; R_E \cdot I_E + \frac{d}{dt}\Big[I_E(t) \cdot L_E(I_E)\Big] \tag{3.200}$$

Dieser Ansatz wird gewählt, um die arbeitspunktabhängige Änderung des Induktivitätswerts zu erfassen.

Bezugsgrößen für die Normierung: $U_{EN},\, I_{EN},\, \Psi_N$

$$R_{EN} = \frac{U_{EN}}{I_{EN}}\,; \qquad L_{EN} = \frac{\Psi_N}{I_{EN}}\,; \qquad T_{EN} = \frac{L_{EN}}{R_{EN}} \tag{3.201}$$

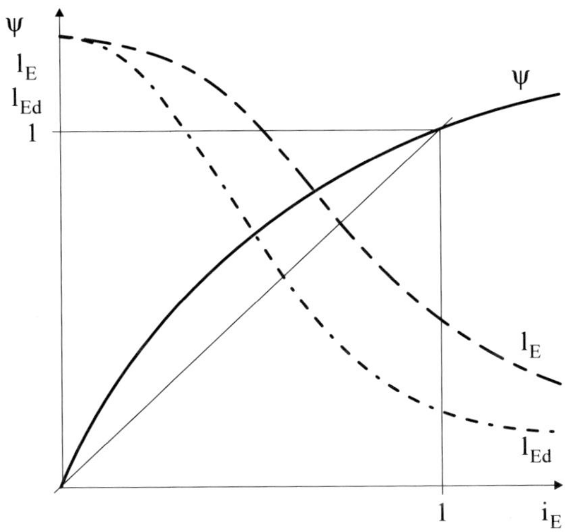

Abb. 3.37: *Normierte Kennlinien im Erregerkreis*

mit: $\dfrac{U_E}{U_{EN}} = u_E\,; \qquad \dfrac{I_E}{I_{EN}} = i_E\,; \qquad \dfrac{\Psi}{\Psi_N} = \psi\,; \qquad \dfrac{R_E}{R_{EN}} = r_E$

$\dfrac{L_E}{L_{EN}} = l_E(i_E)$ (nichtlinear); $\qquad \dfrac{L_{Ed}}{L_{EN}} = l_{Ed}(i_E)$ (nichtlinear)

Gleichungen des Feldkreises:

$$\Psi(t) = L_E \cdot I_E(t)\,; \qquad \underline{L_E = f(I_E)} \tag{3.202}$$

$$U_E(t) - \frac{d\Psi}{dt} = R_E \cdot I_E(t) \tag{3.203}$$

Normierung:

$$\frac{\Psi(t)}{\Psi_N} = \frac{L_E}{\Psi_N} \cdot \frac{I_E(t)}{I_{EN}} \cdot I_{EN} = \frac{L_E}{L_{EN}} \cdot \frac{I_E(t)}{I_{EN}} \tag{3.204}$$

$$\frac{U_E(t)}{U_{EN}} - \frac{d}{dt}\left(\frac{\Psi}{\Psi_N}\right) \cdot \frac{\Psi_N}{U_{EN}} = \frac{R_E}{R_{EN}} \cdot \frac{I_E(t)}{I_{EN}} \tag{3.205}$$

$$\frac{\Psi_N}{U_{EN}} = \frac{\Psi_N}{R_{EN} \cdot I_{EN}} = \frac{L_{EN} \cdot I_{EN}}{R_{EN} \cdot I_{EN}} = \frac{L_{EN}}{R_{EN}} = T_{EN} = \text{const.} \tag{3.206}$$

also im Zeitbereich:

$$\psi(t) = l_E(i_E) \cdot i_E(t) \tag{3.207}$$

$$u_E(t) - T_{EN} \cdot \frac{d\psi}{dt} = r_E \cdot i_E(t) \tag{3.208}$$

und damit im Laplace-Bereich am Arbeitspunkt (quasistationärer Zustand):

$$\psi(s) = l_E(i_E) \cdot i_E(s) \tag{3.209}$$

$$u_E(s) - s \cdot T_{EN} \cdot \psi(s) = r_E \cdot i_E(s) \tag{3.210}$$

Die Gleichungen (3.209) und (3.210) ergeben den Signalflußplan in Abb. 3.38.

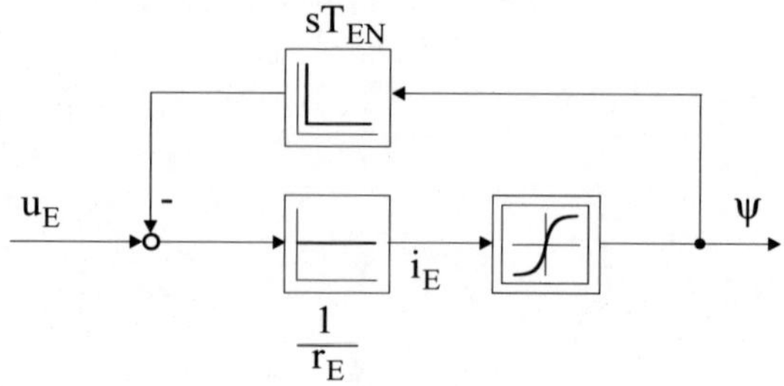

Abb. 3.38: *Normierter Signalflußplan des Erregerkreises (ohne Wirbelstromeinfluß, d.h. geblechtes Eisen)*

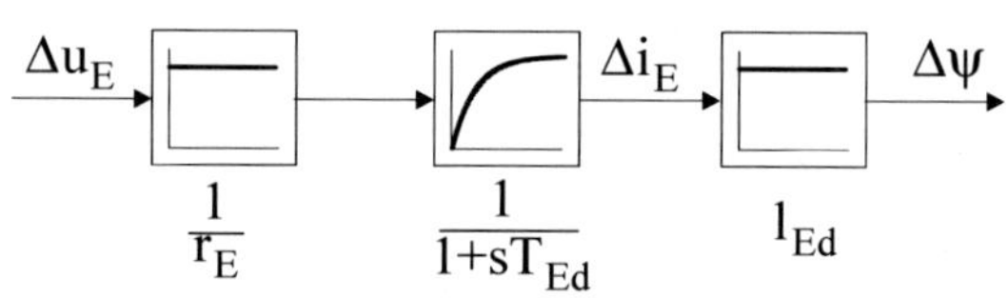

Abb. 3.39: *Normierter linearisierter Signalflußplan des Erregerkreises (ohne Wirbelstromeinfluß)*

Linearisierung (Kleinsignalverhalten):
Mit Gl. (3.211) und (3.214) ergibt sich der Signalflußplan in Abb. 3.39.
Mit $L_{Ed} = \dfrac{\Delta\Psi}{\Delta I_E}$ bzw. $l_{Ed} = \dfrac{L_{Ed}}{L_{EN}} = \dfrac{\Delta\psi}{\Delta i_E} = f(i_E)$ ergibt sich:

$$\Delta\psi(s) = l_{Ed} \cdot \Delta i_E(s) \tag{3.211}$$

$$\Delta u_E(s) - s\,T_{EN} \cdot \Delta\psi(s) = r_E \cdot \Delta i_E(s) \tag{3.212}$$

Durch Einsetzen von Gl. (3.211) in Gl. (3.212) erhält man:

$$\Delta u_E(s) = \Delta i_E(s) \cdot (r_E + s\,T_{EN} \cdot l_{Ed}) \tag{3.213}$$

$$\Delta i_E(s) = \Delta u_E(s) \cdot \frac{1}{r_E} \cdot \frac{1}{1 + s\,T_{EN} \cdot \dfrac{l_{Ed}}{r_E}} = \Delta u_E(s) \cdot \frac{1}{r_E} \cdot \frac{1}{1 + s\,T_{Ed}} \tag{3.214}$$

$$T_{Ed} = T_{EN} \cdot \frac{l_{Ed}}{r_E} \tag{3.215}$$

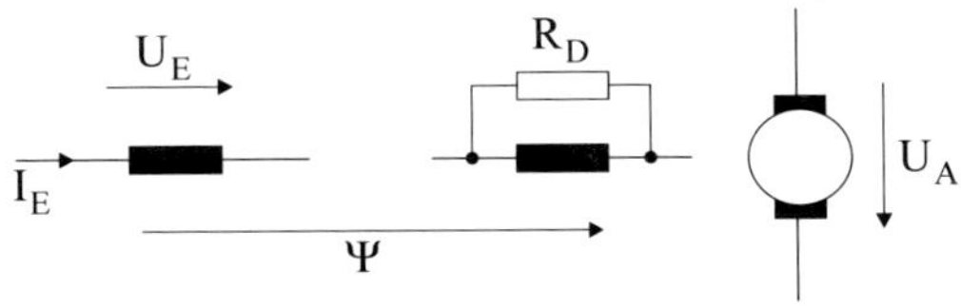

Abb. 3.40: *Wirbelstromproblematik*

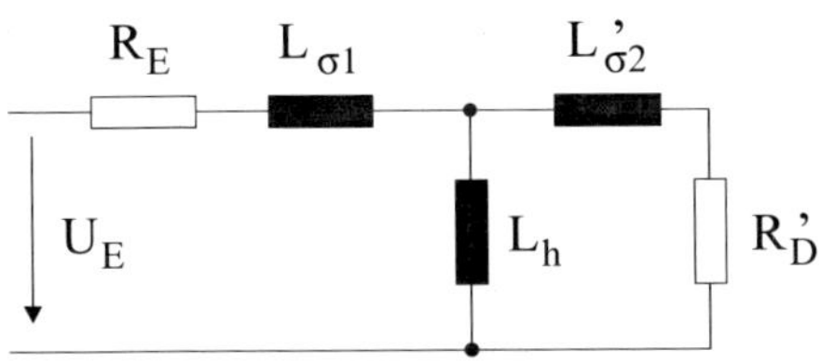

a) Ersatzschaltbild

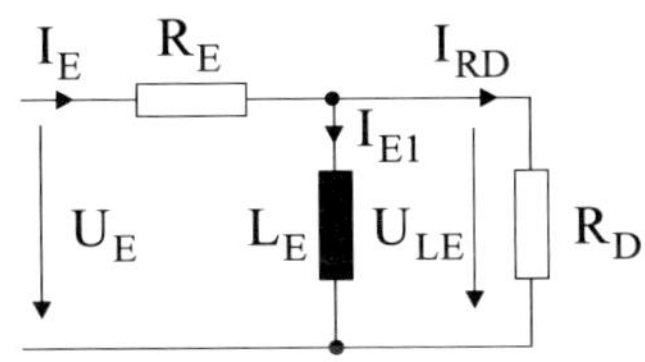

b) Vereinfachtes Ersatzschaltbild (Annahme: $L_{\sigma 1} = L'_{\sigma 2} = 0$)

Abb. 3.41: *Ersatzschaltbilder des Erregerkreises*

Wenn die Maschine *nicht vollständig geblecht* ist, werden im magnetischen Kreis bei Stromänderungen Flußänderungen und damit *Wirbelströme* auftreten. Dadurch ändert sich der Signalflußplan um den elektrischen Pfad mit R_D (Abb. 3.40 und 3.41). Nach Abb. 3.41.b gilt:

$$U_{LE} = \frac{d\Psi}{dt} = L_E \cdot \frac{dI_{E1}}{dt} = R_D \cdot I_{RD} \tag{3.216}$$

$$I_{E1} = I_E - I_{RD} = I_E - \frac{L_E}{R_D} \cdot \frac{dI_{E1}}{dt} = I_E - \frac{1}{R_D} \cdot \frac{d\Psi}{dt} \tag{3.217}$$

$$I_E = \frac{1}{R_E} \cdot (U_E - U_{LE}) = \frac{1}{R_E} \cdot \left(U_E - \frac{d\Psi}{dt} \right) \tag{3.218}$$

$$\Psi = L_E \cdot I_{E1}\,; \qquad \underline{L_E = f(I_{E1})} \tag{3.219}$$

Im Laplace-Bereich lauten die Gleichungen (3.217) bis (3.219):

$$I_{E1}(s) = I_E(s) - s \cdot \frac{1}{R_D} \cdot \Psi(s) \tag{3.220}$$

$$I_E(s) = \frac{1}{R_E} \cdot (U_E(s) - s \cdot \Psi(s)) \tag{3.221}$$

$$\Psi(s) = L_E(I_{E1}) \cdot I_{E1}(s) \tag{3.222}$$

Mit diesen Gleichungen ergibt sich der Signalflußplan in Abb. 3.42.

Normierung:
Mit $\Psi_N = L_{EN} \cdot I_{EN} = U_{EN} \cdot T_{EN}$ ergibt sich:

$$\frac{I_{E1}(s)}{I_{EN}} = \frac{I_E(s)}{I_{EN}} - s \cdot \frac{1}{R_D} \cdot \frac{\Psi(s)}{\Psi_N} \cdot \frac{\Psi_N}{I_{EN}} = \frac{I_E(s)}{I_{EN}} - s \cdot \frac{L_{EN}}{R_D} \cdot \frac{\Psi(s)}{\Psi_N} \tag{3.223}$$

$$\frac{I_E(s)}{I_{EN}} = \frac{1}{I_{EN}} \cdot \frac{I_{EN}}{U_{EN}} \cdot \frac{R_{EN}}{R_E} \cdot \left(\frac{U_E(s)}{U_{EN}} \cdot U_{EN} - s \cdot \frac{\Psi(s)}{\Psi_N} \cdot U_{EN} \cdot T_{EN} \right) \tag{3.224}$$

$$\frac{\Psi(s)}{\Psi_N} = \frac{L_E}{\Psi_N} \cdot \frac{I_{E1}(s)}{I_{EN}} \cdot I_{EN} = \frac{L_E}{L_{EN}} \cdot \frac{I_{E1}(s)}{I_{EN}} \tag{3.225}$$

und somit:

$$i_{E1}(s) = i_E(s) - s \cdot T_{DN} \cdot \psi(s)\,; \qquad T_{DN} = \frac{L_{EN}}{R_D} \tag{3.226}$$

$$i_E(s) = \frac{1}{r_E} \cdot (u_E(s) - s \cdot T_{EN} \cdot \psi(s)) \tag{3.227}$$

$$\psi(s) = l_E(i_{E1}) \cdot i_{E1}(s) \tag{3.228}$$

Mit diesen Gleichungen ergibt sich der normierte Signalflußplan in Abb. 3.43.
Durch Einsetzen von Gl. (3.228) in Gl. (3.226) ergibt sich:

$$i_{E1}(s) = i_E(s) - s \cdot T_{DN} \cdot l_E \cdot i_{E1}(s) = i_E(s) - s \cdot \frac{L_E}{R_D} \cdot i_{E1}(s) \tag{3.229}$$

$$i_{E1}(s) \cdot (1 + s \cdot \frac{L_E}{R_D}) = i_E(s) \tag{3.230}$$

$$i_{E1}(s) = i_E(s) \cdot \frac{1}{1 + sT_D}; \qquad T_D = \frac{L_E}{R_D} = l_E \cdot T_{DN} \tag{3.231}$$

Durch Einsetzen von Gl. (3.228) und (3.231) in Gl. (3.227) ergibt sich:

$$\frac{u_E(s)}{r_E} = i_E(s) + s \cdot T_{EN} \cdot \frac{l_E}{r_E} \cdot i_{E1}(s) = i_E(s) + s \cdot T_E \cdot \frac{i_E(s)}{1 + sT_D} \tag{3.232}$$

$$= i_E(s) \cdot \left(1 + \frac{sT_E}{1 + sT_D}\right) = i_E(s) \cdot \frac{1 + s(T_E + T_D)}{1 + sT_D} \tag{3.233}$$

$$i_E(s) = \frac{u_E(s)}{r_E} \cdot \frac{1 + sT_D}{1 + s(T_E + T_D)}; \qquad T_E = \frac{L_E}{R_E} = \frac{l_E}{r_E} \cdot T_{EN} \tag{3.234}$$

Mit Gl. (3.228), (3.231) und (3.234) ergibt sich der umgeformte Signalflußplan in Abb. 3.44. Zu beachten: T_E und T_D sind Funktionen von i_{E1}.

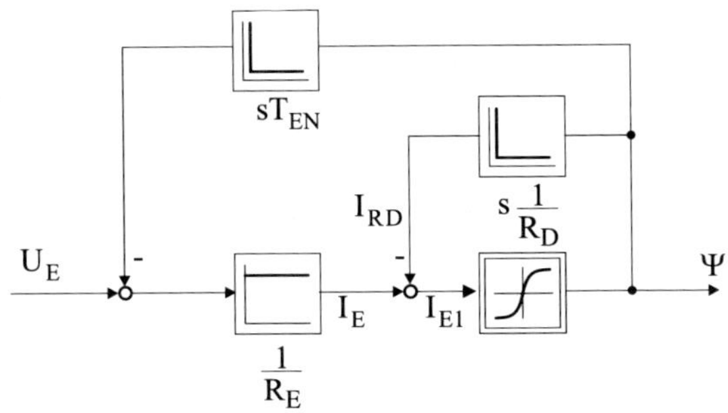

Abb. 3.42: *Signalflußplan mit Berücksichtigung der Wirbelströme*

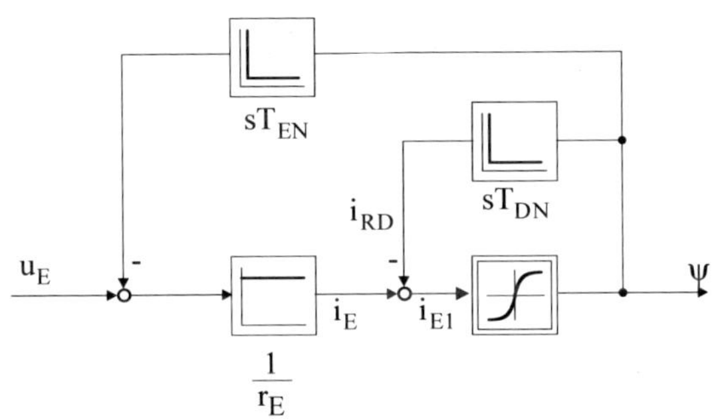

Abb. 3.43: *Normierter Signalflußplan mit Berücksichtigung der Wirbelströme*

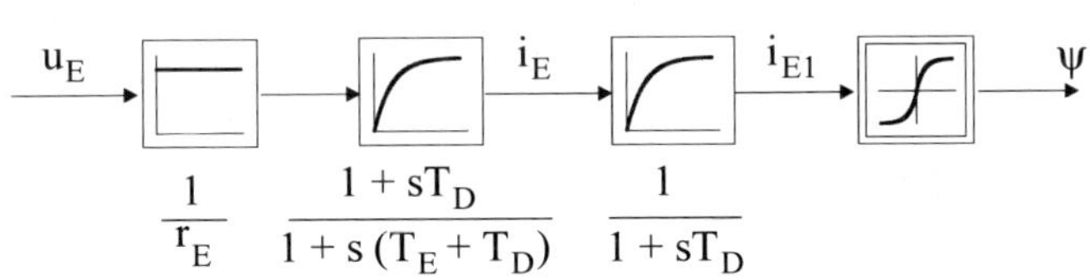

Abb. 3.44: *Umgeformter Signalflußplan (zu beachten: T_E und $T_D = f(\psi)$ bzw. $f(i_{E1})$)*

3.3.3 Zusammenfassung von Ankerkreis und Erregerkreis

Mit diesen Kenntnissen kann der kombinierte Signalflußplan des Anker– und Erregerkreises der Gleichstrom–Nebenschlußmaschine gezeichnet werden.

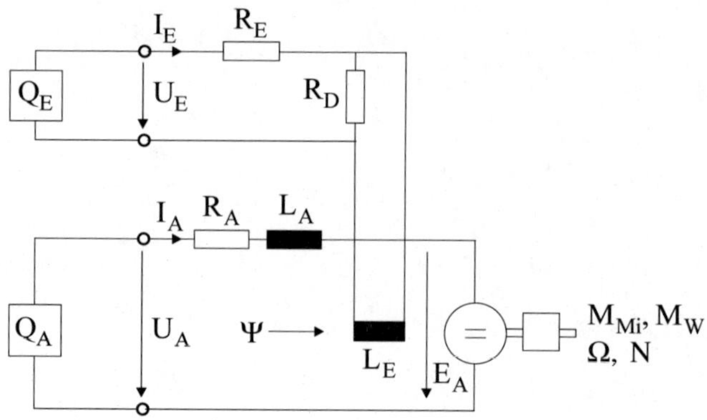

Abb. 3.45: *Schaltplan der fremderregten Gleichstrom–Nebenschlußmaschine*

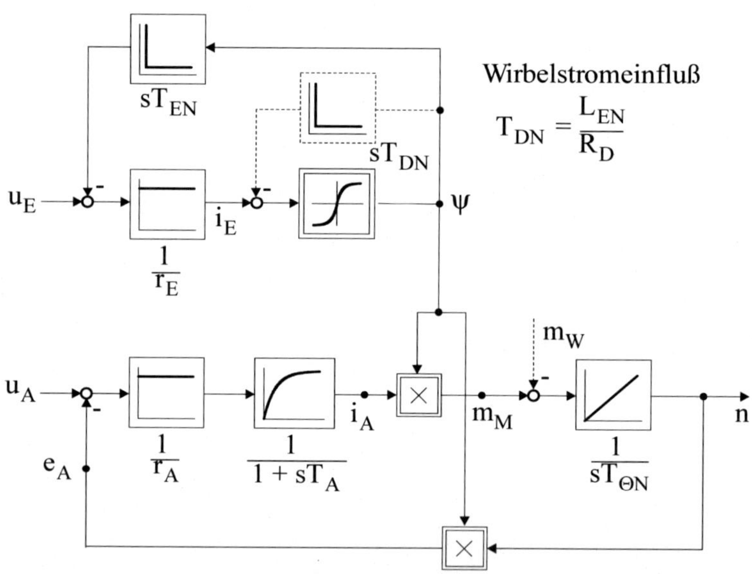

Abb. 3.46: *Normierter Signalflußplan der Gleichstrom–Nebenschlußmaschine*

Wie aus Abb. 3.46 zu entnehmen ist,ist der Signalflußplan der GNM nichtlinear. Die Nichtlinearitäten sind die beiden Multiplikationen bei der Moment– und der EMK–Bildung im Ankerkreis sowie die Nichtlinearität $\psi = f(i_E)$ im Erregerkreis. Derartige nichtlineare Signalflußpläne sind nur nach einer Linearisierung am Arbeitspunkt mit den linearen Methoden der Regelungstechnik zu bearbeiten (Analyse und Synthese). Nach Anwendung der Produktregel (siehe Kap. 3.4.3) ergibt sich der linearisierte Signalflußplan der GNM in Abb. 3.47.

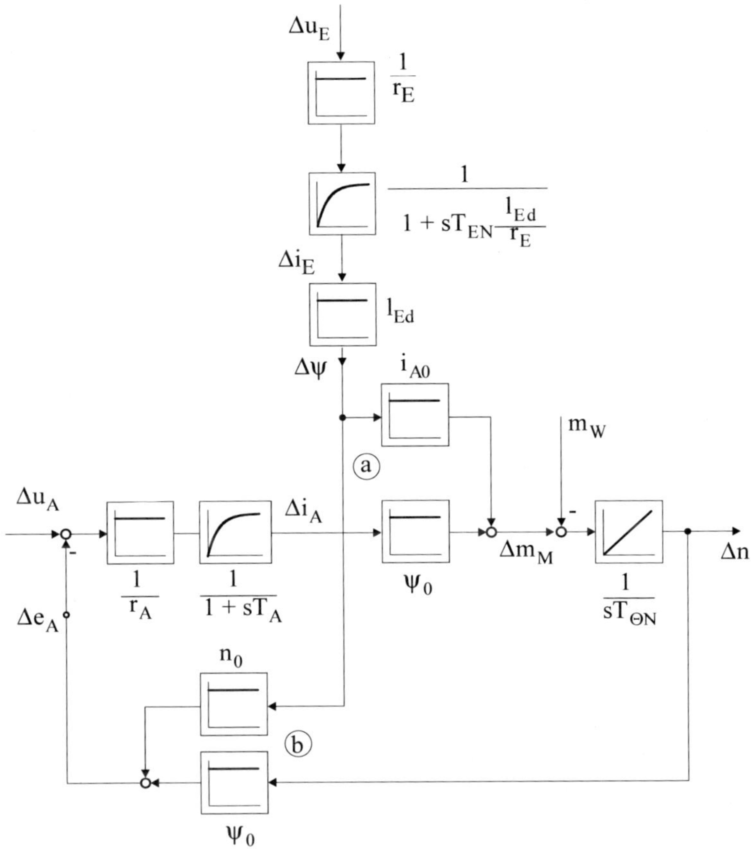

Abb. 3.47: *Normierter linearisierter Signalflußplan der Gleichstrom-Nebenschlußmaschine (ohne Wirbelstromeinfluß; Index 0: Arbeitspunktgröße)*

Im Folgenden sind die Gleichungen der GNM in den Tabellen 3.1 bis 3.3 sowie die zugehörigen Signalflußbilder und Übergangsfunktionen in Abb. 3.48 zusammengefaßt dargestellt.

Tabelle 3.1: *Gleichungen und Bezugswerte bei der Gleichstrom–Nebenschlußmaschine*

Bild	Gleichungen	Nenn- und Bezugswerte
	Ankerkreis:	Nenn- und Bezugswerte:
(a)	$U_A - E_A = I_A \cdot R_A + L_A \cdot \frac{dI_A}{dt}$	U_{AN}, I_{AN}, R_{AN}, L_{AN}, Ψ_N, M_N, N_N, N_{0N}, Ω_{0N}
		Nennspannung U_{AN}:
(b)	$E_A = C_E \cdot N \cdot \Psi$	$U_{AN} = E_{AN} = C_E \cdot N_{0N} \cdot \Psi_N$
		Nennmoment M_N, Luftspaltmoment M_{iN}:
(c)	$M_{Mi} = C_M \cdot I_A \cdot \Psi$	$M_{iN} = C_M \cdot I_{AN} \cdot \Psi_N = \frac{M_N}{\eta_{mech}}$
		Leerlauf-Nenndrehzahl N_{0N}:
(d)	$M_M - M_W = \Theta \cdot \frac{d\Omega}{dt}$	$N_{0N} = \frac{U_{AN}}{C_E \cdot \Psi_N}$
	(Θ =const.)	$C_E = 2\pi \cdot C_M$
	Erregerkreis:	Nenn- und Bezugswerte: U_{EN}, I_{EN}, R_{EN}, L_{EN}, Ψ_N
		Induktivität L_E:
(e)	$\Psi = I_E \cdot L_E$	$L_E = \frac{\Psi}{I_E} = f(\Psi)$
		Nenninduktivität L_{EN}:
		$L_{EN} = \frac{\Psi_N}{I_{EN}}$
	linearisiert am Arbeitspunkt:	differentielle Induktivität L_{Ed}:
(f)	$\Delta\Psi = \Delta I_E \cdot L_{Ed}$	$L_{Ed} = \frac{\Delta\Psi}{\Delta I_E} = f(\Psi)$
		Erreger-Nennspannung U_{EN}:
(g)	$U_E = I_E \cdot R_E + \frac{d\Psi}{dt}$	$U_{EN} = I_{EN} \cdot R_{EN}$

Tabelle 3.2: *Normierung der Ankerkreis-Gleichungen*

Bild	Normierung	Normierte Größen	Differential-gleichung	Übergangs-funktion (t)	Übertragungs-funktion (s)
(a)	$\dfrac{\left(\dfrac{U_A}{U_{AN}} - \dfrac{E_A}{U_{AN}}\right)}{\left(\dfrac{I_{AN} \cdot R_A}{U_{AN}}\right)}$ $= \dfrac{I_A}{I_{AN}} + \dfrac{L_A}{R_A} \cdot \dfrac{d}{dt}\left(\dfrac{I_A}{I_{AN}}\right)$	$\dfrac{U_A}{U_{AN}} = u_A;\ \dfrac{E_A}{U_{AN}} = e_A$ $\dfrac{I_A}{I_{AN}} = i_A$ $\dfrac{R_A}{\left(\dfrac{U_{AN}}{I_{AN}}\right)} = r_A$ $\dfrac{L_A}{R_A} = T_A$	$\dfrac{u_A - e_A}{r_A}$ $= i_A + T_A \cdot \dfrac{di_A}{dt}$	$\dfrac{i_A}{(u_A - e_A)\vert_0}$ $= \dfrac{1}{r_A} \cdot \left(1 - e^{-t/T_A}\right)$	$\dfrac{i_A}{u_A - e_A}$ $= \dfrac{1}{r_A} \cdot \dfrac{1}{1 + s\,T_A}$
(b)	$\dfrac{E_A}{U_{AN}} = \dfrac{N \cdot \Psi}{N_{0N} \cdot \Psi_N}$	$\dfrac{N}{N_{0N}} = \dfrac{\Omega}{\Omega_{0N}} = n = \omega$ $\dfrac{\Psi}{\Psi_N} = \psi$	$e_A = n \cdot \psi = \omega \cdot \psi$		
(c)	$\dfrac{M_{Mi}}{M_{iN}} = \dfrac{I_A \cdot \Psi}{I_{AN} \cdot \Psi_N}$	$\dfrac{M_{Mi}}{M_{iN}} = m_{Mi} = m_M$ $(\eta_{mech} = 1)$	$m_M = i_A \cdot \psi$		
(d)	$\dfrac{M_M}{M_{iN}} - \dfrac{M_W}{M_{iN}}$ $= \dfrac{\Theta \cdot \Omega_{0N}}{M_{iN}} \cdot \dfrac{d}{dt}\left(\dfrac{\Omega}{\Omega_{0N}}\right)$	$\dfrac{M_W}{M_{iN}} = m_W$ $\dfrac{\Theta \cdot \Omega_{0N}}{M_{iN}} = T_{\Theta N}$	$m_M - m_W$ $= T_{\Theta N} \cdot \dfrac{dn}{dt}$	$\dfrac{n}{(m_M - m_W)\vert_0} = \dfrac{t}{T_{\Theta N}}$	$\dfrac{n}{m_M - m_W} = \dfrac{1}{s\,T_{\Theta N}}$

Tabelle 3.3: *Normierung der Erregerkreis-Gleichungen*

Bild	Normierung	Norm. Größen	Differential-gleichung	Übergangs-funktion (t)	Übertragungs-funktion (s)
(e)	$\frac{\Psi}{\Psi_N} = \frac{I_E \cdot L_E}{I_{EN} \cdot L_{EN}}$	$\frac{I_E}{I_{EN}} = i_E$ $\frac{L_E}{L_{EN}} = l_E(i_E)$ $T_{DN} = \frac{L_{EN}}{R_D}$	$l_E \cdot T_{DN} \cdot \frac{d\psi}{dt} + \psi$ $= i_E \cdot l_E$	$\frac{\psi}{i_E\|_0}$ $= l_E \cdot \left(1 - e^{-t/l_E T_{DN}}\right)$	$\frac{\psi}{i_E} = \frac{l_E}{1 + s\, l_E\, T_{DN}}$
(f)	$\frac{\Delta\Psi}{\Psi_N} = \frac{\Delta I_E \cdot L_{Ed}}{I_{EN} \cdot L_{EN}}$	$\frac{\Delta I_E}{I_{EN}} = \Delta i_E$ $\frac{\Delta\Psi}{\Psi_N} = \Delta\psi$ $\frac{L_{Ed}}{L_{EN}} = l_{Ed}(i_E)$	$l_{Ed} \cdot T_{DN} \cdot \frac{d\Delta\psi}{dt} + \Delta\psi$ $= \Delta i_E \cdot l_{Ed}$	$\frac{\Delta\psi}{\Delta i_E\|_0}$ $= l_{Ed} \cdot \left(1 - e^{-t/l_{Ed} T_{DN}}\right)$	$\frac{\Delta\psi}{\Delta i_E} = \frac{l_{Ed}}{1 + s\, l_{Ed}\, T_{DN}}$
(g)	$\frac{U_E}{U_{EN}} - \frac{L_{EN} \cdot I_{EN}}{R_{EN} \cdot I_{EN}} \cdot \frac{d}{dt}\left(\frac{\Psi}{\Psi_N}\right)$ $= \frac{I_E \cdot R_E}{I_{EN} \cdot R_{EN}}$	$\frac{U_E}{U_{EN}} = u_E$ $\frac{R_E}{R_{EN}} = r_E$ $T_{EN} = \frac{L_{EN}}{R_{EN}}$ $T_E = \frac{L_E(i_E)}{R_E}$ $T_D = \frac{L_E(i_E)}{R_D}$	$u_E - T_{EN} \cdot \frac{d\psi}{dt}$ $= i_E \cdot r_E$		$i_E = \frac{u_E - s\, T_{EN} \cdot \psi}{r_E}$ $= \frac{u_E}{r_E} \cdot \frac{1 + s\, T_D}{1 + s(T_E + T_D)}$

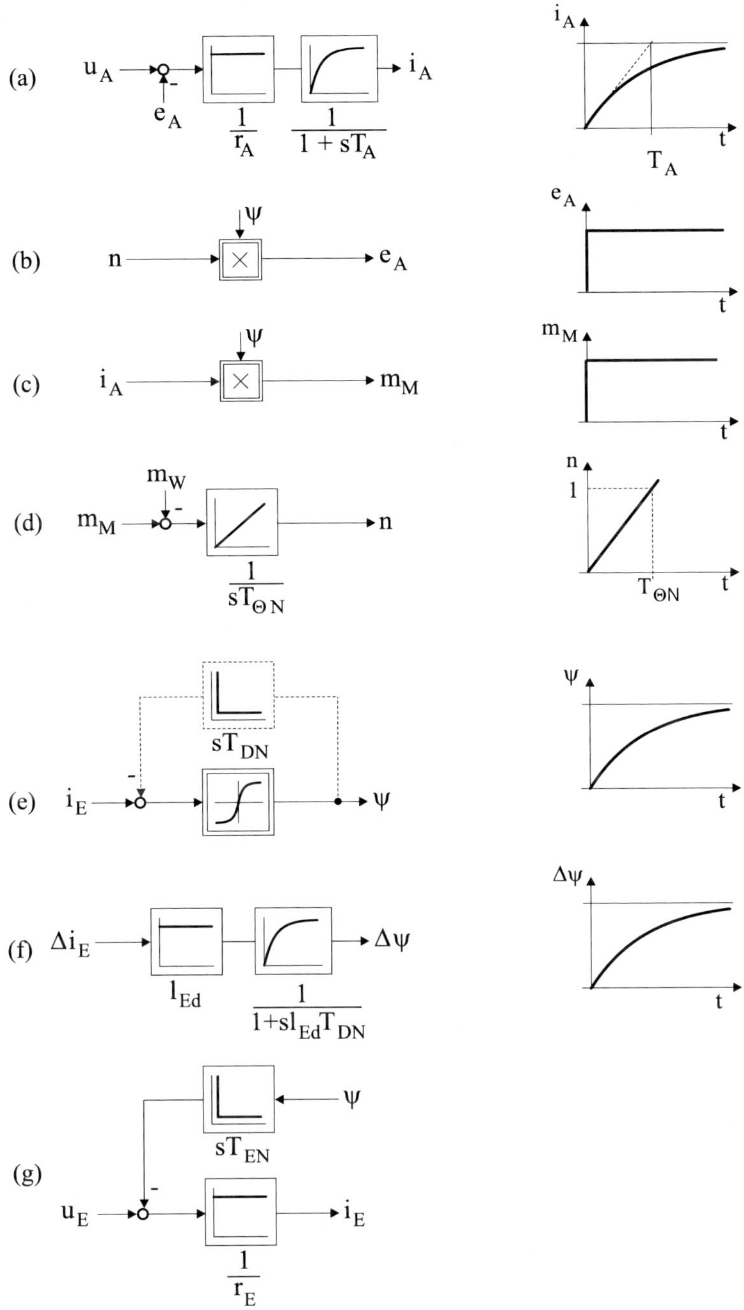

(a)-(d): Ankerkreis (Tabelle 3.2), (e)-(g): Erregerkreis (Tabelle 3.3)

Abb. 3.48: *Normierte Signalflußbilder mit Übergangsfunktionen*

3.4 Signalflußpläne, Übergangsverhalten

3.4.1 Führungsverhalten und Führungs-Übertragungsfunktion

$$n(s) \;=\; G_1(s) \cdot u_A(s) \tag{3.235}$$

mit $\quad m_W(t) = 0 \quad$ (keine Störgrößen)

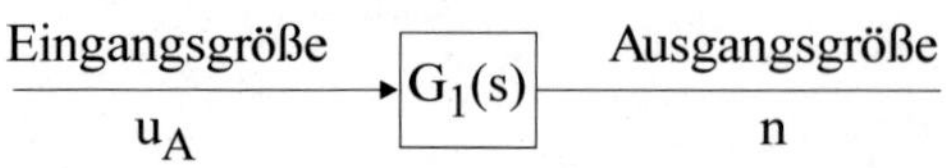

$$\psi \;=\; \text{const.} \;=\; \psi_0$$
$$0 \;<\; \psi_0 \;\leq\; 1$$

Abb. 3.49: *Übertragungsfunktion* $G_1(s)$

Mittels Abb. 3.34 läßt sich errechnen:

$$G_1(s) \;=\; \frac{1}{\dfrac{1}{G_v(s)} - G_r(s)} \;=\; \frac{G_v(s)}{1 - G_v(s) \cdot G_r(s)} \tag{3.236}$$

mit $\quad G_r = -\psi_0 \quad$ und $\quad G_v(s) = \dfrac{1}{r_A} \cdot \dfrac{1}{1 + s\,T_A} \cdot \psi_0 \cdot \dfrac{1}{s\,T_{\Theta N}}$

$$\begin{aligned} G_1(s) \;&=\; \frac{\dfrac{1}{r_A} \cdot \dfrac{1}{1 + s\,T_A} \cdot \psi_0 \cdot \dfrac{1}{s\,T_{\Theta N}}}{1 + \dfrac{1}{r_A} \cdot \dfrac{1}{1 + s\,T_A} \cdot \psi_0 \cdot \dfrac{1}{s\,T_{\Theta N}} \cdot \psi_0} \\ &=\; \frac{1}{\psi_0 \cdot \left[1 + (1 + s\,T_A) \cdot s\,T_{\Theta N} \cdot \dfrac{r_A}{\psi_0^2}\right]} \end{aligned} \tag{3.237}$$

Mit $\quad T_{\Theta St} = T_{\Theta N} \cdot \dfrac{r_A}{\psi_0^2} \quad$ und $\quad T_{\Theta N} = \dfrac{\Theta \cdot \Omega_{0N}}{M_{iN}} \quad$ ergibt sich allgemein:

$$G_1(s) \;=\; \frac{1}{\psi_0 \cdot (1 + (1 + s\,T_A) \cdot s\,T_{\Theta St})} \;=\; \frac{1}{\psi_0 \cdot (1 + s\,T_{\Theta St} + s^2\,T_A T_{\Theta St})} \tag{3.238}$$

und der zusammengefaßte Signalflußplan (Abb. 3.50).

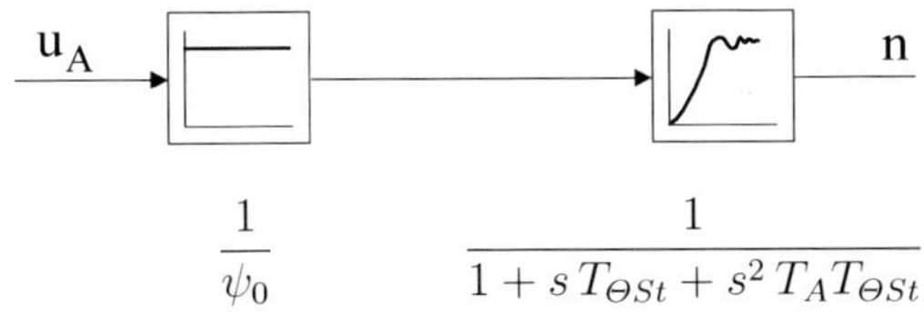

Abb. 3.50: *Zusammengefaßter Signalflußplan ($T_{\Theta St}$ = Stillstandszeitkonstante)*

Zur Analyse des Nennerpolynoms in Gl. (3.238) wird das

Normpolynom: $\dfrac{1}{1+s\,2\,D\,T+s^2T^2}$ verwendet

Dämpfungsfaktor: D

Resonanzkreisfrequenz: $\Omega_0 = \dfrac{1}{T}$

Koeffizientenvergleich: $T^2 = T_A \cdot T_{\Theta St}$

$2\,D\,T = T_{\Theta St}$

$\Longrightarrow \quad D = \dfrac{1}{2} \cdot \sqrt{\dfrac{T_{\Theta St}}{T_A}} \qquad T = \sqrt{T_A \cdot T_{\Theta St}}$

normale GNM allein: $D < 1$

mit Arbeitsmaschine: $D > 1$ im allgemeinen, als Ein-Massen–System angenommen!

Für den Fall $T_A \leq \dfrac{T_{\Theta St}}{4}$ ergibt sich aperiodisches Verhalten ($D \geq 1$), und es ist die Zerlegung von $G_1(s)$ in eine Serienschaltung zweier PT_1-Glieder möglich.

$$G_1(s) = \frac{1}{\psi_0 \cdot (1+sT_A') \cdot (1+sT_{\Theta St}')} = \frac{1}{\psi_0 \cdot (1+s(T_A'+T_{\Theta St}')+s^2T_A'T_{\Theta St}')} \qquad (3.239)$$

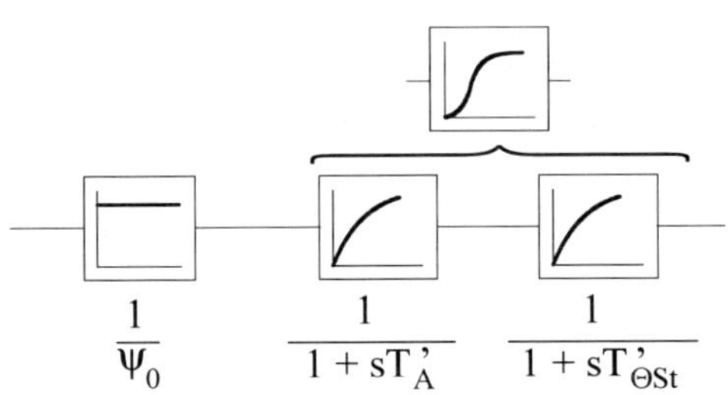

Abb. 3.51: *Signalflußplan für aperiodisches Verhalten*

Durch Vergleich der Nennerpolynome in Gl. (3.238) und Gl. (3.239) ergibt sich:

$$T_{\Theta St} = T_A^{'} + T_{\Theta St}^{'} \qquad \text{und} \qquad T_A \cdot T_{\Theta St} = T_A^{'} \cdot T_{\Theta St}^{'} \tag{3.240}$$

Daraus folgen die Bestimmungsgleichungen:

$$T_{\Theta_{1,2}}^{'} = +\frac{T_{\Theta St}}{2} \pm \sqrt{\frac{T_{\Theta St}^2}{4} - T_A \cdot T_{\Theta St}} \tag{3.241}$$

$$T_{ASt}^{'} = \frac{T_A \cdot T_{\Theta St}}{T_{\Theta}^{'}} \tag{3.242}$$

Für $T_A \ll \frac{T_{\Theta St}}{4}$ gilt:

$$T_{\Theta St}^{'} \approx T_{\Theta St} \qquad \text{und} \qquad T_A^{'} \approx T_A \tag{3.243}$$

Zeitverläufe:

Anregung

Sprungantwort

1) $T_A = 0$

2) $T_A \leq \frac{T_{\Theta St}}{4}$

3) $T_A > \frac{T_{\Theta St}}{4}$

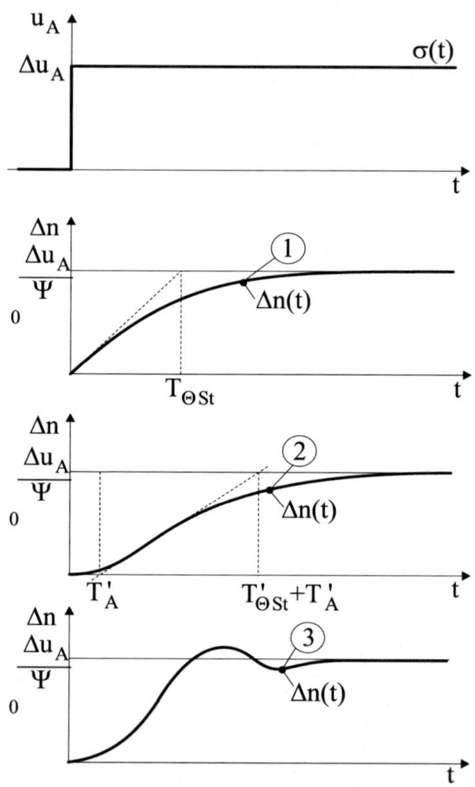

Abb. 3.52: *Sprungantwort für verschiedene Ankerzeitkonstanten*

3.4.2 Lastverhalten und Stör–Übertragungsfunktion

Gesucht:

$$n(s) = G_2(s) \cdot m_W(s) \quad \text{bei} \quad u_A(t) = \text{const.} \quad \text{und} \quad \psi = \psi_0 = \text{const.}$$

Es gilt entsprechend Kap. 3.4.1 und Abb. 3.34:

$$G_2(s) = -\frac{\dfrac{1}{s\,T_{\Theta N}}}{1 + \left(\dfrac{1}{1+s\,T_A} \cdot \dfrac{1}{s\,T_{\Theta N}} \cdot \dfrac{\psi_0^2}{r_A}\right)} = -\frac{r_A}{\psi_0^2} \cdot \frac{1+s\,T_A}{1+(1+s\,T_A)\cdot s\,T_{\Theta St}} \tag{3.244}$$

Hinweis: Die Nennerpolynome der Führungs- und der Stör–Übertragungsfunktion sind gleich, da es sich um den gleichen geschlossenen Regelkreis handelt.

Analog zur Führungs-Übertragungsfunktion $G_1(s)$ ergibt sich bei Ausmultiplikation des Nenners:

$$\begin{array}{lll} \text{allgemein} & : & 1 + s\,T_{\Theta St} + s^2 T_A T_{\Theta St} \\ \text{für} \quad T_A < \dfrac{T_{\Theta St}}{4} & : & \left(1 + sT_A'\right)\cdot\left(1 + sT_{\Theta St}'\right) \\ \text{für} \quad T_A \ll \dfrac{T_{\Theta St}}{4} & : & \approx (1 + sT_A)\cdot(1 + sT_{\Theta St}) \end{array}$$

Damit kann für den Fall $T_A \ll \dfrac{T_{\Theta St}}{4}$ abgeleitet werden:

$$G_2(s) \approx -\frac{r_A}{\psi_0^2} \cdot \frac{1+sT_A}{(1+sT_A)\cdot(1+sT_{\Theta St})} = -\frac{r_A}{\psi_0^2} \cdot \frac{1}{1+sT_{\Theta St}} = -\frac{1}{\dfrac{\psi_0^2}{r_A} + s\,T_{\Theta N}} \tag{3.245}$$

Die Anfangstangente der Sprungantwort ist unabhängig von r_A, ψ_0, T_A.

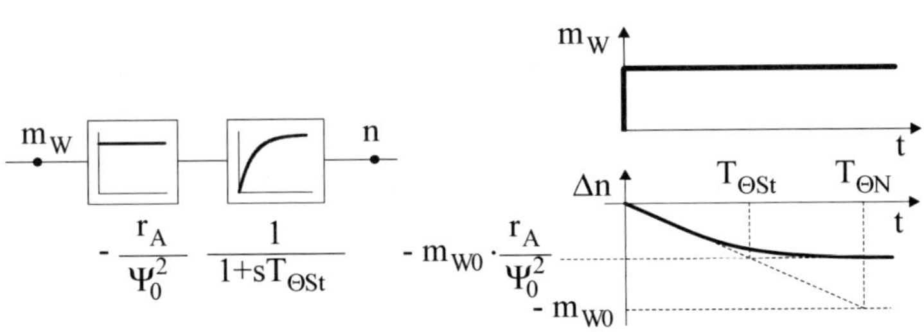

Abb. 3.53: *Vereinfachter Signalflußplan und Zeitverlauf (Lastsprung)*

3.4.3 Einfluß von ψ auf n (Feldschwächung)

Gesucht wird anhand von Abb. 3.34:

$$G_3 = \frac{n(s)}{\psi(s)} \qquad \text{bei} \quad u_A(t) = \text{const.} \quad \text{und} \quad m_W(t) = 0$$

Ansatz mit linearisiertem Signalflußplan: „Produktregel", d.h. Linearisierung am Arbeitspunkt:

$$m_M = i_A \cdot \psi \quad \longrightarrow \quad \Delta m_M \approx i_{A0} \cdot \Delta\psi + \psi_0 \cdot \Delta i_A \tag{3.246}$$

$$e_A = n \cdot \psi \quad \longrightarrow \quad \Delta e_A \approx n_0 \cdot \Delta\psi + \psi_0 \cdot \Delta n \tag{3.247}$$

Mit

$$n(s) = \frac{1}{sT_{\Theta N}} \cdot m_B(s); \quad \Delta n(s) = \frac{1}{sT_{\Theta N}} \cdot \Delta m_M(s); \quad m_W(t) = 0$$

und

$$i_A(s) = \frac{u_A(s) - e_A(s)}{r_A(1 + sT_A)}; \quad \text{mit } \Delta u_A(s) = 0$$

folgt aus Gl. (3.246):

$$\Delta m_M(s) = \Delta\psi(s) \cdot i_{A0} - \psi_0 \cdot \frac{1}{r_A} \cdot \frac{1}{1 + sT_A} \cdot \Delta e_A(s) \tag{3.248}$$

$$\Delta n(s) = \frac{1}{sT_{\Theta N}} \cdot \left(\Delta\psi(s) \cdot i_{A0} - \frac{\psi_0}{r_A} \cdot \frac{1}{1 + sT_A} \cdot \underbrace{(n_0 \cdot \Delta\psi(s) + \psi_0 \cdot \Delta n(s))}_{\Delta e_A(s) \text{ aus Gl. (3.247)}} \right) \tag{3.249}$$

$$\Delta n(s) \cdot \left(1 + \frac{1}{sT_{\Theta N}} \cdot \frac{\psi_0^2}{r_A} \cdot \frac{1}{1 + sT_A} \right) = \frac{1}{sT_{\Theta N}} \cdot \left(i_{A0} \cdot \Delta\psi(s) - \frac{n_0 \psi_0}{r_A} \cdot \frac{1}{1 + sT_A} \cdot \Delta\psi(s) \right) \tag{3.250}$$

$$\Delta n(s) \cdot \left(\frac{sT_{\Theta N} \cdot r_A \cdot (1 + sT_A)}{\psi_0^2} + 1 \right) = \Delta\psi(s) \cdot \left(\frac{i_{A0} \cdot r_A \cdot (1 + sT_A)}{\psi_0^2} - \frac{n_0}{\psi_0} \right) \tag{3.251}$$

$$\Delta n(s) \cdot (sT_{\Theta St} \cdot (1 + sT_A) + 1) = \frac{\Delta\psi(s)}{\psi_0} \cdot \left(\frac{i_{A0} \cdot r_A}{\psi_0} \cdot (1 + sT_A) - n_0 \right) \tag{3.252}$$

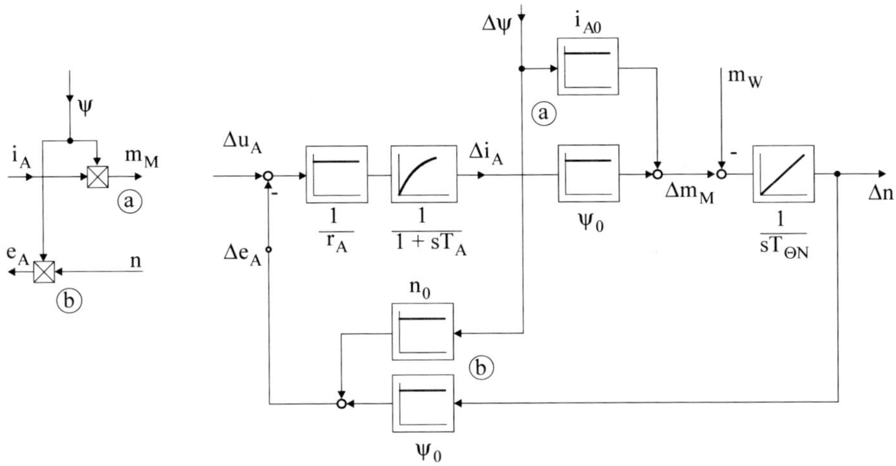

Abb. 3.54: *Linearisierung am Arbeitspunkt (Index 0: Arbeitspunktgröße)*

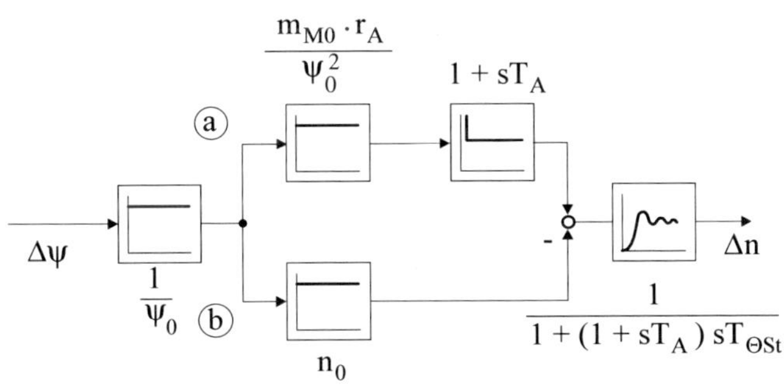

Abb. 3.55: *Linearisierter Signalflußplan (Index 0: Arbeitspunktgröße)*

Mit $i_{A0} = \dfrac{m_{M0}}{\psi_0}$ (Arbeitspunktgröße) und $T_{\Theta St} = T_{\Theta N} \cdot \dfrac{r_A}{\psi_0^2}$ ergibt sich dann nach elementarer Umformung:

$$\Delta n(s) \approx \frac{\Delta\psi(s)}{\psi_0} \cdot \left[m_{M0} \cdot \frac{r_A}{\psi_0^2} \cdot (1 + sT_A) - n_0 \right] \cdot \frac{1}{1 + (1 + sT_A) \cdot sT_{\Theta St}} \qquad (3.253)$$

$$G_3(s) = \frac{\Delta n(s)}{\Delta\psi(s)} = \frac{(1 + sT_A) \cdot \dfrac{r_A}{\psi_0^2} \cdot i_{A0} - \dfrac{n_0}{\psi_0}}{1 + (1 + s\,T_A) \cdot s\,T_{\Theta St}} \qquad (3.254)$$

Vereinfachungen, Näherungen:

$$\text{mit } \frac{i_{A0} \cdot r_A}{\psi_0} \ll n_0 : \qquad G_3(s) \approx -\frac{n_0}{\psi_0} \cdot \frac{1}{1 + (1 + sT_A) \cdot s\,T_{\Theta St}}$$

$$\text{und zusätzlich } T_A \ll \frac{T_{\Theta St}}{4} : \quad G_3(s) \approx -\frac{n_0}{\psi_0} \cdot \frac{1}{(1 + sT_A) \cdot (1 + sT_{\Theta St})}$$

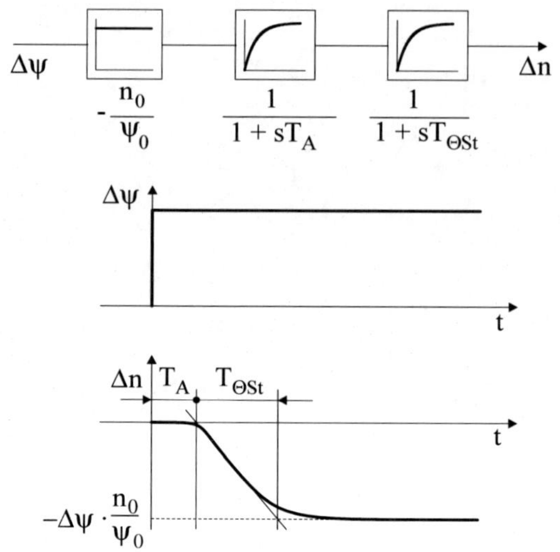

$$\left(\text{bei } T_A \ll \frac{T_{\Theta St}}{4} \text{ gilt: } T_A' \approx T_A \text{ und } T_{\Theta St}' \approx T_{\Theta St}\right)$$

Abb. 3.56: *Vereinfachter Signalflußplan und Zeitverhalten für* $T_A \ll \frac{T_{\Theta St}}{4}$

3.4.4 Zusammengefaßter Plan (linearisiert, überlagert, vereinfacht)

Mit den zusammengefaßten und vereinfachten Gleichungen

$$\Delta n(s) \approx \left[(\Delta u_A - \Delta\psi \cdot n_0) \cdot \frac{1}{\psi_0} \cdot \frac{1}{1 + sT_A} - \Delta m_W \cdot \frac{r_A}{\psi_0^2} \right] \cdot \frac{1}{1 + sT_{\Theta St}} \tag{3.255}$$

$$\Delta\psi(s) \approx \Delta u_E \cdot \frac{l_{Ed}}{r_E} \cdot \frac{1}{1 + s\,\underbrace{T_{EN} \cdot \frac{l_{Ed}}{r_E}}_{T_{Ed}}} \tag{3.256}$$

ergibt sich der Signalflußplan in Abb. 3.57.

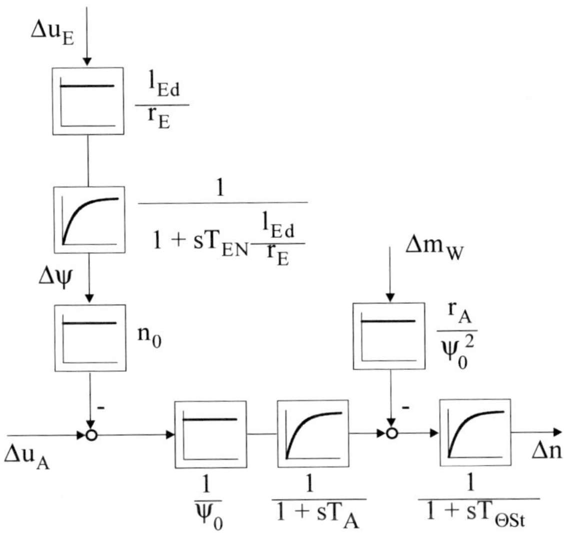

Abb. 3.57: *Zusammengefaßter Signalflußplan (linearisiert, überlagert, vereinfacht)*

Für den Signalflußplan gilt:

Parameter: n_0, ψ_0, l_{Ed} im Arbeitspunkt

Variablen: Δu_A, $\Delta\psi$, Δm_W

gültig für: $T_A \ll \dfrac{T_{\Theta St}}{4}$ und $\dfrac{m_{M0} \cdot r_A}{\psi_0^2} \ll n_0$

Zahlenwerte:

P_N	10	100	1000	kW
r_A	0,07	0,03	0,01	
T_A	10	30	50	ms
$T_{\Theta St}$	200	100		ms
T_{EN}		500		ms

($T_{\Theta St}$ gilt für den Motor allein, mit Arbeitsmaschine bis 1000 ms oder mehr)

3.5 Steuerung der Drehzahl

3.5.1 Drehzahlsteuerung durch die Ankerspannung

Es gilt nach Gl. (3.238) und (3.244):

$$\begin{aligned} G_1(s) &= \frac{n(s)}{u_A(s)} = \frac{1}{\psi_0} \cdot \frac{1}{1 + sT_{\Theta St} + s^2 T_A T_{\Theta St}} & \Bigg| \begin{aligned} \psi_0 &= \text{const.} \\ m_W &= 0 \end{aligned} \\ G_2(s) &= \frac{n(s)}{m_W(s)} = -\frac{r_A}{\psi_0^2} \cdot \frac{1 + sT_A}{1 + sT_{\Theta St} + s^2 T_A T_{\Theta St}} & \Bigg| \begin{aligned} u_A &= \text{const.} \\ \psi_0 &= \text{const.} \end{aligned} \end{aligned}$$

für $T_A \ll \dfrac{T_{\Theta St}}{4}$:

$$G_2(s) \approx -\frac{r_A}{\psi_0^2} \cdot \frac{1}{1 + sT_{\Theta St}} \tag{3.257}$$

Aus dem zusammengefaßten Plan ergibt sich durch Superposition:

$$n(s) = G_1(s) \cdot u_A(s) + G_2(s) \cdot m_W(s) \qquad \text{(exakt)} \tag{3.258}$$

für $T_A \ll \dfrac{T_{\Theta St}}{4}$:

$$n(s) \approx \frac{1}{\psi_0} \cdot \frac{u_A(s)}{(1 + sT_A) \cdot (1 + sT_{\Theta St})} - \frac{r_A}{\psi_0^2} \cdot \frac{m_W(s)}{1 + sT_{\Theta St}} \tag{3.259}$$

stationär bzw. quasistationär: Zeitbereich: $\dfrac{d}{dt} \approx 0$; s-Bereich: $s \to 0$:

$$n = \frac{1}{\psi_0} \cdot u_A - \frac{r_A}{\psi_0^2} \cdot m_W \tag{3.260}$$

Im Ankerstellbereich ist u_A variabel und $\psi_0 = 1 = \text{const.}$

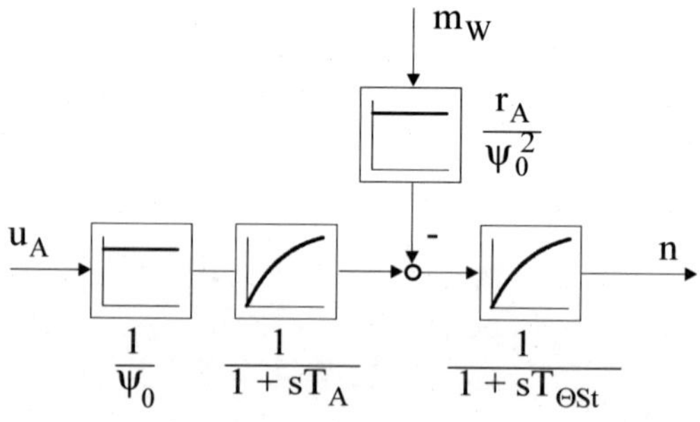

Abb. 3.58: *Vereinfachter Signalflußplan für $T_A \ll \dfrac{T_{\Theta St}}{4}$ und konstanten Fluß ψ_0*

Kennlinien für die Steuerung durch Ankerspannung

Für den stationären Fall siehe auch Signalflußpläne und Übertragungsfunktionen.

Fluß:	$\psi_0 \;=\; 1 \;=\; \text{const.}$	**Ankerstellbereich**
Drehzahl:	$n \;=\; u_A \;-\; m_M \cdot r_A$ Nennkennlinie: $u_A = 1$	(stationärer Fall: $m_W = m_M = i_A$)
Nennpunkte:	$m_M = 0\;;\; n = 1$ $m_M = 1\;;\; n = n_N$ $n \;=\; 1 - r_A$	(Leerlauf) (Nennlast)

Spannungsquelle: $e_Q \;=\; u_A + i \cdot r_Q \;=\; 1 + r_Q$ (im Nennpunkt)

$i_Q \;=\; i_A \;=\; 1$ (im Nennpunkt)

e_Q : Quellenspannung

r_Q : Innenwiderstand der Quelle

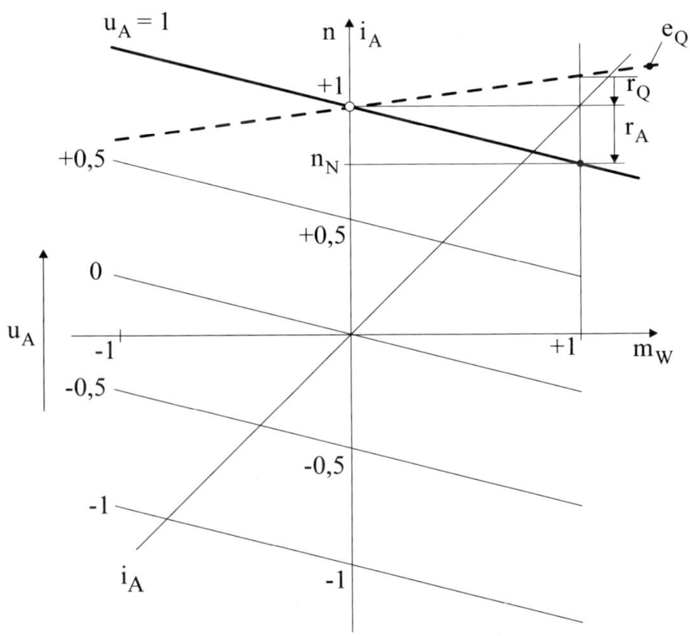

Abb. 3.59: *Kennlinien im Ankerstellbereich (Parameter u_A)*

3.5.2 Steuerung durch den Fluß

Bei einer Verstellung des Fluß-Arbeitspunktes im Bereich $\psi_{min} \leq \psi_0 \leq 1$ und bei $u_A = \text{const.}$ gilt entsprechend Gl. (3.260) für stationäre bzw. quasistationäre Vorgänge:

$$n = \frac{1}{\psi_0} \cdot u_A - \frac{r_A}{\psi_0^2} \cdot m_M \tag{3.261}$$

Zu beachten ist, daß aufgrund von $n = u_A/\psi_0$ und aufgrund einer Restmagnetisierung (Moment) bei $\psi_0 \to 0$ die Drehzahl $n \to \infty$ geht; dies ist der Grund für die Begrenzung $\psi_0 \geq \psi_{min}$.

Im Feldschwächbereich ist $u_A = u_N = \text{const.}$; also gilt:

$$n = \frac{u_N}{\psi_0} - \frac{r_A}{\psi_0^2} \cdot m_M \tag{3.262}$$

$$m_M = i_A \cdot \psi_0 \tag{3.263}$$

Kennlinien für die Steuerung durch den Fluß (Abb. 3.60):

Drehzahl : $n = \underbrace{\frac{u_N}{\psi_0}}_{\text{Leerlaufdrehzahl}} - \underbrace{\frac{m_M \cdot r_A}{\psi_0^2}}_{\text{Drehzahlabfall bei Belastung}}$

Strom: $i_A = \dfrac{m_M}{\psi_0}$

Darstellung : $n = f(m)$ mit $u_A = u_N = 1$ (reiner Feldschwächbetrieb)

$$\Longrightarrow \quad n = \frac{1}{\psi_0} - \frac{m_M \cdot r_A}{\psi_0^2}$$

Beachte:
Der Drehzahlabfall durch r_A/ψ_0^2 nimmt mit abnehmenden ψ_0 quadratisch zu; der Strombedarf $i_A = m_M/\psi_0$ nimmt linear zu!

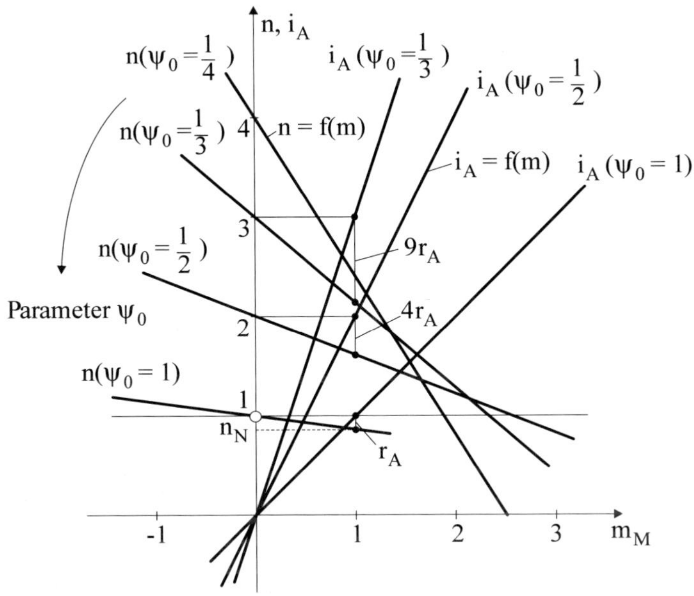

Abb. 3.60: *Kennlinien bei Feldschwächung*

3.5.3 Steuerung durch Ankerspannung und Feld

3.5.3.1 Stationäres Verhalten, Kennlinien

$$n = \frac{u_A}{\psi_0} - \frac{r_A}{\psi_0^2} \cdot m_M \qquad (3.264)$$

Ankerstellbereich: $0 \leq u_A \leq 1;\ \psi_0 = 1,$ d.h. $p_A = u_A \cdot i_A$
$\rightarrow$ lin. Anstieg mit u_A

Feldstellbereich: $0 < \psi_0 < 1;\ u_A = 1,$ d.h. $p_A = p_{Amax} = u_A \cdot i_A = 1$
$\rightarrow$ konstant bei $i_A = 1$

Vorteil des Feldschwächens:

Erhöhung des Drehzahlbereiches ohne leistungsmäßige Überdimensionierung von Maschine und Stellglied.

Nachteil:

Abnehmendes Moment; Stellglied für den Fluß bzw. für i_E nötig.

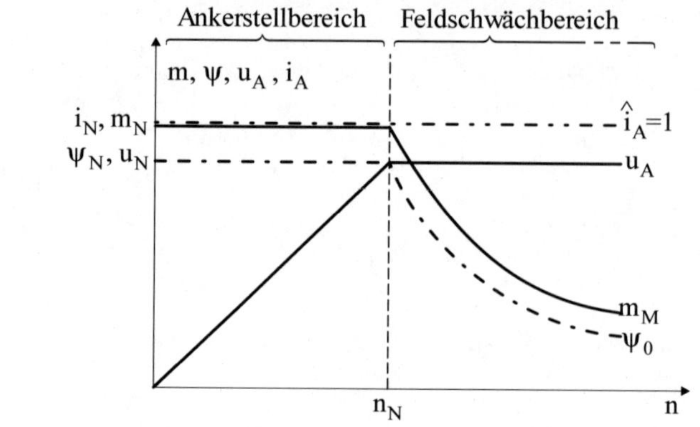

Abb. 3.61: *Ankerstrom und -spannung, Fluß und Moment in Abhängigkeit der Drehzahl*

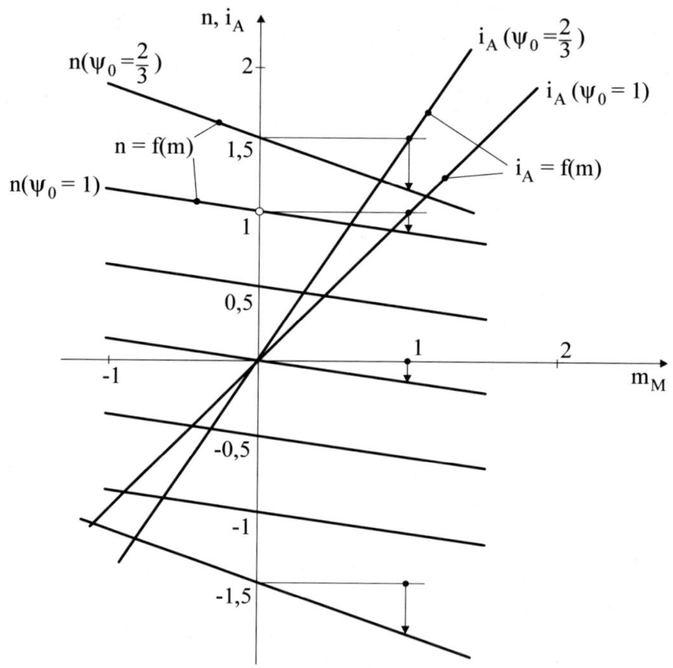

Abb. 3.62: *Kennlinienfeld für die kombinierte Anker– und Feldsteuerung*

3.5.3.2 Zeitverhalten

Das zeitliche Verhalten der Drehzahl wird im Laplace-Bereich durch die Übertragungsfunktionen

$$G_1(s) = \frac{n(s)}{u_A(s)} \tag{3.265}$$

$$G_2(s) = \frac{n(s)}{m_W(s)} \tag{3.266}$$

$$\text{und} \quad G_3(s) = \frac{n(s)}{\psi(s)} \tag{3.267}$$

beschrieben, wenn man jeweils für die mechanische Stillstandszeitkonstante

$$T_{\Theta St} = T_{\Theta N} \cdot \frac{r_A}{\psi_0^2} \tag{3.268}$$

setzt (vergl. auch die Ableitung in Kap. 3.4.3).

3.5.4 Drehzahl-Steuerung durch Vorwiderstand im Ankerkreis

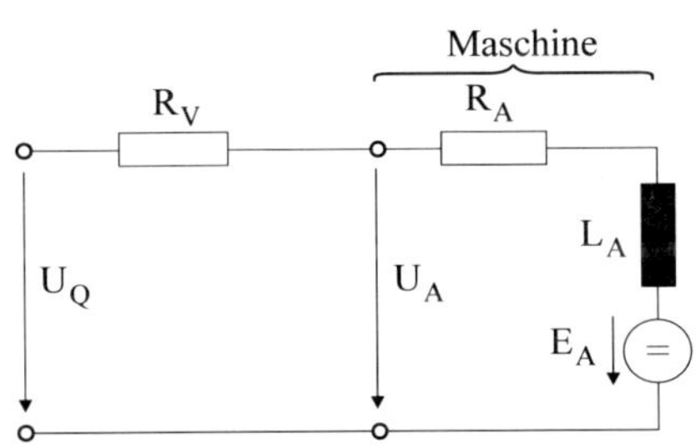

Abb. 3.63: *Ersatzschaltbild der GNM mit Vorwiderstand R_V*

Normierung: $$R_A^\star = R_A + R_V = R_A \cdot \left(1 + \frac{R_V}{R_A}\right) \tag{3.269}$$

$$\Longrightarrow \quad r_A^\star = r_A \cdot (1 + r_V) \tag{3.270}$$

Drehzahl: $$n = \frac{u_Q}{\psi_0} - m_M \cdot \frac{r_A}{\psi_0^2} \cdot (1 + r_V) \tag{3.271}$$

Strom: $$i_A = \frac{m_M}{\psi_0} \tag{3.272}$$

Steuerverhalten:
- einseitig
- belastungsabhängig, d.h. von Momentanforderung
- mit Verlusten

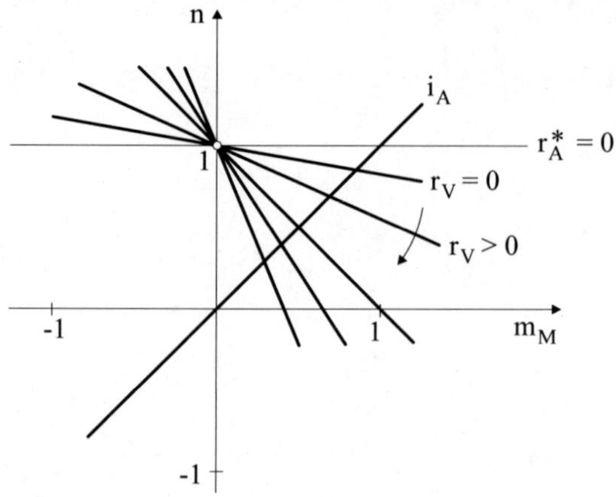

Abb. 3.64: *Kennlinienfeld für Steuerung durch Vorwiderstand mit* $u_Q = 1$ *und* $\psi_0 = 1$

Zeitverhalten:

$$T_A^\star = \frac{L_A}{R_A + R_V} = T_A \cdot \frac{1}{(1 + r_V)} \tag{3.273}$$

$$T_{\Theta St}^\star = T_{\Theta N} \cdot \frac{r_A^\star}{\psi_0^2} = T_{\Theta N} \cdot \frac{r_A(1 + r_V)}{\psi_0^2} \tag{3.274}$$

3.5.4.1 Drehzahlverstellung durch geschaltete Vorwiderstände

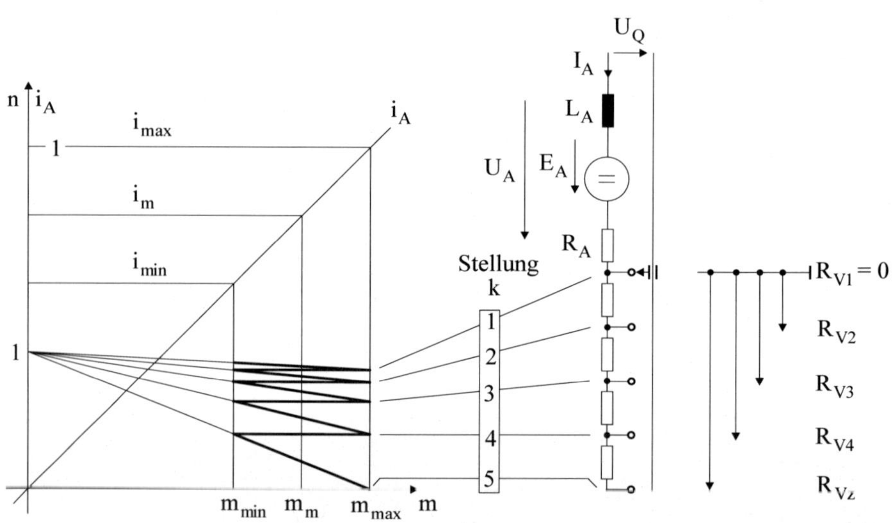

Abb. 3.65: *Vorgang im Kennlinienfeld (Beispiel: Anfahren)*

Kenndaten:

Motor: $u_Q = 1, \quad u_A$ variabel, $\psi_0 = 1$ (Ankerstellbereich)

Vorwiderstand: $R_{Vk} = R_{V1} \ldots R_{Vz}; \quad R_{V1} = 0$

Gleichungen: $m_M = i_A$

Einschalten: $m_{Mmax} = m_{max}$

Umschalten: $m_{Mmin} = m_{min}$

$u_Q = e_A + i_A \cdot r_A^\star; \quad$ mit $\quad r_A^\star = r_A \cdot (1 + r_{Vk})$

letzte Stufe: $r_{V1} = 0$

beliebige Stufe: $r_{Vk} = \dfrac{R_{Vk}}{R_A}; \; n = e_A$

$$n = u_Q - m_M \cdot r_A \cdot (1 + r_{Vk}) \tag{3.275}$$

Aufgabe : Dimensionierung der gestuften Vorwiderstände

Anfangsstellung (k = z) : $n = n_z, \quad m_M = m_{max}, \quad r_{Vk} = r_{Vz}$

Einsetzen in die Kennliniengleichung und Auflösen nach r_{Vz} ergibt:

Gesamt-Vorwiderstand

$$1 + r_{Vz} = \frac{u_Q - n_z}{m_{max} \cdot r_A} \tag{3.276}$$

(Beispiel: Anfahren aus dem Stillstand: $u_Q = 1; \quad n_z = 0$)

Fortschalten $k \Rightarrow k - 1$

Stellung $k: \; i_A = m_M = m_{min}; \quad n_k = u_Q - m_{min} \cdot r_A \cdot (1 + r_{Vk})$

$k - 1: \; i_A = m_M = m_{max}; \quad n_{k-1} = u_Q - m_{max} \cdot r_A \cdot (1 + r_{Vk-1})$

Beim schnellen Umschalten von Stufe k auf Stufe $k - 1$ ändert sich die Drehzahl momentan nicht:

$$n_k = n_{k-1} \tag{3.277}$$

$$m_{min} \cdot (1 + r_{Vk}) = m_{max} \cdot (1 + r_{Vk-1}) \tag{3.278}$$

Eine Stufe:

$$\frac{1 + r_{Vk}}{1 + r_{Vk-1}} = \frac{m_{max}}{m_{min}} = \lambda = \frac{i_{max}}{i_{min}} \qquad (\lambda : \text{Stufenfaktor}) \tag{3.279}$$

Bestimmung: Stufenzahl $\leftrightarrow$ Vorwiderstände

k Stufen:

$$\frac{1+r_{V2}}{1+r_{V1}} \cdot \frac{1+r_{V3}}{1+r_{V2}} \cdot \quad \dots \quad \cdot \frac{1+r_{Vk}}{1+r_{Vk-1}} = \frac{1+r_{Vk}}{1+r_{V1}} \tag{3.280}$$

k **gleiche** Stufen:

$$\lambda \cdot \lambda \cdot \quad \dots \quad \cdot \lambda = \lambda^{k-1} = \frac{1+r_{Vk}}{1+r_{V1}} \tag{3.281}$$

Mit $r_{V1} = 0$ folgt:

$$1 + r_{Vk} = \lambda^{k-1} \tag{3.282}$$

Es war in der Anfangsstellung ($k = z$):

$$1 + r_{Vz} = \frac{u_Q - n_z}{m_{max} \cdot r_A} = \lambda^{z-1} \tag{3.283}$$

Damit ergibt sich für den **Stufenfaktor $\boldsymbol{\lambda}$**, wenn z gegeben ist:

$$\lambda = \sqrt[z-1]{\frac{u_Q - n_z}{m_{max} \cdot r_A}} = \frac{m_{max}}{m_{min}} \tag{3.284}$$

oder für die Zahl der benötigten Stellungen, wenn λ gegeben ist:

$$(z-1) \cdot \log \lambda = \log \left(\frac{u_Q - n_z}{m_{max} \cdot r_A} \right) \tag{3.285}$$

$$z \geq \left[\left(\frac{\log \dfrac{u_Q - n_z}{m_{max} \cdot r_A}}{\log \dfrac{m_{max}}{m_{min}}} \right) + 1 \right] \qquad z \in \mathrm{N}^+ \tag{3.286}$$

Nachteil: Die Gesamtverlustleistung verringert sich durch diese Methode nicht. Sie wird lediglich vom Motor teilweise auf die Vorwiderstände verlagert.

Wenn weder $\lambda = \dfrac{m_{max}}{m_{min}}$ noch z gegeben ist, muß zumindest das erforderliche mittlere Moment gegeben sein.

$$m_m = \frac{m_{max} + m_{min}}{2} \tag{3.287}$$

Gesucht: z und $\lambda = \dfrac{m_{max}}{m_{min}}$

Es gilt:

$$m_{max} = \frac{\lambda}{1+\lambda} \cdot 2 \cdot m_m \tag{3.288}$$

$$m_{min} = \frac{1}{1+\lambda} \cdot 2 \cdot m_m \tag{3.289}$$

Aus

$$\lambda^{z-1} = \frac{u_Q - n_z}{m_{max} \cdot r_A} = \frac{1+\lambda}{\lambda} \cdot \underbrace{\frac{u_Q - n_z}{r_A \cdot 2 \cdot m_m}}_{e} \tag{3.290}$$

ergibt sich:

$$\lambda^z - e \cdot \lambda - e = 0 \tag{3.291}$$

Iterativ lösbar für z, so daß $\lambda < \lambda_{max}$.

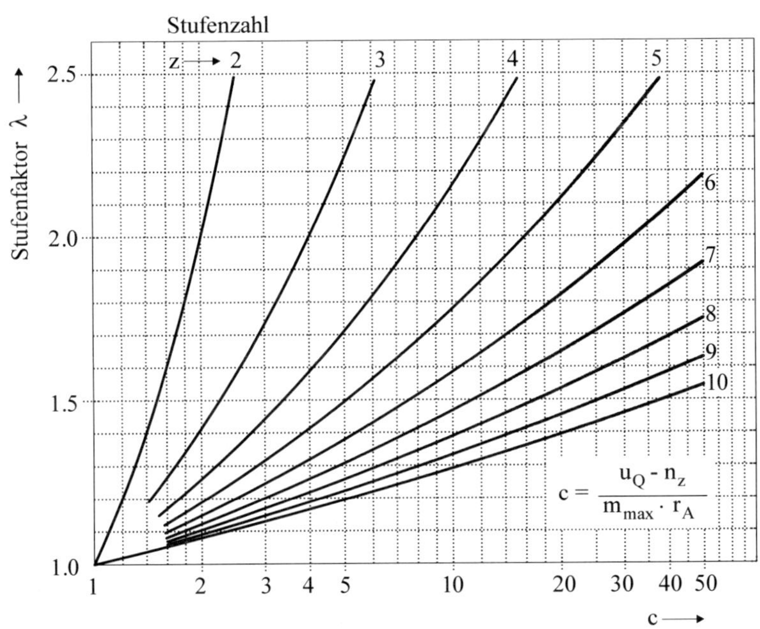

Abb. 3.66: *Diagramm zur Bestimmung von Stufenzahl bzw. Stufenfaktor*

3.6 Zeitliches Verhalten bei Spannungs- und Stromsteuerung

Bei mittleren und großen Gleichstrommaschinen stellt man fest, daß die – mit Drehzahländerungen verbundenen – mechanischen Ausgleichsvorgänge mindestens eine Größenordnung langsamer ablaufen als die elektrischen Ausgleichsvorgänge. Das berechtigt bei der Behandlung der mechanischen Ausgleichsvorgänge, die elektrischen Zeitkonstanten zu vernachlässigen ($T_{\Theta St} \gg 4T_A$; $T_A \approx 0\,; L_A \approx 0$). Die Drehzahländerung kann dabei entweder durch sprungförmige Änderung der Ankerspannung oder durch Einprägung des Ankerstroms (Stromregelung) erfolgen.

3.6.1 Drehzahländerung durch Spannungsumschaltung

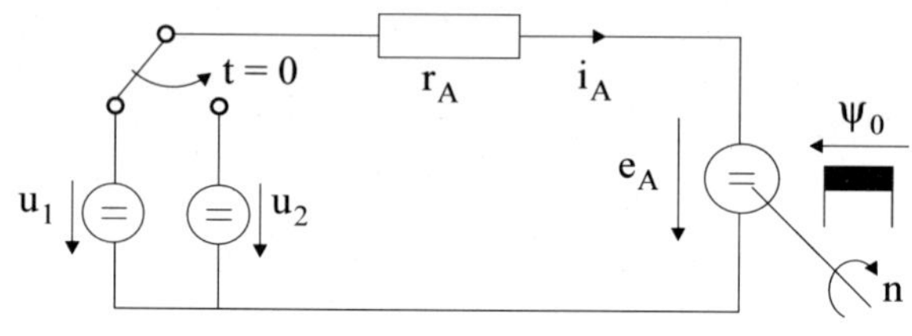

Abb. 3.67: *Schaltbild für Spannungsumschaltung*

Annahme: $m_W = 0$ und $\psi_0 = \text{const.}$

Zur Zeit $t \leq 0$ habe der Antrieb die Anfangsdrehzahl $n_1 = \dfrac{u_1}{\psi_0}$ bei $i_A = 0$ (idealer Leerlauf).

Zur Zeit $t = 0$ erfolge die Umschaltung auf die Spannung u_2.

Mit den Beziehungen

Anfangszustand (Anfangsdrehzahl n_1)	Endzustand (Enddrehzahl n_2)
$u_2 = \psi_0 \cdot n_1 + i_A \cdot r_A$	$u_2 = \psi_0 \cdot n_2$

und mit

$$m_B = m_M = \psi_0 \cdot i_A = T_{\Theta N} \cdot \frac{dn}{dt} \tag{3.292}$$

$$i_A = \left. \frac{u_2 - \psi_0 \cdot n}{r_A} \right|_{T_A = 0} \tag{3.293}$$

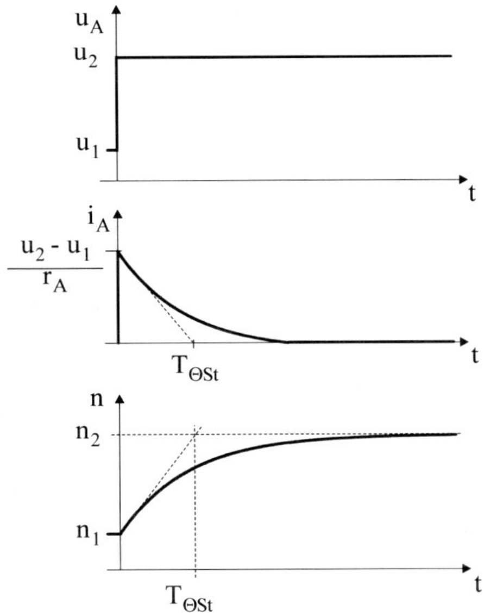

Abb. 3.68: *Zeitverlauf von Drehzahl und Ankerstrom bei einem Sprung der Ankerspannung*

ergibt sich eine Differentialgleichung erster Ordnung:

$$T_{\Theta St} \cdot \frac{dn}{dt} + n \;=\; \frac{u_2}{\psi_0} \tag{3.294}$$

Für die Drehzahl in Abhängigkeit von der Zeit folgt:

$$n(t) \;=\; n_2 - (n_2 - n_1) \cdot e^{-t/T_{\Theta St}} \tag{3.295}$$

Mit $\psi_0 \cdot i_A = m_M = T_{\Theta N} \cdot \dfrac{dn}{dt}$ ergibt sich der Stromverlauf:

$$i_A(t) \;=\; \frac{u_2 - u_1}{r_A} \cdot e^{-t/T_{\Theta St}} \tag{3.296}$$

3.6.2 Drehzahländerung mit konstantem Strom

Annahme: $m_W = 0$ und $\psi_0 =$ const. Zur Zeit $t \leq 0$ habe die Maschine die Drehzahl n_1. Zur Zeit $t = 0$ wird der Strom $i_A = -i_0 =$ const. eingeprägt. Ausgehend von

$$m_M \;=\; \psi_0 \cdot i_A \;=\; T_{\Theta N} \cdot \frac{dn}{dt} \tag{3.297}$$

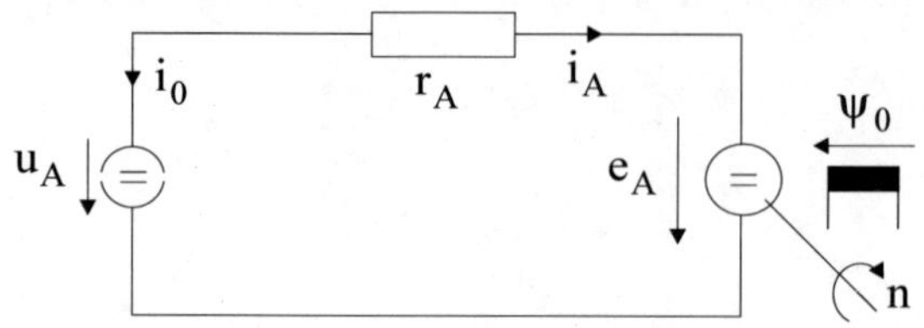

Abb. 3.69: *Schaltbild für Stromeinprägung*

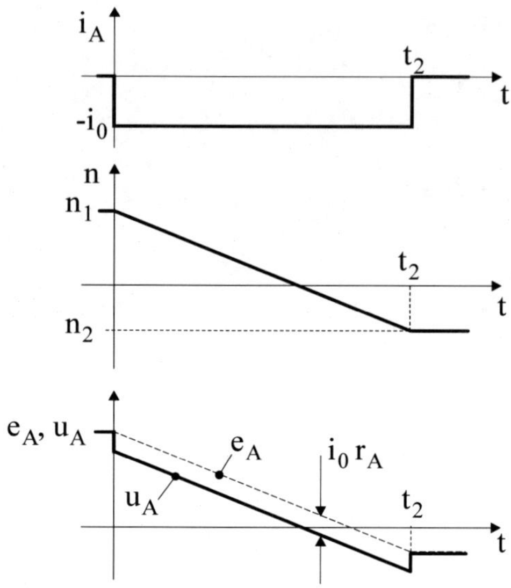

Abb. 3.70: *Zeitverläufe bei Stromeinprägung (Annahme: $L_A = 0$)*

ergibt sich mit $i_A = -i_0$

$$n(t) = n(+0) + \int_0^t \frac{\psi_0 \cdot i_A}{T_{\Theta N}} d\tau \qquad \text{oder} \qquad n(t) = n_1 - \frac{i_0 \cdot \psi_0}{T_{\Theta N}} \cdot t \tag{3.298}$$

Mit $e_A = \psi_0 \cdot n$ folgt für die induzierte Spannung der Maschine:

$$e_A(t) = \psi_0 \cdot n_1 - \frac{i_0 \psi_0^2}{T_{\Theta N}} \cdot t \tag{3.299}$$

Für die Spannung der speisenden Quelle erhält man:

$$\begin{aligned} u_A(t) &= e_A(t) + i_A \cdot r_A \\ &= e_A(t) - i_0 \cdot r_A \end{aligned} \tag{3.300}$$

(Beachte: Im Ankerkreis der realen Gleichstrommaschine ist die Ankerinduktivität L_A vorhanden. Stromänderungen erfordern aufgrund von $U_L = L_A \cdot dI_A/dt$ eine Spannungszeitfläche $\int U_L dt$, die eine der Stromänderung ΔI_A entsprechende Flußänderung $\Delta\psi_A$ in L_A hervorrufen.)

3.7 Arbeitsbereich-Grenzen der fremderregten Gleichstrommaschine

Der Arbeitsbereich (AB) einer fremderregten Gleichstrommaschine (GM) mit Spannungs- und Feldsteuerung läßt sich durch drei charakteristische Teilbereiche beschreiben (Abb. 3.71). Dabei müssen die zulässigen Maximalwerte nicht mit den Nennwerten übereinstimmen.

Die Beschreibung erfolgt (unnormiert) für den 1. Quadranten des M-N-Diagramms.

3.7.1 Bereich 1: Spannungsverstellung im Ankerkreis

$$U_A \leq U_{Amax}, \qquad \Psi = \Psi_{max}, \qquad N \leq N_g \tag{3.301}$$

In diesem Bereich wird die maximale Erregung in der Maschine eingestellt. Mit zunehmender Drehzahl steigt dann die induzierte Spannung E_A der Maschine

$$E_A = C_E \cdot \Psi_{max} \cdot N; \qquad \Psi_{max} = \text{const.}; \qquad E_A \sim N \tag{3.302}$$

mit der Drehzahl N linear an. Man kann nun die angelegte Maschinenspannung U_A mit der Drehzahl N so verstellen, daß sich in der Maschine der noch kommutierbare Maximalstrom I_{Amax} einstellt:

$$U_A = E_A + R_A \cdot I_{Amax} \tag{3.303}$$

$$U_A = C_E \cdot \Psi_{max} \cdot N + I_{Amax} \cdot R_A \tag{3.304}$$

Damit kann die Maschine in diesem Bereich das maximale Moment

$$M_{max} = C_M \cdot \Psi_{max} \cdot I_{Amax}; \qquad M_{max} = \text{const.} \tag{3.305}$$

entwickeln, und für die mechanische Leistung findet man den Zusammenhang

$$P = M_{max} \cdot \Omega = C_M \cdot \Psi_{max} \cdot I_{Amax} \cdot 2\pi \cdot N; \qquad P \sim N \tag{3.306}$$

Der Bereich 1 endet bei der Grunddrehzahl N_g, bei der die Spannung $U_A = U_{Amax}$ nicht weiter gesteigert werden darf, damit die **Segmentspannung am Kommutator (Stegspannung)** nicht zu groß wird.

$$U_{Amax} = C_E \cdot \Psi_{max} \cdot N_g + R_A \cdot I_{Amax} \qquad (3.307)$$

$$E_{Amax} = C_E \cdot \Psi_{max} \cdot N_g \qquad (3.308)$$

3.7.2 Bereich 2: Feldverstellung

$$U_A = U_{Amax}, \quad \Psi \leq \Psi_{max}, \quad N_g \leq N \leq N_k, \quad I_A = I_{Amax} \qquad (3.309)$$

Mit weiter steigender Drehzahl muß der Fluß der Maschine geschwächt werden, damit die Spannung E_A konstant und damit die Stegspannungen am Kommutator ungefähr konstant bleiben.

Daraus folgt für die Flußverstellung der Zusammenhang:

$$\frac{\Psi}{\Psi_{max}} = \frac{N_g}{N}; \qquad N = N_g \cdot \frac{\Psi_{max}}{\Psi} \qquad \longrightarrow \qquad N \sim \frac{1}{\Psi} \qquad (3.310)$$

Wenn man die angelegte Spannung $U_A = U_{Amax}$ konstant hält, kann damit auch in diesem Bereich der maximal kommutierbare Strom I_{Amax} fließen. Deshalb ergibt sich für die Momentänderung die analoge Beziehung wie für die Flußverstellung:

$$\frac{M_M}{M_{max}} = \frac{N_g}{N}; \qquad M_M \sim \frac{1}{N} \sim \Psi \qquad (3.311)$$

Und für die mechanische Leistung folgt:

$$P = \text{const.}$$

Mit zunehmender Feldschwächung und daher zunehmender Drehzahlerhöhung nimmt die zur Kommutierung verfügbare Zeit immer mehr ab, so daß das dI_A/dt immer mehr zunimmt. Da andererseits aber die Lamellenspannungen begrenzt sind, ist ab einer Drehzahl N_k die Kommutierung bei vollem Ankerstrom I_{Amax} nicht mehr möglich. Die exakte Berechnung von N_k ist komplex und soll hier nicht vertieft werden. Es gelte:

$$N_k = \frac{U_{Amax} - R_A \cdot I_{Amax}}{C_E \cdot \Psi_{min}} \qquad \left(\Psi_{min} \approx \frac{1}{3} \cdot \Psi_{max}\right) \qquad (3.312)$$

Hier endet der Bereich 2.

3.7.3 Bereich 3: Erhöhung der Drehzahl bei konstanter Spannung und konstantem Fluß

$$U_A = U_{Amax}, \quad \Psi = \Psi_{min}, \quad N_k \leq N \leq N_e \qquad (3.313)$$

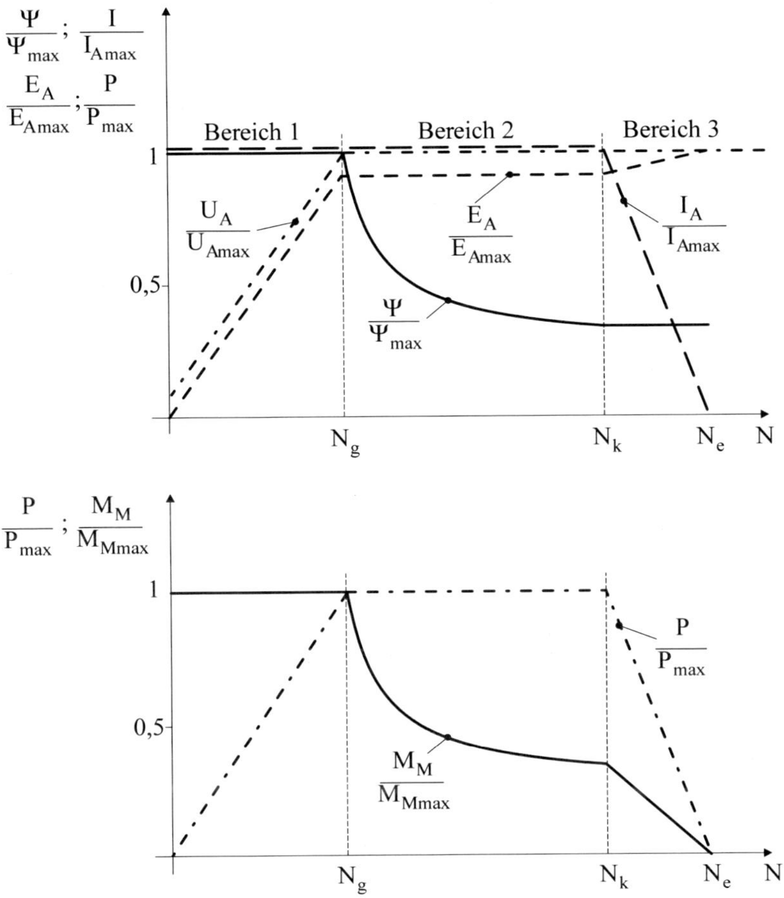

Abb. 3.71: *Darstellung der charakteristischen Teilbereiche*

Wie oben ausgeführt, ist bis zur Drehzahl N_k eine Kommutierung des Ankerstroms I_{Amax} möglich. Um bei höheren Drehzahlen als N_k die Kommutierung sicherzustellen, muß der Ankerstrom I_A abgesenkt werden.
Es gilt mit N_k aus Gl. (3.312):

$$I_A = \frac{U_{Amax}}{R_A} - \frac{C_E \cdot \Psi_{min}}{R_A} \cdot N = I_{Amax} \cdot \frac{U_{Amax} - \Psi_{min} \cdot N \cdot C_E}{U_{Amax} - \Psi_{min} \cdot N_k \cdot C_E} \tag{3.314}$$

Für $I_A = 0$ ergibt sich:

$$N_e = \frac{U_{Amax}}{C_E \cdot \Psi_{min}} \tag{3.315}$$

Dies ist ein theoretischer Drehzahlpunkt.

Setzt man Gl. (3.315) in Gl. (3.314) ein, so erhält man für den zulässigen Strom und das Motormoment im Bereich 3:

$$I_A = I_{Amax} \cdot \frac{1 - \dfrac{N}{N_e}}{1 - \dfrac{N_k}{N_e}}; \qquad M_M = M_M(N_k) \cdot \frac{1 - \dfrac{N}{N_e}}{1 - \dfrac{N_k}{N_e}} \tag{3.316}$$

Für die mechanische Leistung im Bereich 3 ergibt sich damit:

$$\frac{P}{P_{max}} = \frac{2\pi N \cdot M_M}{2\pi N_k \cdot M_M(N_k)} = \frac{1 - \dfrac{N}{N_e}}{1 - \dfrac{N_k}{N_e}} \cdot \frac{N}{N_k} \tag{3.317}$$

3.8 Gleichstrom-Hauptschlußmaschine

Bei der Gleichstrom-Hauptschlußmaschine wird die Erregerwicklung vom Ankerstrom durchflossen (Abb. 3.72), d.h. die Ankerwicklung und die Erregerwicklung sind in Reihe geschaltet.

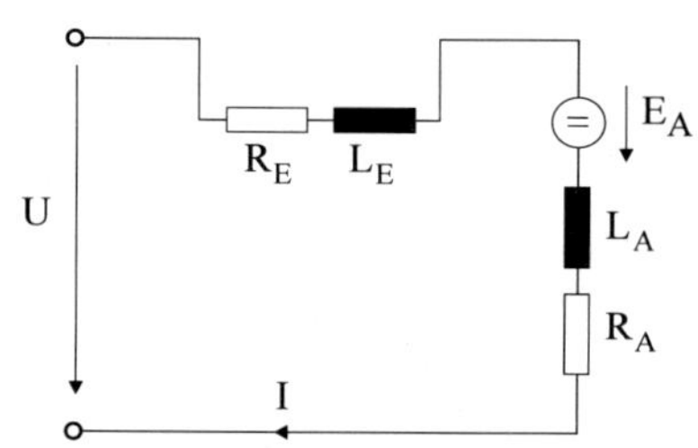

Abb. 3.72: *Gleichstrom-Hauptschlußmaschine*

Der Fluß ist jetzt eine Funktion des Stroms $I = I_A = I_E$, der auch durch den Anker fließt: $\Psi = f(I)$. Unter Annahme eines linearen Zusammenhangs zwischen Ψ und I ist das Drehmoment:

$$M_{Mi} = C_M \cdot \Psi \cdot I = C_M \cdot L_E \cdot I^2 \tag{3.318}$$

Allerdings ist zu beachten, daß große Ankerströme das Eisen sättigen können, so daß der Fluß Ψ bei weiter ansteigendem Ankerstrom in etwa konstant bleibt und somit das Moment nicht mehr quadratisch mit I ansteigt. Es gilt außerdem (mit $R = R_A + R_E$ und $L = L_A + L_E$):

$$U = I \cdot R + L \cdot \frac{dI}{dt} + E_A \tag{3.319}$$

$$E_A = C_M \cdot \Psi \cdot \Omega = C_M \cdot L_E \cdot I \cdot \Omega \tag{3.320}$$

$$M_{Mi} = C_M \cdot \Psi \cdot I = C_M \cdot L_E \cdot I^2 \tag{3.321}$$

$$\Theta \cdot \frac{d\Omega}{dt} = M_{Mi} - M_W \tag{3.322}$$

Ein Kennzeichen der Hauptschlußmaschine ist, daß bei Leerlauf ($M_{Mi} = 0$) auch der Ankerstrom I zu Null wird und bei konstanter Spannung U die Drehzahl gegen einen unendlich großen Wert strebt. Die Hauptschlußmaschine ist also nicht leerlauffest. Stationär ($d/dt = 0$) gilt:

$$I = \sqrt{\frac{M_{Mi}}{C_M \cdot L_E}} \tag{3.323}$$

$$E_A = \Omega \cdot \sqrt{C_M \cdot L_E \cdot M_{Mi}} \tag{3.324}$$

$$\Omega = \frac{U}{\sqrt{C_M \cdot L_E \cdot M_{Mi}}} - \frac{R}{C_M \cdot L_E} \tag{3.325}$$

$$\Omega \approx k \cdot \sqrt{\frac{1}{M_{Mi}}} \tag{3.326}$$

Der Vorteil der Hauptschlußmaschine ist das hohe Drehmoment bei kleinen Drehzahlen – soweit die Sättigung nicht eintritt:

$$M_{Mi}(\Omega = 0) = C_M \cdot L_E \cdot \frac{U^2}{R^2} \tag{3.327}$$

Die Hauptschlußmaschine wurde deshalb immer dort vorteilhaft eingesetzt, wo hohe Drehmomente bei kleinen Drehzahlen gefordert wurden. Dies galt beispielsweise bei Traktionsantrieben. Für dynamisch hochwertige Antriebe wird die Hauptschlußmaschine nicht genutzt. Die Gründe sind das nichtlineare – durch die Sättigung beeinflußte – Verhalten in der Drehzahl und im Drehmoment.

Normierung: Bezugsgrößen sind die Nennspannung U_N und der Nennstrom I_N, sowie die von der Gleichstrom–Nebenschlußmaschine bekannten Größen: M_{iN}, N_{0N} und L_{EN}. Die Bezugsdrehzahl N_{0N} kann bei der Reihenschlußmaschine allerdings nicht als Nenn-Leerlaufdrehzahl interpretiert werden. Die Widerstände R_A und R_E bzw. $R = R_A + R_E$ werden mit $R_N = U_N/I_N$ normiert.

Somit erhält man die normierten Gleichungen der Hauptschlußmaschine:

$$e_A = l_E \cdot i \cdot n \tag{3.328}$$

$$m_{Mi} = l_E \cdot i^2 \tag{3.329}$$

$$u = i \cdot r + r \cdot T \cdot \frac{d\,i}{dt} + e_A \qquad \text{mit} \quad T = \frac{L_A + L_E}{R_A + R_E} \tag{3.330}$$

$$u = i \cdot r + e_A \qquad \left(\text{stationär, d.h. } \frac{d}{dt} = 0\right) \tag{3.331}$$

Nach Strom und Drehzahl aufgelöst:

$$n = \frac{u}{\sqrt{l_E \cdot m_{Mi}}} - \frac{r}{l_E} \tag{3.332}$$

$$i = \sqrt{\frac{m_{Mi}}{l_E}} \tag{3.333}$$

Diese Zusammenhänge zeigt Abb. 3.73 mit u als Parameter.

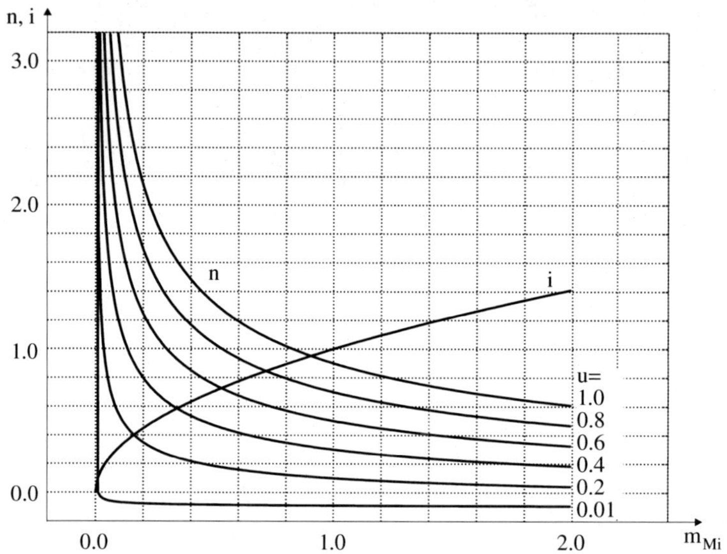

Abb. 3.73: *Strom und Drehzahl einer Hauptschlußmaschine mit $l_E = 1$ und $r = 0,1$*

Zusätzlich kann noch ein Vorwiderstand $r_V = R_V/R_A$ in Reihe zum Ankerwiderstand und ein Widerstand $r_p = R_p/R_E$ parallel zur Erregerwicklung geschaltet werden (Abb. 3.74). Man erhält dadurch zusätzliche Steuermöglichkeiten. Der Parallelwiderstand r_p leitet einen Teil des Ankerstroms an der Erregerwicklung vorbei (d.h. $i_E < i$), ein Feldschwächbereich ist damit erreichbar. Drehzahl und Strom sind jetzt:

$$n = u \cdot \sqrt{\left(1 + \frac{1}{r_p}\right) \cdot \frac{1}{l_E \cdot m_{Mi}}} - \frac{1}{l_E} \cdot \left[r_A \cdot (1 + r_V) \cdot \left(1 + \frac{1}{r_p}\right) + r_E\right] \tag{3.334}$$

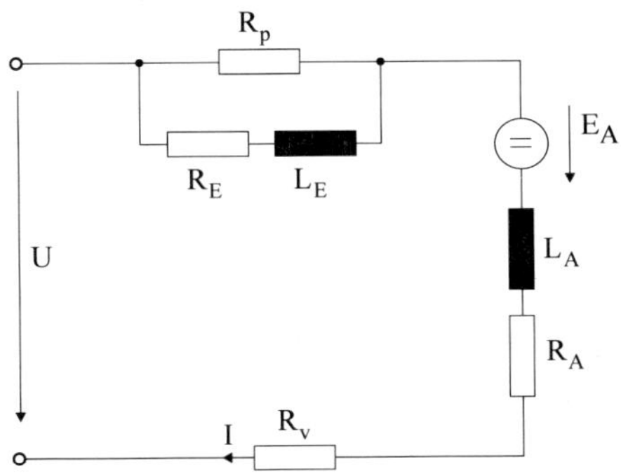

Abb. 3.74: *Hauptschlußmaschine mit Vorwiderstand R_V und Parallelwiderstand R_p*

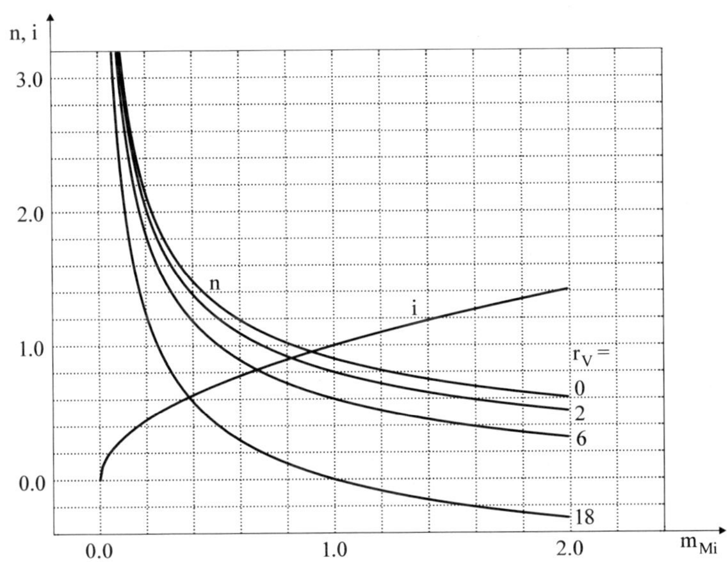

Abb. 3.75: *$i(m_{Mi})$ und $n(m_{Mi})$ mit r_V als Parameter und $u = 1$, $l_E = 1$, $r_A = 0,05$, $r_E = 0,05$, $r_p \to \infty$.*

$$i = \sqrt{\left(1 + \frac{1}{r_p}\right) \cdot \frac{m_{Mi}}{l_E}} \tag{3.335}$$

Abbildung 3.75 und 3.76 veranschaulichen den Einfluß von r_V und r_p auf Drehzahl und Strom.

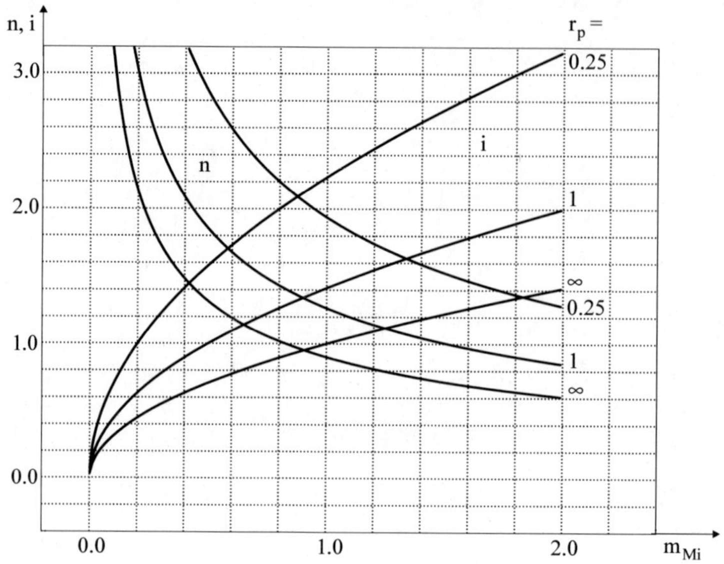

Abb. 3.76: *$i(m_{Mi})$ und $n(m_{Mi})$ mit r_p als Parameter und $u = 1$, $l_E = 1$, $r_A = 0{,}05$, $r_E = 0{,}05$, $r_V = 0$.*

Die prinzipielle Regelungsstruktur einer Gleichstrom-Reihenschlußmaschine ist in Abb. 3.77 dargestellt. Zum genaueren Verständnis soll hier auf Kap. 4.3 verwiesen werden.

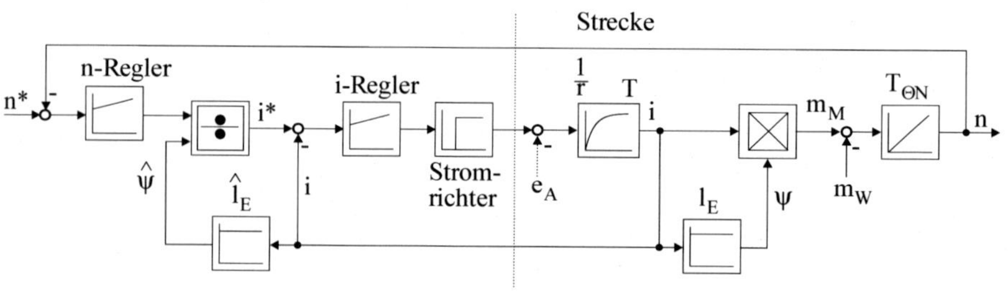

Abb. 3.77: *Regelung der Gleichstrom-Reihenschlußmaschine*

Grundsätzlich ist – ebenso wie bei der GNM – der innerste Regelkreis ein Stromregelkreis mit dem Sollwert i^* und dem Stromistwert i. Die Regeldifferenz $i^* - i$ wird im PI-Stromregler verarbeitet.

Dem Stromregelkreis ist der Drehzahlregelkreis überlagert. Der Drehzahlsollwert ist n^*, der Drehzahlistwert ist n. Im vorliegenden Fall wird durch das Reihenschlußverhalten der Ankerstrom proportional dem Erregerstrom sein und das ist in der Strecke durch die Eingangssignale des Multiplikators berücksichtigt. Zur Linearisierung der durch den Multiplikator nichtlinearen Strecke wird im Signalpfad des Drehzahlregelkreises ein Dividierglied eingefügt. Die Regleroptimierung erfolgt prinzipiell wie in Kap. 4.3. Weitergehende Informationen sind aus den speziellen Büchern der Antriebstechnik bzw. aus [47] zu entnehmen.

Die Hauptschlußmaschine hatte in der Anfangszeit insbesondere in der Traktion gegenüber der Nebenschlußmaschine folgende Vorteile:

- robuster Aufbau, da auch die Erregerwicklung dickdrähtig und damit wenig störanfällig ist,
- größere Unempfindlichkeit gegenüber du/dt, da sowohl Anker– als auch Feldwicklung in Serie geschaltet sind und damit das di/dt gemeinsam begrenzen,
- keine zusätzliche Fremderregung,
- durch den quadratischen Verlauf des Drehmoments über dem Strom (ohne Sättigungseinfluß) ergibt sich bei gegebenem minimalen und maximalen Strom ein größerer Drehmomentbereich als bei linearem Zusammenhang; damit sind im Anfahrbereich weniger Anlaßstufen des Anfahrwiderstands notwendig (Kap. 3.5.4), bei konstanter Motorspannung ist das statische Verhalten ähnlich wie bei konstanter Leistungsaufnahme (ab einer Drehzahl), da eine Drehzahlabsenkung zu einer entsprechenden Drehmomenterhöhung führt, oder umgekehrt formuliert, eine variable Motorspannung beeinflußt im wesentlichen die Drehzahl und nur unwesentlich das Drehmoment.

Die Hauptschlußmaschine hat durch die Einführung insbesondere der Leistungselektronik und der Regelung praktisch an Bedeutung verloren und wird in modernen Antrieben nicht mehr eingesetzt.

4 Stellglieder und Regelung für die Gleichstrommaschine

4.1 Gleichstromsteller, DC-DC-Wandler

Gleichstromsteller sind leistungselektronische Stellglieder, die beispielsweise eine konstante Gleichspannung U_Q in eine variable Gleichspannung U_V bei sehr hohen Wirkungsgraden umwandeln können (Abb. 4.1). Einsatzgebiete dieser Stellglieder sind u.a. batteriebetriebene Elektrofahrzeuge, Straßenbahnen sowie U-Bahnen. Da die Signalformen der Lastspannung und des Laststroms sowie des Quellenstroms sehr von der Art der Last (R_V, L_V, C_V, E_V) und dem Arbeitspunkt abhängig sind, empfiehlt es sich – bei Unklarheiten – auf das im Internet verfügbare Programm 'iPES'[1)] zurückzugreifen und mittels Simulation vertiefte Erkenntnisse zu erlangen. Weitere Informationen zur Simulation drehzahlgeregelter elektrischer Antriebe sind in der Einführung der dritten Auflage dieses Bandes zu finden.

4.1.1 Tiefsetzsteller

Der Gleichstromsteller als Tiefsetzsteller ist im Prinzip ein elektronischer Schalter, der periodisch einen Verbraucher an eine Spannungsquelle schaltet oder den Verbraucher kurzschließt. Abbildung 4.1 zeigt das Prinzip eines Gleichstromstellers in der Ausführung Tiefsetzsteller. Dieses Stellglied prägt der Last die Spannung ein und ist daher ein Stellglied mit eingeprägter Spannung.

Bei geschlossenem Schalter S_1 fließt ein Strom I_Q von der Spannungsquelle U_Q zur Last Z, die voraussetzungsgemäß einen großen Energiespeicher (Induktivität L_V) enthalten soll. Wird der Schalter S_1 geöffnet, so fließt der Strom über die Diode D_F, deren Spannungsabfall hier zu Null angenommen werden soll. Der Strom I_V im Lastkreis klingt ab. Bei sehr großer Zeitkonstante L_V/R_V des Lastkreises zu T ist der Strom I_V nahezu konstant. Der Mittelwert der Spannung U_V ergibt sich aus der Einschaltzeit t_e, der Ausschaltzeit t_a und der Periodendauer $T = t_e + t_a$ zu:

$$\overline{U}_V = U_Q \cdot \frac{t_e}{T} = U_Q \cdot a \tag{4.1}$$

---

1) Prof.Dr.W.Kolar, ETH Zürich, http://www.ipes.ethz.ch

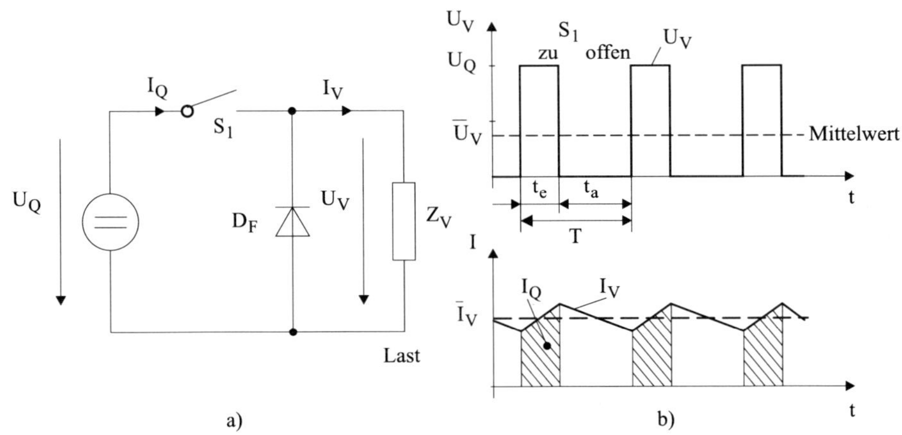

Abb. 4.1: *Prinzip eines Gleichstromstellers (Tiefsetzsteller): a) Schaltung mit mechanischem Schalter S_1; b) Spannungs- und Stromverläufe an der Last (Z_V bezeichnet eine R_V-L_V-Last mit $T_V = L_V/R_V \gg T$)*

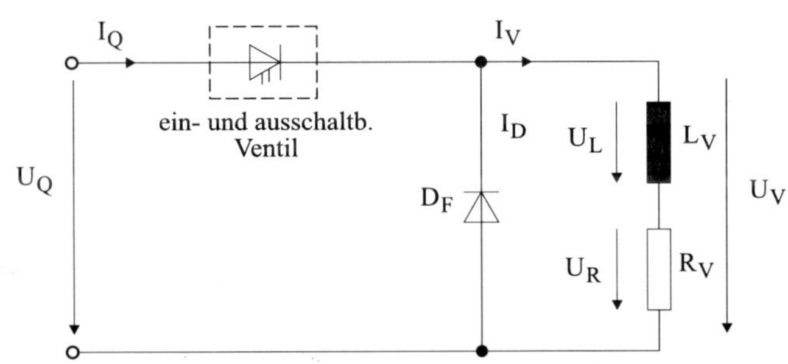

Abb. 4.2: *Tiefsetzsteller mit R-L-Last*

Dabei ist $a = t_e/T$ der Tastgrad (d.h. die relative Einschaltdauer). Bei einem konstantem Laststrom I_V ist der Mittelwert des Stroms I_Q:

$$\underbrace{\overline{I}_Q}_{\text{Quelle}} = \underbrace{I_V}_{\text{Last, Verbraucher}} \cdot \frac{t_e}{T} = I_V \cdot a \tag{4.2}$$

für $T_V = \dfrac{L_V}{R_V} \to \infty$ bzw. $T_V = \dfrac{L_V}{R_V} \gg T$.

Die der Quelle entnommene Leistung ist

$$P_Q = U_Q \cdot \overline{I}_Q = U_Q \cdot I_V \cdot a \tag{4.3}$$

und die von der Last aufgenommene Leistung beträgt

$$P_V = \overline{U}_V \cdot I_V = U_Q \cdot a \cdot I_V \tag{4.4}$$

Bei verlustlosen Gleichstromstellern ist somit die Leistung

$$P_Q = P_V \tag{4.5}$$

Beim realen Gleichstromsteller wird der Schalter S_1 durch einen Leistungs-Halbleiterschalter realisiert (Abb. 4.2 und 4.4). Diese Leistungs-Halbleiterschalter sind heute ein– und abschaltbare Leistungsschalter (Abb. 4.3).

Ein- und abschaltbare Leistungshalbleiter-Schalter (Abb. 4.3 und Abb. 4.4):

- Leistungs-FET, vorzugsweise Leistungs-MOSFET; (von Bedeutung)
- Bipolar-Leistungstransistoren; (heute ohne Bedeutung)
- RET (Ring Emitter Transistor); (")
- GTO (Gate Turn Off Thyristor); (heute fast ohne Bedeutung)
- GCT (Gate Controlled Thyristor); (von Bedeutung)
- SIT (Static Induction Thyristor); (heute ohne Bedeutung)
- SITh (Static Induction Thyristor); (")
- FCT (Field Controlled Thyristor); (")
- IGBT (Isolated Gate Bipolar Transistor: Kombination FET/Bipolar) (PT-IGBT, NPT-IGBT, Trench-IGBT); (von Bedeutung)
- MCT (MOS Controlled Thyristor)

In der Zukunft sind SiC-Halbleiter zu erwarten [50, 51]. Die unterstrichenen Leistungshalbleiter werden zur Zeit vorwiegend als Schalter verwendet.

Früher wurden auch Thyristoren eingesetzt. Der Thyristor kann aufgrund seines Leitungsmechanismus nur durch einen Impuls eingeschaltet, jedoch nicht ausgeschaltet (gelöscht) werden. Zum Löschen des Stroms wird kurzzeitig eine Sperrspannung an den Thyristor gelegt, die aus einer Hilfsquelle zur Verfügung gestellt wird. Der Stromübergang (Kommutierung) vom Thyristor zu einem anderen Zweig wird damit erzwungen. Der Gleichstromsteller ist somit ein Stromrichter mit erzwungener Kommutierung.

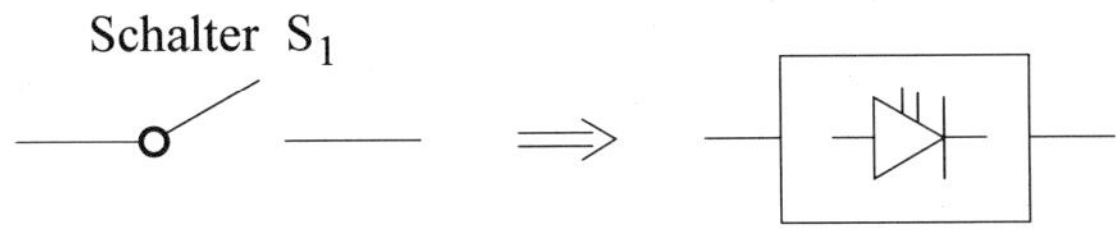

Abb. 4.3: *Schaltzeichen eines ein– und ausschaltbaren Halbleiterschalters*

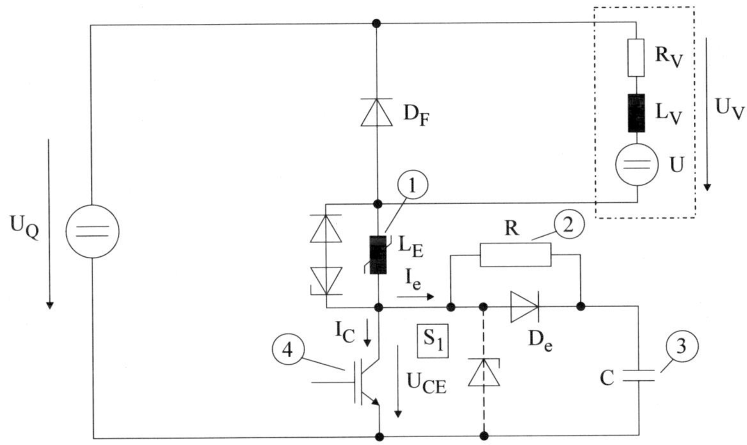

Abb. 4.4: *Tiefsetzsteller mit IGBT-Halbleiterschalter und verlustbehafteter Ausschalt-Entlastung und Einschalt-Entlastung; (1) Einschaltentlastung, Stromanstiegsbegrenzung; (2) Strombegrenzung beim Einschalten des IGBT; (3) Begrenzung der Spannung beim Ausschalten des IGBT; Ausschaltentlastung RCD-Schutzbeschaltung, bestehend aus D_e, (2) und Kondensator (3); IGBT (4) empfindlich gegen Ein– und Ausschaltverlustleistung*

Frühere Technik: **Nur** einschaltbare Ventile:

F(requenz)-Thyristoren	(kurze Freiwerdezeit)
ASCR = Asymmetrischer Thyristor	(")
GATT = Gate Assisted Turn Off Thyristor	(")
RLT, (RCT) = Rückwärtsleitender Thyristor	(")

Prinzip: Tiefsetz-Schaltung mit Löschschaltung: Abb. 4.5

Die Schaltung in Abb. 4.5 verwendet als leistungselektronische Schalter die Thyristoren T_1 und T_2, die nur einschaltbar sind. Der Thyristor T_1 ist der Hauptschalter und entspricht dem IGBT (4) in Abb. 4.4. Der Thyristor T_2, der Kondensator C und die Induktivität L_σ bilden den Hauptteil des Löschkreises. Dieser Teil des Löschkreises mit dem Kondensator C wird durch Einschalten des Thyristors

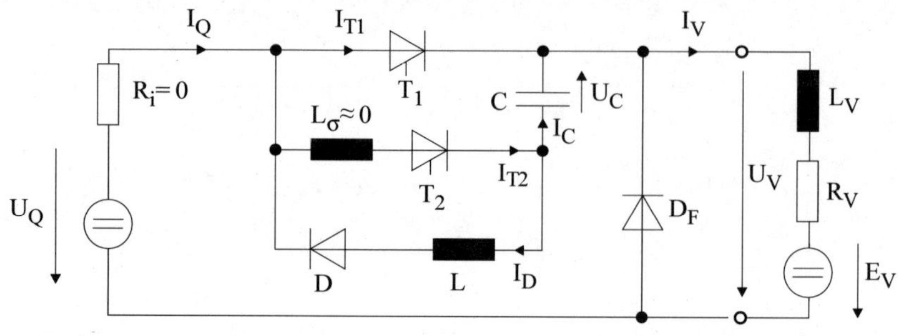

Abb. 4.5: *Grundschaltung des Gleichstromstellers mit erzwungener Kommutierung (Schaltung nach Tröger, ohne Beschaltung)*

T_2 vor Beginn des Betriebs aktiviert und führt zur Aufladung des Kondensators C in der eingezeichneten Spannungspolarität. In dieser Spannungspolarität ist der Löschkreis allerdings noch nicht funktionsfähig. Dies geschieht durch Zündung der Thyristors T_1, es bildet sich ein Schwingkreis mit den Komponenten C, L, D und T_1, der eine Spannungsumkehr am Kondensator C bewirkt; der Löschkreis ist nun funktionsfähig – die Ausschaltung des Thyristors T_1 erfolgt durch Einschaltung des Thyristors T_2. Genauere Informationen zu dieser Schaltung sind in den beiden Vorläufern dieses Bandes [45, 46] und in Buch „Antriebstechnik - Leistungselektronische Schaltungen“ [52, 53] zu finden.

4.1.2 Steuerverfahren für Gleichstromsteller

4.1.2.1 Pulsweitensteuerung (T konstant)

Die Pulsweitensteuerung (Abb. 4.6) findet ihr Einsatzgebiet vorwiegend in Anlagen, bei denen veränderliche Frequenzen in den Ausgangssignalen unerwünscht sind. Das Verfahren beruht darauf, daß die Impuls- t_e bzw. Pausendauer t_a veränderbar ist, während die Periodendauer T und damit die Frequenz $F = 1/T$ konstant gehalten wird. Hier gilt die Beziehung:

$$\overline{U}_V = U_Q \cdot \frac{t_e}{T}; \qquad t_e = T - t_a \quad \text{variabel} \tag{4.6}$$

Grenzen für t_e bei der Schaltung entsprechend

$$t_{e\,max} = T - \Delta t_1 \tag{4.7}$$

$$t_{e\,min} = \Delta t_2 \tag{4.8}$$

$$\Delta t_i \; : \; \text{Sicherheitszeiten} \tag{4.9}$$

$$\frac{\overline{U}_{V\,max}}{\overline{U}_{V\,min}} = \frac{t_{e\,max}}{t_{e\,min}} \tag{4.10}$$

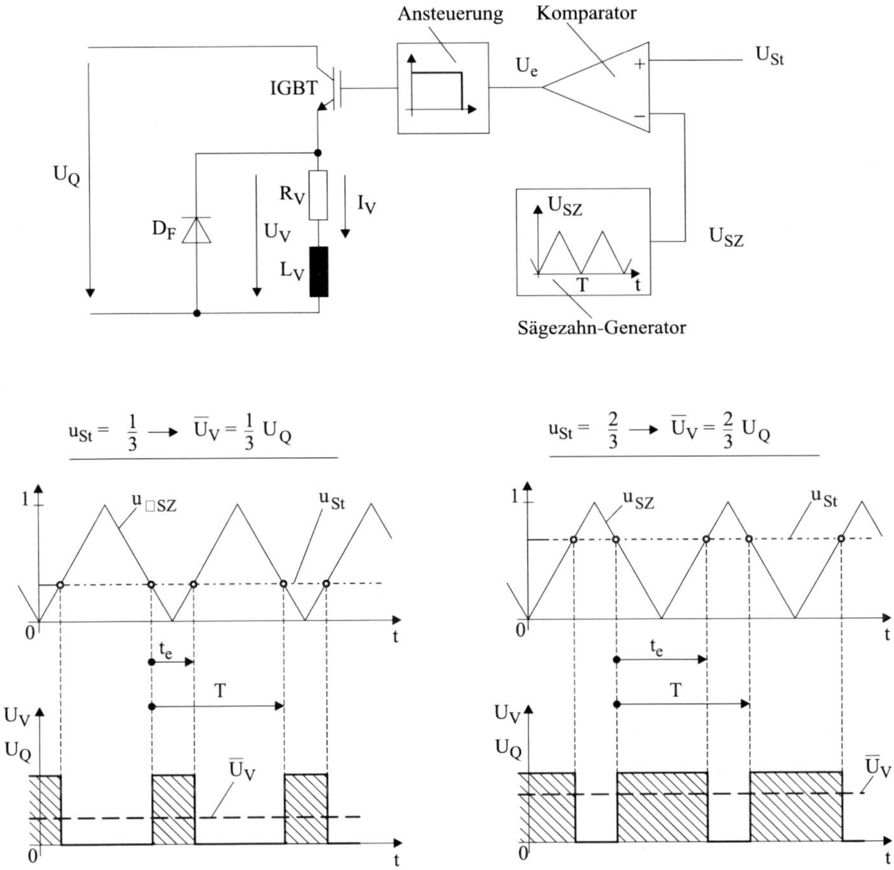

Abb. 4.6: *Realisierungsbeispiel für die Pulsweitensteuerung*

4.1.2.2 Pulsfolgesteuerung (T variabel)

Bei dieser Steuerart wird mit konstanter Pulsdauer t_e, variabler Pausendauer t_a und somit variabler Periodendauer T bzw. Frequenz F gearbeitet (Abb. 4.7 und 4.8).
Aus $T = t_e + t_a$ erhält man:

$$F = \frac{1}{t_e + t_a} = \frac{1}{T} \tag{4.11}$$

($t_e = \text{const.}$, T variabel, $t_e \leq T < \infty$)

Diese Frequenzsteuerung, auch Pulsfolgesteuerung genannt, zeichnet sich durch geringen technischen Aufwand aus.

$$F_{min} = F_{max} \cdot \frac{\overline{U}_{V\,min}}{U_Q} \tag{4.12}$$

Mit den Gleichungen

$$F_{max} = \frac{1}{t_e} \tag{4.13}$$

$$F_{min} = \frac{\overline{U}_{V\,min}}{U_Q \cdot t_e} \tag{4.14}$$

ergibt sich der Frequenzstellbereich:

$$\frac{\overline{U}_{V\,min}}{U_Q \cdot t_e} < F < \frac{1}{t_e} = F_{max} \tag{4.15}$$

Während Vollaussteuerung mit F_{max} bei $t_e = T$ gegeben ist, errechnet sich F_{min} aus der kleinsten zulässigen Ausgangsspannung $\overline{U}_{V\,min}$ und der gewählten Pulsweite t_e bei vorgegebener Eingangsspannung U_Q. Hierbei ist generell zu beachten, daß niedrige Arbeitsfrequenzen einen hohen Aufwand an Glättungsgliedern – meistens teure Induktivitäten – erfordern, falls ein Stromlücken vermieden werden muß.

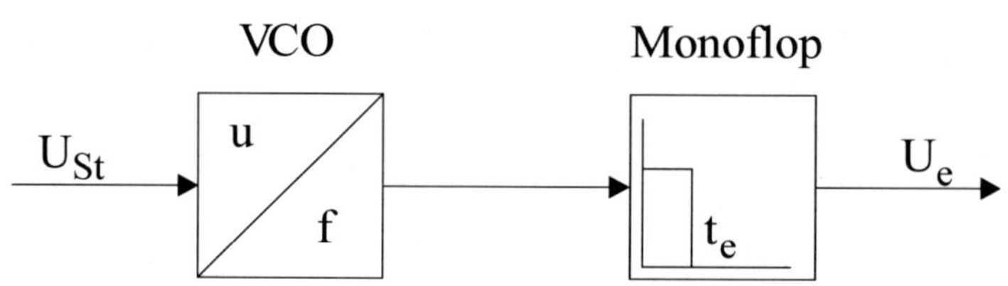

Abb. 4.7: *Prinzip der Pulsfolgesteuerung*

4.1.2.3 Hysterese-Regelung des Gleichstromstellers

Die Hysterese-Regelung wird bei Laststromregelungen eingesetzt und arbeitet sowohl mit variabler Pulsdauer als auch mit variabler Arbeitsfrequenz. Die entsprechenden Ein- und Ausschaltimpulse werden vom Regler gegeben, sobald der Strom-Istwert den zulässigen Toleranzbereich verläßt (Abb. 4.9).

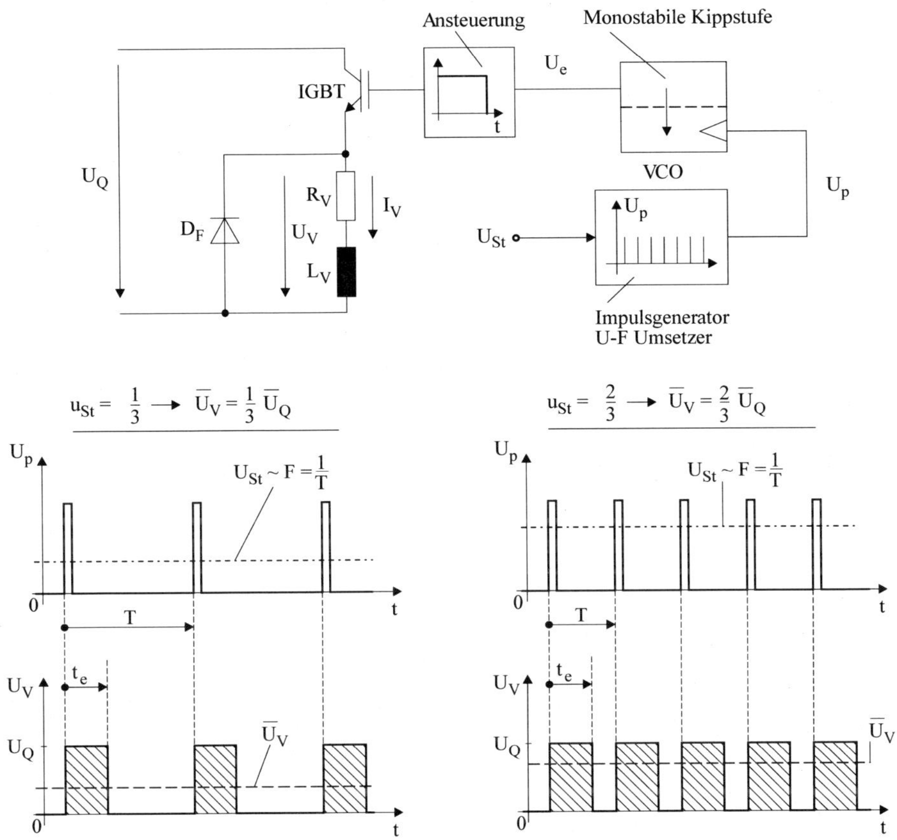

Abb. 4.8: *Realisierungsbeispiel für die Pulsfolgesteuerung*

Beispiel: GNM (vereinfachte Berechnung für $R_A = 0$):

$$E_A = \overline{U}_A = a \cdot U_Q \tag{4.16}$$

Bei eingeschaltetem Schalter gilt (Zeitdauer $t_e = a \cdot T$):

$$U_Q = L_A \cdot \frac{dI_A}{dt} + a \cdot U_Q \qquad \Rightarrow \qquad \frac{U_Q}{L_A} \cdot (1-a) = \frac{dI_A}{dt} \tag{4.17}$$

Daraus folgt der Stromanstieg in der Zeit t_e:

$$\Delta I_A = \frac{U_Q}{L_A} \cdot (1-a) \cdot a \cdot T \tag{4.18}$$

Analog gilt bei ausgeschaltetem Schalter (Zeitdauer $t_a = (1-a) \cdot T$):

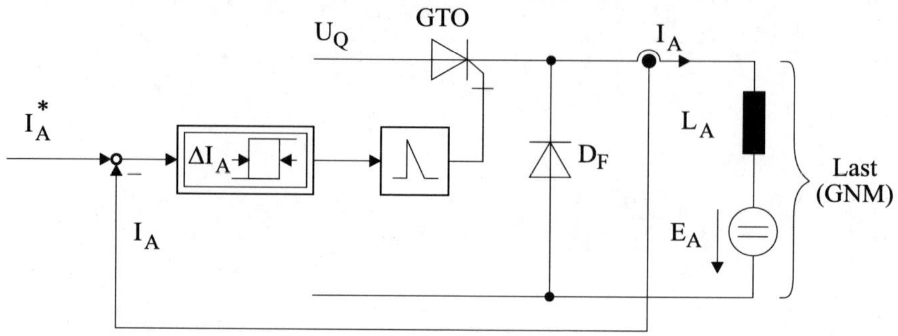

Abb. 4.9: *Prinzipschaltbild der Zweipunktregelung (Hysterese-Regelung)*

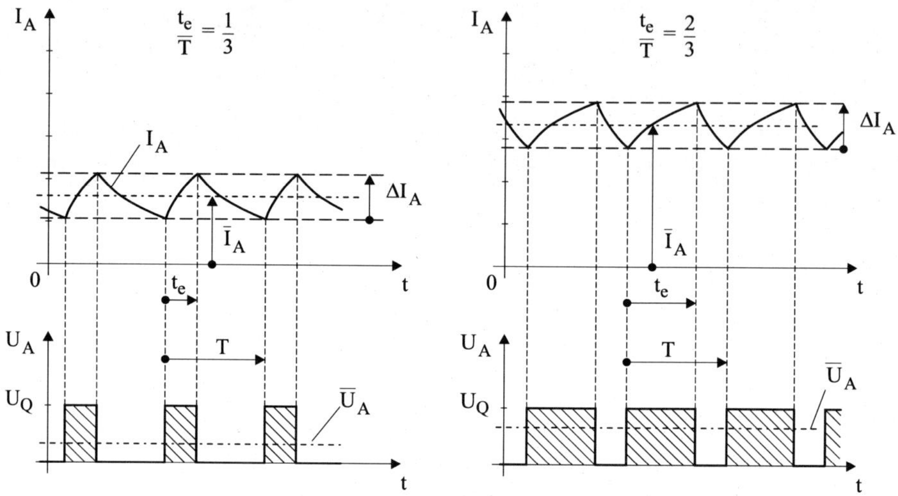

Abb. 4.10: *Zwei Beispiele für Zweipunktregelung bei $R_A \neq 0$ (Annahme: Stromregelung; Auslegung mit der Beschreibungsfunktion und dem Zwei-Ortskurven-Verfahren)*

$$U_A = 0 \qquad \Rightarrow \qquad E_A = a \cdot U_Q = -L_A \cdot \frac{dI_A}{dt} \tag{4.19}$$

Daraus folgt der Stromabfall in der Zeit t_a:

$$\Delta I_A = -\frac{U_Q}{L_A} \cdot a \cdot (1-a) \cdot T \tag{4.20}$$

Somit führt Gl. (4.20) auf dasselbe Ergebnis wie Gl. (4.18).

Die exakte Rechnung mit $R_A \neq 0$ ist wesentlich aufwendiger. Der Stromverlauf ist nun nicht mehr abschnittweise linear, sondern besteht aus Ausschnitten von Exponentialfunktionen. Zu beachten ist auch, daß der Strommittelwert $\overline{I}_A$ dann nicht mehr exakt in der Mitte des ΔI_A-Bandes liegt.

4.1.3 Gleichstromstellerschaltungen für Ein- und Mehr-Quadrant-Betrieb von Gleichstrommaschinen

4.1.3.1 Prinzip des Tiefsetzstellers (Buck-Wandler)

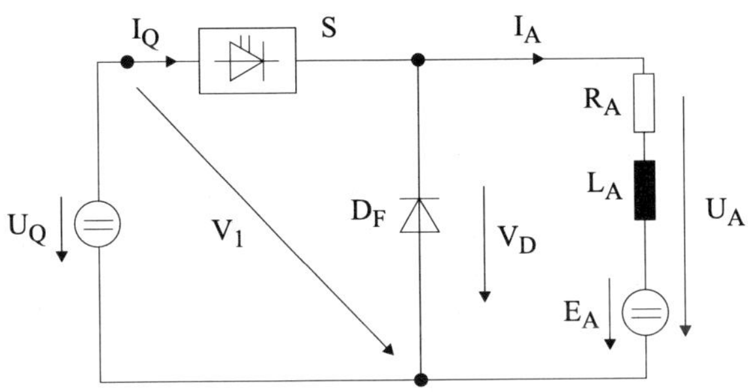

$\overline{U}_A \leq U_Q$
$I_A \geq 0$

Abb. 4.11: *Tiefsetzsteller (Buck-Wandler)*

Wie bereits in Kap. 4.1.1 ff ausführlich beschrieben, wird beim Tiefsetzsteller durch Pulsweitenmodulation erreicht, daß der Mittelwert der Verbraucherspannung $\overline{U}_A \leq U_Q$ ist. Um für die folgenden Ableitungen einen allgemeinen Ansatz für die statischen Kennlinien zu erhalten, werden die Spannungen V_1 (Spannung über dem Schalter und der Diode D_F) und V_D (Spannung über der Freilaufdiode D_F) definiert (Abb. 4.11).

Beim Tiefsetzsteller entspricht V_1 der Eingangsspannung U_Q und der Mittelwert $\overline{V}_D$ entspricht dem Mittelwert der Verbraucherspannung $\overline{U}_A$.
Wie aus Kap. 4.1.1 bekannt, gilt beim Tiefsetzsteller:

$$\overline{U}_A = U_Q \cdot \frac{t_e}{T} = a \cdot U_Q \qquad \text{bzw.} \qquad a = \frac{\overline{U}_A}{U_Q} = \frac{t_e}{T} \tag{4.21}$$

Das Spannungsübersetzungsverhältnis m ist somit linear von t_e abhängig. Dieses Verhältnis kann auch direkt mittels V_1 und V_D erhalten werden:

$$m = \frac{\overline{V}_D}{V_1} = \frac{\overline{V}_D}{U_Q} = \frac{\overline{U}_A}{U_Q} \tag{4.22}$$

und die mittlere Ausgangsspannung ist:

$$\overline{V}_D = \overline{U}_A = U_Q \cdot \frac{t_e}{T} = a \cdot U_Q \tag{4.23}$$

und somit $m = a$.

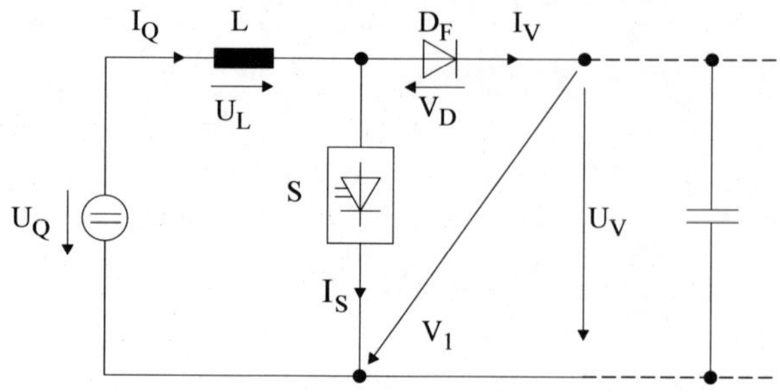

Abb. 4.12: *Hochsetzsteller (Boost-Wandler)*

4.1.3.2 Prinzip des Hochsetzstellers (Boost-Wandler)

Der Hochsetzsteller in Abb. 4.12 hat zum Ziel, eine Ausgangsspannung $\overline{U}_V$ zu erzielen, die größer als U_Q ist. Die Kapazität des lastseitigen Kondensators sei so groß, daß die Spannung U_V als (annähernd) konstant angenommen werden kann.

Die Schaltung arbeitet wie folgt: Wenn der Schalter S eingeschaltet wird, sperrt die Diode D_F aufgrund von U_V. Dadurch liegt an der Drosselspule L ungefähr die Spannung U_Q an und es gilt:

$$U_Q = U_L = L \cdot \frac{dI_S}{dt} = L \cdot \frac{dI_Q}{dt} \qquad \text{(Schalter S ein)} \tag{4.24}$$

Der Strom $I_S = I_Q$ wird daher – ausgehend von seinem Ausgangswert zum Einschaltzeitpunkt – linear ansteigen.

Bei einem vorgebbaren maximalen Strom schaltet der Schalter S ab. Es bildet sich ein Stromkreis von der Quelle U_Q über die Induktivität L, die Diode D_F und die Last. Für die Spannung U_L der Drosselspule gilt nun:

$$U_Q - U_L = U_V \qquad \text{(Schalter S aus)} \tag{4.25}$$

$$U_Q - L \cdot \frac{dI_V}{dt} = U_V \tag{4.26}$$

Bei konstantem U_V wird der Strom $I_V = I_Q$ somit – ausgehend von seinem Ausgangswert zum Ausschaltzeitpunkt – linear abfallen.

Wenn nun wiederum die Spannungen V_1 und V_D wie beim Tiefsetzsteller gewählt werden, dann gilt:

$$m = \frac{\overline{U}_V}{U_Q} = \frac{\overline{V}_1}{\overline{V}_1 - \overline{V}_D} = \frac{1}{1 - \dfrac{\overline{V}_D}{\overline{V}_1}} = \frac{1}{1-a} \tag{4.27}$$

$$\text{d.h.} \qquad \overline{U}_V = U_Q \cdot \frac{1}{1-a} \tag{4.28}$$

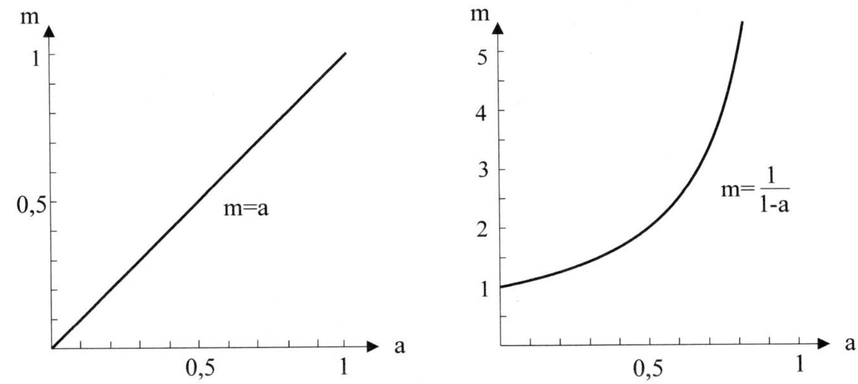

a) *Tiefsetzsteller (Buck–Wandler)* **b)** *Hochsetzsteller (Boost–Wandler)*

Abb. 4.13: *Statische Kennlinien $m = f(a)$ für Tief– und Hochsetzsteller*

Bei diesem Ansatz wurde vorausgesetzt, daß die Drosselspule L ideal ist und deshalb kein Gleichspannungsabfall auftreten kann. Bei $a = 0$ (d.h. Schalter ständig geöffnet) ist somit $\overline{U}_V = U_Q$, bei $0 < a < 1$ ist $\overline{U}_V > U_Q$. Die statische Kennlinie zeigt Abb. 4.13.b.

In Band 4 [52] werden weitere Abwandlungen der Gleichstromsteller dargestellt, so daß hier auf weitere Darstellungen verzichtet werden soll.

4.1.3.3 Motorischer Ein-Quadrant-Betrieb

Der Tiefsetzsteller nach Kap. 4.1.3.1 kann direkt für den motorischen Betrieb einer Gleichstrom–Nebenschlußmaschine verwendet werden. Der Verbraucher besteht jetzt aus R_A, L_A und der EMK E_A als Gegenspannungsquelle (Abb. 4.14).

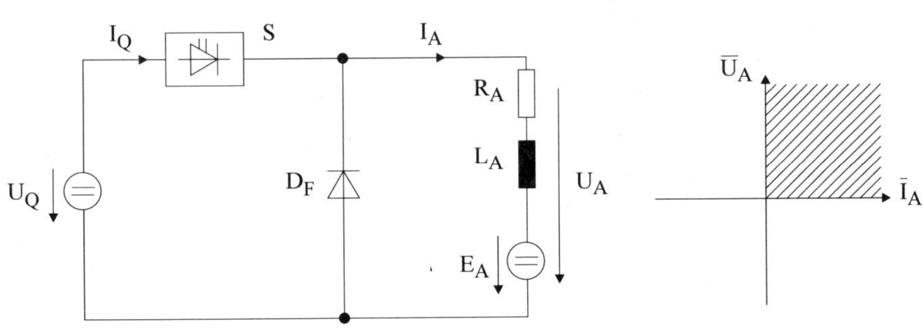

Abb. 4.14: *Motorischer Antrieb: Prinzipschaltbild und Betriebsbereich*

Für nichtlückenden Ankerstrom sind die Mittelwerte von U_A und I_A bei Pulsweitensteuerung:

$$\overline{U}_A = a \cdot U_Q \qquad \text{mit} \quad a = \frac{t_e}{T} \quad \text{und} \quad 0 \leq a \leq 1 \tag{4.29}$$

$$\overline{I}_A = \frac{\overline{U}_A - E_A}{R_A} = \frac{a \cdot U_Q - E_A}{R_A} \tag{4.30}$$

Aufgrund der Freilaufdiode D_F gilt $U_A \geq 0$. Der Schalter S und die Diode D_F verhindern einen Stromfluß I_A in negativer Richtung. Die Leistungsflußrichtung ist nur von der Quelle zum Motor möglich.

Bei dieser Schaltung kann bei kleinem Laststrom $\overline{I}_A$ lückender Betrieb auftreten, wenn bei gesperrtem Schalter S der Ankerstrom I_A auf Null abgebaut wird. In diesem Fall kann vorübergehend kein Ankerstrom fließen, da ein negativer Stromfluß nicht möglich ist. Die Ankerspannung U_A nimmt während dieser Zeit den Wert von E_A und nicht 0 an (Abb. 4.15). Dadurch bedingt gilt bei lückendem Strom für die mittlere Ankerspannung: $\overline{U}_A \geq a \cdot U_Q$. Sobald S leitend ist, baut sich I_A wieder auf und die Ausgangsspannung ist $U_A = U_Q$.

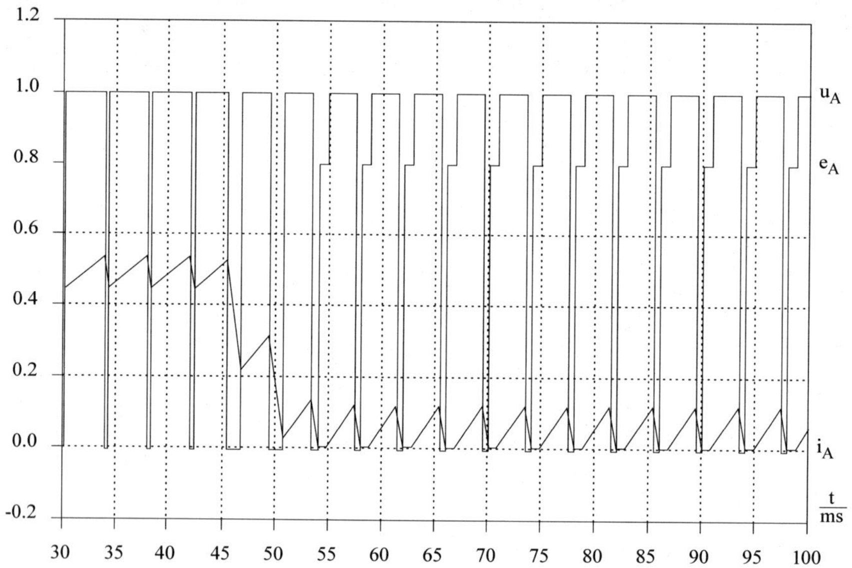

Abb. 4.15: *Sprung der Einschaltdauer t_e bei $t = 45\,ms$ $(T = 4\,ms)$*

Beispiel: Umschaltung der Einschaltdauer t_e (Abb. 4.15 und 4.16):

Es gelten folgende Daten (normiert):

$$u_Q = 1; \quad \psi = 1; \quad r_A = 0,2; \quad T_A = \frac{L_A}{R_A} = 20\,ms; \quad m_W = 0,5\ .$$

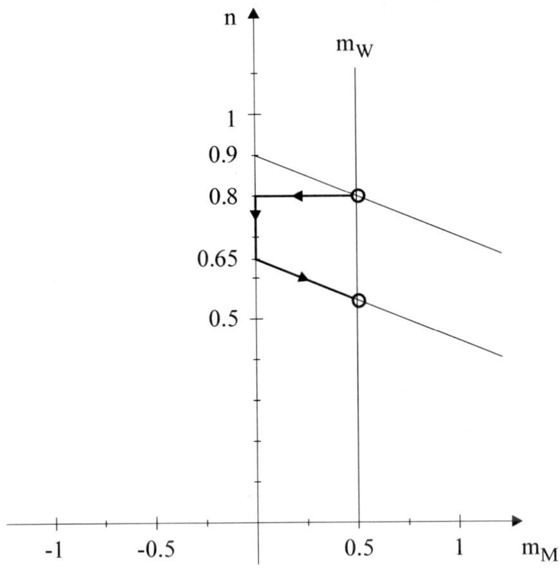

Abb. 4.16: *m-n-Diagramm beim Ein-Quadrant-Stellglied (Umschaltung der Spannung von* $\overline{u}_A = 0,9$ *auf* $\overline{u}_A = 0,65$*)*

Zu Beginn ist $a = t_e/T = 0,9$, die mittlere Ankerspannung ergibt sich zu $\overline{u}_A = 0,9$. Die GNM befindet sich im stationären Betrieb mit $n = e_A = \overline{u}_A - m_W \cdot r_A = 0,8$.

Zum Zeitpunkt $t = 45\,ms$ wird die relative Einschaltdauer auf $a = 0,65$ geändert. Die Drehzahl kann wegen des Trägheitsmoments in dem in Abb. 4.15 betrachteten Zeitraum als konstant angesehen werden; das Motormoment bzw. der Ankerstrom ändern sich dagegen exponentiell mit der Ankerzeitkonstante T_A, bis der Ankerstrom den Wert $i_A = 0$ zum erstenmal erreicht hat.

Der Ankerstrom lückt jetzt, der Mittelwert $\overline{i}_A$ ist positiv und hängt von r_A, T_A, a und T ab. Abbildung 4.15 zeigt den Verlauf von u_A und i_A sowie der EMK e_A für eine Periodendauer $T = 4\,ms$.

Der Motor kann nicht elektrisch gebremst werden. Die Drehzahl nimmt aufgrund des Gegenmoments $m_W = 0,5$ im vorliegenden Betriebsfall linear bis zum Erreichen der Motorkennlinie für konstante Ankerspannung $u_A = 0,65$ ab (nicht in Abb. 4.15 dargestellt); danach wird entlang dieser Motorkennlinie in den neuen stationären Punkt gefahren (Abb. 4.16).

Kann negatives Widerstandsmoment auftreten, so ist eine mechanische Bremsvorrichtung erforderlich.

Sonderfall:
Bei positivem Widerstandsmoment m_W und kleiner relativer Einschaltdauer a (d.h. $\overline{u}_A \to 0$) kann die Drehzahl negativ werden ($n = e_A < 0$). Sowohl der Motor,

als auch der Steller liefern dann Leistung in den Ankerwiderstand, der diese in Wärme umwandelt (Gegenstrombremsung).

4.1.3.4 Generatorischer Ein-Quadrant-Betrieb

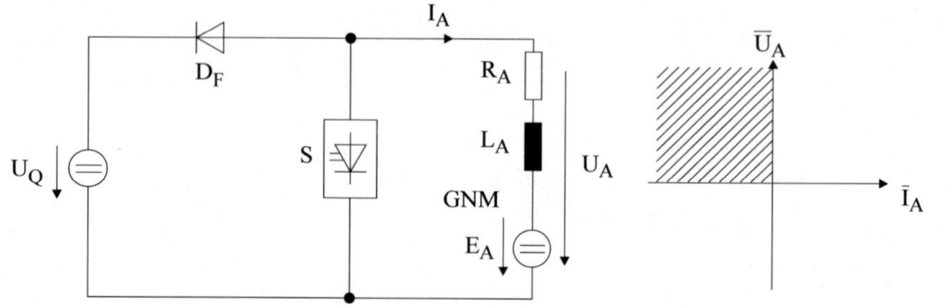

Abb. 4.17: *Bremsbetrieb: Prinzipschaltbild und Betriebsbereich*

Mit dem Prinzip des Hochsetzstellers ist ein Leistungstransfer von der Last in die Spannungsquelle möglich (Rückspeisung). Gegenüber dem Hochsetzsteller in Kap. 4.1.3.2 ist hier jedoch die Ein- und Ausgangsseite vertauscht (Abb. 4.17).

Für den stationären Betrieb muß in der Last eine Serienschaltung aus Induktivität und Spannungsquelle vorhanden sein. Ohne Spannungsquelle kann nur die in der Induktivität gespeicherte Energie auf die Quelle U_Q übertragen werden. Bei der GNM wird diese Bedingung durch $\mathrm{L_A}$ und die EMK E_A erfüllt.

Funktionsweise: Durch das Einschalten von S (d.h. Kurzschluß von U_A) wird ein Ankerstrom $I_A < 0$ aufgebaut. Aufgrund der Induktivität $\mathrm{L_A}$ wird der Ankerstrom nach dem Abschalten von S nicht unterbrochen, sondern fließt über $\mathrm{D_F}$ in die Quelle U_Q. Die Spannung U_{LA} über der Drosselspule und E_A ergänzen U_A auf U_Q. Für nichtlückenden Strom gilt in Umkehrung von Gl. (4.28):

$$\overline{U}_A = (1-a) \cdot U_Q > 0 \tag{4.31}$$

$$\overline{I}_A = \frac{\overline{U}_A - E_A}{R_A} = \frac{(1-a) \cdot U_Q - E_A}{R_A} < 0 \tag{4.32}$$

4.1.3.5 Zwei-Quadrant-Betrieb

Durch Kombination der Schaltungen für den motorischen Ein-Quadrant-Betrieb und den generatorischen Bremsbetrieb ist ein Betrieb in zwei benachbarten Quadranten möglich. Es kann dann entweder der Ankerstrom oder die Ankerspannung umgekehrt werden.

a) Zwei-Quadrant-Betrieb mit Ankerstromumkehr

Die Lösung mit Schütz (Abb. 4.18) ist wirtschaftlich günstig einzusetzen, wenn die dynamischen Anforderungen beim Übergang vom 1. zum 2. Quadranten gering sind.

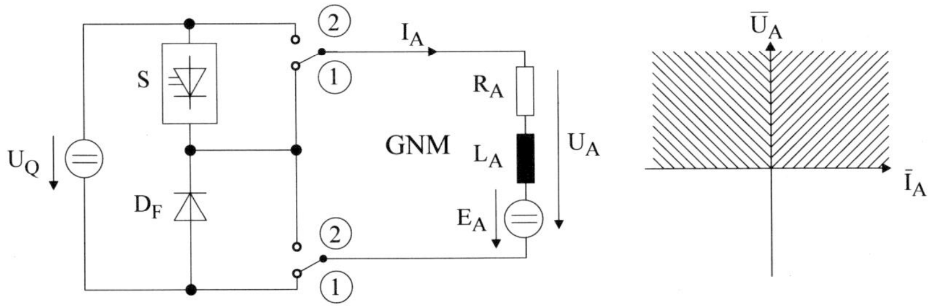

Abb. 4.18: *Schaltung zur Ankerstromumkehr: Lösung mit Schütz*

Schalterstellung 1:
Die Schaltung arbeitet als Tiefsetzsteller. Die Diode D_F ist parallel und der Schalter S ist in Serie zur Gleichstrommaschine angeordnet. Die Stellung 1 ist daher für den Motorbetrieb vorgesehen.
Schalterstellung 2:
Der Schalter S ist parallel und die Diode D_F in Serie zur Gleichstrommaschine geschaltet. Dies ist die Lösung für den Bremsbetrieb.

Der Wechsel zwischen den mechanischen Schalterstellungen erfolgt stromlos durch eine entsprechende Ansteuerung des Schalters S vor der Umschaltung.

Eine Lösung ohne mechanische Schalter ist mit zwei Dioden und zwei abschaltbaren Ventilen (z.B. IGBTs, GTOs ...) möglich (Abb. 4.19).

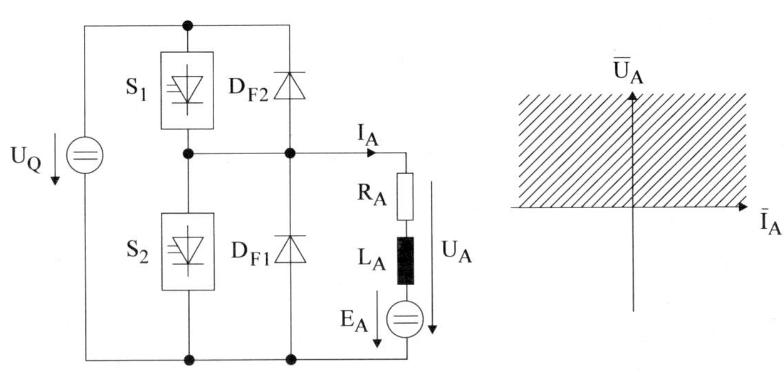

Abb. 4.19: *Schaltung zur Ankerstromumkehr ohne Schütz (Anwendung: Antriebe mit einer Drehrichtung)*

Prinzipiell sind zwei Steuerverfahren möglich:

1. *Steuerverfahren*:

Beim 1. Steuerverfahren wird bei positivem Strom $I_A > 0$ nur S_1 ein– (t_e) und ausgeschaltet (t_a), während S_2 immer gesperrt bleibt. Wenn S_1 ausgeschaltet ist, übernimmt die Freilaufdiode D_{F1} den Laststrom I_A. Dies entspricht dem in Kap. 4.1.3.3 beschriebenen Steuerverfahren bei Motorbetrieb.

Bei negativem Strom $I_A < 0$ wird nur S_2 ein– und ausgeschaltet, S_1 bleibt immer gesperrt; die Diode D_{F2} übernimmt den Laststrom I_A, wenn S_2 ausgeschaltet ist (Bremsbetrieb).

2. *Steuerverfahren:*

Beim 2. Steuerverfahren werden die Schalter S_1 und S_2 gegenphasig geschaltet, d.h. während der Zeit t_e ist S_1 ein– und S_2 ausgeschaltet und während t_a ist S_2 ein– und S_1 ausgeschaltet. Das Einschalten eines Schalters muß gegenüber dem Ausschalten des anderen Schalters verzögert sein, um einen Kurzschluß der Spannungsquelle zu vermeiden. Es erfolgt somit ein ständiger Wechsel der Einschaltperioden von S_1 und S_2. Der Grund für das Vorgehen soll nachfolgend beschrieben werden.

Wenn S_1 bei positivem Strom I_A einschaltet, wird der Strom ein positives dI_A/dt aufweisen. Wenn danach S_1 ausschaltet, dann wird der positive Laststrom von der Freilaufdiode D_{F1} übernommen (Zeitdauer t_a); der Strom fällt wieder ab. Am Schalter S_2 liegt nur die Durchlaßspannung der Freilaufdiode D_{F1} an, d.h. der Schalter S_2 kann – bis auf die Ansteuerverluste – nahezu verlustlos eingeschaltet werden. Sollte während der Zeitdauer t_a der Strom I_A Null und danach negativ werden, dann kann dieser negative Strom sofort von S_2 übernommen werden, d.h. es tritt in diesem Fall kein Stromlücken auf.

Analog wird nach dem Abschalten von S_2 die Diode D_{F2} den negativen Strom I_A übernehmen, S_1 kann nahezu verlustlos einschalten und sollte der Strom positiv werden, kann er sofort von S_1 übernommen werden.

Ein Stromlücken beim Übergang vom 1. zum 2. Quadranten tritt bei diesem Steuerverfahren somit nicht auf, dies ist ein Vorteil.

Für die Mittelwerte gilt:

$$\overline{U}_A = a \cdot U_Q \tag{4.33}$$

$$\overline{I}_A = \frac{a \cdot U_Q - E_A}{R_A} \tag{4.34}$$

b) Zwei-Quadrant-Betrieb mit Ankerspannungsumkehr (Abb. 4.20)

Drei verschiedene Steuerverfahren sollen beschrieben werden:

1. *Steuerverfahren:*

Wenn eine positive Spannung $\overline{U}_A \geq 0$ bei positivem Laststrom I_A gewünscht wird, dann bleibt S_2 ständig eingeschaltet und nur S_1 wird getaktet betrieben. Während S_1 eingeschaltet ist (t_e), ist $U_A = U_Q$ und wenn S_1 ausgeschaltet ist (t_a), wird $U_A = 0$, da sich ein Stromkreis Last, S_2 und D_{F1} bildet. Es liegt somit ein motorischer Ein-Quadrant-Betrieb vor (Kap. 4.1.3.3).
Wenn – bei positivem Strom I_A – die Spannung $\overline{U}_A < 0$ sein soll (generatorischer Ein-Quadrant-Betrieb), dann bleibt S_1 dauernd ausgeschaltet und stattdessen

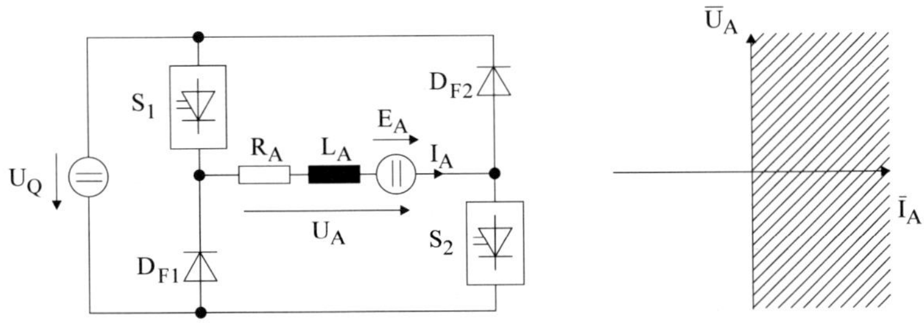

Abb. 4.20: *Schaltung für Zwei-Quadrant-Betrieb mit Ankerspannungsumkehr*

wird S_2 getaktet. Während S_2 eingeschaltet ist, ist der Lastkreis über S_2 und D_{F1} kurzgeschlossen. Wenn S_2 ausgeschaltet ist, bildet sich ein Stromkreis U_Q, D_{F1}, Last und D_{F2}, d.h. während dieser Zeit ist die Spannung $U_A = -U_Q$.

2. *Steuerverfahren* (*gleichzeitige Taktung*):

Die Schalter S_1 und S_2 erhalten gleichzeitig Ein- und Ausschaltbefehle. Wenn beide Schalter eingeschaltet sind (t_e), ist $U_A = U_Q$. Wenn beide Schalter ausgeschaltet sind (t_a), bildet sich bei positivem Laststrom I_A ein Stromkreis U_Q, D_{F1}, Last und D_{F2}, d.h.+es ist $U_A = -U_Q$.

Nachteilig gegenüber dem ersten Steuerverfahren sind die höheren Schaltverluste, da beide Ventile ein– und ausgeschaltet werden. Nachteilig ist weiterhin die negative Spannung an der Last während der Zeit t_a, die zu höheren Wechselanteilen im Laststrom führt.
Vorteilhaft ist die sehr einfache Ansteuerlogik.

3. *Steuerverfahren*:

Dieses Verfahren ist etwas komplizierter und wird deshalb im Liniendiagramm (Abb. 4.21) verdeutlicht („1“ bedeutet: Ventil leitet).

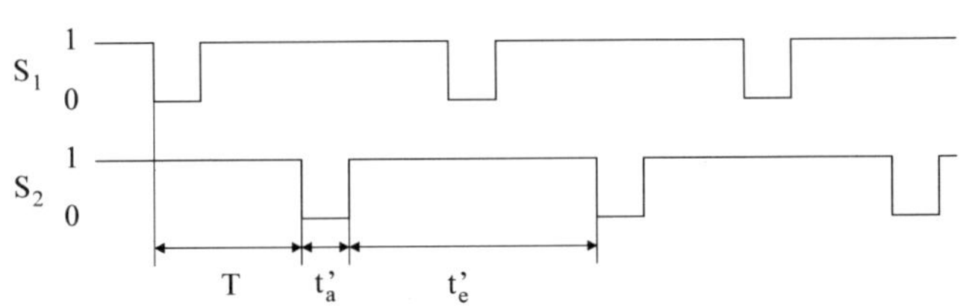

Abb. 4.21: *Liniendiagramm für das 3. Steuerverfahren*

Die Ein- und Ausschaltvorgänge der beiden Ventile sind um die Periodendauer T versetzt. Die Ein- bzw. Ausschaltzeiten jedes Ventils für sich betrachtet können jetzt doppelt so lang sein wie bei den bisherigen Steuerverfahren. Es gilt also:

$$0 \leq t_e^{'} \leq 2 \cdot T \tag{4.35}$$

Für $t_e^{'} > t_a^{'}$ ist $\overline{U}_A > 0$. Es liegt motorischer Betrieb im 1. Quadranten vor; der Freilauf findet abwechselnd im unteren Kreis (S_2, D_{F1}) und im oberen Kreis (S_1, D_{F2}) statt.

Generatorischer Betrieb mit $\overline{U}_A < 0$ ist mit $t_e^{'} < t_a^{'}$ erreichbar. Auch hier wird der Strom auf beide Freilaufkreise verteilt. Wenn S_1 und S_2 gleichzeitig sperren, fließt der Ankerstrom über D_{F1} und D_{F2} in die Spannungsquelle U_Q.
Bei $t_e^{'} = t_a^{'}$ findet nur abwechselnder Freilauf statt ($\overline{U}_A = 0$).
Die relative Einschaltdauer muß für dieses Steuerverfahren neu definiert werden:

$$a' = \frac{t_e^{'}}{T} - 1 \qquad \Longrightarrow \qquad -1 \leq a' \leq 1 \tag{4.36}$$

Für die Mittelwerte gilt dann:

$$\overline{U}_A = a' \cdot U_Q \tag{4.37}$$

$$\overline{I}_A = \frac{a' \cdot U_Q - E_A}{R_A} \tag{4.38}$$

Das 3. Steuerverfahren weist einige Vorteile auf: Die Ventile werden gleichmäßiger belastet und die Schaltfrequenz für das einzelne Ventil ist geringer (geringere Ein- und Ausschaltverluste, besserer Wirkungsgrad) als bei den beiden anderen Steuerverfahren.

4.1.3.6 Vier-Quadrant-Betrieb

Durch den Einsatz von vier Dioden und vier abschaltbaren Ventilen sind beide Richtungen von $\overline{U}_A$ und $\overline{I}_A$ möglich (Abb. 4.22).

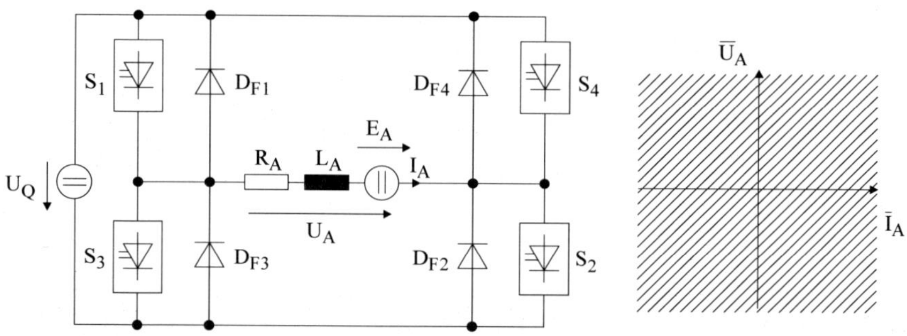

Abb. 4.22: *Vier-Quadrant-Stellglied mit abschaltbaren Ventilen*

Zwei verschiedene Steuerverfahren sind üblich:

1. *Steuerverfahren:*

Es sind abwechselnd zwei Schalter eingeschaltet: entweder S_1, S_2 oder S_3, S_4. Das leitende Schalterpaar muß rechtzeitig vor dem Einschalten des anderen abgeschaltet werden, um einen Kurzschluß der Spannungsquelle zu vermeiden.

Wird die Einschaltzeit von S_1, S_2 mit t_e bezeichnet und deren Ausschaltzeit mit t_a, so gilt mit $T = t_e + t_a$ und $a = t_e/T$:

$$\overline{U}_A = a \cdot U_Q - (1-a) \cdot U_Q = (2\,a - 1) \cdot U_Q \tag{4.39}$$

$$\overline{I}_A = \frac{(2\,a-1) \cdot U_Q - E_A}{R_A} \tag{4.40}$$

Beispiel: Umschaltung der Einschaltdauer t_e (Abb. 4.23 und 4.24)

Die Daten von Motor und Mechanik entsprechen dem Beispiel in Kap. 4.1.3.3, d.h. u.a., die Drehzahl n soll in dem in Abb. 4.23 betrachteten Zeitraum aufgrund des Trägheitsmoments der GNM konstant bleiben.

Zu Beginn soll wie in Kap. 4.1.3.3 die Spannung $\overline{u}_A = 0,9$ sein; die relative Einschaltdauer muß dazu $a = 0,95$ betragen. Mit $m_W = 0,5$ gilt wieder $e_A = 0,8$.

Zum Zeitpunkt $t = 45\,ms$ wird mit $a = 0,825$ auf $\overline{u}_A = 0,65$ umgeschaltet. Abbildung 4.23 stellt in einer Simulation den Zeitverlauf des Ankerstroms i_A und der Ankerspannung u_A dar. Im Gegensatz zum Ein-Quadrant-Betrieb ist jetzt ein Ankerstrom in negativer Richtung möglich. Der Motor kann elektrisch im zweiten Quadranten gebremst werden, und es kann die Drehzahl auf $n = e_A = 0,55$ bei $m_W = 0,5$ abgesenkt werden (Abb. 4.24), dies ist nicht in Abb. 4.23 dargestellt.

Die Ankerspannung wechselt aufgrund des Steuerverfahrens zwischen $+U_Q$ oder $-U_Q$. Der Wechselanteil im Ankerstrom ist entsprechend groß.

2. *Steuerverfahren:*

Das diagonale Schalterpaar S_1, S_2 wird entsprechend dem Zwei-Quadrant-Betrieb mit Ankerspannungsumkehr (3. Steuerverfahren) getaktet. Die jeweils in Serie liegenden Schalter S_3, S_4 werden invers zu S_1, S_2 angesteuert: Wenn beispielsweise S_1 eingeschaltet ist, dann muß S_3 gesperrt sein (Kurzschlußvermeidung) und umgekehrt. Die Gleichungen für Ankerspannung und Ankerstrom lauten:

$$\overline{U}_A = a' \cdot U_Q \qquad \text{mit } a' \text{ aus Gl. (4.36)} \tag{4.41}$$

$$\overline{I}_A = \frac{a' \cdot U_Q - E_A}{R_A} \tag{4.42}$$

Die Ankerspannung U_A ist abwechselnd $+U_Q$ und 0 für $\overline{U}_A > 0$ sowie $-U_Q$ und 0 für $\overline{U}_A < 0$.

Vergleich der beiden Steuerverfahren:

Das 1. Verfahren ist in der Ansteuerung einfacher und ermöglicht die Messung der Ankerströme ohne Potentialtrennung, da der Ankerstrom immer durch einen

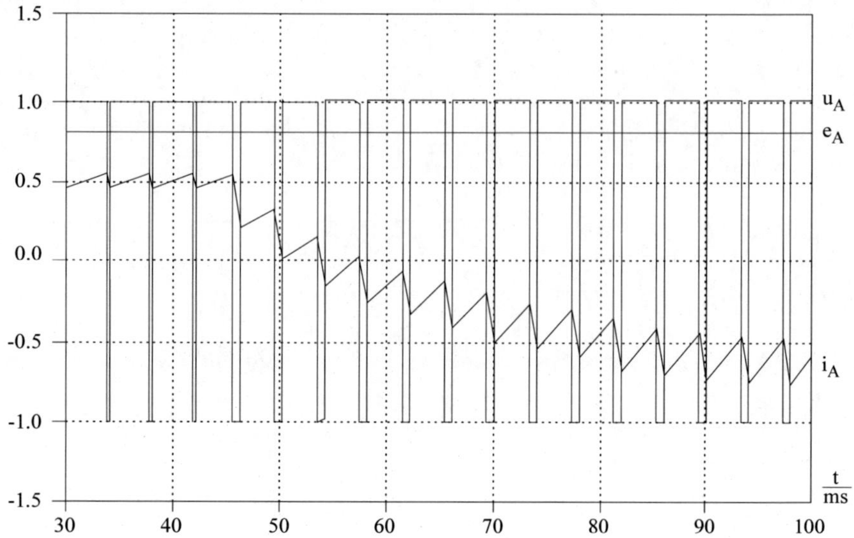

Abb. 4.23: *1. Steuerverfahren: Sprung der Einschaltdauer* t_e *bei* $t = 45\,ms$ *(*$T = 4\,ms$*)*

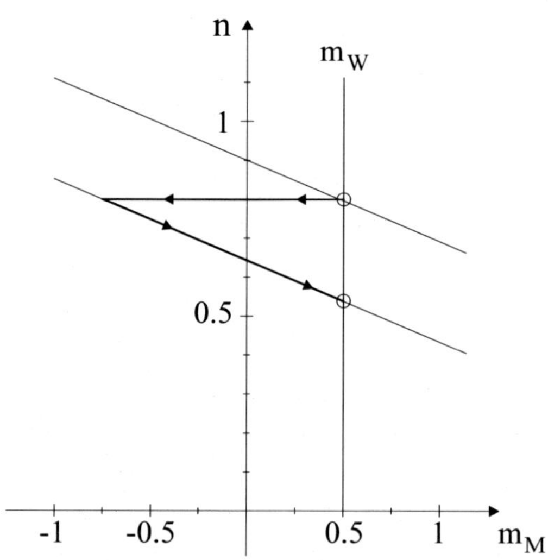

Abb. 4.24: *m-n-Diagramm beim Vier-Quadrant-Stellglied (Umschaltung der Spannung von* $\overline{u}_A = 0,9$ *auf* $\overline{u}_A = 0,65$*)*

der beiden unteren Zweige fließt. Werden diese Zweige über Meßwiderstände mit der negativen Klemme der Spannungsquelle (die auf Nullpotential der Meßelektronik liegen muß) verbunden, so kann der Ankerstrom über die Summe der Spannungsabfälle ermittelt werden.

Das Umschalten von U_A zwischen positiver und negativer Quellenspannung führt zu erhöhter Stromwelligkeit und damit zu zusätzlichen Ankerverlusten. Schließlich sind mehr Schaltvorgänge als beim 2. Verfahren erforderlich, wodurch die Schaltverluste größer sind.

4.1.4 Antriebssystem Gleichstromsteller–Gleichstrommaschine

In Kap. 4.1.2.1 und 4.1.2.2 wurden zwei Steuerverfahren (die Pulsweiten- und die Pulsfolgesteuerung) für den Gleichstrom-Tiefsetzsteller und in Kap. 4.1.2.3 die Strom-Hysterese-Regelung dargestellt. Diese Steuer- bzw. Regelverfahren und Abwandlungen davon können auch bei Zwei- und Vier-Quadrant-Varianten verwendet werden. In diesem Kapitel soll in Erweiterung der vorherigen Ausführungen die Drehzahl- und die Drehmomentregelung des Antriebssystems „Gleichstromsteller–GNM" abgehandelt werden.

Prinzipiell gelten die Überlegungen des Kapitels 4.3, auf die hier verwiesen sei.

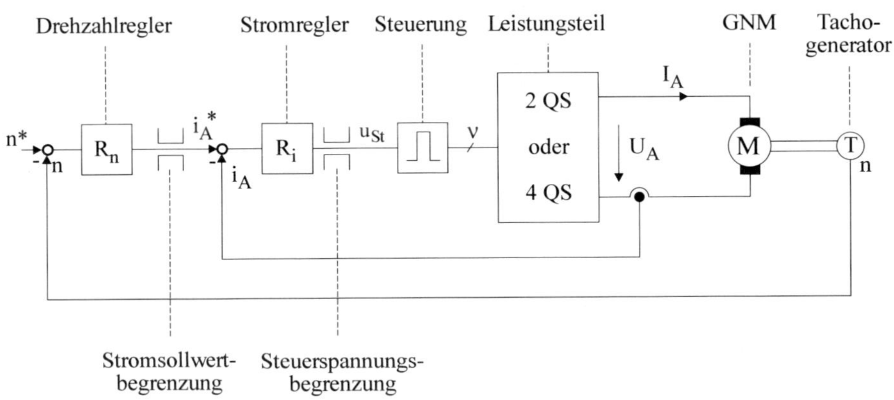

Abb. 4.25: *Kaskadengeregelte Gleichstrom–Nebenschlußmaschine*

Unter der Voraussetzung dieser Überlegungen wird die Drehmomentregelung der GNM durch eine Ankerstrom-Regelung (Regler R_i) und die Drehzahlregelung (Regler R_n) durch den überlagerten Drehzahl-Regelkreis erfolgen. Damit ergibt sich eine Regelkreis-Struktur entsprechend Abb. 4.25.

Im ersten Schritt unserer Überlegungen soll der Stromregelkreis untersucht werden. Wie bereits in Kap. 4.1.2.3 beschrieben, kann eine Strom-Hysterese-Regelung verwendet werden. Allerdings war bereits in Kap. 4.1.2.3 darauf hingewiesen worden, daß die Pulsdauer t_e und die Periodendauer T variabel sind.

Um die theoretischen Ableitungen zur regelungstechnischen Modellbildung des Stellglieds nicht zu komplex werden zu lassen, wollen wir bei den folgenden Ableitungen annehmen, daß eine Steuerung des Stellglieds mit konstanter Periodendauer T und damit variabler Pulsdauer t_e entsprechend Kap. 4.1.2.1 bzw. Abb. 4.6 verwendet wird. Aufgrund der Pulsweitensteuerung wird eine Änderung der Steuerspannung U_{St} am Eingang des Stellglieds im allgemeinen in der nächsten Periodendauer zum Ausgang des Stellglieds übertragen. Unter der wichtigen Einschränkung von nur differentiellen Änderungen der Steuerspannung U_{St} bleibt die Periodendauer T in der zeitlichen Betrachtung (siehe auch Abb. 4.1) zeitlich gleichbleibend angeordnet, d.h. es findet nicht die zeitliche Verschiebung der Periodendauer T wie in Abb. 4.6 ($u_{St} = 1/3$ und $u_{St} = 2/3$ als Beispiel) statt. Dies bedeutet, das Stellglied kann regelungstechnisch approximiert werden als ein Abtastsystem mit konstanter Abtastdauer T und nachgeschaltetem Halteglied nullter Ordnung (Abb. 4.26). Wenn ein derartiges Modell als ausreichend akzeptiert wird, dann ist aus Abb. 4.26 zu entnehmen, daß zwischen der zeitlichen Änderung der Eingangsgröße U_{St} und der zugeordneten Änderung der Ausgangsgröße $U_V = U_A$ eine Wartezeit T_w abzuwarten ist. Der Bereich der Wartezeit T_w ist

$$0 < T_w < T \tag{4.43}$$

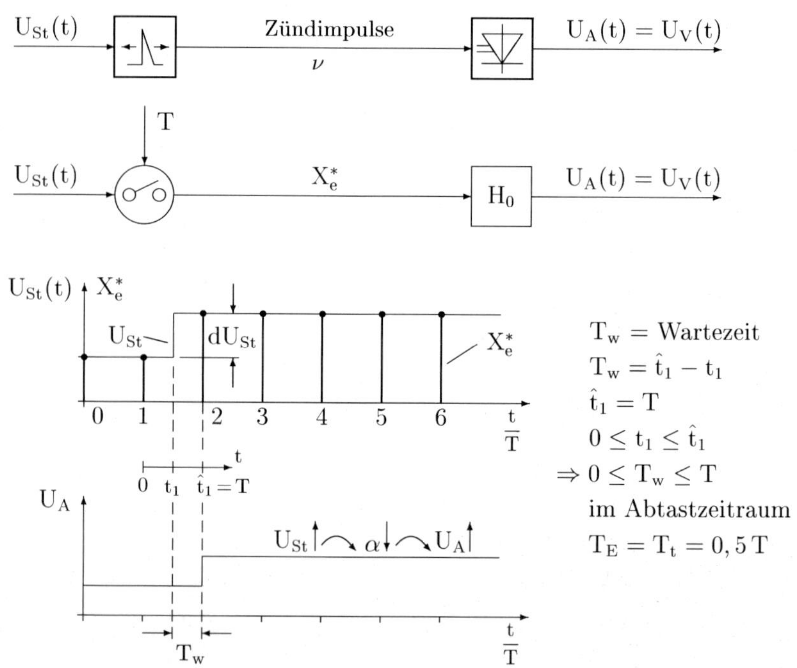

Abb. 4.26: *Ersatzsystem für Steuersatz und Stromrichter*

Da beim Modellsystem die Änderung der Eingangsgröße U_{St} und die Abtastzeitpunkte nicht korrelliert sind, kann angenommen werden, daß alle Wartezeiten T_w mit gleicher Wahrscheinlichkeit auftreten.
Aufgrund dieser Voraussetzung ergibt sich der Erwartungswert T_E, d.h. der statistische Mittelwert, zu $\boldsymbol{T_E = \overline{T}_w = 0,5\,T}$.

Anzumerken ist, daß – wie Abb. 4.6 zu entnehmen ist – die Änderung der Eingangsgröße U_{St} sich sehr wohl auf den Abtastzeitpunkt auswirkt und sogar eine Verschiebung der Abtastperioden auftritt. Diese Problematik wird vertieft in Buch 2 [47, 48] behandelt.

Wir wollen aber an dieser Stelle voraussetzen, daß die obigen Annahmen gelten sollen; damit hat sich ein regelungstechnisches Modell (Abb. 4.27) für den Gleichstromsteller ergeben, welches eine konservative Reglerauslegung sicherstellt.

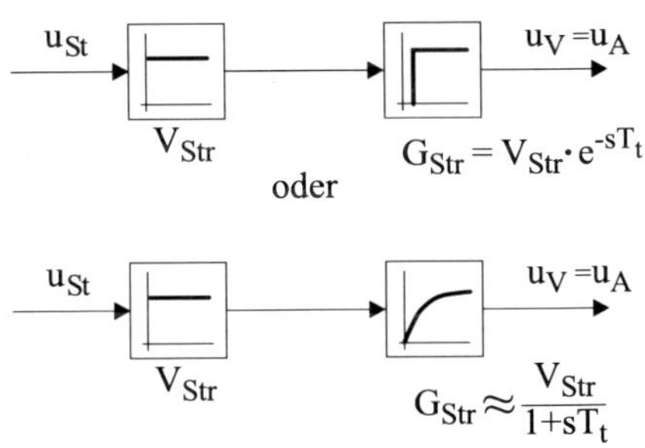

Abb. 4.27: *Regelungstechnische Modellsysteme für den Gleichstromsteller*

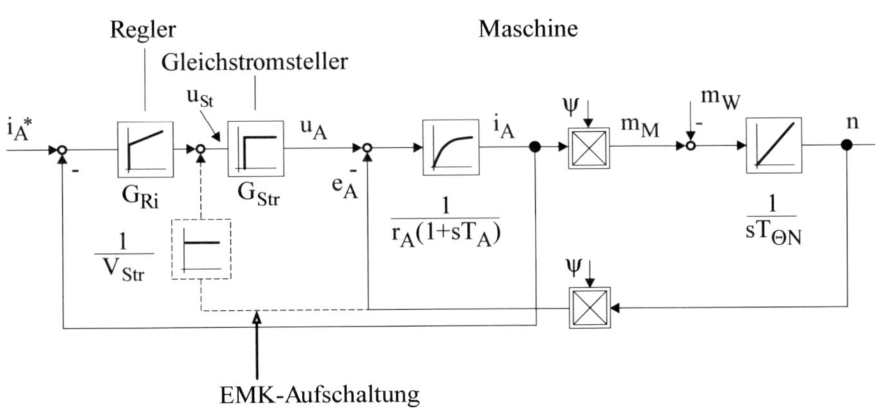

Abb. 4.28: *Innerer Regelkreis: Stromregelung*

Wie aus Abb. 4.27 zu entnehmen ist, kann für überschlägige Berechnungen das Totzeitglied durch ein Verzögerungsglied erster Ordnung approximiert werden.

Damit ergibt sich der Signalflußplan für den Stromregelkreis entsprechend Abb. 4.28 $\hat{=}$ Abb. 4.55. Bezüglich der Diskussion der Besonderheiten dieses Stromregelkreises sei auf Kap. 4.3.1 verwiesen. Wie in Kap. 4.3.1 werden wir ebenso eine EMK–Aufschaltung vornehmen, um eine Strecken-Übertragungsfunktion

$$G_S(s)|_{EMK} = \frac{V_{Str}}{r_A} \cdot \frac{1}{1 + sT_t} \cdot \frac{1}{1 + sT_A} \qquad (4.44)$$

zu erhalten. Die Optimierung des Stromreglers $\mathrm{R_i}$ erfolgt wie in Kap. 4.3.1. Es gilt:

$$G_{Ri}(s) = V_R \cdot \frac{1 + sT_n}{sT_n} \qquad (4.45)$$

Die Optimierung erfolgt nach dem Betragsoptimum mit den Optimierungsbedingungen:

$$T_n = T_A \quad \text{und} \quad V_R = \frac{r_A}{V_{Str}} \cdot \frac{T_A}{2T_t} \qquad (4.46)$$

Optimierte Führungs–Übertragungsfunktion:

$$G_{wi}(s) = \frac{1}{1 + s2T_t + s^2 2T_t^2} \qquad (4.47)$$

Die Optimierung ergibt ein Nennerpolynom 2. Ordnung mit einem konjugiert komplexen Polpaar. Die Übergangsfunktion hat eine Überschwingung von 4 % und eine Anregelzeit $t_{an} \approx 4,7\,T_t$, der Dämpfungsfaktor des Übergangsvorganges ist $D = 0,707$.

Das weitere Vorgehen bei der Optimierung des Drehzahlregelkreises erfolgt entsprechend Kap. 4.3.2 und soll deshalb hier nicht weiter behandelt werden.

Die vorliegende Darstellung in diesem Kapitel und die etwas ausführlichere Darstellung in Kap. 4.3 über die Regelung der GNM sind nur eine sehr kurz gefaßte Einführung. Ausführlich werden diese – und andere – Fragestellungen der Regelung bei Antriebssystemen in Band 2 [47, 48] dargestellt.

4.2 Netzgeführte Stromrichter-Stellglieder

Die netzgeführten Stromrichter-Stellglieder sind leistungselektronische Stellglieder, die eine Wechsel- oder Drehspannung in eine Gleichspannung umformen. Die „Gleichspannung“ besteht dabei aus Ausschnitten der Spannung(en) des Wechsel- bzw. Drehspannungssystems. Die besondere Eigenschaft dieser Stellglieder ist, daß nur einschaltbare Stromrichterventile (Thyristoren) benötigt werden, da der Stromabbau bei ordnungsgemäßer Funktion durch die Spannung(en) des versorgenden Wechsel- bzw. Drehspannungssystems erfolgt; dies hat auch zur Kennzeichnung „netzgeführt“ geführt. Diese Stellglieder werden vorzugsweise bei stationären Antriebssystemen verwendet. Da die Signalformen der Lastspannung und des Laststroms sowie des Quellenstroms sehr von der Art der Last (R_V, L_V, C_V, E_V) und dem Arbeitspunkt abhängig sind, empfiehlt es sich – bei Unklarheiten – auf das im Internet verfügbare Programm 'iPES'[2)] zurückzugreifen und mittels Simulation vertiefte Erkenntnisse zu erlangen. Weitere Informationen zur Simulation drehzahlgeregelter elektrischer Antriebe sind in der Einführung der dritten Auflage dieses Bandes zu finden.

4.2.1 Grundprinzip

Die Grundschaltung des netzgeführten Stromrichters zeigt Abb. 4.29.a. Der Thyristor T kann bei positiver Spannung U_{AK} mit einem positiven Ansteuersignal am Anschluß G eingeschaltet werden. Ohne dieses Ansteuersignal sperrt der Thyristor T negative Spannungen U_{AK} und blockiert positive Spannungen U_{AK} (Abb. 4.29.b).

Aufgrund dieser Eigenschaften kann der Thyristor T frühestens bei positiv werdender Spannung U_Q eingeschaltet werden; man nennt diesen Zeitpunkt „natürlichen“ Zeitpunkt und setzt den Zündwinkel α zu diesem Zeitpunkt auf $\alpha = 0°$. „Natürlich“ bedeutet, wenn der Thyristor T eine Diodencharakteristik hätte, dann würde zu diesem Zeitpunkt die Diode leitfähig. Aufgrund der Steuerbarkeit des Thyristors T über den Anschluß G kann der Thyristor T aber auch zu einem späteren Zeitpunkt α, z.B. bei $\alpha = 90°$ wie in Abb. 4.30, eingeschaltet werden. Der Steuerwinkel α kann maximal $\alpha = 180°$ sein, da zu diesem Zeitpunkt die Spannung U_Q negativ wird. Wie aus Abb. 4.30 zu erkennen ist, hat die Last selbst eine wesentliche Bedeutung auf die Verläufe von Spannung und Strom an der Last.

Wenn die Last beispielsweise rein ohmsch ist (Abb. 4.30.a), dann wird bei $\alpha = 90°$ der Thyristor T eingeschaltet, denn die Spannung U_{AK} ist positiv, und es ergibt sich ein positiver Spannungsverlauf entsprechend dem Spannungsverlauf der Spannungsquelle U_Q ($U_{AK} \approx 0$ bei eingeschaltetem Thyristor T) sowie ein positiver Strom $I_d = U_Q/R$. Der Thyristor schaltet entsprechend der Kennlinie in Abb. 4.29.b bei negativ werdender Spannung zum Zeitpunkt $\alpha = 180°$ ab.

Ein anderer Spannungs- und Stromverlauf ergibt sich bei einer induktiven Last. Bei idealer Drosselspule ($R_L = 0$) ist im Lastkreis nur die Induktivität L wirksam. Für den Stromverlauf von I_d gilt somit:

$$\frac{dI_d}{dt} = \frac{U_Q}{L} \qquad \text{oder} \qquad I_d(t) = \frac{1}{L}\int U_Q(t)\,dt \tag{4.48}$$

d.h. der Strom I_d folgt dem Integral über den Spannungsverlauf bzw. den Fluß in der Drosselspule. Aufgrund dieses Zusammenhangs erreicht der Strom I_d beim Spannungs-Nulldurchgang bei $\omega t = 180°$ das Maximum und fällt danach symmetrisch wieder auf Null (Flußaufbau von $\omega t = \alpha$ bis $\omega t = 180°$, Flußabbau von $\omega t = 180°$ bis $\omega t = (360° - \alpha)$. Damit sind die Spannungs- und Stromverläufe in Abb. 4.30 verständlich.

[2)] Prof.Dr.W.Kolar, ETH Zürich, http://www.ipes.ethz.ch

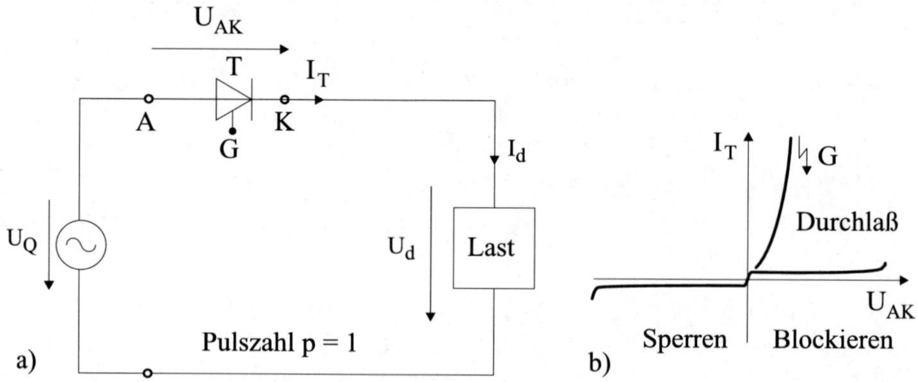

Abb. 4.29: *a) Prinzipschaltbild des netzgeführten Stromrichters, b) Thyristorkennlinie*

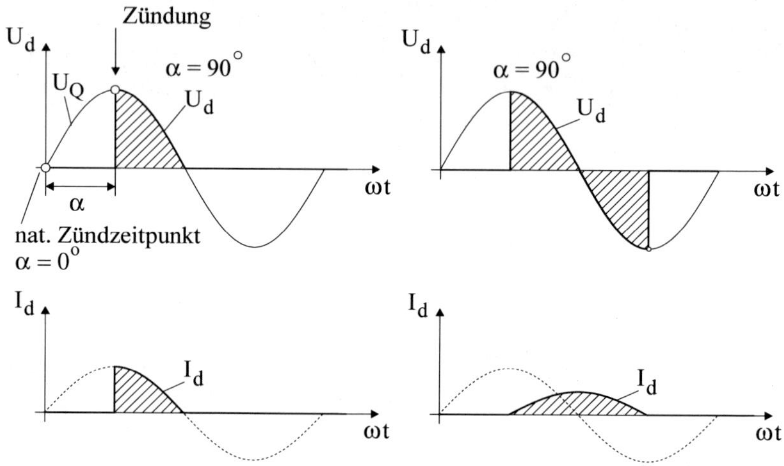

a) Rein ohmsche Last (R)

$U_d = R \cdot I_d$

b) Induktive Last (L) oder R-L-Last mit $L/R \gg 1/F_{Netz} = 1/F_N$

$U_d = L \cdot dI_d/dt \quad (R \to 0)$

Abb. 4.30: *Spannungs- und Stromverläufe bei* $\alpha = 90°$

Beachte: Die Spannungs- und Stromverläufe sind somit abhängig von den Zündzeitpunkten *und* der Last.

Der Gleichspannungsmittelwert ergibt sich aus den schraffierten Spannungszeitflächen gemittelt über die Periode $1/pF_N$.

4.2.2 Dreiphasen-Mittelpunktschaltung

Anordnung :

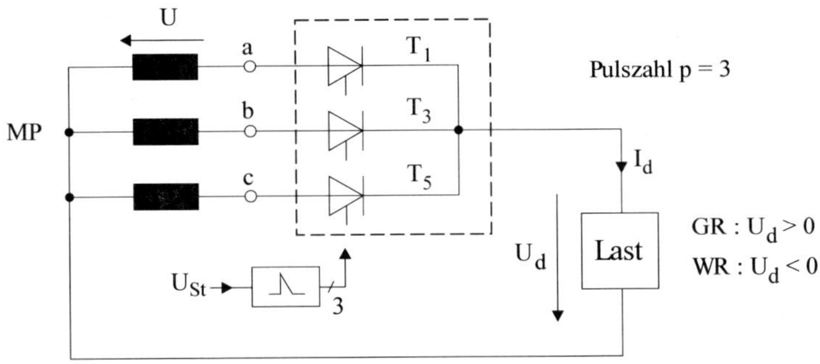

Abb. 4.31: *Prinzip der M3-Schaltung (Dreiphasen-Mittelpunktschaltung)*

Es gelten prinzipiell die gleichen Überlegungen zur Ermittlung der Spannungs- und Stromverläufe wie in Kap. 4.2.1.
Achtung: Die Dreiphasen-Mittelpunktschaltung kann nicht in der obigen Schaltung betrieben werden, da in den Wicklungen des Transformators Gleichkomponenten entstehen, die den Eisenkern sättigen können. Die Darstellung nach Abb. 4.31 wurde nur aus didaktischen Gründen gewählt. Bei der praktischen Realisierung mit einem Transformator und einer Dreiphasen-Mittelpunktschaltung müssen Transformatorschaltungen verwendet werden, die Gleichkomponenten in den Trafowicklungen verhindern (z.B. Zickzack-Schaltung der Wicklungen).

Der Gleichspannungsmittelwert U_d ergibt sich aus den schraffierten Spannungsflächen, gemittelt über eine Periode $1/pF_N$ (Abb. 4.32). Bei $\alpha \leq 90°$ ist die Spannung $U_d \geq 0$; diese Betriebsart wird Gleichrichterbetrieb genannt.

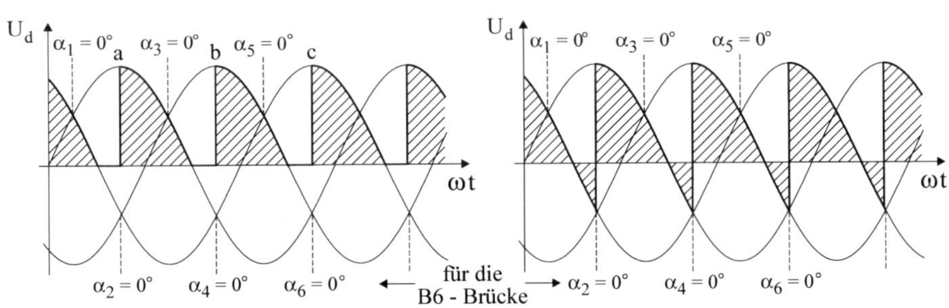

a) R-Last (Lückbetrieb) b) R-L-Last (nichtlückender Betrieb)

Abb. 4.32: *Spannungsverläufe der M3-Schaltung bei* $\alpha = 60°$ $(U_{d,R} > U_{d,RL})$

Für die Gleichspannungsmittelwerte nach Abb. 4.32 gilt:

a) R-Last:	b) R-L-Last:
U_d, I_d: gleicher Kurvenverlauf	mit $T = \frac{L}{R} \gg \frac{1}{F_{Netz}}$ $\longrightarrow$ gut geglätteter Laststrom
lückender Strom	nichtlückender Strom
$U_{di\alpha} = 1,17 \cdot \frac{U}{\sqrt{3}} \cdot \left[1 + \cos(\alpha + \frac{\pi}{6})\right]$	$U_{di\alpha} = 1,17 \cdot U \cdot \cos\alpha$

Kommutierung bedeutet: Wechsel des Laststroms von $1 \rightarrow 3$, $3 \rightarrow 5$, $5 \rightarrow 1$

Für nichtlückenden Strom und bei Vernachlässigung der Kommutierung gilt:

Ideale Gleichspannung: $U_{di0} = 1,17 \cdot U$ (für $\alpha = 0°$)
Steuerkennlinie: $U_{di\alpha} = U_{di0} \cdot \cos\alpha$
U = Effektivwert der Strangspannung

Lückender bzw. nichtlückender Betrieb:

Wenn in der Last der ohmsche Anteil dominiert, tritt das sogenannte „Stromlücken" auf. Das heißt, in dem Zeitpunkt, in dem der Strom zu klein wird, blockiert der Thyristor und der Stromfluß wird unterbrochen bis der nächste Thyristor gezündet wird. Ist dagegen eine große Induktivität im Lastkreis vorhanden, so endet die Stromleitung eines Thyristors erst dann, wenn der nächste Thyristor gezündet wird. Der Wechsel des Laststroms vom stromführenden Thyristor zum gezündeten Thyristor wird Kommutierung genannt. Der Laststrom bleibt dann annähernd konstant (Glättungseffekt der Drosselspule) und sinkt nicht mehr auf Null ab.

Im *Lückbetrieb* ist bei gleichem Steuerwinkel α die Gleichspannung $U_{di\alpha}$ größer als im *nichtlückenden Betrieb*. Außerdem ist im Lückbereich die Verstärkung $\Delta I_d/\Delta U_{St}$ vom Betriebszustand abhängig und wesentlich kleiner als im nichtlückenden Betrieb. Zusätzlich ist – regelungstechnisch gesehen – die Zeitkonstante $T_A = L_A/R_A$ der Last nicht mehr wirksam. Dies bringt regelungstechnisch große Schwierigkeiten mit sich, die durch spezielle Regelungskonzepte (adaptive Regelung) vermieden werden können. Vertiefende Erläuterungen sind in Band 2 [47, 48] zu finden.

Kommutierung, Überlappung:

Ein weiterer Effekt tritt bei der Kommutierung zwischen den Ventilen auf. Kommutierung ist der Übergang der Stromführung von einem Ventilzweig zum Nachfolgenden. Bedingt durch die begrenzte zulässige Stromsteilheit der Thyristoren beim Einschalten, müssen in den Netzzuleitungen Drosselspulen vorgesehen sein. Die Induktivitäten dieser Drosselspulen verhindern einen abrupten Wechsel des Stroms I_d von dem leitenden Thyristor zum nachfolgenden gezündeten Thyristor;

kurzzeitig sind daher während des Übergangsvorgangs, der als *Kommutierung* bezeichnet wird, zwei Thyristoren an der Stromführung beteiligt. Während der Kommutierung überlappen sich somit die Stromleitdauern der an der Kommutierung beteiligten Thyristoren.

Durch den Überlappungswinkel $\ddot{u} = f(I_d, \alpha)$ verringert sich die Ausgangsspannung U_d als Funktion des Laststroms I_d (Abb. 4.33).

Wenn bei der Kommutierung zwei Ventile gleichzeitig leiten, wird das Netz kurzgeschlossen. Die verkettete Spannung fällt dann an den Netzinduktivitäten X_N ab. Sind diese gleich groß, so ergibt sich die resultierende Gleichspannung U_d während der Kommutierung (Überlappungswinkel $\ddot{u}$) als Mittelwert der beiden beteiligten Strangspannungen.

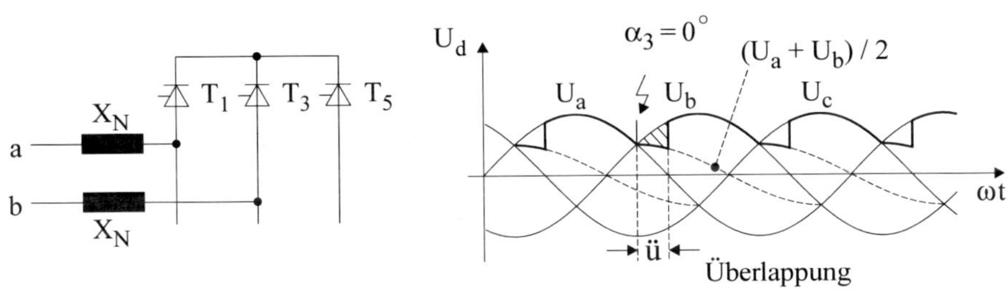

Abb. 4.33: *Beispiel: Kommutierung von Ventil T_1 nach Ventil T_3*

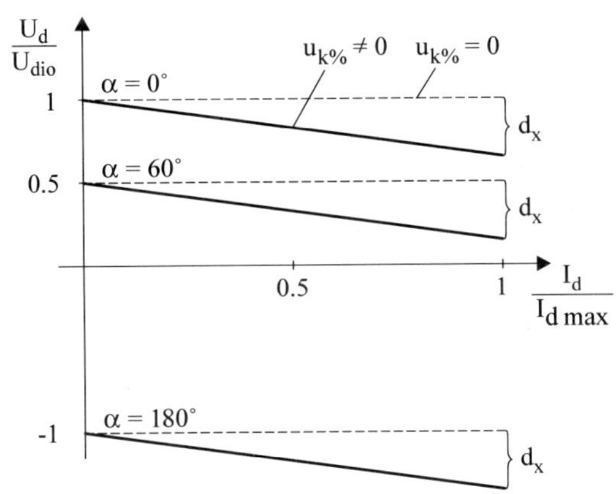

Abb. 4.34: *Spannungsabfall durch Kommutierung (nichtlückender Strom im gesamten Bereich)*

Gegenüber der idealen Kommutierung ohne Überlappung fehlt eine Spannungszeitfläche (siehe Schraffur in Abb. 4.33). Der Mittelwert der Gleichspannung ist deshalb kleiner als ohne Überlappung. Der Überlappungswinkel $\ddot{u}$ ist

abhängig vom Laststrom I_d, vom Steuerwinkel α, von der Größe der Netzinduktivitäten L_N bzw. der Reaktanzen $X_N = \omega L_N$ und der Netzspannung U.
Die Netzinduktivitäten werden durch die relative Kurzschlußspannung $u_{k\%}$ charakterisiert:

$$u_{k\%} = X_N \cdot \frac{S_{NNetz}}{3 \cdot U^2} \cdot 100\,\% ; \qquad S_{NNetz} = 3 \cdot U \cdot I_{NNetz} \tag{4.49}$$

$$u_{k\%} = \frac{I_{NNetz} \cdot X_N}{U} \cdot 100\,\% ; \qquad u_{k\%} = 5 \ldots 10\,\% \tag{4.50}$$

mit U = Effektivwert der Phasenspannung

Bedingt durch den Überlappungswinkel $\ddot{u} = f(I_d, \alpha, u_{k\%})$ gilt nun (Abb. 4.34):

$$U_d = U_{di0} \cdot \cos\alpha - D_x = U_{di0} \cdot (\cos\alpha - d_x) \tag{4.51}$$

mit dem induktiven Gleichspannungsabfall

$$D_x = d_x \cdot U_{di0} = \frac{3}{2\pi} \cdot X_N \cdot I_d \tag{4.52}$$

und dem bezogenen Gleichspannungsabfall

$$d_x = \frac{D_x}{U_{di0}} = \frac{I_d}{2\sqrt{2} \cdot I_k} ; \qquad \text{mit} \quad I_k = \frac{U_v}{2X_N} = \frac{\sqrt{3}}{2} \cdot \frac{I_{NNetz}}{u_{k\%}} \tag{4.53}$$

Mit dem Zusammenhang zwischen dem Nennstrom auf der Netzseite (I_{NNetz}) und auf der Gleichstromseite (I_{dN}) bei der Dreiphasen-Mittelpunktschaltung kann d_x abhängig von I_d und I_{dN} angegeben werden:

$$I_{NNetz} = \frac{\sqrt{2}}{3} \cdot I_{dN} \qquad \Longrightarrow \qquad d_x = \frac{\sqrt{3}}{2} \cdot \frac{u_{k\%}}{100} \cdot \frac{I_d}{I_{dN}} \tag{4.54}$$

Wechselrichterbetrieb, Wechselrichterkippen:

Bei Ansteuerung mit $\alpha > 90°$ ergibt sich aus $U_{di\alpha} = U_{di0} \cdot \cos\alpha$ ein negativer Gleichspannungsmittelwert:

$$U_{di\alpha} < 0 : \quad \textit{Wechselrichterbetrieb} \qquad \text{mit} \quad 90° < \alpha < 180° \ (150°)$$

Wechselrichterbetrieb ist nur möglich mit Gegenspannungen im Lastkreis, damit die Spannung an den Thyristoren positiv bleibt (Abb. 4.35).
Steuerwinkel mit $\alpha \geq 180°$ sind nicht zu erreichen, da dann an dem Ventil, das gezündet werden soll, zum Zündzeitpunkt eine negative Spannung anliegt. Die Kommutierung unterbleibt dann und der bisher stromführende Thyristor verlöscht nicht (Abb. 4.36).

Um diesen Effekt, das „Wechselrichterkippen“, zu vermeiden, muß darüber hinaus noch ein Sicherheitsabstand zum Grenzwinkel $\alpha = 180°$ eingehalten werden. Der Grund dafür ist, daß die Kommutierungszeit (Überlappung $\ddot{u}$) und die

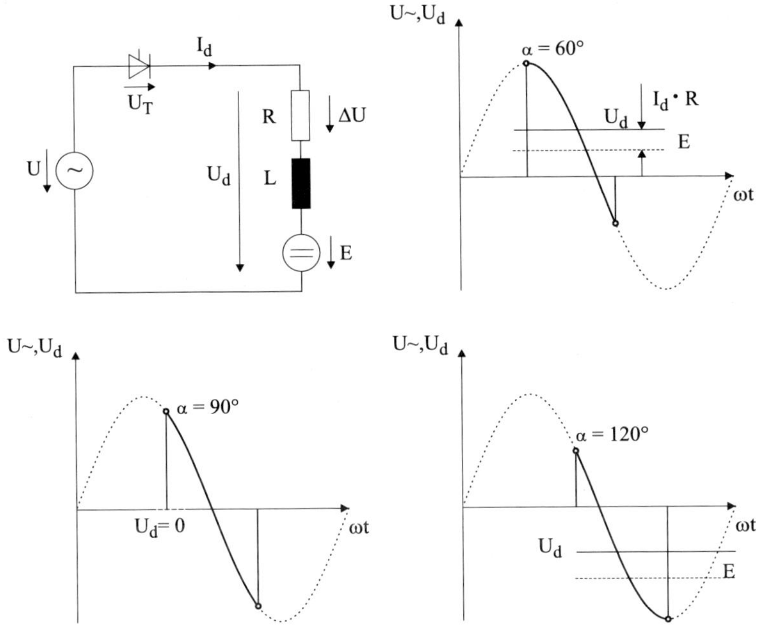

Abb. 4.35: *Spannungspolaritäten und Verläufe im Gleichrichter- und Wechselrichterbetrieb* ($\alpha = 60°$, $90°$, $120°$)

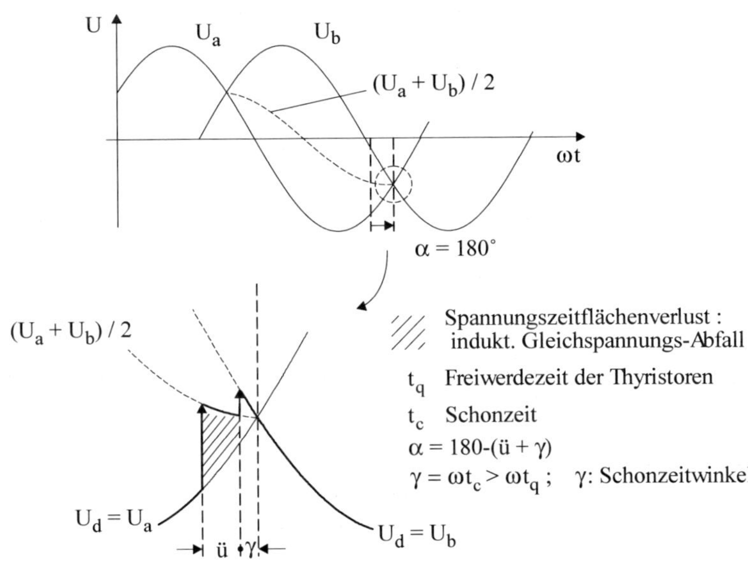

Abb. 4.36: *Wechselrichterbetrieb und Wechselrichterkippen*

Schonzeit t_c des verlöschenden Thyristors abgelaufen sein muß, bevor ab $\alpha = 180°$ die Ventilspannung am abkommutierenden Ventil wieder positiv wird.

Wenn die Kommutierung (Überlappungswinkel $\ddot{u}$) und die Schonzeit t_c nicht vor $\alpha = 180°$ beendet sind, dann wird der vorher stromführende Thyristor noch nicht blockierfähig sein, d.h. er wird – ohne Zündimpuls und bei positiver Spannung U_{AK} – wieder einschalten. Dadurch wird der neu gezündete Thyristor wieder sperrfähig, da an ihm die Spannung U_{AK} negativ wird. In diesem Betriebszustand werden sich die Lastgegenspannung und die zeitvariante Stromrichterspannung addieren, und es wird sich ein sehr großer Laststrom ausbilden, der im allgemeinen zu Schäden im Stromrichter und/oder in der Last führt.
Deswegen muß ein Respektabstand $\Delta\alpha = \ddot{u} + \gamma$ zu $\alpha = 180°$ eingehalten werden:

$$\alpha_{max} = 180° - \ddot{u} - \gamma\,; \qquad \text{mit} \quad \gamma = \omega t_c \tag{4.55}$$

In der Praxis wird deshalb ein maximaler Steuerwinkel $\alpha_{max} = 150°$ eingestellt. Bei Ansteuerung mit $\alpha < 90°$ ergibt sich ein positiver Gleichspannungsmittelwert:

$$\begin{array}{lll} U_{di\alpha} > 0: & \textit{Gleichrichterbetrieb} & \text{mit} \quad 0° < \alpha < 90° \\ U_{di\alpha} < 0: & \textit{Wechselrichterbetrieb} & \text{mit} \quad 90° < \alpha \leq 150° \end{array}$$

Der Laststrom I_d ist in beiden Betriebsarten (Gleichrichter- und Wechselrichterbetrieb) positiv, d.h. es findet *keine* Stromumkehr statt.

4.2.3 Dreiphasen-Brückenschaltung (B6-Schaltung)

Diese auch Drehstrom-Brückenschaltung genannte Schaltung ergibt sich aus zwei Dreiphasen-Mittelpunktschaltungen, einer positiven und einer negativen Dreiphasen-Mittelpunktschaltung, die in Serie geschaltet sind.

Die Ausgangsspannung U_d der Dreiphasen-Brückenschaltung besteht, wie in der folgenden Abbildung dargestellt, aus den Zeitverläufen der Kathodenpotentiale der unteren Tyristorgruppe (Anodengruppe) und der Anodenpotentiale der oberen Thyristorgruppe (Kathodengruppe) gegenüber dem Transformator-Mittelpunkt. Aus dem Spannungsverlauf in Abb. 4.38 ist die Lage der natürlichen Zündzeitpunkte der Ventile T_1, T_3, T_5 zu entnehmen; sie fallen mit den Schnittpunkten der positiven Halbschwingungen von U_a, U_b, U_c zusammen. Die natürlichen Zündzeitpunkte der Ventile T_2, T_4, T_6 sind durch die Schnittpunkte der negativen Halbschwingungen von U_a, U_b, U_c gegeben.

Im ungesteuerten Betrieb der B6-Schaltung (Diodenbrücke) wird aus der unteren Ventilgruppe dasjenige Ventil den Strom übernehmen, welches das negativste Kathodenpotential hat. Entsprechend wird in der oberen Gruppe das Ventil leitend, welches das positivste Anodenpotential hat, dies ist die analoge Überlegung zur Bestimmung der natürlichen Zündzeitpunkte.

Wie in Abb. 4.38 zu sehen ist, sind die Zündzeitpunkte der oberen und der unteren Ventilgruppe zeitlich gegeneinander versetzt.

Während bei nichtlückendem Strom der Laststrom I_d und die Lastspannung U_d eine Periodendauer T_{Netz}/p aufweisen, ist jedes Ventil $2T_{Netz}/p$ lang durchgeschaltet. Durch die zeitlich versetzten Zündzeitpunkte der oberen und unteren

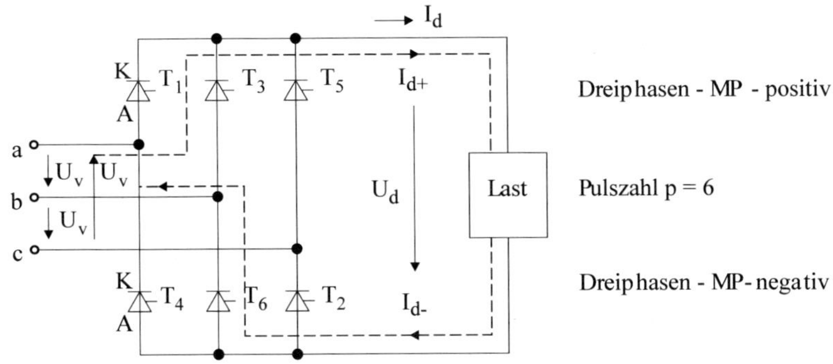

Abb. 4.37: *Dreiphasen-Brückenschaltung (B6) (Sechspuls-Schaltung)*

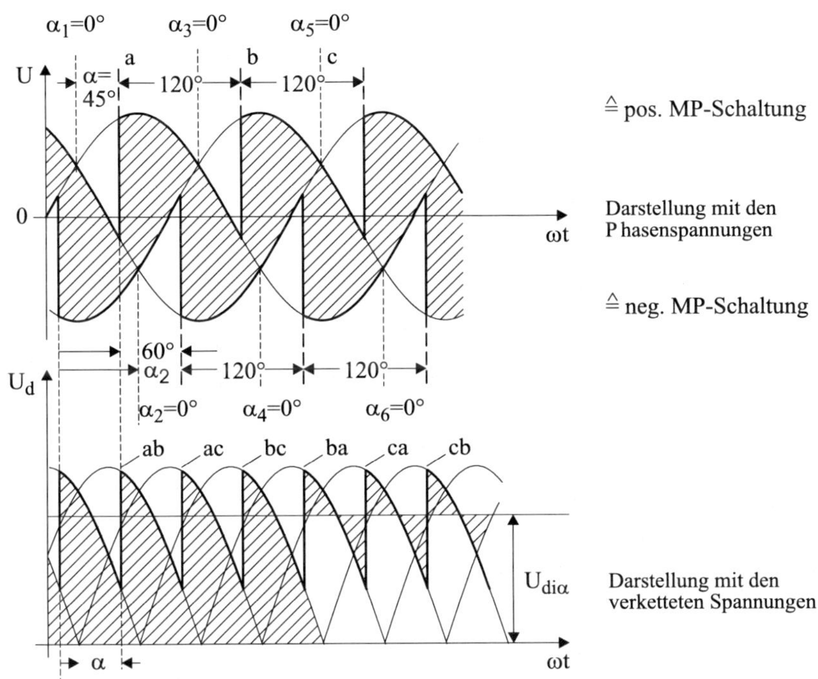

Abb. 4.38: *Spannungsverläufe bei der Dreiphasen-Brückenschaltung*

Ventilgruppe und der Bedingung, daß (außerhalb der Kommutierung) immer zwei Ventile – eines der oberen und eines der unteren Gruppe – stromführend sein müssen, muß noch eine weitere Randbedingung bei Brückenschaltungen – die Nachzündung – beachtet werden. Wenn ein Ventil x einer Gruppe einen Zündbefehl erhält, dann wird das zuvor gezündete Ventil (x −1) ebenso einen Zündbefehl erhalten – dies ist die Nachzündung (Abb. 4.39).

Die Nachzündung ist insbesondere im Lückbetrieb des Stroms wichtig, da in Betriebsbereichen mit kurzer Stromführungsdauer der Ventile das vorher gezündete Ventil bereits nicht mehr stromführend sein kann. Dies ist – außer beim Starten des Systems – der Grund der Nachzündung.

Die wichtigsten Formeln für die B6-Schaltung sind tabellarisch auf S. 240 zusammengestellt.

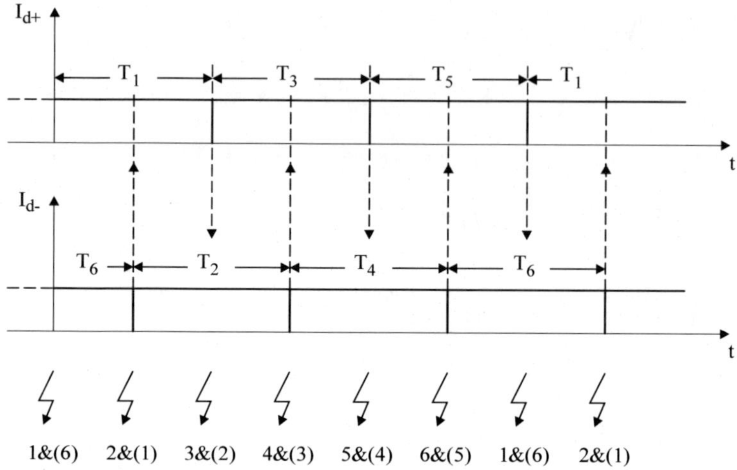

Abb. 4.39: *Nachzündung (in Klammern die Nummer des nachgezündeten Ventils)*

4.2.4 Netzstrom, Verschiebungsfaktor $\cos\varphi_1$ und Leistungsfaktor λ

In Abb. 4.37 ist dargestellt, daß der Gleichstrom I_d beispielsweise von der Netzphase a über den Thyristor T_1 zur Last und von der Last über den Thyristor T_6 zur Netzphase b fließt. Dies bedeutet, in der Netzphase a wird ein positiver und in der Netzphase b ein negativer Strom gleicher Amplitude fließen. Der Stromfluß in den Netzphasen beginnt jeweils mit dem Zünden der Thyristoren; entsprechend Abb. 4.39 ist die Stromflußdauer in den Thyristoren jeweils $2T_{Netz}/p$, wenn der Strom nicht lückt $(L/R \gg T_{Netz})$.

Wenn Abb. 4.38 auf Abb. 4.40 übertragen wird, dann ist zu erkennen, daß während der Stromflußdauer $2T_{Netz}/p$ (entspricht 120° bei $p = 6$) ein positiver Strom und in gleicher Dauer ein negativer Strom fließt. Ändern sich die Steuerwinkel α, ändert sich entsprechend die Lage der Stromblöcke. Beispielsweise würden bei $\alpha = 0°$ die Stromblöcke jeweils beim natürlichen Zündzeitpunkt beginnen und nach 120° enden, d.h. bei einem Wechsel von $\alpha = 45°$ zu $\alpha = 0°$ würden die Stromblöcke um 45° elektrisch auf einen früheren Zeitpunkt

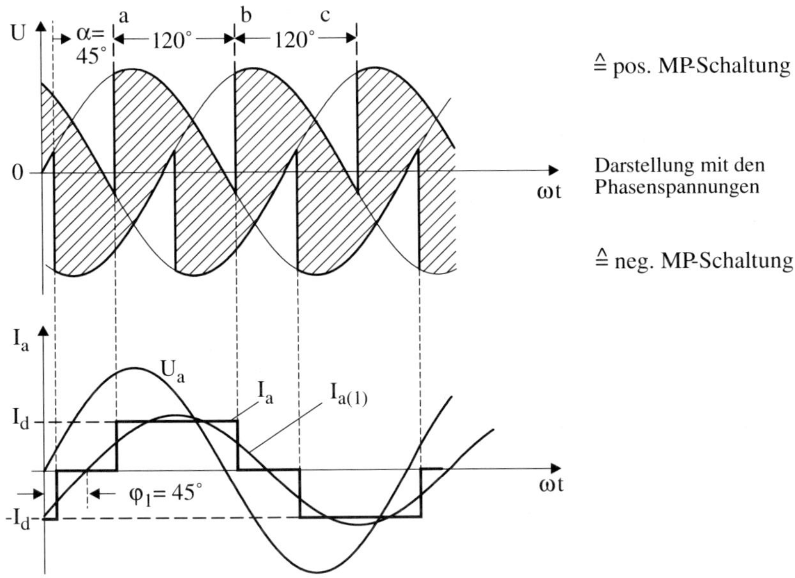

Abb. 4.40: *Zuordnung von Netzstrom und Spannungsverlauf*

im Netz verschoben. Wenn nun die angenommene Ansteuerung von $\alpha = 0°$ beibehalten wird, dann ist in Abwandlung von Abb. 4.40 sofort zu entnehmen, daß die Stromblöcke jeweils symmetrisch zum Spannungsmaximum angeordnet sind. Die Grundschwingung des Netzstroms ist somit phasengleich mit der Spannung, d.h. der Verschiebungswinkel φ_1 im Netz ist gleich dem Steuerwinkel $\alpha = 0° = \varphi_1$.

$$\varphi_1 = \alpha \qquad \text{(ohne Überlappung, Strom glatt)} \tag{4.56}$$

Wird stattdessen $\alpha = 45°$ gesetzt, gilt analog $\varphi = \alpha = 45°$ (siehe Abb. 4.40).

Bei den bisherigen Überlegungen wurde die Kommutierung und damit der Überlappungswinkel $ü$ vernachlässigt (Abb. 4.33). Bedingt durch die Kommutierung erfolgt ein verzögerter Anstieg bzw. Abfall des Netzstroms bzw. der Thyristorströme; damit wirkt sich der Überlappungswinkel $ü$ bei der Fourier-Analyse zur Bestimmung der Stromgrundschwingung und deren Phasenlage zur Phasenspannung wie folgt aus:

$$\varphi_1 \approx \alpha + \frac{ü}{2} \tag{4.57}$$

Damit gilt:

Gleichstromleistung (I_d glatt, $ü = 0$):

$$P_d = U_d \cdot I_d = U_{di0} \cdot I_d \cdot \cos\alpha \tag{4.58}$$

Wirkleistung auf der Netzseite (B6-Schaltung):

$$P_{N(1)} = 3 \cdot U_N \cdot I_{N(1)} \cdot \cos\varphi_1 \tag{4.59}$$

Grundschwingungs-Scheinleistung:

$$S_{N(1)} = \frac{P_{N(1)}}{\cos\varphi_1} = \frac{P_d}{\cos\alpha} = U_{di0} \cdot I_d \tag{4.60}$$

Grundschwingungs-Blindleistung:

$$Q_{N(1)} = S_{N(1)} \cdot \sin\varphi_1 \tag{4.61}$$

und:

$$S_{N(1)} = \sqrt{P_{N(1)}^2 + Q_{N(1)}^2} \tag{4.62}$$

Die Grundschwingungs-Scheinleistung $S_{N(1)}$ ist somit bei konstantem Strom I_d unabhängig vom Zündwinkel α konstant. Bei $\alpha = 0°$ ist $P_d = P_{N(1)} = S_{N(1)}$ und $Q_{N(1)} = 0$, bei $\alpha = 90°$ dagegen sind Gleichspannung und Wirkleistung Null und $Q_{N(1)} = S_{N(1)}$.

Durch Gleichsetzen der Wirkleistungen nach Gl. (4.58) und (4.59) läßt sich mit $\varphi_1 = \alpha$ und

$$U_{di0} = \frac{3\sqrt{6}}{\pi} \cdot U_N \tag{4.63}$$

der Effektivwert $I_{N(1)}$ der Netzstrom-Grundschwingung für die B6-Schaltung auch ohne Fourier-Analyse berechnen:

$$\frac{3\sqrt{6}}{\pi} \cdot U_N \cdot I_d \cdot \cos\alpha = 3 \cdot U_N \cdot I_{N(1)} \cdot \cos\varphi_1 \tag{4.64}$$

$$I_{N(1)} = \frac{\sqrt{6}}{\pi} \cdot I_d \tag{4.65}$$

Aus dem Stromverlauf in Abb. 4.40 ist zu entnehmen, daß es außer der Grundschwingung auch Oberschwingungen gibt; diese Strom-Oberschwingungen bilden mit der Spannungs-Grundschwingung die Verzerrungs-Blindleistung D_N:

$$D_N = 3 \cdot U_N \cdot \sqrt{I_N^2 - I_{N(1)}^2} = \sqrt{S_N^2 - S_{N(1)}^2} \tag{4.66}$$

Da sich die Stromkurvenform (ideale Glättung!) bei einer Änderung von α nicht ändert (wohl aber bei Berücksichtigung der Kommutierung), ist D_N unabhängig von α.

Der Leistungsfaktor λ wird definiert als:

$$\lambda = \frac{P_{N(1)}}{S_N} \tag{4.67}$$

d.h. beim Verschiebungsfaktor $\cos\varphi_1$ wird nur die Strom-Grundschwingung $I_{N(1)}$, beim Leistungsfaktor λ werden dagegen auch die Strom-Oberschwingungen berücksichtigt.

Der Effektivwert I_N des blockförmigen Netzstroms läßt sich einfach berechnen:

$$I_N = \sqrt{\frac{1}{T_{Netz}} \int_0^{T_{Netz}} I_N^2(t)\, dt} = \sqrt{\frac{2}{3}} \cdot I_d \tag{4.68}$$

Damit ergibt sich für die Scheinleistung

$$S_N = 3 \cdot U_N \cdot I_N = 3 \cdot \frac{\pi}{3\sqrt{6}} \cdot U_{di0} \cdot \sqrt{\frac{2}{3}} \cdot I_d = \frac{\pi}{3} \cdot U_{di0} \cdot I_d \tag{4.69}$$

und für die Verzerrungs-Blindleistung

$$D_N = \sqrt{\left(\frac{\pi}{3}\right)^2 - 1} \cdot U_{di0} \cdot I_d = 0,311 \cdot U_{di0} \cdot I_d \tag{4.70}$$

sowie für den Leistungsfaktor

$$\lambda = \frac{3}{\pi} \cdot \cos\varphi_1 = 0,955 \cdot \cos\varphi_1 \tag{4.71}$$

Aus diesen Überlegungen ergibt sich, daß auf der Netzseite Wirk- und Blindleistung entsprechend dem Steuerwinkel α und dem Überlappungswinkel $\ddot{u}$ auftritt – ein in der heutigen Zeit unerwünschter Effekt. Um insbesondere die Grundschwingungs-Blindleistung zu vermindern, wurden blindleistungssparende Schaltungen entwickelt [52, 53]. Eine weitere Stufe ist die Forderung $\cos\varphi_1 = 1$ und $\lambda \approx 1$; diese Forderung läßt sich mit Leistungsfaktor-Korrektur-Schaltungen erreichen (Kap. 12.5.5).

Spannungen und Ströme der B6-Schaltung (nichtlückender Betrieb)

1) verkettete Netzspannung: $U_v = \sqrt{3} \cdot U_N$

Phasenspannung (Effektivwert): U_N

2) Leerlaufspannung: (maximale Gleichspannung)

$$U_{di0} = \frac{3 \cdot \sqrt{2}}{\pi} \cdot U_v = 1,35 \cdot U_v$$

$$= \frac{3 \cdot \sqrt{6}}{\pi} \cdot U_N = 2 \cdot 1,17 \cdot U_N$$

3) bezogener Gleichspannungsabfall: (Kommutierung)

$$d_x = \frac{1}{2} \cdot \frac{u_{k\%}}{100} \cdot \frac{I_d}{I_{dN}}$$

4) Gleichspannungs-Mittelwert: $U_{di\alpha} = U_{di0} \cdot \cos\alpha$

mit Überlappung: $U_d = U_{di0} \cdot (\cos\alpha - d_x)$

5) Sperrspannung am Ventil: $\hat{U}_T = \sqrt{2} \cdot U_v = 1,05 \cdot U_{di0}$

6) netzseitiger Phasenwinkel: $\varphi_1 \approx \alpha + \frac{\ddot{u}}{2}$

<u>für glatten Strom I_d und ohne Überlappung gilt:</u>

7) Ventilstrom-Effektivwert: $I_T = \frac{1}{\sqrt{3}} \cdot I_d = 0,577 \cdot I_d$

8) Ventilstrom-Mittelwert: $I_{TAV} = \frac{1}{3} \cdot I_d = 0,333 \cdot I_d$

9) Netzstrom-Effektivwert: $I_N = \sqrt{\frac{2}{3}} \cdot I_d = 0,816 \cdot I_d$

10) Netzstrom-Grundschwingung: (Effektivwert) $I_{N(1)} = \frac{\sqrt{6}}{\pi} \cdot I_d = 0,780 \cdot I_d$

11) Wirkleistung (Last): $P_d = U_{di0} \cdot I_d \cdot \cos\alpha$

Wirkleistung (Netz): $P_{N(1)} = \sqrt{3} \cdot U_v \cdot I_{N(1)} \cdot \cos\varphi_1$

12) Grundschw.-Scheinleistung: $S_{N(1)} = U_{di0} \cdot I_d$

gesamte Scheinleistung: $S_N = \frac{\pi}{3} \cdot U_{di0} \cdot I_d$

13) Leistungsfaktor: $\lambda = \frac{3}{\pi} \cdot \cos\varphi_1 = 0,955 \cdot \cos\varphi_1$

4.2.5 Grenzen des Betriebsbereichs von Stromrichter und Maschine

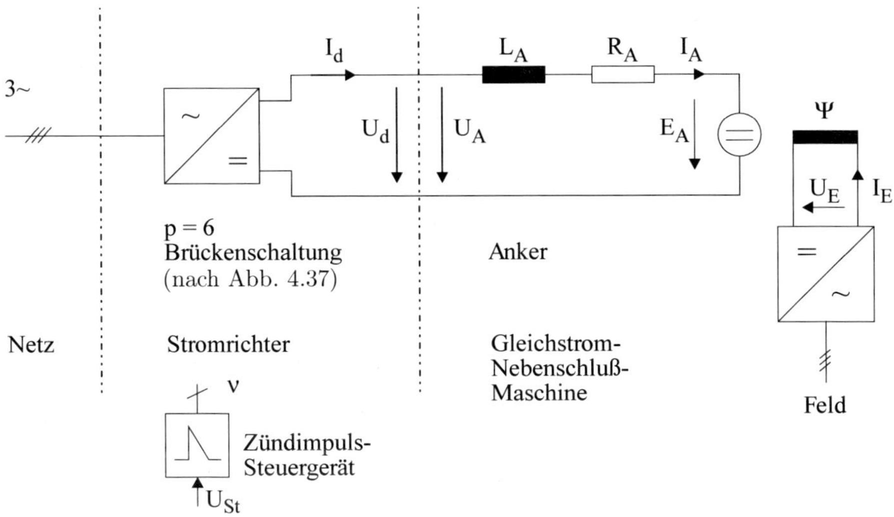

Abb. 4.41: *Anordnung Netz–Stromrichter–Maschine*

A) Ankerstellbereich

$\Psi = \Psi_N\,; \quad I_E = I_{EN}$

A1) Stromrichter im 1. Quadranten (Gleichrichterbetrieb, Motor-Rechtslauf)

Stromrichter: $0° \leq \alpha \leq 90°; \quad 0 \leq U_d \leq U_{dmax}(\alpha_{min})$
Stromrichter-Spannung:

$$U_d = U_{di0} \cdot \left(\cos\alpha - \underbrace{\frac{1}{2} \cdot \frac{u_{k\%}}{100} \cdot \frac{I_d}{I_{dN}}}_{d_x} \right) = U_{di\alpha} - D_x \tag{4.72}$$

Kennliniengleichung der Maschine:

$$N = \frac{U_A}{C_E \cdot \Psi} - M_{Mi} \cdot \frac{R_A}{C_E \cdot C_M \cdot \Psi^2} \tag{4.73}$$

$$\text{bei} \qquad \Psi = \Psi_N, \quad M_{Mi} = C_M \cdot I_A \cdot \Psi_N$$

Speisung mit Stromrichter: $U_A = U_d, \quad I_A = I_d$

$$N \;=\; \frac{U_d}{C_E \cdot \Psi_N} - I_d \cdot \frac{R_A}{C_E \cdot \Psi_N} = \frac{U_d}{C_E \cdot \Psi_N} - M_{Mi} \cdot \frac{R_A}{C_E \cdot C_M \cdot \Psi_N^2} \tag{4.74}$$

$$N \;=\; \frac{U_{di0} \cdot \cos\alpha}{C_E \cdot \Psi_N} - I_d \cdot \left(\frac{1}{2} \cdot \frac{u_{k\%}}{100} \cdot \frac{U_{di0}}{I_{dN}} + R_A \right) \cdot \frac{1}{C_E \cdot \Psi_N} \tag{4.75}$$

Die Einflüsse des induktiven Gleichspannungsabfalls (Stromrichter) und des Ankerwiderstands (Maschine) addieren sich.

obere Grenze:

Stromrichter bei $\alpha = \alpha_{min}$; $U_d(\alpha_{min}) = U_{dmax}(I_{Amax})$
Grenzkennlinie:

$$N = \frac{U_{dmax}}{C_E \cdot \Psi_N} - I_d \cdot \frac{R_A}{C_E \cdot \Psi_N} = U_{di0} \cdot \frac{\cos\alpha - d_x}{C_E \cdot \Psi_N} - I_d \cdot \frac{R_A}{C_E \cdot \Psi_N} \tag{4.76}$$

$$N_N = \frac{U_{dmax}}{C_E \cdot \Psi_N} - M_{MN} \cdot \frac{R_A}{C_E \cdot C_M \cdot \Psi_N^2} \tag{4.77}$$

$$U_{dmax} = f(I_d) = f(M_M) \tag{4.78}$$

Anmerkung:

Für dynamische Vorgänge muß eine Stellreserve eingeplant werden. Deshalb wird der Stromrichter im stationären Betrieb nicht bis zu seiner maximalen Leistungsfähigkeit ausgenützt. Im allgemeinen ist also $\alpha_{min} > 0°$ und $U_{dmax} < U_{di0}$.

Bei einem Vier-Quadrant-Stellglied mit zwei antiparallelen B6-Brücken (Abb. 4.45) wird der stationäre minimale Steuerwinkel α_{min} auf $\alpha_{min} \simeq 30°$ (symmetrisch zur Wechselrichtertrittgrenze bei $\alpha = 150°$) begrenzt (siehe Kap. 4.2.6.1).

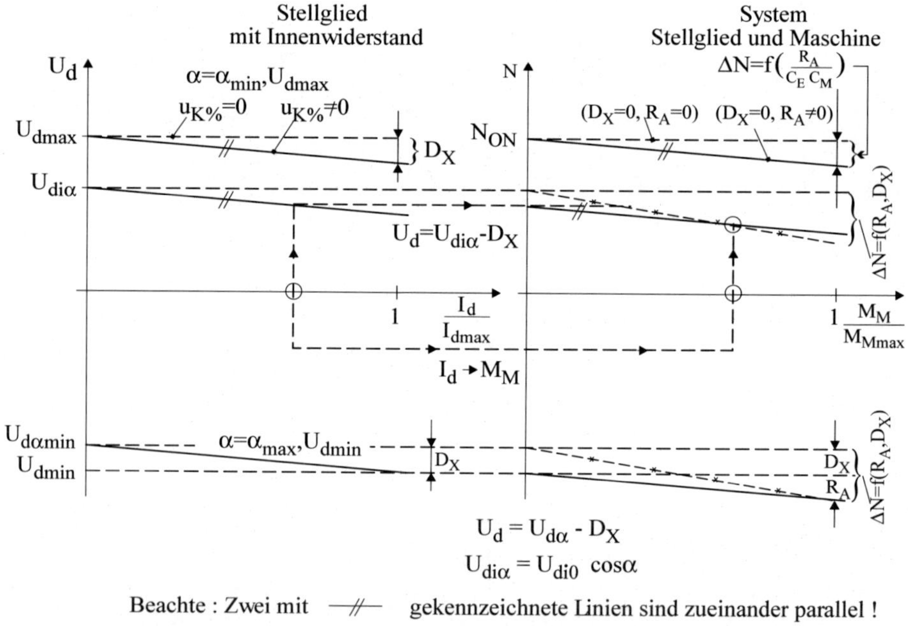

Abb. 4.42: *Einfluß von D_X und R_A auf die Drehzahl*

A2) Stromrichter im 4. Quadranten (Wechselrichterbetrieb, Generator, Motor-Linkslauf)

Stromrichter: $90° < \alpha \leq 150°$; $U_{dmin} \leq U_d < 0$

Wechselrichtertrittgrenze bei 150° !

Es ergeben sich dieselben Kennliniengleichungen wie bei A1, insbesondere ist die *untere Grenze* gegeben durch:
Stromrichter bei $\alpha = \alpha_{max} = 150°$, $U_d(\alpha_{max}) = U_{dmin} < 0$!

Grenzkennlinie:

$$N = \frac{U_{dmin}}{C_E \cdot \Psi_N} - I_d \cdot \frac{R_A}{C_E \cdot \Psi_N} \tag{4.79}$$

mit $U_{dmin} = U_{di0} \cdot \cos\alpha_{max} - D_x = U_{d\alpha\,min} - D_x$

F) Feldstellbereich

F1) Ankerstromrichter im 1. Quadranten

Stromrichter: $\alpha \approx 30° = \text{const.}$; $U_d = U^*_{dmax}\,|_{I_d = I_A} = U_{di0} \cdot \cos\alpha - D_x$
$\alpha \neq 0$, um den Strom I_{Amax} führen zu können!

$$N = \frac{U^*_{dmax}}{C_E \cdot \Psi} - I_d \cdot \frac{R_A}{C_E \cdot \Psi} \tag{4.80}$$

$$M_M = C_M \cdot \Psi \cdot I_d \tag{4.81}$$

$$N = \frac{U^*_{dmax} - I_d \cdot R_A}{\dfrac{C_E}{C_M} \cdot \dfrac{M_M}{I_d}} \quad ; \quad \frac{C_E}{C_M} = 2\pi \tag{4.82}$$

$$N = \frac{(U^*_{dmax} - I_d \cdot R_A) \cdot I_d}{2\pi \cdot M_M} \tag{4.83}$$

Für $I_A = I_{Amax} = I_{dmax}$ bestehen die Zusammenhänge

$$N \sim \frac{1}{\Psi}$$

$$M_M \sim \Psi$$

F2) Ankerstromrichter im 4. Quadranten

Stromrichter: $\alpha = 150°$; $U_d = U^*_{dmin} = U_{dmin}\,|_{I_d = I_A} = U_{di0} \cdot \cos\alpha - D_x$

$$N = \frac{U^*_{dmin}}{C_E \cdot \Psi} - I_d \cdot \frac{R_A}{C_E \cdot \Psi} \tag{4.84}$$

$$N = \frac{U^*_{dmin} - I_d \cdot R_A}{\dfrac{C_E}{C_M} \cdot \dfrac{M_M}{I_d}} = \frac{(U^*_{dmin} - I_d \cdot R_A) \cdot I_d}{2\pi \cdot M_M} \tag{4.85}$$

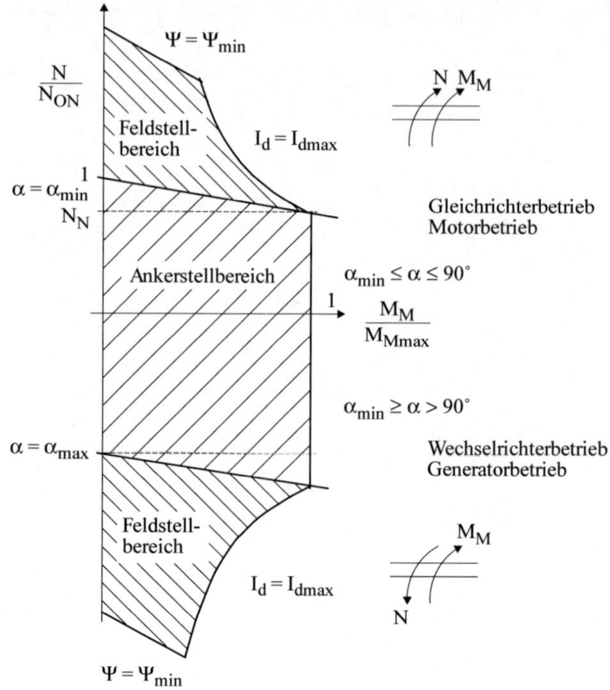

Abb. 4.43: *Arbeitsbereich GNM mit B6-Brücke*

4.2.6 Verfahren zur Drehmomentumkehr bei Stromrichtern

Eine Vielzahl von Gleichstromantrieben fordern gelegentlich oder betriebsmäßig eine Momentumkehr. Im Gegensatz zu umformergespeisten GS-Motoren läßt sich der Gleichstrom bei Stromrichterspeisung wegen der Ventilwirkung der Halbleiter nicht umkehren. Eine Drehmomentumkehr ist daher bei stromrichtergespeisten Antrieben nur durch besondere Maßnahmen möglich. Das Drehmoment eines Gleichstrommotors ist bekanntlich proportional dem Produkt aus Ankerstrom und Fluß. Da der Fluß durch den Feldstrom bestimmt wird, kann das Drehmoment eines GS-Motors entweder durch **Umkehrung des Ankerstroms oder durch Umkehrung des Feldstroms** in seiner Richtung geändert werden.

$$+M = (+I_A) \cdot (+\psi) \tag{4.86}$$

$$-M = (+I_A) \cdot (-\psi) \quad \text{(Feldstrom-Umkehr)} \tag{4.87}$$

$$-M = (-I_A) \cdot (+\psi) \quad \text{(Ankerstrom-Umkehr)} \tag{4.88}$$

Nachfolgend sollen nun die hierfür zur Verfügung stehenden Möglichkeiten kurz beschrieben werden.

4.2.6.1 Drehmomentumkehr durch Wenden des Ankerstroms

a) Ankerumschaltung mit Schütz

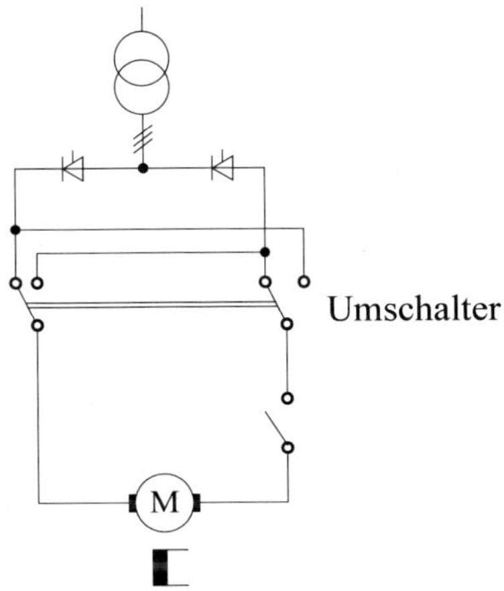

Abb. 4.44: *Ankerstromumkehr mit Schütz*

Die einfachste und wirtschaftlich sehr günstige Möglichkeit, den Ankerstrom in der Maschine zu wenden, ist der Ankerumschalter (Abb. 4.44). Man benötigt nur einen Einwegstromrichter. Da der Umschalter nur im stromlosen Zustand betätigt wird, können hierfür neben speziellen Polwendeschaltern auch normale Luftschütze mit Fernantrieb eingesetzt werden. Umschalter neigen jedoch zu häufigeren Störungen wegen der mechanisch bewegten Teile und deren Verschleiß. Sie sind daher ungeeignet für Antriebe mit häufiger Momentumkehr. Außerdem liegt die durch die Umschaltung entstehende *Stromnullpause* in der *Größenordnung von* 100 . . . 500 ms. Diese Schaltung kommt daher nur bei kleineren Leistungen zum Einsatz, und auch nur dann, wenn die Stromnullpause in Kauf genommen werden kann („Drehmomentloch").

Beim Umschalten des Schützes muß gleichzeitig auch der Stromrichter umgesteuert werden (z.B. von GR zu WR), da sonst die Stromrichterspannung U_d und die induzierte Maschinenspannung E_A in Reihe liegen und einen zu hohen Ankerstrom treiben (Brückenkurzschluß).

b) Vier-Quadrant-Stromrichter-Stellglieder

Unter Umkehrstromrichterschaltungen versteht man solche Stromrichterschaltungen, bei denen für jede Stromrichtung Ventile vorhanden sind. Man unterscheidet dabei die Kreuzschaltung und die Gegenparallelschaltung – auch Antiparallelschaltung genannt. Ferner unterscheidet man **kreisstromfreie** und **kreisstrombehaftete** Schaltungen.

b1) Kreisstromfreie Schaltungen

Die Umschaltung der Anschlußklemmen des Stromrichters wird hier auf elektronischem Wege dadurch bewerkstelligt, daß eine zweite antiparallele Stromrichterbrücke den Laststrom übernimmt (Abb. 4.45). Von den beiden beispielsweise B6-Brücken ist also nur immer eine aktiv, während die Zündimpulse für die andere blockiert werden. Das schon erwähnte „Momentloch" bei der Umschaltung besteht weiterhin, da das Verlöschen der Ventilströme abgewartet werden muß. Die *Stromnullpause* bei der Stromumkehr beträgt aber *nur noch* $1 \ldots 6{,}6\,ms$.

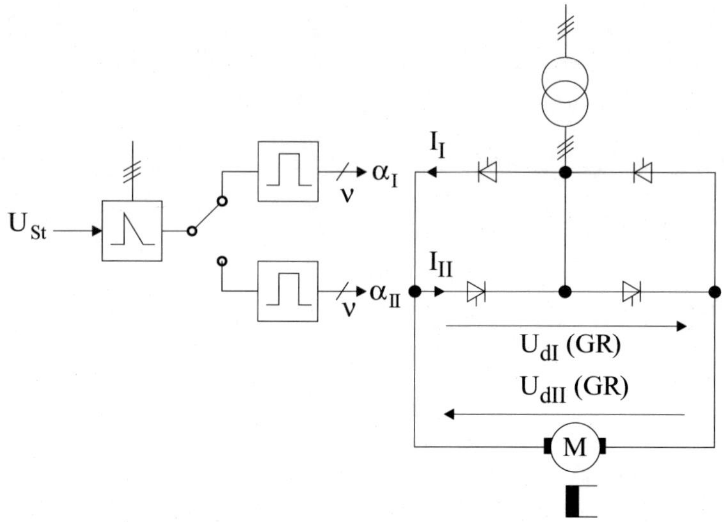

Abb. 4.45: *Kreisstromfreier Umkehrstromrichter*

Auch hier muß eine Umsteuerung vom GR- zum WR-Betrieb beim Wechsel der Brücken erfolgen, um keine Überströme zu erzeugen.

Weil die Stromrichter bei kleinen Strömen im Lückbereich arbeiten, verschlechtert sich das dynamische Verhalten bei nicht adaptiven Stromregelkreisen so, daß bei der Stromumkehr wesentlich längere Stromumkehrzeiten und damit wesentlich längere Zeiten bei der Momentumkehr auftreten. Durch Einsatz eines adaptiven Stromreglers kann das Verhalten bei lückendem Ankerstrom verbessert werden, so daß sich das dynamische Verhalten im Lückbereich nicht wesentlich verschlechtert gegenüber dem nichtlückenden Bereich [47, 48].

Wegen ihres einfachen und preiswerten Aufbaus hat sich diese Schaltung heute in der praktischen Anwendung als Standardlösung durchgesetzt.

b2) Kreisstrombehaftete Schaltungen

Mit der kreisstrombehafteten Schaltung kann eine stetige Momentumkehr ohne Stromnullpause erreicht werden. Um dies zu erreichen, werden die beiden antiparallelen Stromrichter-Stellglieder gleichzeitig so ausgesteuert, daß sie jederzeit den Strom übernehmen können (Abb. 4.46).

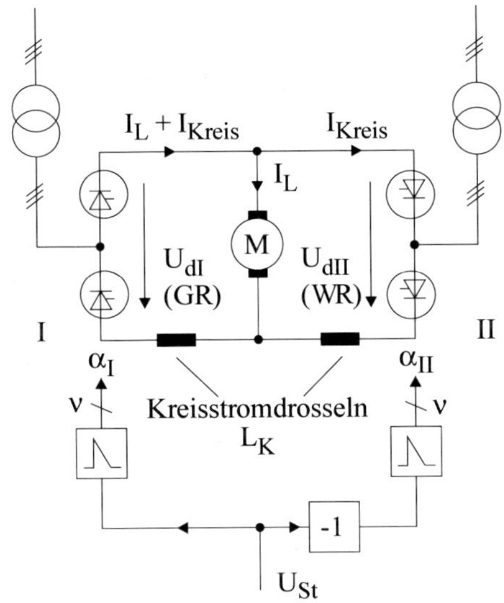

Abb. 4.46: *Kreuzschaltung (Beispiel: Stromrichter 1: Last- und Kreisstrom; Stromrichter 2: nur den Kreisstrom führend)*

Um die Probleme des lückenden Betriebs zu umgehen, schaltet man dem laststromführenden Stromrichter zusätzlich zum Laststrom einen Kreisstrom I_{Kreis} auf, der so bemessen ist, daß auch beim Laststrom Null die Lückgrenze nicht unterschritten wird. Der Kreisstrom fließt nicht durch die Last, sondern über die zweite Stromrichterbrücke zurück. Um den Kreisstrom zu begrenzen, müssen in den Strompfad zusätzlich noch Kreisstromdrosseln L_K eingefügt werden.

Die Ausgangsspannungen U_d beider Brücken müssen gleich groß sein, da die Kreisstromdrosseln nur die Wechselspannung – erzeugt durch die Differenz der Augenblickswerte der Spannungen – aufnehmen können.

Damit muß die Steuerbedingung eingehalten werden:

$$\cos\alpha_{\text{I}} = -\cos\alpha_{\text{II}}$$

$$\text{oder} \qquad \alpha_{\text{I}} + \alpha_{\text{II}} = 180^\circ \qquad \text{(konstanter Kreisstrom)}$$

Bei kreisstromarmen Lösungen wird abhängig vom Laststrom die Brücke im WR-Betrieb weiter in Richtung Wechselrichtergrenze ausgesteuert. Bei großen Lastströmen wird somit der Kreisstrom verringert und die Stromrichter-Stellglieder werden besser ausgenutzt.

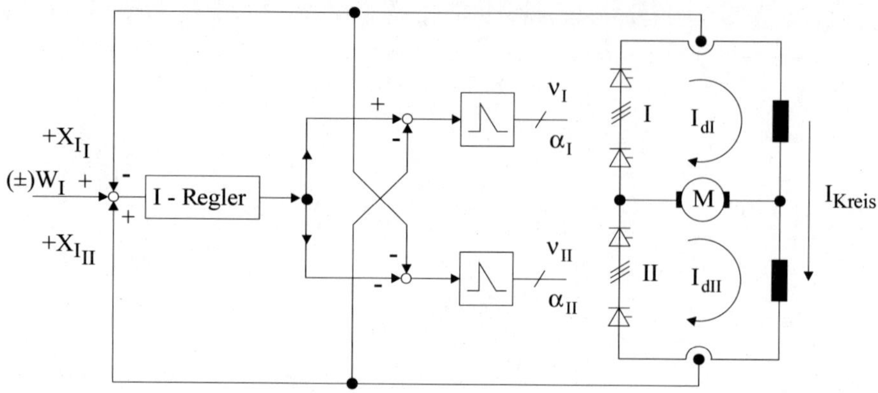

Abb. 4.47: *Kreisstromarmes Stellglied*

Da die maximale Aussteuerung im Wechselrichterbetrieb bei $\alpha_{max} = 150°$ liegt, ist wegen $\alpha_{\rm I} + \alpha_{\rm II} \leq 180°$ im Gleichrichterbetrieb entsprechend nur ein minimaler Steuerwinkel von $\alpha_{min} = 30°$ erreichbar.

Eine stromlose Pause bzw. ein Momentloch tritt bei diesen Konfigurationen nicht mehr auf.

Nachteilig bei dieser Lösung ist der hohe Aufwand für die Kreisstromdrosseln, die Einspeisetransformatoren und den zusätzlichen Steuersatz zur Zündimpulserzeugung. Nachteilig ist ferner der erhöhte Blindleistungsbedarf bei kleinen Lastströmen. Ein weiterer Nachteil ist die Gefahr des Wechselrichterkippens bei Netzspannungseinbrüchen, da ständig ein Stromrichter-Stellglied im Wechselrichterbetrieb arbeiten muß.

4.2.6.2 Drehrichtungsumkehr eines Gleichstromantriebes, der von einem kreisstromfreien Umkehrstromrichter gespeist wird

Bei den nachfolgenden Untersuchungen werden die Ankerinduktivität L_A und der Ankerwiderstand R_A berücksichtigt.

Es gelten die folgenden Zusammenhänge und Voraussetzungen:

$$\frac{U_A}{U_{AN}} = \frac{\Omega}{\Omega_{0N}} + \frac{R_A \cdot I_{AN}}{U_{AN}} \cdot \frac{M_M}{M_{iN}} + \frac{L_A \cdot I_{AN}}{U_{AN}} \cdot \frac{d}{dt}\left(\frac{M_M}{M_{iN}}\right) \tag{4.89}$$

$$\Psi = \Psi_N \ ; \quad D_x = 0$$

$$\frac{M_M}{M_{iN}} = m_M = i_A \tag{4.90}$$

$$\frac{\Omega}{\Omega_{0N}} = n = e_A \tag{4.91}$$

normiert:

$$u_A = n + r_A \cdot i_A + r_A \cdot T_A \cdot \frac{di_A}{dt} \tag{4.92}$$

Beispiel:

$$\frac{M_W}{M_{iN}} = m_W = 0,5 \cdot \text{sign}(n) \tag{4.93}$$

Bereich (1) Stationärer Betrieb $n = 1$; $U_A/U_{AN} = u_A > 1$
SR I in Gleichrichteraussteuerung
SR II gesperrt

Bereich (2) Vorgabe eines neuen Drehzahlsollwertes
$n_{soll2} = -1 \cdot n_{soll1}$
SR I in Wechselrichteraussteuerung;
Steuerung in volle WR-Aussteuerung, so daß i_A schnell abgebaut wird.
$| \, dn/dt \, | \neq$ const.
SR II gesperrt

Bereich (3) Übergang von SR I auf SR II
SR I gesperrt
SR II gesperrt
SR II wird erst nach Ablauf einer Sicherheitszeit Δt von voller WR-Aussteuerung freigegeben, um sicherzustellen, daß i_A Null geworden ist.
$| \, dn/dt \, | =$ const.
Steuerung über EMK–Vorsteuerung $\quad u^*_{st\,\text{II}} \mathrel{\hat{=}} e_A$

Bereich (4) Anstieg des Ankerstroms im SR II
SR I gesperrt
SR II in Wechselrichteraussteuerung, zeitvariant reduziert
$| \, dn/dt \, | \neq$ const.

Bereich (5) Der Maximalstrom der Maschine ist erreicht.
SR I gesperrt
SR II in Wechselrichteraussteuerung
Die Summe aus Motormoment $m_M = -1$ und Widerstandsmoment m_W bewirkt eine schnelle Drehzahländerung.
Zur Zeit $t = t_0$ geht SR II in den Gleichrichterbetrieb über.

Bereich (6) Die Drehzahl n wird negativ.
SR I gesperrt
SR II in Gleichrichteraussteuerung
Voraussetzungsgemäß kehrt das Widerstandsmoment seine Richtung um, $m_W = -0,5$.
$| \, dn/dt \, |_{(6)} = | \, dn/dt \, |_{(3)} =$ const.
$(m_M = i_A = -1 \Rightarrow m_M - m_W = -0,5)$

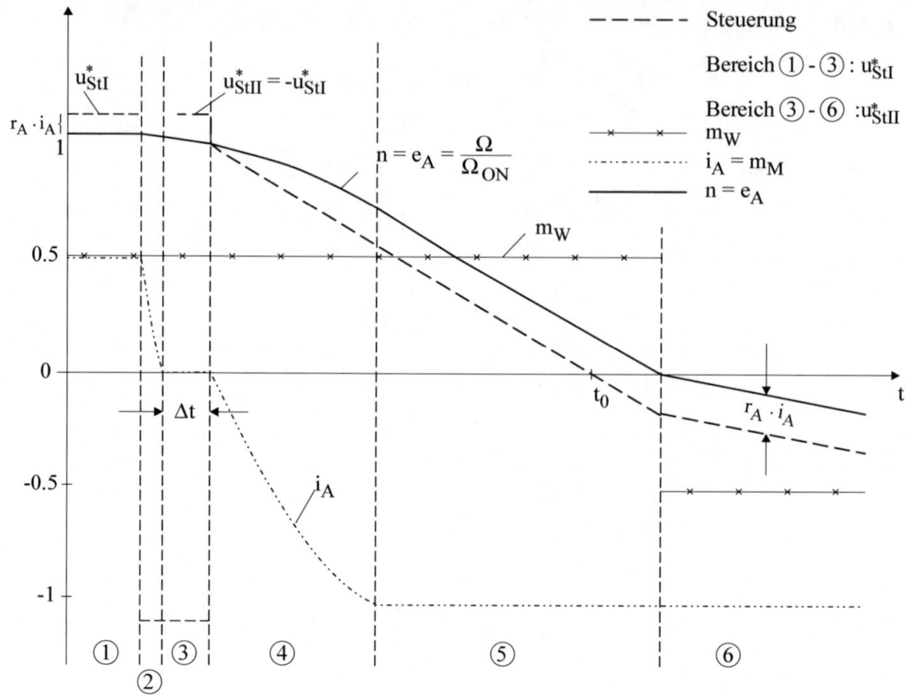

Abb. 4.48: *Drehrichtungsumkehr mit kreisstromfreiem Umkehrstromrichter*

4.2.6.3 Drehmomentumkehr durch Wenden des Feldstroms

a) Allgemeine Hinweise

Im Prinzip kommen hier die gleichen Schaltungen zum Einsatz, wie sie schon von den Stellgliedern des Ankerkreises bekannt sind. Da Erregerkreise aber nur kleine Leistungen verglichen mit den Ankerkreisen aufweisen, ist der Aufwand sehr viel geringer. Für die nachfolgenden Beispiele wird davon ausgegangen, daß der Anker von einer einfachen B6-Brücke gespeist wird (positiver Strom, positive und negative Spannung). Allen Verfahren, die auf der Feldumkehr beruhen, ist gemeinsam, daß bei der Umkehr bei $\Psi \approx 0$ ein kritischer Arbeitsbereich der Maschine auftreten kann, wenn nicht Gegenmaßnahmen ergriffen werden.

Die Erklärung erfolgt anhand der stationären Kennlinie nach Abb. 4.49 und Gl. (4.94). Bei unbelasteter Maschine ($m_W \rightarrow 0$) und konstanter Ankerspannung strebt der Term $n_0 = u_A/\psi \mid_{\psi \rightarrow 0}$ gegen unendlich. Die Maschine „geht durch“ und wird durch die Überdrehzahl (Zentrifugalkräfte) zerstört.

Als Gegenmaßnahme gegen das „Durchgehen“ wird durch entsprechende Steuerung im Ankerstrom das Motormoment und damit der Ankerstrom zu Null gesetzt. Ein von der Maschine ausgehendes Beschleunigungsmoment wird somit verhindert. Auf diese Weise ist zwar die Stabilität gewährleistet, aber es entsteht

$$n = \frac{u_A}{\psi} - m_M \cdot \frac{r_A}{\psi^2} \qquad (4.94)$$

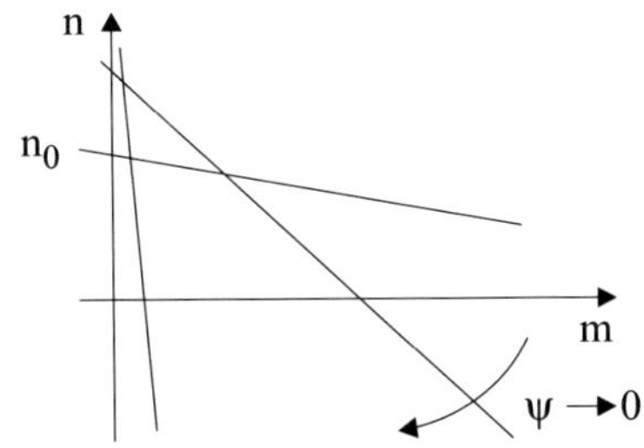

Abb. 4.49: *Kennlinie der GNM mit ψ als Parameter*

wieder ein Drehomentloch. Die daraus resultierende Totzeit liegt im Bereich von 100 ms ... 2 s, zumal die große Induktivität der Erregerwicklung keine schnelle Feldänderung zuläßt, wenn nicht eine sehr hohe Übererregung (dynamische Überhöhung der Erregerspannung) in Kauf genommen wird. Bei Feldumkehr dürfen daher keine großen dynamischen Ansprüche an das Antriebssystem gestellt werden.

Weiterhin ist zu beachten, daß eine Feldumkehr bei der Drehzahl $n \neq 0$ immer mit einer Umsteuerung des Ankerstromrichters verknüpft sein muß. Weil die induzierte Motorspannung e_A mit dem Fluß das Vorzeichen wechselt, würde sie sonst in gleicher Richtung wie die Ankerspannung wirken und einen hohen Ankerstrom verursachen, der die Ventile des Stromrichters zerstört. Generell muß festgestellt werden, daß die Drehmomentumkehr durch Feldumkehr nur noch sehr selten angewendet wird (Abb. 4.50).

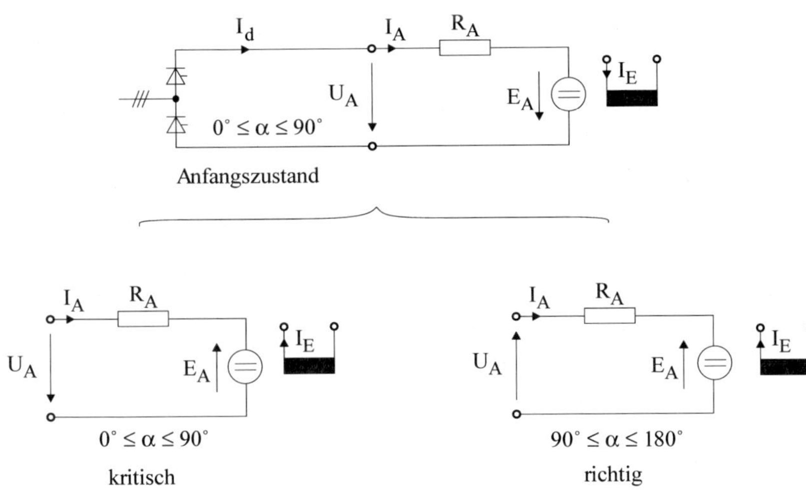

Abb. 4.50: *Umschaltung des Erregerstroms erfordert Umsteuerung des Ankerstromrichters*

b) Feldumschaltung über Schütze

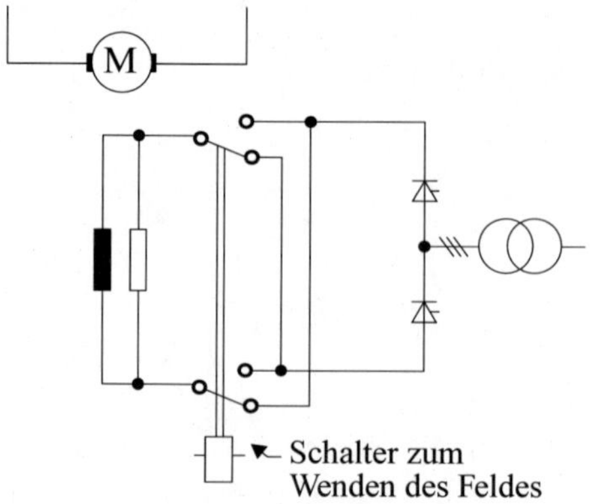

Abb. 4.51: *Feldumschaltung über Schütze*

Wegen der hohen Erregerinduktivität und ohne Parallelwiderstand ist der Stromanstieg am Anfang im allgemeinen zu gering, um den Haltestrom der Thyristoren zu erreichen. Der Parallelwiderstand zur Erregerwicklung gewährleistet beim Einschalten des Erreger-Stromrichter-Stellglieds einen Strom, der größer ist als der Haltestrom der Thyristoren. Der Thyristor verlöscht daher nicht gleich, wenn der Zündimpuls nicht mehr ansteht.

Vorgehen bei der Umschaltung:

a) Ankerstromrichter in dem Wechselrichterbetrieb steuern, um den Ankerstrom zu Null abzubauen.

b) Bei geregeltem Feld: Wechselrichterbetrieb des Erregerstrom-Stromrichters; bei Konstanterregung entfällt Wechselrichterbetrieb.

c1) Bei Erregerstrom-Stromrichter: bei Entregung mit Wechselrichterbetrieb Feldschütz aus, wenn Feldstrom Null ist.

c2) Bei Konstanterregung: Feldschütz aus, längere Pause für den Abbau des Feldstroms; es muß auf jeden Fall so lange gewartet werden, bis der Strom zu Null geworden ist (Lichtbogen erlischt).

d) Feldschütz neue Richtung ein.

e) Feldaufbau auf einen neuen Wert abwarten.

f) Freigabe des Ankerstromrichters.

Drehmomentpause: $1 \dots 2\,s$

Anwendungsgebiet nur bei Antrieben mit gelegentlichem Momentwechsel. Auf die allgemeinen Hinweise sei nochmals hingewiesen!

c) Zweistromrichterschaltung im Feld

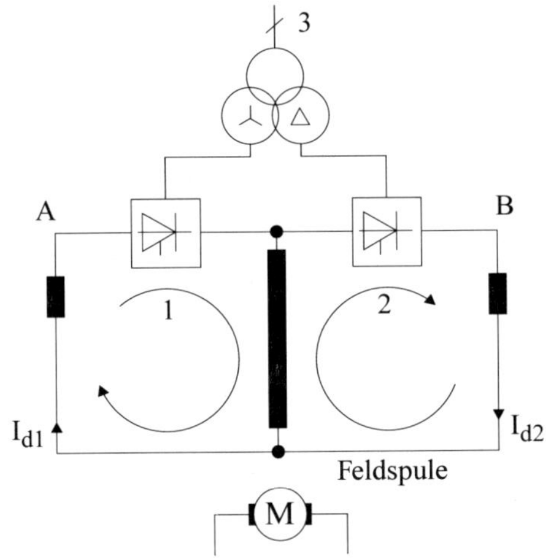

Abb. 4.52: *Kreisstrombehafteter Vier-Quadrant-Stromrichter in Kreuzschaltung*

Die Erregerwicklung wird von einem kreisstrombehafteten Vier-Quadrant-Stromrichter gespeist. Das Stellglied ist kreisstrombehaftet, damit bei der großen Induktivität der Feldspule Schwierigkeiten beim Durchgang durch das Gebiet kleiner Erregerströme (siehe auch b)) vermieden werden. Man unterscheidet zwei Verfahren, die „unstetige Feldumkehr" und die „stetige Feldumkehr", auch *Contiflux-Verfahren* genannt.

Unstetige Feldumkehr

Die Vorgehensweise lehnt sich an die Feldumschaltung mit Schütz an, d.h. vor der Feldumkehr wird der Ankerstrom zu Null abgebaut und erst nach der Umkehr wieder aufgebaut.
Totzeit: $0,2 \ldots 0,5\,s$.

Stetige Feldumkehr: Contiflux-Verfahren

Die Charakteristik dieses Verfahrens ist in Abb. 4.53 dargestellt. In Abhängigkeit vom Momentsollwert M_M^* werden die Größen Ankerstrom I_A und Erregerstrom I_E linear bis zu ihren Grenzwerten verändert. Kehrt sich die Polarität von M_M^* um, so wechselt der Feldstrom ebenfalls sein Vorzeichen. Der Ankerstrom selbst (Einwegstromrichter) kann nur seinen Betrag ändern.

Die Kennlinien können so eingestellt werden, daß bei Erregerstrom Null auch der Ankerstrom den Wert Null erreicht. In der Regel wird jedoch ein sogenannter „Stromboden" eingestellt, womit bessere Stabilitätsbedingungen erzielt werden. Bei diesem Verfahren ist es möglich, während zeitlich stetiger Änderungen der

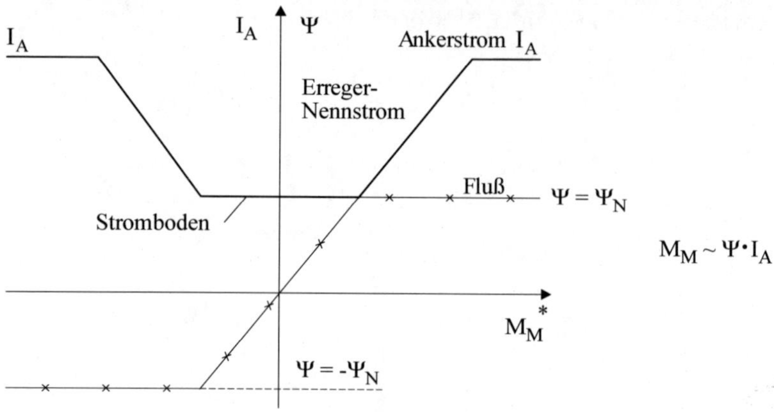

Abb. 4.53: *Contiflux-Verfahren*

Steuergrößen das Drehmoment ohne jede Totzeit umzukehren. Die Gesamtzeit für die Drehmomentumkehr hängt von dem Flußab- und Flußaufbau in der Maschine ab. Sie liegt zwischen $1 \ldots 2\ s$, so daß sich dieses Steuerverfahren nicht für den Einsatz bei schnellen Reversierantrieben eignet.

Allgemein ist zu den Feldumkehrantrieben zu sagen, daß die Zeit für den Momentwechsel stark vom Ab- und Aufbau des Flusses in der Maschine abhängt. Feldumkehrantriebe werden mit 2,5-fachen bis 3,5-fachen Spannungsreserven in der Erregerspannung ausgeführt, da der Erregerstrom mit dem Fluß über die Magnetisierungskennlinie verknüpft ist; deshalb kann sich auch der Erregerstrom nur so schnell ändern, wie es die Feldzeitkonstante zuläßt.

Dies wird auch als „Aufschaltung" bezeichnet. Damit erreicht man schnelle Erregerstromänderungen, da dies einer Verkürzung der Feldzeitkonstanten gleich kommt. Nach Erreichen des Nennerregerstroms wird die Erregerspannung auf Nennerregung zurückgenommen. Bei geblechten Maschinengehäusen und Hauptpolen läßt sich ebenfalls eine Verkürzung des Flußab- und Aufbaues erreichen, da während dieses Vorgangs die entstehenden Wirbelströme, die einer schnellen Änderung des Flusses entgegenwirken, verkleinert werden.

Nachteilig ist die in manchen Fällen (maschinenabhängig) ungünstige Beeinflussung der Kommutierung, wenn durch die Feldstromänderung eine Erhöhung der Stromwendespannung im Kommutator verursacht wird. Das zeitliche Aufeinanderfallen von Anker– und Feldstromänderung muß in solchen Fällen vermieden oder zumindest abgedämpft werden.

4.3 Strom- und Drehzahlregelung der Gleichstrom-Nebenschlußmaschine

Aufgrund der schlechten dynamischen Eigenschaften bei der Feldregelung und der nichtlinearen Charakteristik (Hysteresekurve des Eisens) wird die Gleichstrom-Nebenschlußmaschine üblicherweise über den Anker geregelt (Ankerstellbereich, $\psi = 1$). Meist wird die *Kaskadenregelung* angewendet:

- innerer Kreis: Stromregler,
- äußerer Kreis: Drehzahlregler.

Die Kaskadenregelung wird aus folgenden Gründen eingesetzt:

a) Gleichstrommaschine und Stromrichter-Stellglied sind empfindlich gegen zu hohe Ankerströme i_A,

b) die Gleichstrommaschine ist empfindlich gegen zu hohe Änderungsgeschwindigkeiten des Ankerstroms di_A/dt,

c) die Gleichstrommaschine (und das Stromrichter-Stellglied) ist empfindlich gegen zu hohe Ankerspannungen u_A,

d) der Ankerstrom der Gleichstrommaschine ist eine wichtige Stellgröße ($m_M = \psi \cdot i_A$),

e) der Drehzahlregler ist dem Stromregelkreis überlagert, die Regelkreise können getrennt in Betrieb genommen werden.

Folgerung für drehzahlgeregelte Antriebe:

1. Ankerstrom nach Größe und eventuell Änderungsgeschwindigkeit begrenzen $\Longrightarrow$ Ankerstrom der Größe nach begrenzen und regeln,
2. Drehzahl der Größe nach begrenzen und regeln.

In Kap. 3 war der Signalflußplan der Gleichstrommaschine und in Kap. 3.4 waren die Führungs- und Störgrößen-Übertragungsfunktionen abgeleitet worden.

In Kap. 4.1 waren die Gleichstromsteller als Stellglied für die GNM sowie die verschiedenen Steuerverfahren für die Gleichstromsteller an sich und in Kap. 4.1.4 die Regelung einer GNM bei Speisung über einen Gleichstromsteller dargestellt worden. In Kap. 4.2 waren danach als Stellglieder die netzgeführten Stromrichter-Stellglieder vorgestellt worden. Wie sich in diesem Kapitel zeigen wird, müssen sowohl bei Verwendung eines Gleichstromstellers als auch bei Verwendung eines netzgeführten Stromrichter-Stellglieds geeignete regelungstechnische Modelle für die beiden Stellgliedtypen erarbeitet werden, um sowohl das statische als auch das dynamische Verhalten festzulegen. Auf die gleichlautende Aufgabenstellung sei deshalb hier noch einmal hingewiesen. Die sonstigen regelungstechnischen Lösungen gleichen sich im Prinzip.

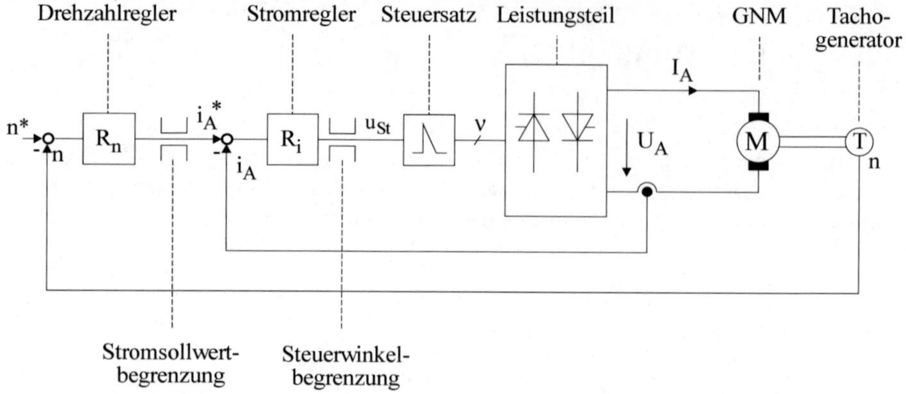

Abb. 4.54: *Kaskadengeregelte Gleichstrom–Nebenschlußmaschine*

In diesem Kapitel sollen nun die wichtigsten Grundlagen der Regelung der Gleichstrom–Nebenschlußmaschine etwas ausführlicher als in Kap. 4.1.4 dargestellt werden. Wie bereits ausgeführt, wird häufig die Kaskadenregelung verwendet. Aus Abb. 4.54 ist zu entnehmen, daß dem Stromregelkreis der Drehzahlregelkreis überlagert ist. Um den Strom i_A im Anker der Gleichstrommaschine und im Stellglied zu begrenzen, wird der Stromsollwert i_A^* begrenzt.

Vorteile:

1. Unterteilung der Strecke ⟶ einfache Regelkreise,
2. gutes Störverhalten,
3. Begrenzung der geregelten Signale möglich,
4. Auswirkungen nicht-linearer oder nicht-stetiger Teile des Regelkreises eingegrenzt,
5. schrittweise Inbetriebnahme.

Eine detaillierte Abhandlung der Regelkreise im Anker und im Feldkreis der GNM erfolgt in Band 2 [47, 48].

4.3.1 Ankerstromregelung

In Abb. 4.55 ist der Stromregelkreis dargestellt. Ohne auf die speziellen Ableitungen zur Approximation des dynamischen Verhaltens des Stromrichter-Stellglieds einzugehen und ohne Optimierungsregeln abzuleiten, sollen nur die wesentlichen Punkte dargestellt werden. Das Stellglied wird als Totzeitglied mit der Verstärkung V_{Str} betrachtet. Die Totzeit T_t hängt vom verwendeten Stellglied

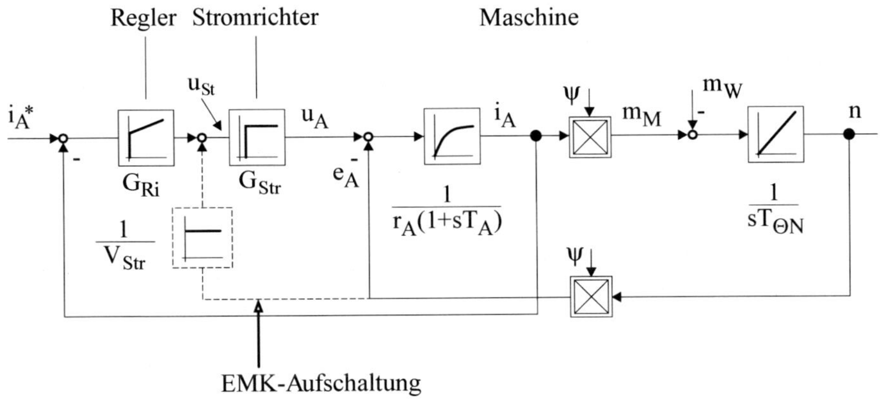

Abb. 4.55: *Innerer Regelkreis: Stromregelung*

ab und wird beispielsweise mit $T_t = T_N/2p$ als ungünstigster Fall bei netzgeführten Stromrichtern angesetzt (siehe auch Kap. 4.1.4).

Nach Abb. 4.55 besteht die Strecke des Stromregelkreises aus der Übertragungsfunktion G_{Str} des Stellglieds, dem Ankerkreis mit der Übertragungsfunktion G_{S1} und der Übertragungsfunktion des mechanischen Teils G_{S2}, die zurückgekoppelt ist.

$$G_{Str}(s) \;=\; \frac{u_A(s)}{u_{St}(s)} \;=\; V_{Str} \cdot e^{-sT_t} \tag{4.95}$$

$$G_{S1}(s) \;=\; \frac{i_A(s)}{u_A(s) - e_A(s)} \;=\; \frac{1}{r_A \cdot (1 + sT_A)} \tag{4.96}$$

$$G_{S2}(s) \;=\; \frac{n(s)}{m_M(s)} \;=\; \left.\frac{e_A(s)}{i_A(s)}\right|_{\psi=1} \;=\; \frac{1}{sT_{\Theta N}} \tag{4.97}$$

Aufgrund dieser Rückkopplung ergibt sich als Strecken-Übertragungsfunktion:

$$G_{Si}(s) \;=\; \frac{i_A(s)}{u_{St}(s)} \;=\; \left.\frac{G_{Str}(s) \cdot G_{S1}(s)}{1 + G_{S1}(s) \cdot G_{S2}(s)}\right|_{\psi=1}$$

$$= \; V_{Str} \cdot e^{-sT_t} \cdot \frac{sT_{\Theta N}}{1 + r_A \cdot (sT_{\Theta N} + s^2 T_{\Theta N} T_A)} \tag{4.98}$$

Diese Übertragungsfunktion ist unerwünscht, da sie ein konjugiert komplexes Polpaar enthalten kann und damit den Entwurf des Reglers erschwert. Ein Regler mit I-Anteil würde außerdem die Ordnung des geschlossenen Regelkreises auf die dritte Ordnung erhöhen und damit die Dynamik des Regelkreises ebenso ungünstig beeinflussen. Um diese Nachteile zu vermeiden, ist eine EMK–Aufschaltung (gestrichelte Linie in Abb. 4.55) zu empfehlen. Durch diese Aufschaltung wird der Rückkopplungszweig mit e_A kompensiert. Wichtig bei der

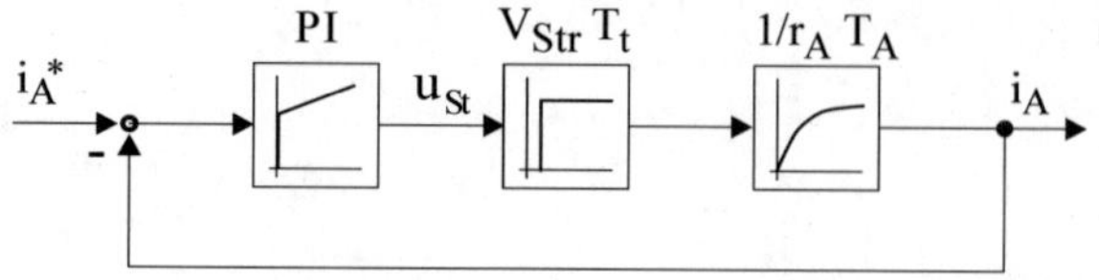

Abb. 4.56: *Signalflußplan des Stromregelkreises mit EMK–Aufschaltung*

Aufschaltung ist, daß im Aufschaltungszweig die Übertragungsfunktion

$$\frac{1}{V_{Str}} \approx \frac{1}{G_{Str}} \tag{4.99}$$

eingefügt ist, um die Kompensation der EMK sicherzustellen, und daß eine Mitkopplung vermieden wird. Wenn diese Bedingungen eingehalten werden, dann ist die Strecken-Übertragungsfunktion reduziert auf (Abb. 4.56):

$$G_{Si}(s)|_{EMK} = V_{Str} \cdot e^{-sT_t} \cdot \frac{1}{r_A \cdot (1 + sT_A)} \tag{4.100}$$

Zur weiteren Vereinfachung wird das Totzeitglied e^{-sT_t} durch ein PT_1-Glied approximiert:

$$G_{Si}(s)|_{EMK} = \frac{V_{Str}}{r_A} \cdot \frac{1}{(1 + sT_t) \cdot (1 + sT_A)} \qquad (T_A > T_t) \tag{4.101}$$

Mit diesen Vereinfachungen kann nun das für diesen Streckentyp entwickelte Optimierungskriterium – das *Betragsoptimum* BO – angewendet werden. Beim Betragsoptimum wird bei diesem Streckentyp ein PI-Regler vorausgesetzt:

$$G_{Ri}(s) = V_R \cdot \frac{1 + sT_n}{sT_n} \tag{4.102}$$

Die Optimierungsbedingungen lauten:

$$T_n = T_A \tag{4.103}$$

(Beachte: Durch diese Wahl $T_n = T_A$ wird die Zeitkonstante $T_A \gg T_t$ kompensiert, d.h. durch die Differentation des Reglereingangssignals erfolgt eine dynamische Überhöhung des Strecken- Eingangssignals u_A.)

$$V_R = \frac{r_A}{V_{Str}} \cdot \frac{T_A}{2T_t} \tag{4.104}$$

$$T_t = \frac{T_N}{2p} = \frac{1}{2p\,F_N} \tag{4.105}$$

Wenn der Stromregelkreis nach BO optimiert ist – und kein Tiefpaß zur Glättung des gemessenen Stroms zusätzlich im Rückführkanal eingefügt wurde – dann ergibt sich als Führungs–Übertragungsfunktion:

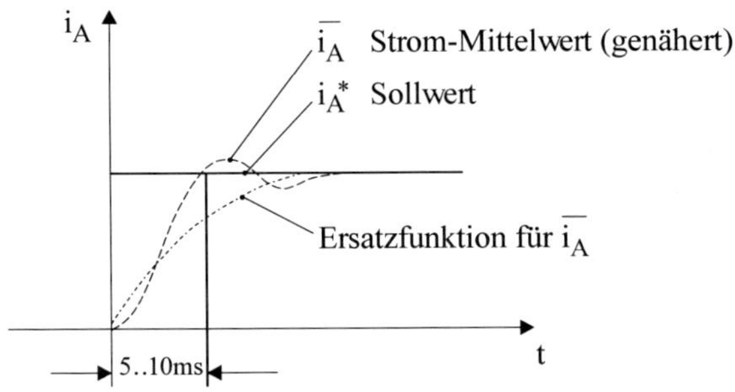

Abb. 4.57: *Sprungantwort des Stromregelkreises*

$$G_{wi}(s) = \frac{1}{1 + s\,2T_t + s^2\,2T_t^2} \quad \xrightarrow{\text{Näherung}} \quad G_{w\,ers\,i}(s) = \frac{1}{1 + sT_{ers\,i}}$$

$$T_{ers\,i} \approx 2 \cdot T_t$$

Abb. 4.58: *Ersatz-Übertragungsfunktion des Stromregelkreises*

$$G_{wi}(s) = \frac{i_A(s)}{i_A^*(s)} = \frac{1}{1 + s\,2T_t + s^2\,2T_t^2} \tag{4.106}$$

Diese Übertragungsfunktion weist ein konjugiert komplexes Polpaar und den Dämpfungsfaktor $D = 1/\sqrt{2}$ auf. Das Zeitverhalten zeigt Abb. 4.57.

Zur Vereinfachung der Optimierung des überlagerten Regelkreises wird im allgemeinen eine Ersatz-Übertragungsfunktion $G_{w\,ers\,i}(s)$ gewählt (Abb. 4.58).

4.3.2 Drehzahlregelung

Der Stromregelkreis ist im Drehzahlregelkreis (Abb. 4.59) nur als Ersatzfunktion $G_{w\,ers\,i}$ berücksichtigt. Als Drehzahlregler wird ein PI-Regler verwendet, um auch bei Störungen ($m_W \neq 0$) stationäre Genauigkeit sicherzustellen.

Bei den folgenden Überlegungen soll zunächst Nennfluß ($\psi = 1$) vorausgesetzt werden. Unter diesen Randbedingungen gilt:

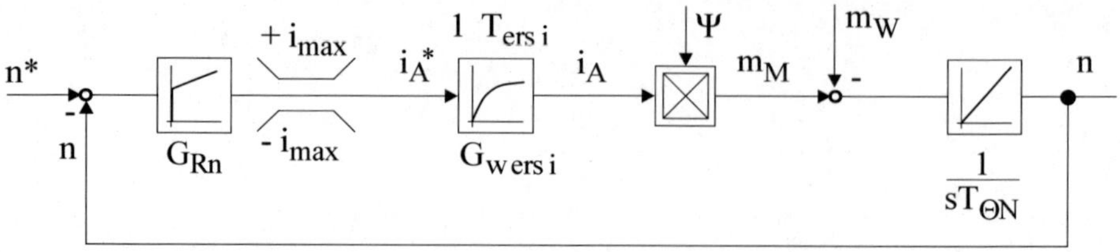

Abb. 4.59: *Signalflußplan des Drehzahlregelkreises*

$$G_{Sn}(s) = \frac{1}{1 + sT_{ers\,i}} \cdot \frac{1}{sT_{\Theta N}} \tag{4.107}$$

$$G_{Rn}(s) = V_R \cdot \frac{1 + sT_n}{sT_n} \tag{4.108}$$

$$-G_0(s) = \frac{V_R}{s^2\, T_{\Theta N}\, T_n} \cdot \frac{1 + sT_n}{1 + sT_{ers\,i}} \tag{4.109}$$

Aufgrund der Doppelintegration beginnt der Phasenwinkel φ_0 des offenen Kreises bei $\varphi_0 = -180°$. Um den geschlossenen Regelkreis zu stabilisieren, muß $T_n > T_{ers\,i}$ gewählt werden.

Die Parameter des Reglers sind nach den Regeln des sogenannten *symmetrischen Optimums* SO zu wählen:

$$T_n = 4 \cdot T_{ers\,i} \tag{4.110}$$

$$V_R = \frac{T_{\Theta N} \cdot T_n}{8 \cdot T_{ers\,i}^2} = \frac{T_{\Theta N}}{2 \cdot T_{ers\,i}} \tag{4.111}$$

Bei Wahl der Reglerparameter nach SO ergibt sich die Führungs–Übertragungsfunktion $G'_{wn}(s)$:

$$G'_{wn}(s) = \frac{n(s)}{n^*(s)} = \frac{1 + s\,4T_{ers\,i}}{1 + s\,4T_{ers\,i} + s^2\,8T_{ers\,i}^2 + s^3\,8T_{ers\,i}^3} \tag{4.112}$$

Die Übertragungsfunktion $G'_{wn}(s)$ liefert bei sprungförmiger Sollwertverstellung aufgrund des Zählerpolynoms mit $s\,4T_{ers\,i}$ ein Ausgangssignal mit sehr großem Überschwingen. Um das gewünschte Führungsübertragungsverhalten bei sprungförmiger Verstellung des Drehzahlsollwerts sicherzustellen, muß im Führungskanal das Zählerpolynom von G'_{wn} kompensiert werden (Abb. 4.60). Damit ergibt sich endgültig:

$$G_{wn}(s) = \frac{1}{1 + s\,4T_{ers\,i} + s^2\,8T_{ers\,i}^2 + s^3\,8T_{ers\,i}^3} \tag{4.113}$$

Die Anregelzeit einschließlich Sollwertglättung beträgt ca. $7 \cdot T_{ers\,i}$. Zur Vereinfachung kann wie beim Stromregelkreis eine Ersatz-Übertragungsfunktion angegeben werden (Abb. 4.61).

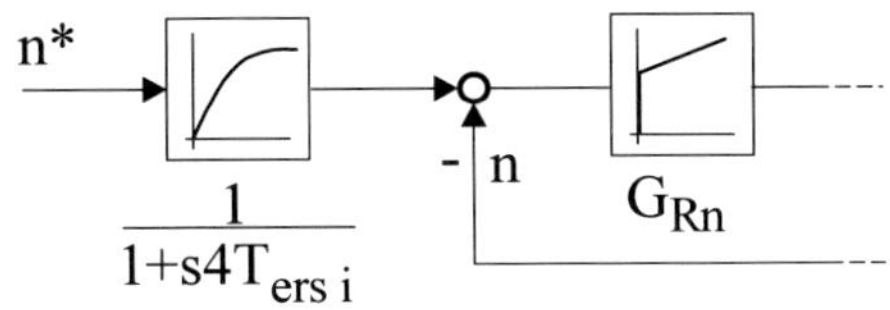

Abb. 4.60: *Führungsglättung*

$$G_{wn}(s) = \frac{1}{1 + s\,4T_{ers\,i} + s^2\,8T_{ers\,i}^2 + s^3\,8T_{ers\,i}^3} \longrightarrow G_{w\,ers\,n}(s) = \frac{1}{1 + sT_{ers\,n}}$$

$$T_{ers\,n} = 4 \cdot T_{ers\,i}$$

Abb. 4.61: *Ersatz-Übertragungsfunktion des Drehzahlregelkreises*

In Abb. 4.59 ist der Stromsollwert begrenzt. Wie bereits oben diskutiert, ist diese Begrenzung sowohl für das Stellglied als auch für die Maschine (Kommutator) notwendig. Zu beachten ist allerdings, daß beim Ansprechen der Begrenzung der Drehzahlregelkreis nicht mehr geschlossen ist. Dies führt zu einem abweichenden Verhalten des Gesamtsystems gegenüber dem geschlossenen System.

Wenn der Stromsollwert den Begrenzungswert erreicht bzw. überschreitet, wird als Stromsollwert nur noch der Begrenzungswert wirksam. Dies bedeutet, daß – bei konstantem m_W – während der Zeit der Begrenzung ein konstantes Beschleunigungsmoment wirksam ist. Ein konstantes Beschleunigungsmoment führt aber zu einer zeitlinearen Änderung der Drehzahl (Abb. 4.62).

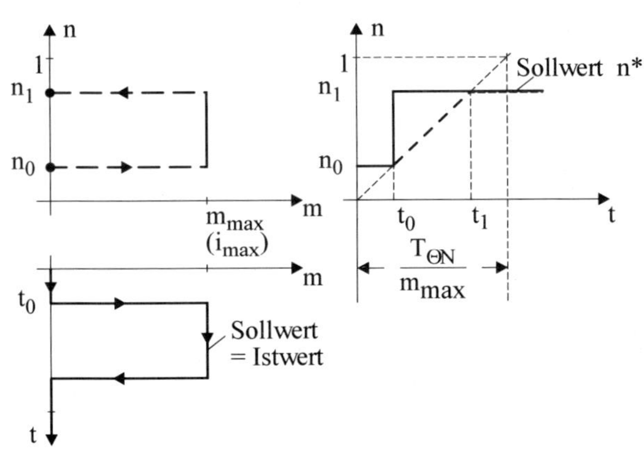

Abb. 4.62: *Hochlauf bei Ankerstrombegrenzung* ($T_{ers\,i} \ll T_{\Theta N}$)

Zu beachten ist außerdem, daß – aufgrund des während der Begrenzungszeit offenen Drehzahl-Regelkreises – der Verlauf des Drehzahlistwertes unterschiedlich ist gegenüber dem Verlauf bei geschlossenem Regelkreis.

Der Ausgangswert des Drehzahlreglers wird sich wegen dessen Integralanteil erhöhen, obwohl der Stromsollwert i_A^* konstant auf dem Begrenzungswert bleibt. Hat der Drehzahlistwert schließlich den Sollwert erreicht, so ist der Ausgangswert des Drehzalreglers im allgemeinen erheblich größer als bei unbegrenztem Stromsollwert. Die Drehzahl wird sich also weiterhin erhöhen, bis der P-Anteil des Drehzahlreglers den I-Anteil soweit kompensiert, daß das Beschleunigungsmoment das Vorzeichen wechselt.

Die Folge ist ein erhebliches Überschwingen des Drehzahlistwertes, wenn der Drehzahl-Regelkreis durch die Begrenzung geöffnet war. Um dies zu vermeiden, muß die Integration der Regelabweichung im Drehzahlregler während der Zeit der Strom-Sollwertbegrenzung angehalten werden.

In Abb. 4.59 ist außerdem der Einfluß von ψ eingezeichnet. Ein Fluß $\psi < 1$ wird im Feldschwächbereich zu einer Verringerung des Drehmoments führen:

$$m_{Mi} = i_A \cdot \psi \tag{4.114}$$

Diese Verringerung des Drehmoments verkleinert somit die Kreisverstärkung des offenen Regelkreises bzw. wirkt wie eine Vergrößerung der Integrations-Zeitkonstante $T_{\Theta N}$:

$$\frac{1}{sT'_{\Theta N}(\psi < 1)} = \frac{\psi}{sT_{\Theta N}(\psi = 1)} \tag{4.115}$$

Die Integrations-Zeitkonstante (bzw. die Verstärkung) des Drehzahlreglers muß daher bei $\psi < 1$ an die geänderte Streckenverstärkung angepaßt werden. Die Anpassung erfolgt am einfachsten durch eine Division durch ψ im Drehzahlregler, mit der die Multiplikation mit ψ in der Strecke kompensiert wird.

4.3.3 Führungs- und Störverhalten von Regelkreisen

An den obigen Darstellungen können – als grundsätzliche Einführung – einige wesentliche Probleme und Eigenschaften von Regelungen aufgezeigt werden. Die Regelung soll stabil sein, genau sein (d.h. Soll- und Istwert sollen im stationären Zustand übereinstimmen) und der Istwert soll dem Sollwert möglichst schnell folgen (Dynamik). Grundsätzlich widersprechen sich die Forderung nach Stabilität einerseits und Dynamik andererseits; dies bedeutet, ein Regelkreis hat im allgemeinen umso größere Stabilitätsreserven je schlechter die Dynamik ist. Es muß somit bei der Optimierung von Regelkreisen ein Kompromiß zwischen Stabilitätsreserve und Dynamik eingegangen werden. Diese Problematik wird beispielsweise in [47, 48] ausführlich erläutert.

Ein weiterer Punkt bei der Auswahl des Reglertyps (und der Optimierung der Reglerparameter) ist, ob ein Regler mit oder ohne Integralanteil eingesetzt

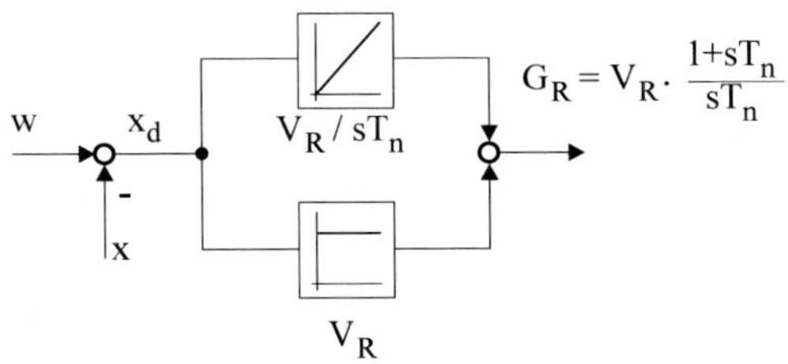

Abb. 4.63: *PI-Regler (Parallelstruktur)*

werden soll. Vorteilhaft bei dem Regler mit Integralanteil ist, daß die Regelabweichung x_d im stationären Betriebszustand gleich Null wird – wenn der Regelkreis stabil ist.

Aus Abb. 4.63 ist zu erkennen, daß die Regelabweichung $x_d = w - x$ ist und daß im stationären Betrieb der Integralanteil des Reglers den Fehler so lange aufintegrieren wird, bis $x = w$ und somit $x_d = 0$ ist. Der Integralanteil im Regler erhöht allerdings die Ordnung der Übertragungsfunktion des offenen und des geschlossenen Regelkreises, dies kann zur Erschwerung der Optimierung des geschlossenen Regelkreises führen.

a) *Regelkreis mit P-Regler und PT_1-Strecke*:

Wenn statt des Reglers mit Integralanteil ein Regler nur mit einem P-Anteil eingesetzt wird, dann kann im allgemeinen die Regelabweichung im stationären Betrieb nicht Null werden. Abbildung 4.64 zeigt einen einfachen Regelkreis, an dem die Problematik erklärt wird.

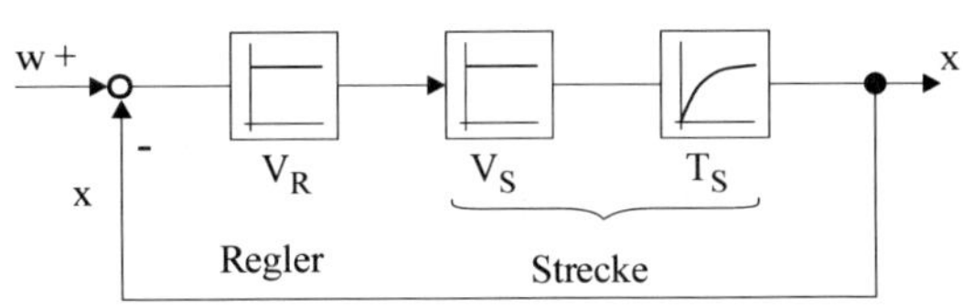

Abb. 4.64: *Regelkreis mit P-Regler und PT_1-Strecke*

Für diesen Regelkreis gilt:

$$G_R(s) = V_R \tag{4.116}$$

$$G_S(s) = V_S \cdot \frac{1}{1+sT_S} \tag{4.117}$$

$$-G_0(s) = G_R(s) \cdot G_S(s) = V_R \cdot V_S \cdot \frac{1}{1+sT_S} \tag{4.118}$$

$$\begin{aligned} G_w(s) &= \frac{x(s)}{w(s)} = \frac{1}{1-\dfrac{1}{G_0(s)}} = \frac{1}{1+\dfrac{1+sT_S}{V_R V_S}} \\ &= \frac{1}{\dfrac{1+V_R V_S}{V_R V_S} + s \cdot \dfrac{T_S}{V_R V_S}} = \frac{V_R V_S}{1+V_R V_S} \cdot \frac{1}{1+s \cdot \dfrac{T_S}{1+V_R V_S}} \end{aligned} \tag{4.119}$$

Damit gilt für den stationären Betrieb ($s \to 0$ bzw. $t \to \infty$) mit $x_d = w - x$:

$$\lim_{s \to 0} \frac{x(s)}{w(s)} = \frac{1}{1+\dfrac{1}{V_R V_S}} = \frac{V_R V_S}{1+V_R V_S} \tag{4.120}$$

$$\lim_{s \to 0} \frac{x_d(s)}{w(s)} = 1 - \lim_{s \to 0} \frac{x(s)}{w(s)} = \frac{1}{1+V_R V_S} \tag{4.121}$$

Dies bedeutet, daß der Regelfehler x_d im stationären Betrieb nicht Null wird. Allerdings wird der Regelfehler umso kleiner, je größer die Kreisverstärkung $V_R \cdot V_S$ des offenen Regelkreises ist. Im vorliegenden Fall kann aufgrund der einfachen Struktur – eines Systems erster Ordnung – die Verstärkung des Reglers sehr groß gewählt werden. Im allgemeinen ist die Struktur des Systems allerdings wesentlich komplizierter und die Ordnung höher, so daß die Reglerverstärkung nur in Grenzen angehoben werden kann (Stabilität, Nyquist-Kriterium).

Aus Gl. (4.119) ist ein weiterer Einfluß der Reglerverstärkung V_R zu erkennen. Die Streckenzeitkonstante T_S wird im geschlossenen Regelkreis auf

$$T = \frac{T_S}{1+V_R V_S} \tag{4.122}$$

reduziert, d.h. die Dynamik des geschlossenen Regelkreises wird von der Kreisverstärkung beeinflußt.

b) *Regelkreis mit I-Regler und PT_1-Strecke:*

Der P-Regler wird nun durch einen I-Regler ersetzt (Abb. 4.65).

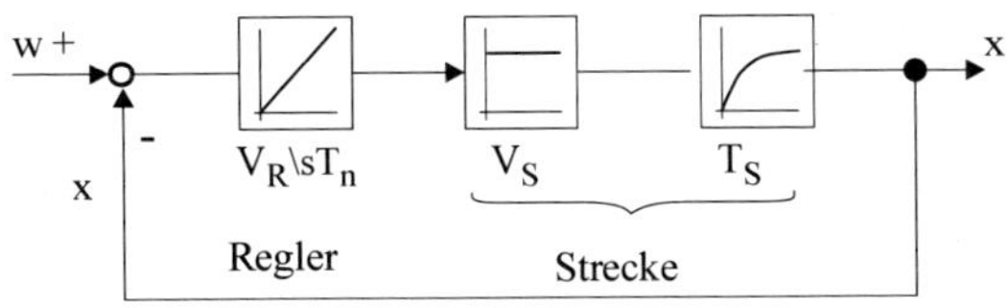

Abb. 4.65: *Regelkreis mit I-Regler und PT_1-Strecke*

Es gilt nun:

$$G_R(s) = \frac{V_R}{sT_n} \tag{4.123}$$

$$G_S(s) = V_S \cdot \frac{1}{1+sT_S} \tag{4.124}$$

$$-G_0(s) = G_R(s) \cdot G_S(s) = V_R \cdot V_S \cdot \frac{1}{sT_n} \cdot \frac{1}{1+sT_S} \tag{4.125}$$

$$G_w(s) = \frac{x(s)}{w(s)} = \frac{1}{1+\frac{sT_n \cdot (1+sT_S)}{V_R\,V_S}} = \frac{1}{1+s\cdot\frac{T_n}{V_R\,V_S}+s^2\cdot\frac{T_n\,T_S}{V_R\,V_S}} \tag{4.126}$$

Damit gilt für den stationären Betrieb ($s \to 0$ bzw. $t \to \infty$):

$$\lim_{s\to 0}\frac{x(s)}{w(s)} = 1 \tag{4.127}$$

Aufgrund des I-Reglers wird der Regelfehler x_d im stationären Betrieb Null. Bei einer Optimierung nach dem Betragsoptimum (BO) mit

$$T_n = 2 \cdot V_R \cdot V_S \cdot T_S \tag{4.128}$$

ergibt sich wiederum die Führungs–Übertragungsfunktion nach Gl. (4.106):

$$G_{w\,BO}(s) = \frac{x(s)}{w(s)} = \frac{1}{1+s\,2T_S+s^2\,2T_S^2} \tag{4.129}$$

c) *Regelkreis mit P-Regler und IT_1-Strecke*:

Der obige Regelkreis wird nun in einen Regelkreis mit P-Regler und IT_1-Strecke abgewandelt (Abb. 4.66). Dieser Regelkreis entspricht einem Drehzahlregelkreis ohne unterlagertem Stromregelkreis bei der GNM.

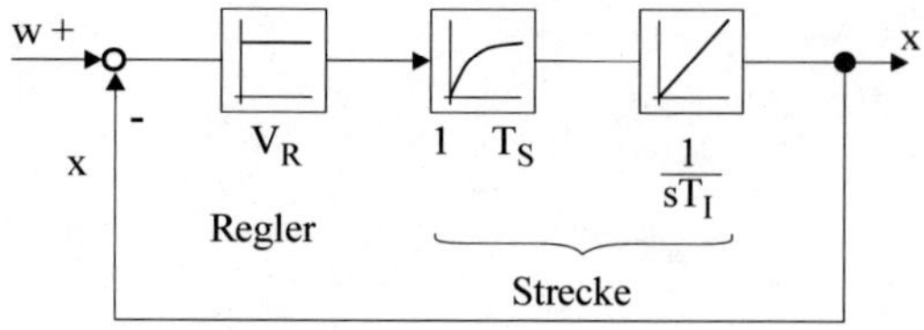

Abb. 4.66: *Regelkreis mit P-Regler und IT_1-Strecke*

Für diesen Regelkreis gilt:

$$G_R(s) = V_R \tag{4.130}$$

$$G_S(s) = \frac{1}{1+sT_S} \cdot \frac{1}{sT_I} \tag{4.131}$$

$$-G_0(s) = V_R \cdot \frac{1}{1+sT_S} \cdot \frac{1}{sT_I} \tag{4.132}$$

$$G_w(s) = \frac{x(s)}{w(s)} = \frac{1}{1+\dfrac{sT_I \cdot (1+sT_S)}{V_R}} = \frac{1}{1+s\cdot\dfrac{T_I}{V_R}+s^2\cdot\dfrac{T_I\,T_S}{V_R}} \tag{4.133}$$

Wie bereits betont, erhöht sich die Ordnung des geschlossenen Regelkreises entsprechend der Ordnung des offenen Regelkreises.

Aus der Übertragungsfunktion $G_w(s)$ des geschlossenen Regelkreises läßt sich erkennen, daß der Regelfehler x_d im stationären Betrieb Null werden muß (Grenzwertsatz $t \to \infty, \;\; s \to 0$), da

$$\lim_{s\to 0} G_w(s) = 1 \tag{4.134}$$

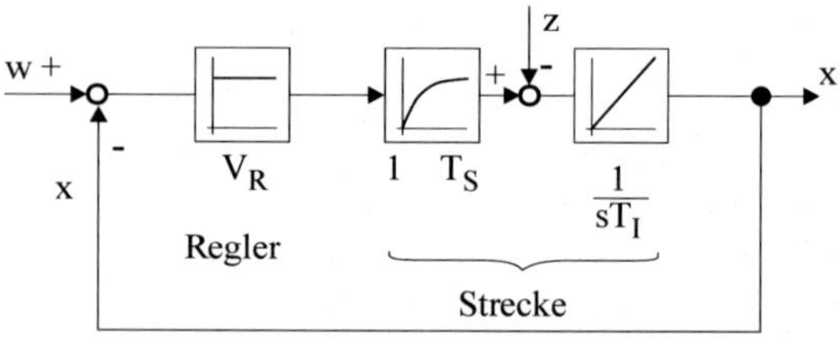

Abb. 4.67: *Regelkreis mit P-Regler, IT_1-Strecke und Störung z*

Diese Aussage gilt allerdings nur für den in Abb. 4.66 dargestellten Regelkreis. Wenn der Regelkreis gemäß Abb. 4.67 (mit Störung z, Widerstandsmoment m_W bei GNM) abgewandelt wird, ergeben sich folgende Sachverhalte.

Die Verhältnisse ändern sich nicht, solange die Störgröße $z = 0$ ist; die Gleichungen (4.130) bis (4.133) gelten weiterhin.

Wenn die Störgröße $z \neq 0$ ist, dann muß die Stör–Übertragungsfunktion $G_z(s)$ ermittelt werden:

$$G_z(s) \;=\; \frac{x(s)}{z(s)} \;=\; -\,\frac{1}{V_R} \cdot \frac{1 + sT_S}{1 + s \cdot \dfrac{T_I}{V_R} + s^2 \cdot \dfrac{T_I\,T_S}{V_R}} \tag{4.135}$$

(Anmerkung: Die Stör–Übertragungsfunktion ist abhängig davon, an welchem Punkt der Strecke die Störung z eingreift.)

Für den stationären Betrieb ergibt sich hier:

$$\lim_{s \to 0} G_z(s) \;=\; \lim_{s \to 0} \frac{x(s)}{z(s)} \;=\; -\,\frac{1}{V_R} \tag{4.136}$$

Da die Stör–Übertragungsfunktion G_z im stationären Zustand ungleich Null ist, wird sich somit die Störung z auf den Istwert x auswirken. Unter der Annahme $w = 0$ kann die stationäre Regelabweichung x_d aufgrund der Störgröße z leicht berechnet werden.

$$\lim_{s \to 0} \frac{x_d(s)}{z(s)} \;=\; -\,\lim_{s \to 0} \frac{x(s)}{z(s)} \;=\; \frac{1}{V_R} \tag{4.137}$$

d) *Regelkreis mit PI-Regler und IT_1-Strecke*:

Wenn somit Störgrößen im Regelkreis vorhanden sind, dann muß im Regler ein Integralanteil vorhanden sein, um den Einfluß der Störgrößen im stationären Betrieb zu unterdrücken. Diese Lösung zeigt Abb. 4.68.

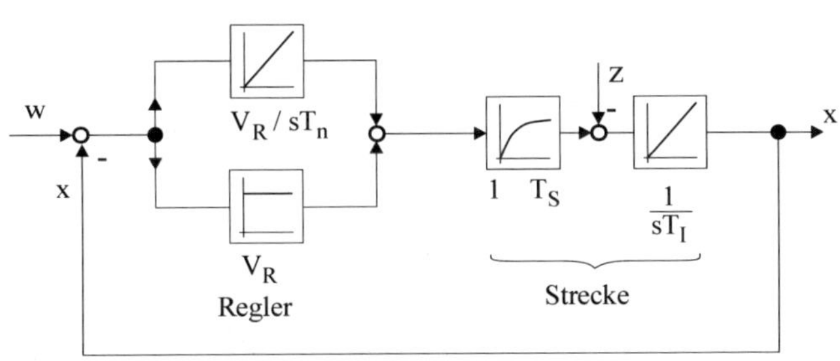

Abb. 4.68: *Regelkreis mit PI-Regler, IT_1-Strecke und Störung z*

Es gilt nun:

$$G_R(s) = V_R \cdot \frac{1 + sT_n}{sT_n} \tag{4.138}$$

$$G_S(s) = \frac{1}{1 + sT_S} \cdot \frac{1}{sT_I} \tag{4.139}$$

$$-G_0(s) = G_R(s) \cdot G_S(s) = V_R \cdot V_S \cdot \frac{1 + sT_n}{sT_n} \cdot \frac{1}{1 + sT_S} \cdot \frac{1}{sT_I} \tag{4.140}$$

$$G_w(s) = \frac{x(s)}{w(s)} = \frac{1 + sT_n}{1 + sT_n + s^2 \cdot \dfrac{T_n T_I}{V_R V_S} + s^3 \cdot \dfrac{T_n T_I T_S}{V_R V_S}} \tag{4.141}$$

Die Stör–Übertragungsfunktion $G_z(s)$ ergibt sich hier zu:

$$G_z(s) = \frac{x(s)}{z(s)} = -\frac{sT_n \cdot (1 + sT_S)}{V_R \cdot (1 + sT_n) + s^2 \cdot T_I T_n \cdot (1 + sT_S)} \tag{4.142}$$

Im vorliegenden Fall wird nun aufgrund des Zählerpolynoms bei $s \to 0$, d.h. im stationären Betrieb, die Regelabweichung x_d Null werden:

$$\lim_{s \to 0} \frac{x_d(s)}{z(s)} = -\lim_{s \to 0} \frac{x(s)}{z(s)} = 0 \tag{4.143}$$

Es sei allerdings angemerkt, daß diese Aussage wiederum nur für den idealisierten Regelkreis gilt, d.h. ohne Fehler bei der Istwerterfassung und der Bildung der Regelabweichung sowie ohne Fehler im Regler an sich.

Diese Problematik und die Frage der Optimierung der Regelkreise wird in [47, 48] ausführlich beschrieben.

5 Drehfeldmaschinen

5.1 Einführung

Aufgrund des robusten mechanisch-elektrischen Aufbaus ist die Asynchronmaschine (ASM) eine wichtige Alternative zur Gleichstrom–Nebenschlußmaschine (GNM) geworden. Insbesondere bedingt durch die Entwicklung ein– und ausschaltbarer leistungselektronischer Bauelemente können jetzt die notwendigen Stellglieder relativ einfach realisiert werden. Zusätzlich sind durch die Fortschritte der Mikroelektronik die gegenüber der Gleichstrommaschine komplexeren Steuer- und Regelverfahren realisierbar. Somit sind die Voraussetzungen gegeben, drehmoment- und drehzahlvariable Drehfeldmaschinen-Antriebe einzusetzen.

Die Asynchronmaschine ist eine „Induktionsmaschine". Mit dieser Bezeichnung wird darauf hingewiesen, daß durch die stromdurchflossene mehrsträngige Statorwicklung ein Drehfeld erzeugt wird; dieses Drehfeld verursacht seinerseits in den Rotorwicklungen durch Induktion Spannungen, damit je nach Abschluß der Rotorwicklungen entsprechende Ströme und somit endgültig ein Drehmoment.

Die grundlegenden Zusammenhänge wie die Entstehung des Drehfeldes, die Spannungsinduktion und die Drehmomentbildung werden im folgenden einführenden Kapitel 5.2 zuerst anschaulich dargestellt, um auch den Lesern ohne Vorkenntnisse auf dem Gebiet der Drehfeldmaschinen eine einfach verständliche Einführung in das Grundverhalten von Drehfeldmaschinen zu geben. Es folgen ab Kapitel 5.3 die mathematischen Beschreibungen, die zur Modellbildung und damit zur Regelung von Drehfeldmaschinen notwendig sind.

Die mathematische Beschreibung der ASM erfordert gegenüber der GNM allerdings wesentlich mehr Aufwand. Ziel dieser Kapitel ist eine regelungstechnische Darstellung (Modellierung) der Drehfeldmaschine in der Art, daß sowohl statische als auch dynamische Verhaltensweisen ableitbar werden und damit auch der Reglerentwurf erfolgen kann. Eine wesentliche Grundlage für die Modellbildung der Drehfeldmaschine ist die Raumzeigertheorie, die es ermöglicht, die *zeitlich* und *räumlich* unterschiedlichen Größen in einer Größe, dem *Raumzeiger*, zusammenzufassen.

Im wesentlichen werden in den Kapitel 5.2 folgenden Kapiteln folgende Punkte behandelt:

- Darstellung und Definition des Raumzeigers,
- Einführung verschiedener Koordinatensysteme zur Vereinfachung der Darstellung,
- Ableitung des Modells der allgemeinen Drehfeldmaschine,
- Ableitung der stationären Kennlinien der Asynchronmaschine,
- Ableitung von Steuerverfahren und der zugehörigen Signalflußpläne für die Asynchronmaschine.

In gleicher Vorgehensweise erfolgt die Darstellung der verschiedenen Synchronmaschinen (Kap. 6). Zu beachten ist, daß Synchronmaschinen im Stator prinzipiell den gleichen Aufbau wie Asynchronmaschinen haben, so daß die Gleichungen der allgemeinen Drehfeldmaschine auf die Synchronmaschine übertragbar sind. Falls die Synchronmaschine eine rotorseitige Dämpferwicklung hat, können diese Gleichungen prinzipiell ebenfalls genutzt werden. Speziell bei der Synchronmaschine ist die gleichstromdurchflossene Wicklung des Rotors (Polrades), die allerdings aufgrund des spezifischen Aufbaus eine besonders einfache regelungstechnische Modellbildung ermöglicht. Dies kann ohne große Schwierigkeiten auch auf die permanenterregten Maschinen übertragen werden.

5.2 Funktionsweise von Asynchronmaschinen

Bevor in den späteren Kapiteln eine mathematisch fundierte Ableitung des Differentialgleichungssystems für die ASM erfolgt, soll zunächst ein vereinfachtes Modell der Maschine beschrieben und erklärt werden. Anhand dieses Modells soll im Bereich Drehfeldmaschinen ein grundlegendes Verständnis und somit eine Intuition für die prinzipielle Funktionsweise vermittelt werden. Damit richtet sich dieses Kapitel weniger an den Experten der Antriebstechnik als vielmehr an Studenten in Grundlagenvorlesungen über Drehfeldmaschinen.

Eine Asynchronmaschine ist aufgebaut aus einem Stator, der durch eine geeignete Anordnung dreier räumlich versetzter Spulen und einer geeigneten Bestromung derselben ein rotierendes Magnetfeld erzeugt. Daraus leitet sich die Oberbezeichnung „Drehfeldmaschine“ für diesen Motorentypus ab. Im Gegensatz zu der Gleichstrommaschine mit ihrem zeitlich und örtlich konstanten Erregerfeld liegt hier somit ein rotierendes Magnetfeld vor. In diesem Drehfeld befindet sich ein Rotor, der bei den meisten Maschinen einen Kurzschluß-Käfig beinhaltet, der isoliert im Eisenkern des Rotors eingebettet ist. Dabei existiert kein elektrischer Zugang zum Rotor, d.h. es gibt weder eine elektrische Verbindung zwischen Rotor und Stator, noch sind externe Klemmenanschlüsse für den Rotor vorhanden. Um trotz fehlendem Kommutator bzw. fehlender Schleifringe einen Stromfluss im Rotorkäfig der Maschine zu erzeugen, wird bei der Asynchronmaschine das Prinzip der Induktion genutzt, woraus sich der englische Name "induction maschine" ableitet. Dadurch, daß bei der motorisch betriebenen Asynchronmaschine der Kurzschluß-Käfig mit einer langsameren Geschwindigkeit (asynchron) rotiert als das Drehfeld, wird wegen der Differenzgeschwindigkeit in den Leiterstäben des Rotors eine Spannung induziert. Da diese Stäbe durch die beiden Ringe des Kurzschluß-Käfigs kurzgeschlossen sind, baut die induzierte Spannung einen Stromfluß im Käfig auf. Damit entsteht, wie auch bei der Gleichstrommaschine, eine Lorentzkraft nach der Drei-Finger-Regel im stromdurchflossenen Leiterstab, welcher sich im Feld befindet. Die Kraft wirkt an den Leiterstäben des Käfigs und erzeugt damit schließlich das Drehmoment an der Welle der Maschine.

5.2.1 Erzeugung eines Drehfeldes im Luftspalt durch den Stator[1)]

Das entstehende Drehfeld ergibt sich aus einer Überlagerung von drei zeitlich veränderlichen Magnetfeldern. Daher ist es zweckmäßig, vor der Erklärung des Drehfeldes zunächst das Magnetfeld einer einzelnen Spule zu betrachten. In

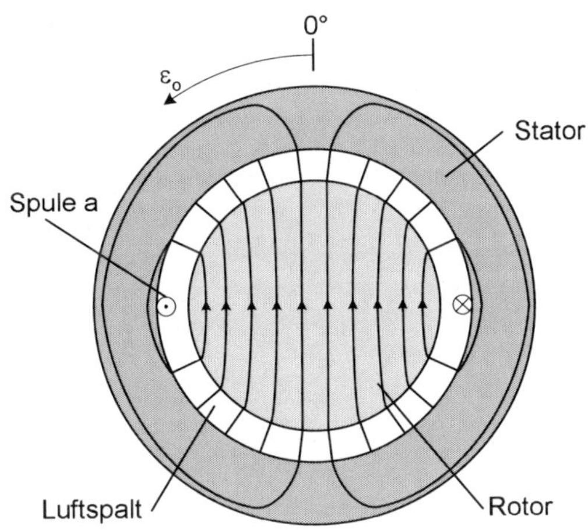

Abb. 5.1: *Schnitt durch eine ASM, deren Stator nur eine Spule enthält. Die Windungen der Spule sind hier nicht über dem Umfang verteilt, sondern konzentriert an den Stellen* $\varepsilon_0 = 90°$ *und* $\varepsilon_0 = 270°$ *angeordnet. Im Luftspalt ergibt sich daher ein radial ausgerichtetes Feld, das näherungsweise eine konstante Feldstärke aufweist. Bei* $\varepsilon_0 = 90°$ *und bei* $\varepsilon_0 = 270°$ *tritt ein Vorzeichenwechsel auf, da sich dort die Richtung der Feldlinien im Luftspalt umkehrt.*

1) Als Ergänzung sei auf die Homepage von *Prof. Bolte, Lehrstuhl für Elektrische Maschinen und Antriebe* der *Helmut-Schmidt-Universität* in Hamburg verwiesen, bei der unter dem Link *http://www.hsu-hh.de/ema/index_DtgBDsVJPEWpo225.html* Animationen zum Thema „Mangetfelder in Elektrischen Maschinen" zu finden sind, u.a. Animationen zur Erzeugung von Drehfeldern

Abb. 5.1 ist eine Drehfeldmaschine schematisch im Querschnitt dargestellt, deren Stator nur die Spule a enthält. Diese Spule werde zunächst vereinfachend als konzentrierte Spule angenommen, d.h. sämtliche Leiter der Spule befinden sich an den Umfangspunkten $\varepsilon_0 = 90°$ bzw. $\varepsilon_0 = 270°$. In einem ersten Schritt wird die Speisung der Spule mit einem **konstanten Strom** betrachtet. Auf der linken Seite der Spule tritt der Strom aus der Zeichenebene aus, auf der rechten Seite wieder in die Zeichenebene ein, woraus sich ein Magnetfeld mit der angegebenen Feldrichtung ergibt (Rechtsschrauben-Regel). Die Quellenfreiheit des B-Feldes verlangt geschlossene Feldlinien. Über das magnetisch leitende Material des Statoreisens und über den Luftspalt schließt sich das Magnetfeld, so dass alle Feldlinien zu geschlossenen Kurven werden. In Abb. 5.1 ist dies aus Gründen der Darstellung nur für vier Feldlinien exemplarisch eingezeichnet. Der exakte Verlauf der Feldlinien im Stator ist jedoch unerheblich, viel bedeutender sind die Verhältnisse im Luftspalt. Weil der magnetische Widerstand des Rotors und des Stators gering ist und aufgrund des kleinen Luftspaltes, wird im Luftspalt ein hohes Magnetfeld auftreten.

Das Brechungsgesetz für magnetische Feldlinien erfordert, daß die Feldlinien aus Materialien mit hoher Permeabilität nahezu rechtwinklig austreten müssen. Im Luftspalt verlaufen die Feldlinien daher nur in radialer Richtung. Für tiefergehende Betrachtungen bezüglich dieser physikalischen Effekte im allgemeinen magnetischem Kreis sei auf Kapitel 3.1.4.6 und bezüglich des Brechungsgesetzes auf Kapitel 3.1.4.8 verwiesen.

Bei der betrachteten Konfiguration entsteht eine näherungsweise konstante Feldverteilung im Luftspalt. Abb. 5.2 zeigt die Feldlinienverläufe, die nach der Finiten-Elemente-Methode ermittelt wurden. In der obersten Zeile ist die Maschine mit *einer* konzentrierten Spule betrachtet. Damit werden durch diese Abbildung die Verhältnisse quantifiziert, die in Abb. 5.1 symbolhaft gezeichnet sind. Die Feldlinien verlaufen im Rotor nicht homogen, sondern weisen besonders in den Randbereichen eine deutliche Krümmung auf. Zusätzlich ist die Flussdichte im Luftspalt über der Umfangskoordinate ε_0, bzw. über der verschobenen Koordinate $\alpha = \varepsilon_0 - 90°$ aufgetragen. Daraus ist eine (näherungsweise) rechteckförmige Feldverteilung eindeutig zu erkennen.

Aus diversen Gründen ist jedoch eine sinusförmige Verteilung erwünscht. Durch konstruktive Maßnahmen (Sehnung, Verteilung der Spulen auf unterschiedliche Nuten) wird der Versuch unternommen, anstelle der konstanten Feldstärke eine sinusförmige Feldverteilung zu erreichen. Dadurch ergibt sich eine Glättung des Drehmomentes, d.h. eine Reduktion unerwünschter Oberwellen.

Die mittlere Zeile der Abb. 5.2 stellt das Magnetfeld dar, wenn die Spule a nicht örtlich konzentriert gewickelt, sondern auf drei Nuten verteilt ist. Dabei werden w Windungen in der Nut an der Stelle $\varepsilon_0 = 90°$ untergebracht und $w/2$ Windungen bei $\varepsilon_0 = 30°$ und bei $\varepsilon_0 = 150°$. Diese Maßnahme führt zu einer Feldverstärkung in den Bereichen $\varepsilon_0 \in [0°, 30°]$, $\varepsilon_0 \in [150°, 210°]$ und $\varepsilon_0 \in [330°, 360°]$. Die Aufteilung der Spule a über einen Sektor von 120° bewirkt daher eine Annäherung an die sinusförmige Feldverteilung.

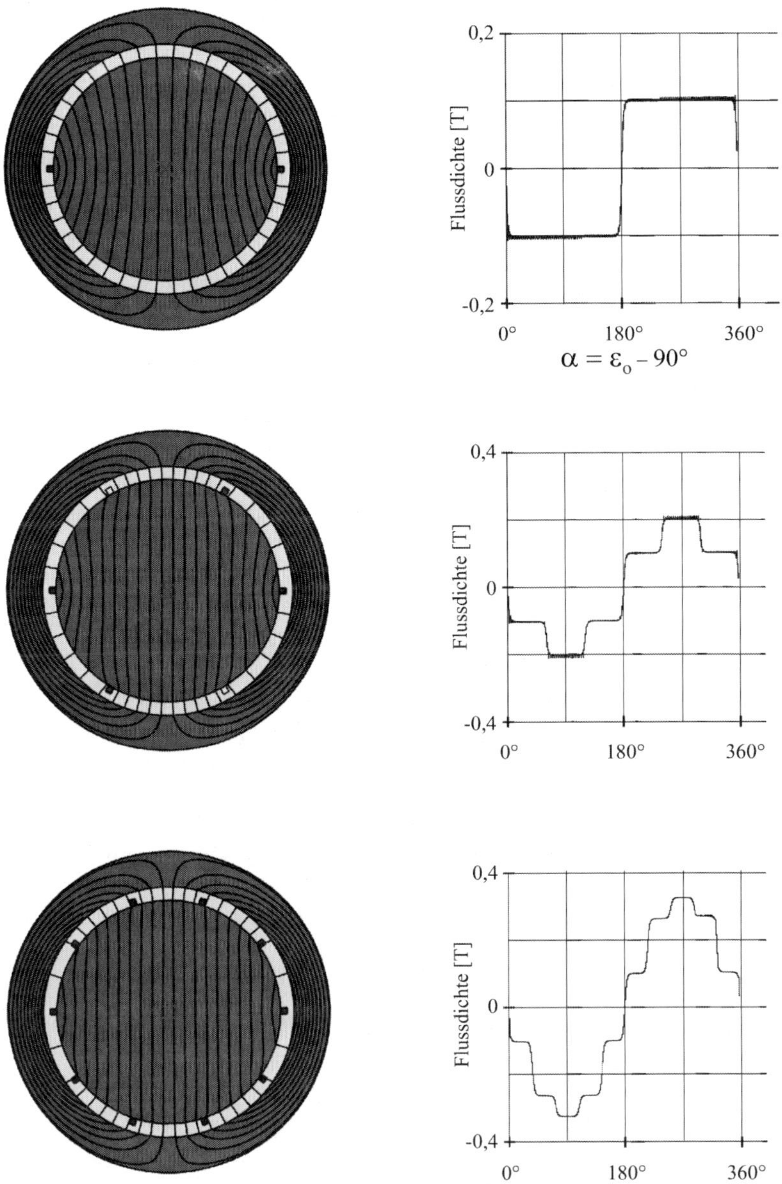

Abb. 5.2: *Mittels FEM-Simulation (Finite Elemente Methode) berechneter Verlauf der Feldlinien und Flussdichte im Luftspalt bei einer Statorspule, die auf eine, drei bzw. fünf Nuten aufgeteilt ist.*
Quelle: Prof. DI Dr. sc. techn. W. Amrhein, Johannes Kepler Universität Linz.

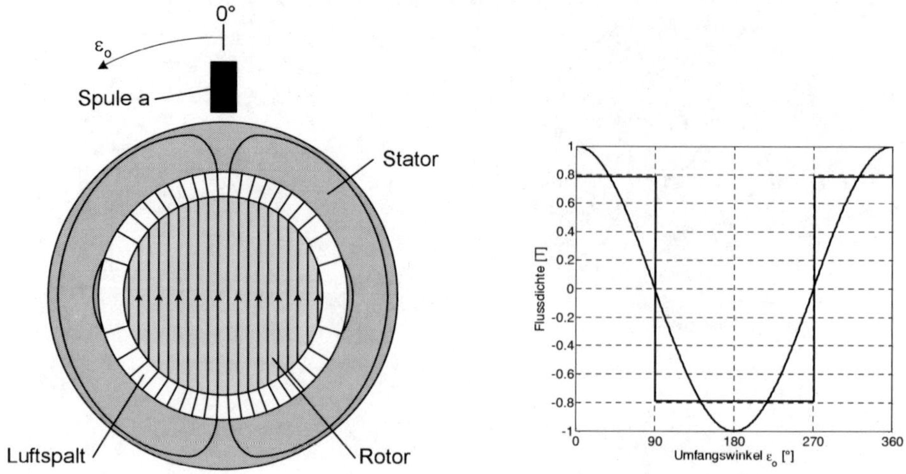

Abb. 5.3: *Schnitt durch die ASM im idealisierten Grenzfall. Die Feldlinien verlaufen im Rotor homogen, im Luftspalt entsteht eine sinusförmige Flussdichteverteilung (Grundwelle). Bei Verwendung einer örtlich konzentrierten Spule ergibt sich dagegen die eingetragene rechteckförmige Verteilung.*

In der unteren Zeile der Abb. 5.2 sind fünf Nuten betrachtet. Hier erstreckt sich die Spule a über einen Winkel von 144°, die Winkel zwischen den Nuten betragen 36°. In der Nut bei $\varepsilon_0 = 90°$ befinden sich wiederum w Windungen. In den Nuten bei $\varepsilon_0 = 18°$ und $\varepsilon_0 = 162°$ liegen $w \sin 18° = 0{,}309w$ Windungen, bei $\varepsilon_0 = 54°$ und $\varepsilon_0 = 126°$ werden wegen $\sin 54° = 0{,}809$ genau $0{,}809w$ Windungen eingelegt. Einerseits resultiert daraus eine erhöhte Homogenität der Feldlinien im Rotor, als auch eine zunehmende Annäherung an die gewünschte Sinusform beim Luftspaltfeld.

Wird dieses Vorgehen fortgesetzt, so ergibt sich im Grenzfall ein homogener Verlauf der Feldlinien im Rotor und eine ideale Sinusform in der Flussdichteverteilung. Abb. 5.3 stellt diesen Grenzfall schematisch dar. Das eingezeichnete Spulensymbol[2)] markiert die Spule a, deren Wicklung in geeigneter Weise über den Umfang verteilt ist. Obwohl durch konstruktive Maßnahmen der Grenzfall zwar nur näherungsweise, nicht jedoch exakt erreicht wird, soll dieser dennoch für die folgenden Ausführungen zugrunde gelegt werden. Der Unterschied zwischen realer und idealisierter Flussdichteverteilung ist bezüglich der prinzipiellen Funktionsweise der Maschine ohne Bedeutung, die harmonischen Oberwellen dürfen daher unberücksichtigt bleiben, es wird ausschließlich die sinusförmige Grundwelle betrachtet.

---

2) Aus Gründen der Übersichtlichkeit ist das Spulensymbol außerhalb des Stators und als konzentriertes Element an der Stelle $\varepsilon_0 = 0$ eingezeichnet. Diese zeichnerische Darstellung weicht insofern von der physikalischen Wirklichkeit ab und ist daher ausschließlich symbolhaft zu verstehen.

Es sei somit eine Flussdichte im Luftspalt angenommen, die an der Stelle $\varepsilon_0 = 0°$ maximal ist und bis zur Stelle $\varepsilon_0 = 90°$ auf Null absinkt. Für $\varepsilon_0 = 180°$ wird wieder ein Maximum erreicht, allerdings treten hier im Gegensatz zur Stelle $\varepsilon_0 = 0°$ die Feldlinien in den Rotor ein, es liegt daher ein Vorzeichenwechsel vor. Am Punkt $\varepsilon_0 = 270°$ ist wiederum keine Feldstärke vorhanden. Über dem Umfang des Luftspaltes ist die Flussdichte in Abb. 5.3 aufgetragen. Die Grundwelle weist einen sinusförmigen Verlauf auf, die tatsächliche Verteilung (ohne Sehnung) ist durch die Rechteckfunktion gegeben. Nachdem eine sinusförmige Feldverteilung

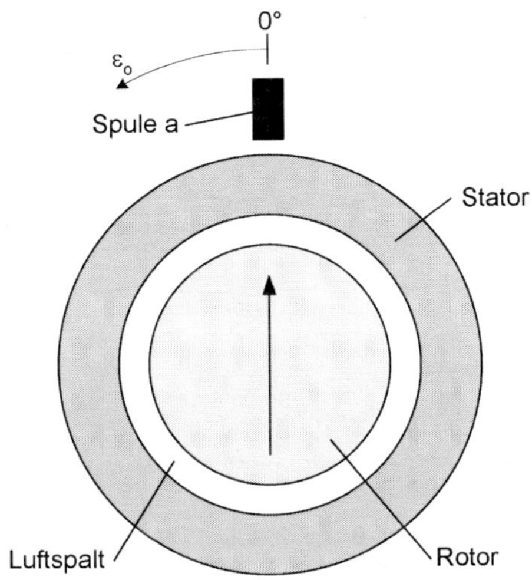

Abb. 5.4: *Schnitt durch die ASM mit nur einer Spule in vereinfachender Zeiger-Darstellung, das Feld wird hier durch einen Feldzeiger symbolisiert.*

im Luftspalt graphisch schwer darstellbar ist und das Einzeichnen von Feldlinien die Übersichtlichkeit reduziert, weil später drei Felder überlagert werden müssen, soll das Feld vereinfachend durch einen Zeiger symbolisiert werden, wie es in Abb. 5.4 dargestellt ist. Dieser Zeiger ist parallel zu den Feldlinien im Rotor orientiert und deutet zum Maximum der Feldstärke im Luftspalt. Die Länge dieses Zeigers ist ein Maß für die Amplitude der Feldstärke. Die Abb. 5.3 und 5.4 sind damit äquivalent und stellen den selben physikalischen Aufbau dar. Um wieder vom Zeiger auf die sinusförmige Feldlinienverteilung zu schließen, muss der Zeiger an der beliebigen Stelle ε_0 auf den Radius projiziert werden (siehe Abb. 5.5).

Die Länge der Projektion beschreibt direkt die Amplitude der Feldstärke im Luftspalt an der Stelle ε_0. Damit müssen keine Feldlinienverläufe mehr betrachtet werden.

Die betrachtete Spule a im Stator wird nun nicht mehr mit einem konstanten, sondern mit einem sinusförmigen Strom gespeist, wodurch zusätzlich auch eine zeitliche Komponente in der Feldverteilung auftritt. Es ist offensichtlich, daß

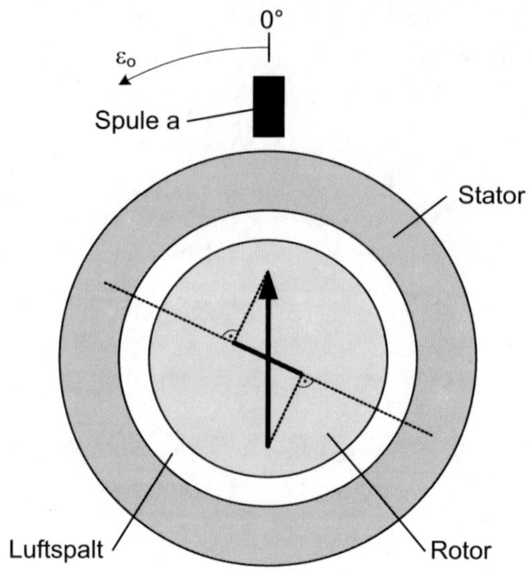

Abb. 5.5: *Rekonstruktion der Feldstärke im Luftspalt an einer beliebigen Position ε_0 durch orthogonale Projektion des Feldzeigers auf den Radius. Die Länge der Projektion gibt direkt die Dichte der Feldlinien im Luftspalt an der Stelle ε_0 an.*

dadurch von dieser Spule ein Magnetfeld mit zeitlich variabler Feldstärke aber gleichbleibender Orientierung erzeugt wird. In Abb. 5.6 ist das Feld von Spule a als Momentaufnahme zu den drei Zeitpunkten (Winkellagen des speisenden Stromflusses) $\Omega t_1 = 0°$, $\Omega t_2 = 70°$ und $\Omega t_3 = 140°$ dargestellt. Weder die Frequenz noch die raumfesten Nulldurchgänge ändern sich, lediglich die Amplitude der Welle wird skaliert.

Auch aus Abb. 5.7 kann abgeleitet werden, daß das entstehende Magnetfeld in seiner Amplitude, nicht jedoch in der Orientierung variiert. Dort sind die Verhältnisse exemplarisch auch zu den drei Phasenwinkeln bzw. Zeitpunkten $\Omega t_1 = 0°$, $\Omega t_2 = 70°$ und $\Omega t_3 = 140°$ dargestellt. Bei 0° wird die Spule vom maximalem Strom durchflossen. Dadurch entsteht die größtmögliche Feldstärke. Zum Zeitpunkt 70° beträgt der Spulenstrom 34,2% vom Scheitelwert. Dementsprechend sinkt auch die Feldstärke ab; dies wird durch eine Verkürzung des Zeigers dargestellt. Zum Zeitpunkt 90° tritt im Strom der Nulldurchgang auf, es ist hier kein Feld vorhanden. Für den Zeitpunkt 140° fließt ein Strom von 76,6% des Maximalstromes, allerdings in negativer Richtung. Deshalb bildet sich ein Feld in Gegenrichtung aus, dies wird durch die Umkehr des Zeigers symbolisiert.

Um nun ein rotierendes Magnetfeld zu erzeugen sind jedoch drei Spulen notwendig, welche um 120° **räumlich** gegeneinander versetzt angeordnet sind und von Strömen durchflossen werden, die zusätzlich um 120° **zeitlich** gegeneinander verschoben sind. Für den Betrieb einer Asynchronmaschine benötigt man

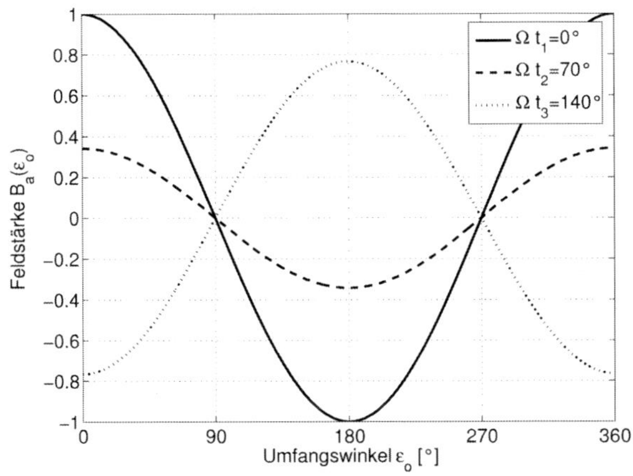

Abb. 5.6: *Momentaufnahme der Grundwelle, erzeugt von Spule a, zu drei verschiedenen Zeitpunkten. Im Gegensatz zu Abb. 5.3 liegt hier eine zeitlich sinusförmige Bestromung der Spule vor.*

also ein dreiphasiges Drehstromnetz als Versorgung. Dieser Sachverhalt ist in Abb. 5.8 gezeigt. Aus den einzelnen Magnetfeldern, die von den drei Spulen a, b und c erzeugt werden, kann durch Überlagerung, d.h. durch Vektoraddition, das entstehende Gesamtfeld in der Maschine bestimmt werden.

Für die Zeitpunkte 0°, 45° und 110° sind die jeweiligen Feldstärken in Abb. 5.8 als Zeiger dargestellt. Aufgrund der Phasenverschiebung von 120° zwischen den Spulenströmen ergeben sich zu allen drei Zeitpunkten drei unterschiedliche Feldstärken, angedeutet durch die verschiedenen Zeigerlängen der drei Spulen. In der Summe entsteht jedoch ein Gesamtfeld mit konstanter Amplitude, aber unterschiedlicher Orientierung, wie die Vektoraddition in Abb. 5.10 exemplarisch für die drei Phasenwinkel bzw. Zeitpunkte 0° und 45° und 110° zeigt. Die resultierende Feldstärke des Gesamtfeldes ist stets das 1,5fache der maximalen Feldstärke einer einzelnen Spule.

Aus der Vektoraddition der drei Magnetfelder ergibt sich also in der Summe ein magnetisches Feld konstanter Amplitude im Eisenkern, jedoch mit wechselnder Orientierung. Wie aus Abb. 5.8 anhand eines Vergleichs der drei Zeitpunkte t_1, t_2 und t_3 entnommen werden kann, ergibt sich eine Drehung des Feldes in mathematisch positiver Drehrichtung um die Winkel $\Omega_1 t_1$, $\Omega_1 t_2$ und $\Omega_1 t_3$. Das Resultat ist damit ein Feld, das mit der elektrischen Winkelgeschwindigkeit der Statorströme Ω_1 rotiert. Die Drehgeschwindigkeit gleicht der Frequenz des speisenden Netzes und ist damit gleich Ω_1.

Aus der bisherigen Diskussion geht hervor, daß die Überlagerung von drei **räumlich** und **zeitlich** um **120**° versetzten Feldern im Eisenkern des Rotors somit das benötigte Drehfeld im Luftspalt ergibt. Ist eine Stromperiode vergangen,

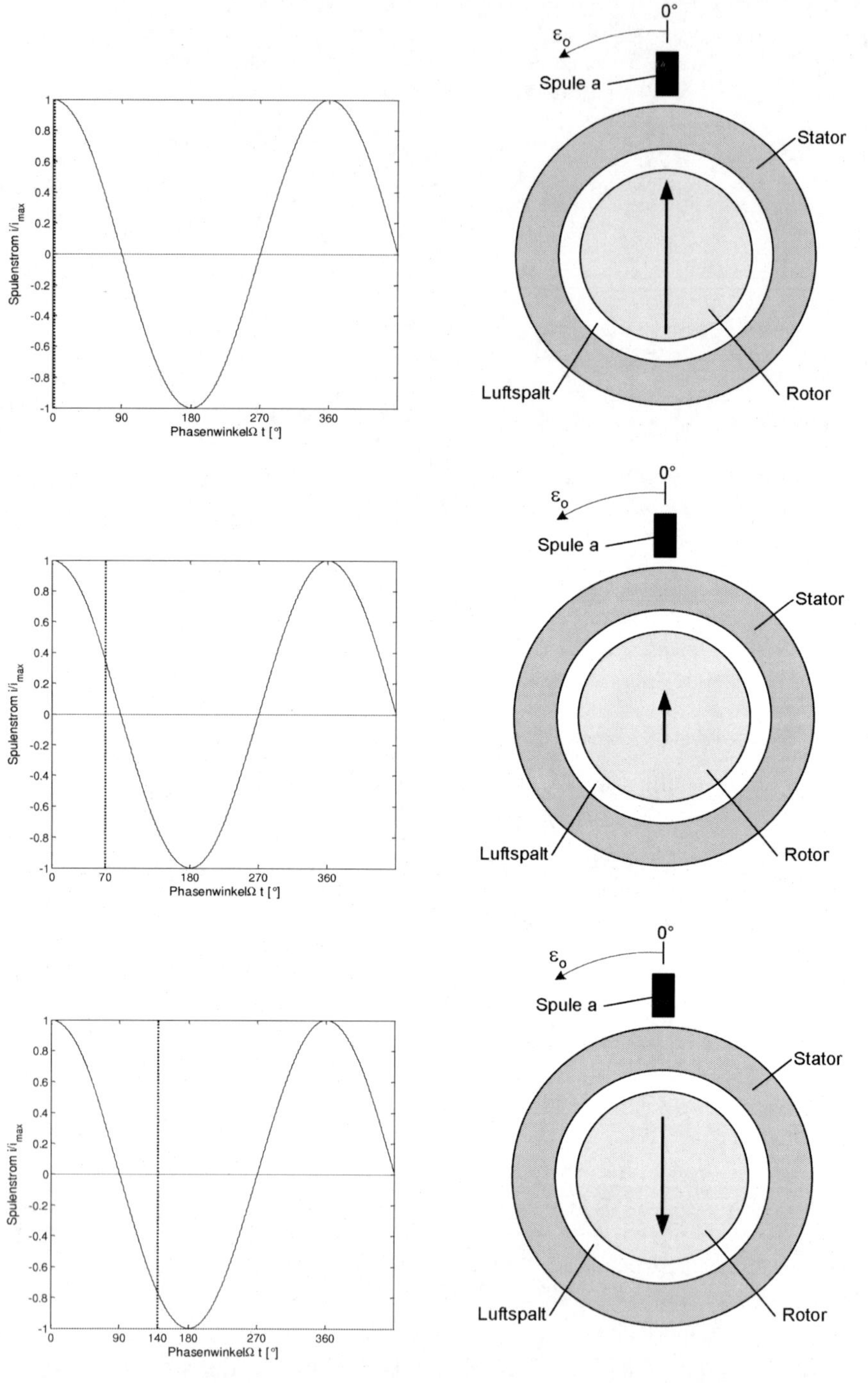

Abb. 5.7: *Momentaufnahme des B-Feldes zu drei verschiedenen Zeitpunkten. Das Feld wird durch einen Zeiger symbolisiert, wobei dessen Länge die Amplitude der maximalen Feldstärke beschreibt. Die genaue Feldverteilung im Luftspalt kann aus Abb. 5.6 entnommen werden.*

so hat sich das Magnetfeld genau einmal gedreht[3)]. Würden dagegen alle drei Spulen vom selben Strom durchflossen, d.h. wären alle Ströme phasengleich, so ergäbe sich lediglich ein resultierendes Feld der Stärke Null, siehe Abb. 5.11.

Betrachtet man das Luftspaltfeld, so resultiert somit eine sich mit Ω_1 drehende sinusförmige Feldverteilung, deren Maximum durch den Zeiger repräsentiert wird, der sich aus einer Vektoraddition zusammensetzt. Es besteht jedoch auch die Möglichkeit, die drei Grundwellen der drei einzelnen Spulen direkt im Luftspalt zu überlagern, also eine Addition der drei Grundwellen vorzunehmen. Der Vorteil dieser Vorgehensweise liegt in einer allgemeingültigen Anwendbarkeit und wird in Kap. 5.2.5 für höhere Polpaarzahlen $Z_p \neq 1$ ausgenutzt. Abb. 5.9 zeigt zu drei verschiedenen Zeitpunkten die Momentaufnahmen der drei Grundwellen, die aufgrund der räumlichen Versetzung der drei Spulen um 120° auch um diesen Winkel gegeneinander verschoben sind. In den ersten drei Zeilen der Diagramme sind die Grundwellen a, b und c dargestellt, die örtlich fest stehen, d.h. deren Nulldurchgänge befinden sich stets an festen Orten auf der ε_0-Achse. In der vierten Zeile ist die Überlagerung, d.h. die Addition der drei Wellen aufgezeigt. Die drei Grundwellen können eine maximale Amplitude von 1 besitzen. Die Gesamtwelle erhält daher eine Amplitude von 1,5. Aus dem Vergleich der drei Diagramme ist zu erkennen, daß die resultierende Grundwelle entlang der positiven ε_0-Achse wandert. Abhängig von der momentanen Phasenlage des speisenden Drehstromsystems befindet sich die Welle an unterschiedlichen Orten auf der ε_0-Achse.

Zusammenfassend ist festzuhalten, daß im Luftspalt eine sinusförmige Feldverteilung auftritt, welche für die weiteren Überlegungen und späteren Berechnungen von Bedeutung ist. Das Maximum dieser Welle verharrt nicht still an einem festen Ort, sondern bewegt sich entlang des Umfangswinkels ε_0 (laufende Magnetfeldwelle). Geeignet für die graphische Darstellung eines solchen Magnetfeldes ist ein rotierender Zeiger, der stets parallel zu den Feldlinien im Eisenkern des Rotors orientiert liegt und daher mit dem Magnetfeld mitdreht. Dessen Länge korrespondiert mit der Feldstärke im Eisenkern, die Pfeilspitze deutet zum Maximum der Feldwelle im Luftspalt, welches dem Feld im Eisenkern entspricht. Daher entspricht der Phasenwinkel Ωt gleichzeitig auch dem Winkel des Feldzeigers ε_0.

Da in der Realität ein zylindrischer Eisenkern den Rotor nicht exakt modelliert und der Rotor auch kein exakt homogenes Feld aufweist, wird durch konstruktive Maßnahmen in der Maschine gewährleistet, daß das Luftspaltfeld bestmöglich mit der angenommenen sinusförmigen Verteilung übereinstimmt und somit alle weiteren Betrachtungen korrekt sind. Die Vektoraddition im Eisenkern des Rotors ist demzufolge ein zwar idealisiertes, aber zulässiges Modell für die Entstehung des Luftspaltfeldes und damit für die Funktionsweise der Asynchronmaschine.

[3)] Hier ist die Polpaarzahl Z_p zu $Z_p = 1$ angenommen

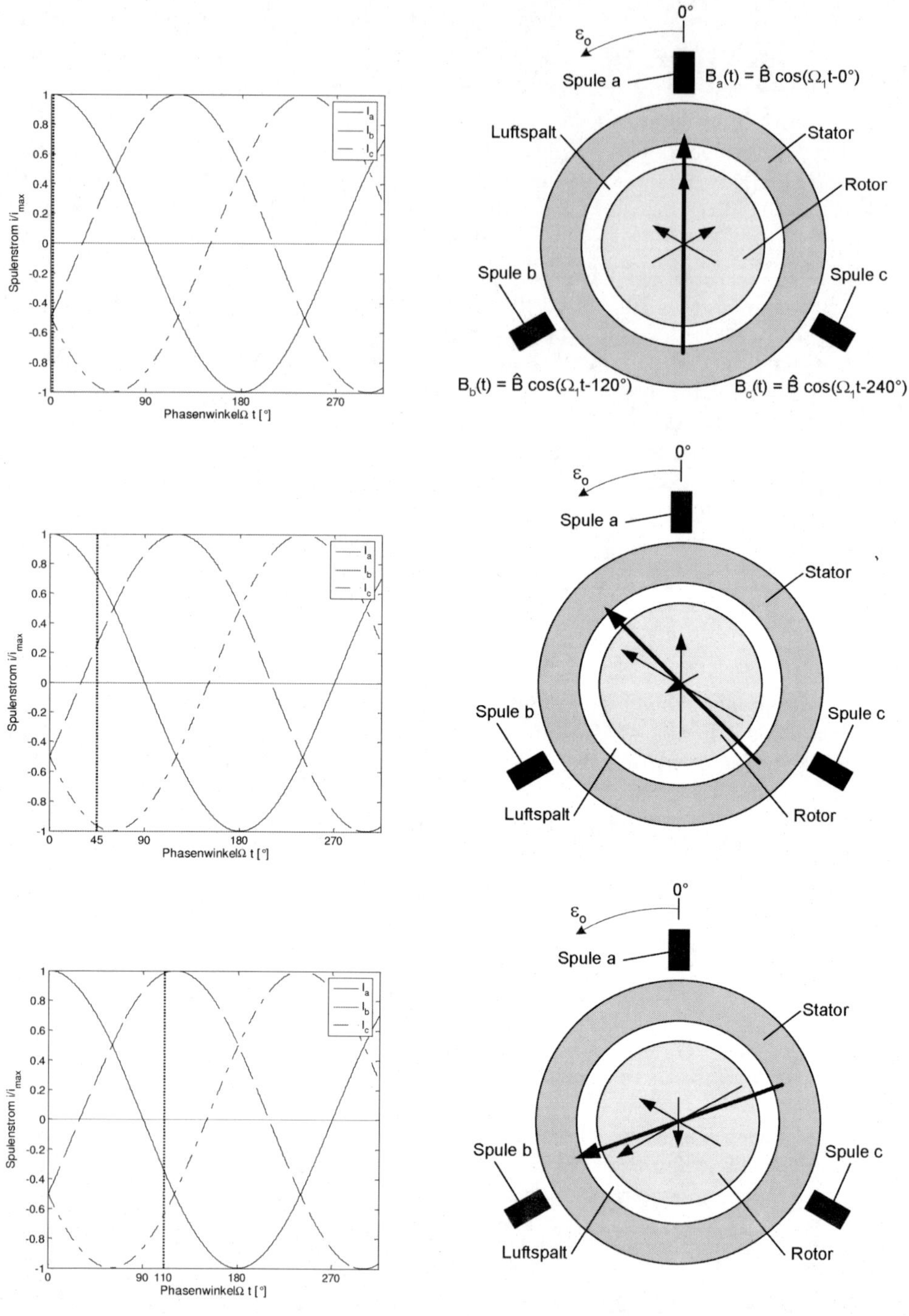

Abb. 5.8: *Momentaufnahme des B-Feldes zu drei verschiedenen Zeitpunkten. Das Gesamtfeld im Luftspalt resultiert aus einer Überlagerung der drei Einzelfelder und kann beispielsweise durch eine Vektoraddition bestimmt werden. In Abb. 5.10 ist diese für die drei dargestellten Zeitpunkte exemplarisch vollzogen worden.*

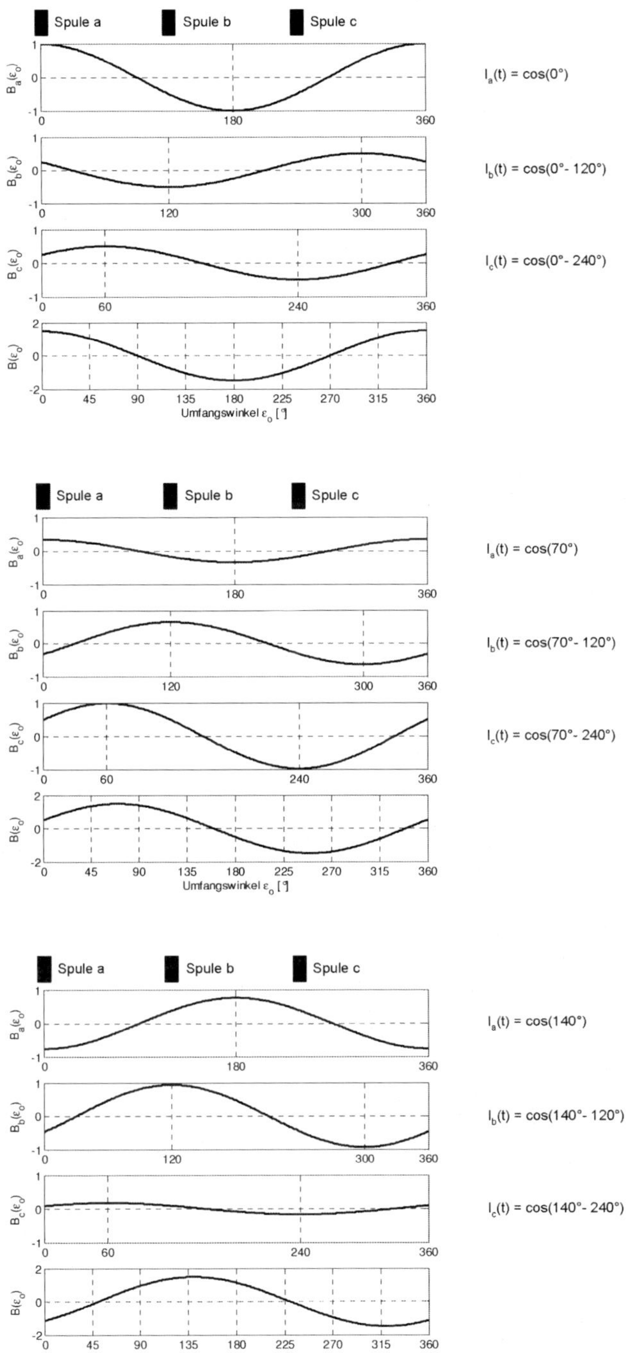

Abb. 5.9: *Addition der drei Grundwellen zur resultierenden Feldverteilung im Luftspalt für die drei Zeitpunkte* $\Omega t = 0°, 70°$ *und* $140°$.

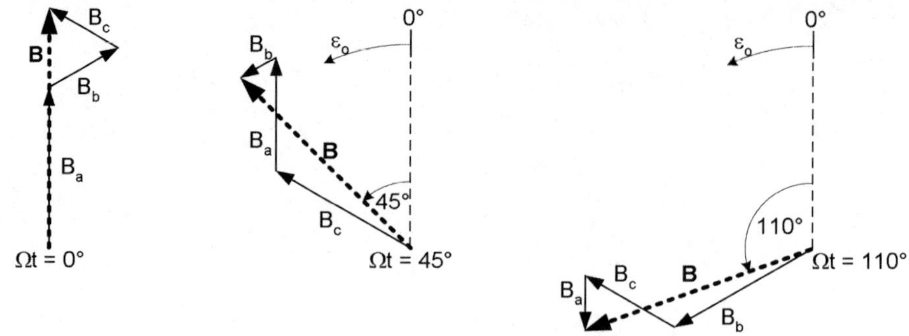

Abb. 5.10: *Vektorielle Addition der drei Einzelfelder zum resultierenden Gesamtfeld für die drei in Abb. 5.8 dargestellten Zeitpunkte $\Omega t = 0°, 45°$ und $110°$.*

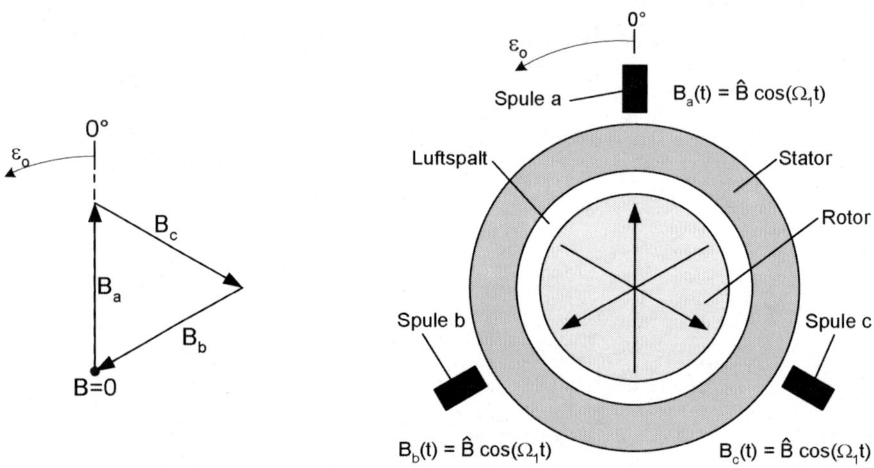

Abb. 5.11: *Vektorielle Addition der drei Einzelfelder zum resultierenden Gesamtfeld, wenn alle drei Spulen mit einem identischen Strom gespeist werden. Die drei Einzelfelder mit einheitlicher Feldstärke heben sich wegen ihrer Orientierung exakt auf.*

5.2.2 Spannungsinduktion im Rotor

Der Rotor einer Kurzschlußläufer-ASM besteht aus den beiden Komponenten Kurzschluß-Käfig und Eisenkern. Der Käfig wird von Leiterstäben gebildet, die beidseitig an zwei Kurzschlußringen angebracht sind. In Abb 5.12 ist der Kurzschluß-Käfig einer Asynchronmaschine gezeigt, der Eisenkern ist nicht eingezeichnet. Weil bei Kurzschlußläufern keine elektrische Verbindung zwischen Rotor und Stator existiert, sind Schleifringe oder ein Kommutator nicht notwendig. Daraus ergeben sich zwei wesentliche Vorteile. Zum einen beschränkt sich der Verschleiß auf die Lager der Maschine. Ein Wechsel abgenutzter Kohlebürsten entfällt, die notwendigen Wartungsarbeiten an der Maschine werden dadurch verringert. Zum anderen tritt kein Kommutatorfeuer auf (Funkenbildung), weswegen dieser Maschinentyp auch in explosionsgefährdeten Räumen betrieben werden kann. Nachdem der Rotor einer Kurzschlußläufer-ASM ein für

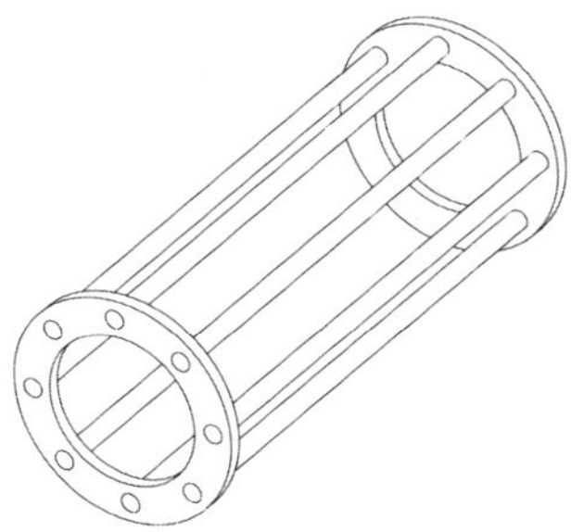

Abb. 5.12: *Kurzschluß-Käfig einer ASM.*

sich abgeschlossenes elektrisches Teilsystem darstellt, werden die Rotorströme, welche für die Entstehung des Drehmomentes verantwortlich sind, durch Induktion erzeugt. Hierzu ist ein rotierendes Magnetfeld in der Maschine erforderlich, dessen Entstehung im vorangegangenen Abschnitt beschrieben worden ist. Hier werde nun vereinfachend vorausgesetzt, daß die Leiterstäbe des Rotors im Luftspaltfeld angeordnet sind und sich daher direkt im Drehfeld der Maschine befinden. Daß diese Betrachtung keine Einschränkung der Allgemeinheit darstellt, obwohl eine solche Modellvorstellung nicht mit der physikalischen Realität übereinstimmt, wurde in Kapitel 3.2.1.4 erklärt.

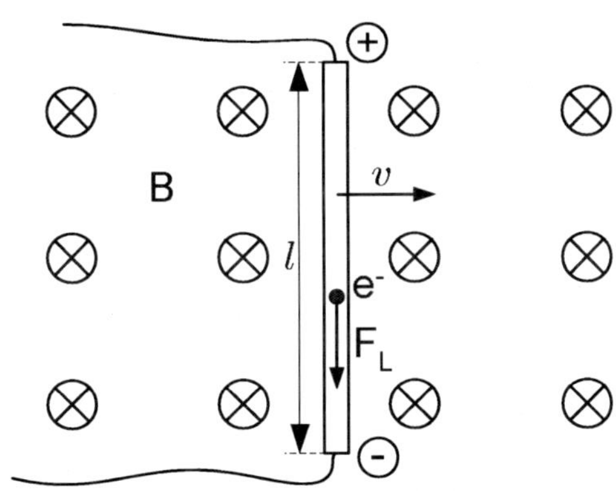

Abb. 5.13: *Bewegungsinduktion im homogenen Magnetfeld.*

In Abb. 5.13 ist ein einzelner Leiterstab des oben beschriebenen Käfigs mit der Länge l in einem homogenen Magnetfeld der Feldstärke B dargestellt, dessen

Feldlinien in die Zeichenebene eintreten. Der Leiterstab zusammen mit den darin enthaltenen Ladungsträgern (Elektronen, Ladung q) werde gemäß des eingetragenen Geschwindigkeitsvektors v nach rechts bewegt. Bekanntermaßen entsteht bei einer Bewegung von Ladungsträgern senkrecht zu einem Magnetfeld eine Kraft auf die Ladungsträger, die sogenannte Lorentzkraft. Die Kraftrichtung steht senkrecht auf den Magnetfeldlinien und senkrecht zur Bewegungsrichtung. Für die gezeichneten Verhältnisse entsteht nach der Drei-Finger-Regel eine Lorentzkraft F_L, welche parallel zum Leiterstab nach unten zeigt. Weil die Ladungsträger im Leiter frei beweglich sind, erfolgt eine Verschiebung der Elektronen durch die Lorentzkraft. Deshalb entsteht am unteren Leiterende ein Elektronenüberschuss (gekennzeichnet durch das Minus-Symbol), am oberen Ende verbleibt folglich ein Mangel an Elektronen (gekennzeichnet durch das Plus-Symbol). Zwischen den Enden des Leiterstabes wird also eine Spannung induziert. Wird der Stromkreis außerhalb des Feldes geschlossen, so entsteht im Leiterstab aus Abb. 5.13 ein Stromfluss. Die induzierte Spannung U_{ind} ist in ihrer Höhe begrenzt, sie kann nicht beliebig anwachsen. Bekanntlich ziehen sich ungleichnamige Ladungsträger an, gleichnamige stoßen einander ab. Dieser Effekt geschieht wegen der Coulombkraft, die zu einem Ausgleichsvorgang innerhalb des Leiters führt und somit der Lorentzkraft entgegenwirkt. Wenn die Lorentzkraft und die Coulombkraft im Gleichgewicht stehen, ist das Maximum der induzierten Spannung erreicht. Aus dem Gleichsetzen von Lorentzkraft

$$F_L = qvB \tag{5.1}$$

und Coulombkraft

$$F_C = qE = q\frac{U_{ind}}{l} \tag{5.2}$$

ergibt sich:

$$U_{ind} = lvB \tag{5.3}$$

Falls die Geometrie der Anordnung und die Feldstärke nicht verändert wird, hängt die induzierte Spannung nur von der Geschwindigkeit v ab. Dabei spielt lediglich die Relativgeschwindigkeit zwischen Feld und Leiter eine Rolle. Es ist unerheblich, ob der Leiter im ruhenden Feld bewegt wird oder ein Feld über einen ruhenden Leiter hinwegbewegt wird. Bewegen sich Leiter und Feld, so ist die Differenz beider Geschwindigkeiten für die Amplitude der induzierten Spannung maßgeblich. Im Folgenden wird diese Geschwindigkeitsdifferenz als Schlupf s bezeichnet. In der Maschine ist im Prinzip der beschriebene physikalische Vorgang anzutreffen, der abhängig vom Schlupf s eine Spannung in den Leiterstäben des Kurzschluß-Käfigs induziert. Abweichend vom betrachteten Beispiel enthält die Maschine jedoch kein homogenes Feld, sondern ein sinusförmig verteiltes. Dadurch variiert die Induktionsspannung der verschiedenen Leiterstäbe des Kurzschlußkäfigs. In einem Leiterstab wird demzufolge eine sinusförmige Spannung

U_2 induziert, deren Frequenz Ω_2 exakt mit der Differenzdrehzahl zwischen Luftspaltfeld und Rotor übereinstimmt.

Für die Beschreibung der Induktion werde zunächst angenommen, daß der Rotor festgehalten ist, also nicht drehbar gelagert sei. In diesem Fall ist die Differenzgeschwindigkeit zwischen Drehfeld und Rotor ($\widehat{=}$Schlupf s) identisch mit der Drehfeldgeschwindigkeit Ω_1. Aus Sicht eines Leiterstabes bewegt sich daher das Magnetfeld mit der Geschwindigkeit Ω_1. Es ergibt sich daher eine Relativbewegung zwischen Leiterstab und Magnetfeld, deren Geschwindigkeit von Ω_1 und dem Radius des Käfigs abhängt. Dieser Vorgang ist der Auslöser für die Bewegungsinduktion, d.h. abhängig von der Relativgeschwindigkeit entsteht eine Induktionsspannung zwischen beiden Enden des Stabes im Kurzschlußläufer. Diese ist umso größer, je größer die Relativgeschwindigkeit ist, also je schneller sich das Magnetfeld über den Leiterstab hinwegbewegt. Die im Leiterstab induzierte Spannung wird über beide Ringe und die restlichen Stäbe des Käfigs kurzgeschlossen. Daher kann sich ein Strom im Käfig aufbauen, ohne daß eine elektrische Verbindung zum Stator vorhanden wäre. Die dabei möglichen Strompfade können in Abb. 5.12 oder Abb. 5.16 nachvollzogen werden.

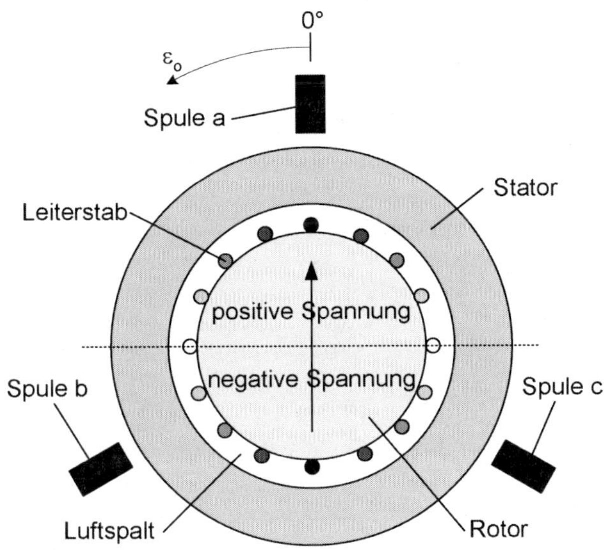

Abb. 5.14: *Verteilung der induzierten Spannung über den Umfang. Durch diese Spannungsverteilung wird effektiv ein Stromfluß über die Kurzschlußringe von der oberen in die untere Hälfte des Käfigs getrieben.*

Prinzipiell gleich sind die Verhältnisse, wenn der Käfig rotiert. Es sei die mechanische Drehzahl des Rotors durch Ω_m beschrieben. Dann ist allerdings zu berücksichtigen, daß die Relativgeschwindigkeit Ω_2 nun nicht mehr mit der Geschwindigkeit des Drehfeldes übereinstimmt, sondern durch die Differenz

$\Omega_2 = \Omega_1 - \Omega_m$ gegeben ist. Je schneller der Kurzschluß-Käfig rotiert, desto geringer also die Differenzgeschwindigkeit und desto langsamer bewegt sich das Drehfeld des Stators an den Leiterstäben vorbei, der Schlupf s nimmt ab. Entsprechend verringert sich die induzierte Spannung und damit auch der Strom in den Käfigleitern. Sobald Drehfeld und Käfig mit der selben Drehzahl rotieren, ist die Differenzgeschwindigkeit $\Omega_2 = \Omega_1 - \Omega_m = 0$. Weil hier keine Relativbewegung zwischen den Stäben des Kurzschluß-Käfigs und Magnetfeld besteht, wird keine Spannung induziert. Dieser Zustand wird als „synchroner Punkt" bezeichnet, weil $\Omega_1 = \Omega_m$ gilt, also eine synchrone Drehbewegung vorliegt. Bereits hier wird ersichtlich, daß ohne Induktionsspannung kein Strom im Käfig fließen kann, der – wie bei jeder Maschine – proportional zum Drehmoment ist. Dementsprechend kann im synchronen Punkt kein Drehmoment aufgebracht werden. Nur wenn eine asynchrone Bewegung stattfindet, d.h. der Rotor besitzt eine Relativgeschwindigkeit zum Drehfeld ($\Omega_m \neq \Omega_1$), entsteht eine Induktionsspannung, Strom und damit Drehmoment. Darin liegt der Name „Asynchronmaschine" begründet.

Die induzierte Spannung und damit der Strom in den Leiterstäben ist somit nicht nur abhängig von der Relativgeschwindigkeit, sondern auch von der Feldstärke. Weil das Luftspaltfeld jedoch eine sinusförmige Verteilung aufweist, ist die induzierte Spannung von der Position des Leiterstabes im Luftspaltfeld abhängig. Ein Leiterstab im Maximum des Feldes (Zeigerspitze) erfährt die maximale Induktion. Im Leiterstab auf der entgegengesetzten Seite (Zeigerende) wird eine Spannung des selben Betrages induziert, jedoch mit entgegengesetztem Vorzeichen, weil das Magnetfeld einen Richtungswechsel aufweist. Jene Leiterstäbe, die im rechten Winkel zum Feldzeiger positioniert sind erfahren keine Induktion, da sie sich im feldfreien Raum bewegen. Damit ergibt sich in einer Hälfte des Käfigs ein positiver Strom, in der anderen Hälfte ein negativer Strom, siehe Abb. 5.14. Dort sind die von den Ringsegmenten kurzgeschlossenen Leiterstäbe des Käfigs im Querschnitt dargestellt. Die Graufärbung der Leiterstäbe gibt die Höhe der induzierten Spannung an. Je dunkler die Färbung, desto höher die Spannung. Die weißen Leiterstäbe befinden sich im Bereich des Luftspaltes, in dem kein Feld auftritt, daher ist keine Induktion möglich. In der oberen Hälfte des Rotors treten die Feldlinien aus dem Rotor in den Luftspalt. Per Definition wird hier die Spannung als positiv festgelegt. In der unteren Hälfte treten die Feldlinien aus dem Luftspalt in den Rotor ein, daher wird eine Spannung in negativer Richtung induziert. Deutlicher lassen sich diese Verhältnisse am aufgeschnittenen und abgerollten Käfig visualisieren. Wird beim Käfig aus Abb. 5.12 beispielsweise an der Stelle $\varepsilon_0 = 0°$ ein Schnitt angesetzt und der Käfig aufgeklappt, so ergibt sich Abb. 5.15. An den Leiterstäben sind die jeweiligen Spannungszeiger maßstäblich und vorzeichenrichtig aufgetragen. Erkennbar ist, daß diese eine Kosinusschwingung als Einhüllende besitzen. Die Bewegungsinduktion von bewegten Leiterstäben im sinusförmig verteilten Luftspaltfeld ergibt damit auch eine sinusförmig über den Käfigumfang verteilte Induktionsspannung (Annahme: parasitäre Induktivitäten sind vernachlässigt).

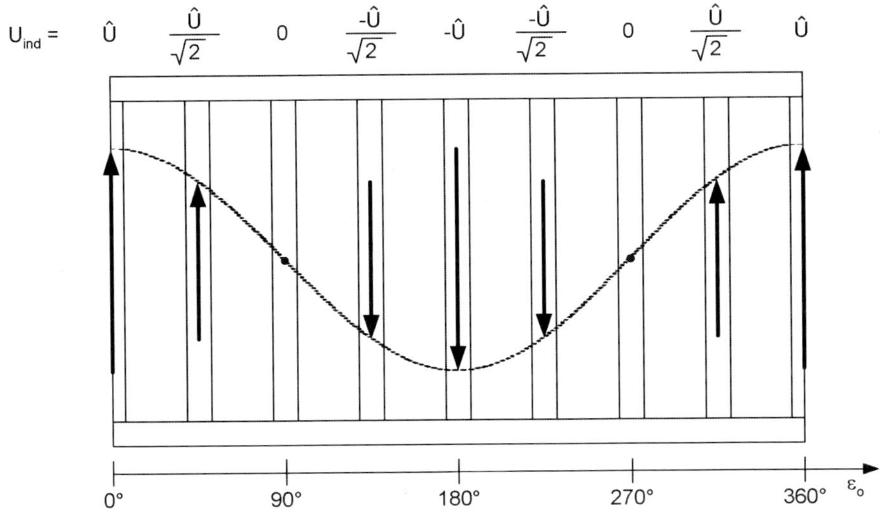

Abb. 5.15: *Sinusförmige Verteilung der induzierten Spannung in den Leiterstäben des aufgeschnittenen und abgerollten Käfigs.*

5.2.3 Stromaufbau im Rotor

Weil der Kurzschluß-Käfig Stromkreise aus Leiterstäben und Ringsegmenten bildet, ruft die induzierte Spannung einen Stromfluß im Rotor hervor. Maßgeblich für die maximal auftretende Stromamplitude und die zeitliche Entwicklung des Stromes ist dabei nicht nur die induzierte Spannung selbst, sondern vor allem auch der Widerstand und die Induktivität in den Stromkreisen des Käfigs.

Unter der Annahme, daß ein einzelner Leiterstab zwar keine Induktivität, jedoch einen nicht vernachlässigbaren elektrischen Widerstand aufweist, ist dieser (bei gegebener Spannung) für den entstehenden Induktionsstrom im Leiterstab verantwortlich. Gemäß dem ohmschen Gesetz ruft die induzierte Spannung einen Strom hervor, der zum Leitwert des Stabes und zur Induktionsspannung proportional ist. Wird nicht nur ein einzelner Stab betrachtet, sondern der Käfig als Ganzes, so ist erkennbar, daß die induzierten Ströme in Stromkreisen fließen, die aus mindestens zwei Leiterstäben und den zugehörigen Ringsegmenten bestehen. In Abb. 5.16 ist wiederum der abgerollte Käfig dargestellt. Eingetragen sind die Spannungszeiger als Pfeile. Die daraus resultierenden Ströme werden so wie auch in Abb. 5.14 durch die gleichen Grautöne symbolisiert. Dabei werden die induzierten Spannungen durch Stromflüsse ausgeglichen, die gemäß dem eingetragenen Strompfad über die Leiterstäbe und Ringsegmente verlaufen.

Der Stromkreis bildet daher eine Leiterschleife und weist somit eine parasitäre Induktivität auf. Dabei ist das Verhältnis induktiver zu ohmschem Widerstand entscheidend für den Phasenwinkel zwischen Spannung und Strom.

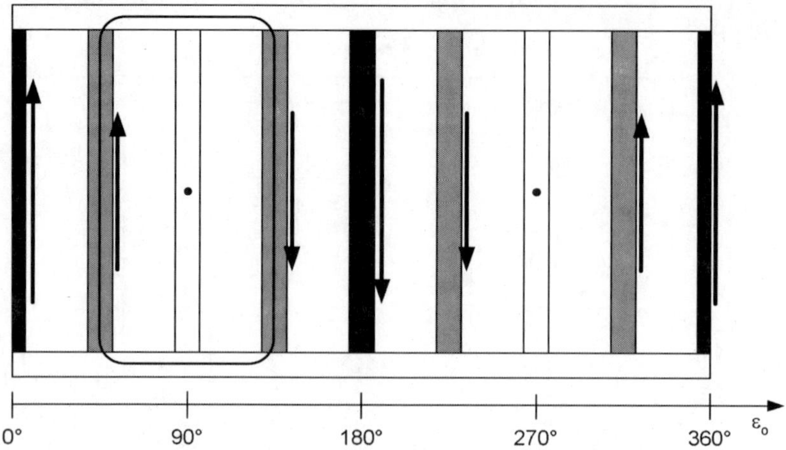

Abb. 5.16: *Stromfluss in den Leiterschleifen des aufgeschnittenen und abgerollten Käfigs.*

Solange das Verhalten der Maschine zunächst lediglich in der Nähe des synchronen Punktes betrachtet werden soll, können vereinfachend alle physikalisch vorhandenen Induktivitäten unberücksichtigt bleiben. Diese Vereinfachung ist zulässig, weil in der Nähe des synchronen Punktes die Frequenz der induzierten Spannung niedrig bleibt und induktive Widerstände gemäß der Wechselstromlehre folglich nur geringen Einfluss aufweisen.

Soll dagegen das Maschinenverhalten im gesamten Drehzahlbereich untersucht werden, so müssen die vorhandenen induktiven Widerstände durchaus Berücksichtung finden, weil hier Arbeitspunkte mit hohem Schlupf s und daher auch hoher Frequenz der induzierten Spannung mit betrachtet werden müssen. Mit steigender Frequenz der induzierten Spannung wächst auch der Einfluss der induktiven Widerstände an.

Obwohl die Eigeninduktivität der genannten Leiterschleifen nur gering ausfällt, ist dennoch induktives Verhalten im Rotor zu beobachten. Der Grund hierfür ist weniger die Eigeninduktivität der eingezeichneten Leiterschleife selbst, als vielmehr die magnetische Kopplung der Leiterschleife mit den Statorspulen, die – wie bei einem Transformator – zu einer Erhöhung der Induktivität führt. Folglich besteht eine Zeitverzögerung zwischen dem Aufbau der Induktionsspannung und dem Stromaufbau. Diese hängt ab vom Verhältnis zwischen Widerstand, der Induktivität und von der Winkelgeschwindigkeit der Induktionsspannung. Diese gleicht exakt der Differenzdrehzahl zwischen Luftspaltfeld und Rotor. Detaillierter wird darauf bei der Erklärung der stationären Kennlinie eingegangen. Der wesentliche Grundgedanke bezüglich des Stromaufbaus ist die Zeitverzögerung zwischen Spannung und Strom aufgrund der Induktivität, weil das die Größe des resultierenden Drehmomentes beeinflusst.

5.2.4 Entstehung des Drehmoments, stationäre Drehzahl-Drehmoment-Kennlinie

Wie bereits ausführlich beschrieben, verursacht eine asynchrone Drehbewegung von Statorfeld und Rotor durch Induktion eine Spannung im Kurzschluß-Käfig und damit auch einen Stromfluss im Rotor bzw. in den Leiterstäben des Käfigs. Aufgrund der Geometrie der Anordnung fließt dieser Strom senkrecht zu den Feldlinien des Drehfeldes. Hieraus resultiert, wie in Abschnitt 3.1.3.1 diskutiert, eine Lorentzkraft, die am Leiterstab angreift und ein Drehmoment entstehen läßt, welches den Rotor antreibt. Es ist offensichtlich, daß die Lorentzkraft und damit auch das Drehmoment der Maschine umso größer sind, je höher die Amplitude des Stroms im Leiterstab ist und je stärker das Magnetfeld an der Stelle ist, an der sich der Leiterstab befindet. Insgesamt ist festzuhalten, daß die induzierte Stromamplitude umso größer wird, je schneller sich der Leiterstab im Luftspaltfeld bewegt, also je höher die Differenz zwischen elektrischer Winkelgeschwindigkeit des speisenden Netzes Ω_1 (Winkelgeschwindigkeit des Luftspaltfeldes) und der mechanischen Winkelgeschwindigkeit des Rotors Ω_m ist. Drehen Rotor und Luftspaltfeld mit der selben Drehzahl, tritt keine Induktion auf, der Stromfluß im Käfig ist null, es entsteht keine Lorentzkraft und folglich auch kein Drehmoment. Wird Ω_1 als konstant und eingeprägt angenommen, so erhöht sich der induzierte Strom im Leiterstab linear mit dem Schlupf s, also mit einer Reduktion der mechanischen Winkelgeschwindigkeit. Damit ist ein Anstieg des Drehmomentes zu erwarten, wenn die Drehzahl der Maschine durch mechanische Belastung verringert wird. Dieses Verhalten gleicht demjenigen einer Gleichstromnebenschlußmaschine und ist an der stationären Drehzahl-Drehmoment-Kennlinie der ASM (Abb. 5.17) abzulesen. Am synchronen Punkt bringt die Maschine kein Drehmoment auf, mit anwachsendem Schlupf s steigt jedoch das Drehmoment erwartungsgemäß an.

Nachdem in den bisherigen Ausführungen die Induktivität im Rotor vernachlässigt wurde, konnte das Verhalten der Maschine nur in der Nähe des synchronen Punktes erklärt werden. Im Folgenden soll das induktive Verhalten mit in die Überlegungen einfließen, um das Verhalten der Maschine im gesamten Drehzahlbereich verstehen zu können. Im Gegensatz zur Gleichstromnebenschlußmaschine ist der Anstieg des Drehmomentes bei der Asynchronmaschine nämlich nicht beliebig fortsetzbar. Wird die Drehzahl des Rotors zu klein (und damit der Schlupf s zu groß), so reduziert sich das Drehmoment wieder. Das maximale Drehmoment, das die Maschine aufbringen kann, wird als Kippmoment M_K bezeichnet. Der Schlüssel für die Erklärung dieses Effektes ist die Verzögerung im Stromaufbau bzw. der mit steigender Frequenz ansteigende induktive Widerstand und damit der mit steigender Frequenz sich vergrößernde Phasenwinkel zwischen induzierter Spannung und resultierendem Strom. Dies bedeutet, daß mit steigender Differenzgeschwindigkeit zwar die induzierte Spannungsamplitude zunimmt. Wie in Abb. 5.15 dargestellt, wird die sinusförmige räumliche Verteilung der induzierten Spannung somit verbleiben und die Spannungsamplitude wird mit

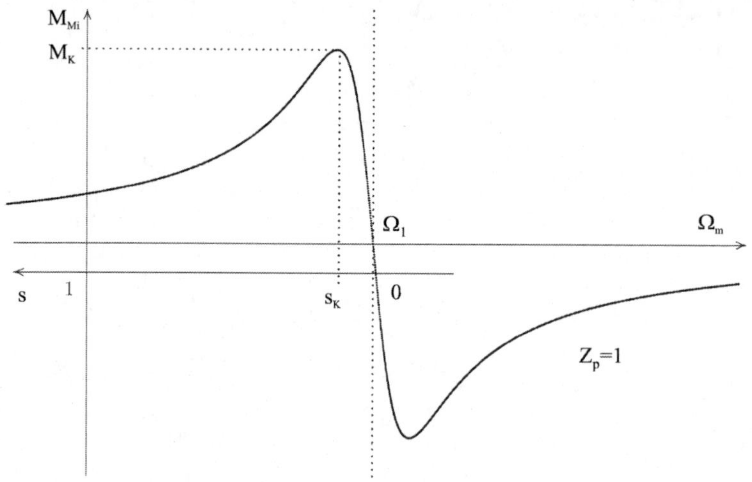

Abb. 5.17: *Stationäre Drehzahl-Drehmoment-Kennlinie einer Asynchronmaschine.*

steigendem Schlupf s zunehmen. Im Gegensatz zu Abb. 5.16 wird aber aufgrund der induktiven Phasenverschiebung φ des Stroms relativ zur Spannung nun nicht mehr der maximale Strom im Leiter mit der maximalen Spannung am Ort der maximalen magnetischen Feldstärke ($\varepsilon_0 = 0°$ und $180°$) entstehen, sondern zu einer entsprechend $\varphi = \varepsilon_0$ „späteren" räumlichen Orientierung. Damit ist nachvollziehbar, daß das resultierende Drehmoment des Leiters mit der Orientierung $\varphi = \varepsilon_0$ aufgrund der dort geringeren magnetischen Feldstärke geringer ist.

Analog gilt, daß an der Orientierung $\varepsilon_0 = 0°$ der Strom aufgrund der Phasenverschiebung noch nicht die maximale Amplitude erreicht hat und somit der Beitrag dieses Leiters zum Gesamtdrehmoment ebenfalls geringer ist. Somit sind diese Überlegungen in analoger Weise auf die sinusförmigen Verteilungen des magnetischen Feldes, der induzierten Spannung und des resultierenden Stroms zu übertragen.

Zu beachten ist weiterhin, daß der induktive Widerstand mit steigendem Schlupf s zunimmt und damit nicht nur ein Einfluß auf die Phasenverschiebung besteht, sondern auch auf die Stromamplitude, d.h. mit steigendem Schlupf nimmt die Stromamplitude ab. Mit diesen Überlegungen läßt sich prinzipiell der motorische Verlauf des Drehmoments erklären.

Aus Abb. 5.14 und Gl. 5.3 ist zu entnehmen, daß im positiven Flußmaximum auch die induzierte Rotorspannung dieses Leiters das Maximum hat. Der Rotorstrom ist aber aufgrund der Phasenverschiebung φ zwar positiv, hat aber nicht sein Maximum bei $\varepsilon_0 = 0°$, sondern bei φ. Damit korrespondiert positives Flußmaximum mit geringem positiven Rotorstrom, Rotorstrommaximum mit geringem positiven Fluß. Ab dem Winkel $\varepsilon_0 = 90°$ wird die Flußamplitude negativ, die Stromamplitude ist aber noch im Winkelbereich $\varepsilon_0 + \varphi$ positiv, das Drehmoment wird somit in diesem Bereich negativ, d.h. zu dem positiven Drehmoment im Bereich $\varepsilon_0 = \varphi$ bis $\varepsilon_0 = 90°$ wird ein negatives Drehmoment im Bereich $\varepsilon_0 = 90°$ bis $\varepsilon_0 = 90° + \varphi$ addiert, dies ist prinzipiell eine zweifache Drehmoment-Minderung.

Erst bei $s \to \infty$ wird $\varphi \to 90°$ und das resultierende Drehmoment wird entsprechend Abb. 5.17 zu Null. Der symmetrische Verlauf des Drehmoments um den Punkt $s = 0$, d.h. im Bereich $s < 0$ ergibt sich aus den analogen Überlegungen bei der dann übersynchronen Drehzahl des Rotors (Generatorbetrieb).

5.2.5 Höhere Polpaarzahlen

Für die bisherigen Betrachtungen war die Polpaarzahl Z_p stillschweigend auf eins gesetzt worden, weil dadurch eine Vereinfachung in der Darstellung erreicht werden kann. Dabei geschieht bei $Z_p \neq 1$ keine prinzipielle Veränderung, die beschriebenen Effekte sind auch für höhere Polpaarzahlen zutreffend, bei $Z_p = 1$ kann jedoch das Grundprinzip plausibler dargestellt werden. Grundsätzlich hat die Polpaarzahl aber keinen Einfluss auf das Funktionsprinzip der Maschine. Auf die Vorgänge bei größeren Polpaarzahlen wird in diesem Abschnitt gesondert eingegangen.

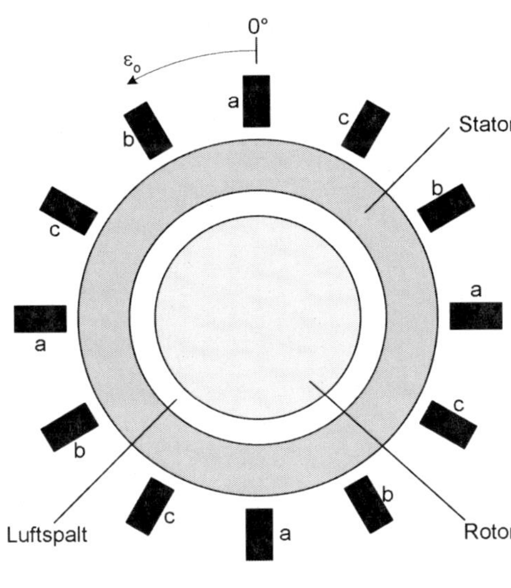

Abb. 5.18: *Anordnung der Statorspulen bei einer Drehfeldmaschine mit Polpaarzahl* $Z_p = 4$.

Wie aus Abb. 5.18 hervorgeht, enthält die beschriebene Maschine drei Spulen a, b und c. Obwohl es sich damit eigentlich um ein Spulen*triple* handelt, werden diese drei Spulen dennoch als Spulen*paar* bzw. als Pol*paar* bezeichnet.

Die Namensgebung leitet sich von der Gleichstrommaschine ab. Um dort ein Erregerfeld zu erzeugen, wird an zwei gegenüberliegenden Polschuhen jeweils eine Spule angebracht. Maschinen mit höheren Polpaarzahlen enthalten entsprechend eine geradzahlige Menge von Spulen. Hierbei ist die Benennung Polpaar völlig zutreffend. Für die Definition der Polpaarzahl bei Drehfeldmaschinen wurde eine Analogie zur Gleichstrommaschine gesucht. Nachdem bei der Gleichstrommaschine zwei Spulen, bzw. zwei Pole für ein Feld sorgen, und bei der Drehfeldmaschine drei Spulen, bzw. drei Pole, wurde diese erklärungsbedürftige Bezeichnung eingeführt.

Um das Drehmoment zu steigern, werden demnach Z_p mal drei Spulen im Stator verteilt, nicht nur einmal drei Spulen. Die Maschine enthält also insgesamt ein ganzzahliges Vielfaches von drei Spulen. Folglich ist die Polpaarzahl Z_p der Quotient aus der Anzahl der Statorspulen und drei. In Abb. 5.18 ist eine Maschine mit Polpaarzahl $Z_p = 4$ dargestellt. Im Luftspalt der Maschine ergibt sich ein Feld mit der Verteilung, die in Abb. 5.19 aufgetragen ist. Obwohl es nicht mehr nur ein Maximum gibt, sondern Z_p gleichartige Maxima, kann dennoch die mathematische Beschreibung des Feldes durch einen Zeiger beibehalten werden. Der Zeiger ist allerdings nicht mehr parallel zu den Feldlinien orientiert und verliert insofern seine physikalische Bedeutung.

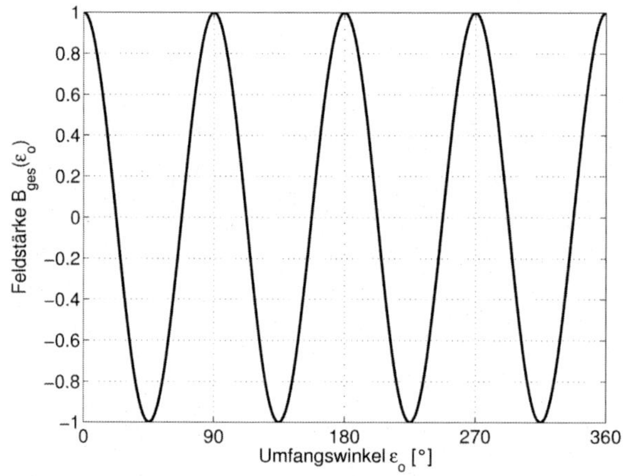

Abb. 5.19: *Verteilung des Luftspaltfeldes bei einer Drehfeldmaschine mit Polpaarzahl* $Z_p = 4$.

Pro Polpaar erhält das Luftspaltfeld eine volle Kosinusschwingung. Während dem Durchlauf einer elektrischen Periode bewegt sich die Welle nicht mehr über den gesamten Umfang, sondern lediglich über den Sektor, der von einem Polpaar (Spulentriple a, b und c) eingenommen wird. Deshalb entsteht auch hier ein Drehfeld, jedoch mit verminderter Rotationsfrequenz. Für $Z_p = 1$ bewegt sich die Welle des Luftspaltfeldes exakt eine Umdrehung über den Umfang, wenn eine elektrische Periode vergangen ist. Je höher die Polpaarzahl, desto enger liegen die Spulen beieinander und desto langsamer wandert das Luftspaltfeld. Für $Z_p = 4$ beispielsweise bewältigt das Luftspaltfeld lediglich ein Viertel des Umfanges, wenn eine elektrische Periode vergangen ist. Um den vollen Umfang zu durchlaufen, werden demnach vier elektrische Perioden benötigt. Es kann damit allgemein zunächst $Z_p = 1$ angenommen werden und die Drehfeldgeschwindigkeit bestimmt werden. Anschließend wird diese mit dem Faktor $1/Z_p$ auf die richtige Geschwindigkeit skaliert, um beispielsweise die Drehzahl am synchronen Punkt zu ermitteln.

Insofern kann eine Erhöhung der Polpaarzahl auch als Einfügen einer Übersetzung $1/Z_p$ verstanden werden, was einer Verringerung der Drehzahl entspricht. Solange die Verluste in der Maschine unberücksichtigt bleiben dürfen, muss die eingespeiste elektrische Wirkleistung vollständig in mechanische Leistung umgesetzt werden. Weil die mechanische Rotationsfrequenz durch die Erhöhung der Polpaarzahl abgesenkt wurde und die mechanische Leistung zu

$$P_{mech} = \Omega_m \cdot M_{Mi} \tag{5.4}$$

ergibt, muss sich durch eine Erhöhung der Polpaarzahl folglich das Drehmoment erhöhen, damit die abgegebene Leistung unverändert bleibt.

5.3 Raumzeiger-Darstellung

Bei Dreiphasen–Systemen wird heute im allgemeinen die Raumzeiger-Darstellung verwendet. Diese Darstellung beruht auf dem Grundgedanken, daß bei einem Dreiphasensystem *ohne Nulleiter* die geometrische Summe der drei Signale einer Größe wie der Statorspannungen oder der Statorströme etc. sich zu Null ergeben. Dies bedeutet, bei Kenntnis zweier der drei Signale einer Größe kann das dritte Signal aufgrund der Nullbedingung berechnet werden, d.h. zur Beschreibung der Dreiphasen-Größen genügen jeweils zwei der Signale. Bei der Einführung der Raumzeiger-Darstellung wollen wir zur besonderen Vereinfachung diesen Sachverhalt annehmen. Wesentlich bei der folgenden Darstellung wird die Berücksichtigung **der zeitlichen und der räumlichen Zuordnung** der Signale sein, wie dies bereits ausführlich in Kap. 5.2 erfolgte.

Im Folgenden sollen als Einführung die grundsätzlichen Gedanken der Raumzeiger-Darstellung erläutert werden. Bei dieser Einführung wird – zur besonders einfachen ersten Darstellung – angenommen, das Dreiphasensystem sei symmetrisch, d.h. alle Größen haben die gleiche Amplitude und sind zueinander um jeweils 120° elektrisch phasenverschoben, d.h. es wird der stationäre Betriebszustand betrachtet; außerdem seien nur Signale mit der Grundschwingungsfrequenz vorhanden.

Eine allgemeine Darstellung der Raumzeiger ist in Kovács/Rácz [26] zu finden. Aus dieser allgemeinen Darstellung ist zu entnehmen, daß auch zeitveränderliche Signale die symmetrischen Wicklungen speisen können oder daß Oberschwingungen zu berücksichtigen sind; dies wird später genutzt.

5.3.1 Definition eines Raumzeigers

Für das Magnetfeld B einer Drehfeldmaschine mit symmetrischer dreisträngiger Wicklung (a, b, c) sollen beispielsweise folgende Aussagen gelten:

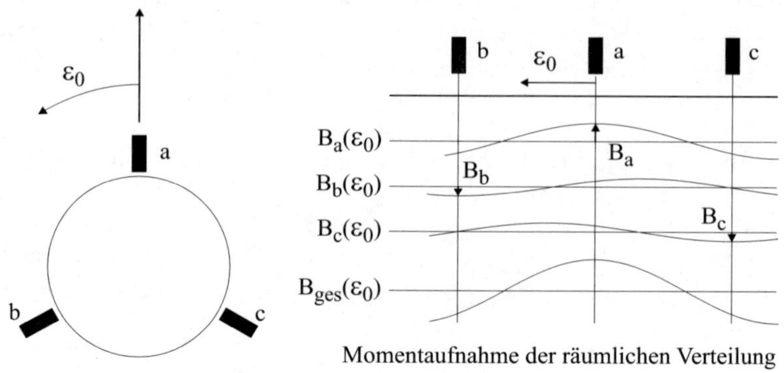

Abb. 5.20: *Verteilung des B-Feldes*

1. Es ist kein Nullstrom vorhanden, d.h. $\underline{I}_a(t) + \underline{I}_b(t) + \underline{I}_c(t) = 0$.

2. Jeder stromdurchflossene Wicklungsstrang erzeugt eine um den räumlichen Umfang sinusförmige B-Feld-Verteilung im Luftspalt (Grundwelle).

   $$\underline{B}_{a,b,c}(t) = c_w \cdot \underline{I}_{a,b,c}(t) \qquad \text{mit} \quad c_w = \frac{2 \cdot w \cdot \xi}{\pi \cdot Z_p \cdot \delta''}$$

   mit: w = Windungszahl aller Leiter in Reihe je Strang,
   ξ = Wicklungsfaktor (Grundwelle),
   δ'' = wirksamer Luftspalt der ASM,
   Z_p = Polpaarzahl.

   (Durch den für alle drei Stränge gleichen Faktor c_w kommt die Symmetrie der Wicklungen zum Ausdruck.)

3. Die Überlagerung der Anteile aus allen drei Phasen führt zu einem wiederum sinusförmigen Gesamtfeld B_{ges} (siehe Kap. 5.2 und die folgenden Ableitungen).

Die Amplitude und die Phasenlage dieser räumlichen Welle am Umfang stellt man als komplexen Raumzeiger $\vec{B}$ dar.

Abbildung 5.20 zeigt eine Momentaufnahme der räumlichen Verteilung der magnetischen Felder der drei stromdurchflossenen verteilten Wicklungsstränge. Aus der Momentaufnahme ist zu erkennen, daß außer der räumlichen Verteilung auch die Zeit ein Parameter ist, der beachtet werden muß. Für die Wicklungsachsen a, b und c gilt jeweils:

$$\underline{B}_a(t) = \hat{B} \cdot \cos(\Omega t) \tag{5.5}$$

$$\underline{B}_b(t) = \hat{B} \cdot \cos(\Omega t - 120°) \tag{5.6}$$

$$\underline{B}_c(t) = \hat{B} \cdot \cos(\Omega t - 240°) \tag{5.7}$$

d.h. in den Wicklungsachsen ist der zeitlich sinusförmige Verlauf zu erkennen. Weiterhin gilt:

$$\underline{B}_a(t) + \underline{B}_b(t) + \underline{B}_c(t) = 0 \tag{5.8}$$

d.h. die Summe der zeitlichen Größen in den drei Wicklungsachsen ergibt sich zu Null.

In Abb. 5.20 wurden die Zeitpunkte $t = nT$ (mit $n = 0, 1, 2, 3, \ldots$) gewählt. Für diese Zeitpunkte ergibt sich mit $\hat{B} = 1$:

$$\underline{B}_a(t = nT) = 1\,; \quad \underline{B}_b(t = nT) = -0,5\,; \quad \underline{B}_c(t = nT) = -0,5 \tag{5.9}$$

Wenn nun die magnetischen Felder in der räumlichen Verteilung betrachtet werden, dann gilt:

$$B_a(t, \varepsilon_0) = \underline{B}_a(t) \cdot \cos(\varepsilon_0) = \Re e\{\underline{B}_a(t) \cdot e^{j\varepsilon_0}\} \tag{5.10}$$

$$B_b(t, \varepsilon_0) = \underline{B}_b(t) \cdot \cos(\varepsilon_0 - 120°) = \Re e\{\underline{B}_b(t) \cdot e^{j\varepsilon_0} \cdot e^{-j120°}\} \tag{5.11}$$

$$B_c(t, \varepsilon_0) = \underline{B}_c(t) \cdot \cos(\varepsilon_0 - 240°) = \Re e\{\underline{B}_c(t) \cdot e^{j\varepsilon_0} \cdot e^{-j240°}\} \tag{5.12}$$

Wenn wiederum das jeweilige magnetische Feld in seiner Wicklungsachse betrachtet wird, dann ergeben sich die bereits ermittelten Amplituden

$$B_a(\varepsilon_0 = 0) = 1\,; \quad B_b(\varepsilon_0 = 120°) = -0,5\,; \quad B_c(\varepsilon_0 = 240°) = -0,5 \tag{5.13}$$

Aus Abb. 5.20 ist weiterhin zu erkennen, daß die räumliche Verteilung mit den für die jeweilige Wicklungsachse oben errechneten zeitlichen Amplituden zu einer resultierenden räumlichen Verteilung des magnetischen Feldes mit B_{ges} als resultierende Größe führt. Zur Errechnung dieser räumlichen Verteilung bzw. des komplexen Raumzeigers $\vec{B}$ wird folgende Rechenoperation nach Kovács/Rácz [26] vorgeschlagen:

$$\vec{B} = \frac{2}{3} \cdot \left(\underline{B}_a + \underline{a} \cdot \underline{B}_b + \underline{a}^2 \cdot \underline{B}_c\right) \tag{5.14}$$

Die Größen $\underline{a}$ und $\underline{a}^2$ sind komplexe Drehoperatoren mit

$$\underline{a} = e^{j120°} = -\frac{1}{2} + j\frac{\sqrt{3}}{2} \tag{5.15}$$

$$\underline{a}^2 = e^{j240°} = e^{-j120°} = -\frac{1}{2} - j\frac{\sqrt{3}}{2} \tag{5.16}$$

Die Rechenvorschrift in [26] für den Raumzeiger fordert somit, die a-, b- und c–Komponenten von B in der Wicklungsachse a (d.h. $\varepsilon_0 = 0$) zu addieren (siehe

Abb. 5.20) und damit die räumliche Anordnung der Wicklungen zu berücksichtigen.

Wenn wir also in Abb. 5.20 beispielsweise die bei $\varepsilon_0 = 0$ resultierende Amplitude von $B_{ges}(\varepsilon_0 = 0)$ errechnen und Gl. (5.14) anwenden, dann ergibt sich:

$$\vec{B}(t, \varepsilon_0 = 0) \;=\; \frac{2}{3} \cdot \hat{B} \cdot \left(\cos(\Omega t) + \cos(\Omega t - 120°) \cdot \underline{a} + \cos(\Omega t - 240°) \cdot \underline{a}^2 \right) \quad (5.17)$$

Die jeweiligen Terme können wie folgt umgeformt werden:

$$\begin{aligned} \cos(\Omega t - 120°) \cdot \underline{a} &= \cos(\Omega t - 120°) \cdot (\cos 120° + j \sin 120°) \quad (5.18) \\ &= \cos(\Omega t - 120°) \cdot (-\frac{1}{2} + j \frac{\sqrt{3}}{2}) \\ \cos(\Omega t - 240°) \cdot \underline{a}^2 &= \cos(\Omega t - 240°) \cdot (\cos 240° + j \sin 240°) \quad (5.19) \\ &= \cos(\Omega t - 240°) \cdot (-\frac{1}{2} - j \frac{\sqrt{3}}{2}) \end{aligned}$$

Nach kurzer Rechnung ergibt sich:

$$\vec{B}(t, \varepsilon_0 = 0) \;=\; \frac{2}{3} \cdot \hat{B} \cdot \left(\frac{3}{2} \cdot \cos(\Omega t) + j \frac{3}{2} \cdot \sin(\Omega t) \right) \;=\; \hat{B} \cdot e^{j\Omega t} \quad (5.20)$$

$$\text{bzw.} \qquad \vec{B}(t, \varepsilon_0) \;=\; \hat{B} \cdot e^{j\Omega t} \cdot e^{j\varepsilon_0} \quad (5.21)$$

Die obige Berechnungsvorschrift des Raumzeigers $\vec{B}$ bedeutet somit, daß ausgehend von dem zeitlichen Amplitudenwert der jeweiligen Wicklung als erstem Schritt, in einem zweiten Schritt die sich daraus ergebenden Amplitudenwerte in der gewählten räumlichen Lage addiert werden.

Dies bedeutet, daß sich durch die Definition des Raumzeigers entsprechend Gl. (5.14) am Ort $\varepsilon_0 = 0$ ein sinusförmiges Signal mit der Amplitude entsprechend dem Spitzenwert des magnetischen Feldes der Phasen a, b und c ergibt. Der Raumzeiger $\vec{B}$ hat somit dieselbe Amplitude wie die Phasengrößen und stimmt in der Phasenlage mit Phase a überein (siehe auch Kap. 5.3.3: Koordinatensysteme).

Die verwendete Definition des Raumzeigers $\vec{B}$ nach Gl. (5.14) kann anhand von Abb. 5.20 und Gl. (5.10) bis (5.12) überprüft werden. Wenn in diesen Gleichungen beispielsweise der Zeitpunkt $t = nT$ $(n = 0, 1, 2, \dots)$ und $\varepsilon_0 = 0$ gesetzt wird, dann ergeben sich die folgenden Werte:

$$B_a(t = nT,\, \varepsilon_0 = 0) \;=\; 1 \quad (5.22)$$

$$B_b(t = nT,\, \varepsilon_0 = 0) \;=\; -0,5 \cdot (-0,5) \;=\; 0,25 \quad (5.23)$$

$$B_c(t = nT,\, \varepsilon_0 = 0) \;=\; -0,5 \cdot (-0,5) \;=\; 0,25 \quad (5.24)$$

Dies sind die Werte von B_i bei $\varepsilon_0 = 0$ zum Zeitpunkt $t = nT$ in Abb. 5.20. Die Überlegung ergibt $B_{ges}(t = nT,\ \varepsilon_0 = 0) = 1,5$ in Abb. 5.20. In gleicher Vorgehensweise kann an jedem anderen Ort der resultierende Wert von B_{ges} berechnet werden. Wenn nun zusätzlich die Definition des Raumzeigers und die hier verwendeten Spitzenwerte beachtet werden, dann gilt:

$$\vec{B} = \frac{2}{3} \cdot \frac{3}{2} \cdot \hat{B}(t, \varepsilon_0) \tag{5.25}$$

Analog zum Magnetfeld definiert man für alle elektrischen Größen wie die Spannung des Stators U_1, die Spannung des Rotors U_2, die Ströme I_1 und I_2, die Flüsse Ψ_1 und Ψ_2 der dreiphasigen Systeme entsprechende Raumzeiger $\vec{U}_1$, $\vec{U}_2$, $\vec{I}_1$, $\vec{I}_2$, $\vec{\Psi}_1$ und $\vec{\Psi}_2$. Diese Raumzeiger sind komplexe Rechengrößen und stellen das dreiphasige System in einem kartesischen System dar.

Die realen dreiphasigen Wicklungssysteme werden damit durch zweiphasige Wicklungssysteme, die aus zwei senkrecht zueinander stehenden Wicklungen bestehen, ersetzt (Abb. 5.22).

Damit ist der Rechnungsweg für den Raumzeiger bekannt. Zur Bestimmung des Real- und Imaginärteils gilt:

$$\vec{B} = B_\alpha + j\, B_\beta \tag{5.26}$$

$$B_\alpha = \Re e\{\vec{B}\} \tag{5.27}$$

$$B_\beta = \Im m\{\vec{B}\} \tag{5.28}$$

Entsprechend den Signalen mit der Grundfrequenz können auch die Harmonischen berücksichtigt werden; allerdings ist die Umlaufgeschwindigkeit entsprechend der Ordnungszahl der Harmonischen erhöht [26].

Dies bedeutet, es sind ein Raumzeigersystem mit der Grundfrequenz und jeweils weitere Raumzeigersysteme mit der jeweiligen Ordnungszahl der Harmonischen vorhanden; dies kann beispielsweise bei umrichterbetriebenen Asynchronmaschinen von Bedeutung sein.

Bei den bisherigen Überlegungen war immer vorausgesetzt worden, daß $\underline{B}_a(t) + \underline{B}_b(t) + \underline{B}_c(t) = 0$ ist, d.h. daß das Wicklungssystem im Stern geschaltet ist und kein Nulleiter vorhanden ist. Zu beachten ist jedoch, daß bei Dreieckschaltung der Wicklungen sich Nullkomponenten und $3n$-fach Harmonische (beispielsweise aufgrund der nichtlinearen Magnetisierungskennlinie) ausbilden können, die zu berücksichtigen sind [26].

In prinzipiell gleicher Weise können auch unsymmetrische Dreiphasensysteme oder Dreiphasensysteme mit Nullkomponenten behandelt werden.

5.3.2 Rücktransformation auf Momentanwerte

Will man umgekehrt die Momentanwerte der Phasengrößen aus der Raumzeigerdarstellung gewinnen, so ist dies für die Phase a besonders einfach.

Wenn mit dem Index α der Real- und mit dem Index β der Imaginärteil bezeichnet wird, dann sieht man aus

$$\vec{B} = \hat{B} \cdot e^{j\Omega t} = B_\alpha + j \cdot B_\beta \tag{5.29}$$

und

$$\underline{B}_a = \hat{B} \cdot \cos \Omega t = \Re e \left\{ \hat{B} \cdot e^{j\Omega t} \right\} \tag{5.30}$$

daß

$$\underline{B}_a = \Re e \left\{ \vec{B} \right\} = B_\alpha \tag{5.31}$$

ist. Für die beiden anderen Phasen gilt mit $\underline{B}_a(t)+\underline{B}_b(t)+\underline{B}_c(t)=0$

$$\underline{B}_b = \Re e\{\vec{B} \cdot \underline{a}^{-1}\} = \frac{1}{2} \cdot \left(\sqrt{3} \cdot B_\beta - B_\alpha\right) \tag{5.32}$$

$$\underline{B}_c = \Re e\{\vec{B} \cdot \underline{a}^{-2}\} = \frac{1}{2} \cdot \left(-\sqrt{3} \cdot B_\beta - B_\alpha\right) = -\underline{B}_a - \underline{B}_b \tag{5.33}$$

5.3.3 Koordinatensysteme

Bei den bisherigen Betrachtungen war das α-β-Koordinatensystem fest mit dem Stator-Wicklungssystem der Drehfeldmaschine verbunden, wobei die α-Achse des Raumzeigersystems mit der a-Achse des dreiphasigen Stator-Wicklungssystems zusammenfiel. Da dieses dreiphasige Wicklungssystem raumfest ist, ist das α-β-Koordinatensystem ebenso raumfest und wird das raumfeste Stator-Koordinatensystem S (α-β–Komponenten, S–System) genannt. Der B-Raumzeiger in diesem Koordinatensystem wird mit $\vec{B}^S$ gekennzeichnet.

In prinzipiell gleicher Weise ist es möglich, ein Koordinatensystem L fest mit dem dreiphasigen Wicklungssystem des Rotors L zu verbinden, d.h. das rotorfeste Koordinatensystem L mit den Komponenten k und l ist am dreiphasigen Rotor-Wicklungssystem zu orientieren, wobei die k-Achse wiederum mit der a-Achse des dreiphasigen Rotor-Wicklungssystem zusammenfällt. Der B-Raumzeiger in diesem Koordinatensystem wird mit $\vec{B}^L$ gekennzeichnet.

Zu beachten ist in diesem Fall, daß der Rotor L im allgemeinen eine mechanische Winkelgeschwindigkeit Ω_m und somit eine elektrische Winkelgeschwindigkeit $\Omega_L = Z_p \, \Omega_m$ (Z_p = Polpaarzahl der elektrischen Maschine) hat. Dies bedeutet, das rotorfeste Koordinatensystem L ist nicht raumfest, sondern rotorfest und dreht sich relativ zum statorfesten Koordinatensystem S mit Ω_L. Allerdings gilt $\Omega_1 = \Omega_L + \Omega_2$ mit Ω_2 als der Winkelgeschwindigkeit, resultierend aus der Differenz-Kreisfrequenz zwischen Ω_1 und Ω_L (Induktion).

Ein weiteres Koordinatensystem ist das Koordinatensystem K (A-B-Komponenten), welches an beliebig auszuwählenden Größen wie beispielsweise dem Statorfluß, dem Luftspaltfluß oder dem Rotorfluß orientiert werden kann. Der B-Raumzeiger in diesem Koordinatensystem ist mit $\vec{B}^K$ gekennzeichnet.

Abbildung 5.21 zeigt die Beziehungen zwischen verschiedenen Koordinatensystemen und dem Raumzeiger des Statorstroms $\vec{I}_1$.

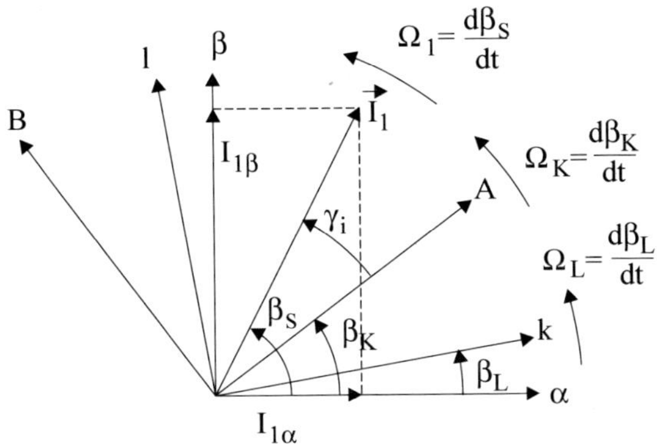

α, β :	statorfestes Koordinatensystem (Index S)
k, l :	rotorfestes Koordinatensystem (Index L)
A, B :	allgemeines Koordinatensystem (Index K)

Abb. 5.21: *Koordinatensysteme und Raumzeiger*

Aus Abb. 5.21 ist zu erkennen, daß der Raumzeiger $\vec{I}_1$ den Winkel β_S zur reellen Achse des Koordinatensystems S hat. Es gilt somit:

$$\vec{I}_1^S = \vec{I}_1 \cdot e^{j\beta_S} \qquad \text{mit} \quad I_{1\alpha} = \hat{I}_1 \cdot \cos\beta_S; \;\; I_{1\beta} = \hat{I}_1 \cdot \sin\beta_S \tag{5.34}$$

d.h. die Position bzw. der Winkel β_S des Raumzeigers $\vec{I}_1$ ist zeitvariant und die Amplitude kann zeitvariant sein, da

$$\Omega_1 = \frac{d\beta_S}{dt} \qquad \text{bzw.} \qquad \beta_S = \int \Omega_1 \, dt \tag{5.35}$$

In gleicher Weise gilt:

$$\vec{I}_1^L = \vec{I}_1 \cdot e^{j(\beta_S - \beta_L)} \tag{5.36}$$

Aus Abb. 5.21 geht weiter hervor, daß zwischen dem S–System und dem L–System der Winkel β_L und zwischen dem S–System und dem K–System der Winkel β_K besteht. Die Umrechnung der Raumzeiger in die verschiedenen Koordinatensysteme erfolgt beispielsweise durch Einsetzen von Gl. (5.34) in Gl. (5.36):

$$\vec{I}_1^L = \vec{I}_1 \cdot e^{j(\beta_S - \beta_L)} = \vec{I}_1 \cdot e^{j\beta_S} \cdot e^{-j\beta_L} = \vec{I}_1^S \cdot e^{-j\beta_L} \tag{5.37}$$

$$\text{bzw.} \quad \vec{I}_1^S = \vec{I}_1^L \cdot e^{j\beta_L} \tag{5.38}$$

$$\text{oder} \quad \vec{I}_1^K = \vec{I}_1^S \cdot e^{-j\beta_K} \quad \text{bzw.} \quad \vec{I}_1^S = \vec{I}_1^K \cdot e^{j\beta_K} \tag{5.39}$$

Entsprechend erfolgt die Umrechnung zwischen dem K– und dem L–System mit dem Differenzwinkel $(\beta_K - \beta_L)$, zwischen dem S- und dem L–System mit dem Winkel β_L oder zwischen dem S- und dem K–System mit dem Winkel β_K.

$$
\begin{array}{llll}
\text{S} \rightarrow \text{K—System:} & \vec{I}_1^K = I_{1A} + jI_{1B} & = & \vec{I}_1^S \cdot e^{-j\beta_K} \\
\text{L} \rightarrow \text{K—System:} & \vec{I}_1^K = I_{1A} + jI_{1B} & = & \vec{I}_1^L \cdot e^{-j\beta_K + j\beta_L} \\
\text{K} \rightarrow \text{S—System:} & \vec{I}_1^S = I_{1\alpha} + jI_{1\beta} & = & \vec{I}_1^K \cdot e^{j\beta_K} \\
\text{K} \rightarrow \text{L—System:} & \vec{I}_1^L = I_{1k} + jI_{1l} & = & \vec{I}_1^K \cdot e^{j\beta_K - j\beta_L}
\end{array}
\qquad (5.40)
$$

Die geeignete Wahl des Koordinatensystems wird bei der Ableitung der Signalflußpläne einen wesentlichen Einfluß auf deren Komplexität haben.

In Abb. 5.21 und in Gl. (5.35) wurde der Zusammenhang zwischen den Winkeln β und den zugehörigen Kreisfrequenzen Ω angegeben. Beispielsweise sei die Kreisfrequenz von $\vec{I}_1^S$ gleich Ω_1 und die elektrische Kreisfrequenz von $\vec{I}_1^L$ gleich $\Omega_L = Z_p\, \Omega_m$ (Ω_m = mechanische Kreisfrequenz).

Wie später noch ausführlich abgeleitet wird und wie bereits im Einführungskapitel 5.1 betont wurde, ist die Asynchronmaschine eine Induktionsmaschine. Das bedeutet, daß zwischen der stationären Statorfrequenz Ω_1 und der elektrischen Rotor-Kreisfrequenz Ω_L eine Differenz-Kreisfrequenz Ω_2 besteht.

Aufgrund dieser Differenz-Kreisfrequenz Ω_2 (auch Schlupffrequenz genannt) erfolgt eine Änderung der Flußverkettung von Stator und Rotor, d.h. die Spannungen und Ströme im Rotor haben diese Differenz-Kreisfrequenz Ω_2.

Dies bedeutet letztendlich, daß es bei der Asynchronmaschine eine Stator-Kreisfrequenz Ω_1, eine elektrische Rotor-Kreisfrequenz Ω_L, eine Kreisfrequenz Ω_2 der Rotorsignale gibt, und es gilt:

$$
\Omega_1 = \Omega_L + \Omega_2 = Z_p \cdot \Omega_m + \Omega_2 \qquad (5.41)
$$

Damit ergibt sich als insgesamt elektrisch wirksam werdende Kreisfrequenz des Rotors die Summe von $\Omega_L + \Omega_2$, die der Stator-Kreisfrequenz Ω_1 entspricht. Die gleichen Überlegungen gelten für das Koordinatensystem K. Aufgrund des Zusammenwirkens der mechanischen Bewegung und der Kreisfrequenz der elektrischen Signale läßt sich somit ein gemeinsames Gleichungssystem und ein Signalflußplan des Gesamtsystems entwickeln.

5.3.4 Differentiation im umlaufenden Koordinatensystem

Die Statorspannungsgleichung für die Phase a einer Drehfeldmaschine hat die Form:

$$
\underline{U}_{1a} = R_1 \cdot \underline{I}_{1a} + \frac{d\underline{\Psi}_{1a}}{dt} \qquad (5.42)
$$

In Raumzeiger–Darstellung gilt analog:

$$\vec{U}_1^S = R_1 \cdot \vec{I}_1^S + \frac{d\vec{\Psi}_1^S}{dt} \tag{5.43}$$

Bei der Transformation in ein umlaufendes Koordinatensystem K muß die Zeitabhängigkeit des Raumzeigers berücksichtigt werden, d.h. die Amplitude kann zeitvariant sein und die Zeigerposition ist immer zeitvariant:

$$\vec{U}_1^S \cdot e^{-j\beta_K} = R_1 \cdot \vec{I}_1^S \cdot e^{-j\beta_K} + \frac{d\Big(\overbrace{\Big(\vec{\Psi}_1^S \cdot e^{-j\beta_K}\Big)}^{\vec{\Psi}_1^K} \cdot e^{+j\beta_K}\Big)}{dt} \cdot e^{-j\beta_K} \tag{5.44}$$

$$\vec{U}_1^K = R_1 \cdot \vec{I}_1^K$$

$$\text{Produktregel:} \quad \left\{ \begin{array}{l} + \dfrac{d\vec{\Psi}_1^K}{dt} \cdot e^{+j\beta_K} \cdot e^{-j\beta_K} \\ + j \cdot \vec{\Psi}_1^K \cdot \dfrac{d\beta_K}{dt} \cdot e^{+j\beta_K} \cdot e^{-j\beta_K} \end{array} \right. \tag{5.45}$$

$$\vec{U}_1^K = R_1 \cdot \vec{I}_1^K + \frac{d\vec{\Psi}_1^K}{dt} + j \cdot \vec{\Psi}_1^K \cdot \Omega_K \tag{5.46}$$

$$\text{mit} \quad \Omega_K = \frac{d\beta_K}{dt} \tag{5.47}$$

Bei der Differentiation von Raumzeigern muß somit sowohl die im allgemeinen zeitvariante Amplitude als auch die zeitvariante Orientierung berücksichtigt werden.

5.4 Allgemeine Drehfeldmaschine

Bei der allgemeinen Drehfeldmaschine wird angenommen, daß sie ein dreiphasiges Wicklungssystem im Stator und ein dreiphasiges Wicklungssystem im Rotor hat. Beide Wicklungssysteme werden von symmetrischen und unabhängigen Dreiphasen-Spannungssystemen gespeist. Folgende Randbedingungen gelten für die allgemeine Drehfeldmaschine:

- die Sättigung der magnetischen Kreise wird vernachlässigt, die Magnetisierungskennlinie sei linear,
- die verteilten Wicklungen werden durch konzentrierte Wicklungen ersetzt,
- alle räumlich verteilten Größen haben einen sinusförmigen Verlauf über dem Umfang des Luftspaltes (z.B. Flußdichte),
- Eisenverluste und Stromverdrängung werden vernachlässigt, ebenso Reibungs- und Lüftermomente,
- die Widerstände und Induktivitäten sind temperaturunabhängig,
- Rotorgrößen sind auf den Stator umgerechnet.

Das Ziel dieses Kapitels ist die Ableitung eines allgemeinen Signalflußplanes für Drehfeldmaschinen. Aus diesem Signalflußplan können dann die speziellen Signalflußpläne für Asynchron-Kurzschlußläufer- und Synchronmaschinen abgeleitet werden.

Bei der Ableitung des Signalflußplanes wird die Raumzeigerdarstellung verwendet. Den Aufbau der allgemeinen Drehfeldmaschine zeigt Abb. 5.22.a.

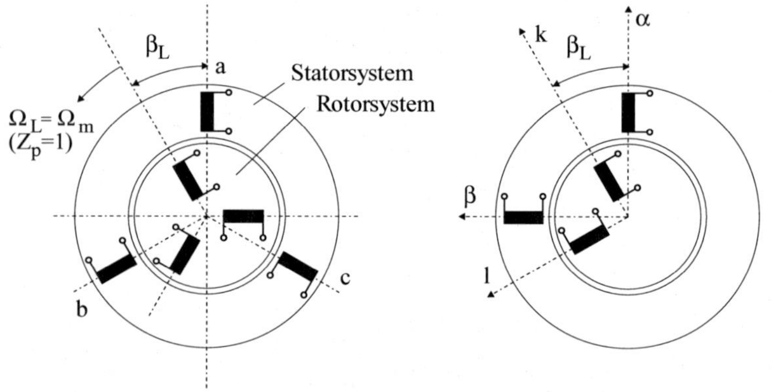

a) Dreiphasensystem *b) Zweiphasiges kartesisches System*

Abb. 5.22: *Prinzipbild der allgemeinen Drehfeldmaschine*

Folgende Indizes werden vereinbart:

oberer Index:	S	Raumzeiger im statorfesten Koordinatensystem
	L	Raumzeiger im rotorfesten Koordinatensystem
	K	Raumzeiger in einem beliebig umlaufenden Koordinatensystem
unterer Index:	1	Statorgröße
	2	Rotorgröße

Komponenten der Raumzeiger im jeweiligen System:

α : Realteil
β : Imaginärteil
} im statorfesten Koordinatensystem

A : Realteil
B : Imaginärteil
} in einem beliebig umlaufenden Koordinatensystem

Die Ableitung der Gleichungen erfolgt entsprechend der Dissertation Hasse [324]. In den folgenden Ableitungen soll die allgemeine Drehfeldmaschine immer in der zweiphasigen kartesischen Darstellung vorausgesetzt werden (Abb. 5.22.b).

Spannungsgleichungen:
Ausgangspunkt der Modellbildung sind die **Spannungs-Differentialgleichungen** der allgemeinen Drehfeldmaschine für Stator- und Rotorkreis:

$$\vec{U}_1^S = R_1 \cdot \vec{I}_1^S + \frac{d\vec{\Psi}_1^S}{dt} \qquad \text{(Statorkreis)} \tag{5.48}$$

$$\vec{U}_2^L = R_2 \cdot \vec{I}_2^L + \frac{d\vec{\Psi}_2^L}{dt} \qquad \text{(Rotorkreis)} \tag{5.49}$$

Bei der allgemeinen Drehfeldmaschine sollen beide Wicklungssysteme erregt werden, d.h. beide versorgenden Spannungssysteme werden im jeweiligen Wicklungssystem Ströme erzwingen. Diese Ströme erzeugen auf der Stator- und der Rotorseite Flüsse. Bei Kurzschlußläufermaschinen ist $\vec{U}_2^L = 0$, bei Schleifringläufermaschinen kann $\vec{U}_2^L$ oder $\vec{I}_2^L$ eingeprägt werden.

Bei den obigen Spannungs-Differentialgleichungen muß beachtet werden, daß sie in ihrem jeweiligen eigenen Koordinatensystem gültig sind, d.h. zum Beispiel der Fluß $\vec{\Psi}_1^S$ ist im S–System dargestellt. Wie aber bereits oben hingewiesen, erzeugen die stromdurchflossenen Stator- und Rotorwicklungen Flüsse, die sich überlagern, d.h. in $\vec{\Psi}_1^S$ ist ein Stator- und ein Rotoranteil enthalten (Flußverkettung).

Bei den Gleichungen der Flußverkettung muß beachtet werden, daß – bedingt durch die **Schlupffrequenz** – die je zwei senkrecht zueinander angeordneten Wicklungen des Stators und des Rotors eine zeitvariante Winkellage zueinander haben. Der zeitvariante Winkel zwischen der Winkellage des

Stator-Koordinatensystems und der Winkellage des Rotor-Koordinatensystems ist β_L (Abb. 5.21). Dies bedeutet, daß die resultierende Gegeninduktivität mit β_L zeitvariant ist.

Flußverkettungsgleichungen:

$$\vec{\Psi}_1^S = L_1 \cdot \vec{I}_1^S + M \cdot e^{j\beta_L} \cdot \vec{I}_2^L \tag{5.50}$$

$$\vec{\Psi}_2^L = M \cdot e^{-j\beta_L} \cdot \vec{I}_1^S + L_2 \cdot \vec{I}_2^L \tag{5.51}$$

L_1:	Eigeninduktivität der Statorwicklung
L_2:	Eigeninduktivität der Rotorwicklung
M:	maximale Gegeninduktivität zwischen Stator und Rotor
β_L:	Winkel zwischen stator- und rotorfestem Koordinatensystem
$M \cdot e^{\pm j\beta_L}$:	zeitvariante Gegeninduktivität

Das **Luftspaltmoment** ergibt sich zu (vgl. auch Kap. 10.2.2.2):

$$M_{Mi} = \frac{3}{2} \cdot Z_p \cdot \Im m\{\vec{\Psi}_1^{*S} \cdot \vec{I}_1^S\} = -\frac{3}{2} \cdot Z_p \cdot \Im m\{\vec{\Psi}_2^{*L} \cdot \vec{I}_2^L\} \tag{5.52}$$

Z_p: Polpaarzahl; $Z_p = \Omega_0/\Omega_m$; $\Omega_0 = \Omega_{syn}$
*: konjugiert komplexer Raumzeiger

Die Beschleunigung des Rotors wird durch die **Bewegungs-Differentialgleichung** beschrieben:

$$\Theta \cdot \frac{d\Omega_m}{dt} = M_{Mi} - M_W \tag{5.53}$$

Ω_m: mechanische Winkelgeschwindigkeit des Rotors
Ω_{el}: elektrische Winkelgeschwindigkeit des Rotors

$$\Omega_m = \frac{\Omega_{el}}{Z_p}; \qquad \Omega_m = 2\pi \cdot N \tag{5.54}$$

$$\Omega_{el} = \Omega_L = \frac{d\beta_L}{dt} \tag{5.55}$$

Bisher sind alle Gleichungen in ihrem eigenen Koordinatensystem dargestellt worden. Das Ziel ist aber, einen Signalflußplan der Drehfeldmaschine zu erarbeiten; dazu müssen die Gleichungen in ein gemeinsames Koordinatensystem transformiert werden. Wenn beispielsweise der Signalflußplan im statorfesten Koordinatensystem gewünscht ist, dann sind die Größen im L–System auf das statorfeste System S umzurechnen. Analog müssen, wenn ein rotorfestes Koordinatensystem als Zielsystem gewünscht wird, die Größen im S–System auf das rotorfeste System L umgerechnet werden.

Bei der allgemeinen Drehfeldmaschine muß beachtet werden, daß der Winkel β_L zeitvariant ist.

Das weitere Vorgehen – die Transformation in ein gemeinsames Koordinatensystem – wird anhand von Kap. 5.3.3 und Abb. 5.23 abgeleitet.

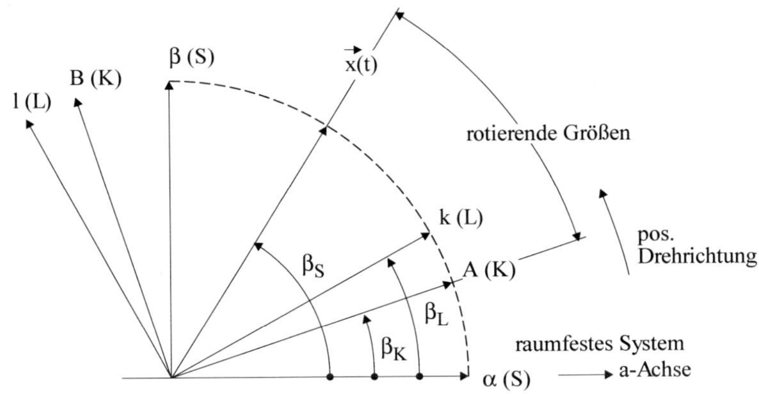

Abb. 5.23: *Transformation in ein gemeinsames Koordinatensystem*

	Transformation:
$\vec{x}^S(t) = \vec{x}^L(t) \cdot e^{j\beta_L}$	rotor- auf statorseitiges Koordinatensystem
$\vec{x}^L(t) = \vec{x}^S(t) \cdot e^{-j\beta_L}$	stator- auf rotorseitiges Koordinatensystem
$\vec{x}^S(t) = \vec{x}^K(t) \cdot e^{j\beta_K}$	beliebiges auf statorseitiges Koordinatensystem
$\vec{x}^L(t) = \vec{x}^K(t) \cdot e^{j(\beta_K - -\beta_L)}$	beliebiges auf rotorseitiges Koordinatensystem

Mit diesen Transformationsgleichungen können beispielsweise nun **die Größen im L–System auf das S–System umgerechnet werden**:
Es galt die Spannungsgleichung

$$\vec{U}_1^S = R_1 \cdot \vec{I}_1^S + \frac{d\vec{\Psi}_1^S}{dt} \tag{5.56}$$

und die Flußverkettungsgleichung:

$$\vec{\Psi}_1^S = L_1 \cdot \vec{I}_1^S + M \cdot e^{j\beta_L} \cdot \vec{I}_2^L \tag{5.57}$$

Zu beachten ist somit, daß in Gl. (5.57) die resultierende Gegeninduktivität $M_{res} = M \cdot e^{j\beta_L}$ ist, wobei $\beta_L = \int \Omega_L dt$ eine Zeitfunktion ist. Der resultierende Flußanteil des Rotors $M \cdot e^{j\beta_L} \cdot \vec{I}_2^L$ wird bei der Transformation auf das statorfeste System zu $M \cdot \vec{I}_2^S$ umgewandelt, da mit der bekannten Transformationsbeziehung

$$\vec{I}_2^L = \vec{I}_2^S \cdot e^{-j\beta_L} \tag{5.58}$$

sich der Einfluß der zeitvarianten Verkopplung der Gegeninduktivität und des Stroms kompensieren.

In diesem Zusammenhang soll noch einmal an die Diskussion der resultierenden Kreisfrequenz erinnert werden. Wie schon in Kap. 5.3.3 ausführlich diskutiert, ist die elektrische Winkelgeschwindigkeit Ω_L des Rotors ($\Omega_L = Z_p \cdot \Omega_m$) und die Differenz-Kreisfrequenz Ω_2 die Frequenz der Signale im Rotor (Schlupffrequenz). Die Addition $\Omega_L + \Omega_2$ ergibt die Stator-Kreisfrequenz Ω_1, d.h. nach

der Transformation haben die transformierten Signale die gleiche Kreisfrequenz wie die ursprünglich im S–System definierten Signale.
Damit folgt unmittelbar für den Statorfluß der Maschine:

$$\vec{\Psi}_1^S = L_1 \cdot \vec{I}_1^S + M \cdot e^{j\beta_L} \cdot \vec{I}_2^S \cdot e^{-j\beta_L} \tag{5.59}$$

$$\vec{\Psi}_1^S = L_1 \cdot \vec{I}_1^S + M \cdot \vec{I}_2^S \tag{5.60}$$

Somit ergibt sich aus Gl.(5.56) und (5.60):

$$\vec{U}_1^S = R_1 \cdot \vec{I}_1^S + L_1 \cdot \frac{d\vec{I}_1^S}{dt} + M \cdot \frac{d\vec{I}_2^S}{dt} \tag{5.61}$$

ohmscher induktiver Spannungsabfall Statorseite — induzierte Spannung durch Rotorstrom

In der gleichen Vorgehensweise läßt sich für die Rotorseite errechnen:

$$\vec{U}_2^S = R_2 \cdot \vec{I}_2^S + L_2 \cdot \left(\frac{d\vec{I}_2^S}{dt} - j\Omega_L \cdot \vec{I}_2^S \right) + M \cdot \left(\frac{d\vec{I}_1^S}{dt} - j\Omega_L \cdot \vec{I}_1^S \right) \tag{5.62}$$

Für den auf die Statorseite transformierten Rotorfluß $\vec{\Psi}_2^S$ gilt:

$$\vec{\Psi}_2^S = M \cdot \vec{I}_1^S + L_2 \cdot \vec{I}_2^S \tag{5.63}$$

Die Drehmoment- und die Beschleunigungsgleichung sind unabhängig von der Wahl des Koordinatensystems und werden deshalb hier nicht zusätzlich aufgeführt.
Die Flußgleichungen (5.60) und (5.63) können nach $\vec{I}_1^S$ und $\vec{I}_2^S$ aufgelöst werden:

$$\vec{I}_1^S = \frac{1}{\sigma L_1} \cdot \vec{\Psi}_1^S - \frac{M}{\sigma L_1 L_2} \cdot \vec{\Psi}_2^S \tag{5.64}$$

$$\vec{I}_2^S = \frac{1}{\sigma L_2} \cdot \vec{\Psi}_2^S - \frac{M}{\sigma L_1 L_2} \cdot \vec{\Psi}_1^S \tag{5.65}$$

$$\text{mit} \quad \sigma = \frac{L_1 L_2 - M^2}{L_1 L_2} = 1 - \frac{M^2}{L_1 L_2} \tag{5.66}$$

σ : Blondelscher Streukoeffizient

Ausgehend von Gl. (5.64) und (5.65) können die Spannungsgleichungen umgeschrieben werden:

$$\vec{U}_1^S = \frac{d\vec{\Psi}_1^S}{dt} + \vec{\Psi}_1^S \cdot \frac{R_1}{\sigma L_1} - \vec{\Psi}_2^S \cdot \frac{M \cdot R_1}{\sigma L_1 L_2} \tag{5.67}$$

$$\vec{U}_2^S = \frac{d\vec{\Psi}_2^S}{dt} - j\Omega_L \cdot \vec{\Psi}_2^S + \vec{\Psi}_2^S \cdot \frac{R_2}{\sigma L_2} - \vec{\Psi}_1^S \cdot \frac{M \cdot R_2}{\sigma L_1 L_2} \tag{5.68}$$

Der erste Ausdruck der Grundgleichung (5.52) für das Drehmoment lautete:

$$M_{Mi} \;=\; \frac{3}{2} \cdot Z_p \cdot \Im m \left\{ \vec{\Psi}_1^{*S} \cdot \vec{I}_1^S \right\} \tag{5.69}$$

und entspricht in dieser Grundform der Lenzschen Regel. Durch Einsetzen von $\vec{I}_1^S$ erhält man:

$$M_{Mi} \;=\; \frac{3}{2} \cdot Z_p \cdot \Im m \left\{ \vec{\Psi}_1^{*S} \cdot \left(\frac{1}{\sigma L_1} \cdot \vec{\Psi}_1^S - \frac{M}{\sigma L_1 L_2} \cdot \vec{\Psi}_2^S \right) \right\} \tag{5.70}$$

Da $\Im m\{\vec{\Psi}_1^{*S} \cdot \vec{\Psi}_1^S\} = 0$ ist, ergibt sich:

$$M_{Mi} \;=\; -\frac{3}{2} \cdot Z_p \cdot \frac{M}{\sigma L_1 L_2} \cdot \Im m \left\{ \vec{\Psi}_1^{*S} \cdot \vec{\Psi}_2^S \right\} \tag{5.71}$$

In gleicher Weise kann der zweite Ausdruck der Grundgleichung (5.52) umgeformt werden zu:

$$M_{Mi} \;=\; \frac{3}{2} \cdot Z_p \cdot \frac{M}{\sigma L_1 L_2} \cdot \Im m \left\{ \vec{\Psi}_1^S \cdot \vec{\Psi}_2^{*S} \right\} \tag{5.72}$$

Die mechanische Gleichung (5.53) verbleibt. Somit liegen alle Gleichungen der allgemeinen Drehfeldmaschine im statorfesten Koordinatensystem S vor. Wie schon aus Kap. 5.3.1 und aus Gl.(5.20) ersichtlich, gilt für alle elektrischen Signale in der Raumzeiger-Darstellung, daß sie sowohl die Amplitude als auch die Kreisfrequenz Ω als Information haben, beispielsweise die Spannung:

$$\vec{U}^S \;=\; \hat{U} \cdot e^{j\Omega t} \tag{5.73}$$

Wenn die Statorwicklungen der allgemeinen Drehfeldmaschine beispielsweise von einem Umrichter mit eingeprägter Spannung gespeist werden, kann sowohl die Spannungsamplitude $\hat{U} = \hat{U}_1$ als auch die Kreisfrequenz $\Omega = \Omega_1$ eingeprägt werden. Für die regelungstechnische Signalverarbeitung würde dies allerdings bedeuten, daß alle Signale sowohl nach Amplitude als auch nach Frequenz und damit Phase exakt übertragen werden müßten. Dies ist insbesondere bei der digitalen Signalverarbeitung, die Abtastungen einschließt, nur bei sehr hohen Abtastfrequenzen erreichbar.

Wenn man sich nun ein rotierendes Koordinatensystem denkt, das mit der Winkelgeschwindigkeit Ω_1 rotiert und zum Zeitpunkt $t = 0$ in der Wicklungsachse α des Stators liegt, dann sieht man in Gl. (5.73) nur noch den Betrag des rotierenden Spannungszeigers. Wenn also alle obigen Gleichungen im S–System in ein mit Ω_1 umlaufendes Koordinatensystem transformiert werden, dann erscheinen im **stationären Zustand** der Maschine alle Größen in diesem Koordinatensystem als Zeiger mit konstanter Amplitude und feststehenden Winkelbeziehungen zueinander. Dieses in ein rotierendes Koordinatensystem transformierte System kann als Zeitzeigerdarstellung interpretiert werden und dient damit später zur Ableitung von Ersatzschaltbildern.

Wenn dynamische Zustände betrachtet werden und sich die Amplituden der Raumzeiger ändern, dann muß beachtet werden, daß sprungförmige Amplitudenänderungen beispielsweise von U_α und U_β sowohl eine resultierende Amplitudenänderung des Raumzeigers $\hat{U} = \sqrt{U_\alpha^2 + U_\beta^2}$ als auch eine Phasenänderung von $\beta = \arctan(U_\beta/U_\alpha)$ hervorrufen. Diese Phasenänderung des Raumzeigers kann durch eine kurzzeitige Frequenvariation erzeugt werden, d.h. kurzzeitig wird Ω von Ω_1 abweichen.

Das geeignete Koordinatensystem, um derartige Randbedingungen mit einzuschließen, ist das K–Koordinatensystem. Das bedeutet beispielsweise, $\vec{U}_1^S$ muß nach $\vec{U}_1^K$ transformiert und Ω_1 durch Ω_K ersetzt werden.

Diese Vorgehensweise ist von Vorteil, da im stationären Betrieb die regelungstechnische Signalverarbeitung nur konstante Signale (Gleichsignale) und bei dynamischen Vorgängen nur die Amplitudenänderungen und die Kreisfrequenzänderungen übertragen werden müssen.

Diese Überlegungen sollen nun anhand der Statorspannungs-Differentialgleichung angewendet werden.

Es galt für das dynamische System im statorfesten Koordinatensystem S:

$$\vec{U}_1^S = \frac{d\vec{\Psi}_1^S}{dt} + \vec{\Psi}_1^S \cdot \frac{R_1}{\sigma L_1} - \vec{\Psi}_2^S \cdot \frac{M \cdot R_1}{\sigma L_1 L_2} \tag{5.74}$$

Damit ergibt sich für die in das K–System transformierte Statorgleichung:

$$\vec{U}_1^K \cdot e^{j\beta_K} = \frac{d}{dt}\left(\vec{\Psi}_1^K \cdot e^{j\beta_K}\right) + \vec{\Psi}_1^K \cdot e^{j\beta_K} \cdot \frac{R_1}{\sigma L_1} - \vec{\Psi}_2^K \cdot e^{j\beta_K} \cdot \frac{M \cdot R_1}{\sigma L_1 L_2} \tag{5.75}$$

Da der Betrag des Zeigers $\vec{\Psi}_1^K$ zeitvariant sein kann und β_K zeitvariant ist, muß bei der Ableitung von

$$\frac{d}{dt}\left(\vec{\Psi}_1^K \cdot e^{j\beta_K}\right) \tag{5.76}$$

die Produktregel angewendet werden. Wesentlich bei der hier vorliegenden allgemeinen, d.h. dynamischen, Behandlung der Gleichungen ist, daß beispielsweise die Amplituden der Raumzeiger sich ändern können, damit transiente Vorgänge angestoßen werden, die u.a. zu Phasenänderungen zwischen den Raumzeigern führen. Diese Phasenänderungen sind das Resultat kurzzeitiger Frequenzänderungen. Die Raumzeiger im K–System müssen somit diese Frequenzänderungen bei Phasenänderungen in dynamischen Betriebszuständen mit erfassen, deshalb wird – wie schon oben diskutiert – nun die Kreisfrequenz Ω_K verwendet.

$$\begin{aligned}
\frac{d}{dt}\left(\vec{\Psi}_1^K \cdot e^{j\beta_K}\right) &= e^{j\beta_K} \cdot \frac{d\vec{\Psi}_1^K}{dt} + \vec{\Psi}_1^K \cdot \frac{d}{dt}\left(e^{j\beta_K}\right) \\
&= e^{j\beta_K} \cdot \frac{d\vec{\Psi}_1^K}{dt} + j\vec{\Psi}_1^K \Omega_K \cdot e^{j\beta_K} \\
&= e^{j\beta_K} \cdot \left(\frac{d\vec{\Psi}_1^K}{dt} + j\Omega_K \cdot \vec{\Psi}_1^K\right)
\end{aligned} \tag{5.77}$$

Das auf das K–System transformierte Gleichungssystem lautet somit:

$$\vec{U}_1^K = \frac{R_1}{\sigma L_1} \cdot \vec{\Psi}_1^K - \frac{M \cdot R_1}{\sigma L_1 L_2} \cdot \vec{\Psi}_2^K + \frac{d\vec{\Psi}_1^K}{dt} + j\Omega_K \cdot \vec{\Psi}_1^K \tag{5.78}$$

$$\vec{U}_2^K = \frac{R_2}{\sigma L_2} \cdot \vec{\Psi}_2^K - \frac{M \cdot R_2}{\sigma L_1 L_2} \cdot \vec{\Psi}_1^K + \frac{d\vec{\Psi}_2^K}{dt} + j(\Omega_K - \Omega_L) \cdot \vec{\Psi}_2^K \tag{5.79}$$

$$\vec{I}_1^K = \vec{\Psi}_1^K \cdot \frac{1}{\sigma L_1} - \vec{\Psi}_2^K \cdot \frac{M}{\sigma L_1 L_2} \tag{5.80}$$

$$\vec{I}_2^K = \vec{\Psi}_2^K \cdot \frac{1}{\sigma L_2} - \vec{\Psi}_1^K \cdot \frac{M}{\sigma L_1 L_2} \tag{5.81}$$

$$M_{Mi} = \frac{3}{2} \cdot Z_p \cdot \frac{M}{\sigma L_1 L_2} \cdot \Im m \left\{ \vec{\Psi}_1^K \cdot \vec{\Psi}_2^{*K} \right\} \tag{5.82}$$

$$\Theta \cdot \frac{d\Omega_m}{dt} = M_{Mi} - M_W \qquad \text{mit} \qquad Z_p \cdot \Omega_m = \Omega_L \tag{5.83}$$

Damit sind die prinzipiellen Gleichungen der ASM in dem beliebig umlaufenden Koordinatensystem K bekannt. **Die Gleichungen werden abschließend in die Zustandsform überführt.** Dazu lösen wir beispielsweise Gl. (5.78) nach $d\vec{\Psi}_1^K/dt$ auf:

$$\frac{d\vec{\Psi}_1^K}{dt} = -\frac{R_1}{\sigma L_1} \cdot \left(\vec{\Psi}_1^K - \frac{M}{L_2} \cdot \vec{\Psi}_2^K \right) - j\Omega_K \cdot \vec{\Psi}_1^K + \vec{U}_1^K \tag{5.84}$$

In gleicher Weise können die anderen Gleichungen umgeformt werden. Sie können anschließend in den Real- und den Imaginärteil zerlegt werden. *Nach Aufteilung in Realteil (A) und Imaginärteil (B) ergibt sich endgültig für ein mit Ω_K rotierendes Koordinatensystem K:*

$$\frac{d\Psi_{1A}}{dt} = -\frac{R_1}{\sigma L_1} \cdot \left(\Psi_{1A} - \frac{M}{L_2} \cdot \Psi_{2A} \right) + \Omega_K \cdot \Psi_{1B} + U_{1A} \tag{5.85}$$

$$\frac{d\Psi_{1B}}{dt} = -\frac{R_1}{\sigma L_1} \cdot \left(\Psi_{1B} - \frac{M}{L_2} \cdot \Psi_{2B} \right) - \Omega_K \cdot \Psi_{1A} + U_{1B} \tag{5.86}$$

$$\frac{d\Psi_{2A}}{dt} = -\frac{R_2}{\sigma L_2} \cdot \left(\Psi_{2A} - \frac{M}{L_1} \cdot \Psi_{1A} \right) + \Omega_2 \cdot \Psi_{2B} + U_{2A} \tag{5.87}$$

$$\frac{d\Psi_{2B}}{dt} = -\frac{R_2}{\sigma L_2} \cdot \left(\Psi_{2B} - \frac{M}{L_1} \cdot \Psi_{1B} \right) - \Omega_2 \cdot \Psi_{2A} + U_{2B} \tag{5.88}$$

$$\Theta \cdot \frac{d\Omega_m}{dt} = \frac{3}{2} \cdot Z_p \cdot \frac{M}{L_1} \cdot (\Psi_{1B} \cdot I_{2A} - \Psi_{1A} \cdot I_{2B}) - M_W \tag{5.89}$$

$$\Omega_2 = \Omega_K - Z_p \cdot \Omega_m \qquad \text{bzw.} \qquad Z_p \cdot \Omega_m = \Omega_K - \Omega_2 \tag{5.90}$$

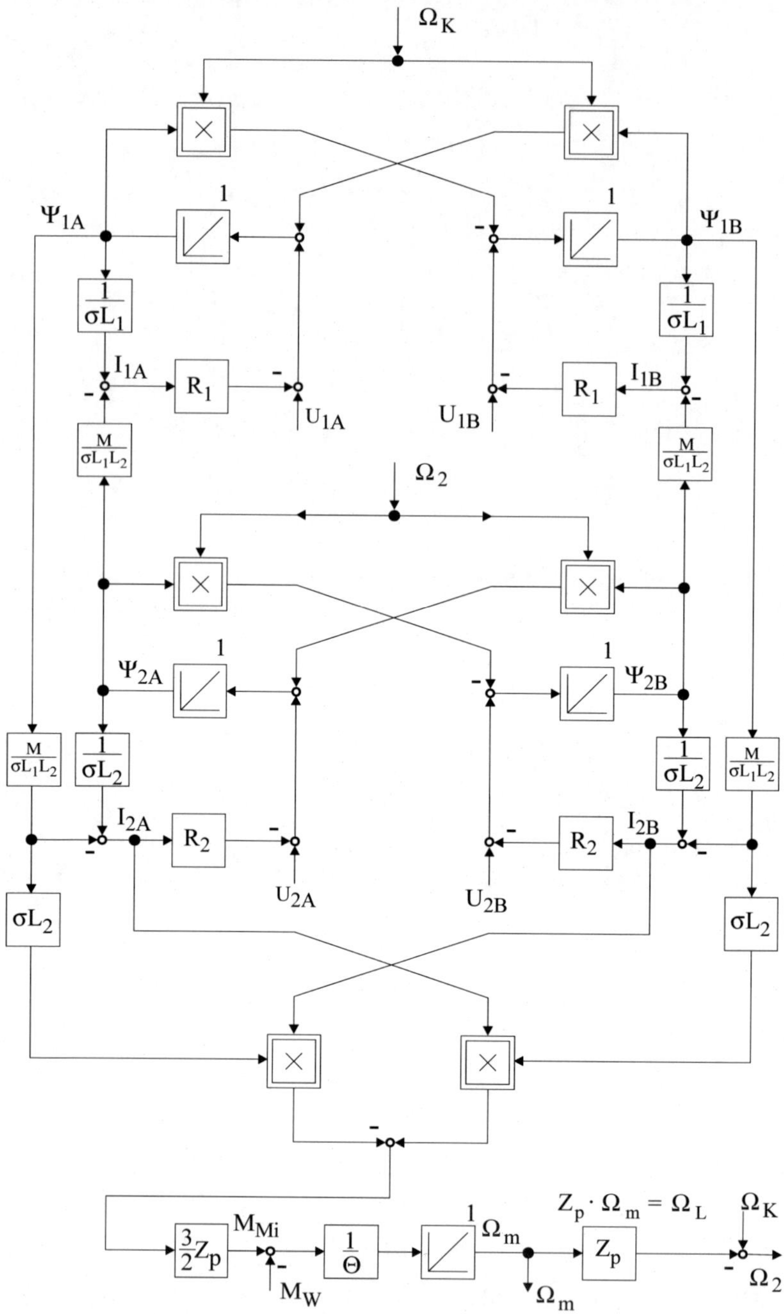

Abb. 5.24: *Signalflußplan der allgemeinen Drehfeldmaschine*

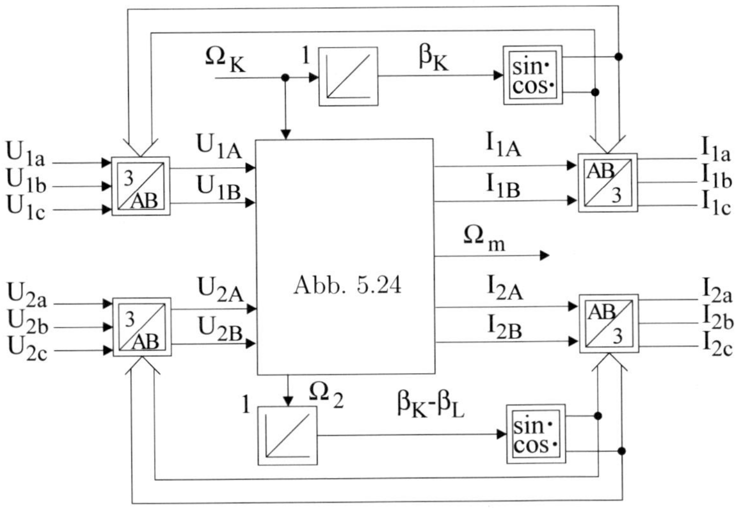

Abb. 5.25: *Blockschaltbild der ASM im Dreiphasen-Drehspannungssystem*

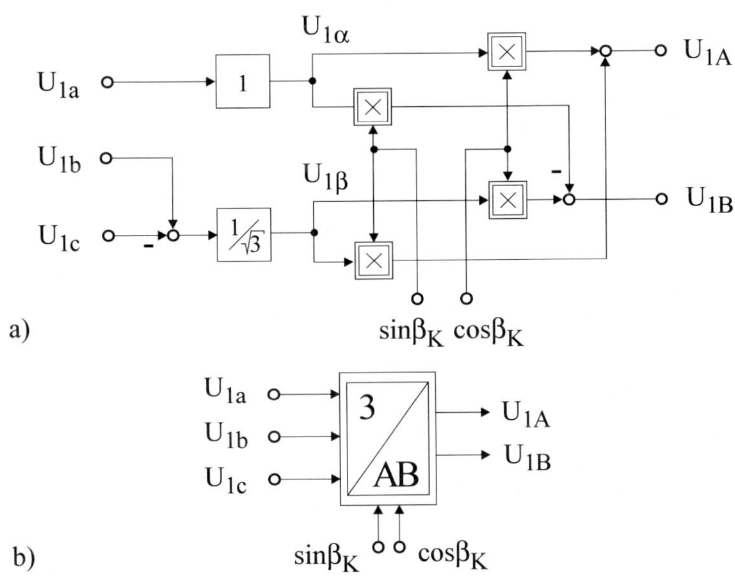

$$U_{1\alpha} = U_{1a} \qquad U_{1A} = +U_{1\alpha} \cdot \cos\beta_K + U_{1\beta} \cdot \sin\beta_K$$

$$U_{1\beta} = \frac{U_{1b} - U_{1c}}{\sqrt{3}} \qquad U_{1B} = -U_{1\alpha} \cdot \sin\beta_K + U_{1\beta} \cdot \cos\beta_K$$

Abb. 5.26: *Umwandlung der drei Phasenspannungen U_{1a}, U_{1b}, U_{1c} in die Spannungen U_{1A}, U_{1B} im K–System: a) Signalflußplan, b) Blockdarstellung*

Die algebraischen Gleichungen bleiben erhalten:

$$I_{1A} = \Psi_{1A} \cdot \frac{1}{\sigma L_1} - \Psi_{2A} \cdot \frac{M}{\sigma L_1 L_2} \tag{5.91}$$

$$I_{1B} = \Psi_{1B} \cdot \frac{1}{\sigma L_1} - \Psi_{2B} \cdot \frac{M}{\sigma L_1 L_2} \tag{5.92}$$

$$I_{2A} = \Psi_{2A} \cdot \frac{1}{\sigma L_2} - \Psi_{1A} \cdot \frac{M}{\sigma L_1 L_2} \tag{5.93}$$

$$I_{2B} = \Psi_{2B} \cdot \frac{1}{\sigma L_2} - \Psi_{1B} \cdot \frac{M}{\sigma L_1 L_2} \tag{5.94}$$

Damit läßt sich der Signalflußplan der ASM zeichnen (Abb. 5.24). Im Signalflußplan ist die allgemeine Drehfeldmaschine angenommen. Wenn diese Maschine einen Kurzschlußläufer hat, dann sind $U_{2A} = U_{2B} = 0$. Wenn eine Schleifringläufermaschine vorliegt, dann können U_{2A} und U_{2B} eingeprägt werden.

Der Signalflußplan kann umgewandelt werden, wenn die Ströme eingeprägt sind. Das soll aber nicht mehr weiter ausgeführt werden und verbleibt für die weiterführenden Ausführungen.

Damit ist der Signalflußplan der allgemeinen Drehfeldmaschine bekannt. Aus dem Signalflußplan bzw. aus den Zustandsgleichungen läßt sich erkennen, daß die allgemeine Drehfeldmaschine ein nichtlineares System fünfter Ordnung ist. Die Zustandsgrößen sind $\vec{\Psi}_1^K$, $\vec{\Psi}_2^K$ und Ω_m bei komplexer Schreibweise bzw. Ψ_{1A}, Ψ_{1B}, Ψ_{2A}, Ψ_{2B} und Ω_m bei aufgelöster Schreibweise.

Die Steuergrößen sind $\vec{U}_1^K$, $\vec{U}_2^K$ und $\Omega_2 = \Omega_K - Z_p \cdot \Omega_m$ mit der dynamischen Statorkreisfrequenz Ω_K.

Es muß beachtet werden, daß stets Multiplikationen zwischen den Zustands- und den Steuergrößen vorhanden sind. Die regelungstechnische Behandlung eines derartigen nichtlinearen Systems ist kompliziert. Eine Linearisierung am Arbeitspunkt scheidet aus, da die Maschine im gesamten Betriebsbereich genutzt werden soll. Es gilt deswegen, Steuerverfahren zu finden, um dieses komplizierte nichtlineare System so zu beeinflussen, daß eine Steuerung ähnlich wie bei der Gleichstrom-Nebenschluß-Maschine möglich ist.

Abbildung 5.24 zeigt den Signalflußplan der allgemeinen Drehfeldmaschine im K–System mit den Komponenten A und B.

Die Drehfeldmaschine ist aber normalerweise an ein dreiphasiges Drehspannungssystem angeschlossen. Abbildung 5.25 zeigt das Blockschaltbild der Asynchronmaschine bei Vorgabe eines Dreiphasen-Drehspannungssystems.

Die Abbildungen 5.26 und 5.27 zeigen die Umwandlung des Dreiphasensystems in das K–System und umgekehrt.

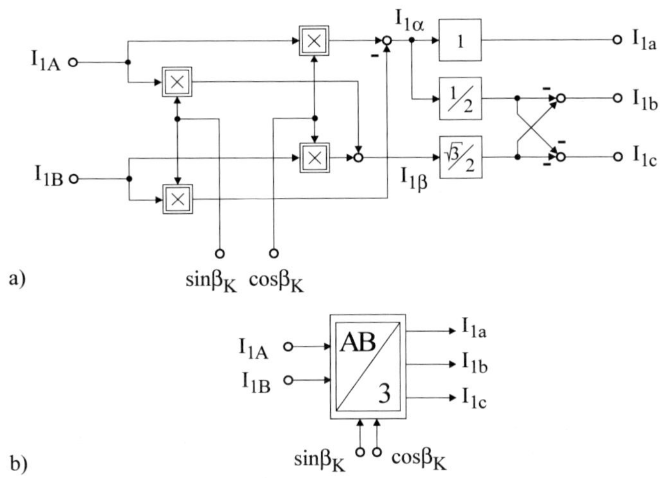

$$I_{1\alpha} = I_{1A} \cdot \cos\beta_K - I_{1B} \cdot \sin\beta_K \qquad I_{1a} = I_{1\alpha}$$

$$I_{1\beta} = I_{1A} \cdot \sin\beta_K + I_{1B} \cdot \cos\beta_K \qquad I_{1b} = -\frac{1}{2} \cdot I_{1\alpha} + \frac{\sqrt{3}}{2} \cdot I_{1\beta}$$

$$I_{1c} = -\frac{1}{2} \cdot I_{1\alpha} - \frac{\sqrt{3}}{2} \cdot I_{1\beta}$$

Abb. 5.27: *Umwandlung der Ströme I_{1A}, I_{1B} im K–System in die Phasenströme I_{1a}, I_{1b}, I_{1c}: a) Signalflußplan, b) Blockdarstellung*

5.5 Asynchronmaschine: Signalflußplan mit Verzögerungsgliedern

Bei den Ableitungen für die allgemeine Drehfeldmaschine war ein stator- und rotorseitiges Dreiphasen-Wicklungssystem vorausgesetzt worden. Für die Asynchronmaschine gelten die Voraussetzungen der allgemeinen Drehfeldmaschine. Der Signalflußplan der allgemeinen Drehfeldmaschine entspricht somit dem Signalflußplan der Asynchronmaschine.

Wenn die Asynchronmaschine eine Kurzschlußläufermaschine ist, dann muß U_{2A} und U_{2B} gleich Null gesetzt werden. Bei Schleifringläufermaschinen sind U_{2A} und U_{2B} zugänglich.

Der Signalflußplan mit dem Integrator im Vorwärtszweig und proportionaler Rückführung kann wie folgt umgeformt werden (Abb. 5.28).
Weiterhin galt:

$$I_{2A} = \frac{1}{\sigma L_2} \cdot \Psi_{2A} - \frac{M}{\sigma L_1 L_2} \cdot \Psi_{1A} \tag{5.95}$$

$$I_{2B} = \frac{1}{\sigma L_2} \cdot \Psi_{2B} - \frac{M}{\sigma L_1 L_2} \cdot \Psi_{1B} \tag{5.96}$$

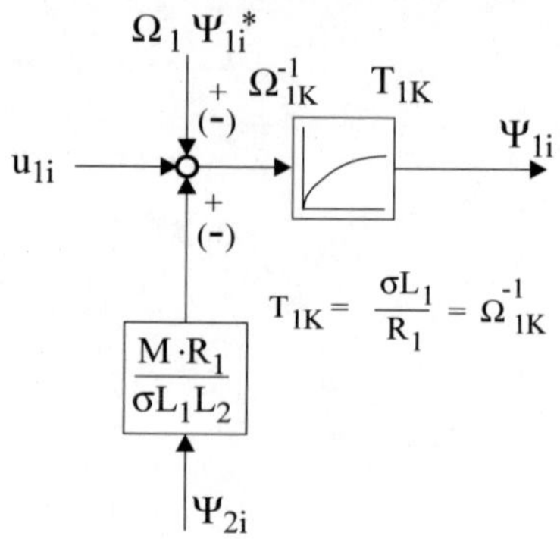

Abb. 5.28: *Detail-Signalflußplan*

Damit ergibt sich der neue Signalflußplan, in dem die rückgekoppelten Integratoren des Stators und des Rotors durch PT_1-Übertragungsglieder ersetzt sind (Abb. 5.29). Dieser Signalflußplan ist vorteilhaft insbesondere bei stationären Betriebszuständen anzuwenden, da die Terme mit den Zeitkonstanten entfallen. Bei den folgenden Ableitungen wird aber vorwiegend der Signalflußplan nach Abb. 5.24 verwendet.

5.6 Asynchronmaschine im stationären Betrieb

In diesem Kapitel soll untersucht werden, wie sich das Moment M_{Mi} der Asynchronmaschine ändert, wenn die Maschine stationär entweder im ersten Teil dieses Kapitels an einem Netz mit konstanter Spannung, Frequenz und Belastung, oder im zweiten Teil an einem Umrichter mit variabler Spannung und Frequenz aber konstanter Belastung betrieben wird. Viele einfache Steuer- und Regelverfahren für umrichtergespeiste Asynchronmaschinen gehen gleichfalls von der Annahme eines quasistationären Betriebs aus.

Die Untersuchung soll an einer Kurzschlußläufermaschine erfolgen, d.h. es gilt: $U_{2A} = U_{2B} = 0$. In den Spannungs-Differentialgleichungen im K–System

$$\vec{U}_1^K = R_1 \cdot \vec{I}_1^K + \frac{d\vec{\Psi}_1^K}{dt} + j \cdot \Omega_K \cdot \vec{\Psi}_1^K \tag{5.97}$$

$$\vec{U}_2^K = R_2 \cdot \vec{I}_2^K + \frac{d\vec{\Psi}_2^K}{dt} + j \cdot \Omega_2 \cdot \vec{\Psi}_2^K = 0 \tag{5.98}$$

können im stationären Betrieb die dynamischen Anteile $d/dt = 0$ und $\Omega_K = \Omega_1$ gesetzt werden. In diesem Fall ist der Spannungsraumzeiger $\vec{U}_1^K$ zeitinvariant.

Die Fluß– und Drehmoment-Gleichungen sind algebraischer Natur und bleiben auch im stationären Betrieb unverändert erhalten.

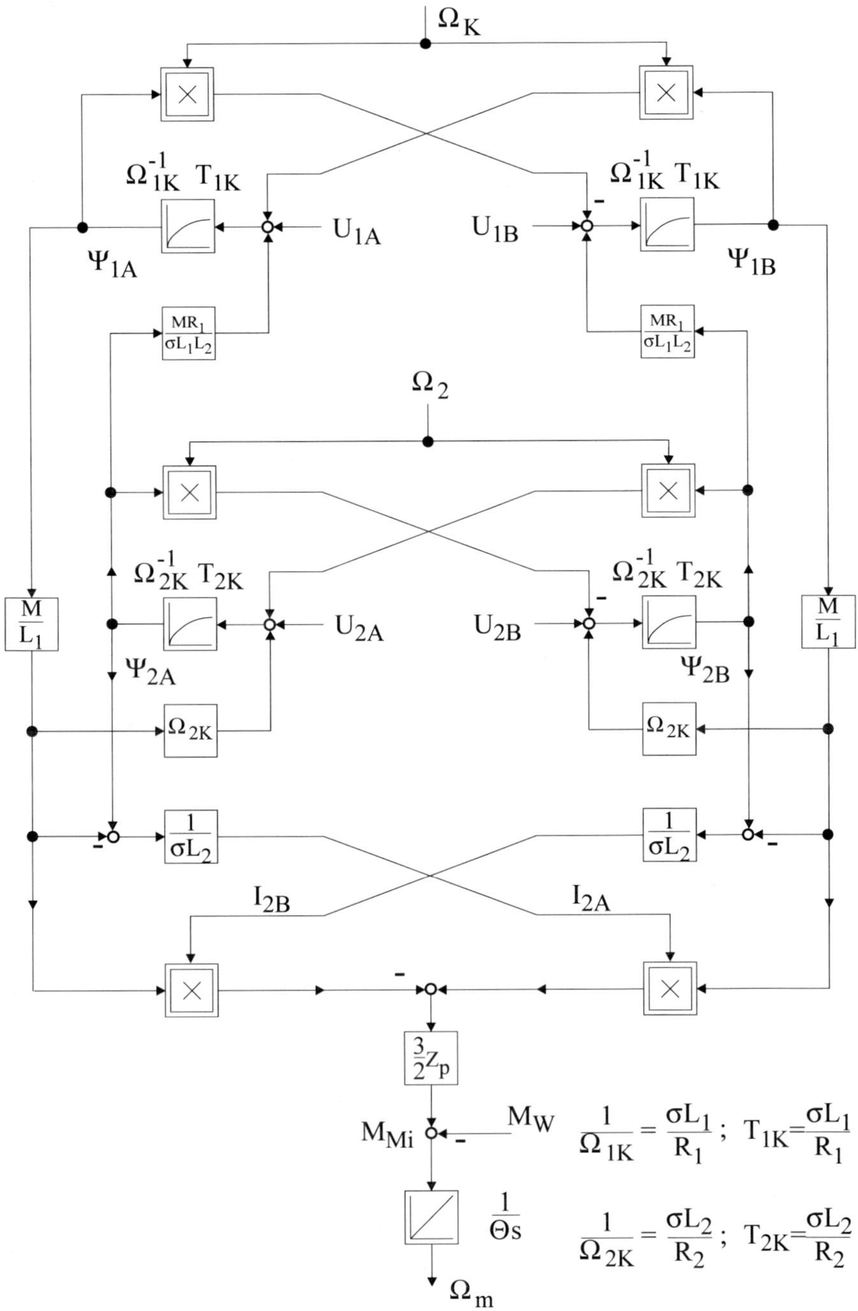

Abb. 5.29: *Abgewandelter Signalflußplan der ASM*

So erhält man die stationären Systemgleichungen der ASM:

Spannungsgleichungen:

$$\vec{U}_1^K = R_1 \cdot \vec{I}_1^K + j \cdot \Omega_1 \cdot \vec{\Psi}_1^K \tag{5.99}$$

$$0 = R_2 \cdot \vec{I}_2^K + j \cdot \Omega_2 \cdot \vec{\Psi}_2^K \tag{5.100}$$

Flußgleichungen:

$$\vec{\Psi}_1^K = L_1 \cdot \vec{I}_1^K + M \cdot \vec{I}_2^K \tag{5.101}$$

$$\vec{\Psi}_2^K = L_2 \cdot \vec{I}_2^K + M \cdot \vec{I}_1^K \tag{5.102}$$

oder

$$\vec{I}_1^K = \frac{1}{\sigma L_1} \cdot \vec{\Psi}_1^K - \frac{M}{\sigma L_1 L_2} \cdot \vec{\Psi}_2^K \tag{5.103}$$

$$\vec{I}_2^K = \frac{1}{\sigma L_2} \cdot \vec{\Psi}_2^K - \frac{M}{\sigma L_1 L_2} \cdot \vec{\Psi}_1^K \tag{5.104}$$

Drehmomentgleichung:

$$\begin{aligned} M_{Mi} &= \frac{3}{2} \cdot Z_p \cdot \frac{M}{\sigma L_1 L_2} \cdot \Im m \left\{ \vec{\Psi}_1^K \cdot \vec{\Psi}_2^{K*} \right\} \\ &= \frac{3}{2} \cdot Z_p \cdot \Im m \left\{ \vec{\Psi}_1^{K*} \cdot \vec{I}_1^K \right\} \\ &= -\frac{3}{2} \cdot Z_p \cdot \Im m \left\{ \vec{\Psi}_2^{K*} \cdot \vec{I}_2^K \right\} \end{aligned} \tag{5.105}$$

und die mechanische Gleichung:

$$\Theta \cdot \frac{d\Omega_m}{dt} = M_{Mi} - M_W \tag{5.106}$$

mit: $\Omega_2 = \Omega_1 - \Omega_L$: Schlupfkreisfrequenz
$\Omega_L = Z_p \cdot \Omega_m$: el. Rotorkreisfrequenz
$\sigma = 1 - \frac{M^2}{L_1 L_2}$: Blondelscher Streukoeffizient
Z_p : Polpaarzahl

Ausgehend von diesem Gleichungssystem werden im Folgenden zum einen die Drehzahl-Drehmoment-Kennlinie und zum anderen die elektrischen Verhältnisse in der Asynchronmaschine näher betrachtet.

5.6.1 Drehzahl-Drehmoment-Kennlinie der Asynchronmaschine

Um die Herleitung zu vereinfachen, wird angenommen, daß der Statorwiderstand R_1 vernachlässigt werden kann ($\boldsymbol{R_1 = 0}$). Dies ist insbesondere bei Maschinen mittlerer und höherer Leistung näherungsweise zulässig und entkoppelt bei den folgenden Ableitungen die Stator- von den Rotorkreisrückwirkungen.

Die folgenden Ansätze in Gl. (5.107) und (5.108) sind erst nach kurzer Erläuterung verständlich. In der Einführung des K–Koordinatensystems war erläutert worden, daß das K–System sich an jedem Raumzeiger der ASM orientieren kann. Im vorliegenden Fall wird aufgrund des stationären Betriebs ein konstanter Statorfluß angenommen, d.h. $\Psi_1 = \text{const.}$ und Orientierung des K–Systems am Statorfluß Ψ_1.

Diese Annahme bedeutet bei einer Orientierung des K–Systems am Fluß Ψ_1, daß der **Fluß Ψ_1 mit der A-Achse des K–Systems zusammenfällt** (siehe auch Abb. 5.41), d.h.

$$\boldsymbol{\Psi_{1A} = \Psi_1 \quad \text{und} \quad \Psi_{1B} = 0} \tag{5.107}$$

Die Annahme stationärer Betrieb und die Statorflußorientierung bedeutet weiterhin:

$$\Psi_{1A} = \text{ const.} \quad \text{und} \quad \frac{d\Psi_{1B}}{dt} = 0 \tag{5.108}$$

Wenn diese Überlegungen in ihren Auswirkungen anhand von Abb. 5.24 hinsichtlich der Statorspannungen überprüft werden, dann kann Abb. 5.24 entnommen werden:

aus $\Psi_{1A} = \text{const.}$ und $d\Psi_{1A}/dt = 0$ sowie $\Psi_{1B} = 0$ bei $R_1 = 0$ folgt für die *linke* Statorseite

$$U_{1A} \; = \; 0 \tag{5.109}$$

(U_{1A} beeinflußt φ_{1A}, entspricht U_E bei der GNM)

aus $\Psi_{1A} = \text{const.}$ und $\Psi_{1B} = d\Psi_{1B}/dt = 0$ bei $R_1 = 0$ folgt für die *rechte* Statorseite

$$U_{1B} \; = \; \Psi_{1A} \cdot \Omega_K \; = \; \Psi_{1A} \cdot \Omega_1 \tag{5.110}$$

(U_{1B} entspricht U_A bei der GNM)

Die Ergebnisse in Gl.(5.109) und (5.110) vereinfachen den Signalflußplan auf der Statorseite erheblich, denn durch die Festlegung $\Psi_1 = \Psi_{1A} = \text{ const.}$ folgt:

$$\Psi_{1B} = 0, \quad \frac{d\Psi_{1B}}{dt} = 0, \quad U_{1A} = 0 \quad \text{und} \quad \Psi_1 = \Psi_{1A} = \frac{U_{1B}}{\Omega_1} = \frac{U_1}{\Omega_1}$$

(Beachte: Die Raumzeigerwerte wurden entsprechend Gleichung (5.21) als Maximalwerte definiert, dh. U_1 ist ebenso ein Maximalwert! Dies gilt generell für die folgenden Seiten.)

Um die stationäre Drehzahl-Drehmoment-Kennlinie der ASM unter den obigen Voraussetzungen abzuleiten, können alle dynamischen Effekte ($d\Psi_{2A}/dt = 0$ und $d\Psi_{2B}/dt = 0$) auf der Rotorseite vernachlässigt werden. Abbildung 5.30 zeigt unter diesen Annahmen die Rotorseite der ASM (abgeleitet aus Abb. 5.29).

Aus den Zusammenhängen in Abb. 5.30 kann man das stationäre Motormoment $M_{Mi} = f(\Psi_{1A}, \Omega_1)$ berechnen:

$$M_{Mi} = -\frac{3}{2} \cdot Z_p \cdot \frac{M}{\sigma L_1 L_2} \cdot \Psi_{1A} \cdot \Psi_{2B} \tag{5.111}$$

$$\Psi_{2B} = -\frac{\sigma L_2}{R_2} \cdot \Omega_2 \cdot \Psi_{2A} = -\frac{\Omega_2}{\Omega_{2K}} \cdot \Psi_{2A} \tag{5.112}$$

$$\Psi_{2A} = \frac{\sigma L_2}{R_2} \cdot \Omega_2 \cdot \Psi_{2B} + \frac{M}{L_1} \cdot \Psi_{1A} = \frac{\Omega_2}{\Omega_{2K}} \cdot \Psi_{2B} + \frac{M}{L_1} \cdot \Psi_{1A} \tag{5.113}$$

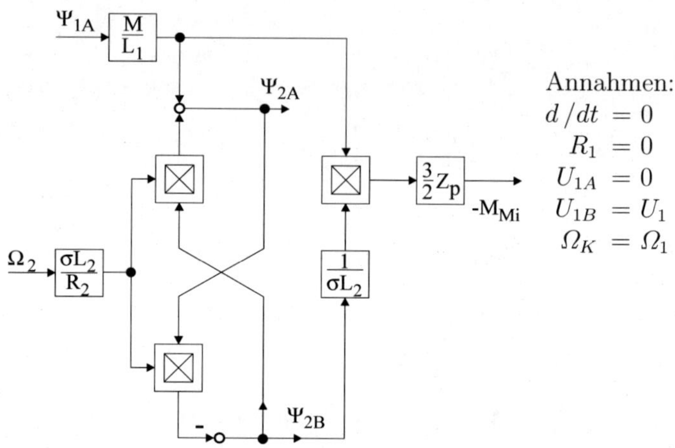

Abb. 5.30: *Detail-Signalflußplan der ASM bei $\Psi_{1B} = 0$ und stationärem Betrieb*

Durch Einsetzen erhält man:

$$\Psi_{2B} = -\Psi_{1A} \cdot \frac{M}{L_1} \cdot \frac{1}{\dfrac{\Omega_2}{\Omega_{2K}} + \dfrac{\Omega_{2K}}{\Omega_2}} \tag{5.114}$$

$$M_{Mi} = \frac{3}{2} \cdot Z_p \cdot \frac{M^2}{\sigma L_1^2 L_2} \cdot \Psi_{1A}^2 \cdot \frac{1}{\dfrac{\Omega_2}{\Omega_{2K}} + \dfrac{\Omega_{2K}}{\Omega_2}} \tag{5.115}$$

In diese Gleichung muß nun der Zusammenhang zwischen Ω_2 und der Maschinendrehzahl Ω_m bzw. $\Omega_L = Z_p \cdot \Omega_m$ eingesetzt werden. Dazu wird der Schlupf der Maschine als Hilfsgröße eingeführt.

Schlupf und Kippschlupf:

Der Schlupf gibt die bezogene Abweichung der Maschinendrehzahl Ω_m von der synchronen Drehzahl (ideale Leerlaufdrehzahl) Ω_0, auch Ω_{syn} genannt, an.

$$s = \frac{\Omega_0 - \Omega_m}{\Omega_0} = 1 - \frac{\Omega_m}{\Omega_0} \tag{5.116}$$

Mit $\Omega_0 = \dfrac{\Omega_1}{Z_p}$ und $\Omega_m = \dfrac{\Omega_L}{Z_p}$ ergibt sich:

$$s = \frac{\Omega_1 - \Omega_L}{\Omega_1} = \frac{\Omega_2}{\Omega_1} \tag{5.117}$$

Zwei Betriebsfälle sind besonders signifikant:

Leerlauf : $s = 0$

Stillstand: $s = 1$

Der Name „synchrone Drehzahl" besagt, daß sich der Rotor der ASM synchron zur Speisekreisfrequenz Ω_1/Z_p dreht. Bei der Asynchronmaschine ist dies nur im idealen Leerlauf möglich, da nach Gl. (5.115) bei $\Omega_2 = 0$ kein Drehmoment erzeugt wird.

Die Drehzahl-Drehmoment-Kennlinie der ASM weist, wie anschließend gezeigt wird, noch einen weiteren markanten Punkt auf, den Kippunkt, an dem die ASM ihr maximales Drehmoment abgibt. Der zugehörige Schlupf heißt Kippschlupf s_K:

$$s_K = \frac{\Omega_{2K}}{\Omega_1} = \frac{R_2}{\Omega_1 \sigma L_2} \; ; \; \Omega_{2K} = \frac{R_2}{\sigma L_2} \tag{5.118}$$

Kloss'sche Gleichung und Kippmoment:

Mit diesen Definitionen kann das Drehmoment angegeben werden zu:

$$M_{Mi} = \frac{3}{4} \cdot Z_p \cdot \frac{M^2}{\sigma L_1^2 L_2} \cdot \left(\frac{U_1}{\Omega_1}\right)^2 \cdot \frac{2}{\dfrac{s}{s_K} + \dfrac{s_K}{s}} \tag{5.119}$$

Damit erhält man die Kloss'sche Gleichung:

$$M_{Mi} = M_K \cdot \frac{2}{\dfrac{s}{s_K} + \dfrac{s_K}{s}} = M_K \cdot \frac{2\, s\, s_K}{s^2 + s_K^2} \tag{5.120}$$

Das Kippmoment M_K ist ein konstanter Wert:

$$M_K = \frac{3}{4} \cdot Z_p \cdot \frac{M^2}{\sigma L_1^2 L_2} \cdot \left(\frac{U_1}{\Omega_1}\right)^2 \tag{5.121}$$

Kennliniendiskussion:

Abbildung 5.31 zeigt die nichtlineare Drehzahl-Drehmoment-Kennlinie der Asynchronmaschine nach der Kloss'schen Gleichung (5.120). Die Kennlinie ist punktsymmetrisch zum synchronen Betriebspunkt Ω_0. In dessen Umgebung weist die ASM ein Nebenschlußverhalten wie die fremderregte Gleichstrommaschine auf. Dies ist der übliche Arbeitsbereich der ASM.

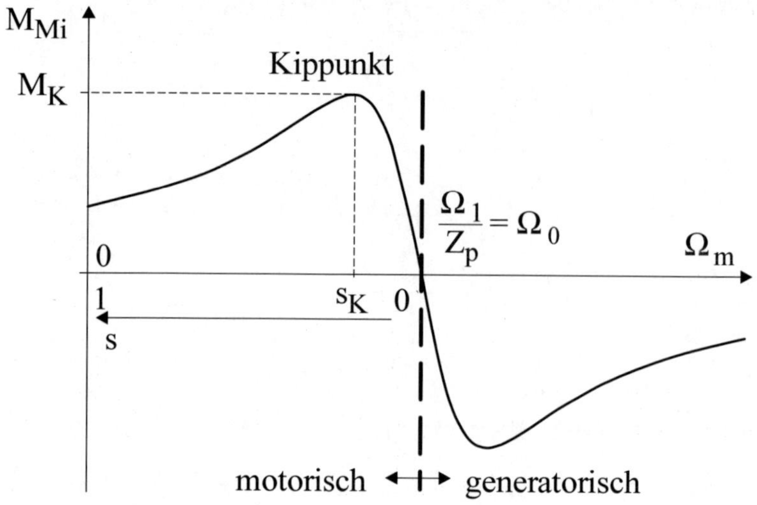

Abb. 5.31: *Drehzahl–Drehmoment–Kennlinie der ASM*

Das maximale Drehmoment, das die Maschine abgeben kann, ist das Kippmoment M_K. Dabei stellt sich der Kippschlupf s_K ein. Ein größeres konstantes Lastmoment als M_K bringt die Maschine zum Kippen, da der Kennlinienast für $s > s_K$ instabil ist. Dieser Fall muß im gesteuerten Betrieb unbedingt vermieden werden.

Linearisierte Kennlinie:

Im Betriebsbereich um die synchrone Drehzahl Ω_0 genügt es meist, die linearisierte Kennlinie zu betrachten.

Für $|s| \ll s_K$ erhält man die Näherung:

$$M_{Mi} \simeq 2M_K \cdot \frac{s}{s_K} = 2M_K \cdot \frac{\Omega_2}{\Omega_{2K}} \tag{5.122}$$

und nach Umrechnungen für die Drehzahl:

$$\Omega_m = \frac{1}{Z_p} \cdot \left(\Omega_1 - M_{Mi} \cdot \frac{\Omega_{2K}}{2\,M_K} \right) \tag{5.123}$$

Die Analogie zum Nebenschlußverhalten der Drehzahl-Drehmoment-Kennliniengleichung der Gleichstrom-Nebenschlußmaschine (GNM) ist deutlich zu erkennen.

Beeinflussung der Drehzahl-Drehmoment-Kennlinie:

Ohne Umrichterspeisung kann die Kennlinie von außen nur über Z_p (Polumschaltung) oder R_{2V} (Rotorvorwiderstände) beeinflußt werden, da $U_1 = U_{Netz}$ und $\Omega_1 = \Omega_{Netz}$ fest vorgegeben sind.

Rotorvorwiderstand R_{2V}*:*
Durch Vorwiderstände an den Rotorwicklungen wird ein ähnlicher Effekt wie bei der GNM erzielt:

$$R_2 = R_{20} + R_{2V}\,; \qquad s_K = \frac{R_2}{\Omega_1 \sigma L_2} \tag{5.124}$$

Die Kennlinie (gestrichelt) wird mit zunehmendem R_{2V} flacher, die synchrone Drehzahl bleibt unverändert. Das Kippmoment bleibt ebenfalls konstant, während der Kippschlupf ansteigt (Abb. 5.32). Diese Methode ist sehr verlustbehaftet und wurde von den Verfahren mit Umrichterspeisung weitgehend verdrängt.

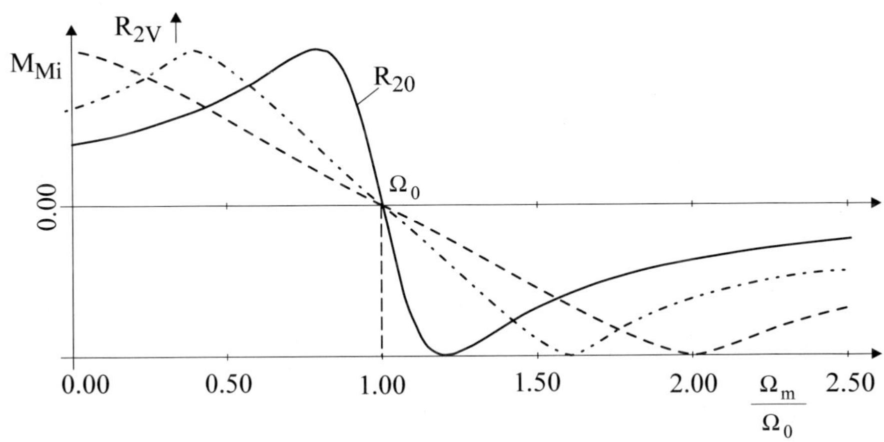

Abb. 5.32: *Drehmoment* $M_{Mi} = f(\Omega_m, R_2)$ *mit* $\Omega_0 = \dfrac{\Omega_1}{Z_p}$

Speisung der ASM mittels Umrichter (prinzipielle Gegenüberstellung zum Netzbetrieb):

Bei der Speisung mit Umrichtern sind die Statorspannung U_1 und die Statorfrequenz Ω_1 einstellbar. Mit Ω_1 kann insbesondere die Leerlaufdrehzahl $\Omega_0 = \Omega_1/Z_p$ vorgegeben werden. Analog zur Gleichstrom–Nebenschlußmaschine versucht man im Ankerstellbereich, den Fluß konstant zu halten.

$$\Psi_{1N} = \frac{U_{1N}}{\Omega_{1N}} = \text{const.} \qquad (5.125)$$

Ein höherer Fluß als der Nennfluß bei U_{1N} und Ω_{1N} sollte nicht angestrebt werden, da die Induktivitäten sonst in die Sättigung geraten. Daraus ergeben sich analog zur GNM zwei Betriebsbereiche: der Ankerstellbereich und der Feldschwächbereich.

a) *Ankerstellbereich*

Der Ankerstellbereich umfaßt die Statorkreisfrequenzen

$$0 < \Omega_1 \leq \Omega_{1N} \qquad (5.126)$$

Ω_{1N} : Statornennkreisfrequenz der Maschine

und somit den Drehzahlbereich

$$0 \leq \Omega_m \leq \frac{\Omega_{0N}}{Z_p} \qquad (5.127)$$

Für konstanten Statorfluß muß gelten ($R_1 = 0$):

$$\frac{U_1}{\Omega_1} = \frac{U_{1N}}{\Omega_{1N}} = \Psi_{1N} = \text{const.} \qquad (5.128)$$

$$U_1 = \Psi_{1N} \cdot \Omega_1 \qquad (5.129)$$

d.h. die Statorspannung U_1 muß mit Ω_1 proportional ($R_1 = 0$) zunehmen, um Ψ_1 auf Ψ_{1N} zu halten.

Auf diese Weise wird die gesamte Kennlinie mittels $\Omega_0 = \Omega_1/Z_p$ parallel verschoben (Abb. 5.33). Dem entspricht die Verstellung der Ankerspannung bei der GNM.

Die Grenze des Ankerstellbereichs ist bei $U_1 = U_{1N}$ erreicht, da die Statorspannung U_1 nicht über ihren Nennwert U_{1N} hinaus erhöht werden darf.

b) *Feldschwächbereich*

Sollen höhere Drehzahlen eingestellt werden, kann nur noch Ω_1 erhöht werden, während $U_1 = U_{1N}$ konstant gehalten wird. Damit wird der Statorfluß Ψ_1 kleiner.

$$U_{1N} = \text{const.} \qquad (5.130)$$

$$\Psi_1 = \frac{U_{1N}}{\Omega_1} \quad \text{für} \quad \Omega_1 > \Omega_{1N} \qquad (5.131)$$

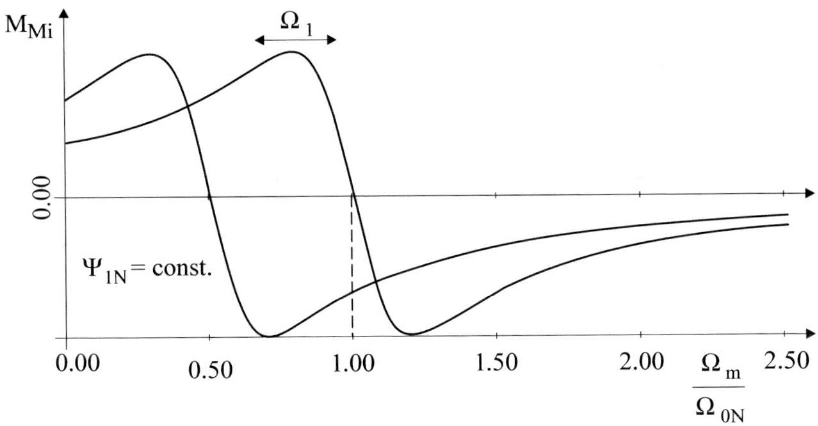

Abb. 5.33: *Kennlinien der ASM im Ankerstellbereich bei Umrichterspeisung*

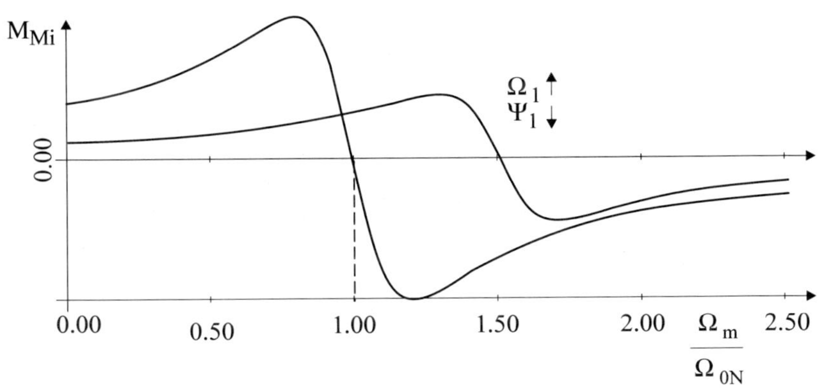

Abb. 5.34: *Kennlinien der ASM im Feldschwächbereich bei Umrichterspeisung*

Mit steigendem $\Omega_1 > \Omega_{0N}$ erhöht sich die synchrone Drehzahl Ω_0 weiter und die ASM-Kennlinie wird damit zu Leerlauf-Drehzahlen $\Omega_0 > \Omega_{0N}$ verschoben. Aufgrund des sinkenden Flusses wird aber entsprechend Gl. (5.121) das Kippmoment M_K quadratisch mit dem Fluß abnehmen, dies ist in Abb. 5.34 berücksichtigt.

5.6.2 Elektrische Verhältnisse im stationären Betrieb

5.6.2.1 Ersatzschaltbilder der Asynchronmaschine

Im stationären Betrieb sind die Raumzeiger im K–System in der Amplitude und den Phasenlagen zueinander zeitinvariant. Unter dieser Voraussetzung können sie für eine Analogiebetrachtung als komplexe Zeitzeiger aufgefaßt werden. Beispielsweise gelte für die Statorspannung:

$$\vec{U}_1^K = |\vec{U}_1^K| \cdot e^{j\gamma_u} = \underline{U} \tag{5.132}$$

Dies entspricht einer Zeitzeigerdarstellung für die Spannung über der Wicklung a:

$$U_{1a}(t) = |\hat{U}_1| \cdot \cos(\Omega_1 t + \gamma_u) \implies \vec{U}_1 = \vec{U}_{1a} = |\hat{U}_1| \cdot e^{j\gamma_u} \tag{5.133}$$

Mittels dieser Überlegungen können elektrische Ersatzschaltbilder der ASM entwickelt werden, die das elektrische Verhalten veranschaulichen.

Der Stator- und der Rotorkreis sind induktiv miteinander gekoppelt. Aus diesem Grund ist das elektrische Verhalten der ASM mit dem eines Drehstromtransformators verwandt, und man kann analog dazu ein T-Ersatzschaltbild herleiten.

- Die Stator- und Rotorinduktivitäten werden in eine Haupt- und eine Streuinduktivität aufgespalten:

$$L_1 = L_{h1} + L_{\sigma 1} = L_{h1} \cdot (1 + \sigma_1) \tag{5.134}$$

$$L_2 = L_{h2} + L_{\sigma 2} = L_{h2} \cdot (1 + \sigma_2) \tag{5.135}$$

- Dann wird mit Hilfe des Übersetzungsverhältnisses $\ddot{u}$ die Rotorseite auf die Statorseite umgerechnet (Größen mit $'$):

$$\ddot{u} = \frac{L_{h1}}{M} = \frac{M}{L_{h2}} \tag{5.136}$$

$$\vec{U}_2' = \vec{U}_2 \cdot \ddot{u} \qquad \vec{I}_2' = \frac{\vec{I}_2}{\ddot{u}} \tag{5.137}$$

$$R_2' = R_2 \cdot \ddot{u}^2 \qquad L_2' = L_2 \cdot \ddot{u}^2 \tag{5.138}$$

$$M' = M \cdot \ddot{u} = L_{h1} = L_{h2}' \quad \text{(gleicher verketteter Fluß)} \tag{5.139}$$

$$\vec{U}_2' = R_2' \cdot \vec{I}_2' + j\Omega_2 \cdot L_{\sigma 2}' \cdot \vec{I}_2' + j\Omega_2 \cdot L_{h2}' \cdot \left(\vec{I}_1 + \vec{I}_2'\right) = 0 \tag{5.140}$$

- Die zu Ω_2 proportionalen induktiven Spannungsabfälle im Rotorkreis werden für Ω_1 umgerechnet und sind so an die Statorfrequenz angepaßt:

$$\vec{U}_2' \cdot \frac{\Omega_1}{\Omega_2} = R_2' \cdot \frac{\Omega_1}{\Omega_2} \cdot \vec{I}_2' + j\Omega_1 L_{\sigma 2}' \cdot \vec{I}_2' + j\Omega_1 \cdot L_{h2}' \cdot \left(\vec{I}_1 + \vec{I}_2'\right) = 0 \tag{5.141}$$

- Mit dem Schlupf $s = \frac{\Omega_2}{\Omega_1}$ und dem Magnetisierungsstrom $\vec{I_\mu} = \vec{I_1} + \vec{I_2}'$ erhält man die Maschinengleichungen für das elektrische Ersatzschaltbild der ASM:

$$\vec{U_1} = R_1 \cdot \vec{I_1} + j\Omega_1 \cdot L_{\sigma 1} \cdot \vec{I_1} + j\Omega_1 \cdot L_{h1} \cdot \vec{I_\mu} \tag{5.142}$$

$$\frac{\vec{U_2}'}{s} = \frac{R_2'}{s} \cdot \vec{I_2}' + j\Omega_1 \cdot L_{\sigma 2}' \cdot \vec{I_2}' + j\Omega_1 \cdot L_{h2}' \cdot \vec{I_\mu} = 0 \tag{5.143}$$

- und daraus das Ersatzschaltbild nach Abb. 5.35.
- Manchmal wird diese Darstellung noch weiter vereinfacht (Abb. 5.36).

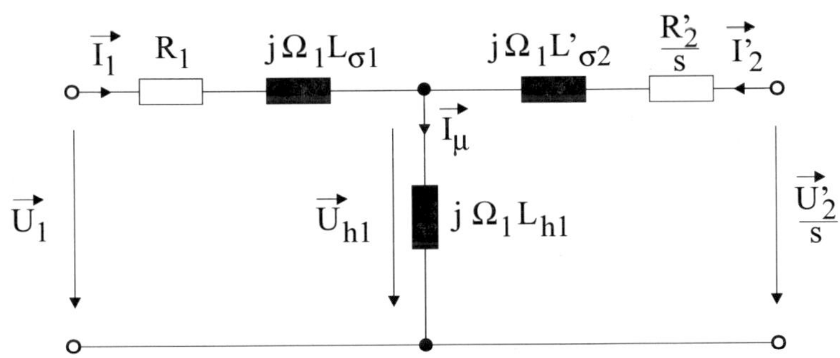

Abb. 5.35: *Stationäres elektrisches Ersatzschaltbild der ASM mit Stator- und Rotorstreuinduktivitäten*

Das so hergeleitete Ersatzschaltbild ist an den physikalischen Gegebenheiten orientiert. Rein rechnerisch genügt zur Berücksichtigung der Streukoeffizienten σ_1 und σ_2 eine einzige Größe, der Blondelsche Streukoeffizient σ.

$$\sigma = 1 - \frac{1}{(1+\sigma_1)(1+\sigma_2)} \tag{5.144}$$

Damit lassen sich auch modifizierte Ersatzschaltbilder angeben, die hier nicht ausführlich hergeleitet werden (Abb. 5.37 und 5.38).

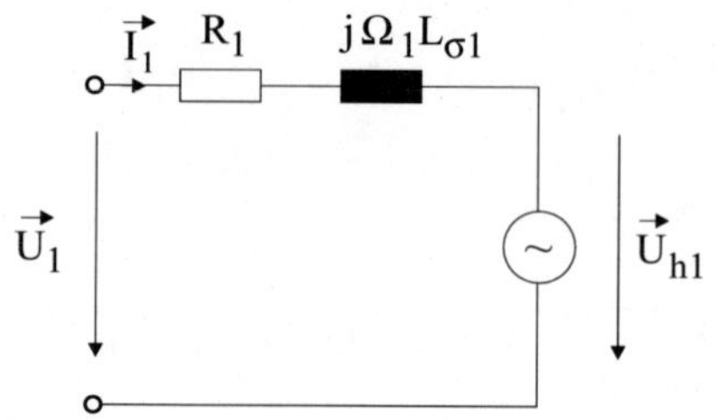

Abb. 5.36: *Stark vereinfachtes elektrisches Ersatzschaltbild der ASM*

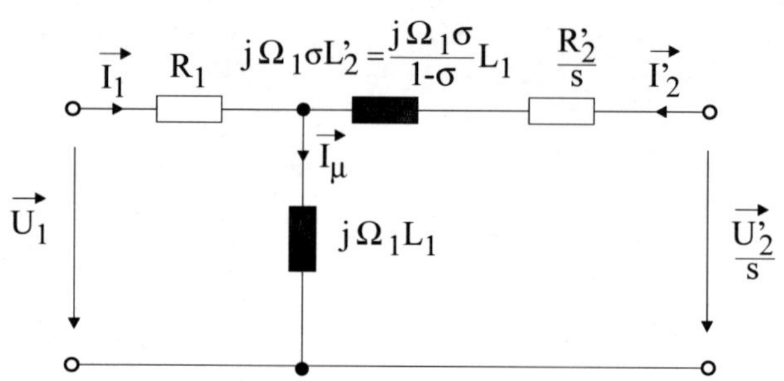

Abb. 5.37: *Stationäres elektrisches Ersatzschaltbild der ASM mit auf die Rotorseite umgerechneter Streuung (ü = L_1/M)*

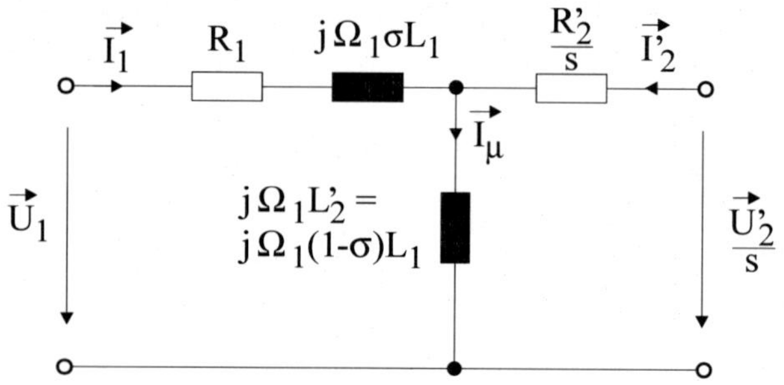

Abb. 5.38: *Stationäres elektrisches Ersatzschaltbild der ASM mit auf die Statorseite umgerechneter Streuung (ü = M/L_2)*

5.6.2.2 Stromortskurve des Statorstroms

Die Stromortskurve des Statorstroms verbindet alle stationären Punkte von $\vec{I}_1$ bei konstanter Speisung mit $\vec{U}_1$ und Ω_1, wenn die Belastung der Maschine und damit der Schlupf geändert wird.

Aus dem elektrischen Ersatzschaltbild nach Abb. 5.37 erhält man für $R_1 = 0$ und $U_2 = 0$ den Strom $\vec{I}_1$ als Funktion des Schlupfes.

$$\vec{I}_1 = \vec{U}_1 \cdot \left(\frac{1}{j\Omega_1 L_1} + \frac{1}{\frac{R_2'}{s} + \frac{j\Omega_1 \sigma L_1}{1-\sigma}} \right) \tag{5.145}$$

Mit $L_2' = L_2 \cdot \frac{L_1^2}{M^2} = \frac{L_1}{1-\sigma}$ und $s_K = \frac{R_2}{\Omega_1 \sigma L_2} = \frac{R_2'}{\Omega_1 \sigma L_2'}$ folgt schließlich:

$$\vec{I}_1 = \frac{\vec{U}_1}{j\Omega_1 \sigma L_1} \cdot \frac{\sigma s_K + js}{s_K + js} \tag{5.146}$$

Die Kurve $\vec{I}_1(s)$ stellt einen Kreis dar, den sogenannten Heylandkreis (Abb. 5.39).

Mittelpunkt MP : $-j \, \frac{|\vec{U}_1|}{\Omega_1 \sigma L_1} \cdot \frac{1+\sigma}{2}$

Radius : $\frac{|\vec{U}_1|}{\Omega_1 \sigma L_1} \cdot \frac{1-\sigma}{2}$

Aus Abb. 5.39 ist unmittelbar zu erkennen, daß der Phasenwinkel φ_1 zwischen Statorspannung und Statorstrom immer negativ ist, d.h. die ASM weist in jedem Betriebspunkt induktives Verhalten auf.

Durch einige geometrische Betrachtungen, auf die an dieser Stelle nicht näher eingegangen werden soll, können aus der Stromortskurve für einen gegebenen Schlupf relativ einfach der Statorstromzeiger bezogen auf den Statorspannungszeiger, das Drehmoment und die Wirkleistungsbilanz abgelesen werden.
Dazu werden einige Hilfslinien eingezeichnet (Abb. 5.40).

- Die Schlupfgerade steht senkrecht auf der Längsachse des Kreises an einer beliebigen Stelle.
- Der Schlupfmaßstab entlang dieser Linie ist linear. Am Fußpunkt der Schlupfgeraden ist $s = 0$. $s = 1$ ergibt sich an dem Schnittpunkt mit der Verlängerung der Verbindungsgeraden zwischen den Punkten $\vec{I}_1(s \to \infty)$ und $\vec{I}_1(s=1)$.
- Die Leistungslinie verbindet die Punkte $\vec{I}_1(s=0)$ und $\vec{I}_1(s=1)$.
- Die Drehmomentlinie verbindet die Punkte $\vec{I}_1(s=0)$ und $\vec{I}_1(s \to \infty)$.

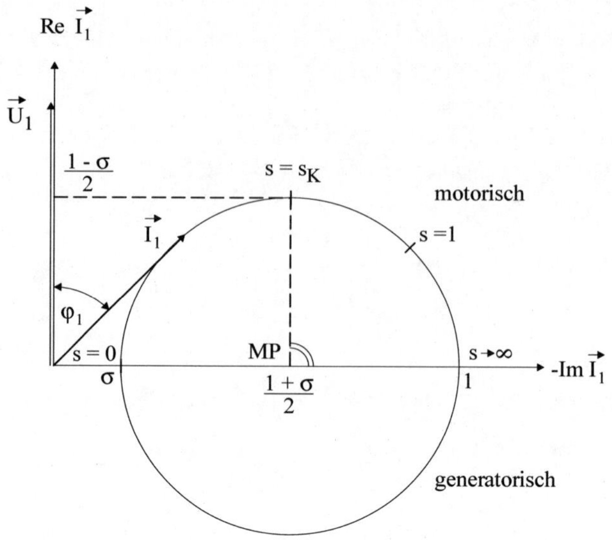

Abb. 5.39: *Stromortskurve der ASM bei* $R_1 = 0$ *(Heylandkreis); Stromskalierung bezogen auf* $U_1/(\Omega_1 \sigma L_1)$

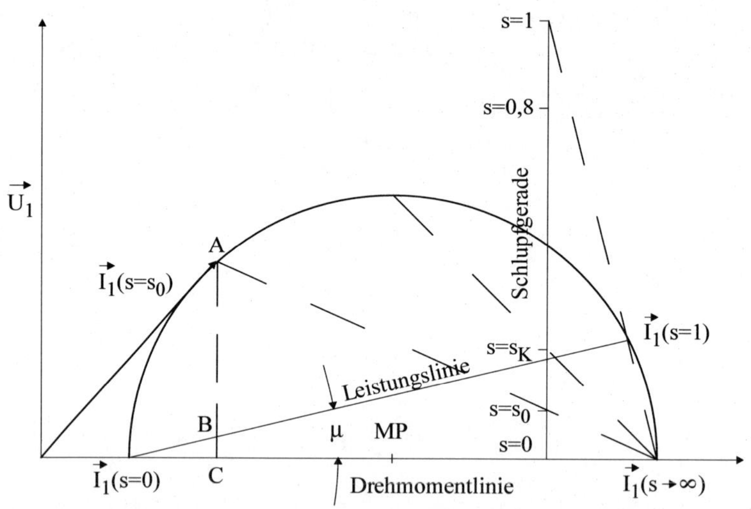

Abb. 5.40: *Heylandkreis mit Hilfslinien*

- Der Winkel μ zwischen Leistungslinie und Drehmomentlinie gehorcht der Beziehung $\tan\mu = s_K$.

Für den Arbeitspunkt $s = s_0$ erhält man :

- Die Verbindungslinie zwischen $\vec{I}_1(s \rightarrow \infty)$ und s_0 auf der Schlupfgeraden schneidet die Stromortskurve bei $\vec{I}_1(s = s_0)$.

Ferner gilt:

$$\overline{BC}/\overline{AC} = s_0 \qquad \overline{AB}/\overline{AC} = 1 - s_0 \tag{5.147}$$

$$P_1 = \frac{3}{2} \cdot |\vec{U}_1| \cdot \overline{AC} = M_{Mi} \cdot \frac{\Omega_1}{Z_p} \quad \text{eingespeiste Wirkleistung} \tag{5.148}$$

$$P_{mech} = \frac{3}{2} \cdot |\vec{U}_1| \cdot \overline{AB} = M_{Mi} \cdot \Omega_m \quad \text{abgegebene mechanische Leistung} \tag{5.149}$$

$$P_{V2} = \frac{3}{2} \cdot |\vec{U}_1| \cdot \overline{BC} = M_{Mi} \cdot \frac{\Omega_2}{Z_p} \quad \text{Rotor-Verlustleistung} \tag{5.150}$$

Damit ist das stationäre Verhalten der Asynchronmaschine beschrieben. Dabei war zeitweilig die Annahme $R_1 = 0$ notwendig, um in der Einführung sehr übersichtliche Beziehungen zu erhalten. Dies hat seinen Grund darin, daß in diesem Fall u.a. der Statorfluß unabhängig von der Belastung der Maschine ist. Durch die Verwendung von Umrichtern ist es aber möglich, den Fluß auch für $R_1 \neq 0$ einzuprägen.

5.7 Asynchronmaschine bei Umrichterbetrieb

Wenn die ASM von einem Umrichter gespeist wird, dann ist das versorgende Spannungssystem in Amplitude und Frequenz im Betriebsbereich des Umrichters frei wählbar. In diesem Kapitel sollen die **Steuerbedingungen** der ASM unter verschiedenen Annahmen und die sich daraus ergebenden Signalflußpläne abgeleitet werden. Mit diesen Signalflußplänen ist ein besseres Verständnis des statischen und insbesondere des dynamischen Verhaltens der ASM möglich.

Grundsätzlich muß bei der Asynchronmaschine zwischen drei Darstellungen unterschieden werden:

- Signalflußplan bei **Orientierung des K–Systems am Statorfluß**;
- Signalflußplan bei **Orientierung des K–Systems am Rotorfluß**;
- Signalflußplan bei **Orientierung des K–Systems am Luftspaltfluß** [47].

Im allgemeinen werden dabei die Flußamplituden im Ankerstellbereich jeweils konstant auf ihrem Nennwert gehalten. Im Feldschwächbereich werden die Amplituden entsprechend abgesenkt.

Zusätzlich ist zu unterscheiden zwischen Umrichtern mit eingeprägter Spannung, bei denen die Ausgangsspannungen in Amplitude und Frequenz und Umrichtern mit eingeprägtem Strom, bei denen die Ausgangsströme in Amplitude und Frequenz einstellbar sind.

Das grundsätzliche Vorgehen ist bereits in Kap. 5.6 diskutiert worden, bei dem die A-Achse des K–Systems mit der $\vec{\Psi}_1$-Achse zusammenfiel (Statorflußorientierung). Wir werden im Folgenden annehmen, daß die A-Achse entweder mit der Ψ_1-Achse oder der Ψ_2-Achse zusammenfallen soll, d.h. daß die räumliche Lage des jeweiligen Flusses bekannt sein soll. Wenn diese räumliche Lage des Flusses bekannt ist, dann kann die Orientierung des K–Systems an dem jeweiligen Fluß erfolgen, und es können Vereinfachungen der Signalflußpläne erreicht werden. Auf dieser Basis ist dann auch ein vereinfachter Reglerentwurf möglich. Allerdings sei bereits an dieser Stelle darauf hingewiesen, daß die räumliche Lage des Flusses im allgemeinen erst ermittelt werden muß.

5.7.1 Steuerverfahren bei Statorflußorientierung

Im vorigen Kapitel 5.6 war für den stationären Betrieb der ASM angenommen worden, daß im Ankerstellbereich und bei $R_1 = 0$ der Statorfluß $\Psi_{1A} = \Psi_{1N}$, $\Psi_{1B} = 0$ sein soll und sich damit $U_{1A} = 0$, $U_{1B} = U_1$ ergibt. Diese Annahmen wurden getroffen, um die charakteristischen Eigenschaften der Asynchronmaschine im stationären Betrieb am Netz und bei Umrichterbetrieb darzustellen (Abb. 5.41).

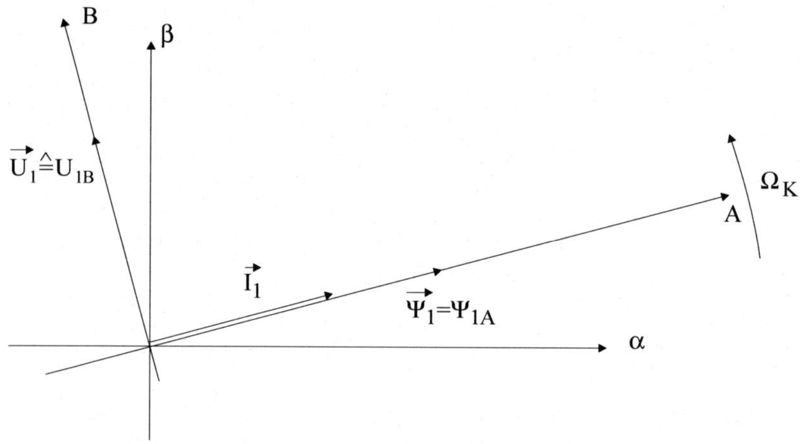

Abb. 5.41: *Statorflußorientierung und Statorspannung bei* $R_1 = 0$

Die Ergebnisse für die stationären Statorspannungen im Anker- und im Feldschwächbetrieb waren

$$U_{1A} = 0 \qquad \text{und} \qquad U_{1B} = \Psi_{1A} \cdot \Omega_1 \tag{5.151}$$

und gelten weiterhin, da die Voraussetzungen Statorflußorientierung und $R_1 = 0$ weiter gültig sind. In gleicher Weise gilt die stationäre Drehmoment-Schlupf-Gleichung (5.119).

Der wesentliche Unterschied beim Umrichterbetrieb zum Netzbetrieb ist, daß Ω_1 bzw. Ω_K beim Umrichterbetrieb einstellbar ist. Damit kann das Nebenschlußverhalten (sinkende Drehzahl bei steigendem Drehmoment bzw. steigendem Schlupfs oder steigendem Ω_2) vermieden werden, indem die Statorkreisfrequenz Ω_1 stationär entsprechend $\Omega_1 = Z_p \Omega_m + \Omega_2$ verändert wird.

Die Steuerbedingungen im Ankerstellbereich für die Umrichter-Ausgangsspannung gleich Stator-Eingangsspannung lauten somit ($R_1 = 0$):

$$U_{1A} = 0 \tag{5.152}$$

$$U_1 = U_{1B} = \Psi_{1A} \cdot \Omega_1 = \Psi_{1A} \cdot \Omega_K \tag{5.153}$$

$$\Psi_{1A} = \Psi_{1N} \qquad \text{(Ankerstellbereich)} \tag{5.154}$$

$$\Omega_1 = \Omega_K = Z_p \cdot \Omega_m + \Omega_2 \tag{5.155}$$

$$\Omega_2 = f(M_{Mi}) \tag{5.156}$$

Werden diese Steuerbedingungen für die Statorseite eingehalten, dann verbleibt vom Signalflußplan der ASM der Detail-Signalflußplan der Rotorseite wie in Abb. 5.42 (siehe auch Abb. 5.24).

Wesentlich ist, daß bei $\Psi_{1B} = d\Psi_{1B}/dt = 0$ nur noch Ψ_{1A} von der Statorseite auf die Rotorseite eingreift und daß aufgrund der Annahme $R_1 = 0$ die Rückkopplung der Rotorflüsse auf die Statorflüsse über die Statorspannungen nicht mehr wirksam ist (Kanäle a und b). Die Steuerung des Moments M_{Mi} kann somit über Ψ_{1A} und Ω_2 erfolgen. Sollte $\Psi_{1A} = \Psi_{1N}$ sein, so ist das Moment nur über Ω_2 steuerbar.

Im stationären Betrieb gelten dann die bereits bekannten Gleichungen für das Drehmoment M_{Mi}:

$$\frac{d\Psi_{2A}}{dt} = \frac{d\Psi_{2B}}{dt} = 0 \qquad \text{(stationärer Betrieb)} \tag{5.157}$$

$$M_{Mi} = -\frac{3}{2} \cdot Z_p \cdot \frac{M}{L_1} \cdot \Psi_{1A} \cdot I_{2B} = -\frac{3}{2} \cdot Z_p \cdot \frac{M}{\sigma L_1 L_2} \cdot \Psi_{1A} \cdot \Psi_{2B} \tag{5.158}$$

Mit

$$\Psi_{2B} = -\Psi_{1A} \cdot \frac{M}{L_1} \cdot \frac{1}{\dfrac{\Omega_{2K}}{\Omega_2} + \dfrac{\Omega_2}{\Omega_{2K}}} \qquad \text{und} \qquad \Omega_{2K} = \frac{R_2}{\sigma L_2}$$

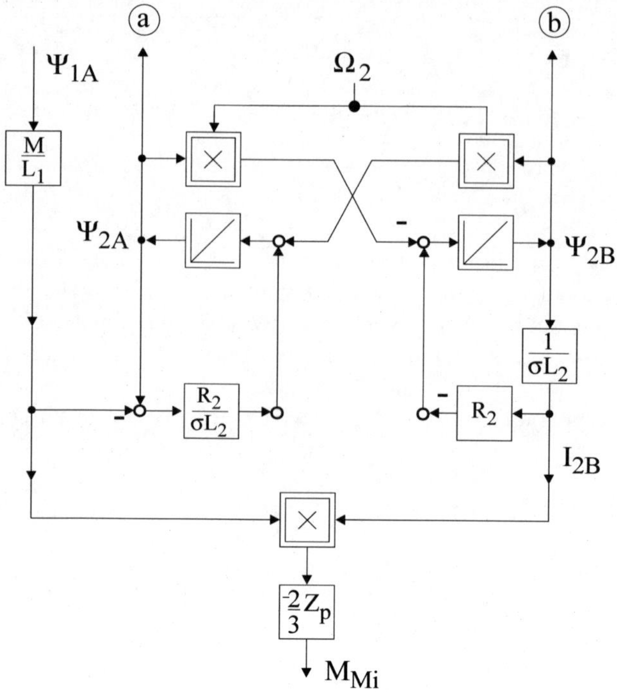

Abb. 5.42: *Detail-Signalflußplan der Rotorseite*

ergibt sich:

$$M_{Mi} = \frac{3}{2} \cdot Z_p \cdot \frac{M^2}{L_1^2} \cdot \frac{1}{\sigma L_2} \cdot \Psi_{1A}^2 \cdot \frac{1}{\frac{\Omega_{2K}}{\Omega_2} + \frac{\Omega_2}{\Omega_{2K}}} \tag{5.159}$$

und nach Einsetzen des Kippmoments:

$$M_K = \frac{3}{4} \cdot Z_p \cdot \frac{M^2}{L_1^2} \cdot \frac{1}{\sigma L_2} \cdot \Psi_{1A}^2 \tag{5.160}$$

$$M_{Mi} = M_K \cdot \frac{2}{\frac{\Omega_{2K}}{\Omega_2} + \frac{\Omega_2}{\Omega_{2K}}} \tag{5.161}$$

Bei $\Omega_2 \ll \Omega_{2K}$ gilt:

$$M_{Mi} \approx \frac{3}{2} \cdot Z_p \cdot \frac{M^2}{L_1^2} \cdot \frac{1}{\sigma L_2} \cdot \Psi_{1A}^2 \cdot \frac{\Omega_2}{\Omega_{2K}} \approx 2 \cdot M_K \cdot \frac{\Omega_2}{\Omega_{2K}} \tag{5.162}$$

Da beim Umrichter die Stator-Kreisfrequenz Ω_1 entsprechend dem Drehzahlanteil $Z_p\,\Omega_m$ und der Momentanforderung (Ω_2) eingestellt werden, ist somit beim Umrichterbetrieb im Betriebsbereich der ASM jede Drehzahl-Drehmoment-Kombination einstellbar.

Wichtig sind die folgenden Zusammenhänge: Das erreichbare Moment ist proportional zu $|\Psi_1|^2 = \Psi_{1A}^2$ und damit abhängig von $(U_1/\Omega_1)^2$. Dies bedeutet, im Feldschwächbereich oder bei einer fehlerhaften zu geringen Einstellung der Spannung U_1 wird das Drehmoment quadratisch mit dem Verhältnis (U_1/Ω_1) abnehmen. Außerdem läßt sich erkennen, daß das Kippmoment vom Verhältnis M^2/L_1^2 abhängt. Das bedeutet, daß mit abnehmender Streuung das erreichbare Moment steigt. Weiterhin ist erkennbar, daß sich das Moment umgekehrt proportional zu Ω_{2K} und damit zu R_2 verhält, wodurch sich wieder die im vorigen Kapitel gezeigten Zusammenhänge (Abb. 5.32 bis 5.34) ergeben.

Der vorletzte Zusammenhang hat je nach Umrichtertyp Auswirkungen auf die Auslegung des Systems Umrichter-ASM. Bei Umrichtern mit eingeprägter Spannung wird – wie der Name sagt – die Spannung den ASM-Statorwicklungen eingeprägt. Falls die Streuinduktivitäten (Abb. 5.35 bis 5.38) der ASM klein sind, werden sich entsprechende Strom-Harmonische ausbilden, die umso ungünstiger sind, je größer der Spitzenwert von Grundschwingung und Maximalwert der Harmonischen gegenüber der Strom-Abschaltfähigkeit der Umrichterventile ist.

Dies bedeutet, in diesem Fall muß eventuell eine höhere Streuinduktivität der ASM gefordert werden – bei Absenkung des Kippmoments. (Eine andere Lösung ist, die Schaltfrequenz der Umrichterventile entsprechend zu erhöhen.)

Bei Umrichtern mit eingeprägtem Strom besteht diese Auslegungsproblematik nicht.

Nach dieser ausführlichen Diskussion der stationären Zusammenhänge, soll das dynamische Verhalten der ASM bei Statorflußorientierung besprochen werden (Abb. 5.42). Wenn (wie bisher angenommen) $R_1 = 0$ vorausgesetzt wird, dann verbleiben im Ankerstellbereich die obigen Gleichungen (5.109) bis (5.131).

Beim Feldschwächbetrieb muß kurzzeitig $U_{1A} \neq 0$ – d.h. während des Feldschwächvorgangs – eingestellt werden, um die Schwächung von Ψ_{1A} zu erreichen. In diesem Fall sind somit $U_{1A} \approx L_1\, dI_{1A}/dt \neq 0$ und $U_{1B} \neq 0$, und dynamisch unterscheiden sich Ω_1 und Ω_K.

Auf der Rotorseite der ASM (Kurzschlußläufermaschine) stellt sich entsprechend Ψ_{1A} der Fluß Ψ_{2A} ein. Bei $\Omega_2 = 0$ ist allerdings $\Psi_{2B} = 0$ und das Drehmoment ist ebenso Null. Bei $\Omega_2 \neq 0$ wird der Rotorkreis dynamisch als System zweiter Ordnung wirksam.

<u>Asynchronmaschine bei $R_1 \neq 0$ und eingeprägten Statorspannungen:</u>

In der Realität ist $R_1 \neq 0$. Damit wirken die Rotorflüsse über die Spannungsabfälle auf die Statorflüsse zurück.
Entsprechend Abb. 5.24 gilt bei $\Psi_{1B} = d\Psi_{1B}/dt = 0$:

$$I_{1A} = \Psi_{1A} \cdot \frac{1}{\sigma L_1} - \Psi_{2A} \cdot \frac{M}{\sigma L_1 L_2} \tag{5.163}$$

$$I_{1B} = -\Psi_{2B} \cdot \frac{M}{\sigma L_1 L_2} \tag{5.164}$$

Mit

$$\Psi_{2A} = -\frac{\Omega_{2K}}{\Omega_2} \cdot \Psi_{2B} \tag{5.165}$$

$$\Psi_{2B} = f(\Psi_{1A}, \Omega_2) \tag{5.166}$$

ergibt sich

$$I_{1A} = \frac{\Psi_{1A}}{\sigma L_1} - \frac{M^2}{L_1^{\,2}} \cdot \frac{1}{\sigma L_2} \cdot \frac{\Omega_{2K}}{\Omega_2} \cdot \frac{1}{\frac{\Omega_{2K}}{\Omega_2} + \frac{\Omega_2}{\Omega_{2K}}} \cdot \Psi_{1A} \tag{5.167}$$

$$I_{1B} = -\Psi_{2B} \cdot \frac{M}{\sigma L_1 L_2} = \frac{M^2}{L_1^{\,2}} \cdot \frac{1}{\sigma L_2} \cdot \frac{1}{\frac{\Omega_{2K}}{\Omega_2} + \frac{\Omega_2}{\Omega_{2K}}} \cdot \Psi_{1A} \tag{5.168}$$

Mit $\Omega_2 \ll \Omega_{2K}$ (Nebenschlußverhalten) erhält man:

$$I_{1A} \approx \Psi_{1A} \cdot \left(\frac{1}{\sigma L_1} - \frac{M^2}{L_1^{\,2}} \cdot \frac{1}{\sigma L_2} \right) = \frac{\Psi_{1A}}{L_1} = \text{const.} \tag{5.169}$$

$$I_{1B} \approx \frac{M^2}{L_1^{\,2}} \cdot \frac{1}{R_2} \cdot \Psi_{1A} \cdot \Omega_2 \quad \sim \quad \Omega_2 \tag{5.170}$$

Damit ergeben sich die Statorspannungen im stationären Betrieb:

$$U_{1A} = I_{1A} \cdot R_1 \approx \Psi_{1A} \cdot R_1 \left(\frac{1}{\sigma L_1} - \frac{M^2}{L_1^{\,2}} \cdot \frac{1}{\sigma L_2} \right) = \Psi_{1A} \cdot \frac{R_1}{L_1} \tag{5.171}$$

$$U_{1B} \approx \Psi_{1A} \cdot \Omega_K + \frac{M^2}{L_1^{\,2}} \cdot \frac{R_1}{R_2} \cdot \Psi_{1A} \cdot \Omega_2 \tag{5.172}$$

Die Spannung U_{1A} ist somit im stationären Betrieb nahezu konstant und in erster Näherung unabhängig von Ω_2.

Die Spannung U_{1B} ist dagegen einerseits von $\Psi_{1A} \cdot \Omega_K$ (Leerlaufanteil) und andererseits von $\Psi_{1A} \cdot \Omega_2$ (Momenteneinfluß) bestimmt.

Die Spannungsgleichungen können in Abhängigkeit von Moment und Drehzahl angegeben werden. Ω_K und Ω_2 können durch bereits bekannte Zusammenhänge ersetzt werden:

$$\Omega_K = Z_p \cdot \Omega_m + \Omega_2 \tag{5.173}$$

$$\Omega_2 \approx \frac{2}{3} \cdot \frac{1}{Z_p} \cdot \frac{R_2 \cdot L_1^{\,2}}{M^2} \cdot \frac{1}{\Psi_{1A}^2} \cdot M_{Mi} \tag{5.174}$$

Die Drehzahl N steht in einem direkten Zusammenhang zu Ω_m:

$$\Omega_m = 2\pi \cdot N \tag{5.175}$$

Die Spannungsgleichungen lassen sich im **Nebenschlußbereich** wie folgt schreiben:

$$U_{1A} \approx \frac{R_1}{L_1} \cdot \Psi_{1A} \tag{5.176}$$

$$U_{1B} \approx \frac{2}{3} \cdot \left(R_1 + R_2 \cdot \frac{L_1{}^2}{M^2} \right) \cdot \frac{M_{Mi}}{Z_p \cdot \Psi_{1A}} + Z_p \cdot \Psi_{1A} \cdot \Omega_m \tag{5.177}$$

$$|\vec{U}_1| = U_1 = \sqrt{U_{1A}^2 + U_{1B}^2} \tag{5.178}$$

Die Kennlinien in Abb. 5.43 wurden mit den Daten einer realen ASM berechnet. Gezeichnet sind jeweils drei Kurven für verschiedene Momentbelastungen.

Aus den Ergebnissen in Abb. 5.43 ist zu erkennen, daß U_{1A} konstant, unabhängig vom Moment M_{Mi} und relativ klein gegenüber U_{1B} ist (a). Demgegenüber ist U_{1B} linear abhängig von $Z_p\Omega_m$ und das Moment hat einen nicht zu vernachlässigenden Einfluß (b). Damit ergibt sich der Verlauf für $|\vec{U}_1|$, der in Bild (c) gezeigt ist. Da $|U_{1A}| \ll |U_{1B}|$ ist, wird somit $\vec{U}_1$ nahezu in der Richtung der B-Achse des Koordinatensystems verbleiben. Zwischen $\vec{U}_1$ und $\vec{I}_1$ wird der Phasenwinkel φ_1 auftreten (Abb. 5.44).

Nachdem nun auch die Einflüsse bei $R_1 \neq 0$ diskutiert sind, kann aus Abb. 5.29 der Signalflußplan der ASM bei $\Psi_{1B} = d\Psi_{1B}/dt = 0$ abgeleitet werden (Abb. 5.45 für eine Kurzschlußläufermaschine). Dieser Signalflußplan beschreibt auch das dynamische Verhalten und soll kurz diskutiert werden.

<u>Speisung durch Umrichter mit eingeprägter Spannung:</u>

Aus dem Signalflußplan 5.45 ist zu erkennen, daß – wie oben bereits diskutiert – mittels U_{1A} der Fluß Ψ_{1A} gesteuert wird und der Fluß Ψ_{1A} die Spannung U_{1B} im Leerlauf vorgibt. Aufgrund der Statorflußorientierung wird eine Flußkopplung vom Stator zum Rotor über M/L_1 erfolgen. Im stationären Fall gilt $\Psi_{2A} = \Psi_{1A}\, M/L_1$. Der Fluß Ψ_{2A} wird sich mit der Zeitkonstanten T_{2K} und der Fluß Ψ_{2B} wiederum mit der Zeitkonstanten T_{2K} ändern, wenn sich Ω_2 ändert. Dabei wird der Aufbau von Ψ_{2B} Rückwirkungen auf Ψ_{2A} haben und dies wiederum auf Ψ_{2B} (geschlossener Regelkreis zweiter Ordnung). Das Moment M_{Mi} kann über Ω_2 mit der Zeitkonstanten T_{2K} für die Verstellung von Ψ_{2B} eingestellt werden. Allerdings müssen bei eingeprägten Spannungen U_{1A} und U_{1B} die Rückkopplungen des Rotorkreises auf den Statorkreis beachtet werden.

Wie bereits diskutiert, führt – entsprechend Abb. 5.45 – eine Drehmomentanforderung zu einer Änderung von Ω_2, d.h. Ω_K wird sich entsprechend der statischen bzw. dynamischen Änderung von Ω_2 ändern, da die mechanische Drehzahl im Änderungszeitpunkt konstant bleibt. Wenn sich Ω_K aber ändert, dann muß sich – bei konstantem Statorfluß Ψ_{1A} und Statorflußorientierung – auch U_{1B} entsprechend dynamisch ändern. Dies bedeutet, $|\vec{U}_1| = \sqrt{U_{1A}^2 + U_{1B}^2}$ ändert sich entsprechend Ω_2. Wesentlich ist weiterhin, daß $\gamma_u = \arctan(U_{1B}/U_{1A})$, der Phasenwinkel von $\vec{U}_1$, sich außerdem zusätzlich ändert. Diese Änderung des Phasenwinkels erfordert – zusätzlich zu der Ω_2-Änderung – eine kurzzeitige Änderung

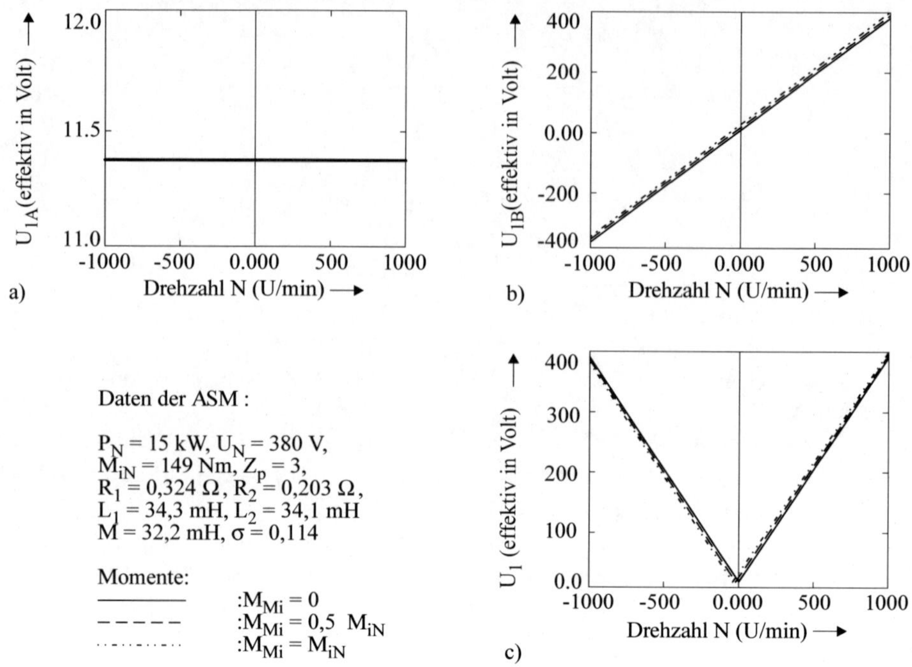

Abb. 5.43: *Stationäre Kennlinien einer realen ASM bei Orientierung des K–Systems am Statorfluß und Ankerstellbereich*

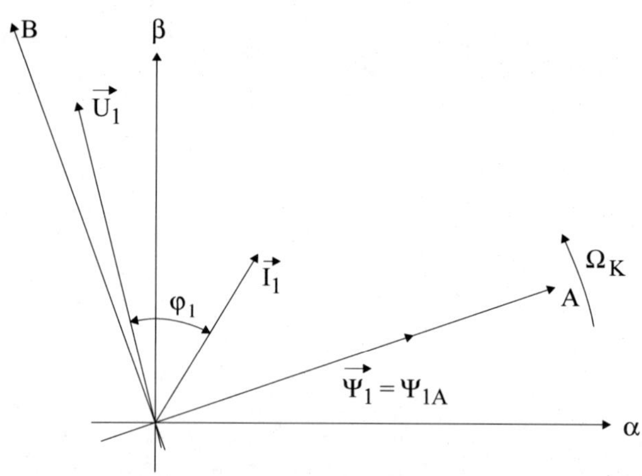

Abb. 5.44: *Zeigerdiagramm von $\vec{U}_1$, $\vec{I}_1$ und $\vec{\Psi}_1$ für die ASM bei Orientierung des K–Systems am Statorfluß Ψ_{1A}*

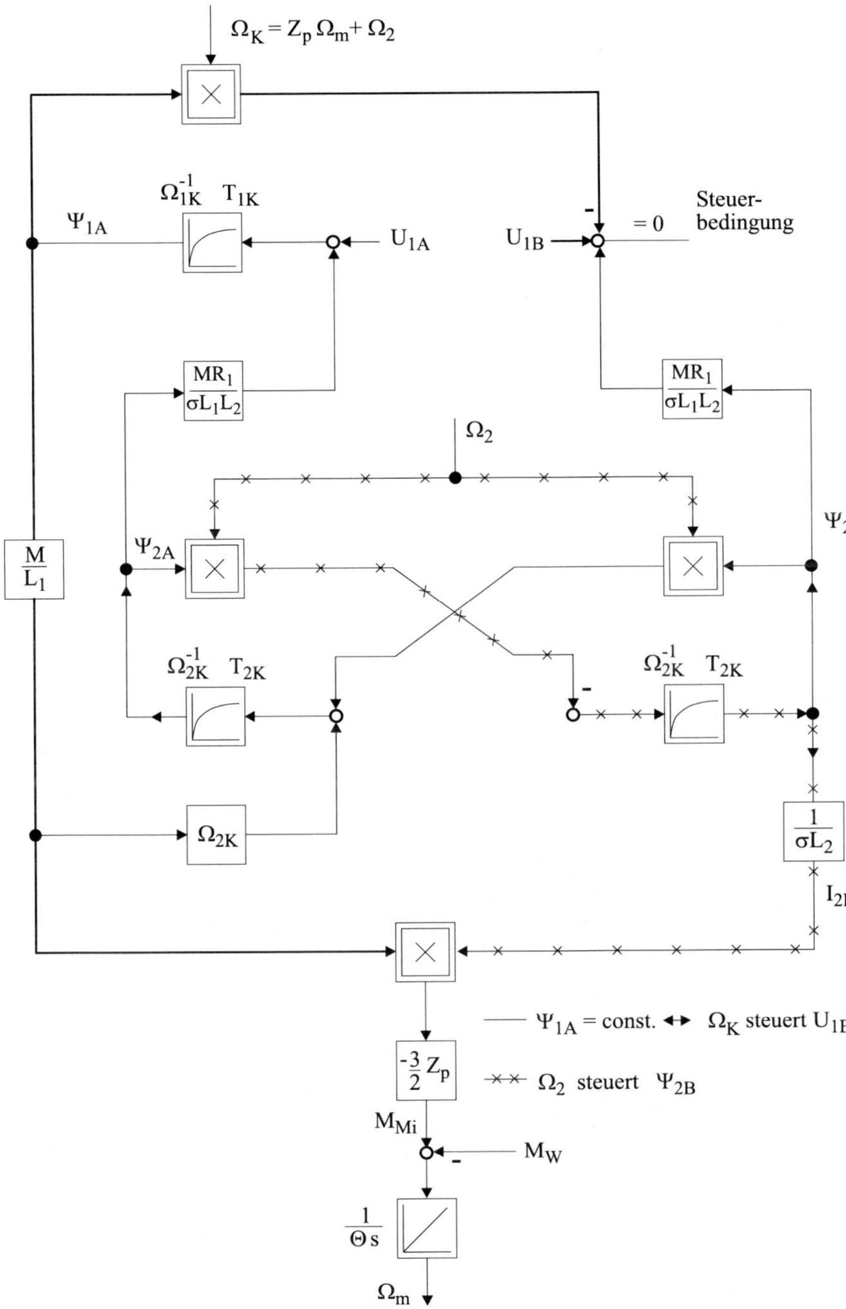

Abb. 5.45: *Signalflußplan der ASM bei Orientierung des K–Systems am Statorfluß Ψ_{1A} und eingeprägten Spannungen*

der Statorfrequenz Ω_1. Damit ist klar geworden, daß sich Ω_K und Ω_1 im dynamischen Betrieb deutlich unterscheiden können.

Aus Abb. 5.45 ist weiter zu entnehmen, daß durch die Rotorrückwirkungen (System erster und zweiter Ordnung) weitere Amplituden- und Phasenwinkel-Änderungen der Statorspannungen und aller davon abhängigen Größen erforderlich sind.

Signalflußplan bei Speisung mit eingeprägtem Strom:

Bisher war angenommen worden, daß der Umrichter der ASM ein eingeprägtes Drehspannungssystem zur Verfügung stellt. Wie bereits bekannt, kann durch eine Stromregelung ein Umrichter mit eingeprägter Spannung in einen Umrichter mit eingeprägtem Strom umgewandelt werden, bzw. es wird direkt ein Umrichter mit eingeprägtem Strom verwendet.

Wir wollen wieder die Orientierung des Statorflusses am K–Koordinatensystem annehmen, d.h. $\vec{\Psi}_1 = \Psi_{1A}$, $\Psi_{1B} = d\Psi_{1B}/dt = 0$.
Aus Abb. 5.24 ist abzuleiten:

$$M_{Mi} = -\frac{3}{2} \cdot Z_p \cdot \frac{M}{L_1} \cdot \Psi_{1A} \cdot I_{2B} \qquad (5.179)$$

I_{2B} kann mittels der Flußverkettungsgleichungen durch I_{1B} ersetzt werden

$$I_{1B} = 0 - \Psi_{2B} \cdot \frac{M}{\sigma L_1 L_2} \qquad (5.180)$$

$$I_{2B} = \Psi_{2B} \cdot \frac{1}{\sigma L_2} - 0 \qquad (5.181)$$

$$\Longrightarrow \quad I_{2B} = -I_{1B} \cdot \frac{L_1}{M} \qquad (5.182)$$

und in die Momentgleichung eingesetzt werden:

$$M_{Mi} = \frac{3}{2} \cdot Z_p \cdot \Psi_{1A} \cdot I_{1B} \qquad (5.183)$$

Aus diesem Rechengang ist zu erkennen, daß bei eingeprägtem Strom I_{1B} das Moment – bei konstantem Ψ_{1A} – mit der Dynamik der Stromeinprägung das Drehmoment mit der gleichen Dynamik bestimmt, d.h. bei Stromeinprägung besteht ein direkter Zugriff zum Drehmoment, ein wichtiger Vorteil !

(Zur Erinnerung: Wenn bei der GNM der Ankerstrom I_A durch eine Ankerstromregelung eingeprägt wird, dann besteht mittels des Ankerstroms I_A ebenso ein direkter Zugriff auf das Drehmoment der GNM.)
Soweit zum ersten wichtigen Kennzeichen der Stromeinprägung.

Wenn der Signalflußplan der ASM bei eingeprägten Statorströmen ermittelt werden soll, dann muß in der obigen Gleichung Ψ_{1A} noch durch den entsprechenden Statorstrom ersetzt werden.

Wir benutzen dazu wieder die Formeln der allgemeinen Drehfeldmaschine unter den oben angegebenen Voraussetzungen:

$$I_{1A} = \Psi_{1A} \cdot \frac{1}{\sigma L_1} - \Psi_{2A} \cdot \frac{M}{\sigma L_1 L_2} \tag{5.184}$$

$$\longrightarrow \quad \Psi_{1A} = I_{1A} \cdot \sigma L_1 + \Psi_{2A} \cdot \frac{M}{L_2} \tag{5.185}$$

$$\frac{d\Psi_{2A}}{dt} + \frac{R_2}{\sigma L_2} \cdot \Psi_{2A} = \frac{R_2 \cdot M}{\sigma L_1 L_2} \cdot \Psi_{1A} + \Omega_2 \cdot \Psi_{2B} \tag{5.186}$$

$$\frac{d\Psi_{2A}}{dt} + \frac{R_2}{\sigma L_2} \cdot \Psi_{2A} = \frac{R_2 \cdot M}{L_2} \cdot I_{1A} + \frac{R_2}{\sigma L_2} \cdot \frac{M^2}{L_1 L_2} \cdot \Psi_{2A} + \Omega_2 \cdot \Psi_{2B} \tag{5.187}$$

$$\frac{d\Psi_{2A}}{dt} + \frac{R_2}{\sigma L_2} \cdot \underbrace{\left(1 - \frac{M^2}{L_1 L_2}\right)}_{\sigma} \cdot \Psi_{2A} = \frac{R_2 \cdot M}{L_2} \cdot I_{1A} + \Omega_2 \cdot \Psi_{2B} \tag{5.188}$$

Im Laplace-Bereich gilt somit (Faltung):

$$\Psi_{2A}(s) = \frac{1}{1 + s\,T_2} \cdot \left(M \cdot I_{1A}(s) + \frac{L_2}{R_2} \cdot \Omega_2(s) * \Psi_{2B}(s)\right) \tag{5.189}$$

$$\text{mit} \qquad T_2 = \frac{L_2}{R_2}$$

Ω_2 kann aus der Spannungsgleichung für den Rotorkreis gewonnen werden:

$$\frac{d\Psi_{2B}}{dt} + \frac{R_2}{\sigma L_2} \cdot \Psi_{2B} = \frac{R_2 \cdot M}{\sigma L_1 L_2} \cdot \Psi_{1B} - \Omega_2 \cdot \Psi_{2A} + U_{2B} \tag{5.190}$$

Mit $U_{2B} = 0$ und $\Psi_{1B} = 0$ erhält man:

$$\Omega_2 = -\frac{\dfrac{d\Psi_{2B}}{dt} + \dfrac{R_2}{\sigma L_2} \cdot \Psi_{2B}}{\Psi_{2A}} \tag{5.191}$$

Für Ψ_{2B} läßt sich schreiben:

$$\Psi_{2B} = -\frac{\sigma L_1 L_2}{M} \cdot I_{1B} \tag{5.192}$$

Es ergibt sich als **Steuerbedingung**:

$$\Omega_2 = \frac{\dfrac{\sigma L_1 L_2}{M} \cdot \dfrac{dI_{1B}}{dt} + \dfrac{R_2 \cdot L_1}{M} \cdot I_{1B}}{\Psi_{2A}} \tag{5.193}$$

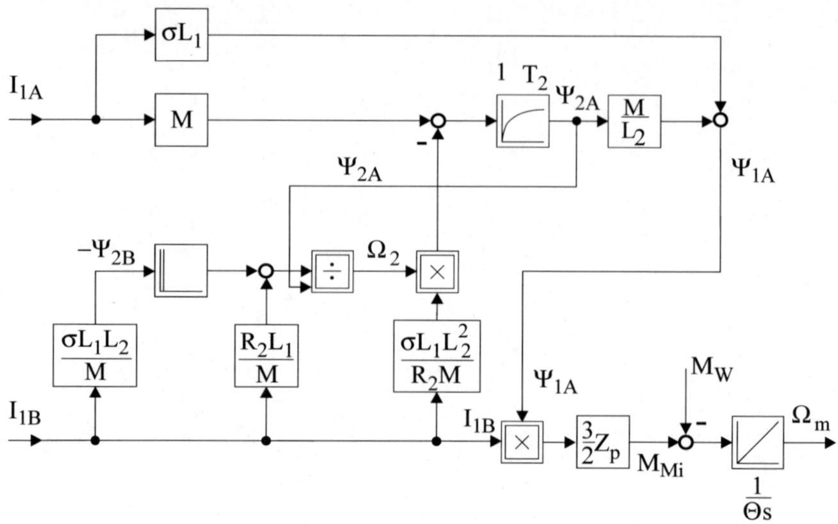

Abb. 5.46: *Signalflußplan der ASM bei Orientierung des K–Systems am Statorfluß* Ψ_{1A} *und eingeprägten Statorströmen*

Damit kann man den Signalflußplan mit eingeprägten Statorströmen I_{1A} und I_{1B} und Orientierung des K–Koordinatensystems am Statorfluß Ψ_{1A} zeichnen (Abb. 5.46). Dieser Signalflußplan setzt eine ausreichende Dimensionierung der Spannungsgrenze des Umrichters voraus, um die dynamische Einprägung der Statorströme zu ermöglichen.

Aus den Gleichungen der allgemeinen Drehfeldmaschine können – unter den Randbedingungen $\Psi_{1B} = d\Psi_{1B}/dt = 0$ der Statorflußorientierung – die Spannungsgleichungen abgeleitet werden:

$$U_{1A} = \frac{d\Psi_{1A}}{dt} + R_1 \cdot I_{1A} \tag{5.194}$$

$$U_{1B} = \Omega_K \cdot \Psi_{1A} + R_1 \cdot I_{1B} \tag{5.195}$$

Die Einprägung der Statorströme stellt an den Umrichter bei hohen dynamischen Forderungen höhere Anforderungen als die Einprägung der Statorspannungen. Dies ist insbesondere aus Abb. 5.46 und den obigen Gleichungen zu erkennen.

Wenn Ψ_{1A} mit gegebener Dynamik geändert werden soll (Feldschwächbereich), dann muß U_{1A} eine entsprechende Spannungsreserve haben. Eine Änderung von I_{1B} mit gegebener Dynamik des Drehmoments führt zu einer Änderung von Ω_2 nach Gl. (5.193) und damit – über das Übertragungsglied mit T_2 als Zeitkonstante – zu einer Änderung von Ψ_{2A} und Ψ_{1A}.

Abbildung 5.47 stellt das dreiphasige Gesamtsystem dar.

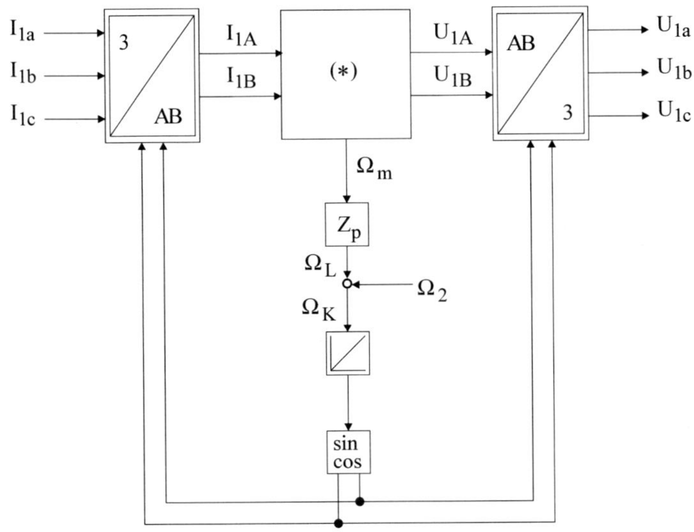

(∗) = Abb. 5.46 und Gl. (5.194) + (5.195)

Abb. 5.47: *Ersatzschaltbild einer ASM mit Speisung durch einen Umrichter mit eingeprägten Statorströmen*

5.7.2 Steuerverfahren bei Rotorflußorientierung

Statt der Orientierung des Koordinatensystems K am Statorfluß kann das Koordinatensystem K auch am Rotorfluß orientiert werden (Rotorflußorientierung). In diesem Fall wird die reelle Achse des Koordinatensystems K so gelegt, daß sie in der Richtung von Ψ_{2A} liegt und somit $\Psi_{2B} = 0$ ist. Bei den folgenden Ableitungen soll zusätzlich eine Kurzschlußläufermaschine angenommen werden ($U_{2A} = U_{2B} = 0$). Damit ergibt sich der Signalflußplan nach Abb. 5.48.

Um die Rotorflußorientierung zu garantieren, d.h. $\Psi_{2B} = 0$, $d\Psi_{2B}/dt = 0$ einzuhalten, muß die aus dem Signalflußplan abzuleitende Steuerbedingung

$$\Psi_{2A} \cdot \Omega_2 = \Psi_{1B} \cdot \frac{M \cdot R_2}{\sigma L_1 L_2} \tag{5.196}$$

eingehalten werden.

Der Signalflußplan der ASM bei eingeprägten Statorspannungen und Rotorflußorientierung ist immer noch relativ kompliziert. Eine gewisse Vereinfachung kann wie folgt erreicht werden:

stationärer Fluß $\Psi_{2A} = \text{const.}$ bzw. Ankerstellbereich mit $\Psi_{2A} = \Psi_{2N}$ und eingeprägten Statorspannungen

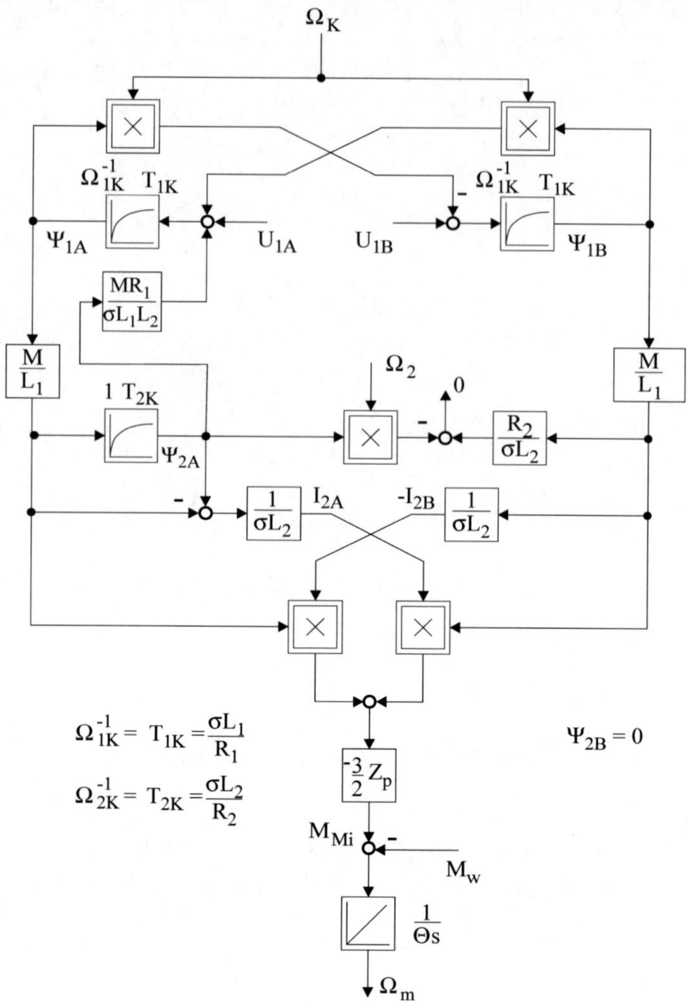

Abb. 5.48: *Signalflußplan der ASM bei Orientierung des K–Systems am Rotorfluß Ψ_{2A} und eingeprägten Statorspannungen*

Aus dem Signalflußplan (Abb. 5.48) ist zu erkennen, daß im stationären Betrieb bei $\Psi_{2A} = \text{const.}$ oder im Ankerstellbereich mit $\Psi_{2A} = \Psi_{2N} = \text{const.}$ gilt:

$$\frac{d\Psi_{2A}}{dt} = 0 \quad \text{und } \Psi_{2A} \;=\; \text{const.} \tag{5.197}$$

Aus dem Signalflußplan (Abb. 5.48) ergibt sich, daß **stationär** gilt:

$$\Psi_{1A} \;=\; \Psi_{2A} \cdot \frac{L_1}{M} \qquad \text{bzw.} \qquad \Psi_{2A} \;=\; \Psi_{1A} \cdot \frac{M}{L_1} \tag{5.198}$$

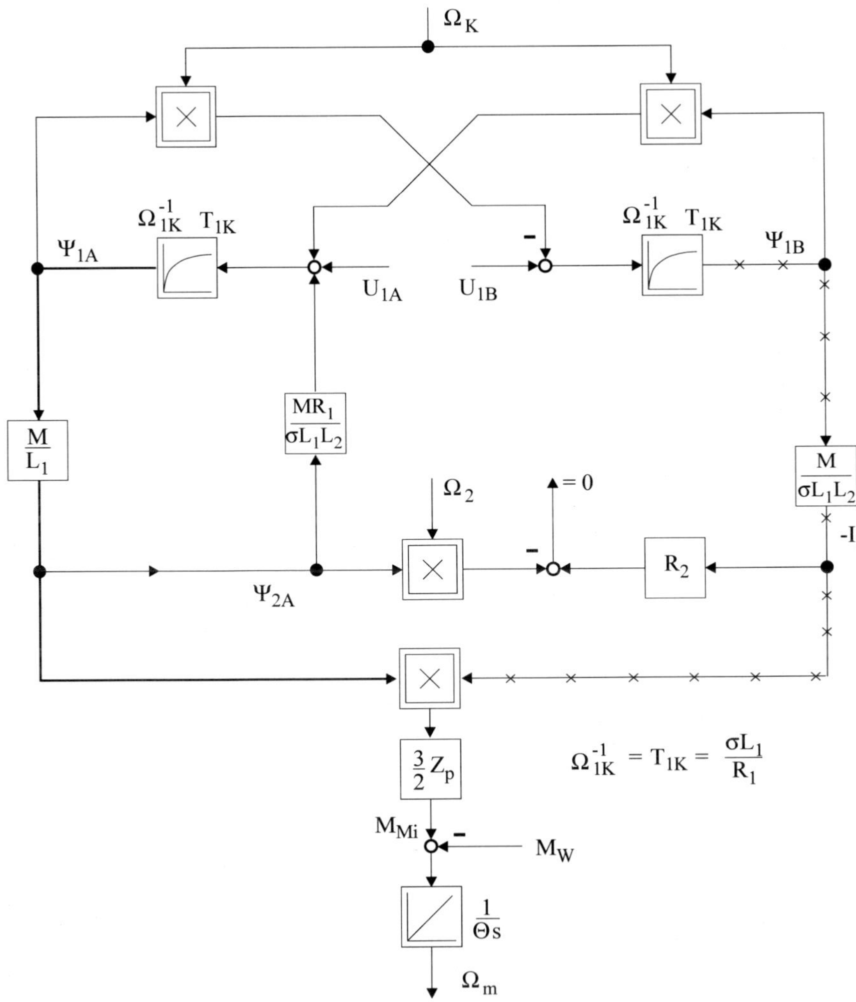

Abb. 5.49: *Signalflußplan der ASM bei Rotorflußorientierung* ($\Psi_{2B} = d\Psi_{2B}/dt = 0$) *und stationärem Fluß bzw. Ankerstellbereich* ($\Psi_{2A} = const.$)

und der Strom $I_{2A} = 0$ ist, weil der Fluß Ψ_{2A} über M/L_1 nur vom Statorfluß Ψ_{1A} vorgegeben wird.

In diesem Fall kann der Signalflußplan im stationären Betrieb für $\Psi_{2A} = \text{const.}$ weiter vereinfacht werden zu Abb. 5.49. Aus dem Signalflußplan sind die Unterschiede zu dem Beispiel mit Statorflußorientierung zu erkennen. Das Drehmoment M_{Mi} kann bei $\Psi_{2A} = \text{const.}$ und Rotorflußorientierung mit $\Psi_{2B} = d\Psi_{2B}/dt = 0$ direkt über Ψ_{1B} gesteuert werden.

Allerdings muß, um $\Psi_{2B} = d\Psi_{2B}/dt = 0$ sicherzustellen, gelten:

$$\Omega_2 \cdot \Psi_{2A} = -R_2 \cdot I_{2B} = \frac{R_2 \cdot M}{\sigma L_1 L_2} \cdot \Psi_{1B} = \frac{M}{L_1} \cdot \Omega_{2K} \cdot \Psi_{1B} \tag{5.199}$$

und somit die **Steuerbedingung**

$$\Omega_2 = \frac{M}{L_1} \cdot \Omega_{2K} \cdot \frac{\Psi_{1B}}{\Psi_{2A}} = \frac{R_2 \cdot M}{\sigma L_1 L_2} \cdot \frac{\Psi_{1B}}{\Psi_{2A}} \tag{5.200}$$

eingehalten werden.
Für das Drehmoment ergibt sich:

$$M_{Mi} = \frac{3}{2} \cdot Z_p \cdot \frac{M}{\sigma L_1 L_2} \cdot \Psi_{2A} \cdot \Psi_{1B} \tag{5.201}$$

bzw. $$M_{Mi} = \frac{3}{2} \cdot Z_p \cdot \frac{M^2}{\sigma {L_1}^2 L_2} \cdot \Psi_{1A} \cdot \Psi_{1B} \tag{5.202}$$

oder $$M_{Mi} = \frac{3}{2} \cdot Z_p \cdot \frac{\Psi_{2A}^2}{R_2} \cdot \Omega_2 \tag{5.203}$$

Der Fluß Ψ_{1B} ist mit U_{1B} direkt steuerbar. Für die Statorseite gilt im Laplace-Bereich:

$$\left(U_{1A}(s) + \Omega_K(s) * \Psi_{1B}(s) + \frac{M \cdot R_1}{\sigma L_1 L_2} \cdot \Psi_{2A}(s) \right) \cdot \frac{\Omega_{1K}^{-1}}{1 + sT_{1K}} = \Psi_{1A}(s) \tag{5.204}$$

$$\left(U_{1B}(s) - \Omega_K(s) * \Psi_{1A}(s) \right) \cdot \frac{\Omega_{1K}^{-1}}{1 + sT_{1K}} = \Psi_{1B}(s) \tag{5.205}$$

$$\text{mit} \quad \Omega_{1K}^{-1} = T_{1K} = \frac{\sigma L_1}{R_1} \tag{5.206}$$

Damit ergibt sich im stationären Betrieb ($\Omega_K = \Omega_1$) für die erforderlichen Statorspannungen:

$$U_{1A} = \left(\frac{L_1}{M} - \frac{M}{L_2} \right) \cdot \Omega_{1K} \cdot \Psi_{2A} - \Omega_1 \cdot \Psi_{1B} \tag{5.207}$$

$$U_{1B} = \frac{L_1}{M} \cdot \Psi_{2A} \cdot \Omega_1 + \Omega_{1K} \cdot \Psi_{1B} \tag{5.208}$$

$$\text{mit} \quad \Psi_{1B} = f(M_{Mi})$$

U_{1A} ist eine Funktion von Ψ_{1A} bzw. Ψ_{2A} und über $\Omega_1 \cdot \Psi_{1B}$ auch des Moments M_{Mi}. U_{1B} ist proportional zu Ψ_{1A} bzw. Ψ_{2A} und Ω_1 (Leerlaufbedingung) sowie zu Ψ_{1B} (Momenteinfluß).

Bei Leerlauf ($M_{Mi} = 0$ d.h. $\Psi_{1B} = 0$) und $R_1 = 0$ können die Raumzeiger wie in Abb. 5.50 gezeichnet werden.

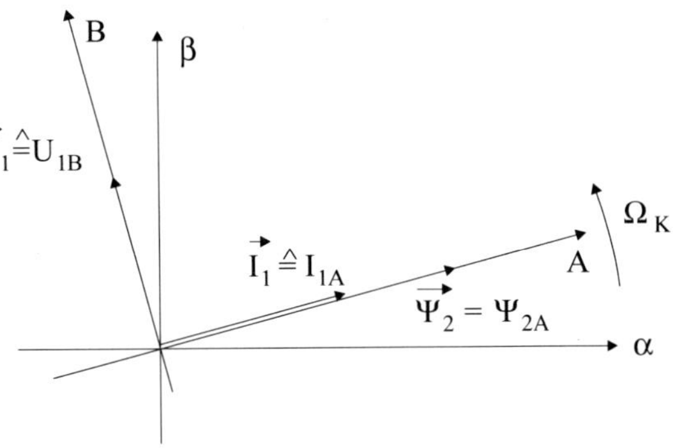

Abb. 5.50: *Raumzeiger bei Rotorflußorientierung; Bedingung: $R_1 = 0$ und $M_{Mi} = 0$ (Leerlauf)*

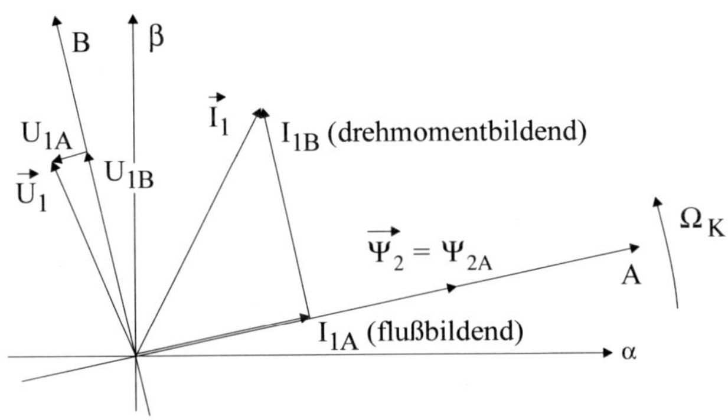

Abb. 5.51: *Raumzeiger bei Rotorflußorientierung; Bedingung: $R_1 = 0$ und $M_{Mi} \neq 0$*

Wenn $M_{Mi} \neq 0$ ist, haben beide Speisespannungen einen zusätzlichen Anteil, der von Ψ_{1B} (Momenteinfluß) abhängig ist (Abb. 5.51).

Eine Umformung der Spannungsgleichungen in $U_{1A} = f(M_{Mi}, \Omega_m)$ und $U_{1B} = f(M_{Mi}, \Omega_m)$ ist mit Hilfe folgender Gleichung möglich. Aus Kap. 5.4 und Gl. (5.87) ist bekannt:

$$\frac{d\Psi_{2A}}{dt} = -\frac{R_2}{\sigma L_2} \cdot \left(\Psi_{2A} - \frac{M}{L_1} \cdot \Psi_{1A} \right) + \Omega_2 \cdot \Psi_{2B} + U_{2A} \tag{5.209}$$

Mit $U_{2A} = \Psi_{2B} = 0$ und $\Psi_{2A} = \text{const.} \Longrightarrow d\Psi_{2A}/dt = 0$ (stationär $\Omega_K = \Omega_1$) erhält man die erforderliche Statorfrequenz und Statorspannung im stationären Betrieb:

$$\Psi_{1A} = \frac{L_1}{M} \cdot \Psi_{2A} \tag{5.210}$$

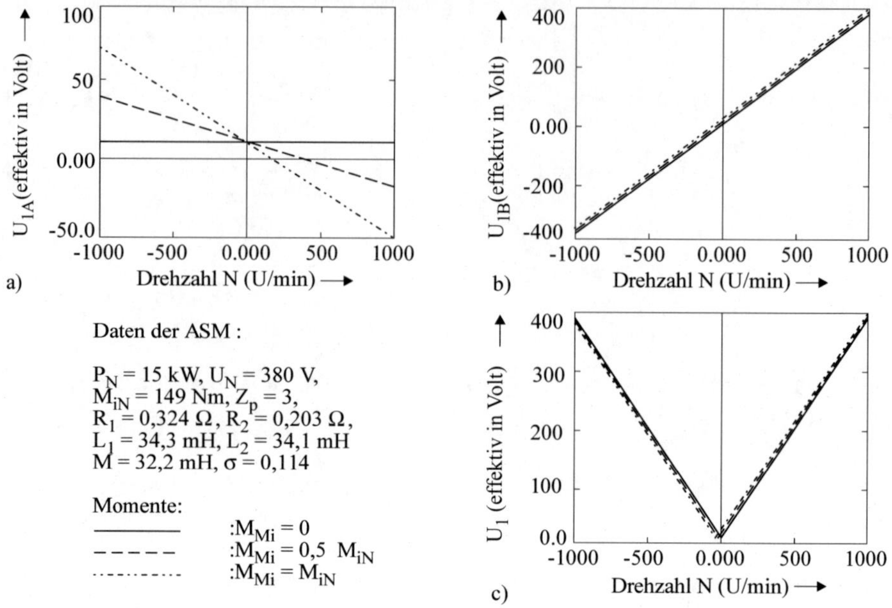

Abb. 5.52: *Stationäre Kennlinien einer realen ASM bei konstantem Rotorfluß* Ψ_{2A} *(Ankerstellbereich)*

Aus Gl. (5.201) ergibt sich:

$$\Psi_{1B} = \frac{2}{3} \cdot \frac{1}{Z_p} \cdot \frac{\sigma L_1 L_2}{M} \cdot \frac{M_{Mi}}{\Psi_{2A}} \tag{5.211}$$

und mit Gl. (5.203) sowie $\Omega_1 = Z_p \cdot \Omega_m + \Omega_2$:

$$\Omega_1 = Z_p \cdot \Omega_m + \frac{2}{3} \cdot \frac{R_2}{Z_p} \cdot \frac{M_{Mi}}{\Psi_{2A}^2} \tag{5.212}$$

Einsetzen in Gl. (5.207) und (5.208) führt zu:

$$\begin{aligned} U_{1A} &= \frac{R_1}{\sigma L_1} \cdot \left(\frac{L_1}{M} - \frac{M}{L_2} \right) \cdot \Psi_{2A} \\ &\quad - \frac{4}{9} \cdot \frac{R_2 \cdot \sigma L_1 L_2}{{Z_p}^2 \cdot M} \cdot \frac{M_{Mi}^2}{\Psi_{2A}^3} - \frac{2}{3} \cdot \frac{\sigma L_1 L_2}{M} \cdot \frac{M_{Mi}}{\Psi_{2A}} \cdot \Omega_m \end{aligned} \tag{5.213}$$

$$U_{1B} = \frac{2}{3} \cdot \frac{R_2 L_1 + R_1 L_2}{Z_p \cdot M} \cdot \frac{M_{Mi}}{\Psi_{2A}} + Z_p \cdot \frac{L_1}{M} \cdot \Psi_{2A} \cdot \Omega_m \tag{5.214}$$

Die Kennlinien in Abb. 5.52 erhält man durch Einsetzen der Daten einer realen ASM.

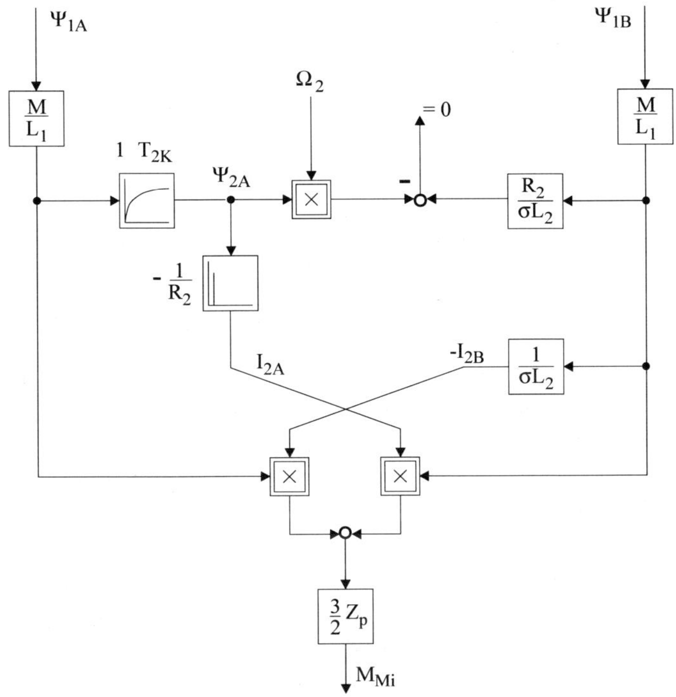

Abb. 5.53: *Umgeformter Signalflußplan bei Rotorflußorientierung*

Dynamisches Verhalten:

Aus den Signalflußplänen in Abb. 5.48 und 5.49 ist zu erkennen, daß das Moment M_{Mi} bei **konstantem** Rotorfluß Ψ_{2A} (Ankerstellbereich und Feldschwächbereich) direkt über I_{2B} bzw. Ψ_{1B} gesteuert werden kann. Der Fluß Ψ_{1B} ist seinerseits wiederum mit der Zeitverzögerung T_{1K} über die Spannung U_{1B} steuerbar. Somit liegen vergleichbare Verhältnisse wie bei der Gleichstrommaschine vor.

Im allgemeinen sind aber im Feldschwächbereich auch Änderungen des Flusses Ψ_{2A} bei Übergangsvorgängen notwendig. In diesem Fall muß die Zeitverzögerung T_{2K} zwischen Ψ_{1A} und Ψ_{2A} beachtet werden (Abb. 5.48).

Aus dem Signalflußplan Abb. 5.53 erkennt man, wie das Moment dynamisch über Ψ_{1A} und Ψ_{1B} gesteuert werden kann, wenn Ω_2 (elektrische Kreisfrequenz des K–Systems gegenüber dem Rotor) so gewählt wird, daß $\Psi_{2B} \equiv 0$ ist.

In der Realität sind als Stellgrößen aber nicht die Flußkomponenten verfügbar, sondern U_1 bzw. I_1. Im folgenden soll der Signalflußplan für Stromeinprägung hergeleitet werden, d.h. mit I_{1A} und I_{1B} als Eingangsgrößen. Ausgangspunkt ist die Momentgleichung

$$M_{Mi} = \frac{3}{2} \cdot Z_p \cdot \frac{M}{L_1} \cdot (\Psi_{1B} \cdot I_{2A} - \Psi_{1A} \cdot I_{2B}) \qquad (5.215)$$

Aus den Grundgleichungen nach Kap. 5.4 lassen sich für $\Psi_{2B} = 0$ folgende Beziehungen herleiten:

$$\Psi_{1B} = \sigma L_1 \cdot I_{1B} \tag{5.216}$$

$$I_{2A} = \frac{1}{\sigma L_2} \cdot \Psi_{2A} - \frac{M}{\sigma L_1 L_2} \cdot \Psi_{1A} \tag{5.217}$$

$$I_{2B} = -\frac{M}{\sigma L_1 L_2} \cdot \Psi_{1B} = -\frac{M}{L_2} \cdot I_{1B} \tag{5.218}$$

Setzt man diese Beziehung in die Momentgleichung (5.215) ein, erhält man:

$$M_{Mi} = \frac{3}{2} \cdot Z_p \cdot \frac{M}{L_2} \cdot I_{1B} \cdot \Psi_{2A} \tag{5.219}$$

Wie man sieht, kann bei Orientierung des K–Systems am Rotorfluß Ψ_{2A} das Drehmoment M_{Mi} über die Stromkomponente I_{1B} verzögerungsfrei gesteuert werden. Für die Steuerung von Ψ_{2A} erhält man aus den Grundgleichungen (mit $\Psi_{2B} = 0$) eine Differentialgleichung 1. Ordnung:

$$\begin{aligned} \frac{d\Psi_{2A}}{dt} &= -\frac{R_2}{\sigma L_2} \cdot \left(\Psi_{2A} - \frac{M}{L_1} \cdot \Psi_{1A} \right) \\ &= -\frac{R_2}{\sigma L_2} \cdot \left[\Psi_{2A} - \frac{M}{L_1} \cdot \left(\frac{M}{L_2} \cdot \Psi_{2A} + \sigma L_1 I_{1A} \right) \right] \end{aligned} \tag{5.220}$$

$$\Longrightarrow \quad \frac{d\Psi_{2A}}{dt} + \frac{R_2}{L_2} \cdot \Psi_{2A} = M \cdot \frac{R_2}{L_2} \cdot I_{1A} \tag{5.221}$$

Ψ_{2A} kann also mit der Zeitkonstanten $T_2 = L_2/R_2$ über die Stromkomponente I_{1A} gesteuert werden (Transformation in den Laplace-Bereich):

$$\Psi_{2A}(s) = M \cdot I_{1A}(s) \cdot \frac{1}{1 + sT_2} \qquad \text{mit} \quad T_2 = \frac{L_2}{R_2} \tag{5.222}$$

In Abb. 5.54 sind diese Zusammenhänge dargestellt.

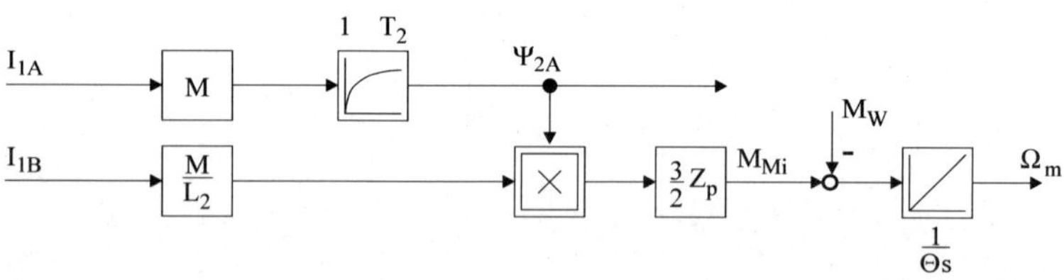

Abb. 5.54: *Signalflußplan der ASM bei Orientierung des K–Systems am Rotorfluß Ψ_{2A} und eingeprägten Statorströmen*

Wie schon in Kap. 5.7.1 dargelegt, muß generell daran erinnert werden, daß Ω_K beispielsweise bei einer Momentänderung kurzzeitige Frequenzänderungen aufweist gegenüber dem stationären Betriebszustand. Diese Frequenzänderungen sind notwendig, um den resultierenden Phasenänderungen, die durch die Änderungen von U_{1A} und U_{1B} bzw. I_{1A} und I_{1B} bedingt sind, zu folgen. Dies gilt unabhängig davon, ob die Asynchronmaschine mit konstantem Stator- oder Rotorfluß betrieben wird, oder ob ein Umrichter mit eingeprägter Spannung oder eingeprägtem Strom eingesetzt wird.

5.7.3 Asynchronmaschine am Umrichter mit eingeprägtem Statorstrom

Mit Regelkreisen können statt der Spannung auch die Statorströme eingeprägt werden. Beispielhaft sollen für den A-Teil der Statorseite die Zusammenhänge aus Abb. 5.24 und Rotorflußorientierung dargestellt werden.

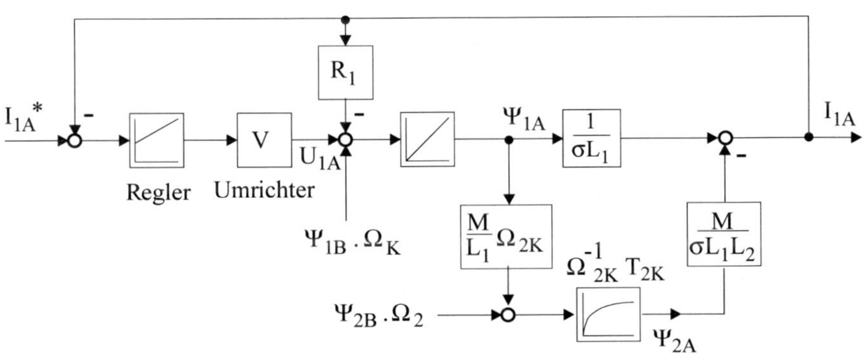

Abb. 5.55: *Signalflußplan der Statorstromregelung für den A-Teil der Statorseite*

Wie aus dem Signalflußplan (Abb. 5.55) zu erkennen ist, greifen in den Regelkreis einige Störgrößen ein. Die erste Störgröße ist $\Psi_{1B} \cdot \Omega_K$, wenn das Drehmoment M_{Mi} verstellt wird. Die zweite Störgröße ist die Rückwirkung von Ψ_{1A} über den Rotorfluß, und die dritte Störgröße ist $\Psi_{2B} \cdot \Omega_2$, wenn es dynamisch nicht gelingt, den Fluß Ψ_{2B} in jedem Betriebszustand bei Null zu halten.

Aus den Ableitungen ist bekannt, daß das Moment über Ω_2 gesteuert wird. Daher muß entsprechend den Momentanforderungen Ω_2 verstellbar sein. Der Fluß Ψ_{2A} wird der Verstellung von Ψ_{1A} bzw. Ω_2 verzögert mit der Zeitkonstanten T_{2K} folgen.

Der Störgrößeneinfluß von Ψ_{1A} und $\Psi_{2B} \cdot \Omega_2$ kann durch eine sehr schnelle Regelung des Stroms verringert werden. Allerdings muß das Stellglied V dann eine ausreichende Spannungsreserve besitzen.

6 Synchronmaschine

6.1 Funktionsweise von Synchronmaschinen

In Kap. 5.2 wurde die prinzipielle Funktionsweise der Asynchronmaschine und im besonderen die Drehfelderzeugung und die Drehmomentbildung erläutert. Bezüglich der Drehfelderzeugung sind die in Abschnitt 5.2.1 ausführlich beschriebenen Vorgänge direkt auf die Synchronmaschine übertragbar, da der Stator einer Synchronmaschine mit demjenigen einer Asynchronmaschine identisch aufgebaut ist. In beiden Maschinentypen sind im Stator mit der Polpaarzahl $Z_p = 1$ drei räumlich um jeweils 120° versetzte Wicklungen angeordnet, die von einem Drehspannungssystem gespeist werden. Somit entsteht bei der Synchronmaschine auf die selbe Weise wie bei der Asynchronmaschine ein umlaufendes Drehfeld.

Der Unterschied zwischen Synchron- und Asynchronmaschine beschränkt sich daher ausschließlich auf den Aufbau des Rotors. Im Gegensatz zur Asynchronmaschine mit ihrem Käfigläufer ist der Rotor einer Schenkelpolmaschine ein zweipoliger Anker (siehe Abbildung 6.1) aus Material mit hoher magnetischer Permeabilität. Dieser Rotor, das sogenannte Polrad, besitzt eine von Gleichstrom gespeiste Rotorwicklung, die ein magnetisches Rotor-Gleichfeld erzeugt, dies wird durch den Pfeil (d–Achse) in Abbildung 6.1 gekennzeichnet. Dies bedeutet, der Rotor wirkt wie ein Permanent–Magnet oder es sind – bei modernen Synchronmaschinen – direkt am/im Rotor Permanentmagnete angeordnet. Es ist einsichtig, daß der Rotor im idealen Leerlauf als magnetisch wirksame Komponente nun dem vom Stator erzeugten Magnetfeld in der Drehzahl und in der Positionierung synchron und phasengenau folgt, um im Leerlauf die beste Flußverkettung zu erreichen, d.h. der Rotor folgt der Drehzahl des vom Stator erzeugten Drehfeldes (siehe Kapitel 3.1.4.7 und Abb. 3.15). Falls die Frequenz des Drehspannungssystems, welches den Stator speist, variabel ist, wird somit auch die Drehzahl des Rotors variabel sein.

Um ein vertieftes Verständins der Erzeugung des Drehmoments bei der Synchronmaschine zu erhalten, soll nochmals der Zusammenhang zwischen Magnetfeld und Oberflächenstrom am Beispiel Synchronmaschine erläutert werden. Aus den Ausführungen in den Abschnitten 3.1.4.4 und 3.1.4.7 geht hervor, daß gemäß

$$I \sim H \tag{6.1}$$

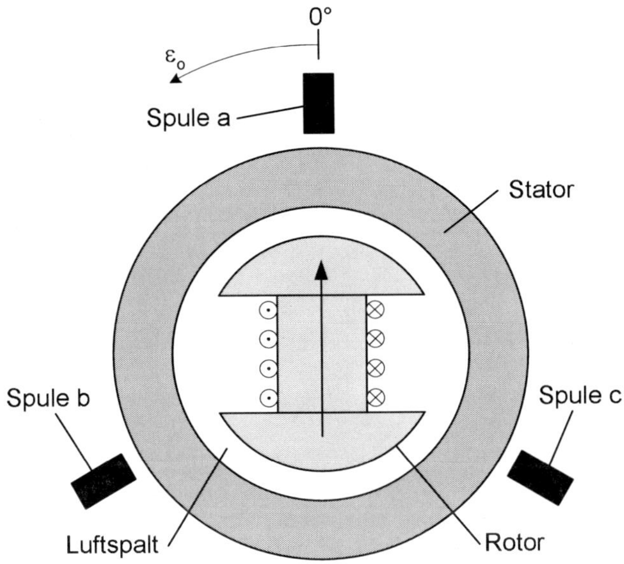

Abb. 6.1: *Schnittzeichnung der Synchronmaschine mit Erregerwicklung am Rotor*

jeder Stromfluss ein Magnetfeld erzeugt, und daß umgekehrt jedes Magnetfeld einen Oberflächenstrom im ferromagnetischen Material hervorruft. Das von der Erregerspule erzeugte magnetische Feld wird entsprechend Kapitel 3.1.4.4 und Abb. 3.11 an den beiden Köpfen des Schenkelpolrotors resultierende Oberflächenströme hervorrufen, die zu einem Oberflächen-Strombelag führen, wie in Abb. 6.2 dargestellt. Wenn nun ein Drehfeld durch die Statorströme erzeugt wird (Kapitel 5.2.1), dann wird aufgrund des Drehfeldes vom Stator zusammen mit den resultierenden Oberflächenstrombelägen an den Köpfen des Schenkelpols wiederum eine Lorentzkraft erzeugt. Im vorliegenden Fall in Abb. 6.2 hat die Orientierung des Stator-Drehfeldes stets exakt die gleiche Orientierung wie das Rotor-Gleichfeld und stimmt mit der Orientierung des Schenkelpols überein, so dass sich in Summe die resultierende Lorentzkraft zu Null und somit das Drehmoment ebenso zu Null ergibt.

Wenn allerdings ein Phasenwinkel zwischen beiden Orientierungen der magnetischen Felder und damit zwischen der Orientierung des Rotorfeldes und des Schenkelpols angenommen wird, dann ist die Symmetrie nicht mehr gegeben, und es wird ein Drehmoment erzeugt. Um dies im folgenden genauer zu erläutern, eignet sich die Einführung des sogenannten Polradwinkels ϑ.

Allgemein wird der Winkel zwischen dem Raumzeiger der Statorspannung $\vec{U}_1$ und dem Raumzeiger der Polradspannung $\vec{U}_P$ als ϑ bezeichnet. Wie aber den Abbildungen 6.23 und 12.15 zu entnehmen ist, tritt der Polradwinkel ϑ ebenso als Winkel ϑ zwischen der Orientierung d des Polrads und dem Raumzeiger $\vec{I}_\mu$ und damit der Orientierung des Statordrehfeldes auf. Im Gegensatz zu den Ab-

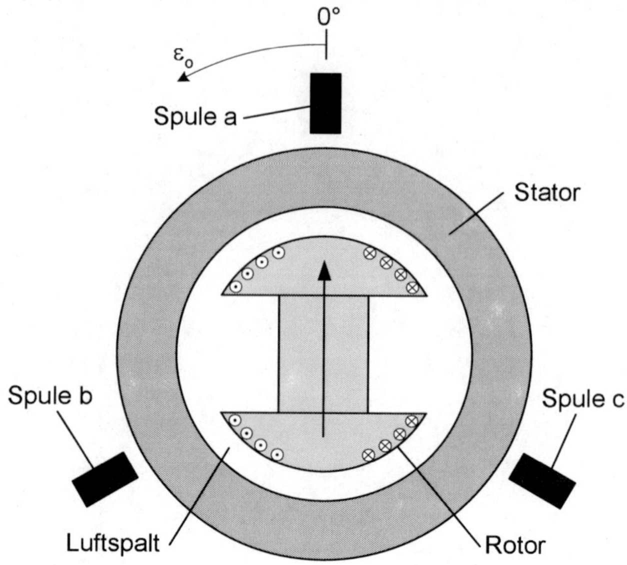

Abb. 6.2: *Schnittzeichnung der Synchronmaschine mit Oberflächenstrom im Rotor, erzeugt durch einen Permanentmagneten bzw. durch eine bestromte Erregerwicklung*

bildungen 6.1 und 6.2 stellen ab Abb. 6.3 ff. die Pfeile nun den sinusförmigen Statorstrombelag bzw. die vom Arbeitspunkt abhängige Orientierung des Stator–Drehfeldes dar. Da Motorbetrieb angenommen wird, muß bei positivem Drehmoment M_{Mi} das Drehfeld dem Polrad voreilen; bei Generatorbetrieb nacheilen. Die Stromverteilung an der Polrad–Oberfläche sind die Oberflächenströme aufgrund des Erreger–Gleichfeldes.

In der linken Zeichnung der Abbildung 6.3 ist der symmetrische Fall aufgezeichnet, d.h. das Maximum des sinusförmigen Stator-Strombelags stimmt in der Orientierung mit der Symmetrieachse des Polschenkels überein, der Polradwinkel ϑ ist in diesem Falle $\vartheta = 0°$. Die Oberflächenströme fließen auf beiden Seiten eines Polschenkels in entgegengesetzte Richtungen. Da das Maximum des Stator-Drehfeldes mit der Symmetrieachse des Rotors zusammenfällt, liegen ausgewogene Verhältnisse vor. Aus diesem Grund gleichen sich die entstehenden Kräfte vollständig aus. Wegen dieser Kompensation ist keine Kraftwirkung zu erwarten, für den Polradwinkel $\vartheta = 0°$ kann daher kein Drehmoment entstehen.

Anders gestalten sich die Verhältnisse bei unsymmetrischer Feldverteilung. Stimmt die Symmetrieachse des Rotors nicht mit dem Maximum des Stator-Drehfeldes überein, so befindet sich ein Teil des Polschenkels in einem stärkeren Stator-Drehfeld als der andere Teil. In der rechten Zeichnung der Abbildung 6.3 ist ein Polradwinkel von $\vartheta = 55°$ eingetragen, d.h. der wandernde Stator-Strombelag ist um $\vartheta = 55°$ gegenüber dem Rotor verdreht. Nachdem sich hier die linke Hälfte des Schenkels im Bereich des maximalen Feldes befindet, kann dort

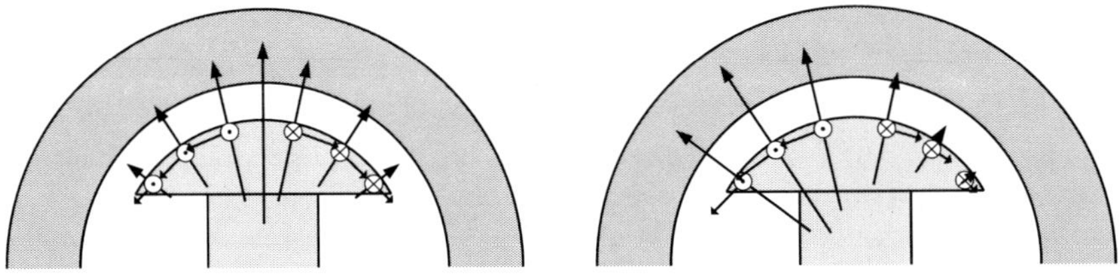

Polradwinkel $\vartheta = 0°$ Polradwinkel $\vartheta = 55°$

Abb. 6.3: *Entstehende Lorentzkräfte bei den Polradwinkeln 0° (linke Zeichnung) und 55° (rechte Zeichnung)*

auch die maximale Lorentzkraft erwartet werden. Die rechte Hälfte liegt dagegen wegen der sinusförmigen Feldverteilung im Bereich reduzierter Feldstärken, weshalb sich dort niedrige Lorentzkräfte ergeben. Auch im Falle positiver Polradwinkel wirken die Lorentzkräfte an beiden Hälften des Polschenkels in entgegengesetzte Richtungen, aber aufgrund der sinusförmigen Feldverteilung fallen deren Beträge ungleich aus. Es tritt daher keine vollständige Kompensation der Kräfte ein, sondern es verbleibt ein Differenzbetrag, um die Maschine anzutreiben.

Offensichtlich wird das größtmögliche Drehmoment bei einem Polradwinkel von $\vartheta_0 = 90°$ erreicht, wenn sich der Polschenkel über 180° erstreckt (Vollpolmaschine). Nachdem, bedingt durch die sinusförmige Feldverteilung, beide Hälften des Polschenkels von einem Feld in entgegengesetzter Richtung durchflutet werden, entsteht — zusammen mit den entgegengerichteten Oberflächenströmen — eine einheitliche Kraftrichtung, wie in Abbildung 6.4 dargestellt ist. Da das Feld

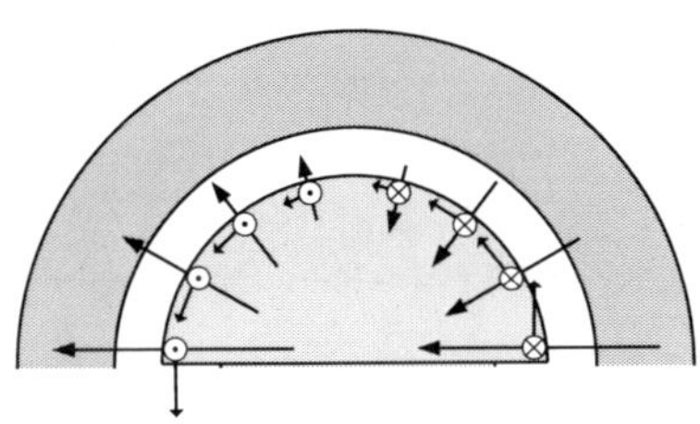

Polradwinkel $\vartheta = 90°$

Abb. 6.4: *Entstehende Lorentzkräfte beim Polradwinkel 90°*

um 90° gegenüber dem Anker verdreht ist, tritt an der Stelle 0° sowohl ein Vorzeichenwechsel im Luftspaltfeld auf, als auch ein Vorzeichenwechsel im Oberflächenstrom. Diese zweifache Vorzeichenumkehr ist ausschlaggebend dafür, daß bei der Addition der Einzelkräfte keine kompensierenden Effekte auftreten, die zu einer Verringerung des Drehmomentes führen.

In den folgenden Kapiteln werden die Gleichungen sowie die Signalflußpläne der verschiedenen Ausführungsformen der Synchronmaschinen dargestellt und daraus u.a. die Steuerbedingungen der verschiedenen Betriebsarten abgeleitet. Um den Einstieg zu ermöglichen, sei u.a. auf die Kapitel 5.3 und 5.4 hingewiesen, die wesentliche Grundlagen für das Verständnis enthalten.

Um die Signalflußpläne nicht allzu komplex werden zu lassen, sollen folgende vereinfachende Annahmen gelten:

- Die Magnetisierungskennlinie wird linear angenommen;
- Haupt- und Gegeninduktivitäten der Maschine können in Längs- und Querrichtung verschieden sein;
- der Stator besitzt eine symmetrische dreisträngige Wicklung, die in eine mit dem Rotor rotierende äquivalente zweisträngige Wicklung umgerechnet werden kann;
- das speisende Drehspannungssystem ist symmetrisch, starr und enthält keine Nullkomponente;
- die rotorseitigen Parameter sind auf den Statorkreis umgerechnet;
- Einflüsse der Stromverdrängung in den Leitern bleiben unberücksichtigt;
- die Eisenverluste werden vernachlässigt;
- es wird nur die gegenseitige Dämpfung der magnetischen Grundfelder (einfacher Polpaarzahl) im Luftspalt betrachtet;
- Unsymmetrien eines ungleichmäßigen oder unvollständigen Dämpferkäfigs können in Form unsymmetrischer Widerstände und Induktivitäten der zweisträngigen Dämpfer-Ersatzwicklung berücksichtigt werden;
- die Erregerachse soll entweder mit der Mitte einer Dämpfermasche oder mit der Mitte eines Dämpferstabes fluchten;
- eine magnetische Kopplung von Erregerwicklung und Dämpferkäfig über die Nutenquerfelder (für den Fall, daß beide Wicklungen in gemeinsamen Nuten untergebracht sind) kann gegebenenfalls über eine erhöhte Gegeninduktivität M_{ED} berücksichtigt werden.

6.2 Synchron–Schenkelpolmaschine ohne Dämpferwicklung

6.2.1 Beschreibendes Gleichungssystem

Im folgenden Kapitel soll eine Schenkelpolmaschine vorausgesetzt werden. In diesem Fall ist der Rotor ein Polrad mit ausgeprägten Polen. Dieses Polrad trägt nur die Erregerwicklung der Synchronmaschine (Abb. 6.5). Falls die Schenkelpolmaschine eine Dämpferwicklung aufweist, muß dies durch ein zusätzliches dreiphasiges Wicklungssystem 3 berücksichtigt werden (Abb. 6.6).

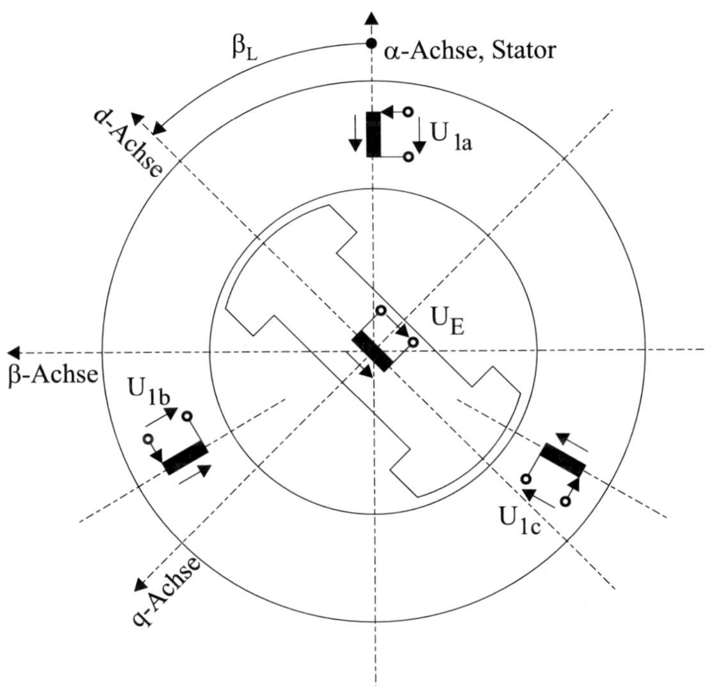

Abb. 6.5: *Synchron–Schenkelpolmaschine ohne Dämpferwicklung: Darstellung der Wicklungssysteme (Sternschaltung im Stator)*

Auf die Vorkenntnisse, die bei der Ableitung des Signalflußplans der allgemeinen Drehfeldmaschine erarbeitet wurden, wird im folgenden zurückgegriffen. Die Ableitungen der Gleichungen soll entsprechend *Laible* [28], *Fischer* [13] und *Bühler* [10] erfolgen.

Bei der Ableitung der Statorgleichungen der Synchronmaschine sind die Statorgleichungen der allgemeinen Drehfeldmaschine zu übertragen, da der Stator bei der Synchronmaschine auch ein dreiphasiges, symmetrisches Wicklungssystem aufweist. Dieses dreiphasige Wicklungssystem kann vorteilhaft in einem

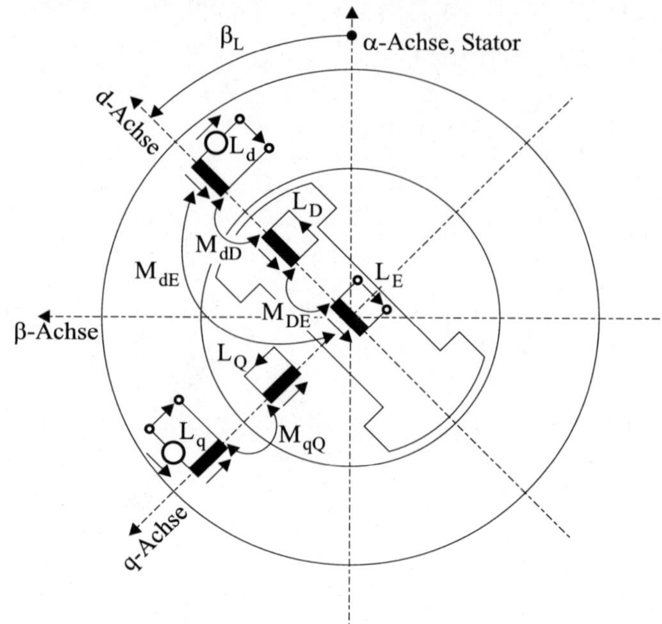

L_d, L_q : Statorsystem, Wicklungsystem 1

L_E : Polrad-Erregung, Wicklungssystem 2

L_D, L_Q : Dämpfersystem, Wicklungssystem 3

Abb. 6.6: *Synchron–Schenkelpolmaschine mit Dämpferwicklung: Darstellung im d-q—System*

Gleichungssystem mit einem statorfesten Koordinatensystem beschrieben werden.

Der Rotor weist nur die Erregerwicklung auf. Aufgrund des ausgeprägten Pols wird sich vorwiegend in der direkten Achse (d-Achse) des Polrades ein Fluß der Erregerwicklung ausbilden können. Wegen dieser besonderen konstruktiven Situation wird für den Rotor das mit dem **Rotor umlaufende Koordinatensystem L** jetzt mit den allgemein verwendeten Achsenbezeichnungen d und q gewählt (Abb. 6.5 und 6.6). Dies bedeutet, daß damit die Kreisfrequenz Ω_L des umlaufenden Koordinatensystems L (d,q) auf die mit der Polpaarzahl Z_p umgerechnete mechanische Winkelgeschwindigkeit Ω_m des Rotors festgelegt ist.

$$\Omega_L = Z_p \cdot \Omega_m \tag{6.2}$$

Wie bei der allgemeinen Drehfeldmaschine gilt für das Statorwicklungssystem die folgende Spannungsgleichung (S: statorfestes Koordinatensystem):

$$\vec{U}_1^S = R_1 \cdot \vec{I}_1^S + \frac{d\vec{\Psi}_1^S}{dt} \tag{6.3}$$

Wie bereits in Abb. 6.5 dargestellt, soll eine Winkeldifferenz β_L zwischen der statorfesten Koordinatenachse α und der auf das Polrad orientierten Koordinatenachse d bestehen. Es gilt:

$$\beta_L = \beta_{L0} + \int_0^t \Omega_L(\tau)\, d\tau \tag{6.4}$$

mit β_{L0} als Anfangswert des Winkels zum Zeitpunkt Null und der elektrischen Winkelgeschwindigkeit Ω_L des Polrades, vom statorfesten Koordinatensystem aus betrachtet.

Wie in Kap. 5.3 soll nun in einem zweiten Schritt für die Wicklungssysteme des Stators und des Polrads das gemeinsame Koordinatensystem L gewählt werden. Im vorliegenden Fall der Schenkelpolmaschine ist es naheliegend, das Koordinatensystem L auf das ausgeprägte Polrad des Rotors entsprechend Abb. 6.5 zu orientieren.

Bei der Transformation der Spannungsgleichung des Stators muß außerdem beachtet werden, daß sowohl die Amplitude des Flusses Ψ_1 als auch die Lage relativ zum Koordinatensystem L zeitvariant sind. Es muß somit die Produktregel bei der Differentiation des Flusses angewendet werden, da die Differentiation sowohl nach der zeitvarianten Amplitude als auch nach der Lage erfolgen muß. Es ergibt sich somit:

$$\vec{U}_1^L = R_1 \cdot \vec{I}_1^L + \frac{d\vec{\Psi}_1^L}{dt} + j\Omega_L \cdot \vec{\Psi}_1^L \qquad \text{mit} \quad \frac{d\beta_L}{dt} = \Omega_L \tag{6.5}$$

Der zweite Term in Gl. (6.5) beschreibt die induzierte Spannung aufgrund der Amplitudenänderung, der dritte Term aufgrund der Lageänderung.
Die obige Gleichung (6.5) kann direkt in die d- und q–Komponenten zerlegt werden:

$$U_d = R_1 \cdot I_d + \frac{d\Psi_d}{dt} - \Omega_L \cdot \Psi_q \tag{6.6}$$

$$U_q = R_1 \cdot I_q + \frac{d\Psi_q}{dt} + \Omega_L \cdot \Psi_d \tag{6.7}$$

Ein vergleichbares Gleichungssystem hatte sich auch für das Statorsystem der allgemeinen Drehfeldmaschine ergeben.
Für die Gleichungen des Erregerkreises gilt entsprechend:

$$\vec{U}_E^L = R_E \cdot \vec{I}_E^L + \frac{d\vec{\Psi}_E^L}{dt} \tag{6.8}$$

Der hochgestellte Index L kann entfallen, da alle Gleichungen jetzt im gleichen Koordinatensystem vorliegen (nur d-Achse).

$$U_E = R_E \cdot I_E + \frac{d\Psi_E}{dt} \tag{6.9}$$

Wie bei der allgemeinen Drehfeldmaschine müssen noch die Flußverkettungen zwischen Stator und Rotor beschrieben werden.

Die Induktivitäten in der d- und q-Achse unterscheiden sich bei der Schenkelpolmaschine. Die Statorinduktivitäten sind L_d und L_q, die Polrad-Induktivität ist L_E, die Gegeninduktivitäten zwischen Stator und Polrad sind M_{dE} bzw. $M_{qE} = 0$ (siehe auch Abb. 6.6).

Aus den bisherigen Darstellungen und Abb. 6.5 folgt, daß bei der Schenkelpolmaschine ohne Dämpferwicklung nur eine Flußverkettung in der d-Achse über M_{dE} möglich ist.
Damit gilt:

$$\Psi_d = L_d \cdot I_d + M_{dE} \cdot I_E \tag{6.10}$$

$$\Psi_q = L_q \cdot I_q \tag{6.11}$$

$$\Psi_E = L_E \cdot I_E + M_{dE} \cdot I_d \tag{6.12}$$

Die Induktivitäten in der d- und q-Achse lassen sich in Streu- und Hauptinduktivitäten aufteilen. In der d-Achse entspricht die Hauptinduktivität der Gegeninduktivität.

$$L_d = L_{\sigma d} + L_{hd} = L_{\sigma d} + M_{dE}\,; \qquad L_q = L_{\sigma q} + L_{hq} \tag{6.13}$$

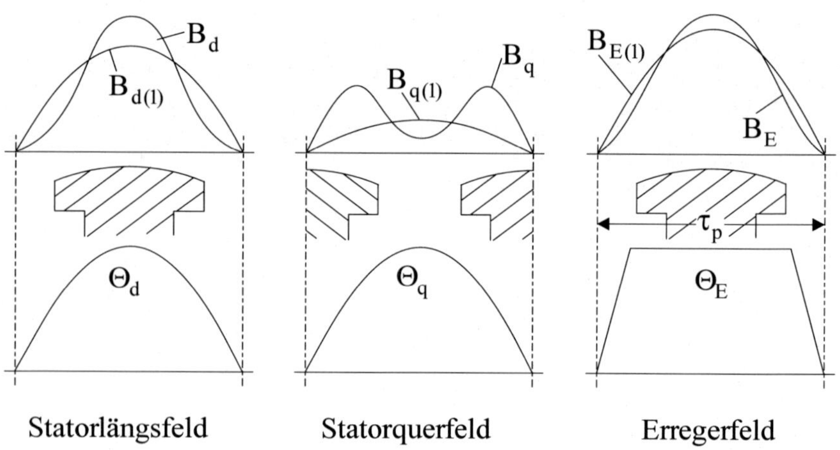

Abb. 6.7: *Bestimmung der Grundwellenfelder bei gleicher Erreger- und Statordurchflutung ($\Theta = I \cdot w$: Amperewindungen)*

Zur Veranschaulichung der Durchflutungs- und Feldverhältnisse dient Abb. 6.7. Daraus ist zu entnehmen, daß die Grundwellen $B_{d(1)}$ bzw. $\Psi_{d(1)}$ und $B_{E(1)}$

bzw. $\Psi_{E(1)}$ deutlich größer als $B_{q(1)}$ bzw. $\Psi_{q(1)}$ sind. Entsprechend ist die Hauptinduktivität $L_{hd} > L_{hq}$ und die Streuinduktivität $L_{\sigma q} > L_{\sigma d}$, während $L_d > L_q$ ist.

Da wie bei der allgemeinen Drehfeldmaschine das erzeugte Drehmoment M_{Mi} und die mechanische Bewegungsgleichung unabhängig vom verwendeten Koordinatensystem sind, kann wie folgt aus Kap. 5.4 (siehe auch Kap. 10.2.2.2) übertragen werden:

$$M_{Mi} = \frac{3}{2} \cdot Z_p \cdot \left(\Psi_d \cdot I_q - \Psi_q \cdot I_d\right) \tag{6.14}$$

Die Drehmomentgleichung (6.14) muß für die Schenkelpolmaschine noch interpretiert werden. Wenn Ψ_d und Ψ_q in die Gleichung eingesetzt werden, erhält man mit:

$$\Psi_d = L_d \cdot I_d + M_{dE} \cdot I_E \tag{6.15}$$

$$\Psi_q = L_q \cdot I_q \tag{6.16}$$

für das Drehmoment:

$$M_{Mi} = \frac{3}{2} \cdot Z_p \cdot \Big(M_{dE} \cdot I_E \cdot I_q + (L_d - L_q) \cdot I_d \cdot I_q\Big) \tag{6.17}$$

Aus der Drehmomentgleichung (6.17) ist zu entnehmen, daß der erste Term aus der multiplikativen Verknüpfung des mit dem Stator verkoppelten Erregerflusses und des Statorstrombelags I_q entsteht. Im zweiten Term wird ein Drehmomentanteil beschrieben, der unabhängig vom Erregerstrom I_E ist. Wenn beispielsweise $I_E = 0$ gesetzt wird und eine Maschine mit ausgeprägten Polen des Polrads wie bei der Schenkelpolmaschine vorliegt, dann kann allein aufgrund von $L_d \neq L_q$ ein Drehmoment, das Reluktanzmoment (zweiter Term in Gl. (6.17)) erzeugt werden.

(Anmerkung: Im Fall der Vollpolmaschine (Turboläufer) ist $L_d = L_q$ und der zweite Term entfällt. Damit verbleibt bei der Vollpolmaschine $M_{Mi} \sim I_E \cdot I_q$. Es könnte nun die Frage entstehen, warum I_d in diesem Fall keinen Einfluß mehr auf die Drehmomentbildung hat, beim Blindleistungsbetrieb (Phasenschieber) aber I_E und I_d gleichberechtigt sind. Die Erklärung ist physikalisch: Es ist richtig, daß I_E und I_d beim Flußaufbau gleichberechtigt sind. Bei der Drehmomentbildung muß allerdings beachtet werden, daß die dreiphasige Statorwicklung, bedingt durch die Raumzeigerdarstellung, in zwei senkrecht zueinander angeordnete Statorwicklungen transformiert wird. Diese beiden senkrecht zueinander angeordneten Wicklungen führen die Ströme I_d und I_q; die Kraftwirkung wird aber vom Statorgehäuse aufgenommen und trägt nicht zum verfügbaren Moment M_{Mi} bei.)

Für eine Schenkelpolmaschine ohne Dämpferwicklung kann umgeformt werden:

$$M_{Mi} = \frac{3}{2} \cdot Z_p \cdot \Big((M_{dE} \cdot I_{\mu d} + L_{\sigma d} \cdot I_d) \cdot I_q - L_q \cdot I_d \cdot I_q\Big) \tag{6.18}$$

$$\text{mit} \quad I_{\mu d} = I_d + I_E \tag{6.19}$$

Aus Gl. (6.18) ist mit $I_{\mu d}$ die Verkettung der Flüsse Ψ_d und Ψ_E entsprechend der Ströme zu erkennen. Es gelten aber die obigen Aussagen bei $L_d = L_q$ weiterhin.

Mit der mechanischen Gleichung kann der komplette Gleichungssatz (6.20) für die Synchron-Schenkelpolmaschine im d-q–System geschrieben werden als:

$$\boxed{\begin{aligned}
\Psi_d &= L_d \cdot I_d + M_{dE} \cdot I_E \\
\Psi_q &= L_q \cdot I_q \\
\Psi_E &= L_E \cdot I_E + M_{dE} \cdot I_d \\
U_d &= R_1 \cdot I_d + \frac{d\Psi_d}{dt} - \Omega_L \cdot \Psi_q \\
U_q &= R_1 \cdot I_q + \frac{d\Psi_q}{dt} + \Omega_L \cdot \Psi_d \\
U_E &= R_E \cdot I_E + \frac{d\Psi_E}{dt} \\
M_{Mi} &= \frac{3}{2} \cdot Z_p \cdot \Big(M_{dE} \cdot I_E \cdot I_q + (L_d - L_q) \cdot I_d \cdot I_q \Big) \\
\Theta \cdot \frac{d\Omega_m}{dt} &= M_{Mi} - M_W \\
\Omega_L &= Z_p \cdot \Omega_m
\end{aligned}} \tag{6.20}$$

6.2.2 Synchron–Schenkelpolmaschine in normierter Darstellung

Das beschreibende Gleichungssystem (6.20) soll jetzt *normiert* werden. In einem ersten Schritt werden die Bezugswerte so gewählt, daß die Nähe zu den physikalischen Gleichungen möglichst gewahrt bleibt. Zur Vereinfachung der aus diesen Gleichungen ableitbaren Signalflußpläne werden dann in einem zweiten Schritt die Bezugswerte so gesetzt, daß sich die normierten Gleichungen und folglich auch die Signalflußpläne möglichst stark vereinfachen [10]. Dies ist vor allem aus regelungstechnischer Sicht sehr wünschenswert.

Die Bezugswerte für den Stator entsprechen den Daten der Maschine bei Nennbetrieb. Dabei sind U_{effN} und I_{effN} die Strangnenngrößen:

$$U_N = \sqrt{2} \cdot U_{effN}; \qquad I_N = \sqrt{2} \cdot I_{effN}; \qquad T_N = \frac{1}{2\pi \cdot F_N} \tag{6.21}$$

Die abgeleiteten Bezugswerte sind dann:

$$\Psi_N = T_N \cdot U_N; \qquad R_N = \frac{U_N}{I_N}; \qquad L_N = \frac{\Psi_N}{I_N} = T_N \cdot \frac{U_N}{I_N} \tag{6.22}$$

$$\Omega_N = \frac{1}{T_N} \text{ (elektrisch)}; \qquad \Omega_{0N} = \frac{1}{T_N \cdot Z_p} \text{ (mechanisch)} \tag{6.23}$$

$$\Omega_{0N} = 2\pi \cdot N_{0N}; \qquad M_{iN} = \frac{3}{2} \cdot \frac{U_N \cdot I_N}{\Omega_{0N}} \tag{6.24}$$

Induktivität und Reaktanz bei Nennfrequenz sind im normierten Fall gleich, z.B.:

$$l_d = \frac{L_d}{L_N} = \frac{2\,\pi \cdot F_N \cdot L_d}{Z_N} = x_d \; ; \qquad l_q = \frac{L_q}{L_N} = \frac{2\,\pi \cdot F_N \cdot L_q}{Z_N} = x_q \tag{6.25}$$

Die mechanische und die elektrische Winkelgeschwindigkeit und die Drehzahl des Rotors (Polrad) sind normiert im stationären Betrieb gleich:

$$\omega_L = \frac{\Omega_L}{\Omega_N} \; ; \qquad \omega_m = \frac{\Omega_m}{\Omega_{0N}} \; ; \qquad n = \frac{N}{N_{0N}} \tag{6.26}$$

$$\omega_L = \omega_m = n \tag{6.27}$$

Mit diesen Bezugswerten können die Gleichungen (6.9) bzw. (6.6) und (6.7) normiert werden:

$$u_d = r_1 \cdot i_d + T_N \cdot \frac{d\psi_d}{dt} - \omega_L \cdot \psi_q \tag{6.28}$$

$$u_q = r_1 \cdot i_q + T_N \cdot \frac{d\psi_q}{dt} + \omega_L \cdot \psi_d \tag{6.29}$$

Es ist sinnvoll, den Erregerkreis (und später auch den Dämpferkreis) nicht mit den Bezugswerten für den Stator zu normieren. Die Bezugswerte hierfür lauten:

$$U_{EN} = I_{EN} \cdot R_{EN} \; ; \qquad I_{EN} = \frac{\Psi_{EN}}{L_{EN}} \; ; \qquad T_E = \frac{L_{EN}}{R_{EN}} = \frac{\Psi_{EN}}{U_{EN}} \tag{6.30}$$

Um die Kopplung zwischen Stator- und Erregerkreis in normierter Darstellung zu beschreiben, wird noch der Bezugswert M_{dEN} für die Kopplungsinduktivität eingeführt:

$$M_{dEN} = \frac{\Psi_N}{I_{EN}} \tag{6.31}$$

Durch Einsetzen erhält man nun:

$$u_E = r_E \cdot i_E + T_E \cdot \frac{d\psi_E}{dt} \tag{6.32}$$

Die Momentgleichung und die bekannte mechanische Bewegungs-Differentialgleichung lauten normiert:

$$m_{Mi} = \psi_d \cdot i_q - \psi_q \cdot i_d \tag{6.33}$$

$$T_{\Theta N} \cdot \frac{d\omega_m}{dt} = m_{Mi} - m_W \qquad \text{mit} \quad T_{\Theta N} = \frac{\Theta \cdot \Omega_{0N}}{M_{iN}} \tag{6.34}$$

Die Normierung der Flußverkettungsgleichungen ergibt für ψ_d:

$$\psi_d = l_d \cdot i_d + m_{dE} \cdot i_E \tag{6.35}$$

Der Statorquerfluß ist unabhängig vom Strom der Erregerwicklung:

$$\psi_q = l_q \cdot i_q \tag{6.36}$$

Entsprechend Gl. (6.35) gilt für den Erregerfluß:

$$\psi_E = l_E \cdot i_E + m_{Ed} \cdot i_d \tag{6.37}$$

mit dem Kopplungsfaktor vom Rotor zum Stator:

$$m_{Ed} = m_{dE} \cdot \frac{M_{dEN}^2}{L_{EN} \cdot L_N} \tag{6.38}$$

Analog zum Gleichungssatz (6.20) der Synchron-Schenkelpolmaschine in unnormierter Darstellung im d-q–System kann für die normierte Darstellung der Gleichungssatz (6.39) aufgestellt werden:

$$\begin{aligned}
\psi_d &= l_d \cdot i_d + m_{dE} \cdot i_E \\
\psi_q &= l_q \cdot i_q \\
\psi_E &= l_E \cdot i_E + m_{Ed} \cdot i_d \\
u_d &= r_1 \cdot i_d + T_N \cdot \frac{d\psi_d}{dt} - \omega_L \cdot \psi_q \\
u_q &= r_1 \cdot i_q + T_N \cdot \frac{d\psi_q}{dt} + \omega_L \cdot \psi_d \\
u_E &= r_E \cdot i_E + T_E \cdot \frac{d\psi_E}{dt} \\
m_{Mi} &= \psi_d \cdot i_q - \psi_q \cdot i_d \\
T_{\Theta N} \cdot \frac{d\omega_m}{dt} &= m_{Mi} - m_W \\
\omega_L &= \omega_m = n
\end{aligned} \tag{6.39}$$

Durch geschickte Wahl der Bezugswerte im Erregerkreis läßt sich nun der Gleichungssatz (6.39) noch weiter vereinfachen. So wird der Nenn-Erregerwiderstand R_{EN} gleich dem Erregerwiderstand R_E gesetzt, der Bezugswert L_{EN} für die Erregerinduktivität wird zu L_E gewählt und die Kopplungsinduktivität wird auf M_{dE} bezogen:

$$\boldsymbol{R_{EN} = R_E \; ; \; L_{EN} = L_E \; ; \; M_{dEN} = M_{dE} \;\; \Rightarrow \;\; r_E = l_E = m_{dE} = 1} \tag{6.40}$$

Durch diese Wahl der Bezugswerte entfallen im Gleichungssatz (6.39) die Größen r_E, l_E und m_{dE}; der Kopplungsfaktor m_{Ed} wird umgerechnet zu:

$$m_{Ed} = 1 \cdot \frac{M_{dE}^2}{L_E \cdot L_N} \cdot \frac{L_d}{L_d} = \frac{M_{dE}^2}{L_E \cdot L_d} \cdot l_d = (1 - \sigma_E) \cdot l_d \tag{6.41}$$

mit dem Streufaktor σ_E

$$\sigma_E = 1 - \frac{M_{dE}^2}{L_d \cdot L_E} \tag{6.42}$$

Es ergibt sich nunmehr der vereinfachte Gleichungssatz (6.43), der als Grundlage für alle weiteren Betrachtungen herangezogen wird.

$$\begin{aligned}
\psi_d &= l_d \cdot i_d + i_E \\
\psi_q &= l_q \cdot i_q \\
\psi_E &= i_E + (1 - \sigma_E) \cdot l_d \cdot i_d \\
u_d &= r_1 \cdot i_d + T_N \cdot \frac{d\psi_d}{dt} - \omega_L \cdot \psi_q \\
u_q &= r_1 \cdot i_q + T_N \cdot \frac{d\psi_q}{dt} + \omega_L \cdot \psi_d \\
u_E &= i_E + T_E \cdot \frac{d\psi_E}{dt} \\
i_d &= \frac{1}{\sigma_E \cdot l_d} \cdot \Big(\psi_d - \psi_E \Big) \\
i_q &= \frac{1}{l_q} \cdot \psi_q \\
i_E &= \frac{1}{\sigma_E} \cdot \Big(\psi_E - (1 - \sigma_E) \cdot \psi_d \Big) \\
m_{Mi} &= \psi_d \cdot i_q - \psi_q \cdot i_d \\
T_{\Theta N} \cdot \frac{d\omega_m}{dt} &= m_{Mi} - m_W \\
\omega_L &= \omega_m
\end{aligned} \tag{6.43}$$

6.2.3 Signalflußplan Synchron–Schenkelpolmaschine – Spannungseinprägung

Mit Hilfe des Gleichungssatzes (6.43) und

$$T_N \cdot \frac{d\psi_d}{dt} = u_d - r_1 \cdot i_d + \omega_L \cdot \psi_q \qquad (6.44)$$

$$T_N \cdot \frac{d\psi_q}{dt} = u_q - r_1 \cdot i_q - \omega_L \cdot \psi_d \qquad (6.45)$$

$$T_E \cdot \frac{d\psi_E}{dt} = u_E - i_E \qquad (6.46)$$

läßt sich nun der normierte Signalflußplan der Synchron-Schenkelpolmaschine im d-q–System zeichnen (Abb. 6.8).

Das vollständige Blockschaltbild der Synchron-Schenkelpolmaschine ohne Dämpferwicklung im Dreiphasen-Drehstromsystem zeigt Abb. 6.9.

Die Koordinatenwandlung vom Dreiphasen-Drehstromsystem auf das d-q–System zeigt Abb. 6.10, und die Umwandlung der Drehzahl ω_L in die Funktionen $\sin \beta_L$ und $\cos \beta_L$ zeigt Abb. 6.11. Die Koordinatenwandlung vom d-q–System auf das Dreiphasen-Drehstromsystem zeigt Abb. 6.12

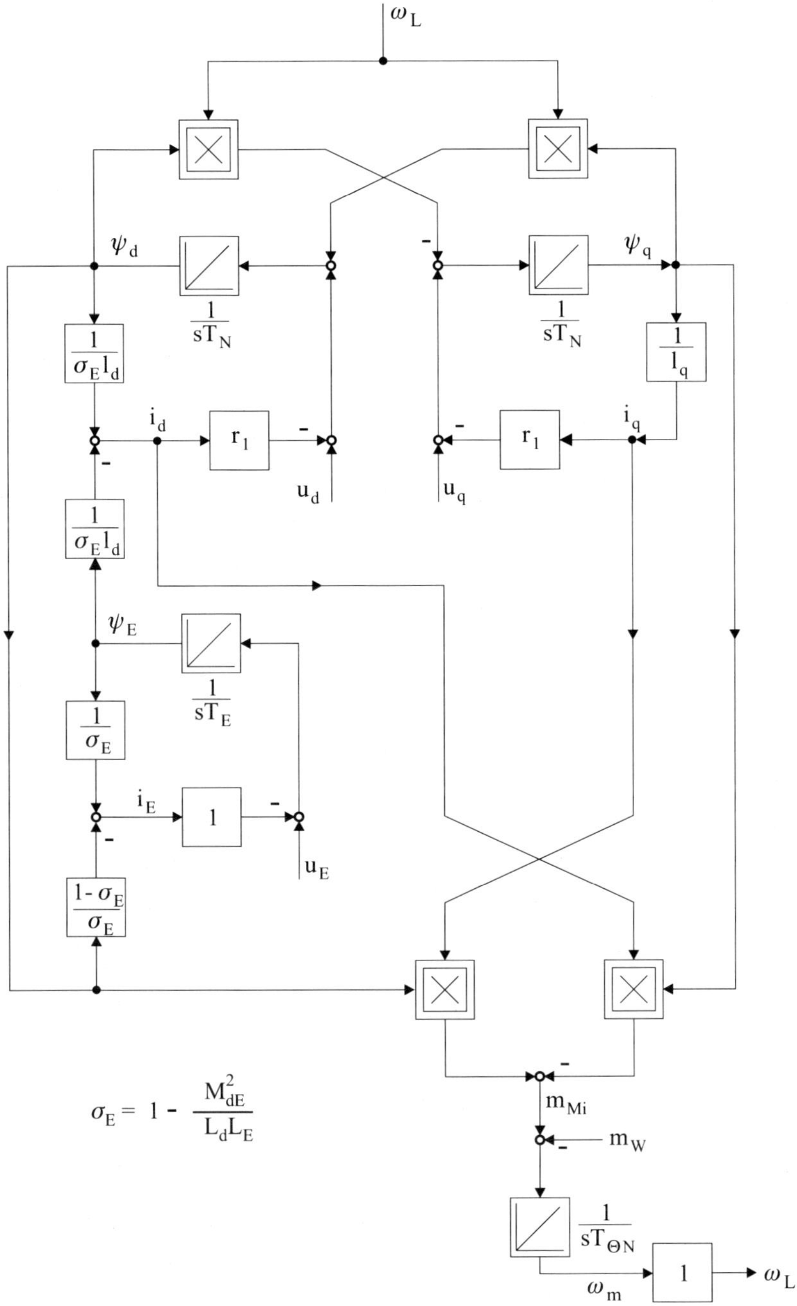

Abb. 6.8: *Normierter Signalflußplan der Synchron-Schenkelpolmaschine nach Gleichungssatz (6.43)*

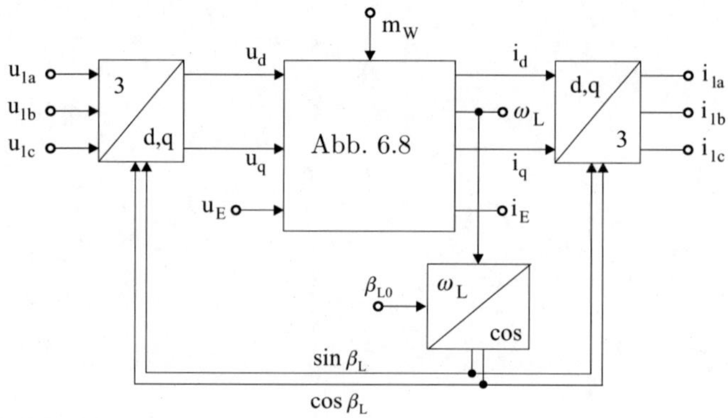

Abb. 6.9: *Blockschaltbild der Schenkelpolmaschine bei Vorgabe der Statorspannung*

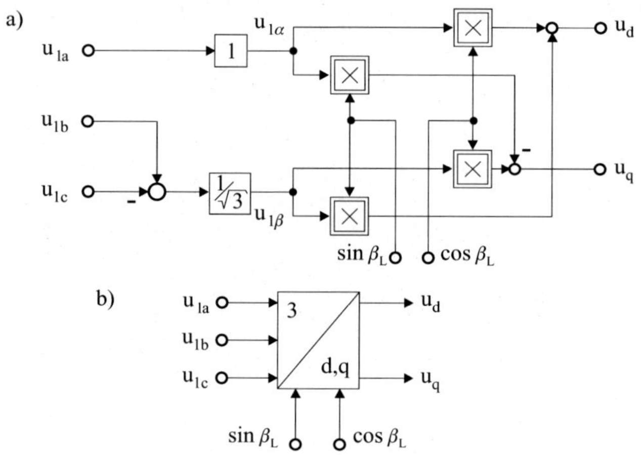

$$u_{1\alpha} = u_{1a} \qquad u_d = +\,u_{1\alpha}\cdot\cos\beta_L + u_{1\beta}\cdot\sin\beta_L$$

$$u_{1\beta} = \frac{u_{1b}-u_{1c}}{\sqrt{3}} \qquad u_q = -\,u_{1\alpha}\cdot\sin\beta_L + u_{1\beta}\cdot\cos\beta_L$$

Abb. 6.10: *Umwandlung der drei Phasenspannungen u_{1a}, u_{1b} und u_{1c} in die Spannungen u_d und u_q der Längs- und Querachse der Synchronmaschine: a) Signalflußplan, b) Blockdarstellung*

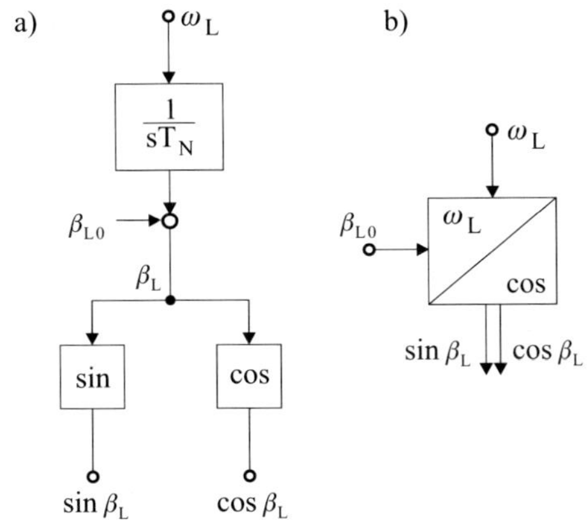

Abb. 6.11: *Umwandlung der Drehzahl ω_L in die Winkelfunktionen $\cos\beta_L$ und $\sin\beta_L$: a) Signalflußplan, b) Blockdarstellung*

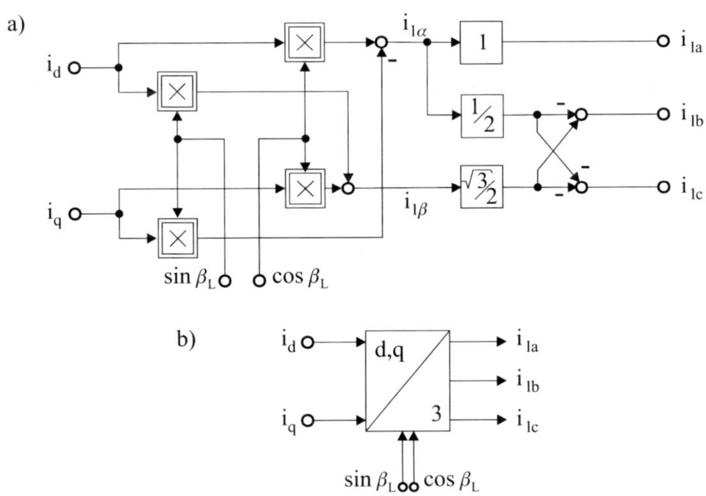

$$i_{1\alpha} = i_d \cdot \cos\beta_L - i_q \cdot \sin\beta_L$$

$$i_{1\beta} = i_d \cdot \sin\beta_L + i_q \cdot \cos\beta_L$$

$$i_{1a} = i_{1\alpha}$$

$$i_{1b} = -\frac{1}{2} \cdot i_{1\alpha} + \frac{\sqrt{3}}{2} \cdot i_{1\beta}$$

$$i_{1c} = -\frac{1}{2} \cdot i_{1\alpha} - \frac{\sqrt{3}}{2} \cdot i_{1\beta}$$

Abb. 6.12: *Umwandlung der Ströme i_d und i_q der Längs- und Querachse der Synchron-Schenkelpolmaschine in die drei Phasenströme i_{1a}, i_{1b} und i_{1c}: a) Signalflußplan, b) Blockdarstellung*

6.2.4 Signalflußplan Synchron–Schenkelpolmaschine – Stromeinprägung

Die aus Kap. 6.2.2 bekannten Gleichungen aus Gleichungssatz (6.43) der Schenkelpolmaschine können so aufgelöst werden, daß man den Signalflußplan der Synchron-Schenkelpolmaschine ohne Dämpferwicklung bei *Stromeinprägung* erhält. Beispielhaft wird dabei zusätzlich vom Zeitbereich in den s-Bereich transformiert (Faltung!). Es gilt:

$$
\boxed{
\begin{aligned}
\psi_d &= l_d \cdot i_d + i_E \\
\psi_q &= l_q \cdot i_q \\
\psi_E &= i_E + (1-\sigma_E) \cdot l_d \cdot i_d \\
u_d &= s\,T_N \cdot \psi_d + r_1 \cdot i_d - \omega_L * \psi_q \\
u_q &= s\,T_N \cdot \psi_q + r_1 \cdot i_q + \omega_L * \psi_d \\
u_E &= s\,T_E \cdot \psi_E + i_E \\
i_d &= \frac{1}{\sigma_E \cdot l_d} \cdot \Big(\psi_d - \psi_E \Big) \\
i_q &= \frac{1}{l_q} \cdot \psi_q \\
i_E &= \frac{1}{\sigma_E} \cdot \Big(\psi_E - (1-\sigma_E) \cdot \psi_d \Big) \\
m_{Mi} &= \psi_d * i_q - \psi_q * i_d \\
s\,T_{\Theta N} \cdot \omega_m &= m_{Mi} - m_W \\
\omega_L &= \omega_m
\end{aligned}
}
\qquad (6.47)
$$

Abbildung 6.13 zeigt den normierten Signalflußplan bei Stromvorgabe und Abb. 6.14 den Signalflußplan im Dreiphasensystem. Für die Umwandlung der Signale vom Dreiphasensystem in das d-q–System und umgekehrt können sinngemäß die in Abb. 6.10 und 6.12 dargestellten Transformationsvorschriften angewendet werden.

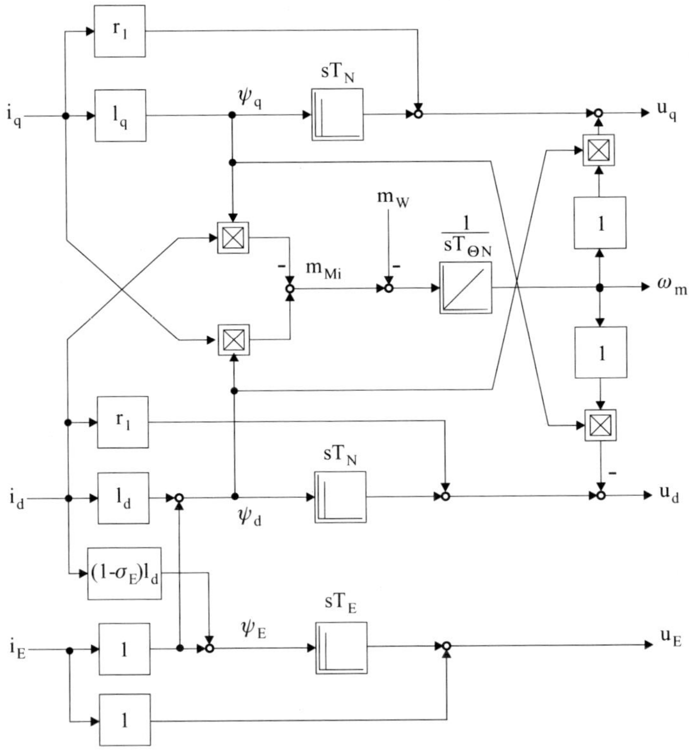

Abb. 6.13: *Normierter Signalflußplan der Synchron-Schenkelpolmaschine bei Stromeinprägung nach Gleichungssatz (6.47)*

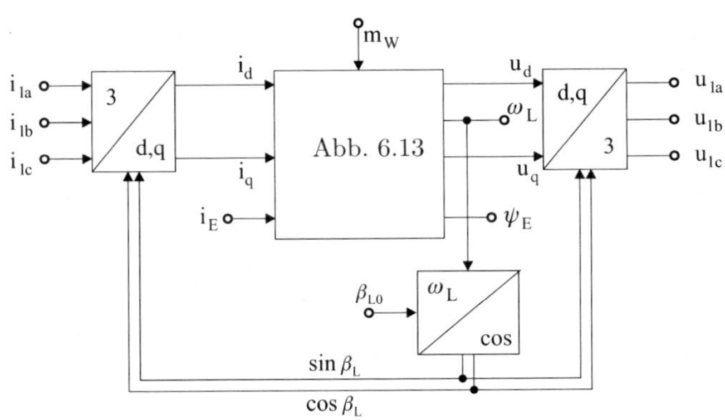

Abb. 6.14: *Blockschaltbild der Schenkelpolmaschine bei Stromeinprägung*

6.2.5 Ersatzschaltbild der Synchron–Schenkelpolmaschine

Mit den obigen Gleichungen können auch unnormierte galvanische Ersatzschaltbilder der Schenkelpolmaschine dargestellt werden. Wesentlich ist die Einführung des resultierenden Magnetisierungsstroms $I_{\mu d}$ in der d-Achse:

$$I_{\mu d} = I_d + I_E; \qquad I_{\mu q} = I_q \tag{6.48}$$

Mit diesen Gleichungen können die Flußgleichungen umgeschrieben werden:

$$\Psi_d = M_{dE} \cdot I_{\mu d} + L_{\sigma d} \cdot I_d \tag{6.49}$$

$$\Psi_q = L_q \cdot I_q = (L_{\sigma q} + L_{hq}) \cdot I_q \tag{6.50}$$

$$\Psi_E = M_{dE} \cdot I_{\mu d} + L_{\sigma E} \cdot I_E \tag{6.51}$$

mit $L_{\sigma E} = L_E - M_{dE}$

Werden in die unnormierten Spannungsgleichungen

$$U_d = R_1 \cdot I_d + \frac{d\Psi_d}{dt} - \Omega_L \cdot \Psi_q \tag{6.52}$$

$$U_q = R_1 \cdot I_q + \frac{d\Psi_q}{dt} + \Omega_L \cdot \Psi_d \tag{6.53}$$

die obigen Flußgleichungen (6.49) bis (6.51) eingesetzt, ergibt sich:

$$\begin{aligned} U_d &= \frac{d}{dt}\Big(M_{dE} \cdot I_{\mu d} + L_{\sigma d} \cdot I_d\Big) - \Omega_L \cdot \Psi_q + R_1 \cdot I_d \\ &= \frac{d}{dt}\Big(M_{dE} \cdot I_{\mu d} + L_{\sigma d} \cdot I_d\Big) - \Omega_L \cdot L_q \cdot I_q + R_1 \cdot I_d \end{aligned} \tag{6.54}$$

$$\begin{aligned} U_q &= \frac{d}{dt}\Big((L_{\sigma q} + L_{hq}) \cdot I_q\Big) + \Omega_L \cdot \Psi_d + R_1 \cdot I_q \\ &= \frac{d}{dt}\Big((L_{\sigma q} + L_{hq}) \cdot I_q\Big) + \Omega_L \cdot M_{dE} \cdot I_{\mu d} + \Omega_L \cdot L_{\sigma d} \cdot I_d + R_1 \cdot I_q \end{aligned} \tag{6.55}$$

$$U_E = \frac{d\Psi_E}{dt} + I_E \cdot R_E = \frac{d}{dt}\Big(M_{dE} \cdot I_{\mu d} + L_{\sigma E} \cdot I_E\Big) + I_E \cdot R_E \tag{6.56}$$

Das Ersatzschaltbild in Abb. 6.15 veranschaulicht diese Gleichungen.

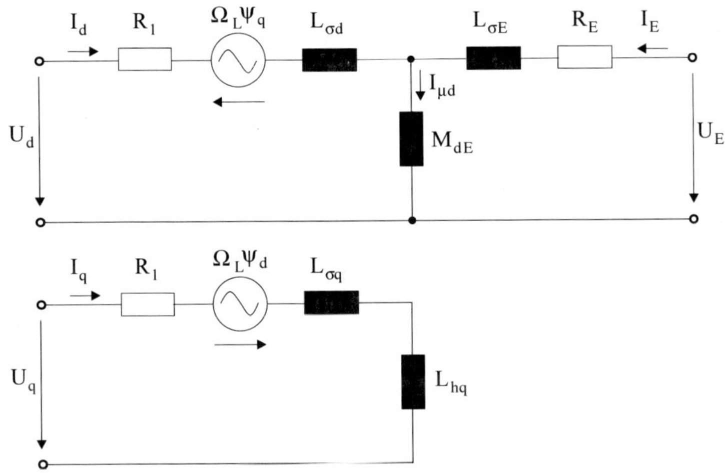

Abb. 6.15: *Ersatzschaltbild der Synchron-Schenkelpolmaschine ohne Dämpferwicklung*

Im stationären Betrieb gilt $d/dt = 0$; die Gleichungen vereinfachen sich dann zu:

$$U_d = -\Omega_L \cdot L_q \cdot I_q + R_1 \cdot I_d = -\Omega_L \cdot (L_{\sigma q} + L_{hq}) \cdot I_q + R_1 \cdot I_d \tag{6.57}$$

$$\begin{aligned} U_q &= \Omega_L \cdot (L_d \cdot I_d + M_{dE} \cdot I_E) + R_1 \cdot I_q \\ &= \Omega_L \cdot M_{dE} \cdot I_{\mu d} + \Omega_L \cdot L_{\sigma d} \cdot I_d + R_1 \cdot I_q \end{aligned} \tag{6.58}$$

$$U_E = R_E \cdot I_E \tag{6.59}$$

Diese Gleichungen lassen sich mit $\vec{U}_1^L = U_d + j\,U_q$ zusammenfassen:

$$\begin{aligned} \vec{U}_1^L &= R_1 \cdot (I_d + j\,I_q) + j\,\Omega_L \cdot (L_d \cdot I_d + j\,L_q \cdot I_q) + j\,\Omega_L \cdot M_{dE} \cdot I_E \\ &= R_1 \cdot (I_d + j\,I_q) + j\,\Omega_L \cdot (L_{\sigma d} \cdot I_d + j\,L_{\sigma q} \cdot I_q) \\ &\quad + j\,\Omega_L \cdot (L_{hd} \cdot I_d + j\,L_{hq} \cdot I_q) + j\,\Omega_L \cdot M_{dE} \cdot I_E \end{aligned} \tag{6.60}$$

mit $\quad L_{hd} = M_{dE}$

Der vierte Term von Gl. (6.60) wird als Polradspannung $\vec{U}_p$ bezeichnet; dies ist die im Stator durch das Polrad induzierte Spannung. Der dritte und vierte Term zusammen bilden die Hauptfeldspannung $\vec{U}_h$.

$$\vec{U}_p = j\,\Omega_L \cdot M_{dE} \cdot I_E = j\,X_h \cdot I_E \tag{6.61}$$

$$\vec{U}_h = \vec{U}_p + j\,\Omega_L \cdot (L_{hd} \cdot I_d + j\,L_{hq} \cdot I_q) \tag{6.62}$$

6.3 Schenkelpolmaschine mit Dämpferwicklung

In Kap. 6.2 wurden die Gleichungen und die Signalflußpläne für die Synchron-Schenkelpolmaschine ohne Dämpferwicklung und in Kap. 5.4 entsprechend für die allgemeine Drehfeldmaschine dargestellt. Wie bereits in Abb. 6.6 gezeigt, ist die Synchron-Schenkelpolmaschine mit Dämpferwicklung eine Kombination von Synchron-Schenkelpolmaschine und einer zusätzlichen dreiphasigen kurzgeschlossenen Rotorwicklung.

Es können somit die vorliegenden Kenntnisse zusammengefaßt werden. Zu beachten ist allerdings, daß das Koordinatensystem L verwendet wird. Damit ergibt sich das folgende Gleichungssystem:

$$\Psi_d = L_d \cdot I_d + M_{dD} \cdot I_D + M_{dE} \cdot I_E \tag{6.63}$$

$$\Psi_D = L_D \cdot I_D + M_{dD} \cdot I_d + M_{DE} \cdot I_E \tag{6.64}$$

$$\Psi_q = L_q \cdot I_q + M_{qQ} \cdot I_Q \tag{6.65}$$

$$\Psi_Q = L_Q \cdot I_Q + M_{qQ} \cdot I_q \tag{6.66}$$

$$\Psi_E = L_E \cdot I_E + M_{DE} \cdot I_D + M_{dE} \cdot I_d \tag{6.67}$$

$$U_d = R_1 \cdot I_d + \frac{d\Psi_d}{dt} - \Omega_L \cdot \Psi_q \tag{6.68}$$

$$U_q = R_1 \cdot I_q + \frac{d\Psi_q}{dt} + \Omega_L \cdot \Psi_d \tag{6.69}$$

$$0 = R_D \cdot I_D + \frac{d\Psi_D}{dt} \tag{6.70}$$

$$0 = R_Q \cdot I_Q + \frac{d\Psi_Q}{dt} \tag{6.71}$$

$$U_E = R_E \cdot I_E + \frac{d\psi_E}{dt} \tag{6.72}$$

Für das Drehmoment gilt:

$$\begin{aligned} M_{Mi} &= \frac{3}{2} \cdot Z_p \cdot \Big(\Psi_d \cdot I_q - \Psi_q \cdot I_d \Big) \\ &= \frac{3}{2} \cdot Z_p \cdot \Big(M_{dE}\, I_E\, I_q + M_{dD}\, I_D\, I_q - M_{qQ}\, I_Q\, I_d + (L_d - L_q)\, I_d\, I_q \Big) \end{aligned} \tag{6.73}$$

und für die mechanische Gleichung:

$$\Theta \cdot \frac{d\Omega_m}{dt} = M_{Mi} - M_W \tag{6.74}$$

Damit ergibt sich das normierte Gleichungssystem:

$$\boxed{\begin{aligned}
\psi_d &= l_d \cdot i_d + i_D + i_E \\
\psi_D &= (1-\sigma_D) \cdot l_d \cdot i_d + i_D + \mu_D \cdot i_E \\
\psi_q &= l_q \cdot i_q + i_Q \\
\psi_Q &= (1-\sigma_Q) \cdot l_q \cdot i_q + i_Q \\
\psi_E &= (1-\sigma_E) \cdot l_d \cdot i_d + \mu_E \cdot i_D + i_E \\
u_d &= r_1 \cdot i_d + T_N \cdot \frac{d\psi_d}{dt} - \omega_L \cdot \psi_q \\
u_q &= r_1 \cdot i_q + T_N \cdot \frac{d\psi_q}{dt} + \omega_L \cdot \psi_d \\
0 &= i_D + T_D \cdot \frac{d\psi_D}{dt} \\
0 &= i_Q + T_Q \cdot \frac{d\psi_Q}{dt} \\
u_E &= i_E + T_E \cdot \frac{d\psi_E}{dt} \\
m_{Mi} &= \psi_d \cdot i_q - \psi_q \cdot i_d \\
T_{\Theta N} \cdot \frac{d\omega_m}{dt} &= m_{Mi} - m_W
\end{aligned}} \tag{6.75}$$

mit

$$\sigma_E = 1 - \frac{M_{dE}^2}{L_d \cdot L_E}\,; \qquad \sigma_D = 1 - \frac{M_{dD}^2}{L_d \cdot L_D}\,; \qquad \sigma_Q = 1 - \frac{M_{qQ}^2}{L_q \cdot L_Q} \tag{6.76}$$

$$\mu_E = M_{DE} \cdot \frac{M_{dE}}{M_{dD} \cdot L_E}\,; \qquad \mu_D = M_{DE} \cdot \frac{M_{dD}}{M_{dE} \cdot L_D} \tag{6.77}$$

Die Normierung der Gleichungen der Synchron-Schenkelpolmaschine mit Dämpferwicklung gründet auf der in Kap. 6.2.2 getroffenen Wahl der Bezugswerte und den Vereinfachungen nach Gl. (6.40). Zusätzlich müssen noch die Bezugswerte für die Dämpferwicklung gewählt werden:

$$I_{DN} = \frac{\Psi_N}{M_{dD}}\,; \qquad \Psi_{DN} = L_D \cdot I_{DN}\,; \qquad T_D = \frac{L_D}{R_D} \tag{6.78}$$

$$I_{QN} = \frac{\Psi_N}{M_{qQ}}\,; \qquad \Psi_{QN} = L_Q \cdot I_{QN}\,; \qquad T_Q = \frac{L_Q}{R_Q} \tag{6.79}$$

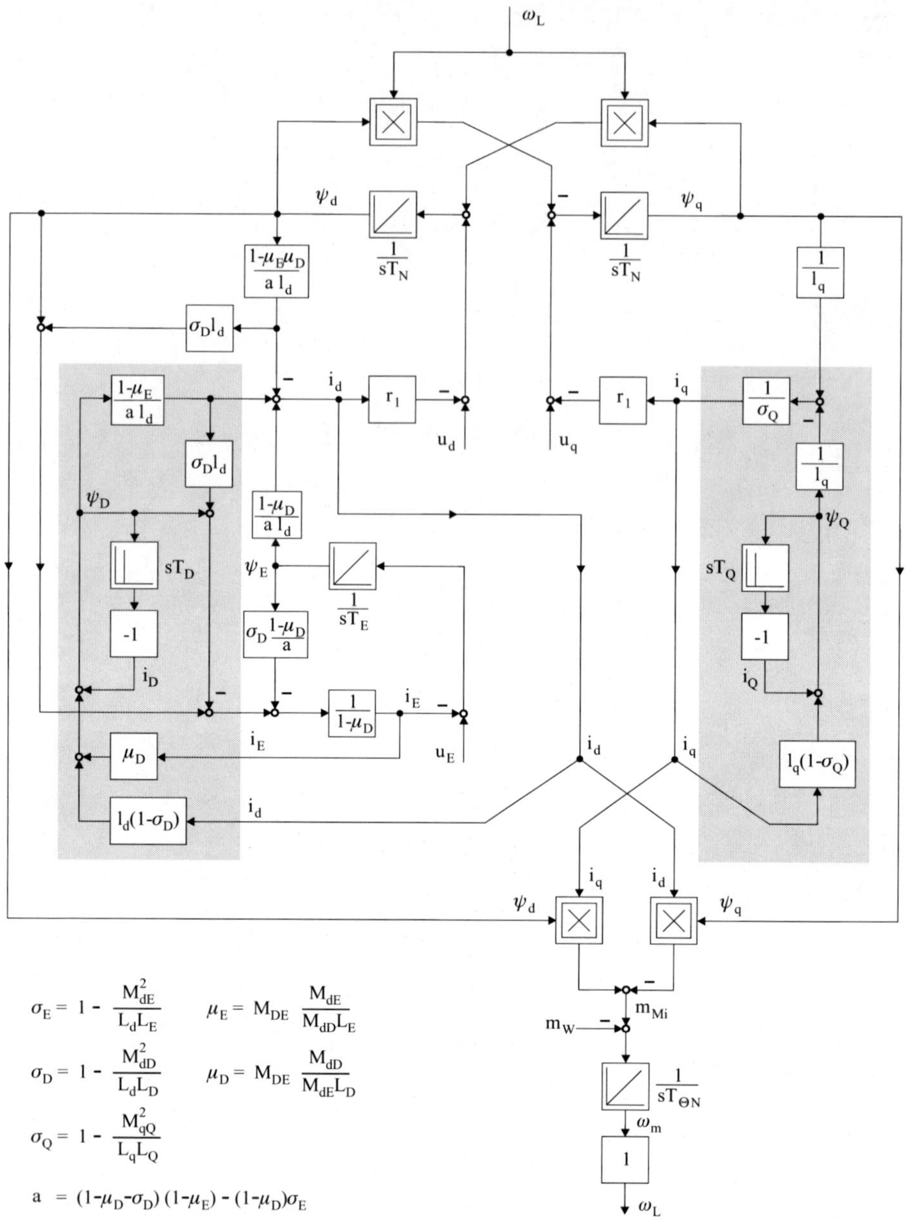

$$\sigma_E = 1 - \frac{M_{dE}^2}{L_d L_E} \qquad \mu_E = M_{DE}\,\frac{M_{dE}}{M_{dD} L_E}$$

$$\sigma_D = 1 - \frac{M_{dD}^2}{L_d L_D} \qquad \mu_D = M_{DE}\,\frac{M_{dD}}{M_{dE} L_D}$$

$$\sigma_Q = 1 - \frac{M_{qQ}^2}{L_q L_Q}$$

$$a = (1-\mu_D-\sigma_D)\,(1-\mu_E) - (1-\mu_D)\sigma_E$$

$$ = (1-\mu_E-\sigma_E)\,(1-\mu_D) - (1-\mu_E)\sigma_D$$

Abb. 6.16: *Signalflußplan der Synchron-Schenkelpolmaschine mit Dämpferwicklung nach Gleichungssatz (6.75)*

Aus den obigen Ableitungen können die häufig verwendeten subtransienten und transienten Längs- und Querreaktanzen ermittelt werden:

subtransiente Querreaktanz: $$x_q'' = \sigma_Q \cdot l_q \tag{6.80}$$

subtransiente Zeitkonstante des Querfeldes: $$T_q'' = \sigma_Q \cdot T_Q \tag{6.81}$$

subtransiente Längsreaktanz:

$$x_d'' = \left(1 - \frac{(1-\mu_E)\cdot(1-\sigma_D) + (1-\mu_D)\cdot(1-\sigma_E)}{1-\mu_D\cdot\mu_E}\right)\cdot l_d \tag{6.82}$$

subtransiente Zeitkonstante des Längsfeldes: $$T_d'' \approx \frac{x_d''}{l_d}\cdot\frac{1-\mu_D\cdot\mu_E}{\sigma_E}\cdot T_D \tag{6.83}$$

transiente Längsreaktanz: $$x_d' \approx \sigma_E \cdot l_d \tag{6.84}$$

transiente Zeitkonstante des Längsfeldes: $$T_d' \approx \sigma_E \cdot T_E \tag{6.85}$$

Das Ersatzschaltbild der Synchron-Schenkelpolmaschine mit Dämpferwicklung wird in Band 2 abgeleitet [47, 48].

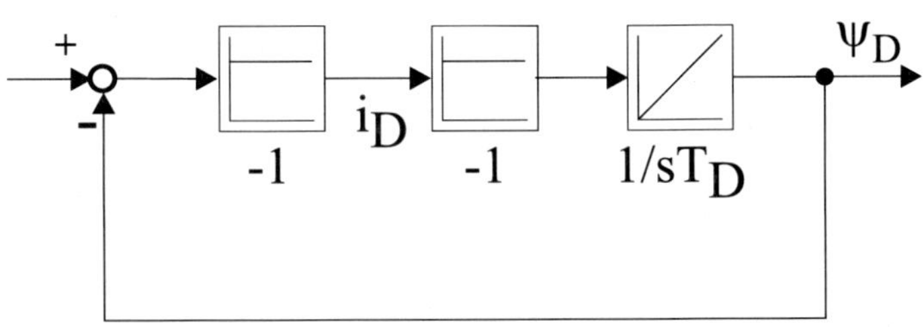

Abb. 6.17: *Variante der Realisierung des Dämpfungskreises* ψ_D

In Abb. 6.16 sind die Gleichungen des Dämpferkreises (i_D, ψ_D; i_Q, ψ_Q) grau hinterlegt und entsprechend Gl. (6.75) mit Differentiationen in den Rückwärtszweigen realisiert. Diese Realisierung kann bei der Simulation Probleme bereiten. Eine einfache Abhilfe ist die Realisierung mittels eines Integrators im Vorwärtszweig und einer Einheitsrückführung im Rückwärtszweig (Abb. 6.17 für i_D, ψ_D, analog Abb. 6.16 für i_Q, ψ_Q).

6.4 Synchron–Vollpolmaschine

6.4.1 Beschreibendes Gleichungssystem und Signalflußpläne

Bei der Vollpolmaschine ist zum Unterschied zur Schenkelpolmaschine der Rotor konstruktiv rotationssymmetrisch aufgebaut (Abb. 6.18). Auch hier ist der Rotor der Träger der Erregerspule, die vorzugsweise einen Fluß in der d-Richtung erzwingen soll. Zusätzlich zur Erregerwicklung sei noch ein Dämpfersystem eingebaut.

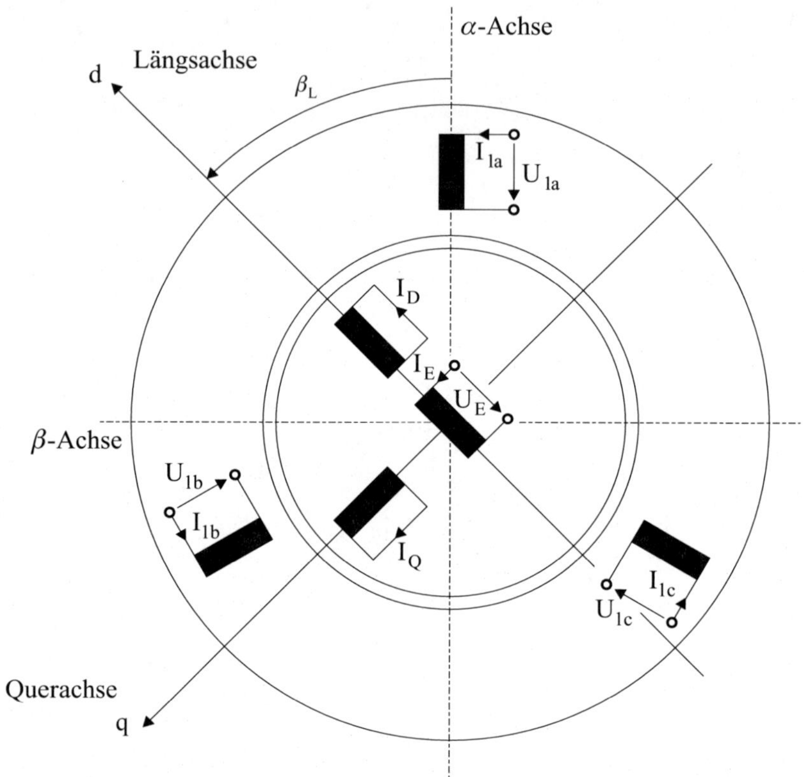

Abb. 6.18: *Synchron-Vollpolmaschine mit Dämpferwicklung (Stator: dreiphasiges System, Rotor: d-q–System)*

Es gelten für die Synchron-Vollpolmaschine mit Dämpferwicklung prinzipiell die Gleichungen (6.63) bis (6.74) für die unnormierte Darstellung und der Gleichungssatz (6.75) für die normierte Darstellung. Allerdings muß bei der Synchon-Vollpolmaschine beachtet werden, daß der Rotor konstruktiv rotationssymmetrisch aufgebaut ist und damit nicht mehr zwischen Induktivitäten in der d- und der q-Achse unterschieden werden muß.

Somit gilt:

$$L_1 = L_d = L_q \tag{6.86}$$

$$L_h = L_{hd} = L_{hq} = M_{dE} \tag{6.87}$$

$$L_3 = L_D = L_Q \tag{6.88}$$

$$M_{13} = M_{dD} = M_{qQ} \tag{6.89}$$

Die vorher nach d und q unterschiedlichen Zeitkonstanten sind dadurch ebenso gleich.

Aus Symmetriegründen vereinfachen sich die Flußgleichungen im auf das d-q-Koordinatensystem orientierten System:

$$\Psi_d = L_1 \cdot I_d + M_{13} \cdot I_D + M_{dE} \cdot I_E \tag{6.90}$$

$$\Psi_D = L_3 \cdot I_D + M_{13} \cdot I_d + M_{DE} \cdot I_E \tag{6.91}$$

$$\Psi_q = L_1 \cdot I_q + M_{13} \cdot I_Q \tag{6.92}$$

$$\Psi_Q = L_3 \cdot I_Q + M_{13} \cdot I_q \tag{6.93}$$

$$\Psi_E = L_E \cdot I_E + M_{DE} \cdot I_D + M_{dE} \cdot I_d \tag{6.94}$$

$$U_d = R_1 \cdot I_d + \frac{d\Psi_d}{dt} - \Omega_L \cdot \Psi_q \tag{6.95}$$

$$U_q = R_1 \cdot I_q + \frac{d\Psi_q}{dt} + \Omega_L \cdot \Psi_d \tag{6.96}$$

$$0 = R_3 \cdot I_D + \frac{d\Psi_D}{dt} \tag{6.97}$$

$$0 = R_3 \cdot I_Q + \frac{d\Psi_Q}{dt} \tag{6.98}$$

$$U_E = R_E \cdot I_E + \frac{d\Psi_E}{dt} \tag{6.99}$$

Aufgrund der Rotationssymmetrie wird kein Reluktanzmoment entstehen und die Gleichung für das Drehmoment vereinfacht sich zu:

$$M_{Mi} = \frac{3}{2} \cdot Z_p \cdot \Big(M_{dE} \cdot I_E \cdot I_q + M_{13} \cdot (I_D \cdot I_q - I_Q \cdot I_d) \Big) \tag{6.100}$$

Im stationären Fall entfällt der zweite Term, da dann $I_D = I_Q = 0$ ist. Die mechanische Gleichung verbleibt zu:

$$\Theta \cdot \frac{d\Omega_m}{dt} = M_{Mi} - M_W \tag{6.101}$$

Die Bezugswerte für die Normierung ergeben sich durch Einsetzen der sich bei den beiden Maschinentypen entsprechenden Größen.

Es folgt:

$$l_d = l_q = l_1 \tag{6.102}$$

Die Streufaktoren bei der Synchron-Vollpolmaschine lauten:

$$\sigma_E = 1 - \frac{M_{dE}^2}{L_1 \cdot L_E} \tag{6.103}$$

$$\sigma_3 = 1 - \frac{M_{13}^2}{L_1 \cdot L_3} \tag{6.104}$$

$$\mu_E = M_{DE} \cdot \frac{M_{dE}}{M_{13} \cdot L_E} \tag{6.105}$$

$$\mu_D = M_{DE} \cdot \frac{M_{13}}{M_{dE} \cdot L_3} \tag{6.106}$$

Ebenso wie in den vorangegangenen Abschnitten werden auch hier wieder die normierten Gleichungssätze für die Synchron-Vollpolmaschine und die normierten Signalflußpläne angegeben: Synchron-Vollpolmaschine ohne Dämpferwicklung nach Gleichungssatz (6.107) in Abb. 6.19 und Synchron-Vollpolmaschine mit Dämpferwicklung nach Gleichungssatz (6.108) in Abb. 6.20.

Bei der Normierung wurden wie in Kap. 6.3 die Bezugswerte so gewählt, daß sich die normierten Gleichungen möglichst weit vereinfachen.

In Abb. 6.20 sind die Gleichungen des Dämpferkreises (i_D, ψ_D; i_Q, ψ_Q) entsprechend dem Gleichungssatz Gl. (6.108) realisiert. Die eventuellen Schwierigkeiten bei der Simulation können wie schon in Abb. 6.17 behoben werden.

$$\boxed{\begin{aligned}
\psi_d &= l_1 \cdot i_d + i_E \\
\psi_q &= l_1 \cdot i_q \\
\psi_E &= i_E + (1 - \sigma_E) \cdot l_1 \cdot i_d \\
u_d &= r_1 \cdot i_d + T_N \cdot \frac{d\psi_d}{dt} - \omega_L \cdot \psi_q \\
u_q &= r_1 \cdot i_q + T_N \cdot \frac{d\psi_q}{dt} + \omega_L \cdot \psi_d \\
u_E &= i_E + T_E \cdot \frac{d\psi_E}{dt} \\
m_{Mi} &= \psi_d \cdot i_q - \psi_q \cdot i_d \\
T_{\Theta N} \cdot \frac{d\omega_m}{dt} &= m_{Mi} - m_W \\
\omega_L &= \omega_m
\end{aligned}} \tag{6.107}$$

$$
\begin{aligned}
\psi_d &= l_1 \cdot i_d + i_D + i_E \\
\psi_D &= (1-\sigma_3) \cdot l_1 \cdot i_d + i_D + \mu_D \cdot i_E \\
\psi_q &= l_1 \cdot i_q + i_Q \\
\psi_Q &= (1-\sigma_3) \cdot l_1 \cdot i_q + i_Q \\
\psi_E &= (1-\sigma_E) \cdot l_1 \cdot i_d + \mu_E \cdot i_D + i_E \\
u_d &= r_1 \cdot i_d + T_N \cdot \frac{d\psi_d}{dt} - \omega_L \cdot \psi_q \\
u_q &= r_1 \cdot i_q + T_N \cdot \frac{d\psi_q}{dt} + \omega_L \cdot \psi_d \\
0 &= i_D + T_D \cdot \frac{d\psi_D}{dt} \\
0 &= i_Q + T_Q \cdot \frac{d\psi_Q}{dt} \\
u_E &= i_E + T_E \cdot \frac{d\psi_E}{dt} \\
m_{Mi} &= \psi_d \cdot i_q - \psi_q \cdot i_d \\
T_{\Theta N} \cdot \frac{d\omega_m}{dt} &= m_{Mi} - m_W \\
\omega_L &= \omega_m
\end{aligned}
\tag{6.108}
$$

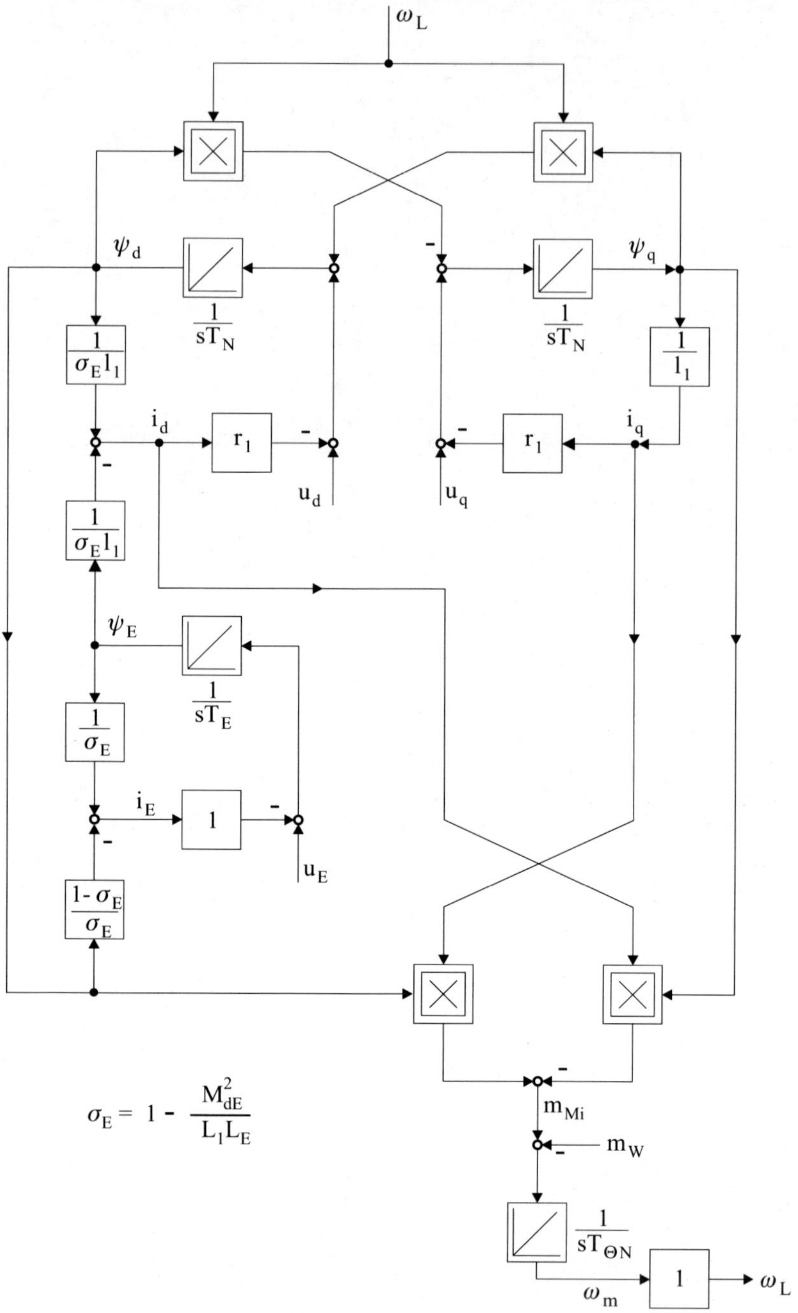

Abb. 6.19: *Signalflußplan der Synchron-Vollpolmaschine ohne Dämpferwicklung nach Gleichungssatz (6.107)*

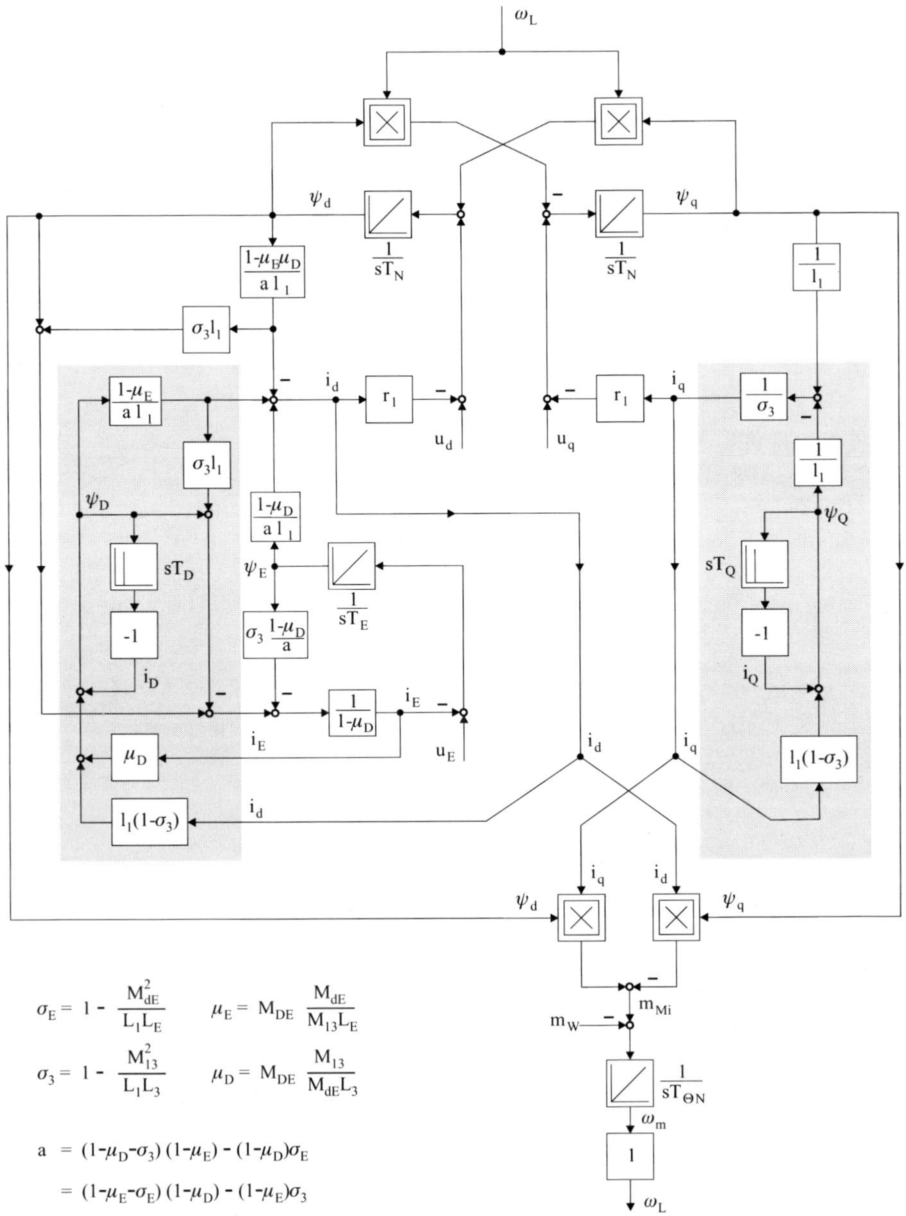

$$\sigma_E = 1 - \frac{M_{dE}^2}{L_1 L_E} \qquad \mu_E = M_{DE}\,\frac{M_{dE}}{M_{13} L_E}$$

$$\sigma_3 = 1 - \frac{M_{13}^2}{L_1 L_3} \qquad \mu_D = M_{DE}\,\frac{M_{13}}{M_{dE} L_3}$$

$$a = (1-\mu_D-\sigma_3)(1-\mu_E) - (1-\mu_D)\sigma_E$$

$$= (1-\mu_E-\sigma_E)(1-\mu_D) - (1-\mu_E)\sigma_3$$

Realisierung Dämpferkreise: Abb. 6.17

Abb. 6.20: *Signalflußplan der Synchron-Vollpolmaschine mit Dämpferwicklung nach Gleichungssatz (6.108)*

6.4.2 Ersatzschaltbild der Synchron–Vollpolmaschine

Die in den Gleichungen (6.90) bis (6.100) dargestellten Beziehungen beschreiben die Vollpolmaschine mit Dämpferwicklung in allgemeiner Form. Zu einer gebräuchlichen einfacheren Form gelangt man, wenn angenommen wird, daß Erregerkreis und Dämpferkreis die gleiche Kopplung zum Statorkreis besitzen. Die Kopplung soll hier durch eine gemeinsame Hauptinduktivität L_h beschrieben werden. Die Hauptinduktivität L_h soll in d- und q-Achse gleich sein. Demnach wird gleichgesetzt:

$$M_{dE} = L_h \tag{6.109}$$

Die Statorinduktivität L_1 kann in Statorstreuung $L_{\sigma 1}$ und Hauptinduktivität L_h aufgeteilt werden:

$$L_1 = L_{\sigma 1} + L_h \tag{6.110}$$

Das allgemeine Ersatzschaltbild der Synchron-Vollpolmaschine wird in Band 2 [47, 48] ausführlich abgeleitet. An dieser Stelle soll nur das Ersatzschaltbild im *stationären Betrieb* behandelt werden.

Im stationären Betrieb entfällt, wie schon erwähnt, die Wirkung des Dämpfersystems. Für die Gleichungen (6.90) bis (6.99) bedeutet dies, daß die Ableitungen d/dt zu Null werden. Für die Dämpferströme I_D und I_Q gilt dann unmittelbar:

$$I_D = 0 \tag{6.111}$$

$$I_Q = 0 \tag{6.112}$$

Mit den Luftspaltflüssen:

$$\Psi_{hd} = L_h \cdot (I_d + I_E) \tag{6.113}$$

$$\Psi_{hq} = L_h \cdot I_q \tag{6.114}$$

ergeben sich die Statorflüsse somit zu:

$$\Psi_d = L_{\sigma 1} \cdot I_d + \Psi_{hd} = L_{\sigma 1} \cdot I_d + L_h \cdot (I_d + I_E) \tag{6.115}$$

$$\Psi_q = L_{\sigma 1} \cdot I_q + \Psi_{hq} = L_{\sigma 1} \cdot I_q + L_h \cdot I_q \tag{6.116}$$

Die Spannungsgleichungen (6.95) und (6.96) können dann in Komponentenschreibweise formuliert werden:

$$U_d = R_1 \cdot I_d - \Omega_L \cdot (L_{\sigma 1} + L_h) \cdot I_q \tag{6.117}$$

$$U_q = R_1 \cdot I_q + \Omega_L \cdot (L_{\sigma 1} + L_h) \cdot I_d + \Omega_L \cdot L_h \cdot I_E \tag{6.118}$$

Setzt man in Gl. (6.117) und (6.118) die Definition des komplexen Zeigers ein

$$\vec{U}_1 = U_d + j\,U_q\,; \qquad \vec{I}_1 = I_d + j\,I_q\,; \qquad \vec{I}_2 = I_E \tag{6.119}$$

so erhält man die komplexe Gleichung:

$$\vec{U}_1 = R_1 \cdot \vec{I}_1 + j\,\Omega_L \cdot L_{\sigma 1} \cdot \vec{I}_1 + \vec{U}_h \tag{6.120}$$

mit der Polradspannung

$$\vec{U}_p = j\,\Omega_L \cdot L_h \cdot I_E = j\,X_h \cdot I_E \tag{6.121}$$

und mit der Hauptfeldspannung

$$\vec{U}_h = \vec{U}_p + j\,\Omega_L \cdot L_h \cdot \vec{I}_1 = \vec{U}_p + j\,X_h \cdot \vec{I}_1 \tag{6.122}$$

Diese Art der Spannungsgleichungen des Stators ist bereits aus den Ableitungen der allgemeinen Drehfeldmaschine in Kap. 5.4 bekannt.

Das Ersatzschaltbild im stationären Betrieb zeigt Abb. 6.21.

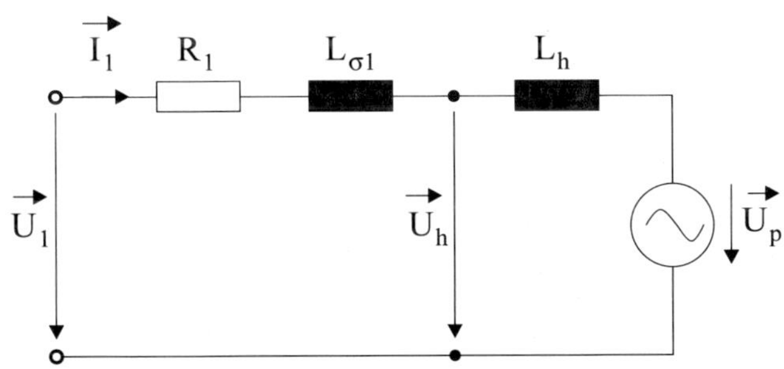

Abb. 6.21: *Ersatzschaltbild der Synchron-Vollpolmaschine ohne Dämpferwicklung im stationären Betrieb*

Die Polradspannung $\vec{U}_p$ ist eine Funktion von Ω_L und I_E und kann an den Klemmen des Stators gemessen werden, wenn keine Statorspannung angelegt wird.

Umgekehrt können, wenn das Polrad nicht erregt wird ($I_E = 0$), die Zuordnung von $\vec{U}_1$ und $\vec{I}_1$ und somit die Parameter R_1 und X_1 bestimmt werden. Wenn $I_E \neq 0$ und $\vec{U}_1$ eingeschaltet wird, dann gilt:

$$\vec{U}_1 = R_1 \cdot \vec{I}_1 + j\,\Omega_L \cdot L_{\sigma 1} \cdot \vec{I}_1 + j\,X_h \cdot \vec{I}_1 + j\,X_h \cdot I_E \tag{6.123}$$

Die aus dem Signalflußplan bekannte Flußverkettung ist auch im Ersatzschaltbild zu erkennen aus

$$\vec{U}_h = j\,X_h \cdot (\vec{I}_1 + I_E) \tag{6.124}$$

Wenn es gelingt, die Einflußgrößen I_{1A}, I_{1B} und I_{EA} durch regelungstechnische Maßnahmen in der Maschine einzuprägen, dann ergibt sich das günstige regelungstechnische Verhalten wie bei der Gleichstrom–Nebenschlußmaschine (siehe Band 2 [47, 48]).

6.4.3 Steuerbedingungen der Synchron–Vollpolmaschine ohne Dämpferwicklung

Die Gleichungen (6.90) bis (6.100) beschreiben die Synchron-Vollpolmaschine mit Dämpferwicklung. Wenn die Synchronmaschine keine Dämpferwicklung hat, dann entfallen die Gleichungen (6.91), (6.93), (6.97) und (6.98) der Dämpferwicklung, da $I_D = I_Q = \Psi_D = \Psi_Q = d\Psi_D/dt = d\Psi_Q/dt = 0$.
Mit den Umformungen nach Gl. (6.109) bis (6.116) erhält man somit:

$$\Psi_d = L_{\sigma 1} \cdot I_d + \Psi_{hd} \tag{6.125}$$

$$\Psi_q = L_{\sigma 1} \cdot I_q + \Psi_{hq} \tag{6.126}$$

$$\Psi_{hd} = L_h \cdot (I_d + I_E) \tag{6.127}$$

$$\Psi_{hq} = L_h \cdot I_q \tag{6.128}$$

$$\Psi_E = \Psi_{hd} + L_{\sigma E} \cdot I_E \tag{6.129}$$

$$U_d = R_1 \cdot I_d + \frac{d\Psi_d}{dt} - \Omega_L \cdot \Psi_q \tag{6.130}$$

$$U_q = R_1 \cdot I_q + \frac{d\Psi_q}{dt} + \Omega_L \cdot \Psi_d \tag{6.131}$$

$$U_E = I_E \cdot R_E + \frac{d\Psi_E}{dt} \tag{6.132}$$

$$M_{Mi} = \frac{3}{2} \cdot Z_p \cdot L_h \cdot I_E \cdot I_q \tag{6.133}$$

Diesen Gleichungen ist – analog zur Asynchronmaschine – zu entnehmen, daß das Moment M_{Mi} mit I_q vorgegeben wird. Auf die Anmerkung zu Gl. (6.17) bezüglich des Unterschieds von Schenkelpol- zu Vollpolmaschine sei nochmals hingewiesen.

Im stationären Leerlaufzustand ist $I_q = \Psi_q = d\Psi_q/dt = 0$, und damit gilt für die Spannungen:

$$U_d = R_1 \cdot I_d \tag{6.134}$$

$$U_q = \Omega_L \cdot \Psi_d \tag{6.135}$$

d.h. bei konstantem Fluß Ψ_d wird die Spannung U_q proportional zur Kreisfrequenz Ω_L sein.
Der Feldschwächbetrieb kann durch einen Strom $I_d < 0$ erreicht werden.
Die Parallelen zur Asynchronmaschine sind offenkundig.

In gleicher Weise wie bei der Asynchronmaschine können Synchronmaschinen durch Entkopplungs-Netzwerke und überlagerte Regelkreise oder durch Feldorientierung geregelt werden [47, 48].

Die Synchron-Vollpolmaschine soll nun so gesteuert werden, daß sich ein Verhalten wie bei der Gleichstrom–Nebenschlußmaschine ergibt. Damit sind drei Ziele für die Steuerung erwünscht:

1. Die Drehzahl soll im Ankerstellbereich verstellbar sein – ohne den Fluß zu beeinflussen.
2. Das Moment soll einstellbar sein.
3. Die Maschine soll über den Nennbetrieb hinaus im Feldschwächbetrieb betrieben werden.

Da die Steuerbedingungen bei den folgenden Überlegungen für den stationären Betrieb abgeleitet werden, soll bei den Herleitungen $d./dt = 0$ gesetzt werden. Damit können die Herleitungen, die zum Ersatzschaltbild nach Abb. 6.21 führten, genutzt werden.
Aus Gl. (6.120) bis (6.122) ergibt sich im rotorfesten Koordinatensystem:

$$\vec{U}_1 = R_1 \cdot \vec{I}_1 + j\Omega_L \cdot L_{\sigma 1} \cdot \vec{I}_1 + \vec{U}_h \tag{6.136}$$

$$\text{mit} \quad \vec{U}_h = \vec{U}_p + j\Omega_L \cdot L_h \cdot \vec{I}_1 \tag{6.137}$$

$$\text{und} \quad \vec{U}_p = j\Omega_L \cdot L_h \cdot I_E \tag{6.138}$$

Aus Gl. (6.136) ist abzuleiten, daß bei $I_E = 0$ auch $\vec{U}_p = 0$ ist und daß für die Statorspannung $\vec{U}_1$ ein ohmsch-induktiver Lastkreis verbleibt. Umgekehrt, wenn $\vec{I}_1 = 0$ ist, kann $\vec{U}_p$ an den Klemmen gemessen werden.

Die aus dem Signalflußplan bekannte Flußverkettung ist ebenso zu erkennen und resultiert in der Spannung $\vec{U}_h$. Damit gilt bei $I_q = 0$:

$$\vec{U}_1 = R_1 \cdot I_d + j\Omega_L \cdot L_{\sigma 1} \cdot I_d + j\Omega_L \cdot L_h \cdot I_{\mu d} \tag{6.139}$$

$$\text{mit} \quad I_{\mu d} = I_d + I_E \qquad \text{und} \qquad |\vec{U}_h| = X_h \cdot I_{\mu d} \tag{6.140}$$

Gewünscht ist, $|\vec{U}_h|$ konstant zu halten, somit muß $I_{\mu d}$ konstant gehalten werden. Dies kann mit einer gewissen Freizügigkeit über I_d und I_E erfolgen.

Bei konstanter Drehzahl und $I_q = 0$ kann somit die Phasenlage des Stroms I_d zwischen kapazitivem (Synchronmaschine übererregt) und induktivem (Synchronmaschine untererregt) Verhalten umgestellt werden. Die Einstellung des Klemmenverhaltens erfolgt über den Polraderregerstrom I_E. Die Synchronmaschine kann somit zur Kompensation von Blindleistung genutzt werden (siehe Abb. 6.22).

Aus den obigen Gleichungen ist außerdem der bei den Drehfeldmaschinen bekannte Zusammenhang zu erkennen, daß mit steigender Drehzahl N und konstantem $I_{\mu d}$ bzw. Fluß die Klemmenspannung linear zunimmt.

Nachdem der ideale Leerlauf im stationären Betrieb diskutiert ist, soll jetzt die Steuerung des Drehmoments M_{Mi} untersucht werden.

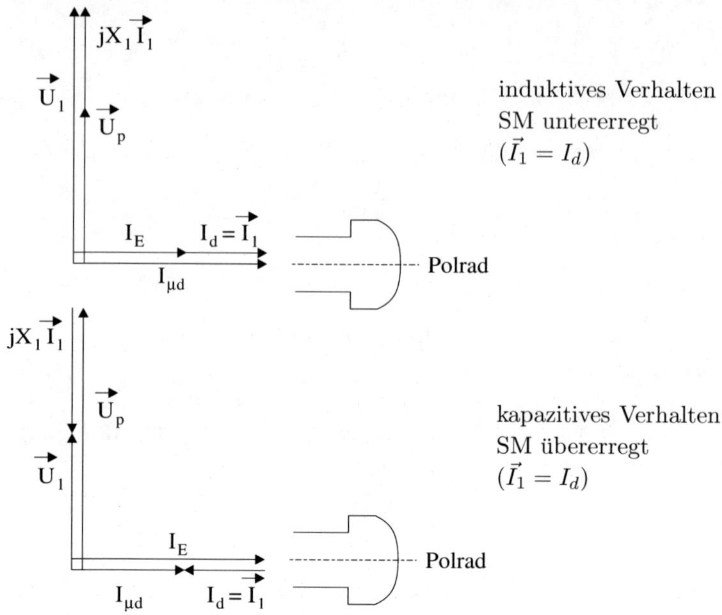

Abb. 6.22: *Zeigerdiagramme für $R_1 = 0$ (idealer Leerlauf)*

Für das Moment M_{Mi} und den Statorstrom $\vec{I}_1$ gilt mit $L_d = L_q$ und $L_h = M_{dE}$:

$$M_{Mi} = \frac{3}{2} \cdot Z_p \cdot \Big(M_{dE} \cdot I_E \cdot I_q - (L_d - L_q) \cdot I_d \cdot I_q \Big)$$

$$= \frac{3}{2} \cdot Z_p \cdot L_h \cdot I_E \cdot I_q \qquad (6.141)$$

$$\vec{I}_1 = I_d + jI_q \qquad (6.142)$$

Dies bedeutet, daß bei $M_{Mi} \neq 0$ im Statorstrom $\vec{I}_1$ zusätzlich die Stromkomponente I_q und damit durch den Spannungsfall $j\,X_h \cdot I_q$ die Spannungen $\vec{U}_p$ und $\vec{U}_h$ nun nicht mehr die gleiche Phasenlage aufweisen.

Bei Belastung der Maschine ($I_q \neq 0$) wird das Polrad um den Polradwinkel ϑ gegenüber der unbelasteten Lage ausgelenkt (Abb. 6.23):

- Motorbetrieb: $\vec{U}_p$ nacheilend, $\vartheta > 0$,
- Generatorbetrieb: $\vec{U}_p$ voreilend, $\vartheta < 0$.

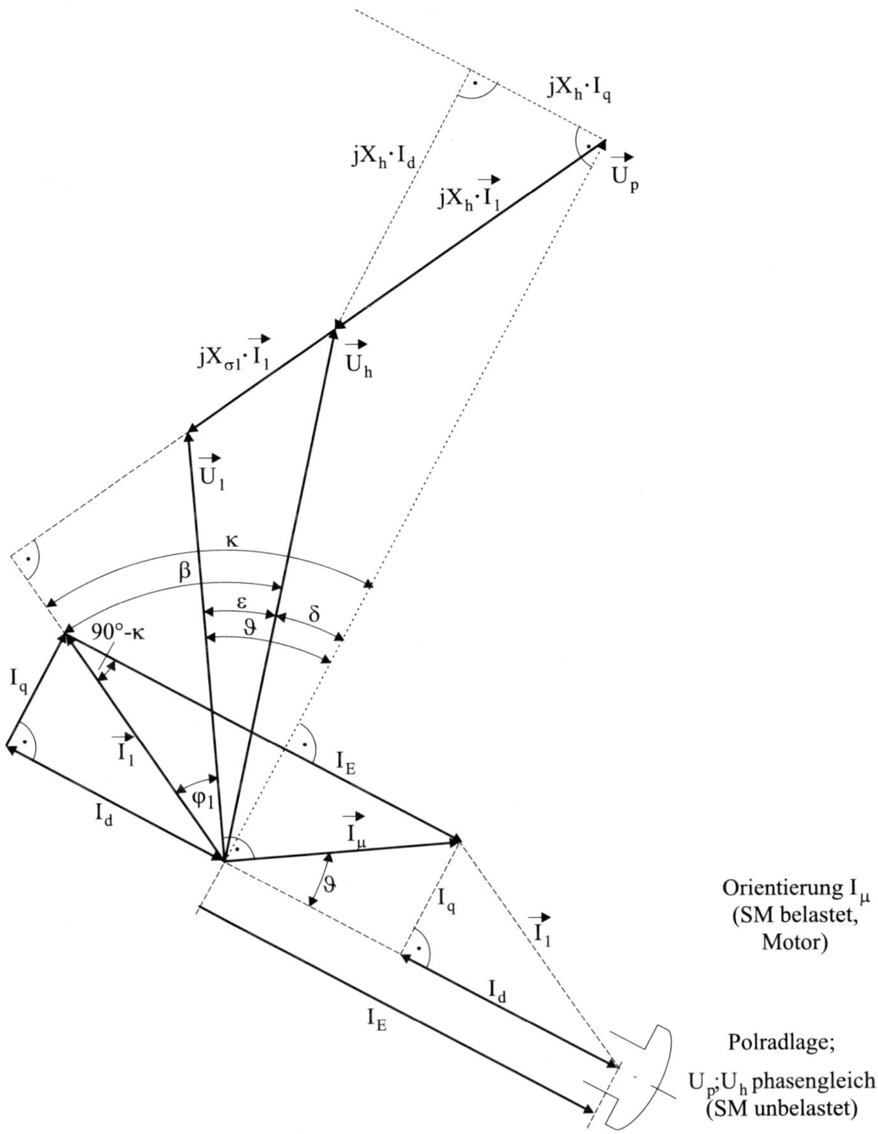

$$
\begin{aligned}
\vartheta &: \quad \angle(\vec{U}_1, \vec{U}_p) \quad = \text{Polradwinkel} \\
\varepsilon &: \quad \angle(\vec{U}_1, \vec{U}_h) \quad = \text{Durchflutungswinkel} \\
\delta &: \quad \angle(\vec{U}_h, \vec{U}_p) \\
\kappa &: \quad \angle(\vec{I}_1, \vec{U}_p) \quad = \text{Wellensteuerwinkel} \\
\varphi_1 &: \quad \angle(\vec{U}_1, \vec{I}_1) \quad = \text{Phasenwinkel}
\end{aligned}
$$

Abb. 6.23: *Zeigerdiagramm der übererregten Synchronmaschine* ($R_1 = 0$)

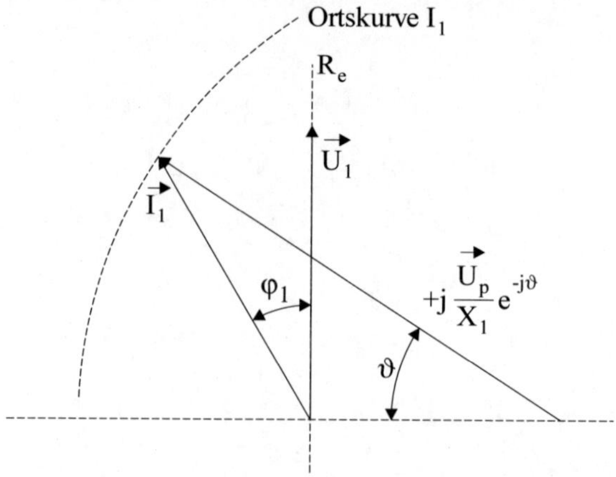

Abb. 6.24: *Ortskurve von $\vec{I}_1$ bei $R_1 = 0$*

Mit

$$\vec{I}_\mu = I_d + I_E + j\, I_q \tag{6.143}$$

ergibt sich aus dem Zeigerdiagramm in Abb. 6.23:

$$|\vec{I}_\mu|^2 = I_E^2 + |\vec{I}_1|^2 - 2 \cdot I_E \cdot |\vec{I}_1| \cdot \sin\kappa \tag{6.144}$$

$$\delta = \arcsin\left(\frac{|\vec{I}_1|}{|\vec{I}_\mu|} \cdot \cos\kappa\right) \tag{6.145}$$

$$\vartheta = \delta + \varepsilon \tag{6.146}$$

$$P_1 = \frac{3}{2} \cdot |\vec{U}_1| \cdot |\vec{I}_1| \cdot \cos\varphi_1 \qquad \text{(Wirkleistung)} \tag{6.147}$$

$$\vec{U}_1 = j\, X_1 \vec{I}_1 + |\vec{U}_p| \cdot e^{-j\,\vartheta} \tag{6.148}$$

$$\vec{I}_1 = -j\, \frac{\vec{U}_1}{X_1} + j\, \frac{|\vec{U}_p|}{X_1} \cdot e^{-j\,\vartheta} = \frac{|\vec{U}_p|}{X_1} \cdot \sin\vartheta + j\, \frac{|\vec{U}_p| \cdot \cos\vartheta - \vec{U}_1}{X_1} \tag{6.149}$$

Somit ist $\vec{I}_1 = f(\vartheta)$. Die Ortskurve für $\vec{I}_1$ ist ein Kreis mit dem Mittelpunkt $-j\,\dfrac{\vec{U}_1}{X_1}$, dem Radius $\dfrac{|\vec{U}_p|}{X_1}$ und dem Drehwinkel ϑ (Abb. 6.24).
Der Realteil des Statorstroms $\vec{I}_1$ ist

$$\Re e\{\vec{I}_1\} = \frac{|\vec{U}_p|}{X_1} \cdot \sin\vartheta \tag{6.150}$$

Damit ergibt sich die Wirkleistung zu

$$P_1 = \frac{3}{2} \cdot |\vec{U}_1| \cdot \frac{|\vec{U}_p|}{X_1} \cdot \sin\vartheta \tag{6.151}$$

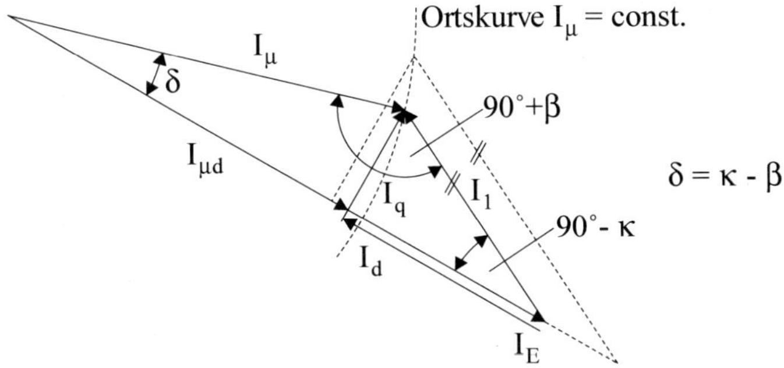

Abb. 6.25: *Zeigerdiagramm der Synchronmaschine bei Stromrichtermotorbetrieb*

und das Drehmoment zu:

$$M_{Mi} = \frac{P_1}{\Omega_m} = \frac{3}{2} \cdot \frac{|\vec{U}_1| \cdot |\vec{U}_p|}{X_1 \cdot \Omega_m} \cdot \sin\vartheta \tag{6.152}$$

Das Drehmoment ist somit eine Funktion von ϑ und erreicht den Maximalwert bei $\vartheta = \pm\,\pi/2$.

Wie schon oben betont, ist das Moment über I_q zu steuern. Außerdem sollte $|\vec{I}_\mu|$ konstant gehalten werden, um den Magnetisierungszustand konstant zu halten. Dies wird aber durch die Komponente I_q verhindert, wenn nicht über I_d bzw. I_E eingegriffen wird.

Aus dem Zeigerdiagramm nach Abb. 6.25 läßt sich erkennen, daß für den stationären Betriebszustand gilt:

$$|\vec{I}_\mu|^2 = I_E^2 + |\vec{I}_1|^2 - 2 \cdot I_E \cdot |\vec{I}_1| \cdot \cos(90^\circ - \kappa) \tag{6.153}$$

Um $|\vec{U}_h|$ im Arbeitspunkt konstant zu halten, muß $|\vec{I}_\mu|$ konstant bleiben, d.h. $\vec{I}_\mu$ muß sich auf einem Kreisbogen bewegen.

Weiterhin wird, wie sich aus den späteren Untersuchungen des Stromrichtermotorbetriebs (Kap. 12.3) zeigt, φ_1 konstant angesetzt. Mit Gl. (6.153) ist somit das Steuergesetz für den Polradstrom I_E bekannt, um $|\vec{U}_h|$ bzw. $|\vec{\Psi}_h|$ im Ankerstellbereich konstant zu halten.
Mit ϑ meßbar und $\varphi_1 = \text{const.}$ erhält man

$$\kappa = \varphi_1 + \vartheta \tag{6.154}$$

und damit:

$$I_E^2 - 2 \cdot |\vec{I}_1| \cdot I_E \cdot \sin\kappa + |\vec{I}_1|^2 - |\vec{I}_\mu|^2 = 0 \tag{6.155}$$

Ein anderer Ansatz geht davon aus, daß der Winkel β frei sein soll. Dieser Ansatz findet beispielsweise eine Anwendung beim Direktumrichterantrieb (Kap. 12.1). Es ist in diesem Fall gewünscht, die Leistung des Gesamtsystems so klein wie möglich zu halten. In diesem Fall wird $\beta = 0$ angesetzt, d.h. $\vec{I}_1$ und $\vec{U}_h$ sind in Phase.

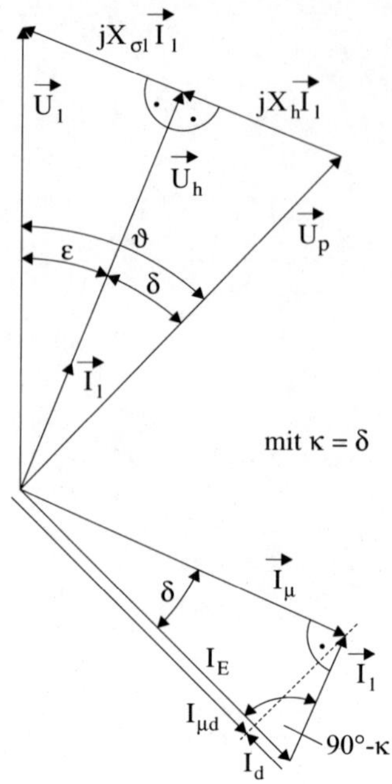

Abb. 6.26: *Zeigerdiagramm der Synchronmaschine bei Direktumrichterbetrieb*

Das Zeigerdiagramm nach Abb. 6.26 zeigt die neue Situation. Jetzt gilt:

$$\tan\delta \;=\; \frac{|\vec{I}_1|}{|\vec{I}_\mu|} \qquad \text{bzw.} \qquad \cos\delta \;=\; \frac{|\vec{I}_\mu|}{I_E} \tag{6.156}$$

Somit muß

$$I_E \;=\; \frac{|\vec{I}_\mu|}{\cos\delta} \tag{6.157}$$

sein, d.h. bei festgelegter resultierender Erregung $|\vec{I}_\mu|$ muß

$$I_E \;\sim\; \frac{1}{\cos\delta} \tag{6.158}$$

gesteuert werden.

Der Polradwinkel ϑ ist meßbar, und ε erhält man aus:

$$\sin\varepsilon \;=\; \frac{|\vec{I}_1|\cdot X_{\sigma 1}}{|\vec{U}_1|} \qquad \text{bzw.} \qquad \varepsilon \;=\; \arcsin\left(\frac{|\vec{I}_1|\cdot X_{\sigma 1}}{|\vec{U}_1|}\right) \tag{6.159}$$

Somit gilt:

$$\delta \;=\; \vartheta - \varepsilon \tag{6.160}$$

Damit ist I_E steuerbar als Funktion des gewünschten Statorstroms und des Drehmoments.

6.5 Permanentmagneterregte Maschinen

Statt der Speisung des Polrads mit dem Erregerstrom I_E besteht die grundsätzliche Möglichkeit, die stromdurchflossene Erregerwicklung durch Permanentmagnete zu ersetzen. In diesem Fall verbleiben nur die drei Statorwicklungen als stromdurchflossene Wicklungen.

Wesentlich bei den folgenden Überlegungen ist, ob die Maschine als symmetrische Vollpolmaschine oder als unsymmetrische Maschine wie die Schenkelpolmaschine konzipiert ist.

Ein anderes Unterscheidungsmerkmal ist, ob die Statorwicklungen mit sinusförmigen oder trapezförmigen Strömen gespeist werden. Im ersten Fall wird die Maschine als permanentmagneterregte Synchronmaschine, im zweiten Fall als bürstenlose Gleichstrommaschine bezeichnet, da nur zwei Wicklungen stromdurchflossen sind.

Der einfachste Fall für die Ermittlung des Signalflußplans ist unter der Annahmen einer symmetrischen Konstruktion und sinusförmiger Statorströme zu erreichen. In diesem Fall werden keine Reluktanzeinflüsse wirksam sein, und es ergibt sich aus den bekannten Gleichungen der Synchron-Vollpolmaschine das folgende Gleichungssystem sowie in Abb. 6.27 der zugehörige Signalflußplan.

$$\frac{d\Psi_d}{dt} = U_d - R_1 \cdot I_d + \Omega_L \cdot \Psi_q \tag{6.161}$$

$$\frac{d\Psi_q}{dt} = U_q - R_1 \cdot I_q - \Omega_L \cdot \Psi_d \tag{6.162}$$

$$\Psi_d = \Psi_{PM} + L_d \cdot I_d \tag{6.163}$$

$$\Psi_q = L_q \cdot I_q \tag{6.164}$$

$$M_{Mi} = \frac{3}{2} \cdot Z_p \cdot (\Psi_d \cdot I_q - \Psi_q \cdot I_d) \tag{6.165}$$

$$= \frac{3}{2} \cdot Z_p \cdot \left(\Psi_{PM} \cdot I_q + (L_d - L_q) \cdot I_d \cdot I_q\right) \tag{6.166}$$

$$\Theta \cdot \frac{d\Omega_m}{dt} = M_{Mi} - M_W \tag{6.167}$$

Dieser Signalflußplan kann weiter vereinfacht werden, wenn nur der Ankerstellbereich angenommen wird. In diesem Fall muß $d\Psi_d/dt = 0$ und $I_d = 0$ gesetzt werden.

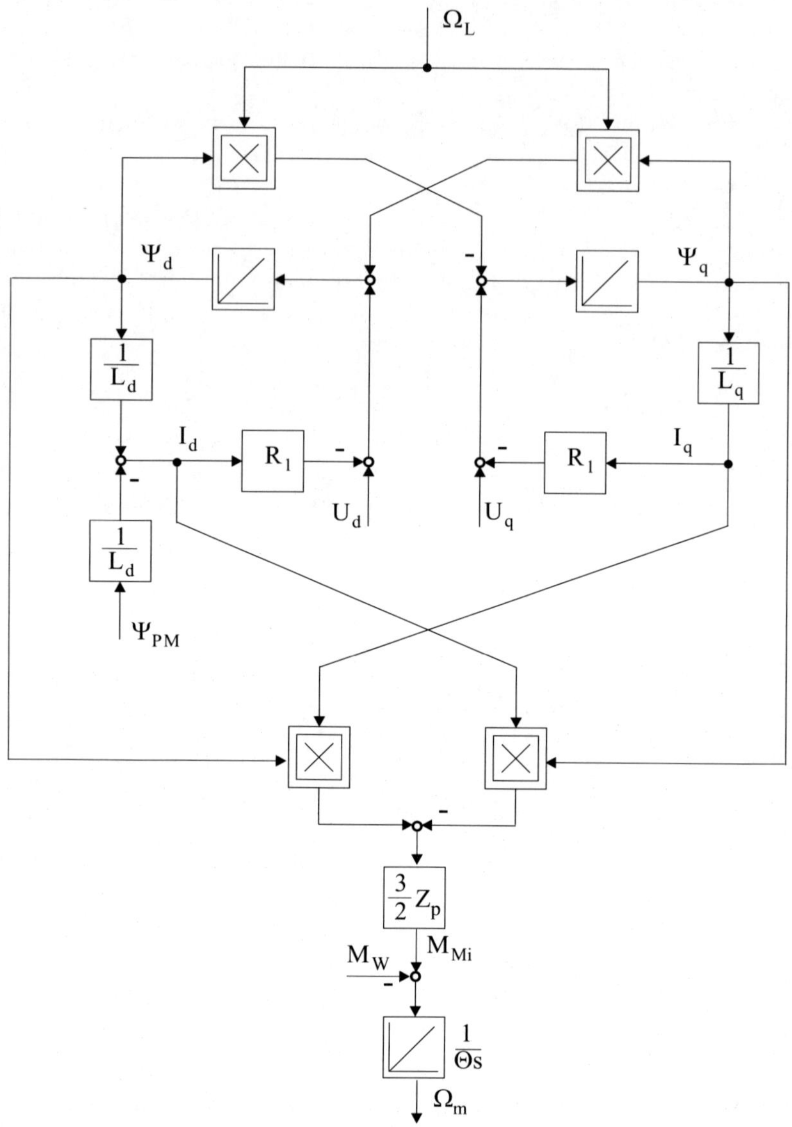

Abb. 6.27: *Signalflußplan der permanentmagneterregten Synchronmaschine*

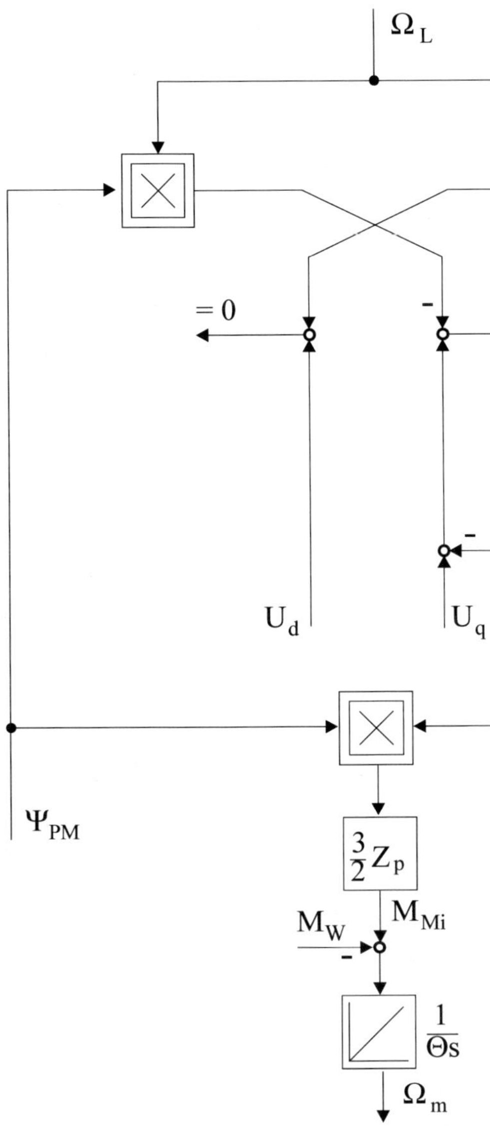

Abb. 6.28: *Vereinfachter Signalflußplan der PM-Maschine im Ankerstellbereich* ($d\Psi_d/dt = 0$ *und* $I_d = 0$)

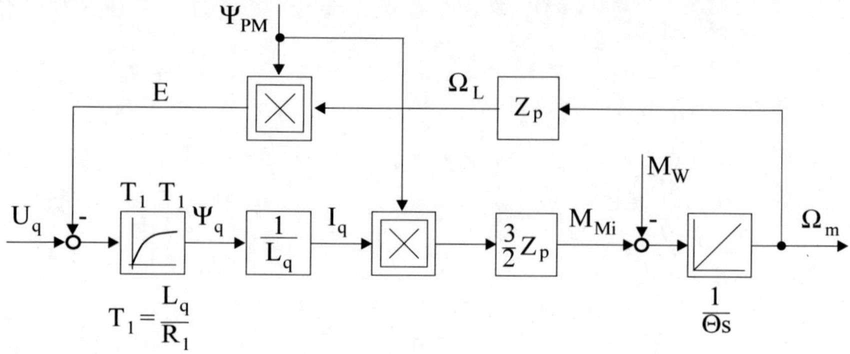

Abb. 6.29: *Vereinfachter Signalflußplan der PM-Maschine im Ankerstellbereich (Steuerbedingung: $U_d = -\,\Omega_L \cdot L_q \cdot I_q$)*

Damit gilt:

$$0 = U_d + \Omega_L \cdot \Psi_q = U_d + \Omega_L \cdot L_q \cdot I_q \qquad (6.168)$$

$$\frac{d\Psi_q}{dt} = U_q - R_1 \cdot I_q - \Omega_L \cdot \Psi_{PM} \qquad (6.169)$$

$$\Psi_d = \Psi_{PM} \qquad (6.170)$$

$$\Psi_q = L_q \cdot I_q \qquad (6.171)$$

$$M_{Mi} = \frac{3}{2} \cdot Z_p \cdot \Psi_{PM} \cdot I_q \qquad (6.172)$$

$$\Theta \cdot \frac{d\Omega_m}{dt} = M_{Mi} - M_W \qquad (6.173)$$

und es ergibt sich der vereinfachte Signalflußplan der permanentmagneterregten Synchronmaschine im Ankerstellbereich nach Abb. 6.28.

Aus Gl. (6.168) ergibt sich die Steuerbedingung:

$$U_d = -\,\Omega_L \cdot L_q \cdot I_q \qquad (6.174)$$

Gleichung (6.169) läßt sich mit $T_1 = \frac{L_q}{R_1}$ umformen zu:

$$T_1 \cdot \frac{d\Psi_q}{dt} + \Psi_q = T_1 \cdot (U_q - \Omega_L \cdot \Psi_{PM}) \qquad (6.175)$$

Damit ergibt sich der vereinfachte Signalflußplan nach Abb. 6.29. Weitere und ausführlichere regelungstechnische Erläuterungen sind im Band 2 dieser Buchreihe [47, 48] zu finden.

Zusätzlich sei aber hier bereits darauf hingewiesen, daß es Ausführungen von permanentmagneterregten Maschinen gibt, bei denen bewußt eine unsymmetrische Konstruktion (X_d, X_q) gewählt wird, um damit erstens als zusätzliche Optimierungsgröße bei der Konstruktion die Reluktanz und damit das Reluktanzmoment zu gewinnen. Zweitens kann durch geeignete Wahl von X_d und X_q bei diesem Maschinentyp die Option des Feldschwächbetriebs konstruktiv erreicht werden, ohne die bisher allgemein prognostizierte Überdimensionierung und die Schädigung der Permanentmagnete durch Entmagnetisierung. Die Regelung dieser Maschine ist allerdings wesentlich komplexer als in Abb. 6.29 und wird im Detail in [49] abgehandelt. (Bei der Regelung sind insbesondere die Stellgrenzen bei der Statorspannung und dem Statorstrom zu beachten!) Wesentlich ist, daß mit diesem Ansatz das Ziel „maximales Drehmoment pro Ampere Wicklungsstrom" erreicht werden kann. Wie aus Gl. (6.166) zu entnehmen ist, wird bei $I_d \neq 0$ der zweite Term in der Gleichung wirksam, so daß I_q und I_d so geführt werden können, daß sich bei der gewünschten Drehzahl ein Maximum des Drehmoments ergibt.

Im folgenden Kapitel 7 wird eine weitere Bauform von permanentmagneterregten Maschinen, die Transversalflußmaschinen (TFM), dargestellt. In diesen Ausführungen wird bewußt auf konstruktive Maßnahmen und die sich daraus ergebenden Möglichkeiten eingegangen.

7 Transversalflußmaschine

Prof. Dr. H. Weh, Universität Karlsruhe

7.1 Die neueren Entwicklungen in der Antriebstechnik

Der Fortschritt im Bereich elektrischer Antriebe ist – wie bereits mehrfach dargestellt – gekennzeichnet durch den Übergang von der Gleichstrommaschine zu den Drehstrommaschinen. Die wartungsaufwendige Gleichstrommaschine mit Kommutator ist in ihren Belastungsgrenzen weniger genau bestimmbar als die Drehstrommaschinen. Das Bauteil Kommutator mit der Verkoppelung elektrischer, thermischer und mechanischer Funktionseinflüsse bedeutet für die Gleichstrommaschine eine Entwurfsbeschränkung, die weiteren Kompaktheitsbestrebungen, aber auch der Erzielung höherer Wirkungsgrade im Wege steht.

Da sich Asynchronmotoren an Einsatz- und Umweltforderungen weit besser anpassen lassen, und die Möglichkeit einer Drehmoment- und Drehzahlstellung durch die Fortschritte der Wechselrichter- und Regelungstechnik gegeben sind, steht ihrer Anwendung nichts mehr im Wege. Mit Hilfe der feldorientierten Regelung läßt sich die drehstromgespeiste Asynchronmaschine auch für dynamisch hochwertige Anwendungen ähnlich wie – teilweise noch günstiger als – eine Gleichstrommaschine regeln.

Auch bei Bahnantrieben ist der Wechselstrom-Kommutatormotor durch Asynchronmotoren mit Wechselrichterspeisung ersetzt worden. Die Motormasse konnte dadurch in vielen Fällen auf etwa 60 % reduziert werden. Die leichteren Drehstrommaschinen ermöglichen im begrenzten Umfange auch Verbesserungen des Wirkungsgrades.

Wegen der höheren Robustheit von Drehstromantrieben werden diese z.B. auch für Walzwerksanwendung eingesetzt. Auch hier ist eine sehr hohe Dynamik (kleine Reaktionszeiten für Laständerungen) gefordert. Die Kommutatormaschine wird dabei durch die Synchronmaschine ersetzt, deren Wechselrichter mit natürlicher Kommutierung betrieben werden kann.

Eine weitere Optimierungschance ergibt sich auf dem Gebiet der Leistungselektronik durch die Verwendung von verbesserten Leistungshalbleitern. Der Hochstrom-Hochspannungs-GTO ist das bevorzugte Schaltelement bei größeren Leistungseinheiten. Es ist abzusehen, daß in wenigen Jahren auf breiter Front die IGBT-Wechselrichter Eingang in die Anwendung finden werden. Die damit mögliche Erhöhung der Schaltfrequenz kann vorteilhaft für die Motoren zur weiteren Reduktion der Verluste und zur Verbesserung der Magnetkreisauslegung herangezogen werden.

Bei Wechselrichterspeisung kann der Betriebspunkt der Asynchronmaschine näher an den Kippunkt (maximales Drehmoment) gelegt werden. Es sind damit im Vergleich zur Betriebsweise mit konstanter Frequenz prinzipiell Leistungssteigerungen der Maschine möglich, sofern die thermischen Probleme (Abfuhr der Verlustwärme) bewältigt werden können. Die im Kippunkt auftretende maximale Umfangskraft wird durch den Einfluß des Statorwiderstandes und wesentlich durch die Streureaktanz von Stator- und Rotorwicklung bestimmt. Soll eine Maschine zur Abgabe von mehr Leistung (mit erhöhtem Strom) ausgelegt werden, führen die Maßnahmen jedoch im allgemeinen zu einer Vergrößerung der Streuung. Um höhere Ströme bei begrenzten Verlusten zulassen zu können, sind z.B. tiefere Nuten und größere Wicklungsquerschnitte notwendig. Eine Auslegung für höhere Strombelastung hat somit im allgemeinen einen niedrigeren Drehmoment-Maximalwert zur Folge. Da der Vorgang der Stromerzeugung im Rotor (Induktion) der Asynchronmaschine einer anderen Optimierungslinie folgt als der Vorgang der Kraftsteigerung der motorischen Wirkung, werden folglich bei Berücksichtigung von Wirkungsgrad-Gesichtspunkten Entwurfsmaßnahmen zur Leistungssteigerung blockiert.

Die Synchronmaschine bedarf keines internen generatorischen Effekts zur Stromerzeugung im Rotor und bietet insbesondere in der Form der permanentmagneterregten Variante ein größeres Entwicklunspotential für die Leistungssteigerung. Neben der weitgehenden Vermeidung von Erregerverlusten lassen sich Optimierungsmöglichkeiten zur Steigerung der Kompaktheit durch neuartige Magnetkreise umsetzen. In den letzten zwanzig Jahren wurden zahlreiche Bauvarianten untersucht. Der Einsatz der Permanentmagnete wurde dabei durch die Verfügbarkeit von Seltenerden-Kobalt- und Neodym-Eisen-Bor-Magneten stimuliert. Der Sprung der Remanenzflußdichte von etwa $0,4\,T$ bei Ferrit-Magneten auf etwa 1,0–1,2 T bei den neuen Hochenergie-Magneten läßt für die elektrischen Maschinen beträchtliche Steigerungen der Kraftdichte zu. Hinzu kam in neuerer Zeit eine günstige Entwicklung der Magnetpreise, so daß sich ein größerer Anwendungsbereich für magnetbestückte Synchronmaschinen eröffnet.

Als markantes Beispiel für einen neuen Zweig der Maschinenentwicklung wird hier auf die Möglichkeiten der Transversalflußmaschine (TFM) eingegangen. Sie weist gegenüber den klassischen Bauformen beträchtliche Merkmalsänderungen auf, die in folgenden Punkten zusammengefaßt werden können (Tabelle 7.1).

Die aufgeführten Merkmale sind nicht nur eine Abkehr von der klassischen Maschinenbauform, sie sind auch als Kennzeichen für einen Freiraum zur Optimierung wichtiger Eigenschaften zu betrachten. Hierzu zählt die für viele Anwendungen wichtige Kompaktheit (kleine Maschinenabmessungen), eine Beschränkung der Masse und eine Effizienzsteigerung des Energieumsatzes. Ausgangspunkt für die hier gemachten Aussagen sind der Bau einer begrenzten Zahl von Prototypen, Experimentalstudien und mehrere Doktorarbeiten, während sich

Tabelle 7.1: *Gegenüberstellung ASM, SM und TFM*

ASM, SM	TFM
Verkettete Drehstromwicklung in axialen Nuten	Unverkettete Drehstromwicklung, ringförming-konzentrisch zur Welle
Longitudinaler Magnetkreis zur Führung des Drehfeldes	Transversale Magnetkreisanordnung, Einzelkreise
Polteilung größer $3\,cm$	Polteilung kleiner $3\,cm$

Tabelle 7.2: *Größendefinition*

	Größe	Einheit
1	Massebezogene Leistungsdichte	$kW/\,kg$
2	Massebezogene Drehmomentdichte	$Nm/\,kg$
3	Volumenbezogene Drehmomentdichte	$Nm/\,dm^3$
4	Flächenbezogene Kraftdichte	$N/\,cm^2$
5	Momentbezogene Verluste	$W/\,Nm$
6	Momentbezogenes Schwungmoment	$kgm^2/\,Nm$

die im Gang befindliche Entwicklung einer industriegerechten Fertigung noch in den Anfängen befindet. Mit den bereits vorliegenden Ergebnissen zeichnen sich jedoch mit Blick auf die mögliche Massenreduktion und die Wirkungsgradsteigerung nennenswerte Erfolge ab.

Zur Beurteilung der Verwendbarkeit, insbesondere im mobilen Bereich, wurden eine Anzahl bezogener Größen eingeführt (Tabelle 7.2).

Transversalflußmaschinen lassen sich unabhängig vom Einsatzziel so konzipieren, daß die in Tabelle 7.2, Zeile 1 bis 6, aufgeführten Merkmale günstiger sind als bei herkömmlichen Maschinen, wobei die Größen in Zeile 1 bis 4 höhere Werte aufweisen sollten, während die Werte von Zeile 5 und 6 niedriger liegen. Während die unter 1 aufgeführte Leistungsdichte durch die Nenngeschwindigkeit (Nenndrehzahl) der Maschine mitbestimmt wird, führen die Größen in Zeile 2 und 3 direkt auf die kraftbildende Interaktion im Magnetkreis und sind so für die Maschine dimensionierend wirkende Kenngrößen. Die Größen 1 bis 3 beinhalten die konstruktionsbedingten Einflüsse, während die Größe 4 direkt auf dem physikalischen Zusammenhang, auf den sich die Kraftbildung zurückführen läßt, beruht.

Die Interaktion zwischen elektrischem Strom und magnetischer Felddichte kann als die Grundlage der kraftbildenden Wirkung in elektrischen Maschinen herangezogen werden. Für die Kraftdichte wird eine Bezugsfläche, z.B. – wie üblich – eine zylindrische Rotorfläche (flußführender Querschnitt) angewendet. Da es einfacher ist, über den Momentgrenzwert rechnerisch fundierte Aussagen zu machen als über die maximale Leistung, erscheint es zweckmäßig, die Verluste momentbezogen anzugeben. In Reihe 5 sind diese bezogenen Verluste (ohne Bezug zur Motorgeschwindigkeit) erfaßt. Für eine Beurteilung einer potentiell massearm herstellbaren Maschine erscheint es besonders wichtig, daß vergleichsweise niedrige bezogene Verluste erzielbar sind. Bei gleichen oder erhöhten Verlusten müßten bei kleinerem Volumen erhöhte Wärmeflußdichten in Betracht gezogen werden, wodurch sich eine erschwerte Wärmeabfuhr bei gleichen Temperaturdifferenzen ableiten läßt.

Da bei mobilen Antriebsanwendungen die Massenbeschränkungen und die Einhaltung von Außenabmessungen und damit die Volumenbegrenzung wichtig sind, gleichzeitig aber auch der Energieverbrauch aus wirtschaftlicher und umweltrelevanter Sicht Bedeutung hat, sind hierfür neue Motoren mit den Merkmalen 1 bis 5 besonders interessant. Oberhalb bestimmter Einsparmöglichkeiten an Masse und Volumen besteht zusätzlich die Möglichkeit auf Untersetzungsgetriebe zu verzichten. Es gilt dann allerdings den Nachweis zu führen, daß der Direktantrieb masseärmer ist als die Summe aus hochtourigem Motor mit Getriebe. Der Getriebeübersetzung entsprechend ist der Direktantriebsmotor für das erhöhte Drehmoment zu bemessen. Es kommt hinzu, daß der langsamer laufende Motor nur erschwert für kleinere Wicklungsverluste ausgelegt werden kann.

Da Getriebe verschleißgefährdet und damit wartungsanfällig sind und in Verbindung mit dem nicht reibungsfreien Eingriff auch leistungsmindernd arbeiten, ist die Vermeidung des Getriebes somit in den meisten Fällen ein Entwicklungsziel. Die damit entfallende Wartung und die erhoffte Wirkungsgradsteigerung werden nicht nur bei mobilen Anwendungen der elektrischen Antriebe angestrebt.

Erkennbar geht die Antriebsentwicklung den Weg zur Vereinfachung im mechanischen Bereich. Ob dies durch den Übergang zum Direktantrieb versucht wird oder ob der Antriebsmotor bereichsweise in die Arbeitsmaschine konstruktiv mit einbezogen wird, hängt von zusätzlichen Teilzielen und Systemgesichtspunkten ab. Beim Antrieb des Transrapid liegt z.B. eine Lösung vor, die mit Blick auf die vom Linearmotor erzeugten Tragkräfte und die Vermeidung einer besonderen elektrischen Energieübertragung (für den Antrieb) als günstige integrierte Variante bezeichnet werden kann. Ein eigenständiger Linearmotor, zusätzlich zu einer magnetischen Traganordnung und mit eigenständiger Reaktionsschiene hätte zu einer weit ungünstigeren und komplexeren Systemlösung geführt.

Aus dem Bereich Fördertechnik sind Antriebslösungen bekannt, bei der unter Vermeidung des Getriebes der Drehstromantrieb weitgehend mit der Seilscheibe des Förderantriebs verschmolzen wurde, um so eine materialsparende Konstruktion mit einer optimalen Krafteinleitung zu kombinieren.

Für viele Anwendungen im Bereich der rotierenden Maschinen und für mittlere Leistungen dürften sich die Vorteile der eigenständigen mechanischen Konstruktion der elektrischen Maschine auch in Zukunft behaupten, da damit eine wirtschaftlich günstige Maschinenherstellung in größeren Stückzahlen erleichtert wird.

Auch die bauliche Integration von Maschine und Wechselrichter wurde für Anwendungsfälle der Transport- und Schiffstechnik in Betracht gezogen und teilweise ausgeführt. Nicht immer jedoch ist mit Blick auf die Art der Kraftübertragung eine bauliche Verbindung von Maschine und Wechselrichter erwünscht. Die Rücksicht auf das Laufverhalten verlangt oft äußerste Beschränkung der Maschinenmasse sowie die Einhaltung geringster Abmessungen im Radbereich. Im Zusammenhang mit der Frage der Antriebsanordnung, aber auch mit Rücksicht auf kleinste erzielbare Massen und Volumina sind heute durch den Entwicklungsstand der Leistungselektronik sehr günstige Voraussetzungen vorhanden. Insbesondere durch die neuen Möglichkeiten der IGBT-Module lassen die Wechselrichtereinheiten, z.B. in 4Q-Topologie, auch für Transversalflußmaschinen die Realisierung der gewünschten Betriebszustände mit hoher Leistungsdichte zu. Hierdurch wird die vollständige Nutzung des Spielraums zur Verringerung der Maschinenabmessungen verfügbar.

Der Anwendungsbereich neuer Maschinenbauformen ist auch für generatorische Anwendungen mit analogen Zielsetzungen wie oben offen. Es ist ersichtlich, daß z.B. der massearme Windkraftgenerator mit höchstem Wirkungsgrad oder der Generator eines diesel-elektrischen Antriebs ähnlich wichtige Entwicklungsziele darstellen, wie ein entsprechender Bahndirektantrieb.

7.2 Magnetkreise bei Longitudinalfluß(LF)– und Transversalfluß(TF)–Anordnung

7.2.1 Longitudinalfluß–Anordnung (LF) mit Permanentmagneten

Bei permanentmagneterregten Synchronmaschinen kann der Kraftbildungsvorgang verfolgt werden, wenn die Permanentmagnete gedanklich durch stromtragende bandförmige Spulen ersetzt werden, die mit dem magnetischen Feld der Statorströme interagieren.

In Abb. 7.1 ist ein linearisierter Teil einer mit P-Magneten in Flachanordnung und einer einsträngigen Statorwicklung ausgeführten Maschine dargestellt.

$$F_{xp} = 2 \cdot \Theta_M \cdot B_a \cdot l = 2 \cdot \frac{B_r}{\mu_0} \cdot B_a \cdot h_M^* \cdot l \tag{7.1}$$

Gleichung (7.1) beschreibt die auf zwei Permanentmagnetränder im Bereich der Zahnmitte wirkende Kraft. Die durch den Permanentmagneten eingeprägte fiktive Durchflutung Θ_M ändert sich innerhalb des Betriebsspiels nicht, solange der geradlinige Teil der $B(H)$-Kennlinie nicht verlassen wird. Die Größe von Θ_M ist dem Produkt aus B_r und der Magnethöhe h_M proportional:

$$\Theta_M = \frac{B_r}{\mu_\rho} \cdot h_M = \frac{B_r}{\mu_0} \cdot h_M^* \,; \qquad h_M^* = h_M \cdot \frac{\mu_0}{\mu_\rho} \tag{7.2}$$

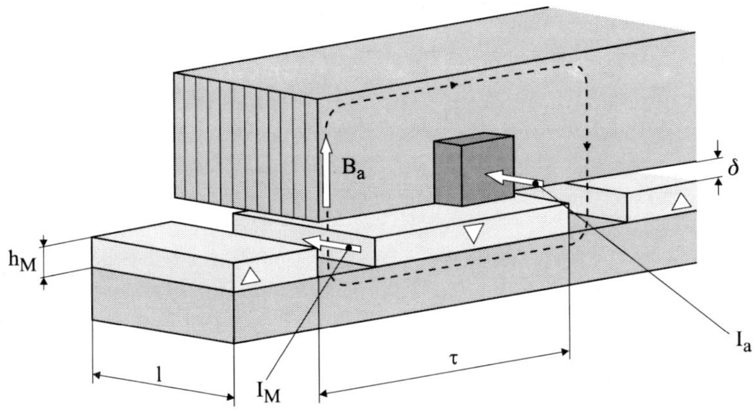

Abb. 7.1: *LF-Magnetkreis*

Die Durchflutung $\Theta_M = \sum I_M$ (siehe Abb. 7.1) fließt in der äußersten Oberflächenschicht der Magnete (als Summe aller Spinwirkungen) in dem gedachten Leiterband. Unter der Annahme eines annähernd homogenen Magnetfeldes bestimmt sich die Flußdichte B_a proportional zur Wicklungsdurchflutung $\Theta_a = w_a \cdot I_a$ (w_a = Windungszahl) und umgekehrt proportional zur Länge des magnetischen Spalts $h_M + \delta$ (Gl. (7.3)). Die um das Verhältnis μ_0/μ_ρ reduzierte Magnethöhe wird mit h_M^* bezeichnet.

$$B_a = \frac{\mu_0 \cdot \Theta_a}{2 \cdot (h_M^* + \delta)} \tag{7.3}$$

Der nach Gl. (7.1) ermittelte Wert der Kraft je Polteilung ist bei Verschiebung des Erregerteils nur konstant, solange B_a gleichgroß bleibt, d.h., wenn die Bedingung erfüllt ist, daß die Lücke der P-Magnete sich innerhalb des Bereichs des Statorzahns befindet. Nur für den Fall einer weitgehend geschlossenen Nut der Statorwicklung kann damit gelten, daß B_a praktisch über den gesamten Bereich der Polteilung (zwischen zwei Statornuten) konstant bleibt. In allen anderen Fällen ist mit einer trapezförmigen Kraft-Weg-Beziehung zu rechnen, so daß der Kraftmittelwert sich kleiner ergibt, als der nach Gl. (7.1) berechnete Betrag im Bereich der Zahnmitte. Über die B_a-Berechnung geht in die Kraft auch die Größe des Stroms ein. Ein nicht rechteckförmiger Stromverlauf verursacht dabei ebenfalls eine Verkleinerung der mittleren Kraft.

Zur Abschätzung der Kraftdichte F_A wird in Gl. (7.4) die Polkraft der Mittelstellung auf die Grundfläche eines Pols $l \cdot \tau$ bezogen.

$$F_A = \frac{F_{x\rho}}{l \cdot \tau} \tag{7.4}$$

$$F_A = \frac{2 \cdot B_r}{\mu_0} \cdot B_a \cdot \frac{h_M^*}{\tau} = \frac{B_r^2}{2 \cdot \mu_0} \cdot 4 \cdot \frac{B_a}{B_r} \cdot \frac{h_M^*}{\tau} \tag{7.5}$$

$$F_A = \frac{B_r^2}{2 \cdot \mu_0} \cdot F_{Ar}\,; \qquad F_{Ar} = 4 \cdot \frac{B_a}{B_r} \cdot \frac{h_M^*}{\tau} \tag{7.6}$$

Die Schreibweise der Gleichungen (7.5) und (7.6) legt nahe, die Tangentialkraftdichte auf den Idealwert $B_r^2/2\mu_0$ einer (rechnerischen) Normalkraftdichte (Magnetkreis mit verschwindend kleinem Luftspalt und unendlich hoher magnetischer Leitfähigkeit des Eisens) zu beziehen. Mit der relativen Größe der Tangentialkraft F_{Ar} entsteht eine Art Gütewert der Kraftbildung, der zahlenmäßig kleiner als eins ist. Die Kraftdichte F_A selbst liegt für alle praktisch relevanten Ausführungen von Longitudinalfeld-Magnetkreisen deutlich unter dem Wert von $10\,N/cm^2$.

7.2.2 Zahlenbeispiel

$$\begin{aligned}
\frac{\tau}{h_M^*} &= \frac{60}{6} = 10 \\
\delta &= 1\,mm \\
\Theta_a &= 3\,kA \\
B_a &= 0,267\,T\,; \qquad B_f = 0,85\,T \\
B_r &= 1,0\,T\,; \qquad \frac{B_r^2}{2 \cdot \mu_0} = 40\,\frac{N}{cm^2} \\
F_{Ar} &= 0,107
\end{aligned}$$

Wie das aufgeführte Beispiel für die Remanenzinduktion $B_r = 1\,T$ zeigt, wird die Normalkraftdichte damit zu $40\,N/cm^2$ bestimmt, während sich F_{Ar} zu 0,107 ermitteln läßt. Der Strom der Wicklungsdurchflutung wurde mit $\Theta_a = 3\,kA$ angesetzt, der eine Induktion von $B_a = 0,267\,T$ zur Folge hat. Da die Erregerinduktion mit $B_f = 0,85\,T$ deutlich unter der Sättigungsgrenze liegt, bewirkt auch die Überlagerung von B_a noch keine nennenswerte Abweichung vom linearen Zusammenhang zwischen der Kraftdichte F_A und Θ_a. Allerdings ist hier zu beachten, daß das Luftspaltfeld sich beim Übertritt in den Zahn verdichtet und dieser Einfluß mit dem Verhältnis Nutbreite zu Polteilung wächst. Zur Verlustbegrenzung der Statorwicklung ist der Punkt gleichen Platzbedarfs für Nut und Zahn rasch erreicht, wofür die Zahninduktion fast den doppelten Wert der Luftspaltinduktion annimmt, so daß die Sättigungsgrenze des ferromagnetischen Materials bereits überschritten sein kann.

Charakteristisch für die LF-Konfiguration sind Verhältnisse $B_f \leq B_r$ und $B_a \leq B_f$, wobei zur Umgehung von Sättigungserscheinungen entsprechende Querschnittsbeschränkungen (Nutbreite) geboten sind. Die bei höheren B_a-Werten zu erwartenden Ströme müssen gegebenenfalls durch größere Stromdichten verwirklicht werden, wodurch erhöhte Wicklungsverluste in Kauf zu nehmen sind.

Den Kraftdichtegleichungen (7.5) und (7.6) kann der Optimierungsgedanke der Polteilungsverkleinerung bzw. die Vergrößerung des Verhältnisses $h_M/\,\tau$ entnommen werden. Er ist aus den angegebenen Gründen im Zusammenhang mit Sättigungseinflüssen bei der LF-Version jedoch nur in bescheidener Form realisierbar. Die Polteilungsverkleinerung wäre nur sinnvoll, wenn es gelänge, dabei B_a mit Hilfe von Θ_a nicht entsprechend gegenläufig zu reduzieren. Der dem Berechnungsbeispiel zugrunde gelegte F_{Ar}-Wert der LF-Anordnung ist in Abb. 7.9 eingetragen, in der auch die einer entsprechenden Wachstumsfunktion folgenden Kurve für $F_A(\tau)$ mit der Annahme B_A = const. als Hyperbel eingezeichnet ist.

7.3 Magnetkreise der Transversalfluß–Familie (TF)

Verläßt man die Bedingungen der LF-Anordnung des Magnetkreises, so besteht die Möglichkeit, den Optimierungsschritt zu kleiner Polteilung bzw. größeren Verhältnissen von $h_M/\,\tau$ zu vollziehen, um so höhere Kraftdichten zu verwirklichen. Durch die in Abb. 7.2 gezeichnete transversale Magnetkreisanordung mit longitudinal verlaufender Wicklung kann die Nebenbedingung der Erhaltung von B_a auch bei kleinen Polteilungen weitgehend eingehalten werden. Das Auftreten von Sättigungstendenzen als Folge des kleiner werdenden Raumangebots für die Wicklung, wie es bei LF-Anordnungen bekannt ist, wird durch diese Konstruktion umgangen.

Abbildung 7.2 stellt eine Anordnung dar, bei der jeder zweite Magnet zur Kraftbildung genutzt wird. Im Zwischenraum der Statorlamellen wird auf die Erzeugung der Vortriebskraft verzichtet. So ist es möglich, den Stator in Umfangsrichtung gleichpolig zu gestalten und (je Teilmaschine) mit nur einer Wick-

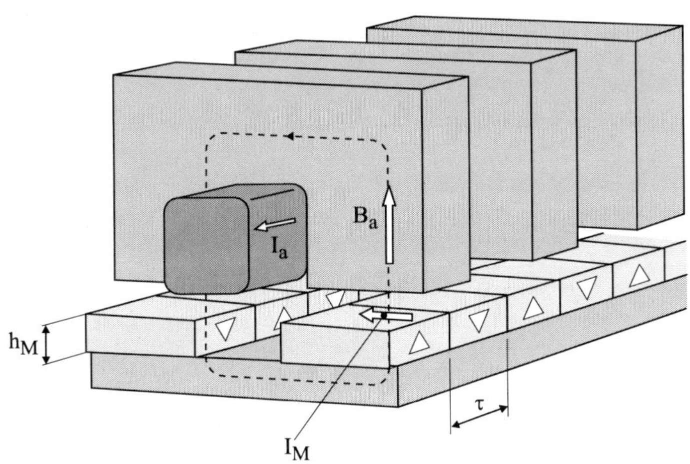

Abb. 7.2: *TF-Magnetkreis*

Tabelle 7.3: *Vergleich von TF-Maschinen*

TF-Maschinen			
Flachmagnetanordnung		Sammleranordnung, 2-seitig	
$F_{Ar} = 2 \cdot \left(\frac{B_{ap}}{B_r} - \frac{B_{aL}}{B_r} \right) \cdot \frac{h_M^*}{\tau}$			
$\Theta_a = \frac{B_a}{\mu_0} \cdot 2 \cdot (h_M^* + \delta)$		$\Theta_a = \frac{B_{ap}}{\mu_0} \cdot 4 \cdot \delta'$	
τ/mm	10	12	
δ/mm	1,0	1,0	
δ'/mm		1,5	
h_M^*/mm	6	6	
B_{ap}/T	0,267	0,52	
B_{aL}/T	0,133	0,16	
Θ_a/kA	3	3,1	
F_{Ar}	0,155	0,36	
$F_A/\,N/cm^2$	6,2	14,4	

lung zu betreiben. Außerdem werden Streufeldkomponenten zwischen den ferromagnetischen Magnetkreisteilen unterdrückt.

In Abb. 7.2 ist wie in Abb. 7.1 ebenfalls eine Flachmagnetanordnung gewählt; allerdings wird nun entsprechend dem Feldumlauf an beiden Luftspalten eine Magnetreihe unterschiedlicher Polarität angeordnet.

In Tabelle 7.3 ist die Gleichung der Kraftdichte angegeben. Hierbei ist berücksichtigt, daß jeder zweite Magnet im Zwischenraum der Statorlamellen eine geänderte Polarität (gegenüber den unter den Pollamellen wirkenden Magneten) aufweist und eine Restflußdichte B_{aL} erfährt (die kleiner als $B_{a\rho}$ ist) und eine rücktreibende Kraft entwickelt. Dieser Nachteil der gleichpoligen Statoranordnung zehrt zwar einen Teil des positiven Effekts der Polteilungsverkleinerung wieder auf, weist aber den Vorteil großer Einfachheit auf.

Wie das Zahlenbeispiel von Tabelle 7.3 zeigt, bleibt mit $F_{Ar} = 0{,}155$ jedoch ein Kraftdichtezuwachs gegenüber der LF-Konfiguration erhalten. Zusätzliche Vorteile der Anordnung bestehen wie erwähnt auch darin, daß die elektrische Durchflutung Θ_a mit kleinerer Stromdichte als bei der LF-Anordnung realisiert werden kann, wodurch die Maschine kleinere Wicklungsverluste aufweist. Eine weitere Verkleinerung der Polteilung kann bei gleichzeitiger Verringerung des Luftspalts Vorteile bringen. Die Grenze der FA-Vergrößerung durch sinnvolle Verkleinerung der Polteilung ergibt sich durch den größer werdenden Kanteneinfluß, der zur

Vergrößerung der Feldlinienlänge beiträgt und mit kleiner werdender Polteilung wächst (2D-Effekt).

7.3.1 Übergang von der Flachmagnet– zur Sammleranordnung

Das Nutzungspotential der Polverteilungsverkleinerung mit dem Ziel einer Kraftdichteerhöhung kann bei Anwendung der Erregermagnete in Sammler-Konfiguration besser verwertet werden als bei Flachmagneten. Durch die geänderte Anordnung kann die Erregerflußdichte bei vergleichbarem Spalt auch über den Wert der Remanenzinduktion B_r hinaus gesteigert werden. Der Einbau von ferromagnetischen Polelementen zwischen den um 90° gedrehten Magneten erlaubt auch die Erzeugung der Statorflußdichte B_a mit einem verringerten magnetischen Widerstand. Dieser Widerstand drückt sich im Zusammenhang zwischen Statordurchflutung und B_a durch die im Mittel stark verringerte mittlere Feldlinienlänge δ' anstelle von $h_M + \delta$ aus, (mit $\delta' = 1,2 \cdot \delta$ bis $1,3 \cdot \delta$, ungesättigt). Hierdurch wird die elektrische Durchflutung Θ_a effektiver genutzt.

Eine Statoranordnung mit der im Zentrum angeordneten zweiteiligen Wicklung zeigt Abb. 7.3. Die ferromagnetischen Teilelemente sind im Abstand der doppelten Polteilung postiert. Obere und untere Reihe sind um eine Polteilung versetzt, so daß die Sammleranordnung, wie in Abb. 7.4 gezeichnet, in ebener Form mit radial stehenden Magneten ausgeführt werden kann. Die positiven Kraftwirkungen finden damit an jedem Magneten abwechselnd oben oder unten statt, so daß die gleiche Anzahl kraftbildender Magnetränder beteiligt ist wie bei der einseitigen Maschinenanordnung nach Abb. 7.2. Die Einbettung der Permanentmagnete bewirkt für gleiche Statordurchflutung Θ_a größere B_a-Werte und resultiert in einer höheren Kraftdichte F_A. Da sich der magnetisch wirksame Luftspalt verringert, entsteht auch ein geringerer Einfluß der Rest-Flußdichte B_{aL} auf die in der Lücke stehenden P-Magnete zur Erzeugung einer rücktreibenden Kraftkomponente.

Diese Ergebnisse spiegeln sich in dem in Tabelle 7.3 angeführten Beispiel für die Sammlermaschine wieder. Es zeigt sich, daß bei annähernd gleicher Statordurchflutung mehr als die doppelte Kraftdichte erzielbar ist. Dies bedeutet umgekehrt, daß bei der Flachmagnetvariante eine ähnlich hohe Kraftdichte nur mit mehr als doppelter Statordurchflutung (evtl. durch eine zweite Maschinenanordnung) erzielbar wäre, was mit Blick auf das Entwicklungsziel und die Wärmeabfuhr deutlich ungünstigere Voraussetzungen bedeutet. Die angegebenen Daten sind wie bei der LF-Anordnung ohne den mindernden Einfluß der Polelementbreite und mit Annahme eines rechteckigen Stroms ermittelt.

Für Anwendungen bei mittlerer und kleinerer Leistung haben sich zweisträngige Maschinen, d.h. Anordnungen, die aus zwei gleichartigen Teilmaschinen bestehen, bewährt. Bei identisch angeordneten Statoren sind die Rotorelemente dabei um eine halbe Polteilung versetzt einzubauen; die Statorströme werden um 90° phasenverschoben zugeleitet. Damit setzt sich die Maschine aus zwei induktiv praktisch nicht gekoppelten Einheiten zusammen. Jede Einheit ist als

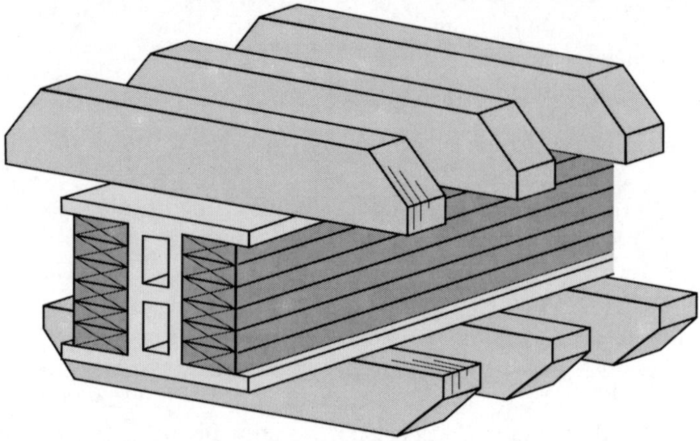

Abb. 7.3: *Statorteil des TF-Magnetkreises*

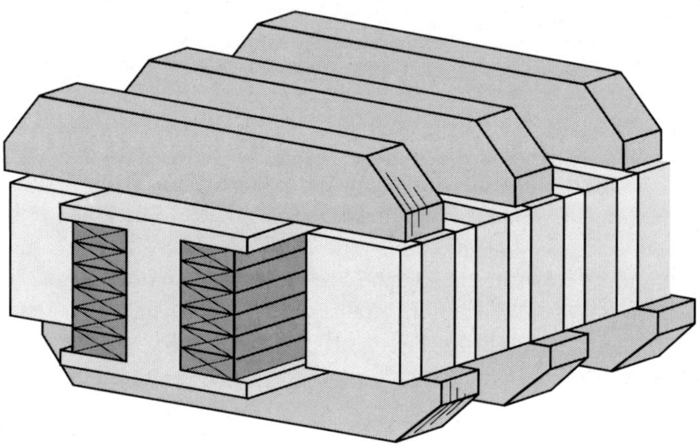

Abb. 7.4: *Stator- und Rotorteil des TF-Magnetkreises*

Wechselfeldmaschine anzusehen. Das Strombild entspricht jedoch einer Drehstrommaschine mit der minimalen Strangzahl 2.

In Abb. 7.5 ist der Momentverlauf der beiden Teilmaschinen sowie der Summenwert des Drehmoments beider Einheiten dargestellt. Den dabei zugrunde gelegten Stromverlauf eines Stranges zeigt Abb. 7.6.

Der kleinen Polteilung entsprechend tritt die Momentschwankung mit verhältnismäßig hoher Frequenz auf und führt im allgemeinen kaum zu Störungen des Betriebs. Im Falle von drei- oder dreisträngigen Anordnungen der Teilmaschinen

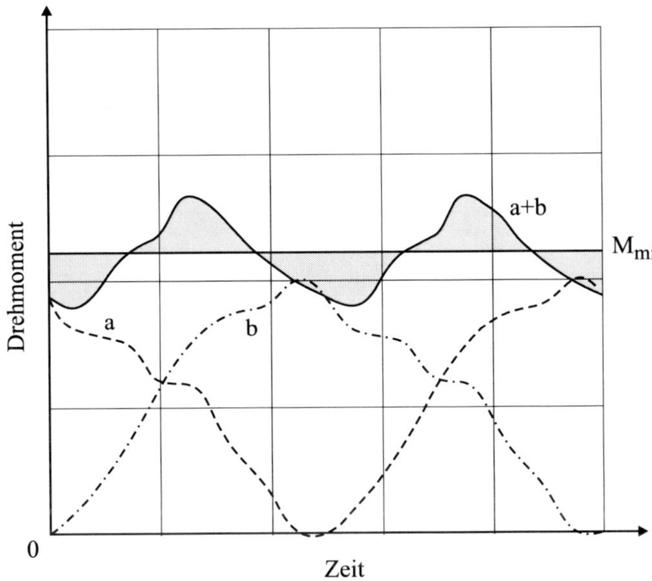

Abb. 7.5: *Drehmomentverlauf der Teilmaschinen a und b, Summe*

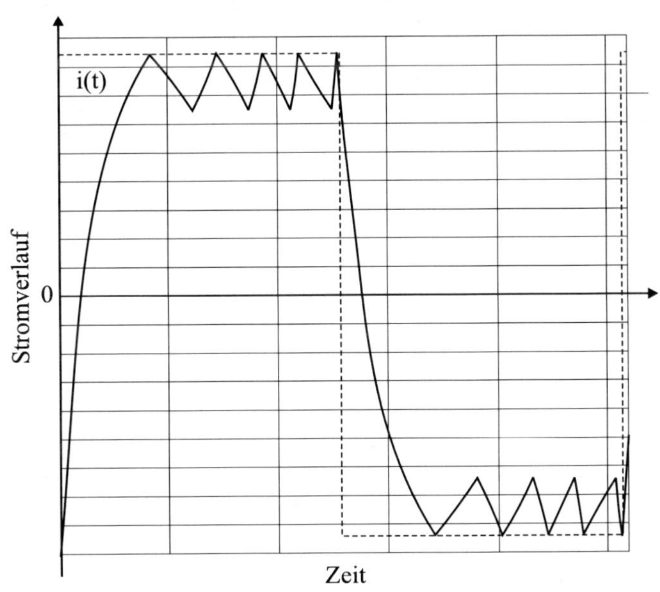

Abb. 7.6: *Stromverlauf*

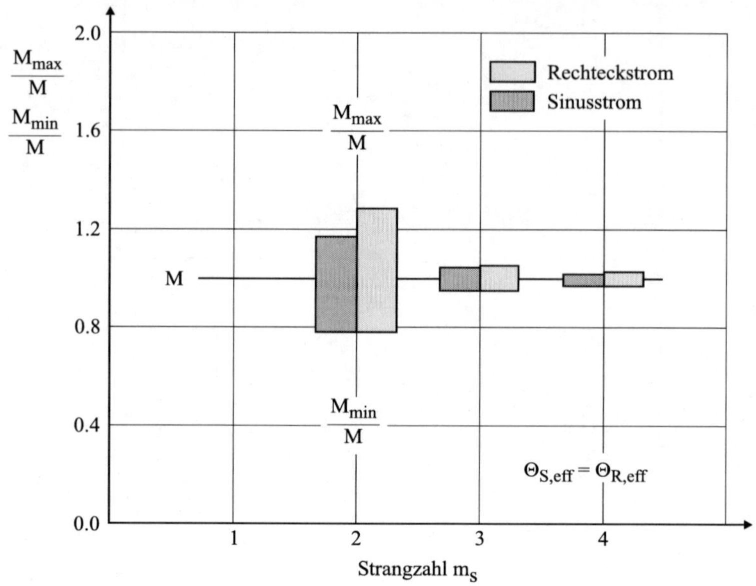

Abb. 7.7: *Relative Drehmomentwelligkeit der TFM-Maschinen bei gleichem Stromeffektivwert*

ergeben sich entsprechende Reduktionen der fluktuierenden Momentanteile, wie Abb. 7.7 zeigt.

Es mag einleuchten, daß sich für Umfangsgeschwindigkeiten bis in den Bereich von 30 m/s Rotoranordnungen mit umlaufenden Permanentmagneten nach der in Abb. 7.3 und 7.4 gezeichneten Sammlerbauform auch als mechanisch beherrschbar erweisen. Die Befestigung der Sammlerelemente an entsprechenden Rotorscheiben kann zuverlässig mit Hilfe mechanischer Spannvorrichtungen erfolgen.

Für höhere Umfangsgeschwindigkeiten ist es erwünscht, die Fliehkräfte der umlaufenden Teile des magnetischen Kreises über eine Massenverringerung zu minimieren. Ein wichtiger Schritt gelingt durch die Vertauschung der Position der Erregeranordnung mit derjenigen der ferromagnetischen Statorelemente. Man gelangt so zum Transversalflußmotor mit passivem Rotor (Abb. 7.8).

Die in den Stator übernommenen P-Magnete mit den dazugehörigen ferromagnetischen Lamellen (der Sammleranordnung) bilden dort die nun stationäre Erregereinheit. Dagegen werden im Rotor im Abstand der doppelten Polteilung die vorher mit der Wicklung verbundenen ferromagnetischen Polelemente eingesetzt. Dieser Bauteiltausch ist ganz offensichtlich bezüglich der Kraftbildung nicht nur erlaubt, er ist auch kraftdichteneutral, d.h. es tritt – soweit nicht Abmessungsänderungen Einflüsse ausüben – kein Kraftdichteverlust auf. Neben anderen Möglichkeiten der Formgebung für die rotorgebundenen Magnetkreisteile

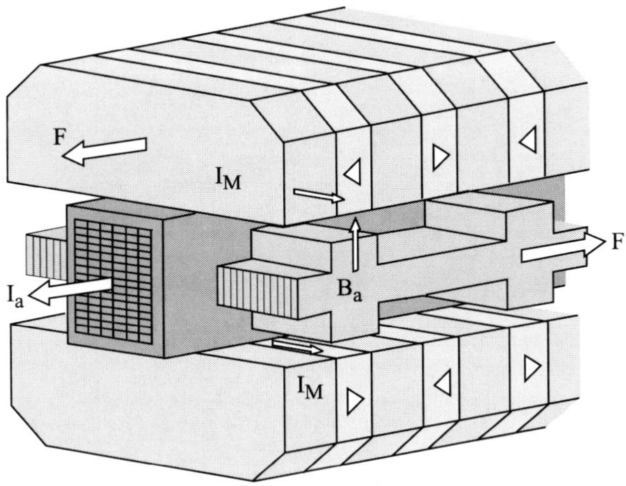

Abb. 7.8: *TF-Magnetkreis mit passivem Rotor*

erscheint die in Abb. 7.8 gezeichnete gezahnte Paketstruktur mechanisch sehr günstig. Die aus gestanzten Blechen bzw. Blechsegmenten gebildete Anordnung kann fliehkrafttauglich und magnetisch ähnlich wirksam wie eine Anordnung aus Einzellamellen betrachtet werden. Es ist somit möglich, die Maschine auch für erhöhte Umfangsgeschwindigkeiten einzusetzen.

Wie das Berechnungsbeispiel in Tabelle 7.3 zeigt, treten nun erhöhte Flußdichtewerte im Luftspalt auf, wobei auch die Erregerflußdichte über dem Wert der Remanenzinduktion liegt, sofern die Sammlerwirkung des Erregerteils hoch genug ist. Es zeigt sich, daß besonders bei dieser Maschinenbauform damit eine Minimierung der Magnetmasse zur Erzeugung einer hohen Kraftdichte erreicht werden kann.

Da die Statordurchflutung nicht – wie bei LF-Maschinen – in unmittelbarem Verdrängungswettbewerb zum magnetischen Fluß steht, läßt die Maschinenbauform im allgemeinen noch weitere Steigerungen der Statordurchflutung und Vergrößerungen der Kraftdichte über die Daten des Beispiels hinaus zu, ohne daß Beeinträchtigungen des hohen Wirkungsgrades bestehen. Die Obergrenze der umsetzbaren Kraftdichten wird natürlich auch hierbei durch Sättigungserscheinungen bestimmt.

Die in den erwähnten Beispielen vermittelten Daten der Kraftdichte F_{Ar} sind in Abb. 7.9 zusammenfassend und im Vergleich mit der LF-Anordnung wiedergegeben. Der Optimierungsgedanke der Polteilungsverkleinerung kommt durch die eingetragenen Funktionen $F_A(\tau)$ zum Ausdruck.

Während sich die Orientierung des Optimierungsvorgangs durch ein vereinfachtes analytisches Modell gewinnen läßt, ist die allgemeinere Entwurfsuntersu-

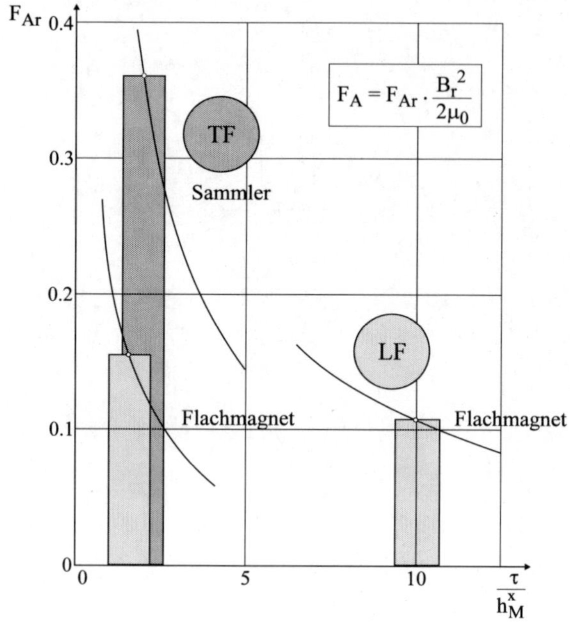

Abb. 7.9: *Normierte Kraftdichte F_{Ar} für die LF- und die TF-Version*

chung auf den Einsatz der numerischen FE-Analyse angewiesen, da sich besonders nichtlineare Zusammenhänge anders nur schwer erfassen lassen.

In Abb. 7.10 werden drei Feldbilddarstellungen aus einer zweidimensionalen Untersuchung eines Maschinenentwurfs entsprechend Abb. 7.4 mit umlaufenden Magneten gezeigt. Abbildung 7.3 betrifft ausschließlich das von der Sammleranordnung erzeugte Erregerfeld (Magnete außerhalb Polelement). Hierbei sind der Strom I_a und die Tangentialkraft Null. In Abb. 7.4 überlagern sich Ankerfeld und Erregerfeld in der Mittelstellung der P–Magnete.

Die ungleichen Werte der an den Stirnflächen (in Bewegungsrichtung) auftretenden B-Feldkomponenten signalisieren dabei eine Differenzkraft auf die Polelemente des Stators als Gegenstück zur Rotorkraft. Üblicherweise erfolgt die Tangentialkraftberechnung an einer Kontrollfläche im Luftspalt über den Maxwell'schen Spannungstensor.

Mit der Darstellung der Ankerfeldkomponente B_a (ohne Erregerfeld) nach dem Feldbild in Abb. 7.10.c kann wieder der Bezug zum vereinfachten analytischen Kraftbildungsmodell hergestellt werden. In der Lücke zwischen den Polelementen ist das „Restfeld" entsprechend B_{aL} unten zu sehen, während oben der Hauptanteil entsprechend B_{ap} erscheint.

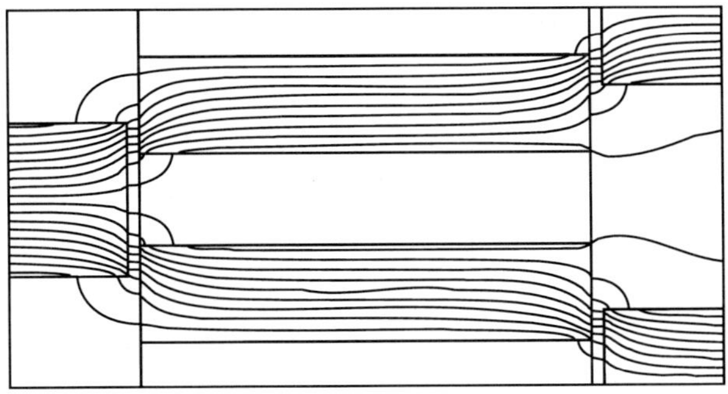

c) nur Ankerfeld B_a

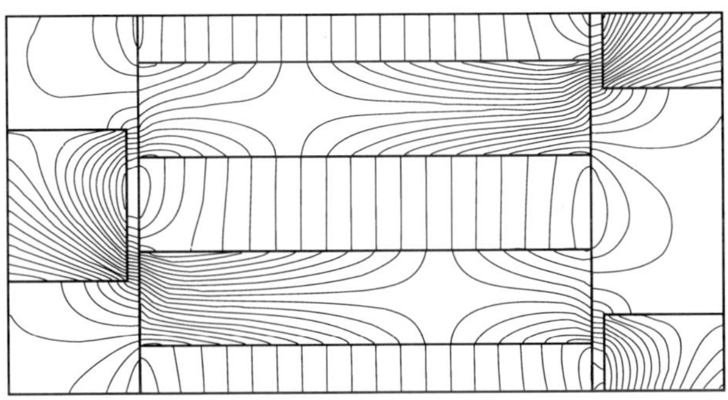

b) Stellung, I_a und F_a maximal

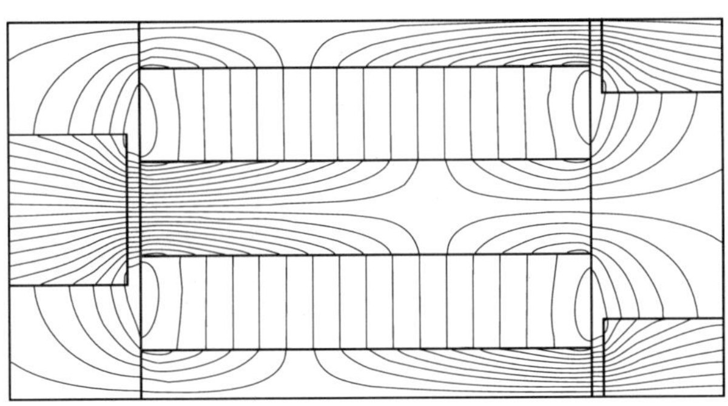

a) Stellung und Fluß maximal ($I_a = 0$)

Abb. 7.10: *Feldbilddarstellungen*

7.3.2 Zu erwartende TFM–Ergebnisse

Genauere Untersuchungen von bestimmten Entwurfskonzepten werden mit Hilfe numerischer Rechenverfahren und mit Einbezug von Randeffekten auf die Feldausbildung im kraftbildenden Bereich des Magnetkreises durchgeführt. Sie bestätigen die generellen Aussagen der einfacheren Modellierung.

Abbildung 7.11 zeigt z.B. den erzielbaren Wert der Kraftdichte aus einer FE–Simulation in Abhängigkeit von der Polteilung für einen konstanten Wert der Ankerdurchflutung und für verschieden große Luftspalte. Es liegt die Annahme zugrunde, daß der Magnetkreis aus zwei symmetrischen Teilkreisen mit gleichgroßen Wicklungsteilen besteht.

Da die Maximalwerte der Kraftdichte stark von der Polteilung, aber auch von der Größe des Luftspaltes abhängen, bestätigt sich indirekt der große Einfluß der Kanteneffekte.

Um auch den Einfluß des konstruktiven Aufbaus der neuen Maschinen auf das massebezogene Drehmoment zu erfassen, ist in Abb. 7.13.a für ausgeführte Entwürfe bzw. Prototypen die der Zeile 2 von Tabelle 7.2 entsprechende Kenngröße für das bezogene Drehmoment angegeben.

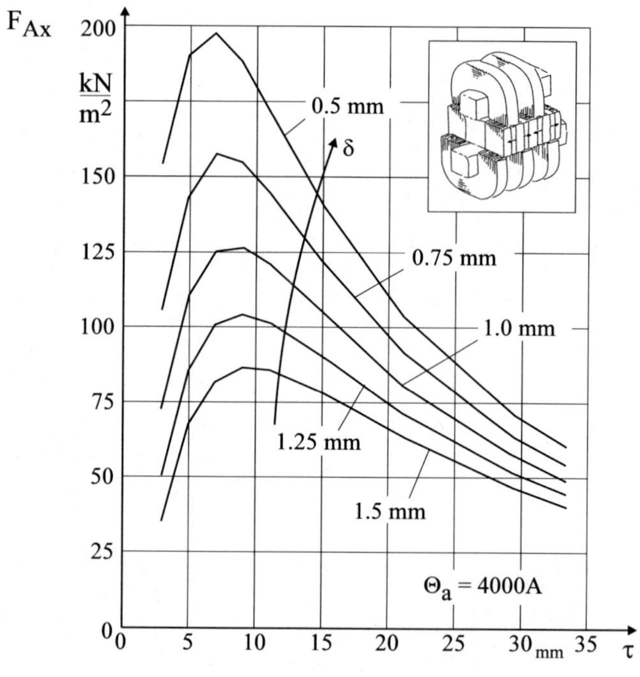

Abb. 7.11: *Kraftdichte F_{Ax} in Abhängigkeit von der Polteilung bei einer TFM-Doppelanordnung*

Sie ist über dem Gehäusedurchmesser aufgetragen und mit Daten von ausgeführten Vergleichsmaschinen asynchroner oder synchroner Bauart verglichen. Bei letzteren gilt die Annahme, daß sie für Permanentmagnete in LF-Flachanordnung konzipiert sind. In der Schnittlinie 1 liegen Maschinen der Leistungsgröße von etwa 30 kW (200 Nm bis 240 Nm), wie sie für Antriebe von Elektrofahrzeugen zum Einsatz kommen. Die Schnittlinie 2 entspricht einem Bahndirektantrieb von 500 kW, der mit einem Getriebemotor der asynchronen Bauart zu vergleichen ist. Der Schnittlinie 3 kann ein Schiffsantrieb von 5 MW als Direktantrieb zugeordnet werden.

Abbildung 7.13.b weist auf die Unterschiede der bezogenen Wicklungsverluste bei den wachsenden Maschinengrößen hin. In Abb. 7.13.c werden die auf das Moment bezogenen Magnetmassen angegeben und mit jenen der Maschinen von Flachmagnetausführungen verglichen. Aus einer gemeinsam mit der Fahrzeugindustrie durchgeführten Untersuchung konnten durch Messungen am TFM-Antriebsaggregat Verluste bzw. Wirkungsgrade ermittelt werden. Sie sind in Abb. 7.12 als Muschelkurven (Kurven konstanten Wirkungsgrades) in das Drehmoment-Geschwindigkeits-Diagramm eingetragen. Der Wirkungsgrad beinhaltet die Verluste von Motor und Wechselrichter. Durch die oberhalb des Typenpunkts konsequent ausgeführte Feldschwächung lassen sich im oberen Drehzahlbereich die Eisenverluste verkleinern. In der Addition mit den ebenfalls reduzierten Kupferverlusten ergibt sich der optimale Wirkungsgrad im Bereich der für den Betrieb der Maschine hauptsächlich interessanten höheren Geschwindigkeiten.

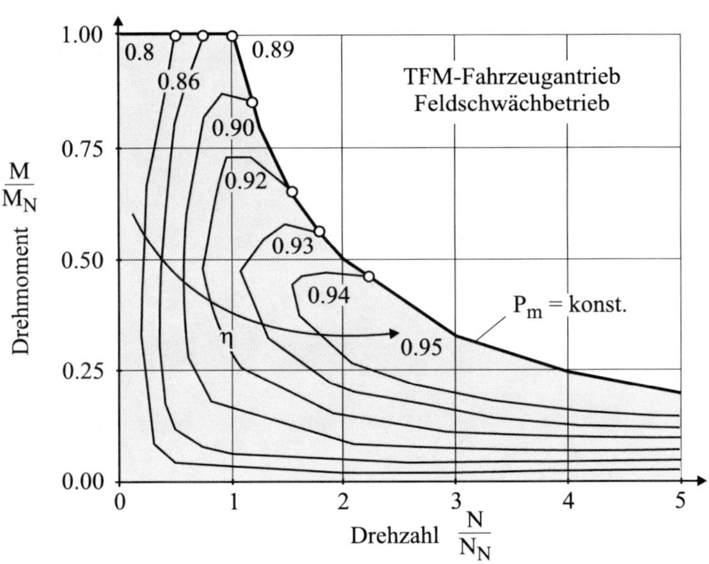

Abb. 7.12: *Gemessene Gesamtwirkungsgrade (Wechselrichter–TFM-Motor)*

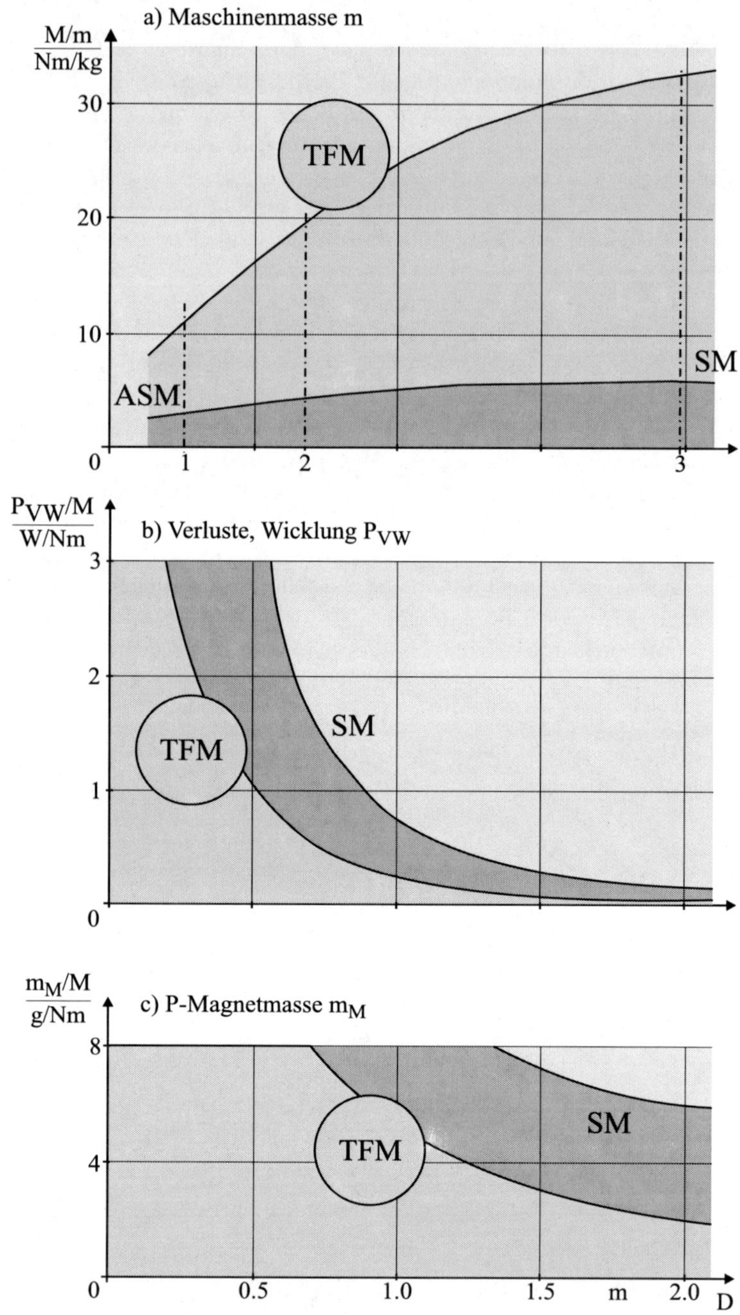

Abb. 7.13: *TFM-Merkmale*

8 Geschaltete Reluktanzmaschinen

Prof. Dr. H. Bausch, Universität d. Bundeswehr München

8.1 Einleitung

In Kap. 6.2, in dem der Signalflußplan der Synchron-Schenkelpolmaschine abgeleitet wurde, hatte sich als Drehmomentgleichung ergeben:

$$M_{Mi} = \frac{3}{2} \cdot Z_p \cdot \left(M_{dE} \cdot I_E \cdot I_q + (L_d - L_q) \cdot I_d \cdot I_q \right) \qquad (8.1)$$

Das Drehmoment M_{Mi} ist, wie bereits diskutiert, einerseits eine Funktion von $I_E \cdot I_q$ und andererseits eine Funktion von $(L_d - L_q)$ sowie von $I_d \cdot I_q$. Wenn der erste Term in Gl. (8.1) keinen Momentanteil beiträgt, indem der Erregerstrom I_E zu Null gesetzt wird, dann wird die zweite Momentanteil verbleiben, der umso größer wird, je größer der Differenzanteil $(L_d - L_q)$ und je größer $I_d \cdot I_q$ ist. Dies bedeutet, die Erregerwicklung kann bei der Synchron-Schenkelpolmaschine entfallen und der Rotor der Synchronmaschine ist damit äußerst einfach aufgebaut. Wenn somit von den Statorwicklungen ein umlaufendes Magnetfeld bereitgestellt wird, dann folgt der Rotor diesem umlaufenden Magnetfeld. Das grundsätzliche Wirkungsprinzip ist dabei, daß der magnetische Widerstand („Reluctance") im Stator-Rotor-Kreis möglichst gering ist, d.h. der Schenkelpol-Rotor stellt sich so in Relation zum umlaufenden Magnetfeld ein, daß der magnetische Kreis möglichst geschlossen ist.

In den Ableitungen von Kap. 6.2 war ein sinusförmig umlaufendes Magnetfeld angenommen worden; dies ist heute als „Synchrone Reluktanzmaschine" bekannt. Nachteilig ist bei dieser Anordnung unter anderem, daß alle drei Wicklungen des Stators gleichzeitig mit Strom versorgt werden müssen, um das sinusförmig umlaufende Magnetfeld zu erzeugen. Für das grundsätzliche Wirkungsprinzip wäre es demgegenüber ausreichend, nur die Statorwicklung mit Strom zu versorgen, der notwendig ist, um das gewünschte Moment bzw. beim Linearantrieb die Kraft zu erzeugen. Dies hätte unter anderem auch den Vorteil, daß die betreffende Wicklung aufgrund der kurzzeitigen Stromführung höher belastet und damit ein höheres Moment bzw. Kraft erzeugt werden könnte. In Abb. 8.1 ist ein derartiger Linearantrieb nach dem Reluktanzprinzip dargestellt. Um die aufeinander folgende Bestromung der Spulen zu erzielen, wurde damals ein mechanischer Kommutator vorgesehen.

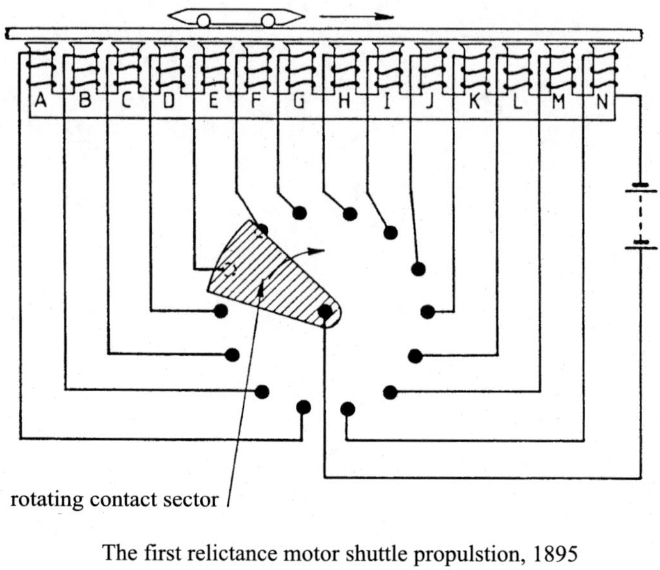

Abb. 8.1: *Prinzip einer geschalteten Reluktanzmaschine für lineare Bewegung*

Das Prinzip ist somit schon lange bekannt und wird beispielsweise bei Hubmagneten, Schwingankern und ähnlichen Geräten genutzt. Die Anwendung in elektrischen Maschinen erfordert die aufeinanderfolgende Bestromung der Spulen, die in Bewegungsrichtung angeordnet sind, damit eine fortschreitende lineare oder rotatorische Bewegung erzielt werden kann (Abb. 8.1). Da der dazu notwendige Kommutator zunächst nur als mechanische Anordnung realisierbar war, konnte sich der Reluktanzmotor im Gegensatz zur Gleichstrommaschine damals nicht durchsetzen.

Mit der Verfügbarkeit von steuerbaren Halbleiterschaltern sowie der zugehörigen Steuerungstechnik einschließlich Sensorik und Signalverarbeitung ist es möglich, die Reluktanzmaschine zu einem drehzahlvariablen Antrieb zu entwickeln, der heute als „low cost"-Version in Konkurrenz zum Asynchronantrieb mit Käfigläufer treten kann. Die Reluktanzmaschine wird aus einer Gleichspannungsquelle über diese steuerbaren Halbleiterschalter mit pulsförmigen Gleichströmen gespeist, deshalb ist dafür die Bezeichnung „Geschaltete Reluktanzmaschine" gewählt worden.

Die genauere Untersuchung wird zeigen, daß die Ausnutzung (Drehmomentdichte) nur dann mit derjenigen konventioneller Maschinen vergleichbar wird, wenn der magnetische Kreis bis zu ausgeprägten Sättigungserscheinungen genutzt wird. Es entsteht dann ein stark nichtlineares System, welches sich einer geschlossenen mathematischen Beschreibung entzieht. Insbesondere besteht kein einfach darstellbarer Zusammenhang zwischen Strom und Drehmoment, wie bei den bisher beschriebenen konventionellen Maschinen – dies erschwert eine Drehmomentregelung. Zudem wird der Stromverlauf in hohem Maße von den Schalthandlungen bestimmt, die in Abhängigkeit von der momentanen Rotorposition durchzuführen sind. Eine präzise Steuerung setzt daher die Vorausberechnung des Verhaltens im gesamten Betriebsbereich voraus. Dabei kann man sich nicht auf die Bestimmung einiger weniger Parameter beschränken. Beispielsweise fehlt der vertraute Begriff einer mehr oder weniger konstanten „Haupt-“ oder „Streuinduktivität“, Fluß und Strom lassen sich nicht unabhängig voneinander einstellen, ein „Raumzeiger“-Konzept läßt sich nicht entwickeln.

Im allgemeinen muß vielmehr die gesamte Information aus den Fluß-Strom–(Ψ-I)-Kennlinien ermittelt werden, die den „Fingerabdruck“ der Reluktanzmaschine darstellen und sich für jede konkrete Ausführung voneinander unterscheiden.

Wesentliche Impulse sind von den angelsächsischen Ländern ausgegangen. Auf der Basis der Schrittmotoren hat sich Lawrenson zu Beginn der siebziger Jahre den „Switched Reluctance Drives“ zugewandt und mit seinem Team an der University of Leeds maßgebliche Beiträge zu deren wissenschaftlicher Erforschung sowie zur Umsetzung in praktische Produkte geleistet [397, 398, 399, 400, 401, 421, 422, 433, 434, 435, 436]. Harris [389]–[392] und Byrne [375]–[378] haben viel zum physikalischen Verständnis beigetragen, weil sie auch Vergleiche mit konventionellen Maschinen durchführten und so bestehende Lücken schlossen. Wertvolle Arbeiten sind dann später von Miller [405]–[413] mit seinem SPEED-Consortium an der University of Glasgow durchgeführt worden, die zum ersten – und nach Kenntnis des Autors bisher einzigen – kommerziell verfügbaren Simulationsprogramm „PC–SRD“ geführt haben. Mit zahlreichen weiteren Veröffentlichungen [364, 365, 366, 380, 381, 382, 384, 385, 386, 387, 393, 394, 395, 396, 403, 404, 414, 415, 416, 451] wurden die vielfältigen Aspekte der neuen Technologie beleuchtet und es wurden – vorzugsweise im Vereinigten Königreich – Firmen gegründet, um das Potential zu nutzen. Inzwischen sind eindrucksvolle Ergebnisse erzielt worden [383, 398, 399, 402, 425, 426], wobei man feststellen kann, daß häufig „Nischen“ besetzt wurden, die sich aufgrund der besonderen Eigenschaften der Reluktanzantriebe anboten. Ein Durchbruch in dem Sinne, daß konventionelle Antriebe weitgehend ersetzt worden wären, ist bis heute jedoch nicht erfolgt.

Auffällige Zurückhaltung war längere Zeit im deutschsprachigen Raum festzustellen. Nach Untersuchungen, die Anfang der achtziger Jahre durchgeführt wurden [369, 370, 427, 428], aber nicht zu industriell verwertbaren Ergebnissen führten, wurde das Thema erst in den neunziger Jahren wieder aufgenommen [367, 371, 372, 373, 388, 417, 418, 424, 429, 431, 432, 437, 438, 439, 443, 444, 445, 447]. Auch hier standen häufig Sonderaspekte im Vordergrund. Gründe für die zurückhaltende Beurteilung könnten darin gesehen werden, daß den Vorteilen wie einfacher Aufbau, wicklungsfreier Rotor, niedrige Drehmasse, guter Teillastwirkungsgrad, Kurzschlußsicherheit, Fehlertoleranz und Notbetriebs-Eigenschaften auch Nachteile wie fehlender Netzbetrieb, erschwerte Steuer- und Regelbarkeit, impulsförmige Strom– und Kraftwirkungen mit der Folge verstärkter Geräuschbildung sowie das Auftreten ausgeprägter Pulsationsmomente gegenüberstehen. Die Fertigungsvorteile gegenüber dem Asynchronmotor mit Käfigläufer werden als weniger bedeutsam angesehen, weil das Stromrichter-Stellglied den größeren Preisanteil des Antriebs bildet und sich hier nur bei geringeren Anforderungen und im Bereich kleinerer Leistungen ein reduzierter Aufwand ergibt.

Dennoch mehren sich in letzter Zeit die Hinweise darauf, daß dieser Antriebsvariante nunmehr erhöhte Aufmerksamkeit zuteil und ihre Eignung, jedenfalls für zahlreiche Sonderanwendungen, nicht mehr in Frage gestellt wird. Die lange Entwicklungszeit könnte damit doch noch zum Erfolg der neuartigen Antriebstechnologie führen.

Die folgende Einführung soll das grundsätzliche Verständnis fördern und Anregungen für weitere Arbeiten liefern. Für Details und Sonderaspekte sei auf das Literaturverzeichnis, insbesondere auf [412], verwiesen.

8.2 Aufbau

Im Unterschied zur unerregten Schenkelpol-Synchronmaschine, die aufgrund der in Längs- und Querachse unterschiedlichen Induktivitäten ein Reaktions- oder Reluktanzmoment entwickelt („Synchrone Reluktanzmaschine"), weist die geschaltete Reluktanzmaschine („Switched Reluctance Machine", im folgenden als SRM bezeichnet) eine gezahnte Struktur sowohl im Rotor als auch im Stator auf (Abb. 8.2).

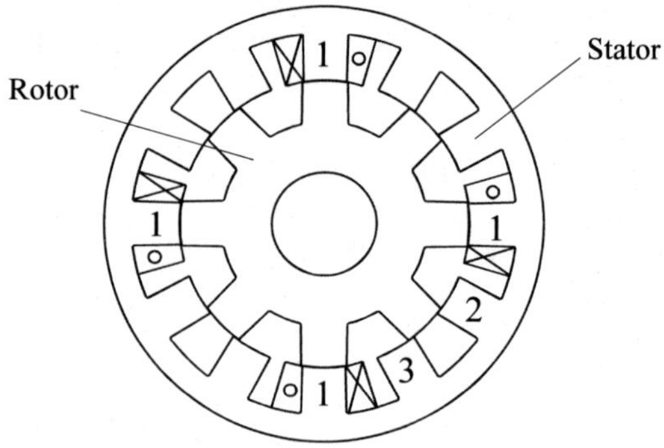

(Rotor: $N_R = 8$, Stator: $m = 3$, $2\,Z_p = 4$, $N_S = 12$)

Abb. 8.2: *Aufbau einer geschalteten Reluktanzmaschine*

Der Rotor trägt weder Wicklungen noch Dauermagnete. Jeder Statorzahn wird von einer Spule umfaßt. Die Spulen sind zu m $(=3)$ Strängen verschaltet. Es entsteht so eine dem Aufbau nach äußerst einfache Maschine.

Im Beispiel von Abb. 8.2 wird ein Strang von vier gleichmäßig am Umfang verteilten Spulen gebildet. Relativ zu ihnen haben die Rotorzähne die gleiche Position. In Deckungsstellung entsteht am Umfang ein vierpoliges Feld ($2Z_p = 4$), das man sich durch eine stark gesehnte Einlochwicklung erzeugt denken kann. Bei vernachlässigbarer Sättigung des Statorjochs schließen sich die Feldlinien nicht über die Spulen der anderen Stränge. Diese sind dann magnetisch entkoppelt, und es genügt zur Beschreibung des Betriebsverhaltens der SRM die Betrachtung nur eines Stranges. Die Anzahl der Statorzähne („Statorpole") und damit der Spulen am Umfang beträgt:

$$N_S = 2\,Z_p \cdot m \tag{8.2}$$

Die Anzahl der Rotorzähne („Rotorpole") ergibt sich zu

$$N_R = 2\,Z_p \cdot (m-1) \tag{8.3}$$

wenn die Deckungsstellung des Rotors mit dem am Umfang folgenden Strang nach Durchlaufen des Winkels

$$\gamma_S = \frac{2\pi}{N_R} - \frac{2\pi}{N_S} = \frac{\pi}{Z_p \cdot m \cdot (m-1)} \tag{8.4}$$

erreicht werden soll. Der Rotor dreht sich dann entgegen der Schaltrichtung der Stränge. Bei „offener" Steuerung entsteht der Schrittmotor mit dem Schrittwinkel γ_S. Der stetige Betrieb der SRM als drehzahlvariabler Antrieb erfordert dagegen ein drehwinkelabhängiges Ein- und Ausschalten der Stränge und damit in der Regel einen Rotorlagegeber.

Der Rotor kann prinzipiell auch mit der Zahnzahl $N_R = 2\,Z_p \cdot (m+1)$ ausgeführt werden. Davon wird wegen der ungünstigeren magnetischen Verhältnisse jedoch kaum Gebrauch gemacht. Weiterhin können die Statorzähne am Luftspalt mehrfach magnetisch unterteilt werden. In Verbindung mit dem entsprechend genuteten Rotor entsteht so ein Schrittmotor mit kleinem Schrittwinkel, der auch als SRM betrieben werden kann. Diese Variante wird allerdings nur selten verwendet.

Im stationären Betrieb wiederholen sich die Vorgänge je Strang periodisch, wenn sich der Rotor um seine Zahnteilung $2\pi/N_R$ weiterbewegt. Für eine Umdrehung 2π werden N_R Perioden benötigt. Der Drehzahl N entspricht daher die Grundfrequenz

$$F = N_R \cdot N \tag{8.5}$$

Im Vergleich zu konventionellen Drehfeldmaschinen übernimmt N_R die Rolle der Polpaarzahl. Bei gleicher Pol- und Drehzahl weist die SRM daher eine um den Betrag $2\cdot(m-1)$ höhere Grundfrequenz auf, dadurch entstehen höhere Eisenverluste. Der Vorteil der SRM liegt andererseits im einfacheren Aufbau der Wicklung, die durch kurze Wickelköpfe und in der Regel durch einen höheren Kupferfüllfaktor gekennzeichnet ist. Die Kupferverluste sind so geringer. Bei kleinen Drehzahlen ergibt sich demgemäß eine günstige Verlustbilanz (Wirkungsgrad) und eine vergleichsweise hohe Drehmomentdichte.

8.3 Betriebsverhalten

Bei Beschränkung auf einen Strang kann man von dem in Abb. 8.3 dargestellten Schema ausgehen, aus dem die Zählweise des mechanischen Rotordrehwinkels γ sowie die beiden Symmetrielagen d und q hervorgehen:

d: „aligned position", $\gamma = 2 \cdot g \cdot \pi / N_R$, $g = 0, \pm 1, \pm 2, ...$
q: „unaligned position", $\gamma = (2 \cdot g + 1) \cdot \pi / N_R$, $g = 0, \pm 1, \pm 2, ...$

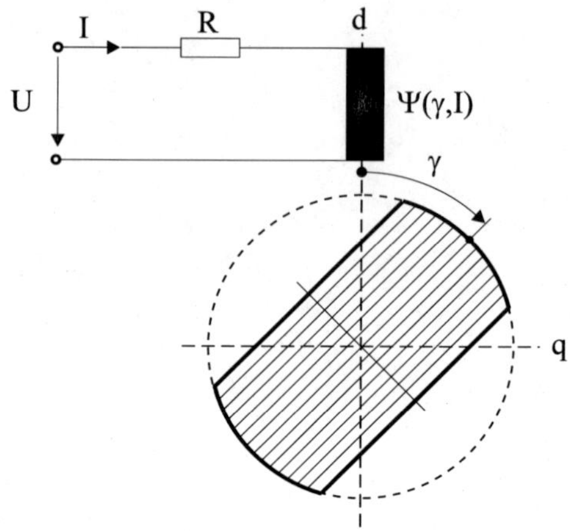

Abb. 8.3: *Schema eines Stranges der geschalteten Reluktanzmaschine*

Aus der Spannungsgleichung

$$U = I \cdot R + \frac{d\Psi}{dt} = I \cdot R + \Omega_m \cdot \frac{d\Psi}{d\gamma}; \qquad \Omega_m = \frac{d\gamma}{dt} = \text{mech. Winkelgeschwindigkeit} \tag{8.6}$$

läßt sich zunächst der verkettete Fluß über dem Drehwinkel durch Integration zu

$$\Psi = \int \frac{U - I \cdot R}{\Omega_m} \cdot d\gamma + \Psi_0 \tag{8.7}$$

insbesondere dann sehr leicht bestimmen, wenn die Spannung U konstant ist (Gleichspannungsquelle U) und der ohmsche Anteil vernachlässigt werden kann. Sie enthält gemäß

$$U = I \cdot R + \frac{d\Psi}{dt} = I \cdot R + \frac{\partial \Psi}{\partial I} \cdot \frac{dI}{dt} + \frac{\partial \Psi}{\partial \gamma} \cdot \frac{d\gamma}{dt} = I \cdot R + U_L + U_G \tag{8.8}$$

einen induktiven Anteil U_L der Selbstinduktion und einen rotatorischen Anteil U_G durch Drehung. Sie entspricht dem Aufbau nach derjenigen für die Gleichstrom-Reihenschlußmaschine. Jedoch hängt die Flußverkettung sowohl vom Strom I als auch von der Rotorposition γ ab. Das erschwert wegen der im allgemeinen nichtlinearen Verhältnisse die Auswertung.

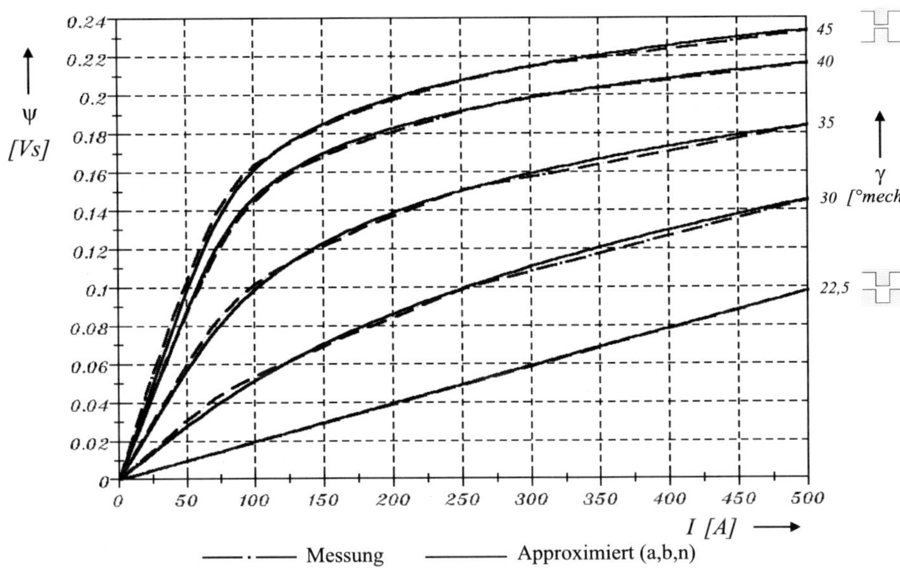

Abb. 8.4: *Fluß-Strom-Kennlinien*

Ausgangspunkt sind die Ψ-I-Kennlinien mit γ als Parameter (Abb. 8.4 [417]), die als „Fingerabdruck“ der SRM entweder aus einer FEM-Berechnung oder aus statischen Messungen von einer entworfenen oder gebauten Maschine – meist punktweise – vorliegen.

Daraus sind die partiellen Ableitungen $\partial\Psi/\partial I$ und $\partial\Psi/\partial\gamma$ als stetige Funktionen zu ermitteln, womit sich der Verlauf des Stroms gemäß

$$\frac{dI}{d\gamma} = \frac{U - I \cdot R - \Omega_m \cdot \dfrac{\partial\Psi}{\partial\gamma}}{\Omega_m \cdot \dfrac{\partial\Psi}{\partial I}} \tag{8.9}$$

über dem Drehwinkel durch (numerische) Integration berechnen läßt. Liegt der Verlauf des Flusses über γ schon vor, so kann der Stromverlauf unmittelbar aus den Ψ-I-Kennlinien abgeleitet werden.
Die Energiebilanz

$$U \cdot I \cdot dt = I^2 \cdot R \cdot dt + I \cdot \frac{\partial\Psi}{\partial I} \cdot dI + I \cdot \frac{\partial\Psi}{\partial\gamma} \cdot d\gamma = I^2 \cdot R \cdot dt + dW + dA \tag{8.10}$$

enthält neben der Stromwärme die Änderung der magnetischen Energie

$$dW = \frac{\partial W}{\partial I} \cdot dI + \frac{\partial W}{\partial\gamma} \cdot d\gamma \tag{8.11}$$

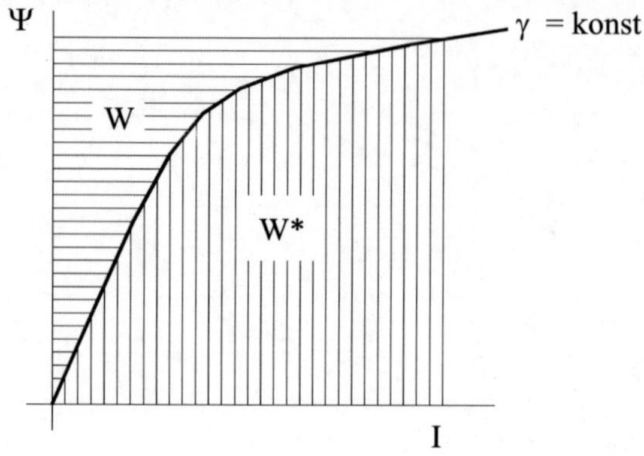

Abb. 8.5: *Magnetische Energie und Koenergie W^**

und die Änderung der mechanischen Arbeit

$$dA = UIdt - I^2Rdt - dW = \left(I\frac{\partial\Psi}{\partial I} - \frac{\partial W}{\partial I}\right)dI + \left(I\frac{\partial\Psi}{\partial\gamma} - \frac{\partial W}{\partial\gamma}\right)d\gamma \quad (8.12)$$

Wegen

$$\frac{\partial W}{\partial I} = I\cdot\frac{\partial\Psi}{\partial I} \quad (8.13)$$

wird

$$dA = \left(I\cdot\frac{\partial\Psi}{\partial\gamma} - \frac{\partial W}{\partial\gamma}\right)\cdot d\gamma \quad (8.14)$$

Daraus folgt das innere Drehmoment M_{Mi} zu

$$M_{Mi} = \frac{dA}{d\gamma} = I\cdot\frac{\partial\Psi}{\partial\gamma} - \frac{\partial W}{\partial\gamma} \quad (8.15)$$

welches sich unter Verwendung der magnetischen Koenergie W^* (Abb. 8.5)

$$W^* = I\cdot\Psi - W \quad (8.16)$$

und deren Änderung

$$\frac{\partial W^*}{\partial\gamma} = I\cdot\frac{\partial\Psi}{\partial\gamma} - \frac{\partial W}{\partial\gamma} \quad (8.17)$$

auch in der Form

$$M_{Mi} = \frac{\partial W^*}{\partial\gamma} \quad (8.18)$$

darstellen läßt. Das innere Drehmoment M_{Mi} ist positiv, wenn die Koenergie mit dem Drehwinkel zunimmt (Motorbetrieb) und negativ, wenn sie abnimmt (Generatorbetrieb).

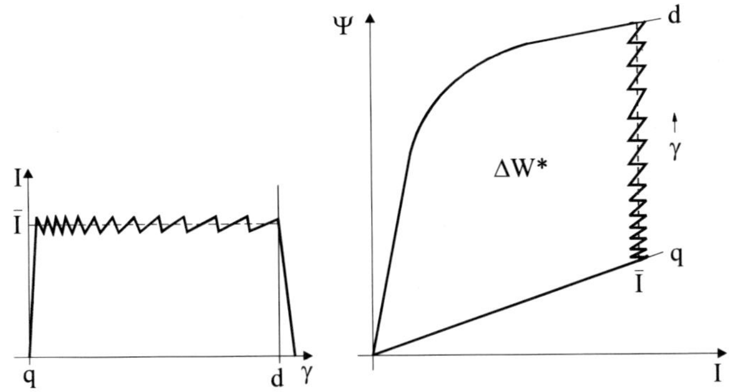

Abb. 8.6: *Stromverlauf und Änderung der Koenergie ΔW^* im gepulsten Betrieb*

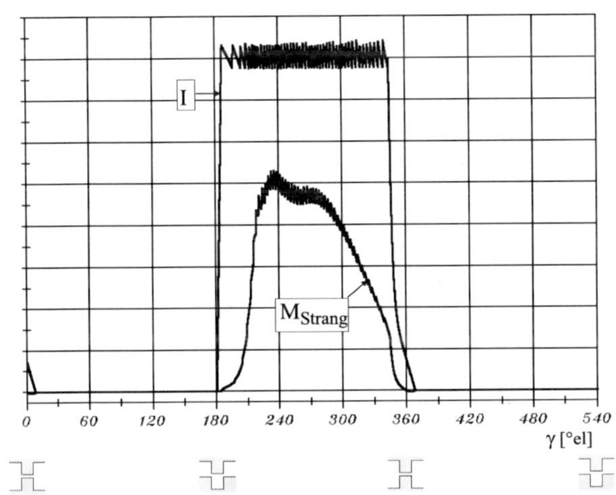

Abb. 8.7: *Strom– und Drehmomentverlauf eines Stranges über dem Drehwinkel (Motorbetrieb)*

Gemäß Abb. 8.6 ergibt sich im Motorbetrieb bei (durch Pulsung) vorgegebenem Strom I die maximale Änderung ΔW^* der Koenergie, wenn dieser in der q-Stellung ein– und in der d-Stellung (Abb. 8.3) abgeschaltet wird.

Abbildung 8.7 zeigt den typischen Drehmomentverlauf eines Stranges, wie er auch im Stillstand bei Einprägung eines Gleichstroms in Abhängigkeit vom Drehwinkel gemessen werden kann. Der Mittelwert entspricht der Fläche der Koenergie ΔW^*.

Die Sättigung, welche in der d-Stellung besonders ausgeprägt ist und vornehmlich im Bereich der sich überlappenden Zähne auftreten sollte, spielt eine entscheidende Rolle. Da der maximale Fluß durch den magnetischen Kreis vorgegeben ist, läßt sich das mittlere Drehmoment jenseits des Knickpunktes proportional zum Strom steigern.

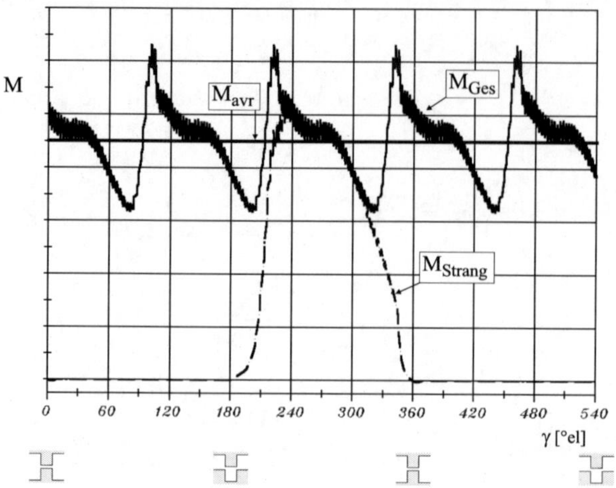

Abb. 8.8: *Gesamtmoment einer dreisträngigen Maschine*

Auf diese Weise ergibt sich eine Ausnutzung, die derjenigen konventioneller Drehfeldmaschinen vergleichbar ist. Man erkennt auch, daß der die Anfangssteigung bestimmende Luftspalt möglichst klein sein sollte.

Bei einer m-strängigen SRM addieren sich die um den mechanischen Winkel $2\pi/(m \cdot N_R)$ versetzten Strangdrehmomente zum resultierenden (inneren) Drehmoment gemäß Abb. 8.8.

Es ist ersichtlich, daß dem Mittelwert ein pulsierendes Drehmoment mit der Grundschwingung $F_P = m \cdot F$ überlagert ist, dessen Amplitude mit zunehmender Strangzahl abnimmt.

Die Form des Drehmoments hängt von der geometrischen Gestaltung der Zähne sowie von deren Sättigungszustand und vom Stromverlauf ab. Sie ändert sich deshalb mit der Drehzahl, wobei im allgemeinen mit deren Zunahme auch die pulsierenden Anteile ansteigen.

Bei den obigen Betrachtungen vermißt man den ansonsten für die Beschreibung des Betriebsverhaltens elektrischer Maschinen so gut geeigneten Begriff der Induktivität. Das läßt sich durch Einführung einer arbeitspunktabhängigen Induktivität

$$L = L(\gamma, I) = \frac{\Psi(\gamma, I)}{I} \tag{8.19}$$

die als Sekantensteigung definiert ist, teilweise beheben (Abb. 8.9). In der Spannungsgleichung ergeben sich dann der induktive Anteil zu

$$U_L = \frac{\partial \Psi}{\partial I} \cdot \frac{dI}{dt} = \left(L + \frac{\partial L}{\partial I} \cdot I \right) \cdot \frac{dI}{dt} \tag{8.20}$$

und der rotatorische Anteil zu

$$U_G = \Omega_m \cdot \frac{\partial \Psi}{\partial \gamma} = \Omega_m \cdot \frac{\partial L}{\partial \gamma} \cdot I \tag{8.21}$$

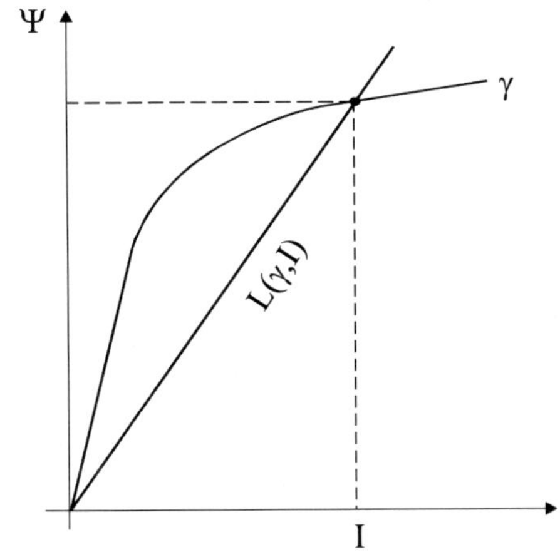

Abb. 8.9: *Zur Definition der strom– und drehwinkelabhängigen Induktivität*

Die Stromänderung wird daher durch

$$\frac{dI}{d\gamma} = \frac{U - I \cdot R - \Omega_m \cdot \dfrac{\partial L}{\partial \gamma} \cdot I}{\Omega_m \cdot \left(L + \dfrac{\partial L}{\partial I} \cdot I \right)} \tag{8.22}$$

beschrieben. Für die numerische Integration sind also neben L auch die Ableitungen $\partial L / \partial I$ und $\partial L / \partial \gamma$ für jeden Betriebspunkt, der im Bereich der Ψ-I-Kennlinien liegt, erforderlich.
Aus der Energiebilanz läßt sich das innere Drehmoment M_{Mi} in der Form

$$M_{Mi} = I^2 \cdot \frac{\partial L}{\partial \gamma} - \frac{\partial W}{\partial \gamma} = \frac{\partial W^*}{\partial \gamma} \tag{8.23}$$

berechnen. Die Komponente $\partial L / \partial I$ beschreibt den Sättigungseinfluß. Sie ist stets Null oder negativ, paßt den induktiven Anteil an die differentielle Induktivität (Tangente an die Kennlinie) an und vergrößert die magnetische Koenergie und damit das Drehmoment gegenüber einer Rechnung mit stromunabhängiger Induktivität.

Letztere beschreibt den Fall der ungesättigten SRM, bezieht sich also auf den linearen (Anfangs)-Teil der Ψ-I-Kennlinien ($W^* = W$). Er ist meist bei höheren Drehzahlen im Feldschwächbereich von Interesse, wird aber wegen der besseren Anschauung häufig auch generell zur Beschreibung der SRM verwendet.
In diesem Fall vereinfacht sich die Spannungsgleichung zu

$$U = I \cdot R + L \cdot \frac{dI}{dt} + \Omega_m \cdot \frac{dL}{d\gamma} \cdot I \, ; \qquad L = L(\gamma) \tag{8.24}$$

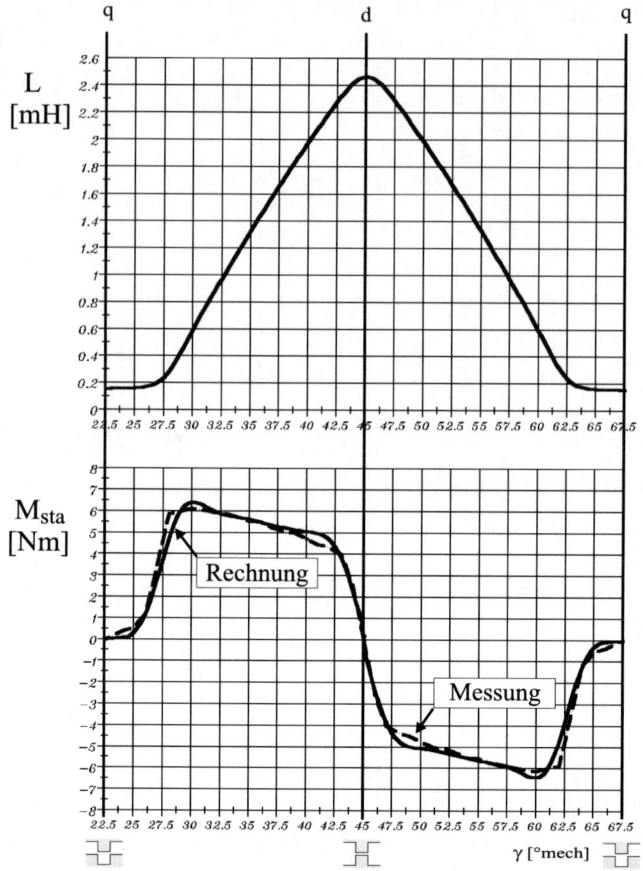

Abb. 8.10: *Verlauf von Induktivität und Drehmoment bei ungesättigter Maschine*

Jetzt läßt sich die Änderung der magnetischen Koenergie durch L ausdrücken:

$$\frac{\partial W^*}{\partial \gamma} = \frac{1}{2} \cdot I^2 \cdot \frac{dL}{d\gamma} \qquad \text{(aus Gl. 8.23)} \tag{8.25}$$

womit sich das innere Drehmoment M_{Mi} zu

$$M_{Mi} = I^2 \cdot \frac{dL}{d\gamma} - \frac{1}{2} \cdot I^2 \cdot \frac{dL}{d\gamma} = \frac{1}{2} \cdot I^2 \cdot \frac{dL}{d\gamma} \tag{8.26}$$

ergibt. Das innere Drehmoment hängt quadratisch vom Strom ab. Unabhängig von dessen Vorzeichen ist es positiv (Motorbetrieb), wenn die Induktivität mit dem Drehwinkel ansteigt und negativ (Generatorbetrieb), wenn sie abnimmt. Abbildung 8.10 zeigt den Verlauf von L und das bei konstantem Gleichstrom I auftretende (statische) Drehmoment M_{sta} eines Stranges.

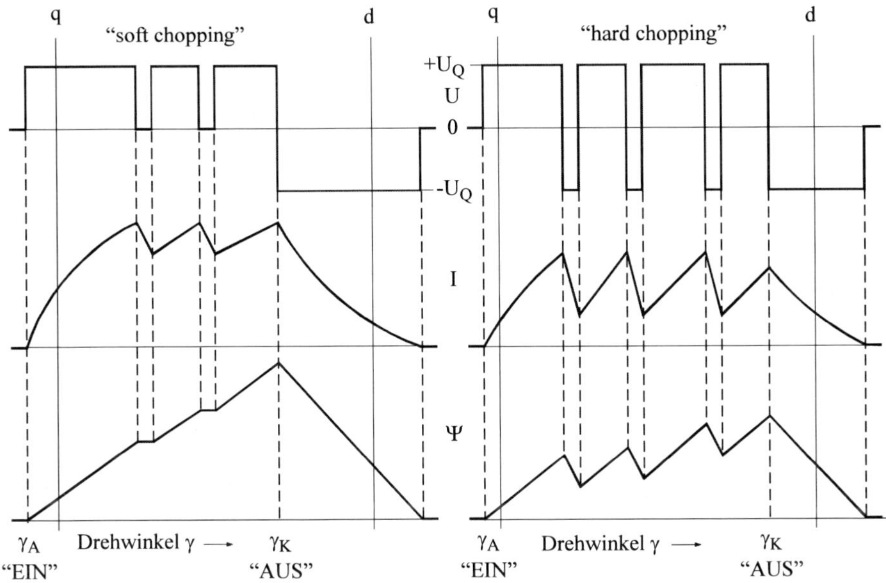

Abb. 8.11: *Prinzipieller Verlauf von Spannung, Strom und Fluß bei gepulstem Betrieb*

Der Induktivitätshub

$$\frac{dL}{d\gamma} \approx \frac{N_R}{k_p \cdot \pi} \cdot (L_d - L_q) \tag{8.27}$$

bestimmt die Höhe des erzielbaren Drehmoments. Deshalb sollte der Unterschied zwischen L_d und L_q so groß wie möglich sein. Der genaue Induktivitätsverlauf ist auch im linearen Bereich von der Geometrie abhängig und muß wegen der insbesondere in der q-Stellung schwer zu beurteilenden Feldverhältnisse in der Regel numerisch berechnet werden. Der in Abb. 8.10 gezeigte Verlauf ist das Ergebnis einer solchen Berechnung, die für eine typische SRM durchgeführt wurde. Bei der Überlappung der Zähne beginnt der in guter Näherung lineare Anstieg von L, dessen Bereich durch den Faktor $k_p\,(< 1)$ beschrieben werden kann.

Aus Abb. 8.11 ist erkennbar, daß der Strom bei Stillstand und bei kleinen Drehzahlen im Motorbetrieb in der Nähe der q-Stellung einzuschalten ($u = +U_Q$), durch Pulsung ($u = 0$ und $u = +U_Q$, „soft chopping" bzw. $u = -U_Q$ und $u = +U_Q$, „hard chopping") auf einem vorgegebenem Sollwert zu halten und in der Nähe der d-Stellung ($u = -U_Q$) abzuschalten ist.

Wegen $L_q \ll L_d$ erfolgt der Stromanstieg relativ schnell, der Stromabbau jedoch langsamer. Der Strom fließt nur etwa eine halbe Periode lang, in der anderen Hälfte ist der Strang stromlos. Es handelt sich um einen gepulsten Gleichstrom. Weiterhin ist ersichtlich, daß neben der Koenergie auch magnetische Energie aufgebaut wird. Diese wird nach dem Einschalten von der Quelle geliefert und nach dem Abschalten (teilweise) wieder zurückgespeist oder zur Magnetisierung der anderen Stränge verwendet.

Mit zunehmender Drehzahl werden die elektrischen Winkelbereiche, in denen sich die Stromänderungen vollziehen, größer und damit der elektrische Winkelbereich der Pulsung kleiner. Um bei vorgegebenem Stromsollwert das höchstmögliche Drehmoment zu erzielen, müssen die Schaltwinkel γ_A (Einschalten) und γ_K (Abschalten, „Kommutieren") gegenüber der q- bzw. d-Stellung vorverlegt werden.

Dies erfordert eine genaue Kenntnis der Zusammenhänge, da die SRM sehr empfindlich auf die Schaltwinkel reagiert. In der Regel muß deshalb das Betriebsverhalten vorausberechnet und das Ergebnis in Form einer Tabelle für die Schaltwinkel des gesamten M-N-Betriebsbereichs in einem Steuerprogramm abgelegt werden.

Der Übergang vom Puls- in den Blockbetrieb wird bei derjenigen Drehzahl N_N erreicht, bei der sich der Strom nicht mehr ändert (Abb. 8.12).

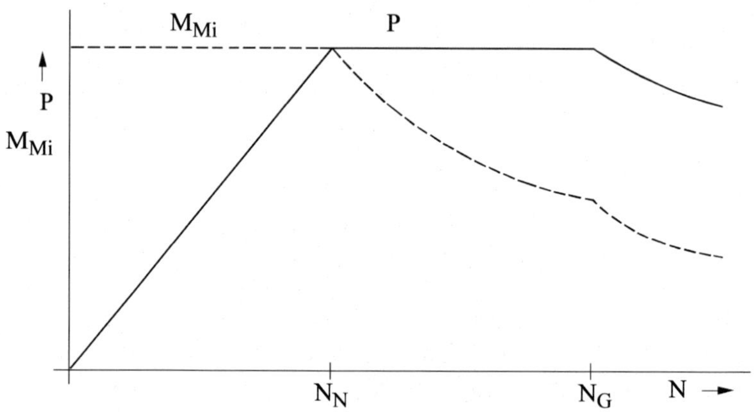

Abb. 8.12: *Betriebsbereiche der geschalteten Reluktanzmaschine*

Das ist näherungsweise der Fall, wenn – bei Vernachlässigung der dann meist kleinen ohmschen Spannung $I \cdot R$ – die Spannung der Rotation gleich der anliegenden Gleichspannung ist. Diese Drehzahl wird als Auslegungs- oder Eckdrehzahl bezeichnet. Sie bestimmt den Entwurf der SRM. Bis hierhin kann man näherungsweise konstantes Drehmoment erzielen („Ankerstellbereich"), von da ab bis zu einer bestimmten Grenzdrehzahl N_G noch konstante Leistung („Feldstellbereich"). Oberhalb der Grenzdrehzahl fällt dann auch die Leistung ab.

8.4 Energieumwandlung

Die während einer elektrischen Periode wirksamen Energien lassen sich am besten anhand der Ψ-I-Kennlinien beurteilen. Sehr einfache Verhältnisse ergeben sich für die ungesättigte SRM, wenn im Motorbetrieb der Strom I bei sehr kleiner Drehzahl in der q-Stellung eingeprägt und in der d-Stellung abgeschaltet wird (Abb. 8.13).

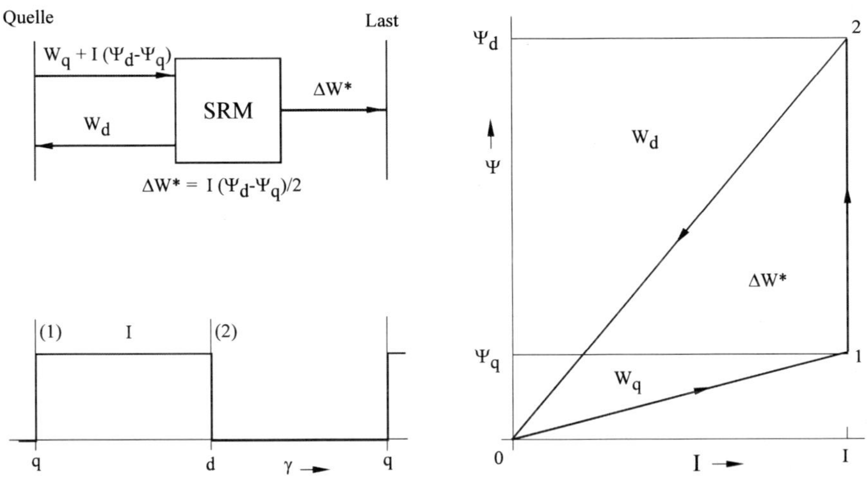

Abb. 8.13: *Vereinfachte Darstellung der Energieumwandlung bei ungesättigter Maschine*

Bei Vernachlässigung der Verluste ($R = 0$) liefert die Quelle zunächst die Energie $W_q \, (= L_q \cdot I^2/2)$. Während der Drehung von q nach d wird zusätzlich die Energie $I \cdot (\Psi_d - \Psi_q) = 2 \cdot (W_d - W_q)$ eingespeist. Die Hälfte davon wird in mechanische Arbeit $\Delta W^* = W_d - W_q$ umgewandelt, während die andere Hälfte die magnetische Energie vergrößert, welche in der d-Stellung den Betrag $W_d \, (= L_d \cdot I^2/2)$ erreicht und beim Abschalten in die Quelle zurückgespeist wird. Es wird also keine Energie „verschwendet". In Analogie zu den Begriffen der Wechselstromlehre läßt sich die insgesamt zugeführte Energie als „Scheinenergie" $W_{schein} = 2 \cdot W_d - W_q$, die mechanische Arbeit als „Wirkenergie" $W_{wirk} = W_d - W_q$ und die zurückgespeiste Energie als „Blindenergie" $W_{blind} = W_d$ auffassen. Daraus folgt der „Energie-Umwandlungsfaktor" zu

$$\lambda = \frac{W_{wirk}}{W_{schein}} = \frac{W_d - W_q}{2 \cdot W_d - W_q} = \frac{1 - L_q/L_d}{2 - L_q/L_d} \tag{8.28}$$

Er ist vergleichbar mit dem Leistungsfaktor. Für den typischen Zahlenwert $L_d/L_q = 10$ ergibt sich $\lambda = 0,47$. Das hat häufig zu der Auffassung geführt, daß die SRM mit hoher Blindleistung belastet ist, was zu einer entsprechenden

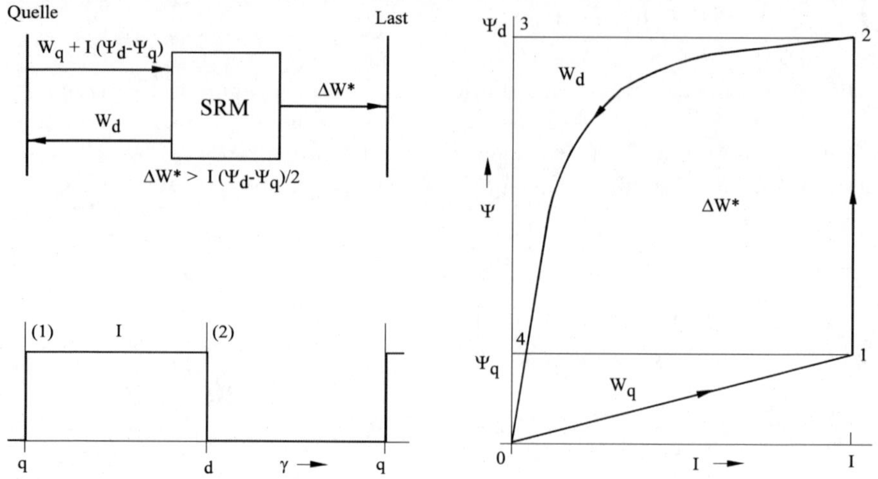

Abb. 8.14: *Vereinfachte Darstellung der Energieumwandlung bei gesättigter Maschine*

Dimensionierung des Stromrichter-Stellglieds führen müßte. Dies ist nur für die ungesättigte SRM richtig. Der Stromrichter wird allerdings meist für die hohen Anfahrmomente im Stillstand und bei kleinen Drehzahlen dimensioniert. Hier treten ausgeprägte Sättigungserscheinungen auf, welche die „Blindleistung" reduzieren.

Abbildung 8.14 erläutert diese Verhältnisse. Bei gleichem Fluß und Strom vergrößert sich ΔW^*, während sich W_d verkleinert:

$$\Delta W^* > I \cdot (\Psi_d - \Psi_q)/2 \, ; \qquad W_d < I \cdot (\Psi_d - \Psi_q)/2 \tag{8.29}$$

Demgemäß wird jetzt

$$\lambda = \frac{W_{wirk}}{W_{schein}} = \frac{\Delta W^*}{W_q + I \cdot (\Psi_d - \Psi_q)} = \frac{\text{Fläche}(0120)}{\text{Fläche}(012340)} \tag{8.30}$$

Im unteren Drehzahlbereich ergeben sich für eine gut ausgenutzte SRM Zahlenwerte von $0,65 < \lambda < 0,75$.

Den Idealfall, der sich für ein hypothetisches Material und vernachlässigbar kleinem Luftspalt ergeben würde, zeigt Abb. 8.15. Hierbei ist $W_d = W_q = W$ und die während der Drehung zugeführte Energie der Quelle wird vollständig in mechanische Arbeit umgesetzt: $I \cdot (\Psi_d - \Psi_q) = \Delta W^*$. Dann ergibt sich:

$$\lambda = \frac{W_{wirk}}{W_{schein}} = \frac{\Delta W^*}{W + \Delta W^*} = \frac{1}{1 + W/\Delta W^*} \tag{8.31}$$

Für z.B. $W/\Delta W^* = 1/10$ wäre hier $\lambda = 0,91$.

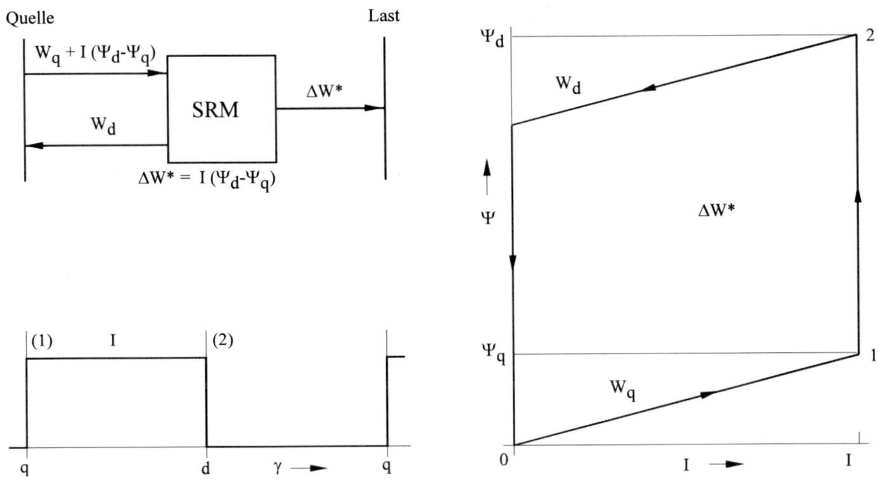

Abb. 8.15: *Vereinfachte Darstellung der Energieumwandlung bei einem hypothetischen Material*

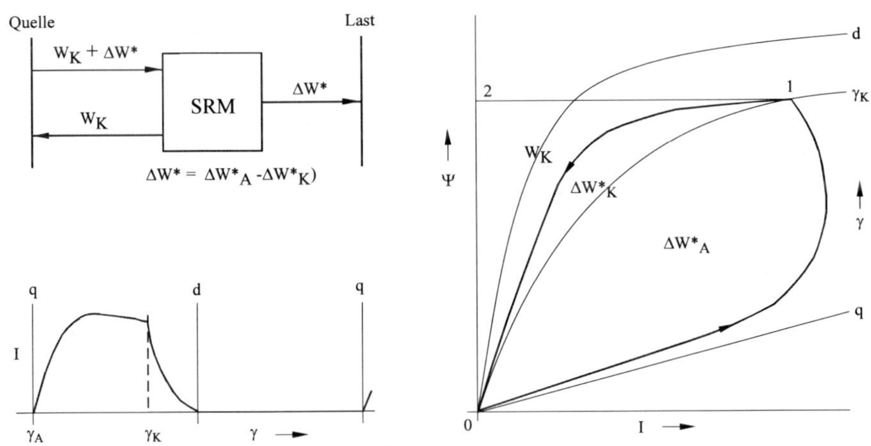

Abb. 8.16: *Energieumwandlung bei Blockbetrieb*

Die Energieumwandlung bei realem Stromverlauf im Blockbetrieb beschreibt Abb. 8.16. Bei γ_A wird der Strang eingeschaltet, bei γ_K abgeschaltet. In dieser Zeit leiten die steuerbaren leistungselektronischen Schalter (vgl. Kap. 8.5) und die Quelle speist die Energie $W = W_K + \Delta W_K^* + \Delta W_A^*$ (Fläche 0120) ein. Im Abschaltpunkt ist die magnetische Energie $W_K + \Delta W_K^*$ gespeichert, während ΔW_A^* bis dahin in mechanische Arbeit umgewandelt wurde. Nach dem Abschalten, in der Regel deutlich vor Erreichen der d-Stellung, leiten die Dioden, der Anteil

ΔW_K^* wird noch weiter als mechanische Arbeit wirksam und vermindert dadurch die magnetische Energie. Der Anteil W_K wird zurückgespeist und kann als „Blindenergie" aufgefaßt werden. Unter Berücksichtigung der gesamten mechanischen Arbeit $\Delta W^* = \Delta W_A^* + \Delta W_K^*$ ergibt sich der Energieumwandlungsfaktor allgemein [412] zu

$$\lambda = \frac{W_K}{W_K + \Delta W^*} \tag{8.32}$$

Das mittlere Drehmoment erhält man aus der mechanischen Arbeit ΔW^*, die in einer Periode über den Winkelweg $2\pi/N_R$ wirksam wird, bei m Strängen zu

$$\overline{M}_{Mi} = \frac{m \cdot N_R}{2\pi} \cdot \Delta W^* \tag{8.33}$$

Maßgeblich für das mittlere Drehmoment ist demnach die Abbildung des zeitlichen Stromverlaufs in der Ψ-I-Ebene.

8.5 Stromrichterschaltungen

Die SRM kann im Gegensatz zu konventionellen Maschinen nicht direkt an einer Quelle konstanter Spannung und Frequenz betrieben werden. Es ist stets eine Stromrichterschaltung erforderlich, die die Gleichspannung U_Q der Quelle in geeigneter Weise auf die m Stränge durchschaltet, damit pulsförmige Gleichströme entstehen. Im allgemeinen werden am Strang die Spannungen $+U_Q$ (Einspeisen), 0 (Kurzschluß) und $-U_Q$ (Rückspeisen) benötigt.

Die in Abb. 8.17 für einen Strang gezeigte Schaltung (2Q-Gleichstromsteller mit Spannungsumkehr) erfüllt diese Bedingung.

Beim Einschalten leiten beide Transistoren T_1 und T_2, es liegt die Spannung $+U_Q$ an, der Strom wird aufgebaut. Bei Erreichen einer oberen Stromgrenze wird einer der beiden Transistoren, z.B. T_1, abgeschaltet, die Wicklung ist

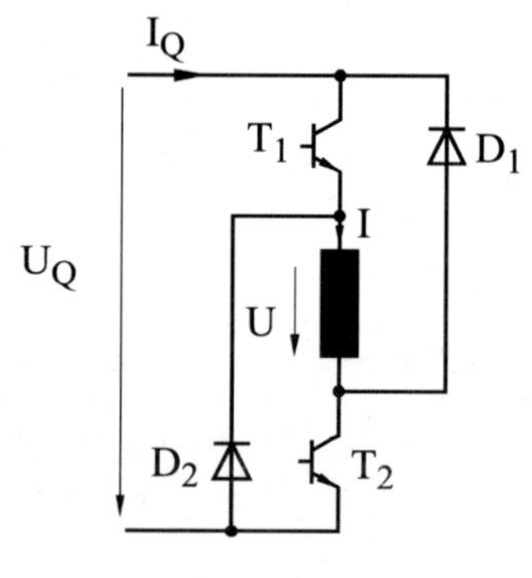

Abb. 8.17: *Stromrichterschaltung für einen Strang mit Spannungsumkehr*

dann über T_2 und die Diode D_2 kurzgeschlossen ($U = 0$), der Strom nimmt ab. Bei der Zweipunktregelung wird T_1 am unteren Grenzwert wieder eingeschaltet. Durch abwechselndes Aus- und Einschalten der Transistoren wird der Strom I bei gleichmäßiger Schaltbelastung im Mittel auf dem Sollwert I^* gehalten. Vor Erreichen der d-Stellung werden beide Transistoren abgeschaltet, es liegt die Spannung $-U_Q$ an der Wicklung, der Strom wird bis auf Null abgebaut, wobei die gespeicherte magnetische Energie über die Dioden D_1 und D_2 in die Quelle zurückgespeist wird.

Die Schaltung benötigt die gleiche Anzahl von Schaltelementen wie der Brückenzweig eines Wechselrichters für konventionelle Drehstrommaschinen. Im Gegensatz dazu kann jedoch kein Kurzschluß auftreten. Das bedeutet eine inhärente Betriebssicherheit der SRM. Andererseits können aber keine Module für konventionelle Wechselrichterschaltungen wie für den Wechselrichter mit eingeprägter Spannung verwendet werden.

Statt der Zweipunktregelung kann auch eine Pulsweitenmodulation (PWM) eingesetzt werden. In beiden Fällen läßt sich die Stromform einem vorgegebenen Sollwertverlauf anpassen, sofern die rotatorische Spannung genügend gering ist (kleine Drehzahlen). Die Stromform hat maßgeblichen Einfluß auf die Qualität des Drehmomentes und kann zur Reduktion des pulsierenden Anteils genutzt werden [431, 432]. Weiterhin beeinflußt sie die Geräuschbildung [445].

Mit zunehmender Drehzahl werden die elektrischen Winkelbereiche, in denen sich der Auf- und Abbau des Stroms vollzieht, immer größer. Die Ein- und Abschaltwinkel γ_A und γ_K sind dann voreilend zu verschieben, und zwar so, daß sich bei möglichst geringen Stromwärmeverlusten ein möglichst großes Drehmoment ergibt. Dabei läßt es sich allerdings nicht vermeiden, daß der Strom auch in Bereichen fließt, in denen ein generatorisches (Brems)-Moment auftritt. Die Winkelverschiebung ist last- und drehzahlabhängig, eine allgemein gültige Regel läßt sich wegen des nichtlinearen Zusammenhanges von Strom und Drehmoment nicht angeben. Vielmehr sind die Wertepaare γ_A und γ_K durch geeignete Simulationsrechnungen zu ermitteln [417]. Dabei ist sicherzustellen, daß der Strom innerhalb einer elektrischen Periode 2π (mechanisch $2\pi/N_R$) wieder vollständig abgebaut wird, weil anderenfalls eine Selbsterregung auftritt, die einen Störfall darstellt. Andererseits sollte aber die volle Periode auch ausgenutzt werden, wenn die SRM im Blockbetrieb mit der größtmöglichen Leistung betrieben werden soll [418].

Generatorbetrieb ist im gesamten Drehzahlbereich möglich, wird jedoch vorzugsweise bei höheren Drehzahlen eingesetzt. In Abb. 8.18 ist der prinzipielle Verlauf von Strom und Drehmoment eines Stranges dargestellt.

Der Strom ist über die Schaltwinkel in den Bereich abnehmender Induktivität zu verschieben. Zu Beginn muß er aufgebaut werden, dazu werden T_1 und T_2 bei γ_A eingeschaltet ($+U_Q$), die entsprechende magnetische Energie wird von der Quelle geliefert. Mit Erreichen eines bestimmten Stroms I_K werden bei γ_K die Transistoren T_1 und T_2 abgeschaltet ($-U_Q$), der Strom ändert sich nach der Spannungsgleichung (linearer Fall)

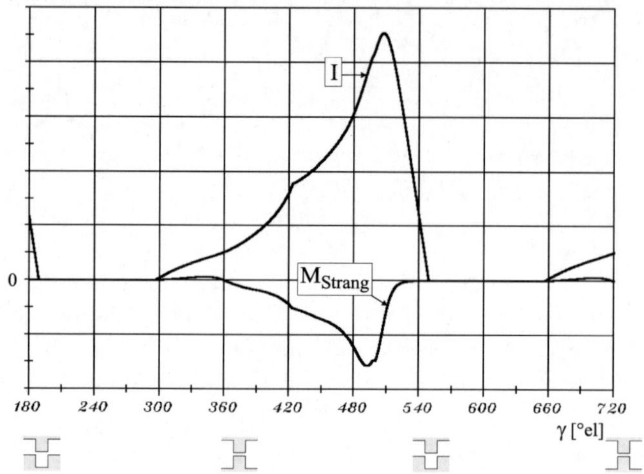

Abb. 8.18: *Strom- und Drehmomentverlauf eines Stranges im Generatorbetrieb (Blockbetrieb)*

$$\frac{dI}{d\gamma} = \frac{1}{\Omega_m \cdot L} \cdot \left(-U_Q - I \cdot R - \Omega_m \cdot \frac{dL}{d\gamma} \cdot I \right) \tag{8.34}$$

je nach dem Anfangswert der rotatorischen Spannung

$$U_{GK} = I_K \cdot \Omega_m \cdot \frac{dL}{d\gamma} < 0 \tag{8.35}$$

Ist diese (bei Vernachlässigung von $I \cdot R$) betragsmäßig größer als U_Q, so nimmt der Strom weiter zu. In diesem Fall kann es zu einer Selbsterregung kommen, weil der Strom bis zum erneuten Einschalten (γ_A) nicht mehr abgebaut werden kann. Stabiler Betrieb ist dann nicht mehr möglich. Ist beim Umschalten (γ_K) U_{GK} betragsmäßig gerade gleich U_Q, so bleibt der Strom konstant, bis bei überschreiten der q-Stellung U_G das Vorzeichen wechselt und dadurch der Strom schnell auf Null abgebaut wird. Falls I_K zu klein ist, wird der Strom bereits im Generatorbereich entsprechend der Änderung der Induktivität (langsam) abgebaut. Das Verhalten der SRM als Generator im Blockbetrieb hängt daher in starkem Maße vom Strom I_K des Umschaltaugenblickes (γ_K) ab.

Falls die SRM auch bei kleinen Drehzahlen noch Bremsmoment entwickeln soll, so ist der Strom nach Abb. 8.19 im Pulsbetrieb auf dem Sollwert zu halten.

Dazu wird zunächst wiederum $+U_Q$ eingeschaltet (T_1, T_2), bis die obere Grenze erreicht ist. Dann wird durch Abschaltung von T_1, T_2 die Spannung auf $-U_Q$ (D_1, D_2) umgeschaltet. Da wegen der kleinen Drehzahl die rotatorische Spannung betragsmäßig kleiner als U_Q ist (Bedingung für die maximale obere Stromgrenze), nimmt der Strom ab. An der unteren Stromgrenze kann entweder auf $U_Q = 0$ (Einschaltung von T_1 oder T_2, „soft chopping“) oder wieder auf $+U_Q$ („hard

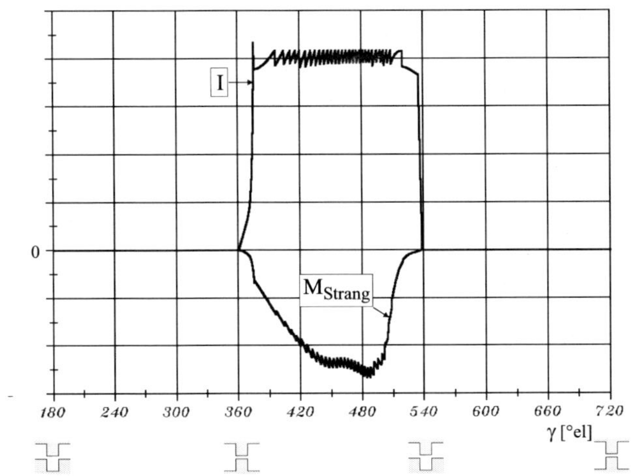

Abb. 8.19: *Strom- und Drehmomentverlauf eines Stranges im Generatorbetrieb (Pulsbetrieb)*

chopping") geschaltet werden, woraufhin der Strom langsamer oder schneller wieder zunimmt. Durch diese Zweipunktregelung wird der Strom im Mittel auf dem vorgegebenen Sollwert gehalten. In der Nähe der q-Stellung wird bei γ_K endgültig durch Abschaltung von T_1, T_2 $(-U_Q)$ der Strom schnell auf Null abgebaut. In der Nähe des Stillstandes erweist sich die Methode des „hard chopping" als vorteilhaft, weil auf den Betriebsmodus ohne Verzögerung umgeschaltet werden kann, um den Einfluß der ohmschen Spannung zu kompensieren.

Die obige Stromrichterschaltung ist für beliebige Strangzahlen einsetzbar und bietet ein Höchstmaß an Freizügigkeit und Effektivität, weil die Stränge unabhängig voneinander zu jedem beliebigem Zeitpunkt an die Spannungen $+U_Q, 0, -U_Q$ geschaltet werden können.

Wegen der unipolaren Stromrichtung können SRM jedoch auch mit weniger Schaltelementen pro Strang auskommen [412, 428].

Stromrichterschaltungen mit je einem Transistor pro Strang sind in Abb. 8.20 und 8.21 dargestellt.

In Schaltung Abb. 8.20(a) sind bei einem Transistor und einer Diode nur die Spannungen $+U_Q$ und 0 möglich. Aufgrund der fehlenden Spannungsumkehr kann der Strom nur nach Maßgabe der ohmschen Widerstände der Wicklung und der Diodenspannung abgebaut werden, was in der Regel zu lange dauert. Zur Beschleunigung des Stromabbaus wird in Abb. 8.20(b) ein äußerer Widerstand eingefügt, dieses Verfahren ist allerdings sehr verlustbehaftet. In Schaltung Abb. 8.20(c) wird eine bifilare Wicklung verwendet. Beim Abschalten des Transistors wird der Strom von der Sekundärwicklung übernommen und über die Diode in die Quelle zurückgeführt. Spannungsumkehr $(-U_Q)$ ist möglich, aber nicht Spannung 0, also nur „hard chopping" mit entsprechenden Pulsfrequenzen

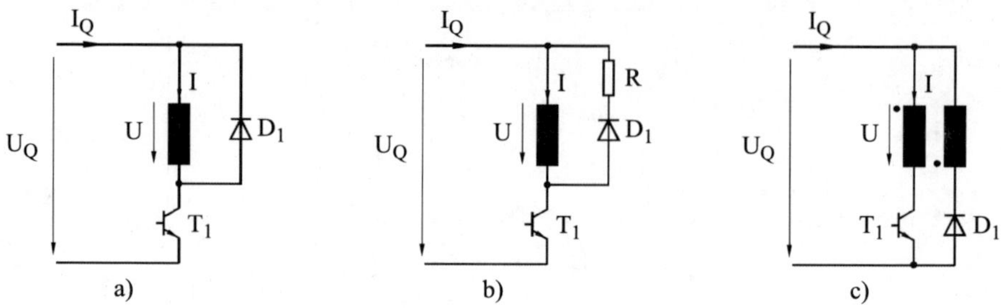

Abb. 8.20: *Stromrichterschaltungen mit vermindertem Schalteraufwand: a) und b) ohne Rückspeisung, c) mit Rückspeisewicklung*

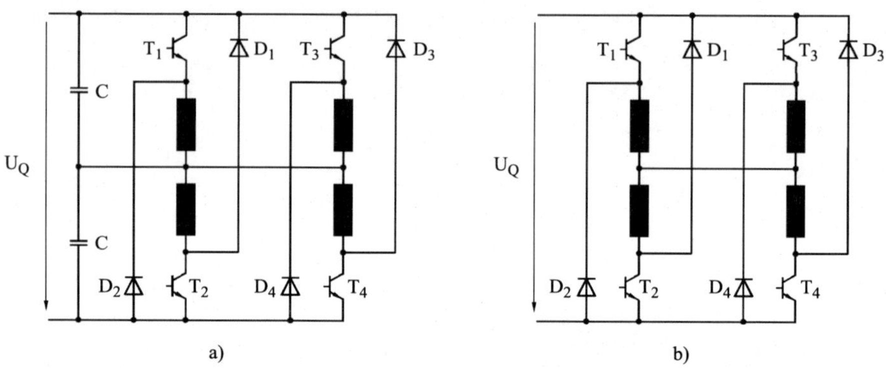

Abb. 8.21: *Stromrichterschaltungen mit vermindertem Schalteraufwand: a) mit Mittelpunkt, b) ohne Mittelpunkt*

und Schaltverlusten. Beim Abschalten liegt außerdem die Spannung $2 \cdot U_Q$ am Transistor. Der Wert vergrößert sich noch nach Maßgabe der Streuung zwischen den Wicklungen. Dies und der Herstellungsaufwand in Verbindung mit dem geringeren Kupferfüllfaktor für die Arbeitswicklung erscheint durch die geringere Anzahl von Schaltelementen kaum gerechtfertigt.

Schaltung Abb. 8.21(a) eignet sich für gerade Strangzahl. Sie erfordert einen Spannungs-Nullpunkt, der als Mittelpunkt zwischen beiden Kondensatoren gebildet wird. An jeden Wicklungsstrang können unabhängig voneinander die Spannungen $+U_Q/2$ und $-U_Q/2$, aber nicht $U_Q = 0$ geschaltet werden, so daß „hard chopping“ mit halber Spannung, aber nicht „soft chopping“ möglich ist. Die Sperrspannung an den Transistoren beträgt U_Q.

Schaltung Abb. 8.21(b) stellt eine nur für die viersträngige SRM geeignete Schaltung dar, die ohne Mittelpunktspannung auskommt, dafür aber eine galvanische Kopplung der Stränge über die sternpunktartige Verbindung bewirkt [428]. Hierbei sind stets mindestens zwei Stränge in Reihe geschaltet. Allgemein gilt $I_1+I_3=I_2+I_4$, die Spannungen teilen sich entsprechend dem Betriebszustand auf. In der Summe sind jeweils $+U_Q$, 0, $-U_Q$, also „hard chopping" und „soft chopping" möglich, die Sperrspannung beträgt U_Q. Die Stränge können jedoch nicht unabhängig voneinander geschaltet werden, der Strom muß mindestens eine halbe Periode lang fließen.

In den Stromrichterschaltungen nach Abb. 8.22 werden einzelne Transistoren gemeinsam genutzt.

In Schaltung Abb. 8.22(a) dient der linke obere Transistor T allen Strängen, indem er die Funktionen „Stromaufbau" und „Halten" ($+U_Q$, 0) übernimmt, die übrigen Transistoren bewirken den Stromabbau (0, $-U_Q$). Maßgeblich für die Stromänderungen sind die gemeinsamen Schaltsignale (PWM) und die jeweilige Rotorposition relativ zu den Strängen. Es handelt sich um eine Spannungssteuerung, die Ströme können nicht unabhängig voneinander geregelt werden. Im abkommutierenden Strang wird wegen der Schaltmaßnahmen im Folgestrang immer wieder auch die Spannung Null wirksam, wodurch sich der Stromabbau verzögert. Für m Stränge werden $m+1$ Schalter benötigt. Der gepulste Transistor T schaltet häufiger als die übrigen Transistoren und wird auch mit einem höheren Effektivwert belastet, weshalb er gegebenenfalls stärker dimensioniert werden muß.

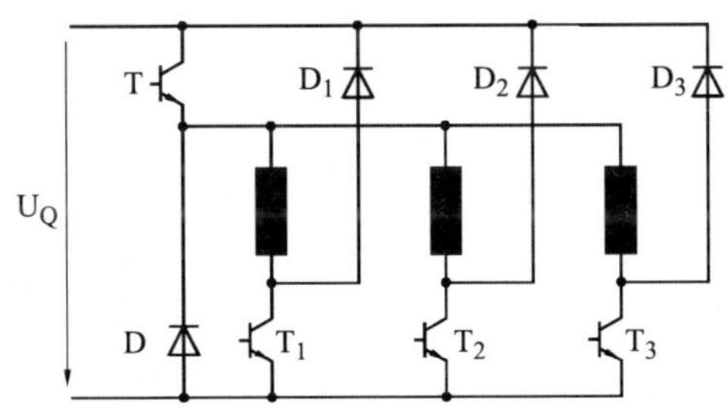

a)

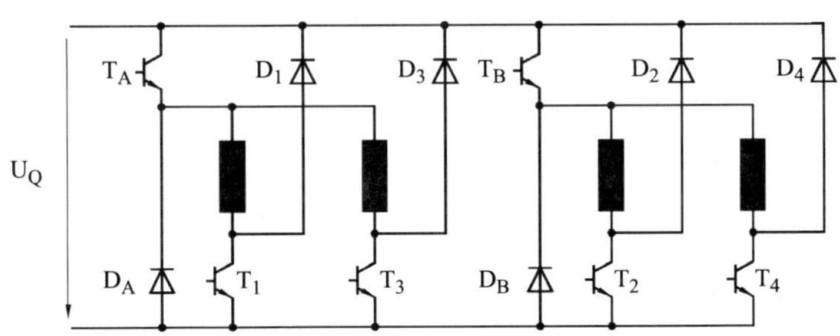

b)

Abb. 8.22: *Stromrichterschaltungen mit vermindertem Schalteraufwand: a) mit gemeinsamem Schalttransistor T, b) mit paarweisen Schalttransistoren T_A, T_B*

Eine Erweiterung stellt Schaltung Abb. 8.22(b) dar. Sie eignet sich für gerade Strangzahl, vorzugsweise für $m = 4$ Stränge, und verwendet je einen Transistor T_A, T_B für die Strangpaare A (Strang 1 und 3) und B (Strang 2 und 4), insgesamt also $2(m/2+1) = 6$ Schalter für 4 Stränge. Da die paarweise zusammengefaßten Stränge elektrisch um 180° gegeneinander versetzt sind und daher z.B. T_A im wesentlichen entweder Strang 1 oder 3 schaltet, sind die Stränge während des „Haltens“ weitgehend entkoppelt, weshalb die Stromamplitude geregelt werden kann. Allerdings vollzieht sich bei Überlappung der Stromaufbau in dem einen Strang zur gleichen Zeit wie der Stromabbau in dem anderen. Wegen des Schaltzustandes „Spannung Null“, der zwischenzeitlich immer wieder auftritt, laufen diese Vorgänge langsamer ab als bei völlig unabhängigen Strängen.

Zusammenfassend kann festgestellt werden, daß eine Verringerung des Aufwandes an Leistungsschaltern gegenüber der vollständigen Schaltung (Abb. 8.17) durch Einschränkungen an Flexibilität und Effektivität erkauft werden muß.

8.6 Steuerung und Regelung

Geschaltete Reluktanzmaschinen werden in den meisten Fällen drehzahlgeregelt betrieben. Abbildung 8.23 zeigt das Schema der Anordnung. Der Leistungsteil besteht aus Quelle, Stromrichter und Maschine. Als Sensoren werden normalerweise ein Rotorlagegeber und eine Stromerfassung je Strang benötigt. Aus dem Drehwinkel wird die Drehzahl ermittelt. Die Regelabweichung gibt den Sollwert für das Drehmoment (Treiben oder Bremsen) vor. Im Unterschied zu konventio-

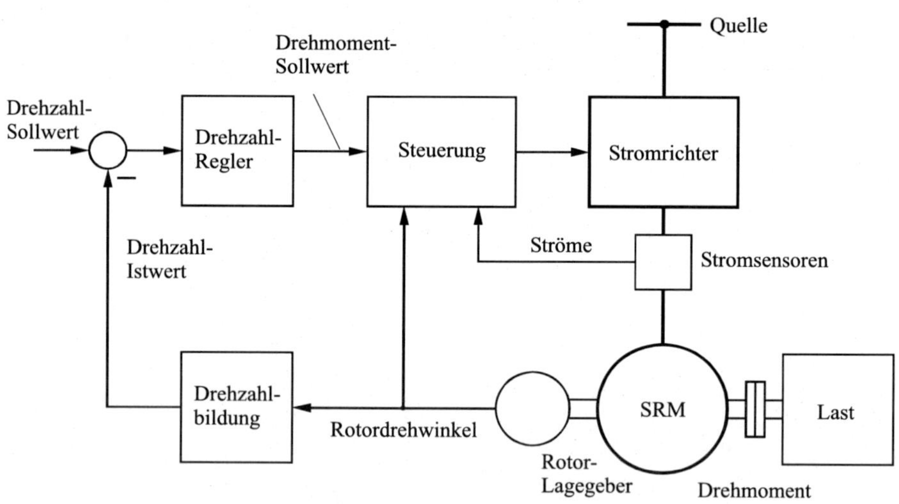

Abb. 8.23: *Schema eines drehzahlgeregelten Reluktanzantriebs*

nellen Antrieben kann jedoch im unterlagerten Stromregelkreis das Drehmoment nicht unmittelbar eingestellt werden, weil der Strom kein direktes Maß für das Drehmoment ist. Vielmehr ist das Drehmoment nur indirekt über die Stromamplitude (im unteren Drehzahlbereich, Pulsbetrieb) und die Schaltwinkel (insbesondere bei höheren Drehzahlen, Blockbetrieb) zu beeinflussen.

Deshalb sind entsprechende Informationen in einem digitalen Speicher abzulegen und entsprechend dem aktuellen Betriebszustand (abhängig von Drehzahl und Belastung) zur Steuerung des Stromrichters abzurufen.

Der Rotorlagegeber kann im einfachsten Fall als optischer Sensor realisiert werden, der den Rotor abbildet. Eine mögliche Ausführung zeigt Abb. 8.24 für eine dreisträngige 6/4–SRM [412].

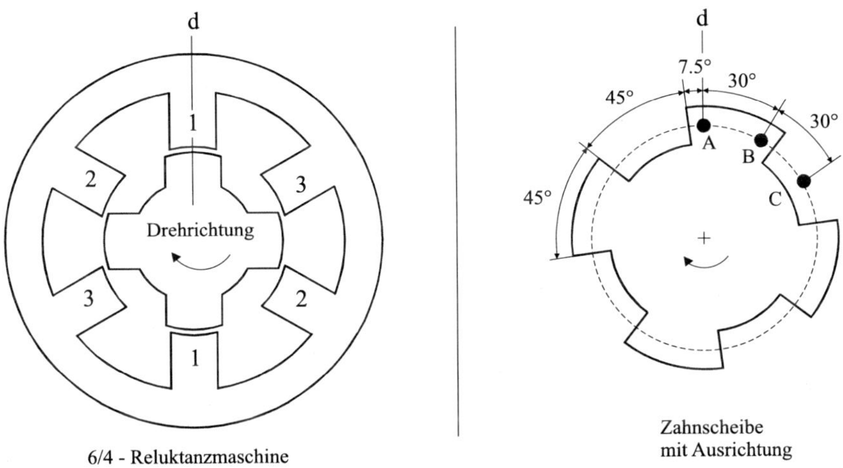

Abb. 8.24: *Einfache Ausführung des Rotorlagegebers*

Die Geberscheibe weist vier Zähne und vier Lücken gleicher Länge (45°) auf, die drei Lichtschranken A, B, C sind im Abstand von 30° (elektrisch 120°) am Umfang angeordnet. Die ablaufende Kante wird mit einem Versatz von 7,5° (elektrisch 30°) an der d-Stellung von Strang 1 ausgerichtet. Man erhält die in Abb. 8.25 dargestellten Signale relativ zur d- bzw. q-Stellung von Strang 1.

Durch logische Verknüpfung lassen sich mehrere Schaltwinkelkombinationen herstellen, die dann innerhalb vorgegebener Drehzahlbereiche konstant sind. In Abb. 8.25 sind die Schaltsignale beispielhaft für kleinere Drehzahlen im Motorbetrieb und für größere Drehzahlen im Motor- und Generatorbetrieb zusammen mit dem prinzipiellen Stromverlauf in Strang 1 dargestellt. Dieses Schaltwinkelprogramm ist besonders einfach, es läßt sich für beide Drehrichtungen und auch für Generatorbetrieb verwenden, ermöglicht aber nur eine sehr unvollkommene Drehmomentsteuerung mit nicht optimiertem Wirkungsgrad. Dies reicht jedoch für die Drehzahlregelung aus, wenn keine besonderen Anforderungen an Dynamik und Effizienz gestellt werden.

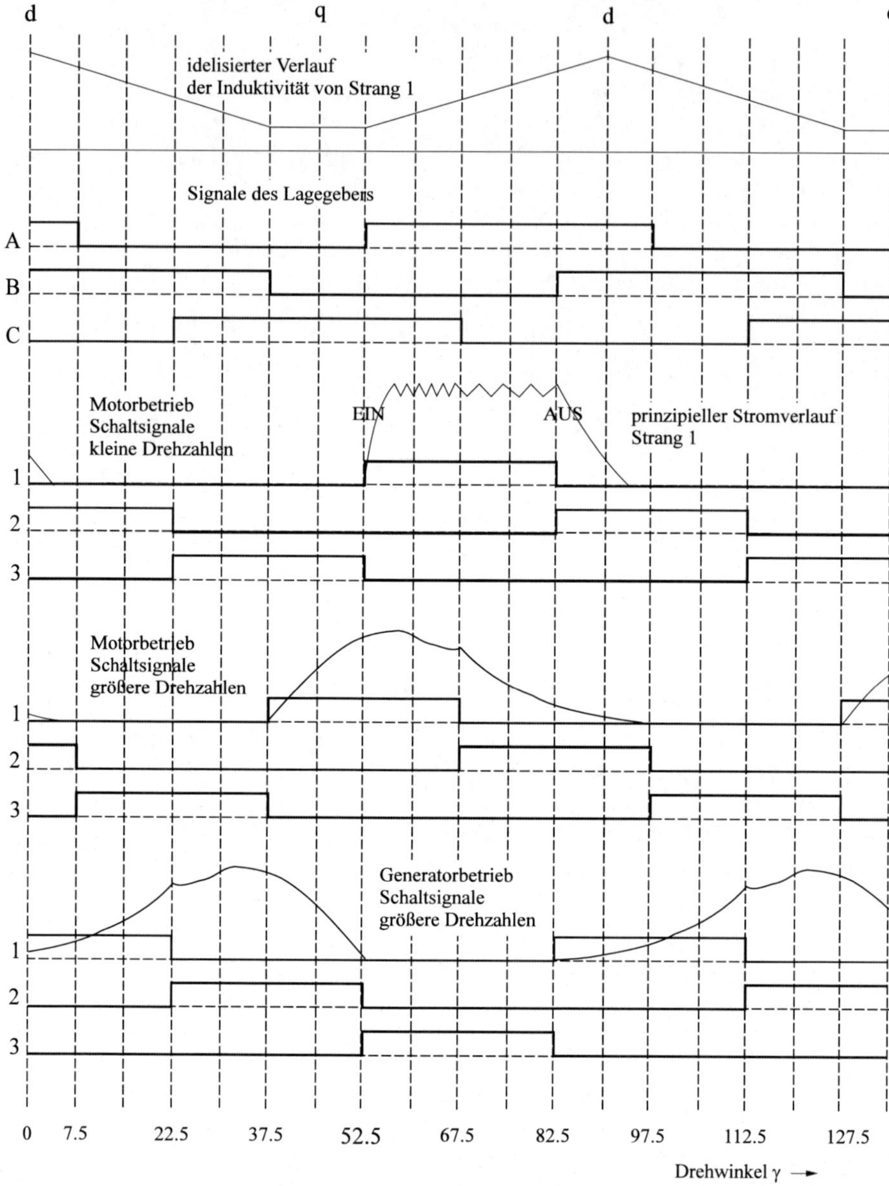

Abb. 8.25: *Schaltsignale aus dem Rotorlagegeber nach Abb. 8.24 für kleinere Drehzahlen (Motorbetrieb) und größere Drehzahlen (Motor- und Generatorbetrieb)*

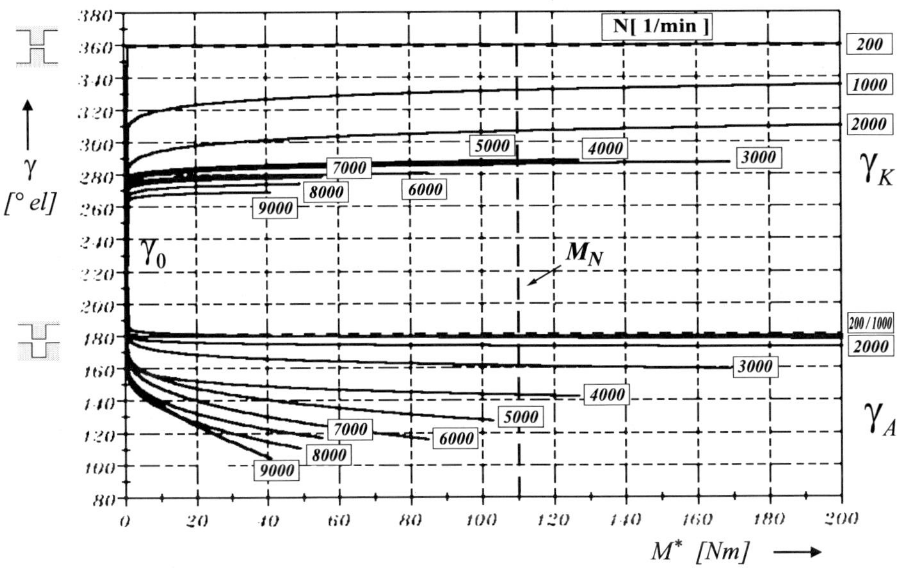

Abb. 8.26: *Einschalt- und Ausschaltwinkel γ_A und γ_K bei einer drehmomentgesteuerten SRM*

Im allgemeinen ist eine stetige Anpassung der Schaltwinkel und der Stromamplitude (im Pulsbetrieb) erforderlich. Abbildung 8.26 zeigt den Verlauf von γ_A und γ_K bei einer ausgeführten 12/8–RM, die als Traktionsantrieb für ein Elektrofahrzeug drehmomentgesteuert im Drehzahlbereich $0 - 9000\,1/min$ arbeitet [373, 417].

Die Schaltwinkel sind in elektrischen Graden ($\hat{=}$ 8 mech. Graden) angegeben. Sie wurden unter der Bedingung minimaler Stromwärmeverluste anhand des nichtlinearen Modells vorausberechnet und lassen sich durch ein Polynom der Form

$$\gamma_{A,K} = \gamma_0 + c_{A,K} \cdot M^{*\,m_{A,K}} \tag{8.36}$$

mit dem Drehmomentsollwert M^* beschreiben, in dem die Koeffizienten γ_0, $c_{A,K}$ und $m_{A,K}$ nur Funktionen der Drehzahl sind. Diese werden in einer Tabelle abgelegt und zur Echtzeitberechnung der Schaltwinkel verwendet. Man erkennt die wohlbekannte Tendenz, daß insbesondere der Einschaltwinkel mit zunehmender Drehzahl und Belastung immer weiter vorverlegt werden muß.

Der Stromsollwert I^* für den Pulsbetrieb läßt sich in ähnlicher Form als Funktion des Drehmomentsollwertes durch

$$I^* = p \cdot M^* + q \cdot \sqrt{M^*} \tag{8.37}$$

beschreiben. Auch hierin sind p und q nur Funktionen der Drehzahl. Diese Größen reichen zu einer präzisen Drehmomentsteuerung aus, müssen jedoch durch Simulation vorausberechnet werden.

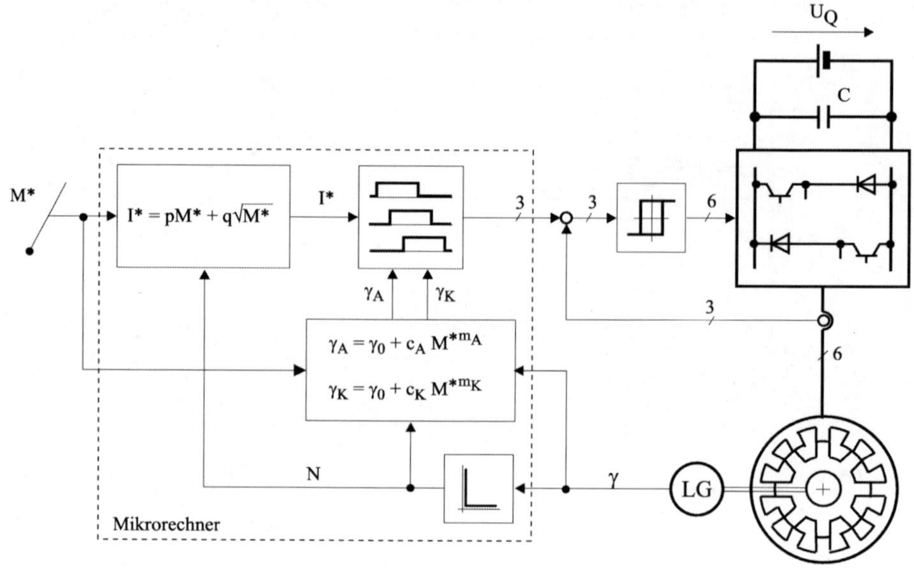

Abb. 8.27: *Schema einer Drehmomentsteuerung*

Die Steuerung erfordert entsprechend genaue Winkelinformationen (Richtwert: 2° – 4° elektrisch). Bei Verwendung des obigen optischen Gebers ist der Winkel zwischen zwei d-q-Positionen durch eine Zählerschaltung genügend hoher Frequenz zu interpolieren. Dabei geht man davon aus, daß sich die hierfür benötigte Drehzahl in der folgenden elektrischen Periode nicht ändert, was bei einer genügend großen mechanischen Zeitkonstanten in guter Näherung zutrifft. Das Verfahren ist jedoch nur ab einer Mindestdrehzahl anwendbar (Zählerüberlauf). Bei sehr kleinen Drehzahlen kann deshalb nur in den Symmetriestellungen geschaltet werden.

Wird auch im Stillstand und bei kleinen Drehzahlen eine optimale Drehmomentsteuerung gefordert, die gegebenfalls einen winkelabhängigen Verlauf des Stromsollwertes mit einschließt, so muß der Rotordrehwinkel als Absolutwert mit hoher Auflösung gemessen werden, z.B. mit einem Resolver.

In Abb. 8.27 ist das Schema der Drehmomentsteuerung vereinfacht dargestellt.

Die Berechnung der Sollwerte für Strom und Schaltwinkel erfolgt digital, die Stromregelung ist als analoge Zweipunktregelung mit einstellbarer Bandbreite ausgeführt. Das zugehörige Flußbild zeigt Abb. 8.28.

Im Hauptprogramm wird der mechanische Zustand des Antriebs (Drehzahlistwert, Drehmomentsollwert) mit einer Zykluszeit im μs-Bereich abgefragt. Bei Änderung werden die neuen Parameter (Unterprogramm NEUPAR) berechnet. Damit werden die Schaltwinkel bestimmt und die Stränge angesteuert. Der Stromsollwert wird nach DA-Wandlung an die unterlagerte analoge Stromrege-

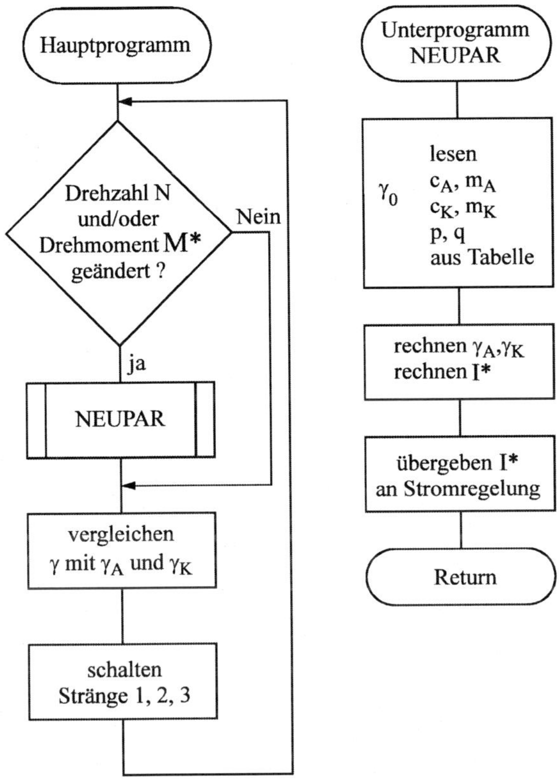

Abb. 8.28: *Flußbild für die Drehmomentsteuerung nach Abb. 8.27*

lung weitergegeben. Im Hinblick auf die Genauigkeit der Winkelinformation ist eine kurze Bearbeitungszeit erforderlich. Im vorliegenden Fall wurden das Hauptprogramm mit $4\,\mu s$ und das Unterprogramm mit $13\,\mu s$ realisiert (Mikrorechner Siemens C167).

Abbildung 8.29 zeigt einige der gemessenen Punkte in der Drehmoment-Drehzahl-Ebene im Vergleich mit den Sollwertvorgaben.

Man erkennt, daß die genaue Drehmomentsteuerung bei der SRM wegen deren Empfindlichkeit gegenüber den variablen Schaltwinkeln aufwendig ist. Es ist deshalb schwierig, ein allgemein gültiges Steuerungsschema zu entwickeln, das auf alle SRM durch Anpassung einiger weniger Parameter übertragbar wäre, wie das etwa bei der feldorientierten Regelung der Asynchronmaschine möglich ist. Jede SRM ist ein Unikat, das für den optimalen Betrieb eine eigene Behandlung erfordert.

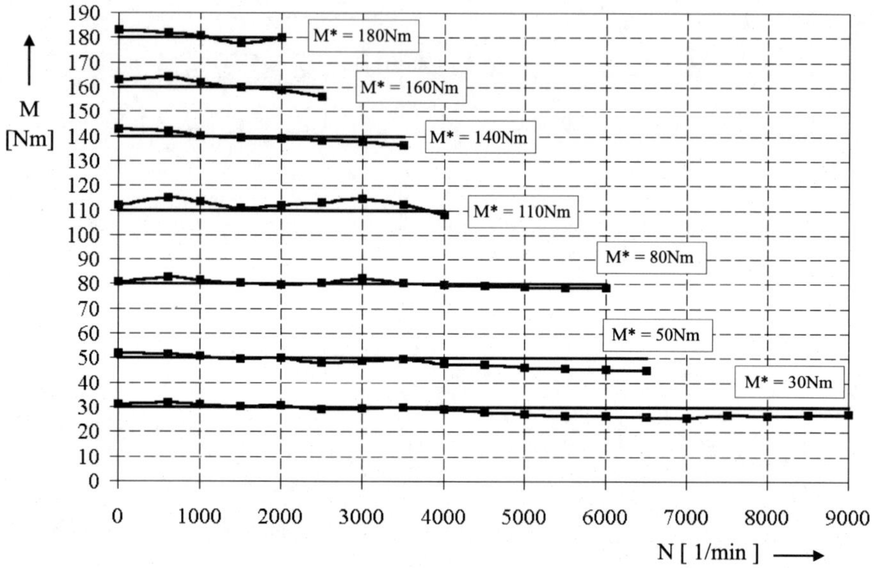

Abb. 8.29: *Soll- und Istwert des Drehmoments bei einem Reluktanzantrieb für Elektrofahrzeuge*

9 Linearmotoren

Prof. Dr. G. Henneberger, RWTH Aachen

9.1 Einführung

Linearmotoren erlauben bei der Umsetzung von Bewegungen durch Wegfall eines Getriebes oftmals mechanisch einfachere Lösungen für elektromotorische Antriebe. In Kombination mit der Magnetschwebetechnik ist vollkommen berührungsloser und damit verschleißfreier Personenverkehr oder abriebfreier Transport von Gegenständen möglich. Die Anwendung von Lineardirektantrieben und magnetischer Schwebetechnik in der Traktion zielt meist auf hohe Geschwindigkeiten ab. So verwendet der *Transrapid* die Kombination von synchronem Linearantrieb und elektromagnetischem Schweben. Lineare Direktantriebe in Verbindung mit Magnetschwebetechnik sind aber auch für den reibungsfreien und präzisen Transport von Personen und Teilen in der Fördertechnik sowie in der Montagetechnik und im Werkzeugmaschinenbau einsetzbar. Geeignete Kombinationen von Antreiben, Tragen und Führen eröffnen neue Perspektiven für die Antriebstechnik.

9.2 Technik von Linearmotoren

Im Folgenden sollen kurz Funktion, Aufbau, Merkmale, Vorteile und Nachteile von Linearmotoren dargelegt werden. Grundsätzlich sind Lösungen auf der Basis aller elektrischen Maschinenprinzipien möglich, indem der Stator und der Rotor in der Ebene abgerollt werden (Abb. 9.1) [461, 468].

Der Linearmotor entspricht dann einem abgewickelten Asynchronmotor mit Kurzschlußläufer oder einem permanenterregten Synchronmotor. Bürstenbehaftete Gleichstrommotoren oder geschaltete Reluktanzmaschinen werden selten verwendet [465].

Linearmotoren werden je nach Einsatzgebiet in Kurzstator- oder Langstator-Ausführung als Solenoid, Einzelkamm- oder Doppelkamm-Bauform ausgeführt (Abb. 9.2) [460, 463, 464, 467]. Langstator-Ausführungen haben den Vorteil, daß auf den passiven bewegten Sekundärteil keine Energie übertragen werden muß, wogegen Kurzstator-Ausführungen die Übertragung der Antriebsenergie

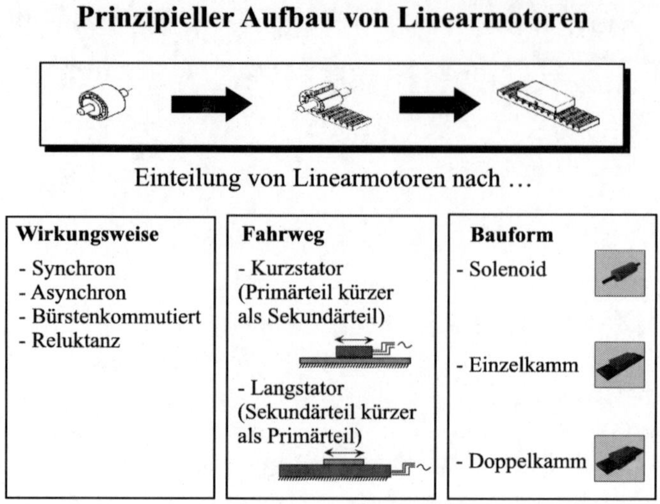

Abb. 9.1: *Antriebsprinzip (Quelle: Krauss-Maffei)*

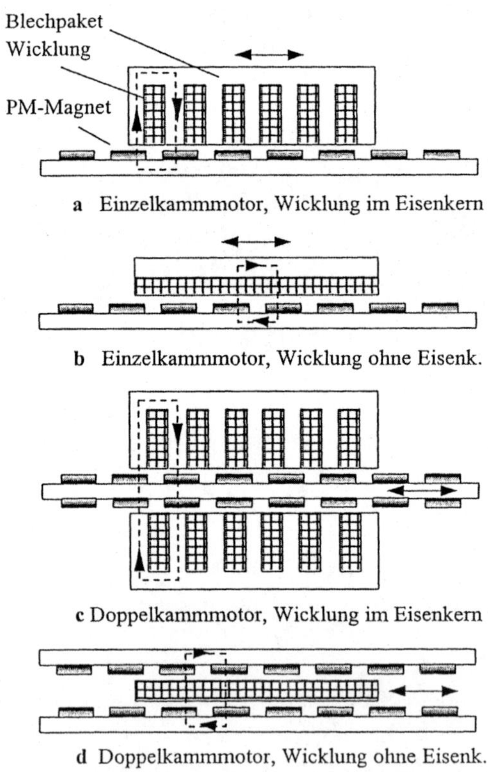

Abb. 9.2: *Ausführungen von Linearmotoren*

auf den bewegten Aktivteil erfordern. Hier muß gegebenenfalls eine induktive Energieübertragung angewendet werden, um ein berührungsloses System zu realisieren.

Im Gegensatz zu rotierenden Maschinen ist bei Einzelkammbauformen die Normalkraft zwischen Stator und Rotor, die im allgemeinen eine Größenordnung höher liegt als die Vorschubkraft, durch entsprechende Führungssysteme zu kompensieren oder es ist auf eine Doppelkamm-Ausführung überzugehen.

Bei Asynchron- oder Synchronmotoren wird in der Drehstromwicklung anstelle eines Drehfeldes ein Wanderfeld erzeugt, das sich mit der Synchrongeschwindigkeit fortbewegt. Entsprechend der Umfangsgeschwindigkeit des Drehfeldes einer rotierenden Maschine bewegt sich das Wanderfeld eines Linearmotors geradlinig mit der Geschwindigkeit [458]:

$$V_1 \;=\; 2\pi \cdot R \cdot N_1 \;=\; \frac{2\pi \cdot R}{2\,Z_p} \cdot 2\,Z_p \cdot \frac{F_1}{Z_p} \;=\; \tau_p \cdot 2 \cdot F_1 \tag{9.1}$$

Die Kraftbildung geschieht wie bei den Drehfeldmaschinen entweder durch Spannungsinduktion im Kurzschlußläufer der Asynchronmaschine oder durch Interaktion mit dem Feld der Permanentmagnete bei der Synchronmaschine.

Zur Darstellung des Betriebsverhaltens eines Asynchron-Linearmotors kann unter Vernachlässigung der Randeffekte, wenn nur der Mittelbereich betrachtet wird, die Theorie der Asynchronmaschine herangezogen werden. So läßt sich ebenso wie die Geschwindigkeit auch die Schubkraft F des Linearmotors aus der Drehmomentgleichung der rotierenden Maschine bestimmen:

$$F \;=\; \frac{M_{Mi}}{R} \;=\; \frac{P_\delta}{2\pi \cdot N_1 \cdot R} \;=\; \frac{P_\delta}{V_1} \tag{9.2}$$

wobei sich die Luftspalt-Drehfeldleistung P_δ aus der Differenz der aufgenommenen Wirkleistung und der Statorkupferverluste ergibt:

$$P_\delta \;=\; 3 \cdot U_1 \cdot I_1 \cdot \cos\varphi_1 - 3 \cdot R_1 \cdot I_1^2 \tag{9.3}$$

(U_1 und I_1 sind die Stranggrößen des Ersatzschaltbildes einer Phase.)

Als Schlupf s wird wie bei der rotierenden Maschine die bezogene Differenzgeschwindigkeit zwischen dem Wanderfeld und dem bewegten Linearmotorteil definiert:

$$s \;=\; \frac{V_1 - V}{V_1} \tag{9.4}$$

Dann ist die mechanische Geschwindigkeit V des bewegten Motorteils gegeben durch:

$$V \;=\; (1 - s) \cdot V_1 \tag{9.5}$$

Die mechanische Leistung P_{mech} des Linearmotors errechnet sich aus:

$$P_{mech} \;=\; (1 - s) \cdot P_\delta \tag{9.6}$$

Die elektrische Verlustleistung P_{Vel} in der Schiene ist:

$$P_{Vel} = s \cdot P_\delta \tag{9.7}$$

Zweckmäßig wird für die Darstellung des Ersatzschaltbildes der Asynchronmaschine das Übersetzungsverhältnis

$$\ddot{u} = \frac{L_1}{M} = \frac{w_1 \xi_1}{w_2 \xi_2} \cdot (1 + \sigma_1) \tag{9.8}$$

verwendet. Dann verschwindet die Statorstreureaktanz und das Übersetzungsverhältnis ist als das Verhältnis der Leerlaufspannungen im Stillstand meßbar.

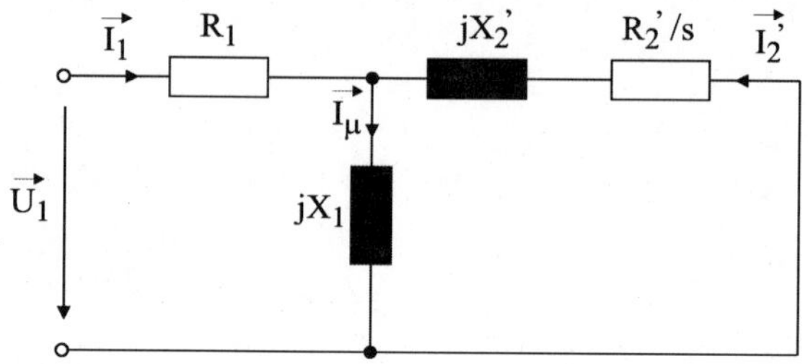

Abb. 9.3: *Ersatzschaltbild der Asynchronmaschine*

Die Betriebskennlinien des Linearmotors können dann aus dem Ersatzschaltbild der Asynchronmaschine abgeleitet werden (Abb. 9.3). Für den praktischen Fall ist hier allerdings der nicht unerhebliche Einfluß der Randzonen zu berücksichtigen, wodurch sich die Streuung erheblich vergrößert. Außerdem wird im Vergleich zum rotierenden Motor durch den zwangsläufig größeren Luftspalt beim Linearmotor der Leistungsfaktor ungünstiger. Insbesondere, wenn der Rotor nicht als Käfig sondern als einfache Aluminium- oder Kupferschiene ausgeführt wird, ist der magnetisch wirksame Luftspalt sehr groß, wodurch der Magnetisierungsstrom erheblich zunimmt.

In den nachfolgenden Abbildungen sind das Kreisdiagramm unter Berücksichtigung von R_1 und die Kennlinien eines normalen rotierenden Asynchronmotors und eines typischen Asynchron-Linearmotors mit vor dem ferromagnetischen Rückschluss im Rotor liegender Kupferschiene zum Vergleich dargestellt. Der Statorstrom wurde der Übersichtlichkeit halber für beide Ausführungen auf den Nennstrom I_{1N} des rotierenden Motors bezogen. Dadurch, daß der magnetisch wirksame Luftspalt vergrößert wird, verringert sich die Gesamtreaktanz des Stators, und der Magnetisierungsstrom nimmt deutlich zu.
Aus den Spannungsgleichungen des Ersatzschaltbildes:

$$\vec{U}_1 = R_1 \cdot \vec{I}_1 + j\,X_1 \cdot \vec{I}_\mu \tag{9.9}$$

$$\vec{I}_\mu = \vec{I}_1 + \vec{I}_2^{\,\prime} \tag{9.10}$$

$$0 = j\,X_1 \cdot \vec{I}_\mu + \left(j\,X_2' + \frac{R_2'}{s} \right) \cdot \vec{I}_2^{\,\prime} \tag{9.11}$$

folgt die Ortskurve für den Statorstrom

$$\vec{I}_1 = \frac{\vec{U}_1}{R_1 + \dfrac{j\,X_1 \cdot \left(\dfrac{R_2'}{s} + j\,X_2'\right)}{j\,X_1 + \dfrac{R_2'}{s} + j\,X_2'}} \tag{9.12}$$

Damit kann das vollständige Kreisdiagramm mit Berücksichtigung von R_1 gezeichnet werden (Abb. 9.4 und 9.5; vergl. Kap. 5.6.2, Abb. 5.39 und 5.40).

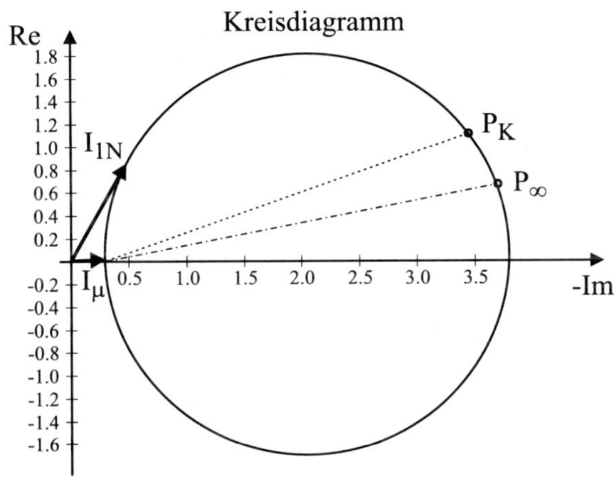

Abb. 9.4: *Kreisdiagramm der rotierenden Asynchronmaschine mit Statorwiderstand* R_1

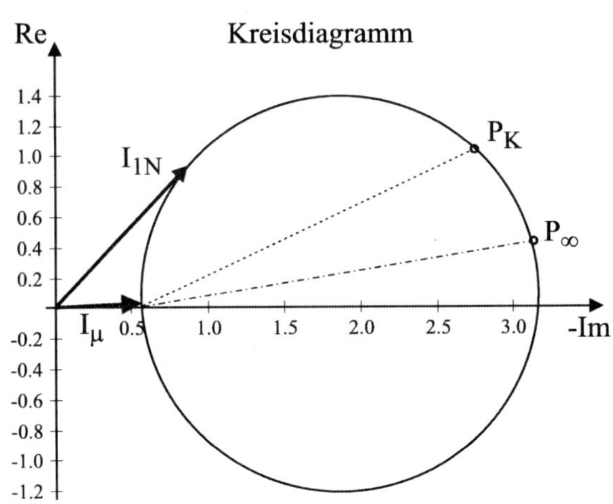

Abb. 9.5: *Kreisdiagramm der linearen Asynchronmaschine mit Statorwiderstand* R_1

Ebenfalls aus den Spannungsgleichungen kann die Beziehung für den Rotorstrom des Asynchronmotors hergeleitet werden:

$$\vec{I}_2' = \frac{\vec{U}_1 \cdot \dfrac{j\,X_1}{R_1 + j\,X_1}}{\dfrac{j\,X_1 \cdot j\,X_1}{R_1 + j\,X_1} - j\,X_1 - j\,X_2' - \dfrac{R_2'}{s}} \tag{9.13}$$

Hieraus erhält man die Luftspalt-Drehfeldleistung P_δ und das Drehmoment M_{Mi} bzw. die Schubkraft F:

$$F = \frac{M_{Mi}}{R} = \frac{Z_p}{\Omega} \cdot \frac{P_\delta}{R} = \frac{3 \cdot Z_p}{\Omega} \cdot \frac{\dfrac{R_2'}{s} \cdot I_2'^2}{R} \tag{9.14}$$

Das Schubkraft-Geschwindigkeits-Diagramm des Linearmotors ist sehr von dem wirksamen Rotorwiderstand R_2 und damit von dem Material der Schiene abhängig. Besonders bei Aluminium und Eisen ähnelt die Kurve aufgrund des höheren Rotorwiderstandes der eines Schleifringläufermotors mit Zusatzwiderständen im Rotorkreis. Der Linearmotor wird, um genügend große Schubkräfte zu entwickeln, meist mit deutlich höherem Schlupf als die normale Asynchronmaschine betrieben, wodurch sich der Wirkungsgrad verschlechtert. Infolge der größeren Streuung nimmt beim Linearmotor auch das Kippmoment im Vergleich zum rotierenden Motor ab. Zum besseren Vergleich wurde für beide Motorausführungen die Schubkraft auf die sich beim rotierenden Motor aus dem Nennmoment ergebende Nennschubkraft bezogen (Abb. 9.6).

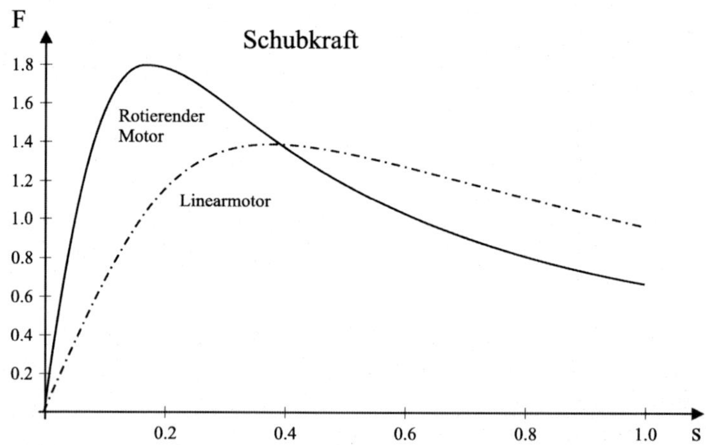

Abb. 9.6: *Vergleich der Schubkraft $F = f(s)$ des rotierenden und des linearen Asynchronmotors*

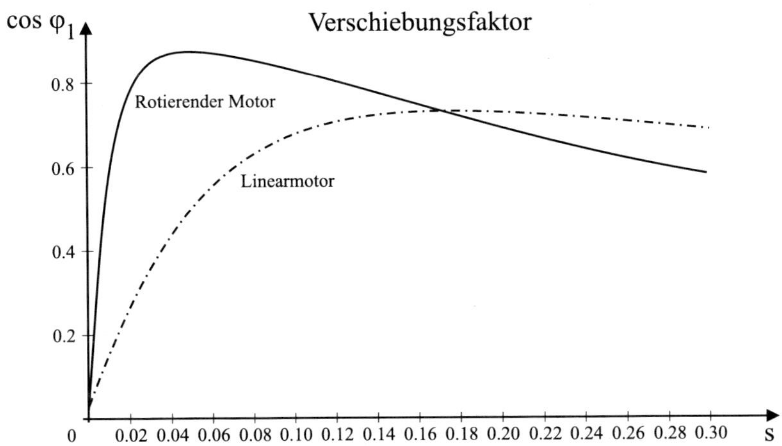

Abb. 9.7: *Vergleich des Verschiebungsfaktors* $\cos\varphi_1$ *des rotierenden und des linearen Asynchronmotors*

Der Verschiebungsfaktor $\cos\varphi_1$ ergibt sich aus dem Verhältnis von Wirkstrom zu Gesamtstrom:

$$\cos\varphi_1 \; = \; \frac{\Re e\{\vec{I}_1\}}{|\,\vec{I}_1\,|} \tag{9.15}$$

Infolge der größeren Gesamtstreuung des Linearmotors ergibt sich im Vergleich zum rotierenden Motor ein kleinerer Verschiebungsfaktor $\cos\varphi_1$ (Abb. 9.7).

Den Wirkungsgrad η erhält man unter Berücksichtigung aller Verluste aus dem Verhältnis der abgegebenen mechanischen Leistung P_{mech} zur aufgenommenen elektrischen Wirkleistung P_{auf}. Wegen des größeren ohmschen Widerstandes in der Rotorschiene vergrößert sich der Schlupf s, was zu einem schlechteren Wirkungsgrad η führt (Abb. 9.8).

$$\eta \; = \; \frac{P_{mech}}{P_{auf}} \tag{9.16}$$

Aus den obigen Ausführungen ist somit zu entnehmen, daß die regelungstechnischen Signalflußpläne, Ersatzschaltbilder und die daran geknüpften Ableitungen bei den Drehfeldmaschinen auch bei den Linearmotoren prinzipiell gültig sind. Daher eignen sich die bekannten Verfahren zur Steuerung und Regelung wie beispielsweise die feldorientierte Regelung (Kap. 13.2) auch bei Linearmotoren.

Um eine hohe Dynamik zu erreichen erfolgt die Speisung der Drehfeldmaschinen feldorientiert mittels Frequenzumrichter (vergl. Kap. 12.5). Für die Asynchronmaschine werden dazu ein Flußmodell und ein Geschwindigkeitsgeber benötigt, wogegen für die Synchronmaschine ein Positionsgeber ausreicht. Für Positionieraufgaben als hochdynamischer Servoantrieb wird die bei rotierenden Maschinen übliche Kaskadenstruktur einer Lageregelung mit unterlagertem Drehzahl- und Stromregelkreis verwendet. Abhängig vom Ort der Lagemessung wird zwischen direkter und indirekter Lageregelung unterschieden.

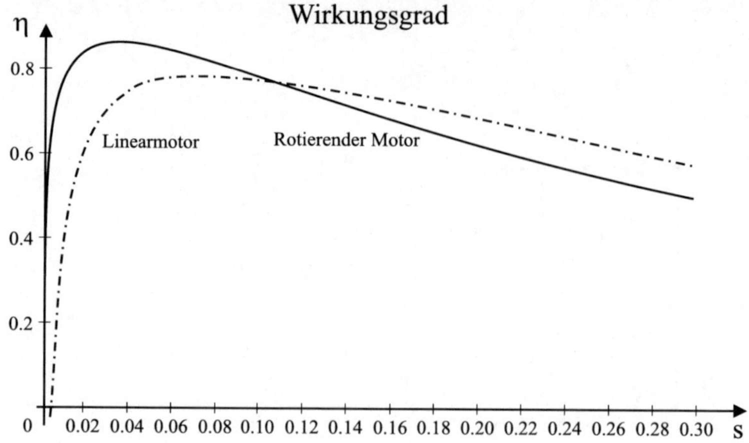

Abb. 9.8: *Vergleich des Wirkungsgrades $\eta = f(s)$ des rotierenden und des linearen Asynchronmotors*

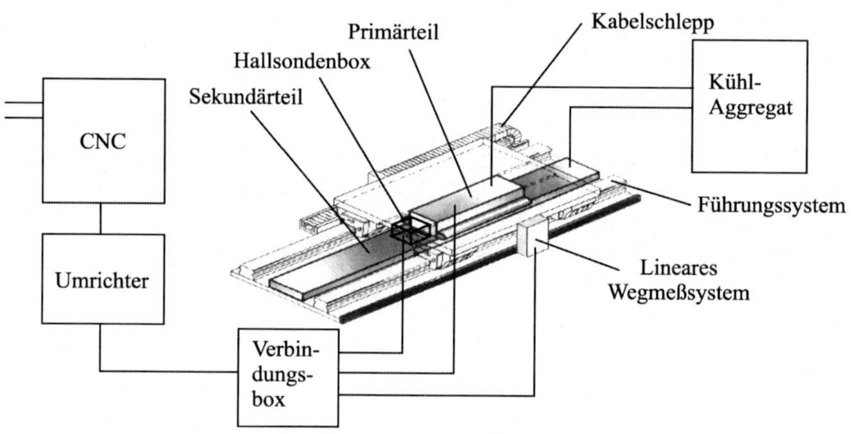

Abb. 9.9: *Systemübersicht über Linearmotorantrieb (Quelle: Krauss-Maffei)*

Da viele Bewegungen in Produktions- und Förderanlagen translatorisch verlaufen, bietet sich die Verwendung von Linearantrieben an. Durch direkte Erzeugung der Linearbewegungen kann bei solchen Motoren auf Umwandlergetriebe wie Spindel-Mutter-, Zahnstangen-Ritzel- oder Riemen-Ketten–Systeme verzichtet werden. Dadurch entfallen Reibung, Elastizität und Spiel, was der Realisierung eines Servoantriebes mit hoher Positioniergenauigkeit und Dynamik entgegenkommt (Abb. 9.10). Dem stehen als Nachteile geringere Vorschubkräfte, keine Selbsthemmung und höhere Motorkosten gegenüber [472, 473].

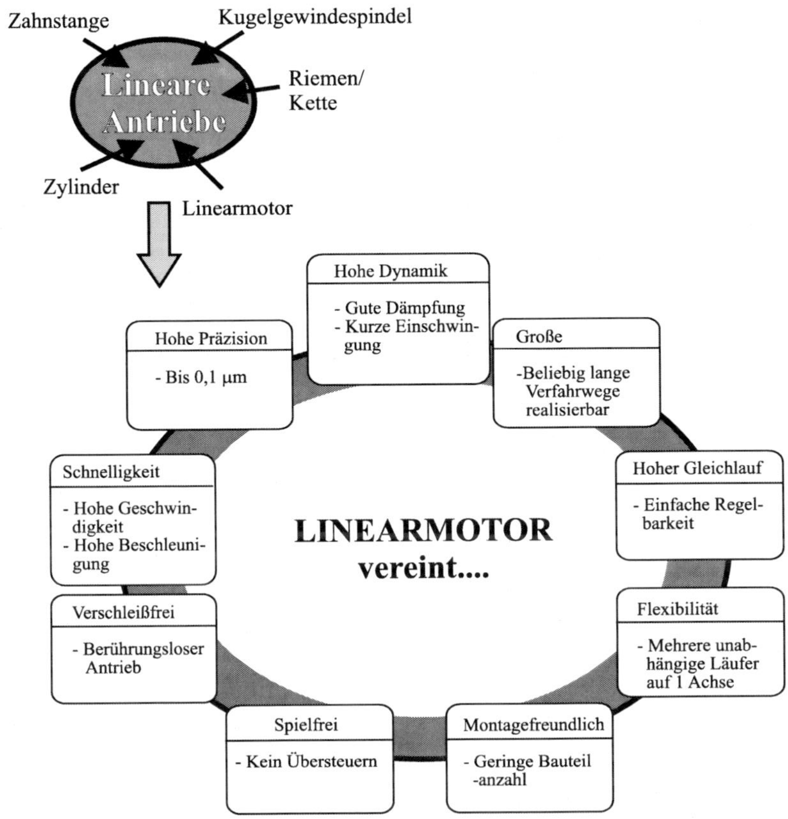

Abb. 9.10: *Vorteile eines Linearantriebs (Quelle: Krauss-Maffei)*

9.3 Industrielle Anwendungsmöglichkeiten

Obwohl die Technik des Linearmotors bereits seit längerer Zeit bekannt ist, hat ihre Nutzung im Bereich der Montagetechnik und der Werkzeugmaschinen erst in den letzten Jahren aufgrund jüngster technischer Entwicklungen erheblich zugenommen und ist seitdem eine attraktive Variante. Hierdurch ergibt sich nicht nur für den Anlagenbauer, sondern auch für den Betreiber die Notwendigkeit, sich mit dieser neuen Technologie auseinander zusetzen, um deren Einsetzbarkeit in seinem speziellen Anwendungsbereich einschätzen und bewerten zu können.

Der heutige Stand der Linearmotortechnik ermöglicht eine neue Qualität hochdynamischer Servoantriebe im Bereich der Hochgeschwindigkeitsbearbeitung. So konnten durch den Einsatz der Linearmotortechnik in einigen Bereichen des Werkzeugmaschinenbaus gegenüber konventionellen Maschinen erhebliche Produktivitätssteigerungen erzielt werden. Ebenso findet die Linearmotortechnik im Bereich der Automation und des Handlings immer mehr Anwender.

Hier werden insbesondere die hohen Verfahrgeschwindigkeiten und die kurzen Einschwingzeiten beim Positionieren geschätzt. Mit dem inzwischen vollzogenen Übergang von der analogen zur digitalen Antriebsregelung sind auch die Voraussetzungen für eine optimale Ausnutzung des Potentials der Linearmotortechnik gegeben [455, 456, 457, 459, 462, 466, 469, 470, 474, 476, 477, 478, 480].

Anhand ausgewählter Beispiele namhafter Hersteller sollen zwei verschiedene Ausführungsmöglichkeiten von Linearantrieben veranschaulicht werden. Abbildung 9.11.a zeigt verschiedene Asynchron-Linearantriebe. In Abb. 9.11.b ist die Kombination zweier Synchron-Linearantriebe dargestellt.

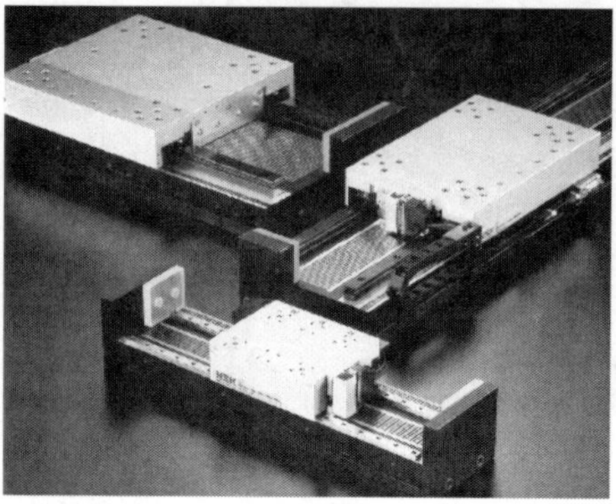

a) Asynchron-Linearmotor (NSK)

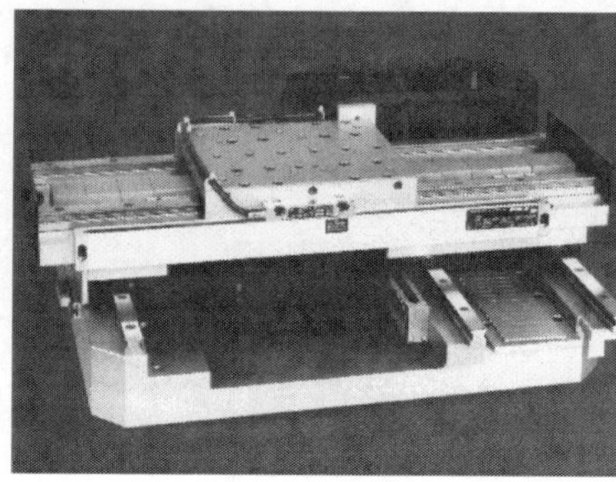

b) Synchron-Linearmotor (SKF)

Abb. 9.11: *Verschiedene Ausführungen von Linearantrieben*

Aufgrund seines deutlich günstigeren Leistungsgewichtes, seines höheren Wirkungsgrades und seiner einfacheren Regelbarkeit gegenüber dem Asynchron-Linearmotor hat sich in jüngerer Zeit der Synchron-Linearmotor mit hochenergetischen Seltenerdmagneten gegenüber dem Asynchron-Linearmotor weitgehend durchgesetzt. Weitere Vorteile ergeben sich beim Synchron-Linearmotor dadurch, daß aufgrund der Permanenterregung ein größer Luftspalt zwischen den Aktivteilen und somit größere Einbautoleranzen gegenüber dem Asynchron-Linearmotor möglich sind, was Fertigung und Montage erheblich vereinfacht und die Mehrkosten für die Seltenerdmagnete in der Regel kompensiert. Das Problem der Anziehung von ferromagnetischen Partikeln durch die starken Permanentmagnete und die Verschmutzung durch Kühl- und Schmiermittel ist durch die Kapselung der Linearmotorteile mittels Edelstahlblechen kein Einsatzhemmnis mehr.

Auch das Problem der thermischen Verlagerungen aufgrund von Wärmeeinträgen der Linearmotorteile in die Maschinenstruktur ist bei der permanenterregten Synchronmaschine günstiger als beim Asynchronkurzschlußläufer und durch die Einführung des Thermoisolationsprinzips und der Wasserkühlung als gelöst zu betrachten.

Die Nutungskräfte werden durch geschrägte Magnetpole kompensiert, die Polfühligkeit wird durch geschrägte Primärteilendformen beseitigt.

Als aussichtsreichste Anwendungsgebiete von Linearantrieben im industriellen Einsatz sind vier Bereiche zu nennen:

- Werkzeugmaschinen: Bearbeitungszentren, Dreh-, Schleif-, Fräs-, Schneid-, Stanz- und Hochgeschwindigkeitsmaschinen.
- Automation: Verkettungsanlagen, Fördersysteme, Waferhandling, Bestükkungstechnik, Verpackungsmaschinen, Prüfautomaten, Drucktechnik.
- Allgemeiner Maschinenbau: Laserbearbeitung, Bonder für Halbleiterindustrie, Leiterplattenbearbeitung, Meßmaschinen, Papier-, Kunststoff-, Holz-, Glasbearbeitungsmaschinen,
- Sphärische Motoren für mehrdimensionale Bewegungen.

9.4 Hochgeschwindigkeits-Anwendungen

Bei der Magnetschnellbahn *Transrapid* übernimmt ein berührungslos arbeitendes elektromagnetisches Schwebe- und Antriebssystem die drei Funktionen Tragen, Antreiben und Führen von Rad und Schiene [471, 479].

Das Schwebesystem beruht auf den anziehenden Kräften der Elektromagnete im Fahrzeug und den ferromagnetischen Reaktionsschienen im Fahrweg. Die Tragmagnete ziehen das Fahrzeug von unten an den Fahrweg heran, die Führmagnete halten es zeitlich in der Spur.

Ein elektronisches Regelsystem sorgt dafür, daß das Fahrzeug in einem stets gleichen Abstand an dem Fahrweg schwebt. Beim Antriebssystem handelt es sich hier um einen Langstator-Linearmotor Die Statorpakete mit den Wanderfeldwicklungen sind beidseitig längs unterhalb des Fahrweges installiert. Der ein-

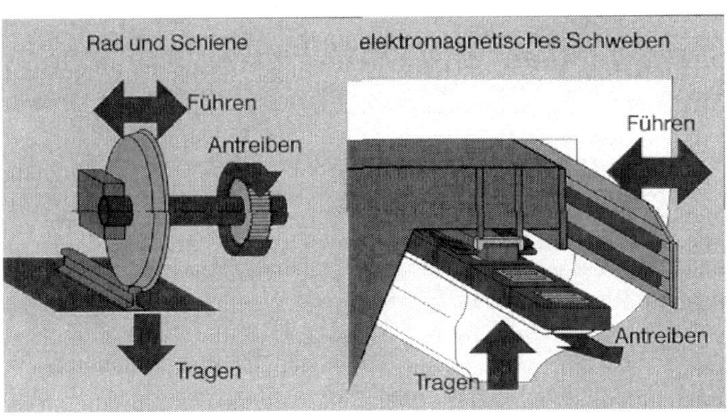

Abb. 9.12: *Vergleich Rad-Schiene–System mit Linearantrieb und Magnetschwebetechnik*

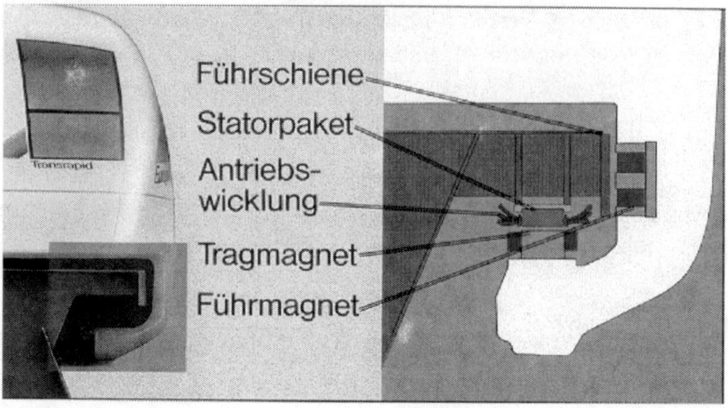

Abb. 9.13: *Transrapid 07: Funktionen Tragen, Antreiben und Führen*

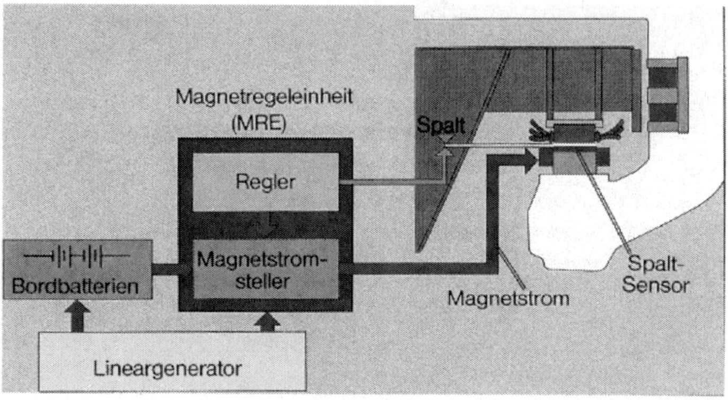

Abb. 9.14: *Transrapid 07: Regelung der Luftspaltweite*

gespeiste Drehstrom erzeugt in den Wicklungen ein elektromagnetisches Wanderfeld, von dem das Fahrzeug durch seine Tragmagnete mitgezogen wird.

Der Langstator-Linearmotor im Fahrweg ist in Abschnitte unterteilt. Es ist jeweils der Abschnitt eingeschaltet, in dem sich das Fahrzeug befindet. In Abschnitten mit hohem Schubanforderungen wird die Leistung des Fahrmotors entsprechend verstärkt.

Der fahrwegseitige Antrieb und der Wegfall mechanischer Komponenten machen die Magnetschnellbahn-Fahrzeuge technisch einfacher und sicherer. Die Zugkraft wird nicht durch Reibung zwischen Rad und Schiene übertragen und ist deshalb unabhängig von Witterungseinflüssen und Fahrzeuggewicht. Der *Transrapid* besteht aus zwei Sektionen in Leichtbauweise. Die Kapazität der Fahrzeuge kann den jeweiligen Bedarf angepaßt werden, die Betriebsgeschwindigkeit liegt bei 300 bis 500 km/h. Ein Lineargenerator versorgt das Schwebefahrzeug mit der notwendigen Energie. Die Vorteile der Magnetschnellbahn werden in allen Ge-

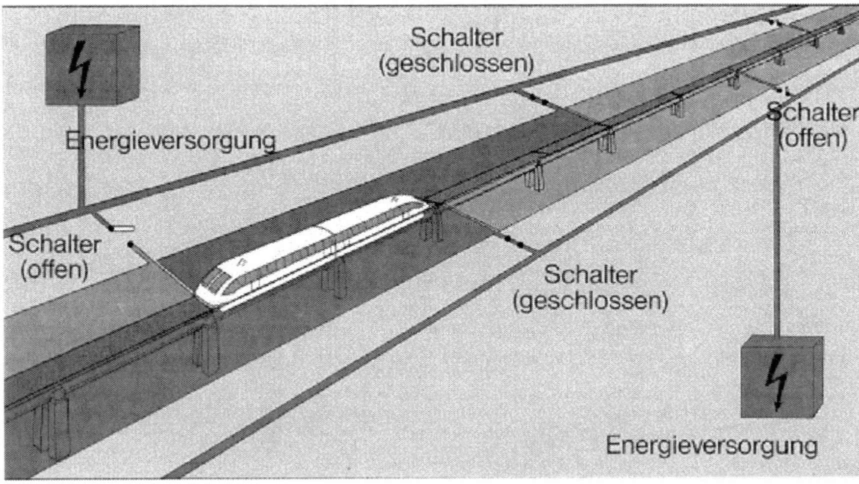

Abb. 9.15: *Transrapid 07: Streckenversorgung*

Abb. 9.16: *Transrapid 07: Gesamtansicht (Quelle: Thyssen)*

schwindigkeitsbereichen wirksam. Nach nur 5 km erreicht der *Transrapid* bereits Tempo 300 km/h, wogegen eine moderne Eisenbahn dafür mindestens 30 km Strecke benötigt. Der Komfort wird nicht durch Rucke und Erschütterungen beeinträchtigt. Der *Transrapid* ist absolut entgleisungssicher, da das Fahrzeug den Fahrweg umgreift. Die Magnetschnellbahn ist aufgrund fehlender Rollgeräusche leiser als herkömmliche Bahnsysteme. Der Energieverbrauch des *Transrapid* ist geringer als der moderner Eisenbahnen. Das Hochgeschwindigkeitssystem wird auf der *Transrapid*-Versuchsanlage im Emsland im Dauerbetrieb erprobt.

10 Lagerlose Permanentmagnetmotoren

Prof. Dr. W. Amrhein, Universität Linz

Dr. S. Silber, LCM-Linz

10.1 Einleitung

In industriellen Applikationen der Antriebstechnik mit besonders hohen Anforderungen an den Drehzahl- und Temperaturbereich, die Wartungsfreiheit oder die Lebensdauer stößt man bei Antrieben mit konventioneller Lagertechnik häufig an technische Grenzen. Dies gilt auch in besonderem Maße für Pumpen und Kompressoren mit hohen technischen Ansprüchen hinsichtlich der Dichtheit und des Verschleißes bei hohen Drehzahlen, hohen Temperaturen, hohen Drücken oder auch chemisch aggressiven Gasen und Flüssigkeiten. Die mechanischen Lager und Dichtungen der ansonsten verschleißfrei arbeitenden bürstenlosen Antriebe bestimmen daher nicht nur deren Wartungsintervalle und Lebensdauer, sondern beschränken unter Umständen auch ganz wesentlich deren Einsatzgebiete.

Magnetisch gelagerte Antriebssysteme können hier zu technisch als auch wirtschaftlich interessanten Lösungen führen. Typische Applikationen sind beispielsweise

- Hochgeschwindigkeitsfräs- und -schleifspindelantriebe mit sehr hohen Anforderungen an die mechanische Steifigkeit und Vibrationsfreiheit,
- Turbokompressoren oder Vakuumpumpen mit hohen Drehzahlen sowie großen Eingangs- und Ausgangsdruckdifferenzen,
- Zentrifugen mit der Möglichkeit einer automatisierten Wuchtung während des Betriebs durch ein Verschieben der Rotationsachse oder
- Pumpen für die chemische und medizinische Industrie zur Förderung von hochreinen oder hochaggressiven Flüssigkeiten in steriler absolut abriebfreier Umgebung.

Die magnetische Stabilisierung der verschiedenen Freiheitsgrade des magnetgelagerten Antriebsystems erfolgt im allgemeinen durch aktiv geregelte Axial-

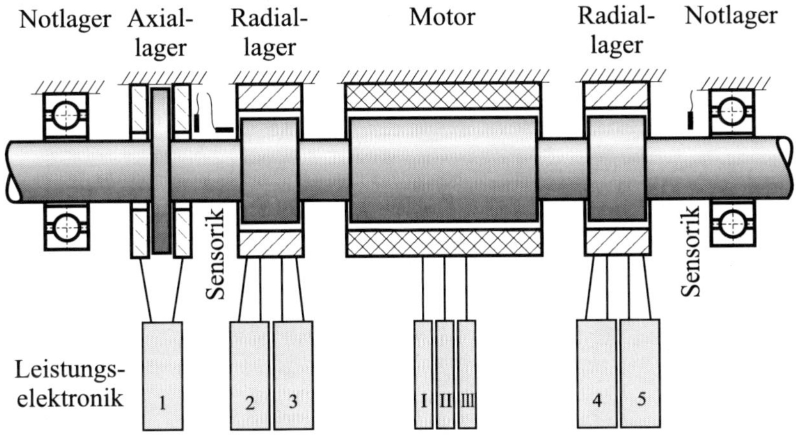

Abb. 10.1: *Magnetgelagertes Antriebssystem mit aktiver Stabilisierung in fünf Freiheitsgraden (Axiallager: ein Freiheitsgrad, Radiallager: zwei Freiheitsgrade, Motor dreiphasig)*

und Radiallager. Abbildung 10.1 zeigt hierzu ein Beispiel. Neben dem Antriebsmotor kommen zwei Radiallager, ein Axiallager, die zugehörigen Stromrichtereinheiten sowie bei größeren Antrieben zusätzlich zwei Auffanglager in konventioneller Technik zum Einsatz.

Der mechanische und elektronische Aufwand für ein Antriebssystem mit aktiver Stabilisierung in fünf Freiheitsgraden kann, wie Abb. 10.1 zeigt, sehr groß sein. Infolge der hohen Komplexität und den damit verbundenen Kosten beschränkt sich der Einsatzbereich solcher Systeme daher meist auf wenige Sonderapplikationen.

Eine deutliche Reduktion der gesamten Antriebskosten kann durch den Einsatz von passiven Permanentmagnetlagern erzielt werden. Diese sind im Falle von Radiallagerausführungen mit stator- und rotorseitigen Permanentmagnetringen bestückt, die bei Auslenkung des Rotors aus der Mittellage aufgrund der gleichgerichteten Luftspaltfelder eine zum Lagerzentrum gerichtete Rückstellkraft erzeugen.

Eine andere Möglichkeit, die Kosten für das magnetgelagerte Antriebssystem zu senken, besteht in der Reduktion der Anzahl benötigter Systemkomponenten. Dies kann mit einer Integration der Magnetlagerwicklungen in den Stator der Antriebsmaschine erreicht werden (Abb. 10.2).

Unter Ausnutzung der magnetischen Zugkräfte zwischen Stator und Rotor ist es sogar möglich, mit einer einzigen Antriebseinheit, d.h. ohne zusätzliche Radial- und Axiallager, auszukommen. Solche Ausführungen werden ausführlicher in Kap. 10.3 und 10.5 vorgestellt.

Die beschriebene Kombination von Motor und Magnetlager wird üblicherweise als „lagerloser Motor“ oder im Englischen mit „Bearingless Motor“ bezeichnet. Der Begriff „lagerlos“ weist also auf das Fehlen von mechanischen Gleit- oder

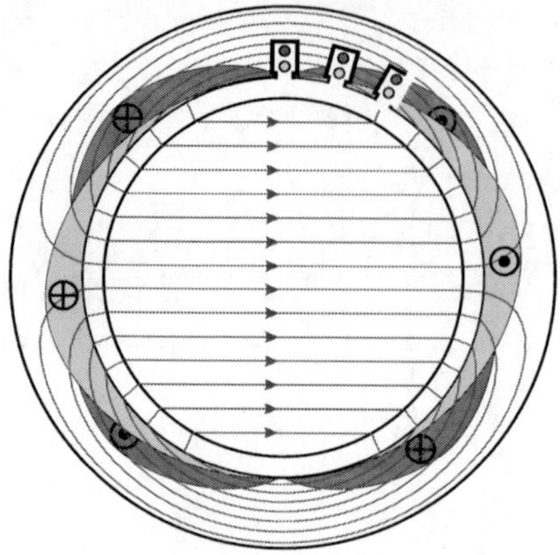

Abb. 10.2: *Lagerloser Motor mit integrierter Drehmoment- und Tragkraftwicklung (dargestellt sind die sinusförmigen Durchflutungen der beiden Wicklungssysteme mit unterschiedlicher Polpaarzahl sowie das Erregerfeld des Rotors)*

Kugellagerungen hin, schließt jedoch eine magnetische Lagerung über Luftspaltfelder nicht aus.

Mit der Integration der Lagerwicklungen in die Antriebsmaschine wird das Funktionsprinzip des konventionellen elektromagnetischen Radiallagers verlassen. Während im Radiallager im stationären Zustand die auf den zylinderförmigen ferromagnetischen Rotor wirkenden Zugkräfte durch magnetische Gleichfelder gebildet werden, sind in lagerlosen Motoren aufgrund gepolter Rotoren, Drehstromwicklungen zur Krafterzeugung erforderlich. Im Gegensatz zum Radiallager ist die Kraftbildung in den lagerlosen Motoren daher rotorwinkelabhängig. Damit werden für die Regelung der Rotorposition auch höhere Anforderungen an die Rechenleistung der digitalen Motorsteuerung gestellt. Dieser elektronische Mehraufwand fällt jedoch aufgrund der vergleichsweise niedrigen Kosten für hochintegrierte Rechnerbausteine gegenüber den Einsparungen in der Mechanik meist nicht allzusehr ins Gewicht.

Die Magnetlagertechnik ist bereits seit mehreren Jahrzehnten Gegenstand wissenschaftlicher Untersuchungen. Eine industrielle Bedeutung hat die magnetische Lagerung von Rotoren jedoch erst mit der Verfügbarkeit kostengünstiger und leistungsfähiger digitaler Signal- und Leistungselektronikbauelemente erlangt. Unterstützt wurden diese Entwicklungen auch durch große Fortschritte auf dem Gebiet der Regelungstechnik und der hardware-seitigen Möglichkeit der Implementierung komplexer Steuer- und Regelalgorithmen auf leistungsfähigen Signalprozessorplattformen.

Umfangreiche theoretische Untersuchungen zur Kombination von Drehmoment- und Tragkrafterzeugung in der Antriebsmaschine erfolgten erst viel später, obwohl das Entstehen von Radialkräften, verursacht durch parasitäre Oberwellenfelder in elektrischen Maschinen, seit langem bekannt und Gegenstand vieler Untersuchungen war. Bereits 1950 wies H. Sequenz in seinem Buch [55] darauf hin, daß durch die Überlagerung des Grundwellenfeldes mit einer der beiden benachbarten Harmonischen neben dem Drehmoment auch radiale Zugkräfte entstehen. Seit etwa Ende der 80er Jahre macht man sich die Möglichkeit zunutze, mit einer gezielten Beeinflussung des Grundwellenfeldes und der benachbarten Harmonischen sowohl das Drehmoment als auch die radialen Tragkräfte in der Antriebsmaschine zu steuern.

Eine der ersten größeren wissenschaftlichen Arbeiten auf diesem Gebiet wurde 1990 von J. Bichsel an der ETH Zürich abgeschlossen [486]. In eine permanentmagneterregte Synchronmaschine wurden zusätzlich zu den Motorwicklungen Tragwicklungen integriert und diese mit Hilfe von zwei dreiphasigen Stromrichtern gespeist. Diese Arbeit enthält auch erste Berechnungsgrundlagen sowie Hinweise zum Entwurf der Motor- und Lagerregelungen. Das Prinzip des lagerlosen Motors wurde drei Jahre später, ebenfalls an der ETH Zürich, von R. Schöb auf die Asynchronmaschine übertragen und wesentlich verfeinert [497]. Mit Hilfe der Raumzeigertheorie konnte bei einer sinusförmigen Fluß dichteverteilung im Luftspalt eine Entkopplung der Tragkräfte und des Drehmomentes erreicht werden.

Die Forschungsgruppe an der ETH Zürich beschäftigt sich seither in Zusammenarbeit mit Sulzer Electronics AG unter der Leitung von J. Hugel und R. Schöb intensiv sowohl mit der Grundlagenforschung als auch mit der angewandten Forschung in den Gebieten der lagerlosen Motoren. Von J. Schulze wurde in diesem Zusammenhang ein Modell der Querkraft-Asynchronmaschine entwickelt, das das elektrodynamische Verhalten und die Querkraftwirkung der Maschine quantitativ beschreibt [500]. J. Zhang [504] hat diese Untersuchungen aus Sicht der Leistungselektronik erweitert und durch sorgfältige Messungen der elektromechanischen Zusammenhänge experimentell abgesichert. Hierbei wurden auch die exzentrische Lage des Rotors sowie Sättigungseinflüsse im Eisenkreis berücksichtigt.

Zusammen mit der Arbeit von U. Bikle-Kirchhofer, der sich mit der Auslegung von lagerlosen Induktionsmaschinen befaßte [488], steht ein fundiertes theoretisches Wissen zur Modellbildung und Dimensionierung von lagerlosen Asynchronmaschinen zur Verfügung. Eine bedeutende Entwicklung auf dem Gebiet von permanentmagneterregten lagerlosen Motoren wurde von N. Barletta geleistet [485]. Durch ein großes Durchmesser/Längenverhältnis des Rotors konnte neben der Drehmoment- und Tragkrafterzeugung auch eine passive Stabilisierung von drei Freiheitsgraden erreicht werden. Basierend auf diesem Prinzip wurde eine lagerlose Pumpe bis zur Serienreife entwickelt (vgl. Abb. 10.16, Kap. 10.5). In einem weiteren Projekt, durchgeführt von T. Gempp, konnten die Gleitlager in einer Spaltrohrpumpe durch die Kombination von einem lagerlosen Motor mit einem Radial- und einem Axiallager ersetzt werden [491].

Etwa parallel zu den ersten Arbeiten auf dem Forschungsgebiet der lagerlosen Motoren an der ETH Zürich wurden unabhängig hiervon von japanischen Forschungsgruppen ebenfalls Arbeiten auf diesem Gebiet begonnen. In einer frühen

Arbeit wurde ein lagerloser Reluktanzmotor von A. Chiba, K. Chida und T. Fukao entwickelt [489]. Diesem Forschungsprojekt folgten eine Reihe weiterer Untersuchungen von unterschiedlichen Arten lagerloser Motoren. Neben dem lagerlosen Reluktanzmotor wurden Arbeiten an lagerlosen Asynchronmaschinen [490], lagerlosen Switched Reluctance Motoren sowie an lagerlosen Motoren mit permanentmagnetischer Erregung [494, 495, 496] durchgeführt.

Seit 1996 werden auch an der Johannes Kepler Universität Linz in Zusammenarbeit mit der Forschungsgruppe der ETH Zürich intensive Forschungsarbeiten zu den lagerlosen Motoren durchgeführt. Unter Leitung von W. Amrhein entstanden Arbeiten, die sich insbesondere mit der Problematik der Kostenreduktion von lagerlosen Motoren auseinandersetzte. In diesem Zusammenhang wurden von S. Silber theoretische Grundlagen für den Entwurf von lagerlosen Permanentmagnetmotoren mit sehr starkem Anteil der Harmonischen im Luftspaltfeld und in der Durchflutungsverteilung erarbeitet [502]. Die Untersuchungen schließen sowohl die Modellbildung der allgemeinen permanentmagneterregten Maschine wie auch die Optimierung der elektrischen Ansteuerung und den Reglerentwurf mit ein. 1998 wurden erstmals ein in fünf Freiheitsgraden stabilisierter lagerloser Motor mit insgesamt nur drei Strängen sowie ein mit lediglich vier konzentrierten Spulen bestückter Motor in Innen- und Außenläuferbauweise vorgestellt [481, 501].

In einem weiteren Schritt ist es gelungen, den wissenschaftlichen und experimentellen Nachweis zu führen, daß zur Aufrechterhaltung eines Notbetriebes, wie dies beispielsweise beim Ausfall einer Leistungsendstufe erforderlich sein kann, bereits drei der vier Spulen ausreichend sind [503]. Ein Jahr später wurden von K. Nenninger die für lagerlose Wechselfeldmotoren mit konzentrierten Wicklungen wichtigen Problemstellungen hinsichtlich eines sicheren Anlaufes und kleinen Drehmomentschwankungen gelöst. Weitere Arbeiten dieser Forschungsgruppe sind u.a. in [482, 483, 484] dokumentiert.

10.2 Kraft- und Drehmomentberechnung

Zur Analyse und Optimierung von lagerlosen Motoren sind Methoden zur Berechnung der Tragkräfte und des Drehmoments von wesentlicher Bedeutung. Bei der Erstellung eines dynamischen Modells von konventionellen elektrischen Maschinen begnügt man sich häufig mit einer reinen Grundwellenbetrachtung der Feldgrößen. Hierzu ist eine sehr elegante und mächtige Theorie – die Raumzeigertheorie – verfügbar. Der lagerlose Motor läßt sich mit Hilfe dieser Theorie als Netzwerkmodell darstellen. Hiermit sind die Beziehungen zwischen Spannungen, Strömen, Flüssen, Drehmoment und Kräften sehr einfach und anschaulich ableitbar, ebenso die Wirk- und Blindleistungsverhältnisse [493]. Eine Erweiterung der Raumzeigertheorie auf Probleme mit nicht sinusförmigen Feldgrößen ist relativ einfach möglich. Die Anwendung dieser Theorie auf Problemstellungen in lagerlosen Motoren führt jedoch zu einer sehr unübersichtlichen mathematischen

Darstellungsweise. In diesem Kapitel werden daher grundsätzliche Methoden zur Kraft- und Drehmomentberechnung vorgestellt, die eine einfache Anwendung auf lagerlose Motoren erlauben.

10.2.1 Magnetische Koenergie

Aus der Energiebilanz eines verlustlosen elektromechanischen Wandlers kann mit Hilfe der magnetischen Energie auf die wirkenden Kräfte und Drehmomente geschlossen werden. Für den allgemeinen, nichtlinearen Fall ist es allerdings günstiger, anstelle der magnetischen Energie W_{mag} eine neue Rechengröße, die sogenannte magnetische Koenergie W^*_{mag}, wie in Abb. 10.3 dargestellt, mit der Beziehung

$$W^*_{mag} = \boldsymbol{I}^T \boldsymbol{\Psi} - W_{mag} \tag{10.1}$$

einzuführen, wobei $\boldsymbol{I}$ die Strangströme und $\boldsymbol{\Psi}$ den verketteten Fluß bezeichnen. Für die Kräfte kann damit der einfache Zusammenhang

$$\boldsymbol{F} = \frac{\partial W^*_{mag}(\boldsymbol{I}, \boldsymbol{x}, \boldsymbol{\beta})}{\partial \boldsymbol{x}} \tag{10.2}$$

gefunden werden. Analog erhält man für die Drehmomente die Beziehung

$$\boldsymbol{M} = \frac{\partial W^*_{mag}(\boldsymbol{I}, \boldsymbol{x}, \boldsymbol{\beta})}{\partial \boldsymbol{\beta}} \tag{10.3}$$

mit

$$\boldsymbol{I} = \begin{bmatrix} I_1 & I_2 & \dots & I_n \end{bmatrix}^T \tag{10.4}$$

$$\boldsymbol{x} = \begin{bmatrix} x_1 & x_2 & \dots & x_m \end{bmatrix}^T \tag{10.5}$$

$$\boldsymbol{\beta} = \begin{bmatrix} \beta_1 & \beta_2 & \dots & \beta_\mu \end{bmatrix}^T \tag{10.6}$$

Dabei muß die magnetische Koenergie als Funktion der Ströme $\boldsymbol{I}$, der freien Verschiebungen $\boldsymbol{x}$ und der freien Drehwinkel $\boldsymbol{\beta}$ vorliegen. Gerade diese Bedingung führt zu einem äußerst aufwendigen Problem bei der Bestimmung der magnetischen Koenergie, so daß dieses Verfahren zur Bestimmung der Kräfte und Momente auf den Rotor der lagerlosen Maschine hier nicht angewandt wird.

10.2.2 Maxwellscher Spannungstensor

Mit Hilfe des Maxwellschen Spannungstensors ist es möglich, Kräfte und Drehmomente auf Körper im magnetischen Feld zu berechnen, ohne daß von vorne herein Ersatzanordnungen für die stromdurchflossenen Leiter, oder Vereinfachungen hinsichtlich der Luftspaltgeometrie getroffen werden müssen. Somit kann eine allgemein gültige Formulierung für die Kräfte und Drehmomente von elektromechanischen Energiewandlern angegeben werden, wie sie analog in Form des Induktionsgesetzes für die induzierte Spannung existiert.

Die Kenntnis der magnetischen Feldstärke an der Oberfläche eines beliebigen Körpers im magnetischen Feld genügt, um die mechanische Spannung

$$\sigma = \boldsymbol{T}_M \, \boldsymbol{e}_n \tag{10.7}$$

auf ein Flächenelement angeben zu können. Dabei ist

$$\boldsymbol{T}_M = \begin{bmatrix} \mu H_x^2 - \frac{1}{2}\mu H^2 & \mu H_x H_y & \mu H_x H_z \\ \mu H_y H_x & \mu H_y^2 - \frac{1}{2}\mu H^2 & \mu H_y H_z \\ \mu H_z H_x & \mu H_z H_y & \mu H_z^2 - \frac{1}{2}\mu H^2 \end{bmatrix} \tag{10.8}$$

der Maxwellsche Spannungstensor, dargestellt in einem allgemeinen Koordinatensystem, und $\boldsymbol{e}_n$ der Flächennormalvektor. Die auf den Körper angreifende Kraft ist somit über das Hüllintegral

$$\boldsymbol{F} = \oint_A \boldsymbol{T}_M \, \boldsymbol{e}_n \, dA \tag{10.9}$$

bestimmt. Dabei ist es gleichgültig, durch welchen inneren Mechanismus die Kraftwirkung entsteht. Somit können mit diesem Formalismus sowohl Grenzflächenkräfte, als auch innere Kräfte in ferromagnetischen Materialien aufgrund der Ortsabhängigkeit der Permeabilität berechnet werden. Für das Anwendungsgebiet der elektrischen Maschinen ist die Auswertung der Grenzflächenkräfte auf den Rotor von vorrangiger Bedeutung. Für rotierende elektrische Maschinen bietet sich also an, eine kreiszylinderförmige Integrationsfläche direkt an die Grenzfläche zwischen Statorblechpaket und Luft in den Luftspalt zu legen.

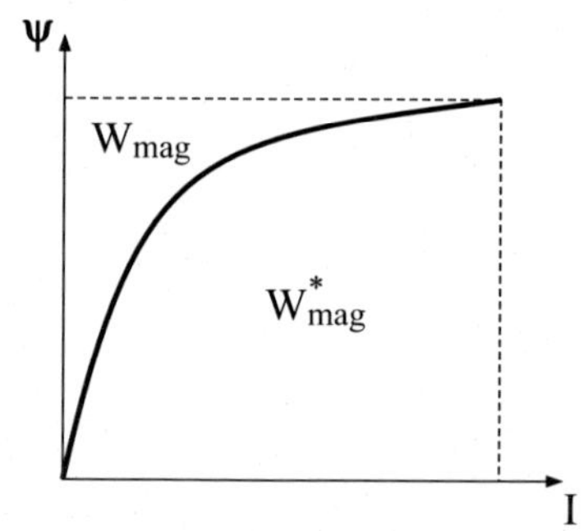

Abb. 10.3: *Zusammenhang zwischen der magnetischen Energie W_{mag} und der magnetischen Koenergie W^*_{mag}*

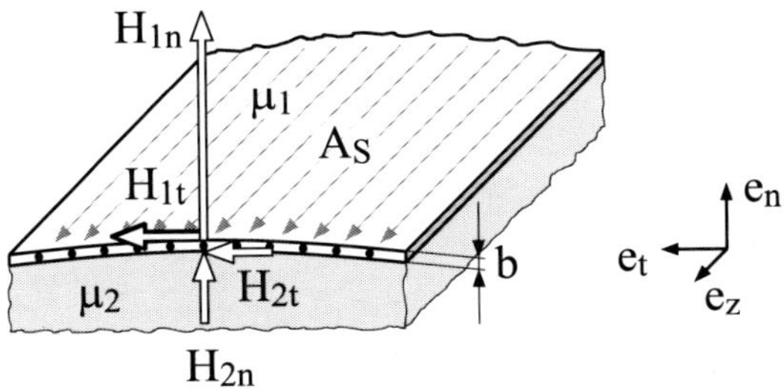

Abb. 10.4: *Grenzfläche mit Strombelag A_S*

Wie aus Gl. (10.8) und (10.9) ersichtlich ist, ist zur exakten Bestimmung der Grenzflächenkräfte der genaue Verlauf der magnetischen Feldstärke erforderlich. Zur Entwicklung eines ausreichend genauen mathematischen Modells für die Anwendung auf lagerlose Motoren können Vereinfachungen getroffen werden, wie sie auch bei der Modellierung elektrischer Maschinen mittels Raumzeigertheorie (siehe [7, 47, 60, 61]) vielfach verwendet werden. Damit ergeben sich sehr brauchbare Ergebnisse.

Zur Vereinfachung können die zur Erzeugung der Kräfte und Momente erforderlichen, im Stator befindlichen, Wicklungssysteme durch einen äquivalenten, infinitesimal dünnen Flächenstrom direkt an der Oberfläche des Stators ersetzt werden. Diese flächenhafte Stromdichte ist in der Literatur [13, 36] als Ankerstrombelag bekannt. Weiter wird die Stirnstreuung vernachlässigt und der gesamte Stirnraum als feldfrei betrachtet. Für die Herleitung der Drehmoment- und Kraftbeziehung wird vorerst angenommen, daß sich der Rotor in axialer Mittelstellung befindet, so daß die axiale Komponente der Kraft verschwindet. Wird die axiale Komponente der magnetischen Feldstärke mit Null angenommen, vereinfacht sich die Kraftberechnung zu einem zweidimensionalen Problem. Als weitere Vereinfachung wird das in der Folge hergeleitete Verfahren auf eisenbehaftete elektrische Maschinen eingeschränkt, wobei angenommen wird, daß die Permeabilität des Eisens sehr viel größer ist als jene von Luft.

Mit den so festgelegten Vereinfachungen ergibt sich in der in Abb. 10.4 dargestellten Grenzfläche im Medium 1, welches hier als durchgängige infinitesimal dünne Leiterschicht angenommen wird, folgende mechanische Spannung:

$$\sigma_1 = \mu_1 \begin{bmatrix} \frac{1}{2}\left(H_{1n}^2 - H_{1t}^2\right) \\ H_{1n}H_{1t} \\ 0 \end{bmatrix} \tag{10.10}$$

Im Medium 2, hier als Eisen angenommen, kann die mechanische Spannung mit

$$\sigma_2 = \mu_2 \begin{bmatrix} \frac{1}{2}\left(H_{2n}^2 - H_{2t}^2\right) \\ H_{2n} H_{2t} \\ 0 \end{bmatrix} \tag{10.11}$$

angegeben werden.
Unter Zuhilfenahme der fundamentalen Beziehung

$$\operatorname{div} \boldsymbol{B} = 0 \tag{10.12}$$

kann für den Übergang der Normalkomponenten der magnetischen Feldgrößen an der Grenzfläche gezeigt werden:

$$B_{1n} = B_{2n} \tag{10.13}$$

$$\mu_1 H_{1n} = \mu_2 H_{2n} \tag{10.14}$$

Weiter folgt aus

$$\operatorname{rot} \boldsymbol{H} = \boldsymbol{J} \tag{10.15}$$

und dem Übergang zu einer flächenhaften Stromdichte (Ankerstrombelag $\boldsymbol{A}_S$)

$$\lim_{b \to 0} b\, \boldsymbol{J} = \boldsymbol{A}_S \tag{10.16}$$

(Index S: Stator, Index R: Rotor)

direkt an der Oberfläche der kreiszylinderförmigen Grenzfläche die Beziehung für die Tangentialkomponente der magnetischen Feldstärke, wenn der Ankerstrombelag in jedem Punkt der Grenzfläche in Richtung $\boldsymbol{e}_z$ zeigt:

$$H_{1t} = H_{2t} + A_S \tag{10.17}$$

$$\boldsymbol{A}_S = \begin{bmatrix} 0 \\ 0 \\ A_S \end{bmatrix} \tag{10.18}$$

Damit ergibt sich die resultierende Grenzflächenspannung als Differenz der beiden Grenzflächenspannungen nach Gl. (10.10) und (10.11) zu:

$$\sigma_{12} = \begin{bmatrix} \frac{1}{2}\left(\mu_2 - \mu_1\right)\left(\frac{\mu_1}{\mu_2} H_{1n}^2 + H_{1t}^2\right) - \mu_2 A_S H_{1t} + \frac{1}{2}\mu_2 A_S^2 \\ \mu_1 H_{1n} A_S \\ 0 \end{bmatrix} \tag{10.19}$$

Die magnetische Permeabilität in Luft wird gleich der magnetischen Permeabilität des Vakuums μ_0 gesetzt. Weiter ergibt sich unter der oben getroffenen

Voraussetzung, daß die magnetische Permeabilität von Luft sehr viel kleiner als jene von Eisen ist, die Beziehung:

$$H_{2n} \gg H_{2t} \tag{10.20}$$

mit

$$\mu_1 \ll \mu_2 \tag{10.21}$$

Damit gelangt man schließlich zur vereinfachten Darstellung der mechanischen Grenzflächenspannung:

$$\sigma_{12} = \begin{bmatrix} \dfrac{B_{1n}^2}{2\mu_0} \\ B_{1n} A_S \\ 0 \end{bmatrix} \tag{10.22}$$

Die Komponente $B_{1n}^2/(2\mu_0)$ steht definitionsgemäß normal zum Flächenelement. Die zu dieser Komponente korrespondierende Kraft wird häufig als MAXWELLKRAFT F_M bezeichnet.

Die Komponente $B_{1n}A_S$ steht tangential auf dem Flächenelement, wobei die zu dieser Spannungskomponente korrespondierende Kraft als LORENTZKRAFT F_L bezeichnet wird.

Die Vernachlässigung der Tangentialkomponente der Luftspaltflußdichte in Gl. (10.22) bewirkt bei einer Kraftberechnung nur sehr geringe Fehler. Wird hingegen diese Grenzflächenspannung zur Berechnung des Drehmoments herangezogen, so ist eine Berücksichtigung des Rastmoments nicht möglich. In vielen Fällen sind jedoch die Rastmomente im Vergleich zum Nennmoment sehr klein, so daß diese Vernachlässigung nur zu kleinen Fehlern in der Beschreibung des Motorbetriebsverhaltens führt.

10.2.2.1 Fourier-Reihendarstellung der Feldgrößen

In rotierenden elektrischen Maschinen haben die magnetischen Feldgrößen stets periodischen Charakter. Im einfachsten Fall ist die Periodenlänge gleich einem vollen Umlauf von 2π. Somit gilt für die Normalkomponente der magnetischen Flußdichte und des Ankerstrombelags der Zusammenhang

$$B_{1n}(\alpha + 2\pi) = B_{1n}(\alpha) \tag{10.23}$$

$$A_S(\alpha + 2\pi) = A_S(\alpha) \tag{10.24}$$

Diese meist nicht sinusförmigen Größen können mit Hilfe von Fourier-Reihen der allgemeinen Form

$$f(\alpha) = \sum_{\mu=-\infty}^{\infty} a_\mu \, e^{j\mu\alpha} \tag{10.25}$$

$$a_\mu \in \boldsymbol{C} \tag{10.26}$$

dargestellt werden. Aus Gl. (10.25) wird ersichtlich, daß zur Charakterisierung der periodischen Funktion $f(\alpha)$ ausschließlich die sogenannten Fourier-Koeffizienten a_μ von Interesse sind:

$$a_\mu = \frac{1}{2\pi} \int_{-\pi}^{\pi} f(\alpha)\, e^{-j\mu\alpha}\, d\alpha \tag{10.27}$$

Zur Vereinfachung der Schreibweise können die Fourier-Koeffizienten formal zu einem infiniten Spaltenvektor der Gestalt

$$\boldsymbol{a} = \begin{bmatrix} \cdots & a_{-2} & a_{-1} & a_0 & a_1 & a_2 & \cdots \end{bmatrix}^T \tag{10.28}$$

zusammengefaßt werden, wodurch die Funktion $f(\alpha)$ nun folgende vereinfachte Schreibweise annimmt:

$$f(\alpha) = \boldsymbol{\Omega}^T \boldsymbol{a} \tag{10.29}$$

mit

$$\boldsymbol{\Omega} = \begin{bmatrix} \cdots & e^{-2j\alpha} & e^{-j\alpha} & 1 & e^{j\alpha} & e^{2j\alpha} & \cdots \end{bmatrix}^T \tag{10.30}$$

Der Ankerstrombelag ergibt sich als Rechengröße einerseits aus einer Geometriefunktion, welche die Verteilung der Leiter in den Nuten und die Anzahl der Windungen berücksichtigt, andererseits durch den Statorstrom selbst. Damit dem Aufbau der elektrischen Maschine Rechnung getragen wird, soll bei der mathematischen Formulierung des Ankerstrombelags bereits berücksichtigt werden, daß eine Statorwicklung aus einer beliebigen Anzahl von Strängen aufgebaut sein kann. Diese m Motorstränge ergeben sich wiederum durch elektrische Verschaltung von n Teilwicklungen. Damit erhält man für den von der k-ten Teilwicklung hervorgerufenen Strombelag den Zusammenhang

$$A_{Sk}(\alpha) = \gamma_k(\alpha)\, I_{Sk} \tag{10.31}$$

Dabei ist $\gamma_k(\alpha)$ die räumliche Verteilungsfunktion und I_{Sk} der Strom durch die Teilwicklung k. Die Ströme durch die Teilwicklungen ergeben sich unter Einbeziehung der Verschaltungsmatrix $\boldsymbol{V}$, die sich in einfacher Weise aus der elektrischen Verschaltung der Teilwicklungen ergibt, zu

$$\boldsymbol{I}_S = \boldsymbol{V} \boldsymbol{I}_1 \tag{10.32}$$

aus den Statorstrangströmen $\boldsymbol{I}_1$. Wird wiederum vorausgesetzt, daß der Ankerstrombelag einzig aus einer Komponente in axialer Richtung, also in Richtung $\boldsymbol{e}_z$ besteht, ist ein einfacher Übergang zu einer skalaren Schreibweise möglich, und der Ankerstrombelag genügt der skalaren Beziehung:

$$A_S(\alpha) = \boldsymbol{\gamma}(\alpha)\, \boldsymbol{V} \boldsymbol{I}_1 \tag{10.33}$$

mit

$$\boldsymbol{I}_1 = \left[\begin{array}{cccc} I_{11} & I_{12} & \cdots & I_{1m} \end{array} \right]^T \tag{10.34}$$

$$\boldsymbol{\gamma}(\alpha) = \left[\begin{array}{cccc} \gamma_1(\alpha) & \gamma_2(\alpha) & \cdots & \gamma_n(\alpha) \end{array} \right] \tag{10.35}$$

Die periodische Verteilungsfunktion $\boldsymbol{\gamma}(\alpha)$ läßt sich somit analog zu Gl. (10.29) durch eine komplexe Fourier-Reihe der Form

$$\gamma_k(\alpha) = \boldsymbol{\Omega}^T \boldsymbol{c}_k \tag{10.36}$$

darstellen, wobei $\boldsymbol{c}_k$ der infinite Spaltenvektor der Verteilungsfunktion der k-ten Teilwicklung ist.
Für den Ankerstrombelag erhält man schließlich die Beziehung

$$A_S(\alpha) = \boldsymbol{\Omega}^T \boldsymbol{c}\, \boldsymbol{V} \boldsymbol{I}_1 \tag{10.37}$$

mit der Matrix der komplexen Fourier-Koeffizienten

$$\boldsymbol{c} = \left[\begin{array}{cccc} \vdots & \vdots & & \vdots \\ c_{1,-2} & c_{2,-2} & \cdots & c_{n,-2} \\ c_{1,-1} & c_{2,-1} & \cdots & c_{n,-1} \\ c_{1,0} & c_{2,0} & \cdots & c_{n,0} \\ c_{1,1} & c_{2,1} & \cdots & c_{n,1} \\ c_{1,2} & c_{2,2} & \cdots & c_{n,2} \\ \vdots & \vdots & & \vdots \end{array} \right] \tag{10.38}$$

Durch analoge Überlegungen kann die Normalkomponente der Flußdichte im Luftspalt ebenfalls als Fourier-Reihe der Form

$$B_{1n}(\alpha) = \boldsymbol{\Omega}^T \boldsymbol{b} \tag{10.39}$$

vereinfacht dargestellt werden, wobei $\boldsymbol{b}$ wiederum der infinite Spaltenvektor, bestehend aus den komplexen Fourier-Koeffizienten der Normalkomponente der Flußdichte im Luftspalt ist.

10.2.2.2 Drehmomentberechnung

Die in Gl. (10.22) angegebene Grenzflächenspannung nimmt durch Anwenden der Fourier-Reihendarstellung des Ankerstrombelags nach Gl. (10.37) und der Flußdichte im Luftspalt nach Gl. (10.39) die Form

$$\sigma_{12}(\alpha) = \left[\begin{array}{c} \dfrac{1}{2\,\mu_0}\, \boldsymbol{\Omega}^T \boldsymbol{b}\, \boldsymbol{\Omega}^T \boldsymbol{b} \\ \boldsymbol{\Omega}^T \boldsymbol{c}\, \boldsymbol{V} \boldsymbol{I}_1\, \boldsymbol{\Omega}^T \boldsymbol{b} \\ 0 \end{array} \right] \tag{10.40}$$

an. Da sowohl die Normalkomponente der Flußdichte im Luftspalt als auch der Ankerstrombelag skalare Größen sind, kann mit den Bedingungen

$$B_{1n} = B_{1n}^T \tag{10.41}$$

und

$$A_S = A_S^T \tag{10.42}$$

für die Grenzflächenspannung eine alternative Schreibweise

$$\sigma_{12}(\alpha) = \begin{bmatrix} \frac{1}{2\mu_0} \boldsymbol{b}^T \boldsymbol{\Omega}\, \boldsymbol{\Omega}^T \boldsymbol{b} \\ \boldsymbol{I}_1^T \boldsymbol{V}^T \boldsymbol{c}^T \boldsymbol{\Omega}\, \boldsymbol{\Omega}^T \boldsymbol{b} \\ 0 \end{bmatrix} \tag{10.43}$$

gefunden werden.

Durch das kreiszylinderförmige Koordinatensystem und die Annahme, daß die Rotorstirnseiten feldfrei sind, kann das auf den Stator der elektrischen Maschine wirkende Drehmoment aus der Tangentialkomponente der Grenzflächenspannung direkt an der Statoroberfläche mit

$$M_S = L\,R^2 \int_{-\pi}^{\pi} \boldsymbol{I}_1^T \boldsymbol{V}^T \boldsymbol{c}^T \boldsymbol{\Omega}\, \boldsymbol{\Omega}^T \boldsymbol{b}\, d\alpha \tag{10.44}$$

angegeben werden, wobei L die axiale Länge und R den Radius des Stators bezeichnen. Da in Gl. (10.44) nur der Ausdruck

$$\boldsymbol{\Omega}\, \boldsymbol{\Omega}^T = \begin{bmatrix} & & \cdot^{\cdot^{\cdot}} & \cdot^{\cdot^{\cdot}} & \cdot^{\cdot^{\cdot}} \\ & e^{-2j\alpha} & e^{-j\alpha} & 1 & \cdot^{\cdot^{\cdot}} \\ \cdot^{\cdot^{\cdot}} & e^{-j\alpha} & 1 & e^{j\alpha} & \cdot^{\cdot^{\cdot}} \\ \cdot^{\cdot^{\cdot}} & 1 & e^{j\alpha} & e^{2j\alpha} & \\ \cdot^{\cdot^{\cdot}} & \cdot^{\cdot^{\cdot}} & \cdot^{\cdot^{\cdot}} & & \end{bmatrix} \tag{10.45}$$

eine von der Integrationsvariable abhängige Größe ist, kann folglich für das Integral eine geschlossene Lösung der Form

$$M_S = L\,R^2\, \boldsymbol{I}_1^T \boldsymbol{V}^T \boldsymbol{c}^T \boldsymbol{m}\, \boldsymbol{b} \tag{10.46}$$

mit

$$\boldsymbol{m} = 2\pi \begin{bmatrix} & & \cdot^{\cdot^{\cdot}} & \cdot^{\cdot^{\cdot}} & \cdot^{\cdot^{\cdot}} \\ & 0 & 0 & 1 & \cdot^{\cdot^{\cdot}} \\ \cdot^{\cdot^{\cdot}} & 0 & 1 & 0 & \cdot^{\cdot^{\cdot}} \\ \cdot^{\cdot^{\cdot}} & 1 & 0 & 0 & \\ \cdot^{\cdot^{\cdot}} & \cdot^{\cdot^{\cdot}} & \cdot^{\cdot^{\cdot}} & & \end{bmatrix} \tag{10.47}$$

gefunden werden. Das auf den Rotor der elektrischen Maschine wirkende Moment hat folglich ein negatives Vorzeichen und ist mit

$$M_R = -L\,R^2\,\boldsymbol{I}_1^T \boldsymbol{V}^T \boldsymbol{c}^T \boldsymbol{m}\,\boldsymbol{b} \tag{10.48}$$

bestimmt.

Durch die Vernachlässigung der Tangentialkomponente der Flußdichte im Luftspalt kann mit Gl. (10.48) das Rastmoment nicht berechnet werden. Wird dennoch das Rastmoment für eine genaue Analyse des Motors benötigt, muß ein anderes Analyseverfahren oder eine Finite Elemente-Berechnung herangezogen werden.

10.2.2.3 Kraftberechnung

Zur Berechnung der auf den Stator der elektrischen Maschine wirkenden magnetischen Kräfte ist es zweckmäßig, auf ein geradliniges, kartesisches Koordinatensystem überzugehen. Mit der Transformation

$$\sigma_{12}' = \begin{bmatrix} \cos\alpha & -\sin\alpha & 0 \\ \sin\alpha & \cos\alpha & 0 \\ 0 & 0 & 1 \end{bmatrix} \sigma_{12} \tag{10.49}$$

wird die Grenzflächenspannung vom zylinderförmigen Koordinatensystem in das kartesische Koordinatensystem übergeführt. Damit erhält man für die auf den Stator der Maschine wirkende Kraft $\boldsymbol{F}_S$ die Beziehung:

$$\boldsymbol{F}_S = \begin{bmatrix} F_x \\ F_y \\ F_z \end{bmatrix} = L\,R \int_{-\pi}^{\pi} \begin{bmatrix} \frac{1}{2\mu_0}\boldsymbol{b}^T \boldsymbol{\Omega}\,\boldsymbol{\Omega}^T \boldsymbol{b}\cos\alpha - \boldsymbol{I}_1^T \boldsymbol{V}^T \boldsymbol{c}^T \boldsymbol{\Omega}\,\boldsymbol{\Omega}^T \boldsymbol{b}\sin\alpha \\ \frac{1}{2\mu_0}\boldsymbol{b}^T \boldsymbol{\Omega}\,\boldsymbol{\Omega}^T \boldsymbol{b}\sin\alpha + \boldsymbol{I}_1^T \boldsymbol{V}^T \boldsymbol{c}^T \boldsymbol{\Omega}\,\boldsymbol{\Omega}^T \boldsymbol{b}\cos\alpha \\ 0 \end{bmatrix} d\alpha \tag{10.50}$$

Werden die konstanten Terme aus dem Integral genommen, erhält man

$$\boldsymbol{F}_S = L\,R \begin{bmatrix} \frac{1}{2\mu_0}\boldsymbol{b}^T & -\boldsymbol{I}_1^T \boldsymbol{V}^T \boldsymbol{c}^T \\ \boldsymbol{I}_1^T \boldsymbol{V}^T \boldsymbol{c}^T & \frac{1}{2\mu_0}\boldsymbol{b}^T \\ 0 & 0 \end{bmatrix} \int_{-\pi}^{\pi} \begin{bmatrix} \boldsymbol{\Omega}\,\boldsymbol{\Omega}^T \cos\alpha \\ \boldsymbol{\Omega}\,\boldsymbol{\Omega}^T \sin\alpha \end{bmatrix} d\alpha\,\boldsymbol{b} \tag{10.51}$$

und die geschlossene Lösung kann mit

$$\boldsymbol{F}_S = L\,R \begin{bmatrix} \frac{1}{2\mu_0}\boldsymbol{b}^T & -\boldsymbol{I}_1^T \boldsymbol{V}^T \boldsymbol{c}^T \\ \boldsymbol{I}_1^T \boldsymbol{V}^T \boldsymbol{c}^T & \frac{1}{2\mu_0}\boldsymbol{b}^T \\ 0 & 0 \end{bmatrix} \begin{bmatrix} \boldsymbol{f}_1 \\ \boldsymbol{f}_2 \end{bmatrix} \boldsymbol{b} \tag{10.52}$$

mit den konstanten Matrizen

$$
\boldsymbol{f}_1 = \pi \begin{bmatrix} & & \iddots & \iddots & \iddots & \iddots & \iddots \\ & 0 & 0 & 1 & 0 & 1 & \iddots \\ \iddots & 0 & 1 & 0 & 1 & 0 & \iddots \\ \iddots & 1 & 0 & 1 & 0 & 0 & \\ \iddots & \iddots & \iddots & \iddots & \iddots & & \end{bmatrix} \tag{10.53}
$$

$$
\boldsymbol{f}_2 = j\,\pi \begin{bmatrix} & & \iddots & \iddots & \iddots & \iddots & \iddots \\ & 0 & 0 & -1 & 0 & 1 & \iddots \\ \iddots & 0 & -1 & 0 & 1 & 0 & \iddots \\ \iddots & -1 & 0 & 1 & 0 & 0 & \\ \iddots & \iddots & \iddots & \iddots & \iddots & & \end{bmatrix} \tag{10.54}
$$

angegeben werden. Die auf den Rotor wirkende Kraft $\boldsymbol{F}_R$ hat dementsprechend ein negatives Vorzeichen, und man bekommt:

$$
\boldsymbol{F}_R = L\,R \begin{bmatrix} -\frac{1}{2\mu_0}\boldsymbol{b}^T & \boldsymbol{I}_1^T \boldsymbol{V}^T \boldsymbol{c}^T \\ -\boldsymbol{I}_1^T \boldsymbol{V}^T \boldsymbol{c}^T & -\frac{1}{2\mu_0}\boldsymbol{b}^T \\ 0 & 0 \end{bmatrix} \begin{bmatrix} \boldsymbol{f}_1 \\ \boldsymbol{f}_2 \end{bmatrix} \boldsymbol{b} \tag{10.55}
$$

10.2.2.4 Interpretation der Ergebnisse

Die hergeleiteten Verfahren zur Drehmoment- und Kraftberechnung eignen sich besonders für die Analyse von elektrischen Maschinen mit nichtsinusförmiger Flußdichteverteilung im Luftspalt und nichtsinusförmiger Durchflutungsverteilung. Weiter bekommt man mit diesem Verfahren einen tiefen Einblick in die Entstehung des Drehmoments und der Tragkräfte bei lagerlosen Motoren. So kann der Struktur der Matrix $\boldsymbol{m}$ in Gl. (10.46) entnommen werden, daß ausschließlich Harmonische der Durchflutungsverteilung und der Fluß dichte mit gleichen Ordnungszahlen einen Beitrag zum Moment leisten.

Zusätzlich erkennt man aus der Betrachtung der beiden infiniten Matrizen $\boldsymbol{f}_1$ und $\boldsymbol{f}_2$ in Gl. (10.52), daß nur diejenigen Harmonischen der Durchflutungsverteilung und der Flußdichte einen Beitrag zur Erzeugung einer Tragkraft leisten, deren Ordnungszahlen um eins verschieden sind. Damit eine unabhängige Vorgabe der Kräfte in x- und y-Richtung möglich ist, muß mit den Strangströmen auch die Phasenlage der Harmonischen beeinflußt werden können.

Soll also in einem lagerlosen Motor gleichzeitig ein Drehmoment und eine Tragkraft erzeugt werden, müssen Harmonische der Durchflutungsverteilung und der Flußdichte mit gleichen Ordnungszahlen und mit um eins unterschiedlichen Ordnungszahlen gleichzeitig in der Maschine vorhanden sein.

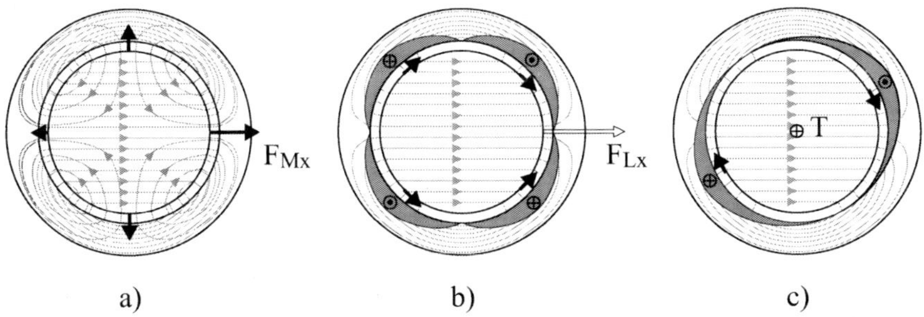

Abb. 10.5: *Tragkraft- und Drehmomenterzeugung durch die Wechselwirkung zwischen einem zweipoligen Erregerfeld mit einer zwei- und vierpoligen Wicklung: a) Maxwellkräfte, b) Lorentzkräfte, c) Drehmoment (Tangentialkräfte)*

Abbildung 10.5 verdeutlicht das Funktionsprinzip der Tragkraft- und Drehmomentbildung mit zwei unterschiedlichen Wicklungssystemen an einem nutenlosen Modell mit infinitesimal dünnen sinusförmigen Durchflutungsverteilungen auf der zum Luftspalt zugewandten Statoroberfläche. Der Rotor ist zweipolig magnetisiert. Durch die Wechselwirkung zwischen dem zweipoligen Erregerfeld und der vierpoligen Statorwicklung werden Maxwell- und Lorentzkräfte erzeugt.

Abbildung 10.5.a zeigt die Entstehung der Maxwellkräfte infolge der Überlagerung des Erreger- und Ankerfeldes im Luftspalt. In der dargestellten Konstellation tritt auf der linken Seite des Luftspaltes eine Schwächung und auf der rechten Seite Stärkung des Magnetfeldes auf. Es resultiert daher ein radialer nach rechts gerichteter Tragkraftvektor. Die Kraftkomponenten der Luftspaltober- und -unterseite kompensieren sich gegenseitig.

In Abb. 10.5.b ist der Einfluß der Lorentzkräfte, d.h. der Kräfte auf die im Magnetfeld befindlichen Leiter des Stators dargestellt. Der resultierende Kraftvektor im Rotor ist in diesem Beispiel ebenfalls nach rechts gerichtet.

Schließlich zeigt Abb. 10.5.c die Erzeugung des Drehmomentes durch die Wechselwirkung zwischen dem zweipoligen Erregerfeld und der ebenfalls zweipoligen Ankerwicklung. Die Maxwellkräfte sind in dieser Abbildung nicht eingezeichnet, da sie sich in ihrer Wirkung über die gesamte Luftspaltoberfläche kompensieren. Für die Drehmomentbildung des Motormodells sind also alleine die tangentialen Lorentzkräfte verantwortlich.

10.3 Ausführungsbeispiele zu lagerlosen Permanentmagnetmotoren

Lagerlose Permanentmagnetmotoren lassen sich ebenso wie gewöhnliche Motoren mit beliebigen Polpaarzahlen ausführen. Verfügt der Rotor über Z_p Polpaare, so wird entsprechend den Ergebnissen aus dem vorangegangenen Kapitel eine

Drehmomentwicklung mit ebenfalls Z_p Polpaaren sowie eine Tragkraftwicklung mit $Z_p \pm 1$ Polpaaren benötigt.

Im idealen lagerlosen Motor treten im Erregerfeld und in der Durchflutungsverteilung der beiden Wicklungen keine Harmonischen auf. Es ergeben sich daher für das Betriebsverhalten und die elektrische Ansteuerung sehr gute Verhältnisse, wenn die Harmonischen der Luftspaltfelder und Durchflutungen durch eine geeignete Ausführung des magnetischen Kreises sowie eine entsprechende Sehnung und Verteilung der Wicklungen unterdrückt werden. Abbildung 10.6 zeigt einen lagerlosen Drehfeldmotor, der den Anforderungen hinsichtlich der Wicklungsausführung Rechnung trägt. Der vierpolige Motor ist mit zwei getrennten Drehfeldwicklungen ausgestattet. Die äußere der beiden Wicklungen ist als dreisträngige Drehmomentwicklung ausgeführt. Sie ist vierpolig und besteht aus zwei verteilten Spulen pro Strang und Polteilung. Die innere Wicklung wird zur Erzeugung der radialen Tragkräfte genutzt. Sie ist ebenfalls als dreisträngige Drehfeldwicklung konzipiert, unterscheidet sich jedoch hinsichtlich der Polzahl und der Verteilung der Spulen. Die Tragkraftwicklung ist zweipolig und weist vier verteilte Spulen pro Strang und Polteilung auf. Insgesamt sind in dem dargestellten Motorbeispiel zwei verschiedene Spulensätze zu je zwölf Spulen eingesetzt.

Im idealen Fall, mit sinusförmigem Permanentmagnetfeld und sinusförmigen Durchflutungsverteilungen, ergibt sich für konstante Strangströme in der Tragwicklung bei Rotordrehung eine in Abb. 10.7 dargestellte kreisförmige Ortskurve des Tragkraftvektors. Bei einer stationären richtungsfesten radialen Belastung des Rotors, wie z.B. der Schwerkraft, ist daher die Durchflutung der Tragkraftwicklung abhängig von der Rotorstellung nachzuführen.

Für Applikationen, wie beispielsweise Pumpen, Gebläse oder Lüfter, die kein großes Anlaufmoment benötigen, kann es vorteilhaft sein, die Tragkraftwicklung in einen einsträngigen Wechselfeldmotor zu integrieren. Ein kostengünstiges Ausführungsbeispiel ist in Abb. 10.8.a angeführt. Der dargestellte lagerlose Motor verfügt nur noch über drei Stränge: Strang A und B (zweipolig) zur Erzeugung von Drehfeldern für die Tragkraftbildung und Strang M (vierpolig) als Wechselfeldwicklung für die Drehmomenterzeugung. Zur weiteren Vereinfachung des mechanischen Aufbaus sind die Wicklungen nicht, wie in der vorangegangenen Ausführung, in Nuten verteilt, sondern als konzentrierte Wicklungen mit ausgeprägten Polen realisiert. Der Einfluß der Harmonischen auf das Betriebsverhalten ist daher sehr groß und kann durch entsprechende Berechnungen nach Kap. 10.2 beim Entwurf der elektrischen Ansteuerung (Kap. 10.4) berücksichtigt werden. Insgesamt werden in dem Motor lediglich noch acht Spulen verwendet.

Eine noch weitergehende Vereinfachung des mechanischen Aufbaues zeigt Abb. 10.8.b. Hier sind für die Tragkraft- und Drehmomentbildung lediglich noch vier Einzelspulen vorgesehen. Die Ströme für die beiden Betriebsfunktionen sind in dieser Anordnung allerdings nicht mehr entkoppelt. Sie genügen der Gleichung

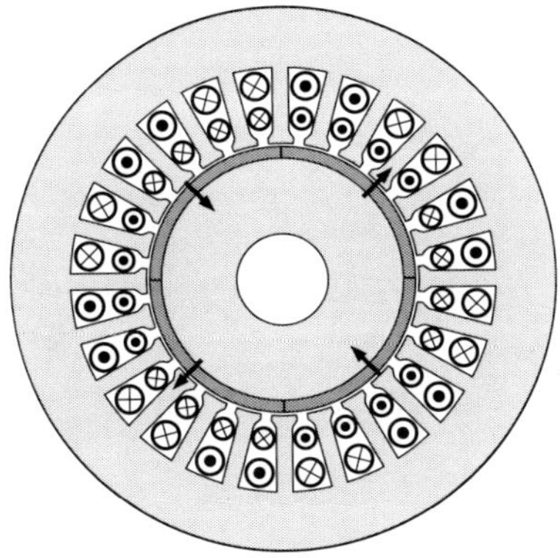

Abb. 10.6: *Lagerloser vierpoliger Permanentmagnetmotor mit verteilten Wicklungen: außen: dreisträngige vierpolige Drehmomentwicklung; innen: dreisträngige zweipolige Tragkraftwicklung (Pfeile geben die Magnetisierungsrichtung der Permanentmagnete an)*

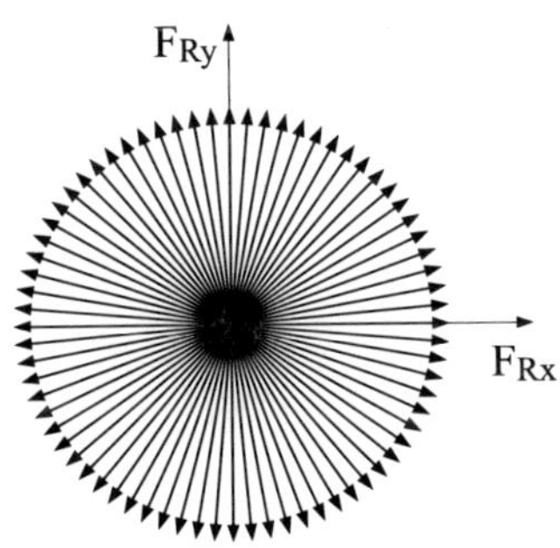

Abb. 10.7: *Kreisförmige Kraftortskurve bei Drehung des Rotors* (0° ... 180°) *unter konstanter sinusförmiger Durchflutung der Tragkraftwicklung*

$$\begin{bmatrix} I_{11} \\ I_{12} \\ I_{13} \\ I_{14} \end{bmatrix} = \begin{bmatrix} 1 & -1 & 1 \\ 1 & 1 & -1 \\ -1 & 1 & 1 \\ -1 & -1 & -1 \end{bmatrix} \begin{bmatrix} I_{1A} \\ I_{1B} \\ I_{1M} \end{bmatrix} \tag{10.56}$$

und entstehen durch eine Verknüpfung der Tragkraftkomponenten I_{1A} und I_{1B} und der Drehmomentkomponente I_{1M}. Damit wird die elektromagnetische Überlagerung der Durchflutungen in den Nuten des Statorblechpaketes durch eine elektronische Überlagerung der Stromkomponenten im Stromregler ersetzt.

In Abb. 10.9.a und b sind für die Motorausführung aus Abb. 10.8.b unterschiedliche Ankerfeldverläufe dargestellt. Abhängig von der Speisung der Motorstränge mit den in der vorangegangenen Gleichung angeführten Strömen I_{11} bis I_{14} lassen sich ein zweipoliges Drehfeld für die Regelung der Tragkraft

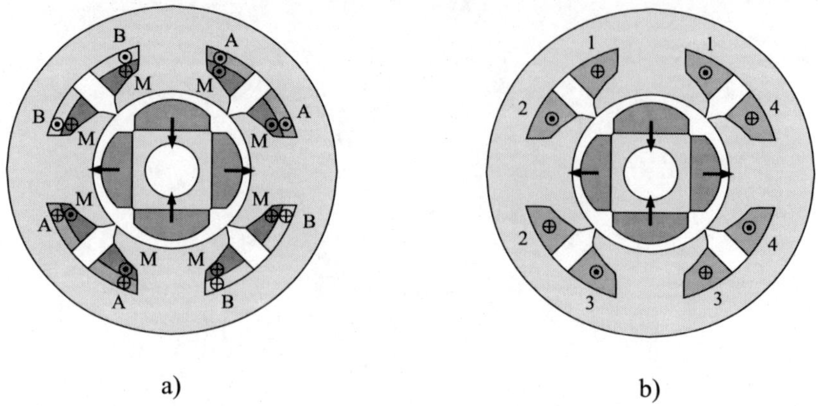

Abb. 10.8: *Lagerlose Motoren für Applikationen mit kleinem Anlaufmoment: a) Ausführung mit drei Strängen; b) Ausführung mit lediglich vier Einzelspulen*

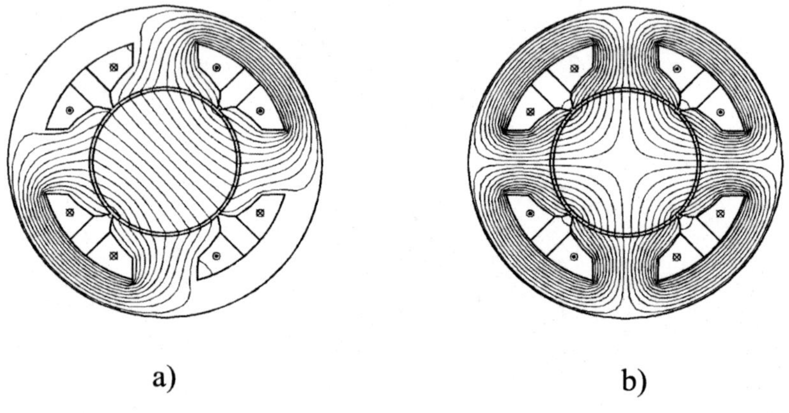

Abb. 10.9: *Ankerfeldverläufe für unterschiedliche Bestromung der Wicklungen: a) zweipoliges Drehfeld für die Erzeugung der Tragkraft; b) vierpoliges Wechselfeld für die Erzeugung des Drehmomentes*

(Abb. 10.9.a sowie ein vierpoliges Wechselfeld für Regelung des Drehmomentes (Abb. 10.9.b erzeugen. Im Betrieb des Motors werden die einzelnen Stromkomponenten in der Ansteuerelektronik und damit auch die magnetischen Felder im Motor überlagert.

Infolge der konzentrierten Wicklungen entstehen in den Motorausführungen von Abb. 10.8 starke Oberwellenfelder im Luftspalt. Die Berechnung der Kraftortskurven ergeben für konstante Strangströme bei einer Drehung des Rotors Kurvenverläufe, die stark von der idealen Kreisform abweichen können. In Abb. 10.10 ist beispielhaft der Verlauf des Tragkraftvektors für die beiden Motorausführungen in Abb. 10.8 dargestellt. Die Form dieser Kurve wird durch

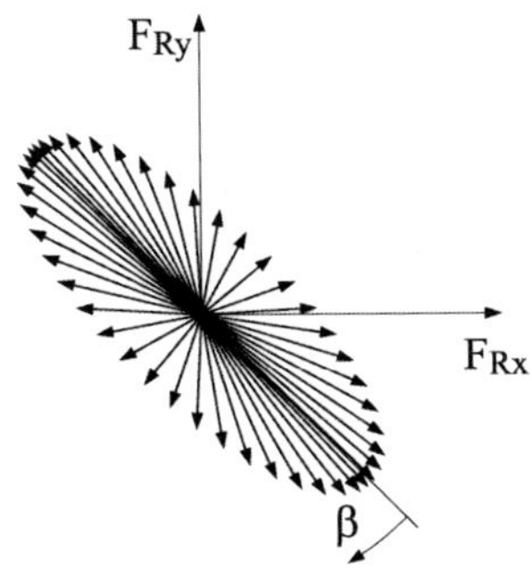

Abb. 10.10: *Kraftortskurve für die Motorausführung mit konzentrierten Wicklungen nach Abb. 10.8 bei Drehung des Rotors* (0° ... 180°)

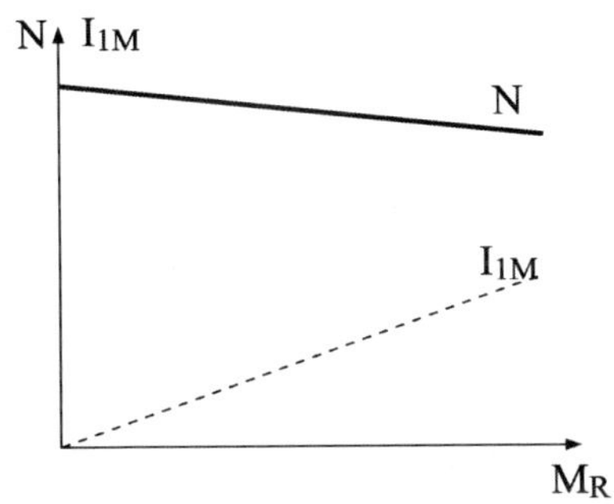

Abb. 10.11: *Drehmoment-Drehzahl-Kennlinie (U konstant) und Drehmoment-Strom-Charakteristik des lagerlosen Motors*

die Rotor- und Statorgeometrie, die Magnetisierung der Permanentmagnete sowie durch die Ausführungsform des Motors (Innen- oder Außenläufer) beeinflußt [481, 482, 483, 484].

In den vorgestellten lagerlosen Motoren erfolgt die Drehmomenterzeugung nach den gleichen Prinzipien wie bei konventionellen elektronisch kommutierten Motoren. Die Kennlinien unterscheiden sich daher, sofern durch den Einfluß der Tragkraftwicklung keine Eisensättigung und keine störende Einkopplung von Harmonischen erfolgt, in ihrer Form grundsätzlich nicht von den bürstenlosen Permanentmagnetantrieben. Die Drehzahl-Drehmoment-Charakteristik zeigt daher ein Nebenschlußverhalten. Der Zusammenhang zwischen dem Motormoment M_R und dem Strom I_{1M} der Drehmomentwicklung ist ebenfalls linear. In Abb. 10.11 ist der typische Verlauf der Kennlinien dargestellt.

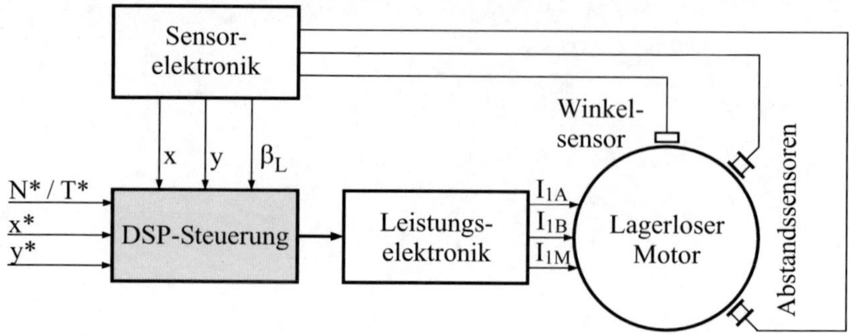

Abb. 10.12: *Blockschaltbild der Motorelektronik*

10.4 Regelung und elektronische Ansteuerung

Abbildung 10.12 zeigt das prinzipielle Blockschaltbild der elektronischen Ansteuerung lagerloser Permanentmagnetmotoren. Die Steuer- und Regelfunktionen werden von einem digitalen Signalprozessor ausgeführt. Zu den Aufgaben der zentralen Steuereinheit zählen unter anderem die feldorientierte Regelung der Rotorpositionskoordinaten sowie der Winkelposition, der Drehzahl oder des Drehmomentes, die Regelung und Überwachung der Statorströme, die Positions-, Winkel- und Drehzahlauswertung, die Überwachung der Betriebszustände in Motor und Elektronik sowie gegebenenfalls auch die Überwachung und Kompensation der Rotorunwucht durch eine entsprechende Verlagerung der Rotationsachse. Die Bestimmung der Rotorpositionskoordinaten und des Drehwinkels wird im allgemeinen mit optischen oder magnetischen Sensoren bzw. über die Auswertung der elektrischen Stranggrößen sensorlos vorgenommen.

Die Regelung der Rotorpositionskoordinaten erfolgt gemäß der Darstellung in Abb. 10.12 in zwei orthogonalen Achsen x und y. Für die Modellierung und den Entwurf der Regelung ist der Zusammenhang zwischen den Tragkräften und den Strömen darzustellen. Hierbei ist zu beachten, daß die Tragkräfte des lagerlosen Motors im allgemeinen durch nichtlineare Funktionen beschrieben werden und eine geschlossene Lösung für die zur Erzielung eines bestimmten Tragkraftvektors geforderten Ströme oft nicht in exakter Form angegeben werden kann.

Die radialen Tragkräfte hängen von mehreren Zustandsgrößen ab. Dies sind die Rotorauslenkung $\boldsymbol{x}$, die Strangströme $\boldsymbol{I}_1$ und der Rotorwinkel $\beta = \beta_L$, wobei es sich bei den ersten beiden Größen um vektorielle Größen handelt.

Beispielhaft für die Linearisierung und die Vereinfachung der Tragkraftfunktion zur näherungsweisen Bestimmung des Zusammenhangs $\boldsymbol{I}_1(\boldsymbol{F}_R, \boldsymbol{x}, \beta_L)$ sei hier die dreisträngige Motorausführung aus Abb. 10.8.a mit einer nichtlinearen Kraftortskurve (Abb. 10.10) angeführt. Die auf den Rotor wirkenden Tragkräfte in den beiden Achsen x und y können zunächst in allgemeiner Form durch folgende Funktion dargestellt werden

$$\begin{bmatrix} F_{Rx} \\ F_{Ry} \end{bmatrix} = \boldsymbol{F}_R(\boldsymbol{I}_1, \boldsymbol{x}, \beta_L) \tag{10.57}$$

mit der Rotorauslenkung

$$\boldsymbol{x} = \begin{bmatrix} x \\ y \end{bmatrix} \tag{10.58}$$

und den Strangströmen

$$\boldsymbol{I}_1 = \begin{bmatrix} I_{1A} \\ I_{1B} \\ I_{1M} \end{bmatrix} \tag{10.59}$$

Für die vorangegangene Gleichung kann aufgrund der hohen Nichtlinearität keine allgemeine geschlossene Lösung für die Beschreibung der Strangströme als Funktion der Tragkräfte, der Rotorauslenkung und des Rotorwinkels gefunden werden. Die Kraftgleichung wird daher im folgenden linearisiert und vereinfacht.

Die Linearisierung der Tragkräfte um den Arbeitspunkt $\boldsymbol{I}_{10}$ und $\boldsymbol{x}_0$ führt zu folgender Beziehung:

$$\boldsymbol{F}_R(\boldsymbol{I}_1, \boldsymbol{x}, \beta_L) = \boldsymbol{F}_R\Big|_{\boldsymbol{I}_{10},\boldsymbol{x}_0,\beta_L} + \frac{\partial \boldsymbol{F}_R}{\partial \boldsymbol{x}}\Big|_{\boldsymbol{I}_{10},\boldsymbol{x}_0,\beta_L} \Delta\boldsymbol{x} + \frac{\partial \boldsymbol{F}_R}{\partial \boldsymbol{I}_1}\Big|_{\boldsymbol{I}_{10},\boldsymbol{x}_0,\beta_L} \Delta\boldsymbol{I}_1 \tag{10.60}$$

Hierbei beschreibt der erste Term den statischen Kraftanteil und der zweite und dritte Term die Abhängigkeit der Tragkraft von der Rotorauslenkung und den Statorströmen. Der Betriebspunkt der Motorlagerung kann so gewählt werden, daß der statische Kraftanteil verschwindet. Weiterhin kann für den geschlossenen Regelkreis unter der Annahme kleiner Rotorauslenkungen der zweite Kraftterm vernachlässigt werden. Damit verbleibt für die Näherungslösung als einzige Komponente die Stromabhängigkeit der Tragkraft. Diese läßt sich in Komponentenschreibweise folgendermaßen darstellen:

$$\begin{bmatrix} F_{Rx} \\ F_{Ry} \end{bmatrix} = \begin{bmatrix} \frac{\partial F_{Rx}}{\partial I_{1A}} & \frac{\partial F_{Rx}}{\partial I_{1B}} \\ \frac{\partial F_{Ry}}{\partial I_{1A}} & \frac{\partial F_{Ry}}{\partial I_{1B}} \end{bmatrix}\Bigg|_{\boldsymbol{I}_{10},\boldsymbol{x}_0,\beta_L} \begin{bmatrix} \Delta I_{1A} \\ \Delta I_{1B} \end{bmatrix} + \underbrace{\begin{bmatrix} \frac{\partial F_{Rx}}{\partial I_{1M}} \\ \frac{\partial F_{Ry}}{\partial I_{1M}} \end{bmatrix}\Bigg|_{\boldsymbol{I}_{10},\boldsymbol{x}_0,\beta_L}}_{\approx \boldsymbol{0}} \Delta I_{1M} \tag{10.61}$$

Für viele Motorausführungen kann die Tragkraft- und die Drehmomentbildung als weitgehend *entkoppelt* betrachtet werden. Wird weiter angenommen, daß der Arbeitspunkt des Rotors mit dem geometrischen Mittelpunkt des Stators übereinstimmt und zudem die statische Tragkraft vernachlässigbar klein ist, gilt

$$\begin{aligned} \boldsymbol{I}_{10} &= \boldsymbol{0} \\ \boldsymbol{x}_0 &= \boldsymbol{0} \end{aligned}$$

so daß sich die Kraftfunktion auf folgende relativ einfache Beziehung

$$\begin{bmatrix} F_{Rx} \\ F_{Ry} \end{bmatrix} = \boldsymbol{T}_m(\beta_L) \begin{bmatrix} I_{1A} \\ I_{1B} \end{bmatrix} \tag{10.62}$$

mit der Matrix

$$\boldsymbol{T}_m(\beta_L) = \left. \begin{bmatrix} \dfrac{\partial F_{Rx}}{\partial I_{1A}} & \dfrac{\partial F_{Rx}}{\partial I_{1B}} \\ \dfrac{\partial F_{Ry}}{\partial I_{1A}} & \dfrac{\partial F_{Ry}}{\partial I_{1B}} \end{bmatrix} \right|_{\boldsymbol{I}_{10},\boldsymbol{x}_0,\beta_L} \tag{10.63}$$

reduziert.

Mit dem in der vorangegangenen Gleichung erhaltenen Ergebnis kann nun die Abhängigkeit der Ströme von den Tragkräften und dem Rotorwinkel gefunden werden

$$\begin{bmatrix} I_{1A} \\ I_{1B} \end{bmatrix} = \boldsymbol{T}_m^{-1}(\beta_L) \begin{bmatrix} F_{Rx} \\ F_{Ry} \end{bmatrix} \tag{10.64}$$

In Abb. 10.13 und 10.14 sind Beispiele für die überlagerten Regelkreise für Rotorpositionskoordinaten und Drehzahl dargestellt. Abbildung 10.13 zeigt die feldorientierte Regelung der Drehzahl mit unterlagertem Stromregelkreis für eine dreisträngige Motorwicklung. Die Regelkreisstruktur entspricht den Auslegungen konventioneller bürstenloser Permanentmagnetantriebe. Zur Steigerung der Drehzahl über die Nenndrehzahl hinaus kann, wie im Signalflußplan angedeutet, auch die Möglichkeit der Feldschwächung in Betracht gezogen werden. Damit läßt sich unter Voraussetzung einer entsprechenden Reduktion des Drehmomentes eine elektrische Überdimensionierung der Leistungselektronik vermeiden.

In Abb. 10.14 ist der Signalflußplan für die feldorientierte Regelung der Rotorpositionskoordinaten in zwei Freiheitsgraden zu sehen. Die Struktur des Regelkreises ist der der Drehzahlregelung sehr ähnlich. Auch hier ist der Positionskoordinatenregelung eine Stromregelung unterlagert. In der Transformationsfunktion $\boldsymbol{I}(\boldsymbol{F}_R, \beta_L)$ wird der winkelabhängige Zusammenhang zwischen Kraft- und Stromvektor gemäß Gl. (10.64) beschrieben. Diese Information kann zur Verkürzung der Rechenzeit in Tabellenform im Speicher des Prozessors abgelegt sein.

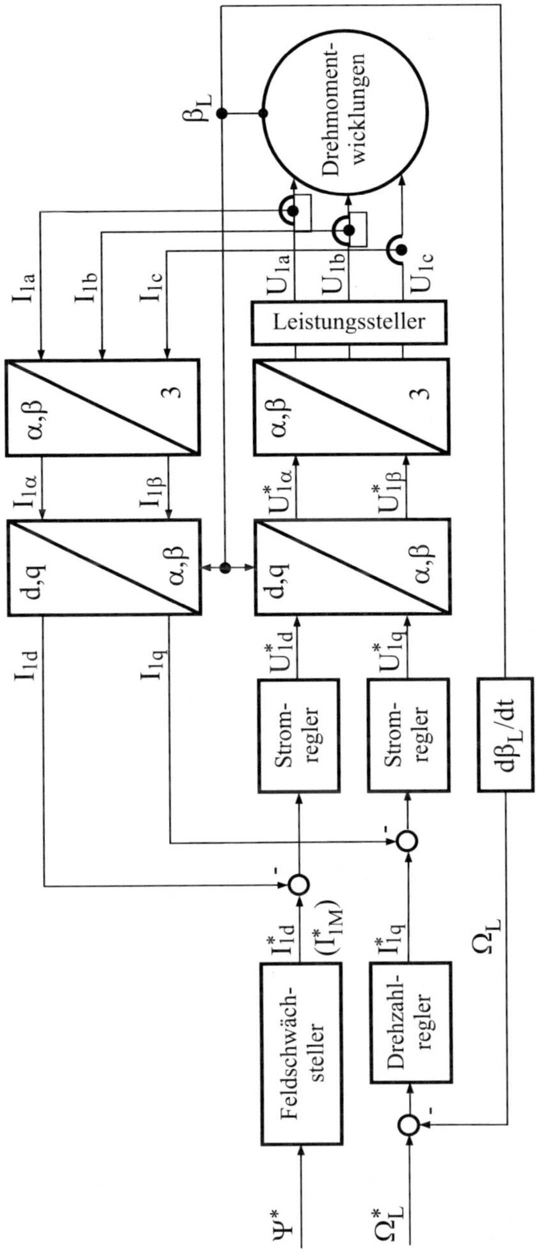

Abb. 10.13: *Signalflußplan der Drehzahlregelung (Drehmomentwicklungen dreisträngig)*

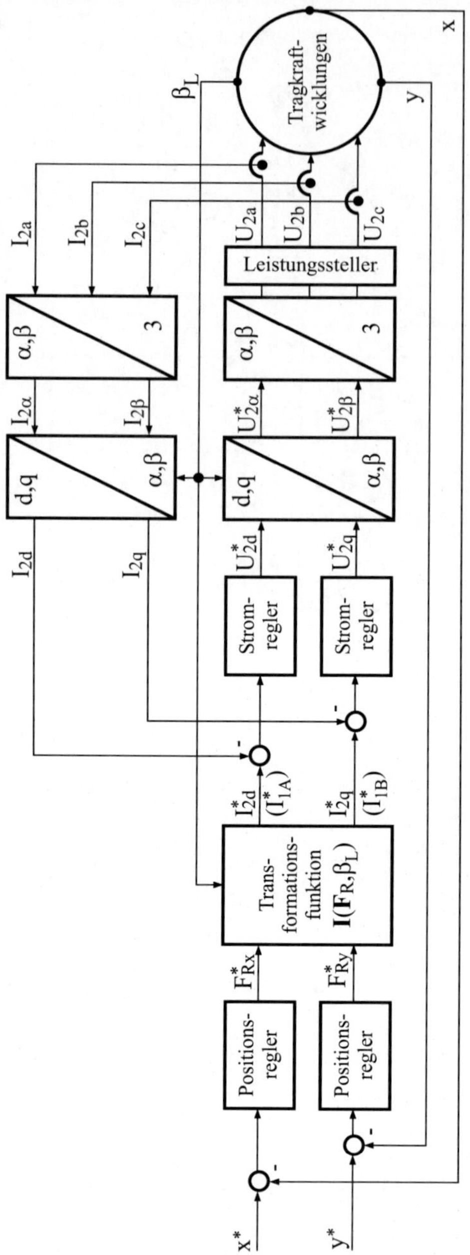

Abb. 10.14: *Signalflußplan der Rotorpositionskoordinatenregelung (Tragkraftwicklungen dreisträngig)*

10.5 Lagerlose Motoren mit drei passiv stabilisierten Freiheitsgraden

Durch die Verwendung von lagerlosen Motoren ist es, wie in den vorangegangenen Ausführungen gezeigt wurde, möglich, die Anzahl der für das magnetgelagerte Antriebssystem benötigten mechanischen und elektrischen Komponenten zum Teil deutlich zu reduzieren. Ein in fünf Freiheitsgraden gelagertes Antriebssystem kann beispielsweise aus einem lagerlosen Motor und einer Kombination mit nur einem Radial- und Axiallager gebildet werden.

Für verschiedene Applikationen aus der Kleinantriebstechnik, wie beispielsweise bei Pumpen, Lüftern oder Gebläsen, ist die starre Lagerung des Rotors in axialer Richtung und den beiden Kipprichtungen nicht immer zwingend erforderlich. Hier genügt es, den Antrieb lediglich in den beiden orthogonalen radialen Richtungen, d.h. in nur zwei Freiheitsgraden, aktiv zu regeln. Der dritte Freiheitsgrad, die Rotationsbewegung um die Rotorachse, wird wahlweise durch eine Steuerung oder Regelung der Drehzahl stabilisiert. Die Stabilisierung der restlichen Freiheitsgrade kann bei entsprechendem Design durch die Ausnutzung der magnetischen Zugkräfte zwischen den Rotorpermanentmagneten und dem Statoreisen erfolgen. Für eine steife Führung bezüglich der beiden Kipprichtungen ist es hierbei notwendig, den Rotor als Scheibenmotor auszulegen [485].

In Abb. 10.15 ist hierzu ein Ausführungsbeispiel für eine magnetgelagerte Pumpe angegeben. Das Gehäuse der Pumpe ist hermetisch geschlossen. Für die Führung des Pumpenlaufrades werden weder eine Welle noch Dichtungen oder mechanische Lager benötigt. Der Permanentmagnetrotor, auf dem durch einen Kunststoffspritzvorgang das Pumpenrad sowie ein vor Feuchtigkeit schützender Rotormantel aufgebracht sind, wird über magnetische Felder gelagert und angetrieben. Die Pumpe arbeitet daher unabhängig von der Drehzahl, den im Pumpenraum auftretenden Temperaturen und eventuellen chemischen Einflüssen völlig abrieb- und verschleißfrei. Im einfachsten Fall mit den Motorausführungen nach den Abbildungen 10.8.a oder b werden für den lagerlosen Antrieb lediglich drei bzw. vier Leistungsanschlüsse zur elektrischen Steuerung benötigt.

In Abb. 10.16 ist die Industrieausführung einer lagerlosen Pumpe mit einem Drehfeldmotor dargestellt. Um einen möglichst großen Freiraum für das Pumpengehäuse und dessen Anschlüsse zu erhalten, ist der Antrieb mit einem tempelförmigen Aufbau realisiert. Die ferromagnetische Bodenplatte sowie die Klauen dienen für die Führung des magnetischen Flusses. Die Wicklungen für die Tragkraft- und Drehmomenterzeugung bestehen aus vorgefertigten Spulen, die bei der Montage über die Klauen gesteckt werden. In dem linken Bild ist auch der Pumpenteil zu sehen. Er besteht aus einem hermetisch geschlossenen Pumpengehäuse und einem Pumpenrad, in das ein ringförmiger Permanentmagnetrotor eingelegt ist.

Nicht unwichtig für den praktischen Einsatz aller aktiv magnetisch gelagerten Einrichtungen ist die Frage, was beim Ausfall der elektrischen Energie geschieht. Mechanische Notlauflager, die gegebenenfalls als Verschleißteile auszuführen sind,

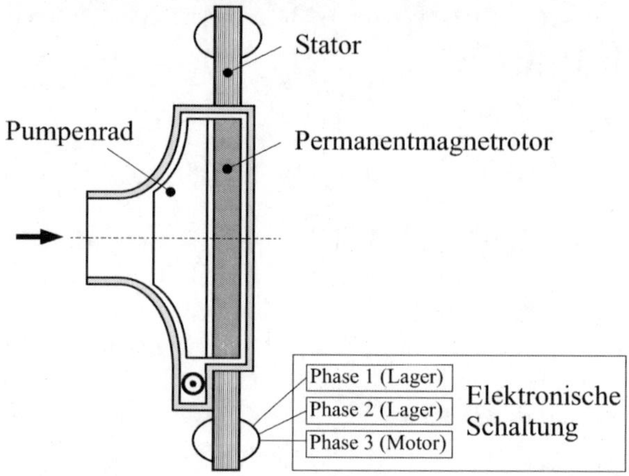

Abb. 10.15: *Wartungsfreie sterile Pumpe mit integriertem lagerlosen Motor*

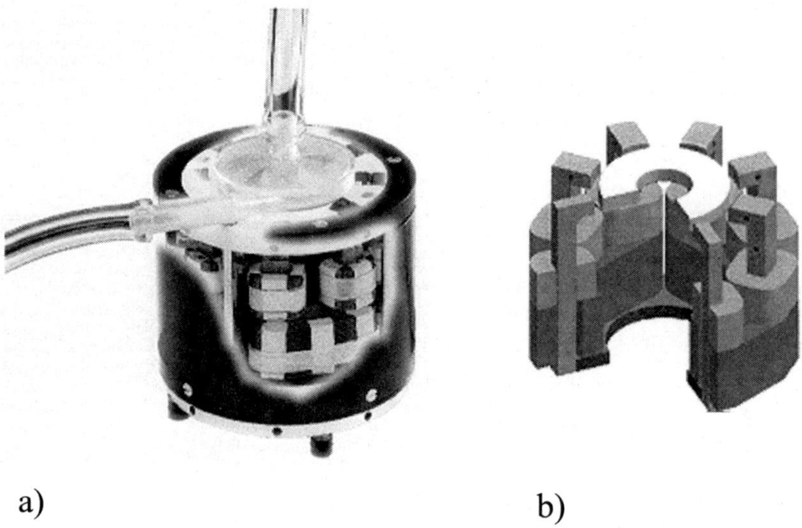

Abb. 10.16: *Lagerloser Tempelmotor mit getrennten Wicklungen für die Tragkraft- und Drehmomenterzeugung: a) Ausführung als Pumpe; b) Prinzipieller Aufbau (Quelle: Sulzer Electronics AG, Winterthur)*

sind in der Regel alleine keine befriedigende Lösung. Eleganter ist es, die in den rotierenden Massen gespeicherte Energie zur Versorgung der Meß-, Signal- und Leistungselektronik heranzuziehen, bis der Antrieb zum Stillstand kommt [492].

Ein weiteres Ausführungsbeispiel für lagerlose Motoren mit zwei aktiv stabilisierten Freiheitsgraden zeigt Abb. 10.17. Hier ist die bereits in Kap. 10.3 vorge-

Abb. 10.17: *Ausführungsbeispiel eines lagerlosen Außenläufermotors mit lediglich zwei aktiv stabilisierten Freiheitsgraden (Permanentmagnetrotor angehoben) (Quelle: Lehrstuhl für Leistungselektronik und Antriebstechnik, Johannes Kepler Universität Linz)*

stellte vierpolige Motorvariante in Außenläuferbauweise dargestellt. Der Stator trägt, wie aus der Abbildung zu erkennen ist, lediglich vier Spulen. Entsprechend sind an der Innenseite der Rotorglocke vier Permanentmagnetsegmente sowie ein Eisenrückschluß angebracht. Der mechanische Aufbau des Motors entspricht sowohl in der Stator- wie auch in der Rotorausführung prinzipiell dem einfachen Aufbau von Axiallüftern. Neben den Winkelsensoren werden zusätzlich noch Sensoren zur Messung der Rotorpositionskoordinaten benötigt.

11 Kleinantriebe

11.1 Schrittmotoren

11.1.1 Einführung, Funktionsprinzip

Schrittmotoren sind eine Sonderbauform der Synchronmaschine mit ausgeprägten Statorpolen. Die charakteristische Eigenschaft von Schrittmotoren ist das schrittweise Drehen des Rotors und damit der Motorwelle um den Schrittwinkel α, verursacht durch ein sprungförmig weitergeschaltetes Statormagnetfeld.

In Abb. 11.1 ist ein dreisträngiger Reluktanz-Schrittmotor dargestellt, dessen Rotor dem Statormagnetfeld folgt, indem die Position für den kleinsten magnetischen Widerstand eingenommen wird.

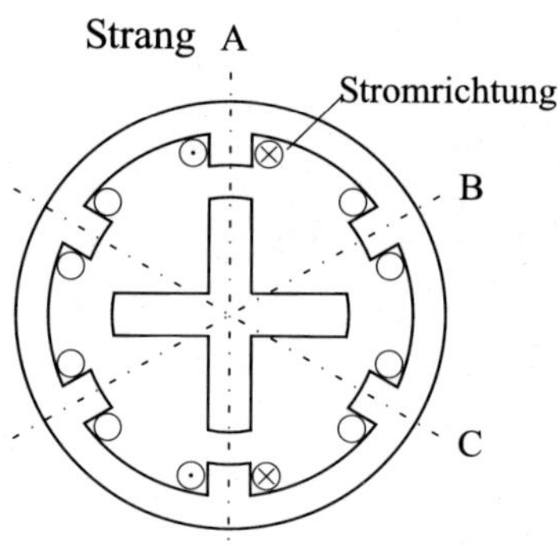

Abb. 11.1: *Dreisträngiger Reluktanz-Schrittmotor (Stränge A, B, C)*

Eine volle Umdrehung der Motorwelle setzt sich somit aus einer genau definierten Anzahl von Einzelschritten zusammen, die vom Motoraufbau abhängt.

Ein Schrittmotorantrieb setzt sich zusammen aus der Ansteuerung, die wiederum aus der Logik und dem Leistungselektronik-Stellglied besteht, und dem Schrittmotor selbst (Abb. 11.2.a). Die Logik erzeugt entsprechend der Eingangsinformation die Impulsfolge für die Ansteuerung der Leistungselektronik, welche die einzelnen Statorwicklungsstränge mit Energie versorgt.

Die Komponenten einschließlich der Last müssen sowohl aus elektrischer als auch aus mechanischer Sicht aufeinander abgestimmt sein.

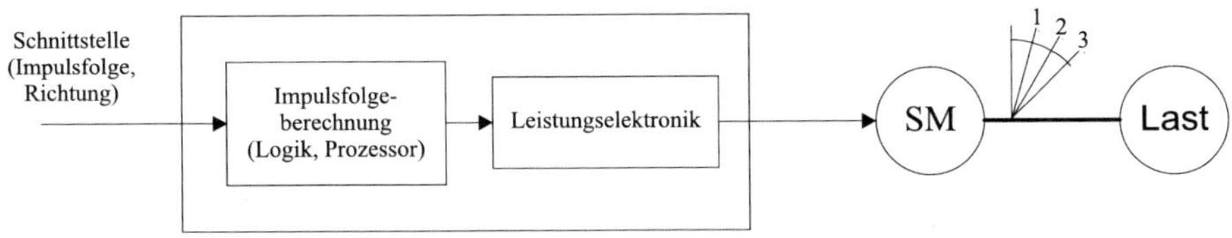

a) Prinzipieller Aufbau (SM = Schrittmotor)

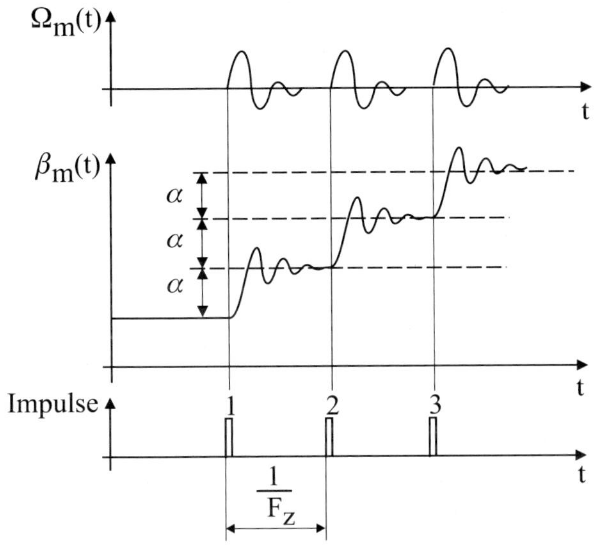

b) Zeitverläufe der mechanischen Winkelgeschwindigkeit Ω_m, des Verdrehwinkels β_m sowie der Eingangsimpulse

Abb. 11.2: *Schrittmotorantrieb*

In Abb. 11.2.b ist der zeitliche Verlauf der mechanischen Winkelgeschwindigkeit $\Omega_m(t)$, des Verdrehwinkels $\beta_m(t)$ sowie der Eingangsimpulse bei niedriger Schrittfrequenz F_z unter Berücksichtigung der elektrischen und der mechanischen Zeitkonstante dargestellt. Jeder Steuerimpuls verursacht ein Weiterschalten des Statorfeldes um einen konstanten Winkel α, dem der Rotor des Schrittmotors mit geringer Verzögerung folgt. Der Rotor verharrt nach einem kurzen Einschwingvorgang solange in der neuen Position, die sich um den mechanischen Schrittwinkel α von der vorigen Position unterscheidet, bis ein neuer Steuerimpuls eintrifft. Für den Schrittwinkel α gilt:

$$\alpha = \frac{2\pi}{z} \qquad (z = \text{Schrittzahl}) \tag{11.1}$$

Die Schrittzahl z, d.h. die Anzahl der Schritte des Rotor je Umdrehung, ist abhängig von der Bauform bzw. der Ausführungsform des Motors [515, 516].

Die mittlere Drehzahl N des Schrittmotors errechnet sich aus der Schrittzahl z und der Schrittfrequenz F_z:

$$N = \frac{\Omega_m}{2\pi} = \frac{F_z}{z} \qquad (F_z = \text{Schrittfrequenz}) \tag{11.2}$$

Die Schrittfrequenz F_z ist die Anzahl der Schritte des Rotors pro Sekunde.

Durch eine Aneinanderreihung von diskreten Einzelschritten führt daher der Schrittmotor den gewünschten Positioniervorgang aus. Der zurückgelegte Gesamtverdrehwinkel β_m des Rotors kann im störungsfreien Betrieb und unter Vernachlässigung des Schrittwinkelfehlers nur ein ganzzahliges Vielfaches des Schrittwinkels α sein.

Mit dem Schrittmotor kann man also eine diskrete Positionierung ohne Rückmeldung der Rotorlage realisieren. Dieser Betrieb als Glied in einer offenen Steuerkette bringt einen erheblichen Kostenvorteil gegenüber Positionsregelungen und begünstigt neben der hohen Lebensdauer des Schrittmotors dessen Einsatz. Nachteilig ist die Neigung zu mechanischen Schwingungen und das Außertritt-Fallen bei zu hoher Belastung, was zu Schrittverlusten oder sogar zum Stillstand des Motors führen kann.

11.1.2 Grundtypen von Schrittmotoren

Die vielfältigen Bauformen von elektrischen Schrittmotoren lassen sich im allgemeinen auf drei Grundtypen zurückführen, die nachfolgend kurz erklärt werden.

- Reluktanz-Schrittmotor (VR-Schrittmotor),
- Permanentmagneterregter Schrittmotor (PM-Schrittmotor),
- Hybrid-Schrittmotor (HY-Schrittmotor).

11.1.2.1 Reluktanz-Schrittmotor

Abbildung 11.1 zeigt den grundsätzlichen Aufbau eines dreisträngigen Reluktanz-Schrittmotors. Im Stator sind die drei Strangwicklungen A, B ,C untergebracht. Der Rotor besteht aus einem weichmagnetischen Material, dessen Zahnteilung gegenüber der Polteilung des Stators ungleich ist. Bei Erregung des Stranges A wird der Rotor die gezeichnete Stellung einnehmen, da in dieser Stellung der magnetische Widerstand (Reluktanz) für den erregten magnetischen Kreis ein Minimum annimmt. Wird der Rotor aus der gezeichneten Stellung ausgelenkt, entsteht ein Drehmoment, das den Rotor wieder in die ursprüngliche Lage zurückführt.

Der Stator eines Reluktanzmotors benötigt mindestens zwei Strangwicklungen, um die Drehrichtung wechseln zu können. Der veränderliche magnetische Widerstand führt zur Kurzbezeichnung „VR-Motor“ (Variable Reluctance Motor). Im stromlosen Zustand besitzt dieser Motor kein Selbsthaltemoment (siehe Kap. 11.1.2.2).

Die Schrittzahl z berechnet sich unter Einhaltung der Ausführbarkeitsbedingung wie folgt [516]:

$$z = Z_R \cdot m_S = 2 \cdot Z_p \cdot m_S \tag{11.3}$$

mit: Z_R = Anzahl der Rotorzähne
m_s = Strangzahl im Stator

Bei VR-Schrittmotoren übernimmt somit $Z_R/2$ die Rolle der Polpaarzahl Z_p.

Für den in Abb. 11.1 dargestellten VR-Schrittmotor gilt: $m_S = 3$ und $Z_R = 4$. Daraus folgt für die Schrittzahl $z = 12$ und für den Schrittwinkel $\alpha = 30°$.

Zum besseren Verständnis von Schrittzahl z und Schrittwinkel α sind die ersten drei Schritte dieses VR-Schrittmotors in Abb. 11.3 dargestellt (siehe auch Tabelle 11.1). Für die Darstellung in Abb. 11.3 wurde angenommen, daß jeweils nur einer der drei Statorstränge stromdurchflossen ist.

Wie Abb. 11.3 und Tabelle 11.1 zu entnehmen ist, dreht sich bei einer Weiterschaltung des Strombelags – und damit des Statormagnetfeld-Raumzeigers $\vec{B}$ –

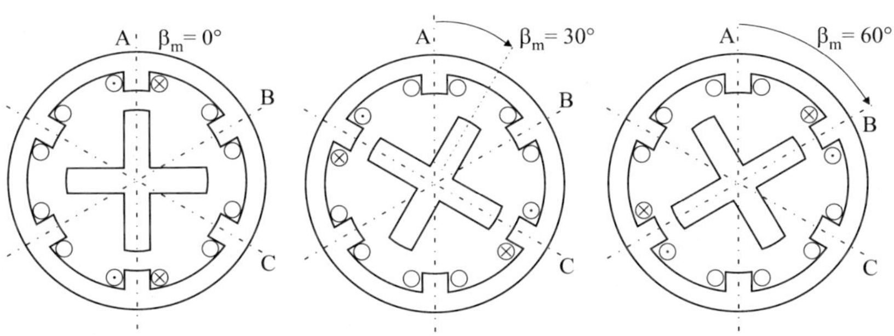

Abb. 11.3: *Schritte 1, 2 und 3 des dreisträngigen VR-Schrittmotors nach Abb. 11.1, jeweils ein Statorstrang erregt*

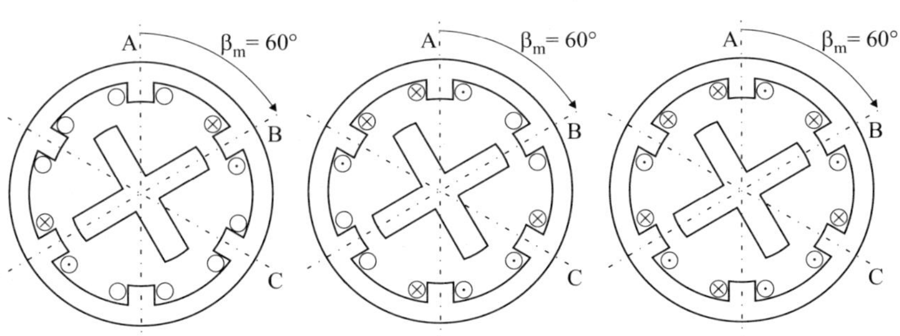

a) 1 Strang erregt b) 2 Stränge erregt c) 3 Stränge erregt

Abb. 11.4: *Schritt 3 ($\beta_m = 60°$) des VR-Schrittmotors nach Abb. 11.1*

Tabelle 11.1: *Schrittfolge des dreisträngigen Reluktanz-Schrittmotors nach Abb. 11.1*

Schritt	1	2	3	4	5	6	...	12
Winkel β_m des Rotors	0°	30°	60°	90°	120°	150°	...	330°
Winkel β_S des Statorfeld-Raumzeigers $\vec{B}$	0°	120°	240°	0°	120°	240°	...	240°
a) eine erregte Wicklung	A +	C +	B −	A +	C +	B −	...	B −
b) zwei erregte Wicklungen	B + C −	A − B +	A − C −	B + C −	A − B +	A − C −	... ...	A − C −
b) drei erregte Wicklungen	A + B + C −	A − B + C +	A − B − C −	A + B + C −	A − B + C +	A − B − C −	... ...	A − B − C −

um 120° der Rotor um $\alpha = 30°$ weiter, d.h. bis zur nächsten magnetischen Vorzugslage (Koinzidenzstellung).

Dieselbe Schrittfolge läßt sich auch erzielen, wenn jeweils zwei oder drei Statorstränge gleichzeitig erregt werden. Die Stränge und die Richtung der Strangströme sind dann so zu wählen, daß sich dieselbe Winkellage β_S des resultierenden Raumzeigers $\vec{B}$ wie bei nur einer stromdurchflossenen Wicklung ergibt (siehe Abb. 11.4 und Tabelle 11.1). Bei gleichem Betrag der Wicklungsströme erhöht sich somit die resultierende Amplitude $|\vec{B}|$ des Statormagnetfelds und somit auch das erzielbare Drehmoment. Durch den mehrsträngigen Betrieb der Maschine kann darüber hinaus der Ersatz der H-Brücken für jeden Strang durch ein kompaktes Leistungselektronikmodul (z.B. B6-Schaltung in einem Modul) möglich werden, wodurch sich der schaltungstechnische Aufwand deutlich reduziert.

Weitere Ausführungen zu Reluktanz-Schrittmotoren sind in Kap. 8 enthalten.

11.1.2.2 Permanentmagneterregter Schrittmotor

Abbildung 11.5 zeigt den grundsätzlichen Aufbau eines zweisträngigen permanetmagneterregten Schrittmotors (PM-Schrittmotor). Der permanetmagnetische Rotor stellt sich immer in polaritätsrichtige Koinzidenz mit dem durch die erregten Statorwicklungen erzeugten Statormagnetfeld. Die Drehrichtung des Rotors wird bestimmt durch die magnetische Polarität der Statorpole, d.h. durch die Richtung des Stroms in den Strangwicklungen. Für eine Drehung im Uhrzeigersinn muß der Strom nach Strang A in Strang B eingeprägt werden, wie in Abb. 11.5 dargestellt.

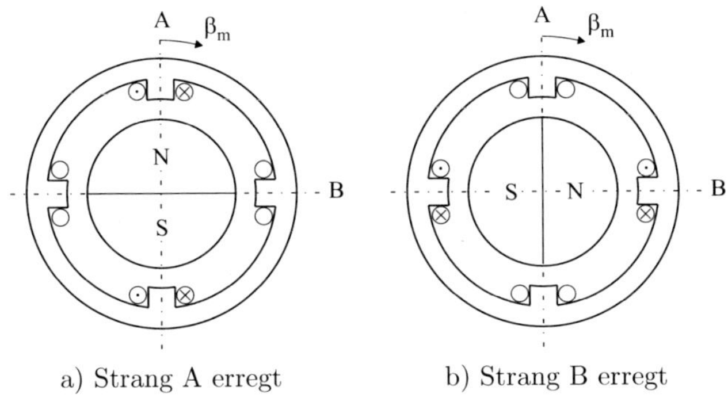

Abb. 11.5: *Permanentmagneterregter zweisträngiger Schrittmotor*

Im stromlosen Zustand entwickelt der PM-Schrittmotor bei Auslenkung aus der gezeichneten Stellung ein *Selbsthaltemoment* $\hat{M}_{SH}$. Darunter versteht man das maximale Drehmoment, mit dem man einen *nicht erregten* Motor statisch belasten kann, ohne eine kontinuierliche Drehung hervorzurufen.

Die wichtigsten Vertreter der PM-Schrittmotoren sind der Klauenpol-Schrittmotor und der Scheibenmagnet-Schrittmotor.
Für die Schrittzahl z gilt:

$$z = Z_p \cdot k_z \qquad (Z_p = \text{Polpaarzahl des Rotors}) \tag{11.4}$$

Der Faktor k_z gibt an, in wie viele Abschnitte eine Periode der Statorströme unterteilt ist (siehe Betriebsarten, Kap. 11.1.5.4). Es gilt für:

Vollschrittbetrieb: $k_z = 2 \cdot m_S$,
Halbschrittbetrieb: $k_z = 4 \cdot m_S$.

Für den in Abb. 11.5 dargestellten PM-Schrittmotor gilt: $m_S = 2$ und $Z_p = 1$. Daraus folgt für:

Vollschrittbetrieb: $k_z = 4$, Schrittzahl $z = 4$, Schrittwinkel $\alpha = 90°$,
Halbschrittbetrieb: $k_z = 8$, Schrittzahl $z = 8$, Schrittwinkel $\alpha = 45°$.

Eine weitere wichtige Größe ist die Zahl n, die die Anzahl der stromdurchflossenen Statorwicklungen angibt. Beim Motor nach Abb. 11.5 ist die Statorstrangzahl $m_S = 2$, d.h. es können nur eine Wicklung ($n = 1$) oder beide Wicklungen ($n = 2$) stromdurchflossen sein.

Bei Vollschrittbetrieb ist die Zahl n der stromdurchflossenen Statorstränge konstant. Dies bedeutet für den in Abb. 11.5 dargestellten PM-Schrittmotor, daß bei $n = 1$ Strang A oder B stromdurchflossen ist und bei $n = 2$ beide Stränge gleichzeitig stromdurchflossen sind.

In Tabelle 11.2 sind für Vollschrittbetrieb und $n = 1$ bzw. $n = 2$ die zugehörigen Rotorlagen β_m für den PM-Schrittmotor nach Abb. 11.5 angeführt.

Tabelle 11.2: *Winkel β_m bei Vollschrittbetrieb und $n = 1$ bzw. $n = 2$ stromdurchflossenen Statorsträngen des PM-Schrittmotors nach Abb. 11.5*

Schritt	1	2	3	4
Winkel β_m bei Vollschrittbetrieb und $n = 1$	0°	90°	180°	270°
Winkel β_m bei Vollschrittbetrieb und $n = 2$	45°	135°	225°	315°

Tabelle 11.3: *Winkel β_m und Anzahl n der stromdurchflossenen Statorstränge bei Halbschrittbetrieb des PM-Schrittmotors nach Abb. 11.5*

Schritt	1	2	3	4	5	6	7	8
Winkel β_m bei Halbschrittbetrieb	0°	45°	90°	135°	180°	225°	270°	315°
Anzahl n der strom–durchflossenen Stränge	1	2	1	2	1	2	1	2

Für Halbschrittbetrieb ist die Zahl n der stromdurchflossen Stränge nicht konstant; sie wechselt für den in Abb. 11.5 dargestellten Schrittmotor zwischen $n = 1$ und $n = 2$.

In Tabelle 11.3 sind für den PM-Schrittmotor nach Abb. 11.5 die Anzahl n der stromdurchflossenen Stränge und die zugehörige Rotorlage β_m bei Halbschrittbetrieb angeführt.

Weitere Ausführen zu den verschiedenen Betriebsarten sind in Kap. 11.1.5.4 und 11.1.5.5 enthalten.

11.1.2.3 Hybrid-Schrittmotor

Der Hybrid-Schrittmotor (HY-Schrittmotor, Abb. 11.6) ist eine Kombination aus VR- und PM-Schrittmotor. Dadurch werden der Vorteil des VR-Schrittmotors – kleine Schrittwinkel – und die Vorteile des PM-Schrittmotors – großes Drehmoment und Selbsthaltemoment – vereint. Der Rotor besteht aus einem in axialer Richtung angeordneten Permanentmagneten, der zwischen zwei weichmagnetischen Zahnscheiben liegt. Diese Zahnscheiben sind gegeneinander um eine halbe Zahnteilung versetzt. Durch die Anordnung des Permanentmagneten im Rotor bildet eine Zahnscheibe den Nordpol, die andere den Südpol des Rotors. Je nachdem, welcher Strang des Stators stromdurchflossen ist, richten sich die Rotorzähne nach den entsprechenden Statorzähnen aus.

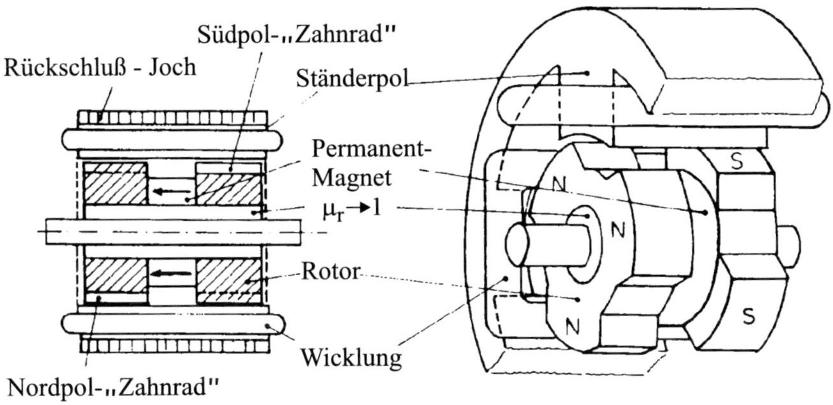

Abb. 11.6: *Hybrid-Schrittmotor (HY-Motor) [516]*

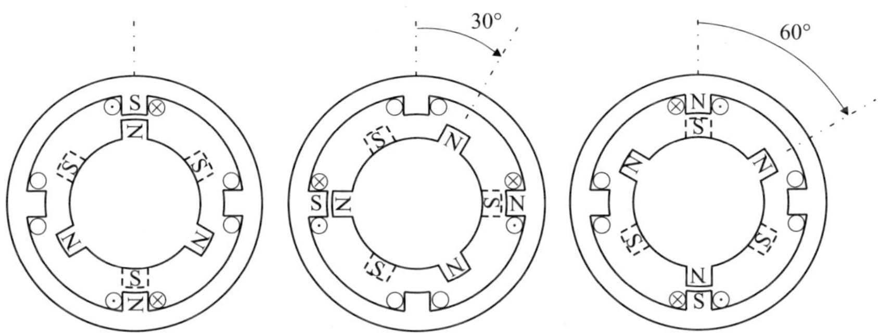

Abb. 11.7: *Hybrid-Schrittmotor, jeweils ein Strang erregt*

Abbildung 11.7 zeigt die Schrittfortschaltung bei Vollschrittbetrieb mit Hilfe einer vereinfachten Darstellung des Motoraufbaus. Die Anzahl n der stromdurchflossenen Stränge ist konstant und beträgt $n = 1$. Bei einer Weiterschaltung des Statormagnetfeldes um den (elektrischen) Fortschaltewinkel 90° folgt der Rotor mit dem (mechanischen) Schrittwinkel $\alpha = 30°$.

Die Berechnung der Schrittzahl z ist für jeden permanentmagneterregten Schrittmotor identisch und wurde bereits im Kap. 11.1.2.1 beschrieben.

Für die Schrittzahl z des in Abb. 11.7 dargestellten HY-Schrittmotors gilt: $m_S = 2$ und $Z_p = 3$. Daraus folgt bei Vollschrittbetrieb für die Schrittzahl $z = 12$ und für den Schrittwinkel $\alpha = 30°$.

11.1.3 Gegenüberstellung Drehfeld–Schrittfeld

In den Kapiteln über die Asynchronmaschine und die Synchronmaschine (Kap. 5 und 6) waren folgende Bezeichnungen vereinbart worden:

Drehzahl:	N
mechanische Winkelgeschwindigkeit:	$\Omega_m = 2\pi \cdot N$
mechanischer Rotordrehwinkel:	$\beta_m = \int \Omega_m \, dt$
elektrische Winkelgeschwindigkeit:	Ω_L
elektrischer Rotordrehwinkel:	$\beta_L = \int \Omega_L \, dt$

Der Konvention für Schrittmotoren entsprechend werden im Folgenden für die *elektrischen* Drehwinkel folgende Bezeichnungen verwendet:

elektrischer Rotordrehwinkel:	γ
Winkel des Statormagnetfeld-Raumzeigers $\vec{B}$:	γ_S

Die Bezeichnung β_m für den mechanischen Rotordrehwinkel wird beibehalten.

Allgemein gilt folgende Beziehung zwischen dem elektrischen Winkel $\gamma = \beta_L$ und dem räumlichen (mechanischen) Winkel β_m im Statorkoordinatensystem bei einer Polpaarzahl Z_p:

$$\gamma = \beta_L = Z_p \cdot \beta_m \tag{11.5}$$

Eine konventionelle Drehfeldmaschine hat ein kontinuierlich umlaufendes Magnetfeld, beschrieben in Kap. 5, Gl. (5.21). Dies bedeutet, daß sich die Lage des Feldmaximums und damit des Statormagnetfeld-Raumzeigers $\vec{B}$, d.h. der resultierende Winkel $\gamma_S(t)$, linear mit der Zeit ändert. Es gilt mit $\gamma_0 = \gamma_S(t=0)$:

$$\gamma_S(t) = \gamma_0 + \frac{2\pi}{T_S} \cdot t \tag{11.6}$$

wobei T_S jene Zeitdauer darstellt, die der Raumzeiger $\vec{B}$ zum Durchlaufen des elektrischen Winkels 2π benötigt. In Abb. 11.8.a ist ein solcher Verlauf von $\gamma_S(t)$ dargestellt.

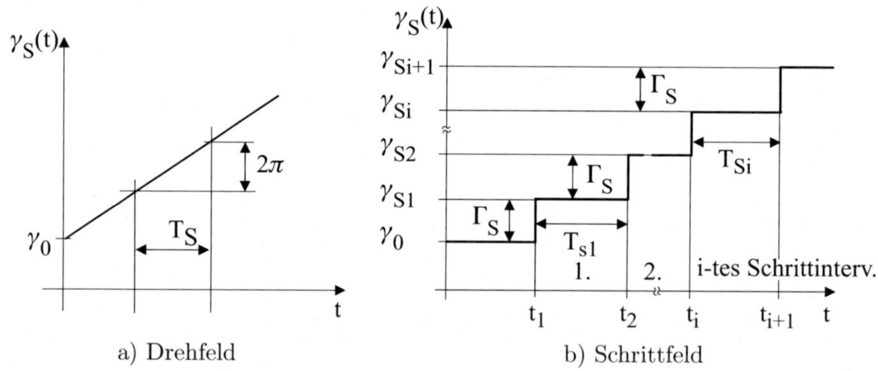

Abb. 11.8: *Zeitlicher Verlauf des Feldmaximums*

In Abb. 11.8.b ist $\gamma_S(t)$ für ein Schrittfeld abgebildet. Der Raumzeiger $\vec{B}$ bewegt sich sprungförmig um einen konstanten elektrischen Fortschaltewinkel Γ_S weiter. Es gilt mit $\gamma_0 = \gamma_S(t{=}0)$:

$$\gamma_{Si} = \gamma_0 + i \cdot \Gamma_S \qquad (\text{mit} \quad i = 0,\, 1,\, 2,\, 3,\, \ldots) \tag{11.7}$$

Der Rotor folgt dem Schrittfeld und dreht sich um den mechanischen Winkelschritt α weiter.

11.1.4 Betriebskennlinien, Betriebsverhalten

11.1.4.1 Statischer Drehmomentverlauf

Eine für den Schrittmotor charakteristische Größe ist das statische Drehmoment M_M in Abhängigkeit von der Winkellage $(\gamma - \gamma_S)$. Bestimmt wird das Drehmoment bei konstanten Strangströmen und somit bei einer konstanten Lage γ_S des resultierenden Raumzeigers $\vec{B}$. In Abb. 11.9 sind die vereinfachten Modelle eines PM- und eines VR-Schrittmotors dargestellt.
Darin stellt EW die Ersatzwicklung der stromdurchflossenen Wicklungen des Stators an der Stelle γ_S dar. Ohne äußeres Lastmoment dreht sich der Rotor in die Koinzidenzstellung $\gamma = \gamma_S$. Bei Verdrehung des Rotors aus dieser Stellung entsteht ein Moment, das der Verdrehung entgegen wirkt; die Lage $\gamma = \gamma_S$ ist somit eine stabile Gleichgewichtslage.

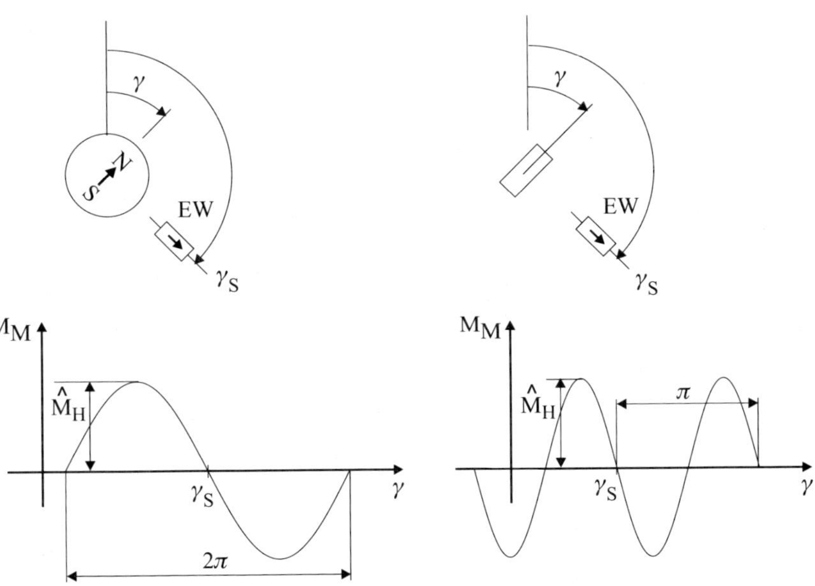

a) PM-Motor b) VR-Motor

Abb. 11.9: *Statischer Drehmomentverlauf*

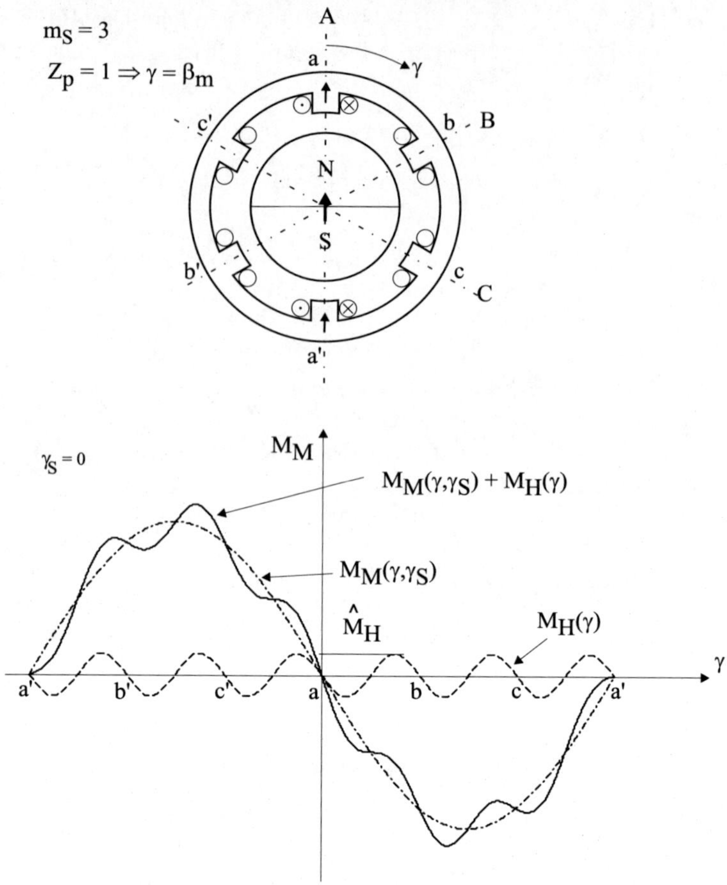

Abb. 11.10: *Einfluß des Selbsthaltemoments $M_H(\gamma)$ auf den resultierenden statischen Drehmomentenverlauf $M_M(\gamma)$ für einen dreisträngigen PM-Schrittmotor mit einem bestromten Strang A*

Für den Drehmomentverlauf kann – ausgehend von den vereinfachten Modellvorstellungen – geschrieben werden:

$$M_M(\gamma, \gamma_S) \;=\; -\,\hat{M}_H \cdot \sin\Big(k \cdot (\gamma - \gamma_S)\Big) \tag{11.8}$$

mit: γ_S = Lage des Feldmaximums (Raumzeiger $\vec{B}$)
γ = elektrischer Winkel
k = 1 (PM-Motor) bzw. k = 2 (VR-Motor)

Dabei ist $\hat{M}_H$ das sogenannte *Haltemoment* des Schrittmotors, d.h. das maximale Drehmoment, mit dem man einen *erregten* Motor statisch belasten kann, ohne eine kontinuierliche Drehung hervorzurufen.

Der Faktor k berücksichtigt die Tatsache, daß die räumliche Periode des Drehmomentverlaufs beim PM-Schrittmotor 2π ($k = 1$) und beim VR-Schrittmotor π ($k = 2$) beträgt. Da der Rotor des VR-Schrittmotors keine magnetische Vorzugslage besitzt, reproduzieren sich die drehmomentbildenden Feldverhältnisse bereits nach einer Rotordrehung um den Winkel π. Der Drehmomentverlauf vom VR-Motoren ist somit doppelfrequent zu dem von PM-Motoren.

Obwohl der in Gl. (11.8) beschriebene, vereinfacht dargestellte Drehmomentverlauf von realen Verläufen häufig stark abweicht, beschreibt Gl. (11.8) mit guter Näherung den Grundanteil des Drehmoments.

Schrittmotoren mit Permanentmagneten besitzen ein *Selbsthaltemoment* $\hat{M}_{SH}$. Darunter versteht man das maximale Drehmoment, mit dem man einen *nicht erregten* Motor statisch belasten kann, ohne eine kontinuierliche Drehung hervorzurufen. Der Verlauf des Selbsthaltemoments $M_{SH}(\gamma)$ des PM-Schrittmotors nach Abb. 11.10.a ist in Abb. 11.10.b dargestellt. Das Selbsthaltemoment überlagert sich dem Grundanteil des statischen Drehmoments nach Gl. (11.8), hier verursacht durch den Strom in der Strangwicklung A.

11.1.4.2 Statisches Lastverhalten

Wirkt bei einem ruhenden Motor mit stromdurchflossenen Wicklungen ein äußeres Lastmoment M_W (positiv in dem Sinne, daß ein solches Moment den Rotor zu kleineren γ-Werten verdreht), so stellt sich, wie in Abb. 11.11 dargestellt, eine neue Gleichgewichtslage γ_L ein.

Der mechanische Verdrehwinkel des Rotors, der sich durch dieses statische Lastmoment M_W gegenüber der unbelasteten Gleichgewichtslage ergibt, wird als Lastwinkel ϑ bezeichnet. Für den Lastwinkel gilt:

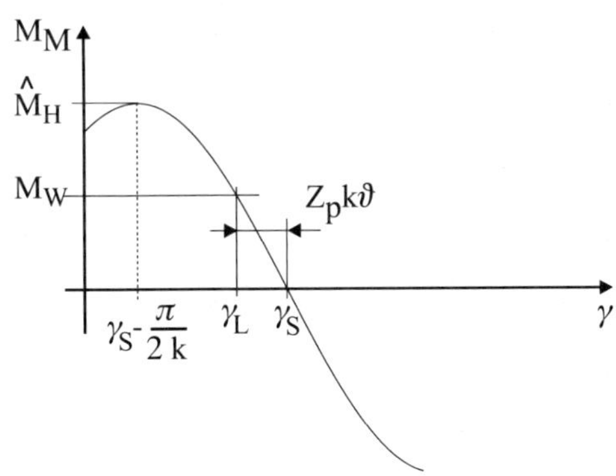

Abb. 11.11: *Statisches Lastverhalten*

$$\vartheta = \frac{1}{Z_p \cdot k} \cdot (\gamma_S - \gamma_L) = \frac{1}{Z_p \cdot k} \cdot \arcsin\left(\frac{M_W}{\hat{M}_H}\right) \tag{11.9}$$

mit: $k = 1$ (PM-Motor) bzw. $k = 2$ (VR-Motor)

Eine Laständerung ΔM_W verursacht somit eine Lastwinkeländerung $\Delta\vartheta$, die zu einer Verringerung der Positioniergenauigkeit eines Schrittantriebes führt (siehe Kap. 11.1.6).

11.1.4.3 Einzelschritt-Fortschaltung

Für die folgende Betrachtung eines Einzelschrittes wird die Schrittfrequenz so gewählt, daß vor dem nächsten Schritt alle Ausgleichsvorgänge abgeklungen sind.

Bei der Fortschaltung des Statorfeldes von Intervall $i-1$ zu Intervall i verschiebt sich die statische Drehmomentkurve und somit auch die Gleichgewichtslage γ_S um den Winkel Γ_S. Dieser Übergang ist in Abb. 11.12.a dargestellt.

Der Rotor befindet sich aufgrund des Lastmoments M_W vor der Schrittfortschaltung in der Gleichgewichtslage des Punktes 1. Durch die Schrittfortschaltung, d.h. die Verschiebung des Statorfeldes um Γ_S (was hier idealisiert darge-

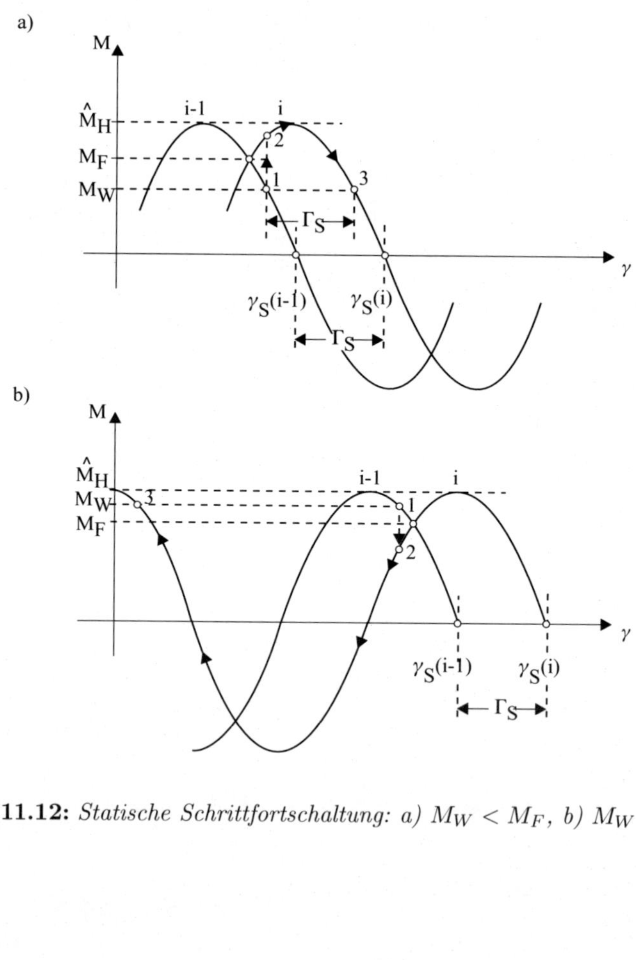

Abb. 11.12: *Statische Schrittfortschaltung: a)* $M_W < M_F$*, b)* $M_W > M_F$

stellt verzögerungsfrei erfolgt), wirkt auf den Rotor das Moment des Punktes 2 und führt zu einer Beschleunigung des Rotors. Der Rotor kommt nach Abklingen der mechanischen Ausgleichsvorgänge im Punkt 3 zur Ruhe. Bei konstantem Lastmoment M_W entspricht der Drehwinkel Γ_S dem Schrittwinkel α.

Damit nach der Schrittfortschaltung ein positives Beschleunigungsmoment auftritt, muß gemäß Abb. 11.12 das Fortschaltemoment M_F größer sein als das Lastmoment M_W. Das Fortschaltemoment M_F berechnet sich aus dem Schnittpunkt der statischen Drehmomentkurven:

$$M_F = \hat{M}_H \cdot \cos\left(\frac{k \cdot \Gamma_S}{2}\right) \qquad (11.10)$$

$$\text{mit:} \quad k = 1 \ \text{(PM-Motor)} \quad \text{bzw.} \quad k = 2 \ \text{(VR-Motor)}$$

Ist das Lastmoment M_W bei einer Fortschaltung größer als M_F, so kommt es zu einem Schrittfehler, d.h. zu einer Drehung in die negative Richtung. Dies ist in Abb. 11.12.b dargestellt. Das auf den Rotor wirkende Drehmoment wird durch die Weiterschaltung des Statormagnetfeldes verkleinert (Punkt 2). Der Rotor dreht sich in die negative Richtung und kommt in der Gleichgewichtslage Punkt 3 zur Ruhe.

Aus Gl. (11.10) ist ersichtlich, daß eine Verkleinerung von Γ_S zu einer Verkleinerung der Differenz $(\hat{M}_H - M_F)$ führt, und somit zu einer Vermeidung eines Schrittverlustes.

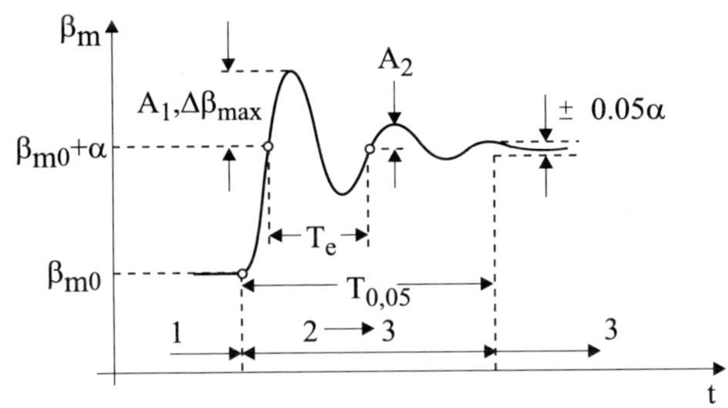

Abb. 11.13: *Zeitlicher Verlauf des Drehwinkels β_m bei einem Einzelschritt*

In Abb. 11.13 ist der zeitliche Verlauf des (mechanischen) Drehwinkels $\beta_m(t)$ bei einer Einzelschritt-Fortschaltung dargestellt. Die Bewegung des Rotors von Punkt 1 nach Punkt 3 zeigt die typische Reaktion eines gedämpften linearen Schwingungssystems. Daher kann man das dynamische Verhalten des Schrittmotors bei niedriger Schrittfrequenz in erster Näherung mit den Parametern mechanische Eigenkreisfrequenz ω_e und Dämpfungszeitkonstante T_D beschreiben:

$$\omega_e = \frac{2\pi}{T_e}; \qquad T_D = \frac{T_e}{\ln\left(\dfrac{A_1}{A_2}\right)} \tag{11.11}$$

mit: T_e = Periodendauer der gedämpften Schwingung

Mit den Anfangsbedingungen $\beta_m(0) = \beta_{m0}$ und $\dot{\beta}_m(0) = 0$ folgt als Lösung der Gleichung des linearen Schwingungssystems (siehe Kap. 11.1.7 und 11.1.8) für den Verdrehwinkel:

$$\beta_m(t) = \beta_{m0} + \alpha - \alpha \cdot e^{-t/T_D} \cdot \cos(\omega_e t) \tag{11.12}$$

Je höher die mechanische Eigenkreisfrequenz ω_e eines Schrittmotors bei ausreichend großer, aber noch unkritischer Dämpfung ausgeführt werden kann, und je kleiner die Dämpfungszeitkonstante T_D wird, desto reaktionsschneller wird sein Positionierverhalten. Zwei weitere für die Anwendung wichtige Kenngrößen, die aus Abb. 11.13 entnommen werden können, sind der maximale Überschwingwinkel $\Delta\beta_{max}$ und die technische Beruhigungszeit $T_{0,05}$. Der maximale Überschwingwinkel $\Delta\beta_{max}$ ist identisch mit der Amplitude A_1 und gibt den maximalen Vorlauf über die Zielposition an. Die technische Beruhigungszeit $T_{0,05}$ wird erreicht, wenn die Schwingungsamplituden auf weniger als 5 % des Schrittwinkels abgeklungen sind:

$$T_{0,05} = T_D \cdot \ln 20 = 3 \cdot T_D \tag{11.13}$$

11.1.4.4 Grenzkennlinien, Betriebsbereiche

Ein Schrittmotor kann das Haltemoment M_H nur bei ruhendem Rotor und das Fortschaltemoment M_F nur bei niedriger Schrittfrequenz F_z abgeben. Für eine Anwendung sind vor allem die Eigenschaften des Motors bei variabler Schrittfrequenz von Interesse. Diese werden durch die Motorkennlinien in Abb. 11.14 beschrieben [515]. Die Motorkennlinien des Schrittmotors sind anders zu interpretieren als bei sonst üblichen rotierenden Maschinen – sie stellen Grenzkennlinien dar. Bei der Überschreitung der Begrenzungskennlinien kommt es zu einem Schrittverlust (Schrittfehler) oder sogar zum Stillstand des Motors.

In Abbildung 11.14 verwendete Größen:

Θ_W	Lastträgheitsmoment;
M_W	Lastdrehmoment;
M_{max}	maximales Drehmoment;
$M_{B\,max}$	Betriebsgrenzmoment: höchstes Lastdrehmoment M_W, mit dem der Motor bei einem bestimmten Lastträgheitsmoment Θ_W und vorgegebener Schrittfrequenz $F_z = F_{B\,max}$ betrieben werden kann; man erhält das Betriebsgrenzmoment $M_{B\,max}$ durch den Schnittpunkt der Grenzkurve 1 mit der konstanten Schrittfrequenz $F_{B\,max}$;

$M_{A\,max}$ Startgrenzmoment: das Lastdrehmoment, das als Funktion der Schrittfrequenz $F_z = F_{A\,max}$ durch die für ein bestimmtes Lastträgheitsmoment Θ_W gültige Grenzkurve (in Abb. 11.14 Kurve 2 oder 3) zwischen Startbereich und Beschleunigungsbereich gegeben ist;

F_z Schrittfrequenz;

$F_{B0\,max}$ maximale Betriebsfrequenz: größte Schrittfrequenz, bei welcher der unbelastete Motor ($M_W = 0$) ohne Schrittfehler betrieben werden kann;

$F_{A0\,max}$ maximale Startfrequenz: größte Schrittfrequenz, bei welcher der unbelastete Motor ($M_W = 0$) starten und stoppen kann;

$F_{B\,max}$ Betriebsgrenzfrequenz: größte Schrittfrequenz, bei welcher der Motor bei einer bestimmten Last ohne Schrittfehler betrieben werden kann;

$F_{A\,max}$ Startgrenzfrequenz: größte Schrittfrequenz, die bei vorgegebenem Lastmoment $M_W = M_{A\,max}$ durch die für ein bestimmtes Lastträgheitsmoment Θ_W gültige Grenzkurve (in Abb. 11.14 Kurve 2 oder 3) zwischen Startbereich und Beschleunigungsbereich gegeben ist; man erhält die Frequenz $F_{A\,max}$ durch den Schnittpunkt der Grenzkurve mit dem konstanten Startgrenzmoment $M_{A\,max}$.

Kurve 1 in Abb. 11.14:

Die in Abb. 11.14 dargestellte Kurve 1 ist die Begrenzung des Betriebsbereichs. Der Betriebsbereich ist jener Bereich im Schrittfrequenz-Lastdrehmoment-Koordinatensystem, in dem der Motor ohne Schrittfehler betrieben werden kann. Außerhalb dieses Betriebsbereiches kann der Rotor dem Statorschrittfeld nicht mehr folgen, und er fällt außer Tritt. Der Betriebsbereich besteht aus Startbereich und Beschleunigungsbereich, getrennt durch Kurve 2 bzw. Kurve 3.

Kurve 2 und Kurve 3 in Abb. 11.14:

Kurve 2 in Abbildung 11.14 ist die Begrenzung des Startbereichs für $\Theta_W = 0$ und Kurve 3 für $\Theta_W > 0$, hier dargestellt mit $\Theta_W = \Theta_{W1}$. Als Startbereich bezeichnet man jenen Bereich, in dem der Motor bei einem bestimmten (anzugebenden) Lastträgheitsmoment Θ_W mit einer konstanten Schrittfrequenz ohne Schrittfehler starten und stoppen kann; daher auch oft die Bezeichnung Start-Stopp-Bereich. Kurve 3 wird über die Lastträgheitsmoment-Kennlinie, welche die Abhängigkeit der maximalen Startfrequenz $F_{A0\,max}$ vom Lastträgheitsmoment Θ_W beschreibt, ermittelt (siehe Kap. 11.1.9.1).

Der Betriebsbereich zwischen der Kurve 1 und der Begrenzung für den Startbereich (Kurve 2 oder 3) wird Beschleunigungsbereich genannt. Dies ist jener Bereich, in dem der Motor ohne Schrittfehler bei einem bestimmten Lastträgheitsmoment Θ_W und vorgegebener Schrittfrequenz F_z noch beschleunigt werden kann, jedoch nicht gestartet und gestoppt werden kann. In der Praxis wird dieser Bereich durch Vorgabe entsprechender Frequenzrampen für die Beschleunigung sowie für die Verzögerung erreicht (siehe Kap. 11.1.9.2).

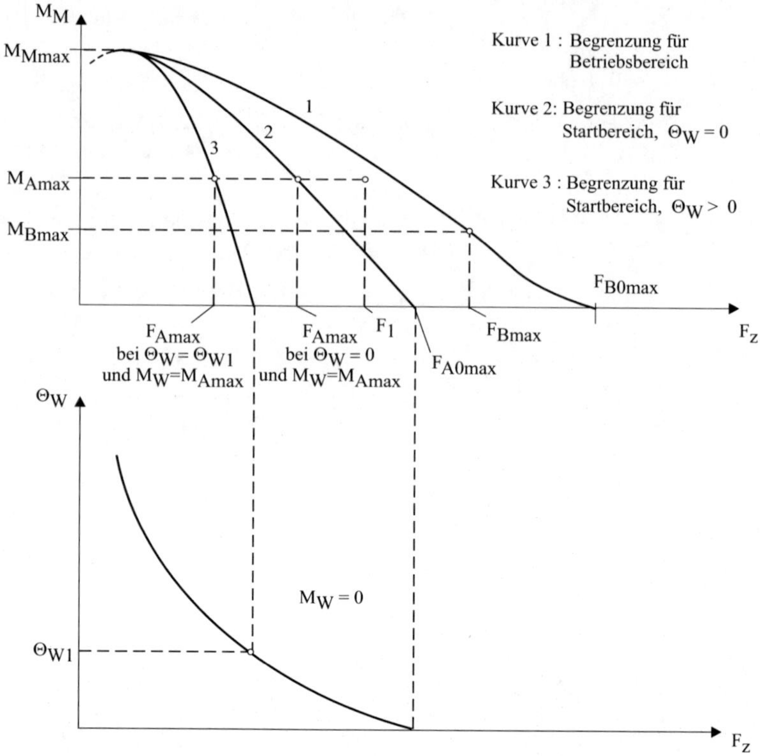

Abb. 11.14: *Schrittmotor–Kennlinien*

Soll z.B. ein Schrittmotorantrieb – belastet mit $M_{A\,max}$ und mit einem Lastträgheitsmoment $\Theta_W = \Theta_{W1}$ – mit der Schrittfrequenz $F_z = F_1$ betrieben werden, kann man, um diese zu erreichen, zunächst mit der Grenzstartfrequenz $F_{A\,max} = F_{A\,max1}$ starten, darf aber dann im Beschleunigungsbereich die Schrittfrequenz F_z nur mehr abhängig vom zur Verfügung stehenden Motormoment erhöhen. Ohne Idealisierung weisen die Begrenzungskennlinien Einsattelungen und Unterbrechungen auf, die auf Resonanzerscheinungen und Instabilitäten zurückzuführen sind. Diese Schrittfrequenzbereiche sind daher im Betrieb zu meiden, bzw. bedürfen einer besonderen Beachtung [516] (siehe Kap. 11.1.7).

Grundsätzlich ist aus den Kennlinien in Abb. 11.14 zu erkennen, daß das Motordrehmoment mit der Schrittfrequenz F_z und somit mit der Drehzahl N stark sinkt. Der Abfall des Drehmoments hat seine Ursache in der verzögerten Ausbildung der Ströme in den Strangwicklungen, was sich durch die hohe Anzahl von Kommutierungen pro Umdrehung verstärkt auswirkt. Verzögernd wirken die Induktivitäten der Strangwicklung, die induzierte Gegenspannung und die Wirbelströme in den massiven Teilen des magnetischen Kreises.

11.1.5 Ansteuerung, Leistungselektronik

11.1.5.1 Ersatzschaltbild eines Motorstrangs

Jeder Motorstrang kann vereinfacht durch das in Abb. 11.15 dargestellte Schaltbild, das prinzipiell für alle permanentmagneterregten Synchronmaschinen gilt, ersetzt werden (vergl. Kap. 6.5). Die magnetische Kopplung zwischen den Strängen kann für einfache Betrachtungen vernachlässigt werden, sofern sie überhaupt vorhanden ist [516].

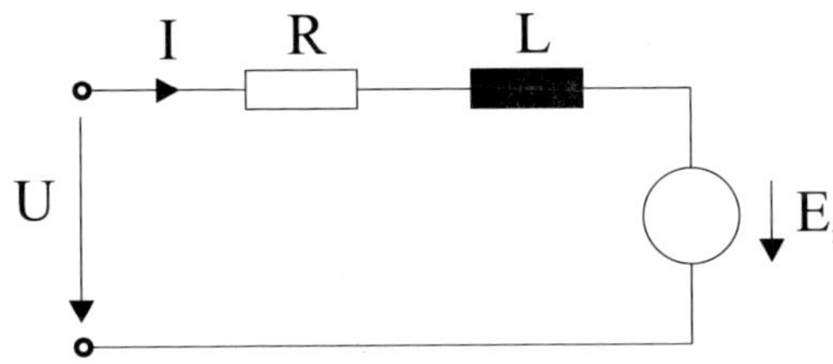

Abb. 11.15: *Elektrisches Ersatzschaltbild eines Stranges des Schrittmotors mit PM-Erregung*

Für die induzierte Spannung gilt (Fluß konstant):

$$E_i = -k_i \cdot \dot{\beta}_m \cdot \sin(Z_p \cdot \beta_m) \qquad (11.14)$$

mit: β_m = mechanischer Winkel (Rotorlage)

k_i = Motorkonstante

Für das Ersatzschaltbild nach Abb. 11.15 gilt folgende Gleichung:

$$U = R \cdot I + L \cdot \frac{dI}{dt} + E_i \qquad (11.15)$$

Der Stromaufbau und -abbau in der Wicklung erfolgt entsprechend Gl. (11.15), d.h. er folgt der Statorspannung entsprechend der Spannungsdifferenz $U - E_i$ verzögert mit der Zeitkonstante L/R (siehe Gl. (11.16)).

11.1.5.2 Unipolare und bipolare Speisung der Strangwicklungen

Je nach Ausführung der Statorwicklung kann ein Schrittmotor unipolar oder bipolar betrieben werden [17].

Bei Unipolarbetrieb durchfließt der Strom die Strangwicklung nur in einer Richtung. Jeder Strang der Wicklung wird mit zwei Drähten parallel gewickelt. Die beiden Zweige werden in Reihe geschaltet (Wicklung mit Mittelanzapfung); am Verbindungspunkt wird Gleichstrom eingespeist, der über den einen oder den anderen Zweig fließen kann (Abb. 11.16).

Bei Bipolarbetrieb wird jede Strangwicklung des Motors über eine Vollbrücke (4Q-Stellglied, siehe Kap. 4.1.3.6, Abb. 4.22) gespeist, und kann also in beiden

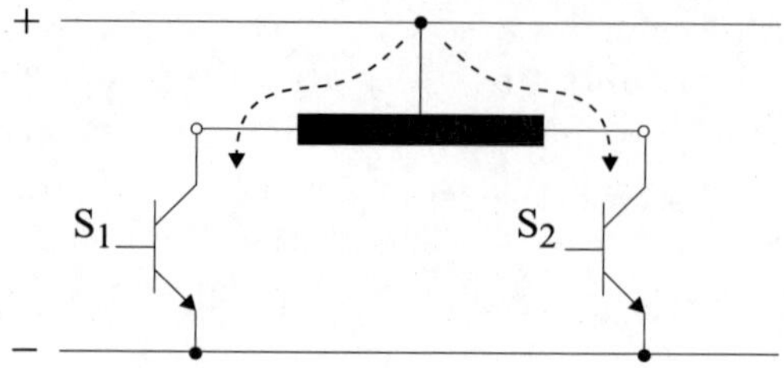

Abb. 11.16: *Unipolare Ansteuerschaltung*

Richtungen Strom führen. Sind die Stränge des Schrittmotors mit zwei parallelen Drähten gewickelt, so müssen die Zweige parallel geschaltet werden.

Der Vorteil des Bipolarbetriebes ist der höhere Wirkungsgrad, jener des Unipolarbetriebes der niedrigere Schaltungsaufwand. Die Unipolarschaltung hat ihren Einsatzschwerpunkt daher bei preiswerten Kleinantrieben.

11.1.5.3 Leistungstreiber

Um für steigende Schrittfrequenzen F_z und damit Drehzahlen genügend Drehmoment zu erzielen, muß der Stromaufbau in den Wicklungen möglichst rasch erfolgen. Hier werden kurz die gebräuchlichen Leistungstreiber vorgestellt; genaueres ist in Kap. 4 und Kap. 8.5 enthalten. Für preisgünstige Anwendungen werden der Konstantspannungstreiber mit und ohne Serienwiderstand oder der Konstantspannungstreiber mit Hilfsspannung eingesetzt. Bei Verwendung des Konstantspannungstreibers stellt sich, wie in Abb. 11.18 dargestellt, mit steigender Schrittfrequenz bzw. Drehzahl ein starker Abfall des Drehmoments ein.

Der Stromaufbau in den Wicklungen erfolgt, wie in Abb. 11.17 dargestellt, mit der Zeitkonstante T_w (vgl. Kap. 11.1.5.1, Gl. (11.15)).

$$I(t) = \frac{U - E_i}{R} \cdot \left(1 - e^{-t/T_w}\right) \;\; ; \; E_i \approx \text{const.} \tag{11.16}$$

$$\text{mit:} \quad T_w = \frac{L}{R} \qquad \text{Abb. 11.17} \tag{11.17}$$

$$U = U_C, U_{CV}, U_{CHO} \quad \text{(je nach Speisung)} \tag{11.18}$$

Der Strom kann sich bei hohen Schrittfrequenzen nicht mehr voll ausbilden und somit das Drehmoment nicht mehr voll aufbauen. Abhilfe schafft bereits ein Vorwiderstand R_V für jeden Strang; die Spannung $U_{CV} > U_C$ muß jedoch entsprechend erhöht werden, damit der Nennstrom I_N fließen kann. Der Vorwiderstand R_V verringert die Zeitkonstante T_w (Abb. 11.17).

$$T_{wV} = \frac{L}{R + R_V} \tag{11.19}$$

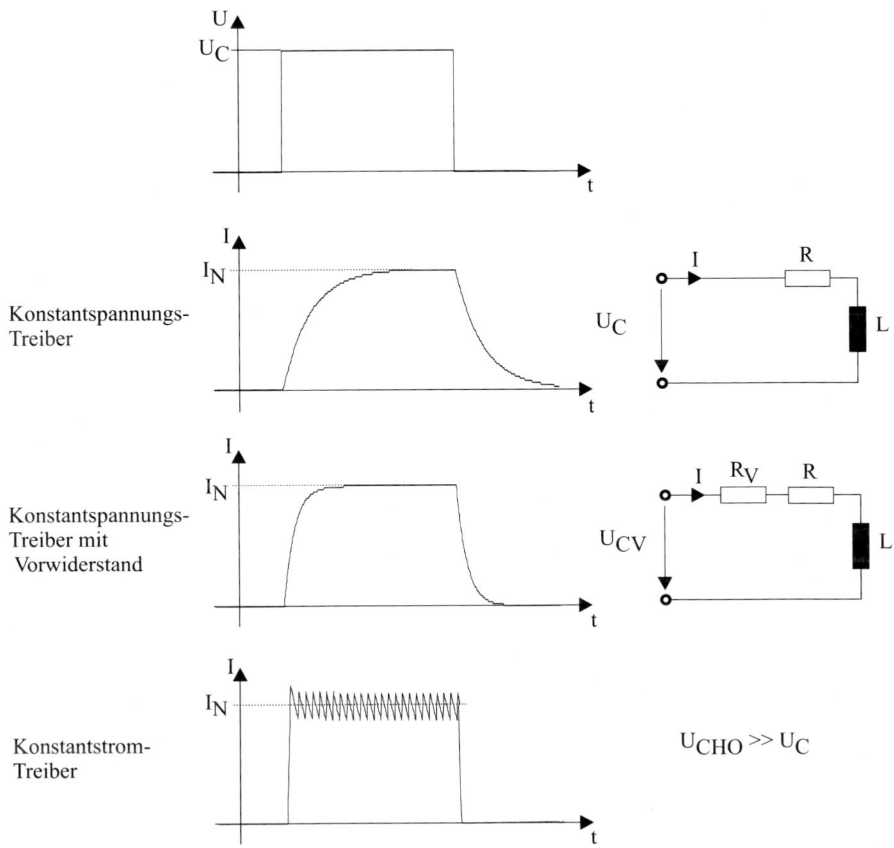

Abb. 11.17: *Aufbau des Wicklungsstroms bei verschiedenen Leistungstreibern (ohne induzierte Spannung E_i)*

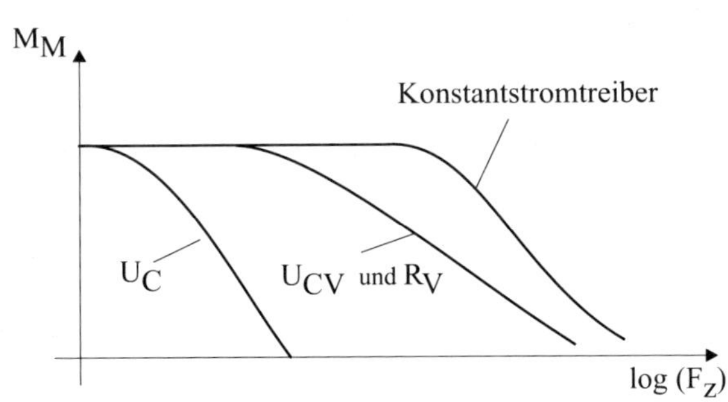

Abb. 11.18: *Einfluß der Betriebsart auf den Verlauf des Betriebsgrenzmoments*

Der Vorwiderstand R_V bedämpft zusätzlich die Motorschwingung (Kap. 11.1.7), erzeugt aber zusätzliche Verluste.

Schaltungstechnisch aufwendiger ist die Verwendung einer Hilfsspannung U_{CH}, die um vieles höher ist als die normale Betriebsspannung U_C. Die Hilfsspannung wird zu Beginn kurzzeitig angelegt und läßt den Strom rascher ansteigen. Der Vorwiderstand und die damit verbundenen zusätzlichen Verluste entfallen somit.

Für Anwendungen mit höheren Anforderungen werden Konstantstromtreiber mit Gleichstromsteller oder Linearverstärker verwendet. In Abb. 11.17 ist der Stromaufbau in der Strangwicklung bei Speisung über einen Gleichstromsteller dargestellt. Hierbei liegen der Treiber und die Strangwicklung direkt an einer wesentlich höheren Spannung U_{CHO}. Der Strom wird mit Hilfe eines Schaltreglers auf einen gewünschten Wert geregelt (siehe Kap. 8.6). Bei Spezialanwendungen, bei denen die Welligkeit des Stroms und elektromagnetische Interferenzen vermieden werden müssen, werden Linearverstärker, wie z.B. der Operationsverstärker oder der Audioverstärker, eingesetzt [514].

Auch wenn bei Konstantstrombetrieb der Strom bei entsprechend großer Spannung U_{CHO} bis zu sehr hohen Drehzahlen aufrecht erhalten werden kann, nimmt das Drehmoment schließlich wegen der mit der Drehzahl wachsenden Eisenverluste ab (siehe Abb. 11.18) [516].

11.1.5.4 Betriebsarten: Voll-, Halb- und Mikroschrittbetrieb

Die verschiedenen Betriebsarten von Schrittmotoren werden hier vorgestellt und anhand des in Abb. 11.19 dargestellten PM-Schrittmotors diskutiert.

Grundsätzlich versucht man, eine möglichst hohe Anzahl n von räumlich unmittelbar benachbarten Strängen mit Strom zu speisen, um eine möglichst große Amplitude des resultierenden Statormagnetfeld-Raumzeigers $\vec{B}$ zu erhalten.

Am Beispiel einer zweisträngigen Wicklung soll die Bildung des Statormagnetfeldes kurz erläutert werden (Abb. 11.20) [516]. Die positiven Ströme $I_A(\gamma_S)$ und $I_B(\gamma_S)$ erzeugen den Raumzeiger $\vec{B}$ mit den Komponenten der Amplituden B_A und B_B. Die resultierende Amplitude ergibt sich zu:

$$\left|\vec{B}(\gamma_S)\right| = \sqrt{B_A^2(\gamma_S) + B_B^2(\gamma_S)} \tag{11.20}$$

und die Winkellage des Feldmaximums (d.h. des Raumzeigers $\vec{B}$) zu:

$$\gamma_S = \arctan\left(\frac{B_B(\gamma_S)}{B_A(\gamma_S)}\right) \tag{11.21}$$

Vollschrittbetrieb:

Bei Vollschrittbetrieb wird das Statormagnetfeld bei jedem Schritt um einen elektrischen Winkel $\Gamma_S = 90°$ weitergeschaltet. In jedem einzelnen Schrittintervall wird die Anzahl n der simultan stromdurchflossenen Stränge konstant gehalten. Für den PM-Schrittmotor nach Abb. 11.19 und 11.20 wird die Amplitude des Statormagnetfeldes für $n = 2$ maximal. Der zeitliche Verlauf der beiden

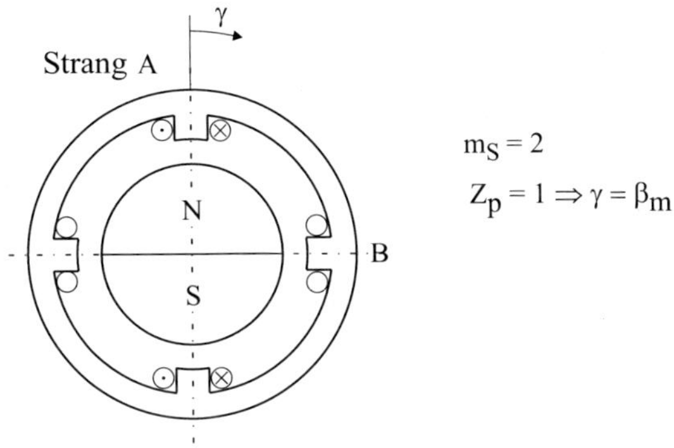

Abb. 11.19: *Permanentmagneterregter zweisträngiger Schrittmotor*

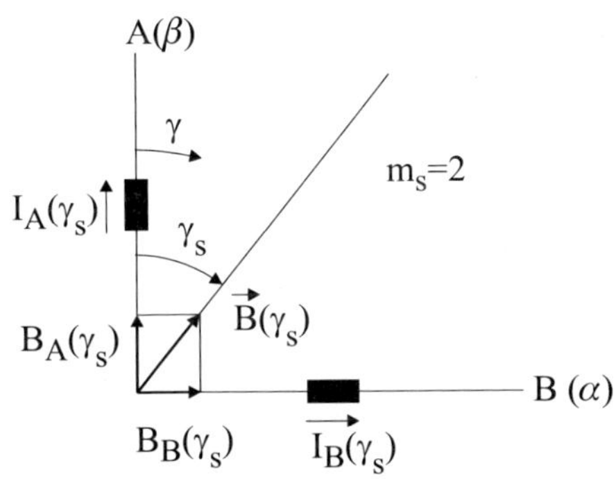

Abb. 11.20: *Bildung des Statorfeldes des zweisträngigen PM-Schrittmotors nach Abb. 11.19*

Strangströme des PM-Schrittmotors ist in Abb. 11.21.a für Vollschrittbetrieb dargestellt.

Eine Verkleinerung des Fortschaltewinkels Γ_S, und die damit verbundene Verkleinerung des Schrittwinkels α, kann nur durch eine Erhöhung der Strangzahl m_S erreicht werden. Dieser Maßnahme sind aber durch einen erhöhten Schaltungsaufwand wirtschaftliche Grenzen gesetzt. Die üblicherweise verwendete Strangzahl geht von $m_S = 2$ bis $m_S = 5$.

Weitere Möglichkeiten zur Verkleinerung des Fortschaltewinkels Γ_S bieten der Halb- und der Mikroschrittbetrieb.

Halbschrittbetrieb:

Bei Halbschrittbetrieb beträgt der Winkel $\Gamma_S = 45°$; somit halbiert sich ohne Erhöhung der Strangzahl der Schrittwinkel α. In Abb. 11.21.b ist für den PM-Schrittmotor von Abb. 11.20 der Zeitverlauf der beiden Strangströme für Halbschrittbetrieb dargestellt.

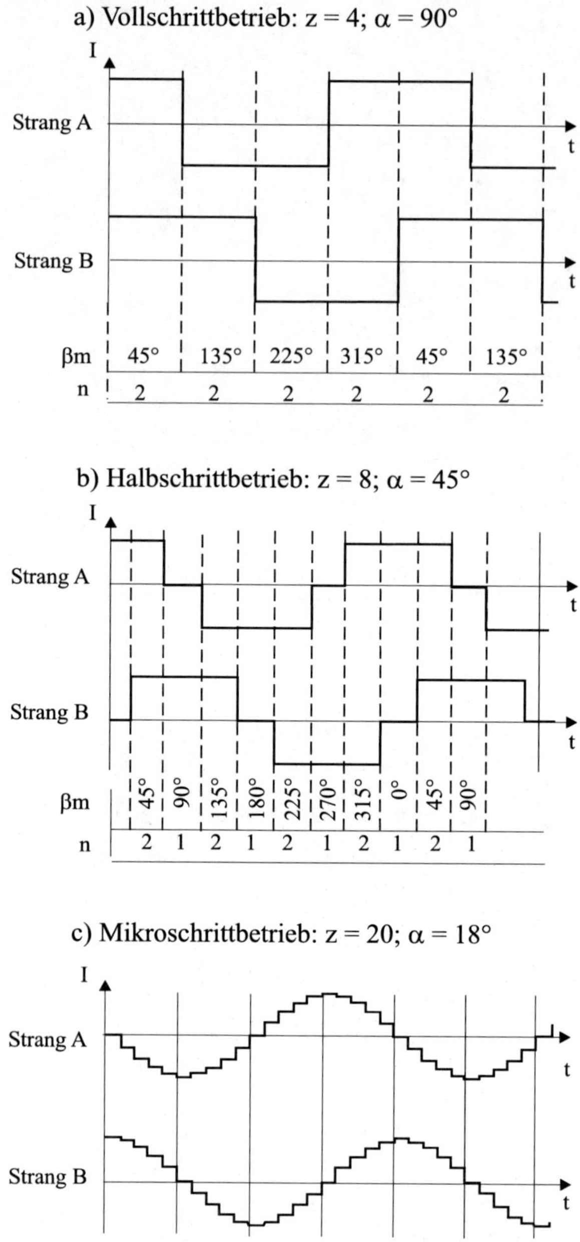

Abb. 11.21: *Stromverläufe für verschiedene Betriebsarten des in Abb. 11.19 und 11.20 dargestellten PM-Schrittmotors* ($Z_p = 1$, $\gamma = \beta_m$)

Im Gegensatz zum Vollschrittbetrieb variiert beim Halbschrittbetrieb die Anzahl n der stromdurchflossen Stränge; dadurch schwankt bei konstantem Strombetrag I_0 die resultierende Amplitude des Statormagnetfeldes und somit auch das Motordrehmoment. (Im vorliegenden Beispiel ist $|\vec{B}|$ bei $n = 2$ um den Faktor $\sqrt{2}$ größer als bei $n = 1$.) Dies führt zu Störungen in der Laufruhe des Motors (siehe Kap. 11.1.7). Abhilfe kann man durch die Änderung des Strombetrages I abhängig von der Anzahl n der stromdurchflossenen Strangwicklungen erreichen.

Mikroschrittbetrieb:

Wurde bisher angenommen, daß die Ströme in den einzelnen Strängen Gleichströme mit den Amplituden $+I_0$, $-I_0$ und 0 sind, so kann man mit entsprechender leistungselektronischer Ansteuerelektronik auch Stomzwischenwerte einstellen. Diese Betriebsart ermöglicht elektrische Winkel $\Gamma_s < 45°$ und wird als Mikroschrittbetrieb bezeichnet. Durch den Mikroschrittbetrieb kann der Schrittwinkel α weiter verkleinert werden. In Abb. 11.21.c ist der Stromverlauf für eine Schrittzahl $z = 20$ ($\alpha = 18°$) dargestellt.

Die Erhöhung der Schrittzahl z beim Mikroschrittbetrieb findet ihre Grenzen durch die Tatsachen, daß der relative Schrittfehler (siehe Kap. 11.1.6) mit der Steigerung der Schrittzahl stark zunimmt und die stets vorhandene Haftreibung bei geringen Schrittwinkeln nicht mehr überwunden wird [516]. Neben der Verkleinerung des Schrittwinkels α hat der Mikroschrittbetrieb noch den Vorteil, daß die Laufruhe gesteigert wird (siehe Kap. 11.1.7).

11.1.5.5 Bestromungstabellen

Bestromungstabellen geben die für die zyklische Weiterschaltung des Statorfeldes notwendigen Strangströme in Betrag und Vorzeichen an. Sie stellen die erforderliche Information für die Impulsfolgeberechnung und somit für die elektronische Ansteuerung zur Verfügung.

Tabelle 11.5 zeigt die Bestromungstabelle für den in Abb. 11.22 dargestellten dreisträngigen PM-Schrittmotor bei Halbschrittbetrieb und dem Strombetrag I_0.

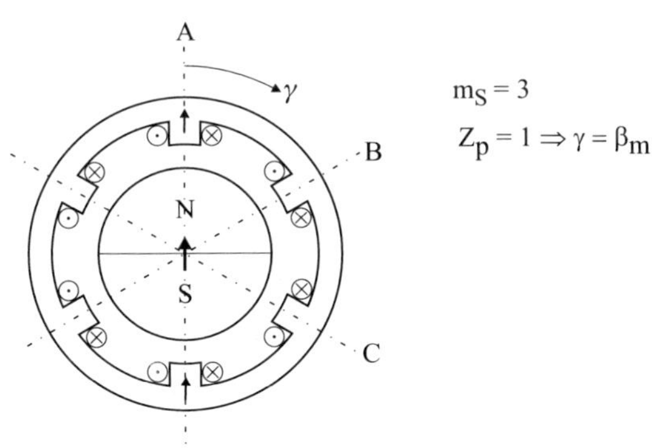

Abb. 11.22: *Dreisträngiger PM-Schrittmotor*

Tabelle 11.5: *Beispiel einer Bestromungstabelle: dreisträngiger PM-Schrittmotor nach Abb. 11.22 bei Halbschrittbetrieb*

Schritt	1	2	3	4	5	6	7	8	9	10	11	12
Winkel γ	30°	60°	90°	120°	150°	180°	210°	240°	270°	300°	330°	360°
Strom I_A	I_0	I_0	0	$-I_0$	$-I_0$	$-I_0$	$-I_0$	$-I_0$	0	I_0	I_0	I_0
Strom I_B	I_0	I_0	I_0	I_0	0	$-I_0$	$-I_0$	$-I_0$	$-I_0$	$-I_0$	0	I_0
Strom I_C	0	I_0	I_0	I_0	I_0	I_0	0	$-I_0$	$-I_0$	$-I_0$	$-I_0$	$-I_0$
Anzahl n	2	3	2	3	2	3	2	3	2	3	2	3

Jeder möglichen Winkelposition γ werden die zugehörigen Strangströme I_A, I_B, I_C zugeordnet; dabei ist zu beachten, daß die richtige Reihenfolge der Winkelpositionen eingehalten werden muß, da sonst der Schrittmotor außer Tritt geraten kann.

Wie beim Halbschrittbetrieb nach Abb. 11.21.b schwankt auch hier die resultierende Amplitude $|\vec{B}|$ des Statormagnetfeldes abhängig von der Anzahl n der stromdurchflossenen Statorstränge. Im Beispiel nach Tabelle 11.5 ist $|\vec{B}|$ bei $n = 3$ um den Faktor $2/\sqrt{3} = 1,15$ größer als bei $n = 2$.

Weitere Bestromungstabellen für unterschiedliche Bauformen und Betriebsarten sind in [509, 516, 517] angeführt.

11.1.6 Positioniergenauigkeit, Schrittwinkelfehler

Eine der relevanten Größen bei Positionieraufgaben, dem Haupteinsatzgebiet von Schrittmotoren, ist die Positioniergenauigkeit. Begrenzt wird diese durch den Positionierfehler, der – wie in Abb. 11.23 dargestellt – nicht nur dem Schrittmotor zugeordnet werden kann, sondern vom gesamten Antrieb mit Last verursacht wird.
Der Positionierfehler setzt sich zusammen aus [505]:

- Quantisierungsfehler (entsteht durch die Diskretisierung der Sollwinkelposition β_m^*),
- Fehler der Ansteuerelektronik (Abweichung des elektrischen Winkels γ, verursacht durch fehlerhafte Strangströme) [505],
- Schrittwinkelfehler des Schrittmotors (siehe nachfolgende Erklärung),
- Lastwinkel ϑ (siehe Kap. 11.1.4.2).

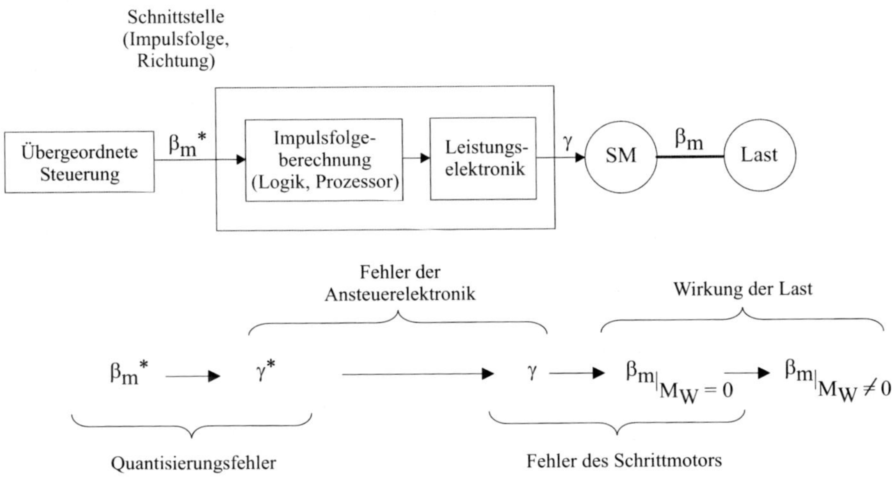

Abb. 11.23: *Fehlerarten beim Positionieren*

Schrittwinkelfehler:

Bei einem idealen unbelasteten Schrittmotor sind die Nulldurchgänge des Drehmoments, die magnetischen Raststellungen, gleichmäßig über den Umfang verteilt. Damit müßten alle Winkelschritte α gleich groß sein. Bei einem realen Schrittmotor ist aufgrund von Geometriefehlern und Materialfehlern, die in [508] und [521] genauer behandelt werden, ein Schrittwinkelfehler vorhanden. Nach [515] sind folgende Werte für den Schrittwinkelfehler definiert:

- *systematische Winkeltoleranz je Schritt* $\Delta\alpha_S$:
  größte Abweichung vom Schrittwinkel α zwischen zwei benachbarten magnetischen Raststellungen.
- *größte systematische Winkelabweichung* $\Delta\alpha_M$:
  größte Abweichung einer magnetischen Raststellung zu einer beliebigen anderen bei einer Umdrehung des Motors.

Einfluß der Last auf die Positioniergenauigkeit:

Durch das Lastmoment M_W verschiebt sich, wie in Kap. 11.1.4.2 beschrieben, der Gleichgewichtspunkt um den Lastwinkel ϑ. Eine variable Last hat eine Lastwinkelschwankung zur Folge, welche die Positioniergenauigkeit zusätzlich einschränkt. Bei einer Antriebsauslegung muß deshalb das maximale und das minimale Lastmoment M_W für eine genaue Einschätzung der Positioniergenauigkeit bekannt sein.

11.1.7 Drehzahlverhalten, Resonanzfrequenzen

Wie in Abb. 11.2.b dargestellt, sind der kontinuierlichen Drehbewegung des Schrittmotors Drehschwingungen, d.h. Pendelungen des Rotors um die augenblickliche Lage des Statormagnetfeldes, überlagert. Die Grundfrequenz dieser Schwingung ist gleich der Schrittfrequenz F_z. Wird der gesamte mögliche Drehzahlbereich des Schrittmotors durchfahren, so tritt in bestimmten Drehzahlbereichen ein unrunder Lauf auf, der unter Umständen sogar zum Stillstand führen kann. Die Ursache ist in Resonanzen zu sehen, die in unterschiedlichen Drehzahlbereichen aus verschiedenen Gründen auftreten. Abbildung 11.24 zeigt den typischen Verlauf der Amplituden der eigenfrequenten Pendelschwingungen eines Schrittmotors in Abhängigkeit von der Schrittfrequenz F_z.

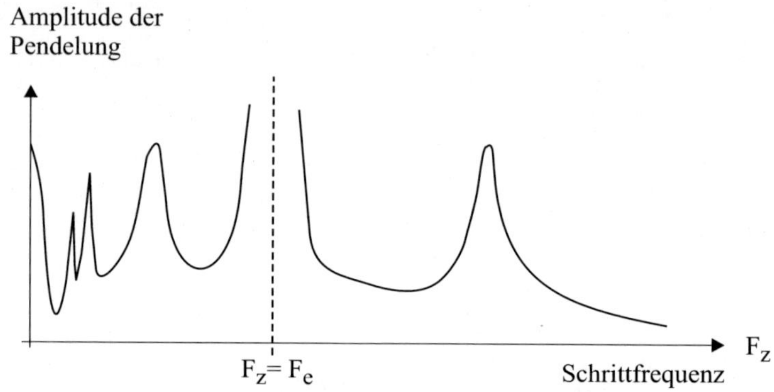

Abb. 11.24: *Eigenfrequente Pendelungen im Lauf*

Wie schon in Kap. 11.1.4.3 beschrieben, verhält sich der Schrittmotor wie ein lineares Schwingungssystem. Die Eigenfrequenz eines Schrittmotors kann einfach berechnet werden, wenn der Verlauf des statischen Drehmoments um die stabile Gleichgewichtslage γ_S linearisiert wird.
Für den statischen Drehmomentverlauf gilt nach Gl. (11.8):

$$M_M(\gamma, \gamma_S) \;=\; -\,\hat{M}_H \cdot \sin\Big(k \cdot (\gamma - \gamma_S)\Big) \tag{11.22}$$

Zwischen dem elektrischen Winkel γ und dem mechanischen Winkel β_m gilt nach Gl. (11.5):

$$\gamma \;=\; Z_p \cdot \beta_m \tag{11.23}$$

Eine Linearisierung um den stabilen Gleichgewichtspunkt $\gamma = \gamma_S$ führt zu:

$$M_M^{'} \;=\; \left.\frac{dM_M}{d\gamma}\right|_{\gamma=\gamma_S} \cdot \gamma \;=\; -\,\hat{M}_H \cdot k \cdot Z_p \cdot \beta_m \;=\; -\,c \cdot \beta_m \tag{11.24}$$

Bei einem Motor mit einem Lastträgheitsmoment Θ_M, ohne Last ($M_W = 0$ und $\Theta_W = 0$) und der geschwindigkeitsabhängigen Dämpfung k_D folgt für die Bewegungsgleichung:

$$\Theta_M \cdot \ddot{\beta}_m \;+\; k_D \cdot \dot{\beta}_m \;+\; c \cdot \beta_m \;=\; 0 \tag{11.25}$$

$$\text{mit:} \qquad c \;=\; \hat{M}_H \cdot k \cdot Z_p \tag{11.26}$$

Aus der Bewegungsgleichung folgt die mechanische Eigenkreisfrequenz ω_e:

$$\omega_e \;=\; 2\pi F_e \;=\; \sqrt{\frac{c}{\Theta_M} - \left(\frac{k_D}{2 \cdot \Theta_M}\right)^2} \tag{11.27}$$

und die Dämpfungszeitkonstante T_D:

$$T_D \;=\; \frac{2 \cdot \Theta_M}{k_D} \tag{11.28}$$

sowie der Dämpfungsfaktor D:

$$D \;=\; \frac{k_D}{2} \cdot \sqrt{\frac{1}{c \cdot \Theta_M}} \tag{11.29}$$

Für den ungedämpften Fall $k_D = D = 0$ folgt für die Eigenkreisfrequenz:

$$\omega_e \;=\; \omega_0 \;=\; \sqrt{\frac{c}{\Theta_M}} \;=\; \sqrt{\frac{\hat{M}_H \cdot k \cdot Z_p}{\Theta_M}} \tag{11.30}$$

Die Eigenkreisfrequenz ω_e des gesamten Antriebssystems wird durch ein zusätzliches Lastträgheitsmoment Θ_W verschoben, wie aus Gl. (11.27) und (11.30) ersichtlich ist.

Es gilt für:

PM-Motoren: $k = 1$; $Z_p =$ Polpaarzahl des Rotors

VR-Motoren: $k = 2$; $Z_p = \dfrac{Z_R}{2}$ ($Z_R =$ Anzahl der Rotorzähne)

HY-Motoren: $k = 1$; $Z_p = Z_R$ ($Z_R =$ Anzahl der Rotorzähne)

Für die Anregung von Pendelungen während des Laufs eines Schrittmotors gibt es prinzipiell zwei Mechanismen [516]:

- *Parametrische (periodische) Anregung*:
  Anregung durch die schrittweise Bewegung des Statorfeldes, durch ein pendelndes Lastmoment oder durch das Rastmoment. Diese Anregungen führen immer dann zu verstärkten Schwingungen, wenn deren Frequenz in etwa gleich der Eigenfrequenz des Motors ist (siehe Kap. 11.1.7.1).
- *Selbsterregte Pendelungen*:
  Diese Pendelungen werden durch die Bewegung des Rotors selbst ausgelöst. Sie treten nur bei nahezu unbelastetem Motor auf und haben eine geringe praktische Bedeutung. Sie werden in [516] genauer behandelt.

11.1.7.1 Parametrische Anregung

a) *Schrittweise Bewegung des Statorfeldes*:

Ein Schrittmotor gibt im Lauf aufgrund der schrittweisen Bewegung des Statorfeldes stets ein mit einem mehr oder weniger ausgeprägten Pendelanteil überlagertes Drehmoment ab. Die Grundfrequenz F_P der Pendelungen ist gleich der Schrittfrequenz F_z:

$$F_P = F_z \tag{11.31}$$

Daneben existieren höherfrequente Anteile (Harmonische):

$$F_P = i \cdot F_z \qquad (\text{mit} \quad i = 2, 3, 4, \ldots) \tag{11.32}$$

Die Amplitude der Drehmomentpendelung hängt von der Belastung, von der Art der Speisung der Wicklung sowie von der Stranganzahl m_S ab. In Abb. 11.25 sind die Drehmomentverläufe bei niedriger Schrittfrequenz F_z, für zwei unterschiedliche Strangzahlen m_S, unbelastet und mit Last dargestellt.

Motoren weisen im belasteten Zustand, sowie bei höherer Strangzahl m_S geringere Pendelmomente auf. Die Amplituden der Pendelungen werden besonders dann verstärkt, wenn die Frequenz F_P eines Pendelmomentanteils der Eigenfrequenz F_e oder Harmonischen von F_e entspricht.

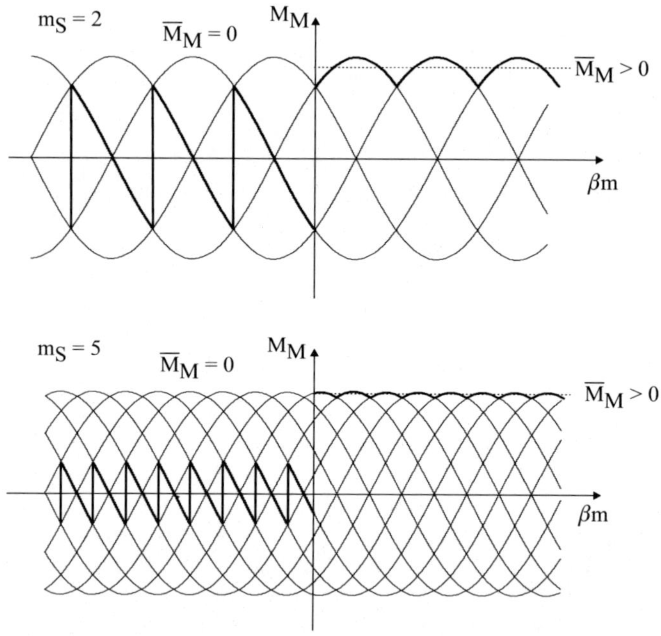

Abb. 11.25: *Drehmomentwelligkeit bei sehr kleinen Drehzahlen (Beispiel für $m_S = 2$ und $m_S = 5$)*

Bei Halbschrittbetrieb ergibt sich bei konstantem Strombetrag durch die Schwankung der Amplitude des Raumzeigers $\vec{B}$ und damit der Amplitude $\hat{M}_H$ des Haltemoments (siehe Kap. 11.1.5.4) eine weitere Resonanzstelle:

$$F_z = 2 \cdot F_e \tag{11.33}$$

b) *Selbsthaltemoment*:

Konstruktionsbedingt besitzen permanentmagneterregte Motoren bei stromlosen Statorwicklungen ein Selbsthaltemoment M_{SH}. Dieses weist einen annähernd sinusförmigen Verlauf auf mit einer Periode:

$$T_{SH} = \frac{2\pi}{m_S \cdot Z_p} \tag{11.34}$$

Bei einer Drehung des Rotors mit der Drehzahl

$$N = \frac{F_z}{z} \tag{11.35}$$

wird dadurch ein Pendelmoment mit der Frequenz F_P erzeugt:

$$F_P = 2 \cdot m_S \cdot Z_p \cdot N \tag{11.36}$$

c) *Mechanische Unsymmetrien*:

Mechanische Unsymmetrien im Motor, wie z.B. eine elliptische Statorbohrung oder ein schief stehender Rotor, haben nicht nur Einfluß auf das Selbsthaltemoment, sondern bewirken auch direkt eine Veränderung von Amplitude und Lage der Haltemomentverläufe. Je nach Unsymmetrie ergeben sich dadurch drehzahlabhängige Pendelfrequenzen F_P [516]:

$$F_P = i \cdot Z_p \cdot N \qquad (\text{mit} \quad i = 1, 2, 3, 4, \ldots) \tag{11.37}$$

d) *Unsymmetrien der Strangströme*:

Unsymmetrien in den Strangströmen, z.B. ungleiche Amplitude oder ungleicher Offset (Gleichanteil), bewirken Pendelmomente abhängig von der Grundfrequenz F_N der Motorströme:

$$F_N = Z_p \cdot N = Z_p \cdot \frac{F_z}{z} \tag{11.38}$$

Bei ungleichem Offset der Strangströme gilt für die Frequenz F_P der angeregten Pendelmomente:

$$F_P = F_N \tag{11.39}$$

Bei ungleichen Amplituden der Strangströme gilt für die Frequenz F_P der angeregten Pendelmomente:

$$F_P = i \cdot F_N \qquad (\text{mit} \quad i = 1, 2, 3, 4, \ldots) \tag{11.40}$$

e) *Harmonische der Strangströme*:

Die Abweichung der Strangströme von der Sinusform führt zu Pendelmomenten der Frequenz F_P [516]:

$$F_P = i \cdot F_N \qquad (\text{mit} \quad i = 1, 2, 3, 4, \ldots) \tag{11.41}$$

11.1.7.2 Dämpfung

Die Überschwingungsamplitude $\Delta\beta_{max}$ und die technische Beruhigungszeit $T_{0,05}$ (siehe Kap. 11.1.4.3, Abb. 11.13) werden durch die Dämpfung und damit durch die Verluste des schwingenden Systems bestimmt. Diese Verluste beinhalten die Lastreibung, die Motorreibung und Eisenverluste (Hysterese- und Wirbelstromverluste) sowie das sogenannte „viskose Bremsmoment", verursacht durch die von der Gegen-EMK erzeugte Modulation des Stroms [514].

Eine größere Dämpfung durch eine Erhöhung der Verluste hat die Begrenzung des Drehmoments bei hohen Drehzahlen bzw. hoher Schrittfrequenz zur Folge. Wird ein großer Drehzahlbereich benötigt und die Dämpfung über die Erhöhung der Verluste vorgenommen, so müssen die Verluste abhängig von der Drehzahl variiert werden. Dies ist nur für die elektrischen Verluste über den Leistungstreiber möglich [514, 517].

Eine weitere Möglichkeit, das Pendeln des Schrittmotors zu verringern, ist die Vermeidung oder Verringerung der Anregung. Dies erreicht man durch die Anpassung des zeitlichen Verlaufs des Stroms, wie beispielsweise durch den Mikroschrittbetrieb. Durch den Mikroschrittbetrieb wird die Welligkeit des Drehmoments vermindert, das schwingungsfähige System erhält keine überflüssige Energie, wodurch Resonanzen und Ausschwingerscheinungen stark reduziert werden.

11.1.8 Modellbildung

Die Modellbildung von Schrittmotor-Antrieben wird in [510, 513, 512] ausführlich behandelt. Als Beispiel wird hier die Modellbildung eines PM-Schrittmotors nach Abb. 11.26.a mit Konstantstromtreiber (Gleichstromsteller, Abb. 11.26.b) kurz erläutert [510].

Der PM-Schrittmotor besteht aus einem Permanentmagnet-Rotor mit einem Rotorpolpaar ($Z_p = 1$) und zwei Statorwicklungen ($m_S = 2$), die über geregelte Gleichstromsteller jeweils mit Konstantstrom – I_1 für Wicklung 1 und I_2 für Wicklung 2 – gespeist werden.

$$Z_p = 1 \qquad \Longrightarrow \qquad \beta_m = \gamma \tag{11.42}$$

Mit den beiden Strömen I_1 und I_2 kann der Statormagnetfeld-Raumzeiger $\vec{B}$ beliebig gedreht werden. Bei dem in Abb. 11.26.a verwendeten Winkelkoordinatensystem ist der Strom I_1 proportional zur Cosinuskomponente von $\vec{B}$ und der Strom I_2 zur Sinuskomponente. Für das Motordrehmoment gilt:

$$\begin{aligned} M_M \; = \; & k_i \cdot I_1(t) \cdot \sin(-Z_p \cdot \beta_m) \; + \; k_i \cdot I_2(t) \cdot \cos(-Z_p \cdot \beta_m) \\ & - \hat{M}_{SH} \cdot \sin(4 \cdot Z_p \cdot \beta_m) \end{aligned} \tag{11.43}$$

mit: k_i = Motorkonstante

$\hat{M}_{SH}$ = Selbsthaltemoment

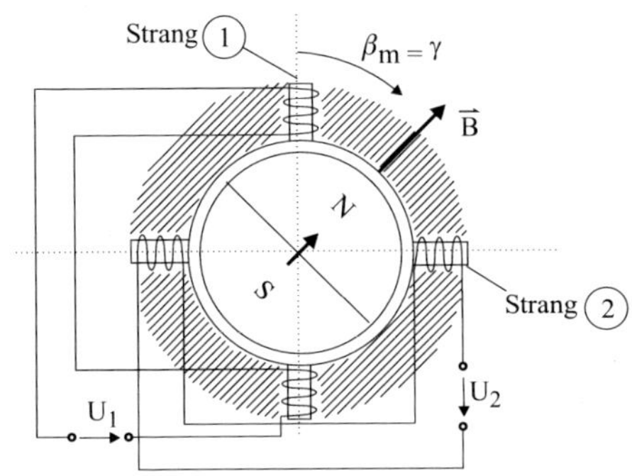

a) PM-Schrittmotor mit zwei Strängen

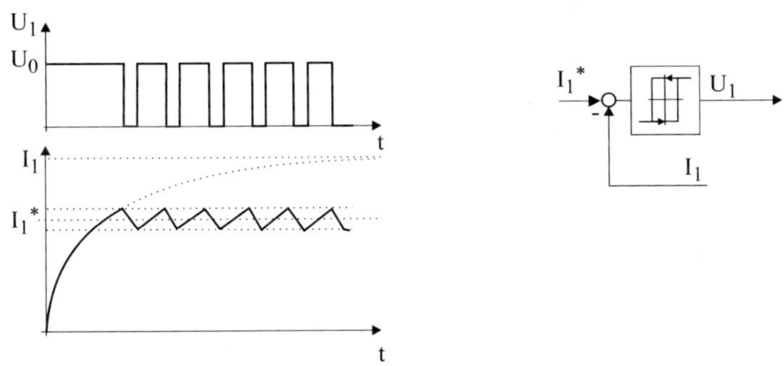

b) Zweipunkt-Hysterese-Stromregelung

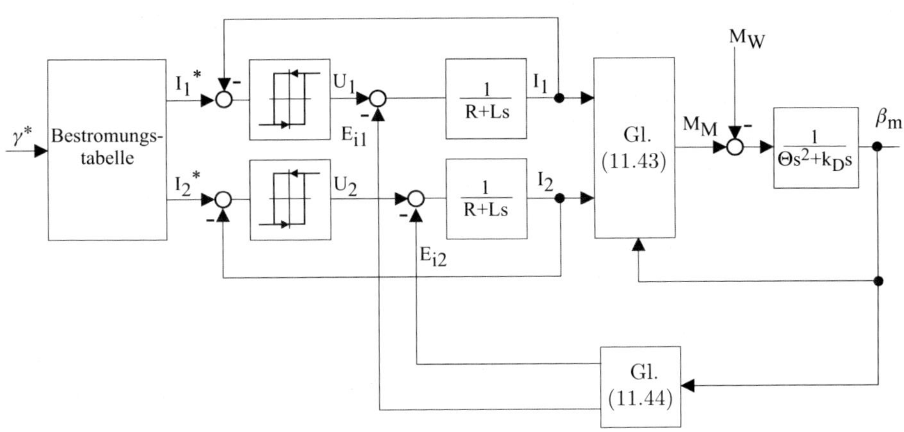

c) Blockschaltbild des Schrittmotorantriebs

Abb. 11.26: *Modellbildung eines PM-Schrittmotors mit zwei Strängen*

Tabelle 11.6: *Bestromungstabelle für den PM-Schrittmotor nach Abb. 11.26.a bei Vollschrittbetrieb*

Schritt	1	2	3	4
Winkel $\beta_m = \gamma$	$45°$	$135°$	$225°$	$315°$
Strangstrom I_1	I_0	$-I_0$	$-I_0$	I_0
Strangstrom I_2	I_0	I_0	$-I_0$	$-I_0$

Bei Vollschrittbetrieb gilt die Bestromungstabelle nach Tabelle 11.6. Die Ströme I_0 und $-I_0$ werden mit dem Gleichstromsteller nach Abb. 11.26.b erzeugt, dessen Stromregelung als Zweipunkt-Hysterese-Regelung ausgeführt ist (vergl. Kap. 4.1.2.3).

Die beiden Stränge 1 und 2 können mit den folgenden Spannungsgleichungen (siehe Kap. 11.1.5.1) beschrieben werden:

$$E_{i,n} = k_i \cdot \dot{\beta}_m \cdot \sin(\beta_{m\,0,n} - Z_p \cdot \beta_m) \tag{11.44}$$

$$U_n = R \cdot I_n + L \cdot \frac{dI_n}{dt} + E_{i,n} \tag{11.45}$$

mit: $\beta_{m\,0}$ = Lage der Strangwicklung

$n = \in \{1,2\}$ = Wicklungsnummer

$$\beta_{m\,0,1} = 0\,; \qquad \beta_{m\,0,2} = \frac{\pi}{2}$$

Für den belasteten Motor ($|M_W| > 0$ und $\Theta_W > 0$, starre Verbindung zwischen Motor und Last) gilt folgende Bewegungsgleichung:

$$\Theta \cdot \ddot{\beta}_m + k_D \cdot \dot{\beta}_m = M_M - M_W \tag{11.46}$$

$$\Theta = \Theta_M + \Theta_W \tag{11.47}$$

Die Gleichungen (11.42) bis (11.47) beschreiben das System vollständig. Das zugehörige Blockschaltbild des Schrittmotorantriebs ist in Abb. 11.26.c dargestellt.

11.1.9 Auslegung von Schrittmotorantrieben

Die häufigste Aufgabenstellung für den Schrittmotor ist das Positionieren einer Last. Die Auslegung von Schrittmotorantrieben unterscheidet sich prinzipiell nicht von anderen elektrischen Positionierantrieben. Dennoch sind einige Besonderheiten zu beachten, die hier kurz erläutert werden.
Die wichtigsten Randbedingungen, die man grundsätzlich beachten muß, sind:

- Geforderte Auflösung und Positioniergenauigkeit,
- Wegstrecke und Positionierzeiten,
- Lastdaten bezogen auf die Motorwelle.

Wie schon in Kap. 11.1.4.4 gezeigt wurde, müssen beim Schrittmotor bestimmte Grenzwerte bei der Schrittfrequenzänderung bzw. der Beschleunigung eingehalten werden, um einen Schrittfehler des Schrittmotors zu verhindern. Bei der Überschreitung der maximal zulässigen Beschleunigung kommt es zum Stillstand des Motors, was beim Betrieb in einer offenen Steuerkette nicht erkannt wird. Für das maximale Motordrehmoment, das der Motor zum Erreichen der maximalen Winkelgeschwindigket $\dot{\beta}_{m\,max}$ mit der maximalen Beschleunigung $\ddot{\beta}_{m\,max}$ abgeben muß, gilt:

$$M_{M\,max} \;\geq\; (\Theta_M + \Theta_W) \cdot \ddot{\beta}_{m\,max} \;+\; k_D \cdot \dot{\beta}_{m\,max} \;+\; |M_{W\,max}| \qquad (11.48)$$

mit: $\Omega_m \;=\; 2\pi \cdot N \;=\; \dot{\beta}_m$

Zwischen der Motordrehzahl und der Schrittfrequenz F_z gilt folgender Zusammenhang:

$$F_z \;=\; \frac{\Omega_m}{2\pi} \cdot z \;=\; N \cdot z \qquad (11.49)$$

Mit diesen Gleichungen und den Motorkennlinien nach Abb. 11.14 kann man die maximale Beschleunigung $\ddot{\beta}_{m\,max}$ in einem beliebigen Arbeitspunkt (F_z, M_M) einfach berechnen und feststellen, ob ein Schrittmotorantrieb die vorgegebene Positionieraufgabe erfüllen kann.

Muß bei einer Positionieraufgabe eine bestimmte Positionierzeit T_P eingehalten werden, ist grundsätzlich zu überprüfen, ob der Schrittmotor im Startbereich (d.h. im Start-Stopp-Betrieb) gefahren werden kann, was geringere Anforderungen an die Positionssteuerung stellt. Reicht die Startgrenzfrequenz $F_{A\,max}$ nicht aus, um die vorgegebenen Zeitschranken einzuhalten, so müssen Frequenzrampen gefahren werden. Um dies festzustellen, wird die mittlere Schrittfrequenz $\overline{F}_z$ berechnet. Diese ergibt sich aus der mittleren Winkelgeschwindigkeit $\overline{\Omega}_m$ des Motors:

$$\overline{\Omega}_m \;=\; \frac{\beta_{mP}}{T_P} \qquad (11.50)$$

mit: β_{mP} = Positionierwinkel, berechnet aus dem Positionierweg

T_P = Positionierzeit

Für die mittlere Schrittfrequenz $\overline{F}_z$ folgt:

$$\overline{F}_z \;=\; \frac{\overline{\Omega}_m}{2\pi} \cdot z \qquad (11.51)$$

Liegt die mittlere Schrittfrequenz $\overline{F}_z$ unter der zulässigen Startfrequenz $F_{A\,max}$, so kann der Schrittmotor im Start-Stopp-Betrieb gefahren werden. Liegt sie oberhalb, so müssen Frequenzrampen bestimmt und gefahren werden.

11.1.9.1 Ermittlung der Startgrenzfrequenz für den belasteten Motor aus den Betriebskennlinien

Die Ermittlung der Startgrenzfrequenz für den belasteten Schrittmotor ist in Abb. 11.27 dargestellt. Zunächst liest man die Startgrenzfrequenz $F_z = F_1$ für $M_W = 0$ und $\Theta_W = \Theta_{W1}$ aus der Lastträgheitsmomentkurve $\Theta_W = f(F_z)$ ab (Abb. 11.27 unten). Anschließend verschiebt man die Begrenzung des Startbereichs für $\Theta_W = 0$ nach links bis zur ermittelten Startgrenzfrequenz F_1 ohne Last (Abb. 11.27 oben). An der verschobenen Kennlinie kann man dann die maximale Startfrequenz $F_{A\,max}$ für das Lastmoment M_W ablesen. Dieses Verfahren eignet sich vor allem für eine erste grobe Abschätzung.

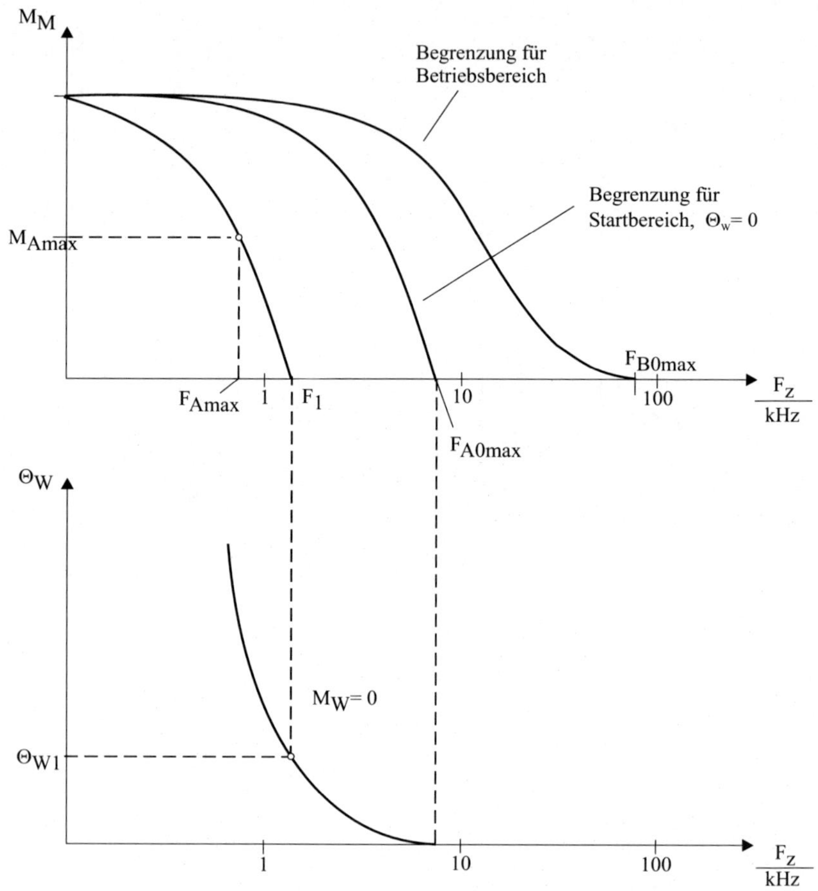

Abb. 11.27: *Ermittlung der Startgrenzfrequenz $F_{A\,max}$ für den belasteten Motor aus den Betriebskennlinien*

11.1.9.2 Berechnung von linearen Frequenzrampen

Um die nachfolgenden Überlegungen übersichtlich zu halten, wird nur eine lineare Rampe betrachtet, mit identischer Steigung für den Beschleunigungs- und den Bremsvorgang.

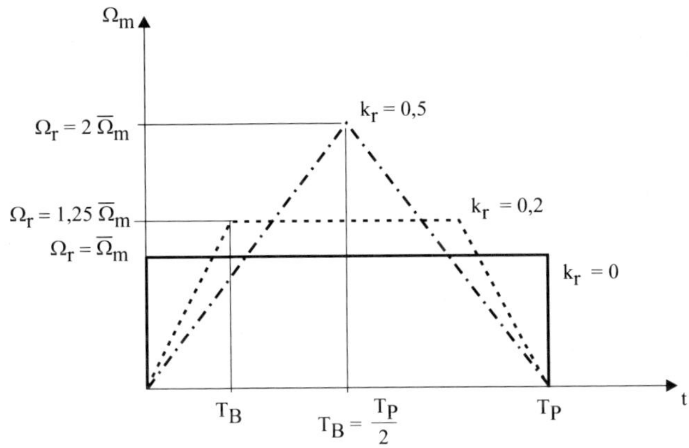

Abb. 11.28: *Einfluß der Beschleunigungszeit auf das Fahrdiagramm*

In Abb. 11.28 sind drei Fahrdiagramme dargestellt. Dabei entspricht T_B der Beschleunigungszeit und T_P der Positionierzeit. Der Faktor k_r liegt zwischen 0 und 0,5 und ist das Verhältnis von Beschleunigungszeit und Positionierzeit.

$$T_B = k_r \cdot T_P \tag{11.52}$$

Für die zur Einhaltung der vorgegebenen Zeitbedingungen (Positionierzeit T_P) maximal erforderliche Winkelgeschwindigkeit Ω_r gilt für lineare Frequenzrampen:

$$\Omega_r = \frac{\overline{\Omega}_m}{1 - k_r} \tag{11.53}$$

Mit Gl. (11.49) folgt für die zugehörige Schrittfrequenz F_{zr}:

$$F_{zr} = \frac{\Omega_r}{2\pi} \cdot z \tag{11.54}$$

Dies bedeutet, die maximal erforderliche Winkelgeschwindigkeit Ω_r des Motors liegt zwischen $\overline{\Omega}_m$ und $2 \cdot \overline{\Omega}_m$.

Ist ein Start-Stopp-Betrieb möglich, so ist bei $F_z = F_{A\,max}$ die Winkelgeschwindigkeit Ω_r identisch mit der mittleren Winkelgeschwindigkeit $\overline{\Omega}_m$. Dann ist der Faktor $k_r = 0$, und das Fahrdiagramm besitzt eine rechteckige Form (Abb. 11.28). Der Start erfolgt mit der Schrittfrequenz $F_{A\,max}$ (Ω_r) und der Stopp durch das Abschalten der Schrittfrequenz.

Bei $k_r = 0,5$ wird der Motor über die maximal mögliche Zeit $T_B = T_P/2$ beschleunigt, die Beschleunigungszeit entspricht der Bremszeit und das Fahrdiagramm besitzt folglich einen dreieckigen Verlauf.

Um festzustellen, bei welcher auszuwählenden Winkelgeschwindigkeit Ω_r der Schrittmotorantrieb die größten Reserven besitzt bzw. ob er die Positionieraufgabe überhaupt erfüllen kann, wird in der Praxis mit folgender Bedingung überprüft:

$$M_M \geq \frac{4}{3} \cdot (M_{MB} + M_W) \tag{11.55}$$

Die geschwindigkeitsabhängige Dämpfung wird vernachlässigt und der Faktor 4/3 stellt dabei einen empirisch ermittelten praxisnahen Wert dar [516].

Der Beschleunigungsanteil M_{MB} des Drehmoments errechnet sich wie folgt:

$$M_{MB} = (\Theta_M + \Theta_W) \cdot \dot{\Omega}_m \tag{11.56}$$

Für eine lineare Fahrrampe vereinfacht sich Gl. (11.56) zu:

$$M_{MB} = (\Theta_M + \Theta_W) \cdot \frac{\Omega_r}{T_B} \tag{11.57}$$

Mit Gl. (11.52) und (11.53) folgt aus Gl. (11.57) :

$$M_{MB} = \frac{\Theta_M + \Theta_W}{T_P} \cdot \frac{\Omega_r^2}{\Omega_r - \overline{\Omega}_m} \tag{11.58}$$

Anhand von Gl. (11.58) kann man nun für die gewählte Winkelgeschwindigkeit Ω_r überprüfen, ob die Bedingung von Gl. (11.55) erfüllt ist. Dies ist jedoch umständlich und zeigt nicht, wie weit man mit der Auswahl vom theoretischen Optimum entfernt ist [516].

Abhilfe schafft ein graphisches Verfahren, bei dem man das Beschleunigungsmoment M_{MB} nach Gl. (1.55) in Abhängigkeit von der Drehzahl bzw. der Schrittfrequenz und das Lastmoment MW, wie in Abb. 11.29 gezeigt, in die Motorkennlinie einträgt und graphisch addiert. Dies ergibt das erforderliche Motormoment M_M:

$$M_M = M_{MB} + M_W \tag{11.59}$$

Durch den Vergleich des erforderlichen Motormoments M_M mit dem Betriebsgrenzmoment kann man sofort erkennen, ob der Motor für die Aufgabe prinzipiell geeignet ist. Man findet auf diese Weise auch die optimale Winkelgeschwindigkeit Ω_r bzw. die optimale Schrittfrequenz F_{zr}. Diese liegt dort, wo die Steigung des eingezeichneten Motormoments nach Gl. (11.59) gleich der Steigung des Betriebsgrenzmomentverlaufs ist.
Weitere Auslegungsverfahren werden in [509, 510, 516] behandelt.

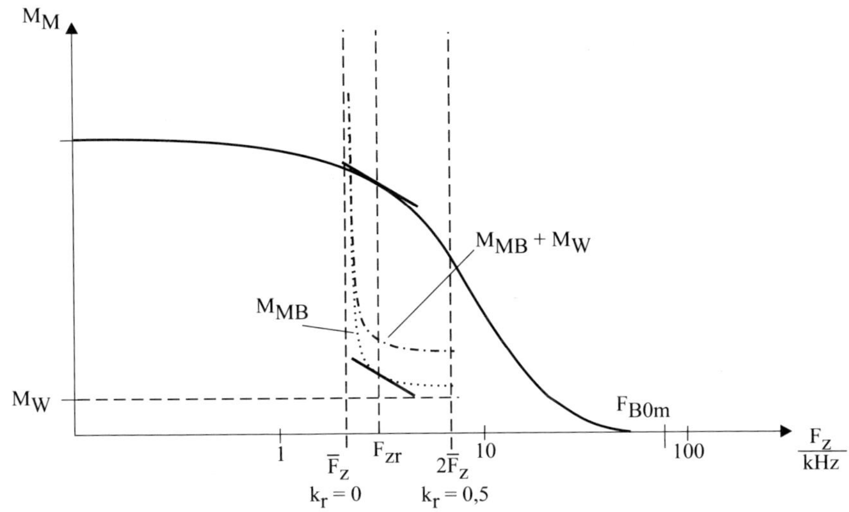

Abb. 11.29: *Graphisches Verfahren zur Ermittlung der optimalen Schrittfrequenz F_{zr} bzw. der Winkelgeschwindigkeit Ω_r bei linearer Rampe*

11.2 Elektronisch kommutierte Gleichstrommaschine

Elektronisch kommutierte Gleichstrommaschinen sind eine weitere wichtige Variante von Kleinmaschinen. Wie der Name dieser Maschine andeutet, wird der Kommutator der in Kap. 3 behandelten Gleichstrom–Nebenschlußmaschine durch ein leistungselektronisches Stellglied ersetzt; dieses Stellglied speist die Wicklungen der elektronisch kommutierten Gleichstrommaschine.

In der Realität ist die elektronisch kommutierte Gleichstrommaschine vom Funktionsprinzip her grundsätzlich ein Stromrichtermotor (siehe Kap. 12.3, Abb. 12.10). Die Unterschiede sind, daß die Synchronmaschine in Kap. 12.3 nun durch eine permanentmagneterregte Synchronmaschine (Kap. 6.5) ersetzt wird, d.h. es entfällt die Speisung der Erregerwicklung beim Stromrichtermotorprinzip. Weiterhin wird der lastgeführte Stromrichter STR II in Abb. 12.10 durch ein selbstgeführtes Stellglied ersetzt.

Im Gegensatz zu der in Kap. 6.5 behandelten permanenterregten Synchronmaschine, bei der die im allgemeinen drei Statorwicklungen mit drei sinusförmigen Statorströmen gespeist werden (Antriebssystem mit eingeprägtem Strom), die jeweils die bekannte, um 120° el. versetzte Phasenfolge aufweisen, sind bei der elektronisch kommutierten Gleichstrommaschine nur zwei der drei Statorwicklungen gleichzeitig stromführend, da diese jeweils 120° el. lang mit positivem und negativem Strom, der während der Stromführungsdauer konstant ist, gespeist werden.

Damit ist die Querverbindung zum Stromrichtermotor offensichtlich (siehe die grundsätzlichen Funktionserklärungen zum Stromrichtermotor; es entfällt aber die lastgeführte Kommutierung des lastgeführten Stellglieds STR II beim Stromrichtermotor, da nun ein selbstgeführtes Stellglied verwendet wird).

Wie beim Stromrichtermotor werden somit jeweils positive und negative Stromblöcke auf die Statorwicklungen geschaltet, und es bildet sich ein sprungförmig umlaufender Strombelag. Der permanenterregte Rotor folgt diesem umlaufenden Statorstrombelag, und es bildet sich tendenziell – wie beim PM-Schrittmotor – ein magnetischer Kreis mit polaritätsrichtigen Koinzidenzstellungen heraus.

Die vorliegenden Kenntnisse über die prinzipielle Funktion des Stromrichtermotors (sprungförmig umlaufender Strombelag im Stator, damit zeitlich variable geometrische Position zwischen Statorstrombelag und Rotor und damit Momentoberschwingungen), des PM-Schrittmotors (Drehmomentbildung und Bewegungsverlauf) sowie der permanenterregten Synchronmaschine (Funktion der Synchronmaschine und Signalflußplan prinzipiell entsprechend der Gleichstrom–Nebenschlußmaschine) können nun kombiniert werden, um ein umfassendes Verständnis der elektronisch kommutierten Gleichstrommaschine zu erzielen. Vertiefte Kenntnisse sind der Literatur zu entnehmen [506, 507, 511, 515, 519, 520, 521, 522].

12 Umrichterantriebe

Aus den Kapiteln 5 und 6 ist zu entnehmen, daß auch die Drehfeldmaschinen in der Drehzahl und im Drehmoment steuerbare Antriebe sind. Allerdings ist der regelungstechnische Aufwand erheblich größer, wenn diese Antriebe statische und dynamische Eigenschaften wie Gleichstrommaschinen haben sollen. Aus den grundsätzlichen Überlegungen zu den Steuerbedingungen für die Drehzahl und das Drehmoment hatte sich ergeben:

- Asynchronmaschine mit Kurzschlußläufer:
  Drehzahl im Ankerstellbereich: $U_{1A} \approx 0, \; U_{1B} \sim \Psi_{1A} \cdot \Omega_1$

  Flußschwächung im Feldschwächbereich: $U_{1A} \sim \dfrac{d\Psi_{1A}}{dt}$

  Drehmoment M_{Mi} steuerbar über Ω_2 bzw. $\Omega_1 = Z_p\Omega_m + \Omega_2$

- Synchronmaschine:
  Drehzahl im Ankerstellbereich: $U_d \approx 0, \; U_q \sim \Psi_h\Omega_1$
  Flußschwächung im Feldschwächbereich mittels I_d
  Drehmoment M_{Mi} steuerbar über I_q

Grundsätzlich ist aus diesen Ergebnissen zu erkennen, daß die symmetrischen, dreiphasigen Statorspannungen $|U_1| = \sqrt{U_{1A}^2 + U_{1B}^2}$ bei der Asynchronmaschine oder $|U_1| = \sqrt{U_d^2 + U_q^2}$ bei der Synchronmaschine im Ankerstellbereich bei konstantem Fluß Ψ mit steigender Statorfrequenz bzw. bei steigender Drehzahl N im Leerlauf in etwa linear zunehmen und im Feldschwächbereich konstant sind. Ein Stellglied, das diese Maschinen somit benötigen, um drehzahlvariabel zu sein, muß ein in der Spannungsamplitude und Frequenz variables Drehspannungssystem liefern können.

Wenn zusätzlich das Drehmoment verstellt werden soll, dann müssen bei der Asynchronmaschine die Rotorfrequenz Ω_2 und damit die Rotor- und Statorströme verstellt werden, die ihrerseits wiederum eine Änderung der Statorspannungen in Amplitude und Phasenlage erfordern.

Bei der Synchronmaschine ist M_{Mi} über I_q einstellbar. Dieses hat ebenso Rückwirkungen auf die Statorspannungen.

Aus diesen Grundsatzüberlegungen ergibt sich, daß zur Speisung von Drehstromantrieben ein Stellglied notwendig ist, das ein in der Amplitude und in der

Frequenz steuerbares Drehspannungssystem liefern muß. Die Ströme I_1 im Drehspannungssystem haben einen je nach Belastungszustand variablen Phasenwinkel φ_1 zur Statorspannung U_1.

Die Forderung, ein derartiges Drehspannungssystem bereitzustellen, ist nur mit größeren Aufwendungen als bei der Speisung von Gleichstrommaschinen zu erfüllen. Derartige Stellglieder werden Umrichter genannt, da sie aus einem Drehspannungssystem mit fester Spannung und Frequenz ein Drehspannungssystem mit variabler Spannung und Frequenz erzeugen.

Als – in der Vergangenheit – nur Thyristoren als Leistungshalbleiter verfügbar waren, wurden die unterschiedlichsten Stellgliedvarianten entwickelt, um Umrichter zu realisieren. Heute ist der Umrichter mit eingeprägter Spannung sowie konstanter Zwischenkreisspannung die am häufigsten verwendete Lösung.

Aufgrund der großen Zahl der unterschiedlichen Umrichter-Varianten, sollen in dieser Einführung nur die grundlegenden Antriebslösungen für drehzahlvariable Drehfeldmaschinen vorgestellt werden. Die große Zahl von leistungselektronischen Schaltungen war durch die frühere Einschränkung „nur Diode und Thyristor verfügbar“ bedingt, wobei der Betriebsbereich und damit die Funktion der Schaltungen an die technologischen Bedingungen der Arbeitsmaschine angepaßt wurden. Da diese Schaltungen auch teilweise heute noch in Betrieb sind bzw. neue Anwendungsgebiete finden, sollen sie dargestellt werden. Die generelle heutige Lösung sind die selbstgeführten Wechselrichter mit eingeprägter Spannung (Zweipunkt– und Mehrpunkt–Wechselrichter).

Wesentlich ausführlicher und insbesondere auch die Auslegung umfassend werden in Band 4 [52, 53] die verschiedenen leistungselektronischen Schaltungen, ihre Abwandlungen, sowie die Funktion und die Auslegung dargestellt.

Die Regelung der Antriebe wird in Band 2 [47, 48, 49] beschrieben, dies umfaßt insbesondere die regelungstechnischen Verfahren sowie die Anwendung dieser Verfahren zur Erreichung von statisch genauen und dynamisch hochwertigen Antriebssystemen.

12.1 Direktumrichter

Aus Kap. 4.2 ist bekannt, daß der netzgeführte Umkehrstromrichter mit natürlicher Kommutierung beide Spannungsrichtungen bei beiden Stromrichtungen auf der Gleichspannungsseite erzeugen kann (Abb. 12.1).

Durch entsprechende Steuerung von U_{St} mit Polaritätswechsel übernimmt der Stromrichter STR I die positive Stromhalbschwingung und der Stromrichter STR II die negative Stromhalbschwingung, wobei bei jeder Stromrichtung beide Spannungspolaritäten verfügbar sind. Wenn nun die Spannung U_{St} periodisch so gesteuert wird, daß sich positive und negative Stromhalbschwingungen bei den je nach Last zugehörigen Spannungsverläufen ergeben, dann ist das Wechselspannungssystem eines Steuerumrichters entstanden; d.h. die Frequenz F_1 bzw. die

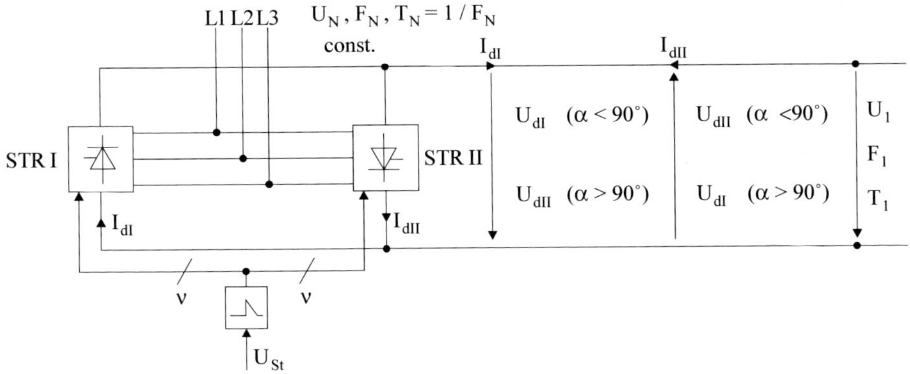

Abb. 12.1: *Netzgeführter Umkehrstromrichter (Prinzipschaltplan)*

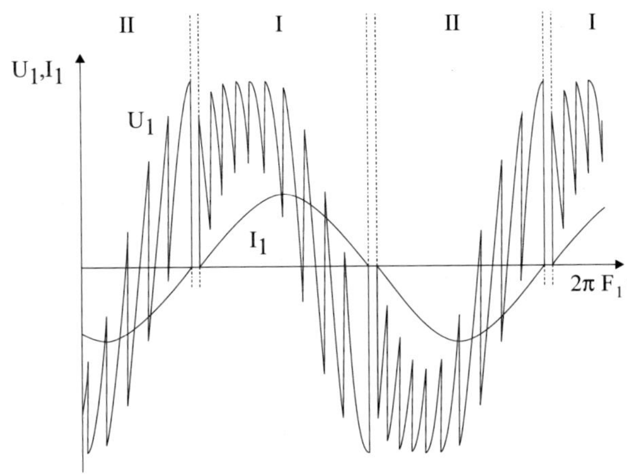

Abb. 12.2: *Spannungs- und Stromverläufe eines einphasigen Steuerumrichters*

Periodendauer T_1 der Wechselspannung U_1 sowie deren Amplitude kann eingestellt werden (Abb. 12.2).

Werden drei derartige Systeme mit den drei Statorwicklungen der Drehfeldmaschine verbunden und werden die drei einphasigen Steuerumrichter mit drei um je 120° elektrisch versetzten Steuersignalen U_{St} angesteuert, dann ergibt sich ein Drehspannungssystem variabler Spannung und Frequenz. Dies ist die Schaltung des Direktumrichters. Der Name „Direktumrichter" wurde für diese Lösung gewählt, da die Energieumformung ohne Speicherung von Energie in einem Zwischenkreis, d.h. direkt, erfolgt.

Schaltungsvarianten

Bei einer Drehfeldmaschine sind prinzipiell zwei Schaltungsvarianten für das System „Direktumrichter—Drehfeldmaschine" möglich (Abb. 12.3).

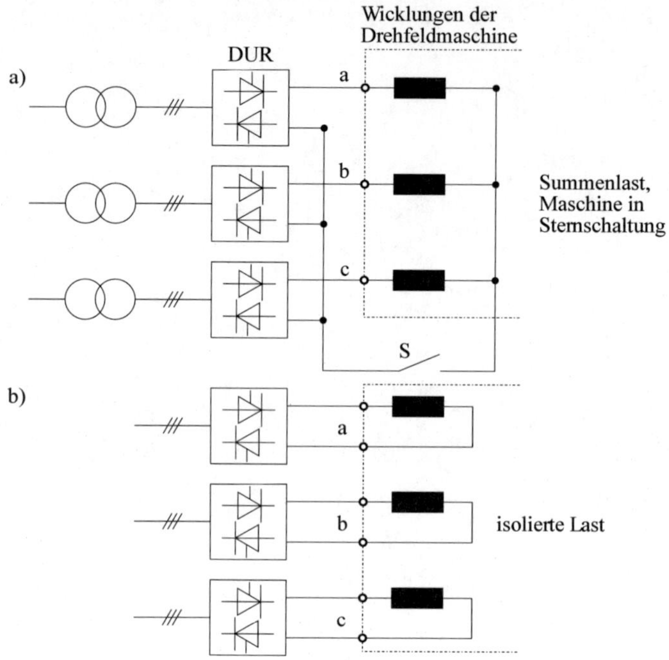

Abb. 12.3: *Schaltungsvarianten des Systems Direktumrichter—Drehfeldmaschine*

Bei der ersten Lösung ist im Betrieb der Schalter S offen. Der Vorteil dieser Schaltung ist, daß nur drei Motorzuleitungen benötigt werden. Diese Schaltung nutzt die Bedingung $\underline{I}_{1a}(t) + \underline{I}_{1b}(t) + \underline{I}_{1c}(t) = 0$ im symmetrischen Dreiphasensystem aus. Ein weiterer Vorteil ist, daß sich die dritten Harmonischen im Strom nicht ausbilden können, da bei symmetrischer Ansteuerung die Spannungen aller durch drei teilbaren Harmonischen die gleiche Phasenlage aufweisen. Eine Schwierigkeit besteht bei dieser Schaltung der Wicklungen beim Anfahren, wenn der Strom in allen Phasen Null ist. In diesem Fall muß der Schalter S geschlossen werden, damit sich die Ströme in den drei Teilsystemen ausbilden können. Die gleichen Schwierigkeiten können auch auftreten, wenn die Ströme lücken.

Bei der zweiten Schaltungsvariante werden die Wicklungen einzeln gespeist, damit können sich die Ströme in den drei Phasen unabhängig voneinander ausbilden. Nachteilig ist, daß die Ströme aller durch drei teilbaren Harmonischen sich jetzt voll ausbilden können.

Regelung

In Abb. 12.4 ist das Strukturbild der Regelschaltung zur Einprägung der Statorströme der Drehfeldmaschine dargestellt. Die Strom-Sollwerte werden von einer Drehstrom-Sollwertquelle DSQ erzeugt und sind nach Frequenz F_1 und Stromamplitude $|I_1|$ einstellbar.

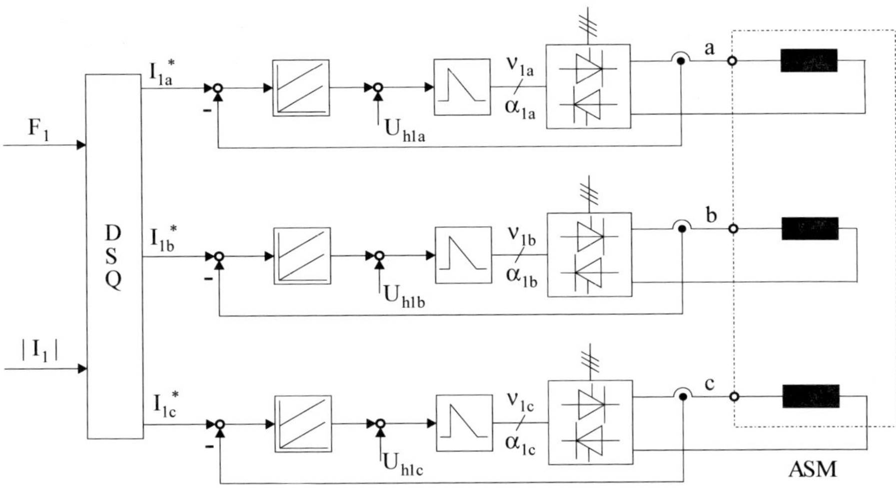

Abb. 12.4: *Grundansatz der Regelschaltung zum Einprägen des Drehstromsystems (DSQ = Drehstrom-Sollwertquelle; siehe auch [47, 48, 49])*

Wie bereits in Kap. 4.3 beschrieben, werden zur Störgrößenaufschaltung im Stromregelkreis die Hauptspannungen U_{h1} der Drehfeldmaschine verwendet. Der Stromregler ist adaptiv, um sowohl bei lückendem als auch bei nichtlückendem Strom die gleiche Regeldynamik sicherzustellen. Der Block DSQ ist die Drehstrom-Sollwertquelle; die Eingangsgrößen der DSQ sind die Statorfrequenz F_1 und der Betrag des einzuprägenden Statorstroms $|I_1|$. Die Ausgangssignale der DSQ sind die drei Statorstrom-Sollwerte. Zu beachten ist, daß bei einer Schaltung der Last nach Abb. 12.3.a nicht drei unabhängig arbeitende Stromregler verwendet werden dürfen (vgl. Abb. 12.46 und [47, 48, 49]).

Die Regelung der Statorströme, damit des Drehmoments und somit der Drehzahl, erfolgt mittels der Entkopplung oder der Feldorientierung (Kap. 13), wobei die Statorströme im K– bzw. S–System geregelt werden und somit nur zwei Stromregler benötigen.

Einsatzgebiet

Der Direktumrichter kann bevorzugt niedrige Ausgangsfrequenzen F_1 im Bereich $F_1/F_N \leq 0{,}5$ $(0{,}3)$ bei im vorgegebenen Leistungsbereich beliebigen Strömen erzeugen. Der Antrieb kann daher um den Drehzahlbereich Null hohe Drehmomente und hohe Leistungen liefern. Das Antriebssystem ist somit insbesondere für Antriebsaufgaben mit hohen Leistungen und hohen Drehmomenten bei nicht zu hohen Drehzahlen als Vier-Quadrant-Antrieb geeignet.

Der Direktumrichter hat in den letzten Jahren wieder Bedeutung erlangt, insbesondere als Stellglied für drehzahlvariable Synchronmaschinen. Dafür gibt es verschiedene Gründe. Das Stellglied ist im Prinzip von der Gleichstromantriebstechnik her gut bekannt. Es ist ein Stellglied, das relativ preiswert ist und bei dem die Leistung auf mehrere Einzelstellglieder verteilt werden kann. Es lassen sich daher auch hohe Leistungen einfach realisieren. Ein typischer Einsatzfall sind Rohrmühlen beispielsweise bei der Zementherstellung. Ein weiterer, neuer Einsatzfall sind Pumpspeicherantriebe, beispielsweise die Pumpspeicherantriebe Goldisthal mit zwei 100 MVA kreisstrombehafteten Direktumrichtern. Die Direktumrichter ersetzen die Stromrichterschaltungen an den Schleifringen in Abb. 12.6 und ermöglichen somit sowohl einen motorischen als auch generatorischen Betrieb der USK, die im Goldisthal in drehzahlvariablen Antrieben von je 340 MVA resultieren.

Eine Abwandlung des Direktumrichters ist der **Matrix-Umrichter** [52, 53], der in Zukunft Bedeutung erlangen wird. Der Matrix–Umrichter ist eine Abwandlung des bisher in diesem Kapitel besprochenen Direktumrichters. Während beim Direktumrichter von einem Stromrichter–Stellglied mit natürlicher Kommutierung ausgegangen wird – in dem Thyristoren eingesetzt werden –, sind beim Matrix–Umrichter nach Abb. 12.5 abschaltbare Leistungshalbleiter notwendig, die sowohl die Blockier– als auch die Sperrfähigkeit besitzen und die in beiden Richtungen Strom führen können. Derartige Bauelemente sind z.Zt. nicht als ein Leistungshalbleiter–Bauelement verfügbar, so daß jeder der hier in Abb. 12.5 dargestellten neun Schalter S_{ij} aus jeweils zwei Dioden und beispielsweise zwei blockierfähigen IGBTs besteht.

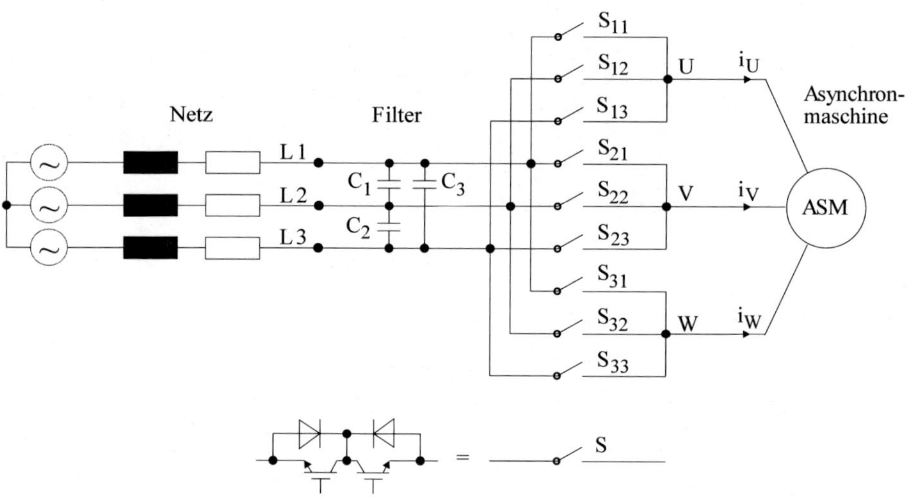

Abb. 12.5: *Prinzipschaltung des Matrix–Umrichters*

Die Idee des Matrix–Umrichters ist erstmals grundsätzlich von Gyugyi und Pelly [18, 39] dargelegt worden, die beide auch auf die Entwicklung des Direktumrichters großen Einfluß hatten und ihre Ideen wiederum in [18] veröffentlichten.

Diese grundsätzliche Idee wurde in [1] und [2] in späteren Jahren wieder aufgenommen. Es verblieb aber die Schwierigkeit mit den bidirektionalen Schaltern, die bis heute nicht gelöst ist. Dies bedeutet, daß der Matrix–Umrichter somit 18 Dioden und 18 steuerbare Halbleiter benötigt. Genauere Ausführungen zum Matrix-Umrichter – insbesondere mit SiC-Bauelementen – sind in Band 4, 2.Auflage [53] zu finden.

12.2 Untersynchrone Stromrichterkaskade (USK)

Die Untersynchrone Kaskade setzt eine Asynchronmaschine mit einem statorseitigen und einem rotorseitigen Wicklungssystem voraus. Die rotorseitigen Wicklungen sind an Schleifringen herausgeführt. Der starkstromseitige Aufbau der als „Untersynchrone Stromrichterkaskade“ (USK) bezeichneten Antriebseinheit ist in Abb. 12.6 dargestellt.

An die Schleifringe der Asynchronmaschine wird ein ungesteuerter Stromrichter GR in Drehstrombrückenschaltung angeschlossen, der die in Frequenz und Amplitude schlupfproportionale Rotorspannung U_2 gleichrichtet. Die Drosselspule D mit der Induktivität L_D nimmt die Differenzspannung aufgrund der unterschiedlichen Momentanwerte der welligen Gleichspannungen U_{zG} und U_{zW} auf und glättet damit den Gleichstrom I_z. Der netzgeführte, steuerbare Wechselrichter WR – ebenfalls im allgemeinen in Drehstrombrückenschaltung – speist die vom Gleichstrom-Zwischenkreis übertragene Wirkleistung ins Netz zurück. In Abb. 12.7 und 12.8 sind die prinzipiellen Auswirkungen einer stromabhängigen Gegenspannung (Abb. 12.7) und einer stromunabhängigen Gegenspannung (Abb. 12.8) dargestellt. Wie bereits in Kap. 5.6 abgeleitet, gelten im linearen Bereich die folgenden Drehzahl-Drehmoment-Kennlinien:

1. Kurzschlußläufer:

$$\frac{N}{N_{syn}} = 1 - s_N \cdot \frac{M_{Mi}}{M_{iN}} \tag{12.1}$$

2. Rotorvorwiderstand R_{2V}:

$$\frac{N}{N_{syn}} = 1 - s_N \cdot \left(1 + \frac{R_{2V}}{R_2}\right) \cdot \frac{M_{Mi}}{M_{iN}} \tag{12.2}$$

3. Gegenspannung U_2 (erste Näherung, Ableitung siehe Band 4 [52, 53]):

$$\frac{N}{N_{syn}} \approx \left(1 - \frac{U_2}{U_{20}}\right) - s_N \cdot \frac{M_{Mi}}{M_{iN}} \tag{12.3}$$

Aus dem Vergleich der Kennlinien-Gleichungen ist zu erkennen, daß durch den Rotorvorwiderstand R_{2V} die Kennlinien-Steigung verändert wird (Abb. 12.7). Bei der Gegenspannung bleibt die Kennlinien-Steigung dagegen prinzipiell erhalten; damit kann durch Verstellung der Spannung $U_2 \sim U_{zW}$ der Leerlaufpunkt verstellt werden.

Wesentlich ist weiterhin bei den Varianten 2 und 3, daß die unterschiedlichen Arbeitspunkte sich aufgrund der Lastkennlinie ergeben, denn ohne Last würde im Fall 2 im idealen Leerlauf unabhängig vom Rotorvorwiderstand R_{2V} immer die Drehzahl N_{syn} nahezu erreicht werden. Im Fall 3 mit Gegenspannung wird bei zu geringer Drehzahl N und gegebener Zwischenkreisspannung U_{zW} sich ein Zwischenkreisstrom I_z, damit ein Rotorstrom I_2 und damit ein Drehmoment ausbilden, welches den Rotor auf höhere Drehzahlen beschleunigt. Wenn dagegen der betreffende Leerlaufpunkt überschritten ist, dann ist aufgrund der höheren Drehzahl U_2 geringer, der von U_2 vorgegebene Gleichspannungsmittelwert U_{zG} ist kleiner als U_{zW}, damit fließt kein Rotorstrom I_2 mehr, und es wird kein Drehmoment in diesem Betriebszustand erzeugt. Dies bedeutet, bei der Untersynchronen Kaskade kann im Betriebsbereich $N < N_{syn}$ kein Bremsmoment aufgebracht werden, das Abbremsen muß über das Lastmoment erfolgen.

Da das Zwischenkreis-Stellglied nur für die maximal hierbei auftretende „Schlupfspannung" ausgelegt wird, zeichnet sich die untersynchrone Stromrichterkaskade gegenüber allen anderen durch Stromrichter geregelten Antrieben da-

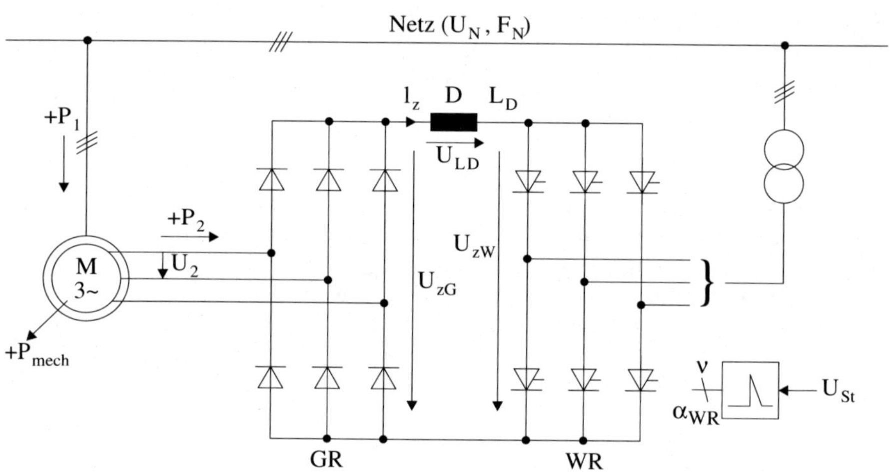

P_1	:	Statorleistung
P_2	:	Rotorleistung
P_{mech}	:	mechanisch abgegebene Leistung
I_z	:	Gleichstrom im Zwischenkreis
L_D	:	Induktivität der Drosselspule D
U_{LD}	:	Drosselspannungsabfall ($\overline{U}_{LD} \approx 0$)
U_{zG}	:	Gleichrichter-Ausgangsspannung
U_{zW}	:	Wechselrichter-Eingangsspannung
U_2	:	Rotorspannung der ASM

Abb. 12.6: *Prinzipschaltplan der untersynchronen Stromrichterkaskade (USK)*

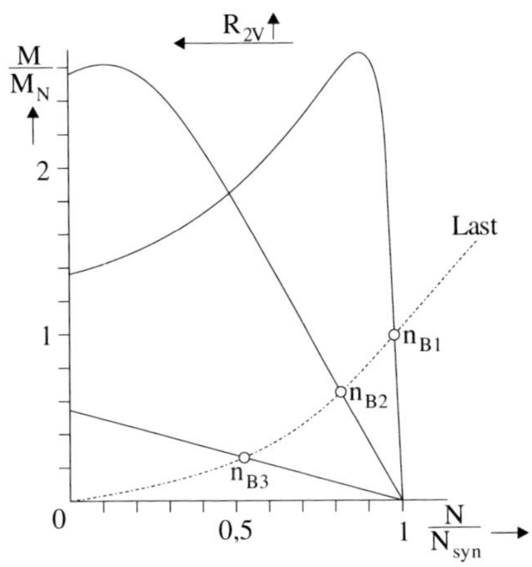

Abb. 12.7: *Drehmomentkennlinien des Motors bei Steuerung mit verschiedenen Rotorwiderständen R_2, entsprechend einer stromabhängigen Gegenspannung*

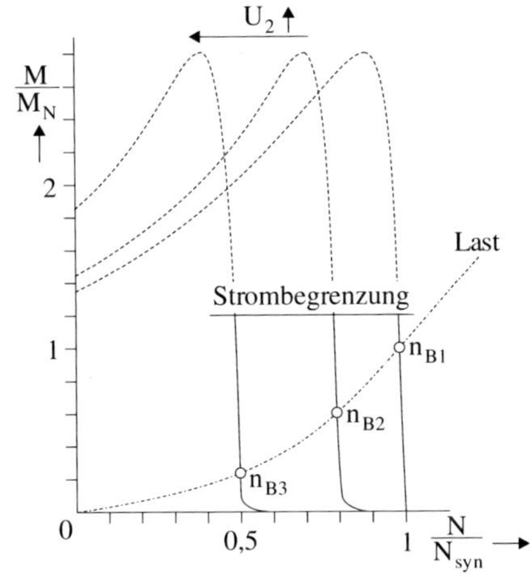

Abb. 12.8: *Drehmomentkennlinien der untersynchronen Stromrichterkaskade bei verschiedenen stromunabhängigen Gegenspannungen U_2 des Stromrichters*

durch aus, daß im Zwischenkreis-Stellglied nur die dem tatsächlich geforderten Drehzahlstellbereich entsprechende „Schlupfleistung" installiert werden muß.

Ist dieser Drehzahlstellbereich kleiner als 100 %, so erfolgt der Hochlauf bis zur untersten Kaskadendrehzahl über einen Anlaßwiderstand. Im Rückspeisezweig des Wechselrichters kann zur Spannungsanpassung vorteilhaft noch ein Transformator zwischengeschaltet werden.

Elektrische Verhältnisse

Die elektrischen Verhältnisse bei der USK lassen sich aus folgenden Überlegungen erkennen.

Die ASM entnimmt dem Netz die Leistung P_1, die den Statorwicklungen zugeführt wird. Nach Abzug der Statorverluste (Kupfer und Eisen) verbleibt die Luftspaltleistung P_δ, die auf den Rotor übertragen wird. Von dieser Leistung P_δ werden die Rotorverluste (Kupfer-, Eisen-, Reibungs- und Lüftungsverluste) abgeführt, und es verbleibt die mechanische Leistung

$$P_{mech} = (1 - s) \cdot P_\delta \tag{12.4}$$

Im Rotor wird die Leistung P_2 beim Kurzschlußläufer in Wärme umgesetzt:

$$P_2 = s \cdot P_\delta \tag{12.5}$$

Die Leistung P_2 ist somit eine Funktion des Schlupfs und wird bei $s = 0$ (synchrone Drehzahl N_{syn}) zu Null. Bei der USK wird die Leistung P_2 entsprechend $P_d = U_z \cdot I_z$ in das Netz zurückgespeist.

Es gilt (mit U_{20} = Stillstandsspannung des Rotors):

$$P_2 \approx U_z \cdot I_z \tag{12.6}$$

$$s \cdot \Omega_{syn} \cdot M_M \approx s \cdot P_\delta = P_2 \tag{12.7}$$

$$U_{zG} \approx \frac{3\sqrt{2}}{\pi} \cdot s \cdot U_{20} \tag{12.8}$$

Somit ist bei $Z_p = 1$:

$$I_z \approx \frac{\Omega_{syn} \cdot M_M \cdot \pi}{3\sqrt{2} \cdot U_{20}} \tag{12.9}$$

$$I_{2\sim} \approx \sqrt{\frac{2}{3}} \cdot I_z \approx \frac{\Omega_{syn} \cdot M_M \cdot \pi}{3\sqrt{3} \cdot U_{20}} \tag{12.10}$$

Und aus

$$U_{zW} \approx -U_{di0W} \cdot \cos\alpha_{WR} \approx \frac{3\sqrt{2}}{\pi} \cdot s \cdot U_{20} \tag{12.11}$$

ergibt sich:

$$s \sim \cos\alpha_{WR} \tag{12.12}$$

Die Spannung U_{zG} ist dabei eine Funktion des Schlupfs und kann ansonsten nur durch konstruktive Maßnahmen (U_{20}) geändert werden. Der Strom I_z wird durch die Steuerung von $U_{zW} = U_{zG} - U_{LD}$ eingestellt. Der Rotorstrom $I_{2\sim}$ ist somit durch I_z einstellbar und damit auch die Leistung P_2. Durch diese Maßnahme kann somit im Betriebsbereich ein nahezu beliebiges Verhältnis P_2/P_δ eingestellt werden und damit die mechanische Leistung

$$P_{mech} = (1 - \frac{P_2}{P_\delta}) \cdot P_\delta = P_\delta - P_2 \tag{12.13}$$

über die Wechselrichtersteuerung eingestellt werden.

Einschränkungen sind einerseits dadurch gegeben, daß bei $s = 0$ die Spannung $U_2 = 0 = U_{zG}$ wird. Andererseits ist durch den Rotorwiderstand R_2 ein Minimalleistungsumsatz im Rotor notwendig. Ebenso müssen die Verluste im Stromrichter gedeckt werden. Aus beiden Randbedingungen läßt sich ableiten, daß bei der USK die synchrone Drehzahl nicht, bzw. nur durch spezielle Steuerungsmaßnahmen im Betriebsbereich enthalten sein kann.

Steuerung und Regelung der USK

Die Regelung der untersynchronen Stromrichterkaskade ist denkbar einfach, solange nur statische Betriebszustände und quasistationäre Übergangsvorgänge in Betracht gezogen werden (Abb. 12.9). Durch die Aussteuerung des netzgeführten Stromrichters, der immer im Wechselrichterbereich arbeitet, wird eine schlupfproportionale stromunabhängige Gegenspannung in den Rotorkreis der Asynchronmaschine eingeprägt und damit der Zwischenkreisstrom I_z geregelt. Das von der Maschine entwickelte Drehmoment ist diesem Strom direkt proportional.

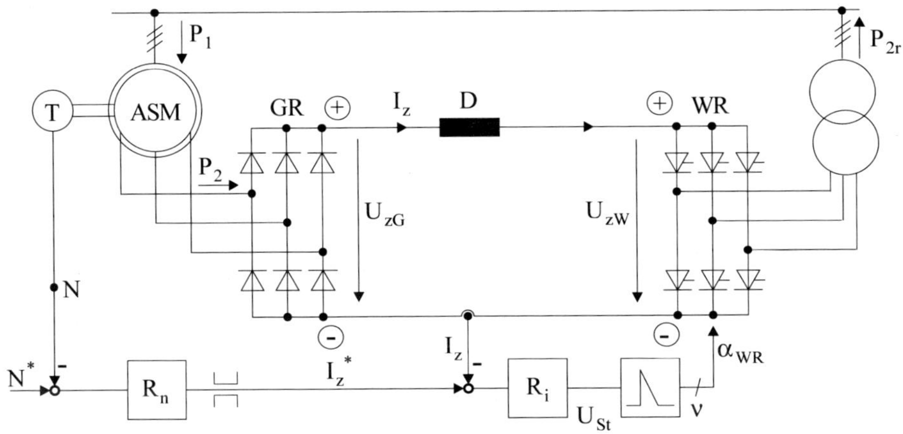

Abb. 12.9: *Prinzipschaltplan der Regelung einer untersynchronen Stromrichterkaskade (USK)*

Der Strom I_z wird im Stromregelkreis wie bei der Gleichstrom-Nebenschlußmaschine geregelt und im Sollwert begrenzt. Der überlagerte Drehzahlregelkreis gibt entsprechend den Lastverhältnissen den Stromsollwert I_z^* und damit P_2 vor.

Die Asynchronmaschine kann im Bereich $N < N_{syn}$ nur als Motor arbeiten. Die untersynchrone Stromrichterkaskade ist daher – zunächst – immer ein Ein-Quadrant-Antrieb. Es können nur Drehzahlsollwertsprünge zu höheren Drehzahlen ausgeregelt werden. Bei Verminderung des Drehzahlsollwertes muß das Absinken der Drehzahl über das Lastmoment erfolgen. Bemerkenswert ist hierbei, daß im Leerlauf oder bei sehr kleiner Last dieses Drehzahlabsinken u.U. nicht erfolgt, da die im Rotor – auch bei offenen Schleifringen – induzierten Wirbelströme ausreichen, um ein zur Deckung der Lagerreibungen, Luftwiderstände etc. hinreichend großes Moment auszubilden. Hier hilft nur das Aufbringen eines zusätzlichen Lastmomentes oder das Abschalten des Stators vom Netz. Die USK kann auch im übersynchronen Betrieb als Bremsgenerator beispielsweise bei Windkraftwerken genutzt werden.

Betriebsbereich

Aus den obigen Überlegungen läßt sich entnehmen, daß die USK vorteilhaft immer dann eingesetzt werden kann, wenn der gewünschte Drehzahl-Stellbereich bei Drehzahlen nahe der Synchrondrehzahl N_{syn} ist. Bei diesen Drehzahl-Stellbereichen muß über die beiden Stromrichter (GR und WR) nur die Schlupfleistung $P_2 = s \cdot P_\delta$ geführt werden. Die Dimensionierungsleistung der Stromrichter ist somit um so kleiner, je kleiner der gewünschte Schlupfbereich und damit der Drehzahlbereich ist.

Aus diesen Überlegungen ist abzuleiten, daß die USK insbesondere bei Pumpen- und Lüfter-Antrieben vorteilhaft einzusetzen ist, da derartige Lastmaschinen für die Auslegung vorteilhafte Kennlinien aufweisen.

Außerhalb dieses Bereiches muß die USK mit Rotorvorwiderständen R_{2V} betrieben werden. Das gilt insbesondere für das Anfahren, dies ist zu vermeiden!

Aus den Gleichungen läßt sich entnehmen, daß die Überlegungen symmetrisch zur Synchrondrehzahl zu übertragen sind. Bei Drehzahlen $N < N_{syn}$ kann die ASM nur als Motor betrieben werden . Die Erhöhung der Drehzahl erfolgt über eine Erhöhung des Stroms I_z und somit des Stroms I_2. Die Absenkung der Drehzahl kann nur über das Lastmoment bzw. über Verlustmomente erfolgen. Wenn die Drehzahl $N > N_{syn}$ ist, dann wird die ASM als Generator betrieben. Die ASM wird somit durch den Strom I_z abgebremst, der ASM muß die mechanische Leistung zugeführt werden. Dies ist beispielsweise bei Windkraftwerken gegeben; dies ist ein neues Einsatzgebiet!

Doppeltgespeiste Asynchronmaschine

Die untersynchrone Kaskade ist eine einfache Lösung einer Doppelspeisung der ASM. Der Vorteil dieser Lösung bei beschränktem Drehzahlstellbereich war der geringe Aufwand in den Stromrichterkomponenten und der gute Wirkungsgrad des Systems.

Um die Einschränkung des Ein-Quadrant-Betriebs im Drehzahlstellbereich zu vermeiden, kann an die Rotor-Schleifringe ein Umrichter angeschlossen werden. Beispielsweise kann dieser Umrichter mit eingeprägter Spannung oder eingeprägtem Strom ausgeführt sein.

Falls der Umrichter mit eingeprägter Spannung beispielsweise ein Direktumrichter ist, kann die Synchrondrehzahl mit in den Betriebsbereich eingeschlossenen werden, da der Direktumrichter insbesondere niedrige Ausgangsfrequenzen liefern kann. Wie schon im Kapitel 12.1 hingewiesn, kann die Stromrichterschaltung in Abb. 12.6 durch einen Direktumrichter ersetzt werden, ein Anwendungsbeispiel sind die 340 MVA Pumpspeicherantriebe im Goldisthal. Bei dieser Lösung kann sowohl motorischer als auch generatorischer Betrieb realisiert werden.

12.3 Stromrichtermotor

Der Stromrichtermotor ist eine Schaltungsvariante, bestehend aus einem netzgeführten Stromrichter STR I als Einspeisesystem, einer Zwischenkreisdrossel D, einem lastgeführten Stromrichter STR II und einer Synchronmaschine (Abb. 12.10).

Das Einspeise-Stellglied STR I ist ein netzgeführter Stromrichter, der von einem Netz N mit fester Spannung U_N und Frequenz F_N gespeist wird. Durch Variation von α_{I} kann am Ausgang entweder eine positive Gleichspannung $U_{z\mathrm{I}}$

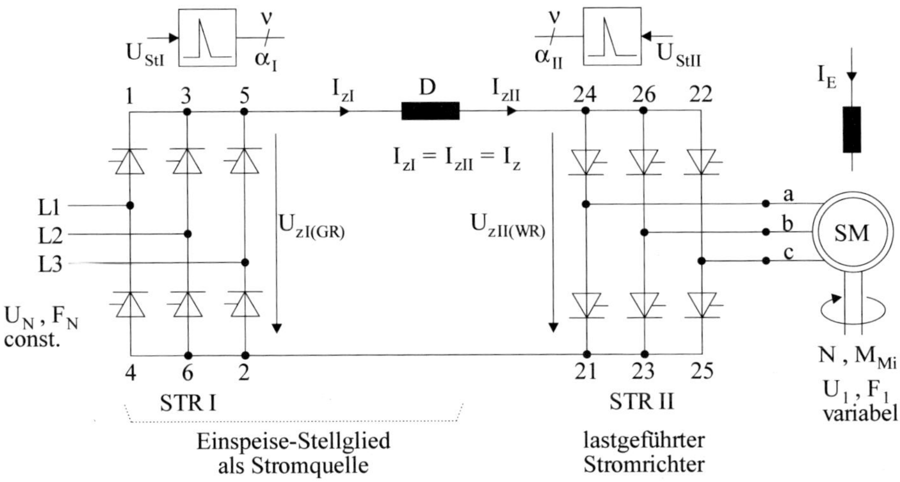

Abb. 12.10: *Schaltbild des Stromrichtermotors*

(GR-Betrieb: $30° < \alpha_I \leq 90°$) oder eine negative Gleichspannung U_{zI} (WR-Betrieb: $90° < \alpha_I \leq 150°$) erzeugt werden. Die Beschränkung der Aussteuerung auf 150° im Wechselrichterbetrieb ist durch die Überlappung $\ddot{u}$ und die Schonzeit der Thyristoren bedingt. Aufgrund der Ventilwirkung der Thyristoren ist aber nur eine Richtung des Stroms I_{zI} möglich.

Die Steuer- und Kommutierungsblindleistung des Stellglieds I wird vom Netz N zur Verfügung gestellt. Das Stellglied I ist daher ein Stellglied, wie es bereits von den Gleichstromantrieben her bekannt ist.

Im Zwischenkreis zwischen den Stellgliedern STR I und STR II ist eine Zwischenkreisdrossel D angeordnet. Durch die Zwischenkreisdrossel D werden die Stromrichter STR I und STR II in den Augenblicksspannungen entkoppelt. Die mittleren Spannungen sind dagegen bis auf den ohmschen Spannungsabfall der Drosselspule gleich. Durch die Drosselspule D wird das Gesamt-Einspeise-Stellglied bestehend aus Stromrichter STR I und Drossel D zu einer Stromquelle mit variablem Zwischenkreisstrom I_z.

12.3.1 Prinzipielle Funktion

Wir wollen in den folgenden, sehr grundsätzlichen Überlegungen von einem konstanten Strom $I_{zI} = I_z$ ausgehen und die Funktion des Stellglieds STR II in Verbindung mit der Synchronmaschine SM untersuchen.

Es wird angenommen, daß der Erregerstrom $I_E \neq 0$ ist und die Ventile 24 und 25 des Stellglieds STR II gezündet seien. Der Strom I_z fließt somit in die Phase a der SM und aus der Phase c der SM zurück zum Stellglied STR I. Der Ankerstrombelag nimmt daher eine durch die Wicklungen gegebene feste räumliche Lage ein. Wenn angenommen wird, daß nach einiger Zeit der Strom von dem Ventil 24 zu dem Ventil 26 des Stellglieds STR II kommutiert, dann nimmt nach der Kommutierung der Statorstrombelag eine neue feste räumliche Lage an. In dieser Weise können durch zyklisches Fortschalten des Zwischenkreisstroms I_z insgesamt sechs feste räumliche Lagen des Statorstrombelags erzeugt werden.

Da – wie oben angenommen – der Erregerstrom I_E in der Polradwicklung $I_E \neq 0$ ist, wird sich aufgrund des Statorstrombelages und damit dem Statorfluß einerseits und dem Polradfluß andererseits ein Drehmoment so ausbilden, daß sich ein minimaler magnetischer Widerstand auszubilden versucht, d.h. das Polrad bewegt sich in Richtung dieses Ziels. Dies bedeutet letztendlich, daß das Polrad dem sprungförmig umlaufenden Statorstrombelag folgt und somit in Abhängigkeit von der Zündimpulsfrequenz des Stromrichters II – richtige Einstellung aller Parameter vorausgesetzt – in der Bewegung folgt. Das bedeutet, die Drehzahl N bzw. die Winkelgeschwindigkeit Ω_1 des Polrads kann über die Zündimpulsfrequenz verstellt werden.

Nun ist noch ungeklärt, wie der Strom I_{zII} von einem Ventil zum nächsten Ventil kommutieren kann. Unter den Annahmen, das Polrad sei mit dem Strom I_E erregt und habe die Drehzahl N, wird an den Klemmen der SM ein der Drehzahl N proportionales Spannungssystem erzeugt. Durch dieses Spannungssystem wird die Kommutierung des STR II ermöglicht. Da die Steuer- und Kommutierungsblindleistung von der Last SM geliefert wird, wird diese Art des Betriebs „lastgeführte Kommutierung" genannt.

Wie später im Abschnitt 12.3.2 (Lastgeführte Kommutierung) noch genauer gezeigt wird, muß die Synchronmaschine übererregt sein, d.h. kapazitive Blindleistung liefern können, um die Kommutierung zu ermöglichen. Diese Blindleistung deckt den Bedarf des Stromrichters STR II an Kommutierungs- und Steuerblindleistung. Über den Zwischenkreis wird die Wirkleistung $P_z = U_z \cdot I_z$ an STR II und die SM übertragen. Bezüglich der Blindleistung bilden jeweils SM und STR II sowie Netz und STR I geschlossene Systeme, bei denen die Stromrichter die von der SM bzw. dem Netz abgegebene Blindleistung vollständig aufnehmen. Diese Bedingung muß bei der Auslegung und Steuerung des Systems beachtet werden.

Betriebsfälle des Stromrichtermotors

Abhängig vom Wirkleistungsfluß sollen jetzt die prinzipiellen Steuerbedingungen für die Stromrichter STR I und STR II abgeleitet werden.

Aus Abb. 12.10 ist zu entnehmen, daß im stationären Betrieb $U_{zI} = U_{zII} = U_z$ sein muß, wenn der Widerstand R_D der Drosselspule zu Null angenommen wird.

Wenn U_{zI} im Gleichrichterbereich ausgesteuert ist, muß daher U_{zII} im Wechselrichterbereich ausgesteuert sein, und es wird Wirkleistung vom Netz N zur SM übertragen; die SM ist im Motorbetrieb (Abb. 12.11).

Wenn dagegen STR I im Wechselrichterbetrieb arbeitet, dann muß STR II im Gleichrichterbetrieb sein, und die Wirkleistung wird von der SM in das Netz übertragen. Die SM ist im Generatorbetrieb und wird abgebremst.

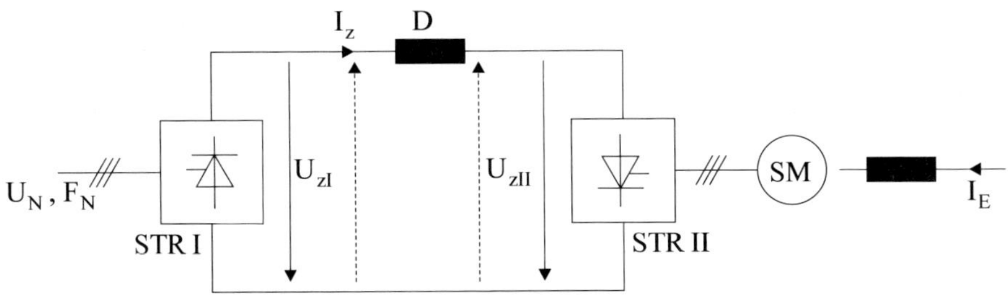

GR, $30° \leq \alpha_{\mathrm{I}} < 90°$	$\xrightarrow{P_z}$	WR, $\alpha_{\mathrm{II}} \approx 150°$, Motorbetrieb
WR, $90° < \alpha_{\mathrm{I}} \leq 150°$	$\xleftarrow{P_z}$	GR, $\alpha_{\mathrm{II}} \approx 30°$, Generatorbetrieb
α_{I} variabel		α_{II} nahezu fest (Variation aufgrund von ü möglich)

Abb. 12.11: *Betriebsfälle des Stromrichtermotors*

Somit kann allein durch Steuern der Zündwinkel α_{I} und α_{II} sowohl Motor- als auch Bremsbetrieb (Generatorbetrieb der SM) erreicht werden.

Bei der Aussteuerung der Stromrichter ist zu beachten, daß zur Vermeidung des Wechselrichterkippens, wie in Kap. 4.2.2 gezeigt, der Steuerwinkel kleiner als 180° gewählt werden muß. Im allgemeinen wird $\alpha_{max} = 150°$ und aus Symmetriegründen $\alpha_{min} = 30°$ verwendet.

Um den Blindleistungsbedarf im System STR II—SM so gering wie nur möglich zu halten, gibt man für α_{II} je nach Betriebsfall die festen Steuerwinkel von entweder $\alpha_{\mathrm{II}} = 150°$ (Motorbetrieb) oder $\alpha_{\mathrm{II}} = 30°$ (Generatorbetrieb) vor.

Durch die nahezu festen Steuerwinkel α_{II} wird sich bei variabler Drehzahl N der Synchronmaschine im stationären Betrieb eine mit steigender Drehzahl ansteigende Zwischenkreisspannung $U_{z\mathrm{II}}$ ergeben. Da weiterhin $U_{z\mathrm{I}} = U_{z\mathrm{II}}$ ist, muß deshalb der Steuerwinkel α_{I} entsprechend der Drehzahl der Synchronmaschine verstellt werden. Für Stillstand ergibt sich $\alpha_{\mathrm{I}} = 90°$, für maximale Drehzahl im Motorbetrieb $\alpha_{\mathrm{I}} = 30°$ und für maximale Drehzahl im Generatorbetrieb $\alpha_{\mathrm{I}} = 150°$.

$$|U_{z\mathrm{I}}| = |U_{z\mathrm{II}}| \tag{12.14}$$

$$U_{di0\,\mathrm{I}} \cdot \cos\alpha_{\mathrm{I}} - D_{x\mathrm{I}} = -\,U_{di0\,\mathrm{II}} \cdot \cos\alpha_{\mathrm{II}} + D_{x\mathrm{II}} \tag{12.15}$$

$$U_{di0\,\mathrm{II}} = f(N, I_E) \tag{12.16}$$

$$\alpha_{\mathrm{II}} = 150° \;\; (30°) \tag{12.17}$$

$$I_z = f(M_{Mi}) \tag{12.18}$$

Drehrichtungsumkehr beim Stromrichtermotor

Durch Vertauschen der Zündimpulsfolge für den STR II kann zusätzlich die Drehrichtung des sprungförmig umlaufenden Strombelags geändert werden. Eine Drehrichtungsumkehr ist somit ebenso ohne zusätzlichen Aufwand im Leistungsteil möglich. Bei Drehzahl $N = 0$ ist allerdings keine lastgeführte Kommutierung mehr möglich (siehe auch Anfahrvorgang, Kap. 12.3.3).

12.3.2 Lastgeführte Kommutierung

Grundsätzlich muß einerseits zwischen der Zuordnung der Grundschwingungen der Spannungen und Ströme in STR II und SM und andererseits der lastgeführten Kommutierung an sich unterschieden werden.

Zuerst soll die Zuordnung der Spannungen und Ströme behandelt werden, um das resultierende kapazitive Verhalten der Synchronmaschine aufzuzeigen.

Entsprechend der Schaltung des Stromrichters II und der Numerierung der Ventile (Abb. 12.12) liegen die Zündzeitpunkte des Ventils 24 bei den Nulldurchgängen der Phasenspannungen U_{1a} bzw. U_{1c}: $\alpha_{II} = 150°$ im Motorbetrieb beim Nulldurchgang von negativer zu positiver Spannung der Phasenspannung U_{1a}, $\alpha_{II} = 30°$ im Generatorbetrieb beim Nulldurchgang von negativer zu positiver Spannung der Phasenspannung U_{1c} (siehe Abb. 4.38 und 12.14).

Da – wie bei jeder Drehstrom-Brückenschaltung (vergl. Kap. 4.2.4) – im Wechselrichter STR II alle 60° el. eine Kommutierung vorgenommen wird und jedes Ventil für 120° el. einen rechteckförmigen Strom (Vernachlässigung der Kommutierungen) führt, ist die Grundschwingung des Phasenstroms $I_{1a(1)}$ um $\varphi_1 = 30°$ gegenüber der Zündung von Ventil 24 voreilend (Abb. 12.13).

Bei motorischem Betrieb mit $\alpha_{II} = 150°$ bedeutet dies somit beispielsweise, daß Ventil 24 im positiven Nulldurchgang von U_{1a} gezündet wird und dadurch die Grundschwingung des Stroms $I_{1a(1)}$ gegenüber der Phasenspannung U_{1a} um

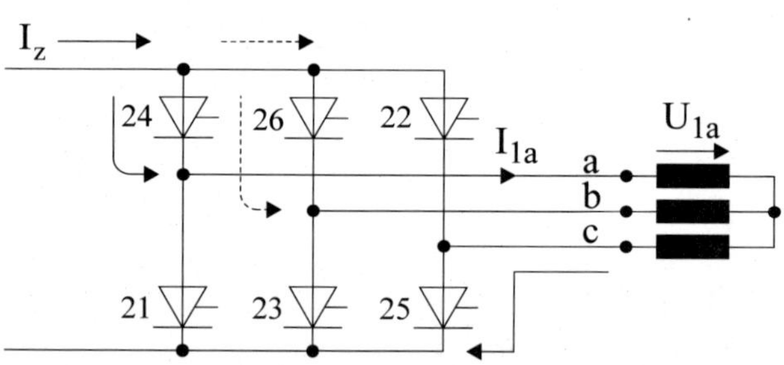

Abb. 12.12: *Stromfluß im Stromrichter II bei einer Kommutierung (von Thyristor 24 nach 26, d.h. von Phase a nach b)*

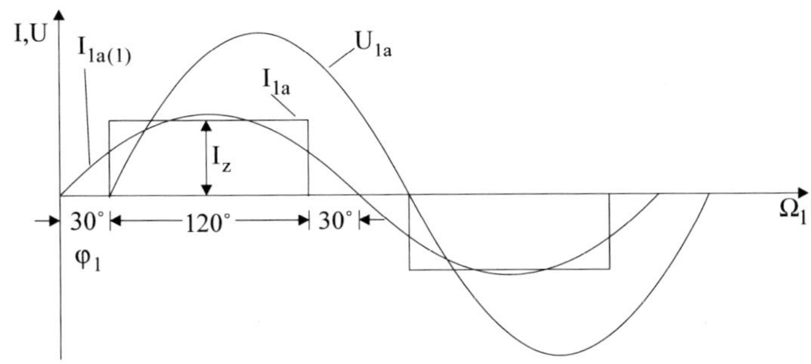

Abb. 12.13: *Zeitliche Lage von Phasenspannung und Phasenstrom der SM im Motorbetrieb (Kommutierung vernachlässigt)*

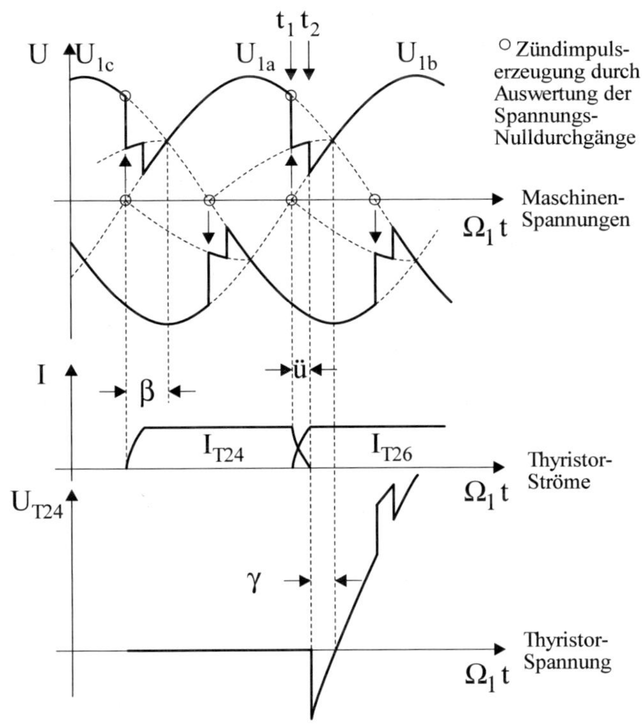

$\beta = 180° - \alpha_{II}$; $\gamma = \Omega_1 \cdot t_c$ (Schonzeitwinkel)

Abb. 12.14: *Kommutierung des Stroms in zwei Brückenzweigen des SM-seitigen Stromrichters (Motorbetrieb, $\alpha_{II} = 150°$; U_{T24} = Spannung an Thyristor 24; I_{T24} entspricht dem positiven Stromblock von I_{1a} in Abb. 12.13)*

$\varphi_1 = 30°$ voreilt (Abb. 12.13). Die Synchronmaschine muß also ein kapazitives Verhalten aufweisen, d.h. übererregt sein.

Wie bereits diskutiert, würde bei Steuerwinkeln $\alpha_{\mathrm{II}} < 150°$ eine frühere Zündung des Ventils 24 erfolgen; die rechteckförmigen 120°-Stromblöcke würden damit bereits zu diesen früheren Zeitpunkten beginnen und die Voreilung der Grundschwingung φ_1 wäre noch größer. Dies würde sich ungünstig auf die von der Synchronmaschine bereitzustellende kapazitive Blindleistung auswirken und wird deshalb vermieden. Analoge Überlegungen gelten für den Generatorbetrieb.

In Abb. 12.14 ist der Vorgang einer Kommutierung im STR II dargestellt. Es ist zu erkennen, daß – bedingt durch die Kommutierung und die daraus folgende Überlappung $\ddot{u}$ – der Stromanstieg bzw. -abfall „verschliffen" wird; daraus folgt die bereits aus der Gleichstrom-Antriebstechnik bekannte Änderung des Phasenwinkels φ_1 um $\Delta\varphi_1 \approx \ddot{u}/2$ (Kap. 4.2.4). Der Überlappungswinkel $\ddot{u}$ wird mit steigendem Zwischenkreisstrom I_z größer.

Betrachtet wird die Kommutierung des Stroms von Thyristor 24 zu Thyristor 26. Zunächst führt Thyristor 24 den Strom. Im Zeitpunkt t_1 (positiver Nulldurchgang von U_{1b}) wird der Thyristor 26 gezündet. Aufgrund der Wicklungsinduktivitäten der Synchronmaschine kann der Strom in Thyristor 24 nicht sofort abgegeben und von Thyristor 26 nicht sofort übernommen werden. Dies bedeutet, daß die Thyristoren 24 und 26 gleichzeitig eingeschaltet sind und daß sich aufgrund der Kurzschlußwirkung der beiden Thyristoren 24 und 26 an den Klemmen a und b der Mittelwert (gestrichelte Linie) der beiden Spannungen U_{1a} und U_{1b} ausbildet. Die verkettete induzierte Spannung fällt also an den beiden Wicklungsstreuinduktivitäten ab.

Da die Spannung U_{1b} negativ gegenüber der Spannung U_{1a} ist, wird sich ein positiver Kurzschlußstrom von Thyristor 26 über die Wicklungen b und a nach Thyristor 24 ausbilden. Dieser Kurzschlußstrom kann so lange fließen wie Thyristor 24 leitend ist.

Die Dauer der Kommutierung richtet sich nach den Induktivitäten im Kommutierungskreis und wird als Überlappungswinkel $\ddot{u}$ bezeichnet.

Es baut sich demnach der Strom im Thyristor 24 in dem Maße nach einer Sinusfunktion ab, wie er sich im Thyristor 26 aufbaut. Die Spannung U_{T24} am Thyristor 24 ist solange gleich Null, wie der Thyristor 24 noch leitend ist, d.h. bis zum Zeitpunkt t_2.

Erst nach dem Zeitpunkt t_2 springt die Spannung am Thyristor 24 auf den Spannungswert der momentanen Differenz zwischen U_{1a} und U_{1b}. Da zu diesem Zeitpunkt U_{1b} noch immer negativ gegenüber U_{1a} ist, liegt eine negative Sperrspannung am Thyristor 24. Dieser Bereich der negativen Sperrspannung wird als Schonzeit t_c bezeichnet. Innerhalb dieser Zeit muß der der Thyristor wieder seine volle Blockierfähigkeit erlangen.

Die Schonzeit t_c darf einen bestimmten Wert, die Freiwerdezeit t_q, nicht unterschreiten. Der Steuerwinkel α_{II} muß demnach so gewählt werden, daß sowohl der Überlappungswinkel $\ddot{u}$ als auch der Minimalwert für die Schonzeit eingehalten werden. Da die Überlappung $\ddot{u}$ bei maximalem Strom und die Schonzeit

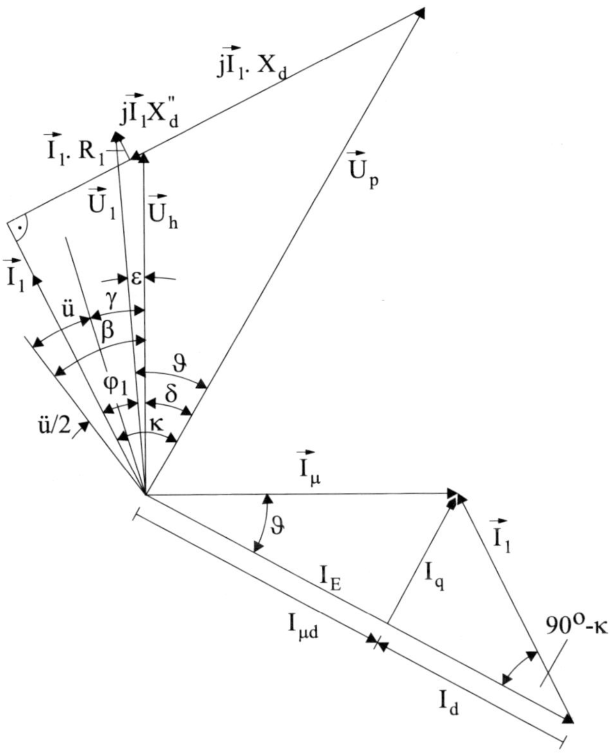

$\varphi_1 = \angle(\vec{U}_1, \vec{I}_1)$ = Phasenwinkel, β = Wechselrichtersteuerwinkel
$\vartheta = \angle(\vec{U}_1, \vec{U}_p)$ = Polradwinkel, κ = Wellensteuerwinkel
$\varepsilon = \angle(\vec{U}_1, \vec{U}_h)$, γ = Schonzeitwinkel
$\delta = \angle(\vec{U}_h, \vec{U}_p)$ $\ddot{u}$ = Überlappungswinkel

Abb. 12.15: *Zeigerdiagramm der Synchronmaschine*

bei maximaler Frequenz ihren größten elektrischen Winkel erreichen, richtet sich die Einstellung des Steuerwinkels α_{II} nach den Maximalwerten von Strom und Drehzahl.

Grob abgeschätzt, läßt sich aus Abb. 12.13 und 12.14 erkennen, daß das Ventil 26 ungefähr beim positiven Nulldurchgang der Spannung U_{1b} gezündet werden muß, damit $\ddot{u}$ und der Schonzeitwinkel $\gamma = \Omega_1 \cdot t_c$ eingehalten werden. Dies entspricht dem Zündwinkel $\alpha_{\text{II}} = 150°$. Die Strom-Grundschwingung $I_{1a(1)}$ eilt dann gegenüber der Spannung U_{1a} um etwa 30° vor. Die Auswertung der Nulldurchgänge der Spannungen wird zur automatischen Erzeugung der Zündimpulse des STRII genutzt und folgt damit den Frequenz- bzw. Drehzahl-Änderungen; damit wird ein „Kippen der SM" vermieden.

Dieses Ergebnis kann auf das Zeigerdiagramm der SM übertragen werden (Abb. 12.15). Daraus ist zu erkennen, daß die Grundschwingung des Stroms I_1

der Grundschwingung der Spannung U_1 um den Winkel φ_1 voreilt. Da – wie besprochen – alle $360°/p$ eine Kommutierung erfolgt, muß somit der Winkelbereich des Stroms I_1 bei $\varphi_1 + 360°/2p$ voreilend beginnen und bei $\varphi_1 - 360°/2p$ enden.

12.3.3 Anfahrvorgang

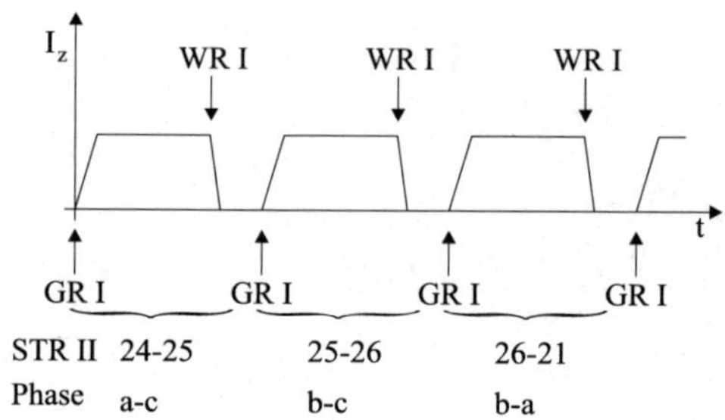

Abb. 12.16: *Taktung des Zwischenkreisstroms I_z*

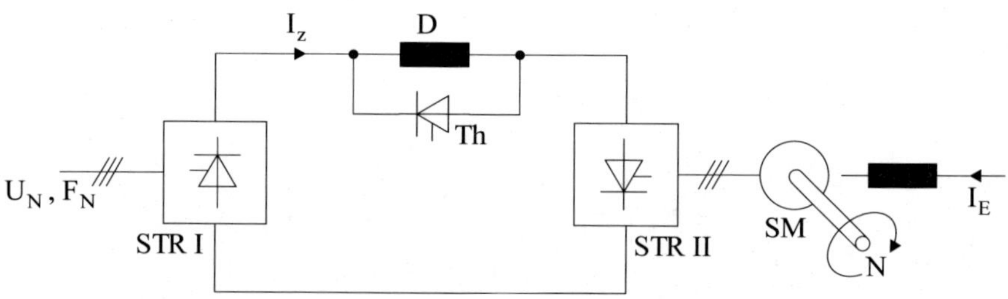

Abb. 12.17: *Anfahrhilfe mit Thyristor Th für die Zwischenkreisstrom-Taktung*

Aus den vorhergehenden Überlegungen ist zu entnehmen, daß bei der Drehzahl $N = 0$ der Synchronmaschine auch die Spannungen $U_1 = U_h = 0$ sind. Die Synchronmaschine kann daher bei kleinen Drehzahlen $|N/N_N| = 0 \ldots 0,1$ nicht die Steuer- und Kommutierungsblindleistung für den lastgeführten Stromrichter STR II liefern. Der Stromrichtermotor beherrscht somit nicht den Drehzahlbereich um $N \approx 0$.

Um ohne großen zusätzlichen Aufwand im Leistungsteil das Anfahren aus dem Stillstand sicherzustellen, wird folgende Lösung verwendet:

Angenommen sei die Drehzahl $N = 0$. Wenn nun zwei Ventile des STR II Zündimpulse (Langimpulse) erhalten (z.B. die Ventile 24 und 25 in Abb. 12.12), dann kann durch Ansteuern des STR I in den Gleichrichterbetrieb (GR I) ein Strom I_z erzeugt werden, und es entsteht in der SM ein durch die stromdurchflossenen Wicklungen örtlich fixierter Strombelag.

Bei richtig gewählter Zuordnung zwischen der Lage des Polrads und den Zündimpulsen für die Ventile des STR II, wird sich das Polrad in der richtigen Drehrichtung auf den Statorstrombelag zubewegen.

Während sich das Polrad auf den Statorstrombelag zubewegt, wird der STR I in den Wechselrichterbetrieb (GR I) gesteuert und der Strom I_z zu Null abgebaut. Wenn der Strom I_z zu Null geworden ist, werden alle Ventile sperr- bzw. blockierfähig – auch die zwei vorher gezündeten Ventile des STR II. Nach Ablauf der Schonzeit für die Ventile des STR II können somit zwei andere Ventile des STR II gezündet werden (z.B. 25 und 26 in Abb. 12.12), und es kann wiederum der Strom I_z aufgebaut werden. In Abb. 12.16 ist das Verfahren der Zwischenkreisstrom-Taktung dargestellt.

Der zeitliche Auf- und Abbau des Zwischenkreisstroms I_z wird durch die Drosselspule D begrenzt, da das Stellglied STR I nur eine begrenzte Spannung U_{zI} bereitstellen kann. Um den Abbau des Stroms I_z zu beschleunigen, wird deshalb der Thyristor Th entgegen der Stromrichtung von I_z und parallel zur Drossel D mit dem Wechselrichterbefehl für STR I zusätzlich angesteuert. Der Thyristor Th übernimmt somit den Drosselstrom während des Stromabbaus, und der Strom in der SM kann daher aufgrund der kleineren resultierenden Induktivität schneller abgebaut werden (Abb. 12.17).

Das Anfahren des Systems von der Drehzahl Null aus ist durch die Zwischenkreistaktung auch bei gefordertem Lastmoment möglich. Etwa ab $5 \dots 10$ % der Nenndrehzahl wird von der Zwischenkreistaktung auf die lastgeführte Kommutierung umgeschaltet. Es muß somit bei dieser Lösung beachtet werden, daß der Drehzahlbereich $|N/N_N| \leq (0,05 \dots 0,1)$ dynamisch nur mit Einschränkungen zur Verfügung steht.

12.3.4 Drehmomentpendelungen

Bereits zu Beginn wurde darauf hingewiesen, daß der Statorstrombelag in der SM bedingt durch STR II nur sprungförmig umlaufen kann. Es entsteht bei einem sechspulsigen Stromrichter II während einer Periode jeweils ein Stromblock von 120° positiv und ein Stromblock von 120° negativ in jeder Zuleitung. Diese Ströme erzeugen in der Maschine einen Statorstrombelag, der alle 60° elektrisch um ein Drittel der Polteilung in Drehrichtung weitergeschaltet wird. Während der Stromleitdauer der Ventile (Alleinzeit, keine Kommutierung) ist der Strombelag räumlich und zeitlich konstant (I_z = const.). Während dieser Zeit dreht sich aber das Polrad mit der Drehzahl N.

Für das Zeigerdiagramm im Polrad-Koordinatensystem bedeutet dies, daß der Zeiger des Ankerstroms einen Winkel von 60° überstreicht und während der Kommutierung auf seine Ausgangsposition zurückspringt. Abbildung 12.18 zeigt im Zeigerdiagramm die Zuordnung der Zeiger im stationären Betrieb.

Der Ankerstrombelag springt in Abb. 12.18 am Anfang der Stromführungsdauer um $360°/2p = 30°$ ($p = 6$) vor die mittlere Lage des Strombelages mit dem

Winkel φ_1. Am Ende der Stromführungsdauer hat der Ankerstrombelag einen um 30° geringeren Winkel als der mittlere Winkel des Strombelags.
Es gilt für die elektrische Leistung

$$P_1 = 3 \cdot U_1 \cdot I_1 \cdot \cos\varphi_1 \tag{12.19}$$

und damit für den Drehmoment-Mittelwert:

$$\overline{M}_{Mi} = \frac{3 \cdot U_1 \cdot I_1}{\Omega_m} \cdot \cos\varphi_1 \tag{12.20}$$

Da sich der Winkel zwischen U_1 und I_1 um ± 30° während einer resultierenden Stromführungsdauer von 60° ändert, muß sich somit auch das Luftspaltmoment M_{Mi} ändern:

$$\Delta M_{Mi}(t) = \frac{3 \cdot U_1 \cdot I_1}{\Omega_m} \cdot \cos(\varphi_1 + 30° - \Omega_1 t) \tag{12.21}$$

$$0° \leq \Omega_1 t \leq 60° \,; \qquad p = 6$$

Wie bereits dargestellt, wird der Winkel $\varphi_1 \approx 30°$ sein (bei $\alpha_{\text{II}} = 150°$ und $\ddot{u} = 0$). Damit liegt auch der Drehmomentverlauf fest (Abb. 12.19).
Diese Momentpendelungen im Luftspaltmoment sind Oberschwingungsmomente mit der Ordnung $6\,k$ ($k = 1, 2, 3, \ldots$). Falls das an das Antriebssystem gekoppelte mechanische System eine Torsionseigenfrequenz aufweist, die mit einer Momentoberschwingung des Antriebssystems zusammenfällt, können erhebliche

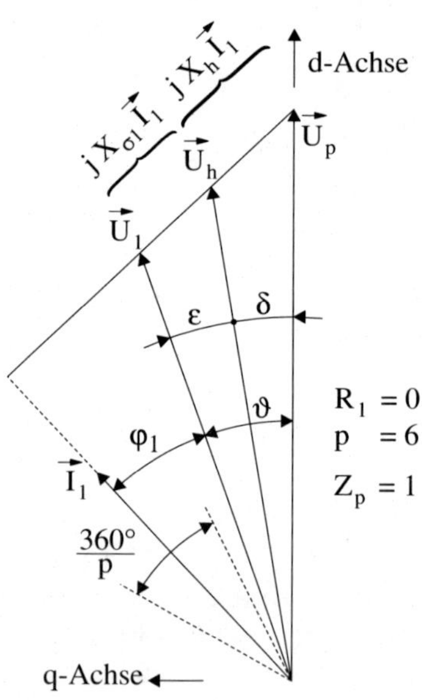

Abb. 12.18: *Zeigerdiagramm im Polradkoordinatensystem*

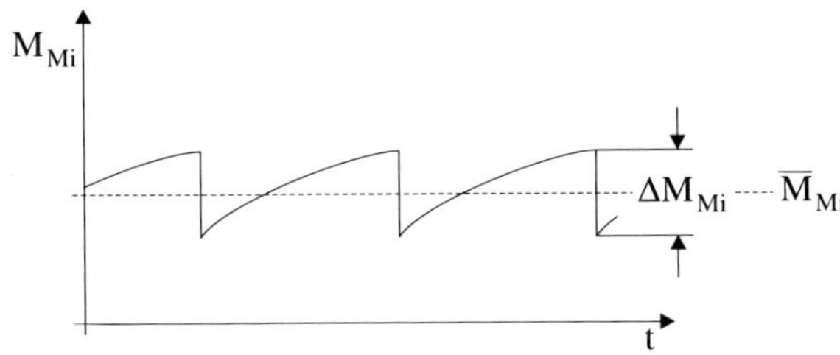

Abb. 12.19: *Drehmomentverlauf bei* $\alpha_{\text{II}} = 150°$, $p = 6$ *und* $\ddot{u} = 0$

zusätzliche Belastungen des mechanischen Systems auftreten. Eine Abhilfemaßnahme ist, die Stromkurvenform von I_z so zu verändern, daß die Momentpendelungen verringert werden.

Eine weitaus häufiger eingesetzte Abhilfemaßnahme zur Verringerung der Momentpendelungen ist die Erhöhung der Pulszahl des Stromrichtermotors. Um beispielsweise die Pulszahl p auf 12 zu erhöhen, muß die SM zwei Teilwicklungssysteme halber Leistung haben, die um $360°/12 = 30°$ gegeneinander versetzt sind. Außerdem müssen zwei Einspeisesysteme halber Leistung vorgesehen werden.

Durch die Maßnahme $p = 12$ werden die Momentpendelungen mit ungerader Ordnungszahl k der beiden Teilwicklungen sich gegenseitig kompensieren, die Momentpendelungen mit gerader Ordnungszahl k bleiben aber erhalten. Ein neuerer Anwendungsfall sind die 65 MW Stromrichtermotoren mit p=12 in Hammerfest zur Verflüssigung von Gas (LNG, liquid natural gas).

12.3.5 Regelung des Stromrichtermotors

In diesem Unterkapitel soll die Regelung des Stromrichtermotors nur für den stationären und quasistationären Betrieb dargestellt werden.

Wie bereits beschrieben, wird der Stromrichter STR I als Stromquelle für den lastgeführten Stromrichter und die SM dienen. Der Strom I_z kann mittels eines Stromregelkreises für STR I geregelt werden. Im Stromrichter II kann durch Änderung der Zündimpulsfrequenz die Statorfrequenz für die Synchronmaschine verstellt werden.

Um ein Verhalten der Synchronmaschine wie beim Gleichstrom-Nebenschlußmotor zu erreichen, d.h. ein Kippen der Synchronmaschine zu vermeiden, muß entsprechend der Drehmomentformel (6.152)

$$M_{Mi} = \frac{3}{2} \cdot \frac{\hat{U}_1 \cdot \hat{U}_p}{X_1 \cdot \Omega_m} \cdot \sin\vartheta \qquad (12.22)$$

der Polradwinkel ϑ immer kleiner als 90° bleiben. Entsprechend muß auch der Winkel zwischen U_1 und U_p kleiner als 90° sein. Da das Moment $M_{Mi} = f(\vartheta)$ bei symmetrischen Synchronmaschinen ohne Dämpferwicklung von I_q gesteuert wird, kann durch regelungstechnische Begrenzung des Statorstroms I_1 die Einhaltung der Winkelbedingung sichergestellt werden.

Es verbleibt für die Steuerung des Stromrichters, die Kommutierungsbedingung sicherzustellen. Dies wird beispielsweise durch $\alpha_{II} = 150°$ (30°) erreicht. Nach Abb. 12.14 kann diese Information aus den Nulldurchgängen der Phasenspannungen der Synchronmaschine abgeleitet werden.

Diese Art der Steuerung des Stromrichters II wird „Maschinenführung“ genannt. Aus den Ableitungen zu Abb. 6.23 und 6.25 in Kap. 6.4.3 ist für den Stromrichtermotor zu entnehmen, daß bei einer Änderung des Moments M_{Mi} der Strom I_μ konstant gehalten werden soll.
Es galt nach Gl. (6.153):

$$I_\mu^2 = I_E^2 + I_1^2 - 2 \cdot I_E \cdot I_1 \cdot \cos(90° - \kappa) \tag{12.23}$$

wobei I_1 direkt proportional zu I_z ist. Das heißt, bei einer Änderung von I_1 muß bei $I_\mu = \text{const.}$ der Erregerstrom I_E korrigiert werden.

Damit ist das Regelschema für den quasistationären Betrieb der Synchronmaschine in Abb. 12.20 verständlich.

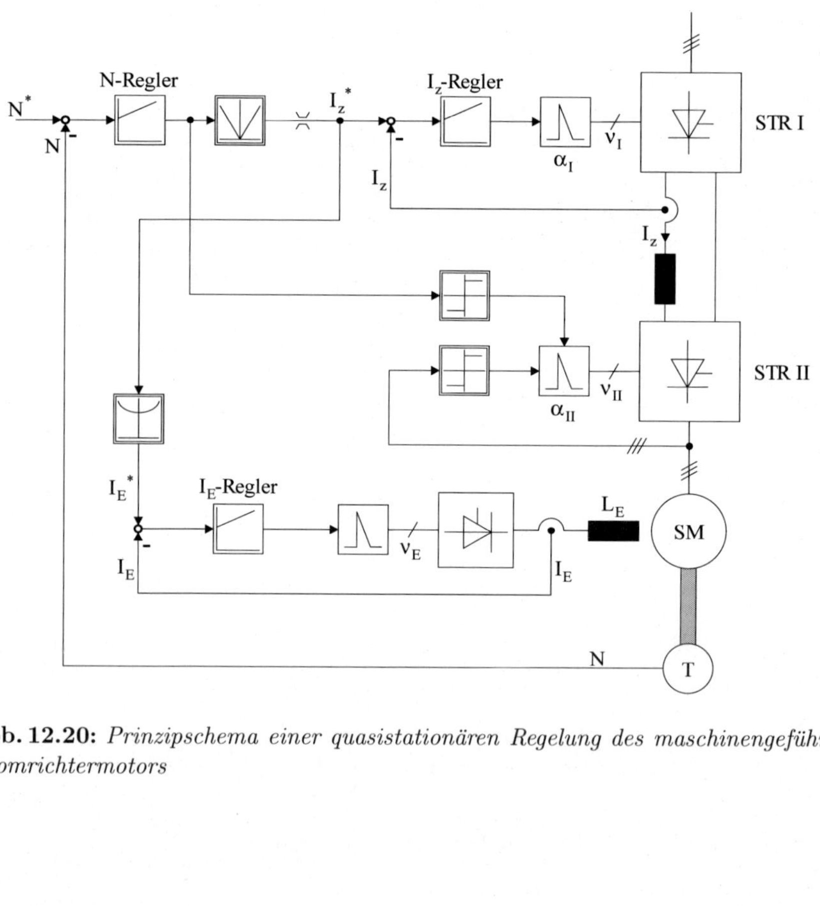

Abb. 12.20: *Prinzipschema einer quasistationären Regelung des maschinengeführten Stromrichtermotors*

12.4 Selbstgeführter Stromrichter mit Phasenfolgelöschung und eingeprägtem Strom (I–Umrichter)

12.4.1 Prinzipielles Systemverhalten

Das Prinzipschaltbild dieses Antriebssystems zeigt Abb. 12.21. Aus dem Schaltbild ist sofort die Ähnlichkeit mit der Schaltung des Stromrichtermotors zu erkennen, dessen Schaltung in Abb. 12.22 noch einmal gezeigt wird.

Die Einspeisequellen sind in beiden Schaltungen gleich. Es sind Stromquellen, die im Strom I_z einstellbar sind, die Spannung U_z stellt sich entsprechend den Lastbedingungen am maschinenseitigen Stellglied ein. Während beim Stromrichtermotor der maschinenseitige Stromrichter lastgeführt ist, d.h. die Steuer- und Kommutierungsblindleistung wird von der Synchronmaschine bereitgestellt, sind bei der Asynchronmaschine Kommutierungshilfen notwendig. Diese Kommutierungshilfen sind die Kommutierungskondensatoren C_1 bis C_6 und die Kommutierungsdioden V_{31} bis V_{36}; das maschinenseitige Stellglied ist damit selbstgeführt.

Das grundsätzliche Betriebsverhalten des Antriebs mit selbstgeführtem Stromrichter mit Phasenfolgelöschung und Asynchronmaschine entspricht dem Betriebsverhalten des Stromrichtermotors, d.h.

- es werden den ASM-Statorwicklungen bei hohen Drehzahlen Stromblöcke eingeprägt, die entsprechend dem Schaltzustand des selbstgeführten Stromrichters im allgemeinen sprungförmig weitergeschaltet werden;
- es wird somit am Statorumfang ein sprungförmig umlaufender Strombelag erzeugt;
- durch die Taktfrequenz des selbstgeführten Stromrichters wird die Statorfrequenz Ω_1 für die ASM festgelegt;
- der Motorbetrieb der ASM stellt sich ein, wenn das Einspeisestellglied im Gleichrichterbetrieb arbeitet;
- Bremsen erfolgt durch Umsteuerung des Einspeisestellglieds in den Wechselrichterbetrieb;
- eine Drehrichtungsumkehr des umlaufenden Strombelags in den Statorwicklungen der ASM erfolgt durch Vertauschen der Zündimpulsfolge für den selbstgeführten Wechselrichter;
- wie beim Stromrichtermotor sind Oberschwingungsmomente im Luftspaltmoment vorhanden, die allerdings durch PWM der 120°-Stromblöcke bei niedrigen Drehzahlen vermieden werden können [52, 53].

Damit sind die wesentlichen Eigenschaften des Systems genannt. Die Unterschiede sind vor allem durch die Kommutierung bedingt. Im folgenden Abschnitt soll deshalb die Kommutierung im Phasenfolge-Stromrichter beschrieben werden.

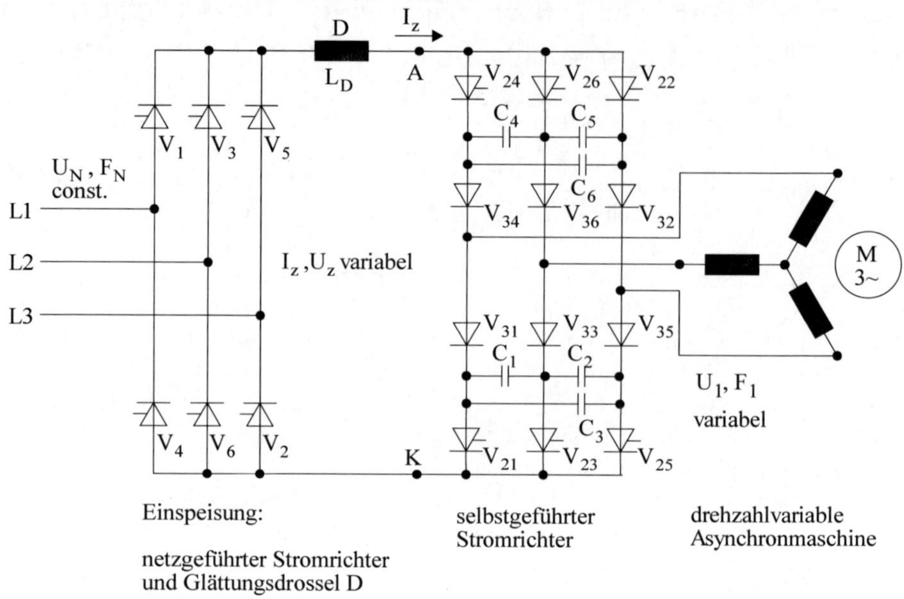

Abb. 12.21: *I–Umrichter mit Phasenfolgelöschung*

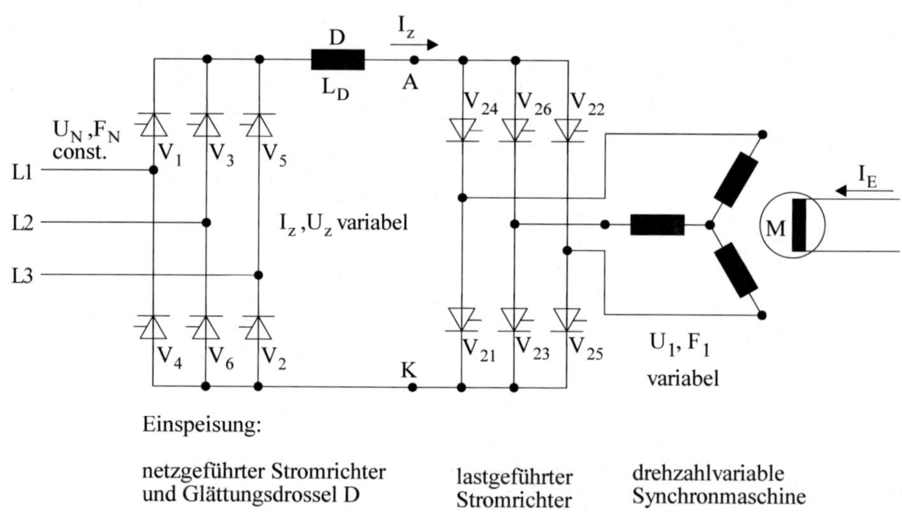

Abb. 12.22: *Stromrichtermotor (zum Vergleich)*

12.4.2 Kommutierung des selbstgeführten Stromrichters

Für die anschließenden Darstellungen und Berechnungen gelten die folgenden Voraussetzungen:

- Die Dioden V_{31} bis V_{36} und Thyristoren V_{21} bis V_{26} sind ideale Schalter;
- die Induktivität L_D der Glättungsdrossel D ist in den Abbildungen als unendlich groß angenommen;
- die Kommutierungskondensatoren C_1 bis C_6 sollen alle die gleiche Kapazität C haben, um symmetrische Verhältnisse im selbstgeführten Stromrichter zu erhalten;
- die Asynchronmaschine soll in einem stationären Betriebspunkt mit der Statorkreisfrequenz $\Omega_1 = 2\pi \cdot F_1$ arbeiten;
- die Kommutierungsdauer T_k soll kürzer als $2/pF_1$ sein, um überlappende Kommutierungen in der oberen und der unteren Brückenhälfte auszuschließen;
- das Ersatzschaltbild der Asynchronmaschine sei während der Kommutierung pro Phase ein ohmsch-induktiver Widerstand und eine Spannungsquelle mit der Frequenz F_1 und der Spannung U_{h1} (Abb. 5.36). Diese Annahme entspricht mit guter Übereinstimmung der Wirklichkeit, da die Maschine bei Umrichterspeisung in der Regel im Bereich des Nennstroms und maximal bis zum Kippschlupf betrieben wird.

Anhand von Abb. 12.23 bis 12.28 wird die Kommutierung des eingeprägten Stroms vom Thyristor V_{24} und der Diode V_{34} auf den Thyristor V_{26} und die Diode V_{36} beschrieben. Alle anderen Kommutierungen verlaufen ebenso.

Vor dem Zeitpunkt t_0 fließt der eingeprägte Strom I_z vom Punkt A des wischenkreises über den Thyristor V_{24} und die Diode V_{34} zur Phase a und von der Phase c der Asynchronmaschine über die Diode V_{35} und den Thyristor V_{25} zum Punkt K des Zwischenkreises. Die Spannungen und Ströme zum Zeitpunkt t_0 haben die in Abb. 12.23 eingezeichnete Polarität. (Diese Annahme wird im Laufe der Darstellung der Kommutierung nachgewiesen). Die Spannungen U_{C4} und U_{C6} der Kommutierungskondensatoren sollen größer als die Spitzenwerte der induzierten Maschinenspannungen $\hat{U}_{h1}$ sein. Dies ist im allgemeinen erfüllt. Der zeitliche Verlauf der Spannungen und Ströme ist in Abb. 12.28 dargestellt.

Zum Zeitpunkt t_0 wird der Thyristor V_{26} gezündet. Der eingeprägte Gleichstrom I_z kommutiert nach sehr kurzer Zeit $t_1 - t_0$ von dem Thyristor V_{24} auf den Thyristor V_{26}, da die Spannungen der Kommutierungskondensatoren C_4 und C_6 für den Thyristor V_{24} als Sperrspannungen wirken. Die Zeitdauer $t_1 - t_0$ ist im allgemeinen für den Kommutierungsvorgang zu vernachlässigen. (Die Zeitdauer $t_1 - t_0$ wird durch maximal zulässige Stromsteilheit des einschaltenden Thyristors

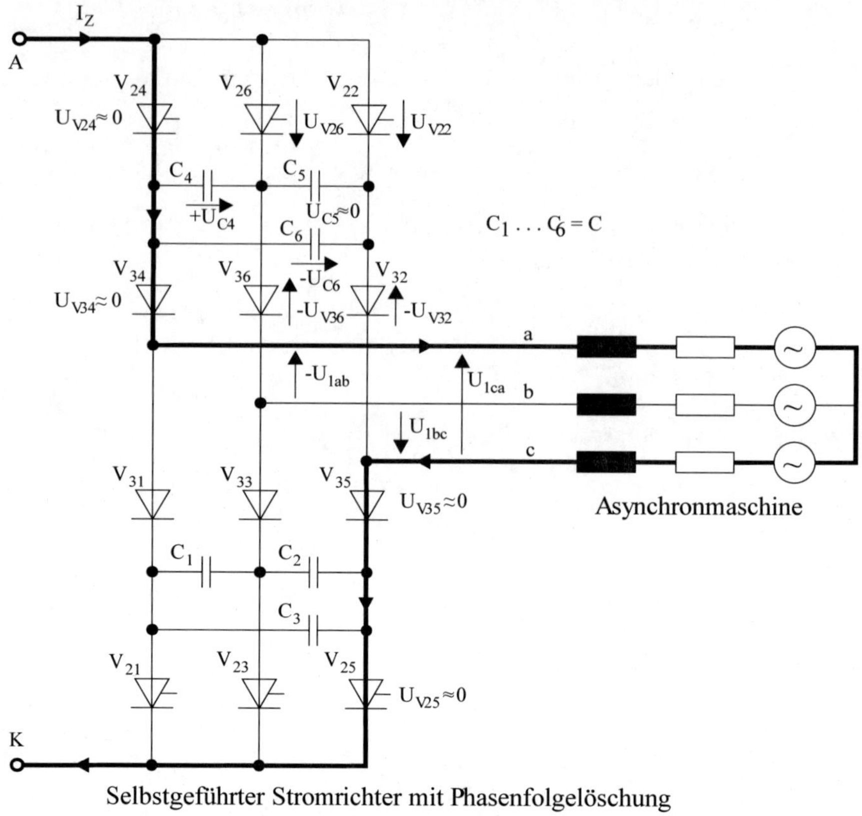

Abb. 12.23: *Spannungen und Ströme vor dem Zeitpunkt t_0 des Kommutierungsvorgangs*

bestimmt.) Die Spannungen und Ströme nach dem Durchschalten des Thyristors V_{26} zeigt Abb. 12.24.

Der eingeprägte Strom I_z fließt zum Zeitpunkt t_1 vom Punkt A des Zwischenkreises über den Thyristor V_{26}, die Kommutierungskondensatoren C_4 parallel zu C_5 in Serie zu C_6 und die Diode V_{34} zur Phase a. Der Rückschluß über die Maschinenwicklungen zum Punkt K des Zwischenkreises bleibt erhalten. Die Diode V_{36} kann zu diesem Zeitpunkt noch nicht leitfähig werden, da sowohl die Spannung des Kondensators C_4 als auch die Spannungen der in Serie geschalteten Kondensatoren C_5 und C_6 und der Augenblickswert der verketteten Spannung U_{1ab} der Asynchronmaschine im Zeitpunkt $t \simeq t_1$ in Sperrichtung anliegen sollen (Beweis erfolgt später). Die Diode V_{32} bleibt ebenso gesperrt. Aufgrund dieser Spannungskonfiguration werden die Kommutierungskondensatoren C_4 bis C_6 von dem eingeprägtem Strom I_z um- bzw. aufgeladen.

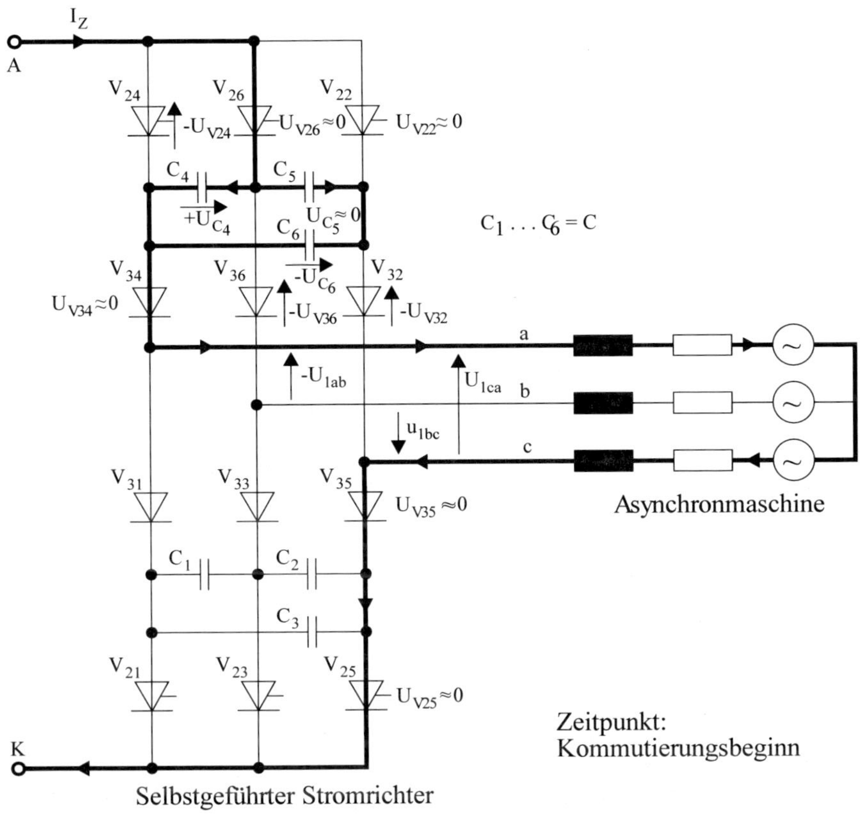

Abb. 12.24: *Spannungen und Ströme zum Zeitpunkt t_1*

Zum Zeitpunkt t_2 ist der Kondensator C_4 entladen, die Schonzeit für den Thyristor V_{24} ist somit abgelaufen. Die Dioden V_{36} und V_{32} bleiben – bei entsprechender Auslegung des Kommutierungskreises – aufgrund der Maschinen- und Kondensatorspannungen weiter gesperrt, die Kondensatoren werden deshalb weiter mit dem eingeprägten Strom I_z um- bzw. aufgeladen. Der Strombelag in der Maschine wird durch den zweiten Kommutierungsschritt nicht verändert.

Zum Zeitpunkt t_3 kehrt sich die Spannungspolarität an der Diode V_{36} um, die Diode V_{36} wird leitfähig, und es bildet sich der in Abb. 12.25 gezeigte LC-Kommutierungs-Schwingkreis aus. Der Kommutierungs-Schwingkreis ist zur Übersicht noch einmal in Abb. 12.26 herausgezeichnet.

Der in dem Kommutierungs-Schwingkreis erzwungene resonante Strom I_{res} ist dem eingeprägten Strom I_z in der Diode V_{34} entgegengesetzt gerichtet. Der resultierende Strom $I_{1a} = I_z - I_{res}$ in der Diode V_{34} und in der Phase a der Maschine wird daher abgebaut, der Strom in Phase b dagegen aufgebaut. Der dritte Kommutierungsschritt ist beendet, wenn $I_{res}(t_4) = I_z$ ist. Der eingeprägte Strom

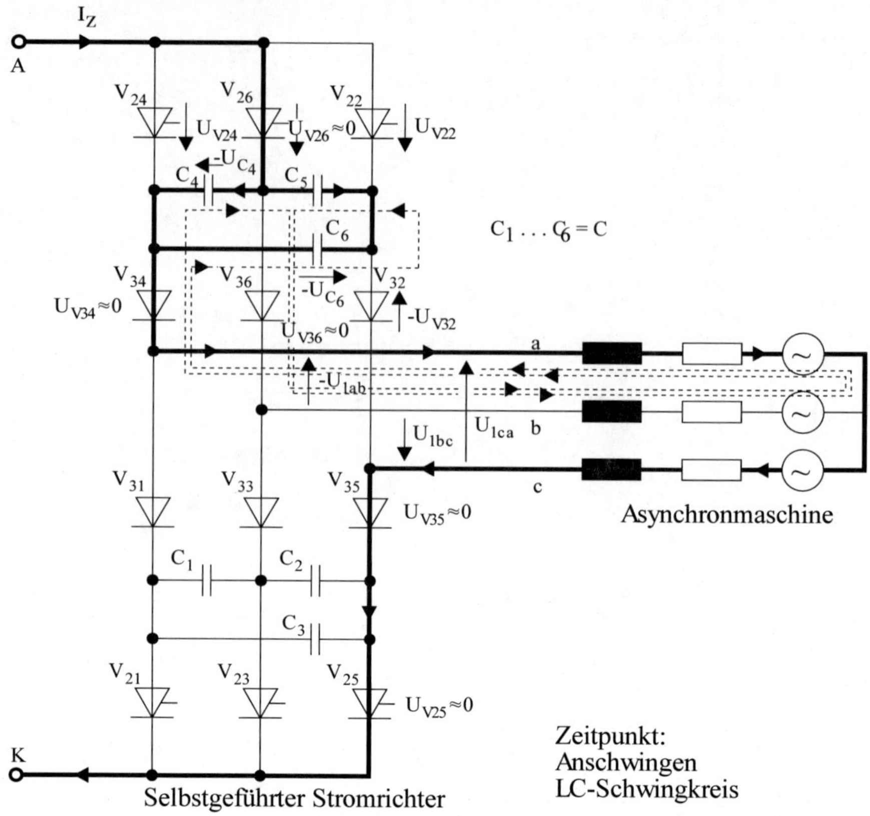

Abb. 12.25: *Spannungen und Ströme zum Zeitpunkt* t_3

wurde von der Phase a auf die Phase b der Asynchronmaschine kommutiert. Abbildung 12.27 zeigt Spannungen und Ströme zum Zeitpunkt t_4.

Der motorseitige Stromrichter wird selbstgeführter Stromrichter genannt, da durch Zünden eines steuerbaren Ventils dieses Stromrichters die Kommutierung des Laststroms auf ein anderes Ventil des Wechselrichters erfolgt und dazu keine Blindleistung von außerhalb (netzgeführt, lastgeführt) notwendig ist. Vielmehr wird durch die Schaltung des selbstgeführten Stromrichters an sich – hier die Kommutierungskondensatoren C_1 bis C_6 und die Dioden V_{31} bis V_{36} – die Kommutierung sichergestellt.

Ein Vergleich mit Abb. 12.23 (Beginn des Kommutierungsvorganges) zeigt, daß die Spannungen der Kondensatoren zyklisch vertauscht wurden. Der Kondensator C_5 ist durch den beschriebenen Kommutierungsvorgang daher so aufgeladen worden, daß beim Zünden des Thyristors V_{22} der Thyristor V_{26} gelöscht werden kann.

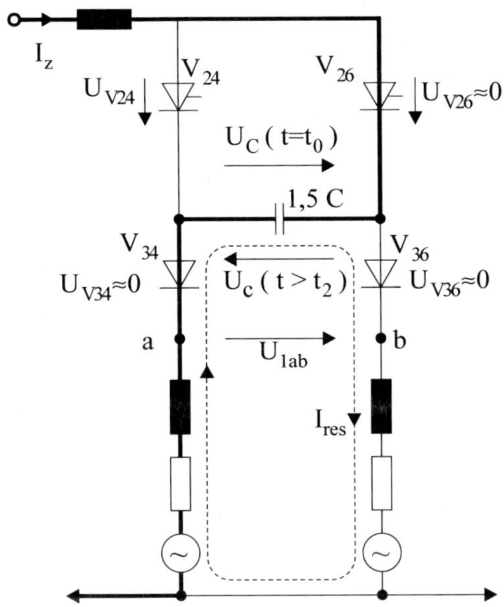

Abb. 12.26: *Kommutierungs–Schwingkreis zum Zeitpunkt t_3*

Aus Abb. 12.27 ist aber ebenso zu erkennen, daß der Kondensator C_4 so aufgeladen wurde, daß auch bei einer Zündung von V_{24} der Thyristor V_{26} gelöscht werden kann. Die Schaltung hat somit die Besonderheit, daß jederzeit die Umlaufrichtung der Stromblöcke in den Statorwicklungen der ASM durch eine Änderung der Zündimpulsfolge umgekehrt werden kann.

Außer der Umkehrung der Zündimpulsfolge bei gewünschter Umkehr der Umlaufrichtung der Stromblöcke, kann diese Eigenschaft auch zum „Pulsen der Stromblöcke“ genutzt werden. Mit dem „Pulsen der Stromblöcke“ ist eine Auflösung der 120°-Stromblöcke in kürzere Stromblöcke zu verstehen. Die Dauer und die Position der Stromblöcke (Pulsmuster) ist so gewählt, daß die Oberschwingungsanteile niedriger Frequenz im Strom gemindert werden. Dies wird vorteilhaft beim Anfahren des Antriebssystems genutzt. Abbildung 12.28 zeigt die zeitlichen Verläufe der Spannungen und Ströme während der Kommutierung.

Die Kommutierung bei diesem Verfahren weist demnach mindestens drei Schritte auf:

- Der erste Schritt ist die Kommutierung des Zwischenkreisstroms I_z von Thyristor V_{24} auf Thyristor V_{26};
- der zweite Schritt ist die Umladung der Kommutierungskondensatoren mit dem Gleichstrom I_z;

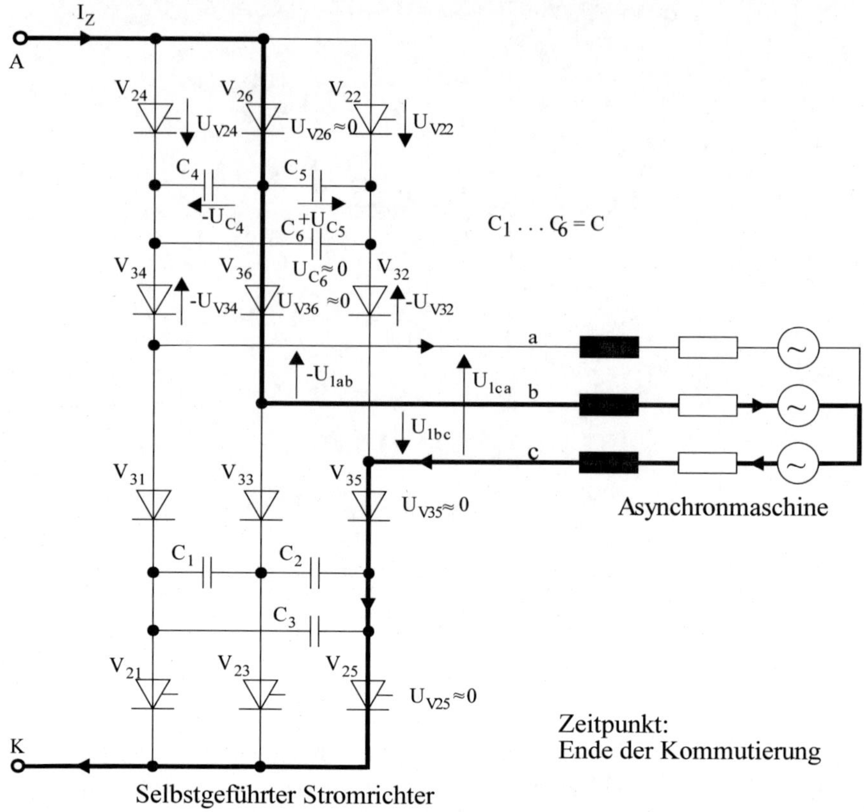

Abb. 12.27: *Spannungen und Ströme am Ende der Kommutierung des eingeprägten Stroms von der Phase a auf die Phase b (zum Zeitpunkt t_4)*

- der dritte Schritt ist durch das Anschwingen des LC-Schwingkreises gekennzeichnet (Viertelschwingung).

Außer diesen Kommutierungsschritten sind noch zusätzliche Kommutierungsschritte bei hohen Ausgangsfrequenzen möglich.

Da bei diesem Umrichter die Kommutierungsvorgänge relativ einfach sind und deshalb auch die Funktionen in Abhängigkeit vom Arbeitspunkt der ASM überschaubar sind, sollen beispielhaft die Bauelementebeanspruchungen errechnet werden. Diese Berechnungen sollen mit den folgenden Annahmen vereinfacht werden:

- Der ohmsche Ersatzwiderstand R_1 der Maschine wird vernachlässigt. Diese Vernachlässigung ist im allgemeinen zulässig, weil der ohmsche Widerstand R_1 den Schwingkreis im dritten Kommutierungsschritt kaum bedämpft;

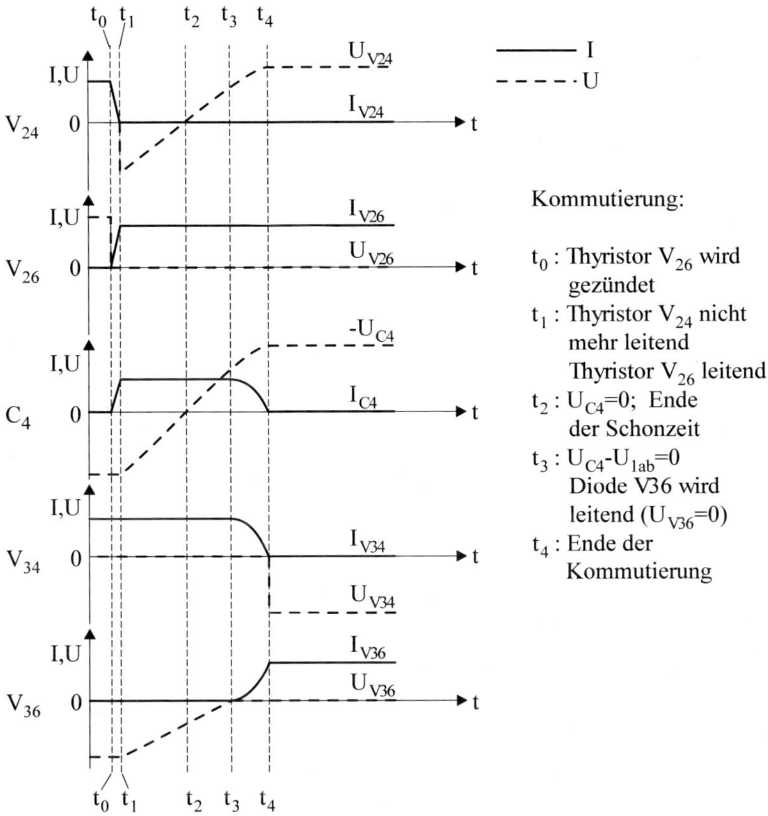

Abb. 12.28: *Strom- und Spannungsverläufe während der Kommutierung*

- während der Kommutierung ist die Ersatzinduktivität $L_{\sigma 1}$ der Maschine konstant;
- die Zeitdauer $t_1 - t_0$ wird zu Null gesetzt;
- die Kommutierungsdauer des dritten Kommutierungsschrittes ist klein gegenüber der Periodendauer $1/pF_1$. Diese Voraussetzung ermöglicht es, die Änderung der Maschinenspannungen während des dritten Kommutierungsschrittes zu vernachlässigen.

Unter diesen Voraussetzungen gilt:

Zweiter Kommutierungsschritt:

lineare Umladung der Kommutierungskondensatoren,
Beginn: Zündzeitpunkt t_0, Ende: Zeitpunkt t_3
Zeitdauer:

$$t_3 - t_0 = C' \cdot \frac{U_{C4}(t_0) - \hat{U}_{1ab} \cdot \sin(\Omega_1 t_3)}{I_z} \tag{12.24}$$

$$\text{mit} \quad C' = \frac{3}{2} \cdot C \quad \text{und} \quad \Omega_1 = 2\pi \cdot F_1 \tag{12.25}$$

Dritter Kommutierungsschritt:

Umschwingung im ungedämpften LC-Schwingkreis,
Beginn: Zeitpunkt t_3, Ende: Zeitpunkt t_4

Umschwingstrom in Phase a:

$$I_{1a}(t) = I_z \cdot \cos \frac{t - t_3}{\sqrt{2L_{\sigma 1}C'}} \tag{12.26}$$

Zeitdauer:

$$t_4 - t_3 = \frac{\pi}{2} \cdot \sqrt{2L_{\sigma 1}C'} \tag{12.27}$$

Kondensatorspannung:

$$U_{C4}(t_4) = \hat{U}_{1ab} \cdot \sin(\Omega_1 t_3) - I_z \cdot \sqrt{\frac{2L_{\sigma 1}}{C'}} \tag{12.28}$$

Aus den Zeigerdiagrammen und dem zeitlichen Verlauf der Spannungen und Ströme der ASM muß nun noch der Zeitpunkt t_3 bestimmt werden, damit die absoluten Werte berechnet werden können.
Aus Abb. 12.29 und 12.30 ist sofort zu erkennen, daß

- die verkettete Spannung U_{1ab} der Phasenspannung U_{1a} um 30° voreilt;
- zwischen der Phasenspannung U_{1a} und der Stromgrundschwingung $I_{1a(1)}$ der Winkel $0° < \varphi_1 \leq 90°$ (Motorbetrieb) auftritt;
- der Stromblock I_{V36} mit $30° + 120° = 150°$ Phasennacheilung bezogen auf die Stromgrundschwingung $I_{1a(1)}$ beginnt.

Damit ist der Zeitpunkt t_3 bestimmbar. Der Winkel $\Delta\gamma$ zwischen der verketteten Spannung U_{1ab} und dem Beginn des Stromblocks I_{V36} ist:

$$\Delta\gamma = 30° + \varphi_1 + 150° = 180° + \varphi_1 \tag{12.29}$$

Somit gilt:

$$\Omega_1 \cdot t_3 \approx \Delta\gamma \tag{12.30}$$

Vorausgesetzt wird dabei, daß die Dauer $t_4 - t_3$ des dritten Kommutierungsschritts klein ist. Wenn dies nicht gilt, muß die zeitliche Verschiebung des Stromblocks I_{V36} aufgrund des dritten Kommutierungsschritts berücksichtigt werden. Vereinfacht abgeschätzt gilt:

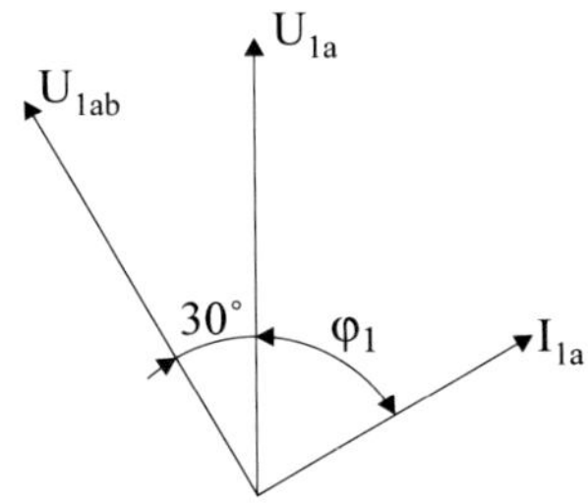

Abb. 12.29: *Zeigerdiagramm der ASM*

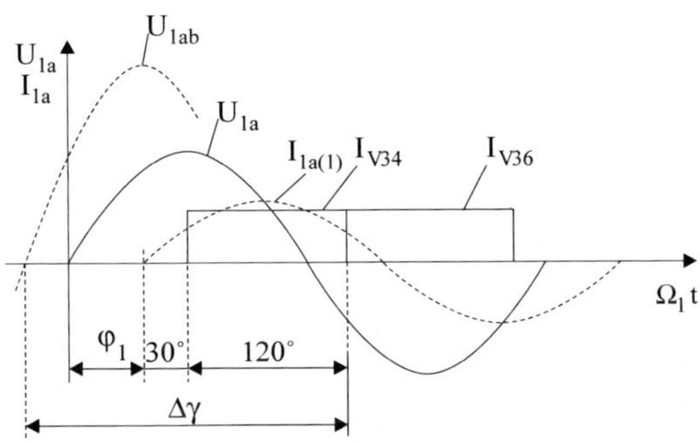

Abb. 12.30: *Zeitlicher Verlauf der Spannung U_{1a} und der Ströme*

$$\Omega_1 \cdot t_3 = \pi + \varphi_1 \tag{12.31}$$

$$U_C(t_4) = \hat{U}_{1ab} \cdot \sin(\Omega_1 t_3) - I_d \cdot \sqrt{\frac{2L_{\sigma 1}}{C'}} \tag{12.32}$$

Die Spannungsbeanspruchung der Thyristoren ist die Kondensatorspannung $U_C(t_4)$. Die Spannungsbeanspruchung der Dioden ist im ungünstigsten Fall die Kondensatorspannung plus der maximalen Maschinenspannung. Zu beachten ist, daß die Statorwicklungen der ASM während des dritten Kommutierungsschritts (Zeitdauer t_3 bis t_4) mit der Kondensatorspannung zusätzlich belastet werden. Dies muß bei der Auslegung (Isolierung) berücksichtigt werden.

Vorteilhaft bei der Auslegung ist insbesondere eine geringe Streuinduktivität der Asynchronmaschine. Dies kann beispielsweise durch eine leistungsmäßige Überdimensionierung der ASM erreicht werden. Geringere Streuinduktivität bedeutet höheres Kipp-Drehmoment M_K und geringeren Kippschlupf s_k. Dies wird beispielsweise in der Signalverarbeitung in Abb. 12.31 vorteilhaft genutzt.

Damit sind die prinzipiellen Auslegungsrichtlinien für die Komponenten des Stellglieds bekannt.

12.4.3 Steuer- und Regelverfahren

Das Antriebssystem des I–Umrichters mit Phasenfolgelöschung hat zwei Steuereingriffe wie beim Stromrichtermotor. Der erste Steuereingriff ist durch das netzgeführte Stellglied gegeben. Mit ihm kann der Zwischenkreisstrom I_z und damit der Maschinenstrom eingestellt werden. Der zweite Steuereingriff ist über das selbstgeführte Stellglied durch Verstellung der Frequenz möglich.
Im Folgenden soll nur die einfachste Steuer- und Regelungsstruktur für diesen Antrieb im Prinzip vorgestellt werden.

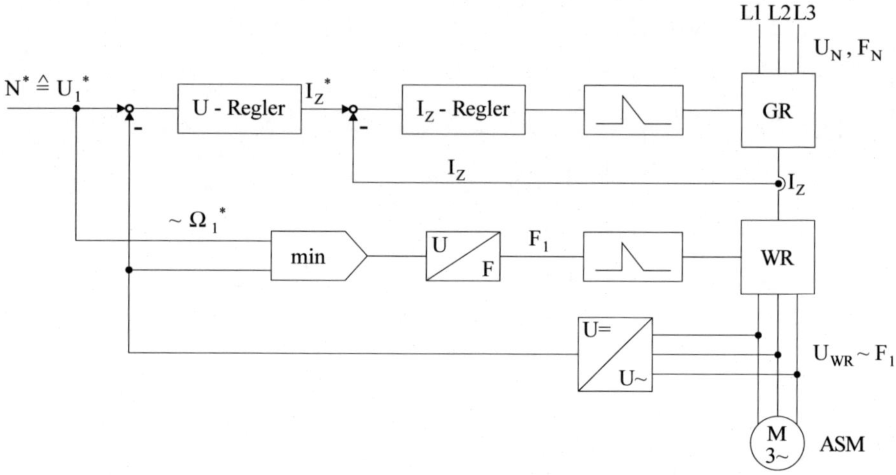

Abb. 12.31: *Klemmenspannungsregelung*

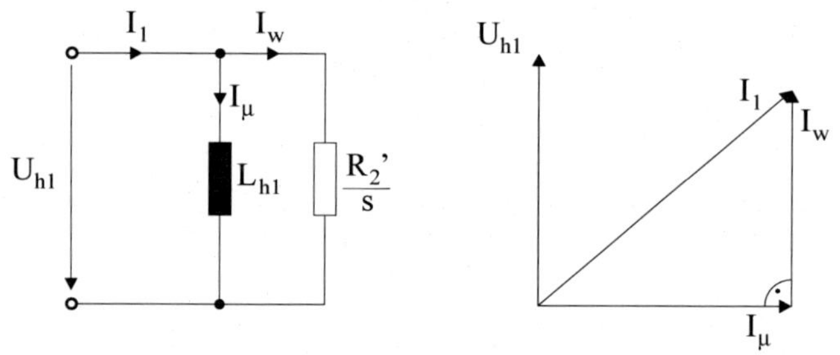

Abb. 12.32: *Vereinfachtes Ersatzschaltbild und Zeigerdiagramm der ASM*

Für konstanten Statorfluß galt beispielsweise bei Leerlauf im Ankerstellbereich (unter der Voraussetzung $R_1 = 0$):
und damit

$$U_1 = \sqrt{U_{1A}^2 + U_{1B}^2} \sim \Omega_1 \tag{12.35}$$

$$\Psi_{1A} = \Psi_1 = \text{const.}; \qquad \Psi_{1B} = 0 \tag{12.33}$$
$$U_{1A} = 0\,; \qquad U_{1B} = \Omega_1 \cdot \Psi_1 \tag{12.34}$$

In dem in Abb. 12.31 dargestellten System wird diese Proportionalität zwischen der Statorkreisfrequenz Ω_1 und der Statorspannung U_1 ausgenutzt. Mit dem Drehzahlsollwert N^* wird daher die Statorfrequenz Ω_1 direkt vorgegeben. Gleichzeitig wird der Drehzahlsollwert N^* als Sollwert U_1^* für die Statorspannung benutzt, und es wird eine Statorspannungsregelung realisiert. Das Ausgangssignal des Statorspannungsreglers ist der Strom-Sollwert I_z^*. Dem Statorspannungsregelkreis kann daher ein Stromregelkreis für das Eingangs-Stellglied (Stromquelle) unterlagert werden.
Aufgrund der Stromeinprägung und der Vernachlässigung der Streureaktanz des Rotors vereinfacht sich das Ersatzschaltbild der ASM zu Abb. 12.32. Es gilt:

$$I_\mu \cdot X_{h1} \approx \frac{I_w \cdot R_2'}{s} \qquad \text{mit} \quad s = \frac{F_2}{F_1} \tag{12.36}$$

$$\text{bzw.} \qquad F_1 \cdot s = F_2 = \frac{I_w \cdot R_2'}{2\pi \cdot L_{h1} \cdot I_\mu} = K_2 \cdot I_w \tag{12.37}$$

$$F_2 \sim I_w \tag{12.38}$$

$$\text{und} \qquad F_1 \approx F_L + F_2 = Z_p \cdot F_m + F_2 \tag{12.39}$$

Da bei dieser Regelung die Drehzahl N nicht erfaßt wird, muß akzeptiert werden, daß die Drehzahl der ASM bei Belastung im Schlupffrequenzbereich variiert. Bei Überlastung wird die Statorfrequenz über den Min-Eingriff abgesenkt. Diese Art der Steuerung der Statorfrequenz und der Regelung des Statorstroms wird bei einfachen Antrieben ohne große dynamische Anforderungen, wie Pumpen und Lüftern, häufig verwendet. Dies gilt insbesondere wenn die ASM-Maschine auf die Umweltbedingungen – wie z.B. Explosionsgefahr – hin konstruiert ist und deswegen keine zusätzlichen Sensoren wie ein Tachogenerator an der Maschine angebracht werden können.

Abbildung 12.33 zeigt eine Variante mit Erfassung der Drehzahl. Auch bei dieser Variante werden keine hochdynamischen Anforderungen gestellt. Da die Drehzahl erfaßt ist, kann ein Drehzahlregler realisiert werden. Das Ausgangssignal des Drehzahlreglers ist ein Signal, das dem momentbildenden Wirkanteil des Statorstroms entspricht. Da hier nur quasistationäre Regelvorgänge betrachtet werden und Stromeinprägung vorliegt, wird der statorseitige Spannungsabfall in der Betrachtung vernachlässigt. Dies soll ebenso für den Spannungsabfall an der rotorseitigen Streureaktanz gelten, da F_2 im normalen Betriebsbereich klein gegen F_1 ist. In diesem Fall besteht der Statorstrom I_1 aus dem Magnetisierungsstrom I_μ und dem momentbildenden Strom I_w:

$$I_z \sim I_1 = \sqrt{I_\mu^2 + I_w^2} \tag{12.40}$$

Im Prinzip gelten hier die gleichen Überlegungen wie bei der Erläuterung zu Abb. 12.32. Diese Funktion ist in den Pfad zwischen dem Drehzahlreglerausgang und dem Stromsollwert I_z^* als Kennlinie eingefügt. Anschließend folgt der Stromregelkreis für das Einspeise–Stellglied.

12.4.4 Weiterentwicklungen der selbstgeführten I–Umrichter

Die Einführung der ein– und ausschaltbaren Leistungshalbleiter hat zur Schaltungsvariante in Abb. 12.34 geführt. Bei dieser Schaltungsvariante ist das Eingangs-Stellglied wiederum eine Stromquelle. Der selbstgeführte Stromrichter ist aus ein– und ausschaltbaren Leistungshalbleitern aufgebaut, die in diesem Anwendungsfall blockier- und sperrfähig sein müssen. Da durch den eingeprägten Strom I_z auch die Ströme im selbstgeführten Stromrichter eingeprägt sind, in der Drehfeldmaschine die Ströme aufgrund der Induktivitäten aber nicht ein– und ausgeschaltet werden können, sind der selbstgeführte Stromrichter und die Drehfeldmaschine durch eine Kondensatorbank entkoppelt. Durch diese Maßnahme der Entkopplung können die Ventile des selbstgeführten Stromrichters mehrmals pro Halbperiode ein– und ausgeschaltet werden.

Es können somit im gesamten Betriebsbereich Pulsmuster von Stromblöcken erzeugt werden, so daß ein möglichst hoher Grundschwingungsanteil und möglichst geringe Oberschwingungsanteile des Stroms in der Drehfeldmaschine er-

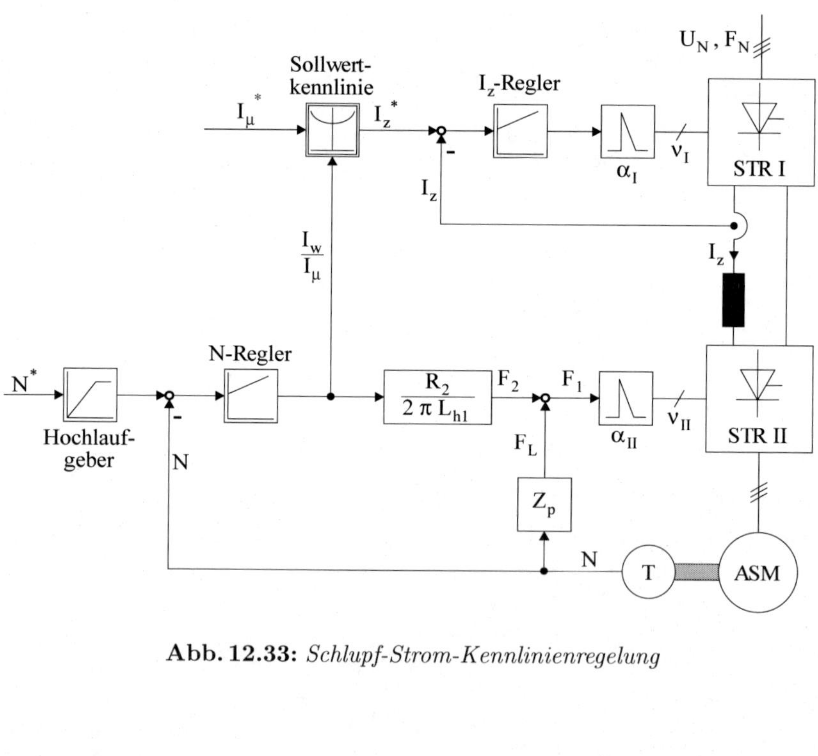

Abb. 12.33: *Schlupf-Strom-Kennlinienregelung*

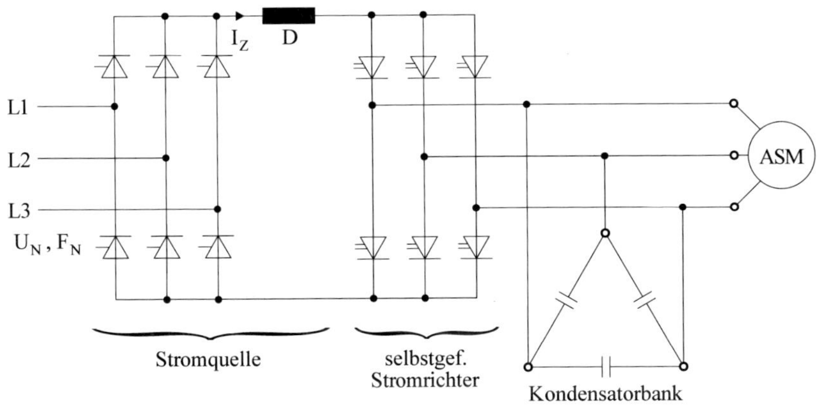

Abb. 12.34: *I–Umrichter mit sinusförmigen Maschinenströmen*

zeugt werden. Zu beachten ist, daß bei dieser Schaltung sowohl die Drehfeldmaschine als auch die Spannung der Kondensatorbank geregelt werden sollte. Mit dieser grundsätzlichen Schaltungsvariante steht für die Drehfeldmaschinen ein fast sinusförmiges Drehspannungs- und Drehstromsystem als Speisequelle zur Verfügung. Diese Schaltungsvariante ist besonders bei höheren Leistungen vorteilhaft, da inzwischen mit dem symmetrischen GCT, der sowohl blockier– als auch sperrfähig ist [52, 53], ein geeigneter Leistungshalbleiter verfügbar ist. Es ist abzuwarten, ob auch mit sperrfähigen IGBTs eine derartige Schaltungsvariante bei kleineren Leistungen realisiert werden wird. Die lastseitige Schaltung des selbstgeführten I–Wechselrichters kann auch auf der Netzseite eingesetzt werden. Der Vorteil dieser Lösung ist, daß $\cos\varphi_N$ und λ_N bei 1 erzielt werden können.

12.5 Selbstgeführte Umrichter mit Gleichspannungszwischenkreis (U–Umrichter)

Das Gebiet der selbstgeführten Umrichter mit eingeprägter Zwischenkreisspannung hat durch die Verfügbarkeit von abschaltbaren Leistungshalbleitern eine außerordentliche Ausbreitung der Anwendung erfahren, denn damit werden die Leistungsstellglieder für drehzahlvariable Asynchronmaschinenantriebe preislich attraktiv.

In den folgenden Abschnitten wird nicht getrennt auf die Lösungen mit Thyristoren und Kommutierungskreisen einerseits oder die Lösungen mit abschaltbaren Ventilen andererseits eingegangen. Stattdessen werden die grundsätzlichen Topologien der Umrichter mit eingeprägter Spannung dargestellt.

Die im Folgenden dargestellten lastseitigen Stromrichter sind ebenso wie beim I–Umrichter mit Phasenfolgelöschung selbstgeführte Stromrichter. Die „Selbst-

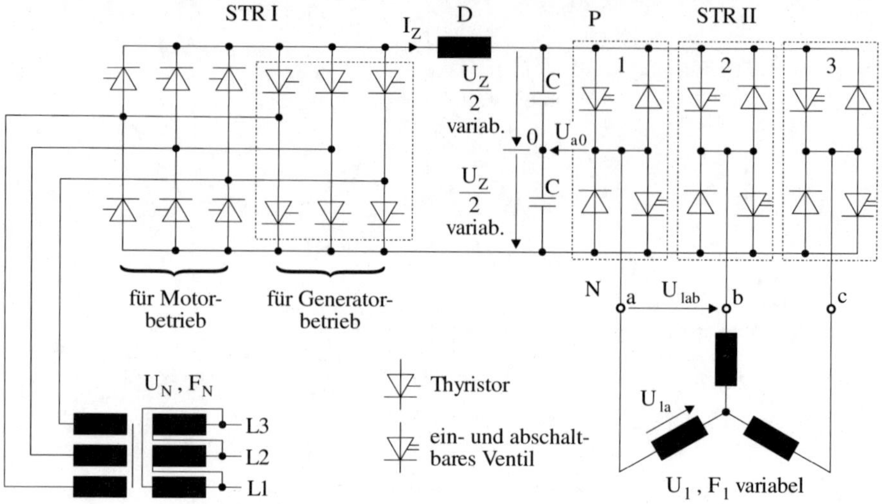

Abb. 12.35: *Prinzipschaltbild eines Zwischenkreisumrichters mit variabler Gleichspannung*

führung“ wird hier allerdings dadurch erreicht, daß die Ventile ein– und insbesondere ausschaltbar sind. Da eine Gleichspannung vom Zwischenkreis zur Wechselspannungsseite durchgeschaltet wird, werden diese Stromrichter auch als Stromrichter mit eingeprägter Spannung bezeichnet.

12.5.1 Umrichter mit variabler Zwischenkreisspannung

Das Prinzipschaltbild des selbstgeführten Umrichters mit variabler Zwischenkreisspannung zeigt Abb. 12.35.

Der Stromrichter STR I wandelt das Netzspannungssystem mit fester Spannung U_N und Frequenz F_N in eine variable Gleichspannung U_z um. Die Einstellung der Spannung U_z erfolgt wie beim Gleichstromantrieb über den Steuerwinkel α_{I}.

$$U_z \; = \; U_{di0} \cdot \cos \alpha_{\mathrm{I}} - D_x \tag{12.41}$$

Die vom Betriebspunkt der Last abhängige Gleichspannung U_z wird durch den Stromrichter STR II in ein Spannungssystem mit variabler Spannung und Frequenz für die Drehfeldmaschine umgesetzt (U-Wechselrichter).

Die Funktion des selbstgeführten Wechselrichters STR II in Abb. 12.35 läßt sich anhand von Abb. 12.36 leicht ableiten.

Im oberen Teil von Abb. 12.36 ist der STR II idealisiert und mit Schaltern S_1, S_2 und S_3 dargestellt. Jeder der Schalter kann entweder an die positive (P) oder negative (N) Spannungsschiene geschaltet werden; es ist zusätzlich eine Nullschiene eingezeichnet, die den Nullpunkt (0) zwischen den beiden Zwischenkreiskondensatoren repräsentiert.

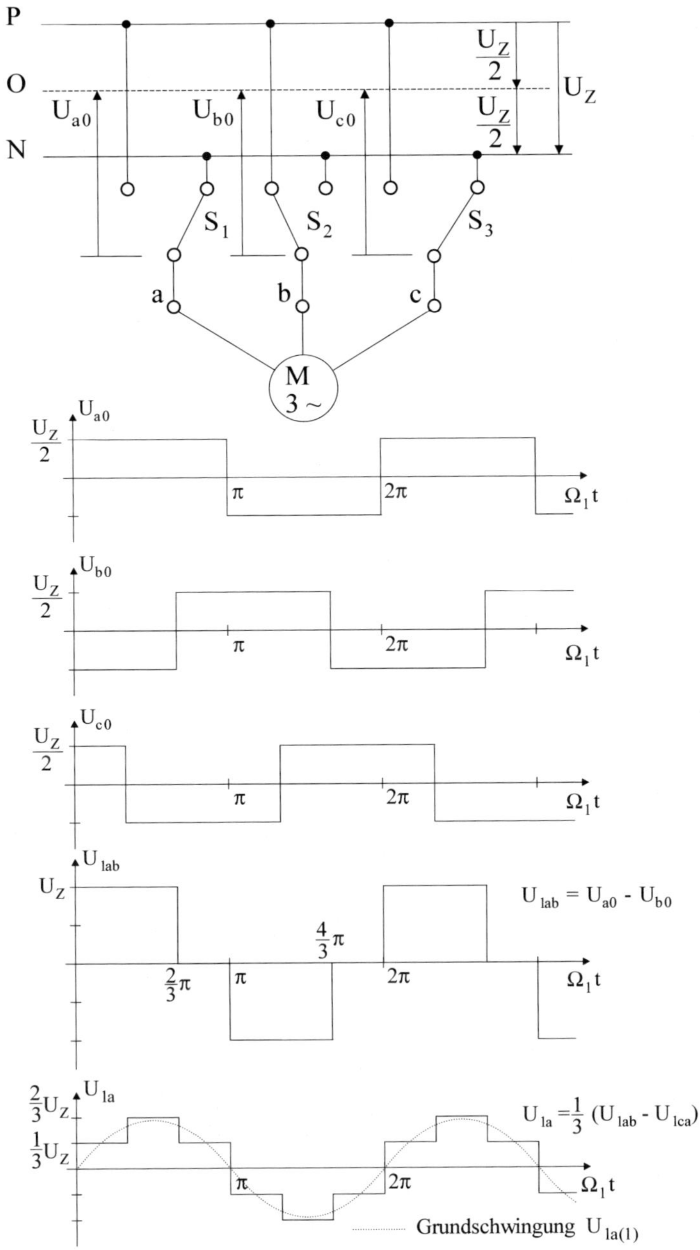

Abb. 12.36: *Prinzipschaltung und Spannungsverläufe (Grundfrequenztaktung)*

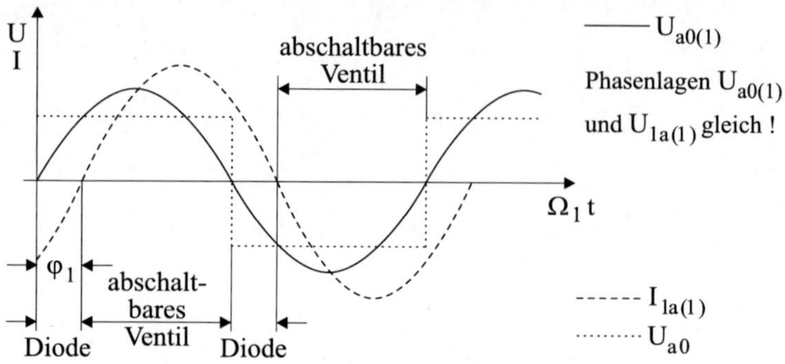

Abb. 12.37: *Ströme und Spannungen der Ventile*

Wenn die drei Schalter jeweils 180° elektrisch an die P- bzw. N-Schiene mit einer Phasenfolge von 120° elektrisch geschaltet werden, dann ergeben sich die Spannungen U_{a0}, U_{b0} und U_{c0}, die im mittleren Teil von Abb. 12.36 dargestellt sind.

Durch Änderung der Zeitdauer der jeweils 180° elektrisch langen Spannungsblöcke kann die Ausgangsfrequenz F_1 geändert werden. Diese Art der Ansteuerung der Ventile wird „Grundfrequenztaktung" genannt, da die Schalter mit der gleichen Frequenz wie die gewünschte Ausgangsfrequenz angesteuert werden. Die Änderung der Amplitude der Ausgangsspannung erfolgt durch die Änderung der Zwischenkreisspannung U_z.
Durch Superposition ergeben sich die verketteten Spannungen, z.B.

$$U_{1ab} = U_{a0} - U_{b0} \tag{12.42}$$

und die Phasenspannungen (gegen den Mittelpunkt der Last), z.B.

$$U_{1a} = \frac{1}{3} \cdot (U_{1ab} - U_{1ca}) \tag{12.43}$$

Aus Abb. 12.37 läßt sich die Funktion der zu den abschaltbaren Ventilen antiparallelen Dioden (Abb. 12.35) erkennen.

In Abhängigkeit von der Phasenlage φ_1 zwischen $U_{1a(1)}$ und $I_{1a(1)}$ auf der Lastseite wird beispielsweise bei positiver Spannung und negativem Strom die dem abschaltbaren Ventil antiparallele Diode den Strom führen. Bei positiver Spannung und positivem Strom führt das abschaltbare Ventil den Strom. Die antiparallelen Dioden sind somit für die Funktion des selbstgeführten Wechselrichters mit eingeprägter Spannung bei ohmsch-induktiven Lasten notwendig. Dies entspricht den Diskussionen beim Gleichstromsteller.
Der dargestellte Zwischenkreisumrichter ist somit geeignet zur Speisung einer Drehfeldmaschine mit variabler Spannung und Frequenz. Die Spannungsverstellung erfolgt mit Hilfe der steuerbaren Drehstrombrücke STR I und die Frequenzverstellung mit dem selbstgeführten STR II. Der Stromrichter STR II besteht

aus einer Drehstrombrücke mit ein– und ausschaltbaren Ventilen und einer antiparallelen Diodenbrücke.

Bei einer Drehmomentumkehr muß der Zwischenkreisstrom I_z seine Richtung umkehren. Um auch den Bremsbetrieb sicherzustellen, muß zusätzlich ein antiparalleler Stromrichter (gestrichelt umrandet) auf der Netzseite vorgesehen werden (Abb. 12.35).

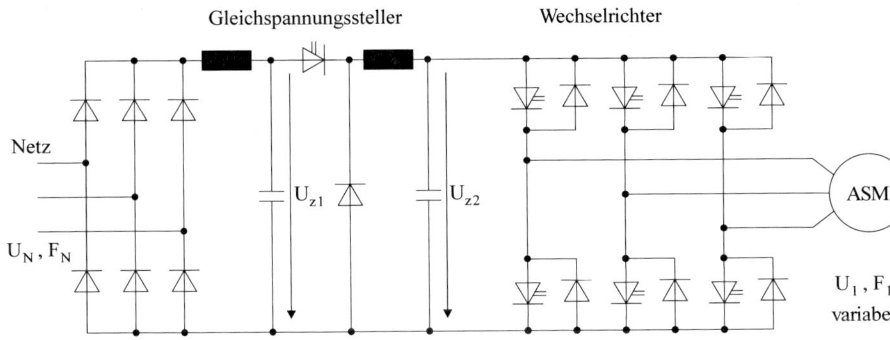

Abb. 12.38: *Zwischenkreisumrichter mit eingeprägter Spannung bei Verwendung von abschaltbaren Ventilen*

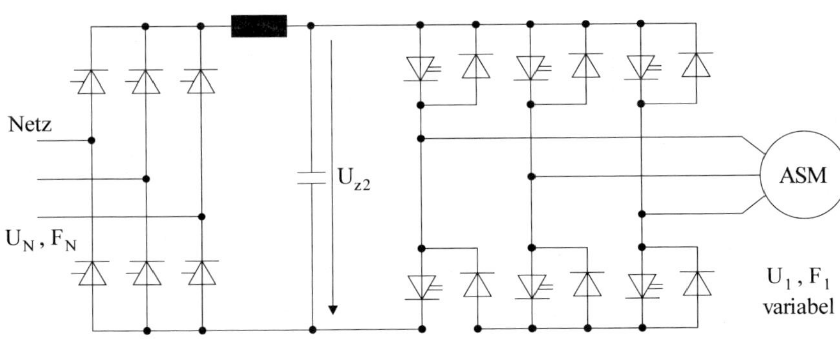

Abb. 12.39: *Zwischenkreisumrichter mit eingeprägter Spannung und netzseitiger Thyristorbrücke*

Durch die heute vorhandenen ein– und ausschaltbaren Leistungshalbleiter kann der Aufwand für die früher notwendigen Löschkreise entfallen. Damit ergibt sich ein einfaches Stellglied entsprechend Abb. 12.35. Zu beachten ist allerdings dabei, daß die Spannungsverstellung im Zwischenkreis nur mit der Dynamik des netzgeführten Stellglieds erfolgen kann. Dies gilt insbesondere für die Energieumkehr. Die Dynamik des Stellglieds hinsichtlich der Spannungsverstellung ist somit eingeschränkt.

In Abb. 12.38 werden durch die Diodenbrücke die Netzspannungen in eine konstante Gleichspannung U_{z1} gewandelt. Diese konstante Spannung U_{z1} wird anschließend mittels des Gleichstromstellers in eine variable Gleichspannung $U_{z2} < U_{z1}$ umgeformt. Abschließend erfolgt die Wandlung der Gleichspannung U_{z2} in ein Drehspannungssystem mit variabler Spannung U_1 und variabler Frequenz F_1 (Umrichter mit Grundfrequenztaktung). Gegenüber der Schaltung in Abb. 12.35, deren netzseitige Thyristorbrücke bei $\alpha \neq 0°$ entsprechende Steuerblindleistung vom versorgenden Drehspannungsnetz anfordert, ist der $\cos\varphi_N \approx 1$ aufgrund der Diodenbrücke in Abb. 12.38. Allerdings erfolgt eine Spannungsverzerrung der Spannungsmaxima im Netz, die sehr unerwünscht ist.

Selbstgeführte Wechselrichter mit variabler Zwischenkreisspannung haben heute praktisch keine Bedeutung mehr und werden deshalb nur noch aus historischen Gründen hier genannt.

Steuer- und Regelschaltung für eine ASM

Eine einfachste Steuer- und Regelschaltung nach dem Kennlinienprinzip zeigt Abb. 12.40. Die Funktion ist aus den Darstellungen des stationären Betriebsverhaltens ASM sofort verständlich und muß hier nicht weiter erläutert werden (siehe Kap. 5.7, Abb. 12.32 und 12.33).

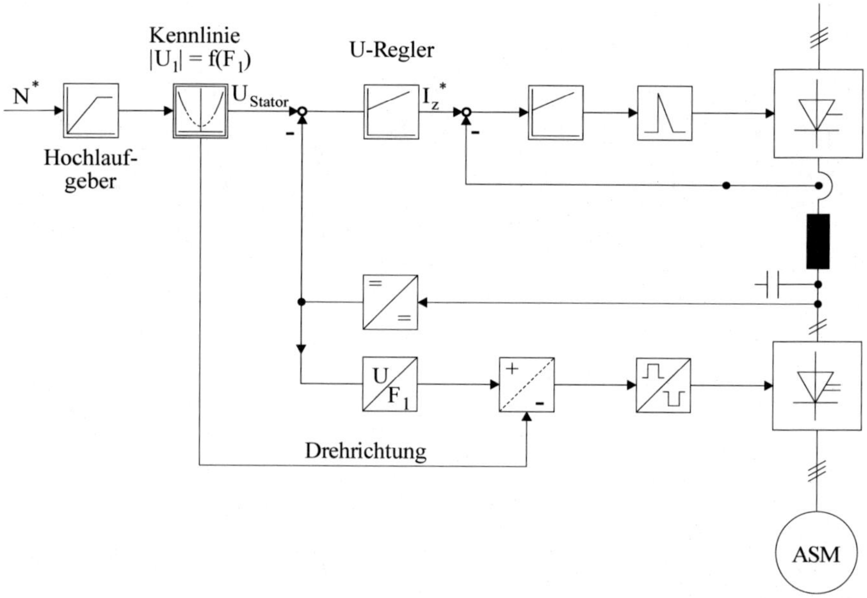

Abb. 12.40: *Einfachste Steuer- und Regelschaltung nach dem Kennlinienprinzip*

12.5.2 Umrichter mit konstanter Zwischenkreisspannung (Pulsumrichter)

Das Prinzipschaltbild eines Umrichters mit konstanter Zwischenkreisspannung zeigt Abb. 12.41.

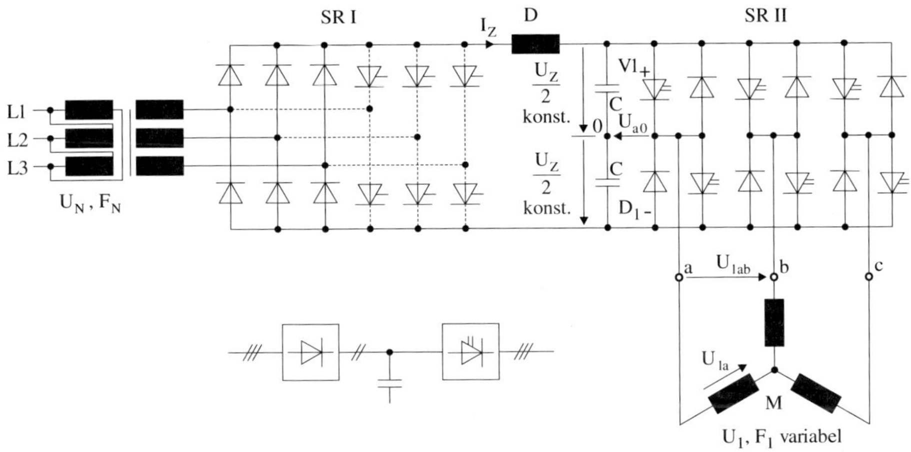

Abb. 12.41: *Prinzipschaltbild eines selbstgeführten Umrichters mit konstanter Zwischenkreisspannung*

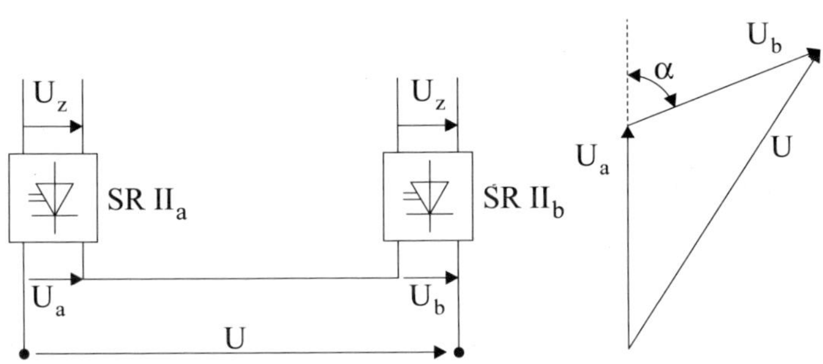

Abb. 12.42: *Spannungserzeugung durch Reihenschaltung und phasenversetzte Ansteuerung der selbstgeführten Wechselrichter*

Das Einspeisestellglied ist eine Diodenbrücke, die Zwischenkreisspannung ist somit konstant. Bei Bremsbetrieb der ASM muß eine steuerbare Thyristorbrücke antiparallel zur Diodenbrücke geschaltet werden. Da der maximale Steuerwinkel der Thyristorbrücke etwa bei $\alpha = 150°$ ist, unterscheiden sich die maximal einstellbaren Gleichspannungen der Diodenbrücke und der Thyristorbrücke: Die Thyristorbrücke muß somit mit einer anderen Spannung als die Diodenbrücke gespeist werden.

Der Leistungsteil des selbstgeführten Wechselrichters gleicht prinzipiell dem Leistungsteil des Wechselrichters im vorigen Kapitel.

Die Ausgangsspannung des selbstgeführten Wechselrichters kann nun auf verschiedene Arten verstellt werden.

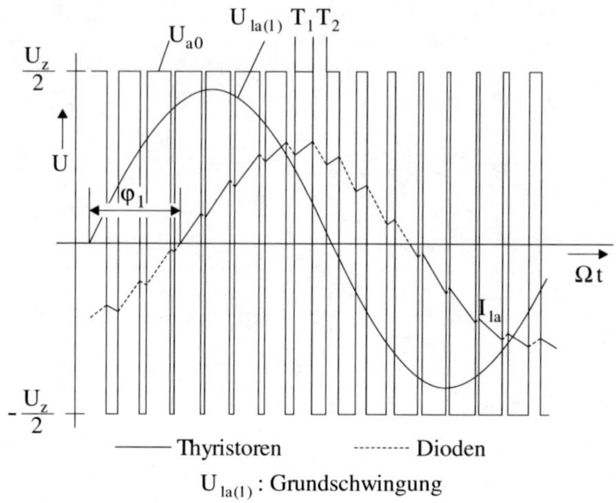

Abb. 12.43: *Pulsweitenmodulation beim Zweipunkt-Wechselrichter*

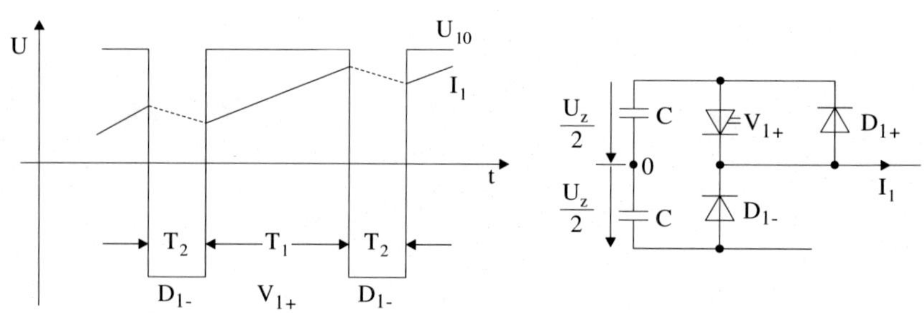

Abb. 12.44: *Spannungserzeugung beim Zweipunkt-Wechselrichter (Detail)*

Beispielsweise können zwei Wechselrichtersysteme (SR IIa, SR IIb) phasenverschoben angesteuert werden. Durch Variation des Phasenwinkels α läßt sich die Ausgangsspannung stufenlos verstellen (Abb. 12.42). Nachteilig bei diesem Verfahren ist, daß beide Wechselrichter hinsichtlich Spannung und Strom voll beansprucht werden und der Oberschwingungsgehalt mit zunehmender Absenkung der Ausgangsspannung zunimmt. (Die Lösung mit zwei oder mehreren selbstgeführten Wechselrichtern wird allerdings häufiger zur Reduzierung der Harmonischen in den Ausgangsgrößen genutzt, wenn die Wechselrichter geeignet angesteuert werden.)

Eine andere – heute allgemein eingesetzte – Lösung ist die Pulssteuerung des selbstgeführten Wechselrichters. Bei der Pulssteuerung werden die steuerbaren Ventile des Wechselrichters mehrmals pro Periode der Ausgangsspannung ein– und ausgeschaltet.Die prinzipielle Spannungsbildung beim Pulswechselrichter zeigt Abb. 12.43.

Durch Variation der Einschaltzeiten T_1 des abschaltbaren Elements V_{1+} und damit der Variation der Stromführungszeiten T_2 der Diode D_{1-} kann der Spannungsmittelwert stufenlos eingestellt werden (Abb. 12.44). Die Wahl des Pulsmusters erfolgt durch Modulationsverfahren, die im Anschluß beschrieben werden.

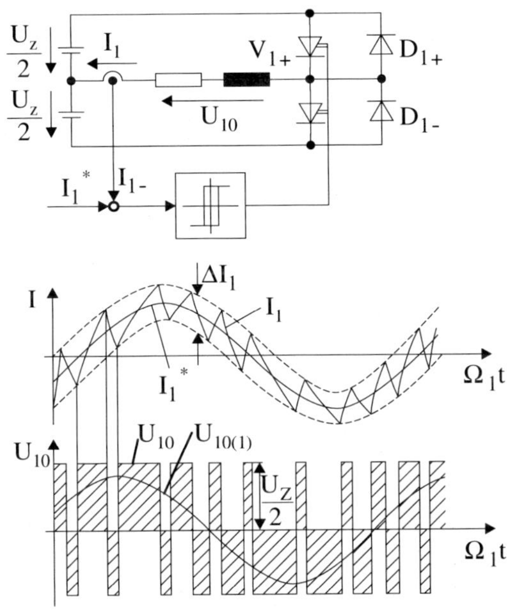

Abb. 12.45: *Zweipunkt-Stromregelung einer U-Wechselrichterphase*

12.5.3 Modulationsverfahren bei Pulsumrichtern

a) Zweipunktregelung (Prinzipdarstellung):

Ein einfaches Verfahren für die Ansteuerung eines Pulswechselrichters ist die Zweipunktregelung. In Abb. 12.45 sind das Prinzipschaltbild und die zeitlichen Verläufe der Ausgangsgrößen für eine Zweipunktstromregelung einer Wechselrichterphase mit ohmsch-induktiver Last dargestellt. In Abhängigkeit von der Differenz zwischen dem vorgegebenen Stromsollwert I_1^* und dem gemessenen Istwert I_1 wird die Ausgangsspannung so zwischen den beiden möglichen Potentialen hin- und hergeschaltet, daß der Strom sich innerhalb eines Toleranzbandes

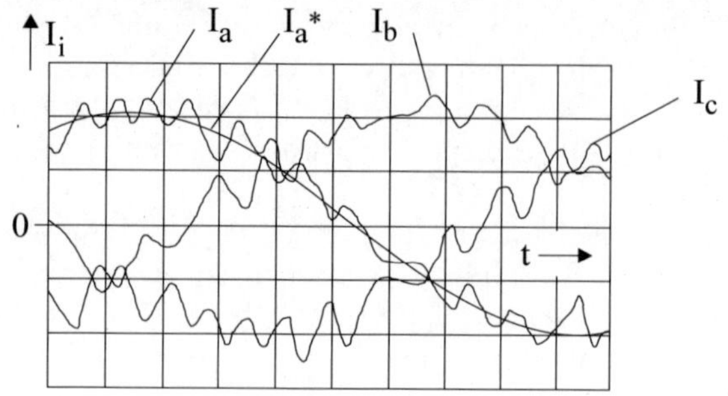

Abb. 12.46: *Dreiphasiger Pulswechselrichter mit Zweipunkt-Stromregelung*

hält, das durch die Hysterese ΔI_1 des Komparators vorgegeben wird. Pulsfrequenz und Einschaltdauer stellen sich dabei frei ein.

Die Zweipunktregelung ist recht einfach im Aufbau und hat ein sehr gutes dynamisches Verhalten. Daneben zeigt dieses Verfahren jedoch auch Nachteile, die dessen Einsatz erheblich einschränken können. Die sich frei einstellende Pulsfrequenz hat ein im allgemeinen kontinuierliches Oberschwingungsspektrum zur Folge. Dieser Nachteil wirkt sich insbesondere dann aus, wenn die sich einstellende Pulsfrequenz nicht wesentlich über der gewünschten Grundfrequenz liegt.

Bei den hier besonders interessierenden dreiphasigen Anordnungen mit Gegenspannungen sind die drei Stromregelungen bei freiem Laststernpunkt nicht mehr unabhängig voneinander. Hier muß die Summe der Stromaugenblickswerte immer Null sein. Das führt bei drei unabhängig arbeitenden Stromreglern zu einem vergrößerten Toleranzband und zu erhöhten mittleren Pulsfrequenzen, wobei aber das gute dynamische Verhalten gewahrt bleibt. Abbildung 12.46 zeigt die Motorströme in einer Versuchsanordnung mit der fehlerhaften Ausführung von drei unabhängig arbeitenden Hystereseregler, Abhilfen sind in [47, 48, 49] dargestellt.

Durch die steigenden zulässigen Schaltfrequenzen der Leistungshalbleiter wird die Zweipunktregelung zunehmend interessant. Dies gilt insbesondere auch deswegen, weil im statistischen Mittel die Orientierungen von Soll- und Ist-Raumzeiger des Stroms übereinstimmt ([48, 49], Kap. 13.9).

b) Pulsweitenmodulation (PWM):

Das von den Modulationsverfahren erzeugte Pulsmuster und die damit erzeugte Ausgangsspannung hat zum Ziel, daß bei vorgegebener Zwischenkreisspannung U_z der Grundschwingungsanteil in der Ausgangsspannung möglichst groß und der Oberschwingungsanteil möglichst klein sein soll.

Es gibt eine Vielzahl von Modulationsverfahren, die beispielsweise in Band 4 [52, 53], [22] und in [23] dargestellt werden. An dieser Stelle sollen nur die prinzi-

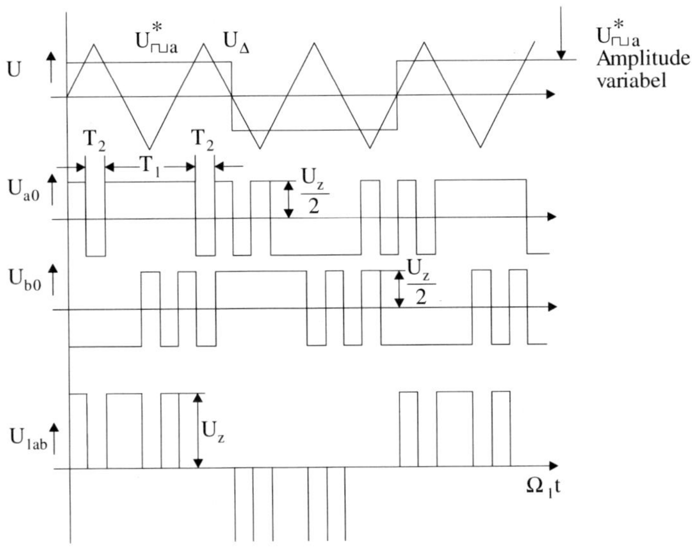

Abb. 12.47: *Bildung der Ausgangsspannung beim Pulswechselrichter: Abtastung der rechteckförmigen Referenzspannung $U^*_{\sqcap\sqcup}$ veränderlicher Amplitude mit einer Dreieckspannung U_Δ (synchronisierte Dreifachtaktung)*

piellen Vorgehensweisen vorgestellt werden, um ein grundsätzliches Verständnis der Pulsweitenmodulation zu erreichen.

Prinzipiell ist beim selbstgeführten Umrichter mit konstanter Zwischenkreisspannung nach Abb. 12.41 ebenso die Grundfrequenztaktung nach Abb. 12.36 möglich. Dies bedeutet, die Ausgangsfrequenz F_1 kann verstellt werden, die Ausgangsspannung in der Amplitude aber nicht. Diese Einschränkung ist aber beim Betrieb der Drehfeldmaschine nur im Feldschwächbetrieb zulässig, da im Feldschwächbetrieb der Drehfeldmaschine im stationären Betrieb die Spannung U_1 konstant ist.

Im Ankerstellbereich müssen dagegen die Frequenz F_1 und die Spannung U_1 verstellt werden, d.h. in diesem Bereich wird die Pulsweitenmodulation benötigt. Um eine in der Amplitude variable Ausgangsspannung des Wechselrichters zu erhalten, müssen die Spannungen U_{a0}, U_{b0}, U_{c0} in Abb. 12.36 entsprechend den Modulationsverfahren in Spannungsimpulse unterschiedlicher Dauer unterteilt werden, d.h. die Schalter S_1, S_2 und S_3 schalten während der 180°-Einschaltdauer mehrmals um.

Als erstes besonders einfaches Beispiel sei in Abb. 12.47 die Abtastung einer rechteckförmigen Referenzspannung $U^*_{\sqcap\sqcup a}$ für die Phase a mit einer Dreieckspannung U_Δ erläutert (synchronisierte Dreifachtaktung).

Zu den Zeitpunkten, in denen die Referenzspannungen $U^*_{\sqcap\sqcup a,b,c}$ die Dreieckspannung U_Δ schneiden, werden die jeweils zugehörigen Schalter S_1, S_2 oder S_3 betätigt und von der P- zur N-Schiene bzw. umgekehrt geschaltet. Aus Abb. 12.47

ist für U_{a0} zu entnehmen, daß bei $U^*_{\sqcap\sqcup a} > U_\Delta$ die positive Polarität und bei $U^*_{\sqcap\sqcup a} < U_\Delta$ die negative Polarität zur Ausgangsklemme durchgeschaltet wird. Für die Erzeugung der Spannungen U_{b0} und U_{c0} werden entsprechende Referenzspannungen $U^*_{\sqcap\sqcup b}$ und $U^*_{\sqcap\sqcup c}$ mit jeweils 120° elektrischer Phasenverschiebung und die gleiche Spannung U_Δ verwendet; es ergibt sich beispielsweise in bekannter Weise die verkettete Spannung $U_{1ab} = U_{a0} - U_{b0}$.

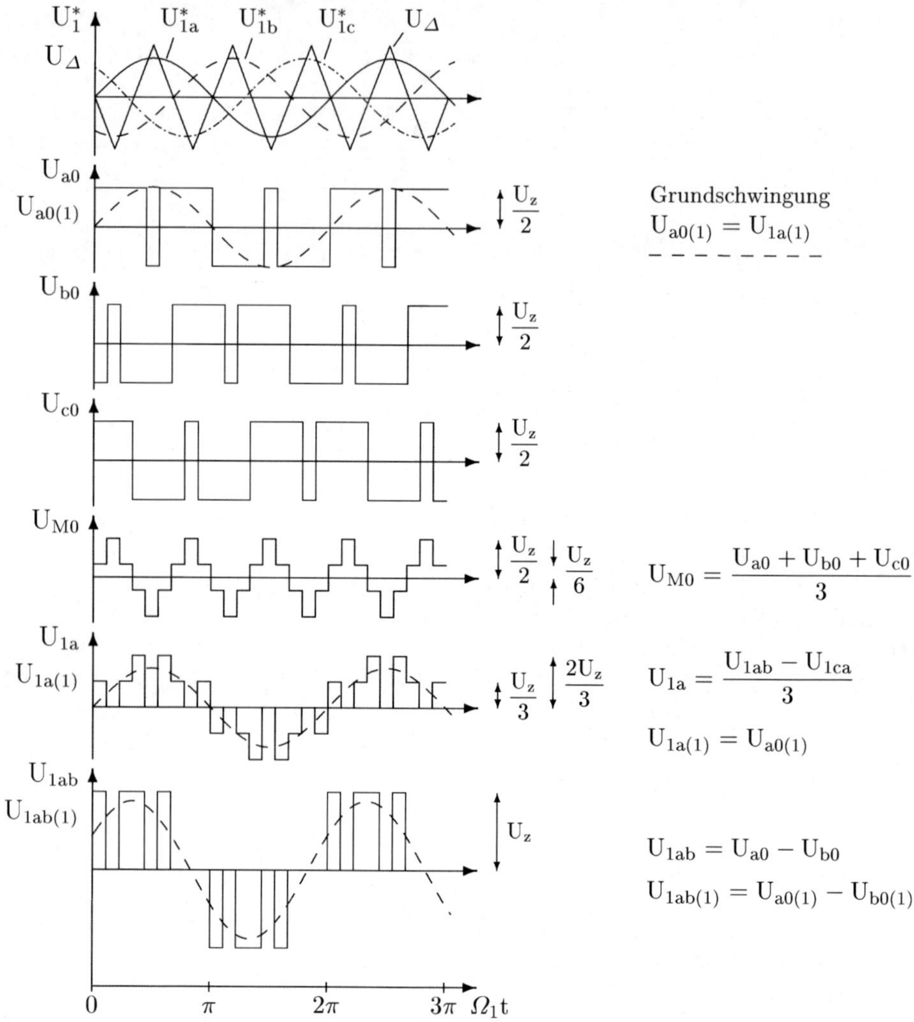

U_{a0}, U_{b0}, U_{c0}: Ausgangsspannungen bezogen auf den Zwischenkreis-Nullpunkt 0
U_{1a}, U_{1b}, U_{1c}: Ausgangsspannungen bezogen auf den Last-Mittelpunkt M
U_{M0}: Spannung zwischen Mittelpunkt M und Nullpunkt 0

Abb. 12.48: *Spannungen bei Dreifachtaktung ($n_T = F_T/F_1 = 3$), synchronisierte Dreieck-Sinus-Modulation (Hinweis: Grundschwingungen $U_{1a(1)}$ und $U_{a0(1)}$ identisch)*

Wenn nun die Amplituden der Referenzspannungen geändert – z.B. verkleinert – werden, dann wird sich während der positiven Halbschwingung die Zeitdauer T_1 mit den positiven Ausgangsspannungen verkleinern und die Zeitdauer T_2 mit den negativen Ausgangsspannungen vergrößern, d.h. die resultierende positive Spannungszeitfläche während der positiven Halbschwingung verringert sich. Dies bedeutet, die zwei Perioden mit der Spannung Null bei der verketteten Spannung U_{1ab} (Beispiel: positive Spannungshalbschwingung) werden zunehmen, d.h. die resultierende Amplitude der Grundschwingung wird abnehmen.

Aus Abb. 12.47 ist zu erkennen, daß sich bei der synchronisierten Dreifachtaktung ein symmetrisches Pulsmuster und damit Ausgangsspannungsmuster ergibt; dies hat positive Auswirkungen auf den Anteil von Harmonischen.

Statt der rechteckförmigen Referenzspannungen $U^*_{\sqcap\sqcup\, a,b,c}$ können auch sinusförmige Referenzspannungen $U^*_{1a,b,c}$ verwendet werden (Abb. 12.48).

Wie aus den beiden Abbildungen 12.47 und 12.48 zu erkennen ist, sehen die Ausgangsspannungsverläufe ähnlich aus. Eine genauere Analyse zeigt, daß bei der Rechteck-Dreieck-Modulation eine etwas größere Amplitude der Grundschwingung als bei der Sinus-Dreieck-Modulation erzielt wird, allerdings sind auch die Harmonischen in gleicher Weise unterschiedlich.

Der Anteil der Harmonischen in der Ausgangsspannung kann verringert werden, wenn das Frequenzverhältnis $n_T = F_T/F_1 = 3n$ ($n = 1, 2, 3 \ldots$) über $n_T = 3$ hinaus erhöht wird (Beispiel: $n_T = 9$, Abb. 12.49).

Angemerkt sei, daß geradzahlige n bei der PWM vermieden werden, da keine Symmetrie der positiven Halbschwingungen zu den negativen Halbschwingungen besteht.

In der Abb. 12.48 sind beispielsweise bei den positiven Nulldurchgängen der Referenzspannungen die Nulldurchgänge der Dreieckspannung stets negativ. Dies resultiert in einer Spannungsumkehr der Spannung $U_{a,b,c0}$ in der Mitte der positiven Halbschwingung; diese Art der PWM wird deshalb Mittenpulsmodulation genannt. Eine Umkehrung der Polarität der Nulldurchgänge der Dreieckspannung führt zur Flankenpulsmodulation. Genauere Informationen zur PWM sind Band 4 1. Auflage [52] und 2. Auflage [53] zu entnehmen.

Zu beachten ist, daß bei Erhöhung von $n_T = 3, 9, 15, 21 \ldots$ auch die Schaltfrequenz der Leistungshalbleiter erhöht wird (vergl. Abb. 12.36: Grundfrequenztaktung $n_T = 1$, Abb. 12.47: $n_T = 3$, Abb. 12.49: $n_T = 9$). Eine Erhöhung der Schaltfrequenz bedeutet eine Erhöhung der Schaltverluste (Ein- und Ausschaltverluste). Bei gegebener Wärmeableitung (Kühlung) ist die abgebbare Verlustleistung fixiert, diese Verlustleistung setzt sich zusammen aus den Durchlaßverlusten und den Schaltverlusten. Dies bedeutet letztendlich, es muß eine Balance zwischen Durchlaß- und Schaltverlusten gefunden werden, d.h. die Schaltfrequenz der Leistungshalbleiter kann nicht beliebig erhöht werden.

Bisher wurden nur synchronisierte Taktverfahren diskutiert. Die Festlegung $n_T = 3, 9, 15 \ldots$ beruht auf der Überlegung, daß alle drei Referenzspannungen mit der Dreieckspannung gemeinsame – d.h. synchronisierte – Nulldurchgänge haben sollen, d.h. die Pulsmuster sind für alle positiven und negativen Halb-

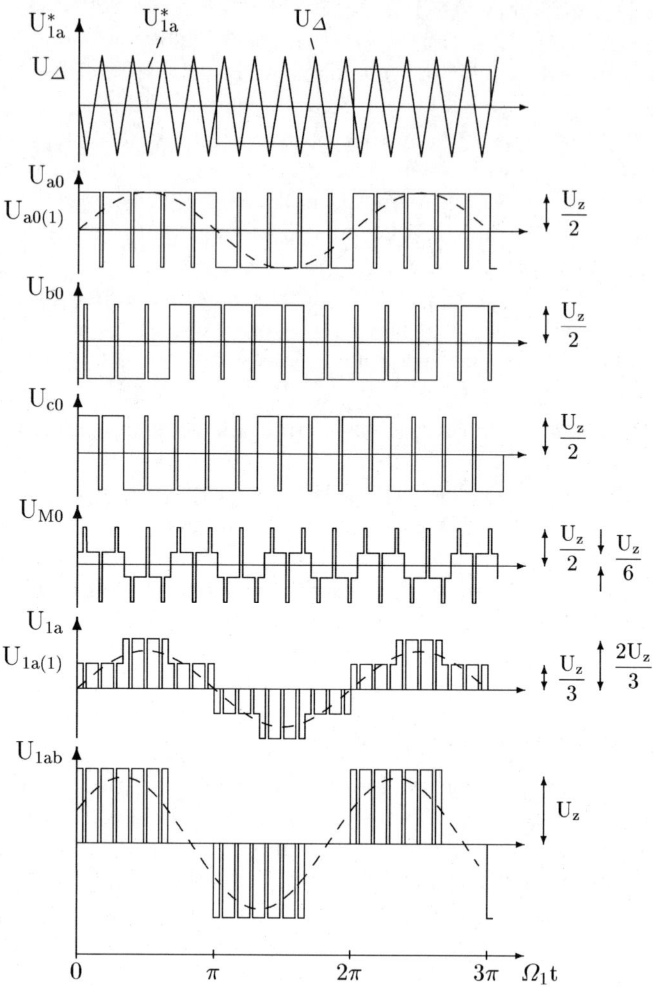

Abb. 12.49: *Spannungen bei Neunfachtaktung ($n_T = F_T/F_1 = 9$), synchronisierte Dreieck-Rechteck-Modulation (Hinweis: Grundschwingungen $U_{1a(1)}$ und $U_{a0(1)}$ identisch)*

schwingungen gleich und symmetrisch sowohl zu 180° elektrisch als auch zu 90° elektrisch.

Ein Übergang von der sinusförmigen zur rechteckförmigen Referenzspannung kann erreicht werden, wenn zur sinusförmigen Referenzspannung Anteile von $3n$-fach Harmonischen addiert werden. Mit zunehmendem Anteil der $3n$-fach Harmonischen ergibt sich eine Erhöhung der Grundschwingungsamplitude – aber auch eine Erhöhung der Harmonischenanteile. Diese Maßnahme setzt allerdings voraus, daß sich Harmonische im Strom mit dieser Ordnungszahl nicht ausbilden können, da sonst der Vorteil der höheren Spannungsausbeute durch die höhere Strombelastung kompensiert wird.

Wichtig für die Pulsmuster-Erzeugung ist somit das Verhältnis zwischen der maximalen Schaltfrequenz der Schalter und der Modulationsfrequenz. Je niedriger die gewünschte Ausgangsfrequenz und je höher die maximale Schaltfrequenz ist, desto feiner kann die Unterteilung des Pulsmusters sein, desto besser kann die Grundschwingung in Spannung und Strom angenähert werden und desto kleiner sind die Oberschwingungsanteile. Je geringer dieses Verhältnis ist, desto größer werden die Oberschwingungen und desto kritischer ist die Relation zwischen der maximalen Laststromhöhe und dem abschaltbaren Strom der Leistungshalbleiter.

Eine weitere Schwierigkeit bei der Erzeugung der Ausgangsspannung mit festem Pulsmuster (vorgegebener Modulationsspannung) tritt bei einem Wechsel des Verhältnisses von Ausgangsfrequenz zu Modulationsfrequenz auf. Bei einem Wechsel der Modulationsfrequenz F_T in Relation zur Ausgangsfrequenz F_1 von z.B. 3, 9, 15 etc. werden sich im allgemeinen Amplituden- und/oder Phasenänderungen der Ausgangsspannungen nicht ganz vermeiden lassen. Diese unerwünschten Änderungen führen in der Last – der Drehfeldmaschine – zu Einschwingvorgängen, die vom selbstgeführten Wechselrichter und vom technologischen Prozeß toleriert werden müssen. Günstiger verhalten sich online erzeugte Pulsmuster (siehe u.a. Abb. 12.52).

Die bisherige Symmetrie im Pulsmuster und damit in den Ausgangsspannungsverläufen ist nicht mehr gegeben, wenn die Nulldurchgänge der Referenzspannungen und der Dreieckspannung nicht mehr zusammenfallen oder wenn das Frequenzverhältnis $n_T \neq 3, 6, 9 \ldots$ ist (Abb. 12.50).

Wie aus Abb. 12.50 zu erkennen, ist aufgrund von $n_T \neq 3, 6, 9 \ldots$ die Symmetrie nicht mehr gewahrt. Ein besonderer Nachteil dieses Verfahrens ist, daß außer den Harmonischen höherer Ordnung auch Harmonische niedrigerer Ordnung als die Grundschwingungsfrequenz erzeugt werden. Die Auswirkungen der Harmonischen mit niedrigerer Ordnung als der Grundschwingungsfrequenz müssen durch regelungstechnische Maßnahmen begrenzt bzw. unterdrückt werden. Genauere Informationen zur PWM sind [53] zu entnehmen. Durch die steigenden zulässigen Schaltfrequenzen der Leistungshalbleiter vergrößert sich der Arbeitsbereich der nicht synchronisierten PWM nach Abb. 12.50.

c) Raumzeiger-Darstellung:

Bei den bisherigen Darstellungen werden die physikalisch meßbaren Spannungen an den Ausgangsklemmen des selbstgeführten Wechselrichters mit eingeprägter Spannung betrachtet.

Stattdessen können die Ausgangsspannungen auch als Raumzeiger interpretiert werden. Im oberen Teil von Abb. 12.36 ist das Prinzip der Schaltung dargestellt. Bei diesem „Zweipunkt-Wechselrichter“ kann an die drei Ausgangsklemmen entweder die positive (P) oder die negative (N) Spannung angelegt werden. Damit ergeben sich $2^3 = 8$ unterschiedliche Schaltzustände:

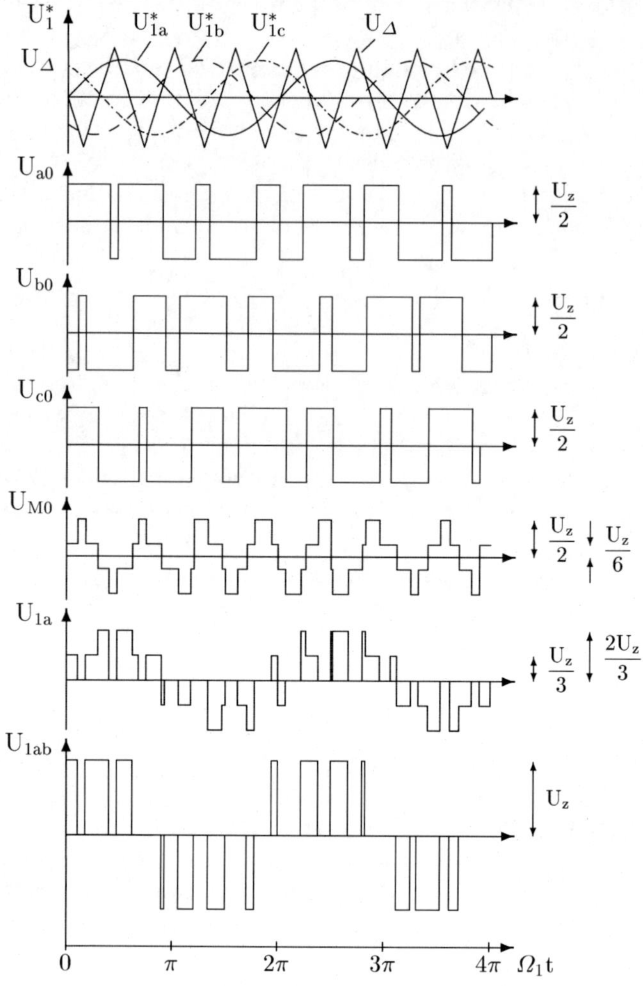

Abb. 12.50: *Pulsweitenmodulation (nicht synchronisiert):* $n_T = F_T/F_1 \approx 3,5$ *und* $\hat{U}^*/\hat{U}_\Delta \approx 0,7$

$\vec{1} \mathrel{\hat=}$ PNN; $\vec{2} \mathrel{\hat=}$ PPN; $\vec{3} \mathrel{\hat=}$ NPN; $\vec{4} \mathrel{\hat=}$ NPP; $\vec{5} \mathrel{\hat=}$ NNP; $\vec{6} \mathrel{\hat=}$ PNP

mit den Stator-Raumzeiger–Komponenten für die Drehfeldmaschine

$$U_{1\alpha} = \frac{2}{3} \cdot U_z \cdot \cos\frac{(n-1)\,\pi}{3} \qquad (n = 1 \ldots 6) \tag{12.44}$$

$$U_{1\beta} = \frac{2}{3} \cdot U_z \cdot \sin\frac{(n-1)\,\pi}{3} \tag{12.45}$$

und den bisher nicht betrachteten Schaltzuständen

$$\vec{7} \mathrel{\hat{=}} \text{PPP und } \vec{8} \mathrel{\hat{=}} \text{NNN} \quad \text{mit} \quad U_{1\alpha} = U_{1\beta} = 0.$$

Bei den beiden Schaltzuständen $\vec{7}$ und $\vec{8}$ ist die Last kurzgeschlossen, da beide Stromrichtungen durch die Parallelschaltung von steuerbarem Ventil und antiparalleler Diode möglich sind.

In der Raumzeiger-Repräsentation ergibt sich die in Abb. 12.51 gezeigte Darstellung.

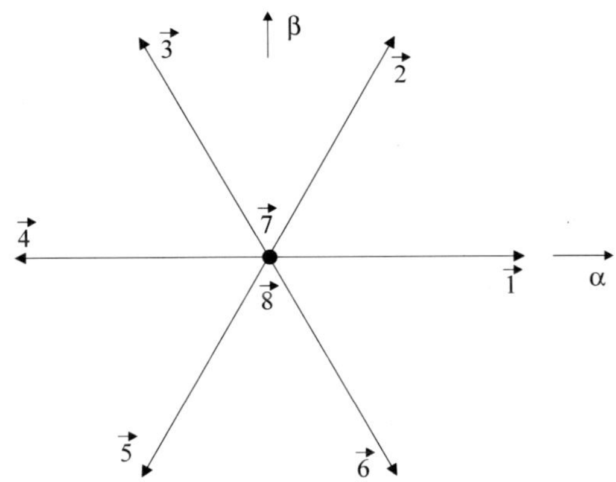

Abb. 12.51: *Raumzeiger-Darstellung der Ausgangsspannungen des Zweipunkt-Wechselrichters*

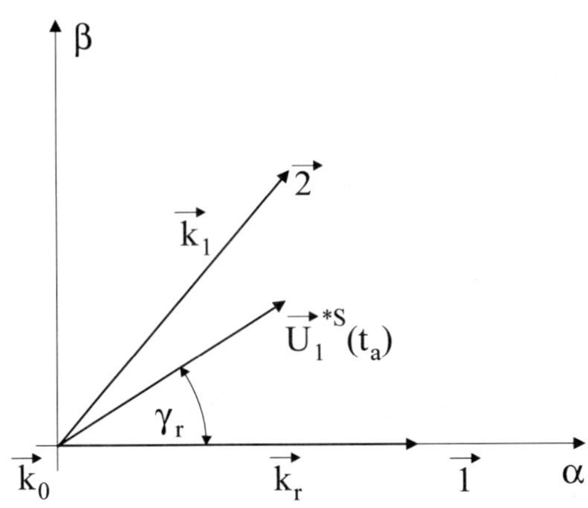

Abb. 12.52: *Spannungszeiger bei der Raumzeigermodulation (Beispiel im Sektor 1)*

Aus dieser Darstellung ist die aus der Grundfrequenztaktung bekannte sehr eingeschränkte Funktionsweise zu erkennen, denn die Amplituden der Raumzeiger sind aufgrund der konstanten Zwischenkreisspannung U_z konstant und nur die Orientierung (Phasenlage) ist durch die sechs möglichen Schaltzustände veränderbar.

Diese Raumzeiger-Darstellung ist aber Ausgangspunkt eines direkten Modulationsverfahrens – *Raumzeigermodulation* genannt –, welches anhand von Abb. 12.52 erklärt werden soll.

Bei der Raumzeigermodulation wird angenommen, daß der Sollwert der Ausgangsspannung $\vec{U}_1^{*S}(t_a)$ zum Zeitpunkt t_a in der angegebenen Phasenlage und Amplitude gefordert sei. Im vorliegenden Fall sei das beispielsweise im Sektor 1 zwischen den Raumzeigern $\vec{1}$ und $\vec{2}$.

Wenn nun eine Abtastperiode T_A definiert wird, dann kann der geforderte Soll-Raumzeiger $\vec{U}_1^{*S}$ während der Abtastperiode im Mittel durch das Einschalten der drei Ist-Raumzeiger $\vec{1}, \vec{2}$ und $\vec{7}$ oder $\vec{8}$ erreicht werden. Es gilt:

$$\vec{U}_1^{*S}(t_a) = \frac{1}{T_A} \cdot (t_l \cdot \vec{k}_l + t_r \cdot \vec{k}_r) \tag{12.46}$$

$$\vec{k}_l = \vec{2} \quad \text{und} \quad \vec{k}_r = \vec{1} \tag{12.47}$$

$$t_0 = T_A - t_l - t_r \tag{12.48}$$

$$\text{mit} \quad t_l = \sqrt{3} \cdot T_A \cdot \frac{|U_1^*|}{U_z} \cdot \sin \gamma_r \tag{12.49}$$

$$t_r = \sqrt{3} \cdot T_A \cdot \frac{|U_1^*|}{U_z} \cdot \sin\left(\frac{\pi}{3} - \gamma_r\right) \tag{12.50}$$

Sinnvollerweise wird diese Schaltzustandsfolge so realisiert, daß sich eine minimale Zahl von Schalthandlungen ergibt.

Aus Abb. 12.52 ist eine weitere wichtige Erkenntnis abzuleiten. Wenn beispielsweise $\vec{k}_l$ vom Wechselrichter realisiert wird, der Last-Ist-Raumzeiger $\vec{U}_1^S$ mit dem Last-Soll-Raumzeiger $\vec{U}_1^{*S}$ übereinstimmt und die Last beispielsweise als induktive Spannungsquelle approximiert werden kann, dann wird der Differenzspannungs-Raumzeiger $\Delta\vec{U}_L$ der Spannungs-Raumzeiger an der Lastinduktivität sein, und damit gilt:

$$\Delta\vec{U}_L = \frac{1}{L} \cdot \frac{d\vec{I}_L}{dt} = \frac{1}{L} \cdot \frac{d\vec{I}_1}{dt} \tag{12.51}$$

Der Raumzeiger $\Delta\vec{U}_L$ stimmt somit mit dem Raumzeiger $d\vec{I}_L/dt = d\vec{I}_1/dt$ überein. Diese Überlegung ist der Ausgangspunkt verschiedener online optimierter Pulsmuster-Verfahren. Genauere Informationen zur Raumzeigermodulation, Raumzeiger-Übermodulation und on-line optimierter Pulsmuster-Erzeugung sind in Band 4 [53] und Band 2, 2. und 3. Auflage [48, 49], zu entnehmen.

12.5.4 Mehrpunkt-Wechselrichter

Bisher wurden Zweipunkt-Wechselrichter behandelt, d.h. die Spannungen U_{a0}, U_{b0} und U_{c0} sind entweder positiv oder negativ. Wie bereits in den obigen Abbildungen dargestellt, wird entweder Energie aus dem Gleichspannungs-Zwischenkreis zur Last übertragen (z.B. in Abb. 12.44 positive Ausgangsspannung und positiver Ausgangsstrom, positiver Schalter V_{1+} geschlossen), oder es wird Energie von der Last zum Gleichspannungskreis übertragen (z.B. negative Ausgangsspannung, positiver Ausgangsstrom; negative Diode D_{1-} stromführend). Der Stromauf- und -abbau erfolgt daher immer mit der maximalen positiven bzw. negativen Ausgangsspannung des Wechselrichters. Dies bedeutet, daß nach Gl. (12.51) das $d\vec{I}_1/dt$ proportional der Spannungsdifferenz $\Delta\vec{U}_L$ ist, und somit insbesondere bei kleinen Gegenspannungen der Last große $d\vec{I}_1/dt$ entstehen. Dies führt erstens zu einem arbeitspunktabhängigen Oberschwingungsanteil im Laststrom und zweitens zu erschwerten Abschaltbedingungen für die Leistungshalbleiter – insbesondere dann, wenn die Oberschwingungsspitze und das Grundschwingungsmaximum in gleicher Polarität gleichzeitig auftreten.

Günstiger verhalten sich Wechselrichter, bei denen die Ausgangsspannungen U_{a0}, U_{b0} und U_{c0} drei Zustände aufweisen: $+U_z/2$, 0 und $-U_z/2$. Diese Wechselrichter werden Dreipunkt-Wechselrichter genannt, da sie zusätzlich die Ausgangsspannung Null aufweisen.

Prinzipiell war dieser „Nullzustand" auch beim Zweipunkt-Wechselrichter durch PPP oder NNN erreichbar, allerdings nur für alle drei Phasen gleichzeitig. Beim Dreipunkt-Wechselrichter sind diese „Nullzustände" aber pro Phase erzielbar. Abbildung 12.53 zeigt das Prinzipschaltbild des Dreipunkt-Wechselrichters.

Wie aus Abb. 12.53 zu entnehmen ist, wird beispielsweise die Phase a bei positivem Laststrom über die Diode D_P und den Schalter S_{12}, bei negativem Laststrom über den Schalter S_{13} und die Diode D_N mit dem Nullpunkt verbunden. Aufgrund dieser Besonderheit wird dieser Wechselrichter auch „Three Level Neutral Point Clamped Inverter" oder auch „Diode Clamped VSI" (VSI = Voltage Source Inverter) genannt [299]. Diese Schaltung wurde mit entsprechenden Schaltungserweiterungen zu einem Wechselrichter mit höherer Stufenzahl als drei ausgebaut („Multi Point Clamped Inverter, MPCI" [286]).

Tabelle 12.1: *Schaltzustände der Schalter* S_{11} *bis* S_{14} *des Dreipunkt-Wechselrichters*

S_{11}	S_{12}	S_{13}	S_{14}	Arm a
ein	ein	aus	aus	P
aus	ein	ein	aus	0
aus	aus	ein	ein	N

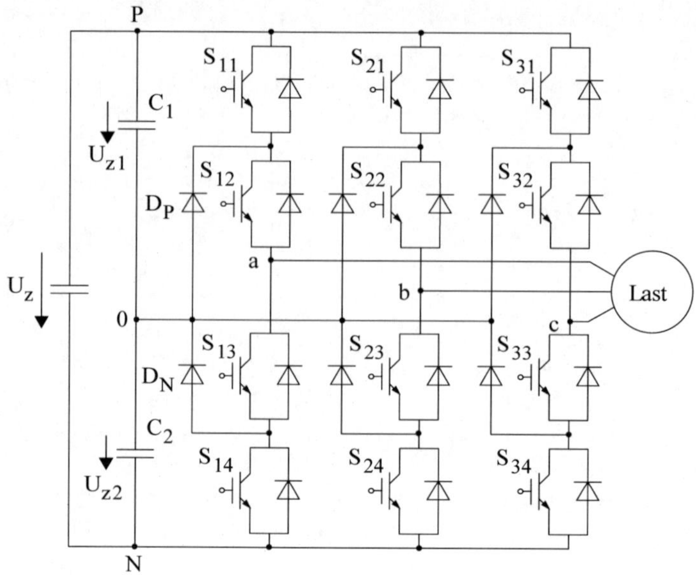

Abb. 12.53: *Dreipunkt-Wechselrichter*

Es besteht daher der generelle Wunsch, mehrstufige Wechselrichter einzusetzen. Dieses Ziel konnte erstens aufgrund der Verfügbarkeit von IGBTs mit Blockierspannungen von $3,9\ kV$ [293] und $4,5\ kV$ [307] (siehe auch Band 3, 2. Auflage [51]) bzw. von GCTs und IGBTs mit noch höheren Spannungen und Strömen und zweitens vorteilhaft aufgrund der recht geringen zulässigen Schaltfrequenzen derartiger Hochleistungs-Bauelemente realisiert werden.

Zuerst soll der Dreipunkt-Wechselrichter einführend besprochen werden. In Tabelle 12.1 sind die Schaltzustände der Schalter S_{11} bis S_{14} zusammengefaßt. Aus Tabelle 12.1 ist zu entnehmen, daß sowohl die positive, die negative Schiene als auch die Nullspannung zum jeweiligen Lastanschlußpunkt geschaltet werden können.

Mit diesen Grundüberlegungen läßt sich die Tabelle 12.2 aufstellen und daraus das Raumzeiger-Diagramm des Dreipunkt-Wechselrichters ableiten (Abb. 12.54).

Aus diesem Raumzeiger-Diagramm ist zu erkennen, daß die Raumzeiger $\vec{a}_1$ bis $\vec{a}_6$ den Raumzeigern $\vec{1}$ bis $\vec{6}$ des Zweipunkt-Wechselrichters (und $\vec{z}_1$ bis $\vec{z}_3$ den Raumzeigern $\vec{7}, \vec{8}$) entsprechen (vergl. Abb. 12.51). Zusätzlich gibt es noch die Raumzeiger $\vec{c}_1$ bis $\vec{c}_6$ bzw. $\vec{d}_1$ bis $\vec{d}_6$ mit halber Amplitude und die Raumzeiger $\vec{b}_1$ bis $\vec{b}_6$. Aufgrund dieser größeren Zahl von realisierbaren Raumzeigern ist eine wesentlich größere Zahl von Sektoren beispielsweise bei der Raumzeigermodulation verfügbar und damit eine verbesserte Anpassung der realisierbaren Raumzeiger zum Sollspannungs-Raumzeiger. Zu beachten ist allerdings, daß bei der Realisierung der Raumzeigergruppen $\vec{b}, \vec{c}$ und $\vec{d}$ entweder der obere oder der untere Zwischenkreiskondensator mit dem Phasenstrom belastet werden und so-

Tabelle 12.2: *Schaltzustände des Dreipunkt-Wechselrichters*

Gruppe	Raumzeiger, Schaltzustand				Stator-Raumzeiger–Komponenten
	n	Modus	n	Modus	
a	1	(PNN)	2	(PPN)	$U_{1\alpha} = \frac{2}{3} \cdot U_z \cdot \cos \frac{(n-1)\cdot\pi}{3}$
	3	(NPN)	4	(NPP)	$U_{1\beta} = \frac{2}{3} \cdot U_z \cdot \sin \frac{(n-1)\cdot\pi}{3}$
	5	(NNP)	6	(PNP)	
b	1	(PON)	2	(OPN)	$U_{1\alpha} = \frac{1}{\sqrt{3}} \cdot U_z \cdot \cos \frac{(2n-1)\cdot\pi}{6}$
	3	(NPO)	4	(NOP)	$U_{1\beta} = \frac{1}{\sqrt{3}} \cdot U_z \cdot \sin \frac{(2n-1)\cdot\pi}{6}$
	5	(ONP)	6	(PNO)	
c	1	(POO)	2	(PPO)	$U_{1\alpha} = \frac{2}{3} \cdot U_{z1} \cdot \cos \frac{(n-1)\cdot\pi}{3}$
	3	(OPO)	4	(OPP)	$U_{1\beta} = \frac{2}{3} \cdot U_{z1} \cdot \sin \frac{(n-1)\cdot\pi}{3}$
	5	(OOP)	6	(POP)	
d	1	(ONN)	2	(OON)	$U_{1\alpha} = \frac{2}{3} \cdot U_{z2} \cdot \cos \frac{(n-1)\cdot\pi}{3}$
	3	(NON)	4	(NOO)	$U_{1\beta} = \frac{2}{3} \cdot U_{z2} \cdot \sin \frac{(n-1)\cdot\pi}{3}$
	5	(NNO)	6	(ONO)	
z	(PPP)	(OOO)	(NNN)		$U_{1\alpha} = 0 \quad U_{1\beta} = 0$

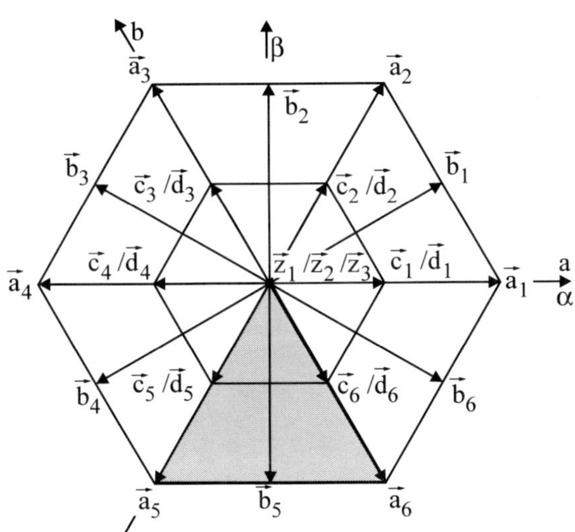

Abb. 12.54: *Stator-Raumzeiger des Dreipunkt-Wechselrichters*

mit beide Kondensatoren im Mittel ungleich belastet werden könnten, das führt zu Spannungsverschiebungen des Nullpunktpotentials. Dies wird durch spezielle Modulationsarten vermieden.

Vorteilhaft ist beim Dreipunkt-Wechselrichter, daß aufgrund der Serienschaltung von je zwei Ventilen die Spannungsbeanspruchtung je Ventil nur halb so groß wie beim Zweipunkt-Wechselrichter ist.

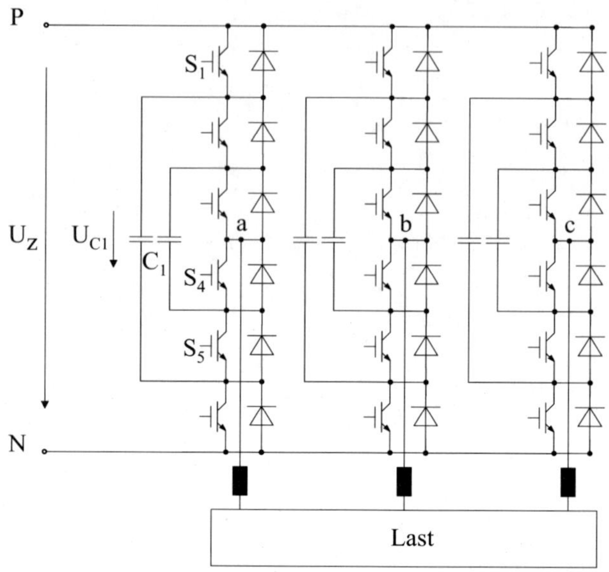

Abb. 12.55: *Vierpunkt-Wechselrichter mit „schwebendem" Potential (Imbricated Cell Inverter)*

Eine andere Ausführungsform von Mehrpunkt-Wechselrichtern zeigt die Abbildung 12.55, in der ein Vierpunkt-Wechselrichter dargestellt ist. Im Gegensatz zum Dreipunkt-Wechselrichter, bei dem der Nullpunkt als fester Bezugspunkt ausgeführt ist (NPC = Neutral Point Clamped Inverter), ist bei dieser Ausführung das Potential „schwebend", d.h. das Spannungspotential wird durch die jeweilige Kondensatorspannung festgelegt. Dieser Wechselrichter wird im englischen Schrifttum mit „Capacitor Clamped VSI" oder „Imbricated Cell Multilevel VSI" bezeichnet [298].

Die Funktion dieses „Capacitor Clamped VSI" kann anhand von Abb. 12.55 erläutert werden. Wenn beispielsweise der Schalter S_1 eingeschaltet ist, dann ist der obere Anschluß des Kondensators C_1 mit der Zwischenkreisspannung $+U_z$ verbunden, d.h. es besteht eine Serienschaltung von U_z und der Kondensatorspannung U_{C1}. Wenn weiterhin die Schalter S_4 und S_5 ebenso eingeschaltet sind, dann ist der untere Anschluß des Kondensators C_1 mit dem Lastanschlußpunkt a verbunden, d.h. am Lastanschlußpunkt a ist die Spannung $U_z - U_{C1}$ gegenüber dem Zwischenkreispunkt N wirksam. In gleicher Weise können an die Lastanschlußpunkte b und c Spannungsdifferenzen oder die volle positive oder negative

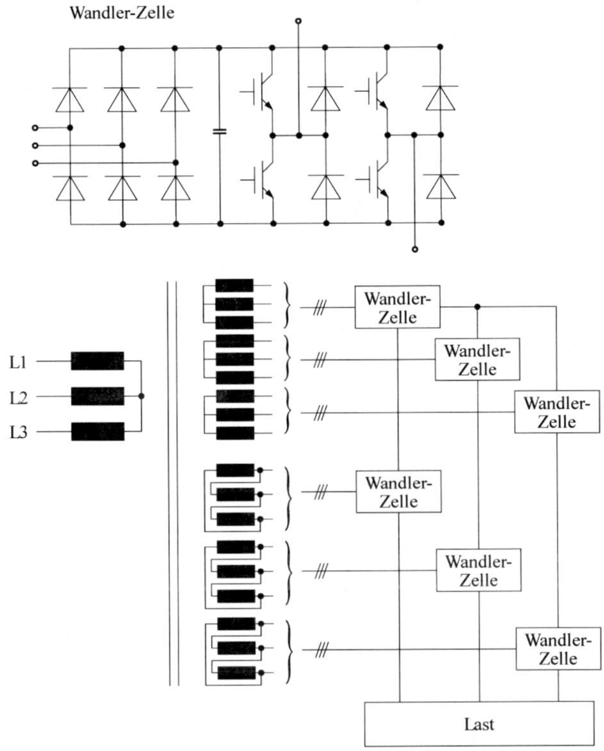

Abb. 12.56: *Fünfpunkt-Wechselrichter als Serien-Zellen-Wechselrichter (Series Cell Inverter)*

Zwischenkreisspannung geschaltet werden. Mit diesen Erklärungen ist auch die Erarbeitung über den Vierpunkt-Wechselrichter hinaus leicht nachvollziehbar. Aufgrund dieser Anordnung und der Funktion ist auch der Name „Imbricated Cell“ d.h. „dachziegelartiger Aufbau“ nachvollziehbar.

Eine weitere Ausführungsform ist der Serien-Zellen-Wechselrichter, ein Fünfpunkt-Wechselrichter (Abb. 12.56), der im englischen Schrifttum „Cascaded VSI“ oder auch „Cascaded MVSI“ genannt wird [289, 291]. Dieser Wechselrichter nutzt mehrere leistungselektronische Wandler-Zellen, in Abb. 12.56 jeweils zwei in Serie pro Phase. Wesentlich ist, daß die in Serie angeordneten Wechselrichter von Wechselspannungsquellen unterschiedlicher Phasenlagen versorgt werden und damit Harmonische im resultierenden Gesamtstrom sich kompensieren, der Gesamtstrom somit sinusförmiger ist als bei einem Zweipunkt-Wechselrichter allein.

Vorteilhaft bei dieser Art von Mehrpunkt-Wechselrichtern ist, daß erstens die Gesamtleistung auf mehrere einzelne Wechselrichter aufgeteilt wird, damit zweitens ein modularer Aufbau möglich ist, drittens keine Kreisströme zwischen den einzelnen Wandlern auftreten können und viertens keine speziellen

PWM-Modulationsverfahren notwendig sind, um die Mehrstufigkeit sicherzustellen. Nachteilig ist der notwendige Transformator.

Eine Übersicht über diese drei Mehrstufen-Wechselrichter wird in [306] und ausführlich in [53] gegeben; in dem Beitrag wird auch ein Vergleich durchgeführt, und es werden Modulationsverfahren beschrieben.

Zu bedenken ist, daß die Komplexität dieser Schaltungsanordnungen höher ist; die Spannungsbelastung der Dioden und die Schutzproblematik sind besonders zu beachten.

Grundsätzlich ist darauf hinzuweisen, daß die Spannungshaltung der Kondensatoren bei den ersten beiden Schaltungsvarianten eine Schwierigkeit darstellt, die unbedingt zu beachten ist. Diese Schwierigkeit ist beim letzten Typ nicht vorhanden, allerdings ist der zusätzliche Transformator eine Komponente, die sowohl das Volumen und das Gewicht als auch die Kosten beeinflußt.

Insbesondere bei einer hohen Anzahl von einstellbaren Spannungsniveaus können die Ströme relativ sinusförmig sein; der Aufwand ist dann allerdings erheblich, und es ist in diesem Fall auch zu prüfen, ob die Schaltungsvariante I–Umrichter nach Abb. 12.34 mit rückwärts sperrenden Bauelementen [51] nicht doch vorteilhafter ist.

12.5.5 Leistungsfaktor-Korrektur (PFC)

Wie beispielsweise aus Abb. 12.35 oder 12.41 zu entnehmen ist, ist das netzseitige Stromrichter-Stellglied entweder ein netzgeführter Stromrichter mit Thyristoren oder eine Diodenbrücke. Wie aus Kap. 4.2.4 bekannt, ist der netzseitige Verschiebungsfaktor $\cos\varphi_1$ bzw. der Phasenwinkel φ_1 zwischen Netzspannung und Netzstrom-Grundschwingung eine Funktion des Steuerwinkels α_I und des Überlappungswinkels $\ddot{u}$:

$$\varphi_1 \approx \alpha_I + \frac{\ddot{u}}{2} \tag{12.52}$$

Bei netzgeführten Stromrichter-Stellgliedern, die u.a. bei den Wechselrichtern mit variabler Zwischenkreisspannung notwendig sind, ändert sich der Leistungsfaktor insbesondere mit α_I. Bei Drehfeldantrieben kann bei $\alpha_I \approx 90°$, d.h. $U_z \approx 0$, eine der Nennwirkleistung entsprechende Blindleistung im versorgenden Netz entstehen, wenn der Drehfeldantrieb bei Drehzahl $N \approx 0$ mit vollem Drehmoment betrieben wird. Zusätzlich ist der Leistungsfaktor λ ebenso nicht $\lambda = 1$.

Bei den Diodenbrücken wird zwar eine Stromaufnahme aus dem Netz tendenziell um den Bereich des Spannungsmaximums erfolgen, d.h. der Verschiebungsfaktor ist $\cos\varphi_1 \approx 1$, aber der Leistungsfaktor wird aufgrund der Stromkurvenform deutlich von $\lambda = 1$ abweichen. Durch die Stromkurvenform werden deshalb im Bereich des Spannungsmaximums deutliche Spannungsverzerrungen entstehen.

Die beiden Effekte, d.h. $\cos\varphi_1 < 1$ und $\lambda < 1$ bzw. Spannungsverzerrungen im Bereich des Spannungsmaximums, sind zunehmend unerwünscht, da es dadurch zu Störungen anderer Geräte bzw. zu Überlastungen oder einer Verringerung der

Lebensdauer kommen kann. Es ist deswegen das Ziel, auf der versorgenden Netzseite einen möglichst sinusförmigen Strom mit $\varphi_1 = 0$ oder einem einstellbaren φ_1 bzw. $\lambda \rightarrow 1$ zu erreichen.

Dieses Ziel einer Leistungsfaktor-Korrektur (Power Factor Correction PFC) kann erreicht werden, indem auch auf der Netzseite ein selbstgeführter Wechselrichter verwendet wird. Der Wechselrichter kann entweder ein Zweipunkt-Wechselrichter entsprechend SR II in Abb. 12.41 oder ein Dreipunkt-Wechselrichter nach Abb. 12.53 sein.

Weitere Ausführungen – auch für Wechselspannungsspeisung – sind dem Band 4 zu entnehmen [52, 53].

13 Grundsätzliche Überlegungen zur Regelung von Drehfeldmaschinen

In den Kapiteln mit den Signalflußplänen der Drehfeldmaschinen und der Stellglieder waren die grundsätzlichen Steuerbedingungen unter der Voraussetzung einer Einspeisung der Drehfeldmaschinen mit einem komplexen Spannungssystem (Raumzeiger-Darstellung) dargestellt worden. Weiterhin war gezeigt worden, daß das dynamische Verhalten nur dann leicht verständlich ist, wenn eine Orientierung des Koordinatensystems K auf beispielsweise einen Fluß erfolgt.

Es war weiterhin darauf aufmerksam gemacht worden, daß in der Realität eine Drehfeldmaschine im allgemeinen dreiphasige, symmetrische Wicklungen hat und daß dieses Wicklungssystem von einem Umrichter gespeist wird, der ein dreiphasiges, symmetrisches Spannungs- oder Stromsystem variabler Amplitude und Frequenz zur Verfügung stellt.

Dabei trat die Schwierigkeit auf, daß beispielsweise bei der Asynchronmaschine einerseits die Signalflußpläne als Basis das Koordinatensystem K hatten, andererseits die Statorwicklungen und damit auch der Umrichter im statorwicklungsfesten Koordinatensystem S betrachtet werden müssen. Dies bedeutete, daß alle Signale im Koordinatensystem K im stationären Betrieb Gleichgrößen, im statorwicklungsfesten Koordinatensystem aber sinusförmige Größen mit der Statorfrequenz Ω_K sind. Somit ist eine Umsetzung der beispielsweise flußorientierten Signale auf statorwicklungsorientierte Signale erforderlich.

Diese Transformation erfolgte bei der Synchronmaschine durch eine Orientierung am Polrad, um den Drehwinkel zwischen den Koordinatensystem K und S zu erhalten. Bei der Asynchronmaschine ist die Ermittlung des Drehwinkels wesentlich aufwendiger, da die Lage, beispielsweise des Fluß-Raumzeigers, im allgemeinen nicht direkt zur Verfügung steht.

Um die abgeleiteten Signalflußpläne nutzen zu können, muß zwischen zwei grundsätzlichen Ansätzen unterschieden werden.

Beim ersten Ansatz wird davon ausgegangen, daß die Frequenz Ω_2 und damit indirekt das Moment geregelt, der Fluß aber nur gesteuert werden soll. Dieser Ansatz ist die „Entkopplung". Beim zweiten Ansatz wird sowohl das Moment als auch der Fluß geregelt. Dieser Ansatz ist die „Feldorientierung".

Beide Ansätze sollen im folgenden prinzipiell für die ASM dargestellt werden. Ausführlichere Darstellungen, die sowohl die ASM, die SM und PM-Maschinen umfassen, sind in Band 2, 2. und 3. Auflage [48, 49], zu finden.

13.1 Entkopplung

Wie schon oben dargestellt, wird bei der Entkopplung die Frequenz Ω_2 und damit indirekt das Moment geregelt, der Fluß aber nur gesteuert. Die Aussage „indirekte Regelung des Moments" bedeutet, daß bei einer falschen Steuerung des Flusses das Moment mit beeinflußt wird. Das Prinzipschaltbild der Entkopplung zeigt Abb. 13.1.

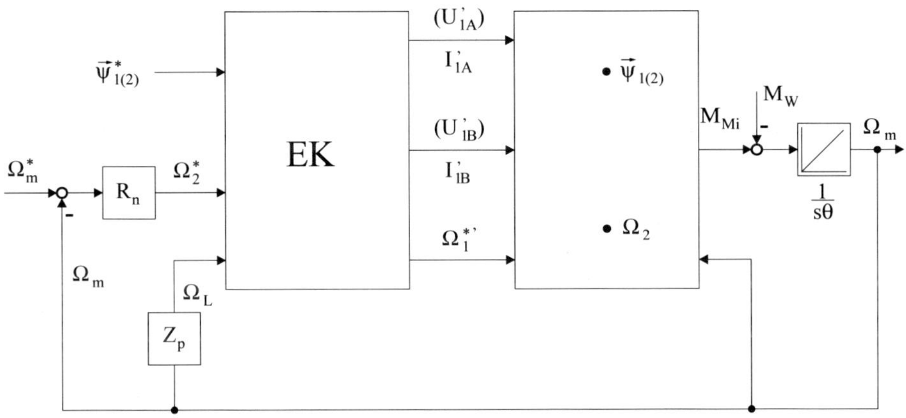

Abb. 13.1: *Prinzipielle Struktur der Entkopplung*

Es ist zu erkennen, daß ein Steuer-„Sollwert" für $\Psi_{1(2)}^*$ und ein Sollwert Ω_2^* vorgegeben werden. Im Entkopplungsnetzwerk EK ist ein inverses Modell der Drehfeldmaschine realisiert, das als Ausgangsgrößen die Spannungen oder Ströme im kartesischen Koordinatensystem K und die Statorfrequenz jeweils als Sollwerte für den Umrichter ausgibt.

Wichtig bei der Lösung ist somit, daß einerseits aufgrund der Flußsteuerung nicht der Istwert des Flusses nach Amplitude und Lage benötigt wird, daß aber andererseits die statischen und dynamischen Verkopplungen der Signale in der Drehfeldmaschine berücksichtigt werden.

Angenommen, der Fluß sei durch die Steuerung exakt eingestellt worden, dann können die bekannten Überlegungen zur Steuerung des Moments M_{Mi} benutzt werden, um die Abbildung zu verstehen. Es galt beispielsweise bei konstantem Rotorfluß $\Psi_{2A} =$ const. und $\Psi_{2B} = 0$:

$$M_{Mi} = \frac{3}{2} \cdot Z_p \cdot \frac{M}{\sigma L_1 L_2} \cdot \Psi_{2A} \cdot \Psi_{1B} \qquad (13.1)$$

$$\Omega_2 = \frac{M}{L_1} \cdot \frac{\Omega_{2K}}{\Psi_{2A}} \cdot \Psi_{1B} \qquad (13.2)$$

und somit

$$M_{Mi} = \frac{3}{2} \cdot Z_p \cdot \frac{1}{\sigma L_2 \Omega_{2K}} \cdot \Psi_{2A}^2 \cdot \Omega_2 \tag{13.3}$$

d.h. bei konstantem Ψ_{2A} ist das Moment über Ω_2 steuerbar. Wenn nun Ω_2 die Ausgangsgröße des Drehzahlreglers ist, dann wird – unter der Voraussetzung $\Psi_{2A} = \text{const.}$ – das Moment M_{Mi} geregelt.

Zu beachten ist, daß der Fluß nur gesteuert wird. Dies bedeutet, daß bei unterschiedlichen Parametern der Drehfeldmaschine einerseits und des Entkopplungsnetzwerkes andererseits und zusätzlich bei Abbildungsfehlern im Umrichter zwischen dem realen Fluß und dem Steuerwert deutliche Unterschiede auftreten können. Um auf diesen Sachverhalt hinzuweisen, haben die Ausgangssignale des Entkopplungsnetzwerkes EK als Kennzeichen den oberen Strich (geschätzte Größe, kann fehlerbehaftet sein).

In dem Entkopplungsnetzwerk EK ist nicht nur die obige Momentgleichung, sondern, wie schon oben hingewiesen, das inverse Modell der Drehfeldmaschine implementiert, d.h. es werden nicht nur die statischen Zusammenhänge, sondern auch die dynamischen Abhängigkeiten berücksichtigt. Das Ziel der Entkopplungsmaßnahme ist, daß beispielsweise zwischen den Steuergrößen $\Psi_{1(2)}^*$ und Ω_2^* am Eingang des Entkopplungsnetzwerkes und den realen Maschinenzuständen $\Psi_{1(2)}$ und Ω_2 die Übertragungsfunktion statisch und dynamisch 1 erzielt wird.

Abschließend ist nun noch zu klären, wie ausgehend von Abb. 13.1 der Umrichter – mit seiner statorwicklungsfesten Orientierung – real angesteuert wird. Abbildung 13.2 zeigt eine mögliche Lösung und prinzipiell die gleiche Struktur wie Abb. 13.1. Allerdings werden die kartesischen Signale der Statorspannungen (U_{1A}, U_{1B}) oder Statorströme (I_{1A}, I_{1B}) – deren Orientierung ja unbekannt ist, da die Flußlage ψ_{2A} unbekannt ist – in einem Koordinatenwandler „kartesisch/polar" umgewandelt.

kartesisch:		polar:
$U_{1A}^{'}, U_{1B}^{'}$	$\longrightarrow$	$\lvert U_1^{*'}\rvert, \gamma_u^{*'}$
oder: $I_{1A}^{'}, I_{1B}^{'}$	$\longrightarrow$	$\lvert I_1^{*'}\rvert, \gamma_i^{*'}$

Die Koordinatenwandlung bedeutet, daß die beiden A-B–Komponenten der Spannung oder des Stroms in den Betrag und die Phase gewandelt werden.

Um endgültig die realen Ansteuersignale für den Umrichter in Amplitude und Frequenz zu erhalten, wird der Sollwert des Amplitudensignals $|U_1^{*'}|$ bzw. $|I_1^{*'}|$ direkt verwendet. Das Frequenzsignal $\Omega_1^{*'}$ wird zusätzlich um einen dynamischen Anteil $d\gamma_u^{*'}/dt$ bzw. $d\gamma_i^{*'}/dt$ erweitert und ergibt den resultierenden Sollwert der Statorfrequenz.

Bei der Lösung mit dem Entkopplungsnetzwerk ist somit ein ähnliches Verhalten wie bei einer Gleichstrom–Nebenschlußmaschine zu erreichen, wenn der Erregerstrom nur gesteuert und der Ankerstrom geregelt ist.

Genauere Ausführungen zur Entkopplung sind [47, 49] zu entnehmen.

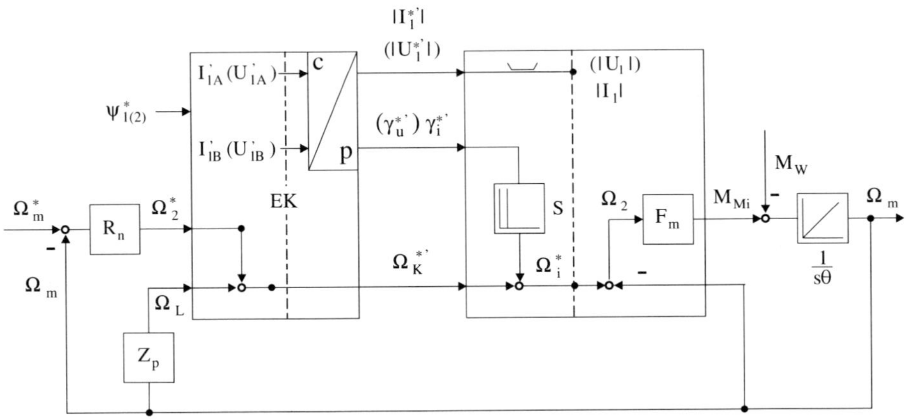

Abb. 13.2: *Prinzipielle Struktur der drehzahlgeregelten ASM bei Umrichtern mit eingeprägtem Strom*

13.2 Feldorientierung

Bei dem Entkopplungsansatz war die Kenntnis der Orientierung des Flusses umgangen worden. Wenn die Orientierung des Flusses als Ausgangspunkt der Regelung der Drehfeldmaschine gewählt wird, dann muß der Raumzeiger des Flusses $\vec{\Psi}_1$, $\vec{\Psi}_2$ oder $\vec{\Psi}_L$ bekannt sein.
Es bieten sich zwei Möglichkeiten an (Abb. 13.3):

1. Der Raumzeiger des Flusses wird gemessen – dies ist das Verfahren der direkten Feldorientierung; (Beachte: Es kann nur der Luftspaltfluß ψ_μ gemessen werden. Aufgrund des meßtechnischen Aufwandes und der Anfälligkeit gegenüber Fehlern ist diese Variante überholt.)

2. der Raumzeiger des Flusses wird geschätzt – dies ist das Verfahren der indirekten Feldorientierung. (Dieses Verfahren ist üblich und wird deshalb weiter dargestellt.)

Abbildung 13.3 zeigt in prinzipieller Darstellung beide Varianten bei Orientierung am Rotorfluß.

Es ist zu erkennen, daß es bei dem Ansatz Feldorientierung, d.h. unter der Berücksichtigung der Orientierung des Flusses, zwei geschlossene Regelkreissysteme gibt:

Das erste Regelkreissystem umfaßt den Drehzahlregler mit dem unterlagerten I_{1B}-Stromregelkreis. Das zweite Regelkreissystem enthält den Flußregler mit der Erfassung des Betrags des Flusses (Messung oder Modell) sowie den unterlagerten I_{1A}-Stromregelkreis. In beiden Regelkreissystemen ist aber zusätzlich

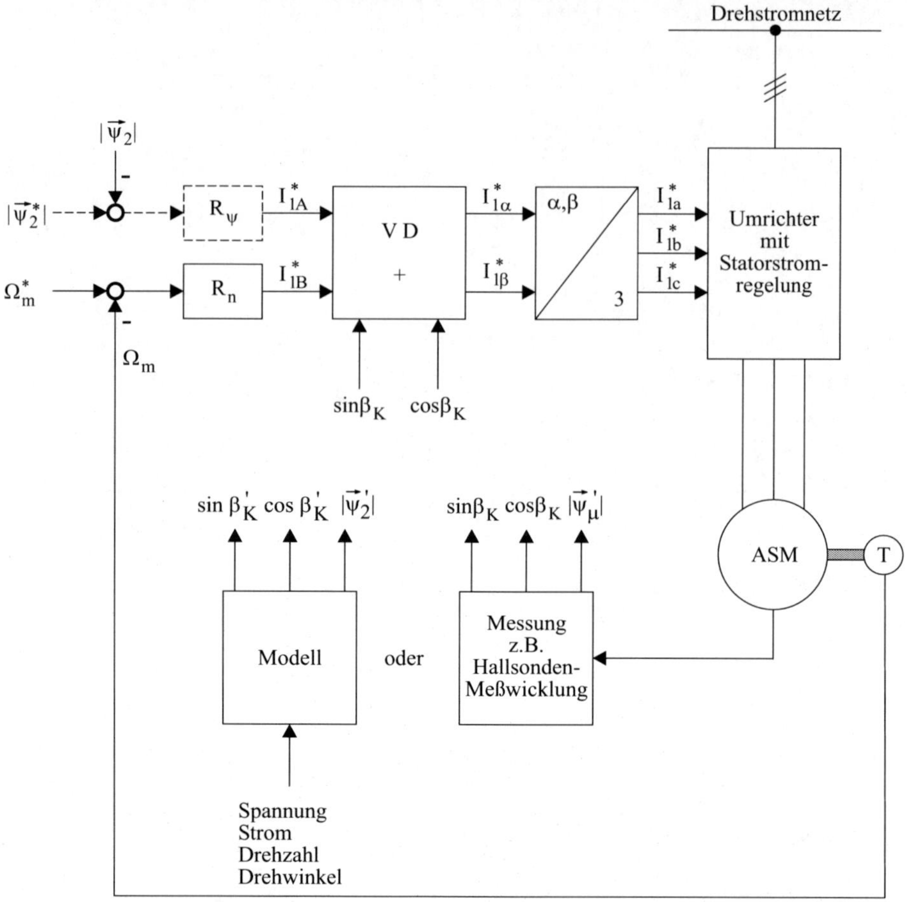

Abb. 13.3: *Vereinfachte Struktur einer feldorientierten Drehzahlregelung mit Regelung der Statorströme im Statorkoordinatensystem*

ein Vektordreher VD_+ notwendig, der als Signal die Orientierung des Flusses $\vec{\Psi}_1$ oder $\vec{\Psi}_2$ in Relation zum Koordinatensystem S benötigt, um die notwendige Wandlung der Signale aus dem Koordinatensystem K zum Koordinatensystem S zu erzielen.

Diese Wandlung von Koordinatensystem K zum Koordinatensystem S ist – wie schon oben besprochen – notwendig, um einerseits die Regelung der Ströme I_{1A} und I_{1B} im Koordinatensystem K zu gewährleisten, andererseits aber dem Umrichter und damit damit den Statorwicklungen der Drehfeldmaschine die Statorspannungen und -ströme im statorwicklungsfesten Koordinatensystem zu liefern.

Es soll im ersten Schritt angenommen werden, daß die Orientierung des Flusses und damit der Winkel β_K genau bekannt sei. Unter dieser Voraussetzung kann der obere Teil von Abb. 13.3 wie folgt erläutert werden.
Wenn beispielsweise die Gleichungen des Moments M_{Mi}

$$M_{Mi} = \frac{3}{2} \cdot Z_P \cdot \frac{M}{L_2} \cdot I_{1B} \cdot \Psi_{2A} \tag{13.4}$$

und des Rotorflusses Ψ_{2A} im stationären Betrieb

$$\Psi_{2A} = M \cdot I_{1A} \tag{13.5}$$

mit den Randbedingungen $\Psi_{2A} = \text{const.}$ und $\Psi_{2B} = 0$ sind, dann ist unter der Voraussetzung der Regelung des Flusses Ψ_{2A} und des Stroms I_{1B} sichergestellt, daß das Moment M_{Mi} vollständig geregelt ist.

Die wesentliche Schwierigkeit bei der Realisierung der Feldorientierung ist die Bestimmung des Flußraumzeigers nach Betrag und Phase. Wie schon oben erläutert, kann die Bestimmung durch eine Messung oder in einem Modell erfolgen. Da bei Messung (direkte Methode) aber ein Sensor in der Drehfeldmaschine eingebaut werden muß und dieser störanfällig ist, wird im allgemeinen die direkte Methode nicht angewandt.

Bei der indirekten Methode muß in einem Modell mit den verfügbaren Signalen der Drehfeldmaschine wie Statorströme, Statorspannungen und Drehzahl der Flußraumzeiger nach Amplitude und Orientierung geschätzt werden. Eine mögliche genauere Darstellung des Verfahrens der indirekten Feldorientierung ist in Abb. 13.4 dargestellt.

Der obere Teil von Abb. 13.4 entspricht dem oberen Teil von Abb. 13.3. Im unteren Teil von Abb. 13.4 ist dagegen etwas genauer eine der vielen Varianten der indirekten Feldorientierung dargestellt. Wesentlich ist, daß als verfügbare Signale beispielsweise die Statorströme I_{1a}, I_{1b}, I_{1c} und die Drehzahl der Maschine verwendet werden.

Die dreiphasigen Statorströme I_{1a}, I_{1b}, I_{1c} werden in einer ersten Wandlung in die statorwicklungsfesten Ströme $I_{1\alpha}$ und $I_{1\beta}$ gewandelt. Und nun beginnt die eigentliche Problematik der Feldorientierung. Mit den statorwicklungsfesten Strömen $I_{1\alpha}$ und $I_{1\beta}$ werden über den Vektordreher VD_- die geschätzten Ströme $I_{1A}^{'}$ und $I_{1B}^{'}$ im Koordinatensystem K berechnet.

Die Problematik ist, daß bei der Berechnung des Winkels $\beta_K^{'}$, der als Signal bei beiden Vektordrehern VD_- und VD_+ benötigt wird, selbst wiederum die geschätzten Ströme $I_{1A}^{'}$ und $I_{1B}^{'}$, ein Modell der Drehfeldmaschine und die Drehzahl sowie eine Integration benötigt werden. Dies bedeutet, daß die Bestimmung der Amplitude und der Orientierung des Flusses in einem komplexen Regelkreis erfolgt.

Dies bedeutet weiterhin, daß Fehler bei der Drehzahlerfassung, im Modell der Drehfeldmaschine, bei der Integration und bei den trigonometrischen Funk-

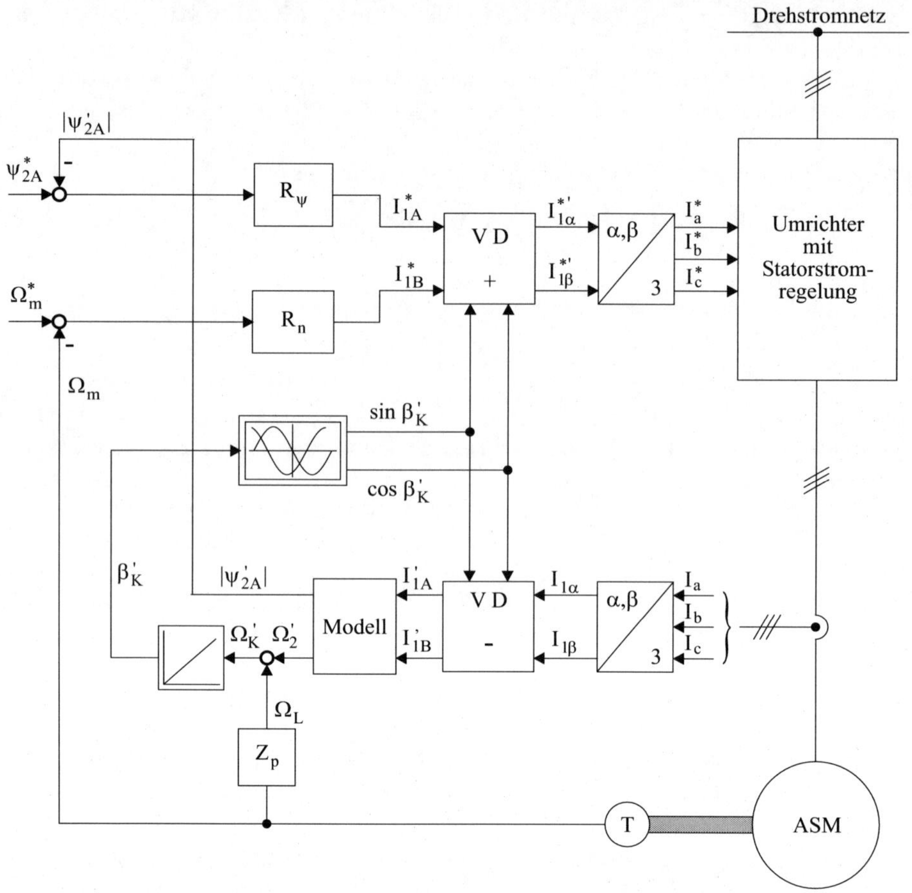

Abb. 13.4: *Prinzipdarstellung der indirekten feldorientierten Regelung der ASM mit Strommodell*

tionsbildnern sin β_K' und cos β_K' zu Fehlern bei der Bestimmung der Orientierung sowie der Amplitude $|\Psi_{2A}'|$ des Flusses führen.

Fehler bei der Schätzung der Orientierung des Flusses führen aber sofort zu einer fehlerbehafteten Aufteilung der Statorströme in die fluß– und die momentbildende Komponente und können zu unerwünschten Betriebszuständen der Maschine führen.

Insofern sind hohe Anforderungen bezüglich der Genauigkeit, insbesondere der Schätzung der Orientierung des Flusses zu stellen. Weiterhin ist zu beachten, daß die Parameter der Drehfeldmaschine sich ändern können, so daß eine weitere Fehlerquelle nicht zu vermeiden ist, wenn die zeitvarianten Parameter nicht identifiziert werden.

An dieser Stelle sollen die Details sowohl der Entkopplungsstrategien als auch der Feldorientierung nicht weiter diskutiert werden. Dies ist ein regelungstechnisches Thema und wird eingehend beispielsweise in Band 2, 2. und 3. Auflage [48, 49], behandelt.

Eine weitergehende Forderung an die Regelung ist, den Drehzahlgeber als Sensor nicht zu nutzen („sensorlose" Ausführung), sondern nur die leichter meßbaren Größen wie $I_{1a,b,c}$ und $U_{1a,b,c}$.

In diesem Fall muß aus diesen Größen und eventuell zusätzlich eingespeisten Testsignalen die Drehzahl bzw. die Orientierung des Flusses über entsprechende Modelle geschätzt werden [48, 49, 52, 53, 61].

Übungsaufgaben

1. Übung: Anfahren eines vollbesetzten Skilifts

Skizze der Anlage:

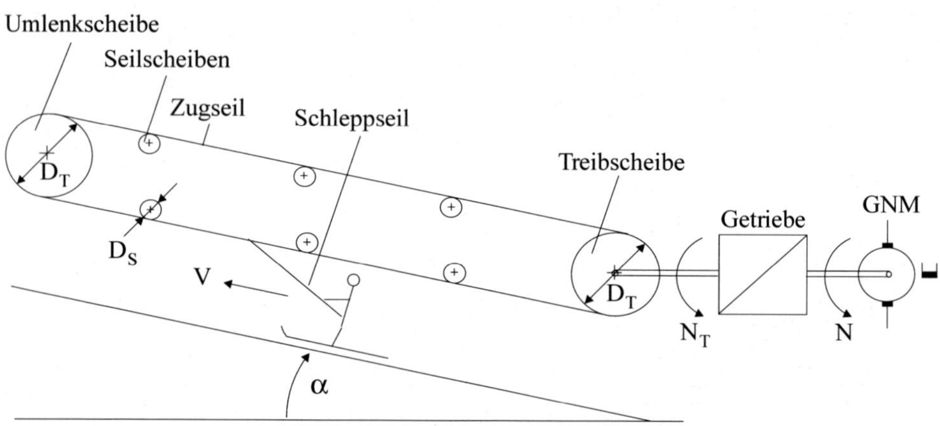

Beschreibung:

Das Zugseil eines Schleppliftes wird über eine Treib-, eine Umlenk- und insgesamt 90 Seilscheiben parallel zum Hang geführt. Am Zugseil sind 50 Schleppseile befestigt, so daß der Lift maximal 25 Personen (1 Person pro Schlepphaken) befördern kann.
Der Antrieb erfolgt schlupffrei durch die Treibscheibe, die über ein Getriebe an eine Gleichstrom–Nebenschlußmaschine (GNM) gekuppelt ist.

Daten:

Treib- und Umlenkscheibe:	
Durchmesser:	$D_T = 2,5\ m$
Trägheitsmoment je Scheibe:	$\Theta_T = 600\ Nms^2$
Seilscheiben:	
Durchmesser:	$D_S = 0,3\ m$
Trägheitsmoment je Scheibe:	$\Theta_S = 0,6\ Nms^2$
Gewicht des Zugseils:	$G_Z = 5850\ N$
Gewicht eines Schleppseils mit Haken:	$G_H = 70\ N$
Gewicht eines Skifahrers (beleibt):	$G_P = 900\ N$
Trägheitsmoment von Motor + Getriebe bezogen auf die Motorwelle:	$D_T = 2,5\ m$
Steigung des Hanges:	$\sin\alpha = 0,09$
Reibkraft Ski—Schnee je Person:	$F_{RS} = 26\ N$
Reibmoment von Getriebe und Seiltriebe bezogen auf N_T:	$M_{RT} = 200\ Nm$
Schleppnenngeschwindigkeit:	$V_N = 1\,\frac{m}{s}$
Leerlaufdrehzahl des Motors:	$N_{0N} = 1500\,\frac{1}{min}$
Anlaufmoment des Motors:	$M_{MA} = 400\ Nm$
maximal erlaubtes Motormoment:	$M_{Mmax} = 30\ Nm$
Übersetzungsverhältnis:	$\ddot{u} = \frac{N}{N_T}$
Motorkennlinie (bei konstanter Ankerspannung):	$N = N_{0N} \cdot \left(1 - \frac{M_M}{M_{MA}}\right)$

Fragen:

1. Welches Übersetzungsverhältnis muß das Getriebe haben, damit sich bei einer Motordrehzahl von $N_N = 1429\ 1/min$ die Schleppgeschwindigkeit $V_N = 1\,m/s$ einstellt?
2. Berechnen Sie bei vollbesetztem Lift den Wert von Θ_{ges} der Liftanlage bezogen auf die Motorwelle. Wie groß ist der Ersatzradius R_{ers} für einen Schlepphaken?
3. Welches Widerstandsmoment M_W wirkt bei voll ausgelastetem Lift auf die Motorwelle?
4. Wie lautet die Bewegungs–Differentialgleichung an der Antriebsseite allgemein und mit Zahlenwerten?

Weil ein unerfahrenes Skihaserl im Lift gestürzt ist, muß die Anlage kurz angehalten werden. Das Wiederanfahren geschieht in zwei Stufen:

- Der Motor wird per Regelung mit dem konstanten maximalen Motormoment M_{Mmax} hochgefahren bis die Motorkennlinie erreicht ist.
- Dann fährt der Motor auf der Kennlinie in den stationären Betriebspunkt.

5. Zeichnen Sie die Drehzahl–Drehmoment–Kennlinien von Widerstands- und Motormoment (beide Fälle). Kennzeichnen sie N_{0N}, M_{MA} und M_{Mmax}. Zeichnen Sie den Anfahrvorgang in das Diagramm ein.
6. Berechnen Sie die Drehzahl N_1, bei der die Motorkennlinie erreicht wird.
7. Lösen sie die Bewegungsgleichung für das Anfahren mit M_{Mmax}. Geben Sie $N(t)$ und $M_M(t)$ an. Welches Verhalten hat die Anordnung bezüglich M_W und N aus regelungstechnischer Sicht?
8. Welche stationäre Drehzahl N_2 ergibt sich nach Abschluß des Anfahrvorganges?
9. Lösen Sie die Bewegungsgleichung für den Anfahrabschnitt auf der Motorkennlinie. Geben Sie $N(t)$ und $M_M(t)$ an. Welchem regelungstechnischen Element entspricht dieses Verhalten?
10. Zeichnen Sie $M_M(t)$ und $N(t)$.

2. Übung: Widerstandsbremsung

Skizze der Anlage:

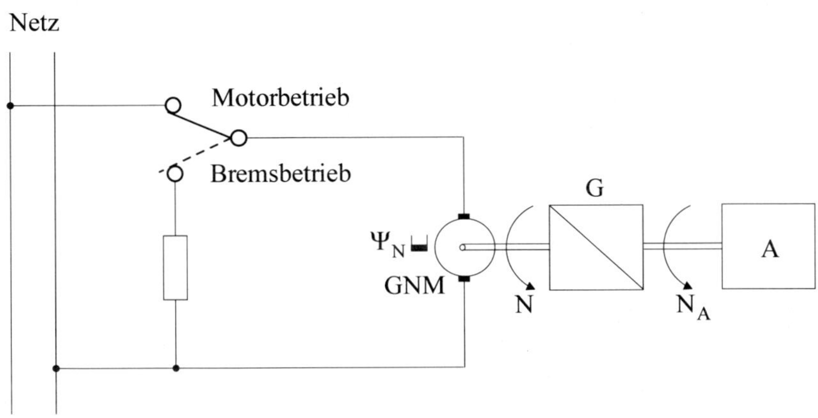

Die konstant nennerregte Gleichstrom–Nebenschlußmaschine GNM wird aus einem Gleichspannungsnetz gespeist. Sie treibt über ein Getriebe G die Arbeitsmaschine A an. Zum Abbremsen des Antriebes wird die Maschine vom Netz abgeschaltet und arbeitet generatorisch auf einen Bremswiderstand.

Daten der Anlage:

Motor

Nennleistung	P_N	$= 15\ kW$
Nennleerlaufdrehzahl	N_{0N}	$= 11{,}6\ \frac{1}{s}$
Nenndrehzahl	N_N	$= 10{,}5\ \frac{1}{s}$
Trägheitsmoment	Θ_M	$= 0{,}0714\ Nms^2$
Moment-Drehzahlkennlinie im Bremsbereich	$\frac{M_M}{[Nm]}$	$= \frac{-36,6 \cdot N}{[1/s]}$
mech. Wirkungsgrad	η_{mech}	$= 1$

Arbeitsmaschine

Trägheitsmoment	Θ_A	$= 612\ Nms^2$

Widerstandsmoment (Reibung) (auf N_A bezogene Werte)	$\lvert M_{WA}\rvert = 4,4 \cdot 10^3\,Nm = \text{konst.}$
Getriebeübersetzung	$\ddot{u} = \dfrac{N}{N_A} = 20$
Bezugsdaten:	M_{iN}, N_{0N}

Zu ermitteln und gegebenenfalls zu skizzieren sind:

1. Allgemeines

1.1 Luftspaltnennmoment M_{iN};

1.2 Trägheits–Nennzeitkonstante $T_{\Theta N}$ des gesamten Antriebs;

1.3 Normiertes Widerstandsmoment m_W auf Motorseite bezogen [Skizze in Diagramm (1): $n = f(m_W)$];

2. Motorbetrieb

2.1 Die geradlinige normierte Motorkennlinie $n = f(m_M)$ aus Leerlaufpunkt ($M = 0$; N_{0N}) und Nennpunkt (M_N; N_N) [Skizze in Diagramm (1)];

2.2 Stationäre normierte Betriebsdrehzahl n_B [in Diagr. (1) kennzeichnen !];

3. Bremsbetrieb

3.1 Normierte Motorkennlinie $n = f(m_M)$ [Skizze in Diagramm (1)];

3.2 Stationäre Enddrehzahl n_E;

3.3 Aus der dynamischen Grundgleichung die Differentialgleichung $\left(\dfrac{dn}{dt}, n\right) = f(m_W)$, die den Bremsvorgang beschreibt;

3.4 Der zugehörige Signalflußplan mit m_W als Eingangs- und n als Ausgangsgröße (Skizze);

4. Abbremsvorgang

4.1 Zeitlicher Verlauf der Drehzahl $n(t)$ und Zeitkonstante $T_{\Theta St}$ des Auslaufvorganges [Skizze in Diagramm (2): $n, m_M = f(t)$];

4.2 Verlauf des Motormomentes $m_M(t)$ [Skizze in Diagramm (2)];

4.3 Bremszeit t_{Br} von n_B bis Stillstand;

5. Statt des Reibmomentes wirke ein drehrichtungsunabhängiges Widerstandsmoment gleichen Betrages („Hubmoment“):

5.1 qualitativer Verlauf $n(t)$ [nur Skizze in Diagramm (2)].

3. Übung: Normierung und Drehzahlsteuerung

Die unnormierte Gleichung für die stationäre Drehzahl einer Gleichstrom-Nebenschlußmaschine (U_A, M_M, Ψ) lautet :

$$\text{(A)} \quad N = \frac{U_A}{C_1 \cdot \Psi} - M_M \cdot \frac{R_A}{C_1 \cdot C_2 \cdot \Psi^2} \qquad C_1\ ,\ C_2 : \text{Maschinenkonstanten}$$

oder auch

$$\text{(B)} \quad N = N_0 \cdot \left(1 - \frac{M_M}{M_{MA}}\right) \qquad N_0 : \text{Leerlaufdrehzahl}$$

M_{MA} : Anfahrmoment ($N = 0$)

Unter Einbeziehung von Gleichung (A) soll die normierte mechanische Bewegungsgleichung formuliert werden:

$$T_{\Theta N} \cdot \frac{dn}{dt} = m_M - m_W; \quad T_{\Theta N} = \frac{2\pi \cdot N_{0N} \cdot \Theta_{ges}}{M_{iN}}; \quad \eta_{mech} = 1$$

1. Berechnen Sie in allgemeiner Form den Zeitverlauf $N(t)$ bei Anregung des Motors mit einem sprungförmigen Widerstandsmoment M_W. Dabei sei $N(t=0) = N_0$.
   Verwenden Sie Gleichung (B), um die Motorkennlinie zu charakterisieren.

2. Als Nenngrößen seien vom Typenschild her U_{AN}, I_{AN} und Ψ_N bekannt. Welche anderen, daraus abgeleiteten Normierungsgrößen brauchen Sie noch, um Gleichung (A) zu normieren? Wie lauten sie in Abhängigkeit von U_{AN}, I_{AN}, Ψ_N, C_1 und C_2?

3. Normiern Sie Gleichung (A). Wie lauten die normierten Gleichungen für n und m_M?

4. Wie lautet die normierte mechanische Bewegungsgleichung, wenn m_M eingesetzt wird? Definieren Sie die Zeitkonstante $T_{\Theta St}$, die sich jetzt ergibt.

5. Drücken Sie N_0 und M_{MA} aus Gleichung (B) mit den Größen von Gleichung (A) aus. Wie kann man N_0 und M_{MA} mit den normierten Größen u_A, r_A und ψ sowie mit Normierungsgrößen aus Punkt 2 darstellen?

6. Bilden Sie das Verhältnis N_0/M_{MA} und drücken Sie dann $T_{\Theta St}$ durch N_0 und M_{MA} aus. Vergleichen Sie das Ergebnis mit der Zeitkonstante T^*, die sich in Teilpunkt 1. ergibt.
   Was kann man für die Normierung daraus folgern?

4. Übung: Anfahren eines Elektroautos

Schema des Antriebes:

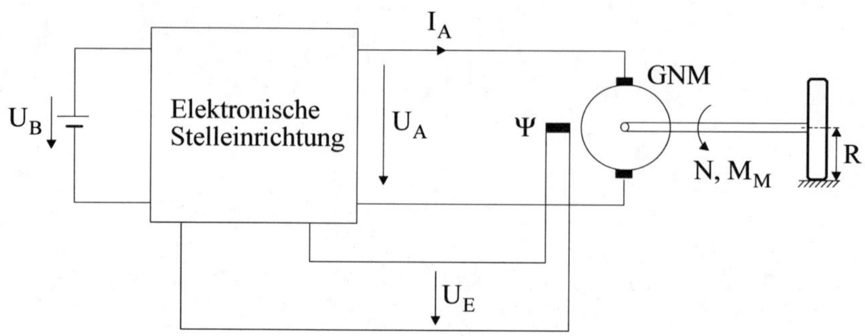

Beschreibung des Antriebes

Die Ankerspannung U_A und die Erregerspannung U_E einer Gleichstrom-Nebenschlußmaschine werden über eine elektronische Stelleinrichtung aus der konstanten Batteriespannung $U_B = U_{AN}$ erzeugt; die Ankerspannung U_A kann stufenlos zwischen $-U_{AN}$ und $+U_{AN}$ verstellt werden: $-U_{AN} \leq U_A \leq +U_{AN}$; ebenso kann die Erregerspannung U_E stufenlos zwischen U_{EN} und einem Mindestwert U_{Emin} variiert werden: $U_{Emin} \leq U_E \leq U_{EN}$.

Die Gleichstrom–Nebenschlußmaschine treibt das Antriebsrad R an.

Daten

- Motor:

Nennleistung	P_N	$= 20\ kW$
Nenndrehzahl	N_N	$= 19{,}7\ \frac{1}{s}$
Normierter Ankerwiderstand	r_A	$= 0{,}1$
Mechanischer Wirkungsgrad	η_{mech}	$= 1$

- Fahrzeug:

Übersetzung: Für $N = 19,7\ \frac{1}{s}$ ergibt sich eine Fahrgeschwindigkeit $V = 25\ \frac{km}{h}$

Gesamtgewicht des Fahrzeugs	G	$= 13720\ N$
Steigungswinkel	α	$= 6°$
Fahrwiderstand	$\frac{F_F}{N}$	$= 10,35 \cdot \frac{V}{km/h}$
Trägheitsmoment	Θ (Motor, Differential, Rad) ≈ 0;	
Bezugsgrößen	N_{0N}, M_{iN}, U_{AN}, $P_{0N} = M_{iN} \cdot \Omega_{0N}$	

Hinweis:

Das Widerstandsmoment für den Motor ergibt sich aus Fahrwiderstand und Hangabtrieb entsprechend der Übersetzung (siehe allgemeine Daten); alle anderen Einflüsse wie Reibung, Schlaglöcher und Baustellen sind zu vernachlässigen.

Anordnung des Fahrzeugs

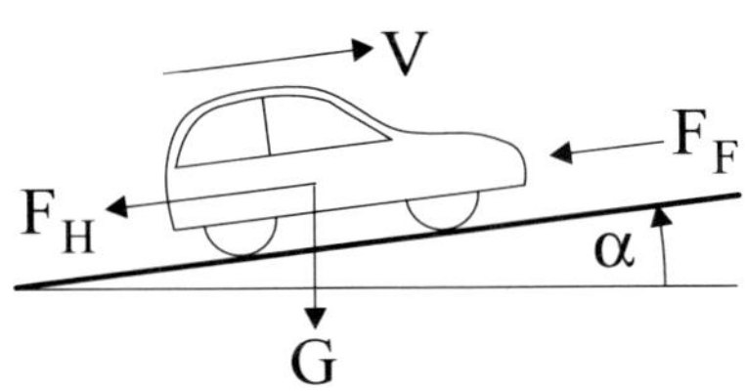

α : Steigungswinkel
G : Gewicht
F_H : Hangabtrieb
F_F : Fahrwiderstand
V : Geschwindigkeit

Beschreibung des Anfahrvorganges

Das Elektroauto wird zur Zeit $t = 0$ an einer Steigung mit dem Steigungswinkel α aus dem Stand heraus auf die maximal mögliche Geschwindigkeit V_{max} beschleunigt. Der Anfahrvorgang untergliedert sich dabei in drei Anfahrstufen:

Stufe I: $0 \leq V \leq V_{\mathrm{I}}$:

$\Psi = \Psi_N$; $0 < U_A \leq U_{AN}$; $M_{\mathrm{I}} = 324\ Nm (> M_{iN})$;
Durch die elektronische Stelleinrichtung wird U_A bis zum Nennwert U_{AN} so gesteuert, daß die Motor ein konstantes Moment $M_{\mathrm{I}} = 324\ Nm$ abgibt.

Stufe II: $V_{\mathrm{I}} \leq V \leq V_{\mathrm{II}}$:

$\Psi = \Psi_N$; $U_A = U_{AN}$; $M_M \geq M_{iN}$;

Motordrehzahl N und Motormoment M_M verlaufen gemäß Motorkennlinie bis die Motorleistung P ihren Nennwert erreicht hat (Motormoment $M_M >$ Widerstandsmoment M_W).

Stufe III: $V_{\mathrm{II}} \leq V \leq V_{\mathrm{III}} = V_{max}$:

$U_A = U_{AN}$; $P = P_N$; $\Psi_{min} \leq \Psi \leq \Psi_N$;

Durch Flußsteuerung wird die Motorleistung bis zum Erreichen der Maximalgeschwindigkeit V_{max} konstant gehalten.

Es ist zu ermitteln und gegebenenfalls zu skizzieren:

1. Motornennmoment M_{iN}, Leerlaufnenndrehzahl N_{0N}, Zusammenhang zwischen normierter Motordrehzahl n und Geschwindigkeit V:
   $n = f\left(\frac{V}{km/h}\right)$;

2. Normierte Motorkennlinie $n = f(m_M)$ für die Stufen I, II, III (mit Skizze);

3. Umschaltdrehzahlen n_{I}, n_{II} mit den zugehörigen Geschwindigkeiten V_{I}, V_{II} $[km/h]$ und Ersatzradius R_{ers} $[m]$;

4. Normiertes Widerstandsmoment m_W (mit Skizze $n = f(m_W)$);

5. Maximale Drehzahl $n_{max} = n_{\text{III}}$ bzw. $V_{max}[km/h]$;
   Kennzeichnen Sie den Hochlaufvorgang für $0 \leq n \leq n_{max}$;

6. Mechanische Nennzeitkonstante $T_{\Theta N}[s]$, Drehzahlverlauf $n_{\text{I}}(t)$ für Stufe I (mit Skizze);
   Drehzahlverlauf $n_{\text{II}}(t)$ für Stufe II (mit Skizze);

7. Prinzipieller Drehzahlverlauf (Skizze !) $n_{\text{III}}(t)$ für Stufe III, wenn die Motorkennlinie in Stufe III durch eine Gerade angenähert wird.
   (Würde eine exakte Berechnung der Drehzahl für Stufe III eine größere oder eine kleinere Gesamtanfahrzeit ergeben?)

5. Übung: Stromrichtergespeister Fahrstuhlantrieb

Für einen Personenaufzug soll ein drehzahlvariabler Stromrichterantrieb entworfen werden. Dazu wird ein kreisstrombehafteter Umkehrstromrichter aus zwei B6–Brücken vorgeschlagen:

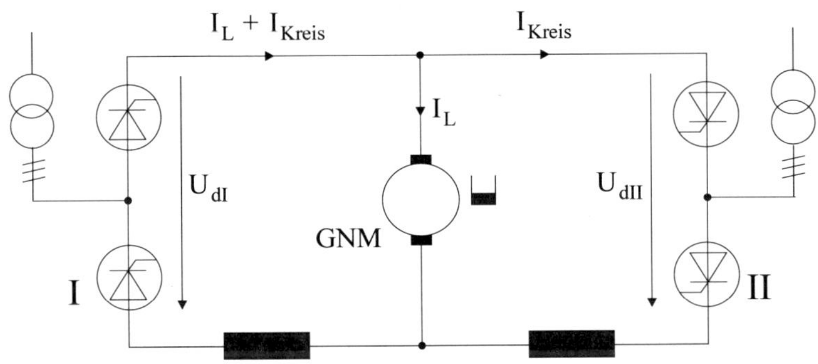

Daten:

Netz:	$U_v = 380\ V$;	$u_{k\%} = 5\ \%$;	$I_{dN} = 20\ A$
Arbeitspunkt:	$U_{AP} = 200\ V$;	$I_{AP} = 18,8\ A$	
Motor:	$U_{AN} = 400\ V$;	$I_{AN} = 18,8\ A$;	$P_N = 6\ kW$;
	$N_N = 3240\ 1/min$;	$\Psi = \Psi_N$	

Fragen:

1. Wie groß ist die ideelle Leerlaufspannung U_{di0} einer B6–Brücke? Wie heißt die Kennliniengleichung der Brücke I: $U_{d\,\mathrm{I}} = f(\alpha, I_d)$?

2. Wo liegen die Aussteuergrenzen des Steuerwinkels? Wie groß ist dann der Bereich der Ankerspannungen für die Gleichstrommaschine? Berücksichtigen Sie dabei ggf. den Einfluß der Kommutierung. Der Ankernennstrom soll nicht überschritten werden.

3. Welcher Steuerwinkel α_{AP} wird benötigt, um den Strom I_{AP} einzustellen? Linearisieren Sie die Kennliniengleichung um den Arbeitspunkt α_{AP}, I_{AP}.

4. Normieren Sie die linearisierte Kennliniengleichung mit U_{di0} und I_{dN}. Mit welchen Anpassungsfaktoren müssen die so normierte Stromrichterausgangsspannung $\triangle u_d$ und der Stromrichtergleichstrom $\triangle i_d$ multipliziert werden, damit die auf die Gleichstrommaschine bezogenen Größen $\triangle u_A$ und $\triangle i_A$ herauskommen?

5. Zeichnen Sie den linearisierten Signalflußplan vom Steuerwinkel $\triangle \alpha$ bis zur Drehzahl $\triangle n$. Berücksichtigen Sie dabei auch die Dynamik des Stromrichters durch eine Totzeit. Wie groß ist diese Totzeit T_t?

6. Übung: Drehzahlregelung des Hauptantriebs einer Drehbank (GNM)

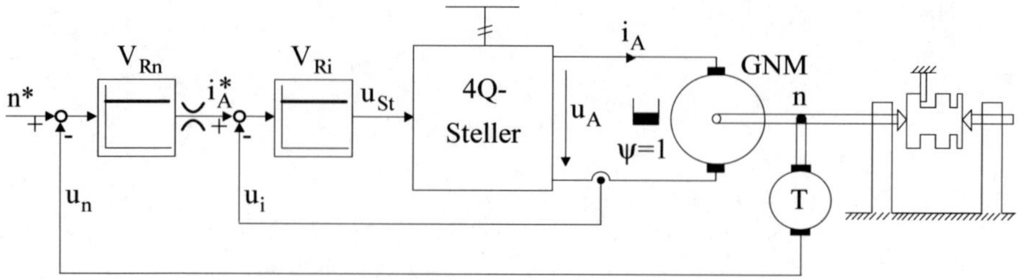

Eine nennerregte Gleichstrommaschine treibt den Hauptantrieb einer Drehbank. Sie wird über einen Transistorsteller, der als verlustfrei betrachtet werden kann, aus einem starren Gleichstromnetz gespeist. Die Regelkreise mit den Proportionalreglern R_i und R_n dienen der Kontrolle des Ankerstroms und der Drehzahl.

Daten:

Motor:	Nennspannung	$U_{AN} = 220\ V$
	Nennstrom	$I_{AN} = 15\ A$
	Ankerwiderstand	$R_A = 1{,}47\ \Omega$
	Ankerinduktivität	$L_A = 14{,}7\ mH$
	Erregung	$\Psi = \Psi_N$
	Trägheitszeitkonst.	$T_{\Theta N} = 0{,}8\ s$

Steller: 4-Quadrant–Transistorsteller mit Pulsweitenmodulation
$F = 20\,kHz = 1/T = \text{const.}$
mittlere Ausgangsspannung:

$$\frac{U_A}{U_{AN}} = \frac{U_{St}}{U_{StN}} = \frac{U_{St}}{10\,V} = u_A = u_{St}$$

Stromwandler:
$$\frac{U_i}{U_{StN}} = \frac{U_i}{10\,V} = \frac{I_A}{I_{AN}} = u_i = i_A$$

Tachogenerator:
$$\frac{U_n}{U_{StN}} = \frac{U_n}{10\,V} = \frac{N}{N_{0N}} = u_n = n$$

Regler: R_i : Proportionalregler : $V_{Ri} = 1{,}9$

R_n : Proportionalregler : $V_{Rn} = 40$

Strombegrenzung : $|\ i_A^*\ | < 1$

Fragen:

Teilaufgabe 1: Drehzahlsteuerung

1.1 Berechnen Sie den normierten Ankerwiderstand r_A des Motors.

1.2 Berechnen Sie die Ankerzeitkonstante T_A und die mechanische Zeitkonstante $T_{\Theta St}$ des Antriebs.

1.3 Stellen Sie den normierten Signalflußplan für die ungeregelte Anordnung auf (Eingangsgrößen: u_{St}, m_W, Ausgangsgrößen: i_A, n) mit $\psi_0 = \text{const.} = 1$. Das Zeitverhalten des Transistorstellers kann dabei als proportional, verzögerungsfrei betrachtet werden.

1.4 Berechnen Sie die Übertragungsfunktionen der gesteuerten Anordnung:

$$G_1(s) = \frac{n(s)}{u_{St}(s)}; \quad G_2(s) = \frac{n(s)}{m_W(s)}; \quad G_3(s) = \frac{i_A(s)}{u_{St}(s)}.$$

Handelt es sich um ein aperiodisch gedämpftes oder um ein schwingungsfähiges System?

1.5 Wie groß ist die bleibende, stationäre Drehzahlabweichung $\triangle n_\infty$, die durch das Widerstandsmoment $\triangle m_{W0}$ hervorgerufen wird.

1.6 Skizzieren Sie den zeitlichen Verlauf der Drehzahl $n = f(t)$ bei sprungförmiger Anregung durch $u_{St}(t) = u_{St0} \cdot \sigma(t)$.

Teilaufgabe 2: Strom– und Drehzahlregelung

2.1 Erweitern Sie den Signalflußplan aus Frage 1.3 um die Komponenten der Stromregelung (Messung verzögerungfrei, $\mathrm{R_i}$: Proportionalregler).

2.2 Berechnen Sie die Übertragungsfunktion des geschlossenen Stromregelkreises:

$$G_4(s) = \frac{i_A(s)}{i_A^*(s)} = V_{ers\,i} \cdot \frac{1}{1 + s \cdot T_{ers\,i}}$$

und die Zahlenwerte für die Verstärkung $V_{ers\,i}$ und die Ersatzzeitkonstante $T_{ers\,i}$ des Regelkreises. Vernachlässigen Sie dabei den Einfluß der induzierten Motorspannung e_A.
Wie groß ist der stationäre Regelfehler $(i_A - i_A^*)$?

2.3 Erweitern Sie den Signalflußplan aus Frage 2.1 um die Komponenten der Drehzahlregelung (Messung verzögerungsfrei, $\mathrm{R_n}$: Proportionalregler).

2.4 Berechnen Sie die Übertragunsfunktion des geschlossenen Drehzahlregelkreises

$$G_5(s) = \frac{n(s)}{n^*(s)}$$

unter Verwendung von $G_4(s)$ aus Frage 2.2.

2.5 Skizzieren Sie den zeitlichen Verlauf der Drehzahl $n = f(t)$ bei sprungförmiger Anregung durch $n^* = n_0^* \cdot \sigma(t)$. (Kleine Anregung: keine Strombegrenzung).

2.6 Wie groß ist der bleibende Regelfehler $\triangle n_\infty$, hervorgerufen durch das konstante Widerstandsmoment $\triangle m_{W0}$?

Teilaufgabe 3: Strombegrenzung

Der Ausgang des Drehzahlreglers wird auf den Sollwert des Nennstroms begrenzt ($\mid i_A^* \mid < 1$).
Zum Zeitpunkt $t = 0$ wird der Sollwert n^* der stehenden Anordnung von $n^* = 0$ auf $n^* = 0{,}5$ erhöht.

3.1 Skizzieren Sie, unter Vernachlässigung der Dynamik des geschlossenen Stromregelkreises den zeitlichen Verlauf der Drehzahl und des Ankerstroms während des Hochlaufs.

3.2 Bei welcher Drehzahl löst sich der Ausgang des Drehzahlreglers aus der Begrenzung?

7. Übung: Cable Car

In San Francisco wird auf besonders steilen Straßen das Cable Car als öffentliches Verkehrsmittel mit insgesamt vier Linien eingesetzt.

Ein Endlosseil wird von einer Asynchronmaschine mit Kurzschlußläufer (ASM) über ein Getriebe und ein Treibrad angetrieben. Das Endlosseil bewegt sich über Umlenkrollen in einer Schleife unterhalb der Fahrbahn.

Mit einer Klemmvorrichtung kann der Fahrzeugführer (Gripman) den Wagen an das Seil ankuppeln. An den Haltestellen gibt er das Seil frei und bremst mit einer normalen Radbremse.

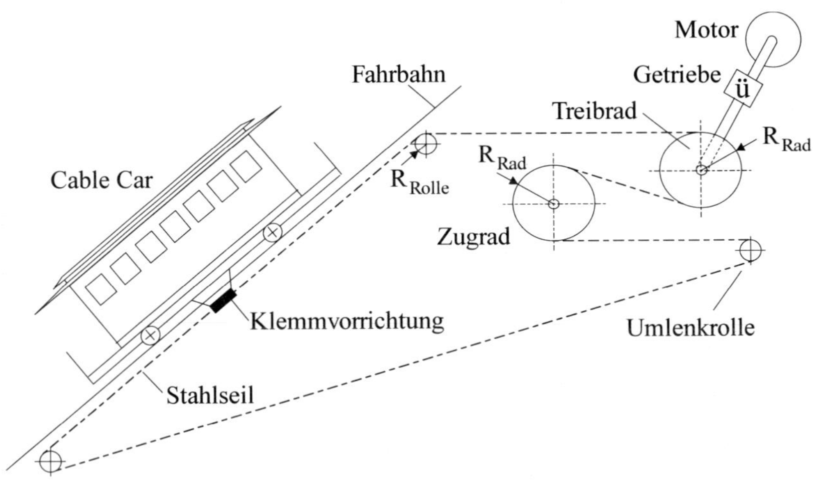

Im Zuge von Wartungsarbeiten soll der Antrieb einer Linie modernisiert werden. Als europäischer Hersteller bieten Sie die folgende Maschine an:

F_{1N}	$= 50\ Hz$	U_{1Nverk}	$= 380\ V$
P_N	$= 315\ kW$	N_N	$= 1448\ 1/min$
$\frac{M_{KN}}{M_{iN}}$	$= 2{,}1$	Z_p	$= 2$
R_1	≈ 0		

Da das amerikanische Netz bei gleicher Spannung jedoch eine Frequenz von $F_1 = 60\ Hz$ aufweist, müssen Sie die wichtigsten Kenndaten Ihres Motors auf die amerikanischen Verhältnisse umrechnen.

Berechnen Sie zunächst für 50 *Hz*–Speisung:

1.1 Berechnen Sie die synchrone Drehzahl N_{syn}, das Nennmoment M_{iN} und den Nennschlupf s_N.

1.2 Geben Sie die normierte linearisierte Kennliniengleichung $n(m_M)$ in Formel und in Zahlenwerten an und zeichnen Sie die Kennlinie in ein Diagramm. (Hinweis: n–Achse : 1 $cm \mathrel{\hat{=}} 0{,}1$; m_M–Achse: 1 $cm \mathrel{\hat{=}} 0{,}1$; DIN A4 Format, Ursprung links unten)

1.3 Berechnen Sie den Kippschlupf s_{KN} mit Hilfe der Kloss'schen Gleichung.

1.4 Wie groß ist das auf M_{iN} bezogene Anlaufmoment m_A (Stillstand)?

1.5 Skizzieren Sie die normierte nichtlineare Kennlinie ebenfalls in ihr Diagramm aus Aufgabe 1.2.

Nehmen Sie nun Speisung mit 60 *Hz* an.

2.1 Wie lautet jetzt die normierte linearisierte Kennliniengleichung? (Normierung weiterhin auf die 50 *Hz*–Bezugsgrößen!)

2.2 Wie lautet die normierte Gleichung $m_M(n)$ für konstante Abgabe von Nennleistung?

2.3 Ermitteln Sie die neuen Werte für Nominaldrehzahl N'_N und Nominalmoment M'_{iN} bei 60 *Hz*–Speisung und unveränderter Nennleistung P_N durch grafische Konstruktion im Diagramm oder durch Rechnung.

2.4 Wie groß sind nun die Werte für den Kippschlupf s'_K, die Kippdrehzahl n'_K, das normierte Kippmoment m'_K und das auf M'_{iN} bezogene Kippmoment $\dfrac{M'_K}{M'_{iN}}$?

Skizzieren Sie die nichtlineare Kennlinie zwischen Leerlauf und Kippunkt im Diagramm.

8. Übung: Förderband mit ASM–Antrieb

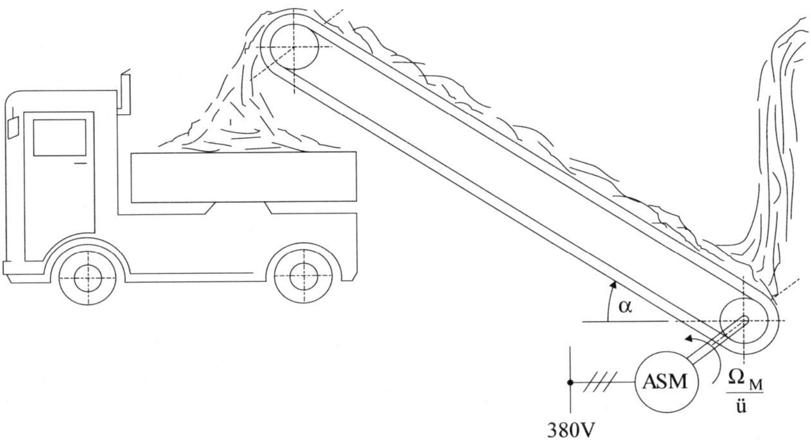

In einem Kieswerk wird zum Beladen der LKW ein 10 m langes Förderband eingesetzt, das von einer ASM mit Kurzschlußläufer betrieben wird. Die Maschine wird in Dreieck-Schaltung an das Drehstromnetz angeschlossen, so daß an den Wicklungen die Spannung $U_1 = 380\ V$ anliegt. Von den Kiesmühlen wird ein konstanter Volumenstrom V von 0,015 m^3/s an das Förderband abgegeben.

Daten:

Förderband:		Last:	
Nutzlänge	$l = 10\ m$	Volumenstrom	$V = 0{,}015\ m^3/s$
Radius Treibscheibe	$R_T = 0{,}1\ m$	Dichte	$\rho = 2,0 \cdot 10^3\ kg/m^3$
Anstellwinkel	$\alpha = 17,5°$		

Getriebe:

Übersetzungsverhältnis $\ddot{u} = 20$

Motor:

$U_{1N} = 380\ V$	$\cos\varphi_{1N} = 0{,}75$	$R_1 = 0$
$F_{1N} = 50\ Hz$	$Z_p = 3$	
$P_N = 1{,}1\ kW$	$N_N = 920\ 1/min$	$M_{KN} = 2,3 \cdot M_{iN}$

Aufgaben:

1. Berechnen Sie:

1.1 das Widerstandsmoment $M_W(\Omega_m)$ bezogen auf die Motorwelle und die aufzubringende mechanische Leistung P_W.

1.2 das Motornennmoment M_{iN}, den Nennschlupf s_N und den Betrag des Nennstroms I_{1N}.

1.3 das Kippmoment M_K und den Kippschlupf s_K (aus der Kloss'schen Gleichung).

2.1 Konstruieren Sie mit Hilfe von I_{1N}, φ_{1N} und M_K den Heylandkreis für die Asynchronmaschine.
(Hinweis: Maßstab: $1\,cm \mathrel{\hat{=}} 0,2\,A$, Querformat, möglichst weit links anfangen!)

2.2 Zeichnen Sie die Leistungslinie und eine Schlupfgerade ein.

2.3 Bestimmen Sie aus der Zeichnung den komplexen Leerlauf- und den Anfahrstrom I_{10} bzw. I_{1A}.

2.4 Wie groß ist der Blondelsche Streukoeffizient σ?

2.5 Wie groß ist die maximal abgebbare Wirkleistung P_{max} und bei welchem Schlupf s_{Pmax} tritt sie auf?

3.1 Bestimmen Sie grafisch aus P_W den Arbeitspunkt M_{MAP} und s_{AP} der ASM.

3.2 Welche Rotorverlustleistung P_{V2} tritt im Arbeitspunkt auf?

9. Übung: Geregelte Asynchronmaschine

Ein Fließband soll durch eine geregelte Asynchronmaschine mit Kurzschlußläufer angetrieben werden. Der Statorwiderstand R_1 kann dabei im Folgenden vernachlässigt werden.

1. Wie lautet die allgemeine, unnormierte Gleichung für das Motormoment $M_M = f(\Psi_{1A}\ , \Psi_{1B}\ , I_{2A}\ , I_{2B})$?

Die Asynchronmaschine soll mit konstantem Rotorfluß betrieben werden. Eine der Maschine vorgeschaltete Ansteuerelektronik prägt den Rotorfluß und die Schlupffrequenz Ω_2 ein.

2. Welche Raumzeigergröße ist mit dem Bezugskoordinatensystem K fest verbunden?
3. Mit welcher Winkelgeschwindigkeit Ω_K dreht sich dieses Bezugskoordinatensystem relativ zu den raumfesten Statorkoordinaten?
4. Wie lauten die Bedingungen für die Komponenten des Rotorflusses Ψ_{2A} und Ψ_{2B}?
5. Welche Auswirkungen hat dies auf die Größen Ψ_{1A} und I_{2A}?
   Geben Sie $I_{2B} = f(\Psi_{1B})$ und $\Omega_2 = f(\Psi_{1B}\ , \Psi_{2A})$ an.
6. Leiten Sie daraus die Beziehung $M_M = f(\Omega_2\ , \Psi_{2A})$ her.

Der Ausgang eines überlagerten P-Drehzahlreglers ist die Schlupffrequenz Ω_2. Die ASM wird mit Nennerregung betrieben. Folgende Daten seien gegeben:

$P_N = 3{,}00\ kW$	$F_{1N} = 50\ Hz$	$\Theta_{ges} = 0{,}20\ Nms^2$
$P_{1N} = 3{,}14\ kW$	$Z_{pN} = 2$	
$U_N = 380\ V$	$\Psi_{2A} = \Psi_{2N}$	$R_1 \approx 0$

7. Normieren Sie die Momentgleichung aus Teilpunkt 6 und berechnen sie die Trägheitsnennzeitkonstante $T_{\Theta N}$.
   Hinweis: Verwenden Sie
   $$p = \frac{P_N}{P_{1N}} = 1 - \frac{\Omega_{2N}}{\Omega_{1N}}$$
8. Zeichnen Sie den normierten Signalflußplan des drehzahlgeregelten ASM-Antriebs.
9. Wie ist die Reglerverstärkung zu wählen, damit der stationäre Regelfehler $n^* - n_\infty$ bei Belastung mit Nennmoment kleiner als 0,05 wird?

10. Übung: U–Umrichter

In der folgenden Aufgabe sollen die Maschinenströme und -spannungen eines selbstgeführten Zwischenkreisumrichters mit Gleichspannungszwischenkreis (U–Umrichter) untersucht werden.

Zum einfacheren Verständnis kann man sich je ein Paar abschaltbares Ventil mit antiparalleler Diode als Schalter vorstellen. Für die Funktionsweise des Umrichters ist es notwendig, daß in jedem Brückenzweig des maschinenseitigen Umrichters der eine Schalter geöffnet und der andere geschlossen ist. Dadurch ergeben sich 8 mögliche Schalterkombinationen. Für jede dieser Kombinationen kann man einen Statorspannungszeiger der ASM im statorfesten Bezugssystem berechnen. Damit erhält man den unten links abgebildeten Raumzeiger-„Stern“.

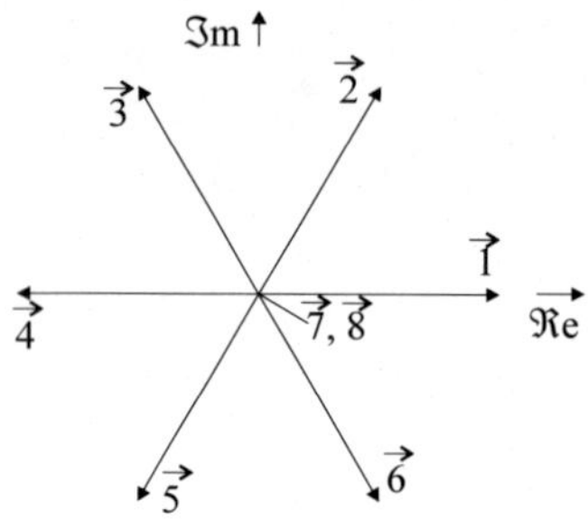

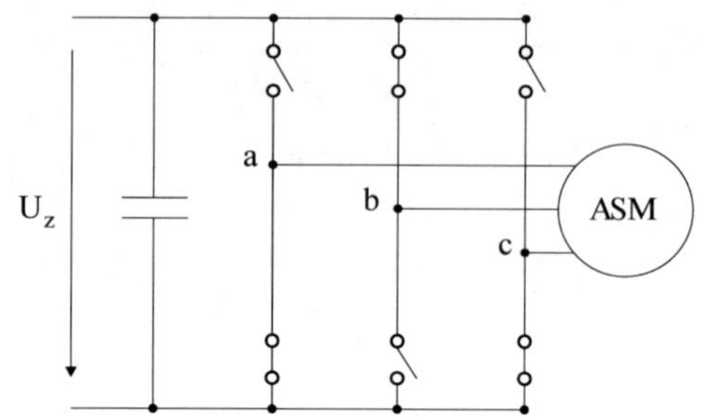

1.1 Berechnen Sie den Spannungsraumzeiger für die oben rechts gezeichnete Schalterkombination.
Identifizieren Sie den entsprechenden Zeiger im Raumzeiger-„Stern“.

1.2 Wie sind die Schalter bei den Null-Zeigern $\vec{7}$ bzw. $\vec{8}$ eingestellt?

In der Betriebsart *Grundfrequenztaktung* durchläuft der Statorspannungsraumzeiger periodisch nacheinander die Schalterkombinationen $\vec{1}$ bis $\vec{6}$.

Bei Leerlauf kann die ASM durch ihre Phaseninduktivitäten $L_{Ph} = 40\,mH$ dargestellt werden.

Arbeitspunkt: $U_z = 300\ V$ $\quad F_1 = 33{,}3\ Hz$ $\quad \varphi_1 = 90°$

2.1 Zeichnen Sie den Verlauf der Phasenspannung $U_{1a}(t)$ über eine Periode und ordnen Sie den Zeitabschnitten die zugehörige Schalter–Kombination zu.

2.2 Berechnen sie abschnittsweise den Zeitverlauf des Statorstroms $I_{1a}(t)$ unter Berücksichtigung der Phasenlage φ_1.
Zeichnen Sie den Strom ebenfalls in das Diagramm von 2.1 ein.
Wie hoch ist der Spitzenstrom $\hat{I}_{1a}$?

2.3 Markieren Sie die Stromführungsdauern von abschaltbaren Ventilen (Th) und Dioden (D).

Lösung zur 1. Übung

1. $\ddot{u} \;=\; \dfrac{N}{V} \cdot \pi D_T \;=\; 187$

2. $$\Theta_{ges} \;=\; \Theta_{M+G} \;+\; \frac{1}{\ddot{u}^2} \cdot \left[\Theta_T \;+\; \Theta_T \;+\; 90 \cdot \left(\frac{D_T}{D_S}\right)^2 \cdot \Theta_S \;+ \right.$$
$$\left. \left(\frac{D_T}{2}\right)^2 \cdot \frac{1}{g} \cdot \Big(G_Z \;+\; 50 \cdot G_H \;+\; 25 \cdot G_P\Big) \right]$$
$$\Theta_{ges} \;=\; 0,5366 \; Nms^2$$
$$R_{ers} \;=\; \frac{1}{\ddot{u}} \cdot \frac{D_T}{2} \;=\; 6,68 \cdot 10^{-3} \; m$$

3. $$M_W \;=\; \frac{1}{\ddot{u}} \left[M_{RT} \;+\; \frac{D_T}{2} \cdot \Big(25 \cdot G_P \cdot \sin\alpha \;+\; 25 \cdot F_{RS}\Big) \right] \;=\; 18,95 \; Nm$$

4. allgemein: $\Theta_{ges} \cdot 2\pi \cdot \dfrac{dN}{dt} \;=\; M_M \;-\; M_W$

   in Zahlenwerten: $3,37 \; Nms^2 \cdot \dfrac{dN}{dt} \;=\; M_M \;-\; 18,95 \; Nm$

5.

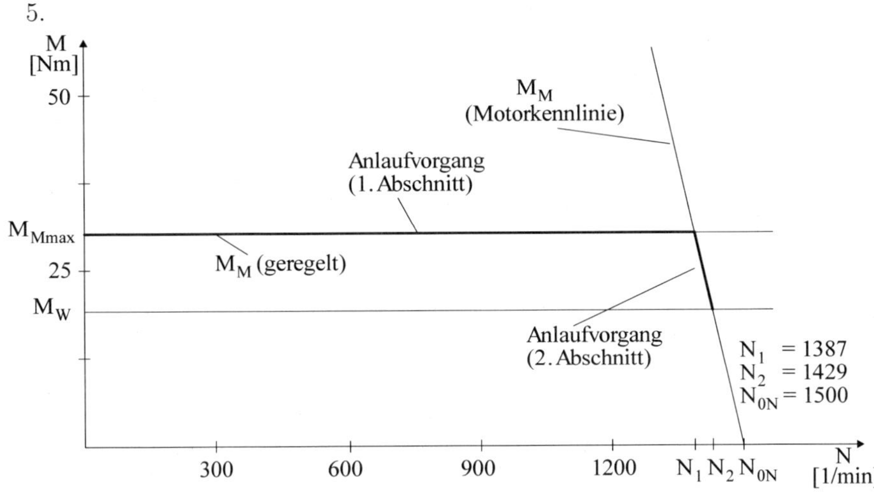

6. $$N_1 \;=\; N_{0N} \left(1 \;-\; \frac{M_{Mmax}}{M_{MA}}\right) \;=\; 1387,5 \; \frac{1}{min} \;=\; 23,125 \; \frac{1}{s}$$

7. $$N(t) \;=\; N(t=0) \;+\; \frac{M_{Mmax} \;-\; M_W}{2\pi \; \Theta_{ges}} \; t \;=\; 3,28 \; \frac{1}{s} \cdot \frac{t}{s}$$
$$t_1 \;=\; 7,06 \; s$$
$$M_M(t) \;=\; M_{Mmax} \;=\; 30 \; Nm$$

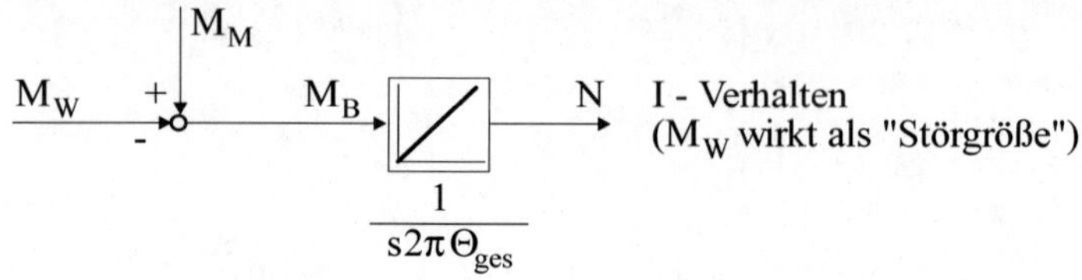

8. $N_2 = N_{0N}\left(1 - \frac{M_W}{M_{MA}}\right) = 23,82\ \frac{1}{s}$

9. $N(t') = N_2 - (N_2 - N_1)\cdot e^{-\frac{t'\cdot M_{MA}}{2\pi N_{0N}\Theta_{ges}}} = \left(1429 - 41,5\cdot e^{-\frac{t'}{0,21s}}\right)\frac{1}{min}$

$M_M(t') = M_{MA} - \frac{M_{MA}}{N_{0N}}\cdot N(t') = \left(18,95 + 11,05\cdot e^{-\frac{t'}{0,21\ s}}\right)\ Nm$

mit $t' = t - t_1$

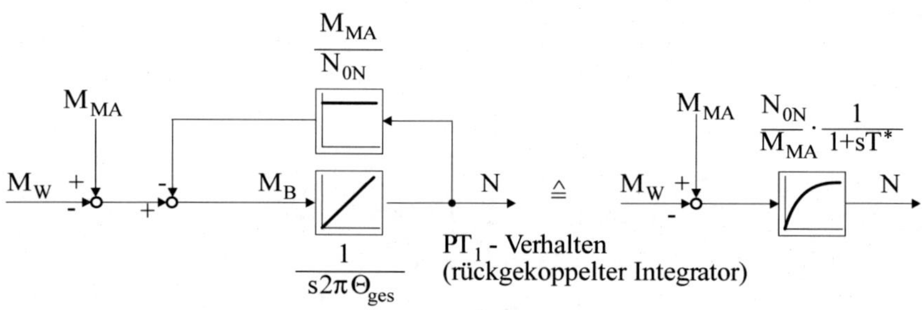

10.

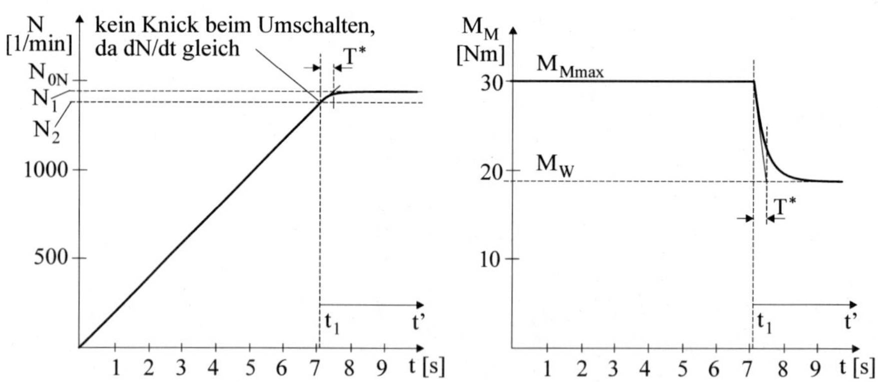

Lösung zur 2. Übung

1.1 $M_{iN} \; = \; M_N \; = \; \dfrac{P_N}{2\pi \cdot N_N} \; = \; 227 \; Nm$

1.2 $T_{\Theta N} \; = \; \dfrac{\Theta_{ges} \; \Omega_{0N}}{M_{iN}} \; = \; 0,514 \; s$

mit $\Theta_{ges} \; = \; \Theta_M \; + \; \Theta_A \; \dfrac{1}{\ddot{u}^2} \; = \; 1,60 \; Nms^2$

1.3 $M_W \; = \; \dfrac{\mid M_{WA} \mid}{\ddot{u}} \cdot \text{sign}(N)$

$m_W \; = \; \dfrac{M_W}{M_{iN}} \; = \; 0,97 \cdot \text{sign}(n)$

2.1 Leerlaufpunkt: $M_M = 0; \; N = N_{0N} \; \Rightarrow \; m_{M0} = 0; \; n_0 = 1$

Nennpunkt: $M_M = M_{iN}; \; N = N_N \; \Rightarrow \; m_N = 1; \; n_N = \dfrac{N_N}{N_{0N}} = 0,905$

Geradengleichung: $n = n_0 + \dfrac{n_N - n_0}{m_N - m_{M0}} \cdot m_M = 1 - 0,095 \cdot m_M$

2.2 $n_B \; = \; 0,908$

3.1 $\dfrac{M_M}{M_{iN}} \; = \; m_M \; = \; -\dfrac{N}{N_{0N}} \cdot 36,6 \; Nms \cdot \dfrac{N_{0N}}{M_{iN}}$

$n \; = \; - \; 0,545 \; m_M$

3.2 $n_E \; = \; - \; 0,535 \cdot m_W(n_E)$; Lösung nur für $n_E \; = \; 0$;

3.3 $T_{\Theta N} \cdot \dfrac{dn}{dt} \; + \; 1,87 \; \cdot \; n \; = \; -m_W$

3.4

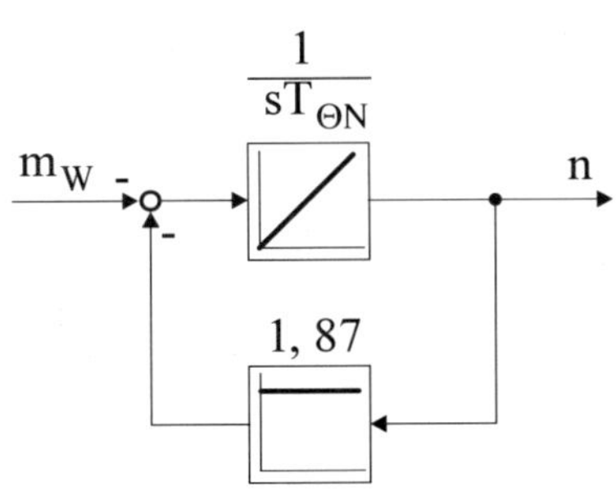

4.1 $T_{\Theta St} = 0,27\ s;$

$$\frac{dn}{dt} = 0 \quad \Rightarrow \quad n_\infty = -0,52\ ;\ (\neq n_E!)$$

Vorgeschichte: $\Rightarrow\ n_a = n_B = 0,91\ ;$

$$n(t) = n_\infty - (n_\infty - n_a) \cdot e^{-\frac{t}{0,27\ s}}\ ; \quad \text{für } 0 < n < 0,91$$

4.2 $m_M = -1,87\, n = 0,97 - 2,67 \cdot e^{-\frac{t}{0,27\ s}} \qquad \text{für } m_M \leq 0$

4.3 aus $n(t)$ mit $n = 0:\quad t_{Br} = 0,27\ s$

5.1 $m_W(H) = +0,97 \quad \neq f(n)$!

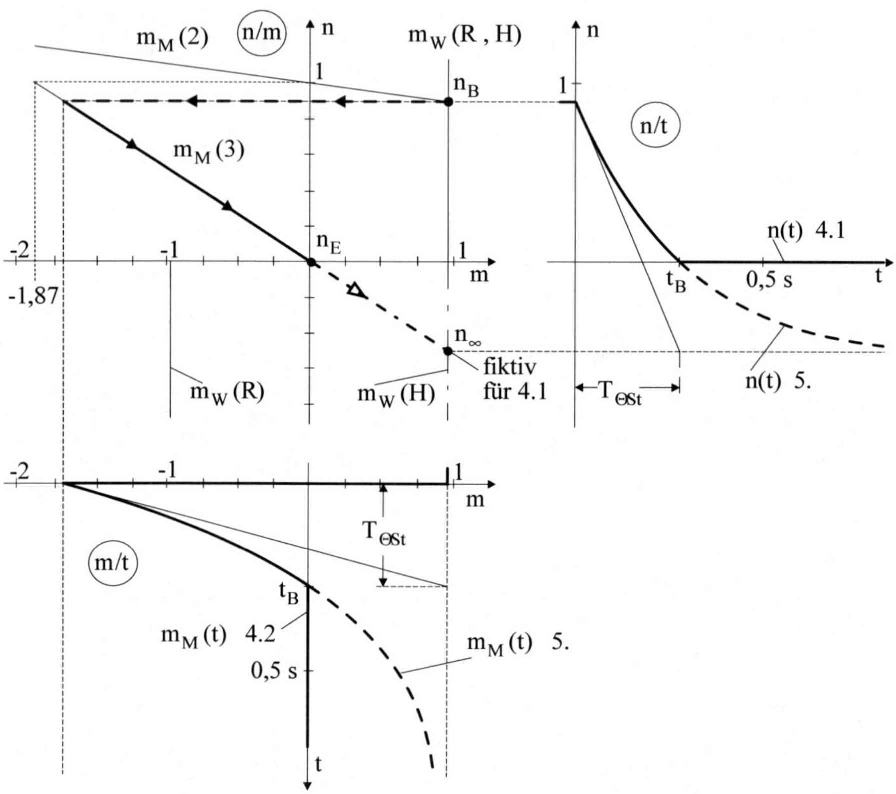

Lösung zur 3. Übung

1. Bewegungsdifferentialgleichung:

$$2\pi \cdot \Theta_{ges} \cdot \frac{dN}{dt} + N \cdot \frac{M_{MA}}{N_0} = M_{MA} - M_W;$$

Lösung: $\quad N(t) \; = \; N_\infty \; - \; (N_\infty \; - \; N_0)\, e^{-t/T^*};$

$$T^* \; = \; \frac{2\pi \cdot N_0 \cdot \Theta_{ges}}{M_{MA}}$$

2. $N_{0N} \; = \; \dfrac{U_{AN}}{C_1\, \Psi_N}, \qquad R_{AN} \; = \; \dfrac{U_{AN}}{I_{AN}}; \qquad M_{iN} \; = \; C_2\, \Psi_N\, I_{AN}$

3. $\dfrac{N}{N_{0N}} \; = \; \dfrac{C_1\, \Psi_N}{U_{AN}} \cdot \left(\dfrac{U_A}{C_1\, \Psi} \; - \; M_M \cdot \dfrac{R_A}{C_1\, \Psi\, C_2\, \Psi} \right)$

$$\frac{N}{N_{0N}} \; = \; \frac{\dfrac{U_A}{U_{AN}}}{\dfrac{\Psi}{\Psi_N}} \; - \; \frac{M_M}{M_{iN}} \cdot \frac{\dfrac{R_A}{R_{AN}}}{\left(\dfrac{\Psi}{\Psi_N}\right)^2} \; = \; n \; = \; \frac{u_A}{\psi} \; - \; m_M \cdot \frac{r_A}{\psi^2};$$

$$m_M \; = \; \frac{\psi}{r_A}\, u_A \; - \; \frac{\psi^2}{r_A}\, n$$

4. $T_{\Theta St} \cdot \dfrac{dn}{dt} \; + \; n \; = \; \dfrac{u_A}{\psi} \; - \; \dfrac{r_A}{\psi^2}\, m_W;$

$$\text{mit } T_{\Theta St} \; = \; \frac{r_A}{\psi^2} \cdot T_{\Theta N} \; = \; \frac{r_A}{\psi^2} \cdot \frac{2\pi \cdot N_{0N} \cdot \Theta_{ges}}{M_{iN}}$$

5. $N_0 = \dfrac{U_A}{C_1 \Psi} = \dfrac{u_A}{\psi} \cdot N_{0N} \quad (M_M = 0)$

$$M_{MA} = \frac{C_1 C_2 \Psi^2}{R_A} \cdot N_0 \; = \; \frac{u_A \psi}{r_A} \cdot M_{iN} \quad (N = 0)$$

6. $\dfrac{N_0}{M_{MA}} = \dfrac{r_A}{\psi^2} \cdot \dfrac{N_{0N}}{M_{iN}}; \qquad T_{\Theta St} = \dfrac{r_A}{\psi^2}\, \dfrac{N_{0N} \cdot 2\pi \cdot \Theta_{ges}}{M_{iN}} = \dfrac{N_0 \cdot 2\pi \cdot \Theta_{ges}}{M_{MA}} = T^*$

Die Normierung ändert nichts am dynamischen Verhalten des Systems; die charakteristischen Zeitkonstanten bleiben unverändert!

Lösung zur 4. Übung

1. $\eta_{mech} = 1 \Longrightarrow M_N = M_{iN}\ ;\ M_N = \dfrac{P_N}{2\pi N_N} = 162\ Nm\ ;$

$N_{0N} = \dfrac{N_N}{1 - r_A} = 21,9\ s^{-1}\ ;\ N = N_N \dfrac{V}{25\ km/h}\ ;\ n = 0,036\ \dfrac{V}{km/h}$

2. I. $m_{\mathrm{I}} = \dfrac{M_{\mathrm{I}}}{M_N} = 2$

II. $n = 1 - 0,1 \cdot m_M$

III. $P = P_N \Longrightarrow p = \dfrac{P_N}{P_{0N}} = \dfrac{N_N}{N_{0N}} = 0,9; \quad p = m_M \cdot n \Longrightarrow n = \dfrac{0,9}{m_N}$

3. $n_{\mathrm{I}} = u_A - r_A\, m_M = 0,8\ ;\ V_{\mathrm{I}} = \dfrac{n_{\mathrm{I}}}{0,036} \dfrac{km}{h} = 22,2\ km/h$

$n_{\mathrm{II}} = u_A - r_A = n_N\ ;\ V_{\mathrm{II}} = 25\ km/h$

4. $M_W = R_{ers} \cdot (F_F + G \cdot \sin\alpha) = 0,58\ Nm\ \dfrac{V}{km/h} + 80,3\ Nm$

$m_W = 0,1 \cdot n + 0,5$

5. $n = \dfrac{0,9}{m_M}; \quad m_W = 0,1 \cdot n + 0,5; \quad m_M = m_W$

$\Longrightarrow n_{max} = \dfrac{0,9}{0,1 \cdot n_{max} + 0,5} > n_{max}^2 + 5 \cdot n_{max} = 9$

$n_{max} = 1,4\ ;\ V_{max} = 38,9\ km/h$

6. $T_{\Theta N} = \dfrac{G \cdot R_{ers}^2 \cdot 2\pi N_{0N}}{g\ M_{iN}} = 3,72\ s$

$10\ T_{\Theta N} \cdot \dfrac{dn_{\mathrm{I}}}{dt} + n_{\mathrm{I}} = 15$

$n_{\mathrm{I}}(t) = 15 - 15 \cdot e^{-t/T_{\Theta St\mathrm{I}}}; \qquad T_{\Theta St\mathrm{I}} = 37,2\ s$

Gültigkeit bis $n_{\mathrm{I}} = 0,8$, d.h. $e^{-t/37,2\ s} \approx 1$, also $t \ll 37,2\ s$, daher ist

Näherung $e^{-t/37,2\ s} \approx 1 - \dfrac{t}{37,2\ s}$ möglich, d.h. $n_{\mathrm{I}}(t) \approx 15 \cdot \dfrac{t}{37,2\ s}$

$t_{\mathrm{I}} \approx 2\ s$

$\dfrac{T_{\Theta N}}{10,1} \cdot \dfrac{dn_{\mathrm{II}}}{dt} + n_{\mathrm{II}} = \dfrac{9,5}{10,1}$

$n_{\mathrm{II}}(t) = 0,94 - 0,14 \cdot e^{-\ t/T_{\Theta St\mathrm{II}}}$

$T_{\Theta St\mathrm{II}} = 0,37\ s,$ für $n_{\mathrm{I}} \leq n \leq n_{\mathrm{II}}$

7.

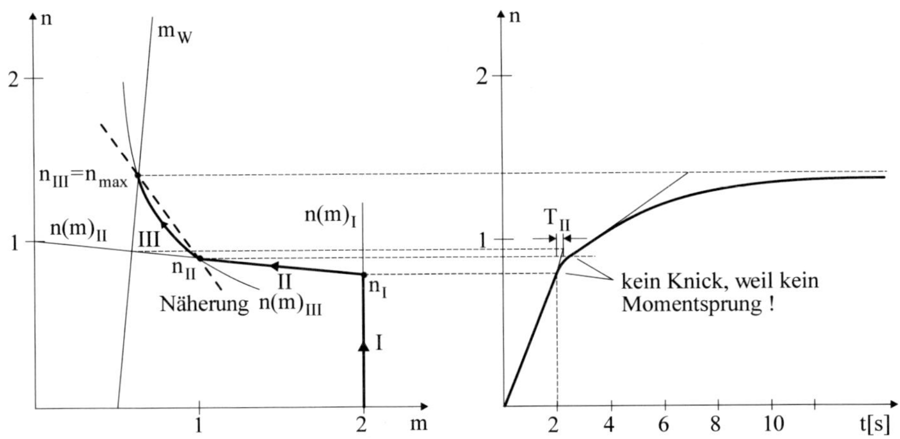

$n_{\text{III}}(t)$: Näherung der Kennlinie $n(m)_{\text{III}}$ durch eine Gerade!

Da das Beschleunigungsmoment nicht springt, muß die Anfangstangente von $n_{\text{III}}(t)$ gleich der Endtangente von $n_{\text{II}}(t)$ sein, d.h. $\dot{n}$ ist stetig

$$(\dot{n} = \frac{dn}{dt} = \frac{m_B}{T_{\Theta N}}) \text{ ; } n_0 \text{ und } n_\infty \text{ aus Kennlinienfeld.}$$

Tatsächliche Anfahrzeit > genäherte Anfahrzeit, weil m_B in Wirklichkeit etwas kleiner als angenommen ist!

Lösung zur 5. Übung

1. $U_{di0} = U_{Netz\ verk} \cdot \sqrt{2}\,\frac{p}{\pi} \cdot \sin\left(\frac{\pi}{p}\right) = 513\ V$

   $p = 6$

   $$U_{d\mathrm{I}} = U_{di0} \cdot \left(\cos\alpha - \frac{1}{2} \cdot \frac{u_{k\%}}{100} \cdot \frac{I_d}{I_{dN}}\right) = 513\ V \cdot \left(\cos\alpha \; - \; 0{,}00125 \cdot \frac{I_d}{A}\right)$$

2. Wechselrichtertrittgrenze $: \alpha_{max} = 150°$

   symmetrische Aussteuerung zu $\alpha = 90° \quad (U_{di} = 0) : \alpha_{min} = 30°$

   $$U_{d\alpha\,max} = U_d\,(\alpha = \alpha_{min},\ I_d = 0) = 513\ V \cdot \cos\ 30° = 444\ V$$

   $$U_{d\alpha\,min} = U_d\,(\alpha = \alpha_{max},\ I_d = I_{AN})$$

   $$= 513\ V \cdot \left(\cos\ 150° \; - \; 0{,}00125 \cdot \frac{18{,}8\ A}{A}\right) = -\ 457\ V$$

3. $I_d = I_{AP},\ U_d = U_{AP};\ U_{d\alpha} = U_{di0} \cdot \left(\cos\alpha - \frac{1}{2} \cdot \frac{u_{k\%}}{100} \cdot \frac{I_d}{I_{dN}}\right)$

   $$\cos\alpha_{AP} = \frac{U_{AP}}{U_{di0}} + \frac{1}{2} \cdot \frac{u_{k\%}}{100} \cdot \frac{I_{AP}}{I_{dN}}$$

   $$\alpha_{AP} = \arccos\left(\frac{200\ V}{513\ V} + 0{,}00125 \cdot \frac{18{,}8\ A}{A}\right) = 65{,}5°$$

   Linearisieren: $dU_{d\alpha} = \frac{\partial U_{d\alpha}}{\partial\alpha} \cdot d\alpha + \frac{\partial U_{da}}{\partial I_d} \cdot dI_d$

   $$\frac{\partial U_{d\alpha}}{\partial\alpha} = -\ U_{di0} \cdot \sin\alpha\,; \quad \frac{\partial U_{d\alpha}}{\partial I_d} = -\ U_{di0} \cdot \frac{1}{2} \cdot \frac{u_{k\%}}{100} \cdot \frac{1}{I_{dN}}$$

   $$\Delta U_{d\alpha} = dU_{d\alpha}\,|_{\alpha\,\approx\,\alpha_{AP}} = -\ U_{di0} \cdot \left(\sin\alpha_{AP} \cdot \Delta\alpha + \frac{1}{2} \cdot \frac{u_{k\%}}{100} \cdot \frac{\Delta I_d}{I_{dN}}\right)$$

   $$= -\ 467\ V \cdot \Delta\alpha \; - \; 0{,}641\ V \cdot \frac{\Delta I_d}{A}$$

4. $\frac{\Delta\,U_{d\alpha}}{U_{di0}} = -\ \frac{U_{di0}}{U_{di0}} \cdot \left(\sin\alpha_{AP} \cdot \Delta\alpha + \frac{1}{2} \cdot \frac{u_{k\%}}{100} \cdot \frac{\Delta I_d}{I_{dN}}\right)$

   $$\Delta u_d = -\ \sin\alpha_{AP} \cdot \Delta\alpha \; - \; \frac{1}{2} \cdot \frac{u_{k\%}}{100} \cdot \Delta i_d = -\ 0{,}91 \cdot \Delta\alpha \; - \; 0{,}025 \cdot \Delta i_d$$

   $$\Delta U_{d\alpha} = \Delta u_d \cdot U_{di0} = \Delta u_A \cdot U_{AN}$$

   $$\Longrightarrow \; \Delta u_A = \frac{U_{di0}}{U_{AN}} \cdot \Delta u_d = 1{,}28 \cdot \Delta u_d$$

$$\Delta I_d = \Delta i_d \cdot I_{dN} = \Delta i_A \cdot I_{AN} \Longrightarrow \Delta i_A = \frac{I_{dN}}{I_{AN}} \cdot \Delta i_d = 1,06 \cdot \Delta i_d$$

5. $T_t = \dfrac{T_{Netz}}{2 \cdot p} = \dfrac{20\ ms}{2 \cdot 6} = 1,67\ ms$

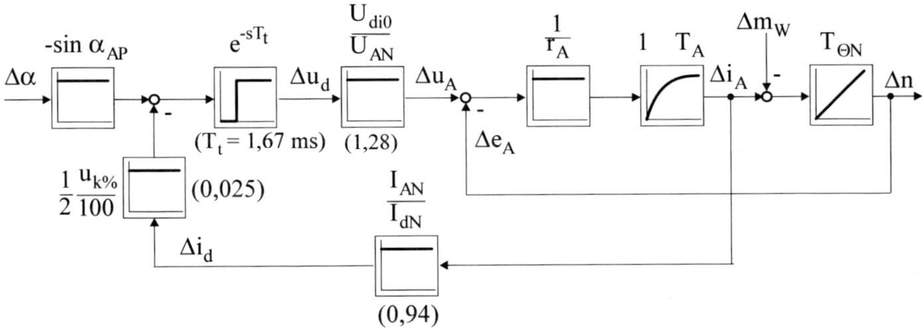

Lösung zur 6. Übung

1.1 $r_A = \dfrac{R_A \cdot I_{AN}}{U_{AN}} = 0,1$

1.2 $T_A = \dfrac{L_A}{R_A} = 10\ ms\ ; \qquad T_{\Theta St} = T_{\Theta N} \cdot \dfrac{r_A}{\psi^2} = 80\ ms\ ;$

1.3 mit $\psi = 1$:

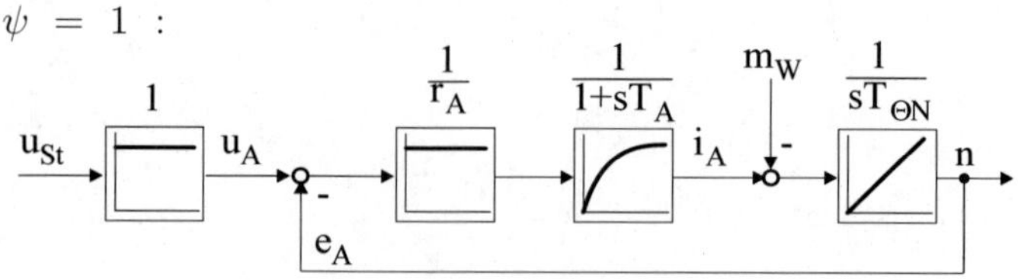

1.4 $G_1(s) = \dfrac{n(s)}{u_{St}(s)} = \dfrac{1}{1 + (1 + sT_A)sT_{\Theta N} \cdot r_A} = \dfrac{1}{1 + sT_{\Theta St} + s^2 T_{\Theta St} T_A}$

$G_2(s) = \dfrac{n(s)}{m_W(s)} = -\dfrac{r_A(1 + sT_A)}{1 + sT_{\Theta St} + s^2 T_{\Theta St} T_A} \approx -\dfrac{r_A}{1 + sT_{\Theta St}}$

$G_3(s) = \dfrac{i_A(s)}{u_{St}(s)} = sT_{\Theta N} \cdot G_1(s) = \dfrac{sT_{\Theta N}}{1 + sT_{\Theta St} + s^2 T_{\Theta St} T_A}$

mit den Zahlenwerten: $T_A = 0,01\ s$; $T_{\Theta St} = 0,08\ s$; $T_{\Theta N} = 0,8\ s$;

$r_A = 0,1$

$T_{\Theta St}/4 = 0,02\ s > T_A = 0,01\ s \qquad \Rightarrow$ aperiodisch gedämpft

1.5 $\dfrac{\Delta n_\infty}{\Delta m_{W0}} = \lim\limits_{s \to 0} \Big(G_2(s)\Big) = -\ r_A\ ;$

$\Delta n_\infty = -\ r_A \cdot \Delta m_{W0} = -\ 0,1 \cdot \Delta m_{W0}$

1.6 System 2. Ordnung:

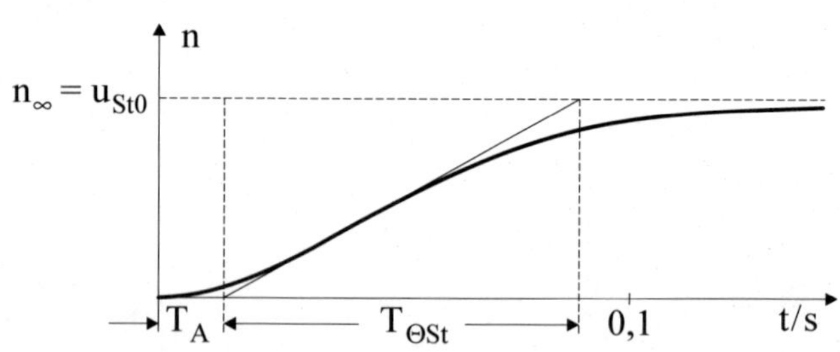

2.1 SFP ($\psi = 1$) :

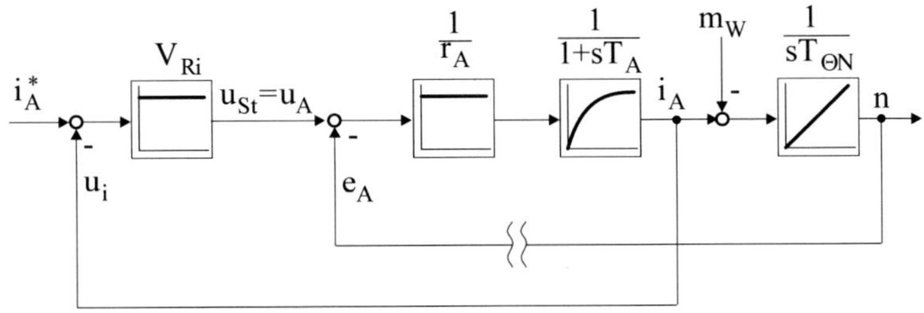

2.2 e_A vernachlässigt: $G_4(s) = \dfrac{i_A(s)}{i_A^*(s)} = \dfrac{V_{Ri}}{V_{Ri} + r_A \cdot (1 + sT_A)}$

$$G_4(s) = V_{ers\,i} \frac{1}{1 + sT_{ers\,i}} \; ; \; V_{ers\,i} = \frac{V_{Ri}}{V_{Ri} + r_A} = 0,95$$

$$T_{ers\,i} = \frac{T_A \cdot r_A}{V_{Ri} + r_A} = 0,5\,ms$$

stat. Regelfehler: $\dfrac{\Delta\, i_{A\infty}}{i_{A0}^*} = \dfrac{i_{A\infty} - i_{A0}^*}{i_{A0}^*} = \dfrac{r_A}{r_A + V_{Ri}} = -\dfrac{1}{20}$

2.3 SFP:

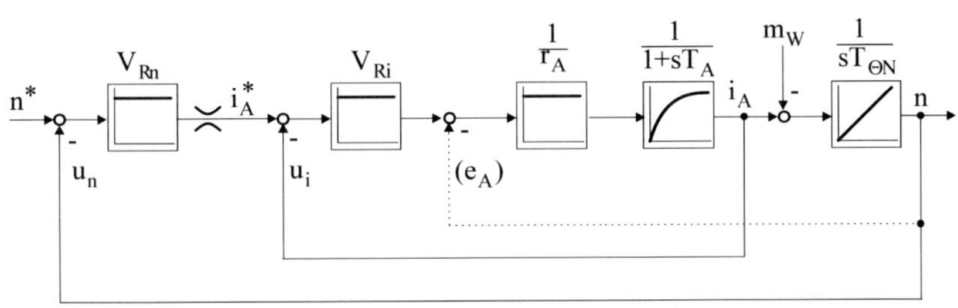

2.4 Mit $G_4(s) = \dfrac{i_A(s)}{i_A^*(s)} = V_{ers\,i} \dfrac{1}{1 + sT_{ers\,i}}$; $V_{ers\,i} = 0,95$; $T_{ers\,i} = 0,5\,ms$

folgt: $$G_5(s) = \frac{n(s)}{n^*(s)} = \frac{V_{Rn} \cdot V_{ers\,i}}{V_{Rn} \cdot V_{ers\,i} + (1 + sT_{ers\,i}) \cdot sT_{\Theta N}}$$

$$G_5(s) = \frac{1}{1 + s\dfrac{T_{\Theta N}}{V_{Rn} \cdot V_{ers\,i}} + s^2 \dfrac{T_{ers\,i} \cdot T_{\Theta N}}{V_{Rn} \cdot V_{ers\,i}}}$$

Hinweis: vgl. $G_1(s): \quad T_{ers\,i} \mathrel{\hat{=}} T_A\,; \quad \dfrac{T_{\Theta N}}{V_{Rn} \cdot V_{ers\,i}} \mathrel{\hat{=}} T_{\Theta St}$

2.5 Mit $\dfrac{T_{\Theta N}}{V_{Rn} \cdot V_{ers\,i}} \gg T_{ers\,i} \quad \rightarrow$ Zerlegung in 2 PT_1–Glieder:

$$G_5(s) \approx \frac{1}{(1 + sT_{ers\,i}) \cdot \left(1 + \dfrac{sT_{\Theta N}}{V_{Rn} \cdot V_{ers\,i}}\right)}\,;$$

$$T_{ers\,i} = 0,5\ ms\,; \quad \frac{T_{\Theta N}}{V_{Rn} \cdot V_{ers\,i}} = 21\ ms$$

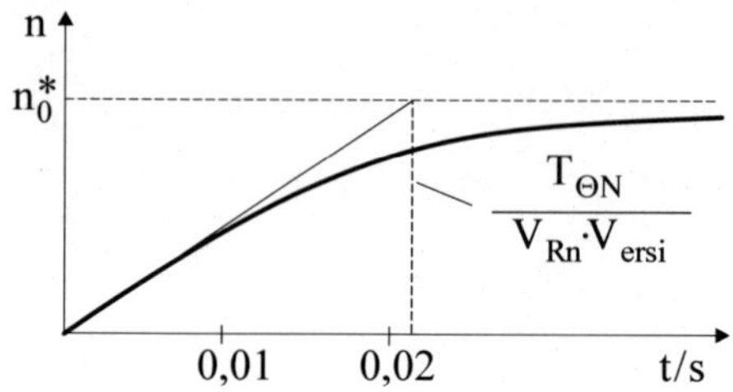

2.6 $\dfrac{\Delta n_\infty}{\Delta m_{W0}} = -\dfrac{1}{V_{Rn} \cdot V_{ers\,i}} = -\dfrac{1}{38} = -0,0263$

3.1 mit Strombegrenzung: $\quad i_A^* = 1,0 \rightarrow i_A = 0,95 =$ const.

Hochlaufzeit: $\quad \Delta t_H \approx \dfrac{1}{0,95} \cdot T_{\Theta N} \cdot \Delta n = 0,421\ s$

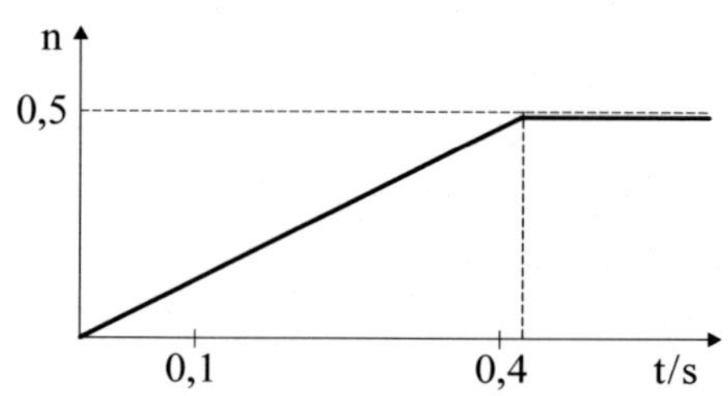

3.2 keine Begrenzung, wenn $(n^* - n) \cdot V_{Rn} < 1$

$$n_1 = n^* - \frac{1}{V_{Rn}} = 0,475$$

Lösung zur 7. Übung

1.1 $N_{syn} = \dfrac{F_{1N}}{Z_p} = \dfrac{50\ Hz}{2} = 25\ \dfrac{1}{s} = 1500\ \dfrac{1}{min}$

$$M_{iN} = \frac{P_N}{\Omega_N} = \frac{P_N}{2\pi\ N_N}; \qquad N_N = 1448\ \frac{1}{min}\ \frac{min}{60\ s} = 24,13\ \frac{1}{s}$$

$$M_{iN} = 2078\ Nm$$

$$s_N = 1 - \frac{N_N}{N_{syn}} = 0,035$$

1.2 $n = f_1 - m_M \cdot \dfrac{s_N}{\left(\dfrac{u_1}{f_1}\right)^2} = f_1 - m_M \cdot s_N \cdot f_1^2 \qquad (u_1 = 1)$

$$n = 1 - m_M \cdot 0,035$$

1.3 Kloss'sche Gleichung: $M_M = M_K \cdot \dfrac{2 \cdot s \cdot s_K}{s^2 + s_K^2}$

im Nennpunkt: $M_{iN} = M_{KN} \cdot \dfrac{2 \cdot s_N \cdot s_{KN}}{s_N^2 + s_{KN}^2}$

$$s_{KN}^2 - 2\ \frac{M_{KN}}{M_{iN}}\ s_N\ s_{KN} + s_N^2 = 0\ ;$$

$$s_{KN_{1/2}} = \frac{\dfrac{2\ M_{KN}}{M_{iN}}\ s_N \ \overset{+}{(-)}\ \sqrt{4\left(\dfrac{M_{KN}}{M_{iN}}\ s_N\right)^2 - 4\ s_N^2}}{2}$$

$$s_{KN} = s_N \cdot \left(\frac{M_{KN}}{M_{iN}}\ \overset{+}{(-)}\ \sqrt{\left(\frac{M_{KN}}{M_{iN}}\right)^2 - 1}\right) = 0,137$$

$$m_A = \frac{M_{KN}}{M_{iN}} \cdot \frac{M_M\ (s = 1)}{M_{KN}} = \frac{2 \cdot s_{KN}}{1 + s_{KN}^2} \cdot 2,1 = 0,564$$

1.5 siehe Hilfsblatt

2.1 $n = f_1 - m_M \cdot s_N\ f_1^2\ ; \qquad f_1 = \dfrac{60\ Hz}{50\ Hz} = 1,2$

$$n = 1,2 - m_M \cdot 0,035 \cdot (1,2)^2 = 1,2 - m_M \cdot 0,050$$

2.2 $\dfrac{P}{M_{iN} \cdot \Omega_{0N}} = \dfrac{M_M}{M_{iN}} \cdot \dfrac{\Omega}{\Omega_{0N}} = \text{const.}$

$$\Rightarrow \; p_N \; = \; \frac{P_N}{P_{0N}} \; = \; m_M \cdot n \; = \; \text{const.}$$

Nennbetrieb: $m_M = 1\,; \quad n = n_N \;\Rightarrow p_N = n_N \;\Rightarrow\; m_M = \dfrac{n_N}{n} = \dfrac{0,963}{n}$

mit $n_N \; = \; \dfrac{1448}{1500} \; = \; 0,963$

2.3 grafische Lösung: siehe Hilfsblatt S. 629

rechnerische Lösung:

$$m'_{iN} \; = \; \frac{n_N}{n'_N}\; ; \; n'_N \; = \; f_1 \; - \; m'_{iN} \cdot s_N \cdot f_1^2 \; = \; f_1 \; - \; \frac{n_N}{n'_N} \cdot s_N \cdot f_1^2 \;\; | \cdot n'_N$$

mit $s_N = 1 - n_N; \quad n'^2_N - f_1\, n'_N + f_1^2 \Big(n_N\, (1 - n_N) \Big) = 0$

$$n'_N = \frac{f_1 \pm \sqrt{f_1^2 \; - \; 4\,(n_N \; - \; n_N^2) f_1^2}}{2} = f_1 \left(\frac{1 \; \pm \; \sqrt{1 \; - \; 4 n_N \; + \; 4 n_N^2}}{2} \right)$$

$$n'_N \; = \; f_1 \left(\frac{1 \overset{(+)}{-} (1 \; - \; 2 n_N)}{2} \right) \; = \; f_1 \cdot n_N \; = \; 1,2 \cdot 0,963 \; = \; 1,16$$

$$N'_N \; = \; n_N \cdot N_{0N} \; = \; 1,16 \cdot 1500 \frac{1}{min} \; = \; 1738 \; \frac{1}{min}$$

$$m'_{iN} \; = \; \frac{n_N}{n'_N} \; = \; \frac{n_N}{f_1 \cdot n_N} \; = \; \frac{1}{f_1} \; = \; \frac{1}{1,2} \; = \; 0,833$$

$$M'_{iN} \; = \; m'_{iN} \cdot M_{iN} \; = \; \frac{2048 \; Nm}{1,2} \; = \; 1732 \; Nm$$

2.4 $s'_K \; = \; \dfrac{1}{f_1} \cdot s_{KN} \; = \; \dfrac{0,137}{1,2} \; = \; 0,114 \;\; ;$

<u>Achtung:</u> s bezogen auf synchrone Drehzahl N_{syn}!

$$n'_K \; = \; f_1 \cdot \left(1 \; - \; s'_K\right) \; = \; f_1 \cdot \left(1 \; - \; \frac{s_{KN}}{f_1} \right) \; = \; f_1 \; - \; s_{KN} \; = 1,063$$

$$m'_K \; = \; \frac{1}{f_1^2}\, m_{KN} \; = \; \frac{1}{(1,2)^2} \cdot 2,1 \; = \; 1,46$$

$$\frac{M'_K}{M'_{iN}} \; = \; m'_K \cdot \frac{M_{iN}}{M'_{iN}} \; = \; \frac{m'_K}{m'_{iN}} \; = \; \frac{m_{KN}}{f_1} \; = \; 1,46 \cdot 1,2 \; = \; 1,75$$

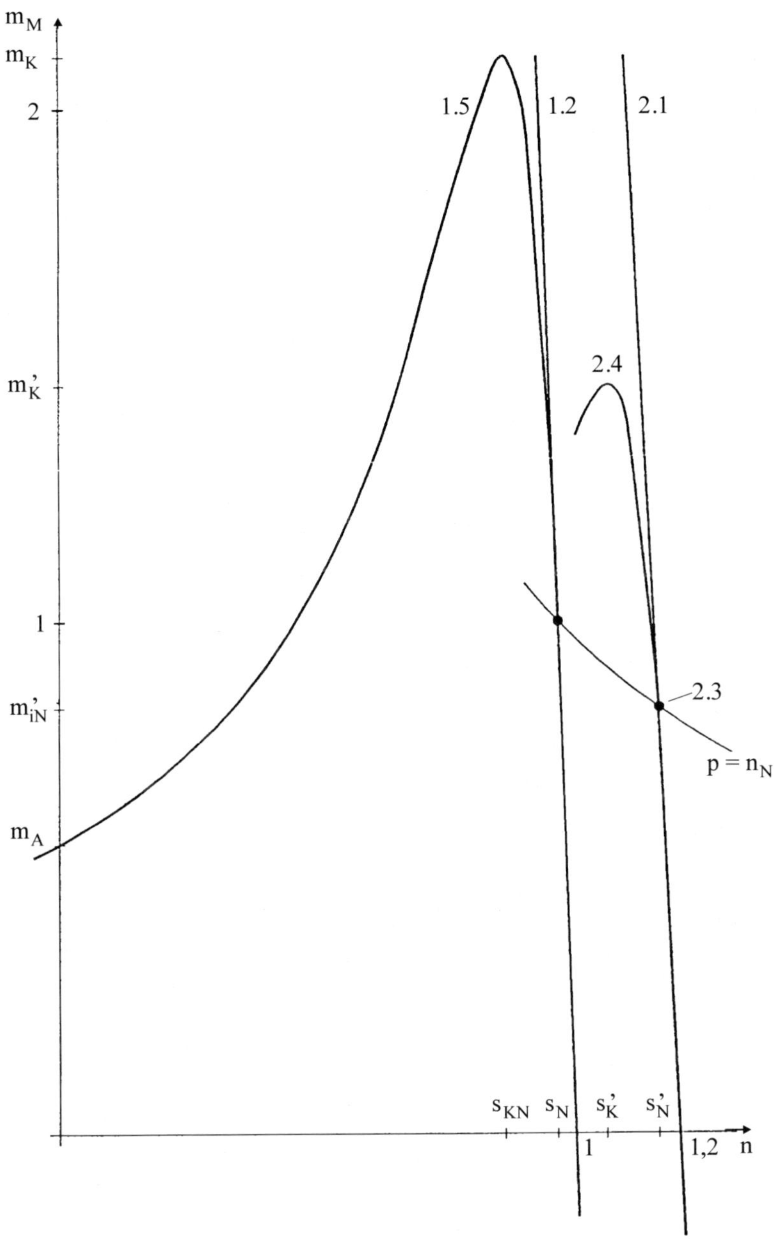

Hilfsblatt (grafische Lösung)

Lösung zur 8. Übung

1.1 $M_W = m \cdot \sin\alpha \cdot g \cdot \frac{R_T}{ü}$

$$m = \rho \cdot V = \rho \cdot \dot{V} \cdot \frac{l}{v} \; ; \quad v = \frac{\Omega_m}{ü} \cdot R_T$$

$$M_W = \frac{\rho \cdot \dot{V} \cdot l \cdot \sin\alpha \cdot g}{\Omega_m} = \frac{885}{\Omega_m} \, \frac{Nm}{s}$$

$$P_W = M_W \cdot \Omega_m = \rho \cdot \dot{V} \cdot l \cdot \sin\alpha \cdot g = 855 \, W \neq f(\Omega_m) \, !$$

1.2 $M_{iN} = \frac{P_N}{\Omega_N} \; ; \quad \Omega_N = 2\pi \cdot N_N = 96,3 \, \frac{1}{s}$

$$M_{iN} = 11,4 \; Nm$$

$$s_N = \frac{\Omega_{syn} - \Omega_N}{\Omega_{syn}} = 1 - \frac{\Omega_N}{\Omega_{syn}} \; ; \qquad \Omega_{syn} = \frac{\Omega_{1N}}{Z_p} = 105 \, \frac{1}{s}$$

$$s_N = 0,083$$

$$P_{0N} = 3 \cdot U_{1N} \cdot I_{1N} \cdot \cos\varphi_N = M_{iN} \cdot \Omega_{syn} = P_N \cdot \frac{\Omega_{syn}}{\Omega_N}$$

$$I_{1N} = \frac{P_N}{3 \cdot U_{1N} \cdot \cos\varphi_{1N}} \cdot \frac{\Omega_{syn}}{\Omega_N} = 1,40 \; A$$

1.3 $M_K = 2,3 \cdot M_{iN} = 26,2 \; Nm$

$$M_{iN} = M_K \cdot \frac{2}{\frac{s_N}{s_K} + \frac{s_K}{s_N}} \; ; \quad \frac{s_N}{s_K} + \frac{s_K}{s_N} = 2 \cdot \frac{M_K}{M_{iN}} \quad / \cdot s_K \, s_N$$

$$s_K^2 - 2 \cdot \frac{M_K}{M_{iN}} \cdot s_N \cdot s_K + s_N^2 = 0$$

$$s_K = \frac{2 \cdot \frac{M_K}{M_{iN}} \cdot s_N \pm \sqrt{\left(2 \cdot \frac{M_K}{M_{iN}} \cdot s_N\right)^2 - 4 \cdot s_N^2}}{2} = 0,363/0,019$$

2.1 Radius des Heylandkreises : $\Re e \, \{ I_1 \, (M = M_K) \} = I_{1KA}$

$$P_{0K} = 3 \cdot U_1 \cdot I_{1KA} = M_K \cdot \Omega_{syn}$$

$$I_{1KA} = \frac{M_K \cdot \Omega_{syn}}{3 \, U_1} = \frac{26,2 \; Nm \cdot 105 \, \frac{1}{s}}{3 \cdot 380 \; V} = 2,41 \; A$$

$$\varphi_1 = \arccos \, 0,75 = - \, 41,4°$$

$R_1 = 0 \quad \Longrightarrow$ Mittelpunkt des Heylandkreises auf $-\Im m$–Achse.

2.2 Leistungslinie mit Winkel $\mu = \arctan s_K \qquad \mu = 19,3^\circ$

2.3 $I_{10} = -j\,0,7\;A\;;\; I_{1A} = (1,5 - j\,5,0)\;A$ aus dem Diagramm

2.4 $I_{1\infty} = -j\,5,54\;A$ (aus dem Diagramm)

$$I_{10} = \frac{U_1}{j\,\Omega_1\,L_1}\;;\; I_{1\infty} = \frac{U_1}{j\,\Omega_1\,\sigma\,L_1} \qquad \Longrightarrow \sigma = \frac{I_{10}}{I_{1\infty}} = 0,126$$

2.5 $P_{max} \Rightarrow$ maximaler Abstand von der Leistungslinie, aber gerade noch Schnittpunkt mit der Ortskurve

$\Rightarrow$ Tangente der Parallelen der Leistungslinie an die Ortskurve

$P_{max} = 3 \cdot U_1 \cdot \overline{A_{max}\;B_{max}} = 3 \cdot 380\;V \cdot 1,72\;A = 1,96\;kW$

$s_{max} = 0,25$ (durch grafische Konstruktion)

Achtung: wegen $P < P_{max}$ darf dieser Punkt stationär nicht eingestellt werden!

3.1 $P_W = 3 \cdot U_1 \cdot \overline{A_W\;B_W} = 885\;W$

$$\overline{A_W\;B_W} = \frac{P_W}{3 \cdot U_1} = 0,776\;A$$

$\Rightarrow$ der vordere Schnittpunkt der Parallele zur Leistungsgeraden im Abstand $\overline{A_W\;B_W}$ markiert den Strom im Arbeitspunkt.

$P_{0W} = M_{MAP} \cdot \Omega_{syn} = 3 \cdot U_1 \cdot \overline{A_W\;C_W}$

$$M_{MAP} = \frac{3 \cdot U_1\;\overline{A_W\;C_W}}{\Omega_{syn}} = 9,12\;Nm$$

$s_{AP} = 0,06$ (durch grafische Konstruktion)

3.2 $P_{V2} = P_{0W} \cdot s_{AP} = 3 \cdot U_1 \cdot \overline{A_W\;C_W} \cdot s_{AP} = 57,5\;W$

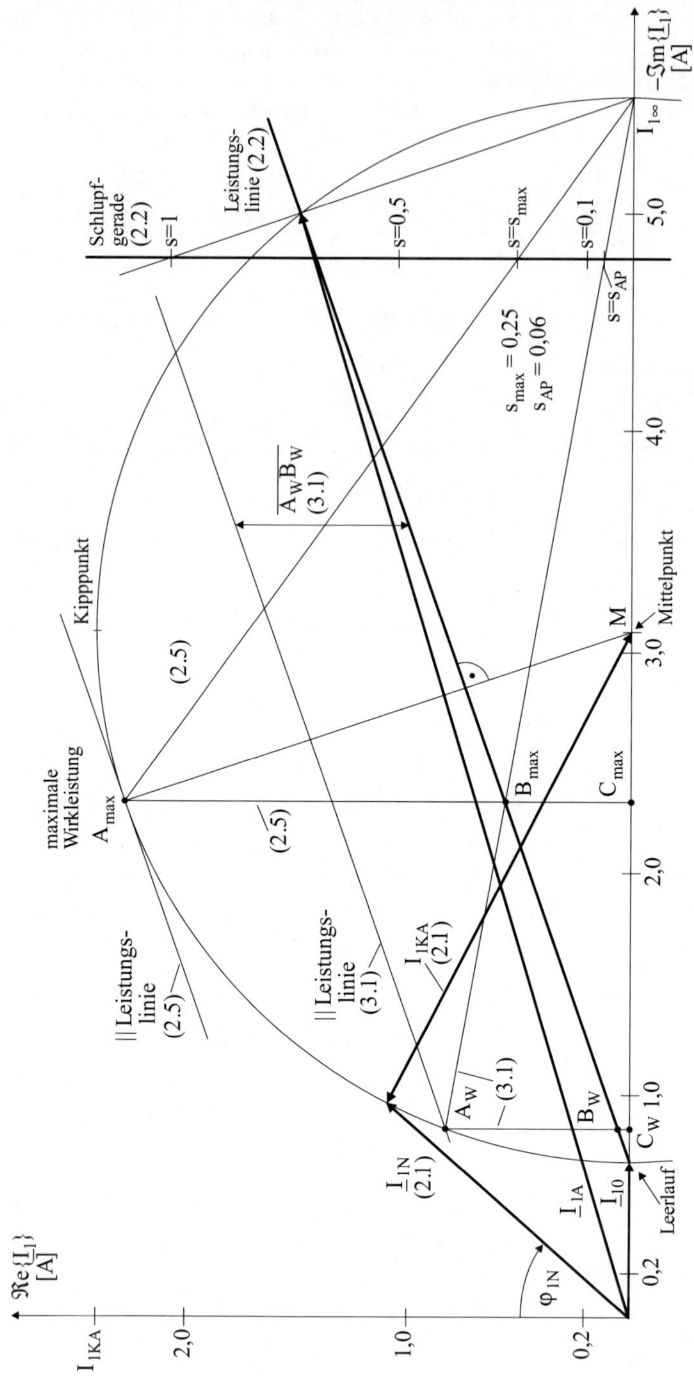

$\Re e\{\underline{I}_1\}$ [A]
$-\Im m\{\underline{I}_1\}$ [A]
I_{1KA}
2,0
1,0
0,2
0,2
1,0
2,0
3,0
4,0
5,0
$I_{1\infty}$
Schlupf-gerade (2.2)
s=1
s=0,5
$s=s_{max}$
s=0,1
$s=s_{AP}$
$s_{max} = 0,25$
$s_{AP} = 0,06$
Leistungs-linie (2.2)
$\overline{A_W B_W}$ (3.1)
Kipppunkt
(2.5)
(2.5)
M
Mittelpunkt
maximale Wirkleistung
A_{max}
B_{max}
C_{max}
|| Leistungs-linie (2.5)
|| Leistungs-linie (3.1)
I_{1KA} (2.1)
(3.1)
A_W
B_W
C_W
$\underline{I}_{1N}$ (2.1)
$\underline{I}_{1A}$
$\underline{I}_{10}$
Leerlauf
φ_{1N}

Lösung zur 9. Übung

1. $M_M = \frac{3}{2} \cdot Z_p \cdot \frac{M}{L_1} \cdot (\Psi_{1B} \cdot I_{2A} - \Psi_{1A} \cdot I_{2B})$

2. Orientierung am Rotorfluß, d.h. der Raumzeiger $\vec{\Psi}_2^K$ fällt mit der reellen Achse des K—Systems zusammen.

3. $\Omega_K = \Omega_1$

4. $\Psi_{2A} = \text{konstant}; \quad \Psi_{2B} = 0$

5. $\Psi_{1A} = \frac{L_1}{M} \cdot \Psi_{2A} = \text{konstant}; \quad I_{2A} = 0$

$$I_{2B} = -\frac{M}{\sigma\, L_1\, L_2} \cdot \Psi_{1B}; \qquad \Omega_2 = \frac{M}{L_1} \cdot \frac{R_2}{\sigma L_2} \cdot \frac{\Psi_{1B}}{\Psi_{2A}}$$

6. $M_M = \frac{3}{2} \cdot Z_p \cdot \frac{M}{L_1} \cdot \left[0 - \frac{L_1}{M} \cdot \Psi_{2A} \cdot \left(-\frac{M}{\sigma L_1 L_2} \cdot \Psi_{1B}\right)\right]$

$$= \frac{3}{2} \cdot Z_p \cdot \frac{M}{L_1} \cdot \Psi_{2A} \cdot \frac{1}{\sigma L_2} \cdot \frac{\sigma L_1 L_2}{M\ R_2} \cdot \Omega_2 \cdot \Psi_{2A}$$

$$= \frac{3}{2} \cdot Z_p \cdot \frac{1}{R_2} \cdot \Psi_{2A}^2 \cdot \Omega_2$$

7. $M_{iN} = \frac{3}{2} \cdot Z_p \cdot \frac{1}{R_2} \cdot \Psi_{2AN}^2 \cdot \Omega_{2N} = \frac{3}{2} \cdot Z_p \cdot \frac{1}{R_2} \cdot \Psi_{2AN}^2 \cdot (1-p) \cdot \Omega_{1N}$

$$\frac{M_M}{M_{iN}} = m_M = \frac{\Omega_2}{(1-p) \cdot \Omega_{1N}} = \frac{1}{1-p} \cdot f_2 = 22,4 \cdot f_2$$

mit $p = 0,955$

$$T_{\Theta N} = \frac{\Theta_{ges}}{M_{iN}} \cdot \frac{\Omega_{1N}}{Z_{pN}}; \qquad M_{iN} = \frac{P_{1N} \cdot Z_{pN}}{\Omega_{1N}} = 20\ Nm$$

$$T_{\Theta N} = \frac{\Theta_{ges} \cdot \Omega_{1N}^2}{P_{1N} \cdot Z_{pN}^2} = 1,57\ s$$

8.

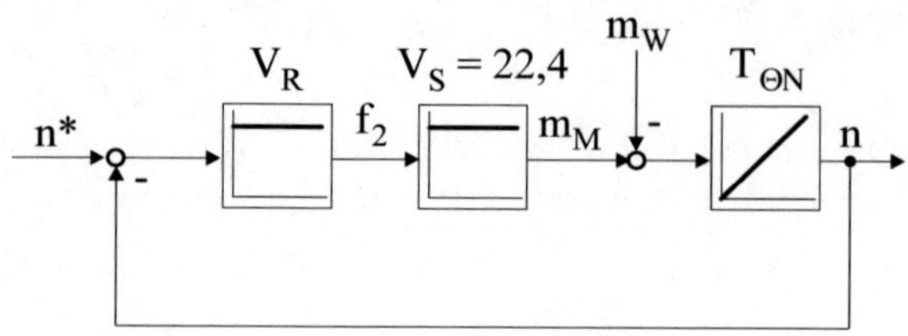

9. $m_W = 1$; $(n^* - n_\infty) \cdot V_R \cdot V_S = m_W$

($\Rightarrow$ 0 am Integratoreingang stationär)

$$V_R = \frac{m_W}{(n^* - n_\infty) \cdot V_S} \qquad \text{für } n^* - n_\infty < 0,05$$

$$\Rightarrow V_R > \frac{1}{0,05 \cdot 22,4} = 0,89$$

Lösung zur 10. Übung

1.1 Raumzeigerdefinition: $\vec{U}_1^S = \frac{2}{3} \cdot \left[U_{1a}(t) + \underline{a} \cdot U_{1b}(t) + \underline{a}^2 \cdot U_{1c}(t) \right]$

Schalterstellung: $U_{1ab} = -U_z$; $U_{1bc} = U_z$; $U_{1ca} = 0$

Phasenspannungen U_{1a}, U_{1b}, U_{1c}:

symm. Drehspannungssystem: $U_{1a}(t) + U_{1b}(t) + U_{1c}(t) = 0$

$$U_{1a} = \frac{(U_{1a} - U_{1b}) - (U_{1c} - U_{1a})}{3} = \frac{U_{1ab} - U_{1ca}}{3} \implies U_{1a} = -\frac{U_z}{3}$$

$$U_{1b} = \frac{(U_{1b} - U_{1c}) - (U_{1a} - U_{1b})}{3} = \frac{U_{1bc} - U_{1ab}}{3} \implies U_{1b} = \frac{2}{3} \cdot U_z$$

$$U_{1c} = \frac{(U_{1c} - U_{1a}) - (U_{1b} - U_{1c})}{3} = \frac{U_{1ca} - U_{1bc}}{3} \implies U_{1c} = -\frac{U_z}{3}$$

$$\vec{U}_1^S = \frac{2}{3} \cdot \left[-\frac{U_z}{3} + \left(-\frac{1}{2} + j\,\frac{\sqrt{3}}{2} \right) \cdot \frac{2}{3} \cdot U_z + \left(-\frac{1}{2} - j\,\frac{\sqrt{3}}{2} \right) \cdot \left(-\frac{U_z}{3} \right) \right]$$

$$= U_z \cdot \left(-\frac{1}{3} + j\,\frac{\sqrt{3}}{3} \right)$$

$\implies$ Zeiger $\vec{3}$

1.2 $\vec{U}_1^S = \vec{7} = \vec{8} = 0 \implies$ dreiphasiger Kurzschluß der Statorklemmen

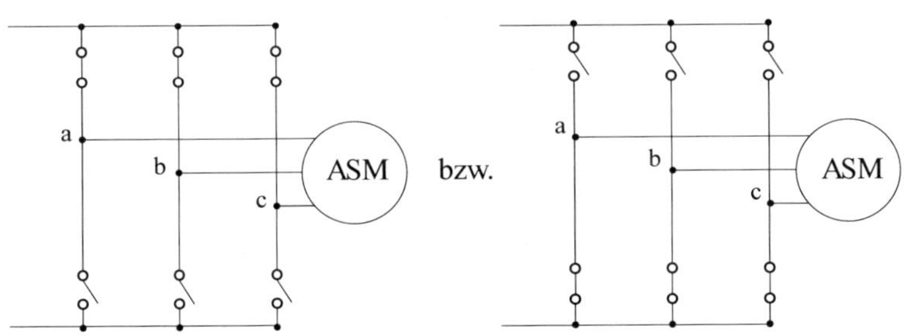

2.1

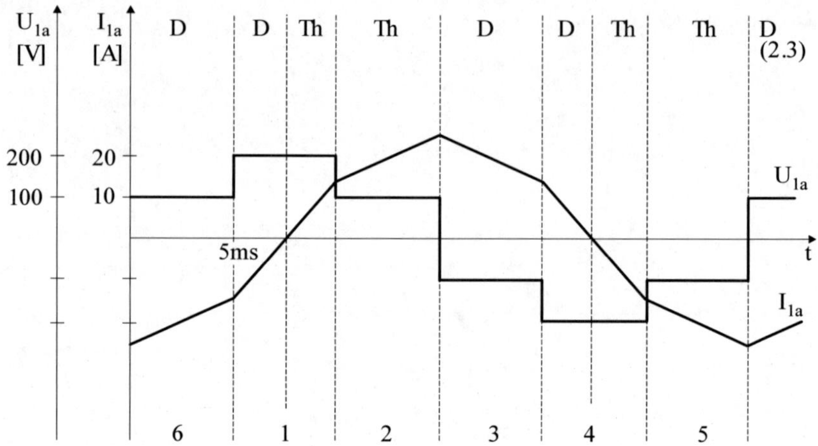

2.2

$$\frac{dI_{1a}}{dt} = \frac{U_{1a}}{L_{Ph}} = \begin{cases} \pm \dfrac{100\ V}{40\ mH} = \pm\ 2500\ \dfrac{A}{s} = \pm\ \dfrac{12,5\ A}{5\ ms} \\ \pm \dfrac{200\ V}{40\ mH} = \pm\ 5000\ \dfrac{A}{s} = \pm\ \dfrac{25\ A}{5\ ms} \end{cases}$$

$$\hat{I}_{1a} = \frac{25\ A}{5\ ms} \cdot 2,5\ ms + \frac{12,5\ A}{5\ ms} \cdot 5\ ms = 25\ A$$

2.3 siehe 2.1

1. Prüfungsaufgabe

Aufgabe 1: Grundlagen

Holzzuschneidemaschine

Die Auslegung einer Maschine zum maßgenauen Zuschnitt von Holzplatten ist zu überprüfen.

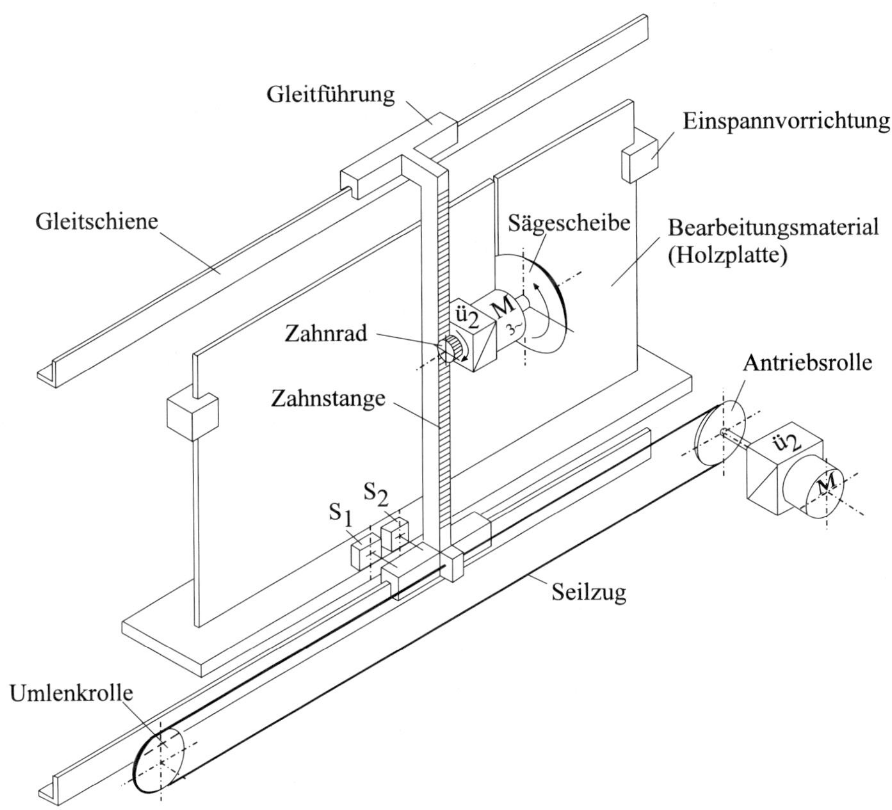

Die Anordnung enthält zwei Antriebe:

Der Antrieb zur horizontalen Positionierung (Horizontalantrieb) besteht aus einer nennerregten Gleichstromnebenschlußmaschine (GNM), die über ein Getriebe (Übersetzung $\ddot{u}_1$) und eine Antriebsrolle einen Seilzug bewegt. An dem Seilzug ist das Portal mit dem vertikalen Vortrieb und der Sägescheibe befestigt.

Die Sägescheibe ist direkt mit der Motorwelle einer Asynchronmaschine (ASM) verbunden. Zwischen Motorwelle der ASM und dem Zahnrad für den vertikalen Vortrieb befindet sich ein Getriebe mit der Übersetzung $\ddot{u}_2$.

Die nachfolgenden mechanischen Größen sind bekannt:

Massenträgheitsmoment der GNM mit Getriebe (bezogen auf die Motorwelle)	$\Theta_{(M+G)1}$
Übersetzung des Getriebes an der GNM:	$\ddot{u}_1$
Radius und Massenträgheitsmoment der Antriebsrolle:	R_{ARolle}, Θ_{ARolle}
Radius und Massenträgheitsmoment der Umlenkrolle:	R_{URolle}, Θ_{URolle}
Seilmasse:	m_{Seil}
Masse des Portals mit Aufbau:	m_{Portal}
Massenträgheitsmoment der ASM mit Getriebe (bezogen auf die Motorwelle)	$\Theta_{(M+G)2}$
Masse der ASM mit Getriebe und Motorwelle	$m_{(M+G)2}$
Übersetzung des Getriebes an der ASM:	$\ddot{u}_2$
Masse und Massenträgheitsmoment des Zahnrads mit Welle:	$m_{Zahnrad}$, $\Theta_{Zahnrad}$
Radius des Zahnrads:	$R_{Zahnrad}$
Masse und Massenträgheitsmoment der Sägescheibe:	$m_{Säge}$, $\Theta_{Säge}$

Der Einfluß aller übrigen mechanischen Größen wird vernachlässigt.

Fragen:

1.1 Berechnen Sie symbolisch (d.h. ohne Zahlenwerte) für beide Antriebe das gesamte Massenträgheitsmoment Θ_{ges1} und Θ_{ges2} bezogen auf die Motorwelle.

1. Quereinstieg: Die folgenden Aufgaben sind unabhängig von den bisherigen lösbar.

Es soll jetzt der Horizontalantrieb betrachtet werden. Von der nennerregten Gleichstrom–Nebenschlußmaschine sind folgende Daten gegeben:

Ankernennstrom:	$I_{AN} = 5\,A$
Ankernennspannung:	$U_{AN} = 400\,V$
Ankerwiderstand:	$R_A = 20,0\,\Omega$
Nenndrehzahl:	$N_N = 3900\ 1/min$
mechanischer Wirkungsgrad:	$\eta_{mech} = 1$
Massenträgheitsmoment (bezogen auf Motorwelle):	$\Theta_{ges1} = 0,020\,Nms^2$

1.2 Berechnen Sie die für die Normierung erforderlichen Bezugsgrößen M_{iN}, P_{0N} und N_{0N}. Wie groß sind die Zeitkonstanten $T_{\Theta N}$ und $T_{\Theta St}$?

Als Stellglied wird ein kreisstrombehafteter Umkehrstromrichter mit einem Steuerwinkelbereich $30° < \alpha < 150°$ eingesetzt.

1.3 Warum kann der Steuerwinkelbereich $\alpha \to 0°$ nicht genutzt werden ?

Der Umkehrstromrichter besteht aus zwei B6–Brücken in Kreuzschaltung. Beide Brücken sind über einen eigenen Transformator (Übersetzung 1) mit dem Drehstromnetz ($U_v = 400\,V$) verbunden. Die relative Kurzschlußspannung der Transformatoren beträgt jeweils $u_{k\%} = 10\%$. Für den Nennstrom auf der Gleichstromseite gilt: $I_{dN} = 3 \cdot I_{AN}$. Es fließt ein Kreisstrom $I_{Kreis} = 1,0\,A$. Die Kreisstromdrosseln werden als ideal angenommen, d.h. es fällt keine Gleichspannung an ihnen ab.

1.4 Wie müssen die Steuerwinkel α_1 (Brücke im Gleichrichterbetrieb) und α_2 (Brücke im Wechselrichterbetrieb) eingestellt sein, damit bei einem Ankerstrom $I_A = 4,0\,A$ eine Ankerspannung $U_A = 350\,V$ anliegt ?

2. Quereinstieg: Die folgenden Aufgaben sind unabhängig von den bisherigen lösbar. Benutzen Sie jetzt die neu angegebenen Zahlenwerte (nicht identisch mit Ergebnissen von 1.1 bis 1.4 !!!):

Neue Daten: $r_A = 0,3 \qquad \psi = 1 \qquad T_{\Theta N} = 3\,s \qquad T_A \approx 0$

Das Widerstandsmoment ist ein reines Reibmoment und hängt von der Drehrichtung ab:

$$m_W = \begin{cases} 0,2 & \text{für } n > 0 \\ -0,2 \ldots 0,2 & \text{für } n = 0 \quad (\text{d.h. } m_W = m_M \text{ für } -0,2 < m_M < 0,2) \\ -0,2 & \text{für } n < 0 \end{cases}$$

Die Positionierung des Horizontalantriebs wird durch Steuerung der Ankerspannung vorgenommen. Zu Beginn ist $u_A = 0$ und $n = 0$.

1.5 Auf welchen Wert u_{A1} muß die Ankerspannung springen, um ein Beschleunigungsmoment von $m_B = 0,5$ aufzubringen ?

Die Ankerspannung wird daraufhin so gesteuert, daß m_B konstant auf 0,5 gehalten wird.

1.6 Wie ist der Drehzahlverlauf $n_1(t)$?

1.7 Geben Sie den erforderlichen Spannungsverlauf $u_{A2}(t)$ an.

Sobald die Spannung u_A den Wert $u_{A3} = 1$ erreicht hat, wird sie konstant gehalten.

1.8 Welche Drehzahl n_2 ist am Umschaltpunkt erreicht ?

1.9 Geben Sie den Drehzahlverlauf $n_3(t)$ nach dem Umschalten auf die konstante Ankerspannung $u_{A3} = 1$ an.

Die Positionierung erfolgt mit zwei Schaltern vor dem Bearbeitungspunkt. Der Schalter S_1 dient zum Abbremsen auf eine Schleichgeschwindigkeit. Bei Annäherung an den Schalter S_1 ist eine stationäre Drehzahl erreicht. Bei Auslösung des Schalters S_1 wird die Ankerspannung auf einen neuen Wert u_{A4} umgeschaltet. Die Spannung u_{A4} wird bis zum Erreichen des Schalters S_2 konstant gehalten.

1.10 Wie groß muß u_{A4} gehalten werden, wenn der Ankerstrom $|i_A|$ maximal den Wert 2,5 erreichen soll ?

Die Spannung $u_A = u_{A4}$ wird daraufhin konstant gehalten. Der Schalter S_2 wird erreicht, wenn sich der Motor bereits mit der (stationären) Schleichdrehzahl n_4 dreht. Die Ankerspannung wird durch das Auslösen von S_2 auf $u_{A5} = 0$ gestellt und danach konstant auf 0 gehalten.

1.11 Wie lange dauert es, bis der Horizontalantrieb nach Auslösung von S_2 zum Stehen kommt ?

1.12 Skizzieren Sie den gesamten Vorgang im m_M-n–Diagramm.

Aufgabe 2: ASM als Antrieb des Sägemotors

Die Sägescheibe wird von einer Asynchronmaschine mit Kurzschlußläufer angetrieben. Die Maschine ist direkt an das Drehstromnetz angeschlossen.

Das Widerstandsmoment M_W beim Schneiden einer Holzplatte wird als konstant und unabhängig von der Drehzahl angenommen.

Folgende Daten und Parameter sind gegeben:

$L_1 = 561\,mH$	$L_2 = 552\,mH$
$M = 528\,mH$	$\Omega_{2K} = 94,3\,1/s$
$R_1 \approx 0$	$Z_p = 2$
$U_1 = 400\,V$	$\Omega_1 = 2\pi \cdot 50\,1/s$
$M_W = 28,0\,Nm$	

2.1 Berechnen Sie den Blondelschen Streukoeffizienten σ.

2.2 Wie groß ist die synchrone Drehzahl N_{syn}, das Kippmoment M_K und der Kippschlupf s_K ?

2.3 Ermitteln Sie mit Hilfe der Kloß'schen Formel die Drehzahl N_W und die Rotorfrequenz Ω_{2W} bei Belastung mit $M_{Mi} = M_W$.

Bearbeiten Sie die folgenden Aufgaben 2.4 bis 2.7 allgemein, d.h. ohne Zahlenwerte einzusetzen.

2.4 Im Hilfsblatt 1 ist vom Strukturbild der Asynchronmaschine die Rotorseite eingetragen. Ergänzen Sie im Strukturbild die Statorseite für $R_1 = 0$ und zeichnen Sie die Signale U_{1A}, U_{1B}, I_{1A}, I_{1B} und Ω_1 ein. Verwenden Sie keine PT_1–Glieder !

2.5 Ermitteln Sie aus dem in Aufgabe 2.4 gezeichneten Strukturbild den Statorfluß $\Psi_{1A} = f(U_1, \Omega_1)$, $\Psi_{1B} = f(U_1, \Omega_1)$ im stationären Betrieb, wenn $U_{1A} = 0$ und $U_{1B} = U_1$ gilt.

2.6 Wie hängt stationär der Fluß Ψ_{2B} von U_1, Ω_1 und dem Drehmoment M_{Mi} ab ? (Hinweis: Stellen Sie zuerst die Beziehung $M_{Mi} = f(\Psi_{1A}, \Psi_{2A})$ auf.)

2.7 Bestimmen Sie den Fluß $\Psi_{2A} = f(M_{Mi}, \Omega_2, U_1, \Omega_1)$ im stationären Fall mit Hilfe des Strukturbildes.

2.8 Berechnen Sie nun mit Hilfe des Strukturbildes und der vorhergehenden Teilaufgaben die Zahlenwerte der Flüsse Ψ_{1A}, Ψ_{1B}, Ψ_{2A} und Ψ_{2B} und der Ströme I_{1A} und I_{1B} bei Belastung der Maschine mit M_W.

2.9 Skizzieren Sie die Zeiger $\vec{U}_1$, $\vec{\Psi}_1$, $\vec{\Psi}_2$ und $\vec{I}_1$ in einem Zeigerdiagramm.

Hilfsblatt 1 zu Aufgabe 2.4

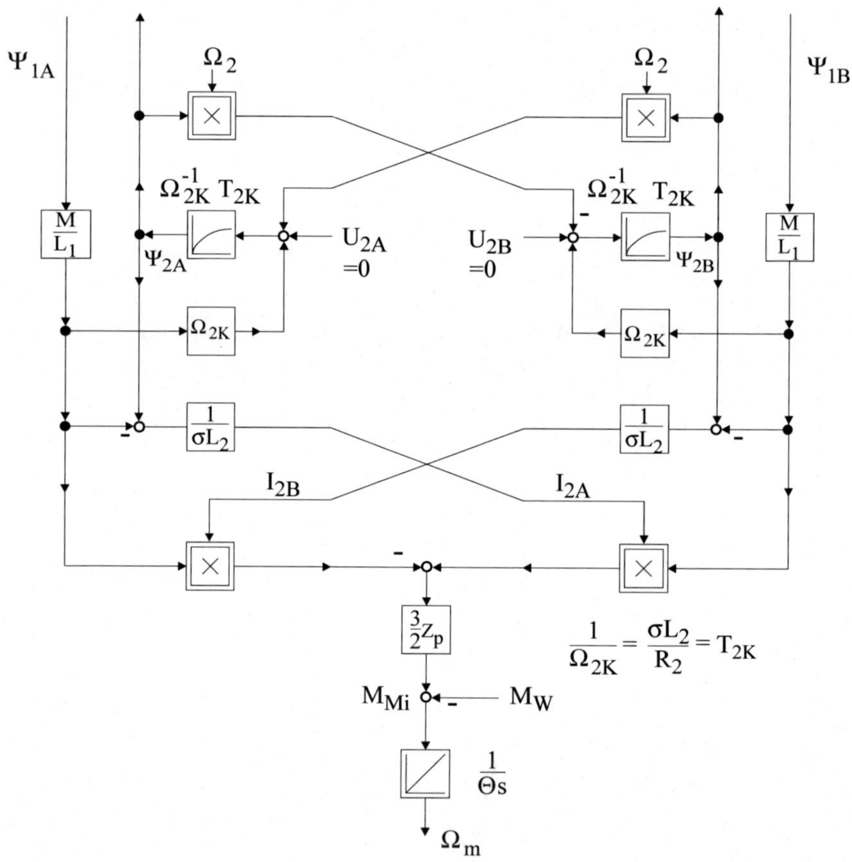

Aufgabe 3A: Regelkreisanalyse

Geregelte Feinpositionierung des Horizontalantriebs

Die beiden Schalter S_1 und S_2 aus Aufgabe 1 werden durch einen Lagegeber ersetzt. Der Lagesollwert ist $x^* = 0$. Der Lagegeber ist an der Sollposition montiert und kann den Lageistwert nur in einem Bereich in unmittelbarer Nähe der Sollposition $x^* = 0$ ausgeben. Liegt die Position außerhalb dieses Bereichs, so wird ein begrenzter Meßwert x' ausgegeben:

$$x = \begin{cases} -1 & \text{für } x < -1 \\ x & \text{für } -1 < x < 1 \\ 1 & \text{für } x > 1 \end{cases}$$

Der Zusammenhang zwischen Lage und Drehzahl ist:

$$x = \frac{1}{T_x} \cdot \int n \, dt$$

Der Lageregelkreis ist einer Kaskade aus Drehzahlregelkreis und Ankerstromregelkreis überlagert.

Daten:

normierter Ankerwiderstand:	$r_A = 0,3$
Ankerzeitkonstante:	$T_A = 20\,ms$
Erregerfluß:	$\psi = 1$
Trägheitsnennzeitkonstante:	$T_{\Theta N} = 3\,s$
Integrationszeitkonstante:	$T_x = 0,2\,s$
Stromrichterverstärkung:	$V_{Str} = 1$
Stromregler (PI–Regler):	$V_{Ri} = 1,8$ $T_{Ri} = 20\,ms$
Drehzahlregler (P–Regler):	$V_{Rn} = 50$
Widerstandsmoment (unabhängig von n):	$m_W = 0,2$

Der Lageregler besitzt nur einen P–Anteil. Befindet sich der Lageistwert außerhalb des Lagegeberbereichs, dann soll der Drehzahlsollwert $|n^*| = 0,9$ betragen.

Fragen:

3A.1 Zeichnen Sie den kompletten Signalflußplan des Regelkreises mit x^* und m_W als Eingangsgrößen sowie n und x als Ausgangsgrößen. Die Strom– und Drehzahlmeßglieder brauchen nicht eingezeichnet zu werden. Welchen Wert muß die Verstärkung des Lagereglers haben, damit die Bedingung für den Drehzahlsollwert erfüllt wird?

3A.2 Berechnen Sie die stationäre Abweichung der Drehzahl $(n^* - n_\infty)$.

3A.3 Welche Endlage x_∞ wird erreicht ?

Aufgabe 3B: Umrichtertechnik

ASM und U–Umrichter mit variabler Gleichspannung

Um für verschiedene Materialien die Drehzahl des Sägeblattes einstellen zu können, wird die ASM nun nicht mehr direkt am Netz sondern an einem U-Umrichter mit variabler Gleichspannung betrieben.

3B.1 Zeichnen Sie das Prinzipschaltbild des Umrichters.

Auf der Maschinenseite des Umrichters brauchen Sie die Ventilanordnung nur für eine Wicklung ausführlich zeichnen. Für die beiden anderen Wicklungen genügen Blöcke als Abkürzungen.

Auf eine Netzrückspeisung soll verzichtet werden.

3B.2 Erklären Sie die Funktion der antiparallelen Dioden.

3B.3 In Hilfsblatt 2 ist eine einfache Steuer- und Regelschaltung für diesen Umrichter an einer Asynchronmaschine angegeben.

Welche Steuerbedingung muß für die Asynchronmaschine eingehalten werden, damit das Kippmoment auch bei variabler Solldrehzahl konstant bleibt?

Erklären Sie (auch grafisch) wie die Einhaltung dieser Steuerbedingung in der angegebenen Schaltung sichergestellt wird.

Hilfsblatt 2 zu Aufgabe 3B.3

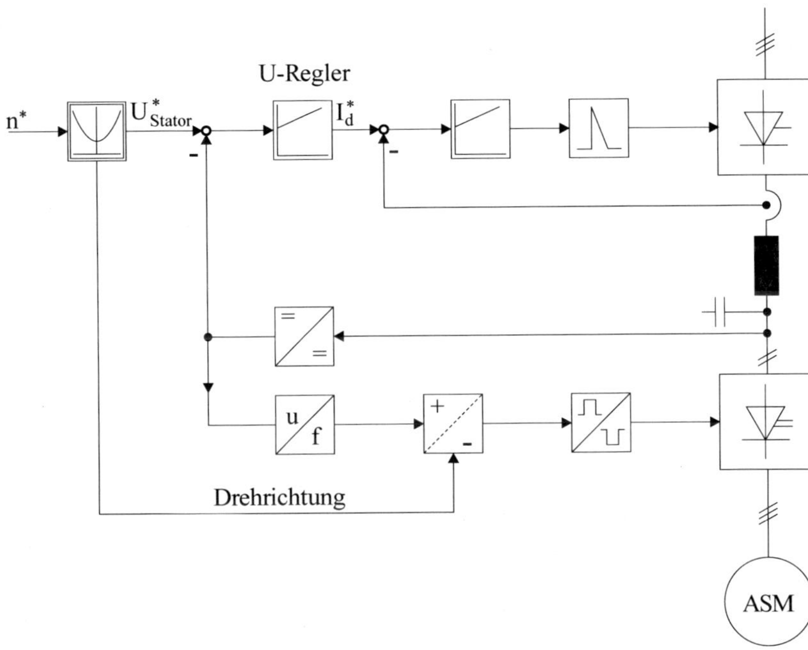

2. Prüfungsaufgabe

Aufgabe 1: Grundlagen

Autarker Hybridantrieb

Die zunehmende Energie– und Umweltdiskussion erfordert neue Konzepte für Antriebssysteme im Straßenverkehr. Ein vielversprechender Ansatz ist der autarke Hybridantrieb: Ein Verbrennungsmotor wird auf einen Betriebsbereich mit minimalem Treibstoffverbrauch und Schadstoffausstoß geregelt. Die dynamischen Anforderungen werden von einem Elektromotor übernommen. Die elektrische Energie wird in einer Batterie gespeichert. Ein Nachladen über die Steckdose ist nicht vorgesehen (daher der Begriff autark). Die Batterieladung muß deshalb durch generatorischen Betrieb des elektrischen Antriebs in Betriebsphasen erfolgen, in denen kein großes Antriebsmoment erforderlich ist. Im Stadtverkehr ist der Verbrennungsmotor abgeschaltet und über eine Kupplung vom Antriebsstrang getrennt.

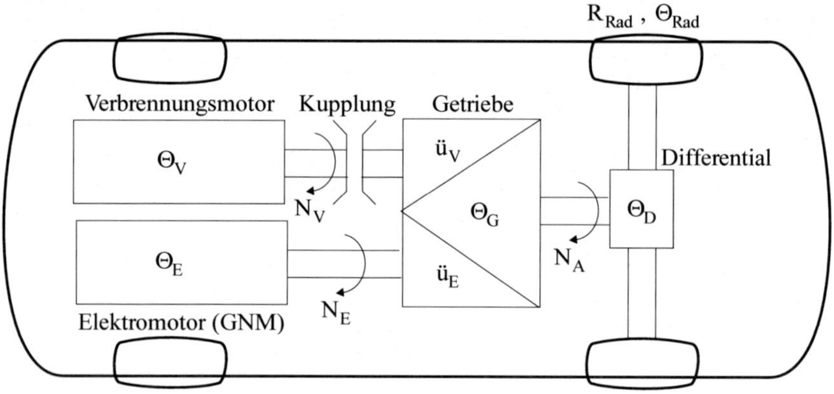

In dieser Aufgabe soll als elektrischer Antrieb eine Gleichstrom–Nebenschlußmaschine (GNM) ausgelegt und das dynamische Verhalten für einige typische Vorgänge berechnet werden.

Die beiden Motoren werden über ein gemeinsames Getriebe mit der Antriebswelle verbunden. Die Übersetzungsverhältnisse sind in dieser Aufgabe konstant:

$$\ddot{u}_V = \frac{\text{Drehzahl Verbrennungsmotorwelle}}{\text{Drehzahl Antriebswelle}} = \frac{N_V}{N_A} = 5,3$$

$$\ddot{u}_E = \frac{\text{Drehzahl Motorwelle der GNM}}{\text{Drehzahl Antriebswelle}} = \frac{N_E}{N_A} = 8,0$$

Daten:

Gesamtmasse des Fahrzeugs $m_{KFZ} = 950\,kg$

Massenträgheitsmomente:

- Verbrennungsmotor (bezogen auf eigene Welle) $\Theta_V = 0,19\,kg \cdot m^2$
- GNM (bezogen auf eigene Welle) $\Theta_E = 0,049\,kg \cdot m^2$
- Getriebe (bezogen auf die Antriebswelle) $\Theta_G = 0,135\,kg \cdot m^2$
- Differential (bezogen auf die Antriebswelle) $\Theta_D = 0,095\,kg \cdot m^2$
- Rad (bezogen auf die Antriebswelle) $\Theta_{Rad} = 0,35\,kg \cdot m^2$

Radius der Räder $R_{Rad} = 0,25\,m$

gesamtes Reibmoment (bezogen auf die Antriebswelle) $M_{Reib} = 40,0\,Nm$

Das Differential setzt die Drehzahl der Antriebswelle auf die Achse mit der Übersetzung 1 um.

Fragen:

1.1 Berechnen Sie das gesamte Massenträgheitsmoment Θ_{ges}, bezogen auf die Welle der GNM, wenn die Kupplung zum Verbrennungsmotor geschlossen ist (d.h. kein Betrieb im Stadtverkehr).

1.2 Wie groß ist das Widerstandsmoment M_{W1}, bezogen auf die Welle der GNM, an einem Anstieg mit dem Steigungswinkel $\alpha = 0,5°$ im Stadtverkehr (Kupplung offen)?

1.3 Berechnen Sie zum Vergleich mit den Bedingungen von 1.2 das Widerstandsmoment M_{W2}, wenn die Kupplung geschlossen ist und der Verbrennungsmotor ein Moment $M_V = 70\,Nm$ an die eigene Welle abgibt.

Die GNM soll einen elektrischen Ankerwirkungsgrad von $\eta_{el} = 0,9$ besitzen ($\eta_{mech} = 1$) und für eine Ankernennspannung $U_{AN} = 200\,V$ ausgelegt sein.

Im Ankerstellbereich ($\Psi = \Psi_N$) bei offener Kupplung sind folgende Forderungen zu erfüllen, ohne den Ankernennstrom oder die Ankernennspannung zu überschreiten:

- Das Fahrzeug muß bei einer Steigung von $\alpha = 1°$ zum Anfahren aus dem Stillstand ein Beschleunigungsmoment $M_B = 10\,Nm$ auf die Achse der GNM aufbringen können.
- In der Ebene soll eine Geschwindigkeit $V = 30\,km/h$ erreichbar sein. Der Luftwiderstand bewirkt bei dieser Geschwindigkeit ein zusätzliches Widerstandsmoment von $M_{LW} = 20\,Nm$ auf die Antriebsachse.

1.4 Berechnen Sie M_{iN}, r_A, N_{0N}, P_{0N} und P_N.

1. Quereinstieg:

Die folgenden Aufgaben sind unabhängig von den bisherigen Ergebnissen lösbar. Es sind jetzt folgende neue Zahlenwerte gegeben:

$r_A = 0,1$ $\quad m_W = 0,25$ $\quad T_{\Theta N} = 8,0\,s$ $\quad T_A \approx 0$

Das Fahrzeug soll im Stadtverkehr ohne Verbrennungsmotor in drei Stufen auf $40\,km/h$ beschleunigt werden:

a) Regelung des Motormoments auf den Nennwert ($m_M = 1$) bis die Motorkennlinie erreicht ist ($\psi = 1$).

b) konstante Ankerspannung $u_A = 1$ bei $\psi = 1$. Wenn das Motormoment $m_M = 0,3$ erreicht ist, wird der Fluß auf $\psi = \psi_C$ umgeschaltet. Die Erregerzeitkonstante kann vernachlässigt werden.

c) konstanter Erregerfluß $\psi = \psi_C$. Bestimmung von ψ_C so, daß sich stationär die Drehzahl $n_{max} = 1,3$ einstellt.

Für die Berechnung der Zeitverläufe können Sie zur Vereinfachung die Zeitzählung bei jeder Stufe neu beginnen lassen.

1.5 Geben Sie den Drehzahlverlauf $n_a(t)$ für die Stufe a an.

1.6 Bei welcher Drehzahl n_{ab} wird in Stufe b umgeschaltet ?

1.7 Wie ist der Drehzahlverlauf $n_b(t)$ in Stufe b ?

1.8 Welche Drehzahl n_{bc} ist erreicht, wenn der Fluß umgeschaltet wird ?

1.9 Welcher Fluß ψ_C muß in Stufe c eingestellt sein ?

1.10 Wie groß ist der maximale Ankerstrom i_{Amax} und der stationäre Ankerstrom $i_{A\infty}$ bei n_{max} in Stufe c ?

1.11 Skizzieren Sie Motormoment und Widerstandsmoment im m–n–Diagramm für den gesamten Anfahrvorgang. Kennzeichnen Sie markante Punkte durch •.

(Hinweis: Zahlenwerte nur bei der Achsenbeschriftung $m = 1$ und $n = 1$)

2. Quereinstieg:

Die Drehrichtungsumkehr geschieht durch Umpolen des Ankerkreises mit Hilfe eines Schützes, d.h. Rückwärtsfahrt ist nur mit dem Elektromoter (GNM) möglich. Durch Feldschwächung kann die Drehzahl über die Nennleerlaufdrehzahl erhöht werden. Die erforderliche Erregerspannung ist immer geringer als die Batteriespannung.

1.12 Zeichnen Sie einen geeigneten Ankerstromrichter ohne zusätzliche Schütze (Schütz für Drehrichtungsumkehr nicht einzeichnen).

1.13 Welche Ventile führen den Ankerstrom im generatorischen Betrieb ?

1.14 Welcher Stromrichter ist für den Erregerkreis geeignet (Bezeichnung oder Zeichnung)? Schneller Flußabbau ist nicht erforderlich.

Aufgabe 2: Hybridfahrzeug mit Asynchronmaschine

Bei den ersten Versuchsfahrten mit der Gleichstrommaschine zeigt sich, daß durch das Bürstenfeuer der Radioempfang im Auto stark beeinträchtigt wird. Nachdem verschiedene Entstörmaßnahmen keine ausreichende Verbesserung bewirken, wird beschlossen, die Gleichstrommaschine durch eine umrichtergespeiste Asynchronmaschine zu ersetzen.

Daten der Maschine:

$U_{1N} = 200\,V$ (Phasenspannung)	$F_{1N} = 50\,Hz$	$Z_p = 1$
$N_N = 2910\,min^{-1}$	$P_N = 10\,kW$	$R_2 = 0{,}25\,\Omega$
$L_1 = 46{,}4\,mH$	$L_2 = 45{,}9\,mH$	$M = 43{,}9\,mH$

Der Statorwiderstand sowie die inneren Reibungsverluste der Maschine können vernachlässigt werden ($R_1 \approx 0$, $\eta_{mech} \approx 1$).

Fragen:

2.1 Berechnen Sie für Speisung mit Nennspannung und Nennfrequenz das Kippmoment M_K, den Kippschlupf s_K sowie das Anfahrmoment M_A.

2.2 Zeichnen Sie die stationäre N-M–Kennlinie für den Drehzahlbereich $0 \leq N \leq 2 \cdot N_N$ ($U_1 = U_{1N}$, $F_1 = F_{1N}$). Kennzeichnen Sie den Bereich, in dem die Maschine elektrische Leistung abgibt.

2.3 Geben Sie die linearisierte Kennliniengleichung $M_{Mi} = f(s)$ für $|s| \ll s_K$ bei Speisung mit Nennspannung und –frequenz an.

Die Asynchronmaschine wird durch einen Umrichter mit variabler Frequenz F_1 und Spannung U_1 gespeist. In den beiden nächsten Aufgaben soll der stationäre Betrieb im Ankerstellbereich betrachtet werden:

2.4 Welche Frequenzen umfaßt der Ankerstellbereich? Wie muß in diesem Bereich die Spannung U_1 in Abhängigkeit von F_1 eingestellt werden? Wie verändert sich dabei die N-M–Kennlinie (qualitativ)?

2.5 Das Hybridfahrzeug fährt bei laufendem Verbrennungsmotor mit mittlerer Geschwindigkeit; die überschüssige Leistung wird über ASM und Umrichter in die Batterie eingespeist. Um den Verbrennungsmotor im optimalen Betriebspunkt zu halten, muß die ASM bei $N = 2000\,min^{-1}$ ein Moment von $M_{Mi} = -33\,Nm$ (generatorisch!) aufnehmen. Berechnen Sie für diesen Betriebsfall U_1 und F_1; verwenden Sie die in Aufgabe 2.3 berechnete linearisierte Kennlinie.

Zur dynamischen Steuerung des Momentes wird ein Entkopplungsnetzwerk eingesetzt, das mit Rotorflußorientierung arbeitet. Der Umrichter wird mit einer schnellen Regelung versehen, so daß der ASM die Ständerströme mit vorgebbarer Amplitude $|I_1|$ und Frequenz F_{I1} eingeprägt werden können.

2.6 Es soll wieder bei $N = 2000\,min^{-1}$ ein Moment von $-33\,Nm$ eingestellt werden. Der Rotorfluß Ψ_{2A} soll auf einen konstanten Wert von $0,62\,Vs$ eingestellt werden. Wie groß sind die Stromkomponenten I_{1A} und I_{1B} ? Wie groß sind $|I_1|$ und F_{I1} ?

Aufgabe 3A: Regelkreisanalyse

Regelung der GNM

Die Gleichstrom–Nebenschlußmaschine soll mit Hilfe einer Kaskadenregelung strom– und drehzahlgeregelt werden. Um die Wirkung der EMK auf den Regelkreis stationär zu kompensieren, soll mit der gemessenen Drehzahl eine EMK–Aufschaltung realisiert werden.

Daten:

Motor	$r_A = 0,1$ $T_A = 20\,ms$
Last	$m_W = 0,25$ $T_{\Theta N} = 8,0\,s$
Stromrichter (P–Verhalten)	$V_{Str} = 1$
Stromregler (P–Verhalten)	$V_{Ri} = 1,5$
Drehzahlregler (P–Verhalten)	$V_{Rn} = 40$
Strommessung (P–Verhalten)	$V_{mi} = 1$
Drehzahlmessung (PT_1–Verhalten)	$v_{mn} = 1$ $T_{mn} = 0,1\,s$

Fragen:

3A.1 Zeichnen Sie den kompletten Signalflußplan mit n^*, m_W und ψ als Eingangsgrößen und der Drehzahl n als Ausgangsgröße. Zeichnen Sie auch Übertragungsglieder mit Verstärkung 1, die EMK–Aufschaltung und die Ankersollstrombegrenzung ein.

3A.2 Berechnen Sie die stationäre Regelabweichung $n^* - n_\infty$ bei Nennfluß.

3A.3 Aufgrund eines Fehlers in der Erregerstromregelung beträgt der Fluß $\psi = 1,1$. Wie groß ist unter dieser Voraussetzung bei $n^* = 0,9$ die stationäre Regelabweichung $n^* - n_\infty$?

Aufgabe 3B : Umrichter für die Asynchronmaschine

Die Asynchronmaschine soll über einen Wechselrichter aus der Batterie versorgt werden.

Fragen:

3B.1 Zeichnen Sie einen geeigneten Stromrichter mit allen Ventilen.

3B.2 Ist mit dieser Schaltung ein generatorischer Betrieb möglich ? (keine Begründung)

3B.3 Weshalb reicht Grundfrequenztaktung (d.h. Schaltfrequenz gleich Statorfrequenz) nicht aus, um die ASM im Ankerstellbereich zu betreiben ?

Die ASM benötigt ein symmetrisches Statorspannungssystem mit $F_1 = 25\,Hz$. Die Steuersignale für die schaltbaren Leistungshalbleiter werden durch Vergleich von Dreieckspannungen mit Referenzspannungen ermittelt. Um die Schaltverluste gering zu halten, sollte die Frequenz der Dreieckspannungen unterhalb von $250\,Hz$ liegen. Andererseits sollte der Oberschwingungsgehalt des Statorstroms nicht größer als nötig sein.

3B.4 Skizzieren Sie für eine Phase den Zeitverlauf der Dreickspannung und der Referenzspannung nach dem Unterschwingungsverfahren mit synchroner Taktung (ca. eine Periode der Referenzspannung).

Hinweis: Amplituden beliebig!

Lösung zur 1. Prüfungsaufgabe

1.1 $$\Theta_{ges1} = \Theta_{(M+G)1} + \frac{1}{\ddot{u}_1^2} \cdot \left[\Theta_{ARolle} + R_{ARolle}^2 \cdot \left(m_{Seil} + m_{Portal} + \frac{\Theta_{URolle}}{R_{URolle}^2}\right)\right]$$

$$\Theta_{ges2} = \Theta_{(M+G)2} + \Theta_{Säge} + \\ + \frac{1}{\ddot{u}_2^2} \cdot \left[\Theta_{Zahnrad} + R_{Zahnrad}^2 \cdot \left(m_{(M+G)2} + m_{Zahnrad} + m_{Säge}\right)\right]$$

1.2 $$P_{0N} = U_{AN} I_{AN} = 2,0\ kW; \quad R_{AN} = \frac{U_{AN}}{I_{AN}} = 80\ \Omega \Rightarrow r_A = \frac{R_A}{R_{AN}} = 0,25$$

$$N_{0N} = \frac{N_N}{1 - r_A} = 5200\ \frac{1}{min} = 86,7\ \frac{1}{s}; \quad M_{iN} = \frac{P_{0N}}{2\pi N_{0N}} = 3,67\ Nm$$

$$T_{\Theta N} = \frac{\Theta_{ges} \cdot 2\pi N_{0N}}{M_{iN}} = 2,97\ s; \quad T_{\Theta St} = r_A \cdot T_{\Theta N} = 0,743\ s$$

1.3 Es gilt: $U_{d1} = -U_{d2}$

$\Longrightarrow$ Wenn $\alpha_1 = 0°$, dann müßte $\alpha_2 \approx 180°$ eingestellt werden.

$\longrightarrow$ Gefahr von Wechselrichterkippen.

1.4 $$U_{d1} = U_{di0} \cdot \left(\cos\alpha_1 - \frac{1}{2} \cdot \frac{u_{k\%}}{100} \cdot \frac{I_{d1}}{I_{dN}}\right);$$

$$U_{d2} = U_{di0} \cdot \left(\cos\alpha_2 - \frac{1}{2} \cdot \frac{u_{k\%}}{100} \cdot \frac{I_{d2}}{I_{dN}}\right)$$

mit: $U_{d1} = -U_{d2} = U_{AN} = 350\ V; \quad U_{di0} = 1,35 \cdot U_V = 540\ V$

$I_{d1} = I_A + I_{Kreis} = 5\ A; \quad I_{d2} = I_{Kreis} = 1\ A; \quad I_{dN} = 3 \cdot I_{AN} = 15\ A$

$\longrightarrow \alpha_1 = 48,3°; \quad \alpha_2 = 130,2°$

1.5 $m_M = m_W + m_B = 0,7 \quad \longrightarrow n = 0 = u_{A1} - m_M \cdot r_A \quad \Longrightarrow u_{A1} = 0,21$

1.6 $$T_{\Theta N} \cdot \frac{dn(t)}{dt} = m_B = \text{konst.}$$

$$\Longrightarrow n_1(t) = n_0 + \frac{m_B}{T_{\Theta N}} \cdot t = \frac{m_B}{T_{\Theta N}} \cdot t = 0,167 \cdot \frac{1}{s} \cdot t$$

1.7 $$u_{A2}(t) = n_1(t) + m_M \cdot r_A = 0,21 + 0,167 \cdot \frac{1}{s} \cdot t$$

1.8 $n_2 = u_{A3} - m_M \cdot r_A = 0,79$

1.9 $$n_3(t) = n_{\infty 3} + (n_{03} - n_{\infty 3}) \cdot e^{-\frac{t}{T_{\Theta St}}}$$

$n_{\infty 3} = 1 - r_A \cdot m_W = 0,94; \quad n_{03} = n_2 = 0,79;$

$T_{\Theta St} = r_A \cdot T_{\Theta N} = 0,9\ s$

$\Longrightarrow \quad n_{\infty 3}(t) = 0,94 - 0,15 \cdot e^{-t/0,9\ s}$

1.10 $n_{\infty 3} = u_{A4} - r_A \cdot i_{A4}$ (maximaler Strom sofort nach dem Umschalten)

$i_{A4} = -2,5$

$\Longrightarrow u_{A4} = n_{\infty 3} + r_A \cdot i_{A4} = 0,19$

1.11 $n_4 = u_{A4} - m_W \cdot r_A = 0,13$

$$n_5(t_0) = n_{\infty 5} + (n_{05} - n_{\infty 5}) \cdot e^{-\frac{t_0}{T_{\Theta St}}} \stackrel{!}{=} 0$$

mit: $n_{\infty 5} = 0 - m_W \cdot r_A = -0,06$; $\quad n_{05} = 0,13 = n_4$

$$\Longrightarrow \ 0 = -0,06 + 0,19 \cdot e^{-\frac{t_0}{T_{\Theta St}}} \ \Longrightarrow \ t_0 = T_{\Theta St} \cdot \ln \frac{0,06}{0,19} = 1,04\ s$$

1.12

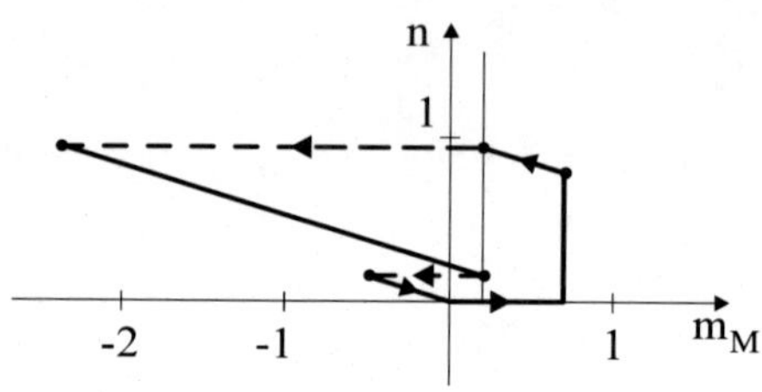

2.1 $\sigma = 1 - \dfrac{M^2}{L_1 L_2} = 0,10$

2.2 $N_{syn} = \dfrac{F_1}{Z_p} = \dfrac{50\ Hz}{2} = 25\ \dfrac{1}{s} = 1500\ \dfrac{1}{min}$

$$M_K = \frac{3}{4}\ Z_p\ \frac{M^2}{\sigma L_1^2 L_2} \left(\frac{U_1}{\Omega_1}\right)^2 = 39,0\ Nm$$

$$s_K = \frac{R_2}{\Omega_1 \sigma L_2} = \frac{\Omega_{2K}}{\Omega_1} = 0,3$$

2.3 $M_W = M_K\ \dfrac{2 s_W s_K}{s_W^2 + s_K^2}; \quad s_W^2 - s_W \cdot 2 \cdot s_K \cdot \dfrac{M_K}{M_W} + s_K^2 = 0$

$$s_W = s_K \frac{M_K}{M_W} \mathop{-}^{(+)} \sqrt{\left(s_K \frac{M_K}{M_W}\right)^2 - s_K^2} = 0,127/(0,709)$$

$$N_W = N_{syn}(1 - s_W) = 21,8\ \frac{1}{s} = 1310\ \frac{1}{min}$$

$$\Omega_{2W} = s_W \cdot \Omega_1 = 39,9\ \frac{1}{s}$$

2.4 siehe Hilfsblatt 1

Hilfsblatt 1 zu Aufgabe 2.4

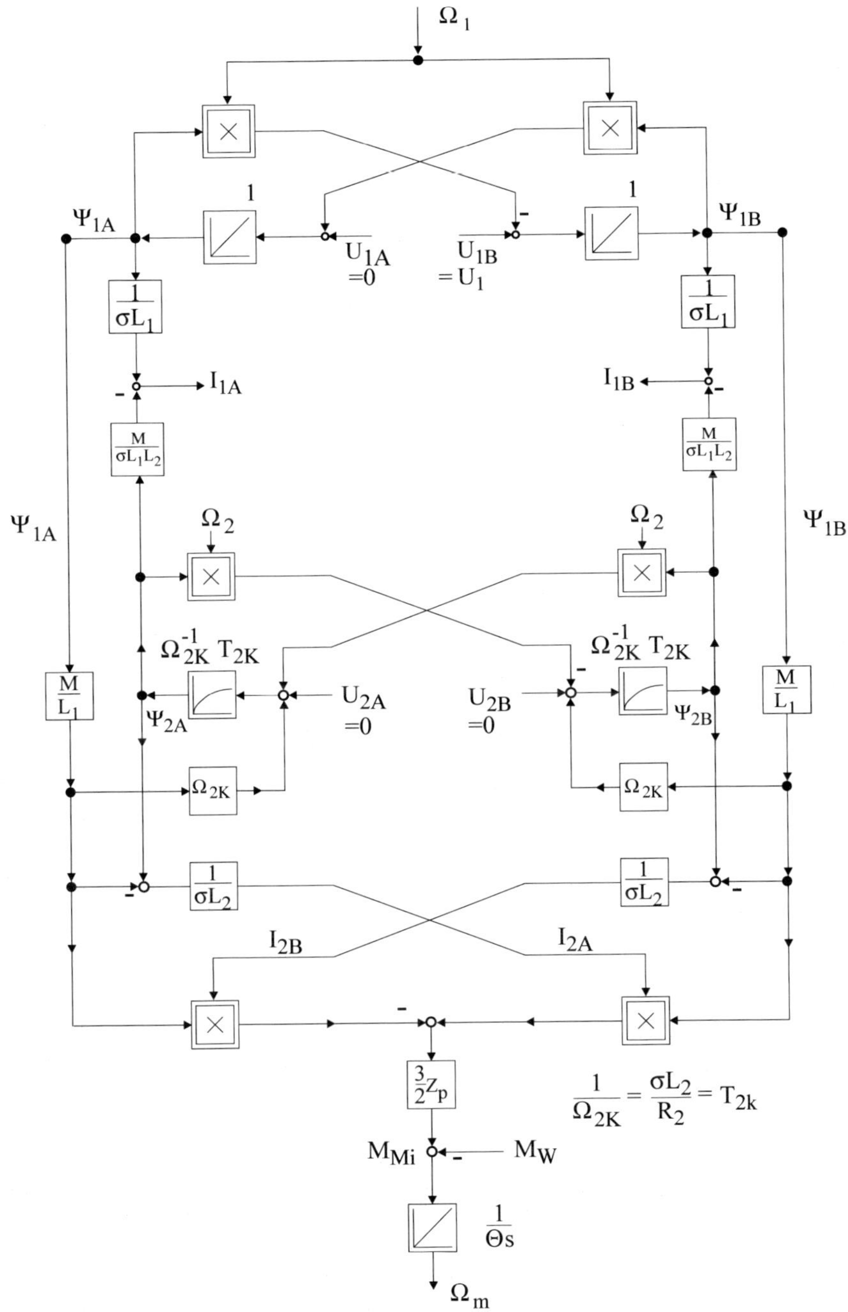

2.5 $U_{1A} = \Psi_{1B} \cdot \Omega_1 = 0 \;\Rightarrow\; \Psi_{1B} \cdot \Omega_1 = 0 \;\Rightarrow\; \Psi_{1B} = 0$

$$U_{1B} - \Psi_{1A} \cdot \Omega_1 = 0 \;\Rightarrow\; U_1 = \Psi_{1A} \cdot \Omega_1 \;\Rightarrow \Psi_{1A} = \frac{U_1}{\Omega_1}$$

2.6 $M_{Mi} = -\dfrac{3}{2} \cdot Z_p \cdot \dfrac{M}{\sigma L_1 L_2} \cdot \Psi_{1A} \cdot \Psi_{2B};\; \Psi_{2B} = -\dfrac{2}{3} \cdot \dfrac{M_{Mi}}{Z_p} \cdot \dfrac{\sigma L_1 L_2}{M} \cdot \dfrac{\Omega_1}{U_1}$

2.7 $\Psi_{2A} = \dfrac{1}{\Omega_{2K}} \cdot \left(\Omega_2 \cdot \Psi_{2B} + \Omega_{2K} \cdot \dfrac{M}{L_1} \cdot \Psi_{1A} \right)$

$$= \frac{M}{L_1} \cdot \frac{U_1}{\Omega_1} - \frac{2}{3} \cdot \frac{M_{Mi}}{Z_p} \cdot \frac{\sigma L_1 L_2}{M \cdot \Omega_{2K}} \cdot \frac{\Omega_2 \cdot \Omega_1}{U_1}$$

2.8 $\Psi_{1A} = 1,27\ Vs; \quad \Psi_{1B} = 0\ Vs; \quad \Psi_{2A} = 1,02\ Vs; \quad \Psi_{2B} = -0,429\ Vs$

$$I_{1A} = \frac{1}{\sigma L_1} \left(\Psi_{1A} - \frac{M}{L_2} \Psi_{2A} \right) = 5,37\ A$$

$$I_{1B} = -\frac{M}{\sigma L_1 L_2} \Psi_{2B} = 7,33\ A$$

2.9

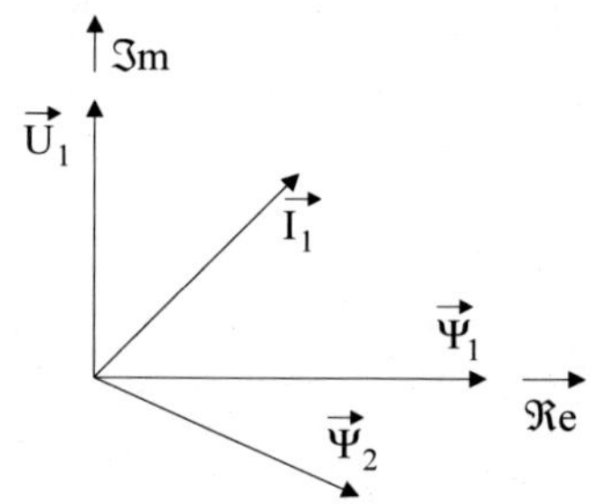

3A.1

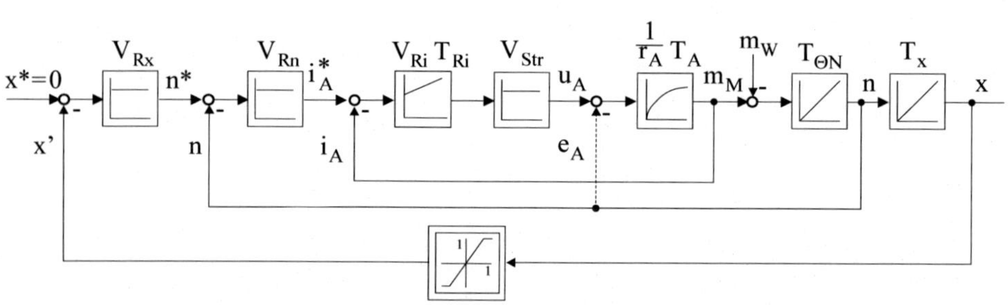

mit $x^* = 0$ und $x' = -1$, sowie $n^* = 0,9 \quad \Longrightarrow V_{Rx} = \dfrac{n^*}{x^* - x'} = 0,9$

3A.2 Drehzahl stationär, d.h. $n_\infty = \text{konst.}$

$\Longrightarrow$ Eingang Integrator mit $T_{\Theta N} \longrightarrow 0$

$m_{M\infty} = m_W \quad \longrightarrow \quad i_{A\infty} = m_W$

Eingang Stromregler (PI) $\longrightarrow 0$

$$i^*_{A\infty} = i_{A\infty} = m_W \quad \Longrightarrow \quad n^* - n_\infty = \frac{m_W}{V_{Rn}} = 0{,}004$$

3A.3 Endlage $x_\infty = konst.$ $\Longrightarrow$ alle Integratoreingänge $= 0$

$$\Longrightarrow \quad n_\infty = 0 \quad \Longrightarrow \quad n^* = \frac{m_W}{V_{Rn}}$$

$$x^* - x'_\infty = -x'_\infty = \frac{m_W}{V_{Rn} \cdot V_{Rx}}$$

$$x'_\infty = -\frac{m_W}{V_{Rn} \cdot V_{Rx}} = -0{,}0044 = x_\infty$$

3B.1

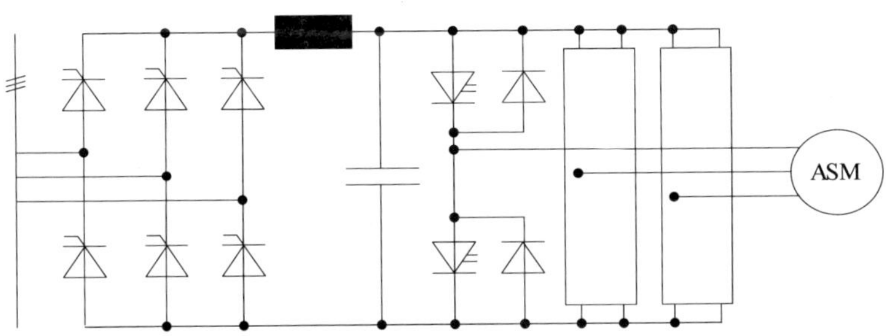

3B.2

a) Wegen der Phasenverschiebung zwischen Spannung und Strom treten bei ohmsch–induktiven Lasten Zeitabschnitte auf, wo bei positiver Wicklungsspannung der Ventilstrom negativ ist. Da das abschaltbare Element aber nur in Vorwärtsrichtung leiten kann, muß dieser negative Strom durch die antiparallele Diode geführt werden.

b) Bei der Kommutierung kann der Wicklungsstrom nicht schlagartig abgeschaltet werden. Wird ein abschaltbares Ventil ausgeschaltet, so kann der Wicklungsstrom über die Diode der anderen Brückenhälfte aufrecht erhalten werden.

3B.3 Das Kippmoment bleibt in etwa konstant, wenn die Bedingung $\Psi_1 = \dfrac{U_1}{\Omega_1} = \text{konst.}$ erfüllt ist. $\implies U_1 \sim F_1$

Die Statorfrequenz muß proportional zur Statorspannung verstellt werden.

Beim Umrichter mit variabler Zwischenspannung gilt: $U_1 \sim U_d$

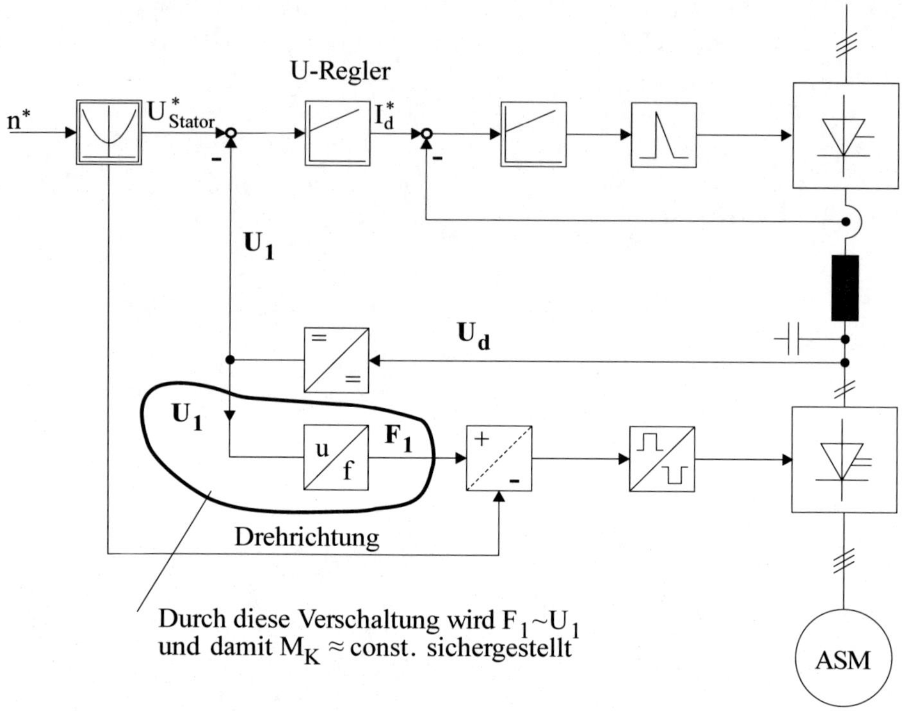

Lösung zur 2. Prüfungsaufgabe

1.1 $\Theta_{ges} = \Theta_E + \frac{1}{\ddot{u}_E^2} \cdot \left(\Theta_G + \Theta_{Diff} + 4 \cdot \Theta_{Rad} + R_{Rad}^2 \cdot m_{KFZ} + \ddot{u}_V^2 \cdot \Theta_V\right)$
$= 1,09\,kg \cdot m^2$

1.2 $M_{W1} = \frac{1}{\ddot{u}_E} \cdot (M_{Reib} + R_{Rad} \cdot m_{KFZ} \cdot g \cdot \sin\alpha) = 7,54\,Nm$

1.3 $M_{W2} = M_{W1} - \frac{\ddot{u}_V}{\ddot{u}_E} \cdot M_V = -38,8\,Nm$

1.4 $M_{iN} = M_W + M_B = \frac{1}{\ddot{u}_E} \cdot (M_{Reib} + R_{Rad} \cdot m_{KFZ} \cdot g \cdot \sin\alpha) + M_B$
$= 20,1\,Nm$

$N = \frac{V}{km/h} \cdot \frac{1}{3,6} \cdot \frac{m}{R_{Rad}} \cdot \frac{\ddot{u}_E}{2\pi} \frac{1}{s} \quad \Longrightarrow \quad N_{30} = 42,4\frac{1}{s}$

$M_{W30} = \frac{1}{\ddot{u}_E} \cdot (M_{Reib} + M_{LW}) = 7,5\,Nm$

$r_A = 1 - \eta_{el} = 0,1$

$\frac{N_{30}}{N_{0N}} = u_A - r_A \cdot \frac{M_{W30}}{M_{iN}} \quad \Longrightarrow \quad N_{0N} = \frac{N_{30}}{1 - 0,1 \cdot m_{W30}} = 44,0\frac{1}{s}$

$P_{0N} = 2\pi \cdot N_{0N} \cdot M_{iN} = 5,56\,kW \qquad P_N = \eta_{el} \cdot P_{0N} = 5,00\,kW$

1.5 $T_{\Theta N} \cdot \frac{dn}{dt} = m_M - m_W = m_B; \qquad m_B = 1 - 0,25 = 0,75$

$\Longrightarrow \quad n_a(t) = \frac{m_B}{T_{\Theta N}} \cdot t = 0,0938 \cdot \frac{t}{s}$

1.6 $n_{ab} = 1 - r_A \cdot 1 = 0,9$

1.7 $u_A = 1 = \text{konst.} \quad \Longrightarrow \quad n_b(t) = n_{b\infty} + (n_{b0} - n_{b\infty}) \cdot e^{-\frac{t}{T_{\Theta St}}}$

mit $n_{b0} = n_{ab} = 0,9; \quad n_{b\infty} = 1 - r_A \cdot m_W = 0,975;$

$T_{\Theta St} = r_A \cdot T_{\Theta N} = 0,8\,s$

$\Longrightarrow \quad n_b(t) = 0,975 - 0,075 \cdot e^{-\frac{t}{0,8\,s}}$

1.8 $n_{bc} = 1 - r_A \cdot 0,3 = 0,97$

1.9 $n = \frac{u_A}{\psi} - \frac{r_A \cdot m_M}{\psi^2} \qquad$ mit $m_M = m_W; \quad n = n_{max} = 1,3;$

$u_A = 1 \quad \psi = \psi_C$

$\psi_C = \frac{u_A}{2 \cdot n} \genfrac{}{}{0pt}{}{+}{(-)} \frac{1}{2 \cdot n} \cdot \sqrt{u_A^2 - 4 \cdot n \cdot r_A \cdot m_W} = 0,743$

1.10 $m_M(n_{bc}) = \frac{1}{r_A} \cdot \left(\psi_C - \psi_C^2 \cdot n_{bc}\right) = 2{,}07$

$$\Longrightarrow \quad i_{Amax} = \frac{m_M(n_{bc})}{\psi_C} = 2{,}79$$

$$i_{A\infty} = \frac{m_W}{\psi_C} = 0{,}336$$

1.11

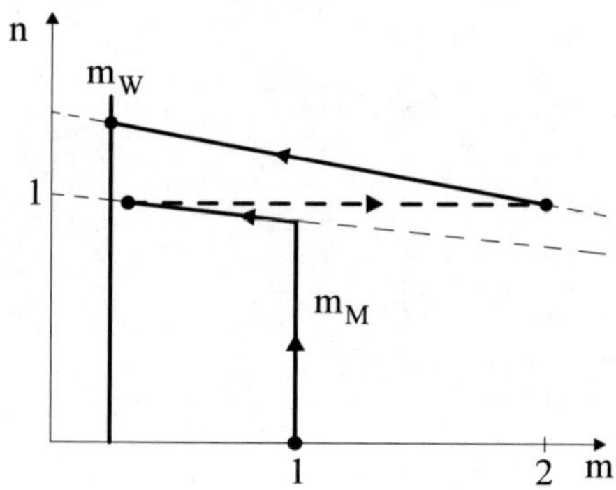

1.12

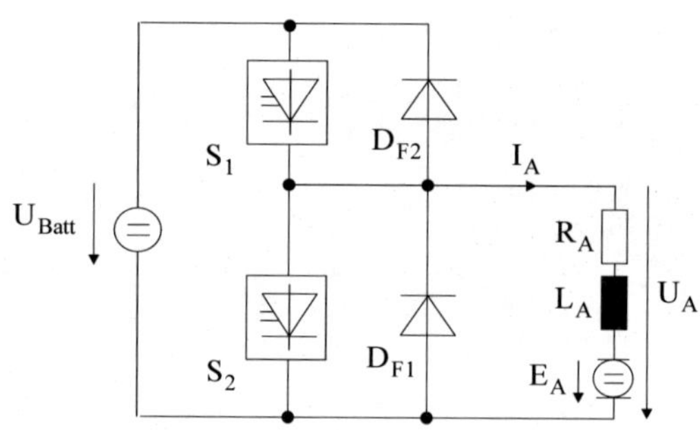

1.13 S_2, D_{F2}

1.14 Tiefsetzsteller

2.1 $\sigma = 1 - \frac{M^2}{L_1 L_2} = 0{,}0951 \qquad M_K = \frac{3}{4} \cdot Z_p \cdot \frac{M^2}{\sigma L_1^2 L_2} \cdot \left(\frac{U_1}{\Omega_1}\right)^2 = 62{,}3\,Nm$

$$s_K = \frac{R_2}{\Omega_1 \sigma L_2} = 0{,}182 \qquad M_A = M_K \cdot \frac{2}{\frac{1}{s_K} + s_K} = 22{,}0\,Nm$$

2.2 $M_N = \dfrac{P_N}{2\pi \cdot N_N} = 32,8\,Nm$

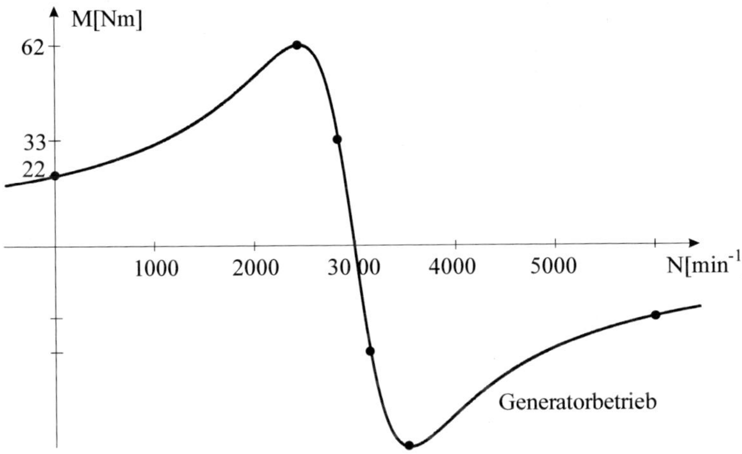

2.3 $M_{Mi} \approx 2 \cdot M_K \cdot \dfrac{s}{s_K} = 684\,Nm \cdot s$

2.4 Ankerstellbereich: $0 \leq F_1 \leq 50\,Hz$

$U_1 = U_{1N} \cdot \dfrac{F_1}{F_N}$

Die Kennlinie wird parallel zur N-Achse verschoben.

2.5 Für $U_{1N},\ F_{1N}:\quad -33\,Nm = 683,8\,Nm \cdot s^* \quad \Longrightarrow \quad s^* = -0.0483$

$N^* = N^*_{syn} \cdot (1 - s^*) = 3144\,min^{-1}$

$\Delta N = N - N^* = -1145\,min^{-1}$ Verschiebung der Kennlinie

$N_{syn} = N^*_{syn} + \Delta N = 1855\,min^{-1}$ $\quad F_1 = Z_p \cdot N_{syn} = 30,92\,Hz$

$U_1 = U_{1N} \cdot \dfrac{F_1}{F_N} = 123,7\,V$

2.6 $I_{1A} = \dfrac{1}{M} \cdot \Psi_{2A} = 14,1\,A \qquad I_{1B} = \dfrac{2L_2}{3 \cdot Z_p \cdot M \cdot \Psi_{2A}} \cdot M_{Mi} = -37,1\,A$

$|I_1| = \sqrt{I_{1A}^2 + I_{1B}^2} = 39,7\,A$

$\Omega_{I1} = Z_p \cdot \Omega_m + \dfrac{2}{3} \cdot \dfrac{R_2 \cdot M_{Mi}}{Z_p \cdot \Psi_{2A}^2} = 195\,s^{-1} \qquad F_{I1} = \dfrac{\Omega_{I1}}{2\pi} = 31,1\,Hz$

3A.1

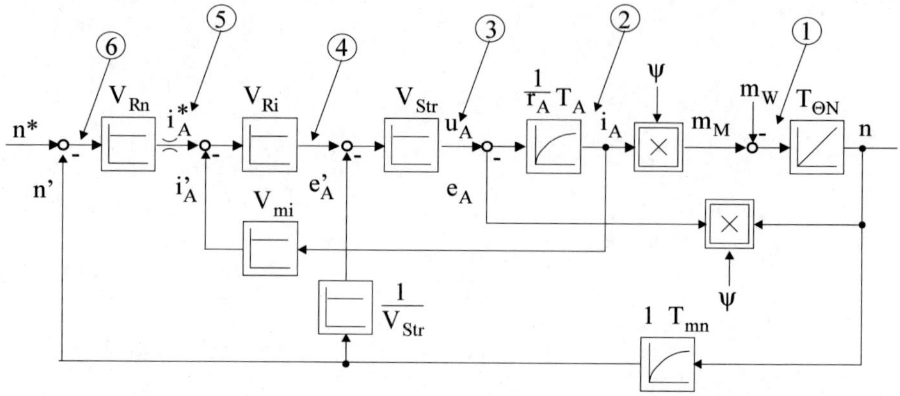

3A.2 (1) $m_{M\infty} - m_W = 0 \quad \Longrightarrow \quad m_{M\infty} = m_M$ (2) $i_{A\infty} = m_W$

(3) $u_{A\infty} - e_{A\infty} = r_A \cdot i_{A\infty} \quad \Longrightarrow \quad u_{A\infty} = e_{A\infty} + r_A \cdot m_W$

(4) Ausg. Stromregler $= u_{A\infty} - e'_{A\infty} = r_A \cdot m_W$ (wegen $e'_{A\infty} = e_{A\infty}$)

(5) $i^*_{A\infty} = i_{A\infty} + \dfrac{1}{V_{Ri}} \cdot r_A \cdot m_W = \left(1 + \dfrac{r_A}{V_{Ri}}\right) \cdot m_W$

(6) $n^* - n'_\infty = n^* - n_\infty = \dfrac{1}{V_{Rn}} \cdot \left(1 + \dfrac{r_A}{V_{Ri}}\right) \cdot m_W = 6{,}67 \cdot 10^{-3}$

3A.3 (1) $m_{M\infty} = m_W$ (2) $i_{A\infty} = \dfrac{m_W}{\psi}$

(3) $u_{A\infty} = e_{A\infty} + r_A \cdot i_{A\infty} = n_\infty \cdot \psi + r_A \cdot \dfrac{m_W}{\psi}$

(4) Ausgang Stromregler $= u_{A\infty} - e'_{A\infty} = n_\infty \cdot \psi + r_A \cdot \dfrac{m_W}{\psi} - n'_\infty =$

$$= n_\infty \cdot (\psi - 1) + r_A \cdot \frac{m_W}{\psi}$$

(5) $i^*_{A\infty} = \dfrac{m_W}{\psi} + \dfrac{r_A}{V_{Ri}} \cdot \dfrac{m_W}{\psi} - \dfrac{n_\infty}{V_{Ri}} \cdot (1 - \psi)$

$$= \left(1 + \frac{r_A}{V_{Ri}}\right) \cdot \frac{m_W}{\psi} - \frac{n_\infty}{V_{Ri}} \cdot (1 - \psi)$$

(6) $n^* - n'_\infty = n^* - n_\infty = \dfrac{1}{V_{Rn}} \cdot \left(1 + \dfrac{r_A}{V_{Ri}}\right) \cdot \dfrac{m_W}{\psi} - \dfrac{n_\infty}{V_{Ri}} \cdot \dfrac{1 - \psi}{V_{Rn}}$

$$\Longrightarrow \quad n_\infty = \frac{1}{1 - \dfrac{1 - \psi}{V_{Ri} \cdot V_{Rn}}} \cdot \left(n^* - \frac{1}{V_{Rn}} \cdot \left(1 + \frac{r_A}{V_{Ri}}\right) \cdot \frac{m_W}{\psi}\right) = 0{,}8925$$

$$\Longrightarrow \quad n^* - n_\infty = 7{,}55 \cdot 10^{-3}$$

3B.1

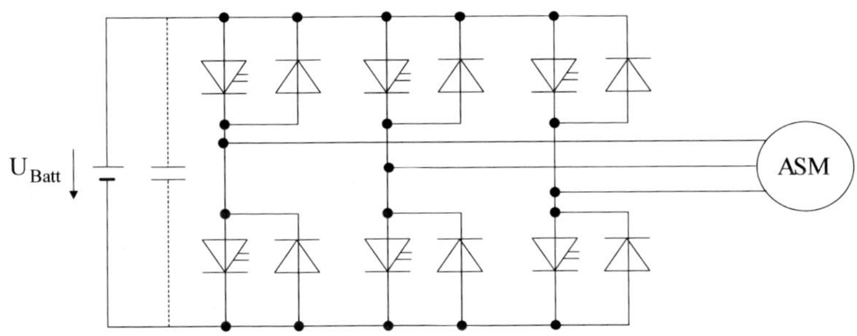

3B.2 Ja !

3B.3 Der Ankerstellbereich erfordert Verstellbarkeit von Frequenz und Spannungsamplitude. Die Zwischenkreisspannung (= Batteriespannung) kann nicht eingestellt werden, bei Grundfrequenztaktung liegt demnach die Spannungsamplitude fest.

3B.4

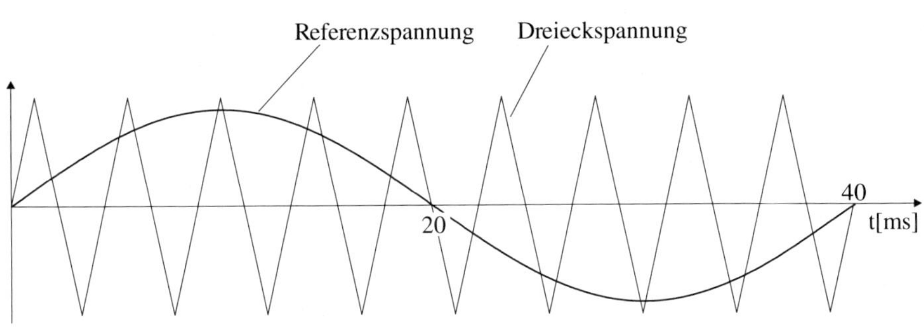

Variablenübersicht

Allgemeiner Hinweis:

Großbuchstaben: unnormierte Größen
Kleinbuchstaben: normierte Größen
hochgestellter Index S: Bezug auf statorfestes Koordinatensystem S
hochgestellter Index K: Bezug auf allgemeines Koordinatensystem K
hochgestellter Index L: Bezug auf rotorfestes Koordinatensystem L
hochgestellter Index ∗: konjugiert komplexer Raumzeiger
hochgestellter Index ∗: Sollwerte

$*$	Symbol für Faltung
$\mathcal{L}$	Laplace-Transformation
$\Re e$	Realteil
$\Im m$	Imaginärteil
sign	Signumfunktion
α	Schrittwinkel (Schrittmotor)
α	Zündwinkel, Steuerwinkel
α_{max}, α_{WR}	maximaler Steuerwinkel (Wechselrichtertrittgrenze)
$\Delta\alpha_M$	systematische Winkelabweichung (Schrittmotor)
$\Delta\alpha_S$	systematische Winkeltoleranz (Schrittmotor)
β	Steigung am Arbeitspunkt
β	Drehwinkel
$\boldsymbol{\beta}$	Matrix der Drehwinkel
β_K	Winkel des K–Systems gegenüber dem statorfesten System S
β_m	mechan. Drehwinkel des Rotors
β_{mP}	Positionierwinkel (Schrittmotor)
β_{off}	Stromverstärkung (Abschalten eines GTO)
β_S	Winkel eines Raumzeigers im statorfesten System S
Γ_S	Fortschaltewinkel des Statormagnetfeld-Raumzeigers
γ	Schonzeitwinkel
γ	elektr. Rotordrehwinkel (Schrittmotor)
γ	mechan. Rotordrehwinkel (Reluktanzmotor)
$\boldsymbol{\gamma}$	Verteilungsfunktion

γ_A	Schaltwinkel (Einschalten)
γ_i	Winkel des Raumzeigers $\vec{I}_1$ im Koordinatensystem K
γ_K	Schaltwinkel (Abschalten)
γ_k	Verteilungsfunktion der Teilwicklung k
γ_u	Winkel des Raumzeigers $\vec{U}_1$ im Koordinatensystem K
γ_S	Winkel des Statormagnetfeld-Raumzeigers (Schrittmotor)
γ_S	mechan. Schrittwinkel (Reluktanzmotor)
δ	Winkel zwischen Hauptfeld- und Polradspannung
$\delta(t)$	Dirac-Impuls
δ	Luftspalt
δ''	wirksamer Luftspalt (ASM)
ε	relative Einschaltdauer
ε	Durchflutungswinkel
ε_0	räumlicher Winkel, bezogen auf Statorwicklung a
η_{el}	elektr. Wirkungsgrad
η_{mech}	mechan. Wirkungsgrad
Θ	Durchflutung
Θ	Massenträgheitsmoment
Θ_A, Θ_W	Massenträgheitsmoment der Arbeitsmaschine (Last)
Θ_a	Wicklungsdurchflutung
Θ_{ges}	gesamtes Massenträgheitsmoment
Θ_M	Permanentmagnet-Durchflutung
Θ_M	Massenträgheitsmoment des Motors
ϑ	Polradwinkel (SM)
ϑ	Lastwinkel (Schrittmotor)
ϑ	Temperatur
ϑ_A	Außentemperatur
ϑ_∞	(stationäre) Endtemperatur
$\Delta\vartheta$	Übertemperatur
κ	Wellensteuerwinkel
λ	Leistungsfaktor
λ	Stufenfaktor
μ	Reibungskoeffizient
μ	magnetische Permeabilität
μ_0	magnetische Permeabilität im Vakuum (Luft)
μ_D	Normierungsfaktor Erregerfluß–Dämpferstrom
μ_E	Normierungsfaktor Dämpferfluß–Erregerstrom

ν Anzahl der steuerbaren Ventile des Stromrichters

ξ Wicklungsfaktor

ρ Dichte

$\sigma(t)$ Sprungfunktion
σ Blondelscher Streukoeffizient
σ mechan. Spannung
σ_1, σ_2 mechan. Spannung (Medium $1, 2$)
σ_{12} mechan. Grenzflächenspannung
σ_1 Streukoeffizient der Statorwicklung
σ_2 Streukoeffizient der Rotorwicklung
σ_3 Streukoeffizient der Dämpferwicklung
σ_D, σ_Q d,q–Komponenten des Streukoeffizienten der Dämpferwicklung
σ_E Streukoeffizient der Erregerwicklung

τ Zeit (normiert)
τ_b Betriebszeit (normiert)
τ_p Pausenzeit (normiert)

Φ Drehwinkel
Φ_{0N} Drehwinkel-Bezugswert (meist 2π)
φ Drehwinkel (normiert)
φ_1 Phasenwinkel

Ψ verketteter Fluß
$\boldsymbol{\Psi}$ Matrix der Flüsse
Ψ_1 Statorfluß
$\vec{\Psi}_1$ Statorfluß-Raumzeiger
Ψ_1^* Statorfluß-Sollwert
Ψ_{1A}, Ψ_{1B} Statorfluß–Komponenten im Koordinatensystem K
Ψ_2 Rotorfluß
$\vec{\Psi}_2$ Rotorfluß-Raumzeiger
Ψ_2^* Rotorfluß-Sollwert
Ψ_{2A}, Ψ_{2B} Rotorfluß–Komponenten im Koordinatensystem K
Ψ_D, Ψ_Q Dämpferfluß–Komponenten im d,q–System
Ψ_{DN}, Ψ_{QN} Nennwerte der d,q–Komponenten des Dämpferflusses
Ψ_d, Ψ_q Statorfluß–Komponenten im d,q–System (SM)
Ψ_E Erregerfluß
$\vec{\Psi}_E$ Erregerfluß-Raumzeiger
Ψ_h Statorhauptfluß
Ψ_{hd}, Ψ_{hq} Statorhauptfluß–Komponenten im d,q–System
Ψ_N Nennfluß
Ψ_{PM} Hauptfluss des Permanentmagneten

ψ	verketteter Fluß (normiert)
ψ_0	Fluß im Arbeitspunkt (normiert)
ψ_D, ψ_Q	Dämpferfluß–Komponenten im d,q–System (normiert)
ψ_d, ψ_q	Statorfluß–Komponenten im d,q–System (normiert)
ψ_E	Erregerfluß (normiert)
Ω	Winkelgeschwindigkeit, Kreisfrequenz
Ω_0	Resonanzkreisfrequenz
Ω_0	elektr. Leerlauf-Winkelgeschwindigkeit
Ω_{0N}	mechan. Nennleerlauf-Winkelgeschwindigkeit
Ω_1	elektr. Statorkreisfrequenz
Ω_2	elektr. Rotorkreisfrequenz
Ω_{2K}	elektr. Rotorkreisfrequenz im Kippunkt
Ω_K	Kreisfrequenz des Bezugskoordinatensystems K
Ω_L	elektr. Winkelgeschwindigkeit des Rotors ($\Omega_L = Z_p \cdot \Omega_m$)
Ω_m	mechan. Winkelgeschwindigkeit des Rotors
$\overline{\Omega}_m$	mittlere mechan. Winkelgeschwindigkeit des Rotors
Ω_{syn}	synchrone Winkelgeschwindigkeit
ω	Winkelgeschwindigkeit (normiert)
ω_e	Eigenkreisfrequenz der gedämpften Schwingung
ω_L	elektr. Winkelgeschwindigkeit des Rotors (normiert)
ω_m	mechan. Winkelgeschwindigkeit des Rotors (normiert)
A	Winkelbeschleunigung
A	Wärmeabgabefähigkeit, thermischer Leitwert
A_S	Statorstrombelag, Ankerstrombelag
A_{Sk}	Statorstrombelag von Teilwicklung k
a	Tastgrad (DC-DC-Wandler)
$\boldsymbol{a}$	Spalten-Vektor der Fourier-Koeffizienten
$\vec{a}$	Drehoperator
a_μ	Fourier-Koeffizienten
B	Beschleunigung
B	magnetische Induktion (Flußdichte)
$\vec{B}$	Magnetfeld-Raumzeiger
B_{1n}, B_{2n}	Normalkomponente der Induktion (Medium $1, 2$)
B_α, B_β	Komponenten von $\vec{B}$ im statorfesten Koordinatensystem S
B_a	Wicklungsinduktion
B_{aL}	Restinduktion
B_f	Erregerinduktion
B_r	Remanenzinduktion
C	Kapazität
C_ϑ	Wärmekapazität

C_E	Maschinenkonstante (GM)
C_M	Maschinenkonstante (GM)
c_w	Maschinenkonstante (ASM)
$\cos \varphi_1$	Verschiebungsfaktor
D	Dämpfungsfaktor, Dämpfungsgrad
D_N	netzseitige Verzerrungs-Blindleistung
D_x	induktiver Gleichspannungsabfall (Stromrichter)
d_x	bezogener induktiver Gleichspannungsabfall (Stromrichter)
E_A	induzierte Gegenspannung
E_i	induzierte Spannung
E_V	Gegenspannung der Last
e_A	induzierte Gegenspannung (normiert)
$\boldsymbol{e}_n$	Flächennormalvektor
e_Q	Quellenspannung (normiert)
F	Frequenz
F	Kraft, Schubkraft
$\boldsymbol{F}$	Matrix der Kräfte
F_1	Statorfrequenz
F_2	Rotorfrequenz
F_A	Kraftdichte
$F_{A\,max}$	Startgrenzfrequenz
$F_{A0\,max}$	maximale Startfrequenz
F_{Ar}	relative Kraftdichte
$F_{B\,max}$	Betriebsgrenzfrequenz
$F_{B0\,max}$	maximale Betriebsfrequenz
F_e	Eigenfrequenz
F_K	Kupplungskraft
F_L	elektr. Drehfrequenz des Rotors, $F_L = Z_p \cdot F_m = \dfrac{\Omega_L}{2\pi}$
F_L	Lorentz-Kraft
F_M	Maxwell-Kraft
F_M	Summe der Antriebskräfte
F_m	mechan. Drehfrequenz des Rotors, $F_m = N = \dfrac{\Omega_m}{2\pi}$
F_N	Nennfrequenz
F_{Netz}	Netzfrequenz
F_P	Frequenz der Drehmomentpendelungen
F_R	auf den Rotor wirkende Kraft
F_{Rx}, F_{Ry}	auf den Rotor in x,y-Richtung wirkende Kraft
F_S	auf den Stator wirkende Kraft
F_T	Taktfrequenz
F_W	Summe der Gegenkräfte
F_z	Schrittfrequenz (Schrittmotor)

$\overline{F}_z$	mittlere Schrittfrequenz (Schrittmotor)
G	Gewicht
$G(s)$	Übertragungsfunktion
$G_0(s)$	Übertragungsfunktion des offenen Regelkreises
$G_A(s)$	Übertragungsfunktion des Ankerkreises (GNM)
$G_R(s)$	Übertragungsfunktion des Reglers
$G_{Ri}(s)$	Übertragungsfunktion des Stromreglers
$G_{Rn}(s)$	Übertragungsfunktion des Drehzahlreglers
$G_r(s)$	Übertragungsfunktion der Rückführung
$G_S(s)$	Übertragungsfunktion der Regelstrecke
$G_{Str}(s)$	Übertragungsfunktion des Stromrichter-Stellglieds
$G_v(s)$	Übertragungsfunktion des Vorwärtszweiges
$G_w(s)$	Führungs–Übertragungsfunktion
$G_{w\,ers\,i}(s)$	Ersatz-Übertragungsfunktion des Strom-Regelkreises
$G_{wi}(s)$	Führungs–Übertragungsfunktion des Strom-Regelkreises
$G_{wn}(s)$	Führungs–Übertragungsfunktion des Drehzahl-Regelkreises
$G_z(s)$	Stör–Übertragungsfunktion
H	Höhe
H	magnetische Feldstärke
H_{1n}, H_{2n}	Normalkomponente der Feldstärke (Medium $1, 2$)
H_{1t}, H_{2t}	Tangentialkomponente der Feldstärke (Medium $1, 2$)
HVF	Spannungsoberschwingungsfaktor
h_M	Magnethöhe
I	Strom
$\boldsymbol{I}$	Matrix der Strangströme
I^*	Stromsollwert
I_1	Statorstrom
$\boldsymbol{I}_1$	Matrix der Statorstrangströme
$\vec{I}_1$	Statorstrom-Raumzeiger
$I_{1\alpha}$, $I_{1\beta}$	Statorstrom–Komponenten im Koordinatensystem S
$I_{1\alpha}^*$, $I_{1\beta}^*$	Statorstrom-Sollwerte im Koordinatensystem S
I_{1A}, I_{1B}	Tragkraft–Komponenten der Statorströme (Kap. 10)
I_{1A}, I_{1B}	Statorstrom–Komponenten im Koordinatensystem K
I_{1A}^*, I_{1B}^*	Statorstrom-Sollwerte im Koordinatensystem K
$I_{1a,\,1b,\,1c}$	Stator-Strangströme (Dreiphasensystem)
$I_{1a,\,1b,\,1c}^*$	Statorstrom-Sollwerte (Dreiphasensystem)
I_{1k}, I_{1l}	Statorstrom–Komponenten im Koordinatensystem L
I_{1M}	Drehmoment-Komponente der Statorströme (Kap. 10)
I_2	Rotorstrom
$\vec{I}_2$	Rotorstrom-Raumzeiger
I_2'	Rotorstrom, auf die Statorseite umgerechnet

I_{2A}, I_{2B}	Rotorstrom–Komponenten im Koordinatensystem K
$I_{2a,\,2b,\,2c}$	Rotor-Strangströme (Dreiphasensystem)
I_μ	Magnetisierungsstrom
$\vec{I}_\mu$	Magnetisierungsstrom-Raumzeiger
$I_{\mu d}$, $I_{\mu q}$	d,q–Komponenten des Magnetisierungsstroms
$I_{\mu N}$	Magnetisierungsstrom-Nennwert
I_A	Ankerstrom (GNM)
$\overline{I}_A$	Ankerstrom-Mittelwert
I_{AN}	Ankernennstrom (GNM)
$\underline{I}_{a,\,b,\,c}(t)$	zeitlicher Verlauf der drei Statorstrangströme
I_C	Kondensatorstrom
I_D	Diodenstrom
I_D, I_Q	Dämpferstrom–Komponenten im d,q–System (SM)
I_{DN}, I_{QN}	Nennwerte der d,q–Komponenten des Dämpferstroms
I_d, I_q	Statorstrom–Komponenten im d,q–System (SM)
I_d	Gleichstrom
I_{dN}	Gleichstrom-Nennwert
I_E	Erregerstrom
$\vec{I}_E$	Erregerstrom-Raumzeiger
I_E^*	Erregerstrom-Sollwert
I_{EN}	Erregernennstrom
I_{eff}	Stromeffektivwert
I_G	Gatestrom
$I_{G\,off}$	Abschalt-Gatestrom eines GTO
I_K	Strom beim Abschalten (Reluktanzmotor)
I_{Kreis}	Kreisstrom
I_k	Kurzschlußstrom
I_L	Laststrom
I_{max}	Maximalstrom
I_N	Stator-Nennstrom (Bezugswert)
I_N, I_{Netz}	Netzstrom
$I_{N(1)}$	Netzstrom-Grundschwingung
I_Q	Quellenstrom
$\overline{I}_Q$	Quellenstrom-Mittelwert
I_{RD}	Strom in R_D (Wirbelstromdämpfung)
I_S	Schalterstrom
I_S	Statorstrom
I_{Sk}	Strom in Statorteilwicklung k
I_{TAV}	Thyristorstrom-Mittelwert
I_V	Verbraucherstrom, Laststrom
I_w	Wirkstrom (momentbildender Strom)
I_z	Zwischenkreisstrom
I_z^*	Zwischenkreisstrom-Sollwert
i	Strom (normiert)

i^*	Stromsollwert (normiert)
i_A^*	Ankerstromsollwert (normiert)
i_A	Ankerstrom (normiert)
$\bar{i}_A$	Ankerstrom-Mittelwert (normiert)
i_{A0}	Ankerstrom im Arbeitspunkt (normiert)
i_D, i_Q	Dämpferstrom–Komponenten im d,q–System (normiert)
i_d, i_q	Statorstrom–Komponenten im d,q–System (normiert)
i_E	Erregerstrom (normiert)
i_{eff}	Stromeffektivwert (normiert)
i_{zul}	zulässige Strombelastung (normiert)
j	imaginäre Einheit ($j^2 = -1$)
k_i	Motorkonstante (Schrittmotor)
k_r	Verhältnis Beschleunigungszeit/Positionierzeit (Schrittmotor)
L	Länge
L	Induktivität
L_1	Eigeninduktivität der Statorwicklung
L_2	Eigeninduktivität der Rotorwicklung
L_2'	Rotor-Eigeninduktivität, auf die Statorseite umgerechnet
L_3	Eigeninduktivität der Dämpferwicklung
L_σ	Streuinduktivität
$L_{\sigma 1}$	Stator-Streuinduktivität
$L_{\sigma 2}$	Rotor-Streuinduktivität
$L_{\sigma 2}'$	Rotor-Streuinduktivität, auf die Statorseite umgerechnet
$L_{\sigma d}$, $L_{\sigma q}$	d,q–Komponenten der Stator-Streuinduktivität (SM)
$L_{\sigma E}$	Erregerkreis-Streuinduktivität
L_A	Ankerinduktivität
L_D	Induktivität der Zwischenkreis-Drosselspule D
L_D, L_Q	d,q–Komponenten der Dämpferwicklungs-Induktivität
L_d, L_q	d,q–Komponenten der Statorinduktivität (SM)
L_E	Erregerkreisinduktivität
L_{Ed}	differentielle Erregerkreisinduktivität
L_{EN}	Erregerkreis-Nenninduktivität
L_h	Hauptinduktivität
L_{h1}	Stator-Hauptinduktivität
L_{h2}	Rotor-Hauptinduktivität
L_{h2}'	Rotor-Hauptinduktivität, auf die Statorseite umgerechnet
L_{hd}, L_{hq}	d,q–Komponenten der Stator-Hauptinduktivität (SM)
L_N	Stator-Nenninduktivität (Bezugswert)
L_N	Netzinduktivität
L_V	Lastinduktivität
l_1	Eigeninduktivität der Statorwicklung (normiert)

l_d, l_q	d,q–Komponenten der Statorinduktivität (normiert)
l_E	Erregerkreisinduktivität (normiert)
l_{Ed}	differentielle Erregerkreisinduktivität (normiert)
M	Drehmoment
$\boldsymbol{M}$	Matrix der Drehmomente
M	Gegeninduktivität Stator–Rotor (ASM)
M_{13}	Gegeninduktivität Stator–Dämpfer
M_A	Arbeitsmaschinenmoment
$M_{A\,max}$	Startgrenzmoment
M_B	Beschleunigungsmoment
$M_{B\,max}$	Betriebsgrenzmoment
M_{dD}, M_{qQ}	d,q–Komponenten der Gegeninduktivität Stator–Dämpfer
M_{dE}, M_{qE}	d,q–Komponenten der Gegeninduktivität Stator–Polrad
M_{dEN}	d-Komponente der Nenn-Gegeninduktivität Stator–Polrad
M_{DE}	d-Komponente der Gegeninduktivität Dämpfer–Polrad
M_F	Fortschaltemoment
M_H	Haltemoment
M_{iN}	Nenn-Luftspaltmoment
M_K	Kippmoment
M_K	Kupplungsmoment
M_M	Motormoment, Summe der Antriebsmomente
M_{MB}	Beschleunigungsanteil des Motormoments
M_{Mi}	inneres Luftspaltmoment
$\overline{M}_{Mi}$	inneres Luftspaltmoment (Mittelwert)
M_{MN}	Motornennmoment
M_{MR}	Motor-Reibmoment
M_{max}	maximales Drehmoment
M_N	Nennmoment
M_R	auf den Rotor wirkendes Drehmoment
M_S	auf den Stator wirkendes Drehmoment
M_{SH}	Selbsthaltemoment
M_W	Widerstandsmoment, Summe der Lastmomente
m	Drehmoment (normiert)
m	Spannungsübersetzungsverhältnis (DC-DC-Wandler)
m, m_S	Anzahl der Statorstränge
m_θ	träge Masse
m_B	Beschleunigungsmoment (normiert)
m_{dE}	d-Komponente der Gegeninduktivität Stator–Polrad (normiert)
m_{Ed}	d-Komponente der Gegeninduktivität Polrad–Stator (normiert)
m_M	Magnetmasse
m_M	Motormoment (normiert)
m_{Mi}	inneres Luftspaltmoment (normiert)
m_{max}	maximales Drehmoment (normiert)

m_{min}	minimales Drehmoment (normiert)
m_W	Widerstandsmoment (normiert)
N	Drehzahl
N^*	Drehzahlsollwert
N_0	Leerlaufdrehzahl
N_{0N}	Nennleerlaufdrehzahl
N_A	Arbeitsmaschinendrehzahl
N_G	Grenzdrehzahl
N_M	Motordrehzahl
N_N	Nenndrehzahl
N_{syn}	synchrone Drehzahl
n	Drehzahl (normiert)
n^*	Drehzahlsollwert (normiert)
n_0	Drehzahl im Arbeitspunkt (normiert)
n_B	Betriebsdrehzahl (normiert)
n_T	Verhältnis Taktfrequenz/Grundfrequenz (PWM)
P	Leistung
P_{0N}	elektr. Nennleistung
P_1	(aufgenommene) Stator-Wirkleistung
P_2	Rotor-Wirkleistung
P_{2r}	ins Netz zurückgespeiste Rotorleistung (USK)
P_δ	Luftspaltleistung
P_{auf}	aufgenommene elektr. Wirkleistung
P_{mech}	mechan. Leistung
P_N	Nennleistung
P_N	netzseitige Wirkleistung
$P_{N(1)}$	netzseitige Grundschwingungs-Wirkleistung
P_Q	Leistung der Quelle
P_V	Leistung der Last
P_V	Verlustleistung
P_{V2}	Rotor–Verlustleistung
P_{Vel}	elektr. Verlustleistung
P_{VN}	Nennverlustleistung
p	Leistung (normiert)
p	Pulszahl (Stromrichter)
Q	Blindleistung
$Q_{N(1)}$	netzseitige Grundschwingungs-Blindleistung
R	Radius
R	Widerstand
R_1	Statorwiderstand
R_2	Rotorwiderstand

R_2'	Rotorwiderstand, auf die Statorseite umgerechnet
R_{2V}	Rotorvorwiderstand
R_3	Dämpferwicklungswiderstand
R_ϑ	Wärmewiderstand
R_A	Ankerwiderstand (GM)
R_{AN}	Ankerwiderstands-Bezugswert (GM)
R_D	Wirbelstromwiderstand (GM)
R_D, R_Q	d,q–Komponenten des Dämpferwicklungs-Widerstands
R_E	Erregerkreiswiderstand
R_{EN}	Erregerkreis-Nennwiderstand
R_i	Innenwiderstand
R_L	Widerstand der Drosselspule
R_N	Stator-Nennwiderstand (Bezugswert)
R_p	Parallelwiderstand
R_V	Lastwiderstand
R_V	Vorwiderstand
r	Radius (normiert)
r	Widerstand (normiert)
r_1	Statorwiderstand (normiert)
r_A	Ankerwiderstand (normiert)
r_E	Erregerwiderstand (normiert)
r_p	Parallelwiderstand (normiert)
r_Q	Innenwiderstand der Quelle (normiert)
r_V	Vorwiderstand (normiert)
S	Weg
S	Scheinleistung
S_N, S_{Netz}	Netzscheinleistung
$S_{N(1)}$	netzseitige Grundschwingungs-Scheinleistung
s	Schlupf
s_K	Kippschlupf
s_N	Nennschlupf
T	Zeitkonstante, Periodendauer
$T_{0,05}$	technische Beruhigungszeit
T_{1K}	Statorzeitkonstante
T_2	Rotorzeitkonstante
T_{2K}	Rotorzeitkonstante
T_α	Winkelzeitkonstante
$T_{\Theta N}$	Trägheitsnennzeitkonstante
$T_{\Theta st}$	Stillstandskonstante
T_ϑ	Wärmezeitkonstante
T_A	Ankerzeitkonstante (GNM)
T_A	Abtastperiode

T_B	Beschleunigungszeit
T_b	Betriebszeitkonstante, Erwärmungszeitkonstante
T_D, T_Q	Zeitkonstanten der d,q–Komponenten der Dämpferwicklung
T_D	Dämpfungszeitkonstante (Schrittmotor)
T_D	Zeitkonstante der Wirbelstromdämpfung (GNM)
T_{DN}	Nennzeitkonstante der Wirbelstromdämpfung
T_d'	transiente Zeitkonstante des Längsfeldes (SM)
T_d''	subtransiente Zeitkonstante des Längsfeldes (SM)
T_E	statistischer Mittelwert von T_w (Stromrichter-Stellglied)
T_E	Erregerzeitkonstante
T_{EN}	Erregernennzeitkonstante
T_{Ed}	differentielle Erregerzeitkonstante
T_e	Periodendauer der gedämpften Schwingung
$T_{ers\,i}$	Ersatzzeitkonstante des Stromregelkreises
T_I	Integrations-Zeitkonstante
T_k	Kommutierungsdauer (I–Umrichter)
$\boldsymbol{T}_M$	Maxwellscher Spannungstensor
T_N	Periodendauer bei Nennfrequenz
T_N, T_{Netz}	Netzperiodendauer
T_n	Nachstellzeit (Regler)
T_P	Positionierzeit (Schrittmotor)
T_p	Pausenzeitkonstante, Abkühlungszeitkonstante
T_q''	subtransiente Zeitkonstante des Querfeldes (SM)
T_S	Streckenzeitkonstante
T_{SH}	Periode des Selbsthaltemoments
T_{schw}	Umschwingzeitkonstante
T_t	Totzeit, Stromrichter-Totzeit
T_V	Lastzeitkonstante
T_w	Wicklungszeitkonstante
T_w	Wartezeit (Stromrichter-Stellglied)
t	Zeit
t_a	Ausschaltzeit (Gleichstromsteller)
t_a	Anlaufzeit
t_{an}	Anregelzeit
t_{Br}	Bremszeit
t_b	Betriebszeit
t_c	Schonzeit (Thyristor)
t_e	Einschaltzeit (Gleichstromsteller)
t_l	Leerlaufzeit
t_p	Pausenzeit
t_q	Freiwerdezeit (Thyristor)
t_s	Spieldauer
$t_{ü}$	Überlastungszeit
t_{um}	Umladezeit

U	Spannung
U_1	Statorspannung
$\vec{U}_1$	Statorspannungs-Raumzeiger
U_1^*	Statorspannungs-Sollwert
$U_{1\alpha}$, $U_{1\beta}$	Statorspannungs–Komponenten im Koordinatensystem S
U_{1A}, U_{1B}	Statorspannungs–Komponenten im Koordinatensystem K
$U_{1a,\,1b,\,1c}$	Stator-Phasenspannungen (Dreiphasensystem)
$U^*_{1a,\,1b,\,1c}$	Statorspannungs-Sollwerte (Dreiphasensystem)
$U_{1a(1)}$	Grundschwingung der Statorspannung U_{1a}
$U_{1ab,\,1bc,\,1ca}$	verkettete Statorspannungen (Dreiphasensystem)
$\hat{U}_{1ab}$	Scheitelwert der verketteten Statorspannung U_{1ab}
$U_{1ab(1)}$	Grundschwingung der verketteten Spannung U_{1ab}
U_2	Rotorspannung
$\vec{U}_2$	Rotorspannungs-Raumzeiger
U_2'	Rotorspannung, auf die Statorseite umgerechnet
U_{20}	Rotor-Stillstandsspannung
U_{2A}, U_{2B}	Rotorspannungs–Komponenten im Koordinatensystem K
$U_{2a,\,2b,\,2c}$	Rotor-Phasenspannungen (Dreiphasensystem)
U_Δ	Dreieckspannung
$U^*_{\sqcap\sqcup\, a,\,b,\,c}$	rechteckförmige Referenzspannungen (PWM)
U_A	Ankerspannung (GNM)
$\overline{U}_A$	Ankerspannungs-Mittelwert
U_{AK}	Anoden-Kathoden-Spannung
U_{AN}	Ankernennspannung (GNM)
$U_{a,\,b,\,c}$	Phasenspannungen des Dreiphasensystems
$U_{a0,\,b0,\,c0}$	Ausgangsspannungen des U–Umrichters (Dreiphasensystem)
$U_{a0(1)}$	Grundschwingung der Spannung U_{a0}
$U_{b0(1)}$	Grundschwingung der Spannung U_{b0}
U_C	Kondensatorspannung
U_{CE}	Kollektor-Emitter-Spannung
U_D	Diodenspannung
U_d, U_q	Statorspannungs–Komponenten im d,q–System (SM)
U_d	Gleichspannung
U_{di0}	maximaler ideeller Gleichspannungsmittelwert
$U_{di\alpha}$	ideeller Gleichspannungsmittelwert
U_E	Erregerspannung
U_{EN}	Erregernennspannung
U_G	rotatorische Spannung
U_{GK}	rotatorische Spannung beim Abschalten
U_h	Hauptfeldspannung
$\vec{U}_h$	Raumzeiger der Hauptfeldspannung
U_{h1}	Stator-Hauptfeldspannung
U_L	Spannung an der Induktivität
U_{LD}	Spannung an der Zwischenkreis-Drosselspule

U_{M0}	Spannung zwischen Last-Mittelpunkt M und Nullpunkt 0
U_N	Stator-Nennspannung (Bezugswert)
U_N, U_{Netz}	Netzspannung
U_p	Polradspannung
$\vec{U}_p$	Raumzeiger der Polradspannung
U_Q	Quellenspannung
U_R	Spannung am Widerstand
U_{St}	Steuerspannung
U_T	Thyristorspannung
$\hat{U}_T$	maximale Thyristorspannung
U_V	Ventilspannung
U_V	Lastspannung, Verbraucherspannung
$\overline{U}_V$	Lastspannung, Verbraucherspannung (Mittelwert)
U_v	verkettete Spannung
U_z	Zwischenkreisspannung
U_{zG}	Gleichrichter-Ausgangsspannung (Zwischenkreisspannung)
U_{zW}	Wechselrichter-Eingangsspannung (Zwischenkreisspannung)
u	Spannung (normiert)
u_A	Ankerspannung (normiert)
$\overline{u}_A$	Ankerspannungs-Mittelwert (normiert)
u_d, u_q	Statorspannungs–Komponenten im d,q–System (normiert)
u_E	Erregerspannung (normiert)
$u_{k\%}$	relative Kurzschlußspannung
u_{St}	Steuerspannung (normiert)
$\ddot{u}$	Übersetzungsverhältnis Rotor-/Stator-Seite
$\ddot{u}$	Getriebeübersetzung
$\ddot{u}$	Überlappungswinkel (Kommutierung)
V	Geschwindigkeit
$\boldsymbol{V}$	Verschaltungsmatrix
V_R	Reglerverstärkung
V_{Str}	Stromrichter-Verstärkung
v	Geschwindigkeit (normiert)
v	Verlustaufteilung bei Nennbetrieb
v_i	Vorfaktor für stromabhängige Verluste
v_k	Vorfaktor für Leerlaufverluste
W	Arbeit, Energie
W_{0N}	bei Ω_{0N} gespeicherte Energie
W_d, W_q	d,q–Komponenten der Energie
W_{mag}	magnetische Energie
W^*_{mag}, W^*	magnetische Koenergie
W_{schein}	Scheinenergie
W_V	Verlustenergie

W_{wirk}	Wirkenergie
w	normierter Sollwert (Regelkreis)
w, w_a	Windungszahl (Wicklung)
w_V	Verlustenergie (normiert)
X	Reaktanz
X_1	Statorreaktanz
X_2	Rotorreaktanz
$X_2^{'}$	Rotorreaktanz, auf die Statorseite umgerechnet
$X_{\sigma 1}$	Statorstreureaktanz
X_d, X_q	d,q–Komponenten der Statorreaktanz
X_h	Hauptreaktanz
X_{h1}	Stator-Hauptreaktanz
$\boldsymbol{x}$	Rotorauslenkung
x	normierter Istwert (Regelkreis)
x_d	normierte Regelabweichung
x_d, x_q	d,q–Komponenten der Statorreaktanz (normiert)
$x_d^{'}$	transiente Längsreaktanz (normiert)
$x_d^{''}$	subtransiente Längsreaktanz (normiert)
$x_q^{''}$	subtransiente Querreaktanz (normiert)
Z	Impedanz
Z_p	Polpaarzahl
Z_R	Anzahl der Rotorzähne
Z_S	Anzahl der Statorzähne
z	normierte Störgröße (Regelkreis)
z	Anzahl der Vorwiderstände (Stufenzahl)
z	Schrittzahl (Schrittmotor)

Literaturverzeichnis

Antriebstechnik und benachbarte Gebiete (Bücher)

[1] Alesina, A.; Venturini, M.
Solid State Power Conversion: A Fourier Analysis Approach to Generalized Transformer Synthesis.
IEEE Trans. on Circuit Systems CAS–28 (1981), Nr. 4, S. 319–330

[2] Alesina, A.; Venturini, M.
Analysis and Design of Optimum–Amplitude Nine–Switch Direct AC–AC Converters.
IEEE Trans. on Power Electronics PE–4 (1989), Nr. 1, S. 101–112

[3] Angermann, A.; Beuschel, M.; Rau, M.; Wohlfarth U.
MATLAB - SIMULINK - STATEFLOW
Grundlagen, Toolboxen, Beispiele.
4., überarbeitete Auflage,
Oldenbourg Verlag, München 2005
Reihe: Oldenbourg Lehrbücher für Ingenieure

[4] Bödefeld, T.; Sequenz, H.
Elektrische Maschinen.
Springer-Verlag, 8. Auflage Wien New York 1971

[5] Böhm, W.
Elektrische Antriebe
Kamprath-Reihe kurz und bündig: Technik.
Vogel-Verlag, Würzburg 1979

[6] Boldea, I.; Nasar, S. A.
Electric Machine Dynamics.
Macmillan, New York 1986

[7] Boldea, I.; Nasar, S. A.
Vector Control of AC Drives.
CRC Press, 1992

[8] Bonfert, K.
Betriebsverhalten der Synchronmaschine.
Springer-Verlag, Berlin 1962

[9] Bonfiglioli Riduttori S.p.A. (Hrsg.)
Handbuch der Getriebemotoren.
Springer-Verlag, Berlin 1997

[10] Bühler, H.
Einführung in die Theorie geregelter Drehstromantriebe.
Birkhäuser Verlag, Basel, Stuttgart 1977

[11] Döring, E.
Werkstoffkunde der Elektrotechnik.
Friedr. Vieweg & Sohn Verlagsgesellschaft (Verlagsgruppe Bertelsmann), 2. Auflage Braunschweig 1988

[12] Filipović, Z.
Elektrische Bahnen.
Springer-Verlag, Berlin 1992

[13] Fischer, R.
Elektrische Maschinen.
Carl Hanser Verlag, München, 8. Aufl., 1992

[14] Föllinger, O.
Lineare Abtastsysteme.
Oldenbourg Verlag, München, Wien 1982

[15] Frohne, H.
Elektrische und magnetische Felder.
Teubner, Stuttgart 1994

[16] Gerlach, W.
Thyristoren.
Springer-Verlag, Berlin 1979

[17] Giersch, H.; Harthus, H.; Vogelsang, N.
Elektrische Maschinen.
Teubner, Stuttgart 1991

[18] Gyugyi, L.; Pelly, B. R.
Static Power Frequency Changer.
John Wiley, New York 1976

[19] Heumann, K.
Grundlagen der Leistungselektronik.
Teubner, Stuttgart, 6. Aufl. 1996

[20] Heumann, K.; Stumpe, C.
Thyristoren, Eigenschaften und Anwendungen.
Teubner, Stuttgart 1974

[21] Hoffmann, A.; Stocker, K.
Thyristor-Handbuch.
Siemens AG, Berlin/München 1976

[22] Lipo, T. A.; Holmes, D. G.
Pulse Width Modulation for Power Converters - Principles and Practice.
IEEE Series on Power Engineering, IEEE-Press/Wiley-Interscience, Wiley and Sons Inc. Publication, 2003

[23] Jenni, F.; Wüest, D.
Steuerverfahren für selbstgeführte Stromrichter.
vdf Hochschulverlag, Zürich, und B.G. Teubner, Stuttgart 1995

[24] Kleinrath, H.
Grundlagen elektrischer Maschinen.
Akad. Verlagsgesellschaft, Wiesbaden 1975

[25] Kleinrath, H.
Stromrichtergespeiste Drehfeldmaschinen.
Springer-Verlag, Wien, New York 1980

[26] Kovács, K. P.; Rácz, I.
Transiente Vorgänge in Wechselstrommaschinen, Bd.1 und 2.
Verlag der Ungarischen Akademie der Wissenschaften, Budapest 1959

[27] Küpfmüller, K.; Mathis, W.; Reibig, A.
Theoretische Elektrotechnik.
Springer-Verlag, 17. Auflage Berlin 2006

[28] Laible, T.
Die Theorie der Synchronmaschine im nichtstationären Betrieb.
Springer-Verlag, Berlin 1952

[29] Leonhard, W.
Control of Electrical Drives.
Springer-Verlag, Berlin 1985

[30] McMurray, W.
The Theory and Design of Cycloconverters.
The M.I.T. Press, 1972
(Entspricht in Teilen dem Buch von Pelly [39].)

[31] Meyer, M.
Elektrische Antriebstechnik, Band 1: Asynchronmaschinen im Netzbetrieb und drehzahlgeregelte Schleifringläufermaschinen.
Springer-Verlag, Berlin 1985

[32] Meyer, M.
Elektrische Antriebstechnik, Band 2: Stromrichtergespeiste Gleichstromantriebe und voll umrichtergespeiste Drehstrommaschinen.
Springer-Verlag, Berlin 1987

[33] Meyer, M.
Leistungselektronik.
Springer-Verlag, Berlin 1990

[34] Milde, F.
Dynamisches Verhalten von Drehfeldmaschinen.
VDE-Verlag GmbH, Berlin, Offenbach 1993

[35] Müller, G.
Elektrische Maschinen.
VEB-Verlag Technik, Berlin 1982

[36] Müller, G.
Grundlagen elektrischer Maschinen.
VCH Verlagsgesellschaft mbH, 1994

[37] Müller, R.
Halbleiter-Elektronik, Bd.1: Grundlagen der Halbleiter-Elektronik.
Springer-Verlag, Berlin 1984

[38] Müller, R.
Halbleiter-Elektronik, Bd. 2: Bauelemente der Halbleiter-Elektronik.
Springer-Verlag, Berlin 1979

[39] Pelly, B. R.
Thyristor Phase-Controlled Converters and Cycloconverters.
John Wiley, New York 1971
(Grundlegendes Buch über Direktumrichter, das nahezu alle Schaltungsvarianten des Direktumrichters abhandelt.)

[40] Pfaff, G.; Meier, C.
Regelung elektrischer Antriebe I.
Oldenbourg Verlag, München/Wien 1971

[41] Pfaff, G.; Meier, C.
Regelung elektrischer Antriebe II.
Oldenbourg Verlag, München/Wien 1982

[42] Richter, R.
Elektrische Maschinen. 2. Band: Synchronmaschinen und Einankerumformer.
Birkhäuser, Basel,Stuttgart, 2. Aufl. 1953

[43] Römer, H.; Forger, M.
Elementare Feldtheorie: Elektrodynamik, Hydrodynamik, spezielle Relativitätstheorie.
VCH Verlagsgesellschaft, Weinheim 1993

[44] Schaumburg, H.
Werkstoffe.
Teubner, Stuttgart 1990

[45] Schröder, D.
Elektrische Antriebe 1: Grundlagen.
Springer–Verlag, Berlin 1994

[46] Schröder, D.
Elektrische Antriebe: Grundlagen.
Springer–Verlag, Berlin 2000, 2.Auflage

[47] Schröder, D.
Elektrische Antriebe 2: Regelung von Antrieben.
Springer-Verlag, Berlin 1995

[48] Schröder, D.
Elektrische Antriebe: Regelung von Antriebssystemen.
Springer–Verlag, 2. Auflage Berlin 2001

[49] Schröder, D.
Elektrische Antriebe: Regelung von Antriebssystemen.
Springer–Verlag, 3. Auflage Berlin 2007

[50] Schröder, D.
Elektrische Antriebe 3: Leistungselektronische Bauelemente.
Springer-Verlag, Berlin 1996

[51] Schröder, D.
Leistungselektronische Bauelemente.
Springer–Verlag, 2. Auflage Berlin 2006

[52] Schröder, D.
Elektrische Antriebe 4: Leistungselektronische Schaltungen.
Springer-Verlag, Berlin 1998

[53] Schröder, D.
Elektrische Antriebe 4: Leistungselektronische Schaltungen.
Springer-Verlag, 2. Auflage Berlin 2007

[54] Schröder, D. (Ed.)
Intelligent Observer and Control Design for Nonlinear Systems.
Springer-Verlag, Berlin 1999

[55] Sequenz, H.
Die Wicklungen elektrischer Maschinen, Band 1.
Springer Verlag, Berlin 1950

[56] Späth, H.
Steuerverfahren für Drehstrommaschinen – Theoretische Grundlagen.
Springer-Verlag, Berlin 1983

[57] Späth, H.
Elektrische Maschinen und Stromrichter – Grundlagen und Einführung.
G. Braun, Karlsruhe 1984

[58] Tipler, P. A.
Physik.
Spektrum Akademischer Verlag GmbH, korrigierter Nachdruck 1995 der 1. Auflage Heidelberg 1994

[59] Vas, P.
Vector Control of AC Machines.
Oxford Science Publications, Claredon Press, Oxford 1990

[60] Vas, P.
Electrical Machines and Drives.
Oxford University Press, 1996

[61] Vas, P.
Sensorless Vector and Direct Torque Control.
Oxford University Press, 1998

Elektrische Antriebe allgemein

[62] Markeffsky, G.
Die Ermittlung der Anlaufzeit für den elektromotorischen Antrieb.
Zeitschrift für Maschinenbau und Fertigung (1964), H. 7, S. 503–506
(Grundlegende Darstellung von elektromechanischen Anordnungen.)

[63] Berger, T.
Analyse des Spielverlaufs als Grundlage für die Motordimensionierung.
Elektrie 28 (1974), H. 9, S. 481–484

Leistungshalbleiter

[64] Bayerer, R.; Teigelkötter, J.
IGBT-Halbbrücken mit ultraschnellen Dioden.
ETZ 108 (1987), Nr.19, S. 922–925

[65] Bechteler, M.
The Gate-Turnoff Thyristor (GTO).
Siemens Forsch.- u. Entwickl.-Berichte 14 (1985), H. 2, S. 39-44

[66] Boehringer, A.; Knöll, H.
Transistorschalter im Bereich hoher Leistungen und Frequenzen.
ETZ 100 (1979), H. 13, S. 664–670

[67] Bösterling, W.; Fröhlich, M.
Frequenzthyristoren im Schwingkreisbetrieb.
ETZ 101 (1980), H. 9, S. 537–538

[68] Bösterling, W.; Fröhlich, M.
Thyristorarten ASCR, RLT und GTO – Technik und Grenzen ihrer Anwendung.
ETZ 104 (1983), H. 24, S. 1246–1251

[69] Bösterling, W.; Ludwig, H.; Scharn, M.; Schimmer, R.
Praxis mit dem GTO-Abschaltthyristor für selbstgeführte Stromrichter.
Elektrotechnik 64 (1982), H. 24, S. 16–21 und 65 (1983), H. 4, S. 14–17

[70] Brauschke, P.; Sommer, P.
Smart SIPMOS; Leistungshalbleiter mit Intelligenz.
Siemens Components 25 (1987), H. 5, S. 182–277

[71] Gerlach, W.; Seid, F.
Wirkungsweise der steuerbaren Siliziumzelle.
ETZ-A 83 (1962), H. 8, S. 270–277

[72] Grüning, H.
Feldgesteuerte Thyristoren – eine neue Klasse bipolarer Leistungsschalter.
4. Int. Makroelektronik-Konf. (1988), S. 23–36

[73] Grüning, H.
Der feldgesteuerte Thyristor (FCTh) – ein Leitungshalbleiter für den Umrichter der Zukunft.
Bulletin SEV/VSE 79 (1988), H. 5, S. 242–249

[74] Hayashi, Y. et al.
A Consideration on Turn-Off Failure of GTO with Amplifying Gate.
IEEE Trans. on Power Electronics PE-2 (1987), No. 2, S. 90–97

[75] Hebenstreit, E.
Driving the SIPMOS Field-Effect Transistor as a Fast Power Switch.
Siemens Forsch.- u. Entwickl.-Berichte 9 (1980), Nr. 4, S. 200–204

[76] Hebenstreit, E.
SIRET – ein superschneller 1000-V–Bipolartransistor.
Siemens Components 25 (1987), H. 4, S. 147–150

[77] Hempel, H.-P.
Bemessung und Ansteuerung von GTO-Thyristoren.
Elektronik (1987), H. 9, S. 113–117

[78] Heumann, K.
Untersuchung und Erfahrung mit abschaltbaren Leistungshalbleitern.
ETG-Fachberichte 23 (1988), S. 187–212

[79] Heumann, K.
Untersuchung und Erfahrung mit abschaltbaren Leistungshalbleitern.
Archiv f. Elektrotechnik 72 (1989), S. 95–111

[80] Heumann, K.
Power Electronics – State of the Art.
IPEC '90, Tokyo/Japan Conf. Rec., Vol. 1, S. 11–20

[81] Lemme, H.
Kraft und Intelligenz vereint: „Smartpower"-Bausteine – Möglichkeiten und Grenzen.
Elektronik (1989), H. 11, S. 80–83

[82] Moll, J. L.; Tanenbaum, M.; Goldez, J. M.; Holonyak, N.
P-N-P-N Transistor Switches.
Proc. Inst. Radio Eng. 44 (1956), S. 1174–1182

[83] Muraoka, K. et al.
Characteristics of High-Speed SI Thyristor and its Application to the 60-kHz 100-kW High Efficiency Inverter.
IEEE Trans. on Power Electronics PE-4 (1989), No. 1, S. 92–100

[84] Nakamura, Y. et al.
Very High Speed Static Induction Thyristor.
IEEE Trans. on Ind. Appl. IA-22 (1986), No. 6, S. 1000–1006

[85] Nishizawa, J. et al.
Low-Loss High Speed Switching Devices 2300 V 150 A Static Induction Thyristor.
IEEE Trans. on Electronic Devices ED-32 (1985), No. 4, S. 822–830

[86] Nishizawa, J.; Tamanushi, T.
Recent Development and Future Potential of the Power Static Induction (SI) Devices.
Proceedings of the Third International Conference on Power Electronics and Variable Speed Drives, London 1988, Power Division of the IEE, S. 21–24

[87] Nishizawa, J. et al.
Recent Development of the Static Induction Thyristor.
Proceedings of the Third International Conference on Power Electronics and Variable Speed Drives, London 1988, Power Division of the IEE, S. 37–40

[88] Nishizawa, J.; Muroaka, K.; Kawamura, Y.; Tamamushi, T.
A Low-Loss High Speed Switching Device: The 2500 V 300 A Static Induction Thyristor.
IEEE Trans. on Electronic Devices ED-33 (1986), No. 4, S. 337–342

[89] Nowas, W. D.; Berg, H.
GTO – Stand der Technik und Entwicklungsmöglichkeiten.
ETG-Fachberichte 23 (1988), S. 86–109

[90] Ohno, E.
The Semiconductor Evolution in Japan – Four Decade Long Maturity Thriving to an Indispensable Social Standing.
IPEC '90, Tokyo/Japan, Conf. Rec. Vol. 1, S. 11–20

[91] Schlangenotto, H.; Silber, D.: Zeyfang, R.
Halbleiter-Leistungsbauelemente: Untersuchungen zur Physik und Technologie.
Wiss. Berichte AEG-Telefunken 55 (1982), Nr. 1/2, S. 7–24

[92] Schröder, D.
New Elements in Power Electronics: Transistor, FET, ASCR, GAT(T), GTO.
4th Power Electronics Conference, Budapest 1981, S. 53–63

[93] Schröder, D.
Neue Bauelemente der Leistungselektronik.
ETZ 102 (1981), H. 17, S. 906–909

[94] Schröder, D.
Bauelemente der Leistungselektronik.
Der Elektroniker, H. 9, 1982, S. 40–42

[95] Stein, E.; Schröder, D.
Halbleiterstrukturen und Funktion neuartiger Bauelemente der Leistungselektronik.
VDE-Jahrbuch 1983, S. 239–268

[96] Stumpe, A. C.
Kennlinien der steuerbaren Siliziumzelle.
ETZ-A 83 (1962), H. 4, S. 81–87

[97] Temple, V. A. K.
Thyristor Devices for Elektric Power Systems.
IEEE Trans. on Power Apparatus and Systems PAS-101 (1982), No. 7, S. 2286–2291

[98] Tihanyi, J.
A Qualitative Study of the DC Performance of SIPMOS Transistors.
Siemens Forsch.- u. Entwickl.-Berichte 9 (1980), Nr. 4, S. 181–189

[99] Tihanyi, J.; Huber, P.: Stengl, J. P
Switching Performance of SIPMOS Transistors.
Siemens Forsch.- u. Entwickl.-Berichte 9 (1980), Nr. 4, S. 195–199

[100] Tihanyi, L.
MOS-Leistungsschalter.
ETG-Fachberichte 23 (1988), S. 71–78

[101] Vitins, J.; Wetzel, P.
Rückwärtsleitende Thyristoren für die Leistungselektronik.
BBC-Nachr. 63 (1981), H. 2, S. 74–82

[102] Vogel, D.
IGBT – hochsperrende, schnell schaltende Transistormodule.
Elektronik (1987), H. 9, S. 120–124

[103] Williams, B. W.
GTO Thyristor and Bipolar Transistor Cascade Switches.
IEE Proceedings Vol. 137 (1990), Pt. B, No. 3, S. 141–153

Leistungselektronik: Ansteuerung, Beschaltung, Kühlung

[104] Best, W.
Störsichere Synchronisation netzgeführter Stromrichter.
BBC Nachr. 62 (1980), H. 4, S. 139–145

[105] Bösterling, W.; Sommer, K.-H.
Bipolar-Transistormodule vorteilhaft ansteuern und schützen.
4. Int. Makroelektronik-Konf. (1988), S. 175–186

[106] Depenbrock, M. (Hrsg.)
Dynamische Probleme der Thyristortechnik.
Berlin 1971

[107] Gupta, S. C.; Venkatesan, K.; Eapen, K.
A Generalized Firing Angle Controller Using Phase-Locked Loop for Thyristor Control.
IEEE Trans. on Ind. Electronics and Control Instrumentation IECI-28 (1981), S. 46–49

[108] Herrmann, D.
Digitale Zündwinkelsteuerung für eine Drehstrombrücke zum Betrieb an Netzen mit starken Frequenz- und Spannungsschwankungen.
ETZ-A 94 (1973), Nr. 1, S. 31–34

[109] Howe, A. F.; Newberz, P. G.
Semiconductor Fuses and their Applications.
IEE Proceedings Vol. 127 (1980), No. 3, S. 155–168

[110] Heumann, K.; Marquardt, R.
GTO-Thyristoren in selbstgeführten Stromrichtern.
ETZ 104 (1983), H. 9, S. 328–332

[111] Jung, M.
Improved Snubber for GTO Inverter with Energy Recovery by Simple Passiv Network.
Proceedings of the Second European Conf. on Power Electronics and Applications 1987, S. 15–20

[112] Keuter, W.; Tscharn, M.
Optimierte Ansteuerung heutiger Darlington-Leistungstransistoren.
ETZ 108 (1987), H. 19, S. 914–921

[113] Korb, F.
Die thermische Auslegung von fremdgekühlten Halbleitern bei netzgeführten Stromrichtern.
ETZ-A 92 (1971), H. 2, S. 100–107
(Ableitung eines theoretischen Berechnungsverfahrens zur Erwärmung von Halbleitern und praktische Überprüfung.)

[114] Korb, F.
Das thermische Verhalten selbstgekühlter Halbleiter bei netzgeführten Stromrichtern.
ETZ-A 92 (1971), Nr. 4, S. 228–234

[115] Marquardt,R.
Untersuchung von Stromrichterschaltungen mit GTO-Thyristoren.
Dissertation, Universität Hannover, 1982

[116] Marquardt,R.
Stand der Ansteuer-, Beschaltungs- und Schutztechnik beim Einsatz von GTO Thyristoren.
ETG-Fachberichte 23 (1988), S. 146–170

[117] Sievers, R.
Hochfrequente Ansteuerschaltung für GTO-Thyristoren.
ETZ 108 (1987), Nr. 12, S. 544–548

[118] Sperner, A.; Majumdar, G.
Konzepte zur Ansteuerung und zum Schutz von Kaskaden-BIMOS- und IGBT-Modulen der Klasse 100 A/500 V.
4. Int. Makroelektronik-Konf. (1988)

[119] Stamberger, A.
Die Projektierung einer RC-Beschaltung in der Leistungselektronik.
Elektroniker CH Nr. 12 (1980)

[120] Steinke, J. K.
Untersuchungen zur Ansteuerung und Entlastung des Abschaltthyristors beim Einsatz bis zu hohen Schaltfrequenzen.
Dissertation, Univ. Bochum, 1986

[121] Steinke, J. K.
Experimental Results on the Influence of the Capacity of the Snubber Capacitor on the Shape of the Tail Current of a GTO-Thyristor.
Proceedings of the Second European Conf. on Power Electronics and Applications (1987), S. 21–25

[122] Steyn, C. G.; van Wyk, J. D.
Voltage Dependent Turn-Off-Snubbers for Power Electronic Switches.
ETZ-A 9 (1987), Nr. 2, S. 39–44

[123] Thiele, G.
Richtlinien für die Bemessung der Trägerspeichereffekt-Beschaltung von Thyristoren.
ETZ-A 90 (1969), H. 14, S. 347–352
(Darstellung verschiedener TSE-Beschaltungen von Halbleitern sowie deren Auslegung.)

Gleichstromsteller, DC-DC-Wandler

[124] Abraham, L.
Der Gleichstrompulswandler (elektronischer Gleichstromsteller) und seine digitale Steuerung.
Dissertation, TU Berlin, 1967

[125] Kahlen, H.
Generatorischer Betrieb der Gleichstrom-Reihenschlußmaschine mit Hilfe eines Gleichstromstellers.
ETZ-A 92 (1971), H. 9, S. 534–537

[126] Kahlen, H.
Thyristorschalter zum schnellen Abschalten von Gleichströmen.
ETZ-A 94 (1973), H. 9, S. 539–542

[127] Kahlen, H.
Vergleichende Untersuchung an verschiedenen Gleichstromstellerschaltungen für Fahrzeugantriebe.
Dissertation, TH Aachen, 1973

[128] Kahlen, H.
Gleichstromsteller für den motorischen und generatorischen Betrieb der Gleichstrom-Reihenschlußmaschine.
ETZ-A 95 (1974), H. 9, S. 441–445

[129] Knapp, P.
Der Gleichstromsteller zum Antrieb und Bremsen von Gleichstromfahrzeugen.
Brown Boveri Mitt. (1970), Nr. 6/7, S. 252–270
(Darstellung verschiedener Gleichstromstellerschaltungen, ihrer Funktion beim Antreiben und Bremsen sowie Vergleich von Pulsfrequenz- und Pulsweitensteuerung.)

[130] Krug, H.
Die Entwicklung von Antriebssystemen mit Gleichstrompulsstellern für Traktionszwecke.
Elektrie 24 (1970), H. 11, S. 388–391
(Darstellung verschiedener Gleichstromstellerschaltungen sowie der zeitlichen Verläufe beim Löschvorgang)

[131] Meyer, M.
Über die Kommutierung mit kapazitivem Energiespeicher.
ETZ-A 95 (1974), H. 2, S. 79–85

[132] Lowe, T. J.; Mellit, B.
Thyristor Chopper Control and Introduction of Harmonic Current into Track Circuits.
IEE Proceedings Vol. 121 (1974), Nr. 4

[133] Soffke, W.
Die Optimierung des Gleichstromstellers in Hinblick auf ein Minimum an Gewicht, Volumen und Kosten.
ETZ-A 95 (1974), H. 12, S. 658–662

[134] Kübler, T.; Steuerwald, G.; Schröder, D.
Control of a 4-Quadrant Chopper by a 16-Bit Microcomputer.
ETG-Fachbericht, Darmstadt 1982, S. 439–446

[135] Tröger, R.
Technische Grundlagen und Anwendung der Stromrichter.
Elektr. Bahnen 8 (1932), H. 2, S. 51–58
(Erste Beschreibung einer Schaltung zur Zwangskommutierung von einschaltbaren Ventilen.)

[136] Wagner, R.
Elektronische Gleichstromsteller.
VDE-Buchr. Bd. 11 (1966), S. 187–199

[137] Wagner, R.
Strom- und Spannungsverhältnisse beim Gleichstromsteller.
Siemens-Z. 43 (1969), Nr. 5, S. 458–464

Netzgeführte Stromrichter: Schaltungstechnik und Auslegung

[138] Arremann, H.; Möltgen, G.
Oberschwingungen im netzseitigem Strom sechspulsiger netzgeführter Stromrichter.
Siemens Forsch.- u. Entwickl.-Berichte 7 (1978), Nr. 2, S. 71–76

[139] Ericsson, H.
Stromrichter für Gleichstromantriebe.
ASEA-Zeitschrift 26 (1981), H. 5/6, S. 101–105

[140] Förster, J.
An- und Abschnittsteuerung mit Stromrichtern.
Elektrische Bahnen 46 Nr. 5 (1975), S. 124–126

[141] Grötzbach, M.
Berechnung der Oberschwingungen im Netzstrom von Drehstrom-Brückenschaltungen bei unvollkommener Glättung des Gleichstromes.
ETZ Archiv 7 (1985), H. 2, S. 59–62

[142] Grötzbach, M.
Netzoberschwingungen von stromgeregelten Drehstrombrückenschaltungen.
ETZ 108 (1987), H. 19, S. 930–934

[143] Hengsberger,J.; Wiegand, A.
Schutz von Thyristor-Stromrichtern größerer Leistung.
ETZ-A 86 (1965), H. 8, S. 263–268

[144] Hölters, F.
Schaltungen von Umkehrstromrichtern.
AEG-Mitt. 48 (1958), Nr. 11/12, S. 621–629

[145] Hölters, F.; Mikulaschek, F.
Das Blindleistungsproblem bei Stromrichter-Umkehrantrieben.
AEG-Mitt. 48 (1958), Nr. 11/12, S. 649–659

[146] Holtz, J.
Ein neues Zündsteuerverfahren für Stromrichter am schwachen Netz.
ETZ-A 91 (1970), H. 6, S. 345–348
(Vergleich von Zündsteuergeräten für Stromrichter-Stellglieder mit Netzsynchronisation, frequenzverstellbarem Oszillator (phase-locked loop) und phasenverstellbarem Oszillator. Das Ziel ist, daß die durch die Netzrückwirkungen verursachten Verzerrungen der versorgenden Spannung nicht zur Instabilität des Stromregelkreises führen.)

[147] Krug, H.
Zur Optimierung des Drosselaufwandes bei dynamisch hochwertigen netzgeführten Umkehrstromrichtern.
Teil I: Elektrie 35 (1981), H. 12, S. 641–646,
Teil II: Elektrie 36 (1982), H. 1, S. 8–12

[148] Meyer, M.; Möltgen, G.
Kreisströme bei Umkehrstromrichtern.
Siemens-Z. 37 (1963), Nr. 5, S. 375–379

[149] Michel, M.
Die Strom- und Spannungsverhältnisse bei der Steuerung von Drehstromlasten über antiparallele Ventile.
Dissertation, TU Berlin, 1966

[150] Schwarz, J.
Das System „Netzgelöschter Stromrichter – Glättungsdrossel – Gleichstrommaschine" im nichtlückenden Betrieb.
Elektrie 30 (1976), H. 6, S. 325–330
(Behandelt die Auslegung der Glättungsdrossel des obigen Systems unter Beachtung der Forderung „nichtlückender Strom". Außerdem wird die Kommutierungsspannung und die durch die Welligkeit des Stroms bedingte zusätzliche Erwärmung betrachtet.)

[151] Schwarzenau, R.
Kompensation der Blindleistung durch Filterkreise in Netzen mit Stromrichter-Gleichstromantrieben.
ETG-Fachberichte Bd. 6 (1980), S. 181–197

[152] Seefried, E.; Wolf, H.
Schwingungsprobleme in Thyristorstromrichtern, die im Lückbetrieb arbeiten.
Elektrie 31 (1977), H. 2, S. 105–108
(Im Lückbereich des Stroms können erhöhte Spannungsbeanspruchungen an den Halbleiterventilen auftreten. Diese erhöhten Spannungsbbeanspruchungen sind durch die TSE-Beschaltung einerseits und die Induktivitäten andererseits bedingt. Im Beitrag werden Abhilfemaßnahmen, z.B. die Brücken-TSE-Beschaltung, diskutiert.)

[153] Stamberger, A.
Ein Drehstromsteller zum Herabsetzen des Wirk- und Scheinleistungsbedarfs von Asynchronmaschinen bei Teillast.
Elektroniker 9 (1983), S. 15–19

[154] Wesselak, F.
Thyristorstromrichter mit natürlicher Kommutierung.
Siemens-Z. 39 (1965), Nr. 3, S. 199–205

Netzgeführte Stromrichter: Regelung

[155] Bühler, E.
Eine zeitoptimale Thyristor-Stromregelung unter Einsatz eines Mikroprozessors.
Regelungstechnik 26 (1978), H. 2, S. 37–43
(Der Beitrag ist anwendungsorientiert, d.h. es werden in leichtverständlichen Schritten der theoretische Hintergrund der Stromregelung (nichtlückend, lückend), die daraus resultierenden Regelalgorithmen und praktisch erreichbare Ergebnisse dargestellt.)

[156] Buxbaum, A.
Regelung von Stromrichterantrieben bei lückendem und nichtückendem Ankerstrom.
Techn. Mitt. AEG-Telefunken 59 (1969), H. 6, S. 348–352
(Grundlegende Darstellung des praktischen Verhaltens von Stromrichterantrieben bei lückendem und nichtlückendem Strom.)

[157] Buxbaum, A.
Das Einschwingverhalten drehzahlgeregelter Gleichstromantriebe bei Soll- und Laststößen.
Techn. Mitt. AEG-Telefunken 59 (1969), H. 6, S. 353–358
(Prinzipielle regelungstechnische Abhandlung über das dynamische Verhalten eines drehzahlgeregelten Antriebs im Anker-Stellbereich.)

[158] Buxbaum, A.
Die Regeldynamik von Stromrichterantrieben kreisstromfreier Gegenparallelschaltung.
Techn. Mitt. AEG-Telefunken 60 (1970), S. 361–365
(Praktische Darstellung der Eigenschaften der Regelkreise bei lückendem und nichtlückendem Strom sowie eine Ausführungsform des adaptiven Stromreglers.)

[159] Buxbaum, A.
Aufbau und Funktionsweise des adaptiven Ankerstromreglers.
Techn. Mitt. AEG-Telefunken 61 (1971), H. 7, S. 371–374

[160] Buxbaum, A.
Spezielle Regelungsschaltungen der industriellen Antriebstechnik.
Regelungstechn. Praxis (1974), H. 10, S. 255–262
(Leicht verständliche Einführung in die verschiedenen Varianten von Regelungsschaltungen der Antriebstechnik.)

[161] Dörrscheidt, F.
Entwurf auf endliche Einstellzeit bei linearen Systemen mit veränderlichen Parametern.
Regelungstechnik (1976), H. 3, S. 89–96
(Bei Abtastregelungen kann das Führungsverhalten so eingestellt werden, daß eine endliche Einstellzeit erreicht wird. Im vorliegenden Beitrag wird der Reglerentwurf einer zeitvarianten Strecke vorgestellt. Siehe auch Föllinger [164].)

[162] Fallside, F.; Farmer, A. R.
Ripple Instability in Closed Loop Control Systems with Thyristor Amplifiers.
IEE Proceedings Vol. 114 (1967), H. 1, S. 218–228
(Eine der ersten Untersuchungen über Grenzzyklen bei Stromregelungen mit netzgeführten Stromrichter-Stellgliedern.)

[163] Fieger, K.
Zum dynamischen Verhalten thyristorgespeister Gleichstrom-Regelantriebe.
ETZ-A 90 (1969), H. 13, S. 311–316
(Im Beitrag wird die Optimierung des Strom- und des Drehzahl-Regelkreises dargestellt, und es werden praktische Ergebnisse gezeigt. Zusätzlich enthält der Beitrag die Steuerungsmaßnahmen bei einer kreisstromfreien Gegenparallelschaltung.)

[164] Föllinger,D.
Entwurf zeitvarianter Systeme durch Polvorgabe.
Regelungstechnik (1978), H. 6, S. 189–196
(Im Beitrag wird dargestellt, daß das Verfahren der Polvorgabe bei Zustandsregelungen für zeitinvariante Strecken auch auf zeitvariante Strecken erweitert werden kann.)

[165] Grützmacher, B.; Schröder, D.; Wörner, R.
Die Gleichstrom-Hauptantriebe einer zweigerüstigen Dressierstraße.
BBC-Nachrichten 63 (1981), H. 3, S. 106–115

[166] Jötten, R.
Regelkreise mit Stromrichtern.
AEG-Mitt. 48 (1958), Nr. 11/12, S. 613–621

[167] Jötten, R.
Die Berechnung einfach und mehrfach integrierender Regelkreise der Antriebstechnik.
Techn. Mitt. AEG-Telefunken 59 (1969), S. 331–336
(Grundlegende Darstellung der Reglerauslegung bei Strom- und Drehzahl-Regelkreisen.)

[168] Kennel, R.; Schröder, D.
A New Control Strategy for Converters.
CONUMEL 1983, Toulouse, S. I-25–31

[169] Kennel, R.; Schröder, D.
Predictive Control Strategy for Converters.
Control in Power Electronics and Electrical Drives, Lausanne 1983, S. 415–422

[170] Kennel, R.; Schröder, D.
Modell-Führungsverfahren zur optimalen Regelung von Stromrichtern.
Regelungstechnik 32 (1984), H. 11, S. 359–365

[171] Kennel, R.
Prädiktives Führungsverfahren für Stromrichter.
Dissertation, Univ. Kaiserslautern, 1984

[172] Kessler, C.
Über die Vorausberechnung optimal abgestimmter Regelkreise – Teil III: Die optimale Einstellung des Reglers nach dem Betragsoptimum.
Regelungstechnik 3 (1955), H. 2, S. 40–49
(Grundlegende Einführung in die Theorie und Praxis des Betragsoptimums.)

[173] Kessler, C.
Das symmetrische Optimum.
Regelungstechnik 6 (1958), H. 11, S. 359–400 und H. 12, S. 432–436

[174] Kiendl, H.
Kompensation von Beschränkungseffekten in Regelsystemen durch antizipierende Korrekturglieder.
Regelungstechnik 21 (1973), H. 8, S. 267–269
(Bei Regelvorgängen werden durch schnelle Ausgleichsvorgänge im allgemeinen die Grenzen, z.B. Stellgröße und Stellgeschwindigkeit, angefahren. Die optimale Lösung derartiger Probleme ist durch das Maximumprinzip von Pontrjagin oder aus der dynamischen Programmierung gegeben. Im vorliegenden Fall wird eine suboptimale Lösung angestrebt, d.h. die Stellgrenze zugelassen, aber durch antizipierende Funktionen im Regelkreis die Beschränkung der Stellgeschwindigkeit ausgeglichen.)

[175] Kümmel, K.
Einfluß der Stellgliedeigenschaften auf die Dynamik von Drehzahlregelkreisen mit unterlagerter Stromregelung.
Regelungstechnik 13 (1965), H. 5, S. 227–234
(Als Stellglieder einer drehzahl- und stromgeregelten Gleichstrommaschine werden der Leonard-Satz, der Transduktor und das Stromrichter-Stellglied mit natürlicher Kommutierung gegenübergestellt.)

[176] Leonhard, W.
Regelkreise mit symmetrischer Übertragungsfunktion.
Regelungstechnik 13 (1965), H. 1, S. 4–12

[177] Louis, J.-P.; El-Hefnawy
Stability Analysis of a Second-Order Thyristor Device Control System.
IEEE Trans. on Industrial Electronics and Control Instrumentation IECI-25 (1978), H. 3, S. 270–277
(Im Beitrag werden über die Beiträge von Fallside [162] und Schröder [187, 188] hinausgehend Grenzzyklen auch im lückenden Bereich des Stroms untersucht.)

[178] Moore, A. W.
Phase-Locked Loops for Motor Speed Control.
IEEE Spectrum 1973, S. 61–67
(„Phase-Locked Loops“ sind beispielsweise außerordentlich wichtig bei der Synchronisation von Steuergeräten für Stromrichter-Stellglieder. In der Veröffentlichung wird diese Technik zur Erreichung von sehr hohen Genauigkeiten (0,002%) bei der Drehzahlregelung benützt.)

[179] Raatz, E.
Betrachtungen zur Dynamik eines drehzahlgeregelten Antriebs mit kreisstromfreier Gegenparallelschaltung.
Techn. Mitt. AEG-Telefunken 60 (1970), H. 6, S. 365–368
(Im Beitrag wird der Einfluß der Strom-Nullpause bei kreisstromfreien Umkehr-Stromrichtern diskutiert.)

[180] Raatz, E.
Drehzahlregelung eines stromrichtergespeisten Gleichstrommotors mit schwingungsfähiger Mechanik.
Techn. Mitt. AEG-Telefunken 60 (1970), H. 6, S. 369–372
(Darstellung der regelungstechnischen Schwierigkeiten bei nichtidealer mechanischer Ankopplung der Arbeitsmaschine an den elektrischen Antrieb.)

[181] Riemekasten, K.
Bestimmung der dynamischen Eigenschaften des Stromregelkreises von Stromrichtern im Strom-Lückbereich.
Elektrie 32 (1978), H. 8, S. 420–422
(Behandelt die Stromregler-Auslegung bei lückendem Strom.)

[182] Schräder, A.
Eine neue Schaltung zur Kreisstromregelung in Stromrichteranlagen.
ETZ-A 90 (1969), H. 14, S. 331–336
(Darstellung der vorteilhaftesten Regelungsvarianten bei kreisstrombehafteten Umkehrstromrichtern.)

[183] Schröder, D.
Untersuchung der dynamischen Eigenschaften von Stromrichterstellgliedern mit natürlicher Kommutierung.
Dissertation, TH Darmstadt, 1969

[184] Schröder, D.
Aus der Forschung: Die dynamischen Eigenschaften von Stromrichter-Stellgliedern mit natürlicher Kommutierung.
ETZ-A 91 (1970), H. 4, S. 242–243

[185] Schröder, D.
Dynamische Eigenschaften von Stromrichter-Stellgliedern mit natürlicher Kommutierung.
Regelungstechnik 19 (1971), H. 4, S. 155–162
(Enthält theoretische Ableitungen der dynamischen Eigenschaften von Stromrichter-Stellgliedern mit natürlicher Kommutierung.)

[186] Schröder, D.
Analysis and Synthesis of Automatic Control Systems with Controlled Converters.
5. IFAC Congress, Paris 1972, Session 22.1, S. 1–8
(Im Beitrag werden die dynamischen Eigenschaften von Stromrichter-Stellgliedern bei lückendem und nicht-lückendem Strom theoretisch abgeleitet.)

[187] Schröder, D.
Theoretische und praktische Grenzen der Regeldynamik von Regelkreisen mit Stromrichter-Stellgliedern.
3rd Conference on Electricity, Bukarest 1972, Section III, S. 1–24

[188] Schröder, D.
Adaptive Control of Systems with Controlled Converters.
3rd IFAC-Symposium on Sensitivity, Adaptivity and Optimality, 1973, S. 335–342
(Im Beitrag werden die theoretischen Grundlagen für die Auslegung des adaptiven Stromreglers dargestellt.)

[189] Schröder, D.
Einsatz adaptiver Regelverfahren bei Regelkreisen mit Stromrichter-Stellgliedern.
VDI/VDE Gesellschaft für Meß- und Regelungstechnik – Industrielle Anwendung adaptiver Systeme, 1973, S. 81–97

[190] Schröder, D.
Grenzen der Regeldynamik von Regelkreisen mit Stromrichter-Stellgliedern.
Regelungstechnik 21 (1973), H. 10, S. 322–329
(Theoretische Analyse und praktische Überprüfung der dynamischen Grenzen von Stellgliedern mit natürlicher Kommutierung bei analoger Regelungsausführung.)

[191] Schröder, D.; Kennel, R.
Model-Control PROMC – A New Control Strategy with Microcomputer for Drive Applications.
IAS-Meeting 1984, Chicago, S. 834–839
(erschien auch in IEEE Trans. on Industry Applications, 1985)

[192] Schröder, D.; Warmer, H.
New Precalculating Current Controller for DC Drives.
EPE Conf. 1987, Grenoble, Sept. 1987, S. 659–664

[193] Schröder, D.
Model Based Predictive Control for Electrical Drives – Integrated Design and Practical Results.
ESPRIT-CIM Workshop on Computer Integrated Design of Controlled Industrial Systems, Paris 1990, S. 112–124

[194] Schröder, D.; Warmer, H.
Predictive Speed and Current Control for DC Drives.
EPE Conf. 1991, Florenz, Sept. 1991, Vol. 2, S. 108–113

[195] Schröder, D.
Digital Control Strategies for Drives.
First European Control Conference ECC, Grenoble 1991, WP 5, S. 1111–1116

[196] Schröder, D.
Direct Digital Control Strategies.
ISPE 1992, Seoul/Korea, S. 486–495

[197] Seefried, E.
Stromregelung im Lückbereich von Stromrichter-Gleichstromantrieben.
Elektrie 30 (1976), H. 4, S. 185–187
(Beschreibt Ausführungsarten des adaptiven Stromreglers. Wesentlich ist die Gegenüberstellung struktur- oder nicht-struktur-umschaltbarer Stromregler.)

[198] Vogel, J.
Das stationäre Kennlinienverhalten von Thyristorstellgliedern beim Übergang vom nichtlückenden in den lückenden Strombereich.
Elektrie 27 (1973), H. 8, S. 410–413

[199] Warmer, H.; Schröder, D.
An Improved Method of Predictive Control for Line Commutated DC-Drives.
ICEM-Conference, München, 1986

[200] Weihrich, G.
Drehzahlregelung von Gleichstromantrieben unter Verwendung eines Zustands- und Störgrößen-Beobachters.
Regelungstechnik 26 (1978), H. 11, S. 349–355 und H. 12, S. 392–397
(Im Beitrag [180] wurden die Schwierigkeiten bei der Drehzahlregelung bei einem System, bestehend aus zwei Massen und einer elastischen Verbindungswelle, behandelt. In beiden Beiträgen wird exemplarisch die Realisierung von Zustandsregelungen mit Beobachtern abgeleitet. Vorteilhaft ist, daß sowohl P- als auch PI-Regelungen betrachtet werden und durch Simulation das erreichbare Führungs- und Störverhalten vorgestellt wird.)

Direktumrichter

[201] Akaji, H. et al.
Improvement of Cycloconverter Power Factor via Unsymmetric Triggering Method.
Electr. Engineering in Japan Vol. 96 (1976), Nr. 1, S. 88–94
(Direktumrichter weisen einen sehr schlechten Leistungsfaktor im versorgenden Netz auf. Im Beitrag wird eine unsymmetrische Ansteuerung der oberen und unteren Brückenthyristoren vorgeschlagen, durch die sich der $\cos\varphi$ um den Faktor 1,2 bis 2 verbessern läßt. Zu beachten ist allerdings, daß sich das Oberschwingungsspektrum verschlechtert.)

[202] Barton, T. H.; Hamblin, T. M.
Cycloconverter Control Circuits.
IEEE Trans. on Ind. Appl. IA-8 (1972), Nr. 4, S. 443–453
(Beschreibung der verschiedenen Steuer- (z.B. Umschaltlogik) und Sensor-Funktionen (z.B. Stromnullpause) bei Direktumrichtern.)

[203] Fink, R.; Grumbrecht, P.; Raatz, E.
Steuerung und Regelung von direktumrichtergespeisten Synchronmaschinen.
Techn. Mitt. AEG-Telefunken 70 (1981), H. 1/2, S. 55–60

[204] Möltgen, G.; Salzmann, T.
Leistungsfaktor und Stromoberschwingungen beim Direktumrichter am Drehstromnetz.
Siemens Forsch.- und Entwickl.-Berichte 7 (1976), Nr. 3, S. 124–131

[205] Okayama, T. et al.
Cycloconverter-Fed Synchronous Motordrive for Steel Rolling Mill.
IEEE–IAS Conference 1978, Toronto, S. 820–827
(Im Beitrag wird der Aufbau und die Regelung einer Synchronmaschine beschrieben. Im Gegensatz zu der Regelung in d-q–Achsen (fluß- bzw. moment-bildender Strom), die bei einer Verstellung des Drehmoments (q-Strom) auch eine Verstellung des Erregerstroms (d-Achse) erfordert, wird hier eine zusätzliche Wicklung im Polrad vorgeschlagen, die senkrecht zur d-Achse angeordnet ist. Durch Regelung dieses Stroms kann bei einer Momentverstellung der Erregerstrom in der d-Achse konstant gehalten werden.)

[206] Salzmann, T.
Direktumrichter und Regelkonzept für getriebelosen Antrieb von Rohrmühlen.
Siemens-Z. 51 (1977), S. 416–422
(Darstellung des Regelungsaufbaus für einen Direktumrichter und eine Synchronmaschine bei Feldorientierung.)

[207] Salzmann, T.
Leistungs- und Oberschwingungsverhältnisse beim netzgeführten Direktumrichter.
ETG-Fachberichte 6 (1980), S. 87–102

[208] Salzmann, T.; Wokusch, H.
Direktumrichterantrieb für große Leistungen und hohe dynamische Anforderungen.
Siemens-Energietechnik 2 (1980), S. 409–413

[209] Salzmann, T.
Drehstromantrieb hoher Regelgüte mit Direktumrichter.
4. Leistungselektronik-Konferenz Budapest 1981, Beitrag 3.3

[210] Schröder, D.; Moll, M.
The Cycloconverter at Increased Output Frequency.
International Semiconductor Power Converter Conference 1977, IEEE/USA, S. 262–269
(Im Beitrag werden Untersuchungsmethoden und Ergebnisse aufgezeigt, warum die Direktumrichterregelung bei höheren Ausgangsfrequenzen möglich, aber schwierig ist (Frequenzbeschränkung bisher $0,5 \cdot f_{Netz}$).)

[211] Shin, D. H.; Cho, G. H.; Park, S. B.
Improved PWM Method of Forced Commutated Cycloconverters.
EE Proceedings Vol. 136 (1989), Pt. B., No. 3, S. 121–126

[212] Slonim, M. A.; Biringer, P. P.
Harmonics of Cycloconverter Voltage Waveform (New Method of Analysis).
IEEE Trans. on Industrial Electronics and Control Instrumentation IECI-27 (1980), Nr. 2, S. 53–56

[213] Späth, H.
Analyse der Ausgangsspannung des gesteuert betriebenen Direktumrichters mit Hilfe von Ortskurven.
Archiv f. Elektrotechnik 62 (1980), S. 167–175

[214] Späth, H.; Söhner, W.
Der selbstgeführte Direktumrichter als Stellglied für Drehstrommaschinen.
Archiv f. Elektrotechnik 71 (1988), S. 441–450

[215] Steinfels, M.
Drehzahlgeregelter Drehstromasynchronmotor mit Kurzschlußläufer und symmetriertem Direktumrichter.
Elektrie 31 (1977), H. 8, S. 415–417
(Beschreibung der Schlupffrequenz-Kennliniensteuerung, einfachste Regelungsvariante, quasistationärer Ansatz.)

[216] Terens, L.; Bommeli, J.; Peters, K.
Der Direktumrichter-Synchronmotor.
Brown Boveri Mitt. 69 (1982), H. 4/5, S. 122–132

[217] Therme, P.; Rooy, G.
A Digital Solution for the Bank Selection Problem in Cycloconverters.
Budapest 1975/76, Bereich 1.6, S. 1–10
(Behandelt die Umschaltprobleme beim Wechsel der Stromrichterbrücken während der Stromrichtungsumkehr. Als Vorschlag zur schnellen Stromnullerkennung wird ein digitales Filter mit einer variablen Grenzfrequenz vorgeschlagen; die Grenzfrequenz wird mit der Ausgangsfrequenz des Direktumrichters verstimmt.)

Untersynchrone Kaskade (USK)

[218] Albrecht, S.; Gahlleitner, A.
Bemessung des Drehstrom-Asynchronmotors in einer untersynchronen Stromrichterkaskade.
Siemens-Z. 40 (1966), Beiheft „Motoren für industrielle Antriebe“, S. 139–146

[219] Bauer, F.
Die doppeltgespeiste Maschinenkaskade als feldorientierter Antrieb.
Dissertation, Univ. Karlsruhe, 1986

[220] Becker, O.
Betriebsverhalten untersynchroner Stromrichterkaskaden.
Elektro-Anzeiger 29 (1976), H. 5

[221] Becker, O.
Schaltungen untersynchroner Stromrichterkaskaden.
Elektro-Anzeiger 29 (1976), H. 7

[222] Elger, H.
Untersynchrone Stromrichter-Kaskade als drehzahlregelbarer Antrieb für Kesselspeisepumpen.
Siemens-Z. 42 (1968), H. 4, S. 308–310
(Darstellung des grundlegenden Aufbaus und der Regelung der USK, einschließlich der Anfahrvorrichtung mittels Anlaßwiderstand und Umschaltungen (Serienschaltung) im Läuferkreis.)

[223] Elger, H.
Schaltungsvarianten der untersynchronen Stromrichterkaskade.
Siemens-Z. 51 (1977), H. 3, S. 145–150

[224] Golde, E.
Asynchronmotor mit elektrischer Schlupfregelung.
AEG Mitt. 54 (1964), H. 11/12, S. 666–671
(Der Beitrag beschreibt die Regelung einer USK ohne Netzrückspeisung, sondern mit einem steuerbaren Widerstand (selbstgeführter Stromrichter).)

[225] Kleinrath, H.
Pendelmomente der USK beim Schlupf $s=1/6$.
ETZ-A 98 (1977), H. 1, S. 115
(Bei der USK treten durch die Übertragung der Stromoberschwingungen, die durch die Diodenbrücke des Läufers hervorgerufen werden, auf der Statorseite Stromkomponenten sehr niedriger Frequenz auf.)

[226] Konhäuser, W.
Digitale Regelung der untersynchronen Stromrichterkaskade mit einem Mikrorechner.
ETZ Archiv 6 (1984), H. 8, S. 287–294

[227] Kusko, A.
Speed Control of a Single-Frame Cascade Induction Motor with Slip-Power Pump Back.
IEEE Trans. on Ind. Appl. IA-14 (1978), S. 97–105
(Im Beitrag wird eine ASM mit jeweils zwei Stator- und zwei Rotor-Wicklungen vorgestellt, bei der über die zweite Statorwicklung und die USK-Leistungselektronik die Leistung in das Netz zurückgespeist wird. Da außerdem die beiden Rotorwicklungen miteinander verschaltet sind, hat diese USK keine Schleifringe. Darstellung des Prinzips und der erreichbaren Kennlinien.)

[228] Meyer, M.
Über die untersynchrone Stromrichterkaskade.
ETZ-A 82 (1961), H. 19, S. 589–596
(Grundlegende Darstellung der Funktion und der mathematischen Zusammenhänge bei der USK.)

[229] Mikulaschek, F.
Die Ortskurven der untersynchronen Stromrichterkaskade.
AEG-Mitt. 52 (1962), H. 5/6, S. 210–219

[230] Polasek, H.
Ermittlung der Auswirkungen von Netzstörungen auf die Läuferspannung einer Stromrichterkaskade.
ELIN-Zeitschr. 23 (1971), S. 10–17
(Bei Netzstörungen treten an der Diodenbrücke im Läuferkreis Überspannungen auf, die diese Brücke zerstören können. Dimensionierungsuntersuchung.)

[231] Safacas, A.
Berechnung der elektromagnetischen Größen einer Asynchronmaschine mit Schleifringläufer und Stromrichtern.
ETZ-A 93 (1972), H. 1, S. 16–20
(Berechnung des Schlupfs/Drehmoments einer ASM bei Stromrichterspeisung des Rotors (USK-Betrieb).)

[232] Schönfeld, R.
Die Untersynchrone Kaskade als Regelantrieb.
msr 10 (1967), H. 11, S. 411–417
(Detaillierte Darstellung der Streckenstruktur und der Reglerauslegung.)

[233] Schröder, D.
Die untersynchrone Stromrichter-Kaskade.
GMR-Jahrestagung 1976, S. 90–97

[234] Zimmermann, P.
Über- und untersynchrone Stromrichterkaskade als schneller Regelantrieb.
Dissertation, TH Darmstadt, 1979

Stromrichtermotor

[235] Cornell, E. P.; Novotny, D. W.
Commutation by Armature Induced Voltages in Self-Controlled Synchronous Machines.
IEEE–IAS Conf. 1973, S. 760–766
(Untersuchung der Kommutierung beim Stromrichtermotor, einschließlich Synchronmaschinen mit Dämpferwicklung.)

[236] Depenbrock, M.
Fremdgeführte Zwischenkreisumrichter zur Speisung von Stromrichtermotoren mit sinusförmigen Anlaufströmen.
ETZ-A 87 (1966), H. 26, S. 945–951
(Bei niedrigen Drehzahlen der SM genügt die Spannung der SM nicht zur Maschinenkommutierung (lastgeführte Kommutierung). Um die Momentpendelungen beim Takten des Zwischenkreisstroms zu vermeiden, wird eine spezielle Schaltung vorgeschlagen.)

[237] Föhse, W.; Weis, M.
AEG-Reihe der BL-Motoren für den mittleren Leistungsbereich.
Techn. Mitt. AEG-Telefunken 67 (1977), H. 1, S. 16–19

[238] Gölz, G.; Grumbrecht, P.
Umrichtergespeiste Synchronmaschine.
Techn. Mitt. AEG-Telefunken 63 (1973), H. 4, S. 141–148
(Grundlegende Darstellung aller Funktionen des Stromrichtermotors.)

[239] Gölz, G.; Grumbrecht, P.; Hentschel, F.
Über neue Betriebsarten der Stromrichtermaschine synchroner Bauart.
Wiss. Berichte AEG-Telefunken 48 (1975), H. 4, S. 170–180
(Im Beitrag werden die drei möglichen Auslegungsmethoden für Synchronmaschinen bei Stromrichtermotorbetrieb dargestellt.)

[240] Imai, K.
New Applications of Commutatorless Motor Systems for Starting Large Synchronous Motors.
IEEE–IAS Conf. Florida 1977

[241] Issa, N. A. H.; Williamson, A. C.
Control of a Naturally Commutated Inverter-Fed Variable-Speed Synchronous Motor.
Electric Power Applications 2 (1979), Nr. 6, S. 199–204

[242] Kübler, E.
Der Stromrichtermotor.
ETZ-A 79 (1958), H. 15, S. 20–21

[243] Labahn, D.
Untersuchung an einem Stromrichtermotor in 6- und 12-pulsiger Schaltung mit ruhender Steuerung der Stromrichterventile.
Dissertation, TH Braunschweig, 1961

[244] Leder, H. W.
Beitrag zur Berechnung der stationären Betriebskennlinien von selbstgesteuerten Stromrichter-Synchronmotoren.
E und M 94 (1977), H. 3, S. 128–132

[245] Leder, H. W.
Digitales Steuergerät für selbstgesteuerte Stromrichter-Synchronmotoren mit verstellbarem Steuerwinkel.
ETZ-A 97 (1976), H. 10, S. 614–615
(Wie im Beitrag Pannicke/Gölz [251] beschrieben, sollte statt der Spannungs-Nulldurchgangs-Erkennung zur Bildung der Steuerimpulse des maschinenseitigen Stromrichters vorteilhaft ein variabler Steuerwinkel verwendet werden. Der Beitrag zeigt eine Variante der Realisierung.)

[246] Leitgeb, W.
Die Maschinenausnutzung von Stromrichtermotoren bei unterschiedlichen Phasenzahlen und Schaltungen.
Archiv f. Elektrotechnik 57 (1975), H. 2, S. 71–84
(Die Synchronmaschine ist beim Stromrichtermotor häufig dreiphasig und der Stromrichter sechspulsig. Eine andere Variante ist eine zweimal dreiphasige SM und zwei sechspulsige Stromrichter, so daß sich bei phasenversetztem Ansteuern ein zwölfpulsiges Verhalten ergibt. Im Beitrag werden neun unterschiedliche Varianten der Schaltung „Stromrichtermotor“ gegenübergestellt.)

[247] Lütkenhaus, H. J.
Drehmoment-Oberschwingungen bei Stromrichter-Motoren.
Techn. Mitt. AEG-Telefunken 48 (1975), H. 6, S. 201–204
(Bei Einprägung des sich nur sprungförmig bewegenden Statorstrombelages entstehen durch die sich zeitlich ändernde relative Lage von Polrad zu Statorstrombelag Drehmomentpendelungen.)

[248] Maurer, F.
Stromrichtergespeiste Synchronmaschine als Vierquadrant-Regelantrieb.
Dissertation, TU Braunschweig, 1975

[249] Ostermann, H.
Der fremdgesteuerte Stromrichtersynchronmotor mit steuerbarer Drehzahl.
Dissertation, TU Stuttgart, 1961

[250] Ostermann, H.
Der fremdgesteuerte Stromrichtersynchronmotor.
Archiv f. Elektrotechnik 48 (1963), H. 3, S. 167–189
(Grundlegende und umfassende Arbeit, in der das Verhalten des fremdgesteuerten Stromrichtermotors erläutert wird.)

[251] Pannicke, J.; Gölz, G.
Simulation zur Schonzeitregelung einer stromrichtergespeisten Synchronmaschine.
ETZ-A 99 (1978), H. 3, S. 138–141
(Zur Verringerung der Blindleistungsanforderungen (Steuerblindleistung) des maschinenseitigen Stromrichters an die Synchronmaschine wird der maschinenseitige Steuerwinkel in Abhängigkeit vom Zwischenkreisstrom so klein wie möglich gehalten.)

[252] Perret, R.; Jakubowitz, A.: Nougaret, M.
Simplified Model and Closed-Loop Control of a Commutatorless DC-Motor.
IEEE Trans. on Ind. Appl. IA-16 (1980), H. 2, S. 165–172
(Darstellung des Antriebssystems Stromrichtermotor als System dritter Ordnung und Reglerentwurf.)

[253] Saupe, R.; Senger, K.
Maschinengeführter Umrichter zur Drehzahlregelung von Synchronmaschinen.
Techn. Mitt. AEG-Telefunken 67 (1977), H. 1, S. 20–25
(Darstellung der Grundfunktionen einer Stromrichtermotor-Regelung wie Zuordnung der Steuerwinkel der beiden Stellglieder und quasistationäre Regelvariante.)

[254] Saupe, R.
Die drehzahlgeregelte Synchronmaschine – optimaler Leistungsfaktor durch Einsatz einer Schonzeitregelung.
ETZ 102 (1981), H. 1, S. 14–18

[255] Stöhr, M.
Die Typenleistung kollektorloser Stromrichtermotoren bei der einfachen Sechsphasenschaltung.
Archiv f. Elektrotechnik, Band XXXII (1938), H. 11, S. 691–720
(Erste deutsche Veröffentlichung über den Stromrichtermotor.)

[256] Vogelmann, H.
Die permanenterregte stromrichtergespeiste Synchronmaschine ohne Polradlagegeber als drehzahlgeregelter Antrieb.
Dissertation, Univ. Karlsruhe, 1986

Stromzwischenkreis-Umrichter (I-Umrichter)

[257] Blumenthal, M. K.
Current Source Inverter with Low Speed Pulse Operation.
IEE Symposium London 1977, S. 88–91

[258] Bowes, S. R.; Bullough, R.
Fast Modelling Techniques for Microprocessor Based Optimal Pulse-Width-Modulated Control of Current-Fed Inverter Drives.
IEE Proc., Part B 131 (1984), S. 149–158

[259] Bowes, S. R.; Bullough, R.
PWM Switching Strategies for Current-Fed Inverter Drives.
IEE Proc., Part B 131 (1984), S. 195–202

[260] Bystron, K.
Strom- und Spannungsverhältnisse beim Drehstrom-Drehstrom-Umrichter mit Gleichstromzwischenkreis.
ETZ-A 87 (1966), H. 8, S. 264–271

[261] Espelage, P. M.; Nowak, J. M.; Walker, L. H.
Symmetrical FTO-Current Source Inverter for Wide Speed Range Control of 2300 to 4160 Volt; 350 to 7000 Hp, Induction Motors.
IEEE–IAS Conf. 1988, Vol. I, S. 302–306

[262] Fukuda, S.; Hasegawa, H.
Current Source Rectifier/Inverter System with Sinusoidal Currents.
IEEE–IAS Conf. 1988, Vol. I, S. 909–914

[263] Hintze, D.
Asynchroner Vierquadranten-Drehstromantrieb mit Stromzwischenkreisumrichter und oberschwingungsarmen Maschinengrößen.
Dissertation, TU München, 1993

[264] Hintze, D.; Schröder, D.
Four Quadrant AC-Motor Drive with a GTO Current Source Inverter with Low Harmonics and On Line Optimized Pulse Pattern.
IPEC Conf. 1990, Tokyo/Japan, April 1990, Vol. 1, S. 405–412

[265] Hintze, D.; Schröder, D.
PWM Current Source Inverter with On-Line-Optimized Pulse Pattern Generation for Voltage and Current Control.
CICEM 91, Wuhan, China, Sept. 1991, S. 189–192

[266] Hintze, D.; Schröder, D.
Induction Motor Drive with Intelligent Controller and Parameter Adaption.
IEEE–IAS Conf. 1992, Houston/USA, S. 970–977

[267] Hombu, M.; Veda, A.; Matsuda, Y.
A New Current Source GTO Inverter with Sinusoidal Output Voltage and Current.
IEEE Trans. on Ind. Appl. IA-21 (1985), S. 1192–1198

[268] Hombu, M. et al.
A Current Source GTO Inverter with Sinusoidal Inputs and Outputs.
IEEE Trans. on Ind. Appl. IA-23 (1987), No. 2, S. 247–255

[269] Lienau, W.; Müller-Hellmann, A.
Möglichkeit zum Betrieb von stromeinprägenden Wechselrichtern ohne niederfrequente Oberschwingungen.
ETZ-A 97 (1976), H. 11, S. 663–667

[270] Lienau, W.
Torque Oscillations in Traction Drives with Current Fed Asynchronous Machines.
Electrical Variable-Speed Drives Conf. 1979, S. 102–107
(siehe auch Beitrag Blumenthal [257])

[271] Möltgen, G.
Simulationsuntersuchung zum Stromrichter mit Phasenfolgelöschung.
Siemens Forsch.- u. Entwickl.-Berichte 12 (1983), S. 166–175

[272] Nonaka, S.; Neba, Y.
New GTO Current Source Inverter with Pulsewidth Modulation Control Techniques.
IEEE Trans. on Ind. Appl. IA-22 (1986), S. 666–672

[273] Nonaka, S.; Neba, Y.
A PWM Current Source Type Converter-Inverter System for Bidirectional Power Flow.
IEEE–IAS Conf. 1988, Vol. I, S. 296–301

[274] Schierling, H.; Weß, T.
Netzrückwirkungen durch Zwischenharmonische von Strom-Zwischenkreisumrichtern für drehzahlgeregelte Asynchronmotoren.
ETZ Archiv 9 (1987), H. 7, S. 219–223

[275] Schröder, D.
Selbstgeführter Stromrichter mit Phasenfolgelöschung und eingeprägtem Strom.
ETZ-A 96 (1975), S. 520–523

[276] Schröder, D.; Moll, K.
Applicable Frequency Range of Current Source Inverters.
2nd IFAC Symposium 1977, S. 231–234

[277] Schröder, D.; Niermeyer, O.
Current Source Inverter with GTO-Thyristors and Sinusoidal Motor Currents.
ICEM-Conference, München, 1986, S. 772–776

[278] Weninger, R.
Verfahren zur dynamisch richtigen Steuerung des Flusses bei der Drehzahlregelung von Asynchronmaschinen mit Speisung durch Zwischenkreisumrichter mit eingeprägtem Strom.
ETZ Archiv 1 (1979), H. 12, S. 341–345

[279] Weninger, R.
Drehzahlregelung von Asynchronmaschinen bei Speisung durch einen Zwischenkreisumrichter mit eingeprägtem Strom.
Dissertation, TU München, 1982

[280] Weschta, A.
Stromzwischenkreisumrichter mit GTO.
ETG-Fachberichte 23 (1988), S. 315–332

Spannungszwischenkreis-Umrichter (U-Umrichter)

[281] Abraham, L.; Heumann, K.; Koppelmann, F.
Wechselrichter zur Drehzahlsteuerung von Käfigläufermotoren.
AEG-Mitt. 54 (1964), H. 1/2, S. 89–106
(Eine der ersten grundlegenden Arbeiten über selbstgeführte Wechselrichter mit Thyristoren und Zwangskommutierung.)

[282] Abraham, L.; Heumann, K.; Koppelmann, F.
Zwangskommutierte Wechselrichter veränderlicher Frequenz und Spannung.
ETZ-A 86 (1965), H. 8, S. 268–274
(Es werden verschiedene grundlegende Schaltungen zur Löschung von Thyristoren (ZCS) sowie die Pulsweitenmodulation dargestellt.)

[283] Abraham, L.; Heumann, K.; Koppelmann, F.; Patzschke, U.
Pulsverfahren der Energieelektronik elektromotorischer Antriebe.
VDE-Fachberichte 23 (1964), S. 239–252

[284] Adams, R. D.; Fox, R. S.
Several Modulation Techniques for a Pulswidth Modulated Inverter.
IEEE Trans. on Ind. Appl. IA-8 (1972), Nr. 5, S. 584–600

[285] Beck, H. P.; Michel, M.
Spannungsrichter – ein neuer Umrichtertyp mit natürlicher Gleichspannungskommutierung.
ETZ Archiv 3 (1981), H. 12, S. 427–432

[286] Bhagwat, P. M.; Stefanovic, V. R.
Generalized Structure of Multilevel PWM Inverter.
IEEE Trans. on Ind. Appl. IA-19 (1983), No. 6

[287] Bühler, H.
Umrichtergespeiste Antriebe mit Asynchronmaschinen.
NT 4 (1974), S. 121–139
(Im Beitrag werden umfassend, beginnend bei der Leistungselektronik über die quasistationären Steuer- und Regelverfahren bis hin zur Feldorientierung, die Anforderungen und Ausführungsformen der verschiedenen Gebiete dargestellt.)

[288] Bystron, K.
Umrichter mit veränderlicher Zwischenkreisspannung zur Drehzahlsteuerung von Drehfeldmaschinen.
Tagung „Stromrichtergespeiste Drehfeldmaschinen", 11.4.1967, TH Darmstadt

[289] Cengelci, E.; Sulistijo, S. U.; Woo, B. O.; Enjeti, P.; Teodorescu, R.; Blaabjerg, F.
A New Medium Voltage PWM Inverter Topology for Adjustable Speed Drives.
IEEE–IAS Conf. Rec. (1998), S. 1-416–423

[290] Ettner, N. u.a.
Netzrückwirkungen umrichtergespeister Drehstromantriebe.
ETZ 109 (1988), H. 14, S. 626–629

[291] Hammond, P. W.
Medium Voltage PWM Drive and Method.
US Patent Nr. 5.625.545, USA 1997

[292] Kafo, T.; Miyao, K.
Modified Hysteresis Control with Minor Loops for Single-Phase Full-Bridge Inverters.
IEEE–IAS Conf. 1988, Vol. I, S. 689–693

[293] Lataire, P.
White Paper on the New ABB Medium Voltage Drive System, Using IGCT Power Semiconductors and Direct Torque Control.
EPE Journal 7 (1998), No. 3-4, S. 40–45

[294] Lipo, T. A.
Recent Progress in the Development of Solid-State AC Motor Drives.
IEEE Trans. on Power Electronics PE-3 (1988), No. 2, S. 105–117

[295] Matsuda, Y. et al.
Development of PWM Inverter Employing GTO.
IEEE Trans. on Ind. Appl. IA-19 (1983), No. 3, S. 335–342

[296] McMurray, W.; Shattuck, D. P.
A Silicon-Controlled Rectifier with Improved Commutation.
AIEE Trans. 80 (1961), Teil I, S. 531–542

[297] Meyer, M.
Beanspruchung von Thyristoren in selbstgeführten Stromrichtern.
Siemens-Z. 39 (1965), H. 5, S. 495–501

[298] Meynard, T. A.; Foch, H.
Imbricated Cell Multilevel VSI for High Voltage Applications.
EPE Journal 3 (1993), No. 2

[299] Nabae, A.; Takahashi, I.; Akagi, H.
A New Neutral Point Clamped PWM Inverter.
IEEE Trans. on Ind. Appl. IA-17 (1981), No. 5, S. 518–523

[300] Nestler, J.; Tzivelekas, I.
Kondensator-Löschschaltung mit Löschthyristor-Zweigpaar nach McMurray. Teil I: Beschreibung der Löschvorgänge; Teil II: Analyse der Löschvorgänge.
ETZ Archiv 6 (1984), H. 2, S. 45–50 und H. 3, S. 83–90

[301] Penkowski, L. J.; Pruzinsky, K. E.
Fundamentals of a Pulsewidth Modulated Power Circuit.
IEEE Trans. on Ind. Appl. IA-8 (1972), No. 5, S. 584–600

[302] Pollack, J. J.
Advanced Pulsewidth Modulated Inverter Techniques.
IEEE Trans. on Ind. Appl. IA-8 (1972), No. 2, S. 145–154

[303] Salzmann, T.; Weschta, A.
Progress in Voltage Source Inverters (VSIs) and Current Source Inverters (CSIs) with Modern Semiconductor Devices.
IEEE–IAS Conf. Rec. (1987), S. 577–583

[304] Steimel, A.
GTO-Umrichter mit Spannungszwischenkreis.
ETG-Fachberichte 23 (1988), S. 333–341

[305] Steinke, J. K.
Steuerverfahren für Dreipunkt- und Mehrpunktwechselrichter für Antriebe im Megawatt-Leistungsbereich.
Habilitationsschrift, Univ. Bochum, 1992

[306] Teodorescu, R.; Blaabjerg, F.; Pedersen, J. K.; Cengelci, E.; Sulistijo, S. U.; Woo, B. O.; Enjeti, P.
Multilevel Converters – A Survey.
Proc. EPE, Lausanne 1999

[307] *Innovation in the Medium Voltage Range.*
Siemens Drive & Control Review (1998), Nr. 1

Asynchronmaschine: Regelung

[308] Albrecht, P.; Schlegel, T.; Siebert, J.
Digitale Steuerung und Regelung für Stromrichterantriebe.
Energie & Automation 9 (1987), Special „Drehzahlveränderbare elektrische Großantriebe“, S. 66–75

[309] Blaschke, F.
Das Prinzip der Feldorientierung, die Grundlage für die Transvektor-Regelung von Drehfeldmaschinen.
Siemens-Z. 45 (1971), H. 10, S. 757–760

[310] Blaschke, F.
Das Verfahren der Feldorientierung zur Regelung der Asynchronmaschine.
Siemens Forsch.- und Entwickl.-Berichte (1972), S. 184–193

[311] Blaschke, F.
Das Verfahren der Feldorientierung zur Regelung der Drehfeldmaschine.
Dissertation, TU Braunschweig, 1974

[312] Blaschke, F.; Bayer, K. H.
Die Stabilität der feldorientierten Regelung von Asynchronmaschinen.
Siemens Forsch.- u. Entwickl.-Berichte 7 (1978), Nr. 2, S. 77–81

[313] Blaschke, F.; Ströle, D.
Einsatz von Transformationen zur Entflechtung elektrischer Antriebsregelstrecken.
Ansprachetag „Systeme mit verteilten Parametern und modale Regelung", 22./23.2.1973
(Bei Antrieben ändert sich beispielsweise beim Feldeingriff im allgemeinen die Verstärkung des Integrators der Mechanik. Das Antriebssystem kann als Mehrgrößensystem angesehen werden und mittels entkoppelnder Transformationen regelungstechnisch vereinfacht werden.)

[314] Bowes, S. R.
Development in PWM Switching Strategies for Microprocessor-Controlled Inverter Drives.
IEEE–IAS Conf. Rec. (1987), S. 323–329

[315] Depenbrock, M.
Direkte Selbstregelung (DSR) für hochdynamische Drehfeldantriebe mit Stromrichterspeisung.
ETZ Archiv 7 (1985), H. 7, S. 211–218
(Im allgemeinen werden bei Drehfeldantrieben die Regelungen für das Drehmoment und den Fluß getrennt von den Stromregelungen realisiert. In diesem Beitrag werden eine integrierte Betrachtung aller drei Themenstellungen vorgeschlagen und grundsätzliche Wege der Realisierung aufgezeigt.)

[316] Depenbrock, M.; Skrotzki, T.
Drehmomenteinstellung im Feldschwächbereich bei stromrichtergespeisten Drehfeldantrieben mit direkter Selbstregelung.
ETZ-A 9 (1987), H. 1, S. 3–8

[317] Flöter, W.; Ripperger, H.
Die Transvektor-Regelung für den feldorientierten Betrieb einer Asynchronmaschine.
Siemens-Z. 45 (1971), S. 761–764

[318] Flügel, W.
Erweitertes Verfahren zur dynamisch richtigen Steuerung des Flusses bei der Drehzahlregelung von umrichtergespeisten Asynchronmaschinen.
ETZ-A 99 (1978), H. 4, S. 185–188
(Statt der feldorientierten Regelung, die eine Messung oder Schätzung des Fluß-Raumzeigers nach Orientierung und Amplitude erfordert, kann auf die Ermittlung des Fluß-Raumzeigers verzichtet werden. Statt dessen kann der Fluß gesteuert vorgegeben werden. In diesem Fall kann die Theorie der Entkopplung genutzt werden und mittels einfacher Netzwerke der Fluß gesteuert, das Drehmoment aber geregelt vorgegeben werden.)

[319] Flügel, W.
Steuerung des Flusses von umrichtergespeisten Asynchronmaschinen über Entkopplungsnetzwerke.
ETZ Archiv 1 (1979), H. 12, S. 347–350

[320] Flügel, W.
Drehzahlregelung umrichtergespeister Asynchronmaschinen bei Steuerung des Flusses durch Entkopplungsnetzwerke.
Dissertation, TU München, 1981

[321] Flügel, W.
Drehzahlregelung der spannungsumrichtergespeisten Asynchronmaschine im Grunddrehzahl- und im Feldschwächbereich.
ETZ Archiv 4 (1982), H. 5, S. 143–150

[322] Gabriel, R.; Leonhard, W.; Norby, C.
Regelung der stromrichtergespeisten Drehstrom-Asynchronmaschine mit einem Mikrorechner.
Regelungstechnik 27 (1979), S. 379–386

[323] Gabriel, R.
Mikrorechnergeregelte Asynchronmaschine, ein Antrieb für hohe dynamische Anforderungen.
Regelungstechnik 32 (1984), H. 1, S. 18–26
(Im Beitrag wird der Aufbau und die Realisierung der feldorientierten Regelung bei Einsatz von Mikrorechnern dargestellt.)

[324] Hasse, K.
Zur Dynamik drehzahlgeregelter Antriebe mit stromrichtergespeisten Asynchron-Kurzschlußläufermaschinen.
Dissertation, TH Darmstadt, 1969
(Die erste grundlegende Arbeit zum Verständnis des dynamischen Verhaltens und der Regelung der ASM.)

[325] Heinemann,G.; Leonhard, W.
Self-Tuning Field Oriented Control of an Induction Motor Drive.
IPEC Tokyo/Japan (1990), Conf. Rec. Vol. 1, S. 465–472

[326] Heintze, K.; Tappeiner, H.; Weibelzahl, M.
Pulswechselrichter zur Drehzahlsteuerung von Asynchronmaschinen.
Siemens-Z. (1971), Nr. 3, S. 154–161

[327] Heumann, K.; Jordan, K. G.
Das Verhalten des Käfigläufermotors bei veränderlicher Speisefrequenz und Stromregelung.
AEG-Mitt. 54 (1964), H. 1/2, S. 107–116
(Ausführliche Darstellung des quasistationären Verhaltens der ASM, basierend auf dem Transformator-Ersatzschaltbild.)

[328] Kohlmeier, H.; Niermeyer, O.; Schröder, D.
High Dynamic Four-Quadrant AC-Motor Drive with Improved Power-Factor and On-Line Optimized Pulse Pattern with PROMC.
EPE-Conference Brüssel, 1985, S. 3.173–3.178;
IEEE–IAS Annual Meeting Toronto, October 1985 S. 1081–1086;
IEEE Trans. on Ind. Appl. IA-23 (1987), No. 6, S. 1001–1009

[329] Kohlmeier, H.; Schröder, D.
GTO-Pulse Inverters with On-Line Optimized Pulse Patterns for Current Control.
ICEM-Conference, München, 1986, S. 668–671

[330] Kohlmeier, H.; Schröder, D.
Control of a Double Voltage Inverter System Coupling a Three Phase Mains with an AC-Drive.
IEEE–IAS 22nd Annual Meeting Atlanta, 1987

[331] Kohlmeier, H.
Regelung der Asynchronmaschine durch Einsatz netz- und maschinenseitiger Pulsstromrichter mit optimierten asynchronen Pulsmustern.
Dissertation, TU München, 1989

[332] Korb, F.
Einstellung der Drehzahl von Induktionsmotoren durch antiparallele Ventile auf der Netzseite.
ETZ-A 86 (1965), H. 8, S. 275–279
(Darstellung des Drehzahl-Drehmoment-Verhaltens einer ASM bei Speisung mit einem Drehspannungssteller.)

[333] Niermeyer, O.; Schröder, D.
New Predictive Control Strategy for PWM-Inverters.
EPE 87, Grenoble, Sept. 1987, S. 647–652

[334] Niermeyer, O.; Schröder, D.
Induction Motor Drive with Parameter Identification Using a New Predictive Current Control Strategy.
PESC 89, Wisconsin/USA, Juni 1989, S. 287–294

[335] Niermeyer, O.; Schröder, D.
AC-Motor Drive with Generative Breaking and Reduced Supply Line Distortion.
EPE 89, Aachen, Okt. 1989, S. 1021–1026

[336] Niermeyer, O.
Netzfreundlicher, drehzahlvariabler 4-Quadranten Asynchronmaschinenantrieb mit prädiktiven Stromregelungen.
Dissertation, TU München, 1991

[337] Patel, S. P.; Hoft, R. G.
Generalized Techniques of Harmonic Elimination and Voltage Control in Thyristor Inverters:
Part I: Harmonic Elimination; Part II: Voltage Control Techniques.
IEEE Trans. on Ind. Appl. IA-9 (1973), Nr. 3, S. 310–317 und IA-10 (1974), Nr. 5, S. 666–673

[338] Pfaff, G.
Zur Dynamik des Asynchronmotors bei Drehzahlsteuerung mittels veränderlicher Speisefrequenz.
ETZ-A 85 (1964), H. 22, S. 719–724
(Darstellung der ASM unter Verwendung der Raumzeigerdarstellung sowie Ableitung des Strukturbildes, allerdings noch keine Einführung der Feldorientierung.)

[339] Pfaff, G.; Wick, A.
Direkte Stromregelung bei Drehstromantrieben mit Pulswechselrichtern.
rtp 24 (1983), H. 11, S. 472–477
(Im Beitrag wird ein Pulsweitenmodulations-Verfahren vorgestellt, bei dem bei fest vorgebbarer Abtastzeit der Stromregelung aus der Orientierung und Amplitude des komplexen Raumzeigers der Spannung jeweils die Einschaltzeiten der beiden nächstliegenden Spannungs-Raumzeiger des Umrichters bzw. des Nullzeigers berechnet werden.)

[340] Pollmann, A.; Gabriel, R.
Zündsteuerung eines Pulswechselrichters mittels Mikrorechners.
rtp 22 (1980), S. 145–150
(Darstellung, wie ein Pulsweitenmodulator bei Verwendung eines Mikrorechners realisiert werden kann.)

[341] Pollmann, A.
A Digital Pulsewidth Modulator Employing Advanced Modulation Techniques.
IEEE Trans. on Ind. Appl. IA-19 (1983), S. 409–414

[342] Schierling, H.; Jötten, R.
Control of the Induction Machine in the Field weakening range.
Control in Power Electronics and Drives. IFAC Symp. 1983, S. 297–304

[343] Schörner, J.
Ein Beitrag zur Drehzahlsteuerung von Asynchronmaschinen über Pulsumrichter.
Dissertation, TU München, 1975

[344] Schröder, D.
Control of AC-Machines. Decoupling and Field Orientation. Modern Integrated Electrical Drives (MIED): Current Status and Future Developments.
Course Notes, The European Association for Electrical Drives, Mailand, Mai 1989, S. 45–47

[345] Schröder, D.
Model Based Predictive Control for Electrical Drives – Integrated Design and Practical Results.
ESPRIT-CIM Workshop on Computers Integrated Design of Controlled Industrial Systems. Paris, April 1990, S. 112–124

[346] Schröder, D.
Digital Control Strategies for Drives.
First European Control Conference ECC 1991, Grenoble, WP 5, S. 1111–1116

[347] Schröder, D.
Direct Digital Control Strategies.
ISPE 1992, Seoul, S. 486–495

[348] Steinke, J. K.
Grundlagen für die Entwicklung eines Steuerverfahrens für GTO-Dreipunktwechselrichter für Traktionsantriebe.
ETZ Archiv 10 (1988), H. 7, S. 215–220

[349] Steinke, J. K.
Pulsbreitenmodulationssteuerung eines Dreipunktwechselrichters für Traktionsantriebe im Bereich niedriger Motordrehzahlen.
ETZ Archiv 11 (1989), H. 1, S. 17–24

[350] Takahashi, I.; Mochikawa, H.
Optimum PWM Waveforms of an Inverter for Decreasing Acoustic Noise of an Induction Motor.
IEEE Trans. on Ind. Appl. IA-22 (1986), No. 5, S. 828–834

[351] van der Broeck, H.
Auswirkungen der Pulsweitenmodulation hoher Taktzahl auf die Oberschwingungsbelastung einer Asynchronmaschine bei Speisung durch einen U-Wechselrichter.
Archiv f. Elektrotechechnik 68 (1985), S. 279–291

Synchronmaschine

[352] Bauer, F.; Heining, H.-D.
Quick Response Space Vector Control for a High Power Three-Level-Inverter Drive.
EPE Aachen, 1989, S. 417-421

[353] Bayer, K. H.; Waldmann, H.; Weibelzahl, W.
Die TRANSVEKTOR-Regelung für den feldorientierten Betrieb einer Synchronmaschine.
Siemens-Z. 45 (1971), H. 10, S. 765–768

[354] Bayer, K. H.; Waldmann, H.; Weibelzahl, W.
Field Oriented Closed-Loop Control of a Synchronous Machine with the New TRANSVEKTOR Control System.
Siemens Review 34 (1972), Nr. 5, S. 220–223

[355] Canay, M.
Ersatzschemata der Synchronmaschine sowie Vorausberechnung der Kenngrößen mit Beispielen.
Dissertation, EPUL Lausanne, 1968

[356] Eichmann, D.; Neuffer, I.; Sarioglu, M. K.
Ein Simulator zum Nachbilden von Synchronmaschinen.
Siemens-Z. 42 (1968), H. 9, S. 780-783

[357] Haböck, A.
Antriebe mit stromrichtergespeisten Synchronmaschinen.
Neue Technik 16 (1974), S. 93–108
(Beschreibt das fremd- und das vorteilhaftere eigengesteuerte Verhalten der Synchronmaschine.)

[358] Hosemann, G.
Größenrichtiges Ersatzschaltbild des Synchronmaschinenläufers und seine experimentelle Ermittlung.
ETZ-A 88 (1967), S. 333-339

[359] Kreuth, H. P.
Die Induktivitäten der homopolaren Synchronmaschine im Zweiachsensystem.
ETZ-A 94 (1973), S. 483-487

[360] Naunin, D.
Die Grundgleichungen für das dynamische Verhalten von Drehfeldmaschinen.
Wiss. Berichte AEG-Telefunken 43 (1970), H. 3/4, S. 257-266

[361] Naunin, D.
Die Darstellung des dynamischen Verhaltens der Synchronmaschine durch VZ_1-Glieder.
ETZ-A 95 (1974), H. 6, S. 333–338
(Beschreibt das dynamische Verhalten der Synchronmaschine durch VZ_1-Glieder.)

[362] Taegen, F.; Homes, E.
Die Gleichungen der Synchronmaschine und ihr mathematisches Modell.
Archiv f. Elektrotechnik 56 (1974), S. 194-204

[363] Waldmann, H.; Weibelzahl, M.; Wolf, J.
Ein elektronisches Modell der Synchronmaschine.
Siemens Forsch.- u. Entwickl.-Berichte 1 (1972), Nr. 1

Reluktanzmaschine

[364] Acarnlay, P. P.; Hughes, A.
Machine/Drive Circuit Interactions in Small Variable-Reluctance Stepping and Brushless DC Motor System.
IEEE Trans. on Industrial Electronics IE-35 (1988), S. 67–74

[365] Akardan, A. A.; Kielgas, B. W.
Switched Reluctance Motor Drive Systems Dynamic Performance Prediction and Experimental Verification.
IEEE Trans. on EC Vol. EC-9 (1994), No. 1, S. 36–44

[366] Akardan, A. A.; Kielgas, B. W.
Switched Reluctance Motor Drive Systems Dynamic Performance Prediction under Internal and External Fault Conditions.
IEEE Trans. on EC Vol. EC-9 (1994), No. 1, S. 45–51

[367] Backhaus, K.
Spannungseinprägendes Direktantriebssystem mit schnellaufender geschalteter Reluktanzmaschine.
Dissertation, RWTH Aachen, 1995

[368] Barrass, P. G.; Mecrow, B. C.
Torque Control of Switched Reluctance Drives.
Proc. ICEM, Vigo 1996, Vol. I, S. 254–260

[369] Bausch, H.; Rieke, B.
Speed and Torque Control of Thyristor-Fed Reluctance Motors.
Proc. ICEM, Wien 1976, Pt. 1, S. I28-1–10

[370] Bausch, H.; Rieke, B.
Performance of Thyristor-Fed Electric Car Reluctance Machines.
Proc. ICEM, Brüssel 1978, Pt. 2, E4, S. 2-1–10

[371] Bausch, H.; Greif, A.; Kanelis, K.; Nickel, A.
Torque Control of Battery-Supplied Reluctance Drives for Electric Vehicles.
Proc. ICEM, Vigo 1996, Vol. II, S. 229–234

[372] Bausch, H.; Kanelis, K.
Feedforward Torque Control of a Switched Reluctance Motor Based on Static Measurements.
ETEP Vol. 7 (1997), No. 6, S. 373–380

[373] Bausch, H.; Greif, A.; Nickel, A.
Performance Characteristics of an EUROPED-Medium SRD for Electric Vehicles.
Proc. SPEEDAM, Sorrent (1998), S. B2-1–6

[374] Bianchi, N.; Bolognani, S.; Zigliotto, M.
Prediction of Iron Losses in Switched Reluctance Motors.
Proc. PEMC, Budapest 1996, Vol. III, S. 223–228

[375] Byrne, J. V.; O'Dwyer, J. B.
Saturable Variable Reluctance Machine Simulation Using Exponential Functions.
Proc. of the Int. Conf. on Stepping Motors and Systems, Univ. of Leeds, 1976, S. 11–16

[376] Byrne, J. V.; McMullin, M.
Design of a Reluctance Motor as a 10 kW Spindle Drive.
Motorcon Proceedings, 1982, S. 10–24

[377] Byrne, J. V.; Lacy, J. G.
Charcteristics of Saturable Stepper and Reluctance Motors.
IEE Conf. Publ. No. 136, Small Electrical Machines (1976), S. 93–96

[378] Byrne, J. V.; O'Dwyer, J. B.; McMullin, M. F.
A High-Performance Variable Reluctance Motor Drive: A New Brushless Servo.
Motorcon Proceedings 1985, S. 147–160

[379] Cameron, D.; Lang, J.; Umans, S.
The Origin and Reduction of Acoustic Noise in Doubly Salient Variable-Reluctance Motors.
IEEE Trans. IAS 28 (1992), Nr. 6, S. 1250–1255

[380] Corda, J.; Masic, S.; Stephenson, J. M.
Computation and Experimental Determination of Running Torque Waveforms in Switched Reluctance Motors.
IEE Proceedings Vol. 140 (1993), Pt. B, No. 6, S. 387–392

[381] Davis, R. M.; Ray, W. F.; Blake, R. J.
Inverter Drive for Switched Reluctance Motor: Circuits and Component Ratings.
Proc. IEE Electric Power Applications Vol. 128 (1981), No. 2, S. 126–136

[382] El-Khazendar, M. A.; Stephenson, J. M.
Analysis and Optimization of the 2-Phase Self-Starting Switched Reluctance Motor.
Proc. ICEM, München 1986, Pt. 3, S. 1031–1034

[383] Ferreira, C.; Jones, W.
Detailed Design of a 30 kW Switched Reluctance Starter/Generator for a Gas Engine Application.
IEEE–IAS Annual Meeting, Toronto 1993, S. 97–105

[384] Finch, J. W.; Harris, M. R.; Musoke, A.; Metwally, H.
Variable-Speed Drives Using Multi-Tooth per Pole Switched Reluctance Motors.
13. Incremental Motion Control Systems Society Symp., Univ. of Illinois (1984), S. 293–302

[385] Finch, J.; Faiz, J.; Metwally, H.
Design Study of Switched Reluctance Motor Performance.
IEEE–IAS Annual Meeting, Houston 1992, S. 242–247

[386] Fulton, N. N.; Lawrenson, P. J.
Switched Reluctance Drives for Electric Vehicles: a Comparative Assessment.
Proc. of Intelligent Motion Conf. (1993), S. 562–579

[387] Goldenberg, A. A.; Laniado, I.; Kuzan, P.; Zhou, C.
Control of Switched Reluctance Motor Torque for Force Control Applications.
IEEE Trans. on Industrial Electronics IE-41 (1994), No. 4, S. 461–466

[388] Gotovac, S.
Geschalteter Reluktanzmotor für Positionierantriebe.
Dissertation, Univ. Berlin, 1994

[389] Harris, M. R.; Andjargholi, V.; Lawrenson, P. J.; Hughes, A.; Ertran, B.
Limitations on Reluctance Torque in Doubly-Salient Structures.
Proc. of the Int. Conf. on Stepping Motors and Systems, Univ. of Leeds, 1974, S. 158–168

[390] Harris, M. R.; Hughes, A.; Lawrenson, P. J.
Static Torque Production in Saturated Doubly-Salient Machines.
IEE Proceedings Vol. 122 (1975), No. 10, S. 1121–1127

[391] Harris, M. R.; Finch, J. W.; Mallick, J. A.; Miller, T. J. E.
A Review of the Integral-Horsepower Switched Reluctance Drive.
IEEE Trans. on Ind. Appl. IA-22 (1986), S. 716–721

[392] Harris, M. R.; Miller T. J. E.
Comparison of Design and Performance Parameters in Switched Reluctance and Induction Motors.
IEE Conference on Electrical Machines and Drives, London 1989, S. 303–307

[393] Hayashi, Y.; Miller, T. J. E.
A New Approach to Calculating Core Losses in the SRM.
IEEE Trans. on Ind. Appl. IA-31 (1995), No. 5, S. 1039–1046

[394] Hendershot, J. R.
Short Flux Paths Cool SR Motors.
Machine Design 1998, S. 106–111

[395] Hutton, A. J.; Miller, T. J. E.
Use of Flux-Screens in Switched Reluctance Motors.
IEE Fourth Int. Conf. on Electrical Machines and Drives (1991), S. 312–316

[396] Krishnan, R.; Arumugam, R.; Lindsay, F.
Design Procedure for Switched Reluctance Motors.
IEEE Trans. IAS Vol. 24 (1988), No. 3, S. 456–460

[397] Lawrenson, P. J.; Stephenson, J. M.; Blenkinsop, P. T.; Corda, J.; Fulton, N. N.
Variable Speed Switched Reluctance Motors.
Proc. IEE Electric Power Applications Vol. 127 (1980), No. 4, S. 253–265

[398] Lawrenson, P. J.
Switched Reluctance Drives: A Perspective.
Proc. ICEM, Manchester 1992, Vol. I, S. 12–21

[399] Lawrenson, P. J.
A Brief Status Review of Switched Reluctance Drives.
EPE Journal 2 (1992), No.3, S. 133-144

[400] Lovatt, H. C.; Stephenson, J. M.
Measurement of Magnetic Characteristics of Switched-Reluctance Motors.
Proc. ICEM, Manchester 1992, Vol. 2, S. 465–469

[401] Lovatt, H. C.; Stephenson, J. M.
Influence of the Number of Poles per Phase in Switched Reluctance Motors.
IEE Proceedings Vol. 139 (1992), Pt. B, No. 4, S. 307–314

[402] MacMinn, S.; Jones, W.
A Very High Speed Switched Reluctance Starter-Generator for Aircraft Engine Applications.
Proceedings of NAECON, Dayton 1998, S. 1758–1764

[403] Materu, P.; Krishnan, R.
Steady-State Analysis of the Variable-Speed Switched Reluctance Motor Drive.
IEEE Trans. on Industrial Electronics IE-36 (1989), No. 4, S. 523–529

[404] Materu, P.; Krishnan, R.
Estimation of Switched Reluctance Motor Losses.
IEEE Trans. on Ind. Appl. Vol. IA-28 (1992), No. 3, S. 668–679

[405] Miller, T. J. E.
Converter Volt-Ampere Requirements of the Switched Reluctance Motor Drive.
IEEE Trans. on Ind. Appl. Vol. IA-21 (1985), No. 5, S. 1136–1144

[406] Miller, T. J. E.; Bose, B. K.; Szcensny, P. M.; Bicknell, W. H.
Microcomputer Control of Switched Reluctance Motor.
IEEE Trans. on Ind. Appl. Vol. IA-22 (1986), S. 708–715

[407] Miller, T. J. E.
Switched Reluctance Motor Drives.
PCIM Reference Book, Intertec Communications Inc., Ventura, California, 1988

[408] Miller, T. J. E.
Brushless Permanent-Magnet and Reluctance Motor Drives.
Oxford Science Publication, Clarendon Press, Oxford, 1989

[409] Miller, T. J. E.; McGilp, M.
Nonlinear Theory of the Switched Reluctance Motor for Rapid Computer-Aided Design.
IEE Proceedings Vol. 137 (1990), Pt. B, No. 6, S. 337–347

[410] Miller, T. J. E.; Cossar, C.; Anderson, D.
A New Control IC for Switched Reluctance Motor Drives.
IEE Conf. on Power Electronics and Variable-Speed Drives, London 1990, S. 331–335

[411] Miller, T. J. E.
PC-SRD 4 (CAD-Software for Switched Reluctance Drives).
SPEED Consortium, University of Glasgow, 1991

[412] Miller, T. J. E.
Switched Reluctance Motors and Their Control.
Magna Physics Publishing and Clarendon Press, Oxford 1993

[413] Miller, T. J. E.; Blaabjerg, F.; Kjer, P. C.; Cossar, C.
Efficiency Optimization in Current Controlled Variable-Speed Switched Reluctance Motor Drives.
Proc. EPE, Sevilla 1995, S. 3.741–3.747

[414] Moghbelli, H.; Adams, G.; Hoft, R.
Prediction of the Instantaneous and Steady State Torque of the Switched Reluctance Motor Using the Finite Element Method (FEM).
IEEE–IAS Annual Meeting, Pittsburgh 1988, S. 59–70

[415] Moghbelli, H.; Adams, G.; Hoft, R.
Performance of a 10-Hp Switched Reluctance Motor and Comparison with Induction Motors.
IEEE Trans. IAS, Vol. 27 (1991), No. 3, S. 531–537

[416] Moghbelli, H.; Rashid, M.
The Switched Reluctance Motor Drive: Characteristics and Performance.
Proc. EPE, Florenz 1991, Vol. 1, S. 398–403

[417] Nickel, A.
Die Geschaltete Reluktanzmaschine als gesteuerte Drehmomentquelle.
Dissertation, Universität der Bundeswehr München, 1998

[418] Orthmann, R.; Schöner, H. P.
Turn-Off Angle Control of Switched Reluctance Motors for Optimum Torque Output.
Proc. EPE, Brighton 1993, S. 20–25

[419] Oza, A. R.; Krishnan, R.; Adkar, S.
A Microprocessor Control Scheme for Switched Reluctance Motor Drives.
Proc. IECON 1987, S. 448–453

[420] Panda, S. K.; Amaratunga, G. A. J.
Waveform Detection Technique of Indirect Rotor-Position Sensing of Switched Reluctance Motor Drives.
IEE Proceedings Vol. 140 (1993), Pt. B, No. 1, S. 80–88

[421] Ray, W. F.; Davis, R. M.; Blake, R. J.
The Control of SR Motors.
Conf. on Applied Motion Control, Minneapolis 1986, S. 137–145

[422] Ray, W. F.; Lawrenson, P. J.; Davis, R. M.; Stephenson, J. M.; Fulton, N. N.; Blake, R. J.
High Performance Switched Reluctance Brushless Drives.
IEEE Trans. on Ind. Appl. Vol. IA-22 (1986), No. 4, S. 722–730

[423] Reay, D.; Green, T.; Williams, B.
Neural Networks Used for Torque Ripple Minimization from a Switched Reluctance Motor.
Proc. EPE, Brighton 1993, Vol. I, S. 1–6

[424] Reinert, J.
Optimierung der Betriebseigenschaften von Antrieben mit geschalteter Reluktanzmaschine.
Dissertation, RWTH Aachen, 1998

[425] Richter, E.
Switched Reluctance Machines for High Performance Operations in a Harsh Environment.
Proc. of the ICEM, Boston 1990, Vol. 1, S. 18–47

[426] Richter, E.; Radun, A. V.; Ferreira, C.; Ruckstadtler, E.
An Integrated Electrical Starter/Generator System for Gas Turbine Application, Design and Test Results.
Proc. ICEM, Paris 1994, Vol. 3, S. 286–291

[427] Rieke, B.
The Microprocessor Control of a Four Phase Star-Connected Multi-Pole Reluctance Motor.
Proc. ICEM, Athen 1980, Part. 1, S. 394–401

[428] Rieke, B.
Untersuchung zum Betriebsverhalten stromrichtergespeister Reluktanzantriebe.
Dissertation, Hochschule der Bundeswehr München, 1981

[429] Schenke, T.; Oesingmann, D.
Drehmomentwelligkeit von geschalteten Reluktanzmotoren.
VDI-Bericht Nr. 1269 (1996), S. 389–398

[430] Schramm, D.; Williams, B.; Green, T.
Optimum Communication-Current Profile on Torque Linearization of Switched Reluctance Motors.
Proc. ICEM, Manchester 1992, Vol. II, S. 484–488

[431] Steiert, U.
Drehmomentsteuerung einer Reluktanzmaschine mit beidseitig ausgeprägten Polen und geringer Drehmomentwellligkeit.
Dissertation, Univ. Karlsruhe, 1992

[432] Steiert, U.; Späth, H.
Torque Control of the Doubly-Salient Reluctance Motor.
ETEP Vol. 3 (1993), No. 4, S. 265–272

[433] Stephenson, J. M.; Corda, J.
Computation of Torque and Current in Doubly Salient Reluctance Motors from Nonlinear Magnetization Data.
IEE Proceedings, Vol. 126 (1979), No. 5, S. 393–396

[434] Stephenson, J. M.; El-Khazendar, M.
Saturation in Doubly Salient Reluctance Motors.
IEE Proceedings Vol. 136 (1989), Pt. B, No. 1, S. 50–58

[435] Stephenson, J. M.; Blake, R. J.
The Design and Performance of a Range of General-Purpose SR-Drives from 1 kW to 110 kW.
Proc. IEEE–IAS Conf., San Diego 1989, S. 99–107

[436] Stephenson, J. M.; Lovatt, H. C.
Measurement of Magnetic Characteristics of Switched Reluctance Motors.
Proc. ICEM, Manchester 1992, Vol. 2, S. 465–469

[437] Stiebler, M.; Li, R.
Calculation of Magnetic Field of a Switched Reluctance Motor Using a Microcomputer.
ETEP Vol. 2 (1992), No. 2, S. 97–100

[438] Stiebler, M.; Ge, J.
A Low Voltage Switched Reluctance Motor with Experimentally Optimized Control.
Proc. ICEM, Manchester 1992, Vol. II, S. 532–536

[439] Stiebler, M.
Der geschaltete Reluktanzmotor – Eigenschaften und Aussichten.
Drives, 1993, S. 385–396

[440] Sugden, D.; Webster, P.; Stephenson, J. M.
The Control of SR Drives: Review and Current Status.
Proc. EPE, Aachen 1989, Vol. I, S. 35–40

[441] Torrey, D. A.; Lang, J. H.
Optimal Efficiency Excitation of Variable Reluctance Motor Drives.
IEE Proceedings Vol. 138 (1991), Pt. B, Nr. 1, S. 1–14

[442] van der Broeck, H.; Gerling, D.; Bolte, E.
Switched Reluctance Drive and PWM Induction Motor Drive Compared for Low Cost Applications.
Proc. EPE, Brighton 1993, S. 71–75

[443] Wehner, H.-J.
Untersuchung eines Antriebs mit geschaltetem Reluktanzmotor.
ETG-Fachbericht 47, 1993, S. 207–214

[444] Wehner, H.-J.
Untersuchung der Schwingungsanregung bei geschalteten Reluktanzmotoren.
ETG-Fachbericht 57, 1995, S. 137–142

[445] Wehner, H.-J.
Betriebseigenschaften, Ausnutzung und Schwingungsverhalten bei geschalteten Reluktanzmotoren.
Dissertation, Univ. Erlangen-Nürnberg, 1997

[446] Williams, S.; Shaikh, A.
Three Dimensional Effects in λ/i Diagrams for Switched Reluctance Motors.
Proc. ICEM, Manchester 1992, Vol. II, S. 489–493

[447] Wolf, J.; Späth, H.
Switched Reluctance Motor with 16 Stator Poles and 12 Rotor Teeth.
Proc. EPE, Trondheim 1997, Vol. 3, S. 3.558–3.563

Geberlose Reluktanzmaschine

[448] Acarnlay, P. P.; Hill, R. J.; Hooper, C. W.
Detection of Rotor Position in Stepping and Switched Reluctance Motors by Monitoring of Current Waveforms.
IEEE Trans. on Industrial Electronics IE-32 (1985), No. 3, S. 215–222

[449] Ehsani, M.; Husain, I.; Kulkarni, A. B.
Elimination Of Discrete Position Sensor and Current Sensor in Switched Reluctance Motor Drives.
IEEE Trans. on Industry Applicatins IA-28 (1992), No. 1, S. 128–135

[450] Ehsani, M.
Position Sensor Elimination Technique for the Switched Reluctance Motor Drive .
US Patent Nr. 5072166

[451] Husain, I.; Ehsani, M.
Error Analysis in Indirect Rotor Position Sensing of Switched Reluctance Motors.
IEEE Trans. on Industrial Electronics IE-41 (1994), No. 3, S. 301–307

[452] Lumsdaine, A.; Lang, J. H.; Ballas, M. J.
State Observers for Variable Reluctance Motors.
IEEE Trans. on Industrial Electronics IE-37 (1990), No. 2, S. 133–142

[453] MacMinn, S. R.; Rzesos, W. J.; Szczesny, P. M.; Jahns, T. M.
Application of Sensorless Integration Techniques to Switched Reluctance Motor Drives.
IEEE Trans. on Industry Applicatins IA-28 (1992), No. 6, S. 1339–1344

[454] Ramani, K. R.; Ehsani, M.
New Communication Methods in Switched Reluctance Motors Based on Active Phase Vectors.
PESC 1994, S. 493–499

Linearmotoren

[455] Anders, M.; Andresen, E.-C.; Binder, A.
Ein sphärischer Linearmotor als Direktantrieb eines optischen Infrarotteleskops.
Fachtagung Linearantriebe im industriellen Einsatz, ETG-Tage 1999

[456] Bauer, R.; Franke, K.-P.
Linearantriebe für den vollautomatischen Containerumschlag der Zukunft.
Fachtagung Linearantriebe im industriellen Einsatz, ETG-Tage 1999

[457] Breil, J.; Oedl, G.; Sieber, B.
Gesteuerter Linearantrieb für viele simultan bewegte Objekte.
Fachtagung Linearantriebe im industriellen Einsatz, ETG-Tage 1999

[458] Budig, P.-K.
Drehstromlinearmotoren.
Hüthig, Heidelberg, 1977

[459] Budig, P.-K.
Elektrische Linearmotoren – Ihre Anwendung.
Fachtagung Linearantriebe im industriellen Einsatz, ETG-Tage 1999

[460] Diede, J.; Spyra, J.
Technik und Einsatz von Linearmotoren.
Antriebstechnik 35 (1996), Nr. 6, S. 37–42

[461] Eastham, J.
Novel Synchronous Machines: Linear and Disk.
IEEE Proc., 1990

[462] Greubel, K.; Helbig, F.; Heinemann, G.; Papiernik, W.
Einsatz von Linearantrieben zur Herstellung von Konturenwirkware.
Fachtagung Linearantriebe im industriellen Einsatz, ETG-Tage 1999

[463] Gutmann, M.
Aufbau, Auswahl und Einsatzgebiete von AC-Linearmotoren.
Antriebstechnik 36 (1997), Nr. 5, S. 28–32

[464] Heinemann, G.
Linearmotoren: Bauformen und Einsatzbedingungen.
Proc. Lineare Direktantriebe für schnelle Maschinen, ADITEC, 1999

[465] Henneberger, G.
Antriebe und Steuerungen.
Vorlesungsskript RWTH, 1999

[466] Henneberger, G.
Forschung und Lehre.
Institutsbroschüre RWTH, 1999

[467] Henneberger, G.
Linearantriebe für den industriellen Einsatz: Stand der Technik, Entwicklungstendenzen.
Fachtagung Linearantriebe im industriellen Einsatz, ETG-Tage 1999

[468] Laithwaite, E.
A History of Linear Electric Motors.
Macmillan, 1987

[469] Lammers, M.
Linears Lead in Ultrasmooth Motion.
Machine Design, 1994

[470] Ohsaki, H.
Linear Drives for Industry Applications in Japan.
Fachtagung Linearantriebe im industriellen Einsatz, ETG-Tage 1999

[471] Rossberg, R. R.
Radlos in die Zukunft.
Orell Füssli, Zürich, 1983

[472] Schnurr, B.
Regelungs- und Steuerungskonzepte für lineare Direktantriebe.
Proc. Lineare Direktantriebe für schnelle Maschinen, ADITEC, 1999

[473] Schnurr, B.
Elektrische Direktantriebstechnik.
VDI-Z, Spezial Antriebstechnik, 1999

[474] Schnurr, B.; Winkler, S.
Lineare Direktantriebe: Neue Möglichkeiten im Werkzeugmaschinenbau.
Fachtagung Linearantriebe im industriellen Einsatz, ETG-Tage 1999

[475] Schnurr, B.
Hochdynamische Linearmotoren für moderne Werkzeugmaschinen.
Antriebstechnik 39 (2000), Nr. 2, S. 32–35

[476] Uhl, A.
Linearmotoren in Produktionsmaschinen.
A&D Kompendium, 1999

[477] Wahner, U.; Ben Yahia, K.; Weck, M.; Henneberger, G.
Optimisation of Linear Magnetic Bearing for Machine Tools.
Proc. MOVIC, Zürich, 1998

[478] Wehner, H.-J.; Wolf, R.
Antriebssysteme mit elektrischen Linearmotoren für die Logistik und den Transport von schweren Lasten.
Fachtagung Linearantriebe im industriellen Einsatz, ETG-Tage 1999

[479] *MVP: Magnetbahn Transrapid.*
Hestra, Darmstadt, 1989

[480] *Firmendruckschriften:*
Baumüller, Bautz, Brückner, ETEL, Krauss-Maffei, Maccon/Anorad, Mannesmann, Rexroth/Indramat, NSK-RHP, Oswald, SEW, Siemens, SKF

Lagerlose Permanentmagnetmotoren

[481] Amrhein, W.; Silber, S.
Bearingless Single-Phase Motor with Concentrated Full Pitch Windings in Interior Rotor Design.
Sixth International Symposium on Magnetic Bearings, Cambridge, 1998

[482] Amrhein, W.; Silber, S.
Single Phase PM Motor with Integrated Magnetic Bearing Unit.
International Conference on Electrical Machines, Istanbul, 1998

[483] Amrhein, W.; Silber, S.; Nenninger, K.
Levitation Forces in Bearingless Permanent Magnet Motors.
International Magnetics Conference, Kyongju, 1999

[484] Amrhein, W.; Silber, S.; Nenninger, K.
Finite Element Design of Bearingless Permanent Magnet Motors.
Fifth International Symposium on Magnetic Suspension Technology, Santa Barbara, 1999

[485] Barletta, N.
Der lagerlose Scheibenmotor.
Dissertation, ETH Zürich, 1998

[486] Bichsel, J.
Beiträge zum lagerlosen Elektromotor.
Dissertation, ETH Zürich, 1990

[487] Bichsel, J.
The Bearingless Electrical Machine.
International Symposium on Magnetic Suspension Technology, Hampton, 1991

[488] Bikle-Kirchhofer, U.
Die Auslegung lagerloser Induktionsmaschinen.
Dissertation, ETH Zürich, 1999

[489] Chiba, A.; Chida, K.; Fukao, T.
Principles and Characteristics of a Reluctance Motor with Windings of Magnetic Bearings.
International Power Electronic Conference IPEC, Tokyo, 1990

[490] Chiba, A.; Fukao, T.
The Maximum Radial Force of Induction Machine Type Bearingless Motor using Finite Element Analysis.
Fourth International Symposium on Magnetic Bearings, Zürich, 1994

[491] Gempp, T.; Schöb, R.
Design of a Bearingless Canned Motor Pump.
Fifth International Symposium on Magnetic Bearings, Kanazawa, 1996

[492] Gempp, T.; Gerster, C.; Schöb, R.
Arrangement and Method for Operating a Magnetically Suspended Electromotoric Drive Apparatus in the Event of a Mains Disturbance.
US Patent 5 917 297, 1996

[493] Hugel, J.
The Vector Method for Determination of Torque and Forces of the Lateral Force Motor.
International Power Electronic Conference IPEC, Yokohama, 1995

[494] Ohishi, T.; Okada, Y.; Dejima, K.
Analysis and Design of a Concentrated Wound Stator for Synchronous-Type Levitated Motor.
Fourth International Symposium on Magnetic Bearings, Zürich, 1994

[495] Ooshima M., Chiba A., Fukao T., Rahman A. M.
Design and Analysis of Permanent Magnet-Type Bearingless Motors.
IEEE Trans. on Industrial Electronics IE-43 (1996), No. 2

[496] Ooshima, M.; Miyazawa, S.; Deido, T.; Chiba, A.; Nakamura, F.; Fukao, T.
Characteristics of Permanent Magnet Type Bearingless Motor.
IEEE Trans. on Industry Applications IA-32 (1996), No. 2

[497] Schöb, R.
Beiträge zur lagerlosen Asynchronmaschine.
Dissertation, ETH Zürich, 1993

[498] Schöb, R.; Barletta, N.
Principle and Application of a Bearingless Slice Motor.
Fifth International Symposium on Magnetic Bearings, Kanazawa, 1996

[499] Schöb, R.; Bichsel, J.
Vector Control of the Bearingless Motor.
Fourth International Symposium on Magnetic Bearings, Zürich, 1994

[500] Schulze, J. O.
Dynamisches Modell der Querkraft-Asynchronmaschine.
Dissertation, ETH Zürich, 1996

[501] Silber, S.; Amrhein, W.
Bearingless Single-Phase Motor with Concentrated Full Pitch Windings in Exterior Rotor Design.
Sixth International Symposium on Magnetic Bearings, Cambridge, 1998

[502] Silber, S.; Amrhein, W.
Design of a Bearingless Single-Phase Motor.
PCIM '98 Intelligent Motion, Nürnberg, 1998

[503] Silber, S.; Amrhein, W.
Force and Torque Model for Bearingless PM Motors.
International Power Electronics Conference IPEC, Tokyo, 2000

[504] Zhang, J.
Power Amplifier for Active Magnetic Bearings.
Dissertation, ETH Zürich, 1995

Kleinantriebe

[505] Büngener, W.
Prüfung und Beurteilung der Positions- und Schrittwinkelabweichungen von Hybridschrittmotoren.
Dissertation, Univ. Kaiserslautern, 1995

[506] Duane, C.; Hanselmann
Brushless Permanent-Magnet Motor Design.
McGraw-Hill, New York 1994

[507] Hendershot Jr., J. R.; Miller, T. J. E.
Design of Brushless Permanent-Magnet Motors.
Magna Physics Publ., Hillsboro (Ohio) 1994

[508] Kenjo, T.; Sugawara, A.
Stepping Motors.
Claredon Press, Oxford 1994

[509] Kreuth, H.
Schrittmotoren.
Oldenbourg Verlag, München, Wien 1988

[510] Maas, S.; Weis, H.-P.; Nordmann, R.
Auslegung eines Schrittmotorantriebs mit einem Modell hoher Ordnung.
Antriebstechnik 35 (1996), Nr. 7, S. 52–54 und Nr. 8, S. 57–60

[511] Moczala, H.
Elektrische Kleinmotoren.
Expert Verlag, Ehingen 1987

[512] Morales Serrano, F. J.
Ein Beitrag zur sensorlosen Ansteuerung von Mehrphasen-Schrittmotoren.
Dissertation, TU Berlin, 1994

[513] Obermeier, C.
Modellbildung und sensorlose Regelung von Hybridschrittmotoren.
Fortschritt-Berichte VDI, Reihe 8, Nr. 725,
VDI Verlag, Düsseldorf 1998

[514] Prautzsch, F.
Schrittmotor-Antrieb.
Handbuch, Escap, 1995

[515] Richter, C.
Elektrische Stellantriebe kleiner Leistung.
VDE-Verlag, Berlin 1988

[516] Rummich, E.
Elektrische Schrittmotoren und -antriebe.
Expert Verlag, Renningen-Malmsheim 1995

[517] Schörlin, F.
Mit Schrittmotoren steuern, regeln und antreiben.
Franzis-Verlag, Poing 1995

[518] Schörlin, F.
Mikroschrittansteuerung für Schrittmotoren.
Antriebstechnik 36 (1997), Nr. 1, S. 35–36

[519] Sokira, T. J.; Jaffe, W.
Brushless DC Motors.
TAB Books, Blue Ridge Summit 1989

[520] Stemme, O.; Wolf, P.
Wirkungsweise und Eigenschaften hochdynamischer Gleichstrom-Kleinstmotoren.
Techn. Veröffentlichung, Maxon Motor, Sachseln (Schweiz) 1994

[521] Stölting, H.; Beisse, A.
Elektrische Kleinmaschinen.
Teubner, Stuttgart 1987

[522] *Innovative Kleinantriebe.*
VDI-Berichte 1269, VDI-Verlag, Düsseldorf 1996

Stichwortverzeichnis